建筑结构设计系列手册

建筑结构荷载设计手册

(第 二 版)

陈基发　沙志国　编著

中国建筑工业出版社

图书在版编目（CIP）数据

建筑结构荷载设计手册/陈基发，沙志国编著．—2版．
北京：中国建筑工业出版社，2004
（建筑结构设计系列手册）
ISBN 7-112-06795-2

Ⅰ．建… Ⅱ．①陈…②沙… Ⅲ．建筑结构-载荷设计-技术手册 Ⅳ．TU312-62

中国版本图书馆 CIP 数据核字（2004）第 083184 号

本手册（第二版）根据《建筑结构荷载规范》GB 50009—2001及局部修订、《建筑抗震设计规范》GB 50011—2001等的有关内容并参考有关技术资料编写而成。全书共有荷载分类和荷载效应组合、永久荷载、楼面和屋面活荷载、吊车荷载、雪荷载、风荷载、地震作用及结构内力计算例题等8章，还有可供查阅的8个附录。本书可供建筑结构设计、施工人员和大专院校师生参考使用。

＊　＊　＊

责任编辑　蒋协炳
责任设计　崔兰萍
责任校对　李志瑛　张　虹　王　莉

建筑结构设计系列手册
建筑结构荷载设计手册
（第二版）
陈基发　沙志国　编著

＊

中国建筑工业出版社出版、发行（北京西郊百万庄）
新　华　书　店　经　销
北京同文印刷有限责任公司印刷

＊

开本：787×1092毫米　1/16　印张：33　插页：2　字数：820千字
2004年12月第二版　　2005年5月第五次印刷
印数：16001—22000册　　定价：60.00元
ISBN 7-112-06795-2
TU・6042（12749）

版权所有　翻印必究
如有印装质量问题，可寄本社退换
（邮政编码　100037）

本社网址：http://www.china-abp.com.cn
网上书店：http://www.china-building.com.cn

第二版前言

本手册的第二版是在第一版的基础上，根据经修订后的《建筑结构荷载规范》GB 50009—2001 以及新修订的《建筑抗震设计规范》GB 50011—2001，《高层建筑混凝土结构技术规程》JGJ 3—2002 等建筑结构设计规范中的有关内容编写。

《建筑结构荷载规范》GB 50009—2001 的主要修订内容是有关荷载组合和风荷载两部分，此外也对建筑结构的楼面和屋面活荷载等作部分的调整和增项；《建筑抗震设计规范》GB 50011—2001 中关于地震作用的计算也有多处修订。以上修订内容已反映在本手册的第二版内。

此外，《建筑结构荷载规范》GB 50009—2001 自实施以来，规范修订组从不同渠道收集到使用意见，认为规范中的某些条文仍存在一定问题，正准备进行局部修订，本手册第二版内容中已包括了局部修订的内容。

编者
2004 年 7 月

第一版前言

80年代后期，我国工业及民用建筑的结构设计规范相继进行了修订，采用了以概率理论为基础的极限状态设计方法，将建筑结构荷载规范与各类结构设计规范的内容有机结合，互相配套，形成完整的新设计方法体系，因而各规范的内容变动较大。为了介绍和推广使用新修订的结构设计规范，已出版了不少书籍和手册，但有关建筑结构荷载方面的很少。编写这本手册的目的就在于弥补这方面的空白。针对建筑结构设计中常遇到的有关荷载的问题，以《建筑结构荷载规范》(GBJ 9—87) 及《建筑抗震设计规范》(GBJ 11—89) 中有关条文内容为核心，并参考相应规范修订稿及有关资料编写这本设计手册，还通过例题形式来说明规范条文的正确应用。本手册以实用为目的，有关规范条文的背景资料和编制说明不在本手册中涉及。

本手册共分八章及六个附录，其内容包括荷载分类、荷载效应组合、永久荷载、楼面和屋面活荷载、吊车荷载、雪荷载、风荷载以及地震力等。

考虑到使用上的方便，将有关地震作用下的地震力设计参数也纳入本手册。这样可在结构设计初期汇集设计荷载时，有利于设计人员的查阅。

本手册除规范的内容外，尽量选编一些与荷载有直接关系的基础资料供设计人员查阅，例如在附录中列出的各类吊车、车辆和自动扶梯的技术数据；对在规范中不明确而在设计中又经常遇到的问题，作适当的介绍，提供一些可作参考的资料和方法，例如山区基本风压、吊车工作制与工作级别的关系、双向板楼面的等效均布活荷载等问题。手册中还增加了一些规范中未规定的荷载设计值。

必须说明，本手册虽然是在规范条文的基础上编写的，但由于手册的编写受制约的条件较少，有可能增加一些目前虽不成熟，但可供实际参考使用的内容，它对今后规范的修订有潜在的影响力，但目前还不能作为技术的法定依据。因此，设计人员在使用本手册时，仍应与规范内容区别对待。

限于编者水平，本手册中难免有不当和疏漏之处，希望广大设计人员将意见反映给中国建筑科学研究院《建筑结构荷载规范》管理组，以便在今后改进。

本手册由《建筑结构荷载规范》管理组负责人陈基发研究员和北京首都工程有限公司设计部沙志国总工程师共同编写，其中第七章地震力还邀请了中国建筑科学研究院金新阳高级工程师参加编写；此外，在手册的编写过程中还得到北京起重机运输机械研究所，上海、天津、大连等起重运输机械厂等单位的帮助，提供了吊车的技术资料，在此一并表示感谢。

编者
1997.6

目　录

术　语 ··· 1
主要符号 ·· 4
第一章　荷载分类和荷载效应组合 ·· 6
　第一节　荷载分类和荷载代表值 ·· 6
　　一、荷载分类 ·· 6
　　二、荷载代表值 ··· 6
　第二节　荷载效应组合 ··· 7
　　一、承载能力极限状态的荷载效应组合 ··· 7
　　二、正常使用极限状态的荷载效应组合 ·· 11
第二章　永久荷载 ·· 17
　第一节　永久荷载标准值 ··· 17
　第二节　常用材料和构件自重的标准值 ·· 17
　第三节　土压力标准值 ·· 29
　　一、影响土压力的因素 ··· 29
　　二、静止土压力 ·· 30
　　三、库伦理论计算主动和被动土压力 ·· 30
　　四、朗金理论计算主动和被动土压力 ·· 32
　　五、特殊情况的处理 ·· 33
　　六、按规范计算主动和被动土压力 ··· 34
第三章　楼面和屋面活荷载 ·· 38
　第一节　楼面和屋面活荷载的取值原则 ·· 38
　　一、楼面活荷载标准值 ··· 38
　　二、楼面活荷载准永久值 ·· 38
　　三、楼面活荷载频遇值 ··· 39
　　四、楼面活荷载组合值 ··· 39
　　五、楼面活荷载的动力系数 ··· 39
　第二节　民用建筑楼面均布活荷载 ·· 39
　　一、民用建筑楼面均布活荷载标准值及其组合值、频遇值和准永久值系数 ········· 39
　　二、民用建筑楼面活荷载标准值的折减 ··· 39
　第三节　工业建筑楼面活荷载 ··· 44
　　一、一些工业建筑的楼面等效均布活荷载 ·· 44
　　二、操作荷载及楼梯荷载 ·· 44
　　三、楼面等效均布活荷载的确定方法 ·· 45

第四节 屋面活荷载和屋面积灰荷载 …… 64
一、屋面均布活荷载 …… 64
二、屋面积灰荷载 …… 64

第五节 施工、检修荷载和栏杆水平荷载 …… 66
一、施工和检修荷载标准值 …… 66
二、栏杆水平荷载标准值 …… 66

第四章 吊车荷载 …… 69

第一节 吊车竖向和水平荷载 …… 69
一、吊车竖向荷载标准值 …… 69
二、吊车竖向荷载的动力系数 …… 69
三、吊车水平荷载标准值 …… 69

第二节 多台吊车的组合 …… 70
一、吊车竖向荷载组合 …… 70
二、吊车水平荷载组合 …… 70
三、多台吊车荷载的折减 …… 70

第三节 吊车荷载的组合值、频遇值及准永久值系数 …… 70

第五章 雪荷载 …… 80

第一节 基本雪压 …… 80
一、基本雪压的取值原则 …… 80
二、基本雪压的确定 …… 80

第二节 雪荷载标准值、组合值系数、频遇值系数及准永久值系数 …… 82
一、雪荷载标准值 …… 82
二、雪荷载的组合值系数、频遇值系数及准永久值系数 …… 82

第三节 屋面积雪分布系数 …… 82
一、不同类别的屋面积雪分布 …… 82
二、建筑结构设计考虑积雪分布的原则 …… 84

第六章 风荷载 …… 89

第一节 基本风压 …… 89
一、基本风压的取值原则 …… 89
二、基本风压的确定 …… 89

第二节 风荷载标准值 …… 93
一、风荷载标准值计算 …… 93
二、风压高度变化系数 …… 93
三、风荷载体型系数 …… 95
四、风振系数 …… 107
五、阵风系数 …… 111
六、低矮房屋的风荷载 …… 111

第三节 横风向风振 …… 114
一、情况一 …… 115

二、情况二 ··· 115
　第四节　结构基本自振周期计算公式（用于风振计算）······························· 116
　　一、理论公式 ·· 116
　　二、经验公式 ·· 118
第七章　地震作用 ··· 129
　第一节　地震作用基本规定 ·· 129
　　一、建筑抗震设防依据和分类 ·· 129
　　二、建筑场地类别 ·· 135
　　三、地震作用下的建筑结构分析原则 ·· 136
　　四、地震作用计算方法的应用 ·· 136
　　五、重力荷载代表值 ·· 137
　第二节　地震影响系数曲线 ·· 137
　第三节　水平地震作用计算 ·· 139
　　一、底部剪力法 ·· 139
　　二、不考虑扭转耦联的振型分解反应谱法 ·· 142
　　三、考虑扭转耦联的振型分解反应谱法 ·· 142
　　四、时程分析法 ·· 143
　第四节　竖向地震作用 ·· 144
　　一、高层建筑的竖向地震作用 ·· 144
　　二、平板型网架屋盖和跨度大于 24m 屋架的竖向地震作用 ························· 144
　　三、长悬臂和其他大跨度结构的竖向地震作用 ···································· 145
第八章　结构内力计算例题 ·· 156
　［例题 8-1］　钢筋混凝土屋面梁 ·· 156
　［例题 8-2］　钢檩条 ·· 158
　［例题 8-3］　单层单跨封闭式双坡屋面钢筋混凝土结构民用框架房屋 ·················· 161
　［例题 8-4］　单层双跨等高钢筋混凝土排架工业房屋 ································ 167
　［例题 8-5］　钢筋混凝土框架结构多层办公楼 ······································ 198
　［例题 8-6］　某五层砌体结构单身宿舍 ·· 204
附录一　自动扶梯荷载参数 ·· 208
附录二　电信建筑、专用仓库及部分工业建筑楼面等效活荷载标准值 ······················ 219
附录三　车辆荷载 ·· 226
附录四　双向板楼面等效均布荷载计算表 ·· 228
附录五　国内吊车的技术资料 ·· 456
附录六　国内外部分民用直升机技术资料 ·· 491
附录七　我国部分城市的雪压和风压数据 ·· 493
附录八　我国主要城镇抗震设防烈度、设计基本地震加速度
　　　　和设计地震分组 ·· 508
主要参考文献 ·· 519

术　语

永久荷载（恒荷载）——在结构使用年限内，其值不随时间变化，或其变化与平均值相比可以忽略不计，或其变化是单调的并能趋于限值的荷载。

可变荷载（活荷载）——在结构使用年限内，其值随时间变化，且其变化与平均值相比不可以忽略不计的荷载。

偶然荷载——在结构使用年限内不一定出现，但一旦出现，其值很大且持续时间很短的荷载。

荷载代表值——设计中用以验算极限状态所采用的荷载值，例如标准值、组合值、频遇值和准永久值。

设计基准期——用于确定可变荷载代表值而选用的时间参数。

设计使用年限——设计规定的结构不需进行大修即可按其预定目的使用的时间段。

荷载标准值——荷载的基本代表值，即设计基准期内最大荷载统计分布的特征值（例如均值、众值、中值或某个分位值）。

组合值——对可变荷载，考虑组合后使其荷载效应在设计基准期内的超越概率，能与该荷载单独出现时的相应概率趋于一致的荷载值；或使组合后的结构具有统一规定的可靠指标的荷载值。

频遇值——对可变荷载，在设计基准期内，其超越的总时间为规定的较小比率或超越次数为规定次数的荷载值。

准永久值——对可变荷载，在设计基准期内，其超越的总时间约为设计基准期一半的荷载值。

荷载设计值——荷载代表值与荷载分项系数的乘积。

荷载效应——由荷载引起结构或构件的反应，例如内力、变形和裂缝等。

荷载组合——按极限状态设计时，为保证结构的可靠性而对同时出现的各种荷载设计值的规定。

基本组合——承载能力极限状态计算时，永久作用和可变作用的组合。

偶然组合——承载能力极限状态计算时，永久作用、可变作用和一个偶然作用的组合。

标准组合——正常使用极限状态计算时，采用标准值或组合值为荷载代表值的组合。

频遇组合——正常使用极限状态计算时，对可变荷载采用频遇值或准永久值为荷载代表值的组合。

准永久组合——正常使用极限状态计算时，对可变荷载采用准永久值为荷载代表值的组合。

荷载分项系数——承载能力极限状态计算时，为了使结构或构件具有规定的可靠度，在荷载效应中所采用的能反映荷载不定性并与结构或构件可靠度相关联的分项安全系数，

2 术　语

如永久荷载分项系数、可变荷载分项系数。

结构构件抗力的设计值——结构或构件承受荷载效应能力的设计值。

从属面积——计算梁柱构件时，楼面活荷载不可能满布的影响，可通过构件从属面积的大小来考虑。从属面积是指所计算构件负荷的楼面面积，它应由楼板的剪力零线划分，但在实际应用中可作适当简化。

等效均布荷载——结构设计时，为了计算方便，一般采用等效均布荷载代替楼面上不连续分布的实际荷载，但所得结构的荷载效应仍应与实际的荷载效应保持一致。

动力系数——承受动力荷载的结构或构件，当按静力设计时采用的系数，其值为结构或构件的最大动力效应与相应的静力效应的比值。

吊车工作级别——反映吊车在运行期间工作繁重程度和利用次数的综合因素的级别，共分 8 级。

基本雪压——雪荷载的基准压力，一般按当地空旷平坦地面上积雪自重的观测数据，经概率统计得出 50 年一遇最大值确定。

屋面积雪分布系数——考虑积雪在屋面上不利分布情况的系数。

基本风压——风荷载的基准压力，一般按当地空旷平坦地面上 10m 高度处 10min 平均的风速观测数据，经概率统计得出 50 年一遇最大值确定的风速 v_0，再考虑相应的空气密度 ρ，按公式 $w_0 = \frac{1}{2}\rho v_0^2$ 确定的风压。

地面粗糙度——风在到达结构物以前吹越 2km 范围内的地面时，描述该地面上不规则障碍物分布情况的等级。

风荷载体型系数——风在建筑物表面引起的实际压力或吸力与该高度处当不存在建筑物时的速度风压的比值。

风压高度变比系数——反映平均风压沿高度变化规律的系数。

风振系数——计算结构风荷载时，结构在某一高度处考虑风压脉动影响和结构动力响应特性的增大系数。

阵风系数——计算玻璃幕墙结构（包括门窗）的风荷载时，考虑风压脉动影响的增大系数。

抗震设防烈度——按国家规定的极限批准作为一个地区抗震设防依据的地震烈度。

地震作用——由地震动引起的结构动态作用，包括水平地震作用和竖向地震作用。

设计地震动参数——抗震设计用的地震加速度（速度、位移）时程曲线、加速度反应谱和峰值加速度。

场地——工程群体所在地，具有相似的反应谱特征，其范围相当于厂区、居民点和自然村或不小于 1.0km^2 的平面面积。

场地类别——为适应抗震设计需要（选取地震设计反应谱特征周期和抗震措施），对建筑场地内土层的等效剪切波速和场地覆盖层厚度所作的类别划分。

地震影响系数——反映地震时地面运动强弱和场地类别、抗震设防烈度、结构自振周期的地震设计参数。

设计特征周期——抗震设计用的地震影响系数曲线中，反映地震震级、震中距和场地类别等因素的下降段起始点对应的周期值。

重力荷载代表值——抗震设计中在计算地震作用时对重力荷载的取值，其值应取结构和构配件自重标准值和三部分可变荷载组合值之和。

　　底部剪力法——根据地震设计反应谱和结构的基本自振周期，由结构等效重力荷载确定结构底部总水平地震作用标准值（底部总剪力），然后以一定规则将其在结构高度上进行分配，确定各质点水平地震作用的计算方法。

　　振型分解反应谱法——根据地震设计反应谱和结构各个振型的周期和相对位移求得各振型各质点的水平地震作用和相应的水平地震作用效应，再用平方和平方根（SRSS）法或其他方法求得总地震作用效应的计算方法。

　　时程分析法——将地震时记录到的或人工模拟的地面运动时程曲线，经离散后作为输入，用数值积分的方法求解运动方程，由此求得整个地震作用过程的结构位移、速度和加速度的计算方法。

主 要 符 号

G_k——永久荷载（恒荷载）标准值；
Q_k——可变荷载（活荷载）标准值；
S_{Gk}——永久荷载效应的标准值；
S_{Qk}——可变荷载效应的标准值；
S——荷载效应组合设计值；
S_{Ehk}——水平地震作用标准值的效应；
S_{Evk}——竖向地震作用标准值的效应；
F_{Ek}——结构总水平地震作用标准值；
F_{Evk}——结构总竖向地震作用标准值；
G_E——地震时结构（构件）的重力荷载代表值；
G_{eq}——地震时结构等效总重力荷载代表值；
R——结构构件抗力设计值；
S_A——顺风向风荷载效应；
S_C——横风向风荷载效应；
T——结构自振周期；
H——结构顶部高度；
B——结构迎风面宽度；
Re——雷诺数；
S_t——斯脱罗哈数；
A——面积；
I——惯性矩；
E——弹性模量；
M——弯矩设计值；
V——剪力设计值；
R——支座反力；
s_k——雪荷载标准值；
s_0——基本雪压；
w_k——风荷载标准值；
w_0——基本风压；
v_{cr}——横风向共振的临界风速；
α——坡度角；

β_z——高度 z 处的风振系数;
β_{gz}——高度 z 处的阵风系数;
γ_0——结构重要性系数;
γ_{RE}——承载力抗震调整系数;
γ_G——永久荷载的分项系数;
γ_Q——可变荷载的分项系数;
γ_E——地震作用的分项系数;
ψ_c——可变荷载的组合值系数;
ψ_f——可变荷载的频遇值系数;
ψ_q——可变荷载的准永久值系数;
μ_r——屋面积雪分布系数;
μ_z——风压高度变化系数;
μ_s——风荷载体型系数;
η——风荷载地形地貌修正系数;
ξ——风荷载脉动增大系数;
ν——风荷载脉动影响系数;
φ_z——结构振型系数;
ζ——结构阻尼比;
α——水平地震影响系数;
α_{max}——水平地震影响系数最大值;
α_{vmax}——竖向地震影响系数最大值。

第一章 荷载分类和荷载效应组合

第一节 荷载分类和荷载代表值

一、荷载分类

建筑结构上的荷载可分为三类：

（一）永久荷载（恒荷载）：例如结构自重、土压力、预应力等；

（二）可变荷载（活荷载）：例如屋面活荷载、屋面积灰荷载、楼面活荷载、吊车荷载、风荷载、雪荷载等。地震作用在设计中一般也按可变作用考虑，本手册包括由地震作用引起的地震力；

（三）偶然荷载：例如爆炸力、撞击力等。对特别重要的建筑结构（甲类建筑），地震作用应按偶然作用考虑，即采用超过本地区抗震设防烈度的作用值。

在建筑结构设计中，有时也会遇到有水压力作用的情况，对水位不变的水压力按永久荷载考虑，而水位变化的水压力按可变荷载考虑。

二、荷载代表值

设计建筑结构时，无论是按承载能力极限状态还是按正常使用极限状态进行设计，在各种极限状态表达式中，总是要涉及到荷载或其他作用。任何荷载在实际情况中，都具有明显的随机性，而在设计表达式中直接采用的荷载值称为荷载代表值。

对不同类别的荷载，在不同的极限状态设计中，应采用不同的代表值，其中最基本的代表值是荷载的标准值。荷载标准值是指荷载在结构设计基准期内的最大荷载统计分布的特征值，例如均值、众值、中值或某个分位值。《建筑结构荷载规范》GBJ 50009—2001 规定一般结构的设计基准期为 50 年，它与一般结构的设计使用年限相当。

对永久荷载在各种设计表达式中均应采用标准值作为代表值。

对可变荷载应根据设计的不同要求，采用标准值、组合值、频遇值或准永久值作为代表值。

对偶然荷载应根据试验资料，结合工程经验确定其代表值。

考虑地震作用时，将全部结构和构配件自重及部分可变荷载合并为重力荷载，设计时以结构和构配件自重标准值和部分可变荷载组合值之和为重力荷载代表值，地震效应应在重力荷载代表值的基础上确定。

在结构构件设计中，当考虑永久荷载与单个或多个可变荷载共同出现的情况时，对可变荷载为了使其荷载效应在设计基准期内的超越概率，能与该荷载单独出现时的相应概率趋于一致，对该荷载的代表值采用组合值。组合值可在标准值的基准上乘以组合值系数 ψ_c（小于 1）折减后得出。

在结构构件设计中，当需要考虑可变荷载持久性的影响时，如计算预应力混凝土构件按二级裂缝控制的抗裂性时，可对可变荷载采用准永久值作为荷载代表值。准永久值也可在标准值的基准上乘以准永久值系数 ψ_q（小于 1）折减后得出。在有充分经验的情况下，也可对可变荷载频遇值作为荷载代表值以考虑其持久性对结构构件的影响。频遇值是在标准值的基准上乘以频遇值系数 ψ_f（小于 1）折减后得出。

第二节 荷载效应组合

当整个结构或结构的一部分进入某一特定状态，而不能满足设计规定的某种功能要求时，则称此特定状态为结构对该功能的极限状态。结构的极限状态往往以结构的某种荷载效应，如内力、应力、变形等超过规定的标志值为依据。根据设计中要考虑的结构功能，结构的极限状态在原则上可分为承载能力极限状态和正常使用极限状态两类。对承载能力极限状态，一般是以结构内力超过其承载能力为依据；对正常使用极限状态，一般是以结构的变形、裂缝超过设计允许的限值为依据。有时在设计中也经常采用结构内的应力控制来保证结构满足正常使用的要求。

对所考虑的极限状态确定其荷载效应时，应对所有可能同时出现的诸荷载作用加以组合，求得组合后在结构中的总效应。由于荷载的变异性质，组合可以多种多样，因此还必须在所有可能的组合中，取其中最不利的一组作为控制该极限状态发生的设计依据。

一、承载能力极限状态的荷载效应组合

对承载能力极限状态的荷载效应组合，可分为两类：基本组合和偶然组合。并按下述设计表达式进行结构设计：

$$\gamma_0 S \leq R \tag{1-1}$$

式中 γ_0——结构重要性系数，应根据结构的安全等级或设计使用年限确定；

S——荷载效应组合的设计值；

R——结构构件抗力的设计值，应按各有关建筑结构设计规范的规定确定。当考虑地震作用时，抗力设计值尚应除以承载力调整系数 γ_{RE}。

结构重要性系数当按结构安全等级确定时，对一级、二级和三级的结构或构件应分别取 1.1、1.0 和 0.9。建筑结构的安全等级见表 1-1。当按结构的设计使用年限确定时，对设计使用年限为 100 年及以上、为 50 年和 5 年的结构构件应分别取 1.1、1.0 和 0.9。但抗震设计时不考虑结构构件的重要性系数。

建筑结构的安全等级　表 1-1

安全等级	破坏后果	建筑物类型
一级	很严重	重要的房屋
二级	严重	一般的房屋
三级	不严重	次要的房屋

（一）基本组合

基本组合设计时的荷载效应组合设计值按以下规定采用：❶

1. 应从下列组合值中取最不利值确定

1）由可变荷载效应控制的组合

$$S = \gamma_G S_{Gk} + \gamma_{Q1} S_{Q1k} + \sum_{i=2}^{n} \gamma_{Qi} \psi_{ci} S_{Qik} \tag{1-2}$$

式中 γ_G——永久荷载的分项系数，按表 1-2 取值；

γ_{Q1}、γ_{Qi}——分别为第 1 个和第 i 个可变荷载的分项系数，按表 1-3 取值；

---

❶ 基本组合中的设计值仅适用于荷载与荷载效应为线性的情况。

S_{Gk}——按永久荷载标准值 G_k 计算的荷载效应值;

S_{Q1k}、S_{Qik}——按可变荷载 Q_{1k} 和 Q_{ik} 计算的荷载效应值,其中 S_{Q1k} 为诸可变荷载效应中起控制作用者;

ψ_{ci}——可变荷载 Q_{ik} 的组合值系数,除对风荷载取 0.6 外,一般情况下都取 0.7,但不小于其频遇值系数;

n——参与组合的可变荷载数。

在计算中当对 S_{Q1k} 无法明显判断时,可轮次以各可变荷载效应为 S_{Q1k},选其中最不利的荷载效应组合。

永久荷载分项系数 γ_G 表 1-2

设计条件	效应组合情况	γ_G
永久荷载效应对结构不利时	对由可变荷载效应控制的组合	1.2
	对由永久荷载效应控制的组合	1.35
永久荷载效应对结构有利时	对一般情况	1.0
	对结构按刚体失去平衡的验算	不作统一规定[注]

注:对整个结构式结构的一部分作为刚体失去平衡(例如倾覆、滑移和漂浮等)验算的具体规定应参见不同材料的结构设计规范,包括地基基础设计规范中的有关内容,此时不一定局限于分项系数的表达形式,尤其是当涉及土体时,也可沿用经验的单一安全系数。

可变荷载分项系数 γ_Q 表 1-3

设 计 条 件	γ_Q
一 般 情 况	1.4
对标准值不小于 4kN/m² 的工业房屋楼面结构活荷载	1.3

2)由永久荷载效应控制的组合:

$$S = \gamma_G S_{Gk} + \sum_{i=1}^{n} \gamma_{Qi} \psi_{ci} S_{Qik} \tag{1-3}$$

对某些特殊情况下的 γ_G、γ_Q 取值应根据相应的有关建筑结构设计规范的规定确定。

2. 对一般排架和框架结构可采用简化方法,并应从下列组合值中取最不利值确定

1)由可变荷载效应控制的组合

$$S = \gamma_G S_{Gk} + \gamma_{Q1} S_{Q1k} \tag{1-4}$$

$$S = \gamma_G S_{Gk} + 0.9 \sum_{i=1}^{n} \gamma_{Qi} S_{Qik} \tag{1-5}$$

2)由永久荷载效应控制的组合

此情况的荷载效应组合的设计值仍按(1-3)式确定。

采用简化方法对一般排架和框架计算其荷载效应组合是为了便于手算,在通常情况下这种方法可以满足安全要求。

3. 按《建筑地基基础设计规范》GB 50007—2002 的规定,在确定基础、桩基承台、支挡结构的截面尺寸以及确定配筋和验算材料强度时,上部结构传来的荷载效应组合和相应的基底应力、桩基竖向力应按承载能力极限状态下荷载效应的基本组合计算。但是由于基础或桩基承台、支挡结构的基本组合,一般都由永久荷载效应控制,为方便手算,可采用简化规则,荷载效应基本组合的设计值 S 按下式直接确定:

$$S = 1.35(S_{Gk} + \sum_{i=1}^{n} S_{Qik}) \tag{1-6}$$

式中 S_{Gk}——永久荷载效应的标准组合值;

S_{Qik}——活荷载效应的标准组合值。

4. 考虑地震作用效应和其他荷载效应的基本组合

对结构构件当考虑地震作用进行截面抗震验算时,应从下列组合值中选取最不利的荷载效应组合:

$$S = \gamma_G S_{GE} + \gamma_{Eh} S_{Ehk} + \gamma_{Ev} S_{Evk} + \psi_w \gamma_w S_{wk} \quad (1-7)$$

式中 S——考虑地震作用效应和其它荷载效应组合的设计值;

γ_G——重力荷载分项系数,一般情况应采用 1.2,当重力荷载效应对构件承载能力有利时,不应大于 1.0;

γ_{Eh}、γ_{Ev}——分别为水平、竖向地震作用分项系数,应按表 1-4 采用;

γ_w——风荷载分项系数,应采用 1.4;

S_{GE}——重力荷载代表值的效应,计算方法详见本书第七章;

S_{Ehk}——水平地震作用标准值的效应;

S_{Evk}——竖向地震作用标准值的效应;

S_{wk}——风荷载标准值的效应;

ψ_w——风荷载组合值系数,一般结构可不考虑,风荷载起控制作用的高层建筑可采用 0.2。

地震作用分项系数 γ_{Eh}、γ_{Ev} 表 1-4

地 震 作 用	γ_{Eh}	γ_{Ev}
仅考虑水平地震作用	1.3	不考虑
仅考虑竖向地震作用	不考虑	1.3
同时考虑水平与竖向地震作用	1.3	0.5

现分别以风荷载起控制作用的高层民用建筑和单层工业厂房结构为例,说明荷载效应基本组合中可能对结构构件的诸组合式:

(1) 高层民用建筑结构(如住宅、办公楼、医院病房等)

需要考虑的荷载有恒载 G、屋面活荷载 R(屋面均布活荷载或雪荷载)、楼面活荷载 L、风荷载 w,可能对结构不利的组合式至少有以下诸种:

1) $1.35 S_{Gk}$
2) $1.2 S_{Gk} + 1.4 S_{Rk}$
3) $1.2 S_{Gk} + 1.4 S_{Lk}$
4) $1.2 S_{Gk} + 1.4 S_{wk}$
5) $1.2 S_{Gk} + 1.4 S_{Rk} + 0.98 S_{Lk}$
6) $1.2 S_{Gk} + 1.4 S_{Rk} + 0.84 S_{wk}$
7) $1.2 S_{Gk} + 1.4 S_{Rk} + 0.98 S_{Lk} + 0.84 S_{wk}$
8) $1.2 S_{Gk} + 1.4 S_{Lk} + 0.98 S_{Rk}$
9) $1.2 S_{Gk} + 1.4 S_{Lk} + 0.84 S_{wk}$
10) $1.2 S_{Gk} + 1.4 S_{Lk} + 0.98 S_{Rk} + 0.84 S_{wk}$

11) $1.2S_{Gk} + 1.4S_{wk} + 0.98S_{Lk}$

12) $1.2S_{Gk} + 1.4S_{wk} + 0.98S_{Rk}$

13) $1.2S_{Gk} + 1.4S_{wk} + 0.98S_{Rk} + 0.98S_{Lk}$

14) $1.35S_{Gk} + 0.98S_{Rk}$

15) $1.35S_{Gk} + 0.98S_{Lk}$

16) $1.35S_{Gk} + 0.98S_{Rk} + 0.98S_{Lk}$

当该高层民用建筑位于需要考虑地震作用的地区且风荷载起控制作用时，尚有以下不利组合：

17) $1.2（或1.0）S_{Gk} + 1.3S_{Evk} + 0.28S_{wk}$

18) $1.2（或1.0）S_{Gk} + 1.3S_{Ehk}$（抗震设防烈度为9度时）

19) $1.2（或1.0）S_{Gk} + 1.3S_{Evk} + 0.5S_{Ehk} + 0.28S_{wk}$（抗震设防烈度为9度时）

实际上当不考虑地震作用效应参与组合时，尚需考虑恒荷载效应可能对结构有利情况，其荷载分项系数取1.0，此时将增加不少荷载效应组合种类，此外风荷载、地震水平作用有可能来自房屋的左向或右向、前向或后向等四种情况，地震竖向作用有向上或向下两种情况，因此对结构不利的组合式还将成倍增加。

(2) 单层工业厂房结构的横向排架（一般软钩吊车厂房、无积灰荷载）

需要考虑的荷载有恒荷 G、屋面活荷载 R（屋面均布活荷载或雪荷载）、吊车荷载 C（吊车水平荷载和竖向荷载）、风荷载 w，可能对结构不利的组合至少有以下诸种：

1) $1.35S_{Gk}$

2) $1.2S_{Gk} + 1.4S_{Rk}$

3) $1.2S_{Gk} + 1.4S_{ck}$

4) $1.2S_{Gk} + 1.4S_{wk}$

5) $1.2S_{Gk} + 1.4S_{Rk} + 0.98S_{ck}$

6) $1.2S_{Gk} + 1.4S_{Rk} + 0.84S_{wk}$

7) $1.2S_{Gk} + 1.4S_{Rk} + 0.98S_{ck} + 0.84S_{wk}$

8) $1.2S_{Gk} + 1.4S_{wk} + 0.98S_{Rk}$

9) $1.2S_{Gk} + 1.4S_{wk} + 0.98S_{ck}$

10) $1.2S_{Gk} + 1.4S_{wk} + 0.98S_{Rk} + 0.98S_{ck}$

11) $1.2S_{Gk} + 1.4S_{ck} + 0.98S_{Rk}$

12) $1.2S_{Gk} + 1.4S_{ck} + 0.84S_{wk}$

13) $1.2S_{Gk} + 1.4S_{ck} + 0.98S_{Rk} + 0.84S_{wk}$

14) $1.35S_{Gk} + 0.98S_{Rk}$

15) $1.35S_{Gk} + 0.98S_{ck}$（仅考虑吊车竖向荷载参与组合）

16) $1.35S_{Gk} + 0.98S_{Rk} + 0.98S_{ck}$（仅考虑吊车竖向荷载参与组合）

当该厂房位于地震区且属于需要进行抗震承载力验算的情况时，有以下不利组合：

17) $1.2S_{GE} + 1.3S_{Evk}$

同样，当不考虑水平地震作用效应参与组合时，尚需考虑恒荷载效应可能对结构有利情况，其荷载分项系数取1.0。此外，风荷载、吊车水平荷载和地震水平力各有左向或右向两种情况、多台吊车时的吊车竖向力的最大轮压和最小压轮的作用位置也可能有多种情况，因此对结构不利的组合也将大大增加。

（二）偶然组合

偶然组合设计时的荷载效应宜按下列规定确定：偶然荷载的代表值不必乘分项系数；与偶然荷载同时出现的其他荷载可根据观测资料和工程经验采用适当的代表值。各种情况下荷载效应的设计值公式，应由各有关的设计规范规定。

二、正常使用极限状态的荷载效应组合

建筑结构中的正常使用极限状态是指建筑物由于结构构件出现局部损伤（包括表面出现裂缝）、或由于结构上的动态作用导致人体不舒适、或由于其他各种原因使结构丧失其应有功能的各种不利状态。与承载能力极限状态不同，在短期时间内它不存在任何对生命财产的直接危害性，因此在结构设计中是处于第二位要考虑的问题，但在个别结构设计实例中，也可能上升到主导地位。

在国内的建筑结构设计规范中有关正常使用要求的规定，主要限于混凝土构件的裂缝控制和各种结构构件的位移或挠度控制。

（一）关于裂缝控制

在《混凝土结构设计规范》GB 50010—2002 中，根据结构的功能要求、环境条件对钢筋的腐蚀影响、钢筋种类对腐蚀的敏感性和荷载作用的时间等因素划分为三种控制等级：

一级——严格要求不出现裂缝的构件；

二级——一般要求不出现裂缝的构件；

三级——允许出现裂缝的构件。

对一级和二级构件，分别在不同程度上（利用不同的荷载组合方法）控制构件混凝土不出现拉应力或限制拉应力，对三级构件则根据环境条件和钢筋的品种控制裂缝的宽度。对钢筋混凝土结构构件的裂缝控制等级及最大裂缝宽度限值见表1-5。

结构构件的裂缝控制等级及最大裂缝宽度限值　　　　表1-5

环境类别	钢筋混凝土结构		预应力混凝土结构	
	裂缝控制等级	w_{lim} (mm)	裂缝控制等级	w_{lim} (mm)
一	三	0.3 (0.4)	三	0.2
二	三	0.2	二	—
三	三	0.2	一	—

注：1. 表中的规定适用于采用热轧钢筋的钢筋混凝土构件和采用预应力钢丝、钢绞线及热处理钢筋的预应力混凝土构件；当采用其他类别的钢丝或钢筋时，其裂缝控制要求可按专门标准确定；
2. 对处于年平均相对湿度小于60%地区一类环境下的受弯构件，其最大裂缝宽度限值可采用括号内的数值；
3. 在一类环境下，对钢筋混凝土屋架、托架及需作疲劳验算的吊车梁，其最大裂缝宽度限值应取为0.2mm；对钢筋混凝土屋面梁和托梁，其最大裂缝宽度限值应取为0.3mm；
4. 在一类环境下，对预应力混凝土屋面梁、托梁、屋架、托架、屋面板和楼板，应按二级裂缝控制等级进行验算；在一类和二类环境下，对需作疲劳验算的预应力混凝土吊车梁，应按一级裂缝控制等级进行验算；
5. 表中规定的预应力混凝土构件的裂缝控制等级和最大裂缝宽度限值仅适用于正截面的验算；预应力混凝土构件的斜截面裂缝控制验算应符合规范GB 50010—2002 第8章的要求；
6. 对于烟囱、筒仓和处于液体压力下的结构构件，其裂缝控制要求应符合专门标准的有关规定；
7. 对于处于四、五类环境下的结构构件，其裂缝控制要求应符合专门标准的有关规定；
8. 表中的最大裂缝宽度限值用于验算荷载作用引起的最大裂缝宽度；
9. 环境类别的划分见 GB 50010—2002 的有关规定。

（二）关于位移控制

在各结构设计规范中根据不影响正常使用、观感、舒适度等方面的要求，对各种结构

的受弯构件的挠度、柱构件的水平位移、层间位移角规定相应的限值。

1. 钢筋混凝土受弯构件的挠度限值见表 1-6:[3]

钢筋混凝土受弯构件的挠度限值　　　　　表 1-6

项次	构件类型	挠度限值
1	吊车梁：手动吊车 　　　　电动吊车	$l_0/500$ $l_0/600$
2	屋盖、楼盖及楼梯构件： 　当 $l_0 < 7m$ 时 　当 $7m \leq l_0 \leq 9m$ 时 　当 $l_0 > 9m$ 时	$l_0/200$（$l_0/250$） $l_0/250$（$l_0/300$） $l_0/300$（$l_0/400$）

注：1. 表中 l_0 为构件的计算跨度；
　　2. 表中括号内的数值适用于使用上对挠度有较高要求的构件；
　　3. 如果构件制作时预先起拱，且使用上也允许，则在验算挠度时，可将计算所得的挠度值减去起拱值；对预应力混凝土构件，尚可减去预加力所产生的反拱值；
　　4. 计算悬臂构件的挠度限值时，其计算跨度 l_0 按实际悬臂长度的 2 倍取用。

2. 木结构受弯构件的挠度限值见表 1-7:[5]

木结构受弯构件挠度限值　　　　　表 1-7

项次	构件类别		挠度限值
1	檩条	$l \leq 3.3m$	$l/200$
		$l > 3.3m$	$l/250$
2	椽条		$l/150$
3	吊顶中的受弯构件		$l/250$
4	楼板梁和搁栅		$l/250$

3. 钢结构受弯构件的挠度限值见表 1-8:[4]

钢结构受弯构件挠度容许值　　　　　表 1-8

项次	构件类别	挠度容许值	
		$[v_T]$	$[v_Q]$
1	吊车梁和吊车桁架（按自重和起重量最大的一台吊车计算挠度） 　（1）手动吊车和单梁吊车（含悬挂吊车） 　（2）轻级工作制桥式吊车 　（3）中级工作制桥式吊车 　（4）重级工作制桥式吊车	$l/500$ $l/800$ $l/1000$ $l/1200$	— — — —
2	手动或电动葫芦的轨道梁	$l/400$	—
3	有重轨（重量等于或大于 38kg/m）轨道的工作平台梁 有轻轨（重量等于或小于 24kg/m）轨道的工作平台梁	$l/600$ $l/400$	— —
4	楼（屋）盖梁或桁架、工作平台梁（第 3 项除外）和平台板 　（1）主梁和桁架（包括设有悬挂起重设备的梁和桁架） 　（2）抹灰顶棚的次梁 　（3）除（1）、（2）款外的其他梁（包括楼梯梁） 　（4）屋盖檩条 　　　支承无积灰的瓦楞铁和石棉瓦屋面者 　　　支承压型金属板、有积灰的瓦楞铁和石棉瓦等屋面者 　　　支承其他屋面材料者 　（5）平台板	$l/400$ $l/250$ $l/250$ $l/150$ $l/200$ $l/200$ $l/150$	$l/500$ $l/350$ $l/300$ — — — —

续表

项次	构件类别	挠度容许值	
		$[v_T]$	$[v_Q]$
5	墙架构件（风荷载不考虑阵风系数） （1）支柱 （2）抗风桁架（作为连续支柱的支承时） （3）砌体墙的横梁（水平方向） （4）支承压型金属板、瓦楞铁和石棉瓦墙面的横梁（水平方向） （5）带有玻璃窗的横梁（竖直和水平方向）	— — — — $l/200$	$l/400$ $l/1000$ $l/300$ $l/200$ $l/200$

注：1. l 为受弯构件的跨度（对悬臂梁和伸臂梁为悬伸长度的2倍）。
2. $[v_T]$ 为永久和可变荷载标准值产生的挠度（如有起拱应减去拱度）的容许值；$[v_Q]$ 为可变荷载标准值产生的挠度的容许值。
3. 冶金工厂或类似车间中设有工作级别为A7、A8级吊车的车间，其跨间每侧吊车梁或吊车桁架的制动结构，由一台最大吊车横向水平荷载（按荷载规范取值）所产生的挠度不宜超过制动结构跨度的1/2200。

4. **单层和多层钢框架结构的水平位移限值**：[4]

在风荷载标准值作用下，框架柱顶水平位移和层间相对位移不宜超过下列数值：

1) 无桥式吊车的单层框架的柱顶位移　　　　　　　　　$H/150$
2) 有桥式吊车的单层框架的柱顶位移　　　　　　　　　$H/400$
3) 多层框架的柱顶位移　　　　　　　　　　　　　　　$H/500$
4) 多层框架的层间相对位移　　　　　　　　　　　　　$h/400$

H 为自基础顶面至柱顶的总高度；h 为层高。

注：1. 对室内装修要求较高的民用建筑多层框架结构，层间相对位移宜适当减小。无墙壁的多层框架结构，层间相对位移可适当放宽。
2. 对轻型框架结构的柱顶水平位移和层间位移均可适当放宽。

5. **单层厂房钢排架柱和露天栈桥柱的水平位移限值**。[4]

在冶金工厂或类似车间中设有A7、A8级吊车的厂房柱和设有中级和重级工作制吊车的露天栈桥柱，在吊车梁或吊车桁架的顶面标高处，由一台最大吊车水平荷载（按荷载规范取值）所产生的计算变形值，不宜超过表1-9所列的限值。

柱水平位移（计算值）的限值　　　　　　　　表1-9

项次	位移的种类	按平面结构图形计算	按空间结构图形计算
1	厂房柱的横向位移	$H_c/1250$	$H_c/2000$
2	露天栈桥柱的横向位移	$H_c/2500$	
3	厂房和露天栈桥柱的纵向位移	$H_c/4000$	

注：1. H_c 为基础顶面至吊车梁或吊车桁架顶面的高度。
2. 计算厂房或露天栈桥柱的纵向位移时，可假定吊车的纵向水平制动力分配在温度区段内所有柱间支撑或纵向框架上。
3. 在设有A8级吊车的厂房中，厂房柱的水平位移容许值宜减小10%。
4. 在设有A6级吊车的厂房柱的纵向位移宜符合表中的要求。

6. **门式刚架轻型钢结构房屋位移限值见表1-10和表1-11**。[18]

刚架柱顶位移设计值的限值　　　　　　　　　　　　表 1-10

吊车情况	其它情况	柱顶位移限值	吊车情况	其它情况	柱顶位移限值
无吊车	当采用轻型钢墙板时 当采用砌体墙时	$H/60$ $H/100$	有桥式吊车	当吊车有驾驶室时 当吊车由地面操作时	$H/400$ $H/180$

注：表中 H 为刚架柱高度。

受弯构件的挠度限值　　　　　　　　　　　　表 1-11

挠度类别	构件类别	构件挠度限值
竖向挠度	门式刚架斜梁 　仅支承压型钢板屋面和冷弯型钢檩条 　尚有吊顶 　有悬挂起重机	$l/180$ $l/240$ $l/400$
	檩条 　仅支承压型钢板屋面 　尚有吊顶	$l/150$ $l/240$
	压型钢板屋面板	$l/150$
水平挠度	墙板	$l/100$
	墙梁 　仅支承压型钢板墙 　支承砌体墙	$l/100$ $l/180$ 且 $\leq 50\text{mm}$

注：1. 表中 l 为构件跨度；
　　2. 对悬臂梁，按悬伸长度的 2 倍计算受弯构件的跨度。

7. 冷弯薄壁钢结构构件的挠度和侧移限值见表 1-12：[20]

冷弯薄壁钢结构挠度和侧移限值　　　　　　　　　　　　表 1-12

项次	构件类别		构件挠度和侧移限值
1	压型钢板	屋面板 屋面坡度 <1/20	$l/250$
		屋面板 屋面坡度 ≥1/20	$l/200$
		墙板	$l/150$
		楼板	$l/200$
2	檩条	瓦楞铁屋面	$l/150$
		压型钢板、钢丝瓦水泥瓦和其他水泥制品瓦屋面	$l/200$
3	墙梁	压型钢板、瓦楞铁墙面	$l/150$（水平方向）
		窗洞顶部的墙梁	$l/200$（水平方向和竖向）
4	刚架梁	仅支承压型钢板屋面和檩条（承受活荷载或雪荷载）	$l/180$
		尚有吊顶	$l/240$
		有吊顶且抹灰	$l/360$
5	刚架柱	无吊车 采用压型钢板等轻型钢墙板时	$H/75$
		无吊车 采用砖墙时	$H/100$
		有桥式吊车 吊车由驾驶室操作时	$H/400$
		有桥式吊车 吊车由地面操作时	$H/180$

注：1. 表中窗洞顶部墙梁竖向挠度尚不得大于 10mm；
　　2. 表中刚架梁 l：对单跨山形门式刚架为一侧斜梁的坡面长度；对多跨山形门式刚架为相邻两柱之间斜梁一坡的坡面长度；
　　3. 对悬臂梁 l 取其实际悬臂长度的 2 倍；
　　4. 表中 l 为梁的计算跨度，H 为刚架柱高度。

8. 多、高层建筑的弹性层间位移角限值，见表 1-13：[9]

弹性层间位移角限值　　　　　　　　表 1-13

结 构 类 型	$[\theta_e]$
钢筋混凝土框架	1/550
钢筋混凝土框架-抗震墙、板柱-抗震墙、框架-核心筒	1/800
钢筋混凝土抗震墙、筒中筒	1/1000
钢筋混凝土框支层	1/1000
多、高层钢结构	1/300

注：表中 $\theta_e \doteq \Delta_u/h$，$\Delta_u$ 为按多遇地震作用标准值或风荷载标准值按弹性方法计算的楼层层间最大位移、h 为计算楼层层高。

（三）正常使用极限状态设计表达式

计算构件的抗裂性或裂缝宽度，以及结构或构件的位移或挠度时，会涉及到荷载的代表值及其效应组合。建筑结构荷载规范规定，对于正常使用极限状态，应根据不同的设计要求，采用荷载效应的标准组合、频遇组合或准永久组合，并按下列设计表达进行设计：

$$S \leq C \tag{1-8}$$

式中　　S——荷载效应组合的设计值；

　　　　C——结构或结构构件达到正常使用要求的规定限值，例如变形、裂缝、振幅、加速度、应力等的限值，应根据各有关的建筑结构设计规范规定采用。

1. 荷载效应标准组合的设计值

荷载效应标准组合中的荷载代表值与不考虑地震作用的基本组合相同（公式 1-2），但荷载分项系数全部取 1，即按下式确定：

$$S_{Gk} + S_{Q1k} + \sum_{i=2}^{n} \psi_{ci} S_{Qik} \tag{1-9}$$

显然，荷载效应标准值组合的设计值代表了构件在设计使用年限（50 年）内的效应最大值，从正常使用的要求来看，取这样的罕遇值，一般情况下显然是过分偏于安全的，但目前在我国的建筑结构设计规范中大多都采用此种组合。

2. 荷载效应频遇组合的设计值

荷载效应频遇组合中的荷载代表值对永久荷载采用标准值、对可变荷载采用频遇值或准永久值，并按下式确定荷载效应频遇组合的设计值：

$$S_{Gk} + \psi_{f1} S_{Q1k} + \sum_{i=2}^{n} \psi_{qi} S_{Qik} \tag{1-10}$$

式中　　ψ_{fi}——可变荷载 Q_i 的频遇值系数，按有关各章所列数值采用；

　　　　ψ_{qi}——可变荷载 Q_i 的准永久值系数，按有关各章所列数值采用。

频遇组合考虑了可变荷载与时间的关系，它意味着允许某些极限状态在一个较短的持续时间内被超过，或在总体上不长的时间内被超过，相当于在结构上时而出现的较大荷载值，但它总是小于荷载的标准值。频遇组合目前在设计实践中还没有得到采用，随着人们对正常使用功能控制的认识深化后，会逐渐代替现行的标准组合。

3. 荷载效应准永久组合的设计值

荷载效应准永久组合中的荷载代表值对永久荷载采用标准值、对可变荷载全部采用准永久值，并按下式确定荷载效应准永久组合的设计值：

$$S_{Gk} + \sum_{i=1}^{n} \psi_{qi} S_{Qik} \tag{1-11}$$

准永久组合也考虑了可变荷载与时间的关系，相当于可变荷载在整个变化过程中的中间值。此组合设计值表征的是可变荷载在整个设计使用年限内经常出现的荷载水平的效应组合值，因此它代表的是结构上长期作用的荷载。

对一些要求可以放松的正常使用功能控制，有时可采用荷载效应准永久组合，例如对二级裂缝控制等级的预应力混凝土构件，按荷载效应准永久组合控制其正截面受拉边缘的混凝土应力为零或压应力；而对一级裂缝控制等级的预应力混凝土构件，则仍要求按荷载效应标准组合来作相应控制。此外在控制钢筋混凝土受弯构件的挠度时，也要考虑荷载效应准永久值组合对刚度有降低的影响，此时可通过荷载效应标准组合设计值和准永久组合设计值（弯矩组合）的比值确定刚度的折减系数。

第二章 永 久 荷 载

第一节 永久荷载标准值

永久荷载（恒荷载）是指在结构使用期间，其值不随时间变化，或其变化与平均值相比可以忽略不计的荷载，例如结构和固定设备的自重；它也包括那些虽随时间变化但具有某个限值的单调变化的荷载，例如对结构的预应力、土压力；水位不变的水压力也按永久荷载考虑。

永久荷载不仅随时间的变异性不大，对于同一类型的荷载，随空间的变异性相对于可变荷载而言，一般也小得很多，因此对永久荷载的概率统计分布，原则上都可采用正态分布，而其标准值可直接由其总体分布的平均值确定。

对结构自重的标准值，可按结构图纸的设计尺寸与材料单位体积、面积或长度的重力，经计算直接确定。常用材料和构件，其自重可按第二节中的规定采用。对于某些自重变异较大的材料和构件（例如现场制作的保温材料、混凝土薄壁构件等），其自重的标准值应根据对结构有利或不利两种情况，分别取上限值或下限值。

土压力的标准值可根据填土的力学特征按理论或半理论的土压力公式计算确定，见第三节。

固定的设备荷载也应按永久荷载考虑。本手册将当前常用的自动扶梯的规格，包括厂家提供的扶梯对结构的作用力在附录一中列出供设计参考。注意该作用力已包括人流活荷载标准值 $5kN/m^2$，作为扶梯自重应从中扣除。例如采用迅达自动扶梯 $10/35°K$，提升高度 6m，梯级宽度 w 为 1000mm 查附表 1-1 得扶梯支反力 $R_1=81kN$，$R_2=73kN$，其中包括活荷载，按 $q=5kN/m^2$ 计，扶梯水平跨长 $l=1.428\times6+4.825=13.393m$。则两端活荷载反力各为 $\frac{1}{2}qlw=33.5kN$。因此扶梯自重反力 $R_{G1}=47.5kN$，$R_{G2}=39.5kN$。

第二节 常用材料和构件自重的标准值

常用材料和构件的自重可按表 2-1 选用。

常用材料和构件的自重表　　　　表 2-1

名　称	自重	备　注
1. 木　材　kN/m^3		
杉木	4	随含水率而不同
冷杉、云杉、红松、华山松、樟子松、铁杉、拟赤杨、红椿、杨木、枫杨	4~5	随含水率而不同
马尾松、云南松、油松、赤松、广东松、桤木、枫香、柳木、榛木、秦岭落叶松、新疆落叶松	5~6	随含水率而不同

续表

名　　称	自重	备　注
东北落叶松、陆均松、榆木、桦木、水曲柳、苦楝、木荷、臭椿	6~7	随含水率而不同
锥木（栲木）、石栎、槐木、乌墨	7~8	随含水率而不同
青冈栎（槠木）、栎木（柞木）、桉树、木麻黄	8~9	随含水率而不同
普通木板条、椽檩木料	5	随含水率而不同
锯末	2~2.5	加防腐剂时为 3kN/m³
木丝板	4~5	
软木板	2.5	
刨花板	6	

2. 胶 合 板 材　kN/m²

名称	自重	备注
胶合三夹板（杨木）	0.019	
胶合三夹板（椴木）	0.022	
胶合三夹板（水曲柳）	0.028	
胶合五夹板（杨木）	0.03	
胶合五夹板（椴木）	0.034	
胶合五夹板（水曲柳）	0.04	
甘蔗板　按 10mm 厚计	0.03	常用厚度为 13, 15, 19, 25mm
隔音板　按 10mm 厚计	0.03	常用厚度为 13, 20mm
木屑板　按 10mm 厚计	0.12	常用厚度为 6, 10mm

3. 金 属 矿 产　kN/m³

名称	自重	备注
铸铁	72.5	
锻铁	77.5	
铁矿渣	27.6	
赤铁矿	25~30	
钢	78.5	
紫铜、赤铜	89	
黄铜、青铜	85	
硫化铜矿	42	
铝	27	
铝合金	28	
锌	70.5	
亚锌矿	40.5	
铅	114	
方铅矿	74.5	
金	193	
白金	213	

续表

名　　称	自重	备　注
银	105	
锡	73.5	
镍	89	
水银	136	
钨	189	
镁	18.5	
锑	66.6	
水晶	29.5	
硼砂	17.5	
硫矿	20.5	
石棉矿	24.6	
石棉	10	压实
石棉	4	松散，含水量不大于15%
石垩（高岭土）	22	
石膏矿	25.5	
石膏	13~14.5	粗块堆放 $\varphi=30°$ 细块堆放 $\varphi=40°$
石膏粉	9	

4. 土、砂、砂砾、岩石　kN/m³

名　称	自重	备　注
腐植土	15~16	干，$\varphi=40°$；湿，$\varphi=35°$；很湿，$\varphi=25°$
粘土	13.5	干，松，空隙比为1.0
粘土	16	干，$\varphi=40°$，压实
粘土	18	湿，$\varphi=35°$，压实
粘土	20	很湿，$\varphi=20°$，压实
砂土	12.2	干，松
砂土	16	干，$\varphi=35°$，压实
砂土	18	湿，$\varphi=35°$，压实
砂土	20	很湿，$\varphi=25°$，压实
砂子	14	干，细砂
砂子	17	干，粗砂
卵石	16~18	干
粘土夹卵石	17~18	干，松
砂夹卵石	15~17	干，松
砂夹卵石	16~19.2	干，压实
砂夹卵石	18.9~19.2	湿

续表

名　　称	自重	备　注
浮石	6~8	干
浮石填充料	4~6	
砂岩	23.6	
页岩	28	
页岩	14.8	片石堆置
泥灰石	14	$\varphi=40°$
花岗岩、大理石	28	
花岗岩	15.4	片石堆置
石灰石	26.4	
石灰石	15.2	片石堆置
贝壳石灰岩	14	
白云石	16	片石堆置，$\varphi=48°$
滑石	27.1	
火石（燧石）	35.2	
云斑石	27.6	
玄武岩	29.5	
长石	25.5	
角闪石、绿石	30	
角闪石、绿石	17.1	片石堆置
碎石子	14~15	堆置
岩粉	16	粘土质或石灰质的
多孔粘土	5~8	作填充料用，$\varphi=35°$
硅藻土填充料	4~6	
辉绿岩板	29.5	

5. 砖及砌块 kN/m³

名　　称	自重	备　注
普通砖	18	240mm×115mm×53mm（684块/m³）
普通砖	19	机器制
缸砖	21~21.5	230mm×110mm×65mm（609块/m³）
红缸砖	20.4	
耐火砖	19~22	230mm×110mm×65mm（609块/m³）
耐酸瓷砖	23~25	230mm×113mm×65mm（590块/m³）
灰砂砖	18	砂:白灰=92:8
煤渣砖	17~18.5	
矿渣砖	18.5	硬矿渣:烟灰:石灰=75:15:10
焦渣砖	12~14	炉渣:电石渣:烟灰=30:40:30
烟灰砖	14~15	

续表

名　　称	自重	备　注
粘土坯	12～15	
锯末砖	9	
焦渣空心砖	10	290mm×290mm×140mm（85块/m³）
水泥空心砖	9.8	290mm×290mm×140mm（85块/m³）
水泥空心砖	10.3	300mm×250mm×110mm（121块/m³）
水泥空心砖	9.6	300mm×250mm×160mm（83块/m³）
蒸压粉煤灰砖	14.0～16.0	干容重
陶粒空心砌块	5.0	长600mm、400mm，宽150mm、250mm，高250mm、200mm
	6.0	390mm×290mm×190mm
粉煤灰轻渣空心砌块	7.0～8.0	390mm×190mm×190mm，390mm×240mm×190mm
蒸压粉煤灰加气混凝土砌块	5.5	
混凝土空心小砌块	11.8	390mm×190mm×190mm
碎砖	12	堆置
水泥花砖	19.8	200mm×200mm×24mm（1042块/m³）
瓷面砖	19.8	150mm×150mm×8mm（5556块/m³）
陶瓷锦砖	0.12kN/m²	厚5mm

6. 石灰、水泥、灰浆及混凝土　kN/m³

名　　称	自重	备　注
生石灰块	11	堆置，$\varphi=30°$
生石灰粉	12	堆置，$\varphi=35°$
熟石灰膏	13.5	
石灰砂浆、混合砂浆	17	
水泥石灰焦渣砂浆	14	
石灰炉渣	10～12	
水泥炉渣	12～14	
石灰焦渣砂浆	13	
灰土	17.5	石灰：土＝3:7，夯实
稻草石灰泥	16	
纸筋石灰泥	16	
石灰锯末	3.4	石灰：锯末＝1:3
石灰三合土	17.5	石灰、砂子、卵石
水泥	12.5	轻质松散，$\varphi=20°$
水泥	14.5	散装，$\varphi=30°$
水泥	16	袋装压实，$\varphi=40°$
矿渣水泥	14.5	

续表

名　　称	自重	备　注
水泥砂浆	20	
水泥蛭石砂浆	5~8	
石棉水泥浆	19	
膨胀珍珠岩砂浆	7~15	
石膏砂浆	12	
碎砖混凝土	18.5	
素混凝土	22~24	振捣或不振捣
矿渣混凝土	20	
焦渣混凝土	16~17	承重用
焦渣混凝土	10~14	填充用
铁屑混凝土	28~65	
浮石混凝土	9~14	
沥青混凝土	20	
无砂大孔性混凝土	16~19	
泡沫混凝土	4~6	
加气混凝土	5.5~7.5	单块
钢筋混凝土	24~25	
碎砖钢筋混凝土	20	
钢丝网水泥	25	用于承重结构
水玻璃耐酸混凝土	20~23.5	
粉煤灰陶砾混凝土	19.5	

7. 沥青、煤灰、油料　kN/m³

名　　称	自重	备　注
石油沥青	10~11	根据相对密度
柏油	12	
煤沥青	13.4	
煤焦油	10	
无烟煤	15.5	整体
无烟煤	9.5	块状堆放，$\varphi = 30°$
无烟煤	8	碎块堆放，$\varphi = 35°$
煤末	7	堆放，$\varphi = 15°$
煤球	10	堆放
褐煤	12.5	
褐煤	7~8	堆放
泥炭	7.5	
泥炭	3.2~4.2	堆放
木炭	3~5	
煤焦	12	
煤焦	7	堆放，$\varphi = 45°$
焦渣	10	
煤灰	6.5	
煤灰	8	压实
石墨	20.8	

续表

名　　称	自重	备　注
煤蜡	9	
油蜡	9.6	
原油	8.8	
煤油	8	
煤油	7.2	桶装，相对密度 0.82～0.89
润滑油	7.4	
汽油	6.7	
汽油	6.4	桶装，相对密度 0.72～0.76
动物油、植物油	9.3	
豆油	8	大铁桶装，每桶 360kg
8. 杂　项　kN/m³		
普通玻璃	25.6	
夹丝玻璃	26	
泡沫玻璃	3～5	
玻璃棉	0.5～1	作绝缘层填充料用
岩棉	0.5～2.5	
沥青玻璃棉	0.8～1	导热系数 0.035～0.047 [W/(m·K)]
玻璃棉板（管套）	1～1.5	导热系数 0.035～0.047 [W/(m·K)]
玻璃钢	14～22	
矿渣棉	1.2～1.5	松散，导热系数 0.031～0.044 [W/(m·K)]
矿渣棉制品（板、砖、管）	3.5～4	导热系数 0.047～0.07 [W/(m·K)]
沥青矿渣棉	1.2～1.6	导热系数 0.041～0.052 [W/(m·K)]
膨胀珍珠岩粉料	0.8～2.5	干，松散，导热系数 0.052～0.076 [W/(m·K)]
水泥珍珠岩制品	3.5～4	强度 1.0N/mm²，导热系数 0.058～0.081 [W/(m·K)]
膨胀蛭石	0.8～2	导热系数 0.052～0.07 [W/(m·K)]
沥青蛭石制品	3.5～4.5	导热系数 0.081～0.105 [W/(m·K)]
水泥蛭石制品	4～6	导热系数 0.093～0.14 [W/(m·K)]
聚氯乙烯板（管）	13.6～16	
聚苯乙烯泡沫塑料	0.5	导热系数不大于 0.035 [W/(m·K)]
石棉板	13	含水率不大于 3%
乳化沥青	9.8～10.5	
软性橡胶	9.3	
白磷	18.3	
松香	10.7	
磁	24	
酒精	7.85	100% 纯
酒精	6.6	桶装，相对密度 0.79～0.82

续表

名　　　称	自重	备　　注
盐　酸	12	浓度40%
硝　酸	15.1	浓度91%
硫　酸	17.9	浓度87%
火　碱	17	浓度60%
氯化铵	7.5	袋装堆放
尿　素	7.5	袋装堆放
碳酸氢铵	8	袋装堆放
水	10	温度4℃密度最大时
冰	8.96	
书　籍	5	书架藏置
道林纸	10	
报　纸	7	
宣纸类	4	
棉花、棉纱	4	压紧平均重量
稻　草	1.2	
建筑碎料（建筑垃圾）	15	

9. 食　品　kN/m³

名　　　称	自重	备　　注
稻　谷	6	$\varphi = 35°$
大　米	8.5	散放
豆　类	7.5~8	$\varphi = 20°$
豆　类	6.8	袋装
小　麦	8	$\varphi = 25°$
面　粉	7	
玉　米	7.8	$\varphi = 28°$
小米、高粱	7	散装
小米、高粱	6	袋装
芝　麻	4.5	袋装
鲜　果	3.5	散装
鲜　果	3	装箱
花　生	2	袋装带壳
罐　头	4.5	装箱
酒、酱油、醋	4	成瓶装箱
豆　饼	9	圆饼放置，每块 28kg
矿　盐	10	成块
盐	8.6	细粒散放
盐	8.1	袋装

续表

名 称	自重	备 注
砂 糖	7.5	散 装
砂 糖	7	袋 装

10. 砌 体 kN/m³

名 称	自重	备 注
浆砌细方石	26.4	花岗石，方整石块
浆砌细方石	25.6	石灰石
浆砌细方石	22.4	砂岩
浆砌毛方石	24.3	花岗石、上下面大致平整
浆砌毛方石	24	石灰石
浆砌毛方石	20.8	砂岩
干砌毛石	20.8	花岗石，上下面大致平整
干砌毛石	20	石灰石
干砌毛石	17.6	砂岩
浆砌普通烧结粘土实心砖	18	
浆砌烧结机制粘土实心砖	19	
浆砌烧结机制多孔砖	(1~0.5q) 19	q 为孔洞率（%），当孔洞率大于28%时，可取自重为16.4kN/m³
浆砌蒸压灰砂砖	20	
浆砌蒸压粉煤灰砖	17	对掺有砂石的蒸压粉煤灰砖应按实际自重计算
浆砌缸砖	21	
浆砌耐火砖	22	
浆砌矿渣砖	21	
浆砌焦渣砖	12.5~14	
土坯砖砌体	16	
粘土砖空斗砌体	17	中填碎瓦砾，一眠一斗
粘土砖空斗砌体	13	全斗
粘土砖空斗砌体	12.5	不能承重
粘土砖空斗砌体	15	能承重
粉煤灰泡沫砌块砌体	8~8.5	粉煤灰:电石渣:废石膏 = 74:22:4
三合土	17	灰:砂:土 = 1:1:9 ~ 1:1:4

11. 隔 墙 与 墙 面 kN/m²

名 称	自重	备 注
双面抹灰板条隔墙	0.9	每面抹灰厚16~24mm，龙骨在内
单面抹灰板条隔墙	0.5	灰厚16~24mm，龙骨在内
C形轻钢龙骨隔墙	0.27	两层12mm纸面石膏板，无保温层
C形轻钢龙骨隔墙	0.32	两层12mm纸面石膏板，中填岩面保温板50mm
C形轻钢龙骨隔墙	0.38	三层12mm纸面石膏板，无保温层
C形轻钢龙骨隔墙	0.43	三层12mm纸面石膏板，中填岩棉保温板50mm

续表

名　称	自重	备　注
C形轻钢龙骨隔墙	0.49	四层12mm纸面石膏板，无保温层
C形轻钢龙骨隔墙	0.54	四层12mm纸面石膏板，中填岩棉保温板50mm
贴磁砖墙面	0.5	包括水泥砂浆打底，共厚25mm
水泥粉刷墙面	0.36	20mm厚，水泥粗砂
水磨石墙面	0.55	25mm厚，包括打底
水刷石墙面	0.5	25mm厚，包括打底
石灰粗砂粉刷	0.34	20mm厚
剁假石墙面	0.5	25mm厚，包括打底
外墙拉毛墙面	0.7	包括25mm，水泥砂浆打底

12. 屋架、门窗　kN/m^2

名　称	自重	备　注
木屋架	$0.07+0.007l$	按屋面水平投影面积计算，跨度 l 以 m 计
钢屋架	$0.12+0.011l$	无天窗，包括支撑，按屋面水平投影面积计算，跨度 l 以 m 计
木框玻璃窗	0.2~0.3	
钢框玻璃窗	0.4~0.45	
木门	0.1~0.2	
钢铁门	0.4~0.45	

13. 屋顶　kN/m^2

名　称	自重	备　注
粘土平瓦屋面	0.55	按实际面积计算，下同
水泥平瓦屋面	0.5~0.55	
小青瓦屋面	0.9~1.1	
冷摊瓦屋面	0.5	
石板瓦屋面	0.46	厚6.3mm
石板瓦屋面	0.71	厚9.5mm
石板瓦屋面	0.96	厚12.7mm
麦秸泥灰顶	0.16	以10mm厚计
石棉板瓦	0.18	仅瓦自重
波形石棉瓦	0.2	1820mm×725mm×8mm
镀锌薄钢板	0.05	24号
瓦楞铁	0.05	26号
彩色钢板波形瓦	0.12~0.13	0.6mm厚彩色钢板
拱形彩色钢板屋面	0.3	包括保温及灯具重0.15kN/m²
有机玻璃屋面	0.06	厚1.0mm
玻璃屋顶	0.3	9.5mm夹丝玻璃，框架自重在内
玻璃砖顶	0.65	框架自重在内
油毡防水层（包括改性沥青防水卷材）	0.05	一层油毡刷油两遍

续表

名 称	自重	备 注
油毡防水层（包括改性沥青防水卷材）	0.25~0.3	四层作法，一毡二油上铺小石子
油毡防水层（包括改性沥青防水卷材）	0.3~0.35	六层作法，二毡三油上铺小石子
油毡防水层（包括改性沥青防水卷材）	0.35~0.4	八层作法，三毡四油上铺小石子
捷罗克防水层	0.1	厚 8mm
屋顶天窗	0.35~0.4	9.5mm 夹丝玻璃，框架自重在内

14. 顶 棚 kN/m^2

名 称	自重	备 注
钢丝网抹灰吊顶	0.45	
麻刀灰板条顶棚	0.45	吊木在内，平均灰厚 20mm
砂子灰板条顶棚	0.55	吊木在内，平均灰厚 25mm
苇箔抹灰顶棚	0.48	吊木龙骨在内
松木板顶棚	0.25	吊木在内
三夹板顶棚	0.18	吊木在内
马粪纸顶棚	0.15	吊木及盖缝条在内
木丝板吊顶棚	0.26	厚 25mm，吊木及盖缝条在内
木丝板吊顶棚	0.29	厚 30mm，吊木及盖缝条在内
隔声纸板顶棚	0.17	厚 10mm，吊木及盖缝条在内
隔声纸板顶棚	0.18	厚 13mm，吊木及盖缝条在内
隔声纸板顶棚	0.2	厚 20mm，吊木及盖缝条在内
V 型轻钢龙骨吊顶	0.12	一层 9mm 纸面石膏板，无保温层
V 型轻钢龙骨吊顶	0.17	一层 9mm 纸面石膏板，有岩棉板保温层厚 50mm
V 型轻钢龙骨吊顶	0.20	二层 9mm 纸面石膏板，无保温层
V 型轻钢龙骨吊顶	0.25	二层 9mm 纸面石膏板，有岩棉板保温层厚 50mm
V 型轻钢龙骨及铝合金龙骨吊顶	0.1~0.12	一层矿棉吸声板厚 15mm，无保温层
顶棚上铺焦渣锯末绝缘层	0.2	厚 50mm 焦渣、锯末按 1:5 混合

15. 地 面 kN/mm^2

名 称	自重	备 注
地板格栅	0.2	仅格栅自重
硬木地板	0.2	厚 25mm，剪刀撑、钉子等自重在内，不包括格栅自重
松木地板	0.18	
小磁砖地面	0.55	包括水泥粗砂打底
水泥花砖地面	0.6	砖厚 25mm，包括水泥粗砂打底
水磨石地面	0.65	10mm 面层，20mm 水泥砂浆打底
油地毡	0.02~0.03	油地纸，地板表面用

续表

名　称	自重	备　注
木块地面	0.7	加防腐油膏铺砌厚76mm
菱苦土地面	0.28	厚20mm
铸铁地面	4~5	60mm碎石垫层，60mm面层
缸砖地面	1.7~2.1	60mm砂垫层，53mm面层，平铺
缸砖地面	3.3	60mm砂垫层，115mm面层侧铺
黑砖地面	1.5	砂垫层，平铺
16. 建筑用压型钢板 kN/m^2		
单波型 V-300（S-60）	0.13	波高173mm，板厚0.8mm
双波型 W-550	0.11	波高130mm，板厚0.8mm
三波型 V-200	0.135	波高70mm，板厚1mm
多波型 V-125	0.065	波高35mm，板厚0.6mm
多波型 V-115	0.079	波高35mm，板厚0.6mm
17. 建筑墙板 kN/m^2		
彩色钢板金属幕墙板	0.11	两层，彩色钢板厚0.6mm，聚苯乙烯芯材厚25mm
金属绝热材料（聚氨酯）复合板	0.14	板厚40mm，钢板厚0.6mm
	0.15	板厚60mm，钢板厚0.6mm
	0.16	板厚80mm，钢板厚0.6mm
彩色钢板夹聚苯乙烯保温板	0.12~0.15	两层，彩色钢板厚0.6mm，聚苯乙烯芯材板厚50~250mm
彩色钢板岩棉夹心板	0.24	板厚100mm，两层彩色钢板，Z型龙骨岩棉芯材
	0.25	板厚120mm，两层彩色钢板，Z型龙骨岩棉芯材
GRC增强水泥聚苯复合保温板	1.13	
GRC空心隔墙板	0.3	长2400~2800mm，宽600，厚60mm
GRC内隔墙板	0.35	长2400~2800mm，宽600，厚60mm
轻质GRC保温板	0.14	3000mm×600mm×60mm
轻质GRC空心隔墙板	0.17	3000mm×600mm×60mm
轻质大型墙板（太空板系列）	0.7~0.9	6000mm×1500mm×120mm 高强水泥发泡芯材
轻质条型墙板（太空板系列），厚度80mm	0.4	标准规格 3000mm×1000mm、3000mm×1200mm、3000mm×1500mm 高强水泥发泡芯材，按不同檩距及荷载配有不同钢骨架及冷拔钢丝网
厚度100mm	0.45	
厚度120mm	0.5	
GRC墙板	0.11	厚10mm
钢丝网岩棉夹芯复合板（GY板）	1.1	岩棉芯材厚50mm，双面钢丝网水泥砂浆各厚25mm
硅酸钙板	0.08	板厚6mm

续表

名　　称	自重	备　　注
	0.10	板厚 8mm
	0.12	板厚 10mm
泰柏板	0.95	板厚 100mm，钢丝网片夹聚苯乙烯保温层，每面抹水泥砂浆厚 20mm
蜂窝复合板	0.14	厚 75mm
石膏珍珠岩空心条板	0.45	长 2500~3000mm，宽 600mm，厚 60mm
加强型水泥石膏聚苯保温板	0.17	3000mm × 600mm × 60mm
玻璃幕墙	1.0~1.5	一般可按单位面积玻璃自重增大 20%~30% 采用

第三节　土压力标准值

　　工业及民用建筑中的地下室外墙、地沟侧壁和挡土墙等结构构件均承受土壤的侧压力，简称土压力。根据结构所处平衡状态的不同，其所承受的土压力情况也各异，一般分静止、主动和被动三种情况：当土体内剪应力低于其抗剪切强度，在土压力作用下结构处于无任何位移或转动的弹性平衡时，取静止土压力；当结构沿土压力方向开始位移或转动而处于极限平衡时，取主动土压力；当结构沿与土压力相反方向开始位移或转动而处于极限平衡时，取被动土压力。对建筑结构主要考虑主动土压力和静止土压力，但有时也要考虑被动土压力，例如地下室侧墙受上部结构的推力向外位移时。

一、影响土压力的因素

试验研究表明，影响土压力大小的因素主要有：

1. 挡土结构构件的位移

挡土结构构件的位移（或转动）方向和位移量大小是影响土压力大小的最主要因素。挡土结构构件位移方向不同，土压力的种类也不同。

2. 挡土结构构件的截面形状

挡土结构构件，以挡土墙为例，其横截面的形状，包括墙背为竖直或是倾斜、墙背为光滑或粗糙，都与采用何种土压力计算理论公式和计算结果有关。

3. 填土的性质

挡土结构构件的填土松密程度、干湿程度、土的强度指标、内摩擦角和粘聚力的大小，以及填土表面的形状（水平、上斜或下斜）等，都会影响土压力的大小。

4. 挡土结构构件的建筑材料

挡土结构构件的材料种类（如素混凝土、钢筋混凝土、各种砌体等）不同，其表面与填土间的摩擦力也不相同，因而土压力的大小和方向都不相同。

5. 其他因素

填土上表面是否有地面荷载以及填土内的地下水位等因素均影响土压力的大小。

土压力是十分复杂的问题，由于缺乏足够数量的观测资料和大规模的试验研究，在设计中通常采用古典的库伦理论或朗金理论,通过修正、简化来确定土压力。

二、静止土压力

在挡土墙后水平填土表面下,任意深度 z 处取一微小单元体,若挡土墙静止不动,作用在此微元体上的竖向力为土的自重压力 γ_z,该处的水平向作用力即为静止土压力强度,可按下式计算:

$$p_0 = k_0 \gamma_z \tag{2-1}$$

式中 p_0——静止土压力强度(kPa);
γ——墙后填土的重度(kN/m³);
z——计算点的深度(m);
k_0——静止土压力系数。

静止土压力系数 k_0 宜由试验确定,当无试验条件时也可按下法估算:
(1) 经验值:砂土 $k_0 = 0.34 \sim 0.45$
              粘性土 $k_0 = 0.5 \sim 0.7$
(2) 半经验公式:
对正常固结土 $\qquad k_0 = 1 - \sin\varphi \tag{2-2}$
对超固结土 $\qquad k_0 = (1 - \sin\varphi)^{0.5} \tag{2-3}$
式中 φ——土的有效内摩擦角。

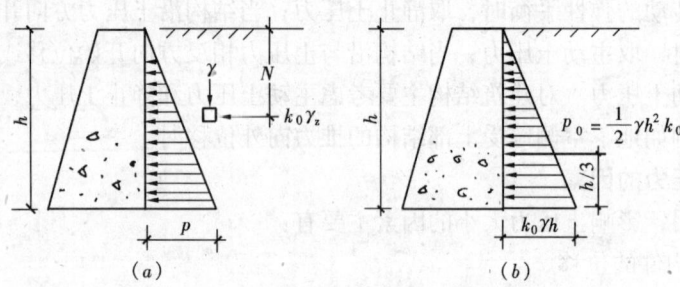

图 2-1 静止土压力计算简图
(a) 土压力分布图;(b) 总土压力作用点

静止土压力强度在墙顶部 $z = 0$,$p_0 = 0$;在墙底部 $z = h$,$p = k_0 \gamma h$(同一类型土层),呈三角形分布如图 2-1 (a) 所示。总静止土压力如图 2-1 (b) 所示,沿墙长度方向取 1 延米,其值 $p_0 = \frac{1}{2} \gamma h^2 k_0$,作用点位于距挡土墙底面 $h/3$ 处。

三、库伦理论计算主动和被动土压力

库伦理伦计算主动土压力假定,墙面俯倾;填土为理想散粒体(无粘性砂土)$c = 0$、其内摩擦角为 φ;填土表面倾斜,墙背粗糙。当墙体向前移动在墙体上产生土压力的同时,从墙趾沿某个方向出现滑裂面,墙后填土形成楔体(图 2-2),当楔体挤

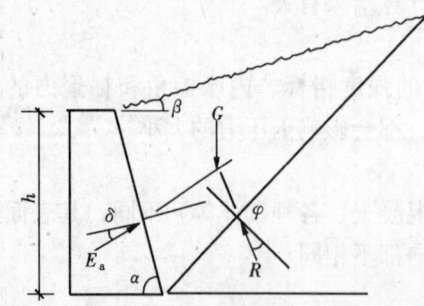

图 2-2 库伦理论主动
土压力计算简图

向墙面下滑时，则产生主动土压力 E_a 和滑裂面上的反力 R，阻止楔体下滑，与楔体自重 G 处于极限平衡状态，由此导出主动土压力的公式，但对不同方向的滑裂面主动土压力是不同的，库伦取其最大值作为设计值，其公式如下：

$$E_a = \frac{1}{2}\gamma h^2 k_a \tag{2-4}$$

式中 E_a——主动土压力，kN/m；

γ——填土重度，kN/m³；

h——墙体挡土高度，m；

k_a——主动土压力系数，可按下式计算：

$$k_a = \frac{\sin^2(\varphi+\alpha)}{\left[1+\sqrt{\dfrac{\sin(\varphi+\delta)\sin(\varphi-\beta)}{\sin(\alpha-\delta)\sin(\alpha+\beta)}}\right]^2 \sin(\alpha-\delta)\sin^2\alpha} \tag{2-5}$$

式中 α——墙面倾角；

β——地面倾角；

δ——土对墙体表面的摩擦角，也即土压力与墙面法线间的夹角；

φ——填土的内摩擦角。

土对墙体表面的摩擦角 δ 可按表2-2采用。

土对挡土墙墙背的摩擦角 δ 表2-2

挡土墙情况	摩擦角 δ
墙背平滑、排水不良	$(0 \sim 0.33)\varphi$
墙背粗糙、排水良好	$(0.33 \sim 0.5)\varphi$
墙背很粗糙、排水良好	$(0.5 \sim 0.67)\varphi$
墙背与填土间不可能滑动	$(0.67 \sim 1.0)\varphi$

当墙体向后移动楔体受墙体挤压而上举时，则产生被动土压力 E_P 和滑裂面上的反力 R，阻止楔体上举，同样与楔体自重 G 处于极限平衡状态（图2-3），由此，同样可导出被动土压力的最大值计算公式：

$$E_P = \frac{1}{2}\gamma h^2 k_p \tag{2-6}$$

式中 k_p——被动土压力系数，可按下式计算：

$$k_p = \frac{\sin^2(-\varphi+\alpha)}{\left[1-\sqrt{\dfrac{\sin(\varphi+\delta)\sin(\varphi+\beta)}{\sin(\alpha+\delta)\sin(\alpha+\beta)}}\right]^2 \sin^2\alpha \sin(\alpha+\beta)} \tag{2-7}$$

对于墙面垂直、地面水平的一般情况，即 $\alpha = 90°$，$\beta = 0$ 时，则分别得主动和被动土压力系数如下：

$$k_a = \frac{\cos^2\varphi}{[\sqrt{\cos\delta}+\sqrt{\sin(\varphi+\delta)\sin\varphi}]^2} \tag{2-8}$$

$$k_p = \frac{\cos^2\varphi}{[\sqrt{\cos\delta}-\sqrt{\sin(\varphi+\delta)\sin\varphi}]^2} \tag{2-9}$$

设计中出于保守的观点也可取 $\delta = 0$，此时得出简单的计算公式：

$$k_a = \mathrm{tg}^2\left(45°-\frac{\varphi}{2}\right) \tag{2-10}$$

$$k_p = \text{tg}^2\left(45° + \frac{\varphi}{2}\right) \tag{2-11}$$

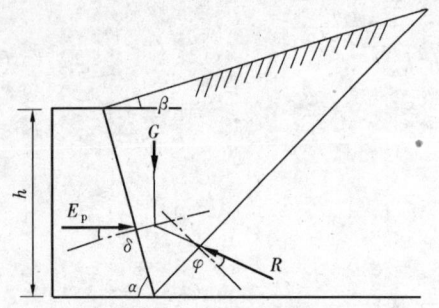

图 2-3 库伦理论被动土压力计算简图

四、朗金理论计算主动和被动土压力

朗金理论建立在墙体背面垂直（$\alpha = 90°$）墙面光滑（$\varphi = 0°$）的前提条件下，对土体类型不再限于无粘性的砂土，考虑土壤的粘聚力 c（kN/m²）。设土体竖向应力不变，由于墙体被挤压而发生离土体的位移时，土体水平应力逐渐减小，最大最小主应力之差增大，致使土体剪切应力增大，一旦达到抗剪切强度 $\sigma\text{tg}\varphi + c$，出现沿倾角为 $45° + \varphi/2$ 的滑裂面，土体达到极限平衡，与此对应的水平应力为朗金的主动土压力强度公式：

$$p_a = \gamma z \text{tg}^2\left(45° - \frac{\varphi}{2}\right) - 2c\text{tg}\left(45° - \frac{\varphi}{2}\right) \tag{2-12}$$

式中 p_a——主动土压力强度，kN/m²；

z——主动土压力计算点到地表的距离（m）。

由此可得主动土压力公式：

$$E_a = \frac{1}{2}(h - z_0)\left[\gamma h \text{tg}^2\left(45° - \frac{\varphi}{2}\right) - 2c\text{tg}\left(45° - \frac{\varphi}{2}\right)\right]$$

$$= \frac{1}{2}(h - z_0)(\gamma h k_a - 2c\sqrt{k_a}) \tag{2-13}$$

式中，z_0 为应力零点的位置，按下式确定：

$$z_0 = \frac{2c}{\gamma \text{tg}\left(45° - \frac{\varphi}{2}\right)} = \frac{2c}{\gamma \sqrt{k_a}} \tag{2-14}$$

$$k_a = \text{tg}^2\left(45° - \frac{\varphi}{2}\right) \tag{2-15}$$

z_0 点以上的拉应力忽略不计，图 2-4 中给出主动土压力强度的分布图，E_a 的作用点距底部为 $\frac{1}{3}(h - z_0)$。

同样理由，当墙体发生向土体的位移时，一旦达到极限平衡，出现沿倾角为 $45° - \frac{\varphi}{2}$ 的滑裂面，与其对应的被动土压力强度公式：

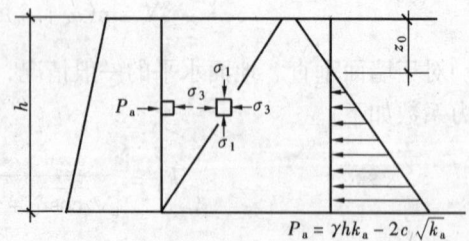

图 2-4 朗金理论主动土压力计算简图

$$p_p = \gamma z \text{tg}^2\left(45° + \frac{\varphi}{2}\right) + 2c\text{tg}\left(45° + \frac{\varphi}{2}\right) \tag{2-16}$$

相应的被动土压力公式为:

$$E_p = \frac{1}{2}\gamma h^2 \mathrm{tg}^2\left(45° + \frac{\varphi}{2}\right) + 2c\mathrm{tg}\left(45° + \frac{\varphi}{2}\right) = \frac{1}{2}\gamma h^2 k_p + 2ch\sqrt{k_p} \quad (2\text{-}17)$$

$$k_p = \mathrm{tg}^2\left(45° + \frac{\varphi}{2}\right) \quad (2\text{-}18)$$

图 2-5 给出被动土压力强度的分布图,E_p 的作用点由该图形的形心确定。

当不考虑粘聚力时,即 $c = 0$,所得结果与库伦理论的结果相同。

五、特殊情况的处理

(1) 粘性土的库伦土压力

库伦土压力公式没有考虑土的粘聚力,对于粘性土可将公式中的内摩擦角 φ 以等效内摩擦角 φ' 代替,也即以在指定的法向应力 σ 下两者的抗剪切强度相等为条件,见图 2-6。对于墙高 $h \leqslant 5\mathrm{m}$,地下水位以上的一般粘性土或粉土可取 $\varphi' = 30° \sim 35°$;地下水位以下的一般粘性土或粉土可取 $\varphi' = 25° \sim 30°$。

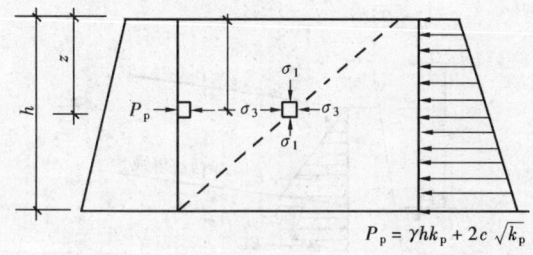

图 2-5 朗金理论被动土压力计算简图

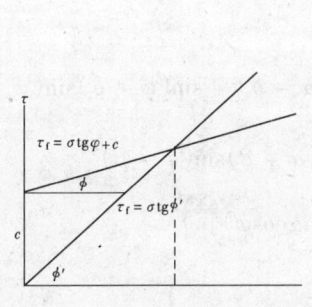

图 2-6 等效内摩擦角 φ'

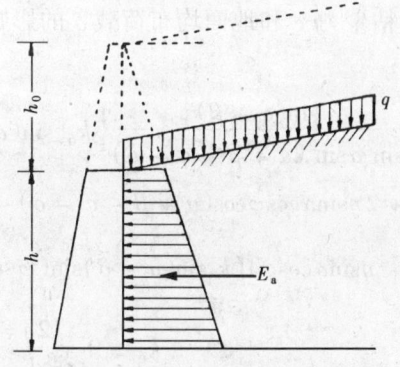

图 2-7 考虑地面均布荷载影响的土压力计算简图

(2) 地面均布荷载的影响

土压力计算时,可将地面均布荷载 q 折算为高度 $h_0 = \dfrac{q}{\gamma}$ 的虚墙和虚土(图 2-7),按公式 (2-1) 计算高度为 $h_0 + h$ 的墙体土压力 E'_a,扣除虚墙上的土压力 E'_{a0} 后即得 E_a。

(3) 不同土层的情况

若土层的力学参数不同,可自上而下分层计算,上层计算与前述方法相同,下层计算时可将上层土体看成荷载后处理,见图 2-8。

(4) 有地下水的情况

当有地下水时,可将地下水位以上和以下分成两层,没有地下水的上层计算与前述方法没有区别,有地下水的下层,对土体要考虑浸水后重度的减轻,即重度 γ 改取 γ'。

$$\gamma' = \gamma - \gamma_w(1-n) \tag{2-19}$$

式中 γ_w——水的重度；

n——填土的孔隙率。

另外还要对墙体考虑地下水压力，见图2-9。

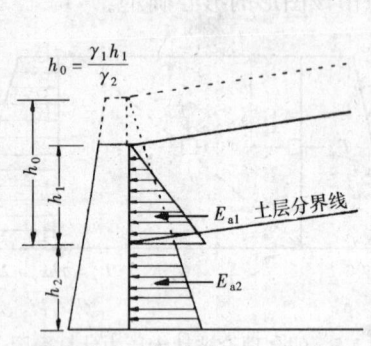

图2-8 不同土层的土压力计算简图

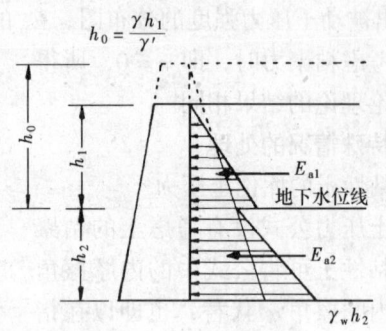

图2-9 有地下水的挡土墙土压力计算简图

六、按规范计算主动和被动土压力

《建筑地基基础设计规范》GB 50007—2002 在库伦土压力理论的基础上，附加考虑滑裂面上的粘聚力 c 和地面均布荷载 q 的影响，导出计算主动土压力系数的一般计算公式（图2-10）：

$$\begin{aligned}k_a &= \frac{\sin(\alpha+\beta)}{\sin^2\alpha\sin^2(\alpha+\beta-\varphi-\delta)}\{k_q[\sin(\alpha+\beta)\sin(\alpha-\delta)+\sin(\varphi+\delta)\sin(\varphi-\beta)] \\ &+ 2\eta\sin\alpha\cos\varphi\cos(\alpha+\beta-\varphi-\delta) - 2[(k_q\sin(\alpha+\beta)\sin(\varphi-\beta) \\ &+ \eta\sin\alpha\cos\varphi)(k_q\sin(\alpha-\delta)\sin(\varphi+\delta)+\eta\sin\alpha\cos\varphi)]^{\frac{1}{2}}\}\end{aligned} \tag{2-20}$$

$$k_q = 1 + \frac{2q}{\gamma h}\frac{\sin\alpha\sin\beta}{\sin(\alpha+\beta)} \tag{2-21}$$

$$\eta = \frac{2c}{\gamma h} \tag{2-22}$$

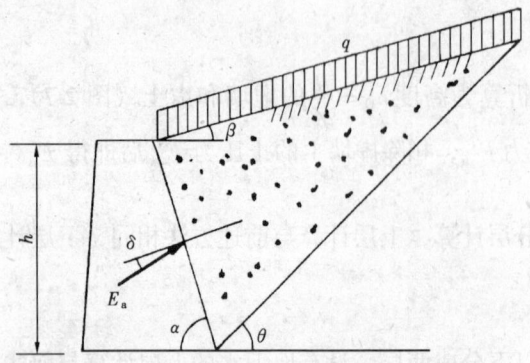

图2-10 按 GB 50007—2002 计算土压力简图

式中 q——地面均布荷载，以单位水平投影面上的荷载强度计，kN/m^2。

对于高度小于或等于5m的挡土墙，当墙身有可靠排水措施，能符合规范 GB50007—2002 第6.6.1条要求时，其主动土压力系数 k_a 可根据下述不同填土类别按图2-11（a）～（d）查得。

Ⅰ类填土：碎石，密实度为中

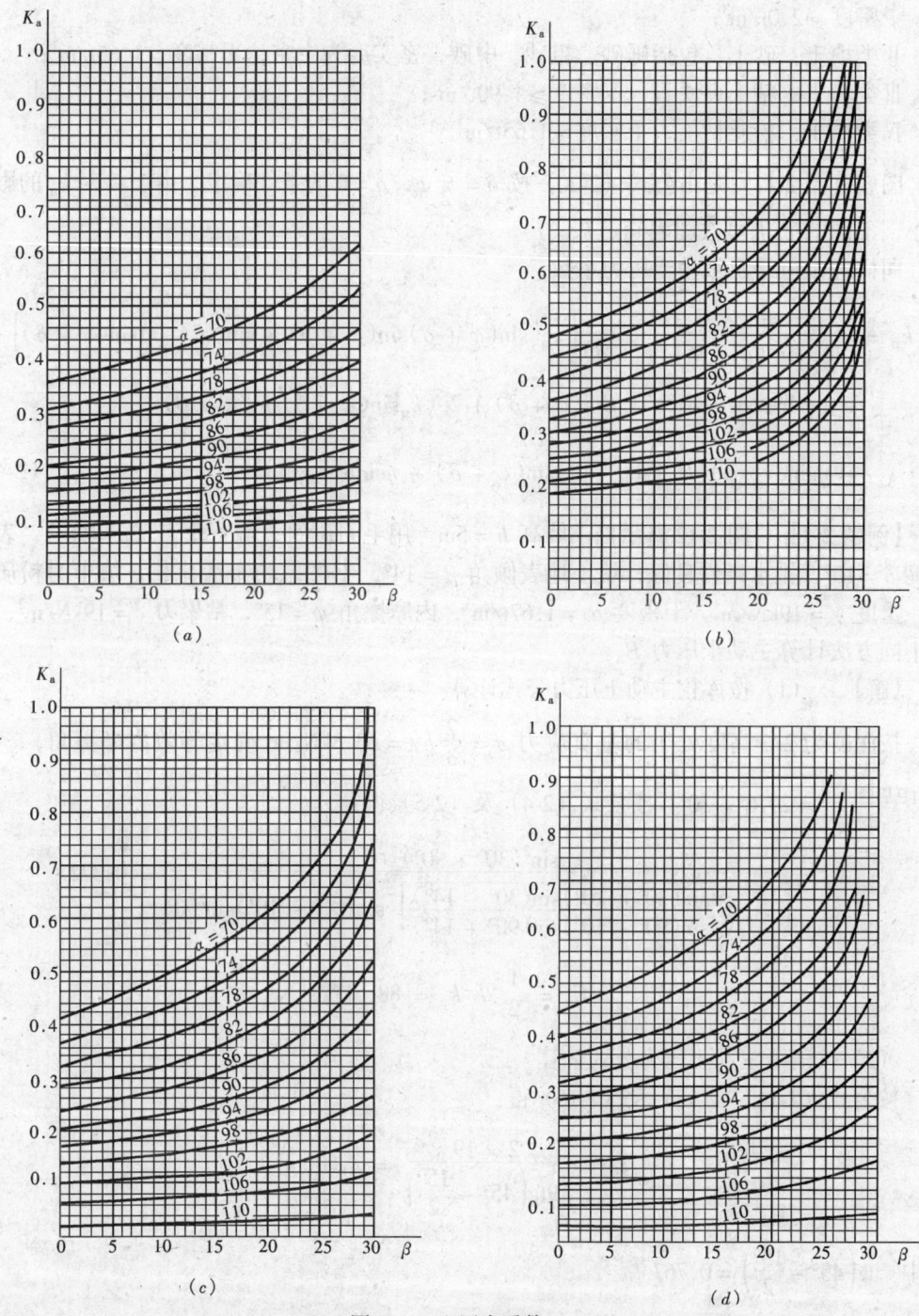

图 2-11 土压力系数 K_a

(a) Ⅰ类填土主动土压力系数 ($\delta = \frac{1}{2}\varphi$, $q = 0$); (b) Ⅱ类填土主动土压力系数 ($\delta = \frac{1}{2}\varphi$, $q = 0$);

(c) Ⅲ类填土主动土压力系数 ($\delta = \frac{1}{2}\varphi$, $q = 0$, $h = 5\text{m}$);

(d) Ⅳ类填土主动土压力系数 ($\delta = \frac{1}{2}\varphi$, $q = 0$, $h = 5\text{m}$)

密，干密度$\geqslant 2.0\text{t/m}^3$；

Ⅱ类填土：砂土，包括砾砂、粗砂、中砂，密实度为中密，干密度$\geqslant 1.65\text{t/m}^3$；

Ⅲ类填土：粘土夹块石，干密度$\geqslant 1.90\text{t/m}^3$；

Ⅳ类填土：粉质粘土，干密度$\geqslant 1.65\text{t/m}^3$。

图表（图2-11）是由公式（2-20）按$\delta = \frac{1}{2}\varphi$，$q = 0$的条件确定，由于$\delta$对$k_a$的影响很小，不同的$\delta$仍可按图表确定$k_a$。

同样理由可导出被动土压力系数：

$$k_p = \frac{\sin(\alpha + \beta)}{\sin^2\alpha \sin^2(\alpha + \beta + \varphi + \delta)} \Big\{ k_q[\sin(\varphi + \delta)\sin(\varphi + \beta) + \sin(\alpha + \beta)\sin(\alpha + \delta)]$$
$$- 2\eta\sin\alpha\cos\varphi\cos(\alpha + \beta + \varphi + \delta) + 2[(k_q\sin(\alpha + \beta)\sin(\varphi + \beta)$$
$$+ \eta\sin\alpha\cos\varphi)(k_q\sin(\alpha + \delta)\sin(\varphi + \delta) + \eta\sin\alpha\cos\varphi)]^{\frac{1}{2}} \Big\} \tag{2-23}$$

【例题 2-1】 图2-12所示挡土墙高$h = 5\text{m}$，用毛石砌筑，墙背垂直（$\alpha = 90°$），表面粗糙$\delta = 10°$，排水条件良好，填土地表倾角$\beta = 14°$，不考虑均布活荷载，填土为粉质粘土，重度$\gamma = 19\text{kN/m}^3$，干密度$\rho_d = 1.67\text{t/m}^3$，内摩擦角$\varphi = 15°$，粘聚力$c = 19\text{kN/m}^2$，试用不同方法计算主动土压力$E_a$。

【解】 （1）按库伦主动土压力公式计算

按深度为2/3高度处土的垂直应力$\sigma = \frac{2}{3}h\gamma = 63.3\text{kN/m}^2$确定等效内摩擦角，$\varphi' = \text{tg}^{-1}\frac{\sigma\text{tg}\varphi + c}{\sigma} = 29.6° \approx 30°$，按公式（2-4）及（2-5）得：

$$k_a = \frac{\sin^2(30° + 90°)}{\left[1 + \sqrt{\frac{\sin(30° + 10°)\sin(30° - 14°)}{\sin(90° - 10°)\sin(90° + 14°)}}\right]^2 \sin(90° - 10°)\sin^2 90°} = 0.372$$

$$E_a = \frac{1}{2}\gamma h^2 k_a = 88.5\text{kN}$$

（2）按朗金主动土压力公式计算

按公式（2-14）（2-15）及（2-16）得：

$$z_0 = \frac{2 \times 19}{19\text{tg}\left(45° - \frac{15°}{2}\right)} = 2.606\text{m}$$

式中 $\text{tg}\left(45° - \frac{15°}{2}\right) = 0.767$

$$E_a = \frac{1}{2}(5 - 2.606)(19 \times 5 \times 0.767^2 - 2 \times 19 \times 0.767) = 32.05\text{kN}$$

（3）按规范公式查表计算主动土压力

填土属Ⅳ类，查图2-11（d）曲线，由$\beta = 14°$，$\alpha = 90°$，查得$k_a = 0.285$，

$$E_a = \frac{1}{2} \times 19 \times 5^2 \times 0.285 = 67.68\text{kN}$$

可见不同计算公式将得出不同结果，应由有经验的工程师作出设计取值判断。

【例题 2-2】 某高层建筑裙房的地下车库钢筋混凝土外墙，其顶部与地下车库的现浇钢筋混凝土顶板整体相连、底部与地下车库的钢筋混凝土筏形基础整体相连。对墙净高 4.0m，车库顶板上部有填土，填土表面至外墙上端的距离为 3.7m（图 2-13）。填土（墙外侧及车库顶部）的重度 $\gamma = 18.5 \text{kN/m}^3$，内摩擦角 $\varphi = 20°$，粘聚力 $c = 19 \text{kPa}$。要求计算在不考虑地面活荷载影响情况下的地下车库外墙在净高范围内的土压力强度。

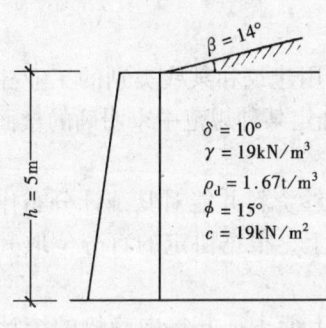
图 2-12 挡土墙简图

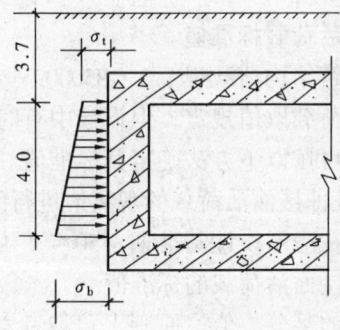
图 2-13 地下车库外墙静止土压力

【解】 地下车库外墙在净高范围内的土压力由于墙顶部的位移可认为等于零，因此应按静止土压力计算。取外墙长度方向每一延米计算土压力：

墙顶部的土压力强度 $\sigma_t = k_0 \gamma z_t = k_0 \times 18.5 \times 3.7 = 68.45 k_0$ kN/m²

墙底部的土压力强度 $\sigma_b = k_0 \gamma z_b = k_0 \times 18.5 \times 7.7 = 142.45 k_0$ kN/m²

根据填土的资料可知为粘性土，当土压力 k_0 无试验数据时可根据经验取 $k_0 = 0.5 \sim 0.7$，也可根据半经验公式按正常固结土计算得 $k_0 = 1 - \sin\varphi = 0.66$，综合两者为偏安全计可取 $k_0 = 0.7$，因此

$$\sigma_t = 0.7 \times 68.45 = 47.9 \text{kN/m}^2$$
$$\sigma_b = 0.7 \times 142.45 = 99.7 \text{kN/m}^2$$

第三章 楼面和屋面活荷载

第一节 楼面和屋面活荷载的取值原则

一、楼面活荷载标准值

虽然《建筑结构荷载规范》GB50009—2001对一般民用建筑和某些类别的工业建筑有明确的楼面活荷载取值规定，但设计中有时会遇到要求确定某种规范中未明确的楼面活荷载情况，此时可按以下方法确定其标准值。

（一）对该种楼面活荷载的观测值进行统计，当有足够资料并能对其统计分布作出合理估计时，则在房屋设计基准期（50年）最大值的分布上，根据协定的百分位取其某分位值作为该种楼面活荷载的标准值。

所谓协定的某分位值，原则上可取荷载最大值分布上能表征其集中趋势的统计特征值，例如均值、中值或众值（概率密度最大值），当认为数据的代表性不够充分或统计方法不够完善而没有把握时，也可取更完全的高分位值。

（二）对不能取得充分资料进行统计的楼面活荷载，可根据已有的工程实践经验，通过分析判断后，协定一个可能出现的最大值作为该类楼面活荷载的标准值。

对民用建筑楼面可根据在楼面上活动的人和设备的不同分类状况，参考表3-1取值：

楼面活荷载标准值取值参考　　　　　　　　　　　　　　表3-1

项次	分类状况	楼面活荷载标准值（kN/m²）	项次	分类状况	楼面活荷载标准值（kN/m²）
1	活动的人较少	2.0kN/m²	5	活动的性质比较剧烈	4.0kN/m²
2	活动的人较多且有设备	2.5kN/m²			
3	活动的人很多且有较重的设备	3.0kN/m²	6	储存物品的仓库	5.0kN/m²
4	活动的人很集中、有时很挤或有较重的设备	3.5kN/m²	7	有大型的机械设备	6~7.5kN/m²

（三）对房屋内部设施比较固定的情况，设计时可直接按给定布置图式或按对结构安全产生最不利效应的荷载布置图式，对结构进行计算。

（四）对使用性质类同的房屋，如内部配置的设施大致相同，一般可对其进行合理分类，在同一类别的房屋中，选取各种可能的荷载布置图式，经分析研究后选出最不利的布置作为该类房屋楼面活荷载标准值的确定依据，采用等效均布荷载方法求出楼面活荷载标准值。

二、楼面活荷载准永久值

对《建筑结构荷载规范》GB50009—2001未明确的楼面活荷载准永久值可按下列原则

确定:

(一) 按可变荷载准永久值的定义,由荷载任意时点分布上的中值确定。

(二) 对有可能将可变荷载划分为持久性和临时性两类荷载时,可直接引用持久性荷载分布中的规定分位值为该活荷载的准永久值。

(三) 当缺乏系统的观测资料时,可根据楼面使用性质的类同性,参照《建筑结构荷载规范》GB50009—2001中给出的楼面活荷载准永久值系数经分析比较后确定。

三、楼面活荷载频遇值

对《建筑结构荷载规范》未明确的楼面活荷载频遇值可按下列原则确定:

(一) 按可变荷载频遇值的定义,可近似在荷载任意时点分布上取其超越概率为较小值的荷载值,该超越概率建议不大于10%。

(二) 当缺乏系统的观测资料时,可根据楼面使用性质的类同性,参照《建筑结构荷载规范》GB50009—2001中给出的楼面活荷载频遇值系数经分析比较后确定。

四、楼面活荷载组合值

可变荷载的组合值按其定义是指该荷载与主导荷载组合后取值的超越概率与该荷载单独出现时取值的超越概率相一致的原则确定。

在大量数据分析的基础上,认为对楼面活荷载的组合值一般情况可取0.7,此外为偏于保守又规定其取值同时不得小于频遇值系数。

五、楼面活荷载的动力系数

楼面在荷载作用下的动力响应来源于其作用的活动状态,大致可分为两大类:一种是在正常活动下发生的楼面稳态振动,例如机械设备的运行、车辆的行驶、竞技运动场上观众的持续欢腾、跳舞和走步等;另一种是偶而发生的楼面瞬态振动,例如重物坠落、人自高处跳下等。前一种作用在结构上可以是周期性的,也可以是非周期性的,后一种是冲击荷载,引起的振动都将因结构阻尼而消逝。

楼面设计时,对一般结构的荷载效应,可不经过结构的动力分析,而直接对楼面上的静力荷载乘以动力系数后,作为楼面活荷载,按静力分析确定结构的荷载效应。

在很多情况下,由于荷载效应中的动力部分占比重不大,在设计中往往可以忽略,或直接包含在标准值的取值中。对冲击荷载,由于影响比较明显,在设计中应予考虑。《建筑结构荷载规范》GB50009—2001明确规定,对搬运和装卸重物以及车辆启动和刹车时的动力系数可取1.1~1.3;对屋面上直升机的活荷载也应考虑动力系数,具有液压轮胎起落架的直升机可取1.4。此外动力荷载只传至直接承受该荷载的楼板和梁。

第二节 民用建筑楼面均布活荷载

一、民用建筑楼面均布活荷载标准值及其组合值、频遇值和准永久值系数

常用的民用建筑楼面均布活荷载标准值及其组合值、频遇值和准永久值系数见表3-2。

二、民用建筑楼面活荷载标准值的折减

设计楼面梁、墙、柱及基础时,表3-2中的楼面活荷载标准值在下列情况应乘以规定的折减系数:

(一) 设计楼面梁时的折减系数

1. 项次1当楼面梁从属面积超过25m² 时取0.9；
2. 项次1（2）~7从属面积超过50m² 时取0.9；

民用建筑楼面均布活荷载标准值及其组合值、频遇值和准永久值系数　　　表3-2

项次	类 别	标准值 (kN/m²)	组合值系数 ψ_c	频遇值系数 ψ_f	准永久值系数 ψ_q
1	（1）住宅、宿舍、旅馆、办公楼、医院病房、托儿所、幼儿园	2.0	0.7	0.5	0.4
	（2）教室、试验室、阅览室、会议室、医院门诊室			0.6	0.5
2	食堂、餐厅、一般资料档案室	2.5	0.7	0.6	0.5
3	（1）礼堂、剧场、影院、有固定座位的看台	3.0	0.7	0.5	0.3
	（2）公共洗衣房	3.0	0.7	0.5	0.5
4	（1）商店、展览厅、车站、港口、机场大厅及其旅客等候室	3.5	0.7	0.6	0.5
	（2）无固定座位的看台	3.5	0.7	0.5	0.3
5	（1）健身房、演出舞台	4.0	0.7	0.6	0.5
	（2）舞厅	4.0	0.7	0.6	0.3
6	（1）书库、档案库、储藏室	5.0	0.9	0.9	0.8
	（2）密集柜书库	12.0			
7	通风机房、电梯机房	7.0	0.9	0.9	0.8
8	汽车通道及停车库：（1）单向板楼盖（板跨不小于2m）客车	4.0	0.7	0.7	0.6
	消防车	35.0	0.7	0.7	0
	（2）双向板楼盖和无梁楼盖（柱网尺寸不小于6m×6m）客车	2.5	0.7	0.6	0.6
	消防车	20.0	0.7	0.7	0
9	厨房（1）一般的	2.0	0.7	0.6	0.5
	（2）餐厅的	4.0	0.7	0.7	0.7
10	浴室、厕所、盥洗室：（1）第1项中的民用建筑	2.0	0.7	0.5	0.4
	（2）其他民用建筑	2.5	0.7	0.6	0.5
11	走廊、门厅、楼梯：（1）宿舍、旅馆、医院病房托儿所、幼儿园、住宅	2.0	0.7	0.5	0.4
	（2）办公楼、教室、餐厅、医院门诊部	2.5	0.7	0.6	0.5
	（3）其他民用建筑及当人流有可能密集时	3.5	0.7	0.5	0.3
12	阳台（1）一般情况	2.5	0.7	0.6	0.5
	（2）当人群有可能密集时	3.5	0.7	0.6	0.5

注：1. 本表所给各项荷载适用于一般使用条件，当使用荷载较大或情况特殊时，应按实际情况采用。
　　2. 第6项书库活荷载当书架高度大于2m时，书库活荷载尚应按每米书架高度不小于2.5kN/m² 确定。
　　3. 第8项中的客车活荷载只适用于停放载人少于9人的客车。当板跨或柱距不符表中规定时，可按附录二规定，将车轮局部荷载换算为等效均布荷载，局部荷载值取4.5kN，分布在0.2m×0.2m的面积上；对其它车辆的车轮局部荷载应按实际最大轮压确定；表中的消防车活荷载是适用于满载总重为300kN的大型车辆。
　　4. 第11项楼梯活荷载，对预制楼梯踏步平板，尚应按1.5kN集中荷载验算。
　　5. 本表各项荷载不包括隔墙自重和二次装修荷载，对固定隔墙的自重应按恒载考虑，当隔墙位置可灵活自由布置时，非固定隔墙的自重可取每延米长墙重（kN/m）的1/3作为楼面活荷载的附加值（kN/m²）计入，附加值不宜小于1.0kN/m²。
　　6. 第8项对汽车通道活荷载，当汽车不常通行时，其准永久值系数应为0。

3. 项次 8 对单向板楼盖的次梁和槽形板的纵肋取 0.8；对单向板楼盖的主梁取 0.6；对双向板楼盖的梁取 0.8；

4. 项次 9~12 采用与所属房屋类别相同的折减系数。

【例 3-1】 某医院病房的简支钢筋混凝土楼面梁，其计算跨度 l_0 = 7.5m，梁间距为 3.6m，楼板为现浇钢筋混凝土板（图 3-1），求楼面梁承受的楼面均布活荷载标准值在梁上产生的均布线荷载。

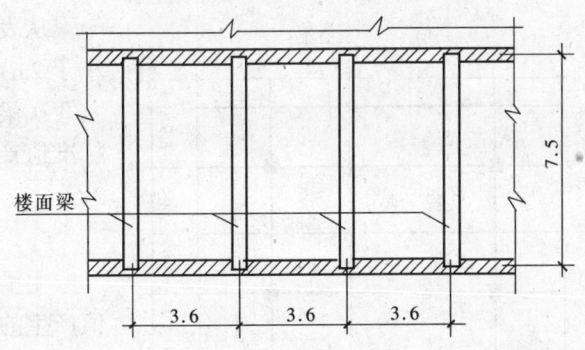

图 3-1 楼面梁平面

【解】 楼面梁的从属面积 $A = 3.6 \times 7.5 = 27m^2 > 25m^2$

医院病房属表 3-2 中的项次 1，故在计算楼面梁时楼面活荷载的标准值折减系数取 0.9。

从表 3-2 查得医院病房的楼面活荷载标准值为 $2.0kN/m^2$。

楼面梁承受的楼面均布活荷载标准值在梁上产生的均布线荷载 q_k，计算简图见图 3-2）。

$$q_k = 2.0 \times 0.9 \times 3.6 = 6.48kN/m$$

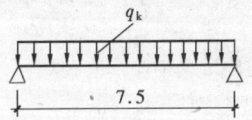

图 3-2 楼面梁计算简图

【例 3-2】 某会议室的简支钢筋混凝土楼面梁，其计算跨度 l_0 为 9m，其上铺有 6m×1.2m（长×宽）的预制钢筋混凝土空心板（图 3-3），求楼面梁承受的楼面均布活荷载标准值在梁上产生的均布线荷载。

【解】 楼面梁的从属面积 $A = 6 \times 9 = 54m^2 > 50m^2$，会议室属表 3-2 中的项次 2，故在计算楼面梁时楼面活荷载的标准值折减系数取 0.9。

从表 3-2 查得会议室的楼面荷载为 $2.0kN/m^2$。

楼面梁承受的楼面均布活荷载标准值在梁上产生的均布线荷载 q_k，计算简图见图 3-4。

$$q_k = 2 \times 0.9 \times 6 = 10.8kN/m$$

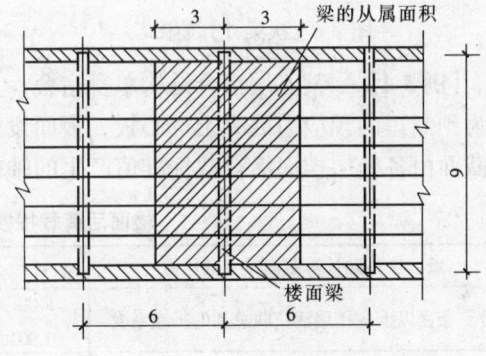

图 3-3 楼面梁平面

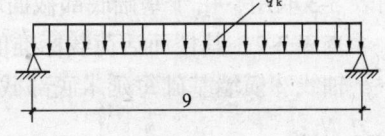

图 3-4 楼面梁计算简图

【例 3-3】 某停放轿车的停车库钢筋混凝土现浇楼盖，单向板、主次梁结构体系（图 3-5），求次梁承受的楼面均布线荷载标准值及主梁承受由次梁传来的楼面活荷载集中力标准值。

【解】 该停车库属表 3-2 中的项次 8，对单向板楼盖的次梁，其楼面活荷载标准值的折减系数取 0.8，对单向板楼盖的主梁，其楼面活荷载标准值的折减系数取 0.6。

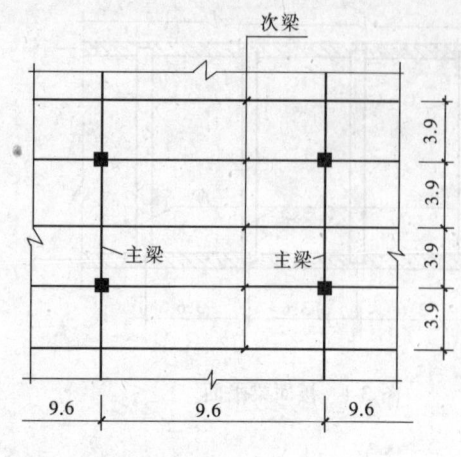

图 3-5 停车库结构平面

从表 3-2 查得停车库单向板楼盖（板跨不小于 2m）的楼面活荷载标准值为 4.0kN/m²。

次梁的间距为 3.9m，其承受的楼面活荷载标准值产生的均布线荷载 q_k，计算简图见图 3-6。

$$q_k = 4 \times 0.8 \times 3.9 = 12.48 \text{kN/m}$$

主梁承受的由次梁传来的楼面活荷载标准值产生的集中力 F_k 计算简图见图 3-7。

$$F_k = 4 \times 0.6 \times 3.9 \times 9.6 = 89.86 \text{kN}$$

（二）设计墙、柱和基础时的折减系数

1．项次 1（1）的民用建筑按表 3-3 的规定采用；

2．项次 1（2）~7 采用与楼面梁相同的折减系数取 0.9；

3．项次 8 对单向板楼盖取 0.5；对双向板楼盖和无梁楼盖取 0.8；

4．项次 9~12 采用与所属房屋类别相同的折减系数。

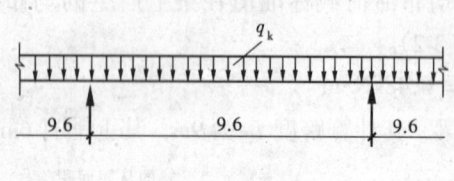

图 3-6 次梁计算简图

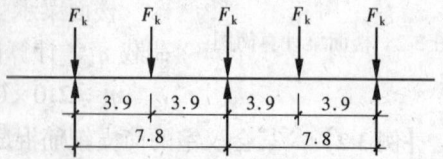

图 3-7 主梁计算简图

【例 3-4】 某五层混合结构单身宿舍，其建筑平面及剖面如图 3-8 及图 3-9 所示，楼盖为预制短向预应力混凝土空心板，板面设整体面层，砖横墙承重，求轴线②横墙基础底部截面由各楼层楼面活荷载标准值产生的轴向力（按每延米计算）。

楼面活荷载按楼层数的折减系数　　表 3-3

墙、柱基础计算截面以上的层数	1	2~3	4~5	6~8	9~20	>20
计算截面以上各楼层活荷载总和的折减系数	1.00 (0.90)	0.85	0.7	0.65	0.60	0.55

注：当楼面梁的从属面积超过 25m² 时，采用括号内的系数。

【解】 该房屋属表 3-2 中的项次 1 情况，设计基础时楼层活荷载按层数的折减系数由表 3-3 取用，由于基础底部截面承受上部四层楼面活荷载，因此折减系数为 0.7。

查表 3-2，其楼面活荷载标准值为 2.0kN/m²。

轴线②横墙基础每延米底部截面，由该截面以上各楼层楼面活荷载标准值产生的轴向压力 N_k：

$$N_k = 4 \times 2.0 \times 0.7 \times 3.6 = 20.16 \text{kN/m}$$

【例 3-5】 某教学楼为钢筋混凝土框架结构，其结构平面及剖面见图 3-10 及图 3-11，楼盖为现浇单向板主次梁承重体系，求教学楼中柱 1 在第四层柱顶（1-1 截面）处，当楼面活荷载满布时，由楼面活荷载标准值产生的轴向力。

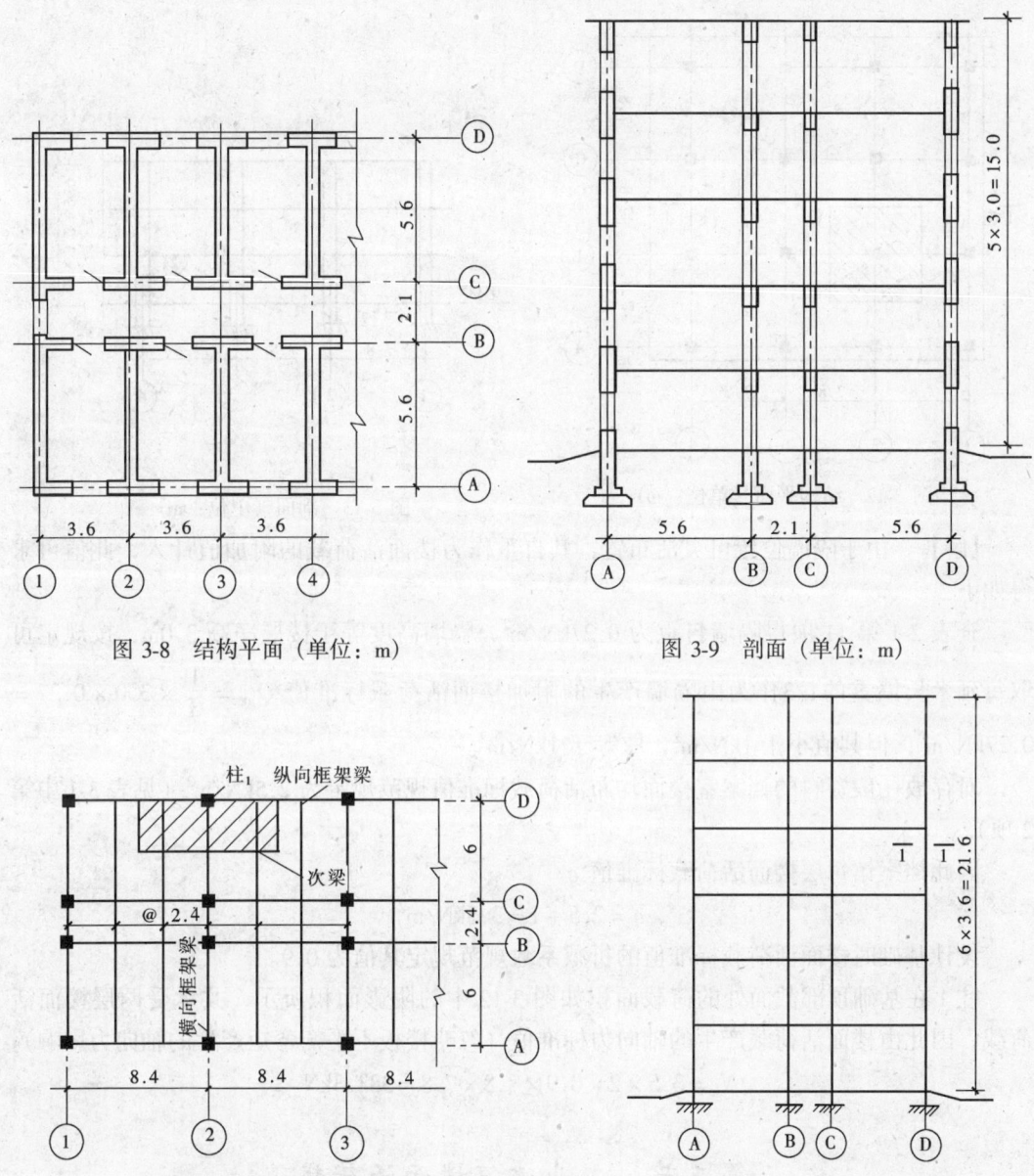

图 3-8 结构平面（单位：m）

图 3-9 剖面（单位：m）

图 3-10 结构平面（单位：m）

图 3-11 剖面（单位：m）

【解】 教学楼属表 3-2 的项次 2，设计柱时楼面活荷载标准值的折减系数应取 0.9。查表 3-2，其楼面活荷载标准值为 $2.0kN/m^2$。

忽略纵横框架梁在楼面活荷载作用下，由梁两端不平衡弯矩产生的轴向力，柱 1 的 1-1 截面承受着第 5、6 层的楼面活荷载，其荷载面积如图 3-10 中的阴影所示。

故其轴向力标准值 $N_k = 2 \times 2.0 \times 0.9 \times 3 \times 8.4 = 90.72kN$

【例 3-6】 某存放一般资料的档案馆，其承重结构为现浇钢筋混凝土无梁楼盖板柱体系，柱网尺寸为 7.8m×7.8m，楼板厚度为 0.26m，面层建筑作法为 0.04m 其平面及剖面如图 3-12 及图 3-13 所示，各层楼面上设有设置可灵活布置的轻钢龙骨不保温两层 12mm 纸面石膏板隔墙，求柱 1 在基础顶部截面处由楼面活荷载标准值产生的轴向力。

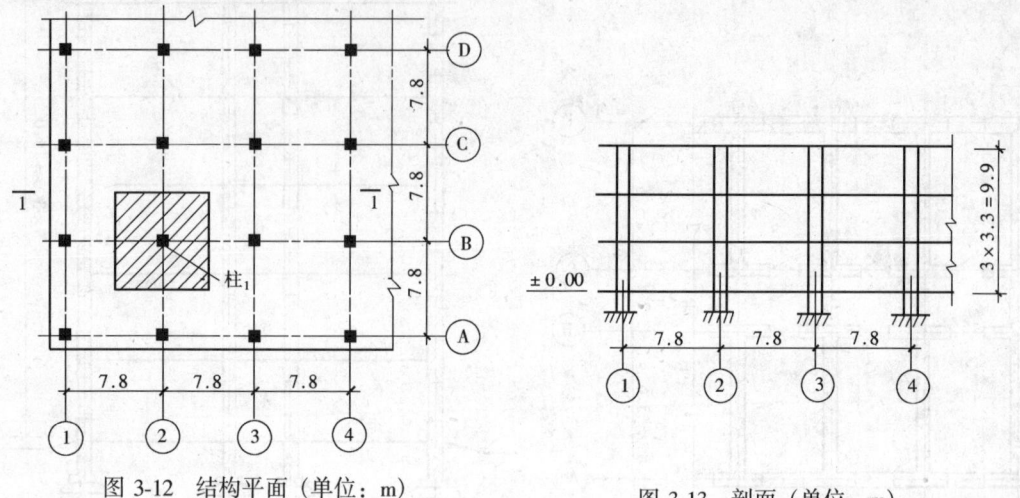

图 3-12 结构平面（单位：m）　　　图 3-13 剖面（单位：m）

【解】 由于隔墙位置可灵活布置，其自重作为楼面活荷载的附加值计入，此值可求得如下：

查表 2-1 第 11 项得隔墙自重为 0.27kN/m^2，隔墙高度等于楼层净高 3.0m，按规定可取每延米长墙重的 1/3 作为由隔墙产生的附加楼面活荷载标准值 $Q_{ak} = \frac{1}{3} \times 3.0 \times 0.27 = 0.27\text{kN/m}^2$，但其值小于 1kN/m^2，取等于 1kN/m^2。

对存放一般资料的档案室楼面均布活荷载标准值规范规定为 2.5kN/m^2（见表 3-1 中第 2 项）。

因此档案馆每层楼面活荷载标准值 q

$$q = 2.5 + 1 = 3.5\text{kN/m}^2$$

设计基础时楼面活荷载标准值的折减系数规范规定其值为 0.9。

柱 1 在基础顶部截面处的荷载面积如图 3-12 中的阴影面积所示，共承受两层楼面活荷载，因此由楼面活荷载产生的轴向力标准值（忽略楼板不平衡弯矩产生的轴向力影响）。

$$N_k = 3.5 \times 2 \times 0.9 \times 7.8 \times 7.8 = 383.3\text{kN}$$

第三节　工业建筑楼面活荷载

工业建筑楼面在生产使用或安装检修时，由设备、管道、运输工具及可能拆移的隔墙产生的局部荷载，均应按实际情况考虑，可采用等效均布活荷载代替。工业建筑楼面活荷载的组合值系数、频遇值系数和准永久值系数，除本手册明确给出者外，应按实际情况采用，但在任何情况下，组合值和频遇值系数不应小于 0.7，准永久值系数不应小于 0.6。

一、一些工业建筑的楼面等效均布活荷载

在附录二中列出了电信房屋、仓库、一般金工车间、仪器仪表生产车间、半导体器件车间、棉纺织车间、轮胎厂准备车间和粮食加工车间的楼面等效均布活荷载供设计人员采用。

二、操作荷载及楼梯荷载

工业建筑楼面（包括工作平台）上无设备区域的操作荷载，包括操作人员、一般工具、零星原料和成品的自重,可按均布活荷载考虑,其标准值一般采用 $2.0 kN/m^2$。但对堆料较多的车间可取 $2.5 kN/m^2$;此外有的车间由于生产的不均衡性,在某个时期的成品或半成品堆放特别严重,则操作荷载的标准值可根据实际情况确定。操作荷载在设备所占的楼面面积内不予考虑。

生产车间的楼梯活荷载标准值可按实际情况采用,但不宜小于 $3.5 kN/m^2$。

三、楼面等效均布活荷载的确定方法

工业建筑在生产、使用过程中和安装、检修设备时,由设备、管道、运输工具及可能拆移的隔墙在楼面上产生的局部荷载可采用以下方法确定其楼面等效均布活荷载。

(一)楼面(板、次梁及主梁)的等效均布活荷载应在其设计控制部位上,根据需要按内力(弯矩、剪力等)、变形及裂缝的等值要求来确定等效均布活荷载。在一般情况下可仅按内力等值的原则确定。

(二)由于实际工程中生产、检修、安装工艺以及结构布置的不同,楼面活荷载差别可能很大,此情况下应划分区域,分别确定各区域的等效均布活荷载。

(三)连续梁、连续板的等效均布活荷载,可按单跨简支梁、简支板计算,但计算梁、板的实际内力时仍应按连续结构考虑。确定等效均布活荷载时,可根据弹性体系结构力学方法计算。

(四)单向板上局部荷载(包括集中荷载)的等效均布活荷载 q_e 可按下式计算:

$$q_e = \frac{8M_{max}}{bl_0^2} \tag{3-1}$$

式中　l_0——板的计算跨度;

　　　b——板上局部荷载的有效分布宽度,可按下述确定。

　　M_{max}——简支板的绝对最大弯矩,即沿板宽度方向按设备在最不利位置上确定的总弯矩。计算时设备荷载应乘以动力系数,并扣去设备在该板跨度内所占面积上由操作荷载引起的弯矩。动力系数应根据实际情况考虑。

(五)单向板上任意位置局部荷载的有效分布宽度 b 可按以下规定计算:

1. 当局部荷载作用面的长边平行于板跨时,简支板上荷载的有效分布宽度 b 按以下两种情况取值(图 3-14a):

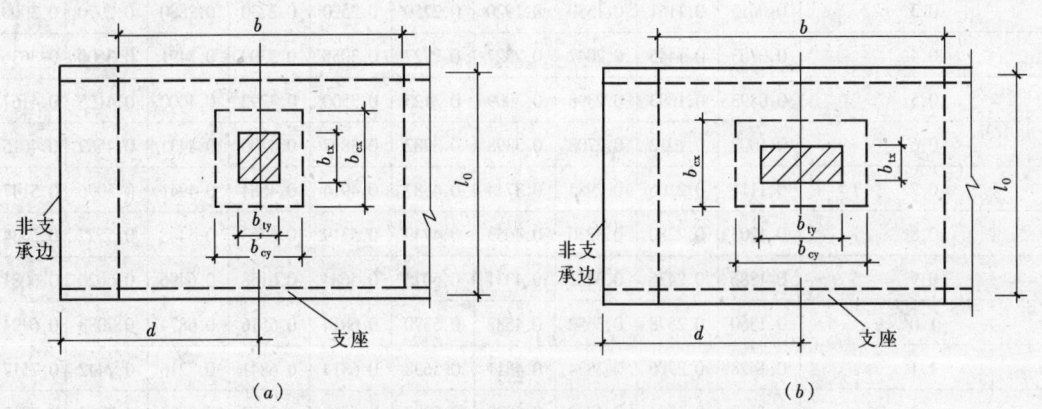

图 3-14　简支板上局部荷载的有效分布宽度
(a)荷载作用面的长边平行于板跨;(b)荷载作用面的短边平行于板跨

(1) 当 $b_{cx} \geq b_{cy}$，$b_{cy} \leq 0.6l_0$，$b_{cx} \leq l_0$ 时

$$b = b_{cy} + 0.7l_0 \tag{3-2}$$

(2) 当 $b_{cx} \geq b_{cy}$，$0.6l_0 < b_{cy} \leq l_0$，$b_{cx} \leq l_0$ 时

$$b = 0.6b_{cy} + 0.94l_0 \tag{3-3}$$

2. 当局部荷载作用面的短边平行于板跨时，简支板上荷载的有效分布宽度 b 可按以下两种情况取值（图 3-14b）：

(1) 当 $b_{cx} < b_{cy}$，$b_{cy} \leq 2.2l_0$，$b_{cx} \leq l_0$ 时

$$b = \frac{2}{3}b_{cy} + 0.73l_0 \tag{3-4}$$

(2) $b_{cx} < b_{cy}$，$b_{cy} > 2.2l_0$，$b_{cx} \leq l_0$ 时

$$b = b_{cy} \tag{3-5}$$

式中　l_0——板的计算跨度；

　　　b_{cx}——局部荷载作用面平行于板跨的计算宽度；

　　　b_{cy}——局部荷载作用面垂直于板跨的计算宽度；

又

$$b_{cx} = b_{tx} + 2s + h \tag{3-6}$$

$$b_{cy} = b_{ty} + 2s + h \tag{3-7}$$

式中　b_{tx}——局部荷载作用面平行于板跨的宽度；

　　　b_{ty}——局部荷载作用面垂直于板跨的宽度；

　　　s——垫层厚度；

　　　h——板的厚度。

上述情况也可按单向板楼面等效均布荷载计算表（表 3-4），查系数 θ 后直接确定。

单向板等效均布荷载系数 θ　　　　　表 3-4

α \ β	0.1	0.2	0.3	0.4	0.5	0.6	0.7	0.8	0.9	1.0
0.1	0.0238	0.0450	0.0638	0.0800	0.0938	0.1050	0.1138	0.1200	0.1238	0.1250
0.2	0.0440	0.0800	0.1133	0.1422	0.1667	0.1867	0.2022	0.2133	0.2200	0.2222
0.3	0.0613	0.1161	0.1530	0.1920	0.2250	0.2520	0.2730	0.2880	0.2970	0.3000
0.4	0.0763	0.1445	0.2047	0.2327	0.2727	0.3055	0.3309	0.3491	0.3600	0.3636
0.5	0.0893	0.1693	0.2398	0.3009	0.3125	0.3500	0.3792	0.4000	0.4125	0.4167
0.6	0.1009	0.1912	0.2708	0.3398	0.3982	0.3877	0.4200	0.4431	0.4569	0.4615
0.7	0.1111	0.2106	0.2983	0.3744	0.4387	0.4914	0.4684	0.4941	0.5096	0.5147
0.8	0.1203	0.2280	0.3230	0.4053	0.4749	0.5319	0.5763	0.5408	0.5577	0.5634
0.9	0.1286	0.2436	0.3451	0.4331	0.5075	0.5684	0.6158	0.6496	0.6020	0.6081
1.0	0.1360	0.2578	0.3652	0.4582	0.5370	0.6014	0.6516	0.6874	0.7088	0.6494
1.1	0.1428	0.2706	0.3834	0.4811	0.5638	0.6314	0.6841	0.7216	0.7442	0.7517
1.2	0.1490	0.2824	0.4000	0.5020	0.5882	0.6588	0.7137	0.7529	0.7765	0.7843
1.3	0.1547	0.2931	0.4152	0.5211	0.6106	0.6839	0.7409	0.7816	0.8061	0.8142

续表

α \ β	0.1	0.2	0.3	0.4	0.5	0.6	0.7	0.8	0.9	1.0
1.4	0.1599	0.3030	0.4293	0.5387	0.6313	0.7070	0.7659	0.8080	0.8333	0.8417
1.5	0.1647	0.3121	0.4422	0.5549	0.6503	0.7283	0.7890	0.8324	0.8584	0.8671
1.6	0.1692	0.3206	0.4542	0.5699	0.6679	0.7481	0.8104	0.8549	0.8816	0.8905
1.7	0.1733	0.3284	0.4653	0.5839	0.6843	0.7664	0.8302	0.8758	0.9032	0.9123
1.8	0.1772	0.3358	0.4756	0.5969	0.6995	0.7834	0.8487	0.8953	0.9233	0.9326
1.9	0.1808	0.3426	0.4853	0.6090	0.7137	0.7993	0.8659	0.9135	0.9421	0.9516
2.0	0.1842	0.3489	0.4943	0.6204	0.7270	0.8142	0.8821	0.9305	0.9596	0.9693
2.1	0.1873	0.3549	0.5028	0.6310	0.7394	0.8282	0.8972	0.9465	0.9761	0.9859
2.2	0.1900	0.3600	0.5100	0.6400	0.7500	0.8400	0.9100	0.9600	0.9900	1.0000

表中 $\alpha = \dfrac{b_{cy}}{l_0}$；$\beta = \dfrac{b_{cx}}{l_0}$；单向板等效均布荷载系数 $\theta = \dfrac{q_e}{q}$，其中 q_e 为单向板等效均布荷载；q 为局部均布面荷载，$q = Q/b_{cx}b_{cy}$（Q 为局部荷载）见图 3-15。

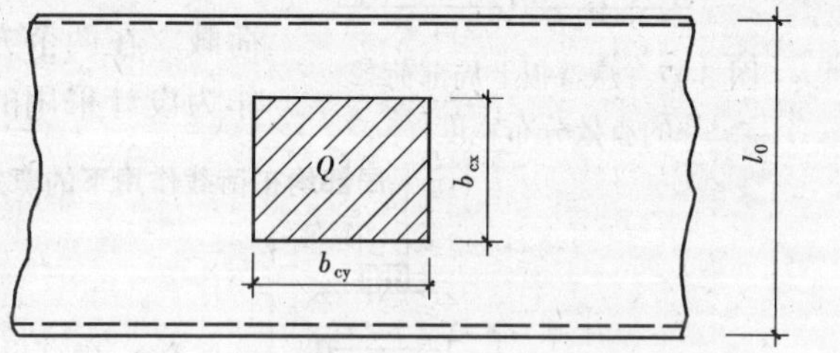

使用表 3-4 时，将局部荷载 Q 作用在板跨中部最不利的位置上，荷载作用

图 3-15 简支板承受跨中位置的局部荷载

面的计算宽度分别为 b_{cx} 和 b_{cy}，其中 b_{cx} 是与板跨度平行的计算宽度尺寸，求出系数 α、β 查表 3-4 即可得出 θ，将 θ 乘以 q 便得板的等效均布荷载 q_e。

3. 当局部荷载作用在板的非支承边附近，即当 $d < \dfrac{b}{2}$ 时（参见图 3-14），局部荷载的有效分布宽度应予以折减，可按下式计算：

$$b' = \frac{1}{2}b + d \tag{3-8}$$

式中 b'——折减后的有效分布宽度；

d——局部荷载作用面中心至非支承边的距离。

4. 当两个局部荷载相邻，而 $e < b$ 时（图 3-16），局部荷载的有效分布宽度应予以折减，其值可按下式计算：

$$b' = \frac{b}{2} + \frac{e}{2} \tag{3-9}$$

式中 e——相邻两个局部荷载的中心间距。

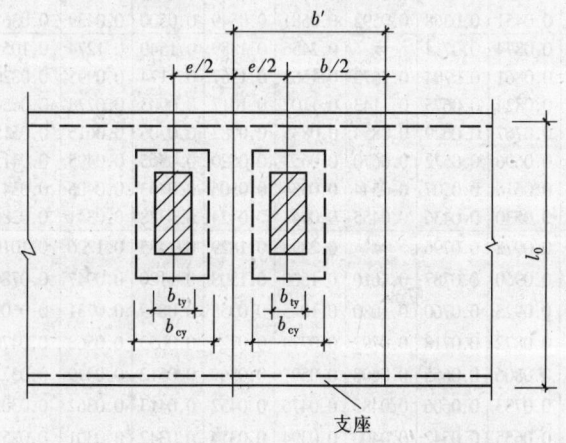

图 3-16 相邻两个局部荷载的有效分布宽度

5. 悬臂板上局部荷载的有效分布宽度（图 3-17）可按下式计算：

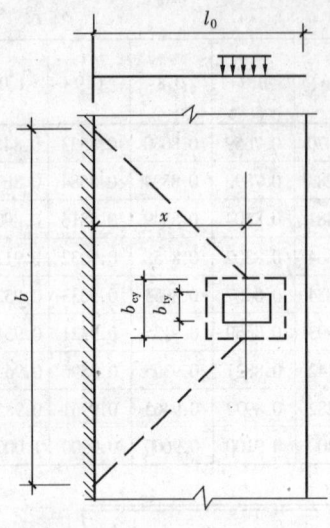

图 3-17 悬臂板上局部荷载
的有效分布宽度

$$b = b_{cy} + 2x \tag{3-10}$$

式中 x——局部荷载作用面中心至支座的距离。

（六）四边支承的双向板在局部荷载作用下的等效均布活荷载计算原则与单向板相同，连续多跨双向板的等效均布活荷载可按单跨四边简支双向板计算，并根据在局部荷载作用下板的弯矩与等效均布活荷载产生板的弯矩相等原则确定。

局部荷载原则上应布置在可能的最不利位置上，一般情况应至少有一个局部荷载布置在板的中央处。

当同时有若干个局部荷载时，可分别求出每个局部荷载相应两个方向的等效均布活荷载，并分别按两个方向各自选加得出在若干个局部荷载情况下的等效均布活荷载。在两个方向的等效均布活荷载中可选其中较大者作为设计采用的等效均布活荷载。

局部均布荷载作用下的弯矩系数表（$\mu = 0$） 表 3-5

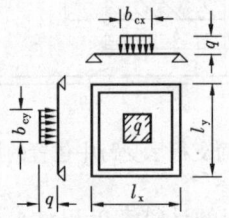

当 q 为面作用时：弯矩 = 表中系数 $\times b_{cx} \times b_{cy}$；
当 q 为线作用时：弯矩 = 表中系数 $\times qb_{cx}$ 或 qb_{cy}。

$\dfrac{l_y}{l_x}$	$\dfrac{b_{cy}}{l_x}$	$\dfrac{b_{cx}}{l_x}$											
			M_x						M_y					
		0.0	0.2	0.4	0.6	0.8	1.0	0.0	0.2	0.4	0.6	0.8	1.0
1.0	0.0	∞	0.1746	0.1213	0.0920	0.0728	0.0592	∞	0.2528	0.1957	0.1602	0.1329	0.1097
	0.2	0.2528	0.1634	0.1176	0.0900	0.0714	0.0581	0.1746	0.1634	0.1434	0.1236	0.1049	0.0872
	0.4	0.1957	0.1434	0.1083	0.0843	0.0674	0.0549	0.1213	0.1176	0.1083	0.0962	0.0831	0.0693
	0.6	0.1602	0.1236	0.0962	0.0762	0.0613	0.0500	0.0920	0.0900	0.0843	0.0762	0.0664	0.0556
	0.8	0.1329	0.1049	0.0831	0.0664	0.0537	0.0439	0.0728	0.0714	0.0674	0.0613	0.0537	0.0451
	1.0	0.1097	0.0872	0.0693	0.0556	0.0451	0.0368	0.0592	0.0581	0.0549	0.0500	0.0439	0.0368
1.2	0.0	∞	0.1936	0.1394	0.1086	0.0874	0.0714	∞	0.2456	0.1889	0.1540	0.1274	0.1051
	0.2	0.2723	0.1826	0.1358	0.1066	0.0861	0.0704	0.1673	0.1563	0.1367	0.1174	0.0995	0.0826
	0.4	0.2156	0.1630	0.1268	0.1013	0.0824	0.0675	0.1143	0.1107	0.1017	0.0903	0.0778	0.0650
	0.6	0.1807	0.1438	0.1154	0.0936	0.0767	0.0629	0.0854	0.0835	0.0782	0.0706	0.0615	0.0515
	0.8	0.1543	0.1259	0.1029	0.0845	0.0696	0.0572	0.0670	0.0657	0.0620	0.0565	0.0495	0.0415
	1.0	0.1322	0.1093	0.0902	0.0745	0.0616	0.0507	0.0544	0.0534	0.0506	0.0463	0.0406	0.0341
	1.2	0.1126	0.0934	0.0773	0.0640	0.0530	0.0436	0.0455	0.0447	0.0424	0.0388	0.0341	0.0286
1.4	0.0	∞	0.2063	0.1515	0.1197	0.0972	0.0796	∞	0.2394	0.1829	0.1485	0.1226	0.1010
	0.2	0.2854	0.1954	0.1480	0.1178	0.0960	0.0787	0.1610	0.1500	0.1308	0.1120	0.0947	0.0786
	0.4	0.2289	0.1761	0.1393	0.1128	0.0925	0.0760	0.1080	0.1045	0.0958	0.0849	0.0731	0.0609
	0.6	0.1946	0.1574	0.1283	0.1055	0.0872	0.0718	0.0792	0.0774	0.0724	0.0653	0.0568	0.0476
	0.8	0.1690	0.1403	0.1166	0.0970	0.0806	0.0665	0.0608	0.0597	0.0563	0.0512	0.0449	0.0377
	1.0	0.1478	0.1246	0.1047	0.0878	0.0733	0.0606	0.0485	0.0476	0.0452	0.0413	0.0362	0.0305
	1.2	0.1294	0.1099	0.0929	0.0783	0.0655	0.0542	0.0400	0.0394	0.0374	0.0342	0.0301	0.0253
	1.4	0.1126	0.0959	0.0813	0.0685	0.0574	0.0475	0.0342	0.0336	0.0319	0.0292	0.0257	0.0216

续表

$\dfrac{l_y}{l_x}$	$\dfrac{b_{cx}}{l_x}$ $\dfrac{b_{cy}}{l_x}$	M_x						M_y					
		0.0	0.2	0.4	0.6	0.8	1.0	0.0	0.2	0.4	0.6	0.8	1.0
1.6	0.0	∞	0.2144	0.1592	0.1267	0.1034	0.0849	∞	0.2348	0.1786	0.1445	0.1191	0.0981
	0.2	0.2937	0.2036	0.1558	0.1250	0.1023	0.0840	0.1563	0.1455	0.1264	0.1080	0.0912	0.0756
	0.4	0.2375	0.1845	0.1473	0.1201	0.0989	0.0814	0.1033	0.0998	0.0914	0.0808	0.0695	0.0579
	0.6	0.2035	0.1662	0.1367	0.1132	0.0939	0.0774	0.0744	0.0726	0.0679	0.0612	0.0532	0.0445
	0.8	0.1784	0.1497	0.1255	0.1052	0.0878	0.0725	0.0560	0.0549	0.0518	0.0470	0.0412	0.0346
	1.0	0.1580	0.1346	0.1143	0.0966	0.0810	0.0670	0.0436	0.0428	0.0405	0.0370	0.0325	0.0273
	1.2	0.1405	0.1208	0.1033	0.0878	0.0739	0.0612	0.0351	0.0345	0.0327	0.0299	0.0264	0.0222
	1.4	0.1248	0.1079	0.0926	0.0790	0.0666	0.0552	0.0292	0.0288	0.0273	0.0250	0.0221	0.0185
	1.6	0.1105	0.0956	0.0822	0.0702	0.0592	0.0491	0.0253	0.0249	0.0237	0.0217	0.0191	0.0161
1.8	0.0	∞	0.2194	0.1639	0.1311	0.1073	0.0881	∞	0.2317	0.1756	0.1418	0.1168	0.0961
	0.2	0.2988	0.2086	0.1605	0.1294	0.1961	0.0872	0.1531	0.1423	0.1234	0.1053	0.0888	0.736
	0.4	0.2427	0.1897	0.1522	0.1246	0.1029	0.0847	0.1000	0.0967	0.0884	0.0781	0.0671	0.0559
	0.6	0.2091	0.1717	0.1419	0.1180	0.0981	0.0810	0.0711	0.0694	0.0648	0.0583	0.0507	0.0424
	0.8	0.1844	0.1555	0.1310	0.1103	0.0923	0.0763	0.0525	0.0515	0.0485	0.0441	0.0386	0.0324
	1.0	0.1645	0.1410	0.1203	0.1021	0.0859	0.0711	0.0400	0.0392	0.0372	0.0339	0.0298	0.0250
	1.2	0.1475	0.1277	0.1099	0.0938	0.0792	0.0657	0.0313	0.0308	0.0292	0.0267	0.0235	0.0198
	1.4	0.1327	0.1156	0.1000	0.0857	0.0725	0.0601	0.0253	0.0249	0.0237	0.0217	0.0191	0.0161
	1.6	0.1193	0.1043	0.0904	0.0777	0.0658	0.0546	0.0213	0.0209	0.0199	0.0183	0.0161	0.0135
	1.8	0.1070	0.0936	0.0812	0.0698	0.0592	0.0491	0.0187	0.0183	0.0174	0.0160	0.0141	0.0119
2.0	0.0	∞	0.2224	0.1668	0.1337	0.1096	0.0901	∞	0.2297	0.1738	0.1401	0.1152	0.0948
	0.2	0.3019	0.2116	0.1634	0.1320	0.1085	0.0892	0.1511	0.1403	0.1215	0.1035	0.0873	0.0723
	0.4	0.2459	0.1928	0.1552	0.1274	0.1053	0.0868	0.0980	0.0946	0.0865	0.0763	0.0655	0.0546
	0.6	0.2124	0.1750	0.1450	0.1209	0.1007	0.0831	0.0689	0.0673	0.0628	0.0565	0.0490	0.0410
	0.8	0.1880	0.1590	0.1344	0.1134	0.0950	0.0786	0.0502	0.0492	0.0464	0.0421	0.0369	0.0309
	1.0	0.1684	0.1448	0.1240	0.1055	0.0889	0.0736	0.0375	0.0369	0.0349	0.0319	0.0280	0.0235
	1.2	0.1519	0.1320	0.1140	0.0976	0.0825	0.0685	0.0287	0.0282	0.0268	0.0245	0.0216	0.0181
	1.4	0.1375	0.1204	0.1045	0.0899	0.0762	0.0632	0.0226	0.0222	0.0211	0.0193	0.0170	0.0143
	1.6	0.1248	0.1097	0.0956	0.0824	0.0700	0.0581	0.0183	0.0180	0.0171	0.0157	0.0138	0.0116
	1.8	0.1132	0.0997	0.0871	0.0752	0.0639	0.0531	0.0155	0.0152	0.0145	0.0133	0.0117	0.0098
	2.0	0.1026	0.0904	0.0790	0.0683	0.0580	0.0482	0.0127	0.0135	0.0128	0.0177	0.0104	0.0087

对位于板任意位置处的矩形局部均布荷载，其双向板楼面等效均布活荷载可直接按本手册附录四确定。

对位于板中央对称位置处的局部均布荷载，在其作用下板的最大弯矩也可按表 3-5 确定。此外四边简支承受满布均布荷载的板，其最大弯矩可按表 3-6 确定。利用表 3-5 和表 3-6 即可确定此情况下的双向楼面等效均布活荷载。

（七）作用在次梁（包括槽形板的纵肋）上的局部荷载，应按下列公式分别计算弯矩和剪力的等效均布活荷载，且取其中较大者。

第三章 楼面和屋面活荷载

四边简支双向板在单位均布面荷载作用下跨中最大弯矩系数　　表 3-6

$\mu = 0$, $M_{xmax} = \alpha q l_0^2$, $M_{ymax} = \beta q l_0^2$;

式中　l_0 取 l_x 和 l_y 中的较小者；
　　　l_x 为较短边的计算跨度；
　　　l_y 为较长边的计算跨度。

l_x/l_y	0.50	0.55	0.60	0.65	0.70	0.75	0.80	0.85	0.90	0.95	1.00
α	0.0965	0.0892	0.0820	0.0750	0.683	0.0620	0.0561	0.0506	0.0456	0.0410	0.0368
β	0.0174	0.0210	0.0242	0.0271	0.0296	0.0317	0.0334	0.0348	0.0340	0.0364	0.0368

$$q_{eM} = \frac{8 M_{max}}{s l_0^2} \tag{3-11}$$

$$q_{ev} = \frac{2 V_{max}}{s l_0} \tag{3-12}$$

式中　q_{eM}——按最大弯矩计算的等效均布活荷载；
　　　q_{ev}——按最大剪力计算的等效均布活荷载；
　　　s——次梁的间距；
　　　l_0——次梁的计算跨度；
　　　M_{max}——简支次梁的绝对最大弯矩，按设备的最不利布置确定；
　　　V_{max}——简支次梁的绝对最大剪力，按设备的最不利布置确定。

按简支梁计算 M_{max} 及 V_{max} 时，除直接传给次梁的局部荷载外，还应考虑邻近板面传来的活荷载（其中设备荷载应乘以动力系数，并扣除设备所占面积上的操作荷载），以及两侧相邻次梁的卸荷作用。

（八）当局部荷载分布比较均匀时，主梁上的等效均布活荷载可由全部局部荷载总和除以全部受荷面积求得。

如果另有设备直接布置在主梁上，尚应增加由这部分设备自重按（3-11）或（3-12）式计算所得的等效荷载。

（九）柱、基础上的等效均布活荷载在一般情况下可取与主梁相同。

【例 3-7】　某类型工业建筑的楼面板，在安装设备时，最不利情况的设备位置如图

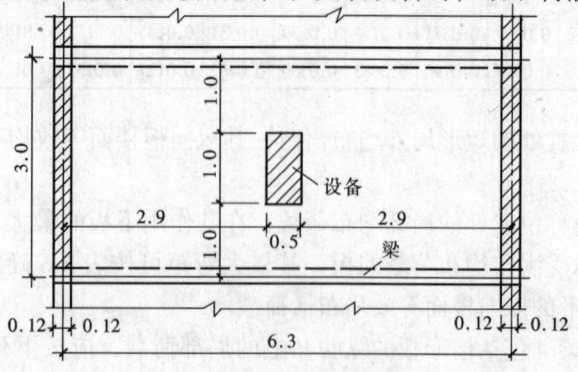

图 3-18　楼板平面（单位：m）

3-18所示，设备重8kN，设备平面尺寸为0.5m×1.0m，搬运设备时的动力系数为1.1，设备直接放置在楼面板上，楼面板为现浇钢筋混凝土单向连续板，板厚度0.1m，无设备区域的操作荷载为2kN/m²，求此情况下设备荷载的等效楼面均布活荷载标准值。

【解】 板的计算跨度 $l_0 = l_c = 3m$

设备荷载作用面平行于板跨的计算宽度：
$$b_{cx} = b_{tx} + 2s + h = 1 + 0.1 = 1.1m$$

设备荷载作用面垂直于板跨的计算宽度：
$$b_{cy} = b_{ty} + 2s + h = 0.5 + 0.1 = 0.6m$$

符合 $b_{cx} > b_{cy}$（即1.1m > 0.6m）；
$$b_{cy} < 0.6l_0（即0.6m < 0.6 \times 3 = 1.8m）；$$
$$b_{cx} < l_0（即1.1m < 3m）条件。$$

故设备荷载在板上的有效分布宽度：
$$b = b_{cy} + 0.7l_0 = 0.6 + 0.7 \times 3 = 2.7m$$

板的计算简图（按简支单跨板计算）见图3-19。
作用在板上的荷载：
1. 无设备区域的操作荷载在板的有效分布宽度内产生的沿板跨均布线荷载：
$$q_1 = 2 \times 2.7 = 5.4 kN/m$$

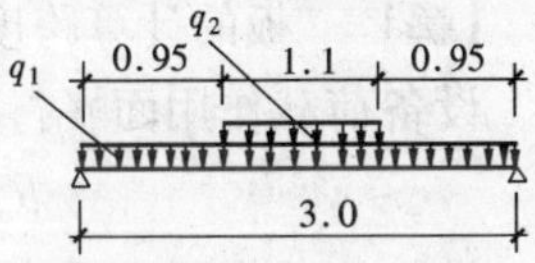

图 3-19 板的计算简图（单位：m）

2. 设备荷载乘以动力系数并扣除设备在板跨内所占面积上的操作荷载后产生的沿板跨均布线荷载：
$$q_2 = (8 \times 1.1 - 2 \times 0.5 \times 1)/1.1 = 7.09 kN/m$$

板的绝对最大弯矩
$$M_{max} = \frac{1}{8}q_1 l_0^2 + \frac{1}{8}q_2 l_0 b_{cx}\left(2 - \frac{b_{cx}}{l_0}\right)$$
$$= \frac{1}{8} \times 5.4 \times 3^2 + \frac{1}{8} \times 7.09 \times 1.1 \times 3 \times \left(2 - \frac{1.1}{3}\right) = 10.85 kN \cdot m$$

等效楼面均布活荷载标准值：
$$q_e = \frac{8M_{max}}{bl_0^2} = \frac{8 \times 10.85}{2.7 \times 3^2} = 3.57 kN/m^2$$

也可直接按表3-4查系数 θ 确定。

按题意 $\alpha = \frac{1.1}{3} = 0.367, \beta = \frac{0.6}{3} = 0.2$。

由表3-4得 $\theta = 0.1351$。

操作荷载 $q_1 = 2kN/m^2$，扣除操作荷载后的局部荷载 $Q = 1.1 \times 8 - 2 \times 0.5 \times 1 = 7.8kN$，局部均布荷载 $q_2 = \frac{7.8}{1.1 \times 0.6} = 11.82 kN/m^2$。

得等效荷载 $q_e = q_1 + \theta q = 2 + 0.135 \times 11.82 = 3.60 kN/m^2$，可见两种方法结果很接近。

【例3-8】 某类型工业建筑的楼面板，在使用过程中最不利情况设备位置如图3-20所示，设备重8kN，设备平面尺寸为0.5m×1.0m，设备下有混凝土垫层厚0.1m，使用过程中设备产生的动力系数为1.1，楼面板为现浇钢筋混凝土单向连续板，其厚度为0.1m，无设备区域的操作荷载为 2.0kN/m^2，求此情况下等效楼面均布活荷载标准值。

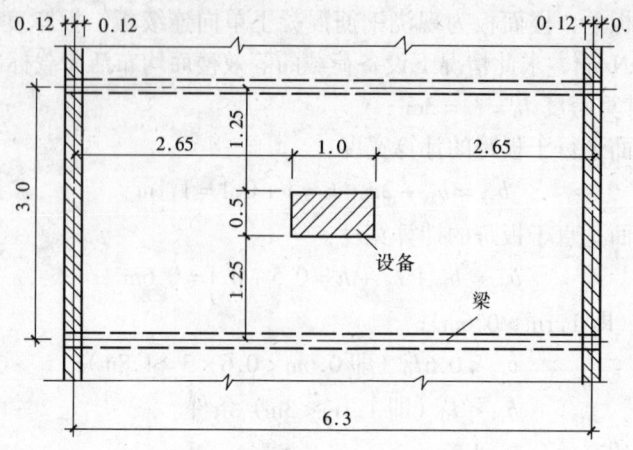

图 3-20 楼板平面（单位：m）

【解】 板的计算跨度 $l_0 = l_c = 3\text{m}$。

设备荷载作用面平行于板跨的计算宽度：

$$b_{cx} = b_{tx} + 2s + h = 0.5 + 2 \times 0.1 + 0.1 = 0.8\text{m}$$

设备荷载作用面垂直于板跨的计算宽度：

$$b_{cy} = b_{ty} + 2s + h = 1 + 2 \times 0.1 + 0.1 = 1.3\text{m}$$

符合 $b_{cx} < b_{cy}$（即 $0.8\text{m} < 1.3\text{m}$）；

$b_{cy} < 2.2 l_0$（即 $1.3\text{m} < 2.2 \times 3 = 6.6\text{m}$）；

$b_{cx} < l_0$（即 $0.8\text{m} < 3\text{m}$）条件。

故设备荷载在板上的有效分布宽度：

$$b = \frac{2}{3} b_{cy} + 0.73 l_0 = \frac{2}{3} \times 1.3 + 0.73 \times 3 = 3.06\text{m}$$

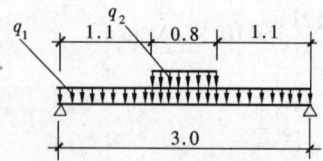

图 3-21 板的计算简图（单位：m）

板的计算简图（按简支单跨板计算）见图 3-21。

作用在板上的荷载：

1. 无设备区域的操作荷载在板的有效分布宽度内产生的沿板跨均布线荷载：

$$q_1 = 2 \times 3.06 = 6.12\text{kN/m}$$

2. 设备荷载乘以动力系数扣除设备在板跨内所占面积上的操作荷载后产生的沿板跨均布线荷载：

$$q_2 = (8 \times 1.1 - 2 \times 0.5 \times 1)/0.8 = 9.75\text{kN/m}$$

板的绝对最大弯矩。

$$M_{\max} = \frac{1}{8} \times 6.12 \times 3^2 + \frac{1}{8} \times 9.75 \times 0.8 \times 3 \times \left(2 - \frac{0.8}{3}\right) = 11.96\text{kN}\cdot\text{m}$$

等效楼面均布活荷载标准值

$$q_e = \frac{8 M_{\max}}{b l_0^2} = \frac{8 \times 11.96}{3.06 \times 3^2} = 3.47\text{kN/m}^2$$

【例 3-9】 某类型工业建筑的楼面板，在安装设备时最不利的设备位置如图 3-22 所示,设备重 10kN,设备平面尺寸为 $1.8m \times 1.9m$,搬运设备时产生的动力系数为 1.2,设备直接放置在楼面板上,楼面板为现浇钢筋混凝土单向连续板,其厚度 0.1m,无设备区域的操作荷载为 $2.0kN/m^2$,求此情况下设备荷载的等效楼面均布活荷载标准值。

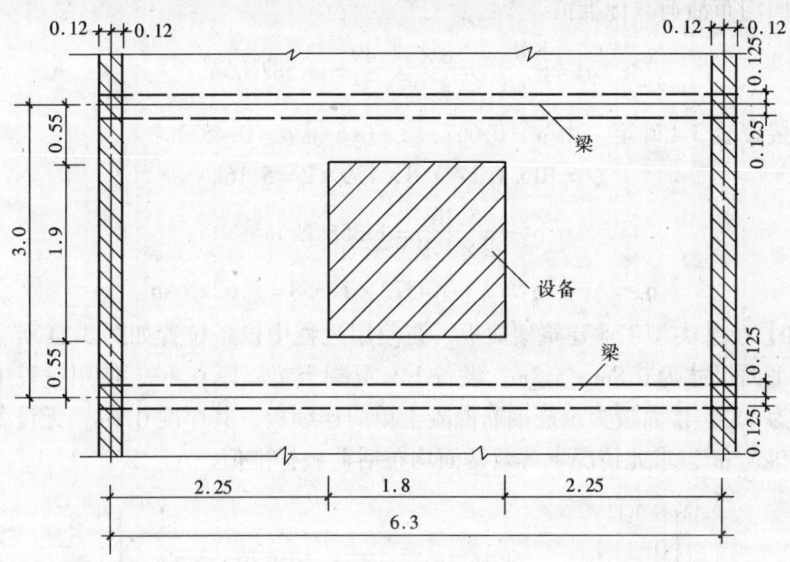

图 3-22 楼板平面(单位:m)

【解】 板的计算跨度 $l_0 = l_c = 3m$。

设备荷载作用面平行于板跨的计算宽度:
$$b_{cx} = b_{tx} + 2s + h = 1.9 + 0.1 = 2m$$

设备荷载作用面垂直于板跨的计算宽度:
$$b_{cy} = b_{ty} + 2s + h = 1.8 + 0.1 = 1.9m$$

符合 $b_{cx} > b_{cy}$(即 2m>1.9m);

$0.6l_0 < b_{cy} < l_0$(即 $0.6 \times 3m < 1.9m < 3m$);

$b_{cx} < l_0$(即 2m<3m)条件。

故设备荷载在板上的有效分布宽度:
$$b = 0.6b_{cy} + 0.94l_0 = 0.6 \times 1.9 + 0.94 \times 3 = 3.96m$$

板的计算简图(按简支单跨板计算)见图 3-23。

作用在板上的荷载:

1. 无设备区域的操作荷载在有效分布宽度内产生的沿板跨的均布线荷载;

$$q_1 = 2 \times 3.96 = 7.92 kN/m$$

2. 设备荷载乘以动力系数扣除设备在板跨内所占面积上的操作荷载后产生的沿板跨的均布线荷载:

$$q_2 = (10 \times 1.2 - 1.8 \times 1.9 \times 2)/2 = 2.58kN/m$$

板的绝对最大弯矩

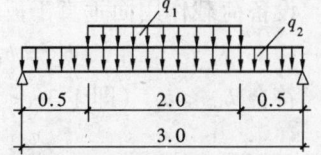

图 3-23 板的计算简图
(单位:m)

$$M_{\max} = \frac{1}{8} \times 7.92 \times 3^2 + \frac{1}{8} \times 2.58 \times 2 \times 3 \times \left(2 - \frac{2}{3}\right)$$
$$= 11.49 \text{kN} \cdot \text{m}$$

等效楼面均布活荷载标准值

$$q_e = \frac{8M_{\max}}{bl_0^2} = \frac{8 \times 11.49}{3.96 \times 3^2} = 2.58 \text{kN/m}^2$$

也可直接按表 3-4 确定，由 $\alpha = 0.667$，$\beta = 0.6$ 得 $\theta = 0.4572$。

$$Q = 10 \times 1.2 - 1.8 \times 1.9 \times 2 = 5.16 \text{kN}$$

$$q_2 = \frac{5.16}{2 \times 1.9} = 1.358 \text{kN/m}^2$$

$$q_e = q_1 + \theta q_2 = 2 + 0.4572 \times 1.358 = 2.62 \text{kN/m}^2$$

【例 3-10】 某类型工业建筑楼面板，在使用过程中设备位置如图 3-24 所示，设备重 10kN，设备平面尺寸为 $0.8 \text{m} \times 5.2 \text{m}$，设备下有混凝土垫层厚 0.2m，使用过程中设备产生的动力系数为 1.2，楼面板为现浇钢筋混凝土单向连续板，其厚度 0.1m，无设备区域的操作荷载为 2.0kN/m^2，求此情况下等效楼面均布活荷载标准值。

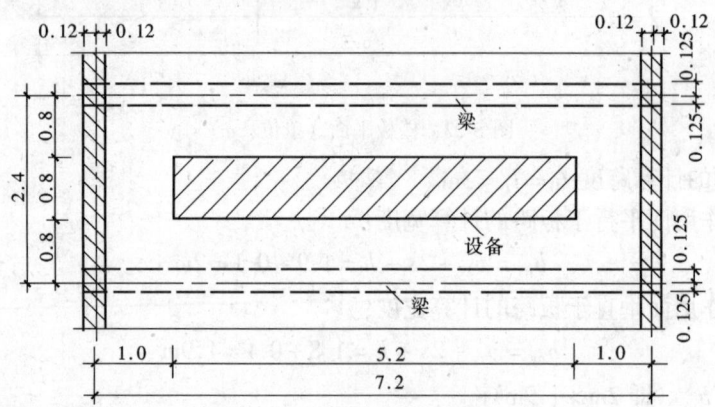

图 3-24 楼板平面（单位：m）

【解】 板的计算跨度 $l_0 = l_c = 2.4 \text{m}$。
设备荷载作用面平行于板跨的计算宽度：

$$b_{cx} = b_{tx} + 2s + h = 0.8 + 2 \times 0.2 + 0.1 = 1.3 \text{m}$$

设备荷载作用面垂直于板跨的计算宽度：

$$b_{cy} = b_{ty} + 2s + h = 5.2 + 2 \times 0.2 + 0.1 = 5.7 \text{m}$$

符合 $b_{cx} < b_{cy}$（即 1.3m < 5.7m）；

$b_{cy} > 2.2 l_0$（即 5.7m > 2.2 × 2.4m）；

$b_{cx} < l_0$（即 1.3m < 2.4m）条件。

故设备荷载在板上有效分布宽度：

$$b = b_{cy} = 5.7 \text{m}$$

板的计算简图（按简支单跨板计算）见图 3-25。

作用在板上的荷载：

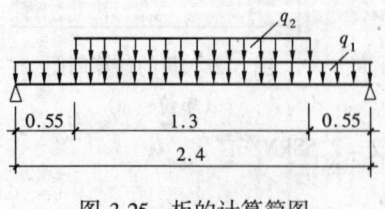

图 3-25 板的计算简图
（单位：m）

1. 无设备区域的操作荷载在板的有效分布宽度内产生的沿板跨的均布线荷载：
$$q_1 = 2 \times 5.7 = 11.4 \text{kN/m}$$

2. 设备荷载乘以动力系数扣除在板跨内所占面积上的操作荷载后产生沿板跨的均布线荷载：
$$q_2 = (10 \times 1.2 - 0.6 \times 5.2 \times 2)/1.3 = 4.43 \text{kN/m}$$

板的绝对最大弯矩
$$M_{\max} = \frac{1}{8} \times 11.4 \times 2.4^2 + \frac{1}{8} \times 4.43 \times 1.3 \times 2.4 \times \left(2 - \frac{1.3}{2.4}\right) = 10.73 \text{kN·m}$$

等效楼面均布活荷载标准值：
$$q_e = \frac{8 M_{\max}}{b l_0^2} = \frac{8 \times 10.73}{5.7 \times 2.4^2} = 2.61 \text{kN/m}^2$$

【例3-11】 某类型工业建筑楼面板，在生产过程中设备位置如图3-26所示，设备重10kN，设备平面尺寸为0.6m×1.5m，设备下有混凝土垫层厚0.2m，设备产生的动力系数为1.1，楼板为现浇钢筋混凝土单向连续板，其厚度0.1m，无设备区域的操作荷载2.0kN/m²，求此情况下等效楼面均布活荷载标准值。

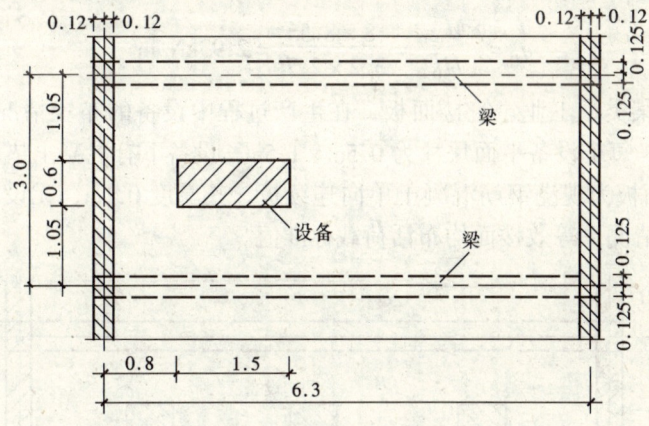

图3-26 楼板平面（单位：m）

【解】 板的计算跨度 $l_0 = l_c = 2.7 \text{m}$。
设备荷载作用面平行于板跨的计算宽度：
$$b_{cx} = b_{tx} + 2s + h = 0.6 + 2 \times 0.2 + 0.1 = 1.1 \text{m}$$
设备荷载作用面垂直于板跨的计算宽度：
$$b_{cy} = b_{ty} + 2s + h = 1.5 + 2 \times 0.2 + 0.1 = 2.0 \text{m}$$
符合 $b_{cx} < b_{cy}$（即 $1.1\text{m} < 2.0\text{m}$）；
$b_{cy} < 2.2 l_0$（即 $2\text{m} < 2.2 \times 2.7\text{m}$）；
$b_{cx} < l_0$（即 $1.1\text{m} < 2.7\text{m}$）条件。

故设备荷载在板上的有效分布宽度：
$$b = \frac{2}{3} b_{cy} + 0.73 l_0 = \frac{2}{3} \times 2 + 0.73 \times 2.7 = 3.3 \text{m}$$

但由于设备荷载作用在板的非支承边附近（设备中心至非支承边的距离 = 0.8 + 0.75

$=1.55\mathrm{m}<\frac{b}{2}$),因此有效宽度应进行折减,折减后的有效分布宽度:

$$b'=\frac{1}{2}\times 3.3+1.55=3.2\mathrm{m}$$

板的计算简图(按简支单跨板计算)见图 3-27。

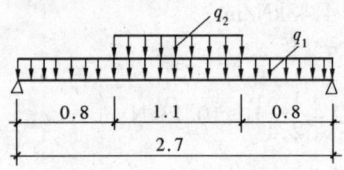

图 3-27 板的计算简图
(单位: m)

作用在板上的荷载:

1. 无设备区域的操作荷载在折减后的有效分布宽度内产生的沿板跨均布线荷载:

$$q_1=2\times 3.2=6.4\mathrm{kN/m}$$

2. 设备荷载乘以动力系数扣除设备在板跨内所占面积上的操作荷载后产生的沿板跨均布线荷载:

$$q_2=(10\times 1.1-0.6\times 1.5\times 2)/2=4.6\mathrm{kN/m}$$

板的绝对最大弯矩

$$M_{\max}=\frac{1}{8}\times 6.4\times 2.7^2+\frac{1}{8}\times 4.6\times 1.1\times 2.7\times\left(2-\frac{1.1}{2.7}\right)=8.55\mathrm{kN\cdot m}$$

等效楼面均布活荷载标准值:

$$q_\mathrm{e}=\frac{8M_{\max}}{bl_0^2}=\frac{8\times 8.55}{3.2\times 2.7^2}=2.93\mathrm{kN/m^2}$$

【例 3-12】 某类型工业建筑楼面板,在生产过程中设备的布置情况如图 3-28 所示,每个设备重 10kN,每个设备平面尺寸为 0.5m×1.5m,设备下有混凝土垫层厚 0.2m,设备无动力作用,楼面板为现浇钢筋混凝土单向连续板,其厚度 0.1m,无设备区域的操作荷载 2kN/m²,求此情况下等效楼面均布活荷载标准值。

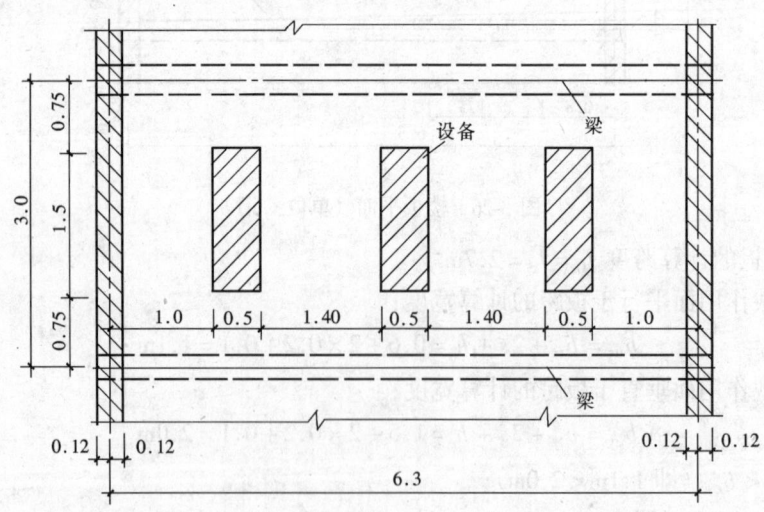

图 3-28 楼板平面(单位: m)

【解】 板的计算跨度 $l_0=l_c=3.0\mathrm{m}$。
设备荷载作用面平行于板跨的计算宽度:

$$b_{\mathrm{cx}}=b_{\mathrm{tx}}+2s+h=1.5+2\times 0.2+0.1=2\mathrm{m}$$

设备荷载作用面垂直于板跨的计算宽度:

$$b_{cy} = b_{ty} + 2s + h = 0.5 + 2 \times 0.2 + 0.1 = 1\text{m}$$

符合 $b_{cx} > b_{cy}$（即 $2\text{m} > 1\text{m}$）；

$b_{cy} < 0.6l_0$（即 $1\text{m} < 0.6 \times 3\text{m}$）；

$b_{cx} < l_0$（即 $2\text{m} < 3\text{m}$）条件。

故设备荷载在板上的有效分布宽度：

$$b = b_{cy} + 0.7l_0 = 1 + 0.7 \times 3 = 3.1\text{m}$$

由于设备位置靠近板的非支承边，且两设备中心之间的距离小于设备荷载的有效分布宽度，因此应按两种不同的折减设备荷载的有效分布宽度情况确定等效楼面均布活荷载标准值，取两者中的较大值作为该类型工业建筑的等效楼面均布活荷载标准值。

情况 1 以位于板的非支承边附近的设备作为计算对象，确定其折减有效分布宽度：

$$b'_1 = 1 + \frac{0.5}{2} + \frac{1.90}{2} = 2.2\text{m}$$

板的计算简图（按简支单跨板计算）见图 3-29。

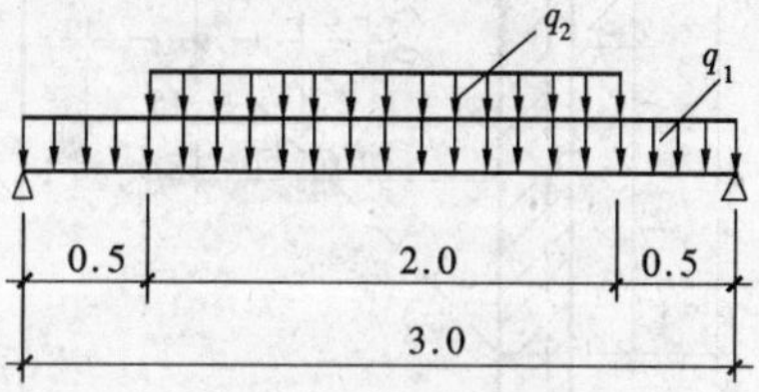

作用在板上的荷载：

1. 无设备区域的操作荷载在折减后的有效分布宽度 b'_1 内产生沿板跨的均布线荷载：

$$q_1 = 2 \times 2.2 = 4.4\text{kN/m}$$

2. 设备荷载乘以动力系数扣除设备在板跨内所占面积上的操作荷载后产生沿板跨的均布线荷载。

$$q_2 = (10 - 0.5 \times 1.5 \times 2)/2 = 4.25\text{kN/m}$$

图 3-29 板的计算简图一
（单位：m）

板的绝对最大弯矩

$$M_{\text{max}1} = \frac{1}{8} \times 4.4 \times 3^2 + \frac{1}{8} \times 4.25 \times 2 \times 3 \times \left(2 - \frac{2}{3}\right) = 9.2\text{kN} \cdot \text{m}$$

等效楼面均布活荷载标准值：

$$q_{e1} = \frac{8M_{\text{max}1}}{b'_1 l_0^2} = \frac{8 \times 9.2}{2.2 \times 3^2} = 3.72\text{kN/m}^2$$

情况 2 以位于板中部的设备作为计算对象，确定其折减有效分布宽度：

$$b'_2 = 0.5 + 1.4 = 1.9\text{m}$$

板的计算简图（按简支单跨板计算）见图 3-30。

作用在板上的荷载：

1. 无设备区域的操作荷载在板的折减后的有效分布宽度 b'_2 内产生的沿板跨均布线荷载：

$$q_3 = 2 \times 1.9 = 3.8\text{kN/m}$$

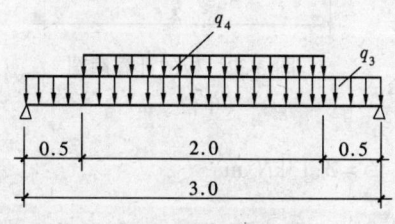

图 3-30 板的计算简图二
（单位：m）

2. 设备荷载乘以动力系数扣除设备在板跨内所占面积的操作荷载后产生的沿板跨均布线荷载：

$$q_4 = (10 - 0.5 \times 1.5 \times 2)/2 = 4.25\text{kN/m}$$

板的绝对最大弯矩

$$M_{\text{max}2} = \frac{1}{8} \times 3.8 \times 3^2 + \frac{1}{8} \times 4.25 \times 2 \times 3 \times \left(2 - \frac{2}{3}\right) = 8.53\text{kN} \cdot \text{m}$$

等效楼面均布活荷载标准值：

$$q_{e2} = \frac{8M_{max2}}{b'_2 l_0^2} = \frac{8 \times 8.53}{1.9 \times 3^2} = 3.99 \text{kN/m}^2$$

由于 $q_{e2} > q_{e1}$，因此，取 $q_{e2} = 3.99 \text{kN/m}^2$ 为此类型工业建筑的等效楼面均布活荷载标准值。

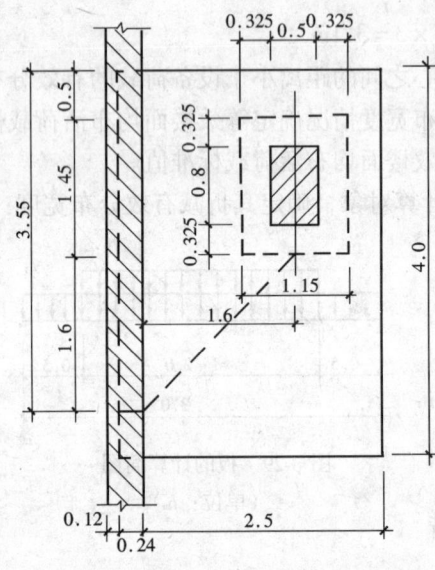

图 3-31 楼板平面（单位：m）

【例 3-13】 某类型工业建筑的平台楼面，在生产过程中设备的位置如图 3-31 所示，设备重 4kN，其动力系数为 1.1，平面尺寸为 0.5m×0.8m，设备下有混凝土垫层厚 0.2m，支承设备的楼面板为现浇钢筋混凝土悬臂板，板厚 0.25m，无设备区域的操作荷载 2kN/m²，求此情况下的等效楼面均布活荷载标准值。

【解】 板的计算跨度 $l_0 = 2.5$m。

设备荷载作用面平行于板跨的计算宽度

$b_{cx} = b_{tx} + 2s + h = 0.5 + 2 \times 0.2 + 0.25 = 1.15$m

设备荷载作用面垂直于板跨的计算宽度

$b_{cy} = b_{ty} + 2s + h = 0.8 + 2 \times 0.2 + 0.25 = 1.45$m

悬臂板上局部荷载的有效分布宽度：

$b = b_{cy} + 2x = 1.45 + 1.6 \times 2 = 4.65$m

但由于设备荷载作用位置靠近板的非支承边，因此有效分布宽度应予以折减，折减后的有效分布宽度：

$b' = b_{cy} + x + d = 1.45 + 1.6 + 0.5 = 3.55$m

板的计算简图（按悬臂板计算）见图 3-32。
作用在板上的荷载：

1. 无设备区域的操作荷载在折减后的有效分布宽度 b' 内沿板跨产生的均布线荷载：

$q_1 = 2 \times 3.55 = 7.1$ kN/m

2. 设备荷载乘以动力系数扣除设备在板跨内所占面积上的操作荷载后产生的沿板跨均布线荷载：

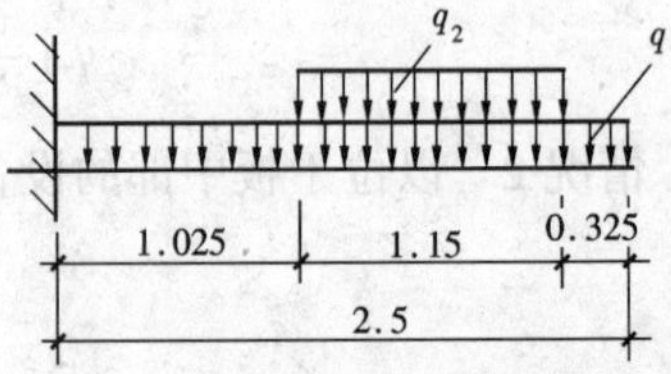

$q_2 = (4 \times 1.1 - 0.5 \times 0.8 \times 2) / 1.15 = 3.13$ kN/m

板的绝对最大弯矩

$M_{max} = -\frac{1}{2} \times 7.1 \times 2.5^2 - 3.13 \times 1.15 \times 1.6 = -27.95$ kN·m

图 3-32 板的计算简图（单位：m）

等效楼面均布活荷载标准值：

$$q_e = \frac{2M_{max}}{b' l_0^2} = \frac{2 \times 27.95}{3.55 \times 2.5^2} = 2.52 \text{kN/m}^2$$

【例 3-14】 某类型工业建筑的楼面板，在安装设备时最不利的位置如图 3-33 所示，设备重 10kN，其平面尺寸 0.88m×2.4m，安装设备时的动力系数 1.1，设备下无垫层，楼面板为现浇多跨双向钢筋混凝土连续板，其厚度 0.2m，无设备区域的操作荷载 2kN/m²，求此情况下的等效楼面均布活荷载标准值。

【解】 按四边简支单跨双向板计算板沿长边方向的计算跨度 $l_x = 6.0$m，板沿短边方向的计算跨度 $l_y = 5.4$m，设备荷载作用面平行于板长边方向的计算宽度 $b_{cx} = b_{tx} + 2s + h = 2.4 + 0.2 = 2.6$m

设备荷载作用面平行于板短边方向的计算宽度 $b_{cy} = b_{ty} + 2s + h = 0.88 + 0.2 = 1.08$m

作用在板面上的荷载：

1. 无设备区域的操作荷载（均布面荷载）$q_1 = 2$kN/m²；

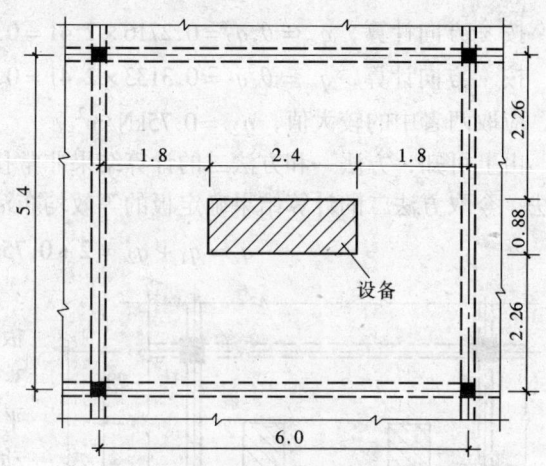

图 3-33 楼板平面（单位：m）

2. 设备荷载乘以动力系数扣除设备所占面积上的操作荷载后，将其均匀分布在 $b_{cx} b_{cy}$ 范围内，得局部均布面荷载：

$$q_2 = (10 \times 1.1 - 0.88 \times 2.4 \times 2) / (1.08 \times 2.6) = 2.41 \text{kN/m}^2$$

求 q_2 产生的等效均布活荷载

方法一 利用表 3-5 及表 3-6 确定

查表 3-5，已知 $l_x/l_y = 6/5.4 = 1.1$，$b_{cx}/l_y = 2.6/5.4 = 0.481$；$b_{cy}/l_y = 1.08/5.4 = 0.2$，可得 x 方向的弯矩系数为 0.1026；y 方向的弯矩系数为 0.1463。

$$M_{x\max} = \alpha_x q_2 a_x a_y = 0.1026 \times 2.41 \times 1.08 \times 2.6 = 0.6943 \text{kN·m}$$

$$M_{y\max} = \alpha_y q_2 a_x a_y = 0.1463 \times 2.41 \times 1.08 \times 2.6 = 0.9901 \text{kN·m}$$

查表 3-6，已知 $l_y/l_x = \dfrac{5.4}{6} = 0.9$，可得 $\alpha = 0.0340$，$\beta = 0.0456$。

据此，由 q_2 产生的等效均布荷载 q_{2e}。

按 $M_{x\max}$ 计算：$q_{ex} = \dfrac{M_{x\max}}{\alpha l_0^2} = \dfrac{0.6943}{0.0340 \times 5.4^2} = 0.70 \text{kN/m}^2$

按 $M_{y\max}$ 计算：$q_{ey} = \dfrac{M_{y\max}}{\beta l_0^2} = \dfrac{0.9901}{0.0456 \times 5.4^2} = 0.74 \text{kN/m}^2$

应取两者中的较大值，$q_{2e} = 0.74 \text{kN/m}^2$。

方法二 利用附录四确定 q_e

已知 $k = \dfrac{l_x}{l_y} = \dfrac{6}{5.4} = 1.11$，$\alpha = \dfrac{b_{cx}}{l_y} = \dfrac{2.6}{5.4} = 0.481$，$\beta = \dfrac{b_{cy}}{l_y} = 1.08/5.4 = 0.2$，局部荷载中心至最近的板支承短边的距离为 3m，$\xi = \dfrac{3}{5.4} \approx 0.55$，局部荷载中心至最近的长边距离为 2.7m，$\eta = \dfrac{2.7}{5.4} = 0.5$。

查附录四，附表 4-2，当 $\alpha = 0.4$，$\beta = 0.2$，$\xi = 0.55$，$\eta = 0.5$，$k = 1.11$ 时得 $\theta_x =$

0.2540,$\theta_y = 0.2752$;当其它参数相同,但 $\alpha = 0.5$ 时,得 $\theta_x = 0.2757$,$\theta_y = 0.3222$;因此采用插入法可求得已知条件下,$\theta_x = 0.2716$,$\theta_y = 0.3133$。

q_2 产生的等效均布荷载 q_{2e}:

按 x 方向计算,$q_{ex} = \theta_x q_2 = 0.2716 \times 2.41 = 0.65 \text{kN/m}^2$;

按 y 方向计算,$q_{ey} = \theta_y q_2 = 0.3133 \times 2.41 = 0.75 \text{kN/m}^2$;

应取两者中的较大值,$q_{2e} = 0.75 \text{kN/m}^2$。

由上可知,方法一和方法二的计算结果非常接近,证明在实际工程中可任选其中一种方法。今取方法二的计算结果确定板的等效均布活荷载 q_e:

$$q_e = q_1 + q_{2e} = 2 + 0.75 = 2.75 \text{kN/m}^2$$

【例 3-15】 某类型工业建筑的楼面板,在生产过程中设备的最不利位置如图 3-34 所示,每个设备重 10kN,每个设备的平面尺寸为 $0.88\text{m} \times 2.4\text{m}$,生产时设备的动力系数为 1.1,设备下的垫层厚 0.15m,楼面板为现浇钢筋混凝土多跨双向连续板,其厚度 0.2m,无设备区域的操作荷载 2kN/m^2,求此情况下的等效楼面均布活荷载标准值。

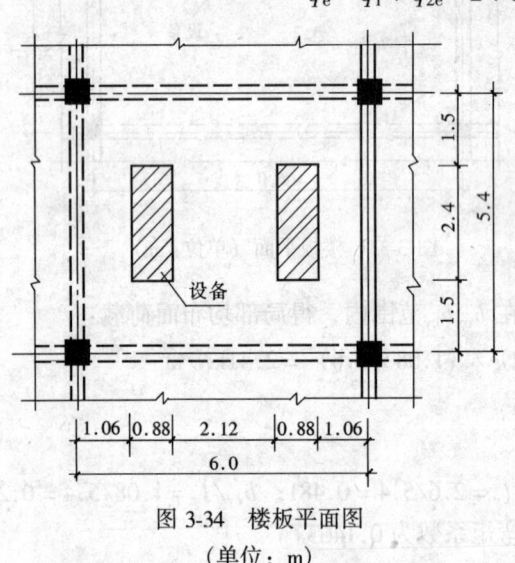

图 3-34 楼板平面图
(单位:m)

【解】 按四边简支单跨双向板计算。

板沿长边方向的计算跨度 $l_x = 6\text{m}$,板沿短边方向的计算跨度:

$$l_y = 5.4\text{m}$$

由于两个设备荷载作用面的几何尺寸相同,作用位置对称,因此计算其中一个设备荷载的等效荷载后乘以 2 即可得两个设备荷载同时作用下的等效均布荷载。

每个设备荷载作用面的计算宽度分别为:

$$b_{cx} = b_{tx} + 2s + h = 0.88 + 2 \times 0.15 + 0.2 = 1.38\text{m}$$
$$b_{cy} = b_{ty} + 2s + h = 2.40 + 2 \times 0.15 + 0.2 = 2.90\text{m}$$

设备中心距左支承边为 1.5m,距上支承边为 2.7m。

作用在板面上的荷载:

1. 无设备区域的操作荷载,按均布面荷载考虑:

$$q_1 = 2\text{kN/m}^2$$

2. 每个设备荷载乘以动力系数并扣除设备所占面积上的操作荷载后,将其均匀分布在 $b_{cx}b_{cy}$ 范围内,得局部均布面荷载:

$$q_2 = (10 \times 1.1 - 0.88 \times 2.4 \times 2) / (1.38 \times 2.90) = 1.69 \text{kN/m}^2$$

求 q_2 产生的等效均布活荷载,利用附录四附表 4-2,已知 $k = \dfrac{6}{5.4} \approx 1.1$;$\alpha = \dfrac{1.38}{5.4} = 0.256$;$\beta = \dfrac{2.9}{5.4} = 0.537$;$\xi = \dfrac{1.5}{5.4} = 0.278$;$\eta = \dfrac{2.7}{5.4} = 0.5$,查表得 $\theta_x = 0.1282$;$\theta_y = 0.2082$。

选择 θ 值中的较大者，故板的等效均布活荷载：
$$q_e = 2\theta_y q_2 + q_1 = 2 \times 0.2082 \times 1.69 + 2 = 2.70 \text{kN/m}^2$$

【例 3-16】 某停车库的楼面结构为 6m×6m 的双向板，设车轮局部荷载为 6kN（图 3-35），间隔 1.5m，分布在 0.2m×0.2m 的面积上，车轮布满后的空隙率为 30%，操作荷载为 2kN/m^2，求双向板的等效均布活荷载。

【解】 扣除操作荷载后的车轮局部荷载（考虑车轮布满后的空隙率）：
$$Q = 6 - 0.7 \times 2 \times 1.5 \times 1.5 = 2.85 \text{kN}$$

利用附录四附表 4-1，由中心作用的局部荷载引起的板等效均布活荷载。

根据 $k=1$，$\alpha = \beta = 0.033$，得 $\theta_x = \theta_y = 0.0094$，

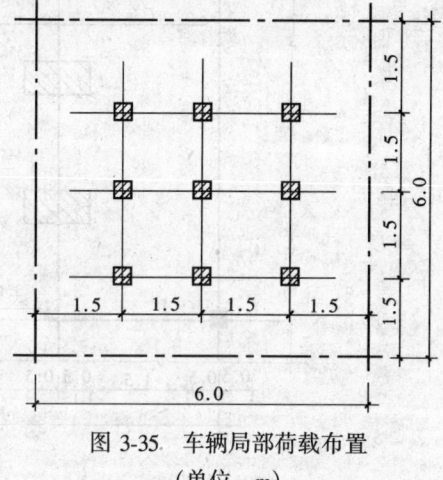

图 3-35 车辆局部荷载布置
（单位：m）

$$q_{e1} = 0.0094 \times \frac{2.85}{0.2 \times 0.2} = 0.67 \text{kN/m}^2$$

由非中心作用的局部荷载产生的等效均布活荷载仍由附表 4-2 假设 $\alpha = \beta = 0.1$ 求得。
根据 $k=1$，对 $\xi = 0.25$，$\eta = 0.25$，得 $\theta_x = \theta_y = 0.0096$；对 $\xi = 0.5$，$\eta = 0.25$，得 $\theta_x = 0.0241$，$\theta_y = 0.0098$；对 $\xi = 0.25$，$\eta = 0.5$，得 $\theta_x = 0.0098$，$\theta_y = 0.0241$。

$$q_{e2} = \frac{2.85}{0.6 \times 0.6}(2 \times 0.0098 + 2 \times 0.0241 + 4 \times 0.0096) = 0.84 \text{kN/m}^2$$

∴ 板的等效均布活荷载
$$q_e = 2 + 0.67 + 0.84 = 3.51 \text{kN/m}^2$$

【例 3-17】 某类型工业建筑的楼面结构及生产过程中设备的最不利位置如图 3-36 所示，每个设备重 5kN，其平面尺寸（每个）为 0.5m×1m，设备下的垫层厚 0.2m，设备在生产时的动力系数为 1.1，楼面结构为现浇钢筋混凝土连续多跨单向板主次梁体系，无设备区域的操作荷载为 2kN/m^2，求此情况下次梁的等效楼面均布活荷载标准值。

【解】 次梁的计算跨度 $l_0 = 5.5\text{m}$。
作用在次梁上的荷载。
1. 无设备区域的操作荷载产生的沿次梁跨度方向的均布线荷载（次梁间距为 2.5m）
$$q_1 = 2 \times 2.5 = 5 \text{kN/m}$$
2. 设备荷载乘以动力系数并扣除设备范围内的操作荷载后，沿次梁跨度方向在设备荷载分布宽度 b_{cx} 范围内的均布线荷载
$$b_{cx} = b_{tx} + 2s + h = 0.5 + 2 \times 0.2 + 0.1 = 1.0\text{m}$$
$$q_2 = (5 \times 1.1 - 0.5 \times 1 \times 2)/1 = 4.5 \text{kN/m}$$

次梁的计算简图（按简支单跨梁计算）见图 3-37。
次梁的绝对最大弯矩值
$$M_{\max} = \frac{1}{8} \times 5 \times 5.5^2 + 4.5 \times 1.75 \times 1 = 26.78 \text{kN}\cdot\text{m}$$

根据 $M_{\max}$ 计算的等效均布活荷载标准值：

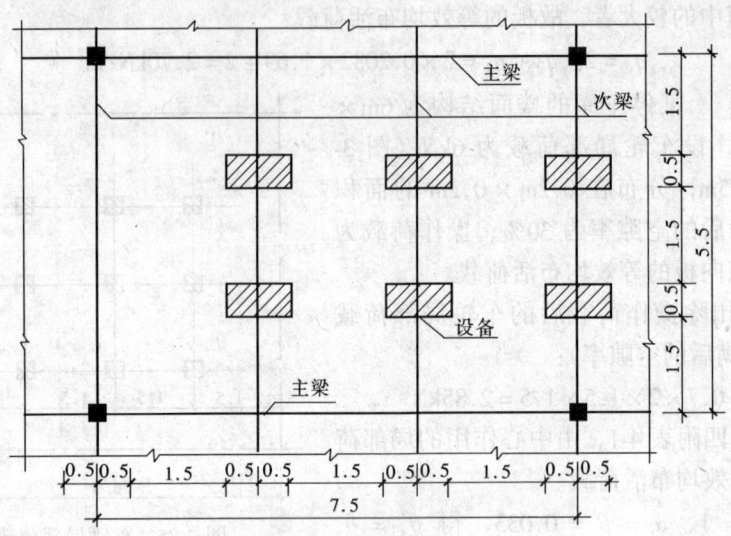

图 3-36 楼面结构平面（单位：m）

$$q_{em} = \frac{8M_{max}}{sl_0^2} = \frac{8 \times 26.78}{2.5 \times 5.5^2} = 2.83 \text{kN/m}^2$$

次梁的绝对最大剪力值

$$V_{max} = \frac{1}{2} \times 5 \times 5.5 + 4.5 \times 1 = 18.25 \text{kN}$$

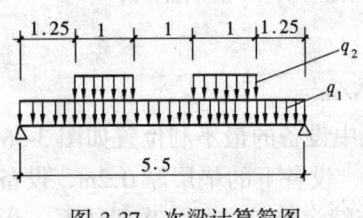

图 3-37 次梁计算简图（单位：m）

根据 V_{max} 计算的等效均布活荷载标准值：

$$q_{ev} = \frac{2V_{max}}{sl_0} = \frac{2 \times 18.25}{2.5 \times 5.5} = 2.65 \text{kN/m}^2$$

取两者中的较大值，即 $q_e = q_{eM} = 2.83 \text{kN/m}^2$，作为次梁的等效楼面均布活荷载标准值。

【例 3-18】 条件同例 3-17，求主梁的等效均布活荷载标准值。

【解】 由于本例情况的设备荷载分布较均匀，为偏于安全考虑，将直接由次梁传至柱上的设备荷载也由主梁承担，因此主梁的等效均布荷载标准值可求得如下：

主梁的受荷面积（主梁计算跨度为 7.5m、间距为 5.5m）$A = 5.5 \times 7.5 = 41.25 \text{m}^2$

主梁承受的楼面活荷载：

1. 设备荷载共 6 个并乘以动力系数：

$$F_1 = 6 \times 5 \times 1.1 = 33 \text{kN}$$

2. 无设备区域的操作荷载：

$$F_2 = 41.25 \times 2 - 6 \times 0.5 \times 1 \times 2 = 76.5 \text{kN}$$

主梁的等效均布楼面活荷载标准值：

$$q_e = \frac{F_1 + F_2}{A} = \frac{33 + 76.5}{41.25} = 2.65 \text{kN/m}^2$$

【例 3-19】 某类型工业建筑的楼面结构为现浇钢筋混凝土板、次梁、主梁承重体系，

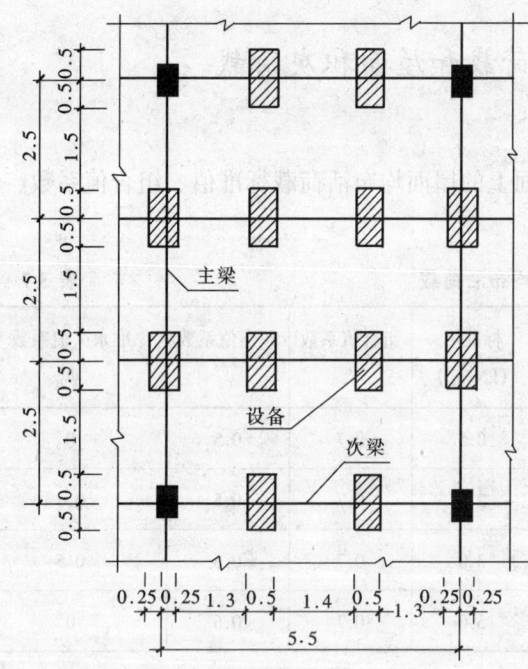

图 3-38 楼面结构平面（单位：m）

在生产过程中的设备最不利位置（每区格）如图 3-38 所示，每个设备重 5kN，其平面尺寸为 0.5m × 1m（每个），设备下的垫层厚 0.2m，楼面板厚 0.1m，设备在生产过程中无动力作用，求主梁的等效均布活荷载标准值。

【解】 本例题的设备荷载除直接位于主梁上的以外，其余分布较均匀，因此主梁的等效均布活荷载可由两部分组成：

1. 除直接位于主梁上的设备荷载外，将其余设备重及操作荷载总和除以受荷面积；

受荷面积（主梁间距 5.5m，计算跨度 7.5m）：$A = 5.5 \times 7.5 = 41.25 \text{m}^2$

设备重：$6 \times 5 = 30 \text{kN}$

操作荷载（扣除设备所占面积内的操作荷载）：$(41.25 - 6 \times 0.5) \times 2 = 76.5 \text{kN}$

等效均布活荷载：$q_{e1} = \dfrac{30 + 76.5}{41.25} = 2.58 \text{kN/m}^2$

2. 直接位于主梁上的设备荷载换算而得的等效均布活荷载。

$$b_{cx} = b_{tx} + 2s + h = 1 + 2 \times 0.2 + 0.1 = 1.5 \text{m}$$

主梁上作用的设备荷载扣除设备所占面积内的操作荷载后，沿主梁跨度方向的均布线荷载：

$$q = \dfrac{5 - 0.5 \times 1 \times 2}{1.5} = 2.67 \text{kN/m}$$

主梁的计算简图（按简支单跨梁计算）见图 3-39。

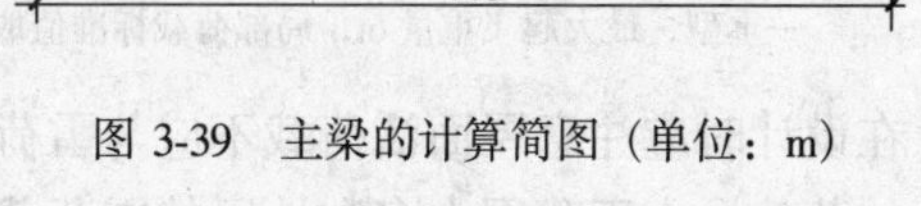

图 3-39 主梁的计算简图（单位：m）

主梁的绝对最大弯矩：

$$M_{\max} = 2.67 \times 1.5 \, (3.75 - 1.25) = 10.01 \text{kN} \cdot \text{m}$$

直接位于主梁上的设备荷载换算而得的等效均布活荷载：

$$q_{e2} = \dfrac{8 M_{\max}}{s l_0^2} = \dfrac{8 \times 10.01}{5.5 \times 7.5^2} = 0.26 \text{kN/m}^2$$

故主梁的等效均布活荷载：

$$q_e = q_{e1} + q_{e2} = 2.58 + 0.26 = 2.84 \text{kN/m}^2$$

第四节 屋面活荷载和屋面积灰荷载

一、屋面均布活荷载

工业及民用房屋的屋面，其水平投影面上的屋面均布活荷载标准值、组合值系数、频遇值系数及准永久值系数按表 3-7 采用：

屋面均布活荷载　　　　　　　　　　　　　　　表 3-7

项次	类别	标准值 (kN/m²)	组合值系数 ψ_c	频遇值系数 ψ_f	准永久值系数 ψ_q
1	不上人的屋面	0.5	0.7	0.5	0
2	上人的屋面	2.0	0.7	0.5	0.4
3	屋顶花园	3.0	0.7	0.6	0.5
4	直升机停机坪	5.0	0.7	0.6	0

注：1. 不上人的屋面，当施工或维修荷载较大时，应按实际情况采用；对不同结构可按有关设计规范的规定，将标准值作 0.2kN/m² 的增减。
2. 上人的屋面，当兼作其他用途时，应按相应楼面活荷载采用。
3. 对于因屋面排水不畅、堵塞等引起的积水荷载，应采取构造措施以防止；必要时，应按积水的可能深度确定屋面活荷载。
4. 屋顶花园活荷载不包括花圃土石等材料自重。
5. 停机坪尚应根据直升机总重，按局部荷载考虑，由此得到的等效均布荷载不应低于表值；局部荷载应按直升机实际最大起飞重量确定，当没有机型技术资料时，一般可依据由轻、中、重三种类型的不同要求，按下述规定选用局部荷载标准值及作用面积。
——轻型，最大起飞重量 2t，局部荷载标准值取 20kN，作用面积 0.20m×0.20m；
——中型，最大起飞重量 4t，局部荷载标准值取 40kN，作用面积 0.25m×0.25m；
——重型，最大起飞重量 6t，局部荷载标准值取 60kN，作用面积 0.30m×0.30m。

在设计时应注意屋面活荷载不应与雪荷载同时考虑，此外该活荷载是屋面的水平投影面上的荷载。由于我国大多数地区的雪荷载标准值小于屋面均布活荷载标准值，因此在屋面结构和构件计算时，往往是屋面均布活荷载对设计起控制作用。

二、屋面积灰荷载

（一）设计生产中有大量排灰的厂房及其邻近建筑时，对于具有一定除尘设施和保证清灰制度的机械、冶金、水泥等的厂房屋面，其水平投影面上的屋面积灰荷载应分别按表 3-8 和表 3-9 采用。

积灰荷载应与雪荷载或不上人的屋面均布活荷载两者中的较大值同时考虑。

（二）对屋面上易形成灰堆处，当设计屋面板、檩条时，积灰荷载标准值可按下列规定乘以增大系数。

在高低跨处两倍于屋面高差但不大于 6m 的分布宽度内取 2.0（图 3-40）；

在天沟处不大于 3m 的分布宽度内取 1.4（图 3-41）。

第四节 屋面活荷载和屋面积灰荷载

屋面积灰荷载 表 3-8

项次	类别	标准值 (kN/m²) 屋面无挡风板	标准值 (kN/m²) 屋面有挡风板 挡风板内	标准值 (kN/m²) 屋面有挡风板 挡风板外	组合值系数 ψ_c	频遇值系数 ψ_f	准永久值系数 ψ_q
1	机械厂铸造车间（冲天炉）	0.50	0.75	0.30	0.9	0.9	0.8
2	炼钢车间（氧气转炉）	—	0.75	0.30			
3	锰、铬铁合金车间	0.75	1.00	0.30			
4	硅、钨铁合金车间	0.30	0.50	0.30			
5	烧结室、一次混合室	0.50	1.00	0.20			
6	烧结厂通廊及其它车间	0.30	—	—			
7	水泥厂有灰源车间（窑房、磨房、联合贮库、烘干房、破碎房）	1.00					
8	水泥厂无灰源车间（空气压缩机站、机修间、材料库、配电站）	0.50					

注：1. 表中的积灰均布荷载，仅应用于屋面坡度 $\alpha \leqslant 25°$；当 $\alpha \geqslant 45°$ 时，可不考虑积灰荷载；当 $25° < \alpha < 45°$ 时，可按插值法取值。
  2. 清灰设施的荷载应另行考虑。
  3. 对 1~4 项的积灰荷载，仅应用于距烟囱中心 20m 半径范围内的屋面；当邻近建筑在该范围内时，其积灰荷载对 1、3、4 项应按车间屋面无挡风板的采用，对 2 项应按车间屋面挡风板外的采用。

高炉邻近建筑的屋面积灰荷载 表 3-9

高炉容积 (m³)	标准值 (kN/m²) 屋面离高炉距离 (m) ≤50	100	200	组合值系数 ψ_c	频遇值系数 ψ_f	准永久值系数 ψ_q
<255	0.50	—	—	1.0	1.0	1.0
255~620	0.75	0.30	—			
>620	1.00	0.50	0.30			

注：1. 表 3-8 中的注 1 和注 2 也适用本表。
  2. 当邻近建筑屋面离高炉距离为表内中间值时，可按插入法取值。

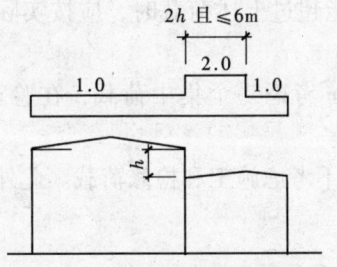

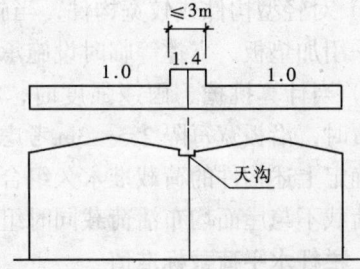

图 3-40 高低跨屋面积灰荷载增大系数 图 3-41 天沟处屋面积灰荷载增大系数

【**例 3-20**】 某机械厂铸造车间，设有 1t 冲天炉，车间的剖面图如图 3-42 所示，要求确定高低跨交界处低跨屋面的预应力混凝土大型屋面板设计时应采用的屋面积灰荷载标准值及增大积灰荷载的范围。

【**解**】 该车间高低跨处屋面高差为 4m，按本章第四节第二（二）款的规定，在屋面上易形成灰堆处增大积灰荷载的范围（屋面宽度）（图 3-42）。

$$b = 2 \times 4 = 8\text{m} > 6\text{m}，故应取 \ b = 6\text{m}$$

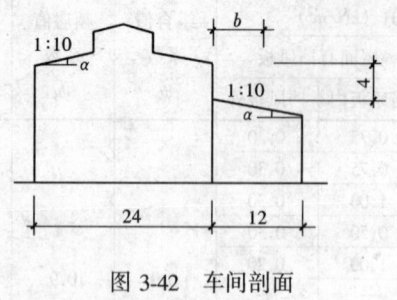

图 3-42 车间剖面

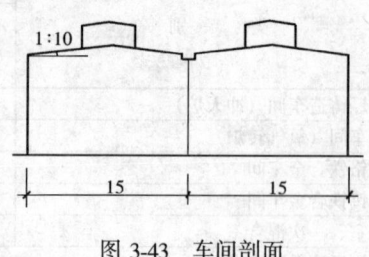

图 3-43 车间剖面

此范围的屋面积灰荷载标准值 q_{ak}，除按表 3-8 中无挡风板情况且屋面坡度 $\alpha < 25°$ 的规定取值外，尚应乘以增大系数 2。

$$q_{ak} = 0.5 \times 2 = 1 \text{kN/m}^2$$

【例 3-21】 某水泥厂的机修车间，其剖面如图 3-43 所示，要求确定设计天沟处的钢筋混凝土大型屋面板时的屋面积灰荷载标准值。

【解】 查表 3-8 该车间属水泥厂无灰源的车间且屋面坡度 $\alpha < 25°$，因此其屋面积灰荷载标准值为 0.50kN/m^2，但根据本章第四节第三（二）款规定天沟处的屋面积灰荷载标准值应乘以增大系数 1.4，故该处的屋面积灰荷载标准值 q_{ak}

$$q_{ak} = 0.5 \times 1.4 = 0.7 \text{kN/m}^2$$

第五节 施工、检修荷载和栏杆水平荷载

一、施工和检修荷载标准值

设计屋面板、檩条、钢筋混凝土挑檐、雨篷和预制小梁时，应按下列施工或检修集中荷载（人及小工具的自重）标准值出现在最不利位置进行验算：

（一）屋面板、檩条、钢筋混凝土挑檐、雨棚和预制小梁，取 1.0kN；

（二）对轻型构件或较宽构件，当施工荷载有可能超过上述荷载时，应按实际情况验算，或采用加垫板、支撑等临时设施承受；

（三）当计算挑檐、雨篷强度时，沿板宽每隔 1m 考虑一个集中荷载；在验算挑檐、雨篷倾覆时，沿板宽每隔 2.5～3m 考虑一个集中荷载。

当确定上述构件的荷载准永久组合设计值时，可不考虑施工和检修荷载。此外此施工和检修荷载不与屋面均布活荷载同时组合。

二、栏杆水平荷载标准值

设计楼梯、看台、阳台和上人屋面等的栏杆时，作用于栏杆顶部的水平荷载标准值应按下列规定采用：

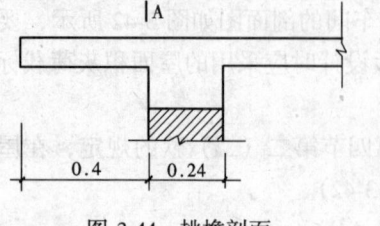

图 3-44 挑檐剖面

（一）住宅、宿舍、办公楼、旅馆、医院、托儿所、幼儿园取 0.5kN/m；

（二）学校、食堂、剧场、电影院、车站、礼堂、展览馆或体育场取 1.0kN/m。

（三）当确定栏杆构件的荷载准永久组合设计值

时，可不考虑栏杆的水平荷载。

【例3-22】 某建筑的屋面为带挑檐的现浇钢筋混凝土板（图3-44），求计算挑檐强度时，由施工或检修集中荷载产生的弯矩标准值。

【解】 取1m宽的挑檐板作为计算对象，控制设计的截面位于外墙外缘处的A—A截面，按本节第一款规定计算挑檐强度时，沿板宽每隔1m考虑一个1.0kN集中荷载，因此在计算宽度1m范围内只考虑一个1.0kN集中荷载，其最不利作用位置在挑檐端部。

由施工或检修集中荷载产生的A—A截面弯矩标准值：

$$M = -1.0 \times 0.4 = -0.40 \text{kN} \cdot \text{m}（板上表面受拉）$$

【例3-23】 某建筑物的外门处的现浇钢筋混凝土雨篷（图3-45），求计算雨篷板的强度时或验算雨篷倾覆时由施工及检修集中荷载产生的倾覆弯矩标准值。

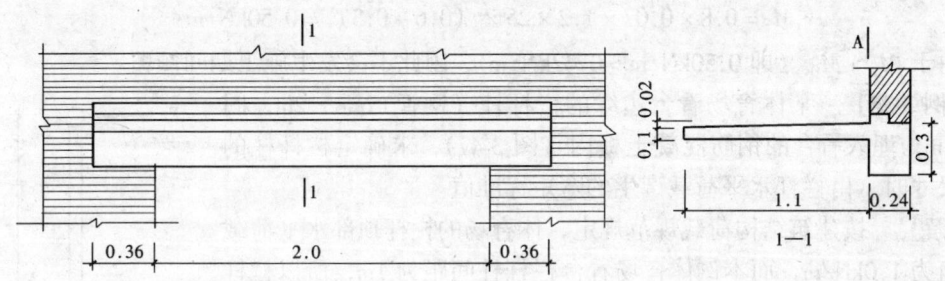

图3-45 雨篷

【解】 1. 计算雨篷板的强度时，求由施工或检修集中荷载产生的弯矩标准值。

取宽度1m的板作为计算对象，此宽度范围内作用一个1.0kN的施工或检修集中荷载，其最不利作用位置在板端部，板的强度控制设计的截面位于外墙外缘处的A—A截面，此截面由施工或检修集中荷载产生的倾覆弯矩标准值。

$$M = -1.0 \times 1.1 = -1.1 \text{kN} \cdot \text{m}（板上表面受拉）$$

2. 验算雨篷倾覆时，求由施工及检修集中荷载产生的倾覆弯矩标准值。

雨篷总宽度为2.72m，按规定验算倾覆时沿板宽每隔2.5~3m考虑一个集中荷载，故本例情况只考虑一个集中荷载，其作用的最不利位置在板端。验算倾覆时，参照《砌体结构设计规范》GB50003—2001第7.4.2条关于挑梁倾覆点的规定，由于雨篷埋入墙内的深度，即雨篷梁的宽度，其值小于2.2倍的梁高，因此，计算倾覆点离墙外边缘的距离 x 应为0.13倍的雨篷梁宽度，即

$$x = 0.13 \times 0.24 = 0.031 \text{m}$$

因此，由施工荷载或检修荷载产生的倾覆弯矩标准值：

$$M = 1 \times (1.1 + 0.031) \approx 1.13 \text{kN} \cdot \text{m}$$

【例3-24】 用于不考虑抗震设防地区的预制钢筋混凝土挑檐板，其平面尺寸面1m×1.2m（宽×长）/块，厚0.07m，安装在屋面上的位置如图3-46所示，要求验算施工期间（屋面保温及防水层尚未施工）挑

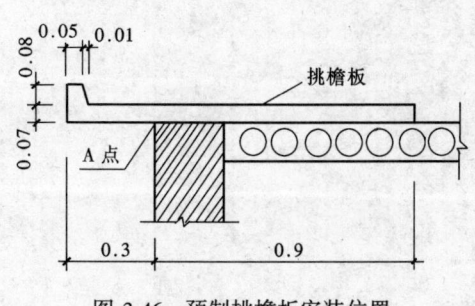

图3-46 预制挑檐板安装位置

檐板的抗倾覆稳定。按 GB50003—2001 方法计算[2]。

【解】 每块挑檐板只考虑一个施工集中荷载 1.0kN，其作用位置在挑檐板的最外端（最不利位置）。验算倾覆时挑檐板的转动点位于外墙外缘处的 A 点。

1. 挑檐板的倾覆弯矩 M_{ov}

施工集中活荷载作用于挑檐板边缘处，所产生的对 A 点弯矩，可变荷载分项系数取 1.4：

$$M_{ov} = 1.4 \times 1.0 \times 0.3 = 0.42 \text{kN·m}$$

2. 挑檐板的抗倾覆弯矩 M_r：

抗倾覆弯矩由位于搁置在屋面上的挑檐板自重产生对 A 点的弯矩组成（忽略板端突起部分的影响），由于其效应对结构有利，此情况永久荷载分项系数应取 0.8。

$$M_r = 0.8 \times 0.07 \times 1.2 \times 25 \times (0.6 - 0.3) = 0.50 \text{kN·m}$$

由于 $M_r > M_{0v}$（即 $0.50 \text{kN·m} > 0.42 \text{kN·m}$），因此不会发生施工期间倾覆。

【例 3-25】 某体育场看台边缘的栏杆柱（钢管）高 1.2m，间距为 1m，埋入看台的钢筋混凝土板内（图 3-47），求确定栏杆柱的截面尺寸时，由栏杆水平荷载产生的弯矩标准值。

【解】 按建筑结构荷载规范规定，体育场的栏杆顶部水平荷载标准值为 1.0kN/m，而本例体育场看台栏杆柱间距为 1m，所以栏杆柱顶部的水平荷载标准值 $F_k = 1\text{kN}$，由此产生的确定栏杆柱截面尺寸所需的栏杆柱底部截面的弯矩标准值：

$$M = 1 \times 1.2 = 1.2 \text{kN·m}$$

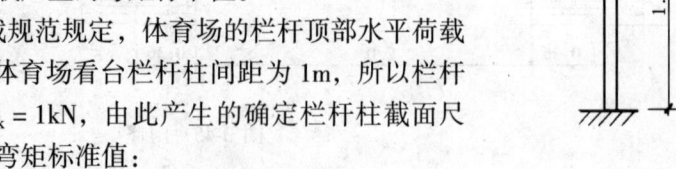

图 3-47 栏杆柱

第四章 吊车荷载

第一节 吊车竖向和水平荷载

一、吊车竖向荷载标准值

在设计中采用的吊车竖向荷载标准值包括吊车的最大轮压和最小轮压。其中最大轮压在吊车生产厂提供的各类型吊车技术规格中已明确给出，详见附录五，但最小轮压则往往需由设计者自行计算，其计算公式如下述。

对每端有两个车轮的吊车（如电动单梁起重机、起重量不大于 50t 的普通电动吊钩桥式起重机等），其最小轮压：

$$P_{\min} = \frac{G+Q}{2}g - P_{\max} \tag{4-1}$$

对每端有四个车轮的吊车（如起重量超过 50t 的普通电动吊钩桥式起重机等），其最小轮压：

$$P_{\min} = \frac{G+Q}{4}g - P_{\max} \tag{4-2}$$

式中 $P_{\min}$——吊车的最小轮压（kN）；

$P_{\max}$——吊车的最大轮压（kN）；

G——吊车总重量（t）；

Q——吊车额定起重量（t）；

g——重力加速度，取等于 9.81m/s^2。

二、吊车竖向荷载的动力系数

当计算吊车梁及其连接的强度时，吊车竖向荷载应乘以动力系数。动力系数可按表 4-1 取用：

吊车竖向荷载的动力系数　　　　表 4-1

悬挂吊车、电动葫芦、工作级别 A1～A5 的吊车	工作级别为 A6～A8 的软钩吊车、硬钩吊车、其他特种吊车
1.05	1.10

注：特种吊车指冶金工厂的冶金专用吊车等。

三、吊车水平荷载标准值

1. 吊车纵向水平荷载标准值

吊车纵向水平荷载标准值应按作用在吊车一端轨道上所有刹车轮的最大轮压之和的 10% 采用。该项荷载的作用点位于刹车轮与轨道的接触点，其方向与轨道方向一致。

2. 吊车横向水平荷载标准值

吊车横向水平荷载标准值应按下式计算：

$$H = \alpha_{\mathrm{H}}(Q + G_1)g \tag{4-3}$$

式中　H——吊车横向水平荷载标准值；
　　　α_H——系数，对软钩吊车：当额定起重量不大于 10t 时，应取 0.12；当额定起重量为 16～50t，应取 0.10；当额定起重量不小于 75t 时，应取 0.08。对硬钩吊车：应取 0.20；
　　　G_1——吊车横行小车重量。

吊车横向水平荷载应等分于吊车桥架的两端，分别由轨道上的车轮平均传至轨道，其方向与轨道垂直，并考虑正反方向的刹车情况。

3. 悬挂吊车、手动吊车及电动葫芦的水平荷载

悬挂吊车的水平荷载可不计算，由有关支撑系统承受。手动吊车及电动葫芦可不考虑水平荷载。

第二节　多台吊车的组合

一、吊车竖向荷载组合

当排架结构的厂房内安装有多台吊车时，排架计算应按下列原则考虑吊车竖向荷载：

（一）对一层吊车的单跨厂房的每个排架，参与组合的吊车台数不宜多于两台；

（二）对一层吊车的多跨厂房的每个排架，参与组合的吊车台数不宜多于四台；

（三）对多层吊车的单跨或多跨厂房的每个排架，参与组合的吊车台数应按实际情况考虑；

（四）当情况特殊时，参与组合的吊车台数应按实际情况考虑。

二、吊车水平荷载组合

计算排架考虑多台吊车水平荷载时，对单跨或多跨厂房的每个排架，参与组合的吊车台数不应多于两台。

三、多台吊车荷载的折减

在排架计算时，多台吊车的竖向荷载和水平荷载标准值应乘以表 4-2 中规定的折减系数。

多台吊车竖向和水平荷载折减系数　　　　表 4-2

参与组合的吊车台数	吊车工作级别	
	A1～A5	A6～A8
2	0.9	0.95
3	0.85	0.90
4	0.8	0.85

注：对多层吊车的单跨或多跨厂房，计算排架时，参与组合吊车荷载的折减系数应按实际情况考虑。

第三节　吊车荷载的组合值、频遇值及准永久值系数

吊车荷载的组合值、频遇值及准永久值系数可按表 4-3 中的规定采用。

第三节 吊车荷载的组合值、频遇值及准永久值系数

吊车荷载的组合值、频遇值及准永久值系数　　　　　表 4-3

吊车工作级别		组合值系数 ψ_c	频遇值系数 ψ_f	准永久值系数 ψ_q
软钩吊车	工作级别 A1~A3	0.7	0.6	0.5
	工作级别 A4、A5	0.7	0.7	0.6
	工作级别 A6、A7	0.7	0.7	0.7
	工作级别 A8	0.95	0.95	0.95
硬钩吊车		0.95	0.95	0.95

设计厂房的排架结构时，在荷载准永久组合中不考虑吊车荷载。但在吊车梁按正常使用极限状态时计算变形或裂缝时，可采用吊车荷载的准永久值。

【例 4-1】 跨度为 6m 的简支钢筋混凝土吊车梁，其计算跨度 $l_0 = 5.8\text{m}$，承受按北京起重运输机械研究所技术资料生产的电动吊钩桥式吊车两台，吊车工作级别为 A5 级，吊车跨度 $l_c = 22.5\text{m}$，吊车额定起重量一台为 16/3.2t，另一台为 10t。求计算吊车梁正截面受弯强度时，由吊车的最大轮压产生的跨中最大弯矩标准值。

【解】 吊车主要技术数据见表 4-4。

吊车主要技术数据　　　　　表 4-4

吊车起重量（t）	最大轮压（kN）	吊车最大宽度（m）	大车轮距（m）
16/3.2	183.26	6.322	4.4
10	127.40	5.922	4.1

在吊车梁计算跨度范围内，吊车最大轮压在吊车梁上的位置排列有以下几种不利情况可能产生的正截面弯矩最大值，应通过试算确定是何种情况。吊车竖向荷载的动力系数按表 4-1 取等于 1.05。

情况 1　一台 16/3.2t 吊车作用于梁上。

最大轮压在梁上产生最大弯矩的位置根据结构力学原理可确定如图 4-1 所示。

$$M_{\max}^1 = \frac{1}{4} P_{16/3.2} \times 1.05 l_0 = \frac{1}{4} \times 183.26 \times 1.05 \times 5.8 = 279.0 \text{kN} \cdot \text{m}$$

情况 2　一台 10t 吊车作用于梁上。

最大轮压在梁上产生最大弯矩的位置根据结构力学原理可确定如图 4-2 所示。

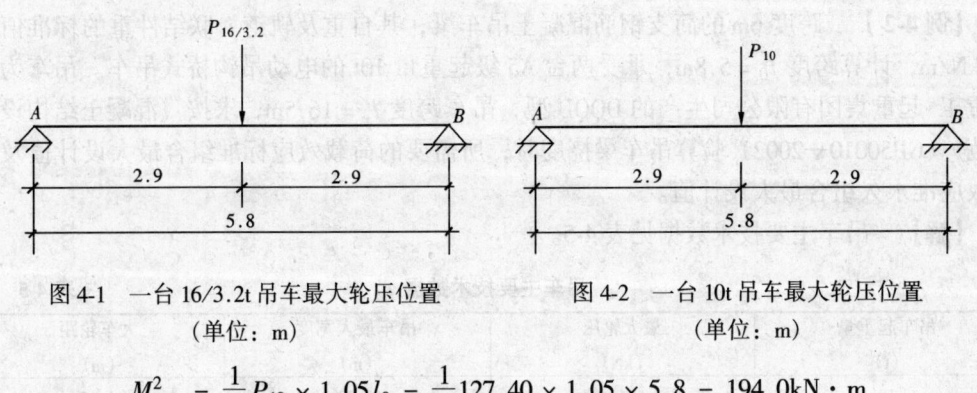

图 4-1　一台 16/3.2t 吊车最大轮压位置　　　图 4-2　一台 10t 吊车最大轮压位置
　　　　　（单位：m）　　　　　　　　　　　　　　　（单位：m）

$$M_{\max}^2 = \frac{1}{4} P_{10} \times 1.05 l_0 = \frac{1}{4} \times 127.40 \times 1.05 \times 5.8 = 194.0 \text{kN} \cdot \text{m}$$

情况 3 及情况 4 一台 16/3.2t 吊车与一台 10t 吊车最大轮压同时作用于梁上。

根据结构力学原理，梁的绝对最大弯矩位于当最大轮压的合力 R 与相邻轮压间的距离 x 的一半和梁跨中 $\left(\dfrac{1}{2}l_0\right)$ 相重合时，则此相邻轮压所在位置就可能是绝对最大弯矩处。此时有两种可能，如图 4-3 所示。

两吊车最大轮压的合力 R 作用点距 P_{10} 的距离为 x：

$$x = \frac{P_{16/3.2} \times 1.872}{P_{16/3.2} + P_{10}} = \frac{183.26 \times 1.872}{183.26 + 127.40} = 1104\text{mm}$$

R 与 P_{10} 的距离 x 的一半和梁跨中重合时，即情况 3（图 4-3（a））：

支座 B 的反力 R_B：

$R_B = (1.05 \times 127.4 \times 3.452 + 1.05 \times 183.26 \times 1.58) / 5.8 = 132.03\text{kN}$

$M_{\max}^{3a} = 132.03 \times 2.348 = 310.0\text{kN}\cdot\text{m}$

R 与 $P_{16/3.2}$ 间距离的一半和梁跨中重合时，即情况 4（图 4-3（b））：

支座 A 的反力 R_A：

$R_A = (1.05 \times 127.4 \times 1.362 + 1.05 \times 183.26 \times 3.234) / 5.8 = 138.70\text{kN}$

$M_{\max}^{3b} = 138.70 \times 2.566 = 355.9\text{kN}\cdot\text{m}$

故知在以上 4 种情况中以图示 4-3（b）的弯矩最大，因此在计算吊车梁正截面抗弯承载力时，吊车竖向最大轮压产生的 $M_{\max}$ 标准值应取 355.9kN·m。

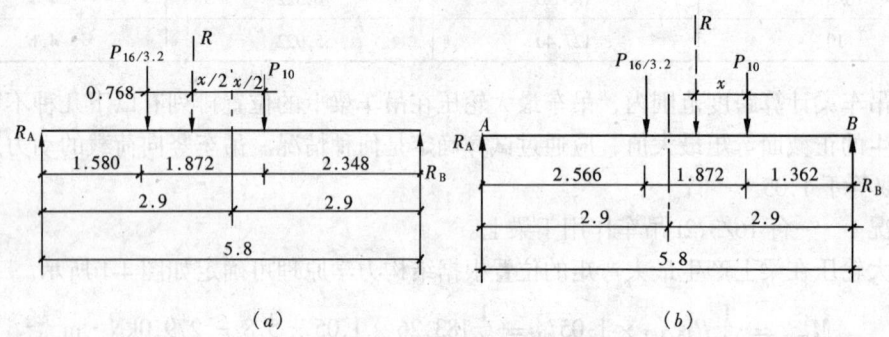

图 4-3 一台 10t 与一台 16t 吊车最大轮压位置（单位：m）
（a）R 与 P_{10} 间距离的一半与跨中重合；（b）R 与 $P_{16/3.2}$ 间距离的一半与跨中重合

【例 4-2】 跨度 6m 的简支钢筋混凝土吊车梁，其自重及轨道、联结件重的标准值为 5.8kN/m，计算跨度 $l_0 = 5.8$m，承受两台 A5 级起重量 10t 的电动吊钩桥式吊车。吊车为大连重工·起重集团有限公司生产的 DQQD 型，吊车跨度 $l_c = 16.5$m，求按《混凝土结构设计规范》(GB50010—2002) 验算吊车梁挠度时，所需要的荷载效应标准组合最大设计值及荷载效应准永久组合最大设计值。

【解】 吊车主要技术数据见表 4-5。

吊车主要技术数据   表 4-5

吊车起重量(t)	最大轮压(kN)	吊车最大宽度(m)	大车轮距(m)
10	118	5.70	4.05

根据结构力学,吊车梁产生最大挠度时的吊车最大轮压位置可按图4-4所示位置进行计算,此时吊车竖向荷载最大轮压产生的最大弯矩 $M_{\max}^c = \dfrac{118 \times (1.662 + 3.312)}{5.8} \times 2.488$
$= 251.77 \text{kN} \cdot \text{m}$

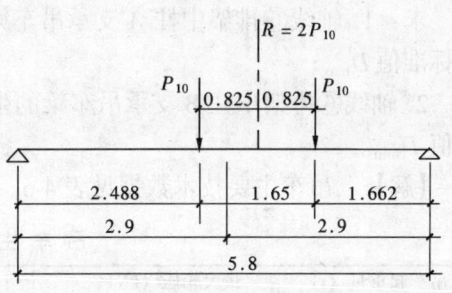

图 4-4 二台 10t 吊车最大轮压位置
(单位:m)

1. 计算挠度需要的荷载效应标准组合设计值 M_K

计算吊车梁挠度时可近似取 $M_K = M_{\max}^c +$ 吊车梁自重及轨道、联结件自重产生的最大弯矩 $M_{\max}^s$

$$M_K = M_{\max}^c + M_{\max}^s = 251.77 + \dfrac{1}{8} \times 5.8 \times 5.8^2 = 276.16 \text{kN} \cdot \text{m}$$

2. 计算挠度时需要的荷载效应准永久组合设计值 M_q

工作级别为 A5 级吊车的准永久值系数 ψ_q 为 0.6,由此可得

$$M_q = \psi_q M_{\max}^c + M_{\max}^s = 0.6 \times 251.77 + \dfrac{1}{8} \times 5.8 \times 5.8^2 = 175.45 \text{kN} \cdot \text{m}$$

【例 4-3】 某金工车间为单层单跨钢筋混凝土排架结构房屋,车间跨度为 18m,柱间距为 6m,车间总长 60m。吊车梁为预制钢筋混凝土构件,其跨度与柱距相同。车间内安装有 2 台起重量为 5t,工作级别为 A5 级的电动吊钩桥式吊车,吊车跨度 $l_c = 16.5 \text{m}$。吊车为大连重工·起重集团有限公司生产的 DSQD 型。车间的平、剖面及柱尺寸图如图 4-5 及图 4-6 所示。

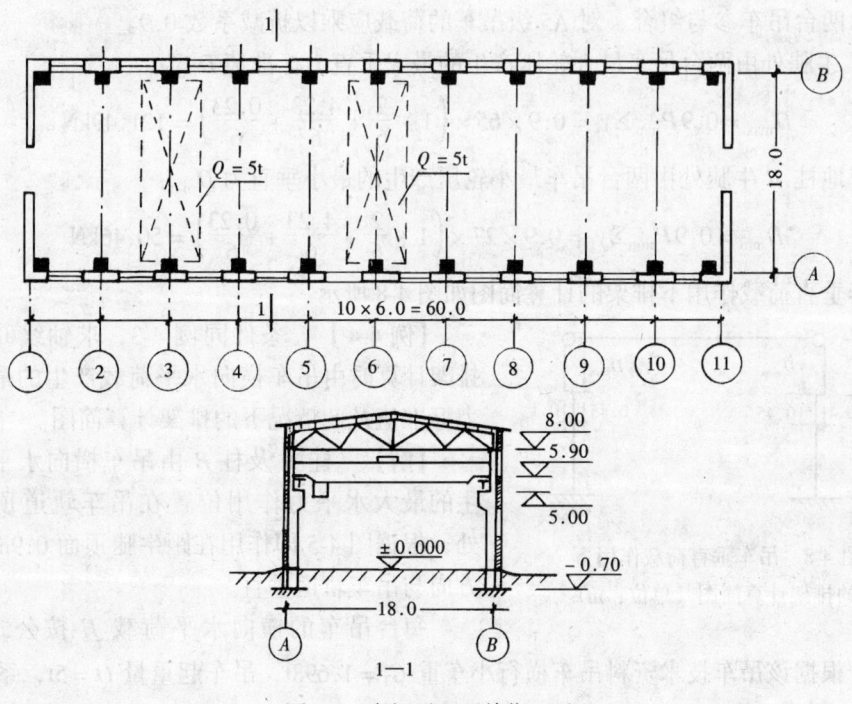

图 4-5 车间平面(单位:m)

求：1. 轴线⑥排架中柱 A 支承吊车梁的牛腿处由两台吊车最大轮压产生的最大垂直力标准值 D_{max}；

2. 轴线⑥排架中柱 B 支承吊车梁的牛腿处由两台吊车最小轮压产生的最小垂直力标准值 D_{min}。

【解】 吊车主要技术数据见表 4-6。

吊车主要技术数据　　　　　表 4-6

吊车起重量（t）	最大轮压（kN）	最小轮压（kN）	吊车最大宽度（m）	大车轮距（m）
5	65	27	4.77	4.0

计算轴线⑥排架时，吊车最大轮压产生的牛腿处最大或最小垂直力标准值根据结构力学，轮压的位置及吊车梁支承反力影响线如图 4-7 所示。

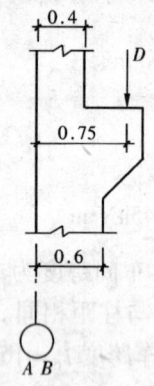

图 4-6 柱尺寸
（单位：m）

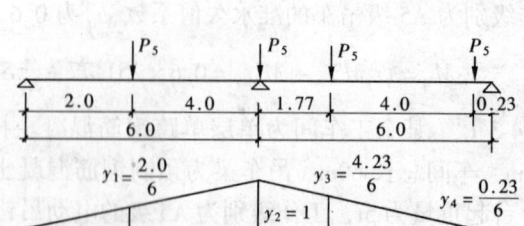

图 4-7 柱牛腿处最大垂直力时吊车轮压位置及吊车梁支承反力影响线（单位：m）

考虑两台吊车参与组合，对 A5 级吊车的荷载应乘以折减系数 0.9。

柱 A 牛腿处由两台吊车最大轮压产生的最大垂直力标准值 D_{max}：

$$D_{max} = 0.9 P_{max} \Sigma y_i = 0.9 \times 65 \times \left(1 + \frac{2}{6} + \frac{4.23}{6} + \frac{0.23}{6}\right) = 121.49 \text{kN}$$

相应地柱 B 牛腿处由两台吊车最小轮压产生的最小垂直力 D_{min}：

$$D_{min} = 0.9 P_{min} \Sigma y_i = 0.9 \times 27 \times \left(1 + \frac{2}{6} + \frac{4.23}{6} + \frac{0.23}{6}\right) = 50.46 \text{kN}$$

吊车垂直荷载作用下排架的计算简图如图 4-8 所示。

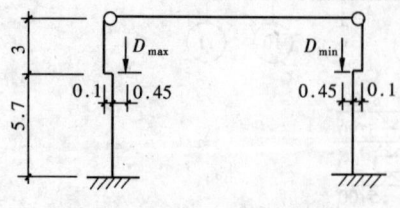

图 4-8 吊车垂直荷载作用下的排架计算简图（单位：m）

【例 4-4】 条件同例 4-3，求轴线⑥的横向排架计算时由吊车横向水平荷载产生的最大水平力标准值及此情况下的排架计算简图。

【解】 柱 A 及柱 B 由吊车横向水平荷载产生的最大水平力作用位置在吊车轨道顶部水平处，根据图 4-5 即作用在距牛腿顶面 0.9m 处，其方向与吊车轨道垂直。

每台吊车的横向水平荷载 H 按公式（4-3）可求得，根据该吊车技术资料吊车横行小车重 $G_1 = 1.698$t，吊车起重量 $Q = 5$t，系数 $\alpha_H = 0.12$。

第三节 吊车荷载的组合值、频遇值及准永久值系数

$$H = \alpha_H(Q + G_1)g = 0.12(5 + 1.698)9.81 = 7.88\text{kN}$$

此横向水平荷载等分于每台吊车桥架的两端，分别由轨道上的车轮平均承受，今桥架两端各有两个车轮，每一车轮上的横向水平荷载标准值：

$$T = \frac{1}{4}H = \frac{1}{4} \times 7.88 \approx 1.97\text{kN}$$

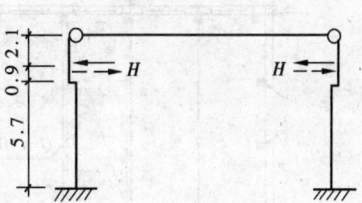

图 4-9　吊车水平荷载作用下的计算简图
（单位：m）

在计算排架时参与组合的吊车台数为两台，由于吊车工作级别为 A5 级其水平荷载的标准值应乘以折减系数 0.9。两台吊车横向水平荷载同时对排架柱产生的水平力，其车轮的位置与图 4-7 所示完全相同，因此作用在排架上的吊车水平力标准值可求得如下，并应考虑正反两个方向刹车的情况。

$$H = 0.9T\Sigma y_i = 0.9 \times 1.97\left(1 + \frac{2.0}{6} + \frac{4.23}{6} + \frac{0.23}{6}\right) = 3.68\text{kN}(\rightleftarrows)$$

此情况下的排架计算简图如图 4-9 所示。

【**例 4-5**】　情况同例 4-3，求计算轴线 A 及 B 的纵向排架的柱间支撑内力时所需的吊车纵向水平荷载标准值，纵向排架的支撑布置简图如图 4-10 所示。

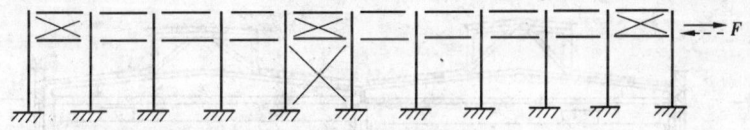

图 4-10　柱间支撑布置

【**解**】　吊车纵向水平荷载 F 可求得如下：

考虑有两台吊车同时刹车，作用在一边轨道上的刹车轮共有四个，由于吊车工作级别为 A5 级，因此吊车的纵向水平荷载标准值应乘以折减系数 0.9，并考虑正反两方向刹车。

$$F = 0.9 \times 0.1 \times \Sigma P_{max} = 0.9 \times 0.1 \times 4 \times 65.0 = 23.41\text{kN}(\rightleftarrows)$$

【**例 4-6**】　某机械装配车间为两跨等高单层钢筋混凝土排架结构房屋，两跨跨度均为 18m，柱距 6m，车间长 66m。吊车梁为装配式钢筋混凝土构件，其跨度与柱距相同。车间内每跨安装有一台起重量为 10t 及一台起重量为 5t、工作级别为 A6 级 DQQD 型的电动吊钩桥式吊车，吊车跨度为 16.5m。吊车由大连重工·起重集团生产。车间的平面图及剖面图见图 4-11。

求：计算轴线 2～11 的横向排架时，考虑四台吊车参与组合的横向排架柱承受的各种不利垂直力情况。

【**解**】　吊车的主要技术数据见表 4-7。

DQQD 型吊车主要技术数据　　表 4-7

吊车起重量 (t)	最大轮压 P_{max} (t)	最小轮压 P_{min} (t)	吊车最大宽度 (m)	大车轮距 (m)	小车重量 G_1 (t)
5	86	39	5.15	3.40	2.224
10	120	39.9	5.704	4.05	3.562

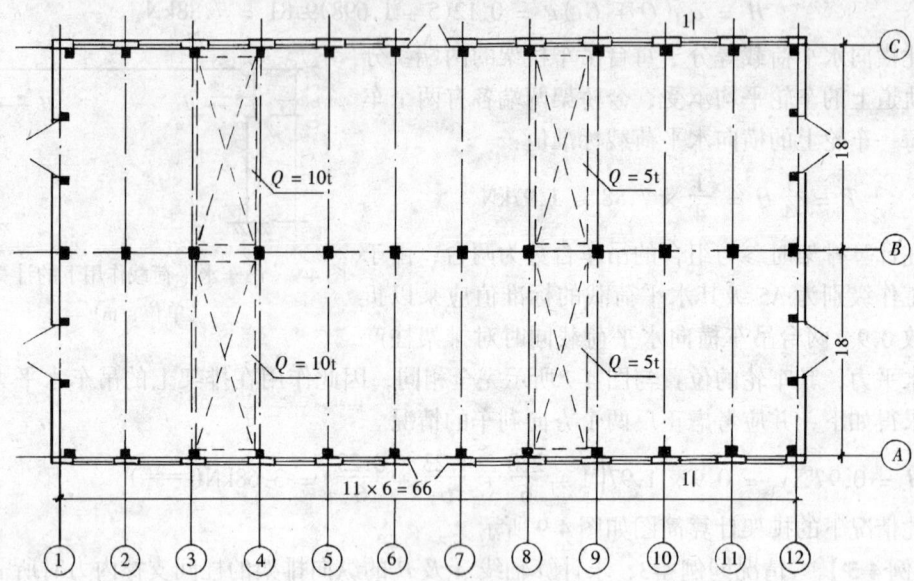

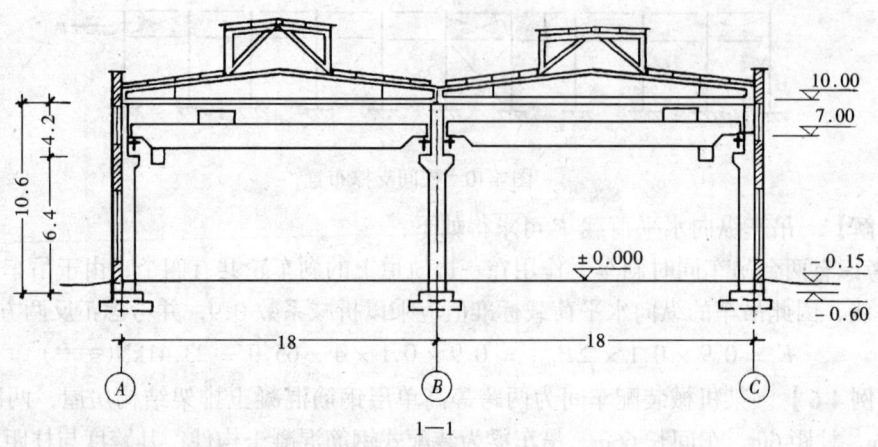

图 4-11 车间平面（单位：m）

在排架计算时，考虑四台吊车参与组合则需要求出每一跨度内有两台吊车同时参与组合对排架柱产生的吊车最大垂直力标准值 D_{max} 及最小垂直力标准值 D_{min}。

吊车轮压的位置及吊车梁支座反力影响线见图 4-12。

对吊车工作级别为 A6 级，当 4 台吊车参与组合时，竖向荷载的折减系数为 0.85。

$$D_{max} = 0.85(P_{max}\Sigma y_i) = 0.85 \times \left[120 \times \left(1 + \frac{1.95}{6}\right) + 86 \times \left(\frac{4.298}{6} + \frac{0.898}{6}\right)\right]$$

$$= 198.45\text{kN}$$

相应的最小轮压标准值产生的柱牛腿处的吊车最小垂直力 D_{min} 同理可求得如下：

$$D_{min} = 0.85(P_{min}\Sigma y_i)$$

$$= 0.85\left[39.9 \times \left(1 + \frac{1.95}{6}\right) + 39 \times \left(\frac{4.298}{6} + \frac{0.898}{6}\right)\right] = 73.64\text{kN}$$

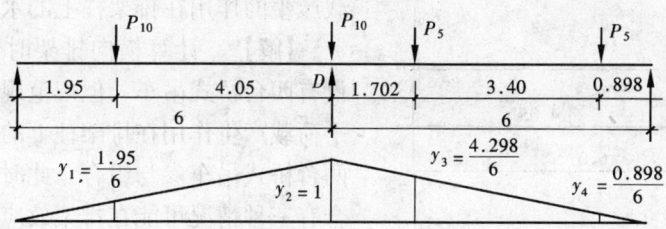

图 4-12 两台吊车车轮位置及吊车梁支座反力影响线（单位：m）

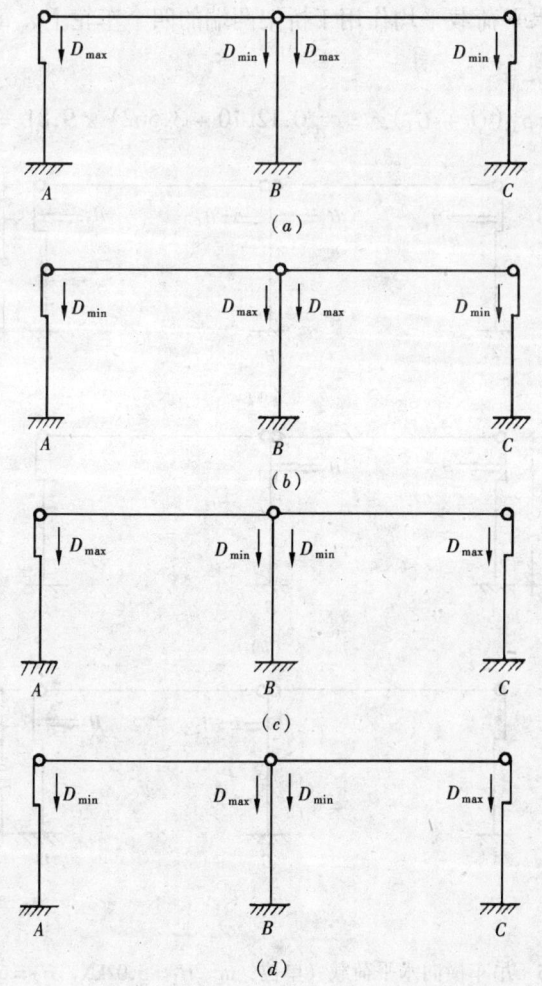

图 4-13 四台吊车垂直荷载组合情况
（$D_{max}=198.45$ kN、$D_{min}=73.64$（kN）
(a) 情况一；(b) 情况二；(c) 情况三；(d) 情况四

因此横向排架计算时应考虑。如图 4-13 所示四种吊车垂直力不同位置情况的计算简图。

【例 4-7】 情况完全同例 4-6。求计算轴线 2～11 的横向排架时，由吊车横向水平荷

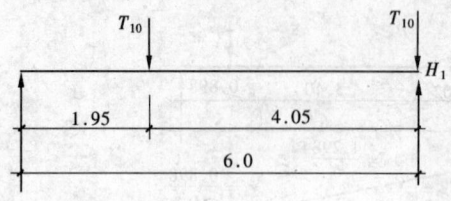

图 4-14 每跨一台 10t 吊车最不利刹车位置

载产生的作用在排架柱上的水平荷载。

【解】 计算横向排架时,虽然该车间内设有四台桥式吊车,但规范规定由吊车横向水平荷载产生作用在排架柱上的水平荷载只考虑两台桥式吊车参与组合。此时两台吊车参与组合有三种情况可能在排架效应组合中起控制设计作用。

情况 1 相邻两跨每跨内各有一台起重量为 10t 的吊车同时在同一方向刹车。

每台吊车的横向水平荷载平均作用于桥架两端的四个车轮上,每个车轮上的横向水平力标准值可求得如下:

$$T_{10} = \frac{1}{4}\alpha_H(Q + G_1)g = \frac{1}{4}0.12(10 + 3.562) \times 9.81 = 3.99\text{kN}$$

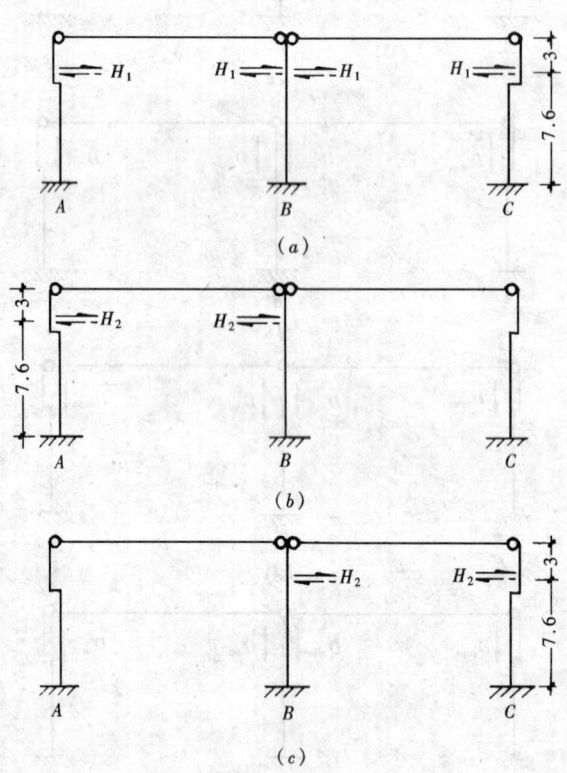

图 4-15 吊车横向水平荷载 (单位:m $H_1 = 5.02\text{kN}$, $H_2 = 6.77\text{kN}$)
(a) 情况一;(b) 情况二;(c) 情况三

每跨内的吊车车轮在吊车梁上的最不利刹车位置如图 4-14 所示,由于有两台吊车参与组合,吊车横向水平荷载标准值当为 A6 工作级别情况应乘以折减系数 0.95,因此由吊车横向水平荷载标准值产生的排架柱水平荷载 H_1 可求得如下 (图 4-15a):

$$H_1 = 0.95 T_{10} \Sigma y_i = 0.95 \times 3.99 \left(1 + \frac{1.95}{6}\right) = 5.02\text{kN}(\rightleftarrows)$$

情况 2 及情况 3 同一跨内一台起重量为 10t 的吊车与另一台起重量为 5t 的吊车同时在

同一方向刹车。

起重量为 10t 的吊车每个车轮的横向水平荷载标准值已经求得；起重量为 5t 的吊车每个车轮的横向水平荷载标准值可求得如下：

$$T_5 = \frac{1}{4}\alpha_H(Q + G_1)g = \frac{1}{4}0.12(5 + 2.224) \times 9.81 = 2.1\text{kN}$$

两台吊车车轮在吊车梁上的最不利位置及吊车梁支座处最大水平反力的影响线如图 4-12 所示，因此由吊车横向水平荷载标准值作用在排架柱上的水平荷载 H_2 可求得如下：

$$H_2 = 0.95(T_{10}\Sigma y_i + T_5\Sigma y_i)$$
$$= 0.95\left[3.99\left(1 + \frac{1.95}{6}\right) + 2.13\left(\frac{4.298}{6} + \frac{0.898}{6}\right)\right] = 6.77\text{kN}(\rightleftharpoons)$$

此情况下的 H_2 可能由 AB 跨内的两台吊车同时刹车产生，即情况 2（图 4-15b），也可能由 BC 跨内的两台吊车同时刹车产生，即情况 3（图 4-15c）。

吊车水平荷载在排架上的作用位置在吊车轨顶处。

第五章 雪 荷 载

第一节 基 本 雪 压

一、基本雪压的取值原则

根据当地气象台（站）观察并收集的每年最大雪压，经统计得出50年一遇最大雪压（重现期为50年的最大雪压）即为当地的基本雪压。在确定雪压时，观察并收集雪压的场地应符合下列要求：

（一）观察场地周围的地形为空旷平坦；
（二）积雪的分布保持均匀；
（三）设计项目地点应在观察场地范围内，或它们具有相同的地形。

年最大雪压S（单位为kN/m^2）按下式确定：

$$S = h\rho g \tag{5-1}$$

式中 h——年最大积雪深度，按积雪表面至地面的垂直深度计算（m）。以每年7月份至次年6月份间的最大积雪深度确定；

ρ——积雪密度（t/m^3）；

g——重力加速度，其值取$9.8 m/sec^2$。

由于我国大部分气象台（站）收集的资料是年最大雪深数据，缺乏相应完整的积雪密度数据，因此在计算年最大雪压时，积雪密度按各地区的平均积雪密度取值，对东北及新疆北部地区取$0.15t/m^3$；对华北及西北地区取$0.13t/m^3$，其中青海取$0.12t/m^3$；对淮河及秦岭以南地区一般取$0.15t/m^3$；其中江西、浙江取$0.2t/m^3$。

全国基本雪压分布图见图5-1。

为了满足实际工程中在某些情况下需要不是重现期为50年的雪压数据要求，在附录六中对部分城市给出重现期为10年、50年和100年的雪压数据，已知重现期为10年及100年的雪压时，求当重现期为R年时的相应雪压值可按下式确定：

$$x_R = x_{10} + (x_{100} - x_{10})(\ln R/\ln 10 - 1) \tag{5-2}$$

式中 x_R——重现期为R年的雪压值（kN/m^2）；

x_{10}——重现期为10年的雪压值（kN/m^2）；

x_{100}——重现期为100年的雪压值（kN/m^2）。

二、基本雪压的确定

（一）当城市或建设地点的基本雪压在全国基本雪压分布图中或附录六的附表1-1中没有明确数值时，可按下列方法确定。

1. 当地有10年或10年以上的年最大雪压资料时，可通过资料的统计分析确定其基本雪压。统计分析时，雪压的年最大值采用极值Ⅰ型的概率分布，其分布函数为

$$F(x) = \exp\{-\exp[-\alpha(x-u)]\} \tag{5-3}$$

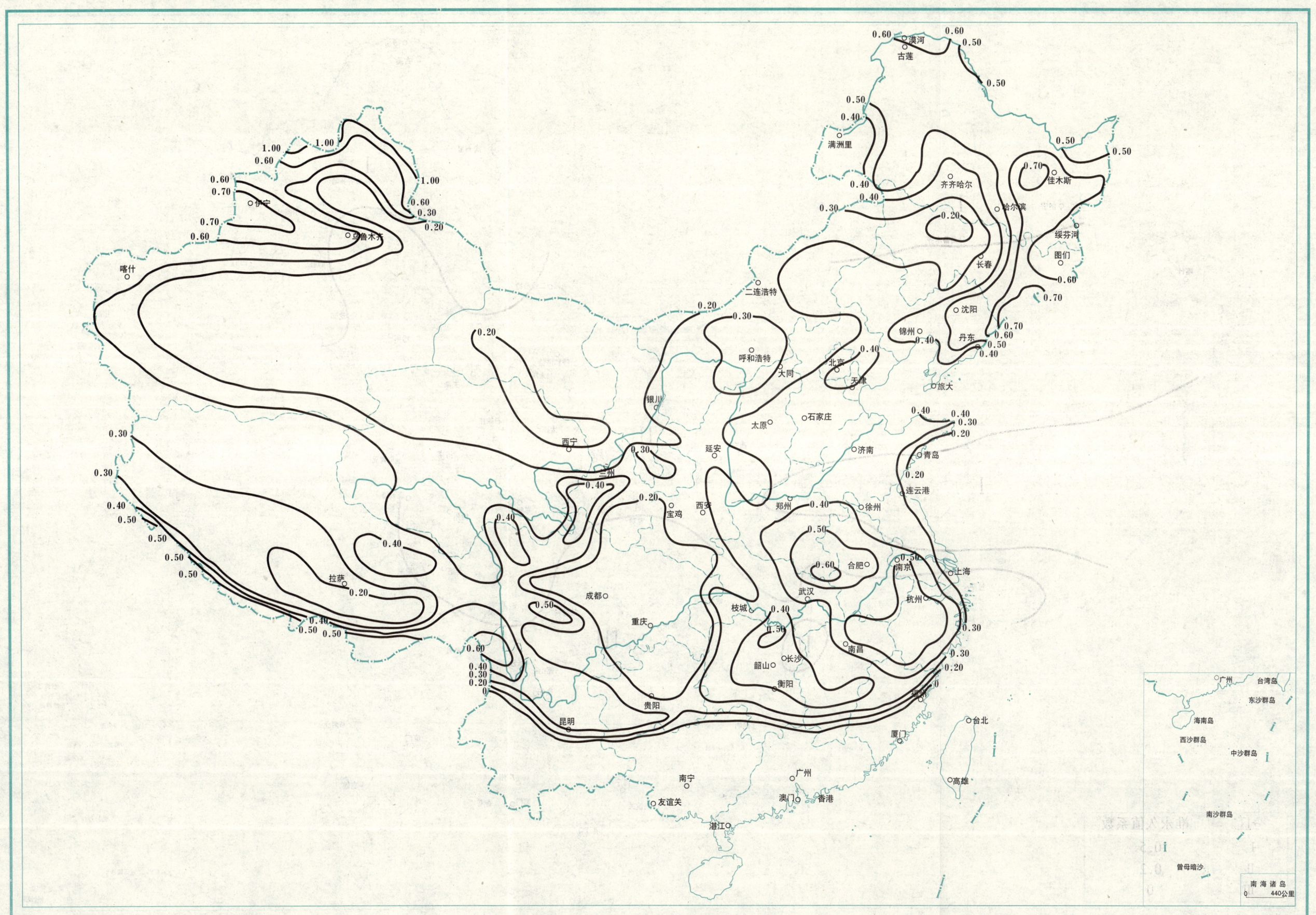

图 5-1 全国基本雪压分布图（单位：kN/m²）

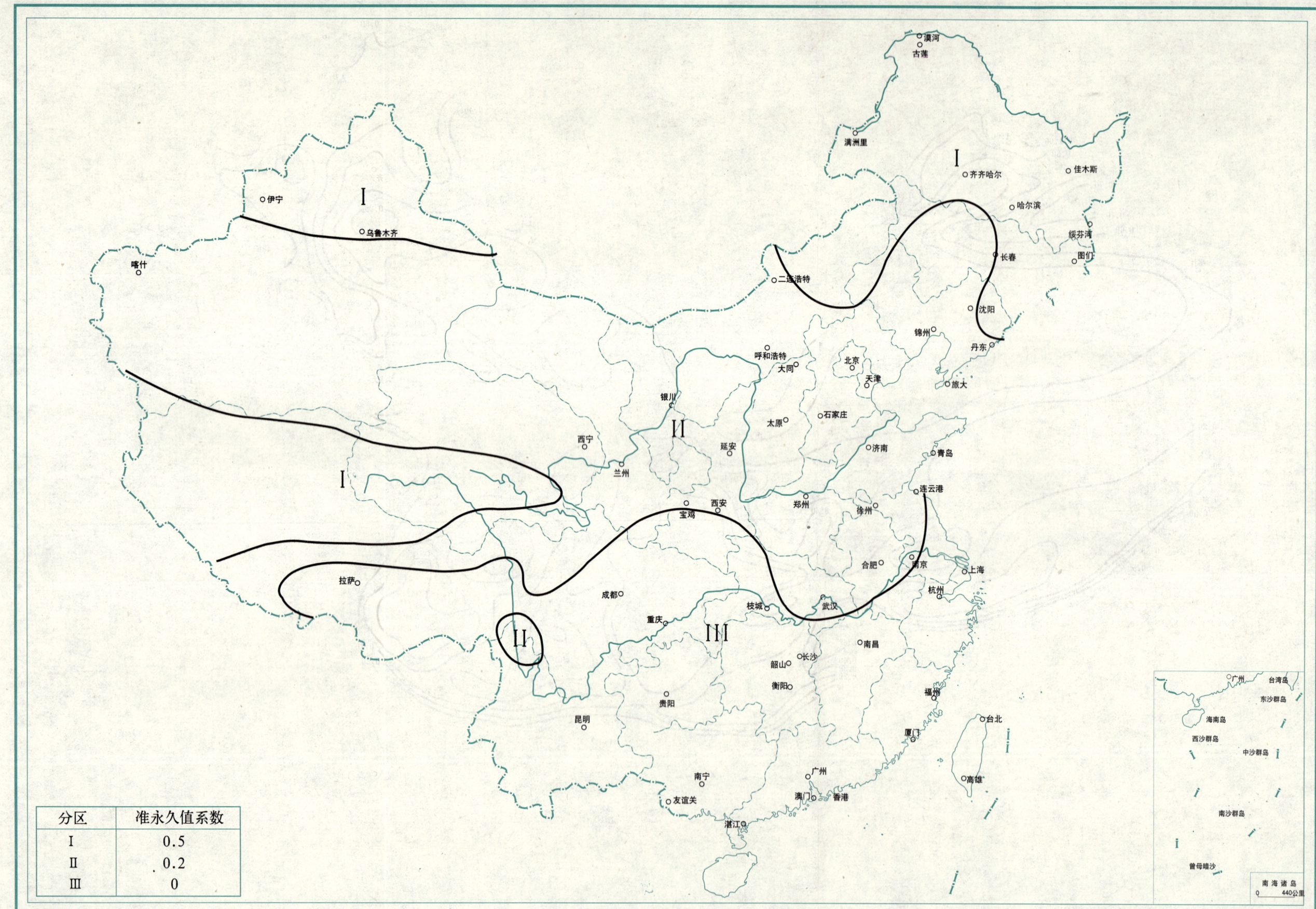

图 5-2 雪荷载准永久值系数分区图

式中 α——分布的尺度参数；

u——分布的位置参数，即其分布的众值。

当有大量样本（多于1000个）时，分布的参数与均值 μ 和标准差 σ 的关系按下式确定（见表5-1）：

$$\alpha = \frac{1.28255}{\sigma} \tag{5-4}$$

$$u = \mu - \frac{0.57722}{\alpha} \tag{5-5}$$

当由有限样本数量 n 的均值 $\bar{x}$ 和标准差 s 作为 μ 和 σ 的近似估计时，取

$$\alpha = \frac{C_1}{s} \tag{5-6}$$

$$u = \bar{x} - \frac{C_2}{\alpha} \tag{5-7}$$

式中系数 C_1 和 C_2 见表5-1。

系数 C_1 和 C_2　　　　　表5-1

n	C_1	C_2	n	C_1	C_2
10	0.9497	0.4952	60	1.17465	0.55208
15	1.02057	0.5182	70	1.18536	0.55477
20	1.06283	0.52355	80	1.19385	0.55688
25	1.09145	0.53086	90	1.20649	0.55860
30	1.11238	0.53622	100	1.20649	0.56002
35	1.12847	0.54034	250	1.24292	0.56878
40	1.14132	0.54362	500	1.25880	0.57240
45	1.15185	0.54630	1000	1.26851	0.57450
50	1.16066	0.54853	∞	1.28255	0.57722

若求重现期为 R 年的最大雪压 x_R，可按下式确定：

$$x_R = u - \frac{1}{\alpha}\ln\left[\ln\left(\frac{R}{R-1}\right)\right] \tag{5-8}$$

因此重现期为50年的基本雪压 S_0 可求得如下：

$$S_0 = u - \frac{1}{\alpha}\ln\left[\ln\left(\frac{50}{50-1}\right)\right] = u + \frac{2.5278}{\alpha} \tag{5-9}$$

2. 当地的年最大雪压资料不足10年，可通过与有长期资料或有规定基本雪压的附近地区进行对比分析确定其基本雪压；

3. 当地没有雪压资料时，可通过对气象和地形条件的分析，并参照图5-1上的等压线用插入法确定其基本雪压。

（二）山区基本雪压的确定

山区的基本雪压应通过实际调查后确定，无实测资料时，可按当地空旷平坦地面的基本雪压值乘以系数1.2采用。但对于积雪局部变异特别大的地区，以及高原地形的山区，应予以专门调查和特殊处理。

（三）对雪荷载敏感的结构，基本雪压应适当提高，并应由有关的结构设计规范具体规定。

第二节　雪荷载标准值、组合值系数、频遇值系数及准永久值系数

一、雪荷载标准值

屋面水平投影面上的雪荷载标准值应按下式计算：

$$s_k = \mu_r s_0 \tag{5-10}$$

式中　s_k——雪荷载标准值（kN/m^2）；

　　　μ_r——屋面积雪分布系数；

　　　s_0——基本雪压（kN/m^2）。

二、雪荷载的组合值系数、频遇值系数及准永久值系数

雪荷载的组合值系数可取 0.7。

雪荷载的频遇值系数可取 0.6。

雪荷载的准永久值系数应按分区图（图 5-2）中的 Ⅰ、Ⅱ 和 Ⅲ 分区，分别取 0.5、0.2 和 0；对部分城市的准永久值系数分区也可按附录六中附表 1-1 的规定查出。

第三节　屋面积雪分布系数

一、不同类别的屋面积雪分布

不同类别的屋面，其屋面积雪分布系数应按表 5-2 采用。

屋面积雪分布系数 μ_r　　　　　表 5-2

项次	类别	屋面形式及积雪分布系数							
1	单跨单坡屋面	α	≤25°	30°	35°	40°	45°	≥50°	
		μ_s	1.0	0.8	0.6	0.4	0.2	0	
2	单跨双坡屋面	均匀分布情况　　　　　　　　　　　μ_r							
		不均匀分布情况　　　　　$0.75\mu_r$　　$1.25\mu_r$							
		μ_r 按第一项采用							

续表

项次	类别	屋面形式及积雪分布系数
3	拱形屋面	$\mu_r = \dfrac{l}{8f}$　$(0.4 \leqslant \mu_r \leqslant 1.0)$
4	带天窗的屋面	均匀分布的情况 不均匀分布的情况
5	带天窗有挡风板屋面	均匀分布的情况 不均匀分布的情况
6	多跨单坡屋面（锯齿形屋面）	均匀分布的情况 不均匀分布的情况
7	双跨双坡或拱形屋面	均匀分布的情况 不均匀分布的情况 μ_r 按第 1 项或 2、3 项规定采用

续表

项次	类别	屋面形式及积雪分布系数
8	高低屋面	$a=2h$,但不小于4m,不大于8m 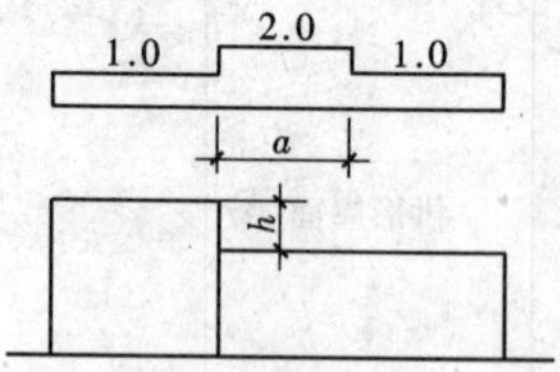

注：1. 第2项单跨双坡屋面仅当$20°\leqslant\alpha\leqslant30°$时，可采用不均匀分布情况；
  2. 第4、5项只适用于坡度$\alpha\leqslant25°$的一般工业厂房屋面；
  3. 第7项双跨双坡或拱形屋面当$\alpha\leqslant25°$或$f/l\leqslant0.1$时，只采用均匀分布情况；
  4. 多跨屋面的积雪分布系数，可参照第7项的规定采用。

二、建筑结构设计考虑积雪分布的原则

（一）屋面板和檩条按积雪不均匀分布的最不利情况采用。

（二）屋架或拱、壳可分别按积雪全跨均匀分布的情况、不均匀分布的情况和半跨的均匀分布的情况采用。

（三）框架和柱可按积雪全跨均匀分布的情况采用。

【例 5-1】 某工程所在地为全国雪压分布图和附录六中未明确基本雪压的新城市，但该地区的气象站已观测有10年的年最大雪压数据，并计算出其均值$\bar{x}$为0.45kN/m^2、标准差S为0.11kN/m^2，需利用以上数据估算确定该地区的基本雪压。

【解】 查表 5-1，当有限样本数量为 10 时，参数 $C_1=0.9497$，$C_2=0.4952$
据公式（5-6）、（5-7）求得：

$$\alpha=\frac{C_1}{S}=\frac{0.9497}{0.11}=8.6336$$

$$u=\bar{x}-\frac{C_2}{\alpha}=0.45-\frac{0.4952}{8.6336}=0.3926$$

代入公式（5-9）求得基本雪压 $s_0=u+\frac{2.5278}{\alpha}=0.3926+\frac{2.5278}{8.6336}=0.685\text{kN/m}^2$

【例 5-2】 某仓库屋盖为粘土瓦、木望板、木椽条、圆木檩条、木屋架结构体系，其剖面如图 5-3 所示，屋面坡度$\alpha=26.56°$，木檩条沿屋面方向间距为 1.5m，计算跨度 3m，该地区基本雪压为0.55kN/m^2，求作用在檩条上由屋面积雪荷载产生沿檩条跨度的均布线荷载标准值。

【解】 檩条的积雪荷载应按不均匀分布的最不利情况考虑。本例题的屋面类别为单跨双坡屋面，查表 5-2 其不均匀分布的最不利屋面积雪分布系数为$1.25\mu_r$，由于屋面坡度为 26.56°，按表 5-2 项次 1 可求得：

$$\mu_r=1-\frac{1.56}{5}\times0.2=0.94$$

计算檩条时屋面水平投影面上的雪荷载标准值：

$$S_k=1.25\mu_rS_0=1.25\times0.94\times0.55=0.65\text{kN/m}^2$$

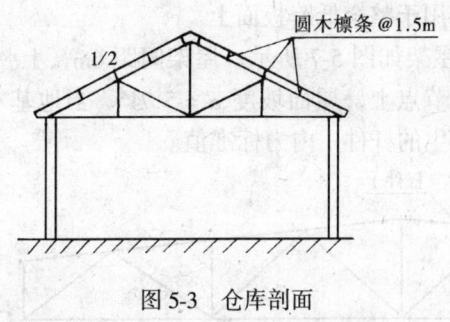
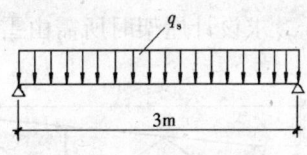

图 5-3　仓库剖面　　　　　图 5-4　檩条所受雪荷载

由于檩条沿屋面方向的间距为 1.5m，因此由雪荷载产生的檩条均布线荷载（图 5-4）：

$$q_s = s_k \cdot 1.5\cos\alpha = 0.65 \times 1.5 \times \cos 26.56° = 0.87 \text{kN/m}$$

【例 5-3】　某单跨带天窗工业厂房，屋盖为 1.5m× 6m 预应力混凝土大型屋面板、预应力混凝土屋架承重体系，当地的基本雪压为 0.4kN/m^2，其剖面图见图 5-5，屋面坡度 $\alpha < 25°$。求设计屋面板时应考虑的雪荷载标准值。

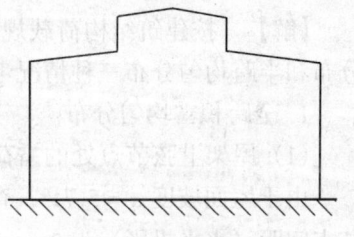

【解】　本例题的屋面类别为表 5-2 中的项次 4，最不利的不均匀分布积雪分布系数为 1.1，故设计屋面板时应考虑的作用在屋面水平投影面上的雪荷载标准值：

图 5-5　厂房剖面外形

$$s_k = 1.1 s_0 = 1.1 \times 0.4 = 0.44 \text{kN/m}^2$$

【例 5-4】　某高低屋面房屋，其屋面承重结构为现浇钢筋混凝土双向板。房屋的平面图及剖面图见图 5-6，当地的基本雪压为 0.45kN/m^2，求设计高跨及低跨钢筋混凝土屋面板时应考虑的雪荷载标准值。

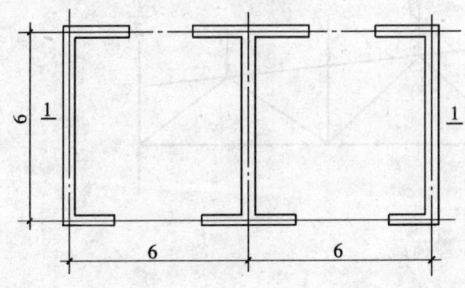
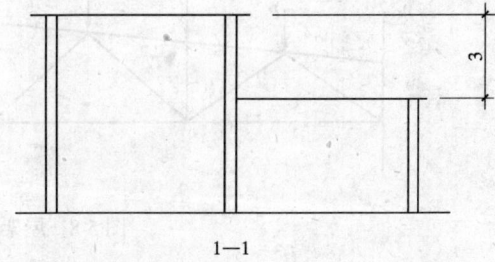

图 5-6　房屋平面（单位：m）

【解】　本例的屋面形式类别属表 5-2 中的项次 8。
设计高跨钢筋混凝土屋面板时应考虑的雪荷载标准值：

$$s_k = \mu_r s_0 = 1.0 \times 0.45 = 0.45 \text{kN/m}^2$$

设计低跨钢筋混凝土屋面板时应考虑的雪荷载标准值：

$$s_k = \mu_r s_0 = 2 \times 0.45 = 0.9 \text{kN/m}^2$$

由于高低屋面的差值 $h = 3$m，不均匀积雪的分布范围 $a = 2h = 2 \times 3 = 6$m，已覆盖低跨屋面范围，因此均布面荷载 $0.9\text{kN}/\text{m}^2$ 作用于整个低跨板面上。

【例 5-5】 某单跨无天窗房屋的 24m 屋架如图 5-7 所示，屋架间距 6m，上弦铺设 3m×6m 钢筋混凝土大型屋面板并支承在屋架节点上，屋面坡度 $\alpha = 5.71°$，当地基本雪压为 $0.55\text{kN}/\text{m}^2$，求设计屋架时所需由雪荷载产生的杆件 1 内力标准值。

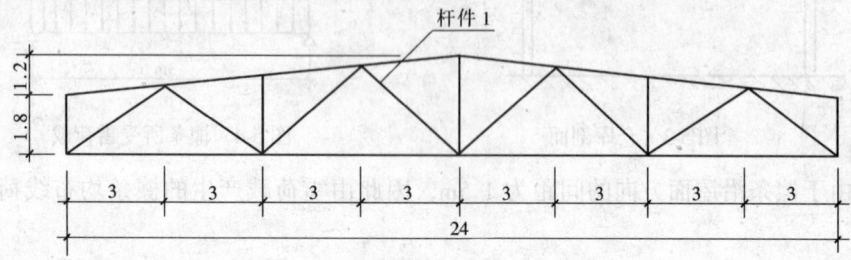

图 5-7　24m 屋架外形尺寸（单位：m）

【解】 按建筑结构荷载规范要求，设计屋架时可分别按积雪全跨均匀分布、不均匀分布和半跨均匀分布三种情况考虑。

1. 全跨积雪均匀分布

（1）屋架上弦节点处的雪荷载集中力 P

由于屋面坡度 $\alpha = 5.71°$，查表 5-2 项次 1 和 2 得积雪分布系数 $\mu_r = 1$，屋架间距为 6m，节点间距（水平投影）为 3m，基本雪压为 $0.55\text{kN}/\text{m}^2$。

$$P = 6 \times 3 \times 0.55 \times 1 = 9.9\text{kN}$$

（2）杆件 1 的内力 F

全跨积雪均匀分布情况下，屋架的受荷如图 5-8 所示。

杆件 1 的内力可根据参考资料 [14] 中的梯形屋架的内力系统公式计算。

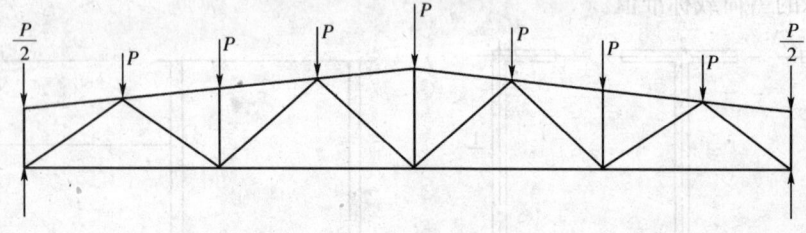

图 5-8　屋架全跨积雪荷载

参数：$n = \dfrac{l}{h_2} = \dfrac{24}{1.2} = 20$，$m = \dfrac{l}{h} = \dfrac{24}{3} = 8$，

$$K_2 = \sqrt{m^2 n^2 + (8n - 2m)^2} = \sqrt{8^2 \times 20^2 + (8 \times 20 - 2 \times 8)^2}$$
$$= 215.257$$

$$F = \dfrac{(n - 4m)k_2 P}{4n(4n - m)} = \dfrac{(20 - 4 \times 8) 215.257}{4 \times 20(4 \times 20 - 8)} \times 9.9 = -4.44\text{kN}(压)$$

2. 全跨积雪不均匀分布

（1）右半跨积雪较多左半跨积雪较少

右半跨的积雪分布系数为 $1.25\mu_r$,因此右半跨的上弦节点雪荷载集中力 $P_r = 1.25 \times 9.9 = 12.375\text{kN}$。

左半跨的积雪分布系数为 $0.75\mu_r$,因此左半跨的上弦节点雪荷载集中力 $P_l = 0.75 \times 9.9 = 7.425\text{kN}$。

屋架的受荷如图 5-9 所示。

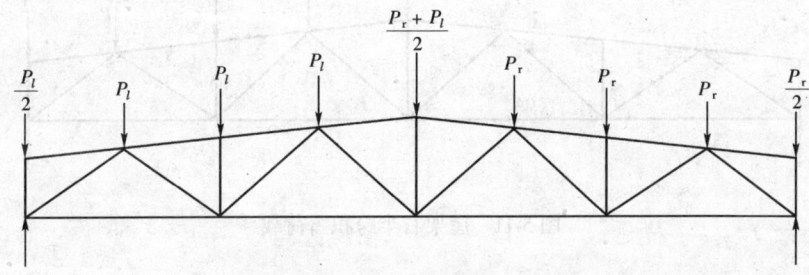

图 5-9 屋架全跨积雪不均匀分布

因此利用上述 1 及 2 的计算结果可求得此情况下杆件 1 的内力 F:

$$F = 0.75 \times (-4.44) + 0.5 \times 8.88 = 1.11\text{kN}(拉)$$

(2) 左半跨积雪较多右半跨积雪较少

左半跨的积雪分布系数为 $1.25\mu_r$,因此左半跨的上弦节点雪荷载集中力 $P_l = 1.25 \times 9.9 = 12.375\text{kN}$;

右半跨的积雪分布系数为 $0.75\mu_r$,因此右半跨的上弦节点雪荷载集中力 $P_r = 0.75 \times 9.9 = 7.425\text{kN}$。

因此利用上述 1 及 2 的计算结果可求得此情况下杆件 1 的内力 F:

$$F = 0.75 \times (-4.44) + 0.5 \times (-13.32) = -9.99\text{kN}(压)$$

3. 半跨积雪均匀分布

(1) 屋架上弦节点处的雪荷载集中力 P

同前 $P = 9.9\text{kN}$。

(2) 当左半跨积雪时杆件 1 的内力 F

计算方法同前,此时屋架的受荷如图 5-10 所示。

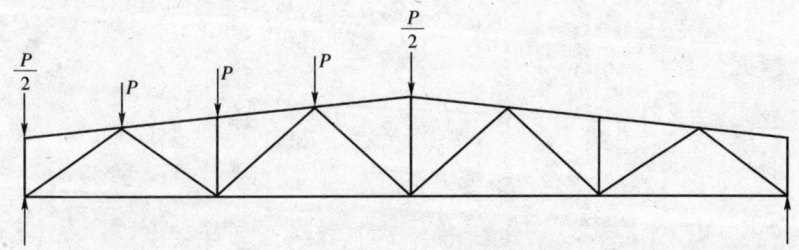

图 5-10 屋架左半跨积雪荷载

$$F = \frac{-(2m+n)k_2 P}{4n(4n-m)} = \frac{-(2 \times 8 + 20)215.257}{4 \times 20(4 \times 20 - 8)} \times 9.9 = -13.32\text{kN}(压)$$

(3) 当右半跨积雪时杆件 1 的内力 F

计算方法同前。此时屋架的受荷如图 5-11 所示。

$$F = \frac{(n-m)k_2 P}{2n(4n-m)} = \frac{(20-8)215.257}{2 \times 20(4 \times 20 - 8)} \times 9.9 = 8.88 \text{kN}(\text{拉})$$

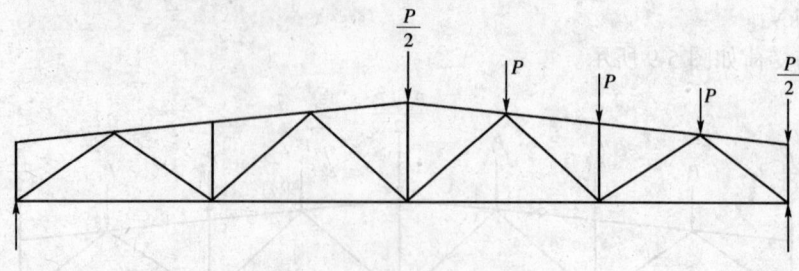

图 5-11 屋架右半跨积雪荷载

第六章 风荷载

第一节 基本风压

一、基本风压的取值原则

确定建筑物和构筑物上的风荷载时，必须依据当地气象台、站历年来的最大风速记录确定基本风压。《建筑结构荷载规范》GB 50009—2001 对基本风压是按以下规定的条件（简称标准条件）确定：

（一）测定风速处的地貌要求平坦且空旷（一般应远离城市中心）；通常以当地气象台、站或机场作为观测点；

（二）在距地面 10m 的高度处测定风速；

（三）以时距为 10 分钟的平均风速作为统计的风速基本数据；

（四）在风速基本数据中，取每年的最大风速作为一个统计子样；

（五）最大风速的重现期为 50 年（即 50 年一遇）；

（六）历年最大风速的概率分布曲线采用极值 I 型。

在计算平均 50 年一遇的最大风速后，按下式确定基本风压：

$$w_0 = \frac{1}{2}\rho v_0^2 \tag{6-1}$$

式中 w_0——基本风压（kN/m^2）；

ρ——空气密度，理论上与空气温度和气压有关，可根据所在地的海拔高度 Z（m）按下式近似估算：

$$\rho = 1.25 e^{-0.0001Z} (kg/m^3);$$

v_0——重现期为 50 年的最大风速（m/s）。

当缺乏资料时，空气密度可假设海拔高度为零米，而取 $\rho = 1.25 kg/m^3$，此时公式（6-1）可改为：

$$w_0 = \frac{1}{1600}v_0^2 \tag{6-2}$$

二、基本风压的确定

（一）直接按规范的规定取值

《建筑结构荷载规范》GB 50009—2001 通过全国基本风压分布图（图 6-1）给出了全国基本风压的等压线分布，同时对部分城市给出有关的风压值，考虑到设计中有可能需要不同重现期的风压设计资料，在附录七中列出了重现期为 10 年、50 年、100 年的风压值，当已知重现期为 10 年、100 年的风压值要求重现期为 R 年的风压值时，也可按公式（5-2）确定。

建筑结构荷载规范规定，在任何情况下对 50 年一遇的基本风压取值不得小于 $0.3 kN/m^2$。

对于高层建筑[❶]、高耸结构以及对风荷载敏感的其他结构,基本风压应适当提高,并应由有关的结构设计规范具体规定。

(二) 当基本风压值未明确规定时的处理方法

当建设工程所在地的基本风压值未明确规定时,可选择以下方法确定其基本风压值:

(1) 根据当地气象台站年最大风速实测资料,按基本风压的定义,通过统计分析后确定。分析时应考虑样本数量(不得小于10)的影响。

(2) 若当地没有风速实测资料时,可根据附近地区规定的基本风压或长期资料,通过气象和地形条件的对比分析确定;也可按全国基本风压分布图(图 6-1)中的建设工程所在位置近似确定。

在分析当地的年最大风速时,往往会遇到其实测风速的条件不符合基本风压规定的标准条件,因而必须将实测的风速资料换算为标准条件的风速资料,然后再进行分析。

情况一 当实测风速的位置不是 10m 高度时。

原则上应由气象台站根据不同高度风速的对比观测资料,并考虑风速大小的影响,给出非标准高度风速的换算系数以确定标准条件高度的风速资料。当缺乏相应观测资料时,可近似按下列公式进行换算

$$v = \alpha v_z \tag{6-3}$$

式中 v——标准条件 10m 高度处时距为 10 分钟的平均风速 (m/s);

v_z——非标准条件 z 高度 (m) 处时距为 10 分钟的平均风速 (m/s);

α——换算系数,可按表 6-1 取值。

实测风速高度换算系数 α 表 6-1

实际风速高度 (m)	4	6	8	10	12	14	16	18	20
α	1.158	1.085	1.036	1	0.971	0.948	0.928	0.910	0.895

情况二 当最大风速资料不是时距 10 分钟的平均风速时。

虽然世界上不少国家采用基本风压标准条中的风速基本数据为 10 分钟时距的平均风速,但也有一些国家不是这样。因此在进行某些国外工程需要按我国规范设计时;或需要与国外某些设计资料进行对比时,会遇到非标准时距最大风速的换算问题。实际上时距 10 分钟的平均风速与其他非标准时距的平均风速的比值是不确定性的。表 6-2 给出的非标准时距平均风速与时距 10 分钟平均风速的换算系数 β 值是变异性较大的平均值。因此在必要时可按下列公式换算:

$$v = v_t / \beta \tag{6-4}$$

式中 v——时距 10 分钟的平均风速 (m/s);

v_t——时距为 t 的平均风速 (m/s);

β——换算系数,按表 6-2 取用。

---

❶ 《高层建筑混凝土结构技术规程》JGJ 3—2002 规定,对于特别重要或对风荷载比较敏感的高层建筑,其基本风压应按 100 年重现期的风压值采用。

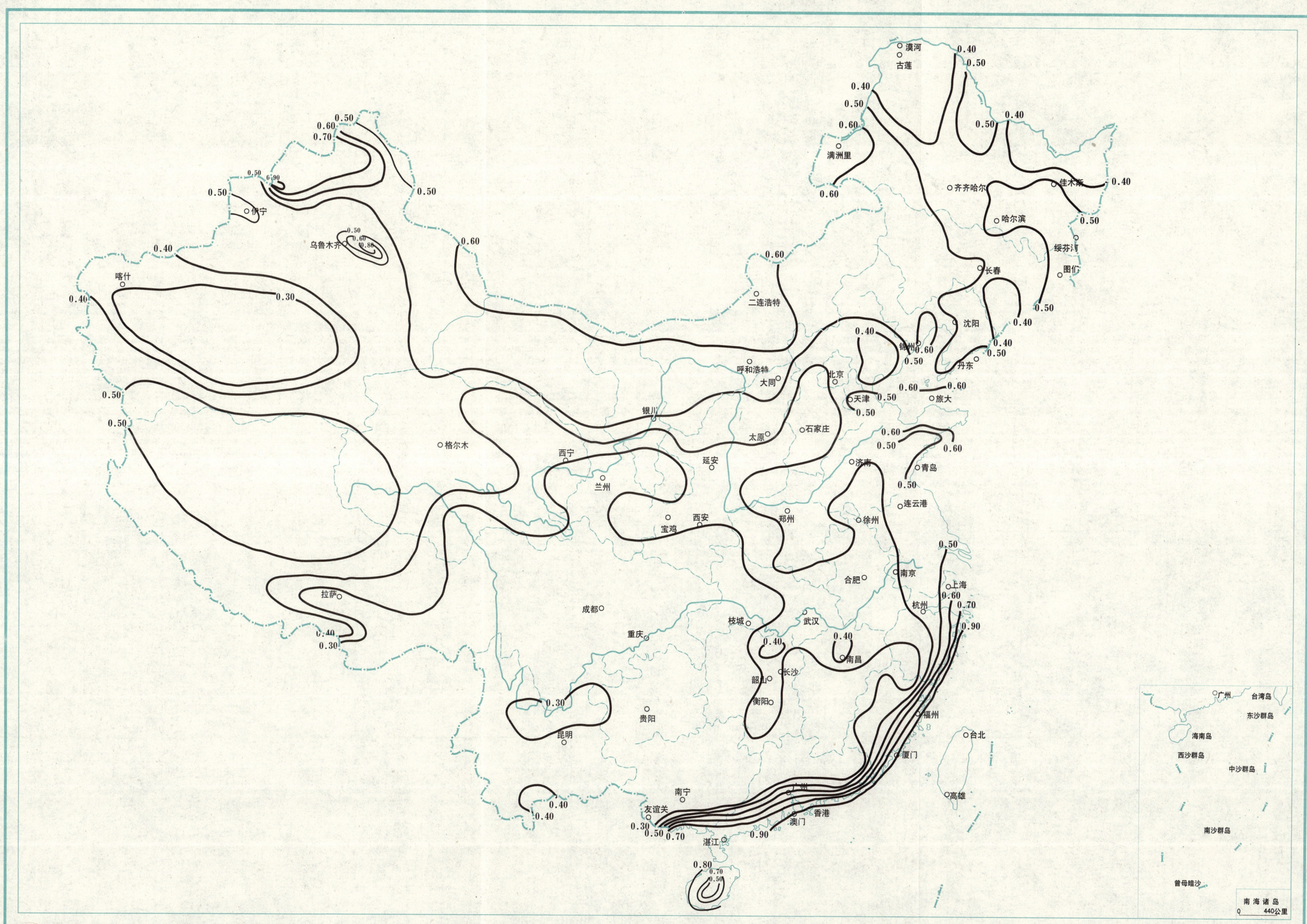

图 6-1 全国基本风压分布图（单位：kN/m²）

不同时距与 10 分钟时距风速换算系数 β　　　　　　　　表 6-2

实测风速时距	1 小时	10 分钟	5 分钟	2 分钟	1 分钟	0.5 分钟	20 秒钟	10 秒钟	5 秒钟	瞬时
β	0.94	1	1.07	1.16	1.20	1.26	1.28	1.35	1.39	1.5

情况三 当已知 10 分钟时距平均风速年最大值的重现期为 T 年时，其基本风压与重现期为 50 年的基本风压的关系可按以下公式调整：

$$w_0 = w/\gamma \tag{6-5}$$

式中　w_0——重现期为 50 年的基本风压（kN/m^2）；

　　　w——重现期为 T 年的基本风压（kN/m^2）；

　　　γ——换算系数，按表 6-3 取用。

不同重现期与重现期为 50 年的基本风压比值 γ　　　　　　　　表 6-3

重现期 T（年）	5	10	15	20	30	50	100
γ	0.629	0.736	0.799	0.846	0.914	1.0	1.124

情况四 当历年最大风速的样本数量有限时（不少于 10 年的样本），可按第五章第一节第二款的方法，对重现期为 50 年的最大风速进行估算。

【**例 6-1**】　某建设工程地点位于某新开发地区，该地区气象站实测有近十年的风速记录，据此整理出离地面 10m 高处，时距为 10 分钟的平均风速年最大值依次为：18.3m/s、25.7m/s、19.7m/s、22.3m/s、24.6m/s、21.8m/s、20.0m/s、17.2m/s、23.6m/s、21.1m/s。试采用统计分析方法确定该地区的基本风压值。

【**解**】　求近十年最大风速样本的平均值及标准差：

平均值 $\bar{x} = (18.3 + 25.7 + 19.7 + 22.3 + 24.6 + 21.8 + 20.0 + 17.2 + 23.6 + 21.1)/10$
　　　　　$= 21.43 \text{m/s}$

标准差 $S = \sqrt{\sum_{i=1}^{n}(x_i - \bar{x})^2/(n-1)}$

$= \sqrt{\begin{array}{l}(18.3-21.43)^2 + (25.7-21.43)^2 + (19.7-21.43)^2 \\ + (22.3-21.43)^2 + (24.6-21.43)^2 + (21.8-21.43)^2 \\ + (20.0-21.43)^2 + (17.2-21.43)^2 + (23.6-21.43)^2 + (21.1-21.43)^2\end{array}]/(10-1)}$

$= 2.72 \text{m/s}$

查表 5-1，当 $n = 10$ 时得 $C_1 = 0.9497$，$C_2 = 0.4952$，因此分布函数的位置参数 u 及尺度参数 α 的近似估计值：

$$\alpha = \frac{C_1}{S} = \frac{0.9497}{2.72} = 0.3492 \text{s/m}$$

$$u = \bar{x} - \frac{C_2}{\alpha} = 21.43 - \frac{0.4952}{0.3492} = 20.01 \text{m/s}$$

代入公式（5-7），可估算求得重现期为 50 年的最大风速 v_0 及基本风压 w_0：

$$v_0 = u - \frac{1}{\alpha}\ln\left[-\ln\left(1 - \frac{1}{R}\right)\right]$$

$$= 20.01 - \frac{1}{0.3492}\ln\left[-\ln\left(1-\frac{1}{50}\right)\right]$$

$$= 31.18 \text{m/s}$$

$$w_0 = \frac{1}{1600}v_0^2 = \frac{31.18^2}{1600} = 0.61 \text{kN/m}^2$$

【例 6-2】 境外某建设工程，按当地气象站近十年的风速资料，得到距地面 5m 高度处的瞬时风速，各年的瞬时最大风速为：28.6m/s、27.5m/s、33.0m/s、38.1m/s、39.1m/s、40.5m/s、42.5m/s、32.3m/s、35.9m/s、40.0m/s，试按我国标准确定该建设工程所在地的基本风压。

【解】 由于当地最大风速资料是在非标准条件下测得，且无非标准条件与标准条件最大风速的对比实际资料，因此只能采用表 6-1 及表 6-2 的系数进行换算，将当地气象站的瞬时最大风速数据换算为标准条件下的平均最大风速数据，先将历年瞬时最大风速数据除以系数 1.5 换算为 10 分钟时距的平均风速年最大值，再乘以高度换算系数 1.12 将 5m 高度处测得的风速换算为 10m 高度处的标准条件风速，然后进行统计分析。

瞬时最大风速换算为标准条件下最大风速的具体结果如表 6-4 所示：

各年最大风速资料换算结果 表 6-4

5m 高度处瞬时风速年最大值(m/s)	28.6	27.5	33.0	38.1	39.1	40.5	42.5	32.3	35.9	40.0
5m 高度处时距 10 分钟平均风速年最大值(m/s)	19.1	18.3	22.0	25.4	26.1	27.0	28.3	21.5	23.9	26.7
10m 高度处时距 10 分钟平均风速年最大值(m/s)	21.4	20.5	24.6	28.4	29.2	30.2	31.7	24.1	26.8	29.9

10m 高度处时距 10 分钟平均风速年最大值的平均值：

$$\bar{x} = \frac{1}{10}(21.4 + 20.5 + 24.6 + 28.4 + 29.2 + 30.2 + 31.7 + 24.1 + 26.8 + 29.9)$$

$$= 26.7 \text{m/s}$$

其标准差：

$$S = \sqrt{\sum_{i=1}^{n}(x_i - \bar{x})^2/(n-1)}$$

$$= \sqrt{\begin{array}{l}[(21.4-26.7)^2 + (20.5-26.7)^2 + (24.6-26.7)^2 + (28.4-26.7)^2 \\ + (29.2-26.7)^2 + (30.2-26.7)^2 + (31.7-26.7)^2(24.1-26.7)^2 \\ + (26.8-26.7)^2 + (29.9-26.7)^2]/9\end{array}}$$

$$= \sqrt{134.4/9} = 3.86 \text{m/s}$$

查表 5-1 得 $C_1 = 0.9497$，$C_2 = 0.4952$。

分布参数 α 和 u 的估计值：

$$\alpha = \frac{0.9497}{3.86} = 0.2460 \quad \text{s/m}$$

$$u = 26.7 - \frac{0.4952}{0.2460} = 24.69 \quad \text{m/s}$$

代入公式 (5-2)，可求得重现期为 50 年的最大风速 v_0 及基本风压 w_0：

$$v_0 = 24.69 - \frac{1}{0.2460}\ln\left[-\ln\left(1-\frac{1}{50}\right)\right] = 40.55 \text{m/s}$$

$$w_0 = \frac{1}{1600} \times 40.55^2 = 1.03 \quad \text{kN/m}^2$$

第二节 风荷载标准值

一、风荷载标准值计算

（一）对主要承重结构，垂直于建筑物表面上的风荷载标准值应按下列公式计算：

$$w_k = \beta_z \mu_s \mu_z w_0 \tag{6-6}$$

式中 w_k——风荷载标准值（kN/m²）；

β_z——高度 z 处的风振系数；

μ_s——风荷载体型系数；

μ_z——风压高度变化系数；

w_0——基本风压（kN/m²）。

（二）对围护结构，垂直其表面上的风荷载标准值应按下列公式计算：

$$w_k = \beta_{gz} \mu_{sl} \mu_z w_0 \tag{6-7}$$

式中 β_{gz}——高度 z 处的阵风系数；对房屋的玻璃幕墙结构（包括门窗）按表 6-15 采用、对其他围护结构取阵风系数为 1.0；

μ_{sl}——风荷载局部体型系数。

二、风压高度变化系数

风压随高度的不同而变化，其变化规律与地面粗糙程度有关，建筑结构荷载规范规定，地面粗糙度可分为 A、B、C、D 四类：

A 类指近海海面和海岛、海岸、湖岸及沙漠地区；

B 类指田野、乡村、丛林、丘陵以及房屋比较稀疏的乡镇和城市郊区；

C 类指有密集建筑群的城市市区；

D 类指有密集建筑群且房屋较高的城市市区。

风压高度变化系数应按地面粗糙度指数 α 和假设的梯度风高度经计算确定。对四类地面粗糙度地区的地面粗糙度指数分别为 0.12、0.16、0.22 和 0.3，相应梯度风高度取 300、350、400 和 450m，在此高度以上风压不发生变化。根据地面粗糙度指数及梯度风高度，四类地区的风压高度变化系数按下列公式计算：

A 类：$\mu_z^A = 1.379 (z/10)^{0.24}$ (6-8)

B 类：$\mu_z^B = 1.000 (z/10)^{0.32}$ (6-9)

C 类：$\mu_z^C = 0.616 (z/10)^{0.44}$ (6-10)

D 类：$\mu_z^D = 0.318 (z/10)^{0.60}$ (6-11)

式中，z 为离地面或海平面高度（m）。

在确定城市市区的地面粗糙度类别时，若无 α 的实测资料，可按下述原则近似确定：

（一）以拟建房屋为中心，2km 为半径的迎风半圆影响范围内的房屋高度和密集度来区分粗糙度类别，风向原则上应以该地区最大风的风向为准，但也可取该地的主导风向。

（二）以迎风半圆影响范围内建筑物的平均高度 $\bar{h}$ 米来划分地面粗糙度类别，当 $\bar{h} \geqslant 18\text{m}$，为 D 类；$9\text{m} < \bar{h} < 18\text{m}$，为 C 类；$\bar{h} < 9\text{m}$，为 B 类；

（三）影响范围内不同高度的面域可用以下方法确定：每座房屋向外延伸距离为其高度的面域均为该高度，当不同高度的面域相交时，交叠部分的高度取大者；

（四）建筑物的平均高度 $\bar{h}$ 取各面域面积为权数计算。

为方便设计建筑结构荷载规范按公式（6-8）、（6-9）、（6-10）、（6-11）给出其计算结果，对四类地面粗糙度不同高度的风压高度变化系数 μ_z 可按表 6-5 确定。

风压高度变化系数 μ_z 表 6-5

离地面或海平面高度 (m)	地面粗糙度类别			
	A	B	C	D
5	1.17	1.00	0.74	0.62
10	1.38	1.00	0.74	0.62
15	1.52	1.14	0.74	0.62
20	1.63	1.25	0.84	0.62
30	1.80	1.42	1.00	0.62
40	1.92	1.56	1.13	0.73
50	2.03	1.67	1.25	0.84
60	2.12	1.77	1.35	0.93
70	2.20	1.86	1.45	1.02
80	2.27	1.95	1.54	1.11
90	2.34	2.02	1.62	1.19
100	2.40	2.09	1.70	1.27
150	2.64	2.38	2.03	1.61
200	2.83	2.61	2.30	1.92
250	2.99	2.80	2.54	2.19
300	3.12	2.97	2.75	2.45
350	3.12	3.12	2.94	2.68
400	3.12	3.12	3.12	2.91
≥450	3.12	3.12	3.12	3.12

对于山区的建筑物，风压高度变化系数除可按平坦地面的粗糙度类别，由表 6-5 确定外，还应考虑地形条件的修正，将其乘以修正系数。修正系数 η 分别按下述规定采用：

（一）对于山峰和山坡，其顶部 B 处（图 6-2）的修正系数可按下述公式确定：

$$\eta_B = \left[1 + k\text{tg}\alpha\left(1 - \frac{Z}{2.5H}\right)\right]^2 \tag{6-12}$$

式中　$\text{tg}\alpha$——山峰或山坡在迎风面一侧的坡度；当 $\text{tg}\alpha > 0.3$ 时（即 $\alpha = 16.7°$)，取 $\text{tg}\alpha = 0.3$；

　　　　k——系数，对山峰取 3.2，对山坡取 1.4；

　　　　H——山顶或山坡全高（m）；

　　　　Z——建筑物计算位置离建筑物处地面的高度（m）；当 $Z > 2.5H$ 时，取 $Z = 2.5H$。

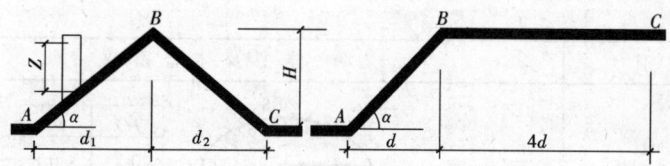

图 6-2 山峰和山坡的示意

对于山峰和山坡的其他部位,可按图 6-2 所示,取 A、C 处的修正系数 η_A、η_C 为 1,AB 间和 BC 间的修正系数按线性插入法确定。

(二)山区盆地、谷地等闭塞地形 $\eta = 0.75 \sim 0.85$;对于与风向一致的谷口、山口 $\eta = 1.20 \sim 1.50$。

对于远海海面和海岛的建筑物或构筑物,风压高度变化系数可按 A 类粗糙度类别,由表 6-5 确定外,还应乘以表 6-6 给出的修正系数 η。

远海海面和海岛的修正系数 η 表 6-6

距海岸距离(km)	η	距海岸距离(km)	η
<40	1.0	60~100	1.1~1.2
40~60	1.0~1.1		

三、风荷载体型系数

(一)房屋和构筑物的风荷载体型系数

1. 当房屋和构筑物与表 6-7 中的体型类同时,可按表 6-7 的规定采用:

风荷载体型系数   表 6-7

项次	类别	体型及体型系数 μ_s
1	封闭式落地双坡屋面	α: 0°, μ_s: 0; α: 30°, μ_s: +0.2; $\alpha \geq 60°$, μ_s: +0.8。中间值按插入法计算
2	封闭式双坡屋面	α: 0°, μ_s: −0; α: 30°, μ_s: +0.2; $\alpha \geq 60°$, μ_s: +0.8。中间值按插入法计算
3	封闭式落地拱形屋面	f/l: 0.1, μ_s: +0.1; f/l: 0.2, μ_s: +0.2; f/l: 0.5, μ_s: +0.6。中间值按插入法计算

续表

项次	类 别	体 型 及 体 型 系 数 μ_s
4	封闭式拱形屋面	f/l μ_s 0.1 −0.8 0.2 0 0.5 +0.6 中间值按插入法计算
5	封闭式单坡屋面	迎风坡面的 μ_s 按第2项采用
6	封闭式高低双坡屋面	迎风坡面的 μ_s 按第2项采用
7	封闭式带天窗双坡屋面	带天窗的拱形屋面可按本图采用
8	封闭式双跨双坡屋面	迎风坡面的 μ_s 按第2项采用
9	封闭式不等高不等跨的双跨双坡屋面	迎风坡面的 μ_s 按第2项采用
10	封闭式不等高不等跨的三跨双坡屋面	迎风坡面的 μ_s 按第2项采用 中跨上部迎风墙面的 μ_{s1} 按下式采用： $\mu_{s1} = 0.6(1 - 2h_1/h)$ 但当 $h_1 = h$ 时，取 $\mu_{s1} = -0.6$

续表

项次	类别	体型及体型系数 μ_s
11	封闭式带天窗带披的双坡屋面	
12	封闭式带天窗带双披的双坡屋面	
13	封闭式不等高不等跨且中跨带天窗的三跨双坡屋面	迎风坡面的 μ_s 按第 2 项采用 中跨上部迎风墙面的 μ_{s1} 按下式采用: $\mu_{s1} = 0.6(1 - 2h_1/h)$ 但当 $h_1 = h$ 时,取 $\mu_{s1} = -0.6$
14	封闭式带天窗的双跨双坡屋面	迎风面第 2 跨的天窗面的 μ_s 按下列采用: 当 $a \leq 4h$ 时,取 $\mu_s = 0.2$ 当 $a > 4h$ 时,取 $\mu_s = 0.6$
15	封闭式带女儿墙的双坡屋面	当女儿墙高度有限时,屋面上的体型系数可按无女儿墙的屋面采用
16	封闭式带雨篷的双坡屋面	迎风坡面的 μ_s 按第 2 项采用

续表

项次	类别	体型及体型系数 μ_s
17	封闭式对立两个带雨篷的双坡屋面	迎风坡面 μ_s：+0.8；屋顶：−0.6，−0.3；雨篷下：−0.5；第二跨：−1.4，−0.9，−0.5；+0.8，−0.5。本图适用于 s 为 8~20m，迎风坡面的 μ_s 按第 2 项采用
18	封闭式带下沉天窗的双坡屋面或拱形屋面	+0.8，−0.8，−1.2，−0.5
19	封闭式带下沉天窗的双跨双坡或拱形屋面	+0.8，−0.8，−1.2，−0.5，−1.2，−0.4，−0.4
20	封闭式带天窗挡风板的屋面	+0.8，+0.3，−1.4，−0.8，−0.7，−0.8，−0.6，−0.6，0，−0.6，−0.5
21	封闭式带天窗挡风板的双跨屋面	+0.8，+0.3，−1.4，−0.8，−0.7，−0.8，−0.6，−0.6，0，−0.6，−0.1，−0.6，−0.5，−0.5，−0.6，−0.4，−0.4，0，−0.4，−0.4
22	封闭式锯齿形屋面	+0.8，−0.6，−0.6，−0.5，−0.5，−0.4，−0.4，−0.4；+0.8，−0.6，−0.6，−0.5，−0.5，−0.4，−0.4，−0.4。分区 (1)、(2)、(3)。迎风坡面的 μ_s 按第 2 项采用。齿面增多或减少时，可均匀地在 (1)、(2)、(3) 三个区段内调节

续表

项次	类别	体型及体型系数 μ_s
23	封闭式复杂多跨屋面	(图示：多跨屋面各面体型系数，迎风面 +0.8，屋面 -0.2，天窗顶 +0.6/-0.7，-0.6，-0.5，-0.4等) 天窗面的 μ_s 按下列采用： 当 $a \leqslant 4h$ 时，取 $\mu_s = 0.2$ 当 $a > 4h$ 时，取 $\mu_s = 0.6$
24	靠山封闭式双坡屋面	(a) 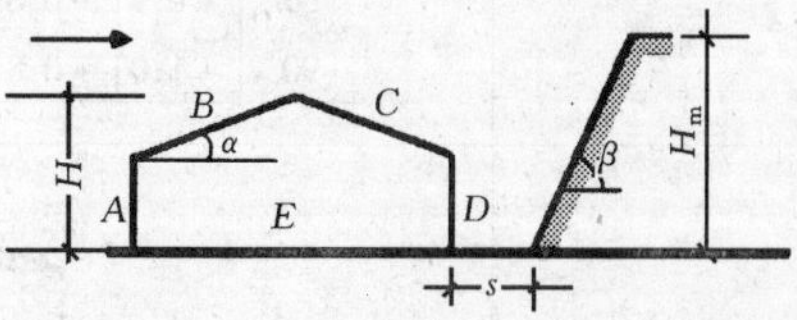 图示：本图适用于 $H_m/H \geqslant 2$ 及 $s/H = 0.2 \sim 0.4$ 的情况 体型系数 μ_s：

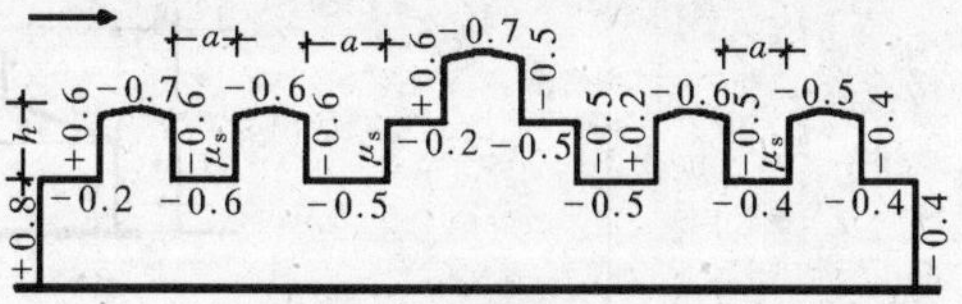

β	α	A	B	C	D	E
30	15	+0.9	-0.4	0	+0.2	-0.2
30	30	+0.9	+0.2	-0.2	-0.2	-0.3
30	60	+1.0	+0.7	-0.4	-0.2	-0.5
60	15	+1.0	+0.3	+0.4	+0.5	+0.4
60	30	+1.0	+0.4	+0.3	+0.4	+0.2
60	60	+1.0	+0.8	-0.3	0	-0.5
90	15	+1.0	+0.5	+0.7	+0.8	+0.6
90	30	+1.0	+0.6	+0.8	+0.9	+0.7
90	60	+1.0	+0.9	-0.1	+0.2	-0.4

(b) 图示

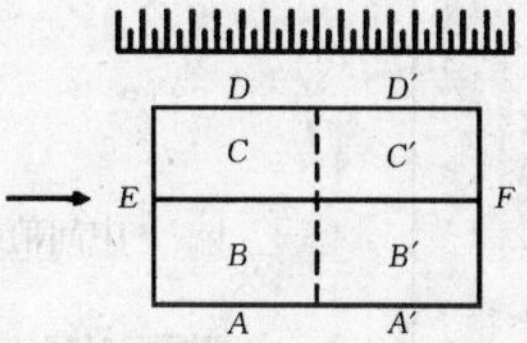

体型系数 μ_s：

β	A B D	E	A' B' C' D'	F
15	-0.8	+0.9	-0.2	-0.2
30	-0.9	+0.9	-0.2	-0.2
60	-0.9	+0.9	-0.2	-0.2

项次	类别	体型及体型系数 μ_s
25	靠山封闭式带天窗的双坡屋面	本图适用于 $H_m/H \geq 2$ 及 $s/H = 0.2 \sim 0.4$ 的情况 体型系数 μ_s: | β	A	B	C	D	D'	C'	B'	A'	E
---	---	---	---	---	---	---	---	---	---
30	+0.9	+0.2	−0.6	−0.4	−0.3	−0.3	−0.3	−0.2	−0.5
60	+0.9	+0.6	+0.1	+0.1	+0.2	+0.2	+0.2	+0.4	+0.1
90	+1.0	+0.8	+0.6	+0.2	+0.6	+0.6	+0.6	+0.8	+0.6	
26	单面开敞式双坡屋面	迎风坡面的 μ_s 按第 2 项采用
27	双面开敞及四面开敞式双坡屋面	(a) 两端有山墙　　(b) 四面开敞 体型系数 μ_s: 	α	μ_{s1}	μ_{s2}
≤10°	−1.3	−0.7
30°	+1.6	+0.4 | 中间值按插入法计算 注1　本图屋面对风有过敏反应，设计时应考虑 μ_s 值变号的情况 注2　纵向风荷载对屋面所引起的总水平力： 　　当 $\alpha \geq 30°$ 时，为 $0.05Aw_h$ 　　当 $\alpha < 30°$ 时，为 $0.10Aw_h$ 　　A 为屋面的水平投影面积，w_h 为屋面高度 h 处的风压 注3　当室内堆放物品或房屋处于山坡时，屋面吸力应增大，可按第 26 项 (a) 采用

续表

项次	类别	体型及体型系数 μ_s
28	前后纵墙 半开敞 双坡屋面	迎风坡面的 μ_s 按第2项采用 本图适用于墙的上部集中开敞面积≥10%且<50%的房屋。 当开敞面积达50%时，背风墙面的系数改为 -1.1
29	单坡及 双坡顶盖	(a) | α | μ_{s1} | μ_{s2} | μ_{s3} | μ_{s4} | | ≤10° | -1.3 | -0.5 | $+1.3$ | $+0.5$ | | 30° | -1.4 | -0.6 | $+1.4$ | $+0.6$ | 中间值按插入法计算 (b) 体型系数按第27项采用 (c) | α | μ_{s1} | μ_{s2} | | ≤10° | $+1.0$ | $+0.7$ | | 30° | -1.6 | -0.4 | 中间值按插入法计算 注：(b)、(c)应考虑第27项注1和注2
30	封闭式房屋 和构筑物	(a)正多边形(包括矩形)平面 (b)Y型平面

续表

项次	类　别	体　型　及　体　型　系　数　μ_s
30	封闭式房屋和构筑物	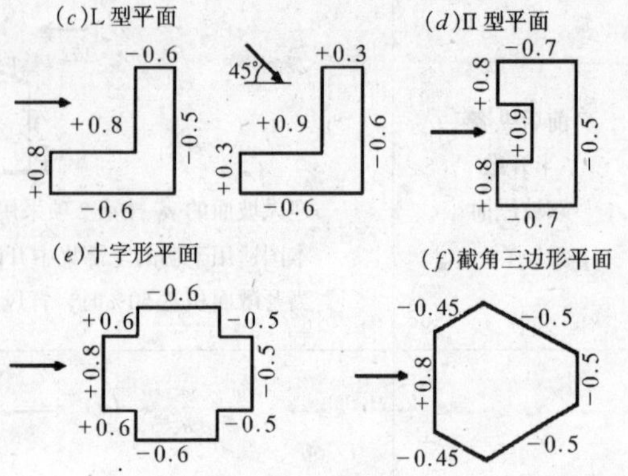 (c) L型平面、(d) Π型平面、(e) 十字形平面、(f) 截角三边形平面
31	各种截面的杆件	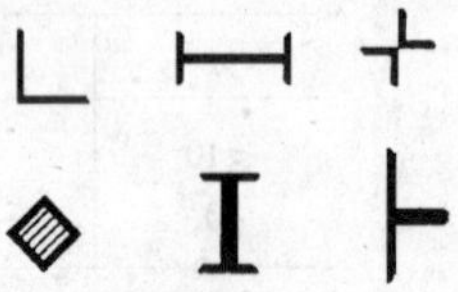 $\mu_s = +1.3$
32	桁架	(a) 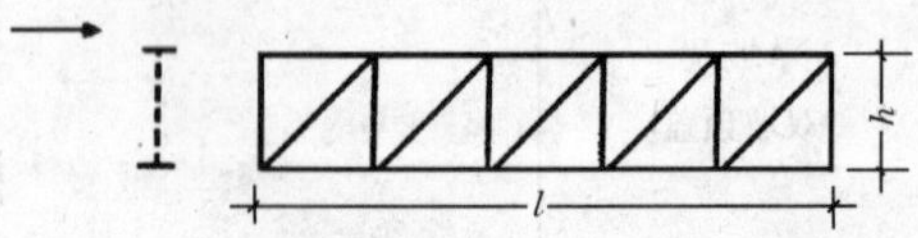 单榀桁架的体型系数 $\mu_{st} = \phi \mu_s$ μ_s 为桁架构件的体型系数，对型钢杆件按第31项采用，对圆管杆件按第36(b)项采用 $\phi = A_n/A$ 为桁架的挡风系数 A_n 为桁架杆件和节点挡风的净投影面积 $A = hl$ 为桁架的轮廓面积 (b) 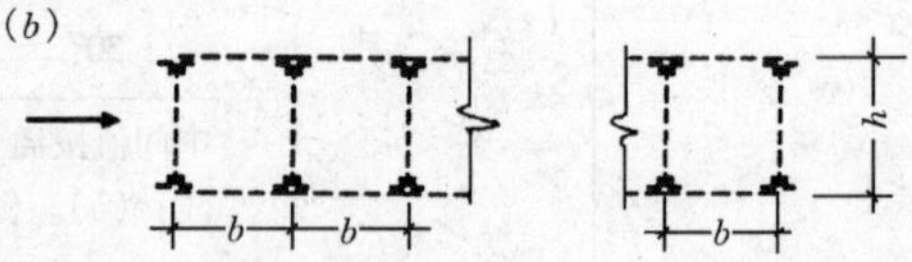 n 榀平行桁架的整体体型系数 $$\mu_{stw} = \mu_{st} \frac{1-\eta^n}{1-\eta}$$ μ_{st} 为单榀桁架的体型系数，η 按下表采用

ϕ＼b/h	≤1	2	4	6
≤0.1	1.00	1.00	1.00	1.00
0.2	0.85	0.90	0.93	0.97
0.3	0.66	0.75	0.80	0.85
0.4	0.50	0.60	0.67	0.73
0.5	0.33	0.45	0.53	0.62
0.6	0.15	0.30	0.40	0.50

图中体型系数：

(c) L型平面：+0.8, -0.6, +0.8, +0.3, -0.5, -0.6, 45°, +0.3, +0.9, -0.6

(d) Π型平面：-0.7, +0.8, +0.9, +0.8, -0.5, -0.7

(e) 十字形平面：+0.6, -0.6, -0.5, +0.8, -0.5, +0.6, -0.6, -0.5

(f) 截角三边形平面：-0.45, -0.5, +0.8, -0.5, -0.45, -0.5

续表

项次	类　别	体型及体型系数 μ_s
33	独立墙壁及围墙	→ +1.3
34	塔　架	(a) 角钢塔架整体计算时的体型系数 μ_s

(b) 管子及圆钢塔架整体计算时的体型系数 μ_s

挡风系数 ϕ	方　形			三角形 风向 ③④⑤
	风向①	风向②		
		单角钢	组合角钢	
≤0.1	2.6	2.9	3.1	2.4
0.2	2.4	2.7	2.9	2.2
0.3	2.2	2.4	2.7	2.0
0.4	2.0	2.2	2.4	1.8
0.5	1.9	1.9	2.0	1.6

当 $\mu_z w_0 d^2 \leq 0.002$ 时，μ_s 按角钢塔架的 μ_s 值乘以 0.8 采用；

当 $\mu_z w_0 d^2 \geq 0.015$ 时，μ_s 按角钢塔架的 μ_s 值乘以 0.6 采用；

中间值按插入法计算

| 35 | 旋转壳顶 | (a) $f/l > \frac{1}{4}$　　(b) $f/l \leq \frac{1}{4}$ $\mu_s = -\cos^2\phi$ $\mu_s = 0.5\sin^2\phi\sin\psi - \cos^2\phi$ |

项次	类别	体型及体型系数 μ_s
36	圆截面构筑物（包括烟囱、塔桅等）	(a) 局部计算时表面分布的体型系数 μ_s 	α	$H/d \geqslant 25$	$H/d = 7$	$H/d = 1$
---	---	---	---
0°	+1.0	+1.0	+1.0
15°	+0.8	+0.8	+0.8
30°	+0.1	+0.1	+0.1
45°	−0.9	−0.8	−0.7
60°	−1.9	−1.7	−1.2
75°	−2.5	−2.2	−1.5
90°	−2.6	−2.2	−1.7
105°	−1.9	−1.7	−1.2
120°	−0.9	−0.8	−0.7
135°	−0.7	−0.6	−0.5
150°	−0.6	−0.5	−0.4
165°	−0.6	−0.5	−0.4
180°	−0.6	−0.5	−0.4	 表中数值适用于 $\mu_z w_0 d^2 \geqslant 0.015$ 的表面光滑情况，其中 w_0 以 kN/m² 计，d 以 m 计 (b) 整体计算时的体型系数 μ_s 	$\mu_z w_0 d^2$	表面情况	$H/d \geqslant 25$	$H/d = 7$	$H/d = 1$
---	---	---	---	---
$\geqslant 0.015$	$\Delta \approx 0$	0.6	0.5	0.5
	$\Delta = 0.02d$	0.9	0.8	0.7
	$\Delta = 0.08d$	1.2	1.0	0.8
$\leqslant 0.002$		1.2	0.8	0.7	 中间值按插入法计算；Δ 为表面凸出高度
37	球体	(a) 局部计算时表面分布的体型系数 | 位置	0°	15°	30°	45°	60°	75°	90°
---	---	---	---	---	---	---	---
μ_s	+1.0	+0.8	+0.4	−0.2	−0.8	−1.2	−1.25
位置	105°	120°	135°	150°	165°	180°	
μ_s	−1.0	10.6	−0.2	+0.2	+0.3	+0.4		 上表数值适用于 $\mu_z w_0 d^2 \geqslant 0.015$ 的情况，其中 w_0 以 kN/m² 计，d 以 m 计。 (b) 整体计算时的体型系数 当 $\mu_z w_0 d^2 < 0.001$ 时，$\mu_s = +1.3$ 当 $0.004 \leqslant \mu_z w_0 d^2 \leqslant 0.008$ 时，$\mu_s = +0.6$ 当 $\mu_z w_0 d^2 \geqslant 0.015$ 时，$\mu_s = +0.2$

续表

项次	类别	体型及体型系数 μ_s
38	架空管道	本图适用于 $\mu_z w_0 d^2 \geqslant 0.015$ 的情况 (a) 上下双管 	S/d	≤0.25	0.5	0.75	1.0	1.5	2.0	≥3.0
---	---	---	---	---	---	---	---
μ_s	+1.2	+0.9	+0.75	+0.7	+0.65	+0.63	+0.6 | (b) 前后双管 | S/d	≤0.25	0.5	1.5	3.0	4.0	6.0	8.0	≥10.0
---	---	---	---	---	---	---	---	---
μ_s	+0.68	+0.86	+0.94	+0.99	+1.08	+1.11	+1.14	+1.20	 表列 μ_s 值为前后二管之和，其中前管为 0.6 (c) 密排多管 $\mu_s = +1.4$ μ_s 值为各管之总和
39	拉索	风荷载水平分量 w_x 的体型系数 μ_{sx} 及垂直分量 w_y 的体型系数 μ_{sy}： 	α	μ_{sx}	μ_{sy}	α	μ_{sx}	μ_{sy}
---	---	---	---	---	---
0°	0	0	50°	0.60	0.40
10°	0.05	0.05	60°	0.85	0.40
20°	0.10	0.10	70°	1.10	0.30
30°	0.20	0.25	80°	1.20	0.20
40°	0.35	0.40	90°	1.25	0	
40	架空线、悬索、管材等	当 $w_0 d^2 \leqslant 0.002$ 时，$\mu_{sn} = 1.2\sin^2\theta$； 当 $w_0 d^2 \geqslant 0.015$ 时，$\mu_{sn} = 0.7\sin^2\theta$ 注：μ_{sn} 为垂直于管线的分量；平行于管线的分量 μ_{sp} 较小，可不计。

续表

项次	类别	体型及体型系数 μ_s							
41	倒锥形水塔的水箱，绝缘子	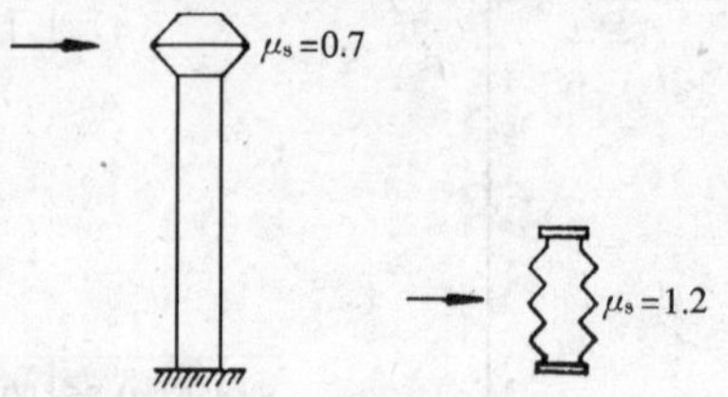 (a) 倒锥形水塔的水箱 $\mu_s=0.7$　　(b) 绝缘子 $\mu_s=1.2$							

微波天线示意：水平剖面，θ—水平角

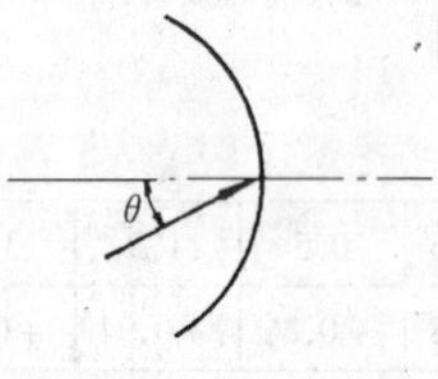

项次	类别	整体体型系数 μ_s 值							
42	微波天线	θ	0°	30°	50°	90°	120°	150°	180°
		垂直于天线面的分量 μ_{sn}	1.3	1.4	1.7	0.15	0.35	0.6	0.8
		平行于天线面的分量 μ_{sp}	0	0.05	0.06	0.19	0.22	0.17	0

项次	类别	整体体型系数 μ_s 值							
43	石油化工塔型设备	平台类型	塔型设备直径（m）						
			≤0.6	1.0	2.0	3.0	4.0	5.0	≥6.0
		独立平台（带直梯）	1.13	1.04	0.96	0.92	0.91	0.90	0.89
		独立平台联合平台（不带斜梯）	1.34	1.17	1.03	0.97	0.94	0.92	0.91
		独立平台联合平台（带斜梯）	1.60	1.34	1.13	1.04	1.00	0.97	0.94

注：表中 μ_s 值适用于包括了平台、扶梯等影响的单个塔型设备，计算风荷载时其挡风面积可仅取塔型设备的直径

2. 当房屋和构筑物与表 6-7 中的体型不同时，可参考有关资料采用；若无参考资料可以借鉴时，宜由风洞试验确定。

3. 对于重要且体型复杂的房屋和构筑物，其风荷载体型系数应由风洞试验确定。

4. 当多个建筑物，特别是群集的高层建筑，相互间距较近时，宜考虑风力相互干扰的群体效应；一般可将单独建筑物的体型系数 μ_s 乘以相互干扰增大系数，该系数可参考类似条件的试验资料确定；必要时宜通过风洞试验得出。

(二) 房屋围护构件的风荷载体型系数

1. 一般情况当验算围护构件及其连接的强度时，可按下列规定采用局部风压的风荷载体型系数 μ_{sl}：

(1) 外表面

A. 正压区：按表 6-7 采用。

B. 负压区（图 6-3）：

对墙面，取 -1.0；

对墙角边，取 -1.8（宽度为 0.1 倍房屋宽度或 0.4 倍房屋平均高度中的较小者，但不小于 1.5m）；

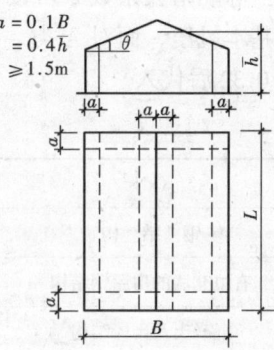

图 6-3 局部负风压作用宽度

对屋面局部部位（屋面周边和屋面坡度大于 10 度的屋脊部位，其宽度为 0.1 倍房屋宽度或 0.4 倍房屋平均高度中的较小者，但不小于 1.5m），取 -2.2；

对檐口、雨篷、遮阳板等突出建筑物的构件，取 -2.0。

(2) 内表面

对封闭式建筑物，按外表面风压的正负情况取 -0.2 或 0.2。

上述的局部风压风荷载体型系数 μ_{sl} 只适用围护构件的从属面积 $A \leqslant 1m^2$ 的情况，当围护构件的从属面积 $\geqslant 10m^2$ 时，局部风压体型系数 $\mu_{sl}(10)$ 可乘以折减系数 0.8；当围护构件的从属面积为 $10m^2 > A > 1m^2$ 时，局部风压体型系数 $\mu_{sl}(A)$ 可按面积的对数插值，按下列公式计算：

$$\mu_{sl}(A) = \mu_{sl}(1) + [\mu_{sl}(10) - \mu_{sl}(1)]\log A \tag{6-13}$$

式中　$\mu_{sl}(1)$——从属面积 $A \leqslant 1m^2$ 时的风荷载体型系数；

$\mu_{sl}(10)$——从属面积 $A \geqslant 10m^2$ 时的风荷载体型系数。

四、风振系数

对于基本自振周期 T_1 大于 0.25 秒的工程结构，如大跨度屋盖、各种高耸结构以及对于高度大于 30m 且高宽比大于 1.5 的高柔房屋，均应考虑风压脉动对结构发生顺风向风振的影响。工程结构的基本自振周期应根据结构动力学的原理进行计算。但对某些高耸结构及高层建筑的基本自振周期可按本章第四节的经验公式确定。顺风向风振的影响应按随机振动理论进行。对体型、质量沿高度分布较均匀的柔性工程结构，如一般悬臂型结构（构架、塔架、烟囱等高耸结构）以及高度大于 30m、高宽比大于 1.5 且可忽略扭转影响的高层建筑，可采用简化方法考虑顺风向风振影响。此时可仅考虑第一振型的影响，结构的高度 z 处的风振系数 β_z 按下式计算：

$$\beta_z = 1 + \frac{\xi\nu\varphi_z}{\mu_z} \tag{6-14}$$

式中 ξ——脉动增大系数；
　　　ν——脉动影响系数；
　　　φ_z——振型系数；
　　　μ_z——风压高度变化系数。

(一) 脉动增大系数

脉动增大系数 ξ 可按表 6-8 确定。在计算 $w_0 T_1^2$ 时，对地面粗糙度 B 类地区可直接代入基本风压，而对 A 类、C 类和 D 类地区应将当地的基本风压分别乘以系数 1.38、0.62 和 0.32 后代入。

脉动增大系数 ξ　　　　　表 6-8

$w_0 T_1^2$ (kNs²/m²)	0.01	0.02	0.04	0.06	0.08	0.10	0.20	0.40	0.60
钢结构	1.47	1.57	1.69	1.77	1.83	1.88	2.04	2.24	2.36
有填充墙的房屋钢结构	1.26	1.32	1.39	1.44	1.47	1.50	1.61	1.73	1.81
混凝土及砌体结构	1.11	1.14	1.17	1.19	1.21	1.23	1.28	1.34	1.38
$w_0 T_1^2$ (kNs²/m²)	0.80	1.00	2.00	4.00	6.00	8.00	10.00	20.00	30.00
钢结构	2.46	2.53	2.80	3.09	3.28	3.42	3.54	3.91	4.14
有填充墙的房屋钢结构	1.88	1.93	2.10	2.30	2.43	2.52	2.60	2.85	3.01
混凝土及砌体结构	1.42	1.44	1.54	1.65	1.72	1.77	1.82	1.96	2.06

(二) 脉动影响系数

脉动影响系数可按下列的不同情况分别确定：

1. 结构迎风面宽度远小于其高度的情况（如高耸结构等）：

1) 若外形、质量沿高度比较均匀，脉动系数 ν 可按表 6-9 确定。

脉动影响系数 ν　　　　　表 6-9

总高度 H (m)		10	20	30	40	50	60	70	80	90	100	150	200	250	300	350	400	450
粗糙度类别	A	0.78	0.83	0.86	0.87	0.88	0.89	0.89	0.89	0.89	0.89	0.87	0.84	0.82	0.79	0.79	0.79	0.79
	B	0.72	0.79	0.83	0.85	0.87	0.88	0.89	0.89	0.90	0.90	0.89	0.88	0.86	0.84	0.83	0.83	0.83
	C	0.64	0.73	0.78	0.82	0.85	0.87	0.88	0.90	0.91	0.91	0.93	0.93	0.92	0.91	0.90	0.89	0.91
	D	0.53	0.65	0.72	0.77	0.81	0.84	0.87	0.89	0.91	0.92	0.97	1.00	1.01	1.01	1.01	1.00	1.00

2) 当结构迎风面和侧风面的宽度沿高度按直线或接近直线变化，而质量沿高度按连续规律变化时，表 6-9 中的脉动影响系数应再乘以修正系数 θ_B 和 θ_ν。θ_B 为构筑物迎风面在 z 高度处的宽度 B_z 与底部宽度 B_0 的比值；θ_ν 可按表 6-10 确定。

修正系数 θ_ν　　　　　表 6-10

B_H/B_0	1	0.9	0.8	0.7	0.6	0.5	0.4	0.3	0.2	≤0.1
θ_ν	1.00	1.10	1.20	1.32	1.50	1.75	2.08	2.53	3.30	5.60

注：B_H、B_0 分别为构筑物迎风面在顶部和底部的宽度。

2. 结构迎风面宽度较大时，应考虑宽度方向风压空间相关性的情况（如高层建筑等）。若外形、质量沿高度比较均匀，脉动影响系数可根据总高度 H 及其迎风面宽度 B 的比值，按表 6-11 确定。

脉 动 影 响 系 数 ν　　　　表 6-11

H/B	粗糙度类别	总 高 度 H (m)							
		≤30	50	100	150	200	250	300	350
≤0.5	A	0.44	0.42	0.33	0.27	0.24	0.21	0.19	0.17
	B	0.42	0.41	0.33	0.28	0.25	0.22	0.20	0.18
	C	0.40	0.40	0.34	0.29	0.27	0.23	0.22	0.20
	D	0.36	0.37	0.34	0.30	0.27	0.25	0.24	0.22
1.0	A	0.48	0.47	0.41	0.35	0.31	0.27	0.26	0.24
	B	0.46	0.46	0.42	0.36	0.36	0.29	0.27	0.26
	C	0.43	0.44	0.42	0.37	0.34	0.31	0.29	0.28
	D	0.39	0.42	0.42	0.38	0.36	0.33	0.32	0.31
2.0	A	0.50	0.51	0.46	0.42	0.38	0.35	0.33	0.31
	B	0.48	0.50	0.47	0.42	0.40	0.36	0.35	0.33
	C	0.45	0.49	0.48	0.44	0.42	0.38	0.38	0.36
	D	0.41	0.46	0.48	0.46	0.46	0.44	0.42	0.39
3.0	A	0.53	0.51	0.49	0.42	0.41	0.38	0.38	0.36
	B	0.51	0.50	0.49	0.46	0.43	0.40	0.40	0.38
	C	0.48	0.49	0.49	0.48	0.46	0.43	0.43	0.41
	D	0.43	0.46	0.49	0.49	0.48	0.47	0.46	0.45
5.0	A	0.52	0.53	0.51	0.49	0.46	0.44	0.42	0.39
	B	0.50	0.53	0.52	0.50	0.48	0.45	0.44	0.42
	C	0.47	0.50	0.52	0.52	0.50	0.48	0.47	0.45
	D	0.43	0.48	0.52	0.53	0.53	0.52	0.51	0.50
8.0	A	0.53	0.54	0.53	0.51	0.48	0.46	0.43	0.42
	B	0.51	0.53	0.54	0.52	0.50	0.49	0.46	0.44
	C	0.48	0.51	0.54	0.53	0.52	0.52	0.50	0.48
	D	0.43	0.48	0.54	0.53	0.55	0.55	0.54	0.53

（三）振型系数

振型系数应根据实际工程的情况由结构动力学计算得出。对以下情况可按表 6-12 至 6-14 确定其近似值。在一般情况下，对顺风向响应可仅考虑第一振型的影响，对横风向的共振影响应验算第 1 至第 4 振型的频率。

1. 情况一：截面沿高度不变，且迎风面宽度远小于其高度的高耸结构，其振型系数的近似值可按表 6-12 采用：

高耸结构的振型系数　　　　　　　　　表 6-12

相对高度 z/H	振型序号			
	1	2	3	4
0.1	0.02	−0.09	0.23	−0.39
0.2	0.06	−0.30	0.61	−0.75
0.3	0.14	−0.53	0.76	−0.43
0.4	0.23	−0.68	0.53	0.32
0.5	0.34	−0.71	0.02	0.71
0.6	0.46	−0.59	−0.48	0.33
0.7	0.59	−0.32	−0.66	−0.40
0.8	0.79	0.07	−0.40	−0.64
0.9	0.86	0.52	0.23	−0.05
1.0	1.00	1.00	1.00	1.00

2. 情况二：截面沿高度不变，且迎风面宽度较大的高层建筑，当剪力墙和框架均起主要作用时，其振型系数的近似值可按表 6-13 采用：

高层建筑的振型系数　　　　　　　　　表 6-13

相对高度 z/H	振型序号			
	1	2	3	4
0.1	0.02	−0.09	0.22	−0.38
0.2	0.08	−0.30	0.58	−0.73
0.3	0.17	−0.50	0.70	−0.40
0.4	0.27	−0.68	0.46	0.33
0.5	0.38	−0.63	−0.03	0.68
0.6	0.45	−0.48	−0.49	0.29
0.7	0.67	−0.18	−0.63	−0.47
0.8	0.74	0.17	−0.34	−0.62
0.9	0.86	0.58	0.27	−0.02
1.0	1.00	1.00	1.00	1.00

3. 情况三：截面沿高度规律变化的高耸结构，其第一振型系数的近似值可按表 6-14 采用：

高耸结构的第 1 振型系数　　　　　　　　　表 6-14

相对高度 z/H	高耸结构 B_H/B_0				
	1.0	0.8	0.6	0.4	0.2
0.1	0.02	0.02	0.01	0.01	0.01
0.2	0.06	0.06	0.05	0.04	0.03
0.3	0.14	0.12	0.11	0.09	0.07
0.4	0.23	0.21	0.19	0.16	0.13
0.5	0.34	0.32	0.29	0.26	0.21
0.6	0.46	0.44	0.41	0.37	0.31
0.7	0.59	0.57	0.55	0.51	0.45
0.8	0.79	0.71	0.69	0.66	0.61
0.9	0.86	0.86	0.85	0.83	0.80
1.0	1.00	1.00	1.00	1.00	1.00

五、阵风系数

计算房屋玻璃幕墙结构（包括门窗）风荷载时的阵风系数应按表6-15确定。

阵风系数 β_{gz} 表6-15

离地面高度 (m)	地面粗糙度类别			
	A	B	C	D
5	1.69	1.88	2.30	3.21
10	1.63	1.78	2.10	2.76
15	1.60	1.72	1.99	2.54
20	1.58	1.69	1.92	2.39
30	1.54	1.64	1.83	2.21
40	1.52	1.60	1.77	2.09
50	1.51	1.58	1.73	2.01
60	1.49	1.56	1.69	1.94
70	1.48	1.54	1.66	1.89
80	1.47	1.53	1.64	1.85
90	1.47	1.52	1.62	1.81
100	1.46	1.51	1.60	1.78
150	1.43	1.47	1.54	1.67
200	1.42	1.44	1.50	1.60
250	1.40	1.42	1.46	1.55
300	1.39	1.41	1.44	1.51

六、低矮房屋的风荷载

对于低矮房屋，其风荷载尽管在《建筑结构荷载规范》GB 50009—2001中已有规定，但是考虑到近年来轻型房屋钢结构在国内工业建筑领域内的应用十分流行，而且轻型房屋钢结构对风荷载的响应又比较敏感，因此关于低矮房屋风荷载的确定便成为众所关注的问题。

自1976年以来，由美国金属房屋制造商协会（MBMA）、美国钢铁协会（AISI）及加拿大钢铁工业结构研究会共同资助，在加拿大西安大略大学（UWA）边界层风洞试验室内进行了低矮房屋模型的大量试验，并取得新的成果，分别在1977、1978和1983年完成了"低矮房屋风荷载"的最终报告的四个部分。这些试验应用了许多新装置，包括新型传感器、数据处理系统和具有生成庞大数据库能力的在线计算机。应用复杂的压力传感器后便可能在风洞内直接测得峰值压力；应用所谓"包络"方法，使所得风荷载能合理反映风的方向性、地面粗糙度和房屋几何尺寸的综合影响；还应用所谓"气压平均"的试验方法，以使所得风荷载能区分在主要抗风结构和围护结构构件以及紧固件上的不同。这些试验所得的结果在加拿大规范NBC 1995和美国规范ASCE 7/95中得到采用，也在国际标准ISO 4354—1997中得到采纳。

我国工程建设标准化协会在1998年发布的《门式刚架轻型房屋钢结构技术规范》CECS 102：98首次参照美国MBMA的《低矮房屋体系手册》（1996）中有关小坡度房屋的风荷载有关规定，并考虑到我国的基本风压标准与美国不同的特点，提出低矮房屋门式刚架结构的风荷载规定。

根据上述规范2003版的规定[18]，对风荷载标准值仍按公式（6-6）或（6-7）计算，但在计算时不考虑风振系数和阵风系数（即β_z、β_{gz}取等于1），并且应将基本风压乘以1.05。

此外，对于门式刚架结构，当其屋面坡度不大于10°、屋面平均高度不大于18m、檐

口高度不大于房屋的最小水平尺寸时，风荷载的体型系数应按下列规定采用：❶

（一）刚架结构上的风荷载体型系数应按表6-16及图6-4（a）的规定采用：

刚架的风荷载体型系数　　　　　　　表6-16

建筑类型	分区										
	端区						中间区				
	1E	2E	3E	4E	5E	6E	1	2	3	4	5	6
封闭式	+0.50	-1.40	-0.80	-0.70	+0.90	-0.30	+0.25	-1.00	-0.65	-0.55	+0.65	-0.15
部分封闭式	+0.10	-1.80	-1.20	-1.10	+1.00	-0.20	-0.15	-1.40	-1.05	-0.95	+0.75	-0.05

注：1. 表中，正号（压力）表示风力朝向表面，负号（吸力）表示风力自表面离开，下同；
2. 屋面以上的周边伸出部分，对1区和5区可取+1.3，对4区和6区可取-1.3，这些系数包括了迎风面和背风面的影响；
3. 当端部柱距不小于端区宽度时，端区风荷载超过中间区的部分，宜直接由端刚架承受；
4. 单坡房屋的风荷载体型系数，可按双坡房屋的两个半边处理（图6-4（b））。

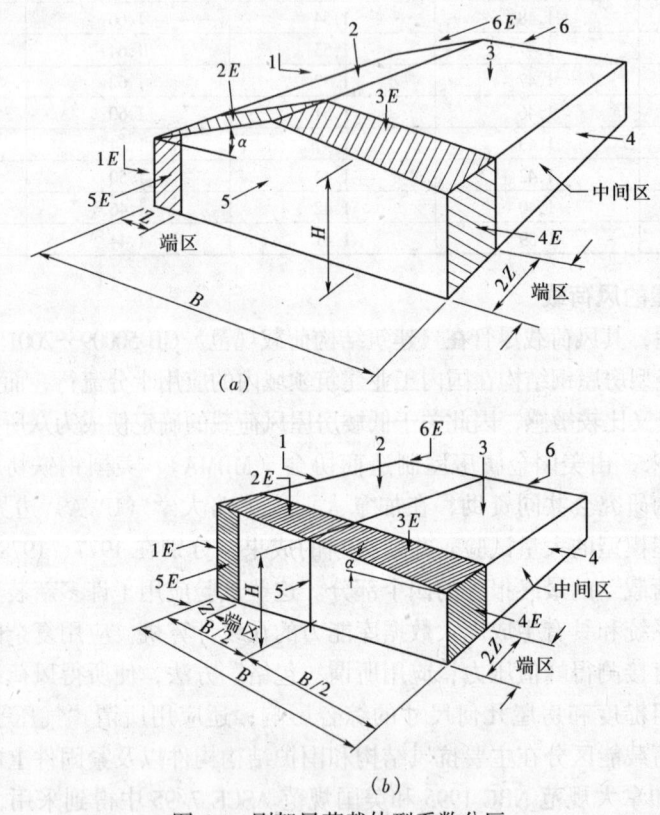

图6-4　刚架风荷载体型系数分区
（a）双坡刚架；（b）单坡刚架

α—屋面与水平面的夹角；B—建筑宽度；H—屋顶至地面的平均高度，可近似取檐口高度；z—计算围护结构构件时的房屋边缘带宽度，取建筑最小水平尺寸的10%或0.4H中之较小值，但不得小于建筑最小水平尺寸的4%或1m（图6-5，图6-6）；计算刚架时的房屋端区宽度取z（横向）和2z（纵向）

---

❶ 根据参考资料[19]的规定，跨高比$l/h \leqslant 4$门式刚架应按GB 50009—2001计算风荷载标准值W_k及风荷载体形系数μ_s，不考虑风阵系数β_z，但跨高比$l/h>4$的门式刚架及房屋所有围护结构的风荷载标准值W_k宜按《门式刚架轻型房屋钢结构技术规程》CECS 102：2002取用。

(二) 檩条和墙梁的风荷载体型系数,应按表 6-17 及图 6-5 的规定采用:

檩条和墙梁的风荷载体型系数　　　　　　　　　　　表 6-17

结 构 构 件	分 区	封闭式建筑	部分封闭式建筑
檩 条 ($A \geq 10\mathrm{m}^2$)	中间区	① -1.2	① -1.6
	边缘带	② -1.4	② -1.8
	角 部	③ -1.4	③ -1.8
墙 梁 ($A \geq 10\mathrm{m}^2$)	中间区	④ -1.1 +1.0	④ -1.5 +1.1
	边缘带	⑤ -1.1 +1.0	⑤ -1.5 +1.1

注:1. 表中,A 为有效受风面积,按公式 (6-15) 的规定确定,下同;
　　2. 当表中列有压力和吸力时,应按两种情况进行结构构件设计,下同;
　　3. 表中,带圆圈的数字表示分区号,见图 6-5,下同。

(三) 屋面板和墙板的风荷载体型系数,应按表 6-18 及图 6-5 的规定采用:

屋面板和墙板的风荷载体型系数　　　　　　　　　　　表 6-18

结 构 构 件	分 区	封闭式建筑	部分封闭式建筑
屋 面 板 ($A \leq 1\mathrm{m}^2$)	中间区	① -1.3	① -1.7
	边缘带	② -1.7	② -2.1
	角 部	③ -2.9	③ -3.3
墙 板 ($A \leq 1\mathrm{m}^2$)	中间区	④ -1.2 +1.2	④ -1.6 +1.3
	边缘带	⑤ -1.4 +1.2	⑤ -1.8 +1.3

注:表中,A 为紧固件的有效受风面积。

(四) 山墙墙架构件的风荷载体型系数,应按表 6-19 及图 6-5 的规定采用:

山墙墙架构件的风荷载体型系数　　　　　　　　　　　表 6-19

结 构 构 件	分 区	封闭式建筑	部分封闭式建筑
柱 ($A \geq 20\mathrm{m}^2$)	中间区	④ -1.0 +1.0	④ -1.4 +1.1
	边缘带	⑤ -1.1 +1.0	⑤ -1.5 +1.1
斜 梁 ($A \geq 10\mathrm{m}^2$)	中间区	① -1.2	① -1.6
	边缘带	② -1.3	② -1.7
	角 部	③ -1.3	③ -1.7

(五) 屋面挑檐的风荷载体型系数,应按表 6-20 及图 6-6 的规定采用:

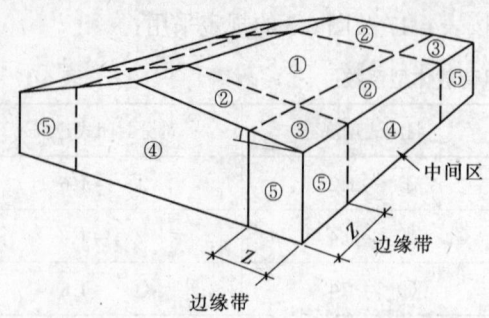
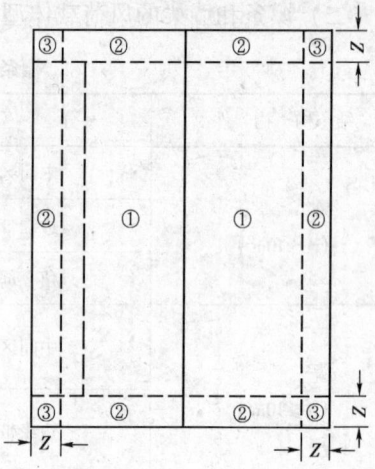

图 6-5 围护结构的风荷载体型系数分区

屋面挑檐的风荷载体型系数　表 6-20

结构构件	分区	封闭式建筑
面板和紧固件 ($A \leq 1m^2$)	中间区	① -1.9
	边缘带	② -1.9
	角部	③ -2.7
檩条和梁 ($A \geq 10m^2$)	中间区	① -1.8
	边缘带	② -1.8
	角部	③ -0.9

注：挑檐的系数包括风荷载对上表面和下表面作用之和。

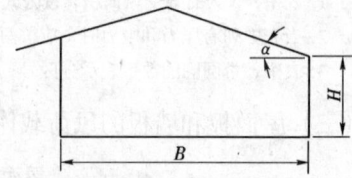

图 6-6 挑檐的风荷载体型系数分区

门式刚架轻型房屋有效受风面积的确定应符合下列规定：

1. 有效受风面积可按下列公式计算：

$$A = l \cdot C \tag{6-15}$$

式中　l——所考虑构件的跨度；

　　　C——所考虑构件的宽度，应大于 $(a+b)/2$ 或 $l/3$；

　a、b——分别为所考虑构件（墙架柱、墙梁、檩条等）在左、右侧或上、下侧与相邻构件间的距离。

2. 无确定宽度的外墙和其他板式构件采用 $C = l/3$。
3. 紧固件的有效受风面积取对所考虑的外力起作用的表面积。

第三节　横风向风振

当建筑物受到风力作用时，不但顺风向可能发生风振，而且在一定条件下也能发生与顺风向垂直的横风向风振。

对圆形截面的结构，应按雷诺数 R_e 的不同情况按下述规定进行横风向风振（旋涡脱落）校核。

雷诺数 R_e 可按下列公式确定

$$R_e = 69000vD \tag{6-16}$$

式中 v——风速（m/s）。当验算亚临界微风共振时取 v_{cr}；当验算跨临界强风共振时，取结构顶部风速 v_H；

D——结构截面的直径（m），当结构截面沿高度逐渐缩小时（倾斜度不大于 0.02），可近似取 2/3 结构高度处的直径进行计算。

一、情况一

当 $R_e < 3 \times 10^5$ 时（亚临界的微风共振），应控制结构顶部风速 v_H 不超过临界风速 v_{cr}，以防止共振发生。

v_H 及 v_{cr} 可按下列公式确定：

$$v_H = \sqrt{2000 \mu_H w_0 / \rho} \qquad (6-17)$$

$$v_{cr} = D / T_i S_t \qquad (6-18)$$

式中 w_0——基本风压（kN/m²）；

μ_H——结构顶部的风压高度系数；

ρ——空气密度（kg/m³），一般情况取 1.25kg/m³；

T_i——结构 i 振型的自振周期，当验算亚临界微风共振时取结构基本自振周期 T_1；

S_t——斯脱罗哈数，对圆截面结构取 0.2。

若结构顶部风速 v_H 超过临界风速时，可在构造上采取防振措施，或控制结构的临界风速 v_{cr} 不小于 15m/s。

二、情况二

当 $R_e \geqslant 3.5 \times 10^6$ 且结构顶部风速 v_H 的 1.2 倍大于 v_{cr} 时（跨临界的强风共振），结构有可能出现严重的振动，甚至会造成破坏，因此应对结构的承载力进行验算。此时，风荷载总效应 S 可将横向风荷载效应与顺风向风荷载效应按下式组合后确定：

$$S = \sqrt{S_C^2 + S_A^2} \qquad (6-19)$$

式中 S——风荷载总效应；

S_C——横风向风荷载效应；

S_A——顺风向风荷载效应。

在确定横风向风荷载效应时，由跨临界强风共振引起在 z 高度处振型 j 的等效风荷载可由下列公式计算：

$$w_{czj} = |\lambda_j| v_{cr}^2 \varphi_{zj} / 12800 \zeta_j \quad (kN/m^2) \qquad (6-20)$$

式中 w_{czj}——跨临界强风共振引起在 z 高度处振型 j 的等效风荷载；

λ_j——计算系数，按表 6-21 确定；

v_{cr}——按公式（6-18）确定的临界风速；

φ_{zj}——在 z 高度处结构的 j 振型系数，由计算确定或按表 6-12～表 6-14 的适用条件确定其近似值；

ζ_j——第 j 振型的阻尼比；对第一振型，钢结构构筑物取 0.01，钢结构房屋取 0.02，混凝土结构取 0.05；对高振型的阻尼比，若无实测资料，可近似按第一振型的值取用。

λ_j 计算用表 表6-21

结构类型	振型序号	H_1/H										
		0	0.1	0.2	0.3	0.4	0.5	0.6	0.7	0.8	0.9	1.0
高耸结构	1	1.56	1.55	1.54	1.49	1.42	1.31	1.15	0.94	0.68	0.37	0
	2	0.83	0.82	0.76	0.60	0.37	0.09	-0.16	-0.33	-0.38	-0.27	0
	3	0.52	0.48	0.32	0.06	-0.19	-0.30	-0.21	0.00	0.20	0.23	0
	4	0.30	0.33	0.02	-0.20	-0.23	0.03	0.16	0.15	-0.05	-0.18	0
高层建筑	1	1.56	1.56	1.54	1.49	1.41	1.28	1.12	0.91	0.65	0.35	0
	2	0.73	0.72	0.63	0.45	0.19	-0.11	-0.36	-0.52	-0.53	-0.36	0

表 6-21 中的 H_1 为临界风速起始点高度，可按下式确定：

$$H_1 = H\left(\frac{v_{cr}}{1.2v_H}\right)^{1/\alpha} \tag{6-21}$$

式中 α——地面粗糙度指数，对 A、B、C 和 D 四类分别取 0.12、0.16、0.22 和 0.3；

v_H——结构顶部风速（m/s）。

对非圆形截面的结构，横向风振的等效风荷载宜通过空气弹性模型的风洞试验确定，也可参考其他有关资料确定。

第四节 结构基本自振周期计算公式（用于风振计算）

一、理论公式

（一）等截面等惯性矩的立杆，在不同高度处承受 n 个质量为 m_1、m_2、m_3、…、m_i、m_{i+1}、…m_n 的重物时（图 6-7），其基本自振周期 T_1（s）为：

$$T_1 = 3.63\sqrt{\frac{H^3}{EI}\left(\sum_{i=1}^{n}m_i\alpha_i^2 + 0.236\rho AH\right)} \tag{6-22}$$

式中 H——构筑物高度（m）；

A——横截面面积（m^2）；

I——横截面惯性矩（m^4）；

E——弹性模量（N/m^2）；

m_i——高度为 h_i 的重物质量（kg）；

ρ——立杆密度（kg/m^3）；

α_i——系数，按下式计算：

$$\alpha_i = 1.5\left(\frac{h_i}{H}\right)^2 - 0.5\left(\frac{h_i}{H}\right)^3 \tag{6-23}$$

图 6-8（a）所示单水箱塔架的基本自振周期为：

$$T_1 = 3.63\sqrt{\frac{H^3}{EI}(m + 0.236\rho AH)} \tag{6-24}$$

图 6-8（b）所示双水箱塔架的基本自振周期为：

$$T_1 = 3.63\sqrt{\frac{H^3}{EI}(m_1\alpha_1^2 + m_2 + 0.236\rho AH)} \tag{6-25}$$

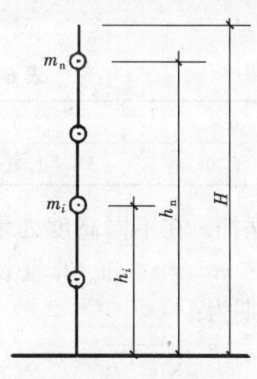

图 6-7 等截面立杆

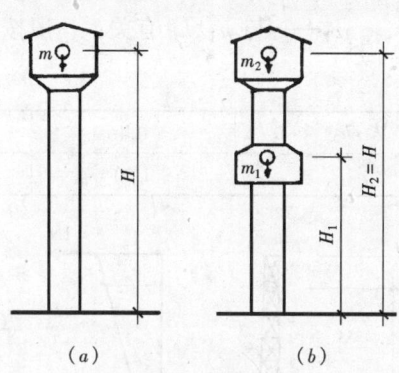

图 6-8 水箱塔架
(a) 单水箱；(b) 双水箱

（二）立杆为 k 阶阶形截面，承受 n 个质量 m_1、m_2、…、m_i、…、m_n 的集中重物（图 6-9），其基本自振周期为：

$$T_1 = 3.63\sqrt{\left(\sum_{i=1}^{n} m_i\alpha_i^2 + m_0\right)\left(\sum_{i=0}^{k-1} \frac{(H - h'_i)^3 - (H - h'_{i+1})^3}{E_{i+1}I_{i+1}}\right)} \tag{6-26}$$

式中 $m_0 = H\sum_{i=0}^{k-1}\rho A_{i+1}\left[0.45\left(\frac{h'^5_{i+1} - h'^5_i}{H^5}\right) - 0.25\left(\frac{h'^6_{i+1} - h'^6_i}{H^6}\right) + 0.036\left(\frac{h'^7_{i+1} - h'^7_i}{H^7}\right)\right]$

$$\tag{6-27}$$

A_{i+1} 为第 $i+1$ 阶杆体横截面积（m²）；当 $i = 0$ 时，$h'_i = h'_0 = 0$，当 $i = k-1$ 时，$h'_{i+1} = h'_k = H$。

α_i 近似地按公式（6-23）计算。

（三）截面面积和惯性矩变化规律符合 $\frac{A_x}{A_0} = \left(1 - \frac{x}{h_0}\right)^2$ 及 $\frac{I_x}{I_0} = \left(1 - \frac{x}{h_0}\right)^4$ 的截顶锥形筒体（图 6-10）其基本自振周期为：

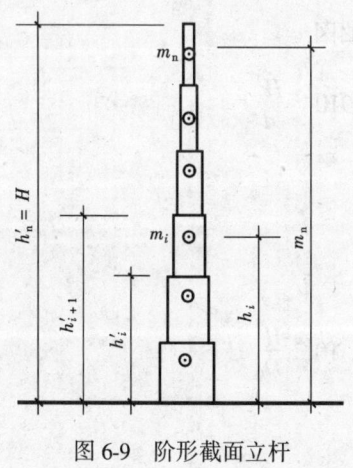

图 6-9 阶形截面立杆

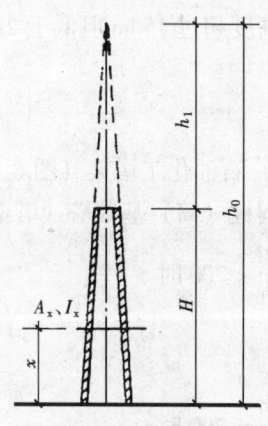

图 6-10 截顶锥形筒体

$$T_1 = \mu_T H^2 \sqrt{\frac{A_0 \rho}{EI_0}} \tag{6-28}$$

式中 A_0, I_0——底部截面面积（m^2）及其惯性矩（m^4）；

μ_T——与 h_1/h_0 有关，一般按表 6-22 采用：

表 6-22

h_1/h_0	0.4	0.6	0.8	1.0
μ_T	1.30	1.50	1.70	1.80

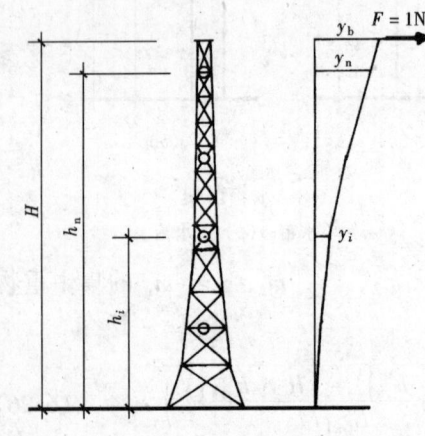

图 6-11 变截面立杆

（四）变截面的立杆，在不同高度处承受 n 个质量为 m_1、m_2、$\cdots m_i$、$\cdots$、m_n 的重物（图 6-11），其基本自振周期为：

$$T_1 = 2\pi \sqrt{y_h \sum_{i=1}^{n} m_i \alpha_i^2} \tag{6-29}$$

$$\alpha_i = \frac{y_i}{y_h} \tag{6-30}$$

式中，y_i、y_h 为单位水平力 $F = 1$（N）作用于杆顶时，在 i 点及杆顶处的水平位移（m/N）。

二、经验公式

（一）烟囱

1. 高度不超过 60m 的砖烟囱

$$T_1 = 0.23 + 0.22 \times 10^{-2} \frac{H^2}{d} \tag{6-31}$$

式中 H——烟囱高度（m）；

d——烟囱 1/2 高度处的外径（m）。

2. 高度不超过 150m 的钢筋混凝土烟囱

$$T_1 = 0.41 + 0.10 \times 10^{-2} \frac{H^2}{d} \tag{6-32}$$

3. 高度超过 150m 但低于 210m 的钢筋混凝土烟囱

$$T_1 = 0.53 + 0.08 \times 10^{-2} \frac{H^2}{d} \tag{6-33}$$

（二）石油化工塔架（图 6-12）

1. 圆柱（筒）基础塔（塔壁厚不大于 30mm）

当 $\frac{H^2}{D_0} < 700$ 时

$$T_1 = 0.35 + 0.85 \times 10^{-3} \frac{H^2}{D_0} \tag{6-34}$$

当 $\frac{H^2}{D_0} \geq 700$ 时

第四节 结构基本自振周期计算公式（用于风振计算）

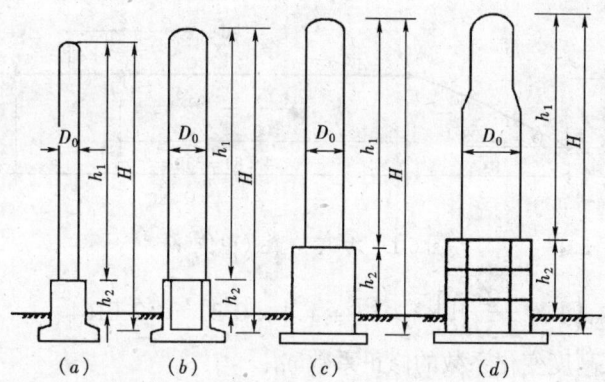

图 6-12 设备塔架的基础型式
(a) 圆柱基础塔；(b) 圆筒基础塔；(c) 方形（板式）框架基础塔；
(d) 环形框架基础塔

$$T_1 = 0.25 + 0.99 \times 10^{-3} \frac{H^2}{D_0} \tag{6-35}$$

式中 H——从基础底板或柱基顶面至设备塔顶面的总高度，m；

D_0——设备塔的外径 m，对变直径塔，可按各段高度为权，取外径的加权平均值。

2．框架基础塔（塔壁厚不大于 30mm）

$$T_1 = 0.56 + 0.40 \times 10^{-3} \frac{H^2}{D_0} \tag{6-36}$$

3．塔壁厚大于 30mm 的各类设备塔架的基本自振周期应按有关理论公式计算。

4．当若干塔由平台连成一排时，垂直于排列方向的各塔基本自振周期 T_1 可采用主塔（即周期最大的塔）的基本自振周期值；平行于排列方向的各塔基本自振周期 T_1 可采用主塔基本自振周期乘以折减系数 0.9。

（三）高层建筑（对比较规则的钢筋混凝土结构）

1．框架结构

$$T_1 = (0.08 \sim 0.1)n \tag{6-37}$$

2．框架-剪力墙和框架—核心筒结构

$$T_1 = (0.06 \sim 0.08)n \tag{6-38}$$

3．剪力墙结构和筒中筒结构

$$T_1 = (0.05 \sim 0.06)n \tag{6-39}$$

式中 n——结构层数。

【题 6-3】 某房屋修建在地面粗糙度类别为 B 类地区的山坡顶部 D 处（图 6-13），试求该房屋距地面高度 20m 处的风压高度变化系数。

【解】 1．按公式（6-12）求 B 处的风压高度变化系数的修正系数 η_B：

由于 $\mathrm{tg}\alpha = \mathrm{tg}22.08° = 0.3656 > 0.3$，故取 $\mathrm{tg}\alpha = 0.3$

k 对山坡取 1.4，$H = 30\mathrm{m}$，$Z = 0$

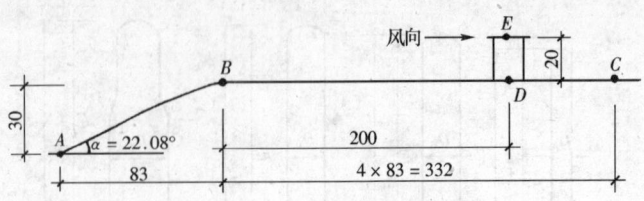

图 6-13 房屋位置（单位 m）

因此 $\eta_B = \left[1 + k\mathrm{tg}\alpha\left(1 - \dfrac{2}{2.5H}\right)\right]^2 = [1 + 1.4 \times 0.3]^2 = 2.0164$

2. 求 D 处风压高度变化系数的修正系数 η_D：

C 处的修正系数为 1，因此 D 处的修正系数应按线性插入法确定：

$$\eta_D = 1 + \dfrac{(2.0164 - 1)}{332} \times 132 = 1.404$$

3. 求 E 处的风压高度变化系数 μ_z：

应将表 6-5 中地面粗糙度类别 B、离地面高度 20m 处的风压高度变化系数 1.25 乘以修正系数 η_D

$$\mu_z = 1.25 \times 1.404 = 1.76$$

【例 6-4】 某房屋修建于地面粗糙度为 B 类的山间盆地内，其屋檐距地面 15m，试求屋檐处的风压高度变化系数。

【解】 根据对山区建筑物风压高度变化系数需要按地形条件乘以修正系数的规定，其修正系数可取 0.85。

查表 6-5，B 类地面粗糙度距地面 15m 高度处的风压高度变化系数为 1.14。

因此，屋檐处的风压高度变化系数：

$$\mu_z = 1.14 \times 0.85 = 0.969$$

【例 6-5】 某房屋修于地面粗糙度为 A 类距海岸 20km 的海岛上，其屋檐距地面 10m，试求屋檐处的风压高度变化系数。

【解】 修建于海岛的该房屋，查表 6-6 得修正系数 $\eta = 1.0$；查表 6-5，得 A 类地面粗糙度距地面 10m 高度处的风压高度变化系数为 1.38。

因此，屋檐处的风压高度变化系数：

$$\mu_z = 1.38 \times 1 = 1.38$$

【例 6-6】 某封闭式双坡屋面仓库，其屋面结构为石棉水泥瓦、钢檩条、轻钢屋架，屋面坡度为 1:2.5（$\alpha = 21.8°$），砖壁柱承重（壁柱 $EI = 18.1 \times 10^3 \mathrm{kN \cdot m^2}$），柱距及屋架间距均为 6m，仓库平面及剖面见图 6-14，当地基本风压为 $0.35 \mathrm{kN/m^2}$，地面粗糙度为 B 类，该房屋的使用寿命为 50 年。求在所示风向情况下，作用在轴线 A 砖壁柱底部截面由于风荷载产生的弯矩标准值。

【解】 由于该仓库为石棉瓦轻钢屋盖，按《砌体结构设计规范》GB 50003—2001 的规定，其空间工作性能为弹性方案，因此在风荷载作用下其结构应采用排架计算简图。

以横向一个柱距作为分析风力的计算单元，其计算简图如图 6-15 所示，因此作用在轴线 A 砖壁柱底部截面由于风力产生的弯矩可分为三部分计算：

1. 作用于排架柱顶部由屋盖水平风力产生的弯矩：

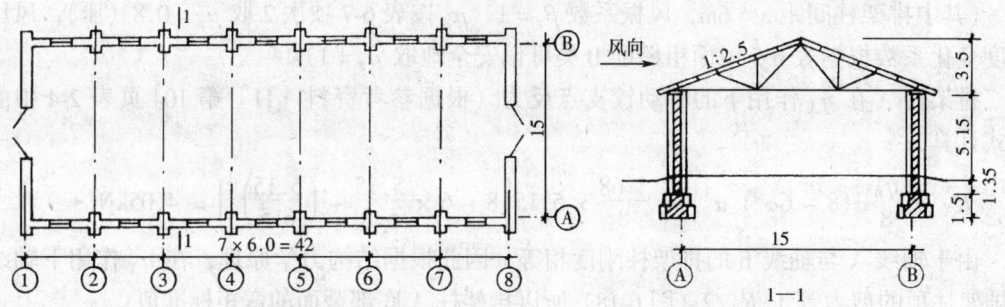

图 6-14 仓库平面（单位：m）

屋盖的风荷载体型系数 μ_s 应按表 6-7 项次 2 封闭式双坡屋面情况采用：

屋盖迎风面 $\mu_{s1} = -0.6 \times \dfrac{30-21.8}{15} = -0.328$（吸）；

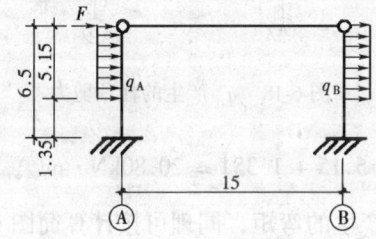

图 6-15 排架计算简图

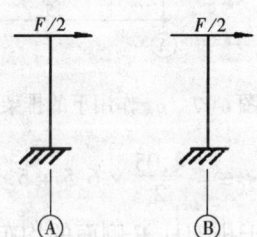

图 6-16 屋盖风力
的柱顶剪力

屋盖背风面 $\mu_{s2} = -0.5$（吸）；

屋盖迎风面或背风面在与风向垂直平面内的投影面积（柱间距为 6m，屋盖高度 3.5m）：

$$A = 6 \times 3.5 = 21\text{m}^2$$

风压高度变化系数根据地面粗糙度 B 类及表 6-5 可偏安全地取 $\mu_z = 1$；

风振系数 $\beta_z = 1$；

基本风压 $w_0 = 0.35\text{kN/m}^2$。

作用于排架柱顶部的屋盖水平风力：

$$F = A\beta_z(\mu_{s1} + \mu_{s2})\mu_z w_0 = 21 \times 1(-0.328 + 0.5)1 \times 0.35 = 1.26\text{kN}(\rightarrow)$$

由于轴线 A 与轴线 B 的排架柱刚度相等，因此根据结构力学原理，排架两柱顶的剪力相等且其值为 $F/2$（图 6-16），所以排架柱 A（即轴线 A 砖壁柱）底部截面的弯矩标准值：

$$M_1 = \dfrac{F}{2} \times 6.5 = \dfrac{1.26}{2} \times 6.5 = 4.10\text{kN} \cdot \text{m}(\downarrow)$$

2. 作用于排架柱 A 侧面的均布风荷载产生的弯矩，按计算简图 6-17 计算：

排架柱 A 所受的均布风荷载

$$q_A = s\beta_z\mu_s\mu_z w_p = 6 \times 1 \times 0.8 \times 1 \times 0.35 = 1.58\text{kN/m}(\text{压})$$

(其中排架柱间距 $s=6m$,风振系数 $\beta_z=1$,μ_s 按表 6-7 项次 2 取 $\mu_s=0.8$(压),风压高度变化系数根据表 6-5 地面粗糙度 B 类可偏安全地取 $\mu_z=1$)。

排架柱 A 在 q_A 作用下的不动铰支点反力(根据参考资料[11]第 104 页表 2-4 中的公式计算):

$$R_A = \frac{q_A}{8}a(8-6\alpha+\alpha^3) = \frac{1.68}{8} \times 5.15\left[8 - 6 \times \frac{5.15}{6.5} + \left(\frac{5.15}{6.5}\right)^3\right] = 4.05\text{kN}(\leftarrow)$$

由于轴线 A 与轴线 B 的排架柱刚度相等,因此根据结构力学原理,在 q_A 作用下轴线 A 排架柱顶的剪力等于 $R_A/2$(图 6-18)所以排架柱 A 底部截面的弯矩标准值:

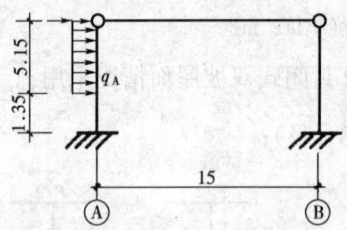
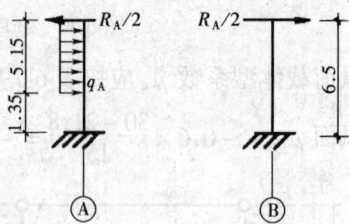

图 6-17 q_A 作用下的排架计算简图   图 6-18 q_A 产生的柱顶剪力

$$M_2 = -\frac{4.05}{2} \times 6.5 + 5.15 \times 1.68\left(\frac{1}{2}5.15 + 1.35\right) = 20.80\text{kN} \cdot \text{m}(\downarrow)$$

3. 作用于排架柱 B 侧面的均布风荷载 q_B 产生的弯矩,同理可按计算简图 6-19 计算:

排架柱 B 承受的均布风荷载:

$$q_B = S\beta_z\mu_s\mu_z w_0 = 6 \times 1 \times 0.5 \times 1 \times 0.35 = 1.05\text{kN/m}(吸)$$

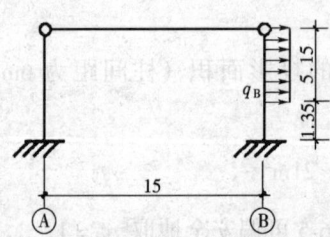
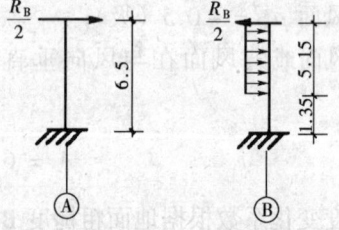

图 6-19 q_B 作用下的排架计算简图   图 6-20 q_B 产生的柱顶剪力

排架柱 B 在 q_B 作用下的不动铰支点反力:

$$R_B = \frac{q_B}{8}a(8-6\alpha+\alpha^3) = \frac{1.05}{8} \times 5.15\left[8 - 6 \times \frac{5.15}{6.5} + \left(\frac{5.15}{6.5}\right)^3\right] = 2.53\text{kN}(\leftarrow)$$

由图 6-20 知排架柱 A 底部截面的弯矩标准值:

$$M_3 = \frac{2.53}{2} \times 6.5 = 8.22\text{kN} \cdot \text{m}(\downarrow)$$

以上三部分弯矩值的总和即为轴线 A 砖壁柱底部截面由风力产生的弯矩标准值。

$$M = M_1 + M_2 + M_3 = 4.10 + 20.80 + 8.22 = 33.12\text{kN} \cdot \text{m}(\downarrow)$$

【例 6-7】 某钢筋混凝土排架结构单层工业房屋,屋架及柱间距为 6m,其平面及剖面如图 6-21 所示,当地基本风压为 0.35kN/m^2,地面粗糙类别为 B 类,该房屋的使用寿命为 50 年。求在所示风向情况下,作用在排架上的风荷载标准值。

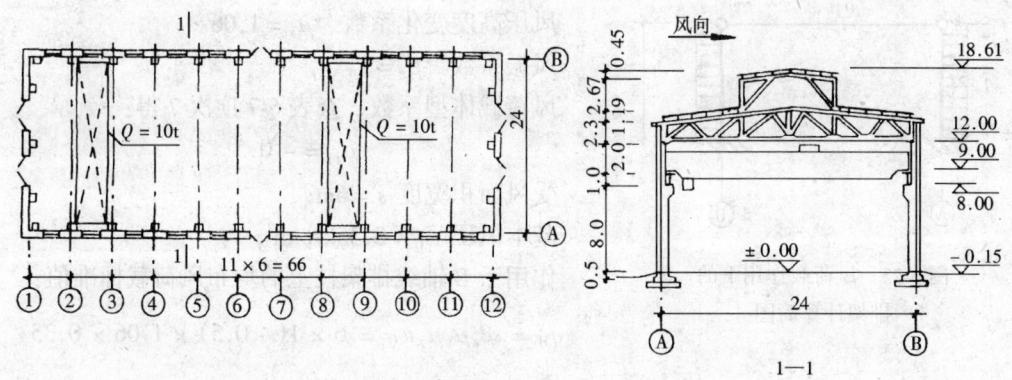

图 6-21 房屋平面（单位：m）

【解】 作用在排架上的风荷载可分为三部分（图 6-21）：

1. 标高 12.00～18.61 的屋盖水平风力。

为简化计算，自标高 12.00m（屋架支承处）至 18.61m（天窗屋脊处）范围内的风压高度变化系数统一取等于天窗屋脊处的风压高度变化系数，按表 6-5 中的地面粗糙度为 B 类情况取值：

$$\mu_z = 1.14 + \frac{(1.25 - 1.14)}{(20 - 15)} \times (18.61 + 0.15 - 15) = 1.22$$

风振系数 $\beta_z = 1$。

根据表 6-7 项次 7 封闭式带天窗双坡屋面类别可查得屋盖范围内各迎风面和背风面的体型系数 μ_s，其在垂直于地面平面内屋盖各部分的受风面积为 A_i，故屋盖水平风力：

$$\begin{aligned} F &= \beta_z \mu_z \sum A_i \mu_{si} w_0 \\ &= 1 \times 1.22[6 \times 2.3(0.8 + 0.5) + 6 \times 1.19(0.6 - 0.2) \\ &\quad + 6 \times 2.67(0.6 + 0.6) + 0.45(-0.7 + 0.7)]0.35 \\ &= 17.09 \text{kN}(\rightarrow) \end{aligned}$$

2. 作用在 A 轴线排架柱上由墙面传来的均布风力。

为简化计算，风压高度变化系数统一取柱顶处的值（标高 12.00m 处），查表 6-5 中 B 类得：

$$\mu_z = 1 + \frac{(1.14 - 1)}{(15 - 10)}(12 + 0.15 - 10) = 1.06$$

风振系数 $\beta_z = 1$。

风荷载体型系数，查表 6-7 项次 7 得：

$$\mu_s = 0.8$$

受风面积宽度为柱间距 $s = 6$m；

基本风压 $w_0 = 0.35 \text{kN/m}^2$；

作用于 A 轴线排架柱上的均布风荷载标准值：

$$q_A = s\beta_z \mu_s \mu_z w_0 = 6 \times 1 \times 0.8 \times 1.06 \times 0.35 = 1.78 \text{kN/m}(\text{压})$$

3. 作用在 B 轴线排架柱上由墙面传来的均布风力。

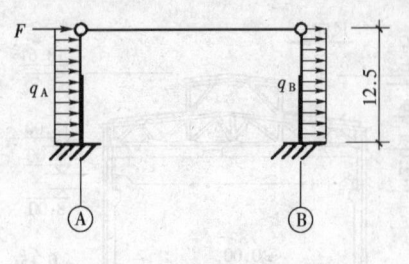

图 6-22 风荷载作用下的排架计算简图

风压高度变化系数 $\mu_z = 1.06$。

风振系数 $\beta_z = 1$。

风荷载体型系数，查表 6-7 项次 7 得：
$$\mu_s = -0.5$$

受风面积宽度 $s = 6\text{m}$；

基本风压 $w_0 = 0.35\text{kN/m}^2$；

作用于 B 轴线排架柱上的均布风荷载标准值：

$$q_B = s\beta_z\mu_s\mu_z w_0 = 6 \times 1 \times (-0.5) \times 1.06 \times 0.35$$
$$= -1.11\text{kN/m}(吸)$$

因此排架柱上风荷载标准值如图 6-22 所示。

【例 6-8】 某 10 层现浇钢筋混凝土-剪力墙结构，为一般的高层办公建筑，其平面及剖面如图 6-23 所示，横向框架梁截面尺寸为 $0.25\text{m} \times 0.65\text{m}$（$b \times h$）；柱截面尺寸首层及二层为 $0.55\text{m} \times 0.55\text{m}$，三层和四层为 $0.5\text{m} \times 0.5\text{m}$，五至十层为 $0.45\text{m} \times 0.45\text{m}$；剪力墙厚度首层为 0.3m，二层为 0.23m，三层至十层为 0.18m；混凝土强度等级：首层至六层为 C30，七层至十层为 C25，各层楼面荷载及质量、侧移刚度沿高度变化比较均匀。当地基本风压为 0.7kN/m^2，地面粗糙度为 C 类，该房屋的使用寿命为 50 年。

求在图 6-23 所示横向风作用下，建筑物横向各楼层的风力标准值，在计算时不考虑周围建筑物的影响，且结构基本自振周期可采用经验公式计算。

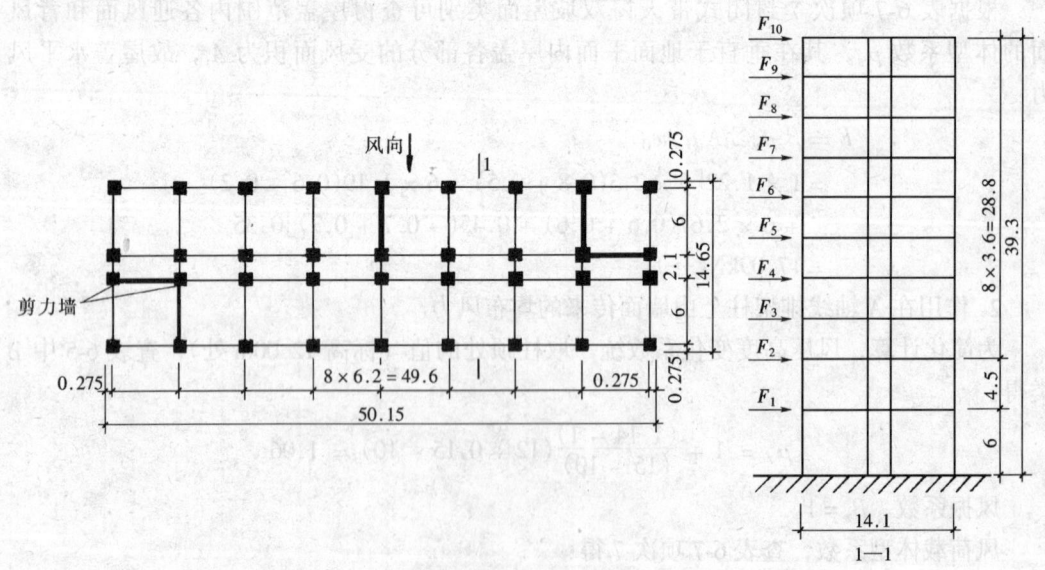

图 6-23 房屋首层平面

【解】 该房屋高度大于 30m 且高宽比大于 1.5（高/宽 = 39.3/14.1 = 2.79），因此应考虑风压脉动对结构发生顺风向风振的影响。

1. 求房屋横向基本自振周期 T_1：

按公式（6-37）计算其基本自振周期，$n = 10$

$$T_1 = (0.06 \sim 0.08)n = (0.06 \sim 0.08) \times 10 = 0.6 \sim 0.8 \text{秒}$$

取 $T_1 = 0.6$ 秒，因此应计算房屋的风振系数。

2. 基本风压计算取值。

由于该高层建筑的重要性为一般，因此计算时不增大基本风压值，仍采用 0.7kN/m^2。

3. 各楼层位置处的风振系数，按公式 (6-14)

$$\beta_z = 1 + \frac{\xi \nu \varphi_z}{\mu_z}$$

求脉动增大系数 ξ 时，应先求出 $w_0 T_1^2$：

$$w_0 T_1^2 = 0.7 \times 0.6^2 = 0.252$$

由于地面粗糙度为 C 类，$w_0 T_1^2$ 应乘以 0.62，得 0.156 后查表 6-8，得 $\xi = 1.258$。

求脉动影响系数 ν 时，考虑到迎风面的宽度较大，$H/B = 39.3/49.6 = 0.79$，查表 6-11 得

$$\nu = 0.417$$

求振型系数 φ_z 时，根据本例的条件可查表 6-13 得各楼层位置处第一振型的 φ_z 值（见表 6-23）。

求各楼层位置处的风压高度变化系数 μ_z，可根据表 6-5 中地面粗糙度为 C 类查得其值（见表 6-23）。

据此各楼层位置处 β_z 值计算结果见表 6-23。

各楼层位置处的 β_z 值计算结果　　　　　　表 6-23

楼层号	楼面距地面高度 Z (m)	相对高度 Z/H	ξ	ν	φ_z	μ_z	$\beta_{zi} = 1 + \dfrac{\xi \nu \varphi_{zi}}{\mu_{zi}}$
1	6	0.153	1.258	0.417	0.052	0.74	1.037
2	10.5	0.267	1.258	0.417	0.140	0.74	1.099
3	14.1	0.359	1.258	0.417	0.229	0.74	1.162
4	17.7	0.450	1.258	0.417	0.325	0.794	1.215
5	21.3	0.542	1.258	0.417	0.409	0.861	1.249
6	24.9	0.634	1.258	0.417	0.529	0.918	1.302
7	28.5	0.725	1.258	0.417	0.688	0.976	1.370
8	32.1	0.817	1.258	0.417	0.760	1.027	1.388
9	35.7	0.908	1.258	0.417	0.871	1.074	1.425
10	39.3	1.000	1.258	0.417	1.000	1.121	1.468

4. 各楼层位置处风力标准值

本例题的风荷载体型系数与表 6-7 中第 30 项封闭式房屋情况类同，由于平面为矩形，因此迎风面的风荷载体型系数为 0.8，背风面的风荷载体型系数为 -0.5。

各楼层迎风面背风面的受风面积 A_i = 相邻楼层平均层高 × 房屋长度

各楼层位置处所受风力 F_{ik}（迎风面积背风面风力之和）：

$$F_{ik} = A_i \beta_{zi} \mu_s \mu_{zi} w_0$$

其计算结果见表 6-24。

各楼层位置处的风力标准值 F_{ik} 表 6-24

楼层号	受风面积 A_i (m^2)	β_{zi}	μ_s	μ_{zi}	w_0	$F_{ik} = A_i \beta_{zi} \mu_s \mu_{zi}$
1	5.25 × 50.15 = 263.29	1.037	1.3	0.74	0.7	F_{1k} = 183.86
2	4.05 × 50.15 = 203.11	1.099	1.3	0.74	0.7	F_{2k} = 150.31
3	3.6 × 50.15 = 180.54	1.162	1.3	0.74	0.7	F_{3k} = 141.27
4	3.6 × 50.15 = 180.54	1.215	1.3	0.794	0.7	F_{4k} = 158.49
5	3.6 × 50.15 = 180.54	1.249	1.3	0.861	0.7	F_{5k} = 176.68
6	3.6 × 50.15 = 180.54	1.302	1.3	0.918	0.7	F_{6k} = 196.37
7	3.6 × 50.15 = 180.54	1.370	1.3	0.976	0.7	F_{7k} = 219.68
8	3.6 × 50.15 = 180.54	1.388	1.3	1.027	0.7	F_{8k} = 234.19
9	3.6 × 50.15 = 180.54	1.425	1.3	1.074	0.7	F_{9k} = 251.44
10	1.8 × 50.15 = 90.27	1.468	1.3	1.121	0.7	F_{10k} = 135.18

【例 6-9】 容积为 $150m^3$ 的钢筋混凝土倒锥壳水塔（图 6-24），水箱及满水时的质量为 400000kg，其重心位置在距地面 36m 高度处；支筒质量为 115000kg；混凝土强度等级为 C30，该水塔修建在地面粗糙度为 B 类地区，当地基本风压为 $0.50kN/m^2$，求：1）顺风向风振时作用在水塔上的风荷载标准值；2）水塔支筒底部截面由风荷载产生的弯矩标准值。

【解】 1. 求水塔的基本自振周期 T_1

倒锥壳水塔属单水箱塔架，可采用下列公式计算其自振周期 T_1：

$$T_1 = 3.63 \sqrt{\frac{H^3}{EI}(m + 0.236\rho AH)} \tag{6-40}$$

式中，支筒的混凝土弹性模量与截面惯性矩的乘积：

$$EI = 3.0 \times 10^{10} \times \frac{\pi}{64}(2.4^4 - 2.0^4) = 2.335 \times 10^{10} N \cdot m^2$$

水箱及满水时的质量：

$$m = 400000 kg$$

水塔高度（从地面算至水箱及满水情况重心）：

$$H = 36m$$

支筒质量：
$$\rho AH = 115000 \text{kg}$$

代入公式（6-40）得：
$$T_1 = 3.63\sqrt{\frac{36^3}{2.335 \times 10^{10}}(400000 + 0.236 \times 115000)} = 3.35\text{s} > 0.25\text{s}$$

因此应考虑顺风向的风振影响。

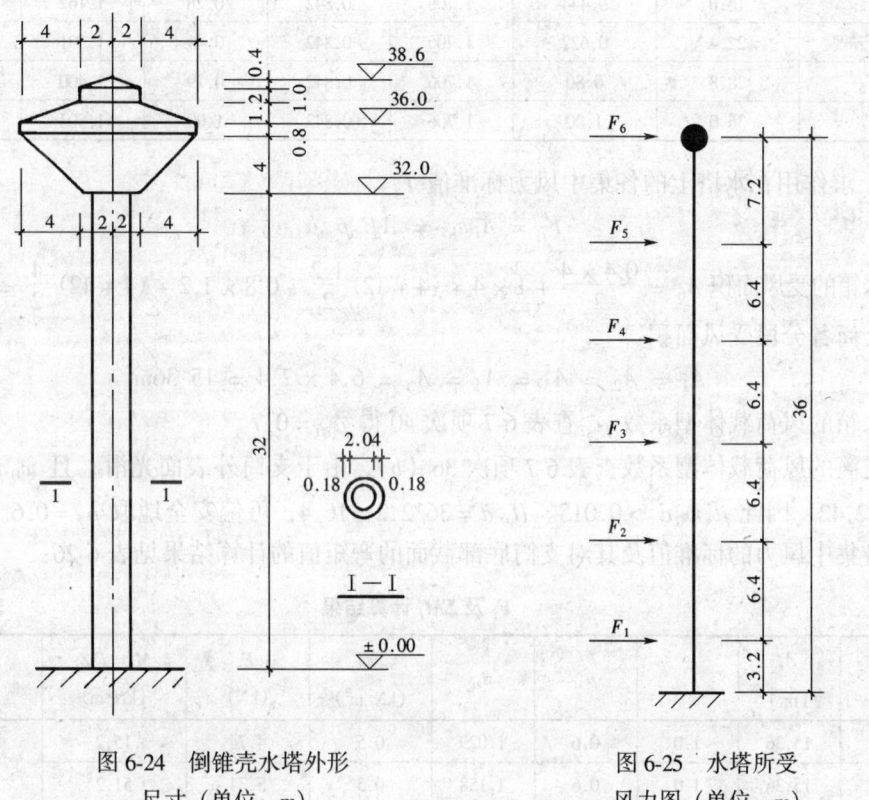

图 6-24　倒锥壳水塔外形
尺寸（单位：m）

图 6-25　水塔所受
风力图（单位：m）

2. 求风振系数 β_z

将作用在水塔上的风力视为 6 个集中力（图 6-25），其中 F_6 为水箱的风力，$F_1 \sim F_5$ 为支筒的风力（每段支筒高 6.4m）。

各集中风力位置处的风振系数应按公式（6-14）计算 $\left(\beta_z = 1 + \frac{\xi v \varphi_z}{\mu_z}\right)$，其计算结果见表 6-25，公式（6-14）中的各系数可按下列方法求得：

ξ 值：根据参数 $w_0 T_1^2 = 0.5 \times 3.35^2 = 5.61 \text{kN} \cdot \text{s}^2/\text{m}^2$，查表 6-8 中混凝土及砌体结构相应数值可得。

v 值：根据粗糙度 B 类，将水塔视为外形、质量沿高度比较均匀的高耸结构，查表 6-9 可得。

φ_z 值：根据截面沿高度不变且迎风面宽度远小于其高度的高耸结构条件，查表 6-12 可得。

μ_z 值：相据各集中风力的高度及粗糙度 B 类，查表 6-5 可得。

各集中风力作用位置处 β_z 值计算结果　　　　　表 6-25

集中风力编号	集中风力作用位置距地面的高度 Z (m)	相对高度 Z_i/H	ξ	v	φ_{zi}	μ_{zi}	$\beta_{zi} = 1 + \dfrac{\xi v \varphi_{zi}}{\mu_{zi}}$
F_1	3.2	0.088	1.706	0.842	0.02	1.0	1.029
F_2	9.6	0.267	1.706	0.842	0.11	1.0	1.158
F_3	16.0	0.444	1.706	0.842	0.28	1.162	1.346
F_4	22.4	0.622	1.706	0.842	0.49	1.291	1.545
F_5	28.8	0.80	1.706	0.842	0.79	1.400	1.811
F_6	36.0	1.00	1.706	0.842	1.00	1.504	1.955

3．求作用在水塔上的各集中风力标准值 F_i

$$F_i = A_i w_{ki} = A_i \beta_{zi} \mu_{si} \mu_{zi} w_0$$

水箱的受风面积 $A_6 = \dfrac{0.4 \times 4}{2} + 1 \times 4 + (4+12)\dfrac{1.2}{2} + 0.8 \times 1.2 + (4+12)\dfrac{4}{2} = 56 \text{m}^2$

支筒各分段受风面积

$$A_1 = A_2 = A_3 = A_4 = A_5 = 6.4 \times 2.4 = 15.36 \text{m}^2$$

水箱的风荷载体型系数 μ_{si} 查表 6-7 项次 40 得 $\mu_{s6} = 0.7$。

支筒的风荷载体型系数查表 6-7 项次 36（b），由于支筒外表面光滑，且 $w_0 d^2 = 0.5 \times 2.2^2 = 2.42$，因此 $\mu_z w_0 d^2 > 0.015$。$H/d = 36/2.2 = 16.4$，可偏安全地取 $\mu_z = 0.6$。

各集中风力的标准值及其对支筒底部截面的弯矩值的计算结果见表 6-26：

F_i 及 ΣM_i 计算结果　　　　　表 6-26

Z_i (m)	A_i (m²)	μ_{si}	μ_{zi}	β_{zi}	w_0 (kN/m²)	F_i (kN)	$M_i = F_i Z_i$ (kN·m)	ΣM_i (kN·m)
3.2	15.36	1.0	0.6	1.029	0.5	4.74	15.2	
9.6	15.36	1.0	0.6	1.158	0.5	5.34	51.2	
16.0	15.36	1.162	0.6	1.346	0.5	7.21	115.3	2802.7
22.4	15.36	1.291	0.6	1.545	0.5	9.19	209.9	
28.8	15.36	1.400	0.6	1.811	0.5	11.68	336.4	
36.0	56.0	1.504	0.7	1.955	0.5	57.63	2074.7	

【例 6-10】　某三层双跨平屋顶钢筋混凝土框架封闭式房屋，檐口高度为 10m，其外墙为轻质砌体填充墙，每一填充墙面积为 18m²，当地基本风压为 0.45kN/m²，地面粗糙度为 C 类。求该房屋中部墙面（非墙角边）所受风荷载标准值。

【解】　中部墙面的风荷载体型系数 μ_{sl} 应计算正压和负压两种情况，且应考虑墙内表面风压影响。此外由于墙面面积 $>10\text{m}^2$，可将风荷载体型系数乘以折减系数 0.8。

情况 1：墙面所受正风压标准值 $w_k = \mu_z \mu_{sl} \times 0.8 w_0 = 0.74 \times (0.8+0.2) \times 0.8 \times 0.45 = 0.27 \text{kN/m}^2$

情况 2：墙面所受负风压标准值 $w_k = 0.74 \times (-1.0-0.2) \times 0.8 \times 0.45 = -0.32 \text{kN/m}^2$

第七章 地震作用

第一节 地震作用基本规定

一、建筑抗震设防依据和分类

(一)建筑抗震设防分类

为了有效地减轻地震灾害的影响,并考虑到我国现有的技术经济条件的实际情况,应对各类建筑抗震设防进行分类。

建筑抗震设防类别的划分应根据下列因素综合确定:

1. 建筑破坏造成的人员伤亡、直接和间接经济损失及社会影响的大小。
2. 城市的大小和地位、行业的特点、工矿企业的规模。
3. 建筑使用功能失效后、对全局的影响范围大小、抗震救灾影响及恢复的难易程度。
4. 建筑各区段的重要性有显著不同时,可按区段划分抗震设防类别。
5. 不同行业的相同建筑,当所处地位及地震破坏所产生的后果和影响不同时,其抗震设防类别可不相同。

《建筑抗震设计规范》GB 50011—2001 根据建筑使用功能的重要性将抗震设防类别按表7-1分为四类。

建筑抗震设防类别   表7-1

抗震设防类别	使用功能的重要性	抗震设防类别	使用功能的重要性
甲类建筑	重大建筑工程和地震时可能发生严重次生灾害的建筑	丙类建筑	除甲、乙、丁类建筑以外的一般建筑
乙类建筑	地震时使用功能不能中断或需尽快恢复的建筑	丁类建筑	抗震次要建筑

为了便于确定建筑设防类别,本书将《建筑抗震设防分类标准》(GB 50223—2004)中对一般公共建筑和居住建筑、抗震防灾建筑、基础设施建筑、工业建筑、仓库类建筑抗震设防类别重点摘要如下:

1. 公共建筑和居住建筑的抗震设防分类

本节内容中的公共建筑包括体育建筑、影剧院、博物馆、档案馆、商场、展览馆、会展中心、教育建筑、旅馆、办公建筑、科学实验建筑等;居住建筑包括住宅、宿舍、公寓等。

(1)体育建筑中,使用要求为特级(指举办亚运会、奥运会级世界锦标赛的主场馆)、甲级(指举办全国性和单项国际比赛的场馆)且规模分级为特大型、大型的体育场和体育馆,抗震设防类别应划为乙类。关于使用要求的分级,可根据设计使用年限内的要求确定;此外根据《体育建筑设计规范》JGJ 31—2003 规定:大型体育场指观众座位容量不少于 40000 人，大型体育馆（含游泳馆）指观众座位容量不少于 6000 人。

（2）影剧院建筑中，大型的电影院、剧场、娱乐中心建筑，抗震设防类别应划为乙类。根据《剧场建筑设计规范》JGJ 57—2000 和《电影院建筑设计规范》JGJ 58—1988 关于规模的分类，大型剧场、电影院指座位不少于 1200。此外大型娱乐中心指一个区段内上下楼层合计的座位明显大于 1200 同时其中至少有一个座位在 500 以上（相当于中型电影院的座位容量）的大厅。

（3）商业建筑中，大型的人流密集的多层商场抗震设防类别应划为乙类。当商业建筑与其他建筑合建时应分别判断，并按区段确定其抗震设防类别。大型商场指一个区段的建筑面积 25000m^2 或营业面积 10000m^2 以上的多层商业建筑，不包括所有仓储式、单层的大商场在内。当商业建筑与其他建筑合建时，包括商住楼或综合楼，其划分以区段按以上原则确定。例如，高层建筑中多层的商业裙房区段或者下部的商业区段为乙类，而上部的住宅可为丙类。但若上部区段为乙类，则其下部区段也应为乙类。对于人员密集的证券交易大厅，可按比照原则确定抗震设防类别。

（4）博物馆和档案馆中，大型博物馆，特级、甲级档案馆，抗震设防类别应划为乙类。大型博物馆指建筑规模大于 10000m^2，一般适用于中央各部委直属博物馆和各省、自治区、直辖市博物馆；特级档案馆为国家级档案馆，甲级档案馆为省、自治区、直辖市档案馆，其使用年限要求在 100 年以上。

（5）会展建筑中，大型展览馆、会展中心，抗震设防类别应划为乙类。

（6）教育建筑中，人数较多的幼儿园、小学的低层（层数不超过三层）教学楼、抗震设防类别应划为乙类。当这类房屋采用抗震性能较好的结构类型时，可仍按本地区抗震设防烈度的要求采取抗震措施。对于敬老院、福利院、残疾人的学校可比照上述规定确定其抗震设防类别。

（7）科学实验建筑中，研究、中试生产和存放剧毒的生物制品、天然和人工细菌、病毒（如鼠疫、霍乱、伤寒和新发高危险传染病）的建筑，抗震设防类别应划为甲类。

（8）高层建筑中，当结构单元内经常使用人数超过 10000 人时，抗震设防类别宜划分为乙类。对这类建筑在设计时需要进行可行性论证，其抗震措施提高的程度是按总体提高一度、提高一个抗震等级还是在关键部位采取比丙类建筑更严格的措施，可以经专门研究和论证确定。

（9）住宅、宿舍和公寓的抗震设防类别可划为丙类。

2. 抗震防灾建筑的抗震设防分类

本节中的抗震防灾建筑主要指地震时应急的医疗、消防设施和抗震防灾指挥中心建筑。

（1）三级特等医院的住院部、医技楼、门诊部，抗震设防类别应划为甲类（三级特等医院为极少数承担特别重要医疗任务的医院）。

（2）大中城市的三级医院住院部、医技楼、门诊部，县及县级市的二级医院住院部、医技楼、门诊部，抗震设防烈度为 8、9 度的乡镇主要医院住院部、医技楼，县级以上急救中心的指挥、通信、运输系统的重要建筑，县级以上的独立采血、供血机构的建筑，抗震设防类别应划为乙类。

（3）工矿企业的医疗建筑，可比照城市的医疗建筑确定其抗震设防类别。

（4）消防车库及其值班用房，抗震设防类别应划为乙类。

（5）大中城市和抗震设防烈度为8、9度的县级以上抗震防灾指挥中心的主要建筑，抗震设防类别应划为乙类。

（6）工矿企业的抗震防灾指挥系统建筑，可比照城市抗震防灾指挥系统建筑确定其抗震设防类别。

（7）疾病预防与控制中心建筑的抗震设防类别，应符合下列规定：

A. 承担研究、中试和存放剧毒的高危险传染病病毒任务的疾病预防与控制中心的建筑或其区段、抗震设防类别应划为甲类。

B. 县、县级市及以上的疾病预防与控制中心的主要建筑，除以上A款规定者外，其抗震设防类别应划为乙类。

3. 基础设施建筑的抗震设防分类

本节内容中的基础设施建筑包括城镇给排水、燃气、热力建筑工程；电力建筑（电力生产建筑和城镇供电设施）；交通运输建筑（铁路、公路、水运和空运系统建筑和城镇交通设施）；邮电通信、广播电视建筑。

（1）城镇给排水、燃气、热力建筑的抗震设防分类

A. 城镇和工矿企业的给水、排水、燃气、热力建筑应根据其使用功能、规模、修复难易程度和社会影响等划分抗震类别。其配套的供电建筑（如变电站、变配电室等），应与主要建筑的抗震设防类别相同。

B. 给水建筑工程中，20万人口以上城镇和抗震设防烈度为8、9度的县及县级市的主要取水设施和输水管线、水质净化处理厂的主要水处理建筑物、配水井、送水泵房、中控室、化验室等，抗震设防类别应划为乙类。

C. 排水建筑工程中，20万人口以上城镇和抗震设防烈度为8、9度的县及县级市的污水干管、主要污水处理厂的主要水处理建筑物、进水泵房、中控室、化验室、以及城市排涝泵站、城镇主干道立交处的雨水泵房等，抗震设防类别应划为乙类。

D. 燃气建筑中，20万人口以上城市和抗震设防烈度为8、9度的县及县级市的主要燃气厂的主厂房、贮气罐、加压泵和压缩间、调度楼及相应的超高压（压力大于4MPa）和高压（压力为1.6～4MPa）调压间、高压和次高压（压力为0.4～1.6MPa）输配气管道等主要设施，其抗震设防类别应划为乙类。

（2）电力建筑的抗震设防分类

A. 电力建筑应根据其直接影响的城市和企业的范围及地震破坏造成的直接和间接经济损失划分抗震设防类别。

B. 国家和区域的电力调度中心抗震设防类别应划为甲类。

C. 省、自治区、直辖市的电力调度中心抗震设防类别宜划为乙类。

D. 火力发电厂（含核电厂的常规岛）、变电所的生产建筑中，下列建筑的抗震设防类别应划为乙类：

①单机容量为300MW及以上或规划容量为800MW及以上的火力发电厂和地震时必须维持正常供电的重要电力设施的主厂房、电气综合楼、网控楼、调度通信楼、配电装置楼、烟囱、烟道、碎煤机室、输煤转运站和输煤栈桥、燃油和燃气机组电厂的燃料供应设施。

②330kV及以上的变电所和220kV及以下枢纽变电所的主控通信楼、配电装置楼、就

地继电器室；330kV 及以上的换流站工程中的主控通信楼、阀厅和就地继电器室。

③供应 20 万人口以上规模的城镇集中供热的热电站的主要发配电控制室及其供电、供热设施。

④不应中断通信设施的通信调度建筑。

(3) 交通运输建筑的抗震设防分类

A. 交通运输系统生产建筑应根据其在交通运输线路中的地位、修复难易程度和对抢险救灾、恢复生产所起的作用划分抗震设防类别。

B. 铁路建筑中，Ⅰ、Ⅱ级干线和位于抗震设防烈度为 8、9 度地区的铁路枢纽的行车、调度、运转、通信、信号、供水、供电建筑以及特大型站（最高聚集人数大于 10000 人）的候车楼，抗震设防类别应划为乙类。工矿企业铁路专用线枢纽，可比照铁路干线枢纽确定抗震等级。

C. 公路建筑中，高速公路、一级公路、一级汽车客运站（日发送旅客折算量大于 7000 人次）和位于抗震设防烈度为 8、9 度地区的公路监控室以及一级长途汽车站客运候车楼，抗震设防类别应划为乙类。

D. 水运建筑中，50 万人口以上城市和位于抗震设防烈度为 8、9 度地区的水运通信和导航等重要设施的建筑、国家重要客运站（设计旅客聚集量大于 2500 人）、海难救助打捞等部门的重要建筑，抗震设防类别应划为乙类。

E. 空运建筑中，国际或国内主要干线机场中的航空站楼、航管楼、大型机库、以及通信、供电、供热、供水、供气的建筑，抗震设防类别应划为乙类。

F. 城镇交通设施的抗震设防类别应符合下列规定：

①在交通网络中占关键地位、承担交通量大的大跨度桥应划为甲类；处于交通枢纽的其余桥梁应划为乙类。

②城市轨道交通的地下隧道、枢纽建筑（主要包括控制、指挥、调度中心以及大型客运换乘站等）及其供电、通风设施，抗震设防类别应划为乙类。

(4) 邮电通信、广播电视建筑的抗震设防类别

A. 国际海缆登陆站、国际卫星地球站，中央级的电信枢纽（含卫星地球站），抗震设防类别应划为甲类。

B. 大区中心和省中心的长途电信枢纽、邮政枢纽、海缆登陆局，重要市话局（汇接局、承担重要通信任务和终局容量超过 50000 门的局），卫星地球站，地区中心和抗震设防烈度为 8、9 度的县及县级市的长途电信枢纽楼的主机房和天线支承物，抗震设防类别应划为乙类。对于移动通信建筑，可比照长途电信生产建筑示例确定其抗震设防类别。

C. 中央级、省级的电视调频广播发射塔建筑，当混凝土结构的塔高大于 250m 或钢结构塔高大于 300m 时，抗震设防类别应划为甲类；中央级、省级的其余发射塔建筑，抗震设防类别应划为乙类。

D. 中央级、省级广播中心、电视中心和电视调频广播发射台的主体建筑、发射总功率不小于 200kW 的中波和短波广播发射台、广播电视卫星地球站、中央级和省级广播电视监测台与节目传送台的机房建筑和天线支承物，抗震设防类别应划为乙类。

4. 工业建筑的抗震设防分类

(1) 采煤、采油和矿山生产建筑的抗震设防分类

A. 采煤、采油和天然气、采矿的生产建筑，应根据其直接影响的城市和企业的范围及地震破坏所造成的直接和间接经济损失划分抗震设防类别。

B. 采煤生产建筑中，年产量300万吨及以上矿区和年产量1.2万吨及以上矿井的提升、通风、供电、供水、通信和瓦斯排放系统，抗震设防类别应划为乙类。

C. 采油和天然气生产建筑中，下列建筑的抗震设防类别应划为乙类：
①大型油、气田的联合站、压缩机房、加压气站泵房、阀组间、加热炉建筑。
②大型计算机房和信息贮存库。
③油品储运系统液化气站，轻油泵房及氮气站、长输管道首末站、中间加压泵站。
④油、气田主要供电、供水建筑。

D. 采矿生产建筑中，下列建筑的抗震设防类别应划为乙类：
①大型冶金矿山的风机室、排水泵房、变电、配电室等。
②大型非金属矿山的提升、供水、排水、供电、通风等系统的建筑。

(2) 冶金、化工、石油化工、建材和轻工业原材料等工业原材料生产建筑的抗震设防分类：

A. 冶金、化工、石油化工、建材、轻工业的原材料生产建筑主要以其规模、修复难易程度和停产后相关企业的直接和间接经济损失划分抗震设防类别。

B. 冶金工业、建材工业企业的生产建筑中，下列建筑的抗震设防类别应划为乙类：
①大中型冶金企业的动力系统建筑，油库及油泵房，全厂性生产管制中心、通信中心的主要建筑。
②大型和不容许中断生产的中型建材工业企业的动力系统建筑。

C. 化工和石油化工生产建筑中，下列建筑的抗震设防类别应划为乙类：
①特大型、大型和中型企业的主要生产建筑以及对正常运行起关键作用的建筑。
②特大型、大型和中型企业的供热、供电、供气和供水建筑。
③特大型、大型和中型企业的通讯、生产指挥中心建筑。

D. 轻工业原材料生产建筑中，大型浆板厂和洗涤剂原材料厂等大型原材料生产企业中的主要装置及其控制系统和动力系统建筑，其抗震设防类别应划为乙类。

(3) 加工制造业生产建筑的抗震设防分类

A. 航空工业生产建筑中，下列建筑的抗震设防类别应划为乙类：
①部级及部级以上的计量基准所在的建筑，记录和贮存航空主要产品（如飞机、发动机等）或关键产品的信息贮存（如光盘、磁盘、磁带等）所在的建筑。
②对航空工业发展有重要影响的整机或系统性能试验设施、关键设备所在建筑（如大型风洞及其测试间，发动机高空试车台及其动力装置及测试间，全机电磁兼容试验建筑）。
③存放国内少有或仅有的重要精密设备的建筑。
④大中型企业主要的动力系统建筑。

B. 航天工业生产建筑中，下列建筑的抗震设防类别应划为乙类：
①重要的航天工业科研楼、生产厂房和试验设施、动力系统的建筑。
②重要的演示、通信、计量、培训中心的建筑。

C. 电子（信息）工业生产建筑中，下列建筑的抗震设防类别应划为乙类：
①国家级、省部级计算中心、信息中心的建筑。

②大型彩管、坡壳生产厂房及其动力系统。

③大型的集成电路、平板显示器和其它电子类生产厂房。

D. 纺织工业的化纤生产建筑中，具有化工性质的生产建筑，其抗震设防类别宜按化工生产建筑的规定进行划定。

E. 大型医药生产建筑中，具有生物制品性质的生产建筑，其抗震设防类别宜本节第1款第（7）项有关生物制品建筑的规定进行划定。

F. 加工制造工业建筑中，生产或使用具有剧毒、易燃、易爆物质的厂房及其控制系统的建筑，当具有火灾危险性时，其抗震设防类别应划为乙类。

G. 大型的机械、船舶、纺织、轻工、医药等工业企业的动力系统建筑应划为乙类建筑。

H. 机械、船舶工业的生产厂房，电子、纺织、轻工、医药等工业的其它生产厂房宜划为丙类建筑。

5. 仓库类建筑的抗震设防分类

（1）仓库类建筑，应根据其存放物品的经济价值和地震破坏所产生的次生灾害划分抗震设防类别。

（2）仓库类建筑中，储存放射性物质及剧毒、易燃、易爆物质等具有火灾危险性的危险品仓库应划为乙类建筑；一般的储存物品的价值低、人员活动少、无次生灾害的单层仓库等可划为丁类建筑。

（二）建筑抗震设防标准

建筑物的抗震设防标准是衡量设防要求高低的尺度，包括抗震设防烈度、设计基本地震加速度、设计特征周期等设计地震动参数，这些参数都应根据其抗震设防分类来确定。《建筑抗震设计规范》GB 50011—2001 规定当地 50 年设计基准期内超越概率为 10% 的抗震设防烈度和设计基本地震加速度取值的对应关系应符合表 7-2 的规定。

抗震设防烈度和设计基本地震加速度值的对应关系　　　　　　表 7-2

抗震设防烈度	6	7	8	9
设计基本地震加速度值	0.05g	0.10（0.15）g	0.20（0.30）g	0.40g

注：1　g 为重力加速度。
　　2　设计基本地震加速度为 0.15g 和 0.30g 地区内的建筑，除另有规定外，应分别按抗震设防烈度 7 度和 8 度的要求进行抗震设计。

建筑的设计特征周期是地震反应谱中的主要特征。它受制于地震的震级、震中距和场地条件的影响。《建筑抗震设计规范》GB 50011—2001 为了与我国新的《中国地震动参数区划图》GB 18306—2001 相衔接，在确定设计特征周期时，将地震分成三个组别，用以反映震级、震中距和场地条件的影响，见表 7-3。

特　征　周　期　值（S）　　　　　　表 7-3

设计地震分组	场　地　类　别			
	Ⅰ	Ⅱ	Ⅲ	Ⅳ
第一组	0.25	0.35	0.45	0.65
第二组	0.30	0.40	0.55	0.75
第三组	0.35	0.45	0.65	0.90

现行抗震设计规范规定计算各抗震设防类别的建筑物地震力（地震作用）时应符合下列要求：

对甲类建筑，其地震力应高于本地区抗震设防烈度的要求，且地震力值应按批准的地震安全性评价结果确定。

对乙类建筑和丙类建筑，其地震力应符合本地区抗震设防烈度的要求。

对丁类建筑一般情况下其地震力仍应符合本地区抗震设防烈度的要求。

对抗震设防烈度为 6 度除建造于 Ⅳ 类场地上较高的高层建筑外，应允许不进行截面抗震验算，但应符合有关的抗震措施要求。对 6 度时建造于 Ⅳ 类场地上较高的高层建筑，7 度和 7 度以上的建筑，应进行多遇地震作用下的截面抗震验算。❶

（三）我国抗震设防区主要城镇（县级及县以上城镇）的中心地区建筑结构抗震设计时所采用的抗震设防烈度、设计基本地震加速度和设计地震分组见附录八。

二、建筑场地类别

建筑场地的类别划分应根据土层等效剪切波速和场地覆盖层厚度按表 7-4 划分为四类。当有可靠的剪切波速和覆盖层厚度且其值处于表 7-4 所列场地类别的分界线附近时，应允许按插值方法确定地震力计算所用的设计特征周期。

各类建筑场地的覆盖层厚度（m） 表 7-4

等效剪切波速 v_{se} (m/s)	场 地 类 别			
	Ⅰ	Ⅱ	Ⅲ	Ⅳ
$v_{se} > 500$	0			
$500 \geqslant v_{se} > 250$	<5	≥5		
$250 \geqslant v_{se} > 140$	<3	3~50	>50	
$v_{se} \leqslant 140$	<3	3~15	>15~80	>80

（一）建筑场地覆盖层厚度

建筑场地覆盖层厚度的确定应符合下列要求：

1. 一般情况下，应按地面至剪切波速大于 500m/s 的土层顶面的距离确定。

2. 当地面 5m 以下存在剪切波速大于相邻土层土剪切波速 2.5 倍的土层，且其下卧层岩土的剪切波速均不小于 400m/s 时，可按地面至该土层顶面的距离确定。

3. 剪切波速大于 500m/s 的孤石、透镜体，应视同周围土层。

4. 土层中的火山岩硬夹层，应视为刚体，其厚度应从覆盖层中扣除。

（二）土层的等效剪切波速

土层的等效剪切波速应按下列公式计算：

$$v_{se} = d_0/t \tag{7-1}$$

$$t = \sum_{i=1}^{n}(d_i/v_{si}) \tag{7-2}$$

式中 v_{se}——土层等效剪切波速（m/s）；

---

❶《混凝土高层建筑技术规范》JGJ 3—2002 规定，6 度区的高层建筑均应进行多遇地震作用下的截面抗震验算。

d_0——计算深度（m），取覆盖层厚度和 20m 二者的较小值；
t——剪切波在地面至计算深度之间的传播时间；
d_i——计算深度范围内第 i 土层的厚度（m）；
v_{si}——计算深度范围内第 i 土层的剪切波速（m/s）；
n——计算深度范围内土层的分层数。

对丁类建筑及层数不超过 10 层且高度不超过 30m 的丙类建筑，当无实测剪切波速时，可根据岩土名称和性状，按表 7-5 划分土的类型，再利用当地经验在表 7-5 的剪切波速范围内估计各土层的剪切波速。

土的类型划分和剪切波速范围 表 7-5

土的类型	岩土名称和性状	土层剪切波速范围（m/s）
坚硬土或岩石	稳定岩石，密实的碎石	$v_s > 500$
中硬土	中密、稍密的碎石土，密实、中密的砾、粗中砂，$f_{ak} > 200$kPa 的粘性土和粉土，坚硬黄土	$500 \geq v_s > 250$
中软土	稍密的砾、粗、中砂，除松散外的细、粉砂，$f_{ak} < 200$kPa 的粘性土和粉土，$f_{ak} > 130$kPa 的填土，可塑黄土	$250 \geq v_s > 140$
软弱土	淤泥和淤泥质土，松散的砂，新近沉积的粘性土和粉土，$f_{ak} \leq 130$kPa 的填土，流塑黄土	$V_s \leq 140$

注：f_{ak} 为由载荷试验等方法得到的地基承载力特征值；v_s 为岩土剪切波速。

三、地震作用下的建筑结构分析原则

1. 各类建筑结构应进行多遇地震作用下的内力及变形分析，此时可假定结构与构件处于弹性工作状态；内力和变形分析可采用线性静力方法或线性动力方法。

2. 对不规则且具有明显薄弱部位可能导致地震严重破坏的建筑应进行罕遇地震作用下的弹塑性变形分析。

3. 结构抗震分析时，应按照楼、屋盖在平面内变形情况确定为刚性、半刚性和柔性的横隔板，再按抗侧力系统的布置确定抗侧力构件间的共同工作，并进行各构件间的地震内力分析。

4. 当结构在地震作用下的任一楼层以上全部重力荷载与该楼层地震层间位移的乘积（重力附加弯矩）大于该楼层地震剪力与楼层层高的乘积（初始弯矩）的 10% 时，应计入重力二阶效应的影响。

5. 对质量和侧向刚度分布接近对称且楼、屋盖可视为刚性横隔板的建筑结构可采用平面结构计算模型进行抗震分析，其他情况应采用空间结构计算模型进行抗震分析。

对采用隔震或消能减震设计的建筑结构，其地震作用下的计算原则另见有关规定。

四、地震作用计算方法的应用

各类建筑结构考虑地震作用时，应符合下列规定：

1. 一般情况下，应允许在建筑结构的两个主轴方向分别计算水平地震作用并进行抗震验算，各方向的水平地震作用应由该方向抗侧力构件承担。

2. 有斜交抗侧力构件的结构，当相交角度大于 15°时，应分别计算各抗侧力构件方向的水平地震作用。

3. 质量和刚度分布明显不对称的结构，应计入双向水平地震作用下的扭转影响；其他情况，应允许采用调整地震作用效应的方法计入扭转影响。

4. 抗震设防烈度为8度和9度时的大跨度和长悬臂结构及9度时的高层建筑，应计算竖向地震作用。8度、9度时采用隔震设计的建筑结构，应按有关规定计算竖向地震力。

5. 各类建筑结构在多遇地震下水平地震力的计算方法及适用范围应符合表7-6的规定。

水平地震作用的计算方法及适用范围   表7-6

计算方法	适 用 范 围
(1) 底部剪力法	高度不超过40m，以剪切变形为主且质量和刚度沿高度分布比较均匀的结构，以及近似于单质点体系的结构
(2) 振型分解反应谱法	除方法（1）和方法（3）规定的适用范围以外的建筑结构
(3) 时程分析法进行补充计算	特别不规则的建筑、甲类建筑和抗震设防为8度Ⅰ、Ⅱ类场地和7度的高度大于100m建筑、8度Ⅲ、Ⅳ类场地的高度大于80m建筑、9度高度大于60m建筑

五、重力荷载代表值

计算地震力时，建筑的重力荷载代表值应取结构和构配件自重标准值和各可变荷载组合值之和。各可变荷载的组合值为可变荷载标准值乘以表7-7规定的组合值系数。

组合值系数   表7-7

可变荷载种类		组合值系数
雪荷载		0.5
屋面积灰荷载		0.5
屋面活荷载		不计入
按实际情况计算的楼面活荷载		1.0
按等效均布荷载计算的楼面活荷载	藏书库、档案库	0.8
	其他民用建筑	0.5
吊车悬吊重力	硬钩吊车	0.3
	软钩吊车	不计入

注：硬钩吊车的吊重较大时，组合值系数应按实际情况采用。

第二节 地震影响系数曲线

采用弹性反应谱理论确定地震力（地震作用）是建筑结构抗震设计的基本理论。现行抗震设计规范所采用的设计反应谱以地震影响系数曲线的形式（图7-1）给出。建筑结构的地震影响系数应根据地震设防烈度、场地类别、设计地震分组和结构自振周期以及阻尼比确定。该曲线的阻尼调整和形状参数应符合下列要求。

1. 直线上升段

即图7-1中结构自振周期 $T<0.1s$ 的区段，该区段的地震影响系数自 $0.45\alpha_{max}$ 变化到 $\eta_2\alpha_{max}$，其中 α_{max} 为水平地震影响系数最大值，应按表7-8取用；η_2 为阻尼调整系数，当阻尼比为0.05时，η_2 按1.0采用，当阻尼比为其他值时 η_2 应按公式（7-3）计算确定。

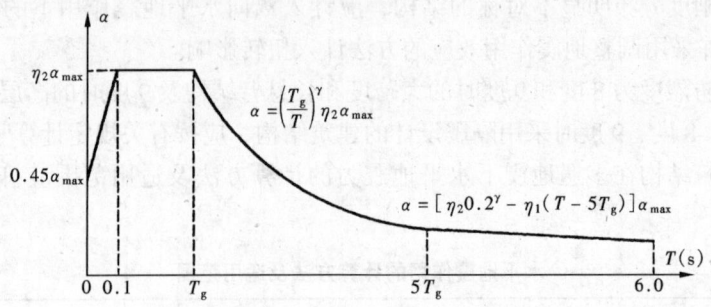

图 7-1 地震影响系数曲线

α—地震影响系数；α_{max}—地震影响系数最大值；η_1—直线下降段的下降斜率调整系数；γ—衰减指数；T_g—特征周期；η_2—阻尼调整系数；T—结构自振周期

水平地震影响系数最大值　　　　　　　　　　表 7-8

地震影响	6度	7度	8度	9度
多遇地震	0.04	0.08 (0.12)	0.16 (0.24)	0.32
罕遇地震	—	0.50 (0.72)	0.90 (1.20)	1.40

注：括号中数值分别用于设计基本地震加速度为 $0.15g$ 和 $0.30g$ 的地区。

$$\eta_2 = 1 + \frac{0.05 - \zeta}{0.06 + 1.7\zeta} \tag{7-3}$$

式中　η_2——阻尼调整系数，当小于 0.55 时应取 0.55；

　　　ζ——阻尼比，除有专门规定外，建筑结构的阻尼比应取 0.05。《高层建筑混凝土结构技术规程》JGJ 3—2002 规定，对由钢框架或型钢混凝土框架与钢筋混凝土筒体或剪力墙所组成的共同承受竖向和水平作用的高层建筑，在多遇地震下的阻尼比可取 0.04；此外《高层民用建筑钢结构技术规程》JGJ 99—98 规定对高层民用钢结构阻尼比取 0.02。

2. 水平段

即图 7-1 中结构自振周期自 0.1s 至特征周期 T_g 区段。该区段的地震影响系数为 $\eta_2 \alpha_{max}$，当阻尼比为 0.05 时，地震影响系数为 α_{max}，当阻尼比不等于 0.05 时应进行调整。特征周期在计算 8、9 度罕遇地震作用时应比表 7-8 中的数值增加 0.05s。

3. 曲线下降段

即图 7-1 中结构自振周期为 T_g 至 $5T_g$ 的区段，该区段的地震影响系数 α 按公式（7-4）及（7-5）确定：

$$\alpha = \left(\frac{T_g}{T}\right)^{\gamma} \eta_2 \alpha_{max} \tag{7-4}$$

$$\gamma = 0.9 + \frac{0.05 - \zeta}{0.5 + 5\zeta} \tag{7-5}$$

式中　γ——曲线下降段的衰减指数，当阻尼比为 0.05 时，$\gamma = 0.9$。

4. 直线下降段：

即图 7-1 中结构自振周期自 $5T_g$ 至 6.0 的区段，该区段的地震影响系数 α 按公式 (7-6) 及 (7-7) 确定：

$$\alpha = [\eta_2 0.2^\gamma - \eta_1(T - 5T_g)]\alpha_{\max} \tag{7-6}$$

$$\eta_1 = 0.02 + \frac{(0.05 - \zeta)}{8} \tag{7-7}$$

式中　η_1——直线下降段的下降斜率调整系数。对阻尼比为 0.05 的建筑结构，η_1 应取 0.02。

第三节　水平地震作用计算

一、底部剪力法（图 7-2）

（一）底部剪力法计算水平地震作用

各楼层在计算方向可仅考虑一个自由度。结构总水平地震力标准值应按公式 (7-8) 计算：

$$F_{Ek} = \alpha_1 G_{eq} \tag{7-8}$$

式中　F_{Ek}——结构总水平地震力标准值；

　　　α_1——相应于结构基本自振周期 T_1 的水平地震影响系数，应按本章第二节的规定确定。对多层砌体房屋、底部框架—抗震墙砖砌体房屋、多层内框架砖砌体房屋和单层空旷公共建筑，宜取水平地震影响系数最大值；

　　　G_{eq}——结构等效总重力荷载，单质点应取总重力荷载代表值，多质点可取总重力荷载代表值的 85%。

质点 i 的水平地震力标准值可按公式 (7-9) 及 (7-10) 计算：

$$F_i = \frac{G_i H_i}{\sum_{j=1}^{n} G_j H_j} F_{Ek}(1 - \delta_n) \tag{7-9}$$

$$(i = 1, 2, \cdots n)$$

$$\Delta F_n = \delta_n F_{Ek} \tag{7-10}$$

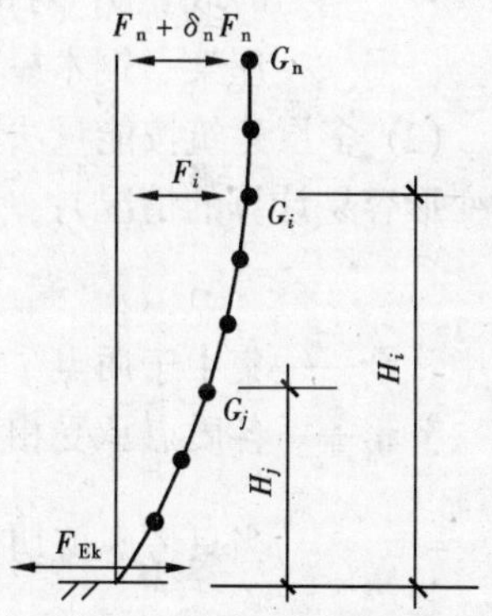

式中　F_i——质点 i 的水平地震力标准值；

　G_i，G_j——分别为集中于质点 i，j 的重力荷载代表值，应按本章第一节规定计算；

　H_i，H_j——分别为质点 i，j 的计算高度；

　　　δ_n——顶部附加地震力系数，多层钢筋混凝土和钢结构房屋可按表 7-9 采用，多层内框架砖房可采用 0.2，其他房屋可采用 0.0；

　　　ΔF_n——顶部附加水平地震力标准值。

图 7-2　底部剪力法水平地震力计算简图

顶部附加水震力系数　　　　　　　　　　　　表 7-9

T_g	$T_1 > 1.4T_g$	$T_1 \leq 1.4T_g$
≤0.35	$0.08T_1 + 0.07$	不考虑
0.35~0.55	$0.08T_1 + 0.01$	
≥0.55	$0.08T_1 - 0.02$	

注：1 T_1 为结构基本自振周期，以秒计；
　　2 T_g 为特征周期值，以秒计。

（二）结构基本自振周期的计算方法

对适合采用基底剪力法计算地震作用的结构（见表 7-8），除多层砌体结构房屋外，在采用基底剪力法时均需计算结构的基本自振周期 T_1。除本书第五章第四节中列出的适用于有关的结构的 T_1 计算公式同样也适用于地震作用计算外，对一般的结构可采用以下方法进行基本自振周期计算。

1. 理论方法

理论方法即求解结构运动方程的频率方程，可得沿某一方向的最大自振周期就是基本自振周期 T_1。求解可采用多种方法，详见有关振动理论的书藉。

（1）单质点体系结构的基本自振周期 T_1 计算公式 (7-11)：

$$T_1 = 2\pi\psi_T \sqrt{G_{eq}/(gK)} \tag{7-11}$$

式中　T_1——基本自振周期 (s)；
　　　G_{eq}——质点等效重力荷载 (kN)，包括质点处的重力荷载代表值 G_E 和折算的支承结构自重；
　　　g——重力加速度 (m/s²)；
　　　K——支承结构的侧移刚度，取施加于质点上的水平力与它产生的侧移之比(kN/m)；
　　　ψ_T——周期的经验折减系数，单层厂房在计算横向平面排架地震作用时，对由钢筋混凝土屋架或钢屋架与钢筋混凝土柱组成的排架，有纵墙时取 0.8，无纵墙时取 0.9；对由钢筋混凝土屋架或钢屋架与砖柱组成的排架取 0.9；对由木屋架、钢木屋架、钢木屋架或轻型屋架与砖柱组成的排架取 1.0。

（2）多层建筑按能量法计算基本自振周期 T_1 的公式 (7-12)（适用于水平力作用下结构变形容易计算的情况）：

$$T_1 = 2\psi_T \sqrt{\sum G_i u_i^2 / (\sum G_i u_i)} \tag{7-12}$$

式中　G_i——集中于质点 i 的重力荷载代表值 (kN)；
　　　u_i——各质点承受相当于其重力荷载代表值的水平力 G_{Ej} 时，质点 i 的侧移 (m)，

当只考虑剪切变形时：$u_i = u_{i-1} + (\sum_i^n G_{Ej})\mu h_i / GA_i$；当考虑弯剪变形时：$u_i = u_{i-1} + (\sum_i^n G_{Ej}) h_i^3 (1 + 2\gamma_i) / 12EI_i$，其中 $\gamma_i = 6\mu EI_i / (G\Delta_i h_i^2)$

　　　h_i——质点至 $i-1$ 质点的距离；
　　　A_i——i 质点支承结构总截面面积；
　　　I_i——i 质点支承结构的总截面惯性矩；
　　　E、G——材料弹性模量和剪切变形模量；

ψ_T——周期的经验折减系数，主要考虑非结构构件的影响。对抗震墙结构可取 1.0；对未计入填充墙等侧移刚度的建筑：钢筋混凝土框架—抗剪墙结构可取 0.7～0.9、钢筋混凝土民用框架结构可取 0.5～0.7、钢筋混凝土工业框架结构可取 0.8～0.9。

(3) 按等截面悬臂杆的顶点位移法计算基本自振周期 T_1 公式 (7-13)：

$$T_1 = 1.7\psi_T \sqrt{u_n} \tag{7-13}$$

当只考虑结构的弯曲变形时：

$$u_n = qH^4/(8EI) \tag{7-14}$$

当只考虑结构的剪切变形时：

$$u_n = \mu qH^2/(2GA) \tag{7-15}$$

对开洞墙

$$u_n = qH^4/(8EI_{eq}) \tag{7-16}$$

$$EI_{eq} = EI/(1 + \mu qI/AH^2) \tag{7-17}$$

式中 u_n——结构的顶点位移；
   H——悬臂杆总高度；
   q——均布重力荷载代表值 $q = G_E/H$；
   EI——截面总抗弯刚度；
   GA——截面总抗剪刚度；
   EI_{eq}——截面等效总抗弯刚度。

(三) 按实测统计的基本自振周期经验公式

以下经验公式系在一般场地按实测统计而得，因此它们有较大的局限性，与实测对象有较大的关系，选用时应注意经验公式的条件和适用范围。

1.
$$T_1 = 0.22 + 0.035H/\sqrt[3]{B} \tag{7-18}$$

式中 H——房屋总高度 (m)；
   B——房屋总宽度 (m)。

该公式适用于 $H < 30\text{m}$、体型规则且填充墙较多的办公楼招待所等框架结构。

2.
$$T_1 = 0.29 + 0.0015H^{2.5}/\sqrt[3]{B} \tag{7-19}$$

该公式适用于 $H < 35\text{m}$ 煤炭化工系统的常用多层框架厂房。

3.
$$T_1 = 0.33 + 0.00069H^2/\sqrt[3]{B} \tag{7-20}$$

该公式适用于 $H < 50\text{m}$ 抗震墙较多的框架—抗震墙结构。

4.
$$T_1 = 0.04 + 0.038H/\sqrt[3]{B} \tag{7-21}$$

该公式适用于 $H = 25～50\text{m}$ 规则的抗震墙结构。

5.
$$T_1 = \psi_2 (0.23 + 0.00025\psi_1 l \sqrt{H^3}) \tag{7-22}$$

式中 l——单层厂房横向排架的跨度；
   ψ_1——屋盖影响系数，对钢筋混凝土无檩屋盖取 1.0；对钢屋架有檩屋盖取 0.85；
   ψ_2——填充墙影响系数，对贴砌砖墙取 1.0；对半敞开厂房 $\psi_2 = 2.6 - 0.002l\sqrt{H^3}$，并应取大于或等于 1.0。

该公式适用于单跨或等高多跨钢筋混凝土柱单层厂房、$H \leqslant 15m$ 且平均跨度 $l \leqslant 30m$ 的纵向排架。

二、不考虑扭转耦联的振型分解反应谱法

（一）结构 j 振型 i 质点的水平地震作用标准值，应按下列公式确定：

$$F_{ji} = \alpha_j \gamma_j X_{ji} G_i \quad (i = 1,2\cdots\cdots n, j = 1,2,\cdots m) \tag{7-23}$$

$$\gamma_j = \frac{\sum_{i=1}^{n} X_{ji} G_i}{\sum_{i=1}^{n} X_{ji}^2 G_i} \tag{7-24}$$

式中　F_{ji}——j 振型 i 层（i 质点）的水平地震力标准值；

　　　α_j——相应于 j 振型自振周期的地震影响系数，按本章第二节确定；

　　　X_{ji}——j 振型 i 层（i 质点）的水平相对位移；

　　　γ_j——j 振型的参与系数。

（二）水平地震作用引起的效应（弯矩、剪力、轴向力和变形）应按公式（7-25）确定：

$$S_{EK} = \sqrt{\Sigma S_j^2} \tag{7-25}$$

式中　S_{EK}——水平地震作用标准值的效应；

　　　S_j——j 振型水平地震作用标准值的效应，可只取前 2~3 个振型，当基本自振周期大于 1.5Sec 或房屋高宽比大于 5 时，振型个数应适当增加。

三、考虑扭转耦联的振型分解反应谱法

（一）各楼层水平地震作用

按扭转耦联振型分解法计算时，各楼层可取两个正交的水平位移和一个转角共三个自由度，并应按下列公式计算结构各楼层水平地震作用。

j 振型 i 层水平地震作用标准值，应按下列公式确定：

$$\left.\begin{array}{l} F_{xji} = \alpha_j \gamma_{tj} X_{ji} G_i \\ F_{yji} = \alpha_j \gamma_{tj} Y_{ji} G_i \\ F_{tji} = \alpha_j \gamma_{tj} r_i^2 \varphi_{ji} G_i \end{array}\right\} (i = 1,2,\cdots n, j = 1,2,\cdots m) \tag{7-26}$$

式中　F_{xji}、F_{yji}、F_{tji}——分别为 j 振型 i 层的 x 方向、y 方向和转角方向的地震作用标准值；

　　　X_{ji}、Y_{ji}——分别为 j 振型 i 层质心在 x、y 方向的水平位移；

　　　φ_{ji}——j 振型 i 层的相对扭转角；

　　　r_i——i 层转动半径，可取 i 层绕质心的转动惯量除以该层质量的商的正二次方根；

　　　γ_{tj}——计入扭转的振型的参与系数，可按公式（7-13）、（7-14）、（7-15）确定；

当仅取 x 方向地震作用时：

$$\gamma_{tj} = \sum_{i=1}^{n} X_{ji} G_i \Big/ \sum_{i=1}^{n} (X_{ji}^2 + Y_{ji}^2 + \varphi_{ji}^2 r_i^2) G_i \tag{7-27}$$

当仅取 y 方向地震作用时：

$$\gamma_{tj} = \sum_{i=1}^{n} Y_{ji}G_i / \sum_{i=1}^{n} (X_{ji}^2 + Y_{ji}^2 + \varphi_{ji}^2 r_i^2) G_i \qquad (7\text{-}28)$$

当取与 x 方向斜交的地震作用时：

$$\gamma_{tj} = \gamma_{xj}\cos\theta + \gamma_{yj}\sin\theta \qquad (7\text{-}29)$$

式中　γ_{xj}、γ_{yj}——分别为由式（7-27）、（7-28）求得的参与系数；

　　　θ——地震作用方向与 x 方向的夹角。

（二）单向水平地震作用下，考虑扭转的地震作用效应，可按下列公式确定

$$S_{EK} = \sqrt{\sum_{j=1}^{m} \sum_{k=1}^{m} \zeta_{jk} S_j S_k} \qquad (7\text{-}30)$$

$$\zeta_{jk} = \frac{8\zeta_j\zeta_k(1+\lambda_T)\lambda_T^{1.5}}{(1-\lambda_T^2)^2 + 4\zeta_j\zeta_k(1+\lambda_T)^2\lambda_T} \qquad (7\text{-}31)$$

式中　S_{EK}——考虑扭转的地震作用标准值的效应；

　　S_j、S_k——分别为 j、k 振型地震作用标准值的效应；

　　　ζ_{jk}——j 振型与 k 振型的耦联系数；

　　　λ_T——k 振型与 j 振型的自振周期比；

　　ζ_j、ζ_k——分别为 j、k 振型的阻尼比。

（三）考虑双向水平地震作用下的扭转地震作用效应，可按下列公式中的较大值确定：

$$S_{EK} = \sqrt{S_x^2 + (0.85 S_y)^2} \qquad (7\text{-}32)$$

或

$$S_{EK} = \sqrt{S_y^2 + (0.85 S_x)^2} \qquad (7\text{-}33)$$

式中，S_x、S_y 分别为 x 向、y 向单向水平地震作用按公式（7-16）计算的效应。

四、时程分析法

时程分析法是将实际记录的或人工模拟的地震波按时段进行数值化以后，直接输入结构体系的振动方程，采用逐步数值积分方法计算出结构在整个地震过程中弹性振动状态的全过程，从而得到各楼层（质点）的最大位移、杆件最大内力等，对结构从强度及变形两个方面进行安全性检验。

地震波一般应根据抗震设防烈度，设计地震分组、场地类别等因素选用不少于二组实际强震记录和一组人工模拟的加速度时程曲线，其平均地震影响曲线应与振型分解反应谱法所采用的地震影响系数曲线在统计意义上相符，其加速度时程的最大值可按表 7-10 采用。在进行弹性时程分析时，每条时程曲线计算所得结构底部剪力不应小于振型分解反应谱法计算结果的 65%，多条时程曲线计算所得结构底部剪力的平均值不应小于振型分解反应谱法计算结果的 80%。

国内外经常采用的实际强度记录地震波列于表 7-11。

时程分析所用地震加速度时程曲线的最大值（cm/s^2）　　　表 7-10

地面影响	6度	7度	8度	9度
多遇地震	18	35（55）	70（110）	140
罕遇地震	—	220（310）	400（510）	620

注：括号内数值分别用于设计基本地震加速度为 $0.15g$ 和 $0.30g$ 的地区。

国内外常用实际记录地震波　　　　表 7-11

地震波名	记录时间	震 级	峰值加速度（gal）*	卓越周期（s）
松潘地震	1978.8.16	7.2	148.7	0.10
滦县北地震	1976.8.9	5.9	180.5	0.15
宁河地震	1976.11.15	6.9	146.5	0.90
EL Centro（NS）	1940.5	6.3	314.7	0.55
Taft（EW）	1952.7	7.7	175.9	0.44
新 泻	1964.6	7.7	155.0	0.50
Bucharest	1977.3	7.2	190.0	1.00
仙 台	1978.6	7.4	258.0	0.70

* gal = 10^{-2} m/s²。

第四节　竖向地震作用

一、高层建筑的竖向地震作用

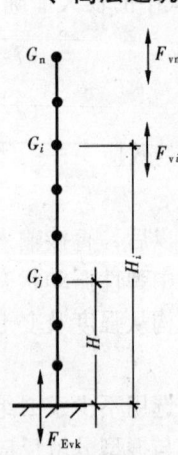

图 7-3　结构竖向地震作用计算简图

对抗震设防烈度为 9 度的高层建筑，其竖向地震作用标准值应按下列公式确定（图 7-3）。竖向地震作用的方向为可向上、可向下。

$$F_{Evk} = \alpha_{vmax} G_{eq} \tag{7-34}$$

$$F_{vi} = \frac{G_i H_i}{\sum_{j=1}^{n} G_j H_j} F_{Evk} \tag{7-35}$$

式中　F_{Evk}——结构总竖向地震作用标准值；
　　　F_{vi}——质点 i 的竖向地震作用标准值；
　　　α_{vmax}——竖向地震影响系数最大值，可取水平地震影响系数最大值的 65%；
　　　G_{eq}——结构等效总重力荷载，可取其重力荷载代表值的 75%。

二、平板型网架屋盖和跨度大于 24m 屋架的竖向地震作用

对抗震设防烈度为 8 度及 9 度的平板型网架屋盖和跨度大于 24m 屋架的竖向地震作用标准值，宜取其重力荷载代表值和竖向地震作用系数的乘积，即按公式（7-22）计算：

$$F_{Evk} = \zeta_V G_E \tag{7-36}$$

式中　G_E——重力荷载代表值；
　　　ζ_V——竖向地震作用系数，按表 7-12 采用。

竖向地震作用系数   表 7-12

结构类型	设防烈度	场地类别 I	场地类别 II	场地类别 III、IV
平板型网架、钢屋架	8	可不计算（0.10）	0.08（0.12）	0.10（0.15）
	9	0.15	0.15	0.20
钢筋混凝土屋架	8	0.10（0.15）	0.13（0.19）	0.13（0.19）
	9	0.20	0.25	0.25

注：括号内数值用于设计基本地震加速度为 $0.30g$ 的地区。

三、长悬臂和其他大跨度结构的竖向地震作用

对抗震设防烈度为 8 度和 9 度的长悬臂和其他大跨度结构的竖向地震作用标准值，可分别取该结构、构件重力荷载代表值的 10% 和 20%，对设计基本地震加速度为 $0.3g$ 时，可取该结构、构件重力荷载代表值的 15%。

【例题 7-1】 某三层现浇钢筋混凝土框架房屋，修建于 II 类场地土上。混凝土强度等级为 C30。其抗震设防烈度为 8 度，设计基本地震加速度为 $0.2g$，设计地震分组为第一组。由于该房屋各榀横向框架的侧向刚度相同，竖向变化基本均匀（图 7-4），且承受的荷载也基本相同（图 7-5 及图 7-6），因而确定该房屋横向框架在多遇地震情况下的水平地震力时可按平面横向框架计算。考虑梁翼缘的影响，梁刚度增大系数取 2.0。房屋的围护墙及隔墙均为轻质混凝土墙体。要求采用底部剪力法计算各层的水平地震力。

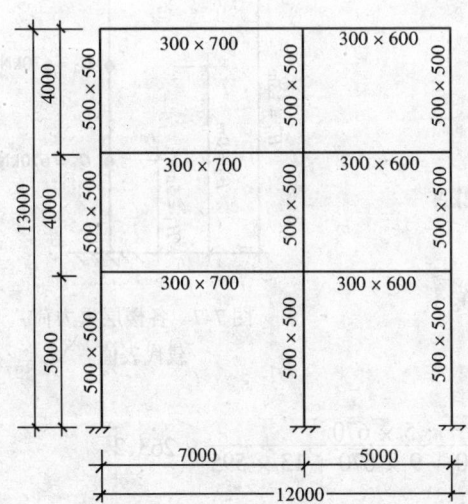

图 7-4 横向框架梁柱尺寸

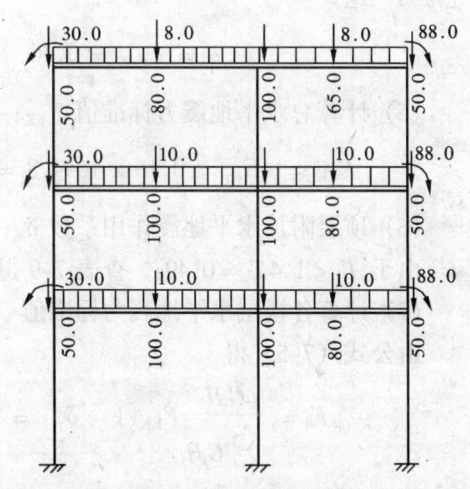

图 7-5 横向框架的永久荷载
(注：图中均布荷载单位为 kN/m，集中力为 kN，弯矩为 kN·m)

【解】 （1）计算各楼层重力荷载代表值（图 7-7）。
首层楼板处的重力荷载代表值：
$$G_1 = 10 \times 12 + 2 \times 100 + 2 \times 50 + 80 + 0.5(5 \times 12 + 100 + 3 \times 60)$$
$$= 670 \text{kN}$$

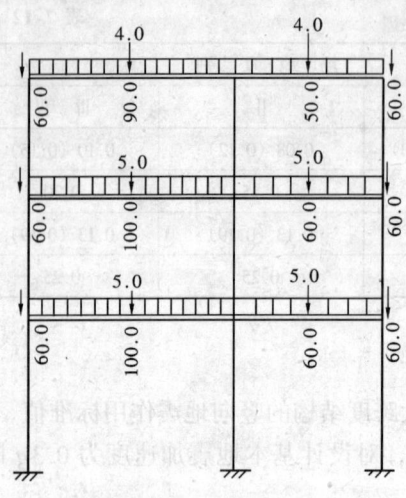

图 7-6 横向框架的楼面活荷载和屋面雪荷载

(注：图中均布荷载单位为 kN/m，集中力为 kN)

二层楼板处的重力荷载代表值：
$$G_2 = G_1 = 670\text{kN}$$
屋顶处的重力荷载代表值：
$$G_3 = 8 \times 12 + 80 + 65 + 2 \times 50$$
$$+ 100 + 0.5(4 \times 12 + 90 + 50 + 2 \times 60)$$
$$= 595\text{kN}$$

(2) 计算总重力荷载代表值 G_E 及等效总重力荷载代表值 G_{eq}：
$$G_E = \sum_{i=1}^n G_i = 670 + 670 + 595 = 1935\text{kN}$$
$$G_{eq} = 0.85G_E = 0.85 \times 1935 = 1644.8\text{kN}$$

(3) 计算结构基本周期 T_1：

按公式 (7-7) 计算，将各楼层处的重力荷载代表值 G_i 作为该楼层水平荷载，采用 D 值法计算得假想的结构顶点水平位移 u_T 为 0.103m 计算过程从略，ψ_T 取等于 0.6。

$$T_1 = 1.7\psi_T\sqrt{u_T} = 1.7 \times 0.6 \times \sqrt{0.103} = 0.327\text{s}$$

(4) 计算地震影响系数 α：

由于 $T_1 = 0.327\text{s} < T_g = 0.35\text{s}$（Ⅱ类场地、设计地震分组为第一组）

$$\alpha = \alpha_{\max} = 0.16$$

(5) 计算总水平地震力标准值 F_{EK}：

$$F_{EK} = \alpha G_{eq} = 0.16 \times 1644.8 = 263.2\text{kN}$$

(6) 顶层附加水平地震作用系数 δ_n：

由于 $T_1 < 1.4T_g = 0.49\text{s}$，查表 7-9 得 $\delta_n = 0$。

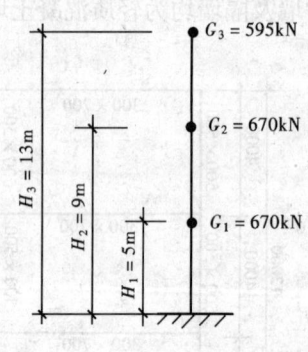

图 7-7 各楼层重力荷载代表值

(7) 计算各楼层水平地震力标准值

由公式 (7-5) 得

$$F_1 = \frac{G_i H_i}{\sum_{i=1}^n G_j H_j} F_{EK}(1-\delta_n) = \frac{5 \times 670}{5 \times 670 + 9 \times 670 + 13 \times 595} \times 263.2$$

$$= \frac{5 \times 670}{17115} \times 263.2 = 51.5\text{kN}$$

$$F_2 = \frac{9 \times 670}{17115} \times 263.2 = 92.7\text{kN}$$

$$F_3 = \frac{13 \times 595}{17115} \times 263.2 = 119.0\text{kN}$$

计算结果见图 7-8。

【例题 7-2】 计算条件完全同例题 7-1，用振型分解反应谱法求各振型的水平地震力。

【解】 (1) 计算各楼层重力荷载代表值：同例题 7-1，见图 7-7。

(2) 采用中国建筑科学研究院编制的 PK 软件计算三个振型的周期及质点特征向量值（图 7-9），求得 $T_1 = 0.348$s，$T_2 = 0.111$s，$T_3 = 0.068$s（考虑框架填充墙影响的自振周期折减系数取 0.6，阻尼比为 0.05）。

(3) 计算各振型的地震影响系数：

第一振型：$T_1 < T_g = 0.35$s

$$\alpha_1 = \alpha_{max} = 0.16$$

第二振型：$T_2 < T_g = 0.35$s 且 > 0.1s

$$\alpha_2 = \alpha_{max} = 0.16$$

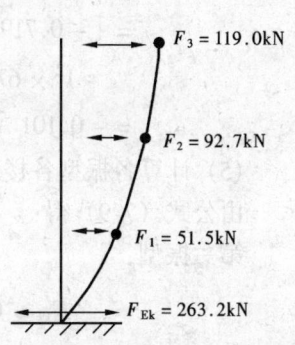

图 7-8 各楼层水平地震力

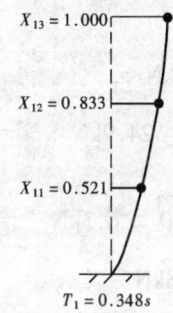
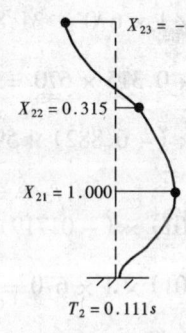
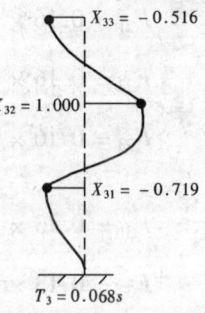

图 7-9 各振型相对位移

第三振型：$T_3 < 0.1$s，采用插入法求 α_3

$$\alpha_3 = \left(0.45 + \frac{0.55}{0.10} \times 0.068\right) \times 0.16 = 0.13$$

(4) 计算各振型参与系数：

由公式 (7-10) 得

$$\gamma_1 = \sum_{i=1}^{3} X_{1i} G_i \Big/ \sum_{i=1}^{3} X_{1i}^2 G_i$$

$$= [0.521 \times 670 + 0.833 \times 670 + 1 \times 595] / [0.521^2 \times 670 + 0.833^2 \times 670 + 1^2 \times 595]$$

$$= 1.21$$

$$\gamma_2 = \sum_{i=1}^{3} X_{2i} G_i \Big/ \sum_{i=1}^{3} X_{2i}^2 G_i$$

$$= [1 \times 670 + 0.315 \times 670 - 0.882 \times 595] / [1^2 \times 670$$

$$+ 0.315^2 \times 670 + (-0.882)^2 \times 595]$$

$$= 0.297$$

$$\gamma_3 = \sum_{i=1}^{3} X_{3i} G_i \Big/ \sum_{i=1}^{3} X_{3i}^2 G_i$$

$$= [-0.719 \times 670 + 1 \times 670 - 0.516 \times 595]/[(-0.719)^2 \times 670$$
$$+ 1^2 \times 670 + (-0.516)^2 \times 595]$$
$$= -0.101$$

(5) 计算各振型各楼层水平地震力标准值。

由公式 (7-9) 得：

第一振型：

$$F_{11} = 0.16 \times 1.21 \times 0.521 \times 670 = 67.6\text{kN}$$

$$F_{12} = 0.16 \times 1.21 \times 0.833 \times 670 = 108.0\text{kN}$$

$$F_{13} = 0.16 \times 1.21 \times 1 \times 595 = 115.2\text{kN}$$

第二振型

$$F_{21} = 0.16 \times 0.297 \times 1 \times 670 = 31.8\text{kN}$$

$$F_{22} = 0.16 \times 0.297 \times 0.315 \times 670 = 10.0\text{kN}$$

$$F_{23} = 0.16 \times 0.297 \times (-0.882) \times 595 = -24.9\text{kN}$$

第三振型

$$F_{31} = 0.13 \times (-0.101) \times (-0.719) \times 670 = 6.3\text{kN}$$

$$F_{32} = 0.13 \times (-0.101) \times 1 \times 670 = -8.8\text{kN}$$

$$F_{33} = 0.13 \times (-0.101) \times (-0.516) \times 595 = 4.0\text{kN}$$

各振型各楼层水平地震力标准值计算结果见图 7-10。

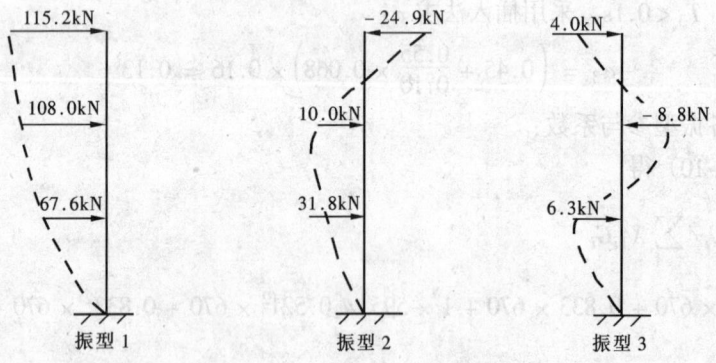

图 7-10 各振型水平地震力

【例题 7-3】 某 5 层现浇钢筋混凝土框架—剪力墙结构办公楼，其平面布置及楼面荷载和剖面如图 7-11 所示（未表示围护墙重）。该办公楼位于抗震设防烈度为 8 度地区，设计基本地震加速度为 $0.2g$，设计地震分组为第一组，Ⅱ类场地。建筑物使用年限为 50 年，结构安全等级为二级，抗震设防分类为丙类。混凝土强度等级为 C35。要求按考虑扭转耦联振型分解反应谱方法计算 x 及 y 方向的水平地震时各层的地震力。

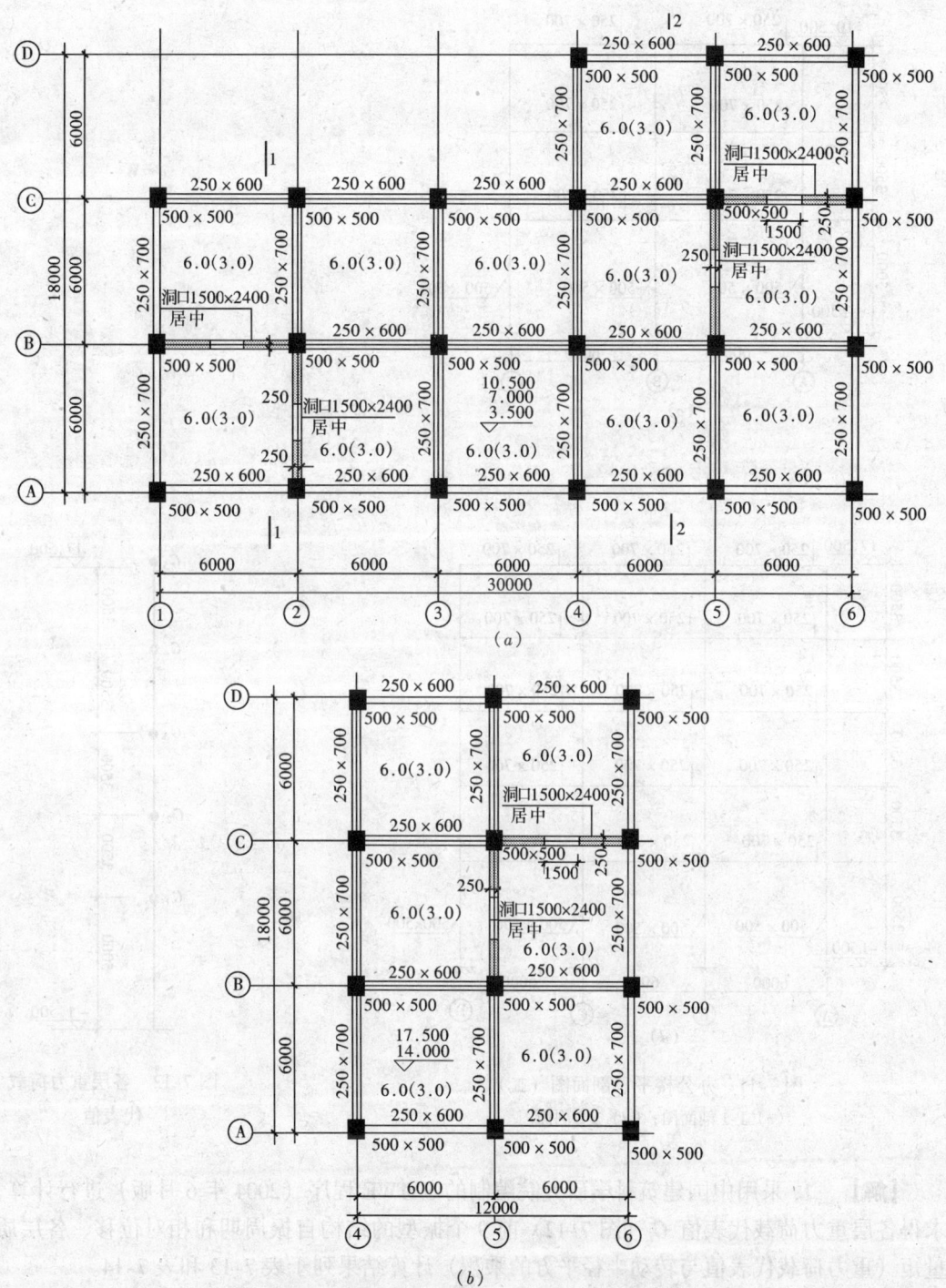

图 7-11 办公楼平、剖面图（一）
(a) 一至三层平面图及楼面荷载；(b) 四层及五层平面图及楼面荷载
[注：平面图中楼面荷载无括号者为恒荷载，有括号者为活荷载，单位（kN/m²）]

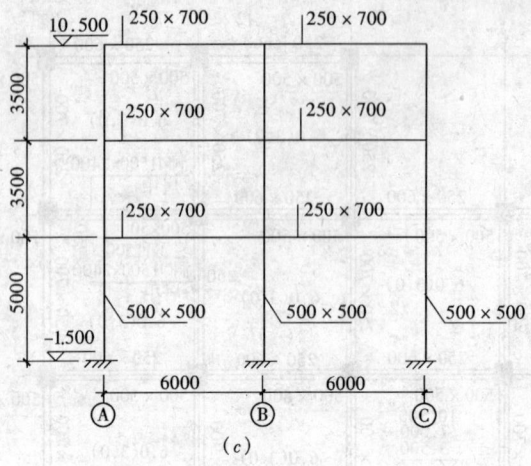

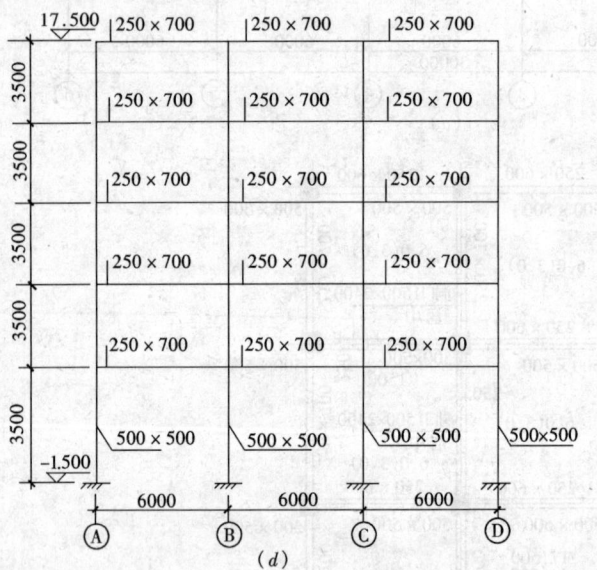

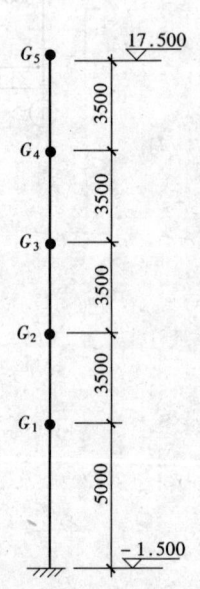

图 7-11　办公楼平、剖面图（二）
(c) 1-1 剖面图；(d) 2-2 剖面图

图 7-12　各层重力荷载代表值

【解】　1. 采用中国建筑科学研究院编制的 SATWE 程序（2004 年 6 月版）进行计算，求得各层重力荷载代表值 G_i（图 7-12）前 9 个振型的结构自振周期和相对位移、各层质量矩（重力荷载代表值与转动半径平方的乘积）计算结果列于表 7-13 和表 7-14。

各层重力荷载代表值和质量矩　　　　　　表 7-13

楼　层　号	1	2	3	4	5
G_i（kN）	5684	5263	5263	2697	2697
$G_i \gamma_i^2$（kN·m²）	680909	622790	622790	144360	144360

各振型周期及相对位移 表 7-14

楼层号	振型 1 ($T_1=0.4286s$)			振型 2 ($T_2=0.3603s$)			振型 3 ($T_3=0.2901s$)		
	X	Y	φ	X	Y	φ	X	Y	φ
5	-0.207	1.000	0.099	1.000	-0.190	0.108	-0.751	-1.000	0.224
4	-0.176	0.829	0.074	0.708	-0.136	0.058	-0.784	-0.835	0.124
3	-0.094	0.309	0.041	0.376	-0.078	0.000	-0.763	-0.735	0.015
2	-0.054	0.196	0.026	0.236	-0.047	0.000	-0.499	-0.484	0.008
1	-0.020	0.091	0.012	0.110	-0.021	0.001	-0.236	-0.234	0.003

楼层号	振型 4 ($T_4=0.2004s$)			振型 5 ($T_5=0.1216s$)			振型 6 ($T_6=0.1137$)		
	X	Y	φ	X	Y	φ	X	Y	φ
5	-0.305	-0.132	-0.144	-0.729	1.000	0.042	1.000	0.723	-0.044
4	0.120	-0.066	0.008	-0.079	0.130	0.007	0.217	0.238	-0.037
3	0.640	-1.000	0.130	0.424	-0.441	-0.033	-0.451	-0.354	0.006
2	0.494	-0.689	0.099	0.464	-0.617	-0.057	-0.620	-0.464	-0.006
1	0.277	-0.346	0.054	0.291	-0.444	-0.044	-0.453	-0.338	-0.010

楼层号	振型 7 ($T_7=0.0964s$)			振型 8 ($T_8=0.0690s$)			振型 9 ($T_9=0.0624s$)		
	X	Y	φ	X	Y	φ	X	Y	φ
5	-0.483	-0.124	-0.175	-0.483	1.000	-0.034	-0.305	0.727	0.018
4	1.000	0.005	0.328	1.000	-0.518	0.077	0.286	-0.591	-0.021
3	-0.074	0.068	-0.003	-0.074	-0.056	-0.147	0.387	-0.781	-0.012
2	-0.253	0.051	-0.027	-0.253	-0.348	0.055	-0.207	0.344	-0.003
1	-0.229	0.021	-0.027	-0.229	-0.203	0.179	-0.507	1.000	0.015

2. 计算仅考虑 x 方向水平地震时第 1 振型水平地震力

根据第 1 振型结构自振周期 $T_1=0.4286s$ 及周期折减系数取 0.9，阻尼比 $\xi=0.05$；$T_g=0.25s$ 得：

$$\alpha_1 = \left(\frac{T_g}{0.9T_1}\right)^{0.9}\alpha_{max} = \left(\frac{0.25}{0.9\times 0.4286}\right)^{0.9}\times 0.16 = 0.1084$$

$$\gamma_{t1} = \sum_{i=1}^{5} X_{1i}G_i / [\sum_{i=1}^{5}(X_{1i}^2 + Y_{1i}^2)G_i + \varphi_{1i}^2 r_i^2 G_i]$$

$$= [-0.020\times 5684 - 0.054\times 5263 - 0.094\times 5263 - 0.176\times 2697$$
$$- 0.207\times 2697]/[(0.020^2 + 0.091^2)\times 5684 + (0.054^2 + 0.196^2)$$
$$\times 5263 + (0.094^2 + 0.309^2)\times 5263 + (0.176^2 + 0.829^2)\times 2697$$
$$+ (0.207^2 + 1^2)\times 2697 + 0.012^2\times 680909 + 0.026^2\times 622790$$
$$+ 0.041^2\times 622790 + 0.074^2\times 144360 + 0.099^2\times 144360]$$

$$= -0.206$$

由公式（7-26）得耦联地震力在 X 方向各层的分量：

第一层地震力 F_{xx1}：

$$F_{xx1} = \alpha_1 \gamma_{t1} X_{11} G_1 = 0.1084 \times 0.206 \times 0.020 \times 5684$$
$$= 2.54\text{kN}$$

第二层地震力 F_{xx2}:
$$F_{xx2} = \alpha_1 \gamma_{t1} x_{12} G_2 = 0.1084 \times 0.206 \times 0.054 \times 5263$$
$$= 6.35\text{kN}$$

第三层地震力 F_{xx3}:
$$F_{xx3} = 0.1084 \times 0.206 \times 0.094 \times 5263 = 11.05\text{kN}$$

第四层地震力 F_{xx4}:
$$F_{xx4} = 0.1084 \times 0.206 \times 0.176 \times 2697 = 10.60\text{kN}$$

第五层地震力 F_{xx5}:
$$F_{xx5} = 0.1084 \times 0.206 \times 0.207 \times 2697 = 12.47\text{kN}$$

由公式（7-26）得耦联地震力在 y 方向各层的分量：

第一层地震力 F_{xy1}:
$$F_{xy1} = \alpha_1 \gamma_{t1} Y_{11} G_1 = 0.1084 \times 0.206 \times 0.091 \times 5684 = -11.55\text{kN}$$

第二层地震力 F_{xy2}:
$$F_{xy2} = -0.1084 \times 0.206 \times 0.196 \times 5263 = -23.03\text{kN}$$

第三层地震力 F_{xy3}:
$$F_{xy3} = -0.1084 \times 0.206 \times 0.309 \times 5263 = -36.32\text{kN}$$

第四层地震力 F_{xy4}:
$$F_{xy4} = -0.1084 \times 0.206 \times 0.829 \times 2697 = -49.93\text{kN}$$

第五层地震力 F_{xy5}:
$$F_{xy5} = -0.1084 \times 0.206 \times 1 \times 2697 = -60.22\text{kN}$$

由公式（7-26）得 X 方向的耦联地震力的扭矩：

第一层扭矩 F_{xt1}:
$$F_{xt1} = \alpha_1 \gamma_{t1} \varphi_{11} r_1^2 G_1$$
$$= -0.1084 \times 0.206 \times 0.012 \times 680909$$
$$= -182.5\text{kN} \cdot \text{m}$$

第二层扭矩 F_{xt2}:
$$F_{xt2} = \alpha_1 \gamma_{t1} \varphi_{12} r_2^2 G_2$$
$$= -0.1084 \times 0.206 \times 0.026 \times 622790$$
$$= -361.6\text{kN} \cdot \text{m}$$

第三层扭矩 F_{xt3}:
$$F_{xt3} = \alpha_1 \gamma_{t1} \varphi_{13} r_3^2 G_3$$
$$= -0.1084 \times 0.206 \times 0.041 \times 622790$$
$$= -570.2\text{kN} \cdot \text{m}$$

第四层扭矩 F_{xt4}:
$$F_{xt4} = \alpha_1 \gamma_{t1} \varphi_{14} r_4^2 G_4$$

$$= -0.1084 \times 0.206 \times 0.074 \times 144360$$
$$= -238.5 \text{kN} \cdot \text{m}$$

第五层扭矩 F_{xt5}:
$$F_{xt5} = \alpha_1 \gamma_{t1} \varphi_{15} r_5^2 G_5$$
$$= -0.1084 \times 0.206 \times 0.099 \times 144360$$
$$= -319.1 \text{kN} \cdot \text{m}$$

3. 计算仅考虑 Y 方向水平地震时第 1 振型水平地震力

$$\alpha_1 = 0.1084 (据以上计算)$$

$$\gamma_{t1} = \sum_{i=1}^{5} Y_{1i} G_i / [\sum_{i=1}^{5} (X_{1i}^2 + Y_{1i}^2) G_i + \varphi_{1i}^2 \gamma_i^2 G_i]$$
$$= (0.091 \times 5684 + 0.196 \times 5263 + 0.309 \times 5263 + 0.829 \times 2697$$
$$+ 1 \times 2697) / [(0.020^2 + 0.091^2) \times 5684 + (0.054^2 + 0.196^2) \times 5263$$
$$+ (0.094^2 + 0.309^2) \times 5263 + (0.176^2 + 0.829^2) \times 2697$$
$$+ (0.207^2 + 1) \times 2697 + 0.012^2 \times 68090) + 0.026^2 \times 622790$$
$$+ 0.041^2 \times 622790 + 0.074^2 \times 144360 \times 0.099^2 \times 144360]$$
$$= 0.8684$$

由公式 (7-26) 得耦联地震力在 X 方向各层的分量:
$$F_{yx1} = \alpha_1 \gamma_{t1} X_{11} G_1 = 0.1084 \times 0.8684 \times (-0.020) \times 5684 = -10.70 \text{kN}$$
$$F_{yx2} = \alpha_1 \gamma_{t1} X_{12} G_2 = 0.1084 \times 0.8684 \times (-0.054) \times 5263 = -26.75 \text{kN}$$
$$F_{yx3} = \alpha_1 \gamma_{t1} X_{13} G_3 = 0.1084 \times 0.8684 \times (-0.094) \times 5263 = -46.57 \text{kN}$$
$$F_{yx4} = \alpha_1 \gamma_{t1} X_{14} G_4 = 0.1084 \times 0.8684 \times (-0.176) \times 2697 = -44.68 \text{kN}$$
$$F_{yx5} = \alpha_1 \gamma_{t1} X_{15} G_5 = 0.1084 \times 0.8684 \times (-0.207) \times 2697 = -52.55 \text{kN}$$

由公式 (7-26) 得耦联地震力在 Y 方向各层的分量:
$$F_{yy1} = \alpha_1 \gamma_{t1} Y_{11} G_1 = 0.1084 \times 0.8684 \times 0.091 \times 5684 = 48.69 \text{kN}$$
$$F_{yy2} = \alpha_1 \gamma_{t1} Y_{12} G_2 = 0.1084 \times 0.8684 \times 0.196 \times 5263 = 97.10 \text{kN}$$
$$F_{yy3} = \alpha_1 \gamma_{t1} Y_{13} G_3 = 0.1084 \times 0.8684 \times 0.309 \times 5263 = 153.09 \text{kN}$$
$$F_{yy4} = \alpha_1 \gamma_{t1} Y_{14} G_4 = 0.1084 \times 0.8684 \times 0.829 \times 2697 = 210.47 \text{kN}$$
$$F_{yy5} = \alpha_1 \gamma_{t1} Y_{15} G_5 = 0.1084 \times 0.8684 \times 1 \times 2697 = 253.88 \text{kN}$$

由公式 (7-26) 得 Y 方向的耦联地震力的扭矩:
$$F_{yt1} = \alpha_1 \gamma_{t1} \varphi_{11} r_1^2 G_1 = 0.1084 \times 0.8684 \times 0.012 \times 680909 = 769.2 \text{kN} \cdot \text{m}$$
$$F_{yt2} = \alpha_1 \gamma_{t1} \varphi_{12} r_2^2 G_2 = 0.1084 \times 0.8684 \times 0.026 \times 622790 = 1524.3 \text{kN} \cdot \text{m}$$
$$F_{yt3} = \alpha_1 \gamma_{t3} \varphi_{13} r_3^3 G_3 = 0.1084 \times 0.8684 \times 0.041 \times 622790 = 2403.7 \text{kN} \cdot \text{m}$$
$$F_{yt4} = \alpha_1 \gamma_{t1} \varphi_{14} r_4^2 G_4 = 0.1084 \times 0.8684 \times 0.074 \times 144360 = 1005.6 \text{kN} \cdot \text{m}$$
$$F_{yt5} = \alpha_1 \gamma_{t1} \varphi_{15} r_5^2 G_5 = 0.1084 \times 0.8684 \times 0.099 \times 144360 = 1345.3 \text{kN} \cdot \text{m}$$

4. 按以上相同方法可求得仅 X 方向地震作用时扭转耦联产生的第 2～第 9 振型各层的地震力的计算结果见表 7-15；仅考虑 Y 方向地震作用时扭转耦联产生的第 2～第 9 振型各层的地震力的计算结果见表 7-16。

仅考虑 X 向地震作用时的地震力（单位：力 – kN　扭矩 – kN·m）　　表 7-15

楼层号	振型 2			振型 3			振型 4			振型 5		
	F_{xx}	F_{xy}	F_{xt}	F_{xx}	F_{xy}	F_{xt}	F_{xx}	F_{xy}	F_{xt}	F_{xx}	F_{xy}	F_{xt}
5	383.52	-72.68	2224.5	142.74	190.13	-2277.3	-27.02	-11.70	-682.7	-85.62	117.51	261.2
4	271.60	-52.17	1187.6	149.07	158.77	-1258.7	10.68	-5.87	39.3	-9.32	15.27	43.0
3	281.51	-58.28	-34.4	282.90	272.73	-644.7	110.70	-173.01	2662.6	97.26	-101.06	-900.7
2	176.87	-35.46	15.9	185.08	179.59	-348.5	85.51	-119.15	2029.9	106.27	-141.44	-1559.4
1	88.95	-17.07	61.7	94.44	93.58	-138.6	51.84	-64.74	1208.5	72.07	-110.03	-1312.0

楼层号	振型 6			振型 7			振型 8			振型 9		
	F_{xx}	F_{xy}	F_{xt}	F_{xx}	F_{xy}	F_{xt}	F_{xx}	F_{xy}	F_{xt}	F_{xx}	F_{xy}	F_{xt}
5	-182.17	-131.63	433.8	12.62	3.23	244.9	-0.19	18.6	-33.5	13.05	-31.14	-42.2
4	-39.47	-43.38	357.3	-26.11	-0.13	-457.7	6.39	-9.64	76.6	-12.27	25.31	47.4
3	160.26	125.97	-268.3	3.78	-3.49	19.6	-26.00	-2.05	-631.0	-32.29	65.29	119.4
2	220.45	165.09	245.9	12.86	-2.57	164.3	7.09	-12.62	234.1	17.27	-28.74	32.5
1	174.05	129.95	441.9	12.62	-1.15	178.8	31.22	-7.94	840.4	45.77	-90.24	-157.8

注：表中 F_{xx} 表示 x 方向的耦联地震力在 X 方向的分量；F_{xy} 表示 x 方向的耦联地震力在 y 方向的分量；F_{xt} 表示 x 方向的耦联地震力的扭矩。

仅考虑 Y 向地震作用时的地震力（单位：力 – kN　扭矩 – kN·m）　　表 7-16

楼层号	振型 2			振型 3			振型 4			振型 5		
	F_{yx}	F_{yy}	F_{yt}	F_{yx}	F_{yy}	F_{yt}	F_{yx}	F_{yy}	F_{yt}	F_{yx}	F_{yy}	F_{yt}
5	-75.16	14.24	-436.0	149.52	199.16	-2385.5	43.66	18.91	1103.3	104.14	-142.93	-317.7
4	-53.23	10.23	-232.8	156.15	166.31	-1318.5	-17.26	9.49	-63.51	11.34	-18.58	-52.3
3	-55.17	11.42	6.7	296.34	285.69	-675.3	-178.90	279.60	-4303.06	-118.30	122.93	1095.6
2	-34.66	6.95	-3.1	193.87	188.13	-363.1	-138.20	192.56	-3280.5	-129.27	172.04	1896.8
1	-17.43	3.35	-12.1	98.92	98.03	-145.2	-83.78	104.62	-1953.2	-87.66	133.84	1595.8

楼层号	振型 6			振型 7			振型 8			振型 9		
	F_{yx}	F_{yy}	F_{yt}	F_{yx}	F_{yy}	F_{yt}	F_{yx}	F_{yy}	F_{yt}	F_{yx}	F_{yy}	F_{yt}
5	-134.54	-97.21	320.3	-3.29	-0.84	-63.8	0.14	-13.72	24.7	-24.64	58.78	79.7
4	-29.15	-32.03	263.8	6.80	0.03	119.3	-4.71	7.11	-56.5	23.15	-47.77	-89.4
3	118.35	93.03	-198.1	-0.98	0.91	-5.1	19.18	1.51	465.8	60.95	-123.23	-225.3
2	162.80	121.92	181.6	-3.35	0.67	-42.8	-5.23	9.31	-172.7	-32.59	54.24	-61.3
1	128.5	95.97	326.8	-3.29	0.30	-46.6	-23.03	5.86	-620.1	-86.40	170.33	297.8

注：表中 F_{yx} 表示 y 方向的耦联地震力在 x 方向的分量；F_{yy} 表示 y 方向的耦联地震力在 y 方向的分量；F_{yt} 表示 y 方向的耦联地震力的扭矩。

【例题 7-4】 某 10 层钢筋混凝土框架-剪力墙结构房屋，其一、二、三层的重力荷载代表值为 7500kN，层高 4m，其余各层的重力荷载代表值为 6200kN，层高为 3m，修建于设防烈度为 9 度地区，该房屋为两类建筑，设计基本地震加速度值为 $0.4g$，设计地震分组为第一组。求在多遇地震情况各层的竖向地震力标准值。

【解】 竖向地震力计算简图见图7-13。

(1) 计算结构等效总重力荷载:
$$G_{eq} = 0.75 \times (3 \times 7500 + 7 \times 6200) = 49425 \text{kN}$$

(2) 求结构总竖向地震力标准值（向上或向下）:
$$F_{Evk} = \alpha_{vmax} G_{eq} = 0.65 \alpha_{max} G_{eq} = 0.65 \times 0.32 \times 49425$$
$$= 10280.4 \text{kN}(\Updownarrow)$$

(3) 计算各层竖向地震力标准值（向上或向下）:
由公式 (7-21):
$$\sum_{j=1}^{n} G_j H_j = (4 + 8 + 12) \times 7500 + (15 + 18 + 21$$
$$+ 24 + 27 + 30 + 33) \times 6200$$
$$= 1221600 \text{kN} \cdot \text{m}$$

首层楼板处竖向地震力标准值:
$$F_{V1} = \frac{G_1 H_1}{\sum_{j=1}^{n} G_j H_j} F_{Evk} = \frac{7500 \times 4}{1221600} \times 10280.4$$
$$= 252.5 \text{kN}(\Updownarrow)$$

二层楼板处竖向地震力标准值
$$F_{V2} = \frac{G_2 H_2}{\sum_{j=1}^{n} G_j H_j} F_{Evk} = \frac{7500 \times 8}{1221600} \times 10280.4$$
$$= 504.9 \text{kN}(\Updownarrow)$$

同理可求得各层楼板处竖向地震力标准值:
三层竖向地震力标准值 $F_{V3} = 758.0 \text{kN}$ ($\Updownarrow$)
四层竖向地震力标准值 $F_{V4} = 782.6 \text{kN}$ ($\Updownarrow$)
五层竖向地震力标准值 $F_{V5} = 939.2 \text{kN}$ ($\Updownarrow$)
六层竖向地震力标准值 $F_{V6} = 1095.7 \text{kN}$ ($\Updownarrow$)
七层竖向地震力标准值 $F_{V7} = 1252.2 \text{kN}$ ($\Updownarrow$)
八层竖向地震力标准值 $F_{V8} = 1408.7 \text{kN}$ ($\Updownarrow$)
九层竖向地震力标准值 $F_{V9} = 1565.3 \text{kN}$ ($\Updownarrow$)
十层竖向地震力标准值 $F_{V10} = 1721.8 \text{kN}$ ($\Updownarrow$)

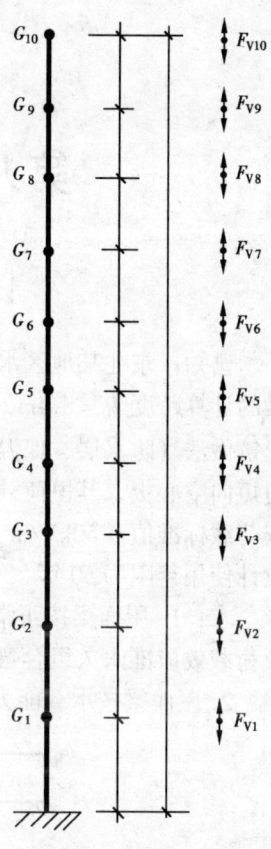

图 7-13 竖向地震力计算简图

(单位: m)

第八章 结构内力计算例题

[例题 8-1] 钢筋混凝土屋面梁

已知：东北某地区水泥厂的配电室单跨等截面简支现浇钢筋混凝土屋面梁（图 8-1），梁的计算跨度 $l_0 = 8.4\text{m}$，梁间距 $S = 3.6\text{m}$，梁截面尺寸为 $250\text{mm} \times 800\text{mm}$（$b \times h$），屋面建筑做法（防水层、保温层、找坡层等）恒荷载标准值为 2.5kN/m^2，屋面板为预制预应力短向空心板，其恒荷载标准值为 1.3kN/m^2，屋面均布活荷载标准值 0.7kN/m^2，屋面积灰荷载标准值 0.50kN/m^2，当地基本雪压 0.45kN/m^2。屋面梁的结构重要性系数 $\gamma_0 = 1.0$。设计使用年限为 50 年。

求：1. 屋面梁按正常使用极限状态计算时，跨中正截面的荷载效应标准组合弯矩值及荷载效应准永久组合弯矩值；

2. 屋面梁按承载能力极限状态计算时，跨中正截面的荷载效应基本组合弯矩设计值。

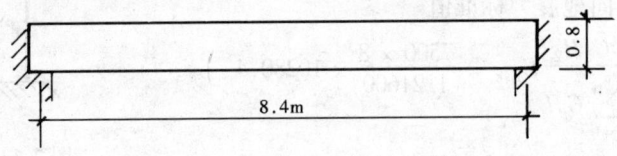

图 8-1 屋面梁

【解】 一、作用于屋面梁上的均布线荷载标准值

（一）恒荷载 G_k

1. 屋面建筑做法 G_{k1}

$$G_{k1} = 2.5 \times 3.6 = 9.00 \text{kN/m}$$

2. 屋面板自重 G_{k2}

$$G_{k2} = 1.3 \times 3.6 = 4.68 \text{kN/m}$$

3. 屋面梁自重 G_{k3}

$$G_{k3} = 0.25 \times 0.8 \times 25 = 5.00 \text{kN/m}$$

$\therefore G_k = G_{k1} + G_{k2} + G_{k3} = 9 + 4.68 + 5 = 18.68 \text{kN/m}$

（二）活荷载 Q_k

1. 雪荷载 Q_{1k}

由于屋面坡度 $\leqslant 25°$，根据表 5-2 屋面积雪分布系数 $\mu_r = 1.0$

$$Q_{1k} = \mu_r S_0 \times 3.6 = 1 \times 0.45 \times 3.6 = 1.62 \text{kN/m}$$

2. 屋面均布活荷载 Q_{2k}

$$Q_{2k} = 0.7 \times 3.6 = 2.52 \text{kN/m}$$

3. 屋面积灰荷载 Q_{3k}

$$Q_{3k} = 0.5 \times 3.6 = 1.8 \text{kN/m}$$

二、屋面梁跨中正截面荷载效应标准值组合弯矩值 M_k

由于屋面梁上作用有三种活荷载，其中雪荷载与屋面均布活荷载不应同时组合，因此活荷载参与组合的情况只有两种，即①雪荷载 + 屋面积灰荷载或②屋面均布活荷载 + 屋面积灰荷载。由于雪荷载 Q_{1k} 和屋面均布活荷载 Q_{2k} 的组合值系数 $\psi_{c1} = \psi_{c2} = 0.7$，屋面积灰荷载的组合值系数 $\psi_{c3} = 0.5$，而雪荷载 Q_{1k} 小于屋面均布活荷载 Q_{2k}，因此最终可只考虑屋面均布活荷载 Q_{2k} 和屋面积灰荷载 Q_{3k} 同时参与组合的情况（图 8-2）：

（一）以屋面均布活荷载为第一种活荷载

根据公式（1-9）：

$$M_{k1} = \frac{1}{8}(G_k + Q_{2k} + \psi_{c3}Q_{3k})l_0^2 = \frac{1}{8}(18.68 + 2.52 + 0.5 \times 1.8) \times 8.4^2$$

$$= 194.9 \text{kN} \cdot \text{m}$$

（二）以屋面积灰荷载为第一种活荷载

$$M_{k2} = \frac{1}{8}(G_k + Q_{3k} + \psi_{c2}Q_{2k})l_0^2 = \frac{1}{8}(18.68 + 1.8 + 0.7 \times 2.52) \times 8.4^2$$

$$= 196.2 \text{kN} \cdot \text{m}$$

因此最不利的组合弯矩值为第（二）种情况。

三、屋面梁跨中正截面荷载效应准永久值组合弯矩值 M_q

据以上计算，由于屋面均布活荷载的准永久值系数 $\psi_{q2} = 0$，而屋面积灰荷载的准永久值系数 $\psi_{q3} = 0.8$，因此与组合弯矩值 M_{k1}、M_{k2} 相应的荷载效应准永久组合弯矩值 M_{q1}、M_{q2} 可求得如下（图 8-3）：根据公式（1-10）

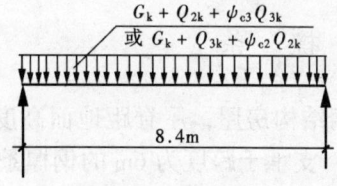 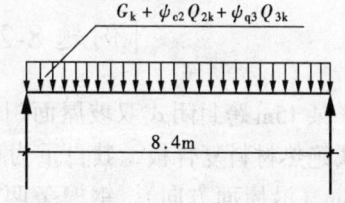

图 8-2 荷载效应标准组合计算简图　　图 8-3 荷载效应准永久组合计算简图

（一）相应于以屋面均布活荷载为第一种活荷载的荷载效应准永久组合弯矩值 M_{q1}：

$$M_{q1} = \frac{1}{8}\left(G_k + \sum_{i=1}^{2}\psi_{qi}Q_{ik}\right)l_0^2 = \frac{1}{8}(18.68 + 0 \times 2.52 + 0.8 \times 1.8) \times 8.4^2$$

$$= 177.5 \text{kN} \cdot \text{m}$$

（二）相应于以屋面积灰荷载为第一种活荷载的荷载效应准永久组合弯矩值 M_{q2}：

$$M_{q2} = \frac{1}{8}(18.68 + 0.8 \times 1.8 + 0 \times 2.52) \times 8.4^2 = 177.5 \text{kN} \cdot \text{m}$$

四、屋面梁跨中正截面荷载效应基本组合弯矩设计值

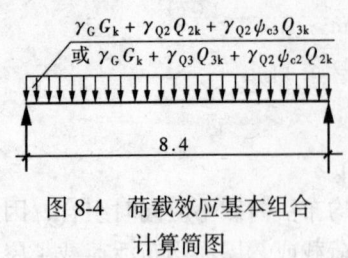

图8-4 荷载效应基本组合计算简图

(一) 由可变荷载效应控制的组合

根据以上第二款的分析，仅考虑以下两种组合情况（图8-4）：

1. 以屋面均布活荷载为第一种活荷载，根据公式 (1-2)

$$M_1 = \gamma_0 \times \frac{1}{8} \times (\gamma_G G_k + \gamma_{Q2} Q_{2k} + \gamma_{Q3} \psi_{c3} Q_{3k}) l_0^2$$

$$= 1 \times \frac{1}{8} \times (1.2 \times 18.68 + 1.4 \times 2.52 + 1.4 \times 0.9 \times 1.8) \times 8.4^2$$

$$= 248.8 \text{kN} \cdot \text{m}$$

2. 以屋面积灰荷载为第一种活荷载，按公式 (1-9)

$$M_2 = \gamma_0 \times \frac{1}{8} \times (\gamma_G G_k + \gamma_{Q3} Q_{3k} + \gamma_{Q2} \psi_{c2} Q_{2k}) l_0^2$$

$$= 1 \times \frac{1}{8} \times (1.2 \times 18.68 + 1.4 \times 1.8 + 1.4 \times 0.7 \times 2.52) \times 8.4^2$$

$$= 241.7 \text{kN} \cdot \text{m}$$

(二) 由永久荷载效应控制的组合

仅考虑屋面活荷载和屋面积灰荷载参与组合，根据公式 (1-3):

$$M_3 = \gamma_0 \left[\frac{1}{8} (\gamma_G G_k + \sum_1^2 \gamma_{Qi} \psi_{ci} Q_{ik}) l_0 \right]$$

$$= 1 \times \left[\frac{1}{8} (1.35 \times 18.68 + 1.4 \times 0.7 \times 2.52 + 1.4 \times 0.9 \times 1.8) \right] \times 8.4^2$$

$$= 264.2 \text{kN} \cdot \text{m}$$

由以上计算可知应以永久荷载效应控制的组合为最不利情况基本组合弯矩设计值。

[例题 8-2] 钢 檩 条

已知：某15m跨封闭式双坡屋面门式刚架轻钢结构房屋，屋脊距地面高度为7.5m。屋面为金属绝热材料复合板，其自重为 0.16kN/m^2，支承于跨度为6m的钢檩条上，檩条间距为1.5m（沿屋面方向）。钢檩条两端为简支但跨中设拉条，檩条型号为 Q235 卷边槽形冷弯薄壁型钢 $140 \times 50 \times 20 \times 3$（图8-5），其计算跨度沿跨度方向 $l_{ox} = 5.96\text{m}$；沿屋面方向 $l_{oy} = 2.98\text{m}$（此时按两跨连续梁计算），屋面坡度 $i = l/12$ ($\alpha = 4.76°$)。当地基本风压为 0.50kN/m^2，地面粗糙度为 B 类；基本雪压 0.35kN/m^2。屋面均布活荷载为 0.5kN/m^2，结构重要性系数 $\gamma_0 = 1.0$，结构设计使用年限为50年。

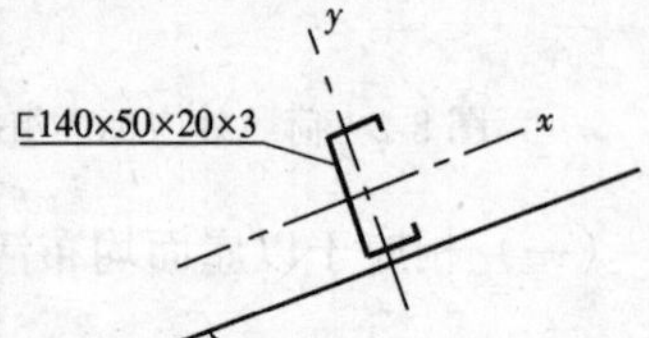

图8-5 卷边槽形型钢檩条

求：檩条按承载能力极限状态计算时，檩条跨中截面的荷载效应基本组合弯矩值。其

中风荷载效应计算采用参考资料 [18] 的概念。

【解】 一、作用于檩条上的荷载标准值

（一）恒荷载

1. 金属绝热材料复合板自重
$$G_{k1} = 0.16 \times 1.5 = 0.24 \text{kN/m}(\downarrow)$$

2. 卷边槽型钢檩条自重（包括拉条）
$$G_{k2} = 0.10 \text{kN/m}(\downarrow)$$

合计 $G_k = G_{k1} + G_{k2} = 0.24 + 0.10 = 0.34 \text{kN/m}(\downarrow)$

（二）活荷载

1. 雪荷载 Q_{1k}

根据本书第五章第三节第二款要求，设计檩条时应按积雪不均匀分布最不利情况计算雪荷载。查表 5-2 中的项次 2，最不利情况屋面不均匀分布系数 $= 1.25\mu_r$，$\mu_r = 1.0$。

$$\begin{aligned} Q_{1k} &= 1.25\mu_r S_0 \times 1.5\cos4.76° = 1.25 \times 1 \times 0.35 \times 1.5 \times \cos4.76° \\ &= 0.65 \text{kN/m}(\downarrow) \end{aligned}$$

2. 风荷载 Q_{2k}

檩条的局部风压体型系数 $\mu_s = -1.47$（因有效受风面积 $A = 6 \times 1.5 = 9\text{m}^2$ 及选择房屋最不利部位的檩条验算），风压高度变化系数 $\mu_z = 1$，此外，按参考资料 [18] 规定计算风压标准值时应将基本风压乘 1.05。

$$\begin{aligned} Q_{2k} &= \mu_s\mu_z \times 1.05\omega_0 \times 1.5 = -1.47 \times 1 \times 1.05 \times 0.5 \times 1.5 \\ &= -1.16 \text{kN/m}(\text{吸力})(\nearrow) \end{aligned}$$

3. 屋面均布活荷载 Q_{3k}

$$Q_{3k} = 0.5 \times 1.5\cos4.76° = 0.75 \text{kN/m}(\downarrow)$$

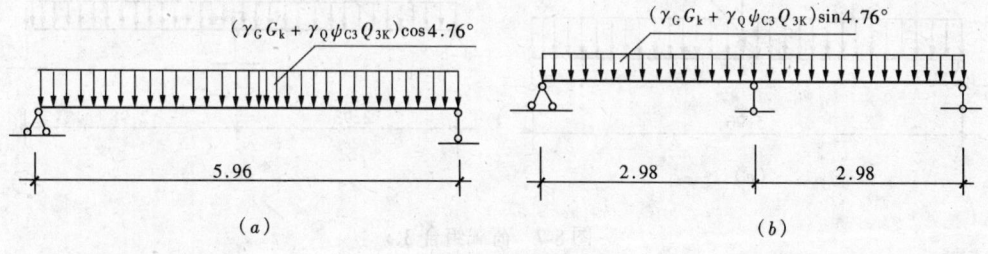

图 8-6 荷载组合 1
（a）M_x 计算简图；（b）M_y 计算简图

4. 检修集中活荷载 Q_{4k}

根据本书第三章第五节要求檩条应考虑检修集中活荷载，但此集中活荷载可不与屋面均布活荷载同时参与组合。集中活荷载可作用在檩条的任意位置处，但对本例题情况作用在沿跨度 l_x 方向的跨中截面最不利。

$$Q_{4k} = 1 \text{kN}(\downarrow)$$

二、檩条跨中截面的荷载效应基本组合弯矩值

由于屋面均布活荷载 Q_{3k} 不与雪荷载 Q_{1k} 同时组合，而 $Q_{3k} \geq Q_{1k}$，因此可减少考虑部

分与以上两荷载有关的荷载效应组合情况，但应计算以下 4 种组合。

1. 组合 1：由永久荷载效应控制的组合。此时考虑参与组合的荷载有恒载和屋面均布活荷载（图 8-6），γ_G 取 1.35。

$$M_x = \gamma_0 \times \frac{1}{8}(\gamma_G G_k + \gamma_Q \psi_{c3} Q_{3k}) l_{ox}^2 \cos 4.76°$$
$$= 1 \times \frac{1}{8} \times (1.35 \times 0.34 + 1.4 \times 0.7 \times 0.75) \times 5.96^2 \times \cos 4.76°$$
$$= 5.28 \text{kN} \cdot \text{m}$$

$$M_y = -\gamma_0 \times \frac{1}{8}(\gamma_G G_k + \gamma_Q \psi_{c3} Q_{3k}) l_{ox}^2 \sin 4.76°$$
$$= -1 \times \frac{1}{8} \times (1.35 \times 0.34 + 1.4 \times 0.7 \times 0.75) \times 2.98^2 \times \sin 4.76°$$
$$= -0.11 \text{kN} \cdot \text{m}$$

2. 组合 2：由活荷载效应控制的组合。此时考虑参与组合的荷载有恒载和屋面均布活荷载

$$M_x = \gamma_0 \frac{1}{8}(\gamma_G G_k + \gamma_Q Q_{3k}) l_{ox}^2 \cos 4.76°$$
$$= 1 \times \frac{1}{8} \times (1.2 \times 0.34 + 1.4 \times 0.75) \times 5.96^2 \times \cos 4.76°$$
$$= 6.45 \text{kN} \cdot \text{m}$$

$$M_y = -\gamma_0 \frac{1}{8}(\gamma_G G_k + \gamma_Q Q_{3k}) l_{oy}^2 \sin 4.76°$$
$$= -1 \times \frac{1}{8} \times (1.2 \times 0.34 + 1.4 \times 0.75) \times 2.98^2 \times \sin 4.76°$$
$$= -0.13 \text{kN} \cdot \text{m}$$

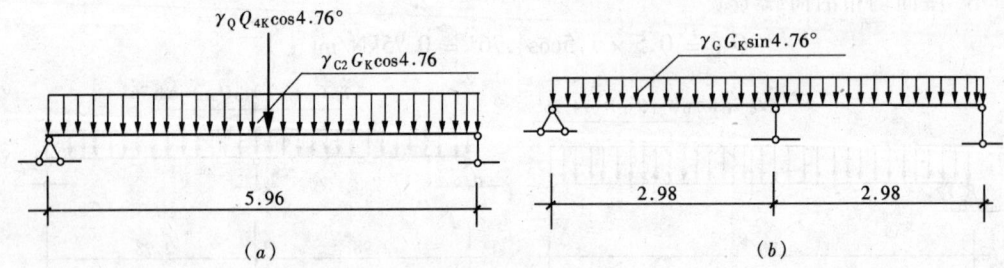

图 8-7 荷载组合 3
(a) M_x 计算简图；(b) M_y 计算简图

3. 组合 3：由活荷载效应控制的组合。此时考虑参与组合的荷载有恒载和检修集中活荷载。由于檩条沿长度方向的跨中设有拉条，在计算 M_y 时检修集中活荷载可不考虑（图 8-7）

$$M_x = \gamma_0 \left(\frac{1}{8} \times 1.2 G_k l_{ox}^2 + \frac{1}{4} \times 1.4 Q_{4k} l_{ox} \right) \cos 4.76°$$
$$= 1 \times \left(\frac{1}{8} \times 1.2 \times 0.34 \times 5.96^2 + \frac{1}{4} \times 1.4 \times 1 \times 5.96 \right) \times \cos 4.76°$$
$$= 3.88 \text{kN} \cdot \text{m}$$

$$M_y = -\gamma_0 \left(\frac{1}{8} \times 1.2 G_k \sin 4.76°\right) l_{oy}^2$$

$$= -1 \times \frac{1}{8} \times 1.2 \times 0.34 \times \sin 4.76° \times 2.98^2 = -0.04 \text{kN} \cdot \text{m}$$

4. 组合4：由活荷载效应控制的组合。此时考虑参与组合的荷载有恒载和风荷载。

$$M_x = \gamma_0 \frac{1}{8}(1.0 G_k \cos 4.76° + 1.4 Q_{2k}) l_{ox}^2$$

$$= 1 \times \frac{1}{8} \times (1.0 \times 0.34 \times \cos 4.76° - 1.4 \times 1.16) \times 5.96^2$$

$$= -5.31 \text{kN} \cdot \text{m}$$

$$M_y = -\gamma_0 \frac{1}{8}(1.0 G_k \sin 4.76°) l_{oy}^2$$

$$= -1 \times \frac{1}{8} \times 1.0 \times 0.34 \times \sin 4.76° \times 2.98^2 = -0.03 \text{kN} \cdot \text{m}$$

[例题 8-3] 单层单跨封闭式双坡屋面钢筋混凝土结构民用框架房屋

已知：某单层单跨封闭式双坡屋面现浇钢筋混凝土民用框架房屋，修建于非地震设防地区，该房屋的平面及横剖面图见图8-8。横向框架柱截面尺寸为 $0.4\text{m} \times 0.6\text{m}$（$b \times h$），横向框架梁截面尺寸为 $0.30\text{m} \times 1.0\text{m}$（$b \times h$），混凝土强度等级为 C30，钢筋为 HRB400。当地基本风压 0.47kN/m^2，地面粗糙度为 B 类；基本雪压 0.30kN/m^2；屋面均布活荷载 0.7kN/m^2。该房屋的设计使用年限为 50 年，结构重要性系数为 1.0。作用在横向框架梁上的屋面恒荷载（包括屋面防水层、找平层、保温层、隔气层、预制预应力混凝土空心屋面板自重等）标准值 $G_{1k} = 12.2\text{kN/m}$；纵向框架梁传来集中荷载标准值 30kN（包括梁及女儿墙自重等），此荷载传力位置在框架柱顶部；纵向连系梁传来集中荷载标准值 51.8kN（包括梁自重、窗及窗间墙重等），传力位置在距基础顶面 3.15m 处的框架柱上。屋面为不上人屋面。基础顶面至主框架梁底的距离为 5.95m。

求：在图 8-8 所示两种风向情况下，确定横向框架柱柱顶和柱底截面纵向配筋时的荷载效应基本组合中 M_{max} 及相应的 N、$-M_{max}$ 及相应的 N、N_{max} 及相应的 M、N_{max} 及相应的 $-M$ 设计值，采用简化规则进行荷载效应组合。

【解】 一、横向框架的计算简图（图 8-9）和计算参数

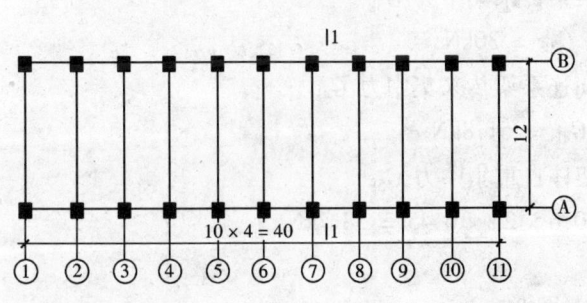 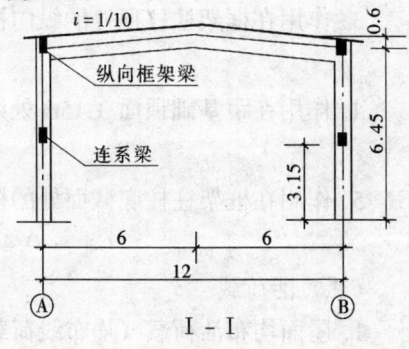

图 8-8 房屋平面及剖面（单位 m）

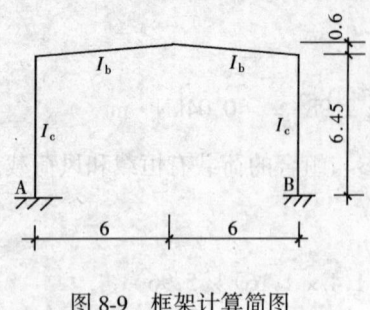

图 8-9 框架计算简图

框架梁的计算跨度取两横向框架柱中心间的距离：$l = 12\text{m}$；

框架柱的计算高度取基础顶面主框架梁二分之一截面高度间的距离：$h = 5.95 + 0.5 = 6.45\text{m}$；

框架梁的倾斜高度 $f = \dfrac{l}{20} = \dfrac{12}{20} = 0.6\text{m}$；斜长 $S = \sqrt{\left(\dfrac{l}{2}\right)^2 + f^2} = \sqrt{6^2 + 0.6^2} = 6.03\text{m}$

采用《建筑结构静力计算手册》的第八章刚架内力计算公式进行内力计算，各公式见该书表 8-8，各计算参数计算如下：

框架柱的截面惯性矩 $I_1 = \dfrac{1}{12} \times 0.4 \times 0.6^3 = 0.0072\text{m}^4$

框架梁的截面惯性矩 $I_2 = \dfrac{1}{12} \times 0.3 \times 1^3 = 0.025\text{m}^4$

$\lambda = l/h = \dfrac{12}{0.6} = 20$；$\psi = f/h = \dfrac{0.6}{6.45} = 0.093$

$K = \dfrac{h}{s} \times \dfrac{I_2}{I_1} = 6.45 \times 0.025 / (6.03 \times 0.0072) = 3.714$

$\mu_1 = 4(1 + K) - 2\mu_2(K - \psi) = 4 \times (1 + 3.714) - 2 \times 1.459 \times (3.714 - 0.093)$
$= 8.290$

$\mu_2 = \dfrac{3(K - \psi)}{2(K + \psi^2)} = 3 \times (3.714 - 0.093) / [2 \times (3.714 + 0.093^2)] = 1.459$

$\mu_3 = 2 + 6K = 2 + 6 \times 3.714 = 24.284$

$C_1 = 2(1 + K)/(K - \psi) = 2 \times (1 + 3.714)/(3.714 - 0.093) = 2.604$

$C_2 = (C_1 - 1)\mu_2 = (2.604 - 1) \times 1.459 = 2.340$

二、作用在横向框架上的各种荷载标准值

（一）恒荷载（图 8-10）

1. 作用在框架梁上的屋面恒荷载

$$G_{1k} = 12.2\text{kN/m}$$

2. 横向框架梁自重（均布线荷载）

$$G_{2k} = 0.3 \times 1.0 \times 25 = 7.5\text{kN/m}$$

3. 作用在框架柱柱顶处的纵向框架梁传来集中力 G_{3k}

$$G_{3k} = 30\text{kN}$$

4. 作用在距基础顶面 3.15m 处纵向连系梁传来集中力 G_{4k}

$$G_{4k} = 51.8\text{kN}$$

5. 作用在框架柱柱底截面处的框架柱自重集中力 G_{5k}

$$G_{5k} = 0.4 \times 0.6 \times 25 \times 6.45 = 38.7\text{kN}$$

（二）活荷载

1. 屋面均布活荷载（均布线荷载）（图 8-11）

$$Q_{1k} = 0.7 \times 4 = 2.8\text{kN/m}$$

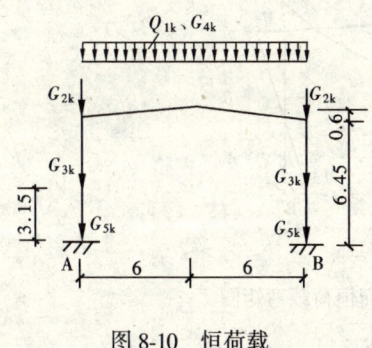
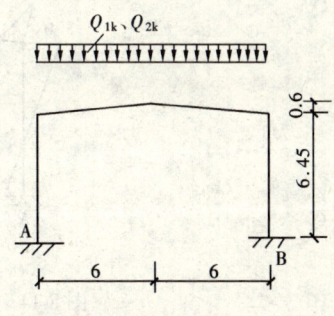

图8-10 恒荷载　　　　　　　图8-11 屋面活荷载及雪荷载

2. 屋面积雪荷载（均布线荷载）（图8-11）

基本雪压 $S_o = 0.3 \text{kN/m}^2$，屋面积雪分布系数 $\mu_r = 1.0$（查表5-2项次2）

$$Q_{2k} = 1 \times 0.3 \times 4 = 1.2 \text{kN/m}$$

3. 风荷载（图8-12及图8-13）

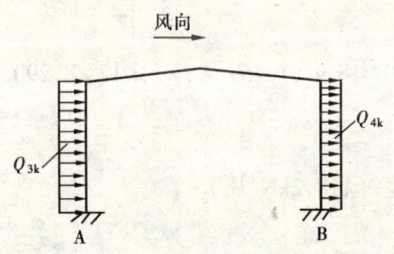
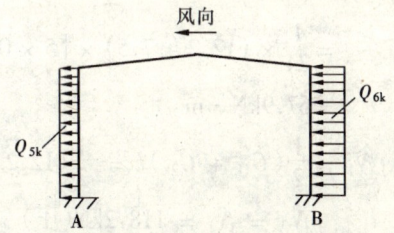

图8-12 风荷载情况一　　　　　　图8-13 风荷载情况二

根据表6-7项次2的风荷载体型系数，可忽略屋面高度范围内的风荷载影响。

(1) 风荷载情况一（风自柱A向柱B吹）

基本风压 $\omega_0 = 0.47 \text{kN/m}^2$，风阵系数 $\beta_z = 1$，风压高度变化系数（檐口处标高小于10m）$\mu_z = 1.0$，风荷载体型系数查表6-7项次2：$\mu_{s1} = 0.8$（压力）、$\mu_{s2} = -0.5$（吸力）

作用在柱A上的均布线荷载（为简化计算未扣除室外地面以下至基础高面高度范围内的风荷载）：

$$Q_{3k} = \beta_z \mu_{s1} \mu_z \omega_0 4 = 1 \times 0.8 \times 1 \times 0.47 \times 4 = 1.51 \text{kN/m}(压)$$

同理：作用在柱B上的均布线荷载

$$Q_{4k} = \beta_z \mu_{s2} \mu_z \omega_0 4 = 1 \times (-0.5) \times 1 \times 0.47 \times 4 = -0.95 \text{kN/m}(吸)$$

(2) 风荷载情况二（风自柱B向柱A吹）

据以上计算，$Q_{5k} = -0.95 \text{kN/m}$（吸）、$Q_{6k} = 1.51 \text{kN/m}$（压）

三、各种荷载作用下产生的横向框架柱柱顶截面1及柱底截面A的弯矩及轴向力标准值

(一) 全部恒荷载作用下

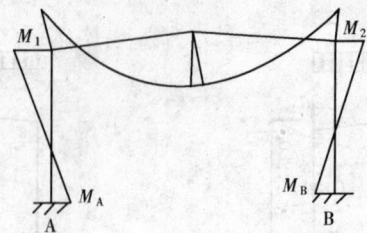

图 8-14 框架梁自重及屋面恒荷载弯矩图

1. 框架梁自重及屋面恒荷载产生的内力（图 8-14）

根据图 8-9 及图 8-10，查参考文献 [11] 第 356 页表 8-8 公式进行计算

$$M_1 = \frac{-(G_{1k} + G_{2k})}{24\mu_1}(5\psi\mu_2 + 8)l^2$$

$$= -\frac{1}{24} \times (12.2 + 7.5) \times (5 \times 0.093 \times 1.459 + 8) \times 12^2/8.290$$

$$= -123.7 \text{kN} \cdot \text{m}$$

$$M_A = \frac{1}{24\mu_1}(G_{1k} + G_{2k})[5\psi C_2 + 8(\mu_2 - 1)]$$

$$= \frac{1}{24} \times (12.2 + 7.5) \times [5 \times 0.093 \times 2.340 + 8 \times (1.459 - 1)] \times 12^2/8.290$$

$$= 67.9 \text{kN} \cdot \text{m}$$

$$N_1 = \frac{1}{2}(G_{1k} + G_{2k})l = \frac{1}{2}(12.2 + 7.5) \times 12 = 118.2 \text{kN}(\text{压})$$

$$N_A = N_1 = 118.2 \text{kN}(\text{压})$$

2. 纵向框架梁及连系梁传来集中力、柱自重

$$M_1 = 0$$

$$M_A = 0$$

$$N_1 = G_{3k} = 30 \text{kN}$$

$$N_A = G_{3k} + G_{4k} + G_{5k} = 30 + 51.8 + 38.7 = 120.5 \text{kN}$$

因此在全部恒荷载作用下柱顶和柱底截面的弯矩和轴力

$$M_1 = -123.7 \text{kN} \cdot \text{m}; N_1 = 118.2 + 30 = 148.2 \text{kN}$$

$$M_A = 67.9 \text{kN} \cdot \text{m}; N_A = 118.2 + 120.5 = 238.7 \text{kN}$$

（二）活荷载作用下

1. 屋面均布活荷载 Q_{1k}

据（一）1 的计算：

$$M_1 = -123.7 \times \frac{Q_{1k}}{G_{1k} + G_{2k}} = -123.7 \times \frac{2.8}{12.2 + 7.5}$$

$$= -17.6 \text{kN} \cdot \text{m}$$

$$M_A = 67.9 \times \frac{Q_{1k}}{G_{1k} + G_{2k}} = 67.9 \times \frac{2.8}{(12.2 + 7.5)} = 9.6 \text{kN} \cdot \text{m}$$

$$N_1 = N_A = \frac{1}{2}Q_{1k}l = \frac{1}{2} \times 2.8 \times 12 = 16.8\text{kN}(压)$$

2. 屋面积雪荷载 Q_{2k}

同上，得：$M_1 = -123.7 \times \dfrac{1.2}{12.2 + 7.5} = -7.5\text{kN·m}$

$$M_A = 67.9 \times \frac{1.2}{12.2 + 7.5} = 4.1\text{kN·m}$$

$$N_1 = N_A = \frac{1}{2}Q_{2k}l = \frac{1}{2} \times 1.2 \times 12 = 7.2\text{kN}（压）$$

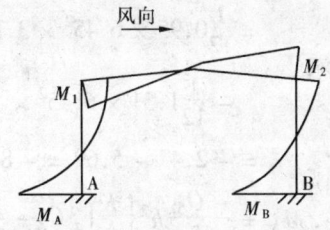

图 8-15　风荷载弯矩

3. 风荷载 Q_{3k} 及 Q_{4k} 产生的内力（图 8-15）

查参考资料 [11] 第 357 页表 8-8，

$$M_1 = -\frac{1}{12}Q_{3k}h^2K\left[\frac{1}{\mu_1}(3\mu_2 - 4) - \frac{6}{\mu_3}\right] + \frac{1}{12}Q_{4k}h^2K\left[\frac{1}{\mu_1}(3\mu_2 - 4) + \frac{6}{\mu_3}\right]$$

$$= -\frac{1}{12} \times 1.51 \times 6.45^2 \times 3.714 \times \left[\frac{1}{8.29} \times (3 \times 1.459 - 4) - \frac{6}{24.284}\right]$$

$$+ \frac{1}{12} \times 0.95 \times 6.45^2 \times 3.714 \times \left[\frac{1}{8.29} \times (3 \times 1.459 - 4) + \frac{6}{24.284}\right]$$

$$= 3.92 + 3.58 = 7.5\text{kN·m}$$

$$M_A = \frac{1}{12}Q_{3k}\left\{\frac{K}{\mu_1}[3C_2 - 4(\mu_2 - 1)] - 6 + \frac{6K}{\mu_3}\right\}h^2$$

$$- \frac{1}{12}Q_{4k}\left\{\frac{K}{\mu_1}[3C_2 - 4(\mu_2 - 1)] - \frac{6K}{\mu_3}\right\}h^2$$

$$= \frac{1}{12} \times 1.51 \times \left\{\frac{3.714}{8.29} \times [3 \times 2.34 - 4 \times (1.459 - 1)] - 6 + \frac{6 \times 3.714}{24.284}\right\} \times 6.45^2$$

$$- \frac{1}{12} \times 0.95 \times \left\{\frac{3.714}{8.29} \times [3 \times 2.34 - 4 \times (1.459 - 1)] - \frac{6 \times 3.714}{24.284}\right\} \times 6.45^2$$

$$= -14.45 - 4.63 = -19.1\text{kN·m}$$

为了求 N_A 尚需求出 M_B

$$M_B = \frac{1}{12}Q_{3k}\left\{\frac{K}{\mu_1}[3C_2 - 4(\mu_2 - 1)] - \frac{6K}{\mu_3}\right\}h^2 - \frac{1}{12}Q_{4k}\left\{\frac{K}{\mu_1}[3C_2 - 4(\mu_2 - 1)] - 6 + \frac{6K}{\mu_3}\right\}h^2$$

$$= \frac{1}{12}1.51 \times \left\{\frac{3.714}{8.29} \times [3 \times 2.34 - 4 \times (1.459 - 1)] - \frac{6 \times 3.714}{24.284}\right\} \times 6.45^2$$

$$- \frac{1}{12} \times 0.95 \times \left\{\frac{3.714}{8.29} \times [3 \times 2.34 - 4 \times (1.459 - 1)] - 6 + \frac{6 \times 3.714}{24.284}\right\} \times 6.45^2$$

$$= 7.35 + 9.09 = 16.4\text{kN·m}$$

$$N_A = \left[\frac{-1}{2}h^2(Q_{3k} + Q_{4k}) + M_A + M_B\right]/l$$

$$= \left[\frac{-1}{2} \times 6.45^2(1.51 + 0.95) + 19.1 + 16.4\right]/12 = -1.3\text{kN}(拉)$$

4. 风荷载 Q_{5k} 及 Q_{6k}

同上，得：

$$M_1 = \frac{1}{12}Q_{5k}h^2K\left[\frac{1}{\mu_1}(3\mu_2-4)-\frac{6}{\mu_3}\right]-\frac{1}{12}Q_{6k}h^2K\left[\frac{1}{\mu_1}(3\mu_2-4)+\frac{6}{\mu_3}\right]$$

$$=\frac{1}{12}0.95\times 6.45^2\times 3.714\times\left[\frac{1}{8.29}\times(3\times 1.459-4)-\frac{6}{24.284}\right]$$

$$-\frac{1}{12}1.51\times 6.45^2\times 3.714\times\left[\frac{1}{8.29}\times(3\times 1.459-4)+\frac{6}{24.284}\right]$$

$$=-2.47-5.69=-8.2\text{kN}\cdot\text{m}$$

$$M_A = \frac{-Q_{5k}}{12}h^2\left\{\frac{K}{\mu_1}[3C_2-4(\mu_2-1)]-6+\frac{6K}{\mu_3}\right\}$$

$$+\frac{Q_{6k}}{12}h^2\left\{\frac{K}{\mu_1}[3C_2-4(\mu_2-1)]-\frac{6K}{\mu_3}\right\}$$

$$=-\frac{0.95}{12}\times 6.45^2\left\{\frac{3.714}{8.29}[3\times 2.34-4(1.459-1)]-6+\frac{6\times 3.714}{24.284}\right\}$$

$$+\frac{1.51}{12}\times 6.45^2\left\{\frac{3.714}{8.29}(3\times 2.34-4(1.459-1))-\frac{6\times 3.714}{24.284}\right\}$$

$$=9.09+7.35=16.4\text{kN}\cdot\text{m}$$

$$N_A=\left[\frac{1}{2}h^2(Q_{5k}+Q_{6k})-M_A-M_B\right]/l$$

$$=\left[\frac{1}{2}\times 6.45^2(0.95+1.51)-16.4-19.1\right]/12=1.3\text{kN}(压)$$

四、确定横向框架柱纵向配筋时的基本组合

(一)各种荷载作用下产生的横向框架柱柱顶截面和柱底截面弯矩和轴向力标准值汇总(表8-1)

柱顶和柱底截面弯矩和轴力 表8-1

项次	荷载名称	柱顶截面		柱底截面	
		M_1 (kN·m)	N_1 (kN)	M_A (kN·m)	N_A (kN)
1	恒荷载	-123.7	148.2	67.9	238.7
2	屋面均布活荷载	-17.6	16.8	9.6	16.8
3	屋面积雪荷载	-7.5	7.2	4.1	7.2
4	风荷载(风自柱 A 向柱 B 吹)	7.5	-1.3	-19.1	-1.3
5	风荷载(风自柱 B 向柱 A 吹)	-8.2	1.3	16.4	1.3

(二)按简化公式(1-3)及(1-5)进行荷载基本组合

1. 柱顶截面

(1) $-M_{max}$ 及相应 N

A. 由可变荷载效应控制的组合[公式(1-5)]:

参与组合的荷载为表8-1中的项次1、2、5。

a. 恒荷载的荷载分项系数取1.2,得:

$$-M_{max}=-1.2\times 123.7-(1.4\times 17.6+1.4\times 8.2)\times 0.9$$
$$=-180.9\text{kN}\cdot\text{m}$$
$$N=1.2\times 148.2+(1.4\times 16.8+1.4\times 1.3)\times 0.9=200.6\text{kN}$$

b. 恒荷载的荷载分项系数取1.0,得:

$$-M_{max}=-1.0\times 123.7-(1.4\times 17.6+1.4\times 8.2)\times 0.9=-156.2\text{kN}\cdot\text{m}$$

$$N = 1.0 \times 148.2 + (1.4 \times 16.8 + 1.4 \times 1.3) \times 0.9 = 171.0 \text{kN}$$

B. 由永久荷载效应控制的组合 [公式 (1-3)]:

参与组合的荷载为表 8-1 中的项次 1、2、5:

$$-M_{max} = -1.35 \times 123.7 - 0.7 \times 1.4 \times 17.6 - 0.6 \times 1.4 \times 8.2$$
$$= -191.1 \text{kN} \cdot \text{m}$$
$$N = 1.35 \times 148.2 + 0.7 \times 1.4 \times 16.8 + 0.6 \times 1.4 \times 1.3 = 217.6 \text{kN}$$

(2) M_{max} 及相应 N

由表 8-1 知可不考虑此种组合。

(3) N_{max} 及相应 $-M$

由表 8-1 知其效应组合与 $-M_{max}$ 及相应 N 情况完全相同，可不进行计算。

(4) N_{max} 及相应 M

由表 8-1 知可不考虑此种组合。

2. 柱底截面

(1) $-M_{max}$ 及相应 N

由表 8-1 知可不考虑此种组合。

(2) M_{max} 及相应 N

A. 由可变荷载效应控制的组合 [公式 (1-5)]:

参与组合的荷载为表 8-1 中的项次 1、2、5。

a. 恒荷载的荷载分项系数取 1.2:

$$M_{max} = 1.2 \times 67.9 + (1.4 \times 9.6 + 1.4 \times 16.4) \times 0.9 = 114.2 \text{kN} \cdot \text{m}$$
$$N = 1.2 \times 238.7 + (1.4 \times 16.8 + 1.4 \times 1.3) \times 0.9 = 309.2 \text{kN}$$

b. 恒荷载的荷载分项系数取 1.0:

$$M_{max} = 1.0 \times 67.9 + (1.4 \times 9.6 + 1.4 \times 16.4) \times 0.9 = 100.7 \text{kN} \cdot \text{m}$$
$$N = 1.0 \times 238.7 + (1.4 \times 16.8 + 1.4 \times 1.3) \times 0.9 = 261.5 \text{kN}$$

B. 由永久荷载效应控制的组合 [公式 (1-3)]:

$$M_{max} = 1.35 \times 67.9 + (0.7 \times 1.4 \times 9.6 + 0.6 \times 1.4 \times 16.4) = 114.8 \text{kN} \cdot \text{m}$$
$$N = 1.35 \times 238.7 + 0.7 \times 1.4 \times 16.8 + 0.6 \times 1.4 \times 1.3 = 339.8 \text{kN}$$

(3) N_{max} 及相应 $-M$

由表 8-1 知可不考虑此种组合。

(4) N_{max} 及相应 M

由表 8-1 知其效应组合与 M_{max} 及相应 N 情况完全相同，可不进行计算。

[例题 8-4] 单层双跨等高钢筋混凝土排架工业房屋

已知：某工厂机械加工车间为单层双跨等高钢筋混凝土排架结构，其平、剖面如图 8-16。该车间每跨内安装有大连重工。起重集团有限公司 DQQD 型工作级别为 A5 级、起重量为 16/3.2t 及 32/5t、吊车跨度为 22.5m 的桥式吊车各一台。横向排架柱截面尺寸：边柱

(柱 A 及柱 C）上柱为 400mm×500mm（$b×h$）、下柱为 400mm×800mm（$b×h$）；中柱（柱 B）上柱为 400mm×600mm、下柱为 400mm×800mm。排架柱的混凝土强度等级为 C30，纵向受力钢筋采用 HRB400。屋盖结构构件采用国家标准图集：屋面板—图集 92G410（一）（1.5m×6.0m 预应力混凝土屋面板）、天窗架—图集 97G512（钢天窗架）、屋架—图集 95G415（八）（24m 跨预应力混凝土折线形屋架）。吊车梁采用国家标准图集 95G426（6m 后张法预应力混凝土吊车梁）、吊车轨道联结采用 95G325。屋面为卷材防水保温屋面，其自重标准值为 2.74kN/m²（包括屋面防水层、水泥砂浆找平层、保温层、隔气层、预应力混凝土屋面板等的自重）。基本风压为 0.45kN/m²，地面粗糙度为 B 类，基本雪压为 0.30kN/m²，屋面均布活荷载 0.50kN/m²。该车间地处非抗震设防地区，设计使用年限为 50 年，结构重要性系数为 1.0。

求：位于车间中部的横向排架柱 A，其上柱底部截面、下柱顶部和底部截面，在计算纵向受力钢筋时（采用对称配筋）应考虑的效应 M 及相应 N 设计值，并要求按荷载效应基本组合的一般方法（公式（1-2）或（1-3））进行组合。

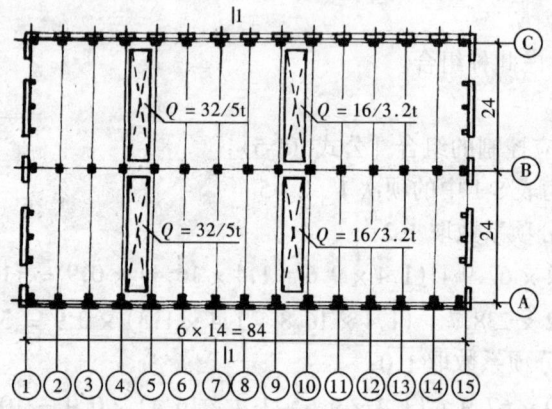

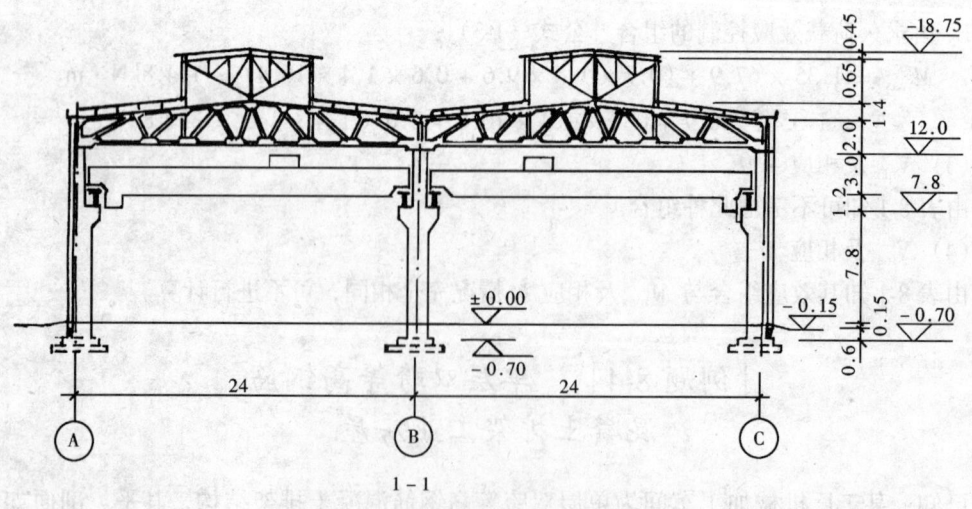

图 8-16 车间平剖面（单位：m）

[例题 8-4] 单层双跨等高钢筋混凝土排架工业房屋

【解】 一、排架计算简图及柱计算参数

（一）计算简图

横向排架的计算简图如图 8-17 所示。

$H_u = 4.2\text{m}$，$H_l = 8.5\text{m}$，$H = 12.7\text{m}$

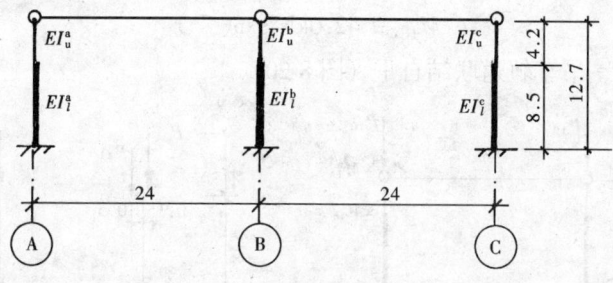

图 8-17 排架计算简图

（二）柱的计算参数

柱的各部尺寸如图 8-18 所示，柱宽 $b = 400\text{mm}$ 计算参数见表 8-2。

柱 计 算 参 数　　　　　　表 8-2

参　　数	边柱(A、C)	中柱(B)	参　　数	边柱(A、C)	中柱(B)
上柱截面面积 A_u（m^2）	0.2	0.24	上柱相对高度 $\lambda = H_u/H$	0.3307	0.3307
上柱截面惯性矩 I_u（m^4）	0.004167	0.0072	上下柱截面惯性矩之比 $n = I_u/I_l$	0.2441	0.4218
下柱截面面积 A_l（m^2）	0.32	0.32	柱的柔度 $1/\delta_i (i = a, b, c)$　（kN/m）	$0.001317 E_c$	$0.001395 E_c$
下柱截面惯性矩 I_l（m^4）	0.01707	0.01707	柱顶剪力分配系数 $\eta = 1/\delta_i / \Sigma(1/\delta_i)$	0.3269	0.3462

二、荷载标准值计算

（一）恒荷载

1. 屋盖荷载（图 8-19）

（1）屋面自重：2.74kN/m^2

（2）屋架自重及支撑重 $120\text{kN}/榀$（根据 95G415（八））

（3）9m 钢天窗架自重、天窗上下档、窗扇重、天窗侧板、支撑重等传至每榀屋架上的荷载标准值 53kN（计算过程从略）

柱 A、柱 C 由屋盖传来恒荷载标准值

$P_{1A} = P_{1C} = 2.74 \times 6 \times 12 + 120/2 + 53/2 = 283.8\text{kN}$

柱 B 由屋盖传来的恒荷载标准值：

$P_{1B} = P_{1A} + P_{1C} = 283.8 \times 2 = 577.6\text{kN}$

P_{1A} 对柱 A 上柱顶部截面重心的偏心弯矩：

$M_{1A}^u = P_{1A} e_{1A} = 283.8 \times 0.05 = 14.2\text{kN} \cdot \text{m}(\curvearrowright)$

P_{1A} 作用于柱 A 上柱顶部截面重心轴时对下柱顶部截面重心的弯矩：

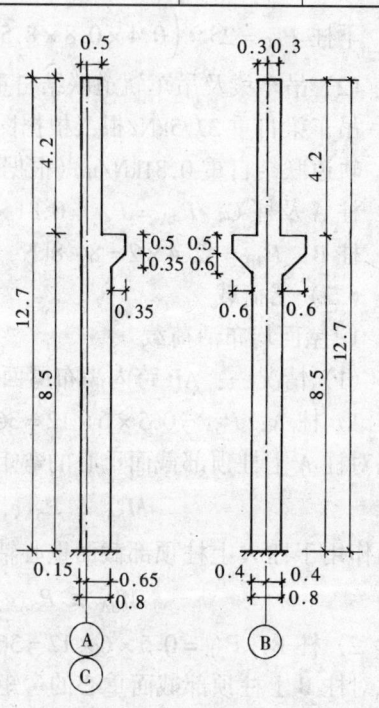

图 8-18 柱各部尺寸

$$M_{1A}^l = P_{1A}e_{2A} = 283.8 \times 0.15 = 42.6 \text{kN} \cdot \text{m}(\frown)$$

同理，P_{1C}对柱 C 上柱顶部截面重心的偏心弯矩

$$M_{1C}^u = 14.2 \text{kN} \cdot \text{m}(\frown)$$

P_{1C}作用于柱 C 上柱顶部截面重心轴时对下柱顶部截面重心的弯矩：

$$M_{1C}^l = 42.6 \text{kN} \cdot \text{m}(\frown)$$

2. 柱及吊车梁、吊车轨道联结自重（图 8-20）

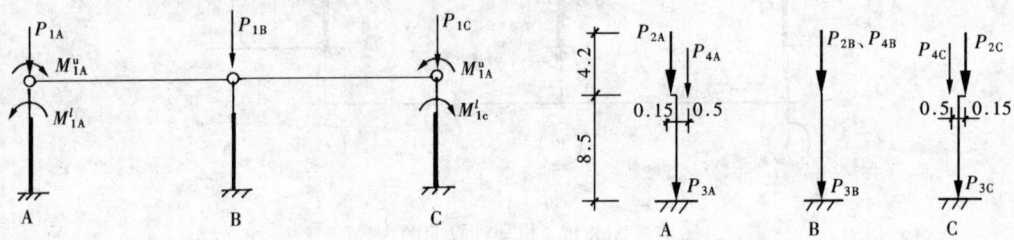

图 8-19　屋盖荷载　　　　　　图 8-20　柱及吊车梁自重

（1）柱自重

柱 A 或柱 C：

上柱 $P_{2A} = P_{2C} = 0.4 \times 0.5 \times 4.2 \times 25 = 21 \text{kN}$

下柱 $P_{3A} = P_{3C} = 25 \times \left(0.4 \times 0.8 \times 8.5 + 0.35 \times 0.4 \times \dfrac{0.5+0.85}{2}\right) = 70.4 \text{kN}$

柱 B：

上柱 $P_{2B} = 0.4 \times 0.6 \times 4.2 \times 25 = 25.2 \text{kN}$

下柱 $P_{3B} = 25 \times \left(0.4 \times 0.8 \times 8.5 + 0.6 \times 0.4 \times \dfrac{0.5+1.1}{2} \times 2\right) = 77.6 \text{kN}$

（2）吊车梁及吊车轨道联结自重

吊车梁自重 37.5kN/根（根据图集 95G426）

轨道联结自重 0.81kN/m（根据图集 95G325）

柱 A 及柱 C：$P_{4A} = P_{4C} = 0.81 \times 6 + 37.5 = 42.4 \text{kN}$

柱 B：$P_{4B} = 42.4 \times 2 = 84.8 \text{kN}$

（二）活荷载

1. 屋面均布活荷载

（1）情况一：AB 跨内满布屋面均布活荷载（图 8-21）

1）柱 A：$P_{5A} = 0.5 \times 6 \times 12 = 36 \text{kN}$

P_{5A}对柱 A 上柱顶部截面重心的弯矩

$$M_{5A}^u = P_{5A}e_{1A} = 36 \times 0.05 = 1.8 \text{kN} \cdot \text{m}(\frown)$$

P_{5A}作用于柱 A 上柱顶部截面重心轴时对下柱顶部截面重心的弯矩

$$M_{5A}^l = P_{5A}e_2 = 36 \times 0.15 = 5.4 \text{kN} \cdot \text{m}(\frown)$$

2）柱 B：$P_{5B} = 0.5 \times 6 \times 12 = 36 \text{kN}$

P_{5B}对柱 B 上柱顶部截面重心的弯矩

$$M_{5B}^u = P_{5B} \times 0.15 = 5.4 \text{kN} \cdot \text{m}(\frown)$$

[例题8-4] 单层双跨等高钢筋混凝土排架工业房屋 171

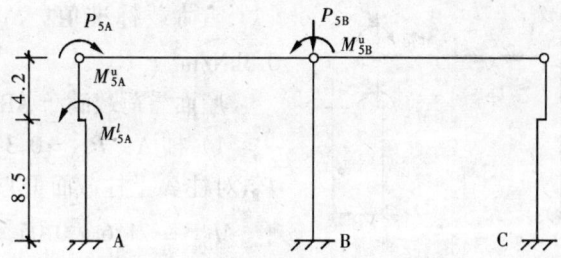

图 8-21 AB 跨内满布均布活荷载

(2) 情况二：BC 跨内满布屋面均布活荷载（图 8-22）

1) 柱 B：$P_{6B} = 0.5 \times 6 \times 12 = 36\text{kN}$

P_{6B} 对柱 B 上柱顶部截面重心的弯矩

$$M^u_{6B} = P_{6B} \times 0.15 = 5.4\text{kN} \cdot \text{m}(\curvearrowright)$$

2) 柱 C：$P_{6C} = 0.5 \times 6 \times 12 = 36\text{kN}$

P_{6C} 对柱 C 上柱顶部截面重心的弯矩

$$M^u_{6C} = P_{6C} \times 0.05 = 36 \times 0.05 = 1.8\text{kN} \cdot \text{m}(\curvearrowright)$$

P_{6C} 作用于柱 C 上柱顶部截面重心轴时对下柱顶部截面重心的弯矩

$$M^l_{6C} = P_{6C} \times 0.15 = 36 \times 0.15 = 5.4\text{kN} \cdot \text{m}(\curvearrowright)$$

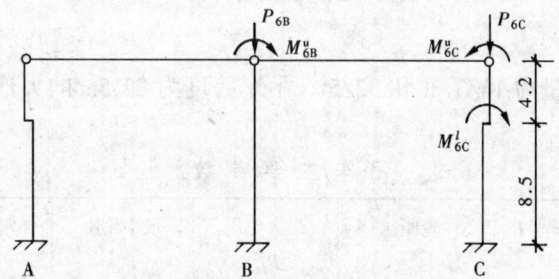

图 8-22 BC 跨内满布均布活荷载

(3) 情况三：AB、BC 两跨内均满布屋面均布活荷载（图 8-23）

1) 柱 A：$P_{7A} = 0.5 \times 6 \times 12 = 36\text{kN}$

P_{7C} 对柱 A 上柱顶部截面重心的弯矩

$$M^u_{7A} = 36 \times 0.05 = 1.8\text{kN} \cdot \text{m}(\curvearrowright)$$

P_{7C} 作用于柱 A 上柱顶部截面重心轴时对下柱顶部截面重心的弯矩

$$M^l_{7A} = 36 \times 0.15 = 5.4\text{kN} \cdot \text{m}(\curvearrowright)$$

2) 柱 B：$P_{7B} = 0.5 \times 6 \times 24 = 72\text{kN}$

3) 柱 C：$P_{7C} = 0.5 \times 6 \times 12 = 36\text{kN}$

同柱 A，$M^u_{7C} = 1.8\text{kN} \cdot \text{m}$ ($\curvearrowright$)；$M^l_{7C} = 5.4\text{kN} \cdot \text{m}$ ($\curvearrowright$)

2. 屋面雪荷载（图 8-24）

基本雪压 $S_0 = 0.3\text{kN/m}^2$，屋面积雪分布系数 $\mu_r = 1$（根据本书表 5-1 类别 7）。

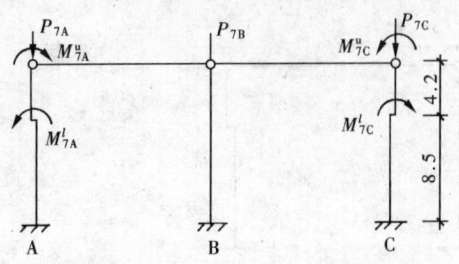

图 8-23　AB 及 BC 跨均满布均布活荷载

雪荷载标准值：$S_k = \mu_r S_0 - 1 \times 0.3 = 0.3 \text{kN/m}^2$

屋面雪荷载满布 AB、BC 跨度内：

1) 柱 A：$P_{8A} = 0.3 \times 6 \times 12 = 21.6 \text{kN}$

P_{8A} 对柱 A 上柱截面重心的弯矩

$$M_{8A}^u = 21.6 \times 0.05 = 1.1 \text{kN} \cdot \text{m}(\curvearrowright)$$

P_{8A} 作用于柱 A 上柱顶部截面重心轴时对下柱顶部截面重心的弯矩

$$M_{8A}^l = 21.6 \times 0.15 = 3.2 \text{kN} \cdot \text{m}(\curvearrowright)$$

2) 柱 B：$P_{8B} = 0.3 \times 6 \times 24 = 43.2 \text{kN}$

3) 柱 C：$P_{8C} = 21.6 \text{kN}$、$M_{8C}^u = 1.1 \text{kN} \cdot \text{m}\ (\curvearrowright)$、$M_{8C}^l = 3.2 \text{kN} \cdot \text{m}\ (\curvearrowright)$

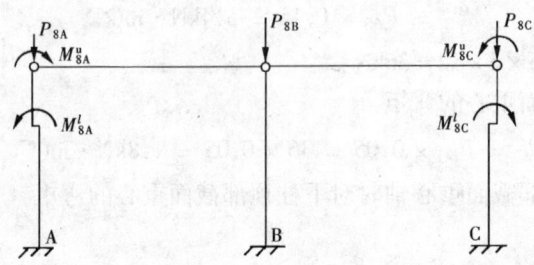

图 8-24　屋面雪荷载

3. 吊车竖向荷载

A5 级、吊车起重量为 16/3.2t 和 32/5t、吊车跨度为 22.5m 的大连起重机器厂产品主要技术参数如表 8-3：

吊车主要参数　　　　　　　　　　　　　　　　　　表 8-3

起重量 Q (t)	吊车宽 B (m)	轮距 K (m)	最大轮压 P_{max} (kN)	最小轮压 P_{min} (kN)	起重机总重 G (t)	小车重 g (t)
16/3.2	5.944	4.10	175	57.7	28.81	6.227
32/5	6.620	4.70	289	75.9	39.844	10.877

注：P_{min} 可根据 $P_{max} + P_{min} = \dfrac{(Q + G)\ 9.81}{2}$ 的关系求得。

作用在牛腿处的最大吊车竖向荷载标准值 D_{max}，此时，AB 跨或 BC 跨内一台 16/3.2t 和一台 32/5t 的吊车最大轮压位置如图 8-25 所示。

$$D_{max} = 289 \times \left(1 + \frac{1.3}{6}\right) + 175 \times \left(\frac{4.118}{6} + \frac{0.018}{6}\right) = 472.3 \text{kN}$$

作用在牛腿处的最小吊车竖向荷载标准值 D_{min}：

此时 AB 跨 BC 跨内一台 16/3.2t 和一台 32/5t 吊车最小轮压位置与图 8-25 相同。

$$D_{min} = 75.9 \times \left(1 + \frac{1.3}{6}\right) + 57.7 \times \left(\frac{4.118}{6} + \frac{0.018}{6}\right) = 132.1 \text{kN}$$

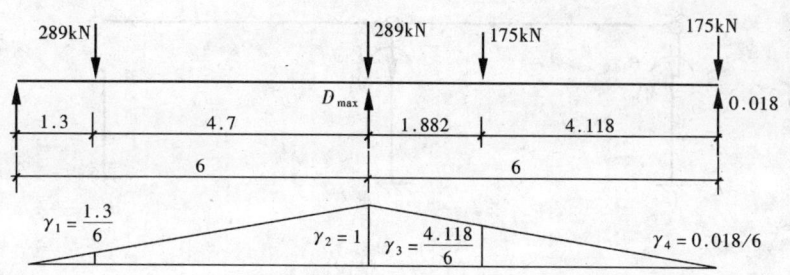

图 8-25 吊车最大轮压位置

在排架计算时,吊车竖向荷载应考虑以下八种不同的情况:

1) 情况一:D_{max} 作用在柱 A,D_{min} 作用在柱 B(图 8-26)

此时 AB 跨内有两台吊车参与组合,且吊车工作级别为 A5 级,因此吊车竖向荷载标准值应乘以折减系数 0.9。

作用在柱 A 下柱顶部截面重心的最大吊车竖向荷载标准值 P_{9A}:

$$P_{9A} = 0.9 D_{max} = 0.9 \times 472.3 = 425.1 \text{kN}$$

最大吊车竖向荷载标准值对柱 A 下柱顶部截面重心的弯矩 M_{9A}^l:

$$M_{9A}^l = P_{9A} e_{3A} = 425.1 \times 0.5 = 212.5 \text{kN} \cdot \text{m} \ (\frown)$$

作用在柱 B 下柱顶部截面重心的最小吊车竖向荷载标准值 P_{9B}:

$$P_{9B} = 0.9 D_{min} = 0.9 \times 132.1 = 118.9 \text{kN}$$

最小吊车竖向荷载标准值对柱 B 下柱顶部截面重心的弯矩 M_{9B}^l:

$$M_{9B}^l = P_{9B} e_{3B} = 118.9 \times 0.75 = 89.2 \text{kN} \cdot \text{m} \ (\frown)$$

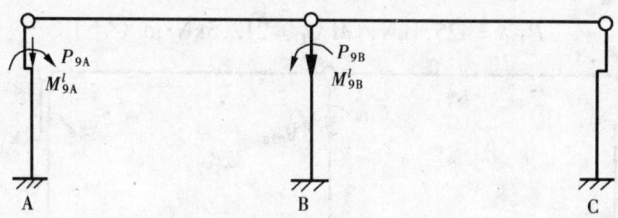

图 8-26 情况一

2) 情况二:D_{min} 作用在柱 A,D_{max} 作用在柱 B(图 8-27)

同情况一,吊车竖向荷载标准值应乘以折减系数 0.9。

作用在柱 A 下柱顶部截面重心的最小吊车竖向荷载标准值 P_{10A}:

$$P_{10A} = 0.9 D_{min} = 0.9 \times 132.1 = 118.9 \text{kN}$$

最小吊车竖向荷载标准值对柱 A 下柱顶部截面重心的弯矩 M_{10A}^l:

$$M_{10A}^l = P_{10A} e_{3A} = 118.9 \times 0.5 = 59.5 \text{kN} \cdot \text{m} \ (\frown)$$

作用在柱 B 下柱顶部截面重心的最大吊车竖向荷载标准值 P_{10B}:

$$P_{10B} = 0.9 D_{max} = 0.9 \times 472.3 = 425.1 \text{kN}$$

最大吊车竖向荷载标准值对柱 B 下柱顶部截面重心的弯矩 M_{10B}^l:

$$M_{10B}^l = P_{10B} e_{3B} = 425.1 \times 0.75 = 318.8 \text{kN} \cdot \text{m} \ (\frown)$$

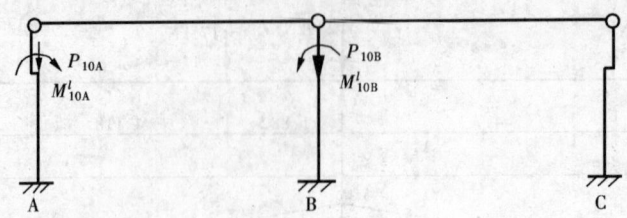

图 8-27 情况二

3) 情况三：D_{max} 作用在柱 B，D_{min} 作用在柱 C（图 8-28）
与情况二相反。

$$P_{11B} = 425.1 \text{kN}、M^l_{11B} = 318.8 \text{kN·m}\ (\curvearrowright)$$
$$P_{11C} = 118.9 \text{kN}、M^l_{11C} = 59.5 \text{kN·m}\ (\curvearrowright)$$

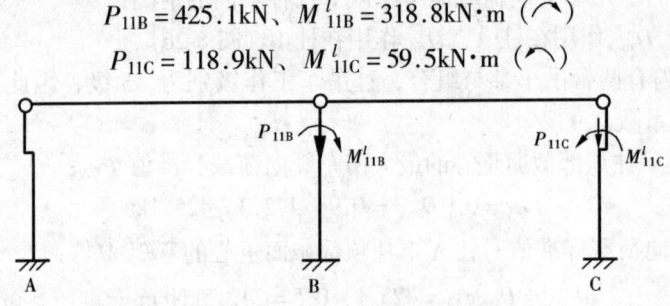

图 8-28 情况三

4) 情况四：D_{min} 作用在柱 B，D_{max} 作用在柱 C（图 8-29）
与情况一相反。

$$P_{12B} = 118.9 \text{kN}、M^l_{12B} = 89.2 \text{kN·m}\ (\curvearrowright)$$
$$P_{12C} = 425.1 \text{kN}、M^l_{12C} = 212.5 \text{kN·m}\ (\curvearrowright)$$

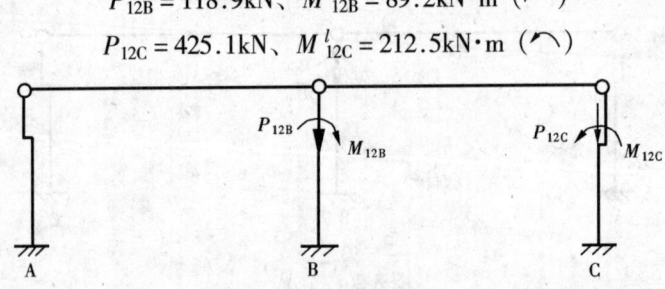

图 8-29 情况四

5) 情况五：D_{max} 作用在柱 A，D_{min} 作用在柱 B 左牛腿 D_{max} 作用在柱 B 右牛腿，D_{min} 作用在柱 C（图 8-30）

此时 AB 跨及 BC 跨各有两台吊车参与组合，且吊车工作级别为 A5 级，因此吊车竖向荷载标准值应乘以折减系数 0.8。

作用在柱 A 下柱顶部截面重心的最大吊车竖向荷载标准值 P_{13A}：

$$P_{13A} = 0.8 D_{max} = 0.8 \times 472.3 = 377.8 \text{kN}$$

最大吊车竖向荷载标准值对柱 A 下柱顶部截面重心的弯矩 M^l_{13A}：

$$M^l_{13A} = P^l_{13A} e_{3A} = 377.8 \times 0.5 = 188.9 \text{kN·m}\ (\curvearrowright)$$

作用在柱 B 下柱顶部截面重心的吊车竖向荷载标准值 P_{13B}：

$$P_{13B} = 0.8(D_{max} + D_{min}) = 0.8 \times (472.3 + 132.1) = 483.5 \text{kN}$$

吊车竖向荷载标准值对柱 B 下柱顶部截面重心的弯矩 M^l_{13B}：

$$M^l_{13B} = 0.8(D_{max} - D_{min})e_{3B} = 0.8 \times (472.3 - 132.1) \times 0.75 = 204.1 \text{kN·m}(\curvearrowleft)$$

作用在柱 C 下柱顶部截面重心的最小吊车竖向荷载标准值 P_{13C}：

$$P_{13C} = 0.8 D_{min} = 0.8 \times 132.1 = 105.7 \text{kN}$$

吊车竖向荷载标准值对柱 C 下柱顶部截面重心的弯矩 M^l_{13C}：

$$M^l_{13C} = P_{13C} e_{3C} = 105.7 \times 0.5 = 52.8 \text{kN·m}(\curvearrowleft)$$

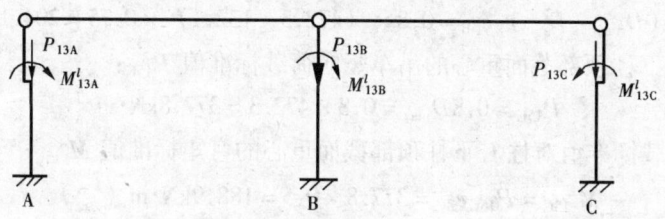

图 8-30　情况五

6) 情况六：D_{max} 作用在柱 A，D_{min} 作用在柱 B 的左、右牛腿，D_{max} 作用在柱 C（图 8-31）

此时 AB 跨及 BC 跨各有两台吊车参与组合，吊车竖向荷载标准值的折减系数为 0.8。

作用在柱 A 下柱顶部截面重心的吊车竖向荷载标准值 P_{14A} 及弯矩标准值 M^l_{14A} 计算同情况五柱 A：

$$P_{14A} = 377.8 \text{kN}; \quad M^l_{14A} = 188.9 \text{kN·m}(\curvearrowleft)$$

作用在柱 B 下柱顶部截面重心的吊车竖向荷载标准值 P_{14B}：

$$P_{14B} = 0.8(D_{min} + D_{min}) = 0.8(132.1 + 132.1) = 211.4 \text{kN}$$

吊车竖向荷载标准值对柱 B 下柱顶部截面重心的弯矩标准值：

$$M^l_{14B} = 0$$

作用在柱 C 下柱顶部截面重心的最大吊车竖向荷载标准值 P_{14C}：

$$P_{14C} = 0.8 \times 472.3 = 377.8 \text{kN}$$

吊车竖向荷载标准值对柱 C 下柱顶部截面重心的弯矩标准值 M^l_{14C}：

$$M^l_{14C} = P_{14C} e_{3C} = 377.8 \times 0.5 = 188.9 \text{kN·m}(\curvearrowleft)$$

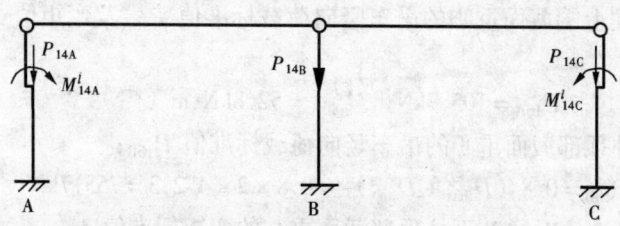

图 8-31　情况六

7) 情况七：D_{min} 作用在柱 A，D_{max} 作用在柱 B 左牛腿、D_{min} 作用在柱 B 右牛腿、D_{max} 作用在柱 C（图 8-32）

此时有四台吊车参与组合，吊车竖向荷载标准值折减系数为 0.8。

作用在柱 A 下柱顶部截面重心的吊车竖向荷载标准值 P_{15A}：
$$P_{15A} = 0.8 D_{min} = 0.8 \times 132.1 = 105.7 \text{kN}$$
吊车竖向荷载标准值对柱 A 下柱顶部截面重心的弯矩标准值 M^l_{15A}：
$$M^l_{15A} = P_{15A} e_{3A} = 105.9 \times 0.5 = 52.8 \text{kN·m} \ (\frown)$$
作用在柱 B 下柱顶部截面重心的吊车竖向荷载标准值 P_{15B}：
$$P_{15B} = 0.8 (D_{min} + D_{max}) = 0.8 \times (132.1 + 472.3) = 483.5 \text{kN}$$
吊车竖向荷载标准值对柱 B 下柱顶部截面重心的弯矩标准值 M^l_{15B}：
$$M^l_{15B} = 0.8 (D_{max} - D_{min}) e_{3B} = 0.8 \times (472.3 - 132.1) \times 0.75 = 204.1 \text{kN·m} \ (\frown)$$
作用在柱 C 下柱顶部截面重心的吊车竖向荷载标准值 P_{15C}：
$$P_{15C} = 0.8 D_{max} = 0.8 \times 472.3 = 377.8 \text{kN·m}$$
吊车竖向荷载标准值对柱 C 下柱顶部截面重心的弯矩标准值 M^l_{15C}：
$$M^l_{15C} = P_{15C} e_{3C} = 377.8 \times 0.5 = 188.9 \text{kN·m} \ (\frown)$$

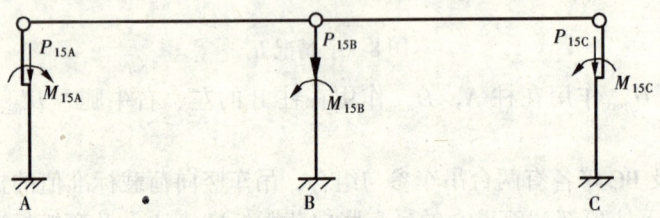

图 8-32 情况七

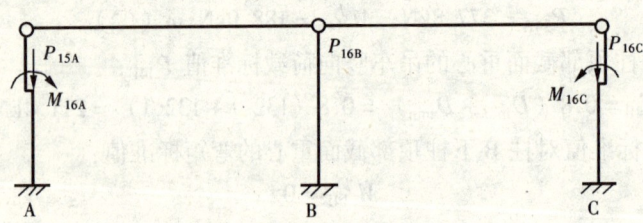

图 8-33 情况八

8) 情况八：D_{min} 作用在柱 A，D_{max} 作用在柱 B 左、右牛腿、D_{min} 作用在柱 C（图 8-33）
此时有四台吊车参与组合，吊车竖向荷载标准值折减系数为 0.8。
作用在柱 A 下柱上端截面重心的吊车竖向荷载标准值 P_{16A} 及弯矩值 M^l_{16A} 同情况七的柱 A：
$$P_{16A} = 105.7 \text{kN}; \quad M^l_{16A} = 52.8 \text{kN·m} \ (\frown)$$
作用在柱 B 下柱顶部截面重心的吊车竖向荷载标准值 P_{16B}：
$$P_{16B} = 0.8 (D_{max} + D_{max}) = 0.8 \times 2 \times 472.3 = 755.7 \text{kN}$$
吊车竖向荷载标准值对柱 B 下柱顶部截面重心的弯矩标准值 M^l_{16B}：
$$M^l_{16B} = 0$$
作用在柱 C 下柱顶部截面重心的吊车竖向荷载标准值 P_{16C} 及弯矩标准值 M^l_{16C} 同情况五柱 C。
$$P_{16C} = 105.7 \text{kN}; \quad M^l_{16C} = 52.8 \text{kN·m} \ (\frown)$$

4. 吊车水平荷载

《建筑结构荷载规范》GB 5009—2001 规定考虑多台吊车水平荷载时，对多跨厂房的每个排架参与组合的吊车台数不应多于 2 台。因此吊车的水平荷载应考虑以下三种情况，并与相应的吊车垂直情况进行组合。

1) 情况一：AB 跨内的两台吊车同时在同一水平方向刹车（图 8-34）

一台 32/5t 吊车每个车轮的横向水平荷载标准值：

$$T_1 = \frac{1}{4}（额定起重量 + 横行小车重量）\times g \times 0.1$$

$$= \frac{1}{4}(32 + 10.877) \times 9.81 \times 0.1 = 10.52 \text{kN}$$

一台 16/3.2t 吊车每个车轮的横向水平荷载标准值：

$$T_2 = \frac{1}{4}(16 + 6.227) \times 9.81 \times 0.1 = 5.45 \text{kN}$$

故作用在柱 A 及柱 B 上的最大吊车横向水平荷载 H_1 可采用下列方法求得：吊车车轮的最不利位置见图 8-25，此时由于有两台吊车参与组合，其标准值应乘以折减系数为 0.9，

$$H_1 = 0.9 \times \left[10.52\left(1 + \frac{1.3}{6}\right) + 5.45\left(\frac{4.118}{6} + \frac{0.018}{6}\right)\right]$$

$$= 14.9 \text{kN}(\rightleftharpoons)$$

2) 情况二：BC 跨内的两台吊车同时在同一水平方向刹车（图 8-35）

此时作用在柱 B 及柱 C 上的最大吊车横向水平荷载 H 可采用与情况一相同的方法求得。

$$H = H_1 = 14.9 \text{kN} (\rightleftharpoons)$$

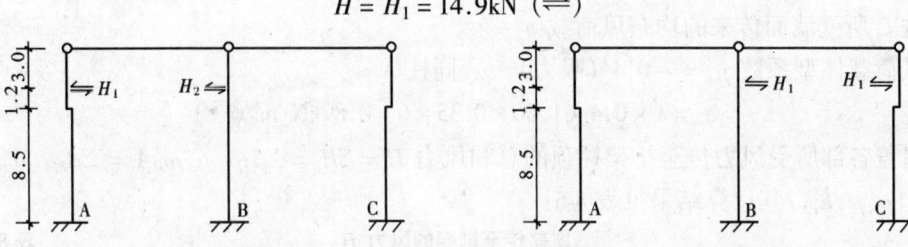

图 8-34 H_1 作用在 A 柱及 B 柱　　　　图 8-35 H_1 作用在 B 柱及 C 柱

3) 情况三：AB 跨及 BC 跨内各有一台 32/5t 吊车同时在同一水平方向刹车（图 8-36）

此时作用在 A 柱及柱 C 上的最大吊车横向水平荷载 H_2 可求得如下：

$$H_2 = 0.9 \times 10.52\left(1 + \frac{1.3}{6}\right) = 11.5 \text{kN} (\rightleftharpoons)$$

作用在柱 B 上的最大吊车横向水平荷载 $2H_2$：

$$2H_2 = 2 \times 11.5 = 23 \text{kN} (\rightleftharpoons)$$

5. 风荷载

1) 情况一：风向为自柱 A 吹向柱 C

基本风压 $\omega_0 = 0.35 \text{kN/m}^2$，风振系数 $\beta_Z = 1$，横向排架各部分的风荷载体型系数 μ_s 见图 8-37，不同高度处的风压高度变化系数 μ_Z 见表 8-4。

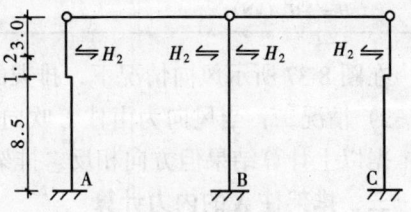

图 8-36 H_2 作用在各柱

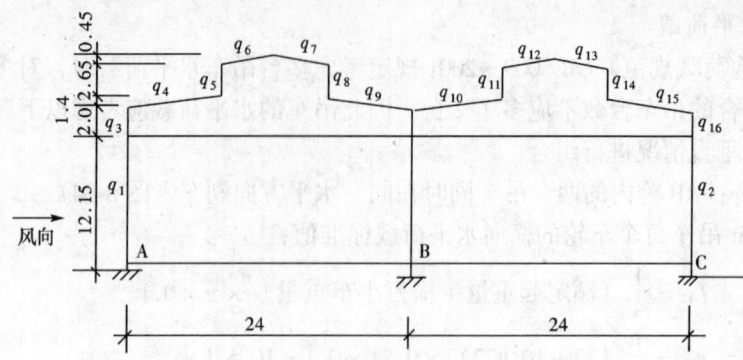

图 8-37 受风面积及风力编号

排架各计算高度处的风压高度变化系数 μ_z 表 8-4

风压计算位置处离地面高度（m）	12.15	14.15	15.65	18.3	18.75
μ_z	1.06	1.12	1.15	1.21	1.22

为简化计算，墙面风力受风高度取基础顶面至柱顶间的距离，且风压高度变化系数均取柱顶处的数值；屋架底部至屋脊间各受风面积的风压高度变化系数均取各受风面积的最大值。排架各受风面积的计算宽度为 6m（柱间距）。

柱 A 所受墙面传来的均布风荷载 q_1：

风荷载体型系数 $\mu_s = 0.8$（压力）、风压高度变化系数 $\mu_z = 1.06$

$$q_1 = \beta_z \mu_s \mu_z \omega_0 6 = 1 \times 0.8 \times 1.06 \times 0.35 \times 6 = 1.78 \text{kN/m}（\rightarrow）$$

柱 C 所受墙面传来的均布风荷载 q_2：

风荷载体型系数 $\mu_s = -0.4$（吸力）、μ_z 同柱 A

$$q_2 = 1 \times 0.4 \times 1.06 \times 0.35 \times 6 = 0.89 \text{kN/m}（\rightarrow）$$

屋盖各部所受风力传至排架柱顶的总和风力 $H = \Sigma H_i = \Sigma \beta_z \mu_{si} \mu_{zi} \omega_0 A_i = \Sigma \beta_z \mu_{si} \mu_{zi} \omega_0 h_i 6$
$= \Sigma 2.1 \mu_{si} \mu_{zi} h_i$，其计算结果见表 8-5：

屋盖传至排架的风力 H 表 8-5

受风面积编号 A_i	A_1	A_2	A_3	A_4	A_5	A_6	A_7	A_8	A_9	A_{10}	A_{11}	A_{12}	A_{13}	A_{14}
受风面积高度 h_i (m)	2.0	1.5	2.65	0.45	0.45	2.65	1.5	1.5	2.65	0.45	0.45	2.65	1.5	2.0
μ_{si}	0.8	−0.2	0.6	−0.7	−0.7	−0.6	−0.5	−0.5	0.6	−0.6	−0.6	−0.5	−0.4	−0.4
μ_{zi}	1.12	1.15	1.21	1.22	1.22	1.21	1.15	1.15	1.21	1.22	1.22	1.21	1.15	1.12
$H_i = 2.1 \mu_{si} \mu_{zi} h_i$ (kN)	3.76	0.72	4.04	0.81	0.81	4.04	1.81	1.81	4.04	0.69	0.69	3.37	1.45	1.88
方向	→	←	→	←	←	←	←	←	→	←	←	←	←	→
$H = \Sigma H_i$ (kN)						21.86 (→)								

在图 8-37 所示风向情况下，排架的荷载简图如图 8-38 所示。

2）情况二：当风向为由柱 C 吹向柱 A

据以上计算结果但方向相反，排架所受风荷载如图 8-39 所示。

三、排架柱 A 的内力计算

内力计算采用的计算公式引自参考文献 [9] 的表 3-4。

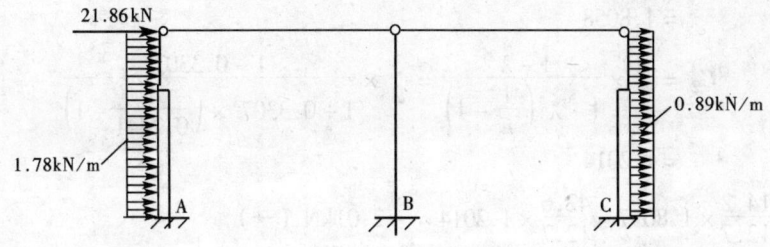

图 8-38 风从柱 A 向柱 C 吹

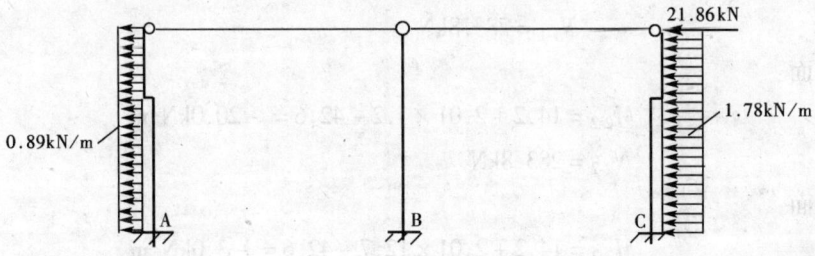

图 8-39 风从柱 C 向柱 A 吹

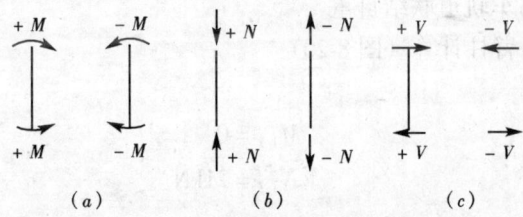

图 8-40 内力正负号规定
(a) 弯矩；(b) 轴向力；(c) 剪力

内力的正负号方向如图 8-40 所示。

柱 A 上柱底部截面编号为 1-1，下柱顶部截面编号为 2-2，下柱底部截面编号为 3-3。

各种荷载作用下的柱 A 内力计算如下。

（一）恒荷载

1. 屋盖荷载

由于排架承受对称荷载且结构对称，因此柱 A 的内力按上端为不动铰支承情况计算，作用在柱 A 上的屋盖荷载见图 8-41：

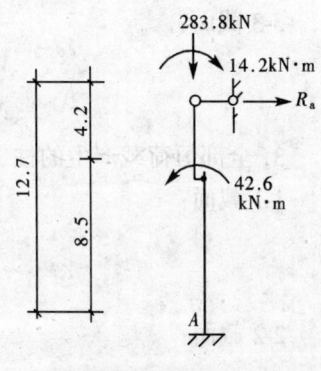

图 8-41 柱 A 在屋盖荷载下的内力

$$R_a = \frac{M_{1A}^u C_1}{H} - \frac{M_{1A}^l C_2}{H}$$

今 $M_{1A}^u = 14.2 \text{kN} \cdot \text{m}$，$M_{1A}^l = 42.6 \text{kN} \cdot \text{m}$

$$C_1 = \frac{3}{2} \times \frac{1 - \lambda^2 \left(1 - \frac{1}{n}\right)}{1 + \lambda^3 \left(\frac{1}{n} - 1\right)} = \frac{3}{2} \times \frac{1 - 0.3307^2 \times \left(1 - \frac{1}{0.2441}\right)}{1 + 0.3307^3 \times \left(\frac{1}{0.2441} - 1\right)}$$

$$= 1.8058$$

$$C_2 = \frac{3}{2} \times \frac{1-\lambda^2}{1+\lambda^3\left(\frac{1}{n}-1\right)} = \frac{3}{2} \times \frac{1-0.3307^2}{1+0.3307^3 \times \left(\frac{1}{0.2441}-1\right)}$$

$$= 1.2014$$

$$\therefore R_a = \frac{14.2}{12.7} \times 1.8057 - \frac{42.6}{12.7} \times 1.2014 = -2.01\text{kN} \;(\rightarrow)$$

1-1 截面：

$$M_{1\text{-}1} = 14.2 + 2.01 \times 4.2 = 22.6\text{kN·m}$$
$$N_{1\text{-}1} = 283.8\text{kN}$$

2-2 截面：

$$M_{2\text{-}2} = 14.2 + 2.01 \times 4.2 - 42.6 = -20.0\text{kN·m}$$
$$N_{2\text{-}2} = 283.8\text{kN}$$

3-3 截面：

$$M_{3\text{-}3} = 14.2 + 2.01 \times 12.7 - 42.6 = -3.0\text{kN·m}$$
$$N_{3\text{-}3} = 283.8\text{kN}$$

2. 柱及吊车梁、吊车轨道联结自重

此时柱 A 内力按悬臂柱计算（图 8-20）

1-1 截面：

$$M_{1\text{-}1} = 0$$
$$N_{1\text{-}1} = 21\text{kN}$$

2-2 截面：

$$M_{2\text{-}2} = 42.4 \times 0.5 - 21 \times 0.15 = 18.1\text{kN·m}$$
$$N_{2\text{-}2} = 21 + 42.4 = 63.4\text{kN}$$

3-3 截面：

$$M_{3\text{-}3} = 42.4 \times 0.5 - 21 \times 0.15 = 18.1\text{kN·m}$$
$$N_{3\text{-}3} = 21 + 42.4 + 70.4 = 133.8\text{kN}$$

3. 全部恒荷载产生的柱 A 内力

1-1 截面：

$$M_{1\text{-}1} = 22.6\text{kN·m}$$
$$N_{1\text{-}1} = 283.8 + 21 = 304.8\text{kN}$$

2-2 截面：

$$M_{2\text{-}2} = -20.0 + 18.1 = -1.9\text{kN·m}$$
$$N_{2\text{-}2} = 283.8 + 63.4 = 347.2\text{kN}$$

3-3 截面：

$$M_{3\text{-}3} = -3.0 + 18.1 = 15.1\text{kN·m}$$
$$N_{3\text{-}3} = 283.8 + 133.8 = 417.6\text{kN}$$

（二）活荷载

1. 屋面均布活荷载

1) 情况一：AB 跨内满布均布荷载

为求出在此情况下柱 A 上端的剪力 V_a 应先求出柱 A 及柱 B 上端的不动铰支承反力 R_a 及 R_b（图 8-42）

据以上计算柱 A：$R_a = \dfrac{M_{5A}^u}{H}C_1 - \dfrac{M_{5A}^l}{H}C_2 = \dfrac{2.52}{12.7} \times 1.805 - \dfrac{7.56}{12.7} \times 1.2014 = -0.36\text{kN}$（→）

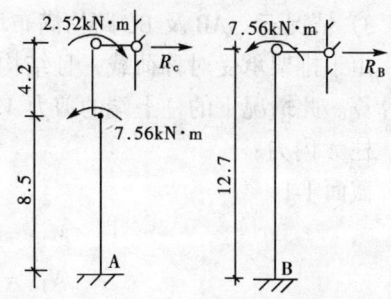

图 8-42　情况一柱 A、B 上端不动铰反力

柱 B：$C_1 = \dfrac{3}{2} \times \dfrac{1 - 0.3307^2 \times \left(1 - \dfrac{1}{0.4218}\right)}{1 + 0.3307^3 \times \left(\dfrac{1}{0.42} - 1\right)} = 1.6434$

$$R_b = \dfrac{-M_{5B}^u}{H}C_1 = -\dfrac{7.56}{12.7} \times 1.6434 = -0.98\text{kN}\ (\rightarrow)$$

∴柱 A 上端的剪力 V_a：$V_a = 0.36 - (0.36 + 0.98) \times 0.3269 = -0.08\text{kN}$（←）

柱 A 内力

1-1 截面：

$$M_{1-1} = 2.52 - 0.08 \times 4.2 = 2.2\text{kN·m}$$
$$N_{1-1} = 50.4\text{kN}$$

2-2 截面：

$$M_{2-2} = 2.52 - 7.56 - 0.08 \times 12.7 = -5.4\text{kN·m}$$
$$N_{2-2} = 50.4\text{kN}$$

3-3 截面：

$$M_{3-3} = 2.52 - 7.56 - 0.08 \times 12.7 = -6.1\text{kN·m}$$
$$N_{3-3} = 50.4\text{kN}$$

2) 情况二：BC 跨内满布均布活荷载

据情况一的计算结果，由于 C 柱与 A 柱对称，A 柱上端的剪力 V_a 可计算如下：

$$V_a = 0.3269 \times (0.36 + 0.98) = 0.44\text{kN}\ (\rightarrow)$$

柱 A 内力：

1-1 截面：

$$M_{1-1} = 0.44 \times 4.2 = 1.8\text{kN·m}$$
$$N_{1-1} = 0$$

2-2 截面：

$$M_{2-2} = 0.44 \times 4.2 = 1.8\text{kN·m}$$
$$N_{2-2} = 0$$

3-3 截面：

$$M_{3-3} = 0.44 \times 12.7 = 5.6\text{kN·m}$$
$$N_{3-3} = 0$$

3) 情况三：AB 及 BC 跨均满布均布活荷载

由于排架承受对称荷载，且结构对称，因此柱 A 的内力应按其上端为不动铰支承情况计算。此情况下的柱上端的剪力 V_a 已由情况一求得，$V_a = R_a = 0.36 \text{kN}$ ($\rightarrow$)

柱 A 内力：

截面 1-1：
$$M_{1-1} = 2.52 + 0.36 \times 4.2 = 4.0 \text{kN} \cdot \text{m}$$
$$N_{1-1} = 50.4 \text{kN}$$

截面 2-2
$$M_{2-2} = 2.52 - 7.56 + 0.36 \times 4.2 = -3.5 \text{kN} \cdot \text{m}$$
$$N_{2-2} = 50.4 \text{kN}$$

截面 3-3
$$M_{3-3} = 2.52 - 7.56 + 0.36 \times 12.7 = -0.5 \text{kN} \cdot \text{m}$$
$$N_{3-3} = 50.4 \text{kN}$$

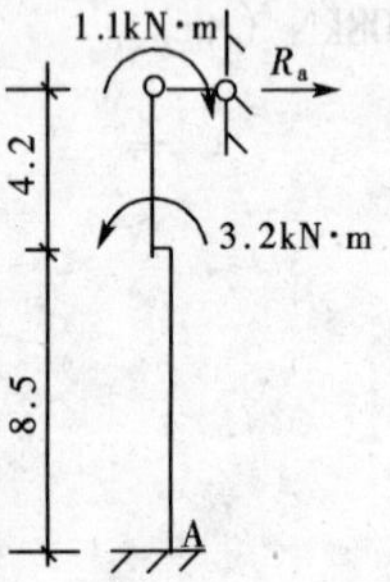

2. 屋面雪荷载

由于荷载及结构均对称，柱 A 内力可按柱上端为不动铰支承情况求得（图 8-43），柱上端的剪力 $V_a = R_a$，据屋面均布荷载情况一的计算：$C_1 = 1.8058$，$C_2 = 1.2014$，$V_a = R_a = \dfrac{M_{8A}^u}{H} C_1 - \dfrac{M_{8A}^l}{H} C_2$

$$= \frac{1.1}{12.7} \times 1.8058 - \frac{3.2}{12.7} \times 1.2014 = -0.15 \text{kN} \ (\rightarrow)$$

图 8-43 柱 A 上端不动铰反力

柱 A 内力：

1-1 截面：
$$M_{1-1} = 1.1 + 0.15 \times 4.2 = 1.6 \text{kN} \cdot \text{m}$$
$$N_{1-1} = 21.6 \text{kN}$$

2-2 截面：
$$M_{2-2} = 1.1 - 3.2 + 0.15 \times 4.2 = -1.5 \text{kN} \cdot \text{m}$$
$$N_{2-2} = 21.6 \text{kN}$$

3-3 截面：
$$M_{3-3} = 1.1 - 3.2 + 0.15 \times 12.7 = -0.2 \text{kN} \cdot \text{m}$$

3. 吊车垂直荷载

1) 情况一（图 8-44）：

为求得柱 A 内力，先求出排架无侧移情况下柱 A 及柱 B 上端在吊车垂直荷载作用下的不动铰反力 R_a 及 R_b。

$$R_a = \frac{M_{9A}^l}{H} C_2 = \frac{212.5}{12.7} \times 1.2014 = 20.1 \text{kN} \ (\leftarrow)$$

$$R_b = \frac{M_{9B}^l}{H} C_2 = \frac{89.2}{12.7} \times \left(\frac{3}{2} \times \frac{1 - 0.3307^2}{1 + 0.3307^3 \left(\dfrac{1}{0.4218} - 1 \right)} \right) = \frac{89.2}{12.7} \times 1.2729$$

$$= 8.9 \text{kN} \ (\rightarrow)$$

作用在柱 A 上端的剪力 V_a：

$$V_a = -R_a + (R_a - R_b) \times 0.3269 = -20.3 + (20.3 - 8.9) \times 0.3269$$
$$= -16.6 \text{kN}(\leftarrow)$$

柱 A 内力：

1-1 截面：

$$M_{1\text{-}1} = -16.6 \times 4.2 = -69.7 \text{kN} \cdot \text{m}$$
$$N_{1\text{-}1} = 0$$

2-2 截面：

$$M_{2\text{-}2} = 212.5 - 16.6 \times 4.2 = 142.8 \text{kN} \cdot \text{m}$$
$$N_{2\text{-}2} = 425.1 \text{kN}$$

3-3 截面：

$$M_{3\text{-}3} = 212.5 - 16.6 \times 12.7 = 1.68 \text{kN} \cdot \text{m}$$
$$N_{3\text{-}3} = 425.1 \text{kN}$$

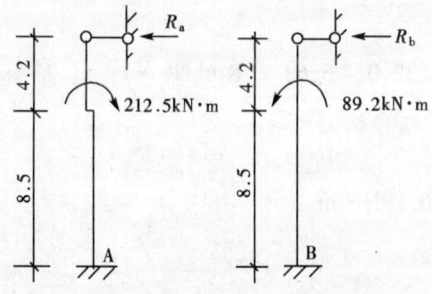

图 8-44 情况一柱 A、B 上端不动铰反力

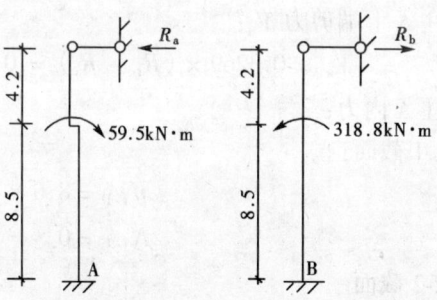

图 8-45 情况二柱 A、B 上端不动铰反力

2) 情况二（图 8-45）

采用与情况一相同的方法求出柱 A 上端的剪力 V_a：

柱 A 上端的不动铰反力 R_a：

$$R_a = \frac{M_{10A}^l C_2}{H} = \frac{-59.5 \times 1.2014}{12.7} = -5.6 \text{kN}(\leftarrow)$$

柱 B 上端的不动铰反力 R_b：

$$R_b = \frac{M_{10B}^l}{H} C_2 = \frac{318.8}{12.7} \times 1.2729 = 32.0 \text{kN}(\rightarrow)$$

柱 A 上端的剪力 V_a：

$$V_a = -5.6 + (5.6 - 32.0) \times 0.3269 = -14.2 \text{kN}(\leftarrow)$$

柱 A 内力：

1-1 截面：

184　第八章　结构内力计算例题

$$M_{1\text{-}1} = -14.2 \times 4.2 = -59.6 \text{kN} \cdot \text{m}$$
$$N_{1\text{-}1} = 0$$

2-2 截面：

$$M_{2\text{-}2} = 59.5 - 14.2 \times 4.2 = -0.1 \text{kN} \cdot \text{m}$$
$$N_{2\text{-}2} = 118.9 \text{kN}$$

3-3 截面：

$$M_{3\text{-}3} = 59.5 - 14.2 \times 12.7 = -120.8 \text{kN} \cdot \text{m}$$
$$N_{3\text{-}3} = 118.9 \text{kN}$$

3）情况三（图 8-46）

求柱 A 上端的剪力 V_a，必须先求出柱 B、柱 C 的上端不动铰反力 R_b 及 R_c，由于柱 C 与柱 A 对称，内力系数 $C_{2a} = C_{2c} = 1.2014$，柱 B 内力系数已在情况一中求得 $C_{2b} = 1.2729$。

$$R_b = \frac{M^l_{11B}}{H} C_{2b} = \frac{318.8}{12.7} \times 1.2729 = 32.0 \text{kN}(\leftarrow)$$

$$R_c = \frac{M^l_{11C}}{H} C_{2c} = \frac{59.5}{12.7} \times 1.2014 = 5.6 \text{kN}(\rightarrow)$$

柱 A 上端剪力 V_a：

$$V_a = 0.3269 \times (R_b - R_c) = 0.3269 \times (32.0 - 5.6) = 8.6 \text{kN}(\rightarrow)$$

柱 A 内力：

1-1 截面：

$$M_{1\text{-}1} = 8.6 \times 4.2 = 36.1 \text{kN} \cdot \text{m}$$
$$N_{1\text{-}1} = 0$$

2-2 截面

$$M_{2\text{-}2} = 8.6 \times 4.2 = 36.1 \text{kN} \cdot \text{m}$$
$$N_{2\text{-}2} = 0$$

3-3 截面

$$M_{3\text{-}3} = 8.6 \times 12.7 = 109.2 \text{kN} \cdot \text{m}$$
$$N_{3\text{-}3} = 0$$

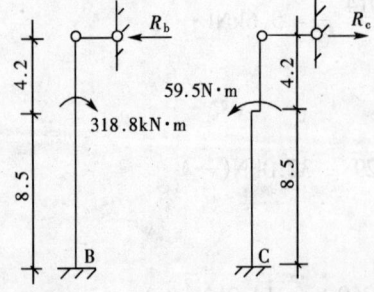

图 8-46　情况三柱 B、C 上端不动铰反力

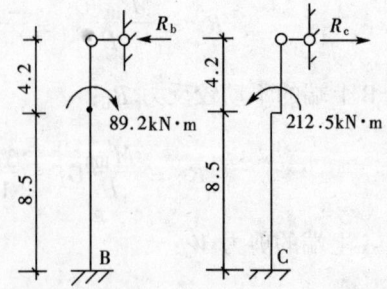

图 8-47　情况四柱 B、C 上端不动铰反力

4）情况四（图 8-47）

与情况三相同，为求柱 A 上端的剪力 V_a 应先求出柱 B、柱 C 上端的不动铰反力 R_b 及 R_c，反力系数 C_{2b} 及 C_{2c} 同情况三。

$$R_b = \frac{M_{12B}}{H}C_{2b} = \frac{89.2}{12.7} \times 1.2729 = 8.9 \text{kN}(\leftarrow)$$

$$R_c = \frac{M_{12C}}{H}C_{2c} = \frac{212.5}{12.7} \times 1.2014 = 20.1 \text{kN}(\rightarrow)$$

柱 A 上端剪力 V_a：

$$V_a = 0.3269 \times (8.9 - 20.1) = -3.7 \text{kN}(\leftarrow)$$

柱 A 内力：

1-1 截面

$$M_{1-1} = -3.7 \times 4.2 = -15.5 \text{kN} \cdot \text{m}$$
$$N_{1-1} = 0$$

2-2 截面

$$M_{2-2} = -3.7 \times 4.2 = -15.5 \text{kN} \cdot \text{m}$$
$$N_{2-2} = 0$$

3-3 截面

$$M_{3-3} = -3.7 \times 12.7 = -47.0 \text{kN} \cdot \text{m}$$
$$N_{3-3} = 0$$

5）情况五（图 8-48）

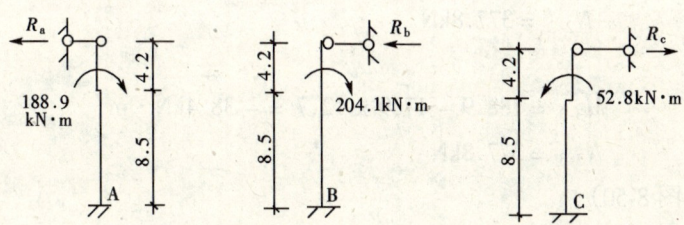

图 8-48 情况五柱 A、B、C 上端不动铰反力

为求得柱 A 上端的剪力应先求出柱 A、柱 B、柱 C 上端的不动铰反力 R_a、R_b、R_c。

$$R_a = \frac{-M^l_{13A}}{H}C_{2a} = \frac{-188.9}{12.7} \times 1.2014 = -17.9 \text{kN}(\leftarrow)$$

$$R_b = \frac{-M^l_{13B}}{H}C_{2b} = \frac{-204.1}{12.7} \times 1.2729 = -20.5 \text{kN}(\leftarrow)$$

$$R_c = \frac{M^l_{13c}}{H}C_{2c} = \frac{52.8}{12.7} \times 1.2014 = 5.0 \text{kN}(\rightarrow)$$

柱 A 上端剪力 V_a：

$$V_a = -17.9 + (17.9 + 20.5 - 5.0) \times 0.3269 = -7.0 \text{kN}(\leftarrow)$$

柱 A 内力

1-1 截面

$$M_{1-1} = -7.0 \times 4.2 = -29.4 \text{kN} \cdot \text{m}$$
$$N_{1-1} = 0$$

2-2 截面

$$M_{2\text{-}2} = 188.9 - 7.0 \times 4.2 = 159.5 \text{kN} \cdot \text{m}$$

$$N_{2\text{-}2} = 377.8 \text{kN}$$

3-3 截面

$$M_{3\text{-}3} = 188.9 - 7.0 \times 12.7 = 100.0 \text{kN} \cdot \text{m}$$

$$N_{3\text{-}3} = 377.8 \text{kN}$$

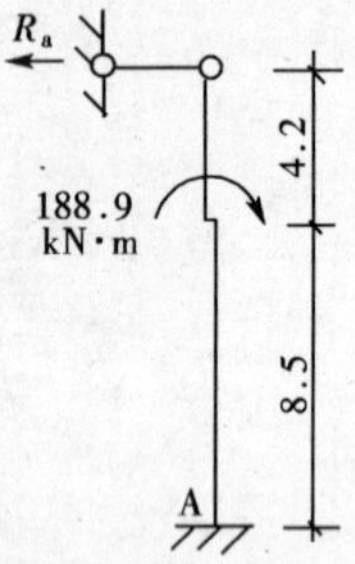

6) 情况六（图 8-49）

由于荷载及结构均对称，柱 A 内力可按柱上端为不动铰情况求得。

柱 A 上端的不动铰反力 R_a 完全同情况五。

$$R_a = \frac{-M^l_{14A}}{H} C_{2a} = -17.9 \text{kN}(\leftarrow)$$

柱 A 内力：

1-1 截面

$$M_{1\text{-}1} = -17.9 \times 4.2 = -75.2 \text{kN} \cdot \text{m}$$

$$N_{1\text{-}1} = 0$$

图 8-49 情况六柱 A 上端不动铰反力

2-2 截面

$$M_{2\text{-}2} = 188.9 - 17.9 \times 4.2 = 113.7 \text{kN} \cdot \text{m}$$

$$N_{2\text{-}2} = 377.8 \text{kN}$$

3-3 截面

$$M_{3\text{-}3} = 188.9 - 17.9 \times 12.7 = -38.4 \text{kN} \cdot \text{m}$$

$$N_{3\text{-}3} = 377.8 \text{kN}$$

7) 情况七（图 8-50）

为求得柱 A 内力，应先求柱 A、柱 B、柱 C 的上端不动铰反力 R_a、R_b、R_c。

$$R_a = \frac{-M^l_{15A}}{H} C_{2a} = \frac{-52.8}{12.7} \times 1.2014 = -5.0 \text{kN}(\leftarrow)$$

$$R_b = \frac{M^l_{15B}}{H} C_{2b} = \frac{204.1}{12.7} \times 1.2729 = 20.5 \text{kN}(\rightarrow)$$

$$R_c = \frac{M^l_{15C}}{H} C_{2c} = \frac{188.9}{12.7} \times 1.2014 = 17.9 \text{kN}(\rightarrow)$$

柱 A 上端剪力 V_a：

$$V_a = -5.0 + (5.0 - 20.5 - 17.9) \times 0.3269 = -15.9 \text{kN}(\leftarrow)$$

柱 A 内力：

1-1 截面

$$M_{1\text{-}1} = -15.9 \times 4.2 = -66.8 \text{kN} \cdot \text{m}$$

$$N_{1\text{-}1} = 0$$

2-2 截面

$$M_{2\text{-}2} = 52.8 - 15.9 \times 4.2 = -14.0 \text{kN} \cdot \text{m}$$
$$N_{2\text{-}2} = 105.9 \text{kN}$$

3-3 截面
$$M_{3\text{-}3} = 52.8 - 15.9 \times 12.7 = -149.1 \text{kN} \cdot \text{m}$$
$$N_{3\text{-}3} = 105.9 \text{kN}$$

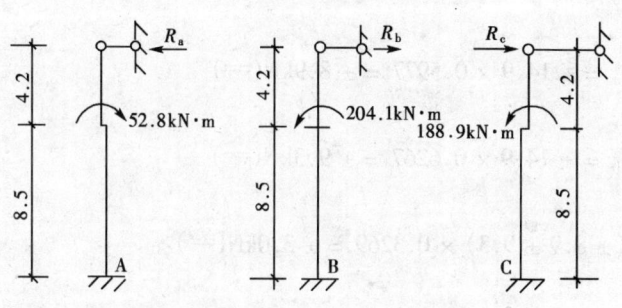

图 8-50 情况七柱 A、B、C 上端不动铰反力

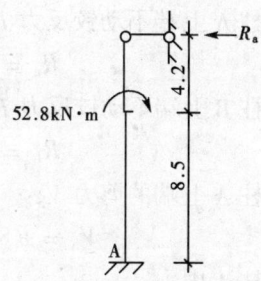

图 8-51 情况八柱 A
上端不动铰反力

8) 情况八 (图 8-51)

由于荷载及结构对称，柱 A 内力可按柱 A 上端为不动铰情况求得。

柱 A 上端的不动铰反力 R_a：

$$R_a = \frac{-M_{16}}{H} C_{2a} = \frac{-52.8}{12.7} \times 1.2014 = -5.0 \text{kN}(\leftarrow)$$

柱 A 内力：

1-1 截面
$$M_{1\text{-}1} = -5.0 \times 4.2 = -21.0 \text{kN} \cdot \text{m}$$
$$N_{1\text{-}1} = 0$$

2-2 截面
$$M_{2\text{-}2} = 52.8 - 5.0 \times 4.2 = 31.8 \text{kN} \cdot \text{m}$$
$$N_{2\text{-}2} = 105.9 \text{kN}$$

3-3 截面
$$M_{3\text{-}3} = 52.8 - 5.0 \times 12.7 = -10.7 \text{kN} \cdot \text{m}$$
$$N_{3\text{-}3} = 105.9 \text{kN}$$

4. 吊车水平荷载

1) 情况一 (图 8-52)

为求柱 A 内力，应先求出柱 A 及柱 B 上端的不动铰反力 R_a 及 R_b。

柱 A 在水平荷载作用下的反力系数 C_{5a}[9]，

$$C_{5a} = \left\{ 2 - 3\alpha\lambda + \lambda^3 [(2+\alpha)(1-\alpha)^2/n - (2-3\alpha)] \right\} / \left\{ 2\left[1 + \lambda^3\left(\frac{1}{n} - 1\right)\right] \right\}$$

$$= \left\{ 2 - 3 \times \frac{3}{4.2} \times 0.3307 + 0.3307^3 \times \left[\left(2 + \frac{3}{4.2}\right) \times \left(1 - \frac{3}{4.2}\right)^2 / 0.2441 - \left(2 - 3 \times \frac{3}{4.2}\right)\right] \right\}$$

$$/ \left\{ 2 \times \left[1 + 0.3307^3 \times \left(\frac{1}{0.2441} - 1\right)\right] \right\}$$

$$= 0.5977$$

柱 B 在水平荷载作用下的反力系数 C_{5b}[9]：

$$C_{5b} = \left\{2 - 3 \times \frac{3}{4.2} \times 0.3307 + 0.3307^3 \left[\left(2 + \frac{3}{4.2}\right) \times \left(1 - \frac{3}{4.2}\right)^2 \Big/ 0.4218 - \left(2 - \frac{3 \times 3}{4.2}\right)\right]\right\}$$

$$\Big/ \left\{2 \times \left[1 + 0.3307^3 \times \left(\frac{1}{0.4218} - 1\right)\right]\right\}$$

$$= 0.6267$$

柱 A 上端不动铰反力 R_a：

$$R_a = H_1 C_{5a} = \pm 14.9 \times 0.5977 = \pm 8.9 \text{kN}(\rightleftharpoons)$$

柱 B 上端不动铰反力 R_b：

$$R_b = H_1 C_{5b} = \pm 14.9 \times 0.6267 = \pm 9.3 \text{kN}(\rightleftharpoons)$$

柱 A 上端的剪力 V_a：

$$V_a = \pm 8.9 \mp (\pm 8.9 \pm 9.3) \times 0.3269 = \pm 3.0 \text{kN}(\rightleftharpoons)$$

柱 A 内力

1-1 截面

$$M_{1\text{-}1} = \pm 3.0 \times 4.2 \mp 14.9 \times 1.2 = \mp 5.3 \text{kN} \cdot \text{m}$$
$$N_{1\text{-}1} = 0$$

2-2 截面

$$M_{1\text{-}1} = \pm 3.0 \times 4.2 \mp 14.9 \times 1.2 = \mp 5.3 \text{kN} \cdot \text{m}$$
$$N_{2\text{-}2} = 0$$

3-3 截面

$$M_{3\text{-}3} = \pm 3.0 \times 12.7 \mp 14.9 \times 9.7 = \mp 106.4 \text{kN} \cdot \text{m}$$
$$N_{3\text{-}3} = 0$$

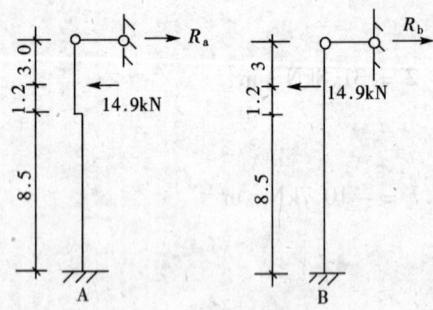

图 8-52 情况一柱 A、B 上端不动铰反力

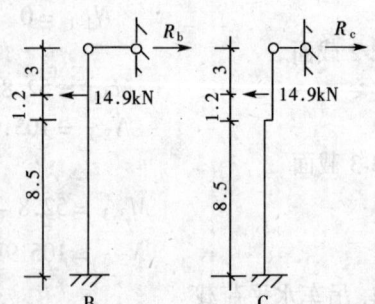

图 8-53 情况二柱 B、C 上端不动铰反力

2）情况二（图 8-53）

为求柱 A 内力应先求出柱 B 及柱 C 的上端的不动铰反力 R_b 及 R_c。

柱 C 在水平荷载作用下的反力系数 $C_{5c} = C_{5a}$

$$R_b = H_2 C_{5b} = \pm 14.9 \times 0.6267 = \pm 9.3 \text{kN}(\rightleftharpoons)$$
$$R_c = H_2 C_{5c} = \pm 14.9 \times 0.5977 = \pm 8.9 \text{kN}(\rightleftharpoons)$$

柱 A 上端剪力 V：

$$V = \mp (\pm 9.3 \pm 8.9) \times 0.3269 = \mp 5.9 \text{kN}(\rightleftharpoons)$$

柱 A 内力
1-1 截面
$$M_{1\text{-}1} = \mp 5.9 \times 4.2 = \mp 24.8 \text{kN} \cdot \text{m}$$
$$N_{1\text{-}1} = 0$$

2-2 截面
$$M_{2\text{-}2} = \mp 5.9 \times 4.2 = \mp 24.8 \text{kN} \cdot \text{m}$$
$$N_{2\text{-}2} = 0$$

3-3 截面
$$M_{3\text{-}3} = \mp 5.9 \times 12.7 = \mp 74.9 \text{kN} \cdot \text{m}$$
$$N_{3\text{-}3} = 0$$

3）情况三（图 8-54）

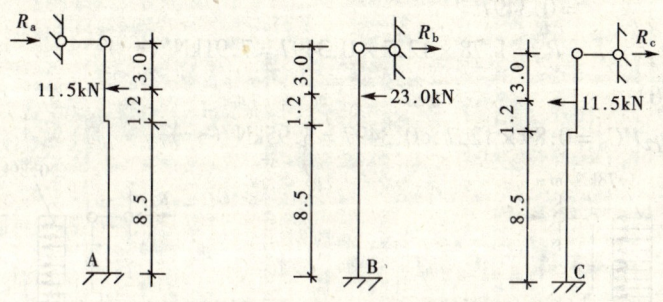

图 8-54 情况三柱 A、B、C 上端不动铰反力

为求柱 A 内力应先求出柱 A、柱 B 及柱 C 上端的不动铰内力。在水平荷载作用下的反力系数 C_{5a}、C_{5b} 及 C_{5c} 已在情况一中求得。

$$R_a = H_3 C_{5a} = \pm 11.5 \times 0.5977 = \pm 6.9 \text{kN}(\rightleftharpoons)$$
$$R_b = H_4 C_{5b} = \pm 23.0 \times 0.6267 = \pm 14.4 \text{kN}(\rightleftharpoons)$$
$$R_c = H_3 C_{5c} = \pm 11.5 \times 0.5977 = \pm 6.9 \text{kN}(\rightleftharpoons)$$

柱 A 上端剪力 V_a：
$$V_a = \pm 6.9 \mp (\pm 6.9 \pm 14.4 \pm 6.9) \times 0.3269 = \mp 2.4 \text{kN}(\rightleftarrows)$$

柱 A 内力
1-1 截面
$$M_{1\text{-}1} = \mp 2.4 \times 4.2 \mp 11.5 \times 1.2 = \mp 23.9 \text{kN} \cdot \text{m}$$
$$N_{1\text{-}1} = 0$$

2-2 截面
$$M_{2\text{-}2} = \mp 2.4 \times 4.2 \mp 11.5 \times 1.2 = \mp 23.9 \text{kN} \cdot \text{m}$$
$$N_{2\text{-}2} = 0$$

3-3 截面
$$M_{3\text{-}3} = \mp 2.4 \times 12.7 \mp 11.5 \times 9.7 = \mp 142.0 \text{kN} \cdot \text{m}$$
$$N_{3\text{-}3} = 0$$

5. 风荷载

1）情况一：风向为由柱 A 吹向柱 C

此时各排架柱上端支承反力按可移动铰支承计算。为求出此情况下的支承反力先求出柱 A 及柱 C 在均布风荷载作用下的上端为不动铰时的反力 R_a 及 R_c：

柱 A（图 8-55）：

根据参考资料[9] $R_a = q_1 H C_6$，今 $C_6 = \dfrac{3}{8} \times \dfrac{\left[1 + \lambda^4\left(\dfrac{1}{n} - 1\right)\right]}{1 + \lambda^3\left(\dfrac{1}{n} - 1\right)}$

$$= \dfrac{3}{8} \times \dfrac{1 + 0.3307^4 \times \left(\dfrac{1}{0.2441} - 1\right)}{1 + 0.3307^3 \times \left(\dfrac{1}{0.2441} - 1\right)}$$

$$= 0.3497$$

$$R_a = 1.78 \times 12.7 \times 0.3497 = 7.91 \text{kN} \ (\leftarrow)$$

柱 C（图 8-56）：

同理，$R_c = q_2 H C_6 = 0.89 \times 12.7 \times 0.3497 = 3.95 \text{kN} \ (\leftarrow)$

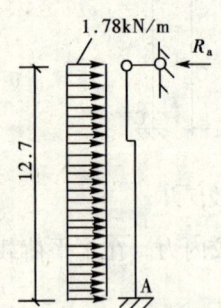   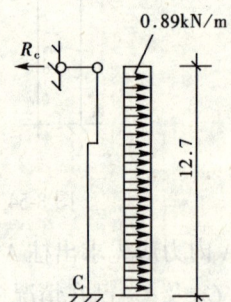

图 8-55　柱 A 上端不动铰反力　　　　图 8-56　柱 C 上端不动铰反力

因此柱 A 上端的剪力 V_a：

$$V_a = -7.91 + 0.3269 \times (7.91 + 3.95 + 21.86) = 3.11 \text{kN}(\rightarrow)$$

柱 A 内力：

1-1 截面：

$$M_{1\text{-}1} = 3.11 \times 4.2 + 1.78 \times \dfrac{4.2^2}{2} = 28.8 \text{kN} \cdot \text{m}$$

$$N_{1\text{-}1} = 0$$

2-2 截面：

$$M_{2\text{-}2} = 3.11 \times 4.2 + 1.78 \times \dfrac{4.2^2}{2} = 28.8 \text{kN} \cdot \text{m}$$

$$N_{2\text{-}2} = 0$$

3-3 截面：

$$M_{3\text{-}3} = 3.11 \times 12.7 + 1.78 \times \dfrac{12.7^2}{2} = 183.0 \text{kN} \cdot \text{m}$$

$$N_{3\text{-}3} = 0$$

2）情况二：风向为由柱 C 吹向柱 A

同情况一，因风向相反，柱 A 上端不动铰反力（图 8-57），柱 C 上端不动铰反力（图 8-58），因此柱 A 上端的剪力 V_a：

$$V_a = 3.95 - 0.3269 \times (3.95 + 7.91 + 21.86) = -7.07 \text{kN}(\leftarrow)$$

柱 A 内力：

1-1 截面：

$$M_{1\text{-}1} = -7.07 \times 4.2 - 0.89 \times \frac{4.2^2}{2} = -37.5 \text{kN} \cdot \text{m}$$

$$N_{1\text{-}1} = 0$$

2-2 截面：

$$M_{2\text{-}2} = -7.07 \times 4.2 - 0.89 \times \frac{4.2^2}{2} = -37.5 \text{kN} \cdot \text{m}$$

$$N_{2\text{-}2} = 0$$

3-3 截面：

$$M_{3\text{-}3} = -7.07 \times 12.7 - 0.89 \times \frac{12.7^2}{2} = -161.6 \text{kN} \cdot \text{m}$$

$$N_{3\text{-}3} = 0$$

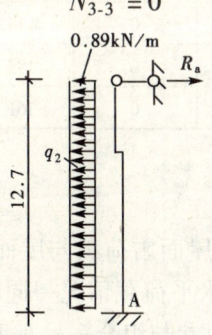

图 8-57　柱 A 上端不动铰反力

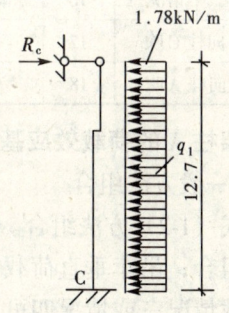

图 8-58　柱 C 上端不动铰反力

（三）柱 A 内力标准值汇总表见表 8-6。

柱 A 内力标准值汇总表　　表 8-6

荷载类别及情况		序号	1-1 截面		2-2 截面		3-3 截面	
			$M(\text{kN} \cdot \text{m})$	$N(\text{kN})$	$M(\text{kN} \cdot \text{m})$	$N(\text{kN})$	$M(\text{kN} \cdot \text{m})$	$N(\text{kN})$
全部恒荷载		1	22.6	304.8	-1.9	347.2	15.1	417.6
屋面均布活荷载	情况一	2	2.2	50.4	-5.4	50.4	-6.1	50.4
	情况二	3	1.8	0	1.8	0	5.6	0
	情况三	4	4.0	50.4	-3.5	50.4	-0.5	50.4
屋面雪荷载		5	1.6	21.6	-1.5	21.6	-0.2	21.6

续表

荷载类别及情况		序号	1-1 截面		2-2 截面		3-3 截面	
			$M(kN·m)$	$N(kN)$	$M(kN·m)$	$N(kN)$	$M(kN·m)$	$N(kN)$
吊车垂直荷载	情况一	6	-69.7	0	142.8	425.1	4.7	425.1
	情况二	7	-59.6	0	-0.1	118.9	-120.8	118.9
	情况三	8	36.1	0	36.1	0	109.2	0
	情况四	9	-15.5	0	-15.5	0	-47	0
	情况五	10	-29.4	0	159.5	377.8	100.0	377.8
	情况六	11	-75.2	0	113.7	377.8	-38.4	377.8
	情况七	12	-66.8	0	-14.0	105.9	-149.1	105.9
	情况八	13	-21.0	0	31.8	105.9	-10.7	105.9
吊车水平荷载	情况一	14	∓5.3	0	∓5.3	0	∓106.4	0
	情况二	15	∓24.8	0	∓24.8	0	∓74.9	0
	情况三	16	∓23.9	0	∓23.9	0	∓142.0	0
风向为自柱 A 向柱 C 吹		17	28.8	0	28.8	0	183.0	0
风向为自柱 C 向柱 A 吹		18	-37.5	0	-37.5	0	-161.6	0

四、排架柱 A 的荷载效应基本组合

（一）按一般方法组合

即按公式（1-2）方法组合。组合时应考虑以下情况：屋面雪荷载与屋面均布活荷载不同时参与组合；吊车垂直荷载情况一或情况二可与吊车水平荷载情况一同时参与组合；吊车垂直荷载情况三或情况四可与吊车水平荷载情况二同时参与组合；吊车垂直荷载情况五或情况六或情况七或情况八可与吊车水平荷载情况三同时参与组合。

通常在采用手工计算方法进行荷载效应基本组合时，一般需考虑四种组合：即 M_{max} 及相应 N 值、$-M_{max}$ 及相应 N 值、N_{max} 及相应 M 值、N_{max} 及相应 $-M$ 值。此外尚需计算由可变荷载效应控制的组合和由永久荷载效应控制的组合情况。对由可变荷载效应控制的组合应考虑永久荷载的分项系数取 1.2 或 1.0 两种情况。此外对参与组合的可变荷载尚应考虑取何种类可变荷载为第一种可变荷载，根据本例题情况除风荷载的组合值系数为 0.6 外，其余可变荷载的组合值系数均为 0.7。

1. M_{max} 及相应 N 值

1）由可变荷载效应控制的组合

A. 永久荷载分项系数取 1.2

a）1-1 截面：

参与组合的荷载类别序号及组合值系数为（1）+（8）+（4）×0.7+（15）×0.7+（17）×0.6

$$M_{1\text{-}1} = 1.2 \times 22.6 + 1.4 \times 36.1 + 1.4 \times 0.7 \times 4$$
$$+ 1.4 \times 0.7 \times 24.8 + 1.4 \times 0.6 \times 28.8$$
$$= 130.1 \text{kN} \cdot \text{m}$$
$$N_{1\text{-}1} = 1.2 \times 304.8 + 1.4 \times 0.7 \times 50.4 = 415.2 \text{kN}$$

b) 2-2 截面：

参与组合的荷载类别序号及组合值系数为（1）+（10）+（3）×0.7（16）×0.7+（17）×0.6

$$M_{2\text{-}2} = 1.2 \times (-1.9) + 1.4 \times 159.5 + 1.4 \times 0.7 \times 1.8$$
$$+ 1.4 \times 0.7 \times 23.9 + 1.4 \times 0.6 \times 28.8$$
$$= 270.4 \text{kN} \cdot \text{m}$$
$$N_{2\text{-}2} = 1.2 \times 347.2 + 1.4 \times 377.8 = 945.6 \text{kN}$$

c) 3-3 截面

参与组合的荷载类别序号及组合值系数为（1）+（17）+（3）×0.7+（8）×0.7+（15）×0.7

$$M_{3\text{-}3} = 1.2 \times 15.1 + 1.4 \times 183.0 + 1.4 \times 0.7 \times 5.6$$
$$+ 1.4 \times 0.7 \times 109.2 + 1.4 \times 0.7 \times 74.9$$
$$= 460.2 \text{kN} \cdot \text{m}$$
$$N_{3\text{-}3} = 1.2 \times 417.6 = 501.1 \text{kN}$$

B. 永久荷载分项系数取 1.0

各截面参与组合的荷载类别序号及组合值系数同上。

a) 1-1 截面：

$$M_{1\text{-}1} = 1.0 \times 22.6 + 1.4 \times 36.1 + 1.4 \times 0.7 \times 4$$
$$+ 1.4 \times 0.7 \times 24.8 + 1.4 \times 0.6 \times 28.8$$
$$= 125.6 \text{kN} \cdot \text{m}$$
$$N_{1\text{-}1} = 1.0 \times 304.8 + 1.4 \times 0.7 \times 50.4 = 354.2 \text{kN}$$

b) 2-2 截面

$$M_{2\text{-}2} = 1.0 \times (-1.9) + 1.4 \times 159.5 + 1.4 \times 0.7 \times 1.8$$
$$+ 1.4 \times 0.7 \times 23.9 + 1.4 \times 0.6 \times 28.8$$
$$= 270.8 \text{kN} \cdot \text{m}$$
$$N_{2\text{-}2} = 1.0 \times 347.2 + 1.4 \times 377.8 = 876.1 \text{kN}$$

c) 3-3 截面

$$M_{3\text{-}3} = 1.0 \times 15.1 + 1.4 \times 183 + 1.4 \times 0.7 \times 5.6$$
$$+ 1.4 \times 0.7 \times 109.2 + 1.4 \times 0.7 \times 74.9$$
$$= 457.2 \text{kN} \cdot \text{m}$$
$$N_{3\text{-}3} = 1.0 \times 417.6 = 417.6 \text{kN}$$

2) 由永久荷载效应控制的组合

根据《建筑结构荷载规范》GB 5009—2001 规定，当考虑以竖向的永久荷载效应控制的组合时，参与组合的可变荷载仅限于竖向荷载。

a）1-1 截面

参与组合的荷载类别序号及组合值系数为（1）+（4）×0.7+（8）×0.7

$$M_{1-1} = 1.35 \times 22.6 + 1.4 \times 0.7 \times 4 + 1.4 \times 0.7 \times 36.1 = 69.8 \text{kN} \cdot \text{m}$$

$$N_{1-1} = 1.35 \times 304.8 + 1.4 \times 0.7 \times 50.4 = 460.9 \text{kN}$$

b）2-2 截面

参与组合的荷载类别序号及组合值系数为（1）+（3）×0.7+（6）×0.7

$$M_{2-2} = 1.35 \times (-1.9) + 1.4 \times 0.7 \times 1.8 + 1.4 \times 0.7 \times 142.8$$
$$= 139.1 \text{kN} \cdot \text{m}$$

$$N_{2-2} = 1.35 \times 347.2 + 1.4 \times 0.7 \times 425.1 = 885.3 \text{kN} \cdot \text{m}$$

c）3-3 截面

参与组合的荷载类别序号及组合值系数为（1）+（3）×0.7+（8）×0.7

$$M_{3-3} = 1.35 \times 15.1 + 1.4 \times 0.7 \times 5.6 + 1.4 \times 0.7 \times 109.2$$
$$= 132.9 \text{kN} \cdot \text{m}$$

$$N_{3-3} = 1.35 \times 417.6 = 563.8 \text{kN}$$

2. $-M_{\max}$ 及相应 N 值

1）由可变荷载效应控制的组合

A. 永久荷载分项系数取 1.2

a）1-1 截面

参与组合的荷载类别序号及组合值系数为（1）+（6）+（14）×0.7+（18）×0.6

$$M_{1-1} = 1.2 \times 22.6 - 1.4 \times 69.7 - 1.4 \times 0.7 \times 5.3$$
$$- 1.4 \times 0.6 \times 37.5$$
$$= -107.2 \text{kN} \cdot \text{m}$$

$$N_{1-1} = 1.2 \times 304.8 = 365.8 \text{kN}$$

b）2-2 截面

参与组合的荷载类别序号及组合值系数为(1)+(18)+(2)×0.7+(9)×0.7+(15)×0.7

$$M_{2-2} = 1.2 \times (-1.9) - 1.4 \times 37.5 - 1.4 \times 0.7 \times 5.4$$
$$- 1.4 \times 0.7 \times 15.5 - 1.4 \times 0.7 \times 24.8$$
$$= -99.6 \text{kN} \cdot \text{m}$$

$$N_{2-2} = 1.2 \times 347.2 + 1.4 \times 0.7 \times 50.4 = 466 \text{kN}$$

c）3-3 截面

参与组合的荷载类别序号及组合值系数为（1）+（18）+（2）×0.7+（12）×0.7+（16）×0.7

$$M_{3-3} = 1.2 \times 15.1 - 1.4 \times 161.6 - 1.4 \times 0.7 \times 6.1$$
$$- 1.4 \times 0.7 \times 149.1 - 1.4 \times 0.7 \times 142.0$$
$$= -499.4 \text{kN} \cdot \text{m}$$

$$N_{3-3} = 1.2 \times 417.6 + 1.4 \times 0.7 \times 105.9 = 604.9 \text{kN}$$

B. 永久荷载分项系数取 1.0

各截面参与组合的荷载类别序号及组合值系数同上。

a) 1-1 截面

$$M_{1\text{-}1} = 1.0 \times 22.6 - 1.4 \times 69.7 - 1.4 \times 0.7 \times 5.3 - 1.4 \times 0.6 \times 37.5$$
$$= -111.8 \text{kN} \cdot \text{m}$$
$$N_{1\text{-}1} = 1.0 \times 304.8 = 304.8 \text{kN}$$

b) 2-2 截面

$$M_{1\text{-}1} = -1.0 \times 1.9 - 1.4 \times 37.5 - 1.4 \times 0.7 \times 5.4$$
$$\quad - 1.4 \times 0.7 \times 15.5 - 1.4 \times 0.7 \times 24.8$$
$$= -99.2 \text{kN} \cdot \text{m}$$
$$N_{2\text{-}2} = 1.0 \times 347.2 + 1.4 \times 0.7 \times 50.4 = 396.6 \text{kN}$$

c) 3-3 截面

$$M_{3\text{-}3} = 1.0 \times 15.1 - 1.4 \times 161.6 - 1.4 \times 0.7 \times 6.1$$
$$\quad - 1.4 \times 0.7 \times 149.1 - 1.4 \times 0.7 \times 142.0$$
$$= -502.4 \text{kN} \cdot \text{m}$$
$$N_{3\text{-}3} = 1.0 \times 417.6 + 1.4 \times 0.7 \times 105.9 = 521.4 \text{kN}$$

2) 由永久荷载效应控制的组合

a) 1-1 截面

参与组合的荷载类别序号及组合值系数为（1）+（11）×0.7

$$M = 1.35 \times 22.6 - 1.4 \times 0.7 \times 75.2 = -43.2 \text{kN} \cdot \text{m}$$
$$N = 1.35 \times 304.8 = 411.5 \text{kN}$$

b) 2-2 截面

参与组合的荷载类别序号及组合值系数为（1）+（2）×0.7+（9）×0.7

$$M = -1.35 \times 1.9 - 1.4 \times 0.7 \times 5.4 - 1.4 \times 0.7 \times 15.5 = 23.0 \text{kN} \cdot \text{m}$$
$$N = 1.35 \times 347.2 + 1.4 \times 0.7 \times 50.4 = 518.1 \text{kN}$$

c) 3-3 截面

参与组合的荷载类别序号及组合值系数为（1）+（2）×0.7+（12）×0.7

$$M = 1.35 \times 15.1 - 1.4 \times 0.7 \times 6.1 - 1.4 \times 0.7 \times 149.1 = -131.7 \text{kN} \cdot \text{m}$$
$$N = 1.35 \times 417.6 + 1.4 \times 0.7 \times 50.4 + 1.4 \times 0.7 \times 105.9 = 716.9 \text{kN}$$

3. N_{max} 及相应 M

1) 由可变荷载效应控制的组合

A. 永久荷载分项系数取 1.2

a) 1-1 截面

参与组合的荷载类别序号及组合值系数为（1）+（2）+（8）×0.7+（15）×0.7+（17）×0.6

$$M = 1.2 \times 22.6 + 1.4 \times 4.0 + 1.4 \times 0.7 \times 36.1$$
$$\quad + 1.4 \times 0.7 \times 24.8 + 1.4 \times 0.6 \times 28.8$$
$$= 116.6 \text{kN} \cdot \text{m}$$
$$N = 1.2 \times 304.8 + 1.4 \times 50.4 = 436.3 \text{kN}$$

b) 2-2 截面

参与组合的荷载类别序号及组合值系数为(1) + (6) + (4) × 0.7 + (14) × 0.7 + (17) × 0.6

$$M = 1.2 \times (-1.9) + 1.4 \times 142.8 + 1.4 \times 0.7 \times (-3.5)$$
$$+ 1.4 \times 0.7 \times 5.3 + 1.4 \times 0.6 \times 28.8$$
$$= 223.6 \text{kN} \cdot \text{m}$$
$$N = 1.2 \times 347.2 + 1.4 \times 425.1 + 1.4 \times 0.7 \times 50.4 = 1061.2 \text{kN}$$

c) 3-3 截面

参与组合的荷载类别序号及组合值系数为 (1) + (6) + (4) × 0.7 + (14) × 0.7 + (17) × 0.6

$$M = 1.2 \times 15.1 + 1.4 \times 4.7 + 1.4 \times 0.7 \times (-0.5)$$
$$+ 1.4 \times 0.7 \times 106.4 + 1.4 \times 0.6 \times 183$$
$$= 282.2 \text{kN} \cdot \text{m}$$
$$N = 1.2 \times 417.6 + 1.4 \times 425.1 + 1.4 \times 0.7 \times 50.4 = 1145.7 \text{kN}$$

B. 永久荷载分项系数取 1.0

各截面参与组合的荷载类别序号及组合值系数均同上。

a) 1-1 截面

$$M = 1.0 \times 22.6 + 1.4 \times 4.0 + 1.4 \times 0.7 \times 36.1$$
$$+ 1.4 \times 0.7 \times 24.8 + 1.4 \times 0.6 \times 28.8$$
$$= 112.1 \text{kN} \cdot \text{m}$$
$$N = 1.0 \times 304.8 + 1.4 \times 50.4 = 375.4 \text{kN}$$

b) 2-2 截面

$$M = 1.0 \times (-1.9) + 1.4 \times 142.8 + 1.4 \times 0.7 \times (-3.5)$$
$$+ 1.4 \times 0.7 \times 5.3 + 1.4 \times 0.6 \times 28.8$$
$$= 224.0 \text{kN} \cdot \text{m}$$
$$N = 1.0 \times 347.2 + 1.4 \times 425.1 + 1.4 \times 0.7 \times 50.4 = 991.7 \text{kN}$$

c) 3-3 截面

$$M = 1.0 \times 15.1 + 1.4 \times 4.7 + 1.4 \times 0.7 \times (-0.5)$$
$$+ 1.4 \times 0.7 \times 106.4 + 1.4 \times 0.6 \times 183$$
$$= 279.2 \text{kN} \cdot \text{m}$$
$$N = 1.0 \times 417.6 + 1.4 \times 425.1 + 1.4 \times 0.7 \times 50.4 = 1062.1 \text{kN}$$

2) 由永久荷载效应控制的组合

a) 1-1 截面

参与组合的荷载类别序号及组合值系数为 (1) + (4) × 0.7 + (8) × 0.7 + (15) × 0.7 + (17) × 0.6

$$M = 1.35 \times 22.6 + 1.4 \times 0.7 \times 4.0 + 1.4 \times 0.7 \times 36.1 + 0.7$$
$$\times 1.4 \times 24.8 + 0.6 \times 1.4 \times 28.8$$
$$= 118.3 \text{kN} \cdot \text{m}$$
$$N = 1.35 \times 304.8 + 1.4 \times 0.7 \times 50.4 = 460.9 \text{kN}$$

b) 2-2 截面

参与组合的荷载类别序号及组合值系数为（1）＋（4）×0.7＋（6）×0.7＋（14）×0.7＋（17）×0.6

$$M = -1.35 \times 1.9 - 1.4 \times 0.7 \times 3.5 + 1.4 \times 0.7 \times 142.8 + 0.7 \times 1.4$$
$$\times 5.3 + 0.6 \times 1.4 \times 28.8$$
$$= 163.3 \text{kN} \cdot \text{m}$$
$$N = 1.35 \times 347.2 + 1.4 \times 0.7 \times 50.4 + 1.4 \times 0.7 \times 425.1 = 934.7 \text{kN}$$

c) 3-3 截面

参与组合的荷载类别序号及组合值系数为（1）＋（4）×0.7＋（5）×0.7＋（14）×0.7＋（17）×0.6

$$M = 1.35 \times 15.1 - 1.4 \times 0.7 \times 0.5 + 1.4 \times 0.7 \times 4.7 + 0.7 \times 1.4$$
$$\times 106.4 + 0.6 \times 1.4 \times 183$$
$$= 282.5 \text{kN} \cdot \text{m}$$
$$N = 1.35 \times 417.6 + 1.4 \times 0.7 \times 50.4 + 1.4 \times 0.7 \times 425.1 = 1029.8 \text{kN}$$

4. N_{max} 及相应 $-M$ 值

1) 由可变荷载效应控制的组合

A. 永久荷载分项系数取 1.2

a) 1-1 截面

参与组合的荷载类别序号及组合值系数为（1）＋（2）＋（11）×0.7＋（18）×0.6

$$M = 1.2 \times 22.6 + 1.4 \times 2.2 - 1.4 \times 0.7 \times 75.2 - 1.4 \times 0.6 \times 37.5$$
$$= -75.0 \text{kN} \cdot \text{m}$$
$$N = 12 \times 304.8 + 1.4 \times 50.4 = 436.3 \text{kN}$$

b) 2-2 截面

参与组合的荷载类别序号及组合值系数为（1）＋（6）＋（2）×0.7＋（14）×0.7＋（18）×0.6

$$M = 1.2 \times (-1.9) + 1.4 \times 142.8 - 1.4 \times 0.7 \times 5.4$$
$$- 1.4 \times 0.7 \times 5.3 - 1.4 \times 0.6 \times 37.5$$
$$= 155.7 \text{kN} \cdot \text{m}（即无 N_{max} 及相应 -M 情况）$$
$$N = 1.2 \times 347.2 + 1.4 \times 425.1 + 1.4 \times 0.7 \times 50.4 = 1061.2 \text{kN}$$

c) 3-3 截面

参与组合的荷载类别序号及组合值系数为（1）＋（6）＋（2）×0.7＋（14）×0.7＋（18）×0.6

$$M = 1.2 \times 15.1 + 1.4 \times 4.7 - 1.4 \times 0.7 \times 6.1 - 1.4 \times 0.7$$
$$\times 106.4 - 1.4 \times 0.6 \times 161.6$$
$$= -221.3 \text{kN} \cdot \text{m}$$
$$N = 1.2 \times 417.6 + 1.4 \times 425.1 + 1.4 \times 0.7 \times 50.4 = 1145.7 \text{kN}$$

B. 永久荷载分项系数取 1.0

各截面参与组合的荷载类别序号及组合值系数同上。

a) 1-1 截面

$M = 1.0 \times 22.6 + 1.4 \times 2.2 - 1.4 \times 0.7 \times 75.2 - 1.4 \times 0.6 \times 37.5$
$= -79.5 \text{kN} \cdot \text{m}$
$N = 1.0 \times 304.8 + 1.4 \times 50.4 = 375.4 \text{kN}$

b) 2-2 截面

$M = 1.0 \times (-1.9) + 1.4 \times 142.8 - 1.4 \times 0.7 \times 5.4$
$\quad - 1.4 \times 0.7 \times 5.3 - 1.4 \times 0.6 \times 37.5$
$= 156.0 \text{kN} \cdot \text{m}$（即无 N_{max} 及相应 $-M$ 情况）
$N = 1.0 \times 347.2 + 1.4 \times 425.1 + 1.4 \times 0.7 \times 50.4 = 991.7 \text{kN}$

c) 3-3 截面

$M = 1.0 \times 15.1 + 1.4 \times 4.7 - 1.4 \times 0.7 \times 6.1$
$\quad - 1.4 \times 0.7 \times 106.4 - 1.4 \times 0.6 \times 161.6$
$= -224.3 \text{kN} \cdot \text{m}$
$N = 1.0 \times 417.6 + 1.4 \times 425.1 + 1.4 \times 0.7 \times 50.4 = 1062.1 \text{kN}$

2) 由永久荷载效应控制的组合

a) 1-1 截面

参与组合的荷载类别序号及组合值系数为（1）+（2）×0.7+（11）×0.7+（16）×0.7+（18）×0.6

$M = 1.35 \times 22.6 + 1.4 \times 0.7 \times 22 - 1.4 \times 0.7 \times 75.2$
$\quad - 1.4 \times 0.7 \times 23.9 - 1.4 \times 0.6 \times 37.5$
$= -76.5 \text{kN} \cdot \text{m}$
$N = 1.35 \times 304.8 + 1.4 \times 0.7 \times 50.4 = 460.9 \text{kN}$

b) 2-2 截面

参与组合的荷载类别序号及组合值系数为（1）+（2）×0.7+（14）×0.7+（16）×0.7+（18）×0.6

$M = 1.35 \times (-1.9) - 0.7 \times 1.4 \times 5.4 + 0.7 \times 1.4 \times 142.8$
$\quad - 0.7 \times 1.4 \times 5.3 - 0.6 \times 1.4 \times 37.5$
$= 95.4 \text{kN} \cdot \text{m}$（即无 N_{max} 及相应 $-M$ 情况）
$N = 1.35 \times 347.2 + 0.7 \times 1.4 \times 50.4 + 0.7 \times 1.4 \times 425.1 = 934.7 \text{kN}$

c) 3-3 截面

参与组合的荷载类别序号及组合值系数为（1）+（2）×0.7+（6）×0.7+（14）×0.7+（18）×0.6

$M = 1.35 \times 15.1 - 0.7 \times 1.4 \times 6.1 + 0.7 \times 1.4 \times 4.7$
$\quad - 0.7 \times 1.4 \times 106.4 - 0.6 \times 1.4 \times 161.6$
$= -221.0 \text{kN} \cdot \text{m}$
$N = 1.35 \times 417.6 + 0.7 \times 1.4 \times 50.4 + 0.7 \times 1.4 \times 425.1 = 1029.8 \text{kN}$

[例题 8-5] 钢筋混凝土框架结构多层办公楼

已知：某七层现浇钢筋混凝土框架办公楼，其平、剖面见图 8-59 及图 8-60，自室外

[例题 8-5] 钢筋混凝土框架结构多层办公楼　199

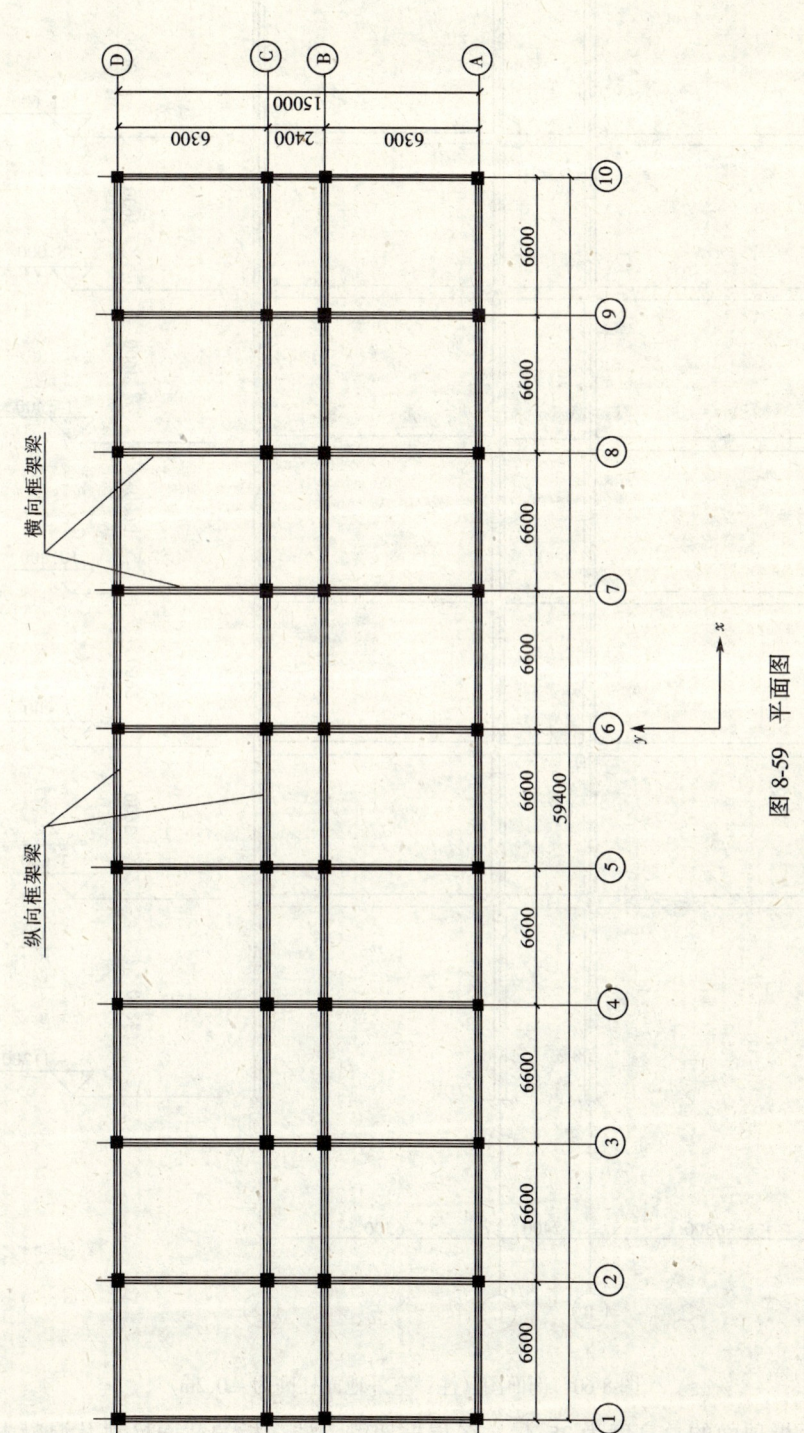

图 8-59　平面图

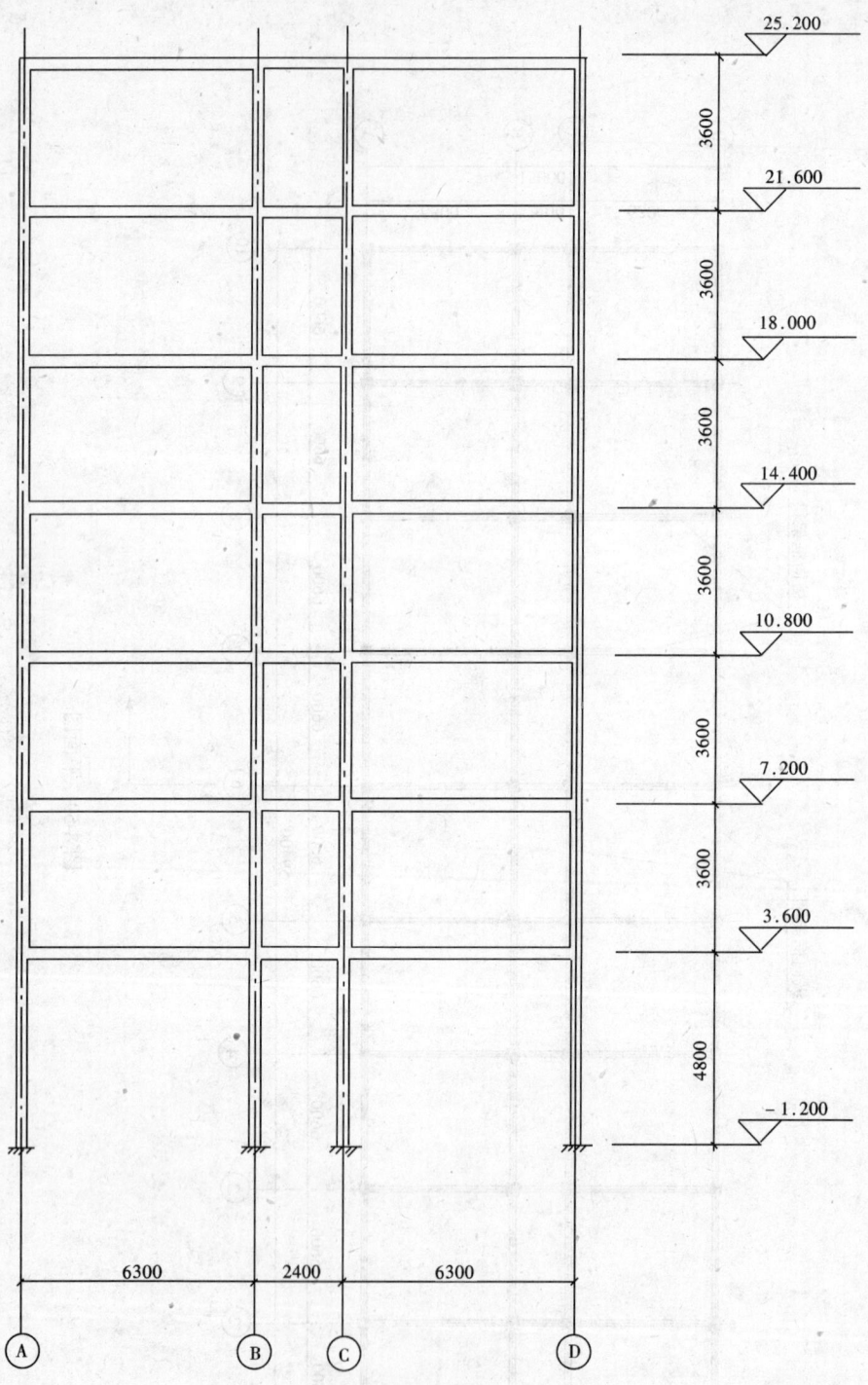

图 8-60 剖面图（注：室外地面柱高为 -0.2m）

地面至屋面板顶面的总高度为 25.4m，各层框架梁、柱、板的截面尺寸及混凝土强度等级见表 8-7，建筑结构的安全等级为二级，设计使用年限 50 年，抗震设防烈度为七度、设计基本地震加速度为 $0.15g$，设计地震分组为第一组，建筑场地类别为Ⅲ类，建筑抗震设防

[例题 8-5] 钢筋混凝土框架结构多层办公楼

类别为丙类，建筑结构的阻尼比为 0.05，框架结构的抗震等级为三级，当地基本风压标准值 0.45kN/m²，地面粗糙度类别为 C 类，当地基本雪压标准值为 0.3kN/m²，屋面均布活荷载取 0.5kN/m²，建筑物四周围护墙永久荷载标准值（按墙面面积计算已考虑门窗洞口的影响）地上部分为 1.2kN/m²，地下部分为 1.5kN/m²，建筑物内部沿走道两侧的隔墙（沿图 8-59 中的轴线 B、C）及横向各轴线内隔墙（沿图中的轴线 2～9 但扣除走道宽度）按墙面面积计算的永久荷载标准值为 0.63kN/m²。屋面均布永久荷载标准值（包括板自重及屋面防水层、保温层等）走道部分为 6.15kN/m²，其余部分为 7.15kN/m²，屋面均布活荷载标准值取 0.5kN/m²，楼面均布永久荷载标准值（包括楼板自重及楼面做法）走道部分为 4.5kN/m²，其余部分为 5.5kN/m²，楼面均布活荷载标准值走道部分为 2.5kN/m²，其余部分（包括非固定隔墙附加活荷载 1kN/m²）为 3.5kN/m²。

求：1. 轴线与横向框架首层边跨梁 AB（轴线 A～B 间）的基本组合弯矩设计值；
2. 轴线 5 与轴线 A 交汇处的框架柱底部截面基本组合的轴力和弯矩设计值。

框架梁柱截面尺寸及板厚（mm）、各层混凝土强度等级　　表 8-7

构件名称	楼层编号	一层	二层	三层	四层	五层	六层	七层
柱		550×550	550×550	500×500	500×500	500×500	500×500	500×500
横向框架梁	AB 跨				250×550			
	BC 跨				250×400			
	CD 跨				250×550			
纵向框架梁	沿 A 轴				300×500			
	沿 B 轴				250×500			
	沿 C 轴				250×500			
	沿 D 轴				300×500			
楼、屋面板厚度				160（A～B、C～D 轴）、120（B～C 轴）				
混凝土强度等级		C35		C30			C25	

【解】 采用中国建筑科学研究院编制的软件 SATWE（2004 年 1 月版）进行结构计算。将本例题提供的各项参数输入计算机后并在计算时未考虑扭转耦连及单向地震作用情况下的偶然偏心影响，仅按建筑结构抗震设计规范的简化方法考虑扭转影响（因本工程为多层框架房屋、结构刚度及质量分布均较均匀）。现将有关的计算结果摘录于表 8-8、表 8-9。

1. 轴线与首层横向框架边框架梁 AB 的基本组合弯矩设计值

首层横向框架梁 AB 弯矩标准值　　表 8-8

荷载状况	支座 A 截面	支座 B 截面	跨 中 截 面
永久荷载	−85.9kN·m	−85.1kN·m	57.6kN·m
满布活荷载	−43.8kN·m	−42.3kN·m	29.9kN·m
Y 方向风荷载	±55.0kN·m	∓52.3kN·m	±1.4kN·m
Y 方向地震作用	±143.9kN·m	∓137.0kN·m	±3.4kN·m

注：弯矩负值表示梁上表面受拉下表面受压、正值表示梁下表面受拉上表面受压。

(1) 支座 A 截面基本组合弯矩设计值

有以下几种组合情况为可能的最不利组合：
组合 1：非抗震设计
$$M_A = 1.2 \times 永久荷载弯矩标准值 + 1.4 \times 满布活荷载弯矩标准值$$
$$+ 0.6 \times 1.4 \times 风荷载弯矩值标准值$$
$$= -1.2 \times 85.9 - 1.4 \times 43.8 - 0.6 \times 1.4 \times 55.0 = -210.6 \text{kN} \cdot \text{m}$$

组合 2：非抗震设计
$$M_A = 1.2 \times 永久荷载弯矩标准值 + 1.4 \times 风荷载弯矩标准值$$
$$+ 0.7 \times 1.4 \times 满布活荷载弯矩标准值$$
$$= -1.2 \times 85.9 - 1.4 \times 55.0 - 0.7 \times 1.4 \times 43.8 = -223.0 \text{kN} \cdot \text{m}$$

组合 3：抗震设计
$$M_A = 1.2 \times 永久荷载弯矩标准值 + 0.5 \times 1.2 \times 满布活荷载弯矩标准值$$
$$+ 1.3 \times 地震作用弯矩标准值$$
$$= -1.2 \times 85.9 - 0.5 \times 1.2 \times 43.8 - 1.3 \times 143.9 = -316.4 \text{kN} \cdot \text{m}$$

(2) 支座 B 截面基本组合弯矩设计值

有以下几种组合情况为可能的最不利组合：
组合 1：非抗震设计
$$M_B = 1.2 \times 永久荷载弯矩标准值 + 1.4 \times 满布活荷载弯矩标准值$$
$$+ 0.6 \times 1.4 \times 风荷载弯矩设计值$$
$$= -1.2 \times 85.1 - 1.4 \times 42.3 - 0.6 \times 1.4 \times 52.3 = -205.3 \text{kN} \cdot \text{m}$$

组合 2：非抗震设计
$$M_B = 1.2 \times 永久荷载弯矩标准值 + 1.4 \times 风荷载弯矩标准值$$
$$+ 0.7 \times 1.4 \times 满布活荷载弯矩标准值$$
$$= -1.2 \times 85.1 - 1.4 \times 52.3 - 0.7 \times 1.4 \times 42.3 = -216.8 \text{kN} \cdot \text{m}$$

组合 3：抗震设计
$$M_B = 1.2 \times 永久荷载弯矩标准值 + 0.5 \times 1.2 \times 满布均布活荷载弯矩标准值$$
$$+ 1.3 \times 地震作用弯矩标准值$$
$$= -1.2 \times 85.1 - 0.5 \times 1.2 \times 42.3 - 1.3 \times 137 = -305.6 \text{kN} \cdot \text{m}$$

(3) 跨中截面基本组合弯矩设计值

有以下几种组合情况为可能的最不利组合：
组合 1：非抗震设计
$$M_{跨中} = 1.2 \times 永久荷载弯矩标准值 + 1.4 \times 满布活荷载弯矩标准值$$
$$+ 0.6 \times 1.4 \times 风荷载弯矩标准值$$
$$= 1.2 \times 57.6 + 1.4 \times 29.9 + 0.6 \times 1.4 \times 1.4 = 112.2 \text{kN} \cdot \text{m}$$

组合 2：抗震设计
$$M_{跨中} = 1.2 \times 永久荷载弯矩标准值 + 0.5 \times 1.2 \times 满布活荷载弯矩标准值$$
$$+ 1.3 \times 地震作用弯矩标准值$$
$$= 1.2 \times 57.6 + 0.5 \times 1.2 \times 29.9 + 1.3 \times 3.4 = 91.5 \text{kN}$$

2. 轴线 5 与轴线 A 交汇处的框架柱底部截面基本组合的轴力和弯矩设计值。
轴线 5 与轴线 A 交汇处的框架柱底部截面

轴向力和弯矩标准值　　　　　　　　　　　　表 8-9

荷载状况	N (kN)	M_x (kN·m)	M_y (kN·m)
永久荷载	1489.7	-14.8	0
满布活荷载	451.9	-7.5	0
X 方向水平地震作用	0	0	±215.3
Y 方向水平地震作用	∓216.7	±218.6	0
X 方向风荷载	0	0	±23.0
Y 方向风荷载	∓79.9	±85.1	0

注：1. 表中 N 为柱轴向力、M_x 为沿房屋横向的弯矩、M_y 为沿房屋纵向的弯矩；
　　2. 轴向力及弯矩的正值如下图所示：

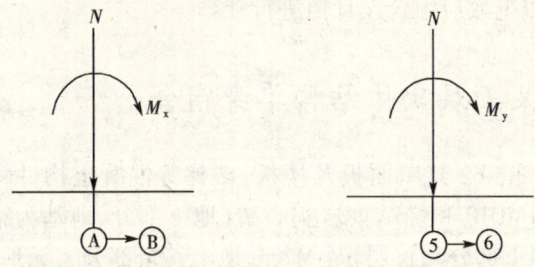

可能的最不利效应组合经判断有下列几种。

(1) 组合 1：抗震设计，x 方向水平地震作用效应与重力荷载代表值效应（荷载分项系数取 1.0）组合，风荷载不参与组合：

$$N = 1489.7 + 0.5 \times 451.9 = 1715.7 \text{kN}$$

$$M_x = -14.8 - 0.5 \times 7.5 = -18.6 \text{kN·m}$$

$M_y = 1.3 \times 235.3 \times 1.05 = 321.2 \text{kN·m}$（增大系数 1.05 系根据《建筑抗震设计规范》第 5.2.3 条的规定）

(2) 组合 2：抗震设计，x 方向水平地震作用效应与重力荷载代表值效应（荷载分项系数取 1.2）组合，风荷载不参与组合：

$$N = 1.2 \times 1489.7 + 0.5 \times 1.2 \times 451.9 = 2058.8 \text{kN}$$

$$M_x = 1.2 \times (-14.8 - 0.5 \times 7.5) = -22.3 \text{kN·m}$$

$M_y = 1.3 \times 235.3 \times 1.05 = 321.2 \text{kN·m}$（增大系数 1.05 系根据《建筑抗震设计规范》GB 50011—2001 第 5.2.3 条的规定）

(3) 组合 3：抗震设计，Y 方向水平地震作用效应与重力荷载代表值效应（荷载分项系数取 1.0）组合，且地震时柱产生拉力，风荷载不参与组合：

$$N = 1489.7 + 0.5 \times 451.9 - 1.3 \times 216.7 = 1433.9 \text{kN}$$

$$M_x = -14.8 - 0.5 \times 7.5 + 1.3 \times 218.6 = 265.6 \text{kN}$$

$$M_y = 0$$

(4) 组合 4：抗震设计，Y 方向水平地震效应与重力荷载代表值效应（荷载分项系数取 1.2）组合，且地震时柱产生拉力，风荷载不参与组合：

$$N = 1.2 \times (1489.7 + 0.5 \times 451.9) - 1.3 \times 216.7 = 1777.1 \text{kN}$$

$$M_x = 1.2 \times (-14.8 - 0.5 \times 7.5) + 1.3 \times 218.6 = 261.9 \text{kN·m}$$

$$M_y = 0$$

(5) 组合 5：Y 方向水平地震作用效应与重力荷载代表值效应（荷载分项系数取 1.0）

组合，且地震时柱产生压力，风荷载不参与组合：
$$N = 1489.7 + 0.5 \times 451.9 + 1.3 \times 216.7 = 1997.4 \text{kN}$$
$$M_x = -14.8 - 0.5 \times 7.5 - 1.3 \times 218.6 = -302.7 \text{kN} \cdot \text{m}$$
$$M_y = 0$$

（6）组合6：Y方向水平地震作用效应与重力荷载代表值效应（荷载分项系数取1.2）组合，且地震时柱产生压力，风荷载不参与组合：
$$N = 1.2 \times (1489.7 + 0.5 \times 451.9) + 1.3 \times 216.7 = 2340.5 \text{kN}$$
$$M_x = 1.2 \times (-14.8 - 0.5 \times 7.5) - 1.3 \times 218.6 = -306.4 \text{kN} \cdot \text{m}$$
$$M_y = 0$$

确定柱底截面配筋时可分别根据以上效应组合设计值进行计算。

[例题 8-6] 某五层砌体结构单身宿舍

已知：该房屋的平剖面见图 8-61、图 8-62 其屋面板及楼板、楼梯等混凝土构件均为现浇，墙体为蒸压实心灰砂砖（地上部分）MU10 和烧结页岩实心砖（地下部分，地基为很潮湿且处于寒冷地区）MU15，砂浆为 M10（地下部分和首层）及 M7.5（地上其余部分），无地下室。抗震设防烈度为 7 度，设计地震加速度为 $0.1g$，设计地震分组为第一组，场地类别为 II 类。以每一楼层为一质点，包括楼盖自重，上下各半层的所有墙体自重，楼面活荷载等，质点假定集中在楼层标高处，各层重力荷载代表值（图 8-63）为 $G_1 = 6605.9$kN，$G_2 = 6014.7$kN，$G_3 = 6014.7$kN，$G_4 = 6014.7$kN，$G_5 = 4238.3$kN，$\Sigma G_i = 28888.3$kN（计算过程从略）。首层各轴线砌体墙段的层间等效侧向刚度见表 8-10（计算过程从略）。

首层各轴线墙段的层间等效相对刚度 K_i　　　　　　　　表 8-10

轴　线　号		每一轴线墙段相对刚度 K_i	相对刚度总和 ΣK_i
横　向	1、10 2～9	4.66 2.88	32.36
纵　向	A、D B、C	5.85 4.75	21.20

求：1. X 方向（纵向）水平地震时，首层沿 A 轴的砌体墙段的地震剪力标准值
2. Y 方向（横向）水平地震时，首层沿 2 轴，在轴 A～轴 D 间的砌体墙段的地震剪力标准值。

【解】　1. 各层总水平地震作用标准值。
对多层砌体房屋，总水平地震作用标准值可采用基底剪力法按下式计算：
$$F_{\text{Ek}} = \alpha_{\max} G_{\text{eq}} = 0.08 \times 0.85 \times 28888.3 = 1964.4 \text{kN}$$

2. 各层水平地震作用标准值及各层地震剪力标准值
各层水平地震作用标准值按下式计算，计算结果列入表 8-10 内：
$$F_i = \frac{G_i H_i}{\sum_{j=1}^{n} G_j H_j} F_{\text{Ek}}$$

各层地震剪力标准值按下式计算，计算结果列入表 8-10 内：
$$V_i = \sum_{i=1}^{n} F_i$$

[例题 8-6] 某五层砌体结构单身宿舍   205

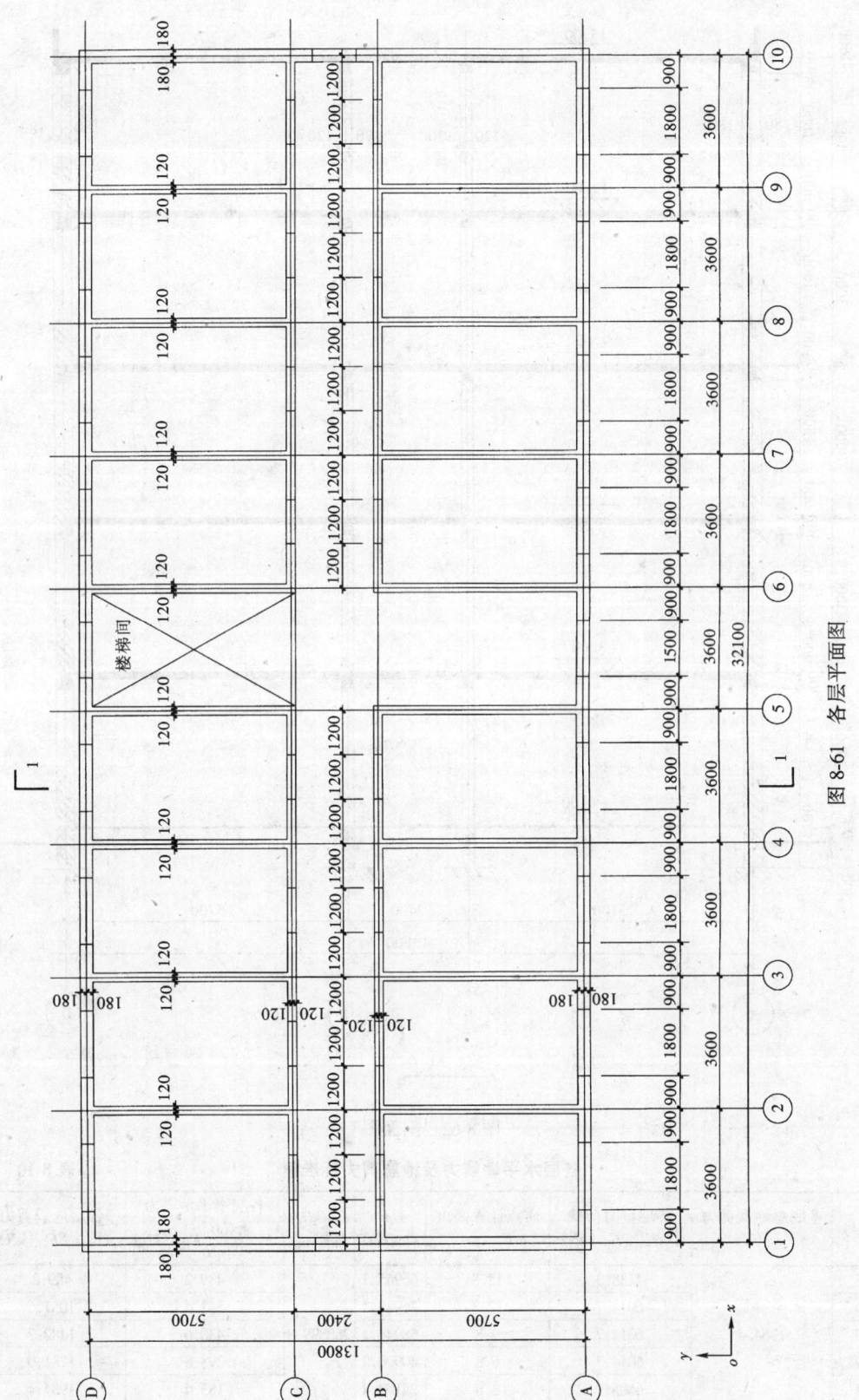

图 8-61 各层平面图

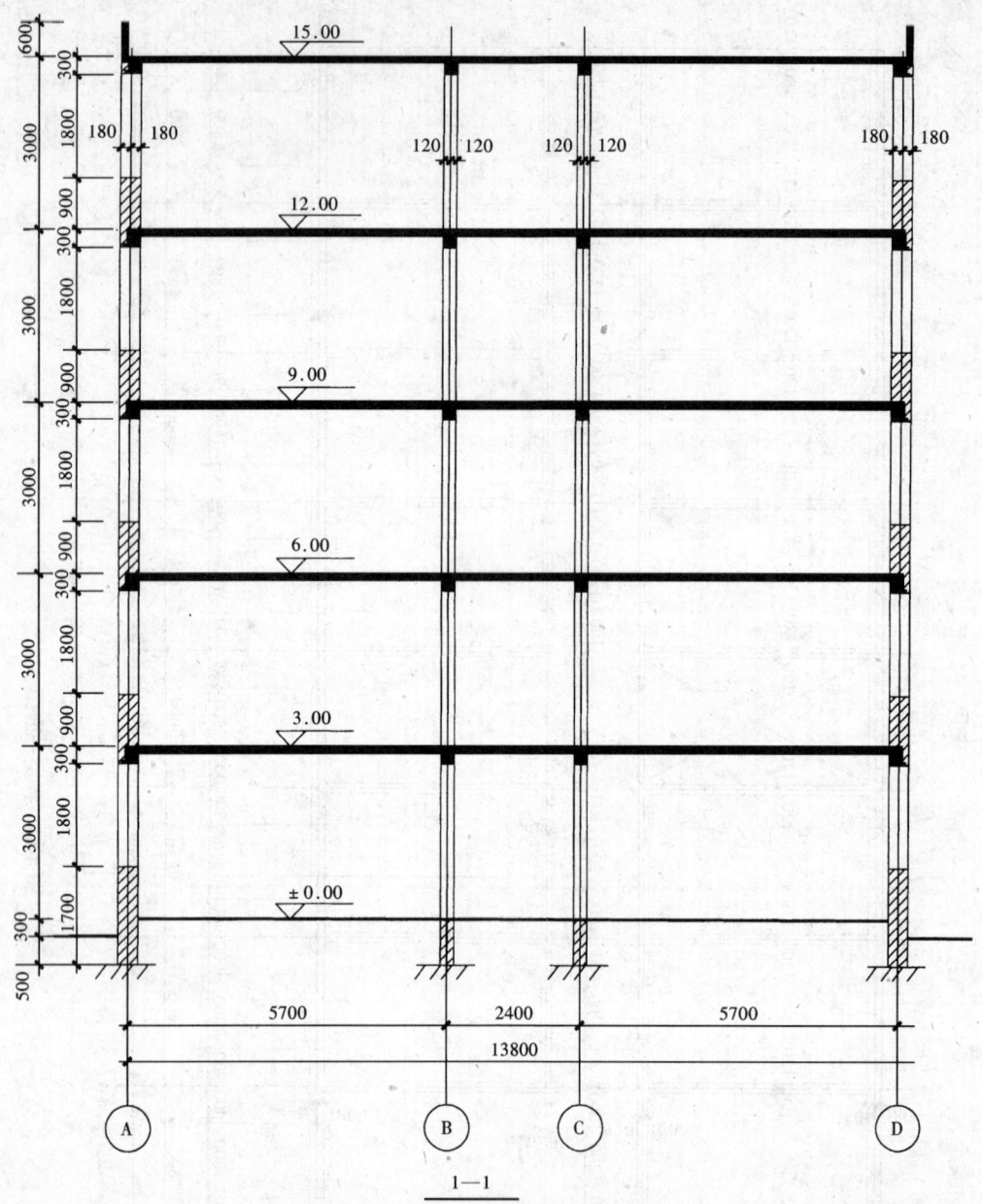

图 8-62 剖面图

各层水平地震力及地震剪力标准值 表 8-10

层号	基底总地震剪力 F_{Ek} (kN)	各层重力荷载代表值 G_i (kN)	质点计算高度 H_i (m)	G_iH_i (kN·m)	ΣG_iH_i (kN·m)	各层水平地震力 $F_i = \dfrac{G_iH_i}{\Sigma G_iH_i}F_{Ek}$ (kN)	各层地震剪力 $V_i = \Sigma F_i$ (kN)
5		4238.3	15.8	66965.1		489.2	489.2
4		6014.7	12.8	76988.2		562.4	1051.6
3	1964.4	6014.7	9.8	58944.1	268899.8	430.6	1482.2
2		6014.7	6.8	40900.0		298.8	1781.0
1		6605.9	3.8	25102.4		183.4	1964.4

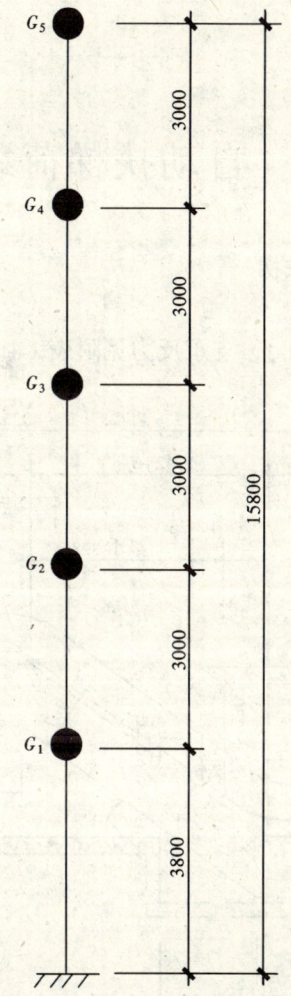

图 8-63 各层重力荷载代表值

3. X 方向（纵向）水平地震时，首层沿 A 轴的砌体墙段的地震剪力标准值。

由于屋盖及楼盖均为现浇混凝土结构，因此 X 方向水平地震时，纵向各轴线砌体墙段的水平地震剪力按墙段的抗侧力构件等效刚度的比例分配，因此沿 A 轴的砌体墙段的地震剪力标准值按下式计算：

$$V_{A1} = \frac{K_{A1}}{K_{A1} + K_{B1} + K_{C1} + K_{D1}} \times V_1 = \frac{5.85}{21.20} \times 1964.4 = 542.1 \text{kN}$$

4. Y 方向（横向）水平地震时，首层沿 2 轴的砌体墙段的地震剪力标准值。

同上，Y 方向水平地震时，横向 2 轴线砌体墙段的水平地震剪力标准值按下式计算：

$$V_{21} = \frac{K_{21}}{\sum_{i=1}^{n} K_{i1}} V_1 = \frac{2.88}{32.36} \times 1964.4 = 174.8 \text{kN}$$

附录一 自动扶梯荷载参数

一、迅达（Schindler）自动扶梯

1. Schindler 9300 10/35°K 型

自动扶梯各部分尺寸见附图 1-1，支承反力见附表 1-1。

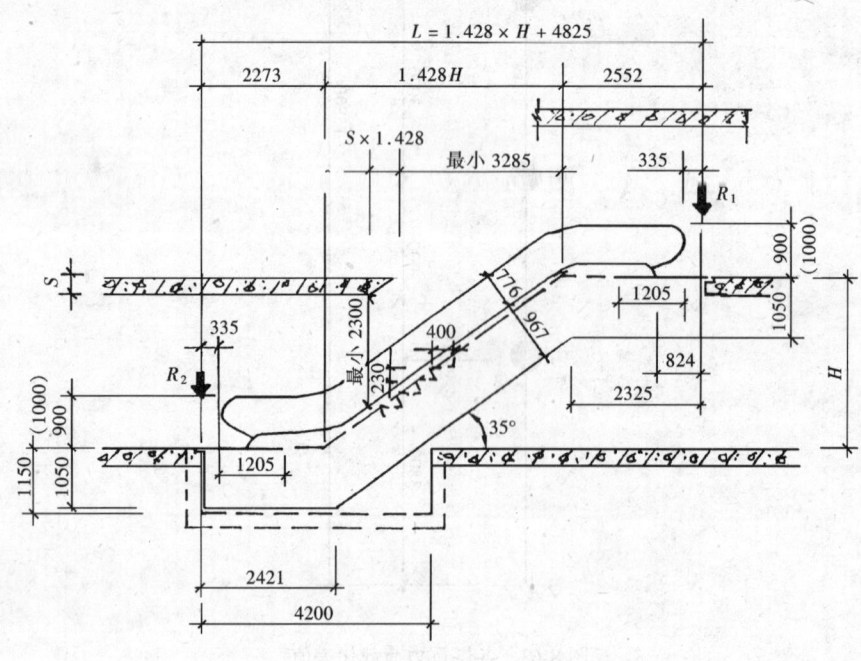

附图 1-1 Schindler 9300 倾斜角 35°K 型自动扶梯

10/35°K 型支承反力　　　　　　　　　附表 1-1

梯级宽度 (mm)	提升高度 H (mm)	支承反力 (kN)		梯级宽度 (mm)	提升高度 H (mm)	支承反力 (kN)	
		R_1	R_2			R_1	R_2
600	3000	45	38	800	3000	52	43
	3500	48	40		3500	55	47
	4000	51	43		4000	58	50
	4500	53	46		4500	61	53
	5000	56	48		5000	64	56
	5500	59	51		5500	67	59
	6000	61	53		6000	70	62

续表

梯级宽度 (mm)	提升高度 H (mm)	支承反力（kN）		梯级宽度 (mm)	提升高度 H (mm)	支承反力（kN）	
		R_1	R_2			R_1	R_2
1000	3000	58	50	1000	5000	72	64
	3500	62	53		5500	76	68
	4000	65	57		6000	81	73
	4500	69	61				

2. Schindler 9300 10/30°K 型

自动扶梯各部分尺寸见附图 1-2，支承反力见附表 1-2。

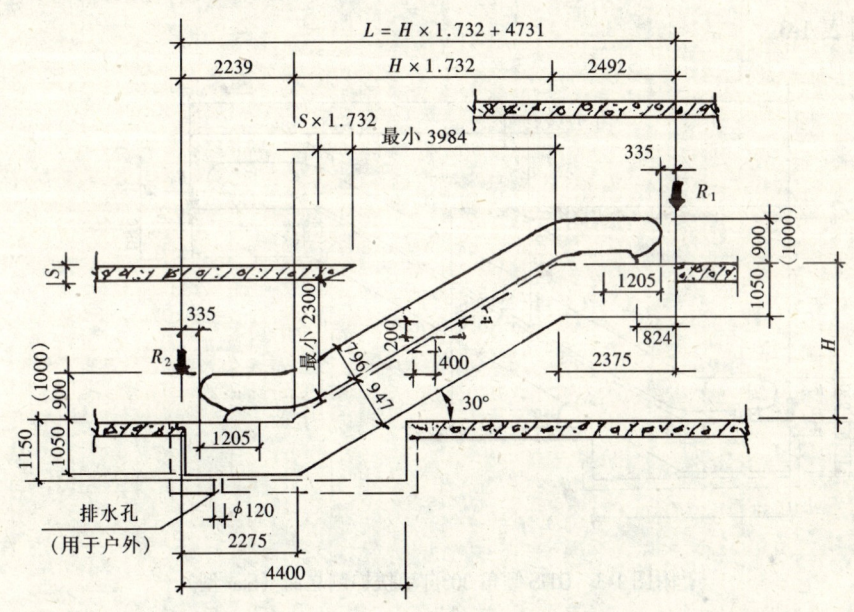

附图 1-2 Schindler 9300 倾斜角 30°K 型自动扶梯

10/30°K 型支承反力　　　　　　　　　　　　附表 1-2

梯级宽度 (mm)	提升高度 H (mm)	支承反力（kN）		梯级宽度 (mm)	提升高度 H (mm)	支承反力（kN）	
		R_1	R_2			R_1	R_2
600	3000	48	40	800	3000	55	47
	3500	51	43		3500	58	51
	4000	54	47		4000	62	54
	4500	57	50		4500	66	58
	5000	61	53		5000	69	61
	5500	64	56		5500	73	65
	6000	67	59		6000	79	71

续表

梯级宽度 (mm)	提升高度 H (mm)	支承反力 (kN)		梯级宽度 (mm)	提升高度 H (mm)	支承反力 (kN)	
		R_1	R_2			R_1	R_2
1000	3000	62	54	1000	5000	80	72
	3500	66	58		5500	85	77
	4000	70	62		6000	89	81
	4500	74	66				

二、奥的斯（OTIS）自动扶梯（Star 型）

1. 扶梯倾角 30°

自动扶梯侧立面见附图 1-3、平面见附图 1-4、正立面见附图 1-5，各部分尺寸及支承反力见附表 1-3。

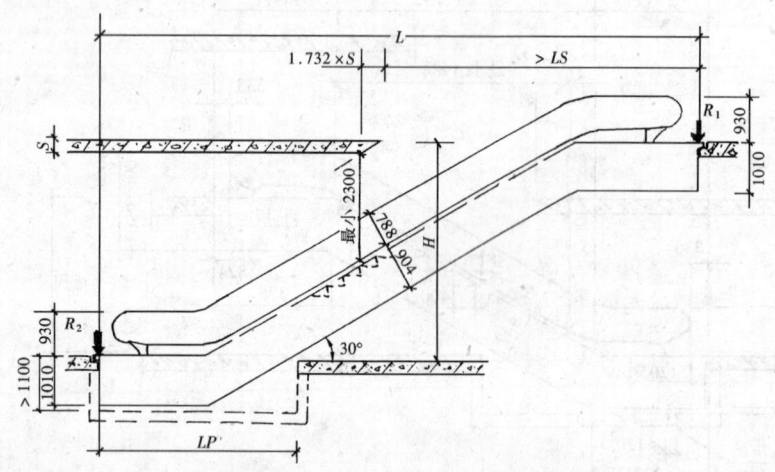

附图 1-3　OTIS 倾角 30°自动扶梯侧立面（Star 型）

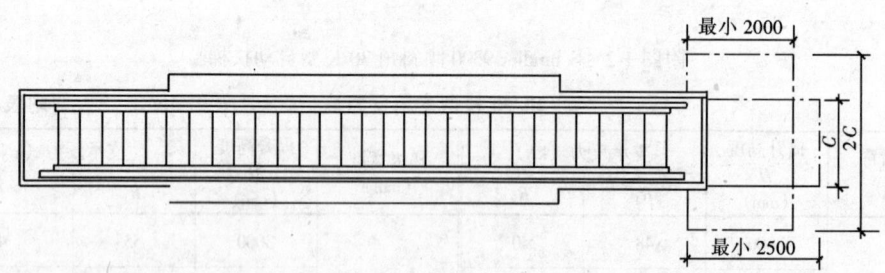

附图 1-4　Star 型自动扶梯平面

倾角 30°自动扶梯各部分尺寸及支承反力　　　　附表 1-3

提升高度	梯级宽度	各部分尺寸 (mm)						支承反力 (kN)	
		L	LP_{min}	LS	B	C	D_{min}	E	R_1	R_2
$H \leqslant 6000$	1000	$1.732H+4849$	4200	6634	1237	1590	1700	1560	$4.9L+17$	$4.9L+10$
	800	$1.732H+4849$		6634	1037	1390	1500	1360	$4.4L+18$	$4.4L+10$
	600	$1.732H+5349$		7134	837	1190	1300	1160	$3.3L+27$	$3.3L+22$

注：计算支承反力时，L 应以 m 为单位代入。

2. 扶梯倾角 35°

自动扶梯侧立面见附图 1-6、平面见附图 1-4，正立面见附图 1-5。各部分尺寸及支承所力见附表 1-4。

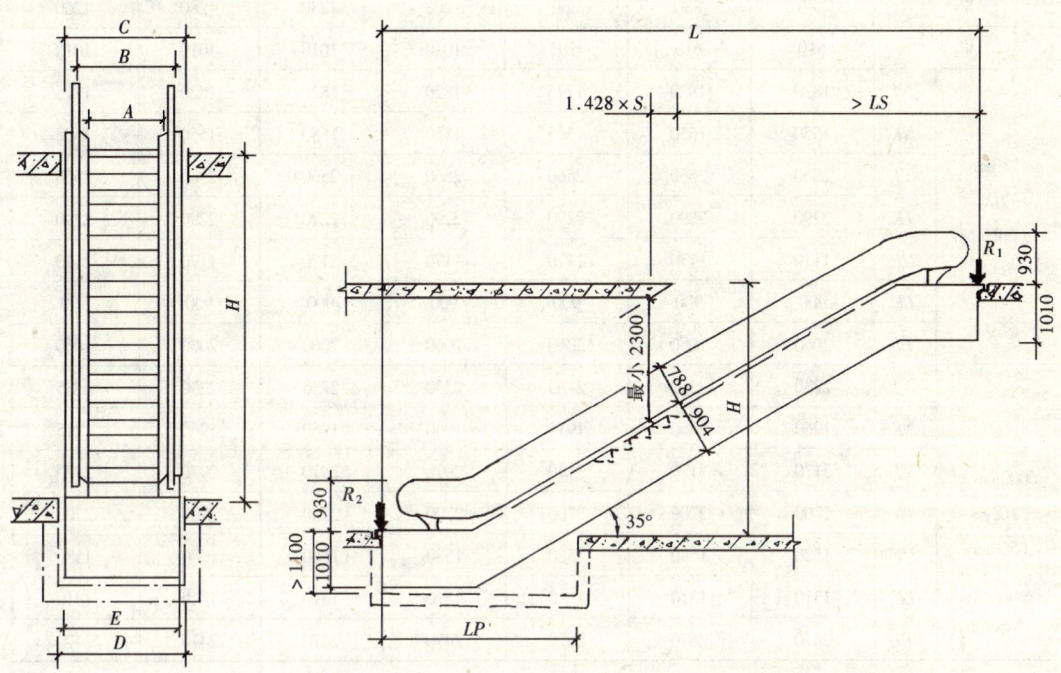

附图 1-5 Star 型自动扶梯正立面

附图 1-6 OTIS 倾斜角 35°自动扶梯侧立面（Star 型）

倾角 35°自动扶梯各部尺寸及支承反力 附表 1-4

提升高度	梯级宽度	各部分尺寸（mm）							支承反力（kN）	
		L	LP_{min}	LS	B	C	D_{min}	E	R_1	R_2
$H \leqslant 6000$	1000	$1.428H+4989$	4000	6034	1237	1590	1700	1560	$5.35L+13$	$5.35L+5$
	800	$1.428H+4989$		6034	1037	1390	1500	1360	$4.8L+15$	$4.68L+9$
	600	$1.428H+5489$		6534	837	1190	1300	1160	$4L+18$	$4L+12$

注：计算支承反力时，L 应以 m 为单位代入。

三、三菱（MITSUBISHI）自动扶梯（J 系列）

1. 倾斜角度 30°

自动扶梯安装图见附图 1-7，各部分尺寸见附表 1-5 及表 1-6，支承反力计算公式见附表 1-7。

$HE \leqslant 6500$mm 扶梯斜角 30°各部分尺寸（mm） 附表 1-5

尺寸	型号	JS-B JS-BF	JS-LB JS-LBF	JP-B JP-BF	JS-SB JS-SBF	JS-B JS-BF	JS-LB JS-LBF	JP-B JP-BF
梯级宽		800	800	800	1200	1200	1200	1200
W_1		1150	1150	1150	1550	1550	1550	1550

续表

尺寸 \ 型号		JS-B JS-BF	JS-LB JS-LBF	JP-B JP-BF	JS-SB JS-SBF	JS-B JS-BF	JS-LB JS-LBF	JP-B JP-BF
W_2		880	880	860	1208	1280	1280	1260
W_3		610	610	610	1010	1010	1010	1010
$HE \leq 6000mm$	NJ	1820	1820	1775	1820	1820	1820	1775
	NK	1550	1550	1505	1550	1550	1550	1505
	TJ	2560	2560	2560	2560	2560	2560	2560
	TK	2290	2290	2290	2290	2290	2290	2290
	UF	1170	1170	1170	1170	1170	1170	1170
	LF	900	900	900	900	900	900	900
	EI	2060	2060	2060	2060	2060	2060	2060
$6000mm < HE \leq 6500mm$	NJ	2230	2230	2185	2230	2230	2230	2185
	NK	1960	1960	1915	1960	1960	1960	1915
	TJ	3170	3170	3170	2970	2970	2970	2970
	TK	2700	2700	2700	2700	2700	2700	2700
	UF	1580	1580	1580	1580	1580	1580	1580
	LF	1310	1310	1310	1310	1310	1310	1310
	EI	2670	2670	2670	2470	2470	2470	2470

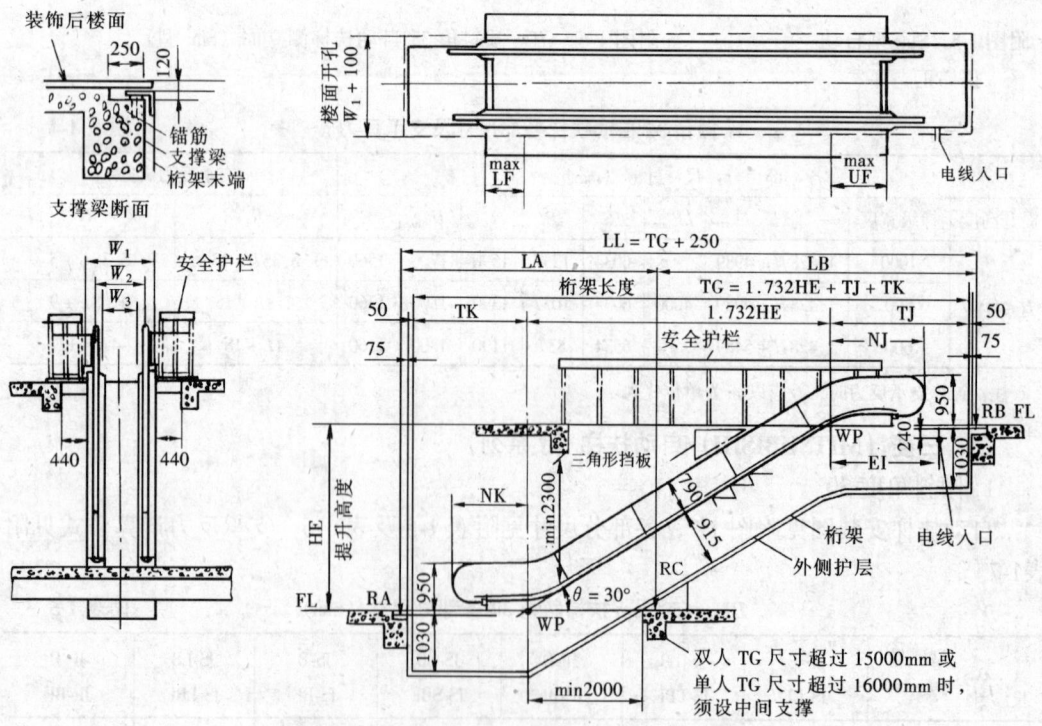

附图 1-7 MITSUBISH 倾斜角度 30°J 系列自动扶梯

6500mm < HE ≤ 9500mm 扶梯倾角30°各部尺寸（mm） 附表1-6

尺寸\型号	J2S-B J2S-BF	J2S-LB J2S-LBF	J2P-B J2P-BF	J2S-SB J2S-SBF	J2S-B J2S-BF	J2S-LB J2S-LBF	J2P-B J2P-BF
梯级宽	800	800	800	1200	1200	1200	1200
W_1	1150	1150	1150	1550	1550	1550	1550
W_2	880	880	860	1208	1280	1280	1260
W_3	610	610	610	1010	1010	1010	1010
NJ	2435	2435	2390	2435	2435	2435	2390
NK	1960	1960	1915	1960	1960	1960	1915
TJ	3450	3450	3450	3450	3450	3450	3450
TK	2700	2700	2700	2700	2700	2700	2700
UF	1785	1785	1785	1785	1785	1785	1785
LF	1310	1310	1310	1310	1310	1310	1310
EI	2950	2950	2950	2950	2950	2950	2950

扶梯斜角30°时支承反力计算公式（单位 N） 附表1-7

反力\支承情况	无中间支承	有中间支承
R_A	$\alpha \times LL + \beta(TJ-\gamma)/LL$	$\alpha \times LA$
R_B	$\alpha \times LL + \beta - \beta(TJ-\gamma)/LL$	$\alpha \times LB + \beta - \beta \times (TJ-\gamma)/LB$
R_C	—	$\alpha \times LL + \beta \times (TJ-\gamma)/LB$

注：1. 表中系数当梯级宽1200mm时，$\alpha = 5.194$N/mm、梯级宽800mm时，$\alpha = 3.92$N/mm；
  2. 表中系数当 $HE ≤ 6500$mm 时，$\beta = 7840$N、当 6500mm < HE ≤ 9500mm 时，对梯级宽1200mm，$\beta = 9800$N、对梯级宽800mm，$\beta = 7840$N；
  3. 表中系数当 $HE ≤ 6000$mm 时，$\gamma = 1265$mm、当 6000mm < HE ≤ 6500mm 时，$\gamma = 1675$mm、当 6500mm < HE ≤ 9500mm 时，$\gamma = 1680$mm。
  4. 公式中的长度应以 mm 计。

2. 倾斜角度35°

自动扶梯各部尺寸见附图1-8，各部分尺寸见附表1-8，支承反力计算公式见附表1-9。

$HE ≤ 6000$mm 扶梯斜角35°各部分尺寸（mm） 附表1-8

尺寸\型号	JS-B JS-BF	JS-LB JS-CBF	JP-B JP-BF	JS-SB JS-SBF	JS-B JS-BF	JS-LB JS-LBF	JP-B JP-BF
梯级宽	800	800	800	1200	1200	1200	1200
W_1	1150	1150	1150	1550	1550	1550	1550
W_2	880	880	860	1208	1280	1280	1260
W_3	610	610	610	1010	1010	1010	1010
NJ	1885	1885	1840	1885	1885	1885	1840
NK	1635	1635	1590	1635	1635	1635	1590
TJ	2600	2600	2600	2600	2600	2600	2600
TK	2350	2350	2350	2350	2350	2350	2350
UF	1235	1235	1235	1235	1235	1235	1235
LF	985	985	985	985	985	985	985

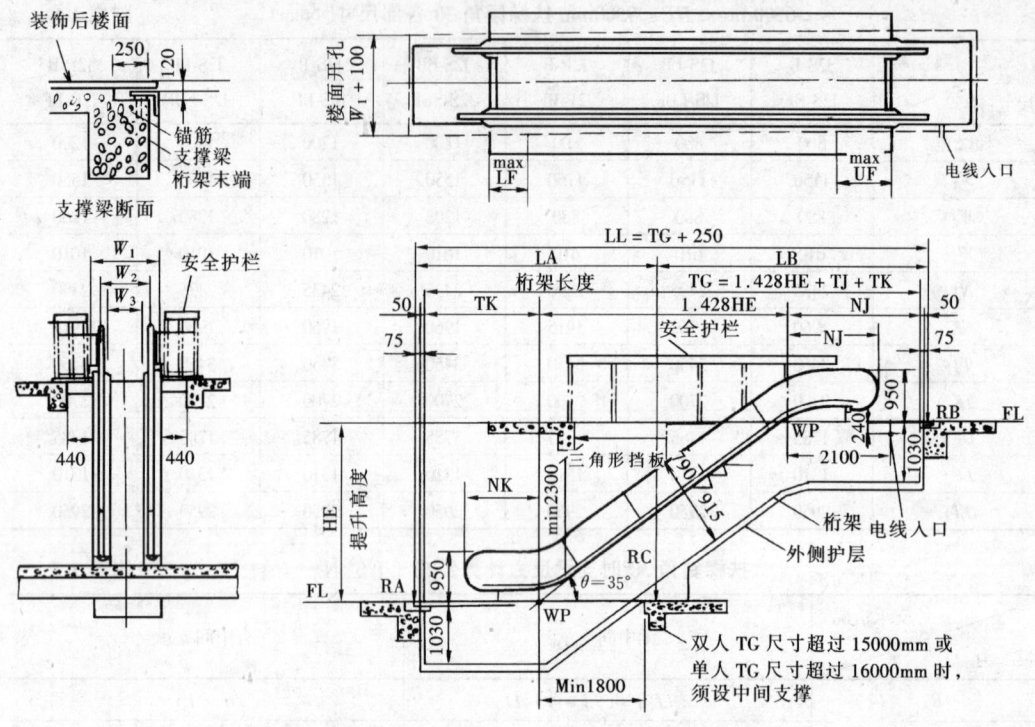

附图1-8 MITSUBISHI 倾斜角度35°J系列自动扶梯

扶梯斜角35°时支承反力计算公式（单位 N） 附表1-9

反力	支承情况	无中间支承	有中间支承
R_A		$\alpha \times LL + \beta \times (TJ - 1265)/LL$	$\alpha \times LA$
R_B		$\alpha \times LL - \beta \times (TJ - 1265)/LL$	$\alpha \times LB + \beta - \beta \times (TJ - 1265)/LB$
R_C		—	$\alpha \times LL + \beta \times (TJ - 1265)/LB$

注：1. 表中系数当梯级宽1200mm时，$\alpha = 5.194$ N/mm，$\beta = 7840$N；当梯级宽800mm时，$\alpha = 3.92$ N/mm，$\beta = 7840$N；

2. 公式中的长度应以mm计。

3. 反力 R_A、R_B、R_C 为扶梯两端和中间支承的两侧反力合力。

四、日立（HITACHI）EP系列自动扶梯

1. 倾斜角度35°

自动扶梯安装图见附图1-9，各部分尺寸见附表1-10，支承反力见附表1-11。

倾斜角35°自动扶梯各部分尺寸（mm） 附表1-10

梯级宽度		800	1000	1200
各部分尺寸	A	3010	2610	2610
	B	2310 (2710)*	2310	2310
	C	3090	2690	2690

续表

梯级宽度		800	1000	1200
各部分尺寸	D	2390 (2790)*	2390	2390
	E	2360	2360	2360
	W	820（EN型） 740（N、NL型）	1020（EN型） 940（N、NL型）	1220（EN型） 1140（N、NL型）
	W_1	603	803	1003
	W_2	830	1030	1230
	W_3	950	1150	1350
	W_4	1150	1350	1550
	W_5	1190	1390	1590

注：1. 当附图中 Y 与 Z 尺寸相等时，B 为2710mm，D 为2790mm；
2. 宽度尺寸 W 为护壁板、W_1 为梯板、W_2 为扶手、W_3 为层盖板、W_4 为总宽、W_5 为地坑宽。

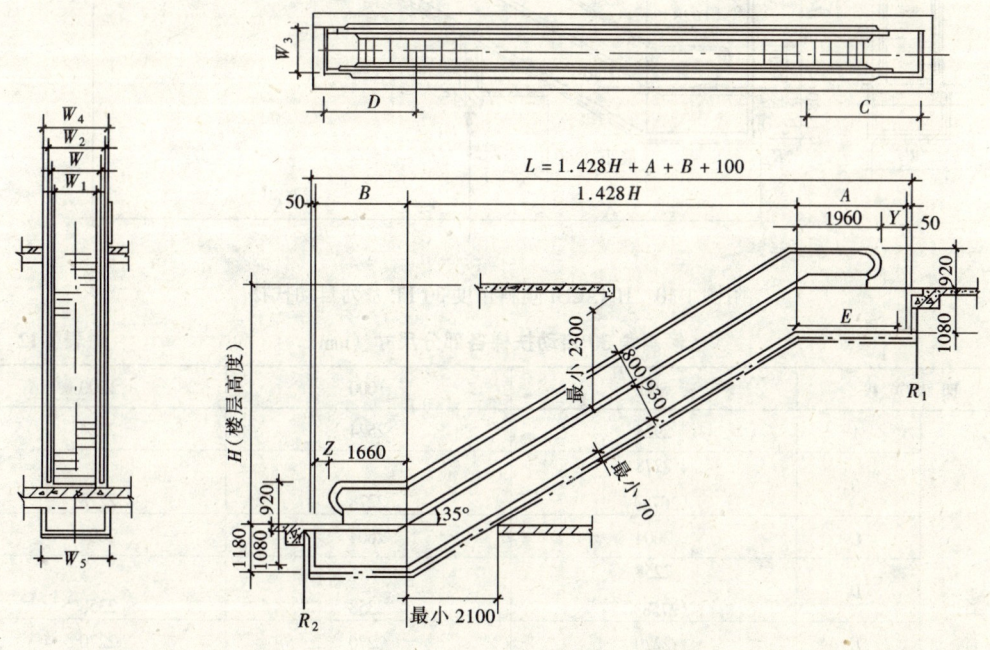

附图 1-9　HITACHI 倾斜角度 35°EP 系列自动扶梯

倾斜角 35°自动扶梯支承反力（kN）　　　　附表 1-11

梯级宽度	800mm	1000mm	1200mm
楼层高度	$H \leqslant 6000$mm	$H \leqslant 6000$mm	$H \leqslant 6000$mm
支承点数量	2	2	2
R_1	$5H + 29.4$	$6.1H + 31.4$	$6.87H + 34.3$
R_2	$5H + 24.5$	$6.1H + 26.5$	$6.87H + 28.5$

注：计算支承反力时，H 的单位以 m 计。

2. 倾斜角度 30°

自动扶梯安装图见附图 1-10，各部分尺寸见附表 1-12，支承反力见附表 1-13。

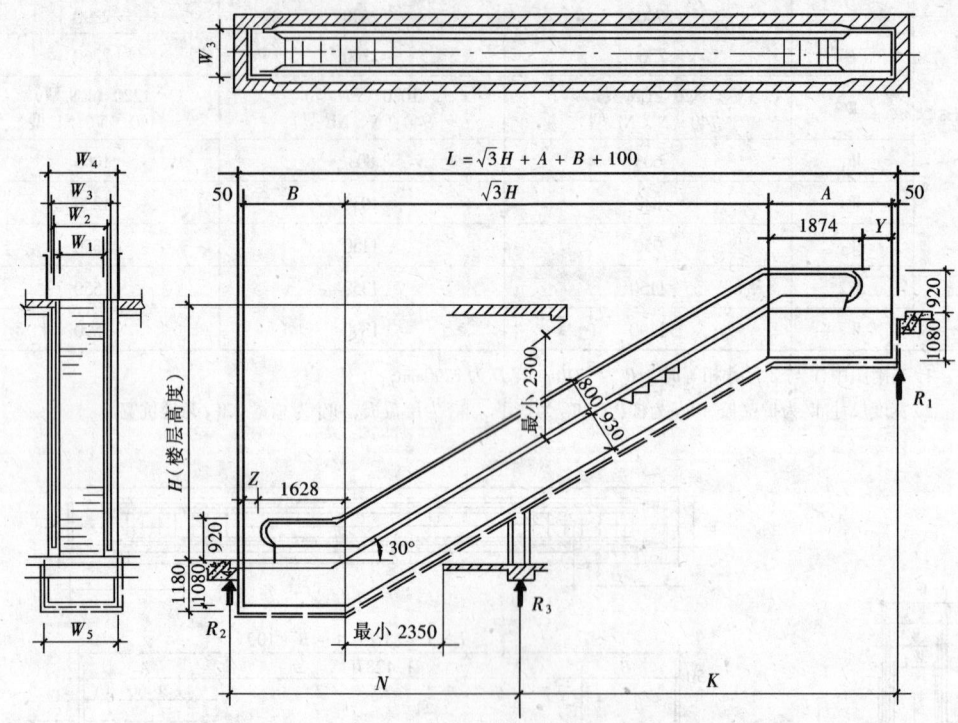

附图 1-10　HITACHI 倾斜角度 30°EP 系列自动扶梯

倾斜角 30°自动扶梯各部分尺寸（mm）　　　　附表 1-12

梯级宽度		800	1000	1200
各部分尺寸	A	2924	2524	2524
	B	2278 (2678)*	2278	2278
	C	3004	2604	2604
	D	2258 (2758)*	2358	2358
	E	2270	2270	2270
	W	820（EN 型） 740（N、NL 型）	1020（EN 型） 940（N、NL 型）	1220（EN 型） 1140（N、NL 型）
	W_1	603	803	1003
	W_2	830	1030	120
	W_3	950	1150	1350
	W_4	1150	1350	1550
	W_5	1190	1390	1590

注：1. 当附图 1-10 中 Y 与 Z 的尺寸相等时，B 为 2678mm，D 为 2758mm；
　　2. 宽度尺寸 W 为护壁板、W_1 为梯级、W_2 为扶手、W_3 为层盖板、W_4 为总宽、W_5 为地坑宽。

倾斜角30°自动扶梯支承反力（kN） 附表1-13

梯级宽度	800mm		1000mm		1200mm	
楼层高度	$H \leqslant 5000\text{mm}$	$5000\text{mm} < H \leqslant 6000\text{mm}$	$H \leqslant 5000\text{mm}$	$5000\text{mm} < H \leqslant 6000\text{mm}$	$H \leqslant 5000\text{mm}$	$5000\text{mm} < H \leqslant 6000\text{mm}$
支承点数量	2	3	2	3	2	3
R_1	$6.18H + 27.5$	$3.63H + 6.9$	$7.36H + 31.4$	$4.22H + 7.9$	$8.34H + 33.4$	$4.81H + 8.3$
R_2	$6.18H + 22.6$	$3.63H + 2.7$	$7.36H + 24.5$	$4.22H + 2.6$	$8.34H + 26.5$	$4.81H + 2.6$
R_3	—	$3.63(K+N) + 2.7$	—	$4.22(K+N) + 2.6$	—	$4.81(K+N) + 2.6$

注：计算支承反力时，H、K、N的单位以 m 计。

五、东芝（TOSHIBA）自动扶梯

1. TC-L 型（倾斜角度 30°）

自动扶梯安装图见附图 1-11，支承反力见附表 1-14，楼梯宽度各部分尺寸见附表 1-15。

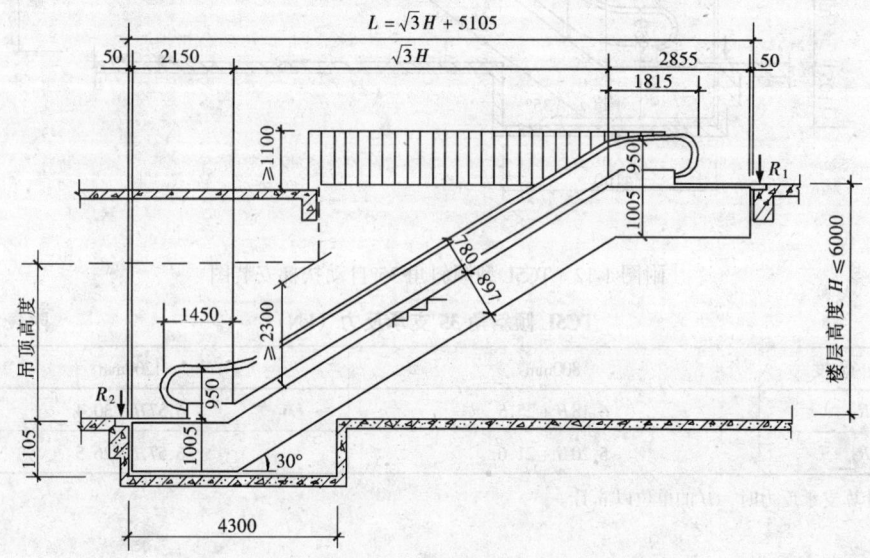

附图 1-11　TC-L 型倾斜角 30°自动扶梯安装图

TC-L 倾斜角 30°支承反力（kN） 附表1-14

梯级宽度	800mm	1200mm
R_1	$6.87H + 24.5$	$7.36H + 29.4$
R_2	$4.91H + 24.5$	$5.49H + 29.4$

注：计算支承反力时，H 的单位以 m 计。

自动扶梯宽度尺寸（mm） 附表1-15

梯级型号	800型	1200型	梯级型号	800型	1200型
扶手带间净宽 W	728	1128	梯级净宽 W_3	602	1002
扶梯宽度 W_1	1150	1150	井道宽 W_4	1110	1510
扶手带中心距 W_2	814	1214	地坑宽 W_5	1250	1650

2. TC5L型（倾斜角35°）

自动扶梯安装图见附图1-12，支承反力见附表1-16，楼梯宽度各部分尺寸见附表1-15。

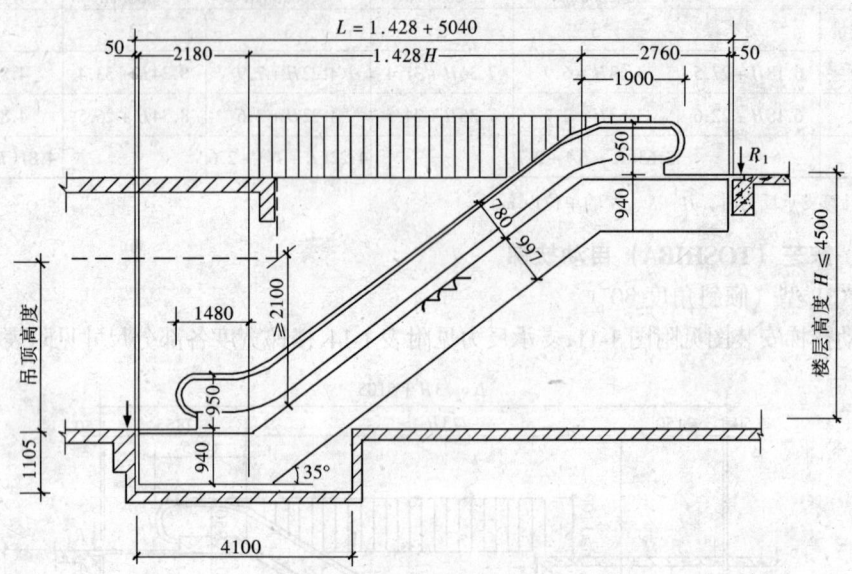

附图1-12 TC5L型倾斜角35°自动扶梯安装图

TC5L 倾斜角 35°支承反力（kN） 附表 1-16

梯级宽度	800mm	1200mm
R_1	$6.18H+25.5$	$6.57H+30.4$
R_2	$5.20H+21.6$	$6.57H+26.5$

注：计算支承反力时，H 的单位以 m 计。

附录二　电信建筑、专用仓库及部分工业建筑楼面等效活荷载标准值

一、电信建筑楼面等效均布活荷载（摘自中华人民共和国行业标准《电信专用房屋设计规范》YD5003—94）

电信建筑楼面等效均布活荷载值，系根据目前已有的有代表性的通信设备的重量、排列方式及建筑结构的不同梁板布置，按内力（弯矩、剪力）等值的原则计算确定。

附表2-1中的移动通信机房的数值，也适用于无线寻呼机房。

电信建筑楼面等效均布活荷载　　　　　　　附表2-1

序号	房间名称		标准值（kN/m²）						准永久值系数 ψ_q	组合值系数 ψ_c
			板			次梁			主梁		
			板跨≥1.9m	板跨≥2.5m	板跨≥3.0m	次梁间距≥1.9m	次梁间距≥2.5m	次梁间距≥3.0m			
1	电力室	有不间断电源开间	16.00	15.00	13.00	11.00	9.00	8.00	6.00		
		无不间断电源开间（单机重量大于10kN时）	13.00	11.00	9.00	8.00	7.00	7.00	6.00		
		无不间断电源开间（单机重量小于10kN时）	9.00	7.00	6.00	5.00	4.00	4.00	4.00		
2	蓄电池室	一般电池（48V电池组单层双列摆放 GFD-3000）	13.00	12.00	11.00	11.00	10.00	9.00	7.00		
		阀控式密闭电池（48V电池组四层单列摆放 GM-3045）	10.00	8.00	8.00	8.00	8.00	8.00	7.00		
		阀控式密闭电池（48V电池组四层双列摆放 GM-3045）	16.00	14.00	13.00	13.00	13.00	13.00	10.00	0.8	0.7
3	高压配电室		7.00	7.00	6.00	5.00	5.00	5.00	4.00		
4	低压配电室		8.00	7.00	6.00	6.00	6.00	6.00	4.00		
5	载波机室		10.00	8.00	7.00	7.00	7.00	7.00	6.00		
6	数字传输设备室	单面排列	10.00	9.00	8.00	8.00	7.00	7.00	6.00		
		背靠背排列	13.00	12.00	10.00	9.00	9.00	9.00	7.00		
7	数字微波室		10.00	8.00	7.00	7.00	7.00	7.00	6.00		
8	模拟微波机房		4.00	4.00	4.00	4.00	4.00	4.00	4.00		
9	自动转报室		4.00	3.00	3.00	3.00	3.00	3.00	3.00		
10	载波电报机室		5.00	4.00	4.00	4.00	4.00	4.00	3.00		
11	模拟半自动交换台室，人工有绳台室，电传报房		3.00	3.00	3.00	3.00	3.00	3.00	3.00		

续表

序号	房间名称		标准值 (kN/m²)						准永久值系数 ψ_q	组合值系数 ψ_c
			板			次梁		主梁		
			板跨 ≥1.9m	板跨 ≥2.5m	板跨 ≥3.0m	次梁间距 ≥1.9m	次梁间距 ≥2.5m	次梁间距 ≥3.0m		
12	程控机房	程控交换机室 机架高度2.4m以下	6.00							
		计算机室,话务员座席室,半自动业务监控室	4.50							
13	测量室	303总配线架室	7.00	6.00	5.00	5.00	4.00	4.00	4.00	0.8	0.7
		202总配线架室	5.00	4.50	4.50	4.00	4.00	4.00	4.00		
		6000回线总配线架室	9.00	8.00	7.00	6.00	5.00	4.00	4.00		
		4000回线总配线架室	7.00	6.00	5.00	5.00	4.00	4.00	4.00		
14	地球站机房	GCE室	13.00	13.00	13.00	10.00	10.00	10.00	6.00		
		HPA室(高功放室)	13.00	12.00	10.00	6.00	6.00	6.00	6.00		
15	移动通信机房	有阀控式密闭电池时	10.00	8.00	8.00	8.00	8.00	8.00	6.00		
		无阀控式密闭电池时	5.00	4.00	4.00	4.00	4.00	4.00	4.00		
16	楼梯		3.50							0.40	0.7

注: 1. 表列荷载适用于按单向板配筋的现浇板及板跨方向与机架排列方向(荷载作用面的长边)相垂直的预制板等楼面结构,按双向板配筋的现浇板亦可参照使用。
2. 表列荷载不包括隔墙、吊顶荷载。
3. 由于不间断电源设备的重量较重,设计时也可按照电源设备的重量、底面尺寸、排列方式等对设备作用处的楼面进行结构处理。
4. 搬运单件重量较重的机器时,应验算沿途的楼板结构强度。
5. 设计墙、柱、基础时,表列楼面活荷载可采用与设计主梁相同的荷载。

二、商业仓库库房楼(地)面均布活荷载(摘自中华人民共和国原商业部标准《商业仓库设计规范》(SBJ 01—88)

1. 库房楼(地)面的荷载应根据储存商品的容重及堆码高度等因素确定;
2. 储存商品的商品包装容重可按以下分类:
(1) 笨重商品(大于1000kg/m³):如五金原材料、工具、圆钉、铁丝等;
(2) 容重较大商品(500~1000kg/m³):如小五金、纸张、包装食糖、肥皂、食品罐头、电线、电工器材等;
(3) 容重较轻商品(200~500kg/m³):如针棉织品、纺织品、文化用品、搪瓷玻璃制器、塑料制品等;
(4) 轻泡商品(小于200kg/m³):如胶鞋、铝制品、灯泡、电视机、洗衣机、电冰箱等;
(5) 综合仓库储存商品的包装容重一般可采用400~500kg/m³。
3. 一般情况下,商业仓库库房楼(地)面均布活荷载可按附表2-2取用。

三、物资仓库楼(地)面均匀活荷载(摘自中华人民共和国行业标准《物资仓库设计规范》SBJ 09—95)

附录二 电信建筑、专用仓库及部分工业建筑楼面等效活荷载标准值

物资仓库楼（地）面均布活荷载标准值见附表2-3。

商业仓库库房楼（地）面均布活荷载　　　　　　　　附表2-2

项次	类别	标准值 (kN/m²)	准永久值系数 ψ_q	组合值系数 ψ_c	备注
1	储存容重较大商品的楼面	20	0.8		考虑起重量1000kg以内的叉车作业
2	储存容重较轻商品的楼面	15	0.8		
3	储存轻泡商品的楼面	8~10	0.8		—
4	综合商品仓库的楼面	15	0.8	0.9	考虑起重量1000kg以内的叉车作业
5	各类库房的底层地面	20~30	0.8		
6	单层五金原材料库的库房地面	60~80	0.8		考虑载货汽车入库
7	单层包装糖库的库房地面	40~45	0.8		
8	穿堂、走道、收发整理间楼面	10	0.5	0.7	—
		15	0.5		考虑起重量1000kg以内的叉车作业
9	楼梯	3.5	0.5	0.7	—

库房等效均布活荷载标准值　　　　　　　　附表2-3

库房名称	物资类别	楼面地面	等效均布活荷载(kN/m²)	准永久值系数 ψ_q	组合值系数 ψ_c	备注
金属库	—	地面	120.0	—		—
机电产品库	一、二类机电产品	地面	35.0			
	三类机电产品	楼/地面	9.0/5.0	0.85		堆码/货架
	车库	楼面	4.0	0.80	0.9	
化工、轻工物资库	一、二类化工轻工物资	地面	35.0			
	三类化工轻工物资	楼/地面	18.0/30.0	0.85		
建筑材料库	—	楼/地面	20.0/30.0	0.85		
楼梯			4.0	0.50	0.7	

注：1. 物资类别参见附表2-4。
　　2. 设计仓库的楼面梁、柱、墙及基础时，楼面等效均布活荷载标准值不折减。

常见生产资料分类表　　　　　　　　附表2-4

物资类别		示例
金属物资	黑色金属	型材、异型材、板材、管材、线材、丝材、钢轨及配件车轮、钢带、钢锭、钢坯、生铁、铸铁管、金属锰
	有色金属	型材、板材、管材、丝材、带材、金属锭、汞
机电产品	一类	锅炉、破碎机、推土机、挖土机、汽车、拖拉机、起重机、锻压设备、汽轮机、发电机、卷扬机、空气压缩机、木工机床、金属切削机床
	二类	水泵、风机、乙炔发生器、阀门、风动工具、电动胡芦、台钻、砂轮机、电动机、电焊机、手提电钻、材料试验机、钢瓶、变压器、电缆、高压电器、低压电器
	三类	机床附件、磨具、磨料、量具、刃具、轴承、成分分析仪器、医疗器械、电工仪表、工业自动化仪表、光学仪器、实验室仪器

续表

物资类别		示　例
化工、轻工物资	一类	一级易燃液体、压缩气体及液化气体、腐蚀性液体、自燃物品 一级易燃固体、遇水燃烧物、一般氧化剂、剧毒品、腐蚀性固体
	二类	二级氧化剂、二级易燃固体、二级易燃液体、化肥、纯碱、油漆
	三类	橡胶原料及制品、人造橡胶、塑料原料及制品、纸浆及纸张
建筑材料		水泥、油毡、玻璃、沥青、卫生陶瓷、生石灰、大理石、砖、瓦、砂、碎石
木　材		原木、板、枋、枕木、胶合板
煤　炭		煤、泥炭、焦炭

四、金工车间楼面均布活荷载

金工车间楼面均布活荷载见附表 2-5。

金工车间楼面均布活荷载　　　　　　　　　附表 2-5

序号	项目	标准值（kN/m²）					组合值系数 ψ_c	频遇值系数 ψ_f	准永久值系数 ψ_q	代表性机床型号
		板		次梁（肋）		主梁				
		板跨 ≥1.2m	板跨 ≥2.0m	梁间距 ≥1.2m	梁间距 ≥2.0m					
1	一类金工	22.0	14.0	14.0	11.0	9.0	1.0	0.95	0.85	CW6180、X53K、X63W、B690、M1080、Z35A
2	二类金工	18.0	12.0	12.0	9.0	8.0	1.0	0.95	0.85	C6163、X52K、X62W、B6090、M1050A、Z3040
3	三类金工	15.0	10.0	10.0	8.0	7.0	1.0	0.95	0.85	C6140、X51K、X61W、B6050、M1040、Z3025
4	四类金工	12.0	8.0	8.0	6.0	5.0	1.0	0.95	0.85	C6132、X50A、X60W、B635-1、M1010、Z32K

注：1. 表列荷载适用于单向支承的现浇梁板及预制槽形板等楼面结构。对于槽形板，表列板跨系指槽形板纵肋间距。
　　2. 表列荷载不包括隔墙和吊顶自重。
　　3. 表列荷载考虑了安装检修和正常使用情况下的设备（包括动力影响）和操作荷载。
　　4. 设计墙、柱、基础时，表列楼面活荷载可采用与设计主梁相同的荷载。

五、仪器仪表生产车间楼面均布活荷载

仪器仪表生产车间楼面均布活荷载见附表 2-6。

仪器仪表生产车间楼面均布活荷载　　　　　附表 2-6

序号	车间名称		标准值（kN/m²）				组合值系数 ψ_c	频遇值系数 ψ_f	准永久值系数 ψ_q	附　注
			板		次梁（肋）	主梁				
			板跨 ≥1.2m	板跨 ≥2.0m						
1	光学车间	光学加工	7.0	5.0	5.0	4.0	0.8	0.8	0.7	代表性设备：H015 研磨机、ZD-450 型及 GZD300 型镀膜机、Q8312 型透镜抛光机
2		较大型光学仪器装配	7.0	5.0	5.0	4.0	0.8	0.8	0.7	代表性设备：C0520A 精整车床，万能工具显微镜
3		一般光学仪器装配	4.0	4.0	4.0	3.0	0.7	0.7	0.6	产品在装配桌上装配

附录二　电信建筑、专用仓库及部分工业建筑楼面等效活荷载标准值　223

续表

序号	车间名称		标准值（kN/m²）			组合值系数 ψ_c	频遇值系数 ψ_f	准永久值系数 ψ_q	附 注
			板		次梁（肋）	主梁				
			板跨 ≥1.2m	板跨 ≥2.0m						
4	较大型光学仪器装配		7.0	5.0	5.0	4.0	0.8	0.8	0.7	产品在楼面上装配
5	一般光学仪器装配		4.0	4.0	4.0	3.0	0.7	0.7	0.6	产品在装配桌上装配
6	小模数齿轮加工，晶体元件（宝石）加工		7.0	5.0	5.0	4.0	0.8	0.8	0.7	代表性设备：YM3608滚齿机，宝石平面磨床
7	车间仓库	一般仪器仓库	4.0	4.0	4.0	3.0	1.0	0.95	0.85	
8		较大型仪器仓库	7.0	7.0	7.0	6.0	1.0	0.95	0.85	

注：同附表2-5注。

六、半导体器件车间楼面均布活荷载

半导体器件车间楼面均布活荷载见附表2-7。

半导体器件车间楼面均布活荷载　　附表2-7

序号	车间名称	标 准 值（kN/m²）					组合值系数 ψ_c	频遇值系数 ψ_f	准永久值系数 ψ_q	代表性设备单件自重（kN）
		板		次梁（肋）		主梁				
		板跨 ≥1.2m	板跨 ≥2.0m	梁间距 ≥1.2m	梁间距 ≥2.0m					
1	半导体器件车间	10.0	8.0	8.0	6.0	5.0	1.0	0.95	0.85	14.0～18.0
2		8.0	6.0	6.0	5.0	4.0	1.0	0.95	0.85	9.0～12.0
3		6.0	5.0	5.0	4.0	3.0	1.0	0.95	0.85	4.0～8.0
4		4.0	4.0	3.0	3.0		1.0	0.95	0.85	≤3.0

注：同表2-5注。

七、棉纺织造车间楼面均布活荷载

棉纺织造车间楼面均布活荷载见附表2-8。

棉纺织造车间楼面均布活荷载　　附表2-8

序号	车间名称	活荷载标准值（kN/m²）					组合值系数 ψ_c	频遇值系数 ψ_f	准永久值系数 ψ_q	代表性设备
		板跨 ≥1.2m		板跨 ≥2.0m		主梁				
		板跨 ≥1.2m	板跨 ≥2.0m	间距 ≥1.2m	间距 ≥2.0m					
1	梳棉间	12.0	8.0	10.0	7.0	5.0	0.8	0.8	0.7	FA201、203
		15.0	10.0	12.0	8.0					FA221A
2	粗纱间	8.0 (15.0)	6.0 (10.0)	6.0 (8.0)	5.0	4.0				FA401、415A、421 TJFA458A
3	细砂间络筒间	60 (10.0)	5.0	5.0	5.0	4.0				FA705、506、507A GA013、015 ESPERO

续表

序号	车间名称		活荷载标准值（kN/m²）				组合值系数 ψ_c	频遇值系数 ψ_f	准永久值系数 ψ_q	代表性设备
			板跨 ≥1.2m		板跨					
			板跨 ≥1.2m	板跨 ≥2.0m	间距 ≥1.2m	间距 ≥2.0m	主梁				
4	捻线间 整经间		8.0	6.0	6.0	5.0	4.0	0.8	0.8	0.7	FA705、721、762 ZC-L-180 D3-1000-180
5	织布间	有梭织机	12.5	6.5	6.5	5.5	4.4				CA615-150 CA615-180
		剑杆织机	18.0	9.0	10.0	6.0	4.5				GA731-190、733-190 TP600-200 SOMET-190

注：括号内的数值仅用于粗纱机机头部位局部楼面。

八、轮胎厂准备车间楼面均布活荷载

轮胎厂准备车间楼面均布活荷载见附表2-9。

轮胎厂准备车间楼面均布活荷载　　　附表2-9

序号	车间名称	标准值（kN/m²）		主梁	次梁（肋）	组合值系数 ψ_c	频遇值系数 ψ_f	准永久值系数 ψ_q	代表性工段
		板							
		板跨 ≥1.2m	板跨 ≥2.0m						
1	准备车间	14.0	14.0	12.0	10.0	1.0	0.95	0.85	炭黑加工投料
2		10.0	8.0	8.0	6.0	1.0	0.95	0.85	化工原料加工配合，密炼机炼胶

注：1. 密炼机检修用的电动葫芦荷载未计入，设计时应另行考虑。
　2. 炭黑加工投料活荷载系考虑兼炭黑仓库使用的情况。若不兼作仓库时，上述荷载应予降低。
　3. 同附表2-5注。

九、粮食加工车间楼面均布活荷载

粮食加工车间楼面均布活荷载见附表2-10。

粮食加工车间楼面均布活荷载　　　附表2-10

序号	车间名称		标准值（kN/m²）						主梁	组合值系数 ψ_c	频遇值系数 ψ_f	准永久值系数 ψ_q	代表性设备
			板			次梁							
			板跨 ≥2.0m	板跨 ≥2.5m	板跨 ≥3.0m	梁间距 ≥2.0m	梁间距 ≥2.5m	梁间距 ≥3.0m					
1		拉丝车间	14.0	12.0	12.0	12.0	12.0	12.0	12.0				JMN10拉丝机
2		磨子间	12.0	10.0	9.0	10.0	9.0	8.0	9.0				MF011磨粉机
3	面粉厂	麦间及制粉车间	5.0	5.0	4.0	5.0	4.0	4.0	4.0	1.0	0.95	0.85	SX011振动筛 GF031擦麦机 GF011打麦机
4		吊平筛的顶层	2.0	2.0	2.0	6.0	6.0	6.0	6.0				SL011平筛
5		洗麦车间	14.0	12.0	10.0	10.0	9.0	9.0	9.0				洗麦机

续表

序号	车间名称	标准值 (kN/m²)							组合值系数 ψ_c	频遇值系数 ψ_f	准永久值系数 ψ_q	代表性设备
		板			次梁			主梁				
		板跨≥2.0m	板跨≥2.5m	板跨≥3.0m	梁间距≥2.0m	梁间距≥2.5m	梁间距≥3.0m					
6	米厂 砻谷机及碾米车间	7.0	6.0	5.0	5.0	4.0	4.0	4.0	1.0	0.95	0.85	LG09胶辊砻谷机
7	米厂 清理车间	4.0	3.0	3.0	4.0	3.0	3.0	3.0				组合清理筛

注：1. 当拉丝车间不可能满布磨辊时，主梁活荷载可按 10kN/m² 采用。
   2. 吊平筛的顶层荷载系按设备重量吊在梁下考虑的。
   3. 米厂的清理车间采用 SX011 振动筛时，等效均布活荷载可按面粉厂麦子间的规定采用。
   4. 同附表 2-5 注。

十、医院建筑中布置有医疗设备房间的楼（地）面等效均布活荷载

有医疗设备房间的楼（地）面均布活荷载见附表 2-11。

有医疗设备房间的楼（地）面均布活荷载　　　　　附表 2-11

项次	类　　别	标准值 (kN/m²)	准永久值系数 ψ_q	组合值系数 ψ_c
1	X光室： 1. 30MA 移动式 X 光机 2. 200MA 诊断 X 光机 3. 200kV 治疗机 4. X 光存片室	2.5 4.0 3.0 5.0	0.5 0.5 0.5 0.8	0.7
2	口腔科： 1. 201 型治疗台及电动脚踏升降椅 2. 205 型、206 型治疗台及 3704 型椅	3.0 4.0	0.5 0.5	0.7
3	消毒室： 1. 1602 型消毒柜 2. 2616 型治疗台及 3704 型椅	6.0 5.0	0.8 0.8	0.7
4	手术室： 3000 型、3008 型万能手术床及 3001 型骨科手术台	3.0	0.5	0.7
5	产房： 设 3009 型产床	2.5	0.5	0.7
6	血库： 设 D-101 型冰箱	5.0	0.8	0.7

注：当医疗设备型号与表中不符时，应按实际情况采用。

附录三 车辆荷载

一、火车活荷载（摘自中华人民共和国铁道部部标准《铁路桥涵设计基本规范》(TB10002—1—99)）

火车活荷载应考虑两种活载：

（一）特种活载（附图 3-1 a）；（二）普通活载（附图 3-1 b）。

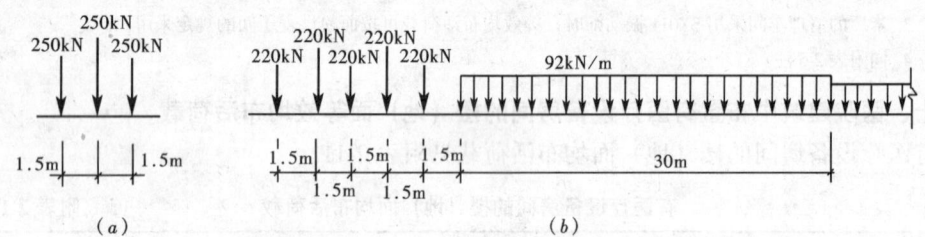

附图 3-1 火车活荷载

（a）特种活载；（b）普通活载

二、汽车活荷载（摘自中华人民共和国行业标准《城市桥梁设计准制》CJJ11—93）

（一）汽车活荷载以汽车车队表示，分为汽车-10 级、汽车-15 级、汽车-20 级和汽车-超 20 级四个等级。

（二）车队的纵向排列应符合附图 3-2 的规定。

（三）车队的横向排列应符合附图 3-3 的规定。

（四）各级汽车荷载主要技术指标见附表 3-1。

各级汽车荷载主要技术指标　　　　附表 3-1

主要指标	单位	汽车-10 级 主车	汽车-10 级 重车	汽车-15 级 主车	汽车-15 级 重车	汽车-20 级 主车	汽车-20 级 重车	汽车-超 20 级 主车	汽车-超 20 级 重车
一辆汽车总重力	kN	100		150		200		300	550
一行汽车车队中重车辆数	辆	—		1		1		1	1
前轴重力	kN	30		50		70		60	30
中轴重力	kN	—		—		—		—	2×120
后轴重力	kN	70		100		130		2×120	2×140
轴距	m	4.0		4.0		4.0		4.0+1.4	3+1.4+7+1.4
轮距	m	1.8		1.8		1.8		1.8	1.8
前轮着地宽度及长度	m	0.25×0.20		0.25×0.20		0.3×0.2		0.3×0.2	0.3×0.2
中、后轮着地宽度及长度	m	0.5×0.2		0.5×0.2		0.6×0.2		0.6×0.2	0.6×0.2
车辆外形尺寸（长×宽）	m	7×2.5		7×2.5		7×2.5		8×2.5	15×2.5

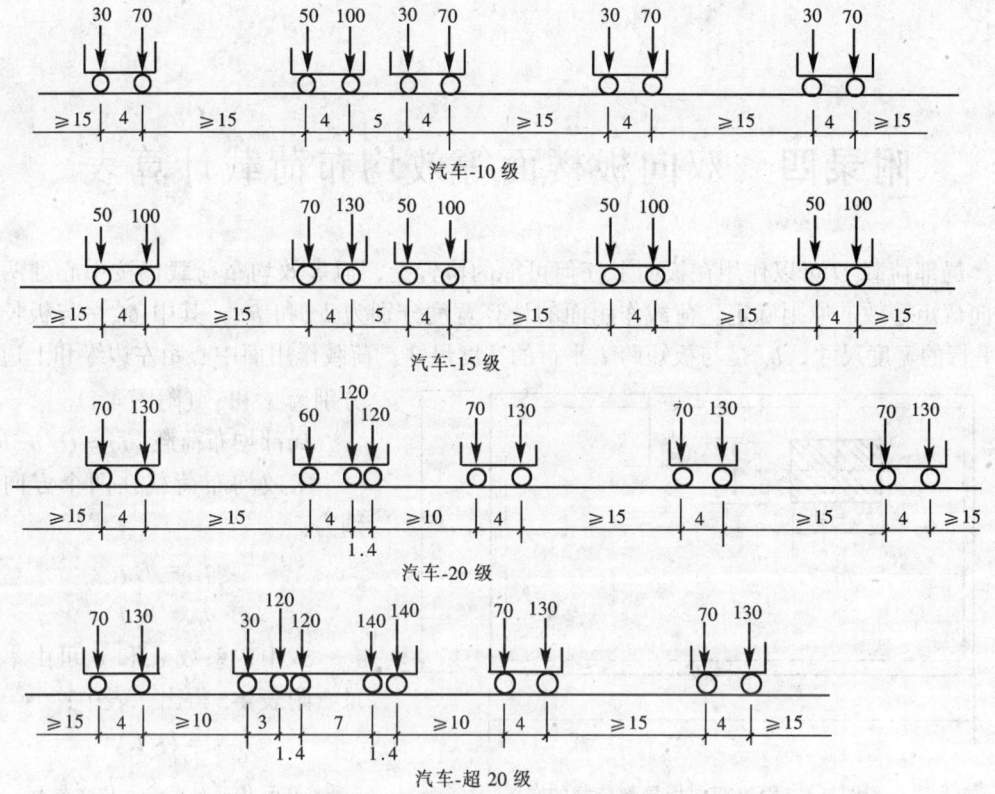

附图 3-2 各级汽车车队的纵向排列

轴重力单位：kN；尺寸单位：m

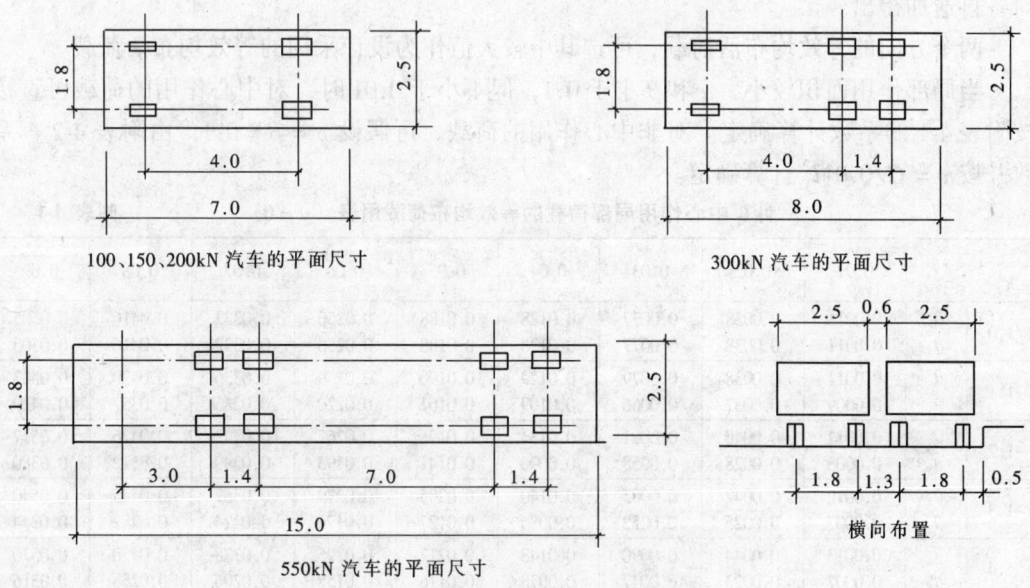

附图 3-3 各级汽车的平面尺寸和横向布置

尺寸单位：m

附录四 双向板楼面等效均布荷载计算表

局部荷载 Q 可以作用在板面上任何可能的位置上,但等效均布荷载仍按中心处两个方向弯矩等效的原则确定。荷载作用面的计算宽度分别为 b_{cx} 和 b_{cy},其中 b_{cx} 是与板长跨 l_x 平行的宽度尺寸,b_{cy} 是与板短跨 l_y 平行的宽度尺寸;荷载作用面中心距左边缘和上边缘分别为 x 和 y(附图 4-1)。

局部均布荷载 $q = Q/b_{cx}b_{cy}$

等效均布荷载在两个方向分别为:

$$q_{ex} = \theta_x q$$
$$q_{ey} = \theta_y q$$

式中,系数 q_x 和 q_y 可由本附录查附表 4-2 得出,表中:

$$k = l_x/l_y,$$
$$\alpha = b_{cx}/l_y, \quad \beta = b_{cy}/l_y,$$
$$\xi = x/l_y, \quad \eta = y/l_y。$$

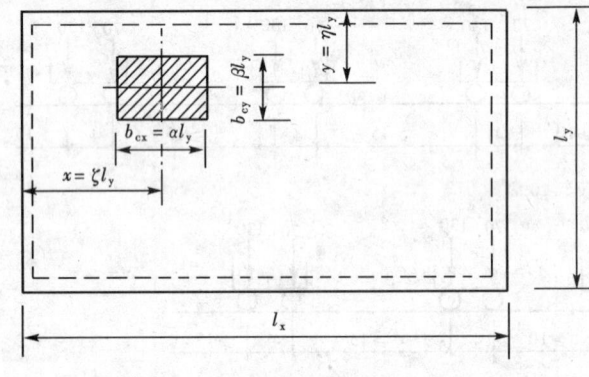

附图 4-1 简支双向板局部荷载的布置

局部荷载原则上应布置在可能的最不利位置上,一般至少有一个荷载布置在板的中心处。

当有若干个局部荷载时,可分别求出相应两个方向的等效均布荷载,并分别按两个方向各自迭加得出。

两个方向的等效均布活荷载,可选其中较大值作为设计采用的等效均布活荷载。

当局部作用面积较小,α 和 β 小于 0.1,但不小于 0.01 时,对中心作用的荷载可直接按附表 4-1 的系数计算确定。对非中心作用的荷载,可假设 $\alpha = \beta = 0.1$,由附表 4-2 查系数并按 $q = Q/0.01 l_y^2$ 计算确定。

计算中心作用局部荷载的等效均布荷载用表($\mu = 0$)　　　附表 4-1

k	$\alpha = \beta$	0.01	0.02	0.03	0.04	0.05	0.06	0.07	0.08	0.09
1.0	θ_x	0.0011	0.0038	0.0077	0.0128	0.0188	0.0256	0.0332	0.0416	0.0505
	θ_y	0.0011	0.0038	0.0077	0.0128	0.0188	0.0256	0.0332	0.0416	0.0505
1.1	θ_x	0.0011	0.0038	0.0079	0.0129	0.0190	0.0259	0.0336	0.0420	0.0503
	θ_y	0.0009	0.0032	0.0066	0.0109	0.0161	0.0220	0.0285	0.0357	0.0429
1.2	θ_x	0.0011	0.0040	0.0081	0.0134	0.0196	0.0267	0.0342	0.0426	0.0517
	θ_y	0.0008	0.0028	0.0058	0.0096	0.0141	0.0193	0.0249	0.0312	0.0380
1.3	θ_x	0.0012	0.0042	0.0085	0.0140	0.0205	0.0279	0.0357	0.0445	0.0540
	θ_y	0.0007	0.0025	0.0052	0.0086	0.0127	0.0174	0.0224	0.0282	0.0344
1.4	θ_x	0.0013	0.0044	0.0090	0.0148	0.0217	0.0295	0.0378	0.0470	0.0570
	θ_y	0.0007	0.0023	0.0047	0.0078	0.0116	0.0158	0.0206	0.0258	0.0316
1.5	θ_x	0.0014	0.0047	0.0096	0.0159	0.0232	0.0316	0.0408	0.0504	0.0609
	θ_y	0.0006	0.0021	0.0044	0.0073	0.0107	0.0147	0.0191	0.0240	0.0294

续表

k	$\alpha=\beta$	0.01	0.02	0.03	0.04	0.05	0.06	0.07	0.08	0.09
1.6	θ_x	0.0015	0.0051	0.0104	0.0171	0.0251	0.0341	0.0441	0.0549	0.0665
	θ_y	0.0006	0.0020	0.0041	0.0068	0.0100	0.0138	0.0179	0.0225	0.0276
1.7	θ_x	0.0016	0.0056	0.0113	0.0186	0.0273	0.0371	0.0479	0.0597	0.0723
	θ_y	0.0005	0.0019	0.0039	0.0064	0.0095	0.0130	0.0170	0.0214	0.0261
1.8	θ_x	0.0017	0.0061	0.0124	0.0204	0.0299	0.0405	0.0524	0.0653	0.0791
	θ_y	0.0005	0.0018	0.0037	0.0061	0.0090	0.0124	0.0162	0.0204	0.0249
1.9	θ_x	0.0019	0.0067	0.0137	0.0224	0.0328	0.0446	0.0576	0.0717	0.0868
	θ_y	0.0005	0.0017	0.0035	0.0059	0.0087	0.0119	0.0155	0.0196	0.0239
2.0	θ_x	0.0021	0.0073	0.0151	0.0248	0.0363	0.0493	0.0637	0.0793	0.0960
	θ_y	0.0005	0.0016	0.0034	0.0056	0.0083	0.0115	0.0150	0.0189	0.0231

计算非中心作用局部荷载的等效均布荷载用表（$\mu=0$）　　　　附表 4-2

$k=1\quad \alpha=0.1\quad \beta=0.1$

ξ	η	0.10	0.20	0.30	0.40	0.50
0.10	θ_x	0.0015	0.0026	0.0030	0.0028	0.0026
	θ_y	0.0015	0.0034	0.0057	0.0080	0.0090
0.20	θ_x	0.0034	0.0061	0.0072	0.0054	0.0065
	θ_y	0.0026	0.0061	0.0108	0.0160	0.0186
0.30	θ_x	0.0057	0.0108	0.0141	0.0143	0.0131
	θ_y	0.0030	0.0072	0.0141	0.0238	0.0296
0.40	θ_x	0.0080	0.0160	0.0238	0.0315	0.0276
	θ_y	0.0028	0.0054	0.0143	0.0315	0.0447
0.50	θ_x	0.0090	0.0186	0.0296	0.0447	0.0592
	θ_y	0.0026	0.0065	0.0131	0.0276	0.0592

$k=1\quad \alpha=0.1\quad \beta=0.2$

ξ	η	0.10	0.20	0.30	0.40	0.50
0.10	θ_x	0.0029	0.0050	0.0057	0.0055	0.0052
	θ_y	0.0031	0.0069	0.0115	0.0157	0.0175
0.20	θ_x	0.0066	0.0116	0.0140	0.0110	0.0132
	θ_y	0.0054	0.0126	0.0218	0.0313	0.0358
0.30	θ_x	0.0113	0.0212	0.0274	0.0281	0.0271
	θ_y	0.0062	0.0151	0.0290	0.0467	0.0559
0.40	θ_x	0.0161	0.0321	0.0471	0.0620	0.0571
	θ_y	0.0058	0.0127	0.0302	0.0611	0.0786
0.50	θ_x	0.0182	0.0375	0.0602	0.0909	0.1085
	θ_y	0.0054	0.0130	0.0279	0.0654	0.0930

$k=1\quad \alpha=0.1\quad \beta=0.3$

ξ	η	0.10	0.20	0.30	0.40	0.50
0.10	θ_x	0.0040	0.0070	0.0083	0.0082	0.0081
	θ_y	0.0048	0.0106	0.0171	0.0228	0.0251
0.20	θ_x	0.0094	0.0162	0.0201	0.0167	0.0203
	θ_y	0.0086	0.0197	0.0328	0.0452	0.0507
0.30	θ_x	0.0165	0.0307	0.0392	0.0415	0.0417
	θ_y	0.0102	0.0243	0.0451	0.0675	0.0772
0.40	θ_x	0.0241	0.0482	0.0688	0.0904	0.0854
	θ_y	0.0096	0.0232	0.0501	0.0870	0.1025
0.50	θ_x	0.0276	0.0573	0.0929	0.1337	0.1487
	θ_y	0.0089	0.0223	0.0472	0.1004	0.1153

$k=1\quad \alpha=0.1\quad \beta=0.4$

ξ	η	0.10	0.20	0.30	0.40	0.50
0.10	θ_x		0.0086	0.0104	0.0110	0.0110
	θ_y		0.0145	0.0226	0.0290	0.0315
0.20	θ_x		0.0196	0.0226	0.0224	0.0219
	θ_y		0.0274	0.0438	0.0573	0.0625
0.30	θ_x		0.0387	0.0493	0.0543	0.0562
	θ_y		0.0352	0.0618	0.0849	0.0934
0.40	θ_x		0.0643	0.0941	0.1159	0.1240
	θ_y		0.0373	0.0738	0.1081	0.1222
0.50	θ_x		0.0784	0.1285	0.1693	0.1818
	θ_y		0.0332	0.0787	0.1209	0.1308

$k=1\quad \alpha=0.1\quad \beta=0.5$

ξ	η	0.10	0.20	0.30	0.40	0.50
0.10	θ_x		0.0098	0.0123	0.0136	0.0140
	θ_y		0.0186	0.0277	0.0342	0.0366
0.20	θ_x		0.0217	0.0300	0.0282	0.0347
	θ_y		0.0356	0.0540	0.0672	0.0723
0.30	θ_x		0.0449	0.0579	0.0666	0.0699
	θ_y		0.0480	0.0777	0.0985	0.1054
0.40	θ_x		0.0798	0.1043	0.1379	0.1330
	θ_y		0.0547	0.0975	0.1240	0.1311
0.50	θ_x		0.1019	0.1619	0.1975	0.2082
	θ_y		0.0499	0.1096	0.1346	0.1416

$k=1\quad \alpha=0.1\quad \beta=0.6$

ξ	η	0.10	0.20	0.30	0.40	0.50
0.10	θ_x			0.0138	0.0159	0.0166
	θ_y			0.0321	0.0383	0.0405
0.20	θ_x			0.0337	0.0336	0.0412
	θ_y			0.0629	0.0751	0.0794
0.30	θ_x			0.0657	0.0774	0.0818
	θ_y			0.0911	0.1085	0.1139
0.40	θ_x			0.1200	0.1561	0.1510
	θ_y			0.1148	0.1349	0.1394
0.50	θ_x			0.1876	0.2195	0.2297
	θ_y			0.1262	0.1441	0.1491

附录四 双向板楼面等效均布荷载计算表

$k=1 \quad \alpha=0.1 \quad \beta=0.7$

ξ	η	0.10	0.20	0.30	0.40	0.50
0.10	θ_x			0.0151	0.0180	0.0191
	θ_y			0.0357	0.0414	0.0433
0.20	θ_x			0.0368	0.0383	0.0467
	θ_y			0.0701	0.0808	0.0843
0.30	θ_x			0.0723	0.0864	0.0915
	θ_y			0.1014	0.1155	0.1198
0.40	θ_x			0.1333	0.1702	0.1650
	θ_y			0.1265	0.1417	0.1449
0.50	θ_x			0.2065	0.2362	0.2457
	θ_y			0.1372	0.1503	0.1540

$k=1 \quad \alpha=0.1 \quad \beta=0.8$

ξ	η	0.10	0.20	0.30	0.40	0.50
0.10	θ_x				0.0196	0.0209
	θ_y				0.0436	0.0452
0.20	θ_x				0.0420	0.0452
	θ_y				0.0847	0.0876
0.30	θ_x				0.0931	0.0986
	θ_y				0.1201	0.1236
0.40	θ_x				0.1802	0.1882
	θ_y				0.1454	0.1476
0.50	θ_x				0.2478	0.2569
	θ_y				0.1544	0.1573

$k=1 \quad \alpha=0.1 \quad \beta=0.9$

ξ	η	0.10	0.20	0.30	0.40	0.50
0.10	θ_x				0.0205	0.0220
	θ_y				0.0448	0.0463
0.20	θ_x				0.0444	0.0534
	θ_y				0.0869	0.0895
0.30	θ_x				0.0972	0.1029
	θ_y				0.1227	0.1257
0.40	θ_x				0.1862	0.1811
	θ_y				0.1471	0.1504
0.50	θ_x				0.2548	0.2636
	θ_y				0.1567	0.1591

$k=1 \quad \alpha=0.1 \quad \beta=1.0$

ξ	η	0.10	0.20	0.30	0.40	0.50
0.10	θ_x					0.0224
	θ_y					0.0466
0.20	θ_x					0.0543
	θ_y					0.0900
0.30	θ_x					0.1043
	θ_y					0.1264
0.40	θ_x					0.1831
	θ_y					0.1510
0.50	θ_x					0.2656
	θ_y					0.1599

$k=1 \quad \alpha=0.2 \quad \beta=0.1$

ξ	η	0.10	0.20	0.30	0.40	0.50
0.10	θ_x	0.0031	0.0054	0.0062	0.0058	0.0054
	θ_y	0.0029	0.0066	0.0113	0.0161	0.0182
0.20	θ_x	0.0069	0.0126	0.0151	0.0127	0.0130
	θ_y	0.0050	0.0116	0.0212	0.0321	0.0375
0.30	θ_x	0.0115	0.0218	0.0290	0.0302	0.0279
	θ_y	0.0057	0.0140	0.0274	0.0471	0.0602
0.40	θ_x	0.0157	0.0313	0.0467	0.0611	0.0654
	θ_y	0.0055	0.0110	0.0281	0.0620	0.0909
0.50	θ_x	0.0175	0.0358	0.0559	0.0786	0.0930
	θ_y	0.0052	0.0132	0.0271	0.0571	0.1085

$k=1 \quad \alpha=0.2 \quad \beta=0.2$

ξ	η	0.10	0.20	0.30	0.40	0.50
0.10	θ_x	0.0059	0.0103	0.0121	0.0117	0.0111
	θ_y	0.0059	0.0134	0.0227	0.0315	0.0353
0.20	θ_x	0.0134	0.0241	0.0293	0.0255	0.0271
	θ_y	0.0103	0.0241	0.0427	0.0626	0.0721
0.30	θ_x	0.0227	0.0427	0.0565	0.0596	0.0580
	θ_y	0.0121	0.0293	0.0565	0.0929	0.1126
0.40	θ_x	0.0315	0.0626	0.0929	0.1201	0.1276
	θ_y	0.0117	0.0255	0.0596	0.1201	0.1555
0.50	θ_x	0.0353	0.0721	0.1126	0.1555	0.1768
	θ_y	0.0111	0.0271	0.0580	0.1276	0.1768

$k=1 \quad \alpha=0.2 \quad \beta=0.3$

ξ	η	0.10	0.20	0.30	0.40	0.50
0.10	θ_x	0.0084	0.0147	0.0174	0.0175	0.0171
	θ_y	0.0094	0.0207	0.0339	0.0456	0.0503
0.20	θ_x	0.0192	0.0340	0.0419	0.0384	0.0420
	θ_y	0.0166	0.0381	0.0649	0.0904	0.1017
0.30	θ_x	0.0332	0.0624	0.0810	0.0876	0.0889
	θ_y	0.0197	0.0470	0.0885	0.1346	0.1542
0.40	θ_x	0.0472	0.0941	0.1379	0.1752	0.1845
	θ_y	0.0191	0.0462	0.0977	0.1711	0.2023
0.50	θ_x	0.0534	0.1093	0.1703	0.2270	0.2496
	θ_y	0.0182	0.0457	0.0971	0.1934	0.2238

$k=1 \quad \alpha=0.2 \quad \beta=0.4$

ξ	η	0.10	0.20	0.30	0.40	0.50
0.10	θ_x		0.0181	0.0220	0.0232	0.0233
	θ_y		0.0286	0.0449	0.0579	0.0629
0.20	θ_x		0.0415	0.0496	0.0512	0.0510
	θ_y		0.0536	0.0868	0.1144	0.1253
0.30	θ_x		0.0792	0.1024	0.1146	0.1192
	θ_y		0.0686	0.1222	0.1691	0.1858
0.40	θ_x		0.1253	0.1828	0.2247	0.2403
	θ_y		0.0741	0.1456	0.2127	0.2403
0.50	θ_x		0.1478	0.2277	0.2895	0.3110
	θ_y		0.0686	0.1551	0.2350	0.2551

附录四 双向板楼面等效均布荷载计算表

ξ	η	\multicolumn{5}{c	}{$k=1 \quad \alpha=0.2 \quad \beta=0.5$}
		0.10	0.20	0.30	0.40	0.50
0.10	θ_x		0.0205	0.0259	0.0286	0.0295
	θ_y		0.0368	0.0550	0.0682	0.0730
0.20	θ_x		0.0467	0.0618	0.0637	0.0722
	θ_y		0.0702	0.1073	0.1341	0.1440
0.30	θ_x		0.0924	0.1208	0.1397	0.1469
	θ_y		0.0942	0.1544	0.1956	0.2090
0.40	θ_x		0.1552	0.2187	0.2676	0.2779
	θ_y		0.1082	0.1940	0.2441	0.2585
0.50	θ_x		0.1879	0.2804	0.3414	0.3615
	θ_y		0.1026	0.2115	0.2635	0.2776

ξ	η	\multicolumn{5}{c	}{$k=1 \quad \alpha=0.2 \quad \beta=0.6$}
		0.10	0.20	0.30	0.40	0.50
0.10	θ_x			0.0291	0.0337	0.0353
	θ_y			0.0639	0.0763	0.0806
0.20	θ_x			0.0697	0.0751	0.0856
	θ_y			0.1252	0.1494	0.1577
0.30	θ_x			0.1371	0.1619	0.1710
	θ_y			0.1812	0.2151	0.2256
0.40	θ_x			0.2518	0.3029	0.3133
	θ_y			0.2267	0.2658	0.2745
0.50	θ_x			0.3248	0.3831	0.4023
	θ_y			0.2461	0.2827	0.2931

ξ	η	\multicolumn{5}{c	}{$k=1 \quad \alpha=0.2 \quad \beta=0.7$}
		0.10	0.20	0.30	0.40	0.50
0.10	θ_x			0.0317	0.0380	0.0403
	θ_y			0.0711	0.0824	0.0861
0.20	θ_x			0.0763	0.0851	0.0969
	θ_y			0.1394	0.1606	0.1673
0.30	θ_x			0.1511	0.1803	0.1906
	θ_y			0.2014	0.2288	0.2370
0.40	θ_x			0.2784	0.3304	0.3410
	θ_y			0.2496	0.2793	0.2856
0.50	θ_x			0.3590	0.4151	0.4334
	θ_y			0.2687	0.2957	0.3034

ξ	η	\multicolumn{5}{c	}{$k=1 \quad \alpha=0.2 \quad \beta=0.8$}
		0.10	0.20	0.30	0.40	0.50
0.10	θ_x				0.0413	0.0441
	θ_y				0.0865	0.0897
0.20	θ_x				0.0927	0.0993
	θ_y				0.1680	0.1736
0.30	θ_x				0.1938	0.2048
	θ_y				0.2377	0.2444
0.40	θ_x				0.3500	0.3656
	θ_y				0.2868	0.2913
0.50	θ_x				0.4376	0.4554
	θ_y				0.3041	0.3102

ξ	η	\multicolumn{5}{c	}{$k=1 \quad \alpha=0.2 \quad \beta=0.9$}
		0.10	0.20	0.30	0.40	0.50
0.10	θ_x				0.0413	0.0441
	θ_y				0.0865	0.0897
0.20	θ_x				0.0927	0.0993
	θ_y				0.1680	0.1736
0.30	θ_x				0.1938	0.2048
	θ_y				0.2377	0.2444
0.40	θ_x				0.3500	0.3656
	θ_y				0.2868	0.2913
0.50	θ_x				0.4376	0.4554
	θ_y				0.3041	0.3102

ξ	η	\multicolumn{5}{c	}{$k=1 \quad \alpha=0.2 \quad \beta=1.0$}
		0.10	0.20	0.30	0.40	0.50
0.10	θ_x					0.0472
	θ_y					0.0925
0.20	θ_x					0.1124
	θ_y					0.1783
0.30	θ_x					0.2164
	θ_y					0.2498
0.40	θ_x					0.3762
	θ_y					0.2979
0.50	θ_x					0.4728
	θ_y					0.3150

ξ	η	\multicolumn{5}{c	}{$k=1 \quad \alpha=0.3 \quad \beta=0.1$}
		0.10	0.20	0.30	0.40	0.50
0.10	θ_x	0.0048	0.0086	0.0102	0.0096	0.0089
	θ_y	0.0040	0.0094	0.0165	0.0241	0.0276
0.20	θ_x	0.0106	0.0197	0.0243	0.0232	0.0223
	θ_y	0.0070	0.0162	0.0307	0.0482	0.0573
0.30	θ_x	0.0171	0.0328	0.0451	0.0501	0.0472
	θ_y	0.0083	0.0201	0.0392	0.0688	0.0929
0.40	θ_x	0.0228	0.0452	0.0675	0.0870	0.1004
	θ_y	0.0082	0.0167	0.0415	0.0904	0.1337
0.50	θ_x	0.0251	0.0507	0.0772	0.1025	0.1153
	θ_y	0.0081	0.0203	0.0417	0.0854	0.1487

ξ	η	\multicolumn{5}{c	}{$k=1 \quad \alpha=0.3 \quad \beta=0.2$}
		0.10	0.20	0.30	0.40	0.50
0.10	θ_x	0.0094	0.0166	0.0197	0.0191	0.0182
	θ_y	0.0084	0.0192	0.0332	0.0472	0.0534
0.20	θ_x	0.0207	0.0381	0.0470	0.0462	0.0457
	θ_y	0.0147	0.0340	0.0624	0.0941	0.1093
0.30	θ_x	0.0339	0.0649	0.0885	0.0977	0.0971
	θ_y	0.0174	0.0419	0.0810	0.1379	0.1703
0.40	θ_x	0.0456	0.0904	0.1346	0.1711	0.1934
	θ_y	0.0175	0.0384	0.0876	0.1752	0.2270
0.50	θ_x	0.0503	0.1017	0.1542	0.2023	0.2238
	θ_y	0.0171	0.0420	0.0889	0.1845	0.2496

附录四 双向板楼面等效均布荷载计算表

$k=1 \quad \alpha=0.3 \quad \beta=0.3$

ξ	η	0.10	0.20	0.30	0.40	0.50
0.10	θ_x	0.0134	0.0236	0.0283	0.0286	0.0281
	θ_y	0.0134	0.0299	0.0500	0.0683	0.0758
0.20	θ_x	0.0299	0.0543	0.0676	0.0690	0.0702
	θ_y	0.0236	0.0543	0.0951	0.1356	0.1530
0.30	θ_x	0.0500	0.0951	0.1289	0.1430	0.1481
	θ_y	0.0283	0.0676	0.1289	0.2009	0.2303
0.40	θ_x	0.0683	0.1356	0.2009	0.2496	0.2760
	θ_y	0.0286	0.0690	0.1430	0.2496	0.2938
0.50	θ_x	0.0758	0.1530	0.2303	0.2938	0.3191
	θ_y	0.0281	0.0702	0.1481	0.2760	0.3191

$k=1 \quad \alpha=0.3 \quad \beta=0.4$

ξ	η	0.10	0.20	0.30	0.40	0.50
0.10	θ_x		0.0292	0.0357	0.0378	0.0383
	θ_y		0.0417	0.0664	0.0866	0.0943
0.20	θ_x		0.0674	0.0843	0.0910	0.0924
	θ_y		0.0773	0.1281	0.1712	0.1882
0.30	θ_x		0.1224	0.1626	0.1863	0.1955
	θ_y		0.0983	0.1798	0.2515	0.2757
0.40	θ_x		0.1800	0.2615	0.3204	0.3422
	θ_y		0.1098	0.2136	0.3106	0.3504
0.50	θ_x		0.2046	0.3039	0.3781	0.4046
	θ_y		0.1055	0.2272	0.3385	0.3690

$k=1 \quad \alpha=0.3 \quad \beta=0.5$

ξ	η	0.10	0.20	0.30	0.40	0.50
0.10	θ_x		0.0332	0.0420	0.0468	0.0484
	θ_y		0.0541	0.0817	0.1017	0.1089
0.20	θ_x		0.0774	0.1005	0.1118	0.1188
	θ_y		0.1025	0.1594	0.2001	0.2143
0.30	θ_x		0.1452	0.1930	0.2260	0.2382
	θ_y		0.1363	0.2292	0.2897	0.3089
0.40	θ_x		0.2226	0.3245	0.3818	0.4118
	θ_y		0.1594	0.2847	0.3567	0.3783
0.50	θ_x		0.2555	0.3710	0.4486	0.4751
	θ_y		0.1557	0.3046	0.3824	0.4041

$k=1 \quad \alpha=0.3 \quad \beta=0.6$

ξ	η	0.10	0.20	0.30	0.40	0.50
0.10	θ_x			0.0473	0.0548	0.0576
	θ_y			0.0950	0.1136	0.1198
0.20	θ_x			0.1135	0.1305	0.1399
	θ_y			0.1862	0.2222	0.2338
0.30	θ_x			0.2202	0.2604	0.2747
	θ_y			0.2690	0.3177	0.3325
0.40	θ_x			0.3732	0.4326	0.4626
	θ_y			0.3331	0.3888	0.4024
0.50	θ_x			0.4268	0.5046	0.5323
	θ_y			0.3568	0.4120	0.4274

$k=1 \quad \alpha=0.3 \quad \beta=0.7$

ξ	η	0.10	0.20	0.30	0.40	0.50
0.10	θ_x			0.0516	0.0617	0.0654
	θ_y			0.1058	0.1223	0.1276
0.20	θ_x			0.1245	0.1464	0.1575
	θ_y			0.2072	0.2381	0.2474
0.30	θ_x			0.2432	0.2882	0.3039
	θ_y			0.2979	0.3372	0.3491
0.40	θ_x			0.4125	0.4722	0.5025
	θ_y			0.3654	0.4090	0.4186
0.50	θ_x			0.4738	0.5507	0.5764
	θ_y			0.3905	0.4318	0.4437

$k=1 \quad \alpha=0.3 \quad \beta=0.8$

ξ	η	0.10	0.20	0.30	0.40	0.50
0.10	θ_x				0.0670	0.0714
	θ_y				0.1283	0.1328
0.20	θ_x				0.1585	0.1686
	θ_y				0.2485	0.2562
0.30	θ_x				0.3086	0.3253
	θ_y				0.3500	0.3596
0.40	θ_x				0.5005	0.5230
	θ_y				0.4203	0.4272
0.50	θ_x				0.5825	0.6078
	θ_y				0.4448	0.4543

$k=1 \quad \alpha=0.3 \quad \beta=0.9$

ξ	η	0.10	0.20	0.30	0.40	0.50
0.10	θ_x				0.0703	0.0752
	θ_y				0.1317	0.1357
0.20	θ_x				0.1660	0.1787
	θ_y				0.2543	0.2614
0.30	θ_x				0.3211	0.3382
	θ_y				0.3573	0.3655
0.40	θ_x				0.5174	0.5481
	θ_y				0.4257	0.4351
0.50	θ_x				0.6000	0.6266
	θ_y				0.4520	0.4598

$k=1 \quad \alpha=0.3 \quad \beta=1.0$

ξ	η	0.10	0.20	0.30	0.40	0.50
0.10	θ_x					0.0752
	θ_y					0.1357
0.20	θ_x					0.1787
	θ_y					0.2614
0.30	θ_x					0.3382
	θ_y					0.3655
0.40	θ_x					0.5481
	θ_y					0.4351
0.50	θ_x					0.6266
	θ_y					0.4598

附录四 双向板楼面等效均布荷载计算表

$k = 1 \quad \alpha = 0.4 \quad \beta = 0.1$

ξ	η	0.10	0.20	0.30	0.40	0.50
0.20	θ_x	0.0145	0.0274	0.0352	0.0373	0.0332
	θ_y	0.0086	0.0196	0.0387	0.0643	0.0784
0.30	θ_x	0.0226	0.0438	0.0618	0.0738	0.0787
	θ_y	0.0104	0.0226	0.0493	0.0941	0.1285
0.40	θ_x	0.0290	0.0573	0.0849	0.1081	0.1209
	θ_y	0.0110	0.0224	0.0543	0.1159	0.1693
0.50	θ_x	0.0315	0.0625	0.0934	0.1222	0.1308
	θ_y	0.0110	0.0219	0.0562	0.1240	0.1818

$k = 1 \quad \alpha = 0.4 \quad \beta = 0.2$

ξ	η	0.10	0.20	0.30	0.40	0.50
0.20	θ_x	0.0286	0.0536	0.0686	0.0741	0.0686
	θ_y	0.0181	0.0415	0.0792	0.1253	0.1478
0.30	θ_x	0.0449	0.0868	0.1222	0.1456	0.1551
	θ_y	0.0220	0.0496	0.1024	0.1828	0.2277
0.40	θ_x	0.0579	0.1144	0.1691	0.2127	0.2350
	θ_y	0.0232	0.0512	0.1146	0.2247	0.2895
0.50	θ_x	0.0629	0.1253	0.1858	0.2403	0.2551
	θ_y	0.0233	0.0510	0.1192	0.2403	0.3110

$k = 1 \quad \alpha = 0.4 \quad \beta = 0.3$

ξ	η	0.10	0.20	0.30	0.40	0.50
0.20	θ_x	0.0417	0.0773	0.0983	0.1098	0.1055
	θ_y	0.0292	0.0674	0.1224	0.1800	0.2046
0.30	θ_x	0.0664	0.1281	0.1798	0.2136	0.2272
	θ_y	0.0357	0.0843	0.1626	0.2615	0.3039
0.40	θ_x	0.0866	0.1712	0.2515	0.3106	0.3385
	θ_y	0.0378	0.0910	0.1863	0.3204	0.3781
0.50	θ_x	0.0943	0.1882	0.2757	0.3504	0.3690
	θ_y	0.0383	0.0924	0.1955	0.3422	0.4046

$k = 1 \quad \alpha = 0.4 \quad \beta = 0.4$

ξ	η	0.10	0.20	0.30	0.40	0.50
0.20	θ_x		0.0978	0.1277	0.1435	0.1483
	θ_y		0.0978	0.1668	0.2266	0.2505
0.30	θ_x		0.1668	0.2324	0.2760	0.2913
	θ_y		0.1277	0.2324	0.3271	0.3656
0.40	θ_x		0.2266	0.3271	0.3990	0.4253
	θ_y		0.1435	0.2760	0.3990	0.4495
0.50	θ_x		0.2505	0.3656	0.4495	0.4805
	θ_y		0.1483	0.2913	0.4253	0.4805

$k = 1 \quad \alpha = 0.4 \quad \beta = 0.5$

ξ	η	0.10	0.20	0.30	0.40	0.50
0.20	θ_x		0.1147	0.1462	0.1745	0.1760
	θ_y		0.1317	0.2093	0.2639	0.2820
0.30	θ_x		0.2019	0.2812	0.3312	0.3506
	θ_y		0.1784	0.3012	0.3782	0.4021
0.40	θ_x		0.2792	0.4013	0.4759	0.5083
	θ_y		0.2069	0.3658	0.4588	0.4868
0.50	θ_x		0.3105	0.4374	0.5351	0.5559
	θ_y		0.2165	0.3879	0.4881	0.5171

$k = 1 \quad \alpha = 0.4 \quad \beta = 0.6$

ξ	η	0.10	0.20	0.30	0.40	0.50
0.20	θ_x			0.1462	0.1745	0.1760
	θ_y			0.2093	0.2639	0.2820
0.30	θ_x			0.2812	0.3312	0.3506
	θ_y			0.3012	0.3782	0.4021
0.40	θ_x			0.4013	0.4759	0.5083
	θ_y			0.3658	0.4588	0.4868
0.50	θ_x			0.4374	0.5351	0.5559
	θ_y			0.3879	0.4881	0.5171

$k = 1 \quad \alpha = 0.4 \quad \beta = 0.7$

ξ	η	0.10	0.20	0.30	0.40	0.50
0.20	θ_x			0.1824	0.2244	0.2302
	θ_y			0.2724	0.3118	0.3231
0.30	θ_x			0.3552	0.4155	0.4382
	θ_y			0.3888	0.4399	0.4530
0.40	θ_x			0.5103	0.5898	0.6238
	θ_y			0.4700	0.5274	0.5403
0.50	θ_x			0.5568	0.6609	0.6819
	θ_y			0.4992	0.5586	0.5712

$k = 1 \quad \alpha = 0.4 \quad \beta = 0.8$

ξ	η	0.10	0.20	0.30	0.40	0.50
0.20	θ_x				0.2414	0.2554
	θ_y				0.3244	0.3336
0.30	θ_x				0.4428	0.4649
	θ_y				0.4548	0.4649
0.40	θ_x				0.6256	0.6542
	θ_y				0.5425	0.5519
0.50	θ_x				0.7000	0.7311
	θ_y				0.5736	0.5826

$k=1 \quad \alpha=0.4 \quad \beta=0.9$

ξ	η	0.10	0.20	0.30	0.40	0.50
0.20	θ_x				0.2519	0.2593
	θ_y				0.3314	0.3403
0.30	θ_x				0.4593	0.4834
	θ_y				0.4625	0.4737
0.40	θ_x				0.6471	0.6815
	θ_y				0.5498	0.5626
0.50	θ_x				0.7234	0.7446
	θ_y				0.5806	0.5937

$k=1 \quad \alpha=0.4 \quad \beta=1.0$

ξ	η	0.10	0.20	0.30	0.40	0.50
0.20	θ_x	0.0686	0.1483	0.2058	0.2554	0.2630
	θ_y	0.1478	0.2505	0.3062	0.3336	0.3423
0.30	θ_x	0.1551	0.2913	0.3996	0.4649	0.4893
	θ_y	0.2277	0.3656	0.4324	0.4649	0.4765
0.40	θ_x	0.2350	0.4253	0.5732	0.6542	0.6888
	θ_y	0.2895	0.4495	0.5187	0.5519	0.5647
0.50	θ_x	0.2551	0.4805	0.6266	0.7311	0.7524
	θ_y	0.3110	0.4805	0.5491	0.5825	0.5958

$k=1 \quad \alpha=0.5 \quad \beta=0.1$

ξ	η	0.10	0.20	0.30	0.40	0.50
0.20	θ_x	0.0186	0.0356	0.0480	0.0547	0.0499
	θ_y	0.0098	0.0217	0.0449	0.0798	0.1019
0.30	θ_x	0.0277	0.0540	0.0777	0.0975	0.1096
	θ_y	0.0123	0.0300	0.0579	0.1043	0.1619
0.40	θ_x	0.0342	0.0672	0.0985	0.1240	0.1346
	θ_y	0.0136	0.0282	0.0666	0.1379	0.1975
0.50	θ_x	0.0366	0.0723	0.1054	0.1311	0.1416
	θ_y	0.0140	0.0347	0.0699	0.1330	0.2082

$k=1 \quad \alpha=0.5 \quad \beta=0.2$

ξ	η	0.10	0.20	0.30	0.40	0.50
0.20	θ_x	0.0368	0.0702	0.0942	0.1082	0.1026
	θ_y	0.0205	0.0467	0.0924	0.1552	0.1879
0.30	θ_x	0.0550	0.1073	0.1544	0.1940	0.2115
	θ_y	0.0259	0.0618	0.1208	0.2187	0.2804
0.40	θ_x	0.0682	0.1341	0.1956	0.2441	0.2635
	θ_y	0.0286	0.0637	0.1397	0.2676	0.3414
0.50	θ_x	0.0730	0.1440	0.2090	0.2585	0.2776
	θ_y	0.0295	0.0722	0.1469	0.2779	0.3615

$k=1 \quad \alpha=0.5 \quad \beta=0.3$

ξ	η	0.10	0.20	0.30	0.40	0.50
0.20	θ_x	0.0541	0.1025	0.1363	0.1594	0.1557
	θ_y	0.0332	0.0774	0.1452	0.2226	0.2555
0.30	θ_x	0.0817	0.1594	0.2292	0.2847	0.3046
	θ_y	0.0420	0.1005	0.1930	0.3245	0.3710
0.40	θ_x	0.1017	0.2001	0.2897	0.3567	0.3824
	θ_y	0.0468	0.1118	0.2260	0.3818	0.4486
0.50	θ_x	0.1089	0.2143	0.3089	0.3783	0.4041
	θ_y	0.0484	0.1188	0.2382	0.4118	0.4751

$k=1 \quad \alpha=0.5 \quad \beta=0.4$

ξ	η	0.10	0.20	0.30	0.40	0.50
0.20	θ_x		0.1317	0.1784	0.2069	0.2165
	θ_y		0.1147	0.2019	0.2792	0.3105
0.30	θ_x		0.2093	0.3012	0.3658	0.3879
	θ_y		0.1462	0.2812	0.4013	0.4374
0.40	θ_x		0.2639	0.3782	0.4588	0.4881
	θ_y		0.1745	0.3312	0.4759	0.5351
0.50	θ_x		0.2820	0.4021	0.4868	0.5171
	θ_y		0.1760	0.3506	0.5083	0.5559

$k=1 \quad \alpha=0.5 \quad \beta=0.5$

ξ	η	0.10	0.20	0.30	0.40	0.50
0.20	θ_x		0.1572	0.2048	0.2497	0.2517
	θ_y		0.1572	0.2569	0.3240	0.3454
0.30	θ_x		0.2569	0.3658	0.4362	0.4598
	θ_y		0.2048	0.3658	0.4586	0.4868
0.40	θ_x		0.3240	0.4586	0.5479	0.5790
	θ_y		0.2497	0.4362	0.5479	0.5814
0.50	θ_x		0.3454	0.4868	0.5814	0.6145
	θ_y		0.2517	0.4598	0.5790	0.6145

$k=1 \quad \alpha=0.5 \quad \beta=0.6$

ξ	η	0.10	0.20	0.30	0.40	0.50
0.20	θ_x			0.2336	0.2866	0.2909
	θ_y			0.3010	0.3571	0.3731
0.30	θ_x			0.4203	0.4944	0.5196
	θ_y			0.4281	0.5002	0.5215
0.40	θ_x			0.5273	0.6223	0.6547
	θ_y			0.5100	0.5988	0.6211
0.50	θ_x			0.5595	0.6608	0.6955
	θ_y			0.5382	0.6289	0.6556

附录四 双向板楼面等效均布荷载计算表

$k=1$　　$\alpha=0.5$　　$\beta=0.7$

ξ	η	0.10	0.20	0.30	0.40	0.50
0.20	θ_x			0.2577	0.3166	0.3225
	θ_y			0.3337	0.3798	0.3923
0.30	θ_x			0.4632	0.5415	0.5679
	θ_y			0.4702	0.5288	0.5462
0.40	θ_x			0.5823	0.6808	0.7141
	θ_y			0.5616	0.6315	0.6477
0.50	θ_x			0.6180	0.7234	0.7591
	θ_y			0.5930	0.6628	0.6832

$k=1$　　$\alpha=0.5$　　$\beta=0.8$

ξ	η	0.10	0.20	0.30	0.40	0.50
0.20	θ_x				0.3387	0.3568
	θ_y				0.3939	0.4038
0.30	θ_x				0.5746	0.6024
	θ_y				0.5479	0.5624
0.40	θ_x				0.7227	0.7564
	θ_y				0.6504	0.6624
0.50	θ_x				0.7680	0.8043
	θ_y				0.6850	0.7012

$k=1$　　$\alpha=0.5$　　$\beta=0.9$

ξ	η	0.10	0.20	0.30	0.40	0.50
0.20	θ_x				0.3387	0.3568
	θ_y				0.3939	0.4038
0.30	θ_x				0.5746	0.6024
	θ_y				0.5479	0.5624
0.40	θ_x				0.7227	0.7564
	θ_y				0.6504	0.6624
0.50	θ_x				0.7680	0.8043
	θ_y				0.6850	0.7012

$k=1$　　$\alpha=0.5$　　$\beta=1.0$

ξ	η	0.10	0.20	0.30	0.40	0.50
0.20	θ_x					0.3645
	θ_y					0.4140
0.30	θ_x					0.6305
	θ_y					0.5736
0.40	θ_x					0.7914
	θ_y					0.6780
0.50	θ_x					0.8414
	θ_y					0.7148

$k=1$　　$\alpha=0.6$　　$\beta=0.1$

ξ	η	0.10	0.20	0.30	0.40	0.50
0.30	θ_x	0.0321	0.0629	0.0911	0.1148	0.1262
	θ_y	0.0138	0.0337	0.0657	0.1200	0.1876
0.40	θ_x	0.0383	0.0751	0.1085	0.1349	0.1441
	θ_y	0.0159	0.0336	0.0774	0.1561	0.2195
0.50	θ_x	0.0405	0.0794	0.1139	0.1394	0.1491
	θ_y	0.0166	0.0412	0.0818	0.1510	0.2297

$k=1$　　$\alpha=0.6$　　$\beta=0.2$

ξ	η	0.10	0.20	0.30	0.40	0.50
0.30	θ_x	0.0639	0.1252	0.1812	0.2267	0.2461
	θ_y	0.0291	0.0697	0.1371	0.2518	0.3248
0.40	θ_x	0.0763	0.1494	0.2151	0.2658	0.2827
	θ_y	0.0337	0.0751	0.1619	0.3029	0.3831
0.50	θ_x	0.0806	0.1577	0.2256	0.2745	0.2931
	θ_y	0.0353	0.0856	0.1710	0.3133	0.4023

$k=1$　　$\alpha=0.6$　　$\beta=0.3$

ξ	η	0.10	0.20	0.30	0.40	0.50
0.30	θ_x	0.0950	0.1862	0.2690	0.3331	0.3568
	θ_y	0.0473	0.1135	0.2202	0.3732	0.4268
0.40	θ_x	0.1136	0.2222	0.3177	0.3888	0.4120
	θ_y	0.0548	0.1305	0.2604	0.4326	0.5046
0.50	θ_x	0.1198	0.2338	0.3325	0.4024	0.4274
	θ_y	0.0576	0.1399	0.2747	0.4626	0.5323

$k=1$　　$\alpha=0.6$　　$\beta=0.4$

ξ	η	0.10	0.20	0.30	0.40	0.50
0.30	θ_x		0.2451	0.3520	0.4274	0.4533
	θ_y		0.1658	0.3223	0.4621	0.5037
0.40	θ_x		0.2920	0.4152	0.5007	0.5315
	θ_y		0.2019	0.3781	0.5398	0.6058
0.50	θ_x		0.3062	0.4324	0.5187	0.5491
	θ_y		0.2058	0.3996	0.5732	0.6266

$k=1$　　$\alpha=0.6$　　$\beta=0.5$

ξ	η	0.10	0.20	0.30	0.40	0.50
0.30	θ_x		0.3010	0.4281	0.5100	0.5382
	θ_y		0.2336	0.4203	0.5273	0.5595
0.40	θ_x		0.3571	0.5002	0.5988	0.6289
	θ_y		0.2866	0.4944	0.6223	0.6608
0.50	θ_x		0.3731	0.5215	0.6211	0.6556
	θ_y		0.2909	0.5196	0.6547	0.6955

$k=1$　　$\alpha=0.6$　　$\beta=0.6$

ξ	η	0.10	0.20	0.30	0.40	0.50
0.30	θ_x			0.4922	0.5798	0.6095
	θ_y			0.4922	0.5744	0.5985
0.40	θ_x			0.5744	0.6810	0.7132
	θ_y			0.5798	0.6810	0.7063
0.50	θ_x			0.5985	0.7063	0.7435
	θ_y			0.6095	0.7132	0.7435

$k=1 \quad \alpha=0.6 \quad \beta=0.7$

ξ	η	0.10	0.20	0.30	0.40	0.50
0.30	θ_x			0.5430	0.6332	0.6641
	θ_y			0.5403	0.6067	0.6263
0.40	θ_x			0.6341	0.7459	0.7795
	θ_y			0.6374	0.7192	0.7386
0.50	θ_x			0.6607	0.7755	0.8143
	θ_y			0.6706	0.7531	0.7773

$k=1 \quad \alpha=0.6 \quad \beta=0.8$

ξ	η	0.10	0.20	0.30	0.40	0.50
0.30	θ_x				0.6734	0.7041
	θ_y				0.6283	0.6445
0.40	θ_x				0.7928	0.8304
	θ_y				0.7416	0.7561
0.50	θ_x				0.8241	0.8648
	θ_y				0.7794	0.7992

$k=1 \quad \alpha=0.6 \quad \beta=0.9$

ξ	η	0.10	0.20	0.30	0.40	0.50
0.30	θ_x				0.6971	0.7282
	θ_y				0.6405	0.6539
0.40	θ_x				0.8210	0.8562
	θ_y				0.7528	0.7703
0.50	θ_x				0.8540	0.8945
	θ_y				0.7943	0.8105

$k=1 \quad \alpha=0.6 \quad \beta=1.0$

ξ	η	0.10	0.20	0.30	0.40	0.50
0.30	θ_x					0.7360
	θ_y					0.6572
0.40	θ_x					0.8657
	θ_y					0.7746
0.50	θ_x					0.9055
	θ_y					0.8151

$k=1 \quad \alpha=0.7 \quad \beta=0.1$

ξ	η	0.10	0.20	0.30	0.40	0.50
0.30	θ_x	0.0357	0.0701	0.1014	0.1265	0.1372
	θ_y	0.0151	0.0368	0.0723	0.1333	0.2065
0.40	θ_x	0.0414	0.0808	0.1155	0.1417	0.1503
	θ_y	0.0180	0.0383	0.0864	0.1702	0.2362
0.50	θ_x	0.0433	0.0843	0.1198	0.1449	0.1540
	θ_y	0.0191	0.0467	0.0915	0.1650	0.2457

$k=1 \quad \alpha=0.7 \quad \beta=0.2$

ξ	η	0.10	0.20	0.30	0.40	0.50
0.30	θ_x	0.0711	0.1394	0.2014	0.2496	0.2687
	θ_y	0.0317	0.0763	0.1511	0.2784	0.3590
0.40	θ_x	0.0824	0.1606	0.2288	0.2793	0.2957
	θ_y	0.0380	0.0851	0.1803	0.3304	0.4151
0.50	θ_x	0.0861	0.1673	0.2370	0.2856	0.3034
	θ_y	0.0403	0.0969	0.1906	0.3410	0.4334

$k=1 \quad \alpha=0.7 \quad \beta=0.3$

ξ	η	0.10	0.20	0.30	0.40	0.50
0.30	θ_x	0.1058	0.2072	0.2979	0.3654	0.3905
	θ_y	0.0516	0.1245	0.2432	0.4125	0.4738
0.40	θ_x	0.1223	0.2381	0.3372	0.4090	0.4318
	θ_y	0.0617	0.1464	0.2882	0.4722	0.5507
0.50	θ_x	0.1276	0.2474	0.3491	0.4186	0.4437
	θ_y	0.0654	0.1575	0.3039	0.5025	0.5764

$k=1 \quad \alpha=0.7 \quad \beta=0.4$

ξ	η	0.10	0.20	0.30	0.40	0.50
0.30	θ_x		0.2724	0.3888	0.4700	0.4992
	θ_y		0.1824	0.3552	0.5103	0.5568
0.40	θ_x		0.3118	0.4399	0.5274	0.5586
	θ_y		0.2244	0.4155	0.5898	0.6609
0.50	θ_x		0.3231	0.4530	0.5403	0.5712
	θ_y		0.2302	0.4382	0.6238	0.6819

$k=1 \quad \alpha=0.7 \quad \beta=0.5$

ξ	η	0.10	0.20	0.30	0.40	0.50
0.30	θ_x		0.3337	0.4702	0.5616	0.5930
	θ_y		0.2577	0.4632	0.5823	0.6180
0.40	θ_x		0.3798	0.5288	0.6315	0.6628
	θ_y		0.3166	0.5415	0.6808	0.7234
0.50	θ_x		0.3923	0.5462	0.6477	0.6832
	θ_y		0.3225	0.5679	0.7141	0.7591

$k=1 \quad \alpha=0.7 \quad \beta=0.6$

ξ	η	0.10	0.20	0.30	0.40	0.50
0.30	θ_x			0.5403	0.6374	0.6706
	θ_y			0.5430	0.6341	0.6607
0.40	θ_x			0.6067	0.7192	0.7531
	θ_y			0.6332	0.7459	0.7755
0.50	θ_x			0.6263	0.7386	0.7773
	θ_y			0.6641	0.7795	0.8143

$k=1 \quad \alpha=0.7 \quad \beta=0.7$

ξ	η	0.10	0.20	0.30	0.40	0.50
0.30	θ_x			0.5965	0.6987	0.7331
	θ_y			0.5965	0.6695	0.6910
0.40	θ_x			0.6695	0.7888	0.8246
	θ_y			0.6987	0.7888	0.8109
0.50	θ_x			0.6910	0.8109	0.8520
	θ_y			0.7331	0.8246	0.8520

$k=1 \quad \alpha=0.7 \quad \beta=0.8$

ξ	η	0.10	0.20	0.30	0.40	0.50
0.30	θ_x				0.7417	0.7776
	θ_y				0.6931	0.7104
0.40	θ_x				0.8392	0.8798
	θ_y				0.8143	0.8310
0.50	θ_x				0.8634	0.9059
	θ_y				0.8544	0.8764

附录四 双向板楼面等效均布荷载计算表

$k=1 \quad \alpha=0.7 \quad \beta=0.9$

ξ	η	0.10	0.20	0.30	0.40	0.50
0.30	θ_x				0.7681	0.8038
	θ_y				0.7064	0.7210
0.40	θ_x				0.8696	0.9075
	θ_y				0.8271	0.8474
0.50	θ_x				0.8953	0.9386
	θ_y				0.8713	0.8906

$k=1 \quad \alpha=0.7 \quad \beta=1.0$

ξ	η	0.10	0.20	0.30	0.40	0.50
0.30	θ_x					0.8135
	θ_y					0.7251
0.40	θ_x					0.9178
	θ_y					0.8515
0.50	θ_x					0.9494
	θ_y					0.8949

$k=1 \quad \alpha=0.8 \quad \beta=0.1$

ξ	η	0.10	0.20	0.30	0.40	0.50
0.40	θ_x	0.0436	0.0847	0.1201	0.1454	0.1544
	θ_y	0.0196	0.0420	0.0931	0.1802	0.2478
0.50	θ_x	0.0452	0.0876	0.1236	0.1476	0.1573
	θ_y	0.0209	0.0452	0.0986	0.1882	0.2569

$k=1 \quad \alpha=0.8 \quad \beta=0.2$

ξ	η	0.10	0.20	0.30	0.40	0.50
0.40	θ_x	0.0865	0.1680	0.2377	0.2868	0.3041
	θ_y	0.0413	0.0927	0.1938	0.3500	0.4376
0.50	θ_x	0.0897	0.1736	0.2444	0.2913	0.3102
	θ_y	0.0441	0.0993	0.2048	0.3656	0.4554

$k=1 \quad \alpha=0.8 \quad \beta=0.3$

ξ	η	0.10	0.20	0.30	0.40	0.50
0.40	θ_x	0.1283	0.2485	0.3500	0.4203	0.4448
	θ_y	0.0670	0.1585	0.3086	0.5005	0.5825
0.50	θ_x	0.1328	0.2562	0.3596	0.4272	0.4543
	θ_y	0.0714	0.1686	0.3253	0.5230	0.6078

$k=1 \quad \alpha=0.8 \quad \beta=0.4$

ξ	η	0.10	0.20	0.30	0.40	0.50
0.40	θ_x		0.3244	0.4548	0.5425	0.5736
	θ_y		0.2414	0.4428	0.6256	0.7000
0.50	θ_x		0.3336	0.4649	0.5519	0.5825
	θ_y		0.2554	0.4649	0.6542	0.7311

$k=1 \quad \alpha=0.8 \quad \beta=0.5$

ξ	η	0.10	0.20	0.30	0.40	0.50
0.40	θ_x		0.3939	0.5479	0.6504	0.6850
	θ_y		0.3387	0.5746	0.7227	0.7680
0.50	θ_x		0.4038	0.5624	0.6624	0.7012
	θ_y		0.3568	0.6024	0.7564	0.8043

$k=1 \quad \alpha=0.8 \quad \beta=0.6$

ξ	η	0.10	0.20	0.30	0.40	0.50
0.40	θ_x			0.6283	0.7416	0.7794
	θ_y			0.6734	0.7928	0.8241
0.50	θ_x			0.6445	0.7561	0.7992
	θ_y			0.7041	0.8304	0.8648

$k=1 \quad \alpha=0.8 \quad \beta=0.7$

ξ	η	0.10	0.20	0.30	0.40	0.50
0.40	θ_x			0.6931	0.8143	0.8544
	θ_y			0.7417	0.8392	0.8634
0.50	θ_x			0.7104	0.8310	0.8764
	θ_y			0.7776	0.8798	0.9059

$k=1 \quad \alpha=0.8 \quad \beta=0.8$

ξ	η	0.10	0.20	0.30	0.40	0.50
0.40	θ_x				0.8670	0.9096
	θ_y				0.8670	0.8855
0.50	θ_x				0.8855	0.9297
	θ_y				0.9096	0.9297

$k=1 \quad \alpha=0.8 \quad \beta=0.9$

ξ	η	0.10	0.20	0.30	0.40	0.50
0.40	θ_x				0.8989	0.9415
	θ_y				0.8812	0.9023
0.50	θ_x				0.9186	0.9668
	θ_y				0.9250	0.9475

$k=1 \quad \alpha=0.8 \quad \beta=1.0$

ξ	η	0.10	0.20	0.30	0.40	0.50
0.40	θ_x					0.9527
	θ_y					0.9075
0.50	θ_x					0.9786
	θ_y					0.9530

附录四 双向板楼面等效均布荷载计算表

ξ	η	$k=1$ $\alpha=0.9$ $\beta=0.1$				
		0.10	0.20	0.30	0.40	0.50
0.40	θ_x	0.0448	0.0869	0.1227	0.1471	0.1567
	θ_y	0.0205	0.0444	0.0972	0.1862	0.2548
0.50	θ_x	0.0463	0.0895	0.1257	0.1504	0.1591
	θ_y	0.0220	0.0534	0.1029	0.1811	0.2636

ξ	η	$k=1$ $\alpha=0.9$ $\beta=0.2$				
		0.10	0.20	0.30	0.40	0.50
0.40	θ_x	0.0889	0.1722	0.2427	0.2903	0.3087
	θ_y	0.0439	0.0976	0.2020	0.3617	0.4509
0.50	θ_x	0.0918	0.1772	0.2485	0.2968	0.3140
	θ_y	0.0464	0.1106	0.2135	0.3723	0.4685

ξ	η	$k=1$ $\alpha=0.9$ $\beta=0.3$				
		0.10	0.20	0.30	0.40	0.50
0.40	θ_x	0.1317	0.2543	0.3573	0.4257	0.4520
	θ_y	0.0703	0.1660	0.3211	0.5174	0.6000
0.50	θ_x	0.1357	0.2614	0.3655	0.4351	0.4598
	θ_y	0.0752	0.1787	0.3382	0.5481	0.6266

ξ	η	$k=1$ $\alpha=0.9$ $\beta=0.4$				
		0.10	0.20	0.30	0.40	0.50
0.40	θ_x		0.3314	0.4625	0.5498	0.5806
	θ_y		0.2519	0.4593	0.6471	0.7234
0.50	θ_x		0.3403	0.4737	0.5626	0.5937
	θ_y		0.2593	0.4834	0.6815	0.7446

ξ	η	$k=1$ $\alpha=0.9$ $\beta=0.5$				
		0.10	0.20	0.30	0.40	0.50
0.40	θ_x		0.4015	0.5588	0.6597	0.6975
	θ_y		0.3522	0.5950	0.7480	0.7952
0.50	θ_x		0.4118	0.5712	0.6748	0.7110
	θ_y		0.3598	0.6235	0.7825	0.8323

ξ	η	$k=1$ $\alpha=0.9$ $\beta=0.6$				
		0.10	0.20	0.30	0.40	0.50
0.40	θ_x			0.6405	0.7528	0.7943
	θ_y			0.6971	0.8210	0.8540
0.50	θ_x			0.6539	0.7703	0.8105
	θ_y			0.7282	0.8562	0.8945

ξ	η	$k=1$ $\alpha=0.9$ $\beta=0.7$				
		0.10	0.20	0.30	0.40	0.50
0.40	θ_x			0.7064	0.8271	0.8713
	θ_y			0.7681	0.8696	0.8953
0.50	θ_x			0.7210	0.8474	0.8906
	θ_y			0.8038	0.9075	0.9386

ξ	η	$k=1$ $\alpha=0.9$ $\beta=0.8$				
		0.10	0.20	0.30	0.40	0.50
0.40	θ_x				0.8812	0.9250
	θ_y				0.8989	0.9186
0.50	θ_x				0.9023	0.9475
	θ_y				0.9415	0.9668

ξ	η	$k=1$ $\alpha=0.9$ $\beta=0.9$				
		0.10	0.20	0.30	0.40	0.50
0.40	θ_x				0.9140	0.9608
	θ_y				0.9140	0.9364
0.50	θ_x				0.9364	0.9827
	θ_y				0.9608	0.9827

ξ	η	$k=1$ $\alpha=0.9$ $\beta=1.0$				
		0.10	0.20	0.30	0.40	0.50
0.40	θ_x					0.9718
	θ_y					0.9416
0.50	θ_x					0.9942
	θ_y					0.9882

ξ	η	$k=1$ $\alpha=1.0$ $\beta=0.1$				
		0.10	0.20	0.30	0.40	0.50
0.50	θ_x	0.0466	0.0900	0.1264	0.1510	0.1599
	θ_y	0.0224	0.0543	0.1043	0.1831	0.2656

ξ	η	$k=1$ $\alpha=1.0$ $\beta=0.2$				
		0.10	0.20	0.30	0.40	0.50
0.50	θ_x	0.0925	0.1783	0.2498	0.2979	0.3150
	θ_y	0.0472	0.1124	0.2164	0.3762	0.4728

ξ	η	$k=1$ $\alpha=1.0$ $\beta=0.3$				
		0.10	0.20	0.30	0.40	0.50
0.50	θ_x	0.1367	0.2631	0.3675	0.4373	0.4620
	θ_y	0.0765	0.1814	0.3425	0.5539	0.6328

ξ	η	$k=1$ $\alpha=1.0$ $\beta=0.4$				
		0.10	0.20	0.30	0.40	0.50
0.50	θ_x		0.3423	0.4765	0.5647	0.5958
	θ_y		0.2630	0.4893	0.6888	0.7524

ξ	η	$k=1$ $\alpha=1.0$ $\beta=0.5$				
		0.10	0.20	0.30	0.40	0.50
0.50	θ_x		0.4140	0.5736	0.6780	0.7148
	θ_y		0.3645	0.6305	0.7914	0.8414

ξ	η	$k=1$ $\alpha=1.0$ $\beta=0.6$				
		0.10	0.20	0.30	0.40	0.50
0.50	θ_x			0.6572	0.7746	0.8151
	θ_y			0.7360	0.8657	0.9055

附录四 双向板楼面等效均布荷载计算表

		$k=1$	$\alpha=1.0$	$\beta=0.7$		
ξ	η	0.10	0.20	0.30	0.40	0.50
0.50	θ_x			0.7251	0.8515	0.8949
	θ_y			0.8135	0.9178	0.9494

		$k=1$	$\alpha=1.0$	$\beta=0.8$		
ξ	η	0.10	0.20	0.30	0.40	0.50
0.50	θ_x				0.9075	0.9530
	θ_y				0.9527	0.9786

		$k=1$	$\alpha=1.0$	$\beta=0.9$		
ξ	η	0.10	0.20	0.30	0.40	0.50
0.50	θ_x				0.9416	0.9882
	θ_y				0.9718	0.9942

		$k=1$	$\alpha=1.0$	$\beta=1.0$		
ξ	η	0.10	0.20	0.30	0.40	0.50
0.50	θ_x					1.0000
	θ_y					1.0000

		$k=1.1$	$\alpha=0.1$	$\beta=0.1$		
ξ	η	0.10	0.20	0.30	0.40	0.50
0.10	θ_x	0.0010	0.0017	0.0019	0.0016	0.0015
	θ_y	0.0014	0.0030	0.0047	0.0063	0.0069
0.20	θ_x	0.0024	0.0042	0.0048	0.0044	0.0039
	θ_y	0.0025	0.0055	0.0091	0.0126	0.0142
0.30	θ_x	0.0044	0.0081	0.0100	0.0096	0.0088
	θ_y	0.0031	0.0071	0.0126	0.0190	0.0223
0.40	θ_x	0.0069	0.0134	0.0185	0.0201	0.0183
	θ_y	0.0031	0.0073	0.0140	0.0246	0.0324
0.50	θ_x	0.0087	0.0178	0.0279	0.0394	0.0468
	θ_y	0.0029	0.0068	0.0130	0.0258	0.0471
0.55	θ_x	0.0090	0.0185	0.0296	0.0449	0.0607
	θ_y	0.0028	0.0067	0.0127	0.0250	0.0519

		$k=1.1$	$\alpha=0.1$	$\beta=0.2$		
ξ	η	0.10	0.20	0.30	0.40	0.50
0.10	θ_x	0.0019	0.0032	0.0036	0.0035	0.0031
	θ_y	0.0028	0.0060	0.0094	0.0124	0.0135
0.20	θ_x	0.0047	0.0080	0.0092	0.0082	0.0081
	θ_y	0.0052	0.0112	0.0183	0.0248	0.0275
0.30	θ_x	0.0087	0.0158	0.0194	0.0198	0.0195
	θ_y	0.0064	0.0146	0.0254	0.0372	0.0428
0.40	θ_x	0.0137	0.0264	0.0361	0.0391	0.0383
	θ_y	0.0065	0.0153	0.0291	0.0489	0.0601
0.50	θ_x	0.0175	0.0358	0.0562	0.0778	0.0887
	θ_y	0.0060	0.0139	0.0275	0.0570	0.0776
0.55	θ_x	0.0181	0.0373	0.0602	0.0915	0.1094
	θ_y	0.0059	0.0135	0.0267	0.0583	0.0812

		$k=1.1$	$\alpha=0.1$	$\beta=0.3$		
ξ	η	0.10	0.20	0.30	0.40	0.50
0.10	θ_x	0.0027	0.0045	0.0052	0.0050	0.0048
	θ_y	0.0044	0.0091	0.0140	0.0180	0.0195
0.20	θ_x	0.0066	0.0113	0.0133	0.0130	0.0126
	θ_y	0.0080	0.0172	0.0273	0.0360	0.0395
0.30	θ_x	0.0125	0.0225	0.0277	0.0283	0.0279
	θ_y	0.0102	0.0228	0.0386	0.0538	0.0602
0.40	θ_x	0.0203	0.0388	0.0520	0.0571	0.0587
	θ_y	0.0104	0.0245	0.0459	0.0710	0.0816
0.50	θ_x	0.0265	0.0544	0.0850	0.1136	0.1251
	θ_y	0.0096	0.0228	0.0455	0.0862	0.0990
0.55	θ_x	0.0275	0.0571	0.0930	0.1350	0.1501
	θ_y	0.0094	0.0224	0.0444	0.0894	0.1016

		$k=1.1$	$\alpha=0.1$	$\beta=0.4$		
ξ	η	0.10	0.20	0.30	0.40	0.50
0.10	θ_x		0.0055	0.0068	0.0071	0.0070
	θ_y		0.0123	0.0184	0.0230	0.0247
0.20	θ_x		0.0139	0.0163	0.0165	0.0165
	θ_y		0.0235	0.0360	0.0458	0.0496
0.30	θ_x		0.0281	0.0356	0.0389	0.0396
	θ_y		0.0318	0.0518	0.0682	0.0744
0.40	θ_x		0.0498	0.0655	0.0744	0.0782
	θ_y		0.0356	0.0641	0.0891	0.0977
0.50	θ_x		0.0737	0.1137	0.1449	0.1557
	θ_y		0.0334	0.0710	0.1052	0.1140
0.55	θ_x		0.0782	0.1289	0.1702	0.1829
	θ_y		0.0325	0.0719	0.1080	0.1166

		$k=1.1$	$\alpha=0.1$	$\beta=0.5$		
ξ	η	0.10	0.20	0.30	0.40	0.50
0.10	θ_x		0.0063	0.0080	0.0087	0.0089
	θ_y		0.0154	0.0224	0.0272	0.0290
0.20	θ_x		0.0155	0.0189	0.0206	0.0212
	θ_y		0.0299	0.0439	0.0541	0.0577
0.30	θ_x		0.0324	0.0421	0.0475	0.0494
	θ_y		0.0417	0.0641	0.0799	0.0854
0.40	θ_x		0.0588	0.0774	0.0906	0.0957
	θ_y		0.0490	0.0815	0.1029	0.1096
0.50	θ_x		0.0938	0.1401	0.1708	0.1809
	θ_y		0.0485	0.0957	0.1187	0.1250
0.55	θ_x		0.1019	0.1625	0.1984	0.2093
	θ_y		0.0471	0.0989	0.1210	0.1272

		$k=1.1$	$\alpha=0.1$	$\beta=0.6$		
ξ	η	0.10	0.20	0.30	0.40	0.50
0.10	θ_x			0.0090	0.0103	0.0107
	θ_y			0.0258	0.0307	0.0324
0.20	θ_x			0.0211	0.0245	0.0257
	θ_y			0.0509	0.0608	0.0641
0.30	θ_x			0.0475	0.0554	0.0582
	θ_y			0.0747	0.0890	0.0936
0.40	θ_x			0.0881	0.1046	0.1106
	θ_y			0.0956	0.1130	0.1182
0.50	θ_x			0.1624	0.1915	0.2010
	θ_y			0.1112	0.1281	0.1329
0.55	θ_x			0.1884	0.2204	0.2305
	θ_y			0.1138	0.1302	0.1350

附录四 双向板楼面等效均布荷载计算表

$k=1.1 \quad \alpha=0.1 \quad \beta=0.7$

ξ	η	0.10	0.20	0.30	0.40	0.50
0.10	θ_x			0.0097	0.0116	0.0123
	θ_y			0.0286	0.0334	0.0350
0.20	θ_x			0.0230	0.0278	0.0296
	θ_y			0.0566	0.0658	0.0688
0.30	θ_x			0.0520	0.0620	0.0656
	θ_y			0.0830	0.0956	0.0996
0.40	θ_x			0.0947	0.1132	0.1198
	θ_y			0.1060	0.1200	0.1242
0.50	θ_x			0.1795	0.2074	0.2165
	θ_y			0.1216	0.1346	0.1384
0.55	θ_x			0.2074	0.2370	0.2465
	θ_y			0.1239	0.1365	0.1403

$k=1.1 \quad \alpha=0.1 \quad \beta=0.8$

ξ	η	0.10	0.20	0.30	0.40	0.50
0.10	θ_x				0.0126	0.0135
	θ_y				0.0353	0.0367
0.20	θ_x				0.0304	0.0325
	θ_y				0.0693	0.0719
0.30	θ_x				0.0669	0.0711
	θ_y				0.1001	0.1035
0.40	θ_x				0.1243	0.1310
	θ_y				0.1247	0.1282
0.50	θ_x				0.2185	0.2274
	θ_y				0.1389	0.1421
0.55	θ_x				0.2486	0.2578
	θ_y				0.1408	0.1439

$k=1.1 \quad \alpha=0.1 \quad \beta=0.9$

ξ	η	0.10	0.20	0.30	0.40	0.50
0.10	θ_x				0.0133	0.0143
	θ_y				0.0364	0.0378
0.20	θ_x				0.0320	0.0344
	θ_y				0.0713	0.0738
0.30	θ_x				0.0700	0.0745
	θ_y				0.1027	0.1058
0.40	θ_x				0.1266	0.1335
	θ_y				0.1274	0.1305
0.50	θ_x				0.2252	0.2339
	θ_y				0.1413	0.1442
0.55	θ_x				0.2555	0.2643
	θ_y				0.1432	0.1459

$k=1.1 \quad \alpha=0.1 \quad \beta=1.0$

ξ	η	0.10	0.20	0.30	0.40	0.50
0.10	θ_x					0.0146
	θ_y					0.0381
0.20	θ_x					0.0350
	θ_y					0.0744
0.30	θ_x					0.0756
	θ_y					0.1065
0.40	θ_x					0.1380
	θ_y					0.1312
0.50	θ_x					0.2361
	θ_y					0.1448
0.55	θ_x					0.2664
	θ_y					0.1466

$k=1.1 \quad \alpha=0.2 \quad \beta=0.1$

ξ	η	0.10	0.20	0.30	0.40	0.50
0.10	θ_x	0.0021	0.0036	0.0040	0.0035	0.0032
	θ_y	0.0027	0.0058	0.0094	0.0126	0.0139
0.20	θ_x	0.0048	0.0087	0.0101	0.0094	0.0086
	θ_y	0.0048	0.0108	0.0181	0.0253	0.0286
0.30	θ_x	0.0090	0.0166	0.0208	0.0204	0.0186
	θ_y	0.0061	0.0138	0.0247	0.0378	0.0450
0.40	θ_x	0.0136	0.0266	0.0374	0.0427	0.0402
	θ_y	0.0062	0.0144	0.0273	0.0481	0.0662
0.50	θ_x	0.0169	0.0344	0.0532	0.0735	0.0876
	θ_y	0.0058	0.0138	0.0264	0.0511	0.0904
0.55	θ_x	0.0174	0.0356	0.0558	0.0787	0.0936
	θ_y	0.0057	0.0136	0.0261	0.0516	0.0942

$k=1.1 \quad \alpha=0.2 \quad \beta=0.2$

ξ	η	0.10	0.20	0.30	0.40	0.50
0.10	θ_x	0.0041	0.0069	0.0077	0.0071	0.0066
	θ_y	0.0055	0.0118	0.0187	0.0247	0.0272
0.20	θ_x	0.0096	0.0168	0.0196	0.0187	0.0176
	θ_y	0.0100	0.0219	0.0361	0.0496	0.0554
0.30	θ_x	0.0177	0.0323	0.0404	0.0401	0.0378
	θ_y	0.0126	0.0285	0.0501	0.0742	0.0859
0.40	θ_x	0.0271	0.0527	0.0735	0.0825	0.0827
	θ_y	0.0129	0.0299	0.0567	0.0969	0.1205
0.50	θ_x	0.0340	0.0692	0.1069	0.1468	0.1670
	θ_y	0.0121	0.0281	0.0556	0.1119	0.1504
0.55	θ_x	0.0350	0.0717	0.1123	0.1557	0.1774
	θ_y	0.0119	0.0277	0.0551	0.1140	0.1551

附录四 双向板楼面等效均布荷载计算表

$k = 1.1 \quad \alpha = 0.2 \quad \beta = 0.3$

ξ	η	0.10	0.20	0.30	0.40	0.50
0.10	θ_x	0.0057	0.0096	0.0111	0.0107	0.0102
	θ_y	0.0086	0.0180	0.0279	0.0360	0.0392
0.20	θ_x	0.0137	0.0238	0.0282	0.0280	0.0273
	θ_y	0.0157	0.0337	0.0541	0.0719	0.0791
0.30	θ_x	0.0256	0.0464	0.0577	0.0594	0.0589
	θ_y	0.0199	0.0446	0.0763	0.1075	0.1206
0.40	θ_x	0.0402	0.0776	0.1067	0.1200	0.1252
	θ_y	0.0206	0.0480	0.0899	0.1416	0.1624
0.50	θ_x	0.0514	0.1046	0.1611	0.2150	0.2354
	θ_y	0.0194	0.0462	0.0918	0.1686	0.1934
0.55	θ_x	0.0530	0.1088	0.1701	0.2273	0.2502
	θ_y	0.0191	0.0456	0.0911	0.1724	0.1980

$k = 1.1 \quad \alpha = 0.2 \quad \beta = 0.4$

ξ	η	0.10	0.20	0.30	0.40	0.50
0.10	θ_x		0.0118	0.0139	0.0143	0.0142
	θ_y		0.0243	0.0365	0.0459	0.0495
0.20	θ_x		0.0293	0.0355	0.0372	0.0374
	θ_y		0.0462	0.0715	0.0915	0.0991
0.30	θ_x		0.0581	0.0724	0.0782	0.0802
	θ_y		0.0626	0.1027	0.1360	0.1484
0.40	θ_x		0.1006	0.1351	0.1563	0.1650
	θ_y		0.0695	0.1269	0.1772	0.1938
0.50	θ_x		0.1409	0.2159	0.2739	0.2935
	θ_y		0.0676	0.1403	0.2062	0.2237
0.55	θ_x		0.1473	0.2274	0.2898	0.3114
	θ_y		0.0669	0.1421	0.2105	0.2280

$k = 1.1 \quad \alpha = 0.2 \quad \beta = 0.5$

ξ	η	0.10	0.20	0.30	0.40	0.50
0.10	θ_x		0.0132	0.0163	0.0178	0.0182
	θ_y		0.0306	0.0445	0.0544	0.0580
0.20	θ_x		0.0331	0.0417	0.0461	0.0475
	θ_y		0.0590	0.0876	0.1080	0.1153
0.30	θ_x		0.0667	0.0849	0.0962	0.1005
	θ_y		0.0824	0.1274	0.1591	0.1700
0.40	θ_x		0.1204	0.1602	0.1893	0.2001
	θ_y		0.0960	0.1622	0.2041	0.2171
0.50	θ_x		0.1781	0.2664	0.3231	0.3419
	θ_y		0.0972	0.1879	0.2333	0.2460
0.55	θ_x		0.1876	0.2803	0.3416	0.3617
	θ_y		0.0395	0.0970	0.2374	0.2500

$k = 1.1 \quad \alpha = 0.2 \quad \beta = 0.6$

ξ	η	0.10	0.20	0.30	0.40	0.50
0.10	θ_x			0.0183	0.0210	0.0220
	θ_y			0.0515	0.0613	0.0647
0.20	θ_x			0.0469	0.0542	0.0569
	θ_y			0.1016	0.1211	0.1277
0.30	θ_x			0.0959	0.1125	0.1186
	θ_y			0.1486	0.1769	0.1861
0.40	θ_x			0.1834	0.2176	0.2298
	θ_y			0.1901	0.2237	0.2339
0.50	θ_x			0.3061	0.3609	0.3808
	θ_y			0.2191	0.2524	0.2621
0.55	θ_x			0.3248	0.3831	0.4021
	θ_y			0.2225	0.2561	0.2658

$k = 1.1 \quad \alpha = 0.2 \quad \beta = 0.7$

ξ	η	0.10	0.20	0.30	0.40	0.50
0.10	θ_x			0.0199	0.0238	0.0253
	θ_y			0.0571	0.0665	0.0697
0.20	θ_x			0.0511	0.0612	0.0649
	θ_y			0.1129	0.1309	0.1368
0.30	θ_x			0.1052	0.1261	0.1336
	θ_y			0.1652	0.1899	0.1976
0.40	θ_x			0.2052	0.2426	0.2556
	θ_y			0.2103	0.2377	0.2457
0.50	θ_x			0.3400	0.3932	0.4107
	θ_y			0.2391	0.2654	0.2732
0.55	θ_x			0.3590	0.4148	0.4330
	θ_y			0.2431	0.2691	0.2768

$k = 1.1 \quad \alpha = 0.2 \quad \beta = 0.8$

ξ	η	0.10	0.20	0.30	0.40	0.50
0.10	θ_x				0.0260	0.0279
	θ_y				0.0702	0.0731
0.20	θ_x				0.0665	0.0710
	θ_y				0.1377	0.1430
0.30	θ_x				0.1363	0.1448
	θ_y				0.1986	0.2053
0.40	θ_x				0.2569	0.2703
	θ_y				0.2468	0.2537
0.50	θ_x				0.4148	0.4318
	θ_y				0.2742	0.2806
0.55	θ_x				0.4371	0.4549
	θ_y				0.2778	0.2842

附录四 双向板楼面等效均布荷载计算表

$k=1.1 \quad \alpha=0.2 \quad \beta=0.9$

ξ	η	0.10	0.20	0.30	0.40	0.50
0.10	θ_x				0.0274	0.0295
	θ_y				0.0724	0.0751
0.20	θ_x				0.0699	0.0748
	θ_y				0.1417	0.1466
0.30	θ_x				0.1426	0.1516
	θ_y				0.2037	0.2098
0.40	θ_x				0.2692	0.2828
	θ_y				0.2520	0.2583
0.50	θ_x				0.4255	0.4424
	θ_y				0.2789	0.2851
0.55	θ_x				0.4505	0.4679
	θ_y				0.2778	0.2884

$k=1.1 \quad \alpha=0.2 \quad \beta=1.0$

ξ	η	0.10	0.20	0.30	0.40	0.50
0.10	θ_x					0.0301
	θ_y					0.0757
0.20	θ_x					0.0761
	θ_y					0.1478
0.30	θ_x					0.1540
	θ_y					0.2112
0.40	θ_x					0.2840
	θ_y					0.2597
0.50	θ_x					0.4487
	θ_y					0.2861
0.55	θ_x					0.4772
	θ_y					0.2896

$k=1.1 \quad \alpha=0.3 \quad \beta=0.1$

ξ	η	0.10	0.20	0.30	0.40	0.50
0.10	θ_x	0.0034	0.0058	0.0066	0.0060	0.0054
	θ_y	0.0039	0.0085	0.0139	0.0189	0.0211
0.20	θ_x	0.0079	0.0139	0.0166	0.0156	0.0142
	θ_y	0.0070	0.0156	0.0265	0.0379	0.0434
0.30	θ_x	0.0137	0.0256	0.0333	0.0339	0.0310
	θ_y	0.0087	0.0199	0.0358	0.0562	0.0689
0.40	θ_x	0.0200	0.0393	0.0564	0.0690	0.0739
	θ_y	0.0091	0.0212	0.0396	0.0693	0.1020
0.50	θ_x	0.0243	0.0490	0.0743	0.0989	0.1118
	θ_y	0.0089	0.0210	0.0400	0.0759	0.1268
0.55	θ_x	0.0249	0.0504	0.0768	0.1023	0.1151
	θ_y	0.0088	0.0208	0.0401	0.0772	0.1297

$k=1.1 \quad \alpha=0.3 \quad \beta=0.2$

ξ	η	0.10	0.20	0.30	0.40	0.50
0.10	θ_x	0.0066	0.0113	0.0128	0.0118	0.0107
	θ_y	0.0080	0.0172	0.0277	0.0371	0.0410
0.20	θ_x	0.0153	0.0270	0.0322	0.0316	0.0302
	θ_y	0.0144	0.0318	0.0531	0.0743	0.0839
0.30	θ_x	0.0270	0.0502	0.0648	0.0658	0.0623
	θ_y	0.0181	0.0410	0.0729	0.1108	0.1303
0.40	θ_x	0.0399	0.0780	0.1117	0.1359	0.1451
	θ_y	0.0189	0.0437	0.0822	0.1432	0.1804
0.50	θ_x	0.0487	0.0981	0.1485	0.1954	0.2157
	θ_y	0.0185	0.0430	0.0844	0.1632	0.2152
0.55	θ_x	0.0499	0.1010	0.1536	0.2012	0.2238
	θ_y	0.0183	0.0428	0.0847	0.1658	0.2198

$k=1.1 \quad \alpha=0.3 \quad \beta=0.3$

ξ	η	0.10	0.20	0.30	0.40	0.50
0.10	θ_x	0.0093	0.0159	0.0184	0.0176	0.0169
	θ_y	0.0124	0.0263	0.0413	0.0539	0.0590
0.20	θ_x	0.0218	0.0384	0.0463	0.0472	0.0463
	θ_y	0.0226	0.0491	0.0799	0.1078	0.1192
0.30	θ_x	0.0394	0.0726	0.0928	0.0977	0.0983
	θ_y	0.0287	0.0644	0.1119	0.1608	0.1812
0.40	θ_x	0.0593	0.1157	0.1646	0.1990	0.2118
	θ_y	0.0302	0.0701	0.1304	0.2109	0.2409
0.50	θ_x	0.0733	0.1476	0.2222	0.2856	0.3088
	θ_y	0.0296	0.0701	0.1376	0.2431	0.2796
0.55	θ_x	0.0752	0.1521	0.2294	0.2935	0.3205
	θ_y	0.0294	0.0699	0.1387	0.2471	0.2849

$k=1.1 \quad \alpha=0.3 \quad \beta=0.4$

ξ	η	0.10	0.20	0.30	0.40	0.50
0.10	θ_x		0.0194	0.0230	0.0236	0.0235
	θ_y		0.0357	0.0543	0.0688	0.0743
0.20	θ_x		0.0475	0.0586	0.0624	0.0631
	θ_y		0.0676	0.1061	0.1370	0.1486
0.30	θ_x		0.0918	0.1159	0.1271	0.1316
	θ_y		0.0909	0.1519	0.2031	0.2216
0.40	θ_x		0.1515	0.2139	0.2566	0.2718
	θ_y		0.1009	0.1869	0.2627	0.2864
0.50	θ_x		0.1972	0.2935	0.3655	0.3908
	θ_y		0.1024	0.2061	0.3000	0.3263
0.55	θ_x		0.2035	0.3022	0.3759	0.4025
	θ_y		0.1026	0.2086	0.3049	0.3317

附录四 双向板楼面等效均布荷载计算表

ξ	η	0.10	0.20	0.30	0.40	0.50
		$k=1.1$	$\alpha=0.3$	$\beta=0.5$		
0.10	θ_x		0.0218	0.0269	0.0294	0.0302
	θ_y		0.0452	0.0663	0.0814	0.0868
0.20	θ_x		0.0541	0.0690	0.0769	0.0796
	θ_y		0.0869	0.1304	0.1612	0.1722
0.30	θ_x		0.1063	0.1360	0.1560	0.1636
	θ_y		0.1207	0.1894	0.2369	0.2527
0.40	θ_x		0.1846	0.2585	0.3072	0.3243
	θ_y		0.1393	0.2413	0.3013	0.3198
0.50	θ_x		0.2464	0.3576	0.4334	0.4574
	θ_y		0.1460	0.2730	0.3400	0.3596
0.55	θ_x		0.2544	0.3701	0.4461	0.4741
	θ_y		0.1471	0.2770	0.3452	0.3649

ξ	η	0.10	0.20	0.30	0.40	0.50
		$k=1.1$	$\alpha=0.3$	$\beta=0.6$		
0.10	θ_x			0.0301	0.0348	0.0364
	θ_y			0.0768	0.0915	0.0965
0.20	θ_x			0.0777	0.0901	0.0947
	θ_y			0.1514	0.1804	0.1902
0.30	θ_x			0.1541	0.1817	0.1918
	θ_y			0.2212	0.2627	0.2760
0.40	θ_x			0.2967	0.3498	0.3685
	θ_y			0.2814	0.3301	0.3446
0.50	θ_x			0.4143	0.4890	0.5126
	θ_y			0.3190	0.3693	0.3840
0.55	θ_x			0.4273	0.5035	0.5310
	θ_y			0.3229	0.3745	0.3892

ξ	η	0.10	0.20	0.30	0.40	0.50
		$k=1.1$	$\alpha=0.3$	$\beta=0.7$		
0.10	θ_x			0.0328	0.0394	0.0418
	θ_y			0.0853	0.0992	0.1037
0.20	θ_x			0.0848	0.1014	0.1074
	θ_y			0.1683	0.1948	0.2033
0.30	θ_x			0.1697	0.2030	0.2149
	θ_y			0.2457	0.2814	0.2926
0.40	θ_x			0.3273	0.3836	0.4029
	θ_y			0.3105	0.3502	0.3622
0.50	θ_x			0.4564	0.5320	0.5556
	θ_y			0.3491	0.3891	0.4013
0.55	θ_x			0.4726	0.5478	0.5748
	θ_y			0.3543	0.3943	0.4061

ξ	η	0.10	0.20	0.30	0.40	0.50
		$k=1.1$	$\alpha=0.3$	$\beta=0.8$		
0.10	θ_x				0.0430	0.0460
	θ_y				0.1045	0.1087
0.20	θ_x				0.1099	0.1171
	θ_y				0.2046	0.2122
0.30	θ_x				0.2189	0.2319
	θ_y				0.2940	0.3037
0.40	θ_x				0.4081	0.4279
	θ_y				0.3637	0.3738
0.50	θ_x				0.5626	0.5871
	θ_y				0.4024	0.4123
0.55	θ_x				0.5793	0.6045
	θ_y				0.4075	0.4173

ξ	η	0.10	0.20	0.30	0.40	0.50
		$k=1.1$	$\alpha=0.3$	$\beta=0.9$		
0.10	θ_x				0.0453	0.0487
	θ_y				0.1076	0.1115
0.20	θ_x				0.1153	0.1232
	θ_y				0.2103	0.2173
0.30	θ_x				0.2286	0.2423
	θ_y				0.3013	0.3101
0.40	θ_x				0.4237	0.4437
	θ_y				0.3712	0.3806
0.50	θ_x				0.5807	0.6050
	θ_y				0.4097	0.4191
0.55	θ_x				0.5982	0.6244
	θ_y				0.4151	0.4240

ξ	η	0.10	0.20	0.30	0.40	0.50
		$k=1.1$	$\alpha=0.3$	$\beta=1.0$		
0.10	θ_x					0.0496
	θ_y					0.1125
0.20	θ_x					0.1252
	θ_y					0.2190
0.30	θ_x					0.2459
	θ_y					0.3121
0.40	θ_x					0.4484
	θ_y					0.3827
0.50	θ_x					0.6102
	θ_y					0.4207
0.55	θ_x					0.6306
	θ_y					0.4257

附录四 双向板楼面等效均布荷载计算表

$k = 1.1 \quad \alpha = 0.4 \quad \beta = 0.1$

ξ	η	0.10	0.20	0.30	0.40	0.50
0.20	θ_x	0.0111	0.0201	0.0248	0.0240	0.0218
	θ_y	0.0088	0.0197	0.0341	0.0504	0.0590
0.30	θ_x	0.0186	0.0352	0.0476	0.0520	0.0486
	θ_y	0.0111	0.0252	0.0454	0.0734	0.0947
0.40	θ_x	0.0259	0.0510	0.0740	0.0940	0.1064
	θ_y	0.0119	0.0276	0.0510	0.0890	0.1358
0.50	θ_x	0.0305	0.0610	0.0907	0.1162	0.1277
	θ_y	0.0120	0.0282	0.0537	0.0992	0.1568
0.55	θ_x	0.0312	0.0623	0.0928	0.1189	0.1303
	θ_y	0.0120	0.0283	0.0540	0.1005	0.1593

$k = 1.1 \quad \alpha = 0.4 \quad \beta = 0.2$

ξ	η	0.10	0.20	0.30	0.40	0.50
0.20	θ_x	0.0217	0.0391	0.0481	0.0472	0.0444
	θ_y	0.0181	0.0403	0.0688	0.0990	0.1131
0.30	θ_x	0.0367	0.0695	0.0931	0.1024	0.1024
	θ_y	0.0229	0.0519	0.0929	0.1464	0.1763
0.40	θ_x	0.0517	0.1014	0.1473	0.1870	0.2050
	θ_y	0.0247	0.0566	0.1058	0.1860	0.2363
0.50	θ_x	0.0611	0.1218	0.1804	0.2293	0.2498
	θ_y	0.0250	0.0581	0.1125	0.2087	0.2709
0.55	θ_x	0.0624	0.1245	0.1846	0.2338	0.2540
	θ_y	0.0250	0.0582	0.1134	0.2117	0.2752

$k = 1.1 \quad \alpha = 0.4 \quad \beta = 0.3$

ξ	η	0.10	0.20	0.30	0.40	0.50
0.20	θ_x	0.0312	0.0560	0.0687	0.0700	0.0691
	θ_y	0.0285	0.0625	0.1042	0.1434	0.1598
0.30	θ_x	0.0539	0.1014	0.1348	0.1479	0.1523
	θ_y	0.0362	0.0817	0.1440	0.2135	0.2415
0.40	θ_x	0.0769	0.1510	0.2190	0.2745	0.2945
	θ_y	0.0393	0.0907	0.1681	0.2762	0.3142
0.50	θ_x	0.0915	0.1822	0.2679	0.3352	0.3608
	θ_y	0.0400	0.0941	0.1817	0.3102	0.3558
0.55	θ_x	0.0935	0.1863	0.2740	0.3415	0.3675
	θ_y	0.0400	0.0945	0.1827	0.3144	0.3612

$k = 1.1 \quad \alpha = 0.4 \quad \beta = 0.4$

ξ	η	0.10	0.20	0.30	0.40	0.50
0.20	θ_x		0.0698	0.0863	0.0925	0.0944
	θ_y		0.0869	0.1392	0.1819	0.1979
0.30	θ_x		0.1299	0.1718	0.1957	0.2047
	θ_y		0.1157	0.1984	0.2690	0.2928
0.40	θ_x		0.1989	0.2884	0.3521	0.3739
	θ_y		0.1301	0.2431	0.3423	0.3720
0.50	θ_x		0.2415	0.3506	0.4295	0.4586
	θ_y		0.1371	0.2671	0.3835	0.4175
0.55	θ_x		0.2470	0.3588	0.4394	0.4676
	θ_y		0.1380	0.2704	0.3888	0.4234

$k = 1.1 \quad \alpha = 0.4 \quad \beta = 0.5$

ξ	η	0.10	0.20	0.30	0.40	0.50
0.20	θ_x		0.0799	0.1013	0.1140	0.1187
	θ_y		0.1130	0.1719	0.2135	0.2279
0.30	θ_x		0.1534	0.2040	0.2377	0.2499
	θ_y		0.1550	0.2498	0.3120	0.3325
0.40	θ_x		0.2450	0.3512	0.4193	0.4424
	θ_y		0.1796	0.3152	0.3924	0.4160
0.50	θ_x		0.2984	0.4262	0.5116	0.5413
	θ_y		0.1933	0.3495	0.4373	0.4630
0.55	θ_x		0.3052	0.4358	0.5235	0.5540
	θ_y		0.1951	0.3544	0.4432	0.4691

$k = 1.1 \quad \alpha = 0.4 \quad \beta = 0.6$

ξ	η	0.10	0.20	0.30	0.40	0.50
0.20	θ_x			0.1142	0.1335	0.1406
	θ_y			0.2000	0.2382	0.2508
0.30	θ_x			0.2324	0.2741	0.2890
	θ_y			0.2918	0.3448	0.3616
0.40	θ_x			0.4038	0.4752	0.4995
	θ_y			0.3670	0.4292	0.4482
0.50	θ_x			0.4905	0.5800	0.6102
	θ_y			0.4086	0.4762	0.4954
0.55	θ_x			0.5018	0.5931	0.6241
	θ_y			0.4138	0.4822	0.5023

$k = 1.1 \quad \alpha = 0.4 \quad \beta = 0.7$

ξ	η	0.10	0.20	0.30	0.40	0.50
0.20	θ_x			0.1251	0.1499	0.1589
	θ_y			0.2223	0.2564	0.2673
0.30	θ_x			0.2562	0.3038	0.3205
	θ_y			0.3231	0.3687	0.3825
0.40	θ_x			0.4453	0.5193	0.5443
	θ_y			0.4042	0.4552	0.4707
0.50	θ_x			0.5425	0.6327	0.6633
	θ_y			0.4487	0.5030	0.5189
0.55	θ_x			0.5547	0.6475	0.6787
	θ_y			0.4551	0.5091	0.5252

$k = 1.1 \quad \alpha = 0.4 \quad \beta = 0.8$

ξ	η	0.10	0.20	0.30	0.40	0.50
0.20	θ_x				0.1623	0.1726
	θ_y				0.2688	0.2784
0.30	θ_x				0.3257	0.3435
	θ_y				0.3845	0.3969
0.40	θ_x				0.5511	0.5767
	θ_y				0.4730	0.4862
0.50	θ_x				0.6713	0.7013
	θ_y				0.5209	0.5343
0.55	θ_x				0.6864	0.7176
	θ_y				0.5274	0.5409

附录四 双向板楼面等效均布荷载计算表

$k=1.1 \quad \alpha=0.4 \quad \beta=0.9$

ξ	η	0.10	0.20	0.30	0.40	0.50
0.10	θ_x					
	θ_y					
0.20	θ_x				0.1700	0.1811
	θ_y				0.2761	0.2848
0.30	θ_x				0.3391	0.3576
	θ_y				0.3937	0.4048
0.40	θ_x				0.5681	0.5941
	θ_y				0.4826	0.4949
0.50	θ_x				0.6947	0.7252
	θ_y				0.5309	0.5434
0.55	θ_x				0.7073	0.7385
	θ_y				0.5371	0.5496

$k=1.1 \quad \alpha=0.4 \quad \beta=1.0$

ξ	η	0.10	0.20	0.30	0.40	0.50
0.10	θ_x					
	θ_y					
0.20	θ_x					0.1840
	θ_y					0.2869
0.30	θ_x					0.3604
	θ_y					0.4074
0.40	θ_x					0.6029
	θ_y					0.4973
0.50	θ_x					0.7326
	θ_y					0.5457
0.55	θ_x					0.7482
	θ_y					0.5520

$k=1.1 \quad \alpha=0.5 \quad \beta=0.1$

ξ	η	0.10	0.20	0.30	0.40	0.50
0.20	θ_x	0.0147	0.0273	0.0351	0.0356	0.0326
	θ_y	0.0101	0.0229	0.0405	0.0625	0.0758
0.30	θ_x	0.0234	0.0451	0.0630	0.0750	0.0792
	θ_y	0.0130	0.0297	0.0535	0.0882	0.1230
0.40	θ_x	0.0311	0.0612	0.0890	0.1127	0.1243
	θ_y	0.0145	0.0335	0.0618	0.1078	0.1635
0.50	θ_x	0.0356	0.0704	0.1028	0.1284	0.1389
	θ_y	0.0151	0.0354	0.0667	0.1195	0.1816
0.55	θ_x	0.0362	0.0716	0.1045	0.1302	0.1404
	θ_y	0.0152	0.0356	0.0673	0.1213	0.1838

$k=1.1 \quad \alpha=0.5 \quad \beta=0.2$

ξ	η	0.10	0.20	0.30	0.40	0.50
0.20	θ_x	0.0290	0.0534	0.0684	0.0693	0.0658
	θ_y	0.0209	0.0470	0.0823	0.1232	0.1438
0.30	θ_x	0.0464	0.0893	0.1245	0.1481	0.1562
	θ_y	0.0269	0.0609	0.1099	0.1801	0.2216
0.40	θ_x	0.0620	0.1219	0.1771	0.2226	0.2421
	θ_y	0.0301	0.0688	0.1281	0.2247	0.2854
0.50	θ_x	0.0710	0.1403	0.2040	0.2530	0.2722
	θ_y	0.0315	0.0728	0.1389	0.2488	0.3182
0.55	θ_x	0.0722	0.1427	0.2073	0.2566	0.2757
	θ_y	0.0316	0.0734	0.1404	0.2520	0.3222

$k=1.1 \quad \alpha=0.5 \quad \beta=0.3$

ξ	η	0.10	0.20	0.30	0.40	0.50
0.20	θ_x	0.0421	0.0771	0.0978	0.1031	0.1036
	θ_y	0.0330	0.0735	0.1260	0.1788	0.2008
0.30	θ_x	0.0686	0.1316	0.1831	0.2173	0.2293
	θ_y	0.0426	0.0963	0.1717	0.2649	0.2997
0.40	θ_x	0.0924	0.1814	0.2632	0.3274	0.3512
	θ_y	0.0478	0.1100	0.2035	0.3329	0.3780
0.50	θ_x	0.1061	0.2088	0.3016	0.3697	0.3952
	θ_y	0.0502	0.1173	0.2222	0.3679	0.4201
0.55	θ_x	0.1078	0.2123	0.3064	0.3761	0.4019
	θ_y	0.0505	0.1183	0.2246	0.3724	0.4254

$k=1.1 \quad \alpha=0.5 \quad \beta=0.4$

ξ	η	0.10	0.20	0.30	0.40	0.50
0.20	θ_x		0.0973	0.1227	0.1342	0.1386
	θ_y		0.1032	0.1702	0.2261	0.2464
0.30	θ_x		0.1710	0.2372	0.2807	0.2961
	θ_y		0.1366	0.2412	0.3314	0.3603
0.40	θ_x		0.2391	0.3446	0.4193	0.4453
	θ_y		0.1578	0.2941	0.4137	0.4494
0.50	θ_x		0.2750	0.3934	0.4767	0.5060
	θ_y		0.1699	0.3220	0.4570	0.4976
0.55	θ_x		0.2795	0.3989	0.4823	0.5133
	θ_y		0.1716	0.3258	0.4625	0.5039

附录四 双向板楼面等效均布荷载计算表

$k=1.1\quad \alpha=0.5\quad \beta=0.5$

ξ	η	0.10	0.20	0.30	0.40	0.50
0.20	θ_x		0.1125	0.1441	0.1648	0.1725
	θ_y		0.1361	0.2117	0.2642	0.2818
0.30	θ_x		0.2066	0.2856	0.3371	0.3554
	θ_y		0.1845	0.3073	0.3827	0.4065
0.40	θ_x		0.2941	0.4198	0.5001	0.5279
	θ_y		0.2176	0.3805	0.4742	0.5027
0.50	θ_x		0.3373	0.4757	0.5694	0.6017
	θ_y		0.2369	0.4179	0.5230	0.5545
0.55	θ_x		0.3425	0.4839	0.5764	0.6093
	θ_y		0.2394	0.4227	0.5293	0.5612

$k=1.1\quad \alpha=0.5\quad \beta=0.6$

ξ	η	0.10	0.20	0.30	0.40	0.50
0.20	θ_x			0.1631	0.1920	0.2025
	θ_y			0.2470	0.2934	0.3084
0.30	θ_x			0.3271	0.3851	0.4052
	θ_y			0.3587	0.4216	0.4410
0.40	θ_x			0.4828	0.5687	0.5978
	θ_y			0.4446	0.5190	0.5412
0.50	θ_x			0.5468	0.6458	0.6797
	θ_y			0.4892	0.5712	0.5953
0.55	θ_x			0.5561	0.6567	0.6911
	θ_y			0.4949	0.5779	0.6022

$k=1.1\quad \alpha=0.5\quad \beta=0.7$

ξ	η	0.10	0.20	0.30	0.40	0.50
0.20	θ_x			0.1795	0.2146	0.2272
	θ_y			0.2743	0.3148	0.3275
0.30	θ_x			0.3606	0.4236	0.4456
	θ_y			0.3955	0.4493	0.4660
0.40	θ_x			0.5326	0.6203	0.6504
	θ_y			0.4881	0.5504	0.5693
0.50	θ_x			0.6040	0.7075	0.7423
	θ_y			0.5375	0.6048	0.6248
0.55	θ_x			0.6142	0.7171	0.7525
	θ_y			0.5437	0.6117	0.6319

$k=1.1\quad \alpha=0.5\quad \beta=0.8$

ξ	η	0.10	0.20	0.30	0.40	0.50
0.20	θ_x				0.2315	0.2454
	θ_y				0.3293	0.3404
0.30	θ_x				0.4516	0.4744
	θ_y				0.4682	0.4825
0.40	θ_x				0.6599	0.6892
	θ_y				0.5718	0.5881
0.50	θ_x				0.7508	0.7868
	θ_y				0.6272	0.6440
0.55	θ_x				0.7634	0.7977
	θ_y				0.6473	0.6621

$k=1.1\quad \alpha=0.5\quad \beta=0.9$

ξ	η	0.10	0.20	0.30	0.40	0.50
0.20	θ_x				0.2419	0.2566
	θ_y				0.3377	0.3478
0.30	θ_x				0.4689	0.4924
	θ_y				0.4789	0.4921
0.40	θ_x				0.6827	0.7138
	θ_y				0.5837	0.5984
0.50	θ_x				0.7773	0.8130
	θ_y				0.6401	0.6551
0.55	θ_x				0.7903	0.8265
	θ_y				0.6473	0.6621

$k=1.1\quad \alpha=0.5\quad \beta=1.0$

ξ	η	0.10	0.20	0.30	0.40	0.50
0.20	θ_x					0.2605
	θ_y					0.3502
0.30	θ_x					0.4984
	θ_y					0.4949
0.40	θ_x					0.7205
	θ_y					0.6021
0.50	θ_x					0.8228
	θ_y					0.6589
0.55	θ_x					0.8340
	θ_y					0.6662

$k=1.1\quad \alpha=0.6\quad \beta=0.1$

ξ	η	0.10	0.20	0.30	0.40	0.50
0.30	θ_x	0.0280	0.0546	0.0780	0.0975	0.1097
	θ_y	0.0146	0.0335	0.0604	0.1015	0.1498
0.40	θ_x	0.0355	0.0697	0.1008	0.1256	0.1363
	θ_y	0.0168	0.0390	0.0718	0.1244	0.1858
0.50	θ_x	0.0396	0.0775	0.1115	0.1367	0.1463
	θ_y	0.0180	0.0420	0.0784	0.1369	0.2020
0.55	θ_x	0.0401	0.0785	0.1128	0.1379	0.1477
	θ_y	0.0182	0.0424	0.0793	0.1385	0.2040

$k=1.1\quad \alpha=0.6\quad \beta=0.2$

ξ	η	0.10	0.20	0.30	0.40	0.50
0.30	θ_x	0.0557	0.1083	0.1550	0.1938	0.2115
	θ_y	0.0303	0.0684	0.1246	0.2111	0.2635
0.40	θ_x	0.0707	0.1386	0.2000	0.2475	0.2669
	θ_y	0.0350	0.0800	0.1487	0.2586	0.3262
0.50	θ_x	0.0787	0.1541	0.2208	0.2696	0.2878
	θ_y	0.0376	0.0865	0.1626	0.2833	0.3571
0.55	θ_x	0.0797	0.1560	0.2233	0.2718	0.2902
	θ_y	0.0379	0.0874	0.1645	0.2864	0.3609

附录四 双向板楼面等效均布荷载计算表

$k = 1.1$　　$\alpha = 0.6$　　$\beta = 0.3$

ξ	η	0.10	0.20	0.30	0.40	0.50
0.30	θ_x	0.0826	0.1606	0.2301	0.2846	0.3047
	θ_y	0.0478	0.1087	0.1953	0.3116	0.3533
0.40	θ_x	0.1052	0.2060	0.2959	0.3622	0.3875
	θ_y	0.0556	0.1278	0.2358	0.3816	0.4350
0.50	θ_x	0.1171	0.2286	0.3258	0.3948	0.4197
	θ_y	0.0599	0.1387	0.2580	0.4173	0.4765
0.55	θ_x	0.1186	0.2314	0.3292	0.3980	0.4236
	θ_y	0.0604	0.1401	0.2609	0.4217	0.4817

$k = 1.1$　　$\alpha = 0.6$　　$\beta = 0.4$

ξ	η	0.10	0.20	0.30	0.40	0.50
0.30	θ_x		0.2107	0.3021	0.3661	0.3876
	θ_y		0.1544	0.2795	0.3885	0.4222
0.40	θ_x		0.2708	0.3861	0.4664	0.4950
	θ_y		0.1833	0.3386	0.4754	0.5172
0.50	θ_x		0.2996	0.4237	0.5089	0.5392
	θ_y		0.1997	0.3698	0.5199	0.5665
0.55	θ_x		0.3031	0.4279	0.5131	0.5436
	θ_y		0.2018	0.3738	0.5255	0.5728

$k = 1.1$　　$\alpha = 0.6$　　$\beta = 0.5$

ξ	η	0.10	0.20	0.30	0.40	0.50
0.30	θ_x		0.2581	0.3678	0.4367	0.4608
	θ_y		0.2102	0.3600	0.4465	0.4742
0.40	θ_x		0.3315	0.4678	0.5574	0.5890
	θ_y		0.2523	0.4376	0.5451	0.5783
0.50	θ_x		0.3653	0.5121	0.6093	0.6430
	θ_y		0.2756	0.4770	0.5962	0.6326
0.55	θ_x		0.3693	0.5170	0.6144	0.6487
	θ_y		0.2787	0.4827	0.6027	0.6395

$k = 1.1$　　$\alpha = 0.6$　　$\beta = 0.6$

ξ	η	0.10	0.20	0.30	0.40	0.50
0.30	θ_x			0.4223	0.4959	0.5216
	θ_y			0.4182	0.4906	0.5126
0.40	θ_x			0.5376	0.6336	0.6669
	θ_y			0.5101	0.5973	0.6238
0.50	θ_x			0.5878	0.6935	0.7299
	θ_y			0.5580	0.6531	0.6815
0.55	θ_x			0.5933	0.6997	0.7369
	θ_y			0.5628	0.6602	0.6893

$k = 1.1$　　$\alpha = 0.6$　　$\beta = 0.7$

ξ	η	0.10	0.20	0.30	0.40	0.50
0.30	θ_x			0.4653	0.5428	0.5693
	θ_y			0.4616	0.5218	0.5405
0.40	θ_x			0.5934	0.6937	0.7279
	θ_y			0.5621	0.6339	0.6559
0.50	θ_x			0.6488	0.7601	0.7981
	θ_y			0.6138	0.6929	0.7167
0.55	θ_x			0.6545	0.7673	0.8057
	θ_y			0.6211	0.7004	0.7244

$k = 1.1$　　$\alpha = 0.6$　　$\beta = 0.8$

ξ	η	0.10	0.20	0.30	0.40	0.50
0.30	θ_x				0.5768	0.6042
	θ_y				0.5430	0.5590
0.40	θ_x				0.7372	0.7722
	θ_y				0.6587	0.6773
0.50	θ_x				0.8086	0.8474
	θ_y				0.7196	0.7396
0.55	θ_x				0.8162	0.8557
	θ_y				0.7273	0.7476

$k = 1.1$　　$\alpha = 0.6$　　$\beta = 0.9$

ξ	η	0.10	0.20	0.30	0.40	0.50
0.30	θ_x				0.5955	0.6236
	θ_y				0.5549	0.5700
0.40	θ_x				0.7645	0.8001
	θ_y				0.6726	0.6900
0.50	θ_x				0.8373	0.8769
	θ_y				0.7346	0.7531
0.55	θ_x				0.8474	0.8875
	θ_y				0.7425	0.7612

$k = 1.1$　　$\alpha = 0.6$　　$\beta = 1.0$

ξ	η	0.10	0.20	0.30	0.40	0.50
0.30	θ_x					0.6330
	θ_y					0.5730
0.40	θ_x					0.8083
	θ_y					0.6939
0.50	θ_x					0.8866
	θ_y					0.7574
0.55	θ_x					0.8968
	θ_y					0.7654

附录四 双向板楼面等效均布荷载计算表

$k = 1.1 \quad \alpha = 0.7 \quad \beta = 0.1$

ξ	η	0.10	0.20	0.30	0.40	0.50
0.30	θ_x	0.0321	0.0629	0.0909	0.1144	0.1258
	θ_y	0.0158	0.0365	0.0665	0.1139	0.1707
0.40	θ_x	0.0390	0.0763	0.1094	0.1344	0.1444
	θ_y	0.0190	0.0438	0.0806	0.1384	0.2031
0.50	θ_x	0.0425	0.0827	0.1175	0.1423	0.1516
	θ_y	0.0207	0.0480	0.0883	0.1512	0.2185
0.55	θ_x	0.0429	0.0835	0.1185	0.1433	0.1522
	θ_y	0.0209	0.0485	0.0894	0.1527	0.2203

$k = 1.1 \quad \alpha = 0.7 \quad \beta = 0.2$

ξ	η	0.10	0.20	0.30	0.40	0.50
0.30	θ_x	0.0639	0.1251	0.1807	0.2263	0.2452
	θ_y	0.0329	0.0748	0.1375	0.2375	0.2989
0.40	θ_x	0.0776	0.1515	0.2168	0.2651	0.2835
	θ_y	0.0394	0.0900	0.1667	0.2861	0.3590
0.50	θ_x	0.0844	0.1641	0.2326	0.2805	0.2985
	θ_y	0.0430	0.0986	0.1827	0.3112	0.3881
0.55	θ_x	0.0852	0.1656	0.2344	0.2824	0.2999
	θ_y	0.0435	0.0997	0.1848	0.3139	0.3917

$k = 1.1 \quad \alpha = 0.7 \quad \beta = 0.3$

ξ	η	0.10	0.20	0.30	0.40	0.50
0.30	θ_x	0.0951	0.1860	0.2683	0.3317	0.3545
	θ_y	0.0521	0.1191	0.2176	0.3509	0.3989
0.40	θ_x	0.1153	0.2247	0.3200	0.3882	0.4132
	θ_y	0.0626	0.1436	0.2635	0.4224	0.4805
0.50	θ_x	0.1252	0.2427	0.3426	0.4114	0.4362
	θ_y	0.0684	0.1573	0.2881	0.4577	0.5198
0.55	θ_x	0.1264	0.2449	0.3451	0.4139	0.4386
	θ_y	0.0692	0.1591	0.2913	0.4627	0.5262

$k = 1.1 \quad \alpha = 0.7 \quad \beta = 0.4$

ξ	η	0.10	0.20	0.30	0.40	0.50
0.30	θ_x		0.2446	0.3514	0.4266	0.4526
	θ_y		0.1700	0.3122	0.4370	0.4750
0.40	θ_x		0.2945	0.4168	0.5004	0.5301
	θ_y		0.2056	0.3764	0.5258	0.5721
0.50	θ_x		0.3170	0.4448	0.5305	0.5610
	θ_y		0.2253	0.4098	0.5713	0.6223
0.55	θ_x		0.3197	0.4480	0.5343	0.5649
	θ_y		0.2278	0.4140	0.5764	0.6278

$k = 1.1 \quad \alpha = 0.7 \quad \beta = 0.5$

ξ	η	0.10	0.20	0.30	0.40	0.50
0.30	θ_x		0.3004	0.4261	0.5090	0.5363
	θ_y		0.2330	0.4035	0.5013	0.5320
0.40	θ_x		0.3592	0.5035	0.5989	0.6320
	θ_y		0.2821	0.4847	0.6044	0.6413
0.50	θ_x		0.3850	0.5366	0.6364	0.6708
	θ_y		0.3085	0.5259	0.6568	0.6973
0.55	θ_x		0.3882	0.5403	0.6406	0.6756
	θ_y		0.3118	0.5319	0.6640	0.7051

$k = 1.1 \quad \alpha = 0.7 \quad \beta = 0.6$

ξ	η	0.10	0.20	0.30	0.40	0.50
0.30	θ_x			0.4898	0.5778	0.6066
	θ_y			0.4693	0.5497	0.5740
0.40	θ_x			0.5780	0.6813	0.7168
	θ_y			0.5652	0.6627	0.6918
0.50	θ_x			0.6153	0.7255	0.7635
	θ_y			0.6148	0.7209	0.7530
0.55	θ_x			0.6195	0.7304	0.7687
	θ_y			0.6199	0.7278	0.7611

$k = 1.1 \quad \alpha = 0.7 \quad \beta = 0.7$

ξ	η	0.10	0.20	0.30	0.40	0.50
0.30	θ_x			0.5404	0.6320	0.6621
	θ_y			0.5176	0.5839	0.6046
0.40	θ_x			0.6375	0.7473	0.7846
	θ_y			0.6227	0.7039	0.7285
0.50	θ_x			0.6789	0.7964	0.8362
	θ_y			0.6771	0.7661	0.7932
0.55	θ_x			0.6835	0.8020	0.8426
	θ_y			0.6849	0.7743	0.8017

$k = 1.1 \quad \alpha = 0.7 \quad \beta = 0.8$

ξ	η	0.10	0.20	0.30	0.40	0.50
0.30	θ_x				0.6712	0.7029
	θ_y				0.6070	0.6245
0.40	θ_x				0.7945	0.8337
	θ_y				0.7317	0.7527
0.50	θ_x				0.8479	0.8896
	θ_y				0.7966	0.8195
0.55	θ_x				0.8539	0.8959
	θ_y				0.8048	0.8280

$k = 1.1 \quad \alpha = 0.7 \quad \beta = 0.9$

ξ	η	0.10	0.20	0.30	0.40	0.50
0.30	θ_x				0.6960	0.7282
	θ_y				0.6201	0.6364
0.40	θ_x				0.8226	0.8616
	θ_y				0.7474	0.7669
0.50	θ_x				0.8794	0.9218
	θ_y				0.8141	0.8346
0.55	θ_x				0.8854	0.9283
	θ_y				0.8225	0.8430

$k = 1.1 \quad \alpha = 0.7 \quad \beta = 1.0$

ξ	η	0.10	0.20	0.30	0.40	0.50
0.30	θ_x					0.7345
	θ_y					0.6398
0.40	θ_x					0.8725
	θ_y					0.7714
0.50	θ_x					0.9325
	θ_y					0.8398
0.55	θ_x					0.9391
	θ_y					0.8485

附录四　双向板楼面等效均布荷载计算表

$k=1.1$　$\alpha=0.8$　$\beta=0.1$

ξ	η	0.10	0.20	0.30	0.40	0.50
0.40	θ_x	0.0417	0.0811	0.1155	0.1402	0.1495
	θ_y	0.0062	0.0144	0.0273	0.0481	0.0662
0.50	θ_x	0.0445	0.0862	0.1216	0.1460	0.1547
	θ_y	0.0062	0.0144	0.0273	0.0481	0.0662
0.55	θ_x	0.0499	0.0868	0.1223	0.1466	0.1556
	θ_y	0.0232	0.0535	0.0975	0.1638	0.2327

$k=1.1$　$\alpha=0.8$　$\beta=0.2$

ξ	η	0.10	0.20	0.30	0.40	0.50
0.40	θ_x	0.0828	0.1610	0.2286	0.2766	0.2943
	θ_y	0.0431	0.0983	0.1814	0.3077	0.3840
0.50	θ_x	0.0884	0.1709	0.2405	0.2881	0.3050
	θ_y	0.0476	0.1085	0.1988	0.3326	0.4122
0.55	θ_x	0.0890	0.1721	0.2418	0.2894	0.3067
	θ_y	0.0482	0.1098	0.2010	0.3357	0.4157

$k=1.1$　$\alpha=0.8$　$\beta=0.3$

ξ	η	0.10	0.20	0.30	0.40	0.50
0.40	θ_x	0.1228	0.2382	0.3369	0.4052	0.4300
	θ_y	0.0684	0.1567	0.2858	0.4535	0.5157
0.50	θ_x	0.1308	0.2524	0.3538	0.4222	0.4465
	θ_y	0.0755	0.1724	0.3121	0.4891	0.5543
0.55	θ_x	0.1317	0.2540	0.3559	0.4246	0.4490
	θ_y	0.0765	0.1744	0.3154	0.4942	0.5606

$k=1.1$　$\alpha=0.8$　$\beta=0.4$

ξ	η	0.10	0.20	0.30	0.40	0.50
0.40	θ_x		0.3113	0.4375	0.5229	0.5531
	θ_y		0.2240	0.4065	0.5655	0.6155
0.50	θ_x		0.3288	0.4588	0.5457	0.5762
	θ_y		0.2459	0.4413	0.6111	0.6651
0.55	θ_x		0.3309	0.4615	0.5483	0.5788
	θ_y		0.2487	0.4459	0.6168	0.6713

$k=1.1$　$\alpha=0.8$　$\beta=0.5$

ξ	η	0.10	0.20	0.30	0.40	0.50
0.40	θ_x		0.3784	0.5280	0.6266	0.6609
	θ_y		0.3062	0.5219	0.6509	0.6910
0.50	θ_x		0.3984	0.5529	0.6544	0.6904
	θ_y		0.3346	0.5645	0.7042	0.7478
0.55	θ_x		0.4007	0.5562	0.6580	0.6934
	θ_y		0.3383	0.5704	0.7112	0.7554

$k=1.1$　$\alpha=0.8$　$\beta=0.6$

ξ	η	0.10	0.20	0.30	0.40	0.50
0.40	θ_x			0.6057	0.7141	0.7514
	θ_y			0.6086	0.7143	0.7469
0.50	θ_x			0.6337	0.7467	0.7858
	θ_y			0.6595	0.7741	0.8092
0.55	θ_x			0.6374	0.7509	0.7902
	θ_y			0.6650	0.7816	0.8178

$k=1.1$　$\alpha=0.8$　$\beta=0.7$

ξ	η	0.10	0.20	0.30	0.40	0.50
0.40	θ_x			0.6683	0.7837	0.8232
	θ_y			0.6716	0.7593	0.7862
0.50	θ_x			0.6989	0.8205	0.8629
	θ_y			0.7267	0.8238	0.8535
0.55	θ_x			0.7029	0.8252	0.8671
	θ_y			0.7344	0.8318	0.8619

$k=1.1$　$\alpha=0.8$　$\beta=0.8$

ξ	η	0.10	0.20	0.30	0.40	0.50
0.40	θ_x				0.8342	0.8751
	θ_y				0.7900	0.8131
0.50	θ_x				0.8742	0.9177
	θ_y				0.8573	0.8826
0.55	θ_x				0.8792	0.9230
	θ_y				0.8660	0.8918

$k=1.1$　$\alpha=0.8$　$\beta=0.9$

ξ	η	0.10	0.20	0.30	0.40	0.50
0.40	θ_x				0.8647	0.9064
	θ_y				0.8069	0.8282
0.50	θ_x				0.9072	0.9517
	θ_y				0.8763	0.8997
0.55	θ_x				0.9113	0.9562
	θ_y				0.8850	0.9088

$k=1.1$　$\alpha=0.8$　$\beta=1.0$

ξ	η	0.10	0.20	0.30	0.40	0.50
0.40	θ_x					0.9170
	θ_y					0.8331
0.50	θ_x					0.9632
	θ_y					0.9045
0.55	θ_x					0.9683
	θ_y					0.9142

附录四 双向板楼面等效均布荷载计算表

$k=1.1 \quad \alpha=0.9 \quad \beta=0.1$

ξ	η	0.10	0.20	0.30	0.40	0.50
0.40	θ_x	0.0435	0.0844	0.1194	0.1440	0.1531
	θ_y	0.0221	0.0509	0.0931	0.1574	0.2254
0.50	θ_x	0.0459	0.0885	0.1242	0.1483	0.1569
	θ_y	0.0246	0.0564	0.1022	0.1701	0.2391
0.55	θ_x	0.0462	0.0890	0.1247	0.1488	0.1574
	θ_y	0.0249	0.0572	0.1034	0.1717	0.2409

$k=1.1 \quad \alpha=0.9 \quad \beta=0.2$

ξ	η	0.10	0.20	0.30	0.40	0.50
0.40	θ_x	0.0863	0.1673	0.2362	0.2840	0.3016
	θ_y	0.0458	0.1046	0.1922	0.3235	0.4017
0.50	θ_x	0.0910	0.1753	0.2454	0.2927	0.3095
	θ_y	0.0510	0.1158	0.2104	0.3483	0.4297
0.55	θ_x	0.0915	0.1763	0.2465	0.2937	0.3105
	θ_y	0.0517	0.1172	0.2128	0.3514	0.4331

$k=1.1 \quad \alpha=0.9 \quad \beta=0.3$

ξ	η	0.10	0.20	0.30	0.40	0.50
0.40	θ_x	0.1278	0.2472	0.3477	0.4164	0.4411
	θ_y	0.0728	0.1664	0.3022	0.4760	0.5407
0.50	θ_x	0.1344	0.2586	0.3610	0.4296	0.4534
	θ_y	0.0808	0.1836	0.3294	0.5116	0.5800
0.55	θ_x	0.1352	0.2599	0.3625	0.4311	0.4552
	θ_y	0.0819	0.1858	0.3329	0.5165	0.5849

$k=1.1 \quad \alpha=0.9 \quad \beta=0.4$

ξ	η	0.10	0.20	0.30	0.40	0.50
0.40	θ_x		0.3225	0.4513	0.5376	0.5680
	θ_y		0.2375	0.4281	0.5943	0.6470
0.50	θ_x		0.3364	0.4682	0.5549	0.5854
	θ_y		0.2610	0.4641	0.6401	0.6966
0.55	θ_x		0.3380	0.4700	0.5570	0.5874
	θ_y		0.2639	0.4686	0.6459	0.7028

$k=1.1 \quad \alpha=0.9 \quad \beta=0.5$

ξ	η	0.10	0.20	0.30	0.40	0.50
0.40	θ_x		0.3912	0.5443	0.6447	0.6797
	θ_y		0.3238	0.5488	0.6840	0.7263
0.50	θ_x		0.4069	0.5640	0.6665	0.7018
	θ_y		0.3536	0.5923	0.7382	0.7840
0.55	θ_x		0.4087	0.5662	0.6688	0.7044
	θ_y		0.3574	0.5983	0.7450	0.7913

$k=1.1 \quad \alpha=0.9 \quad \beta=0.6$

ξ	η	0.10	0.20	0.30	0.40	0.50
0.40	θ_x			0.6239	0.7353	0.7738
	θ_y			0.6399	0.7516	0.7861
0.50	θ_x			0.6462	0.7610	0.8006
	θ_y			0.6916	0.8124	0.8496
0.55	θ_x			0.6486	0.7637	0.8035
	θ_y			0.6972	0.8200	0.8585

$k=1.1 \quad \alpha=0.9 \quad \beta=0.7$

ξ	η	0.10	0.20	0.30	0.40	0.50
0.40	θ_x			0.6882	0.8075	0.8484
	θ_y			0.7063	0.7995	0.8282
0.50	θ_x			0.7124	0.8365	0.8789
	θ_y			0.7624	0.8653	0.8969
0.55	θ_x			0.7149	0.8396	0.8825
	θ_y			0.7701	0.8736	0.9056

$k=1.1 \quad \alpha=0.9 \quad \beta=0.8$

ξ	η	0.10	0.20	0.30	0.40	0.50
0.40	θ_x				0.8601	0.9026
	θ_y				0.8318	0.8562
0.50	θ_x				0.8916	0.9363
	θ_y				0.9011	0.9282
0.55	θ_x				0.8950	0.9399
	θ_y				0.9098	0.9373

$k=1.1 \quad \alpha=0.9 \quad \beta=0.9$

ξ	η	0.10	0.20	0.30	0.40	0.50
0.40	θ_x				0.8926	0.9361
	θ_y				0.8501	0.8727
0.50	θ_x				0.9246	0.9705
	θ_y				0.9214	0.9465
0.55	θ_x				0.9287	0.9748
	θ_y				0.9307	0.9558

$k=1.1 \quad \alpha=0.9 \quad \beta=1.0$

ξ	η	0.10	0.20	0.30	0.40	0.50
0.40	θ_x					0.9464
	θ_y					0.8773
0.50	θ_x					0.9823
	θ_y					0.9517
0.55	θ_x					0.9865
	θ_y					0.9611

附录四 双向板楼面等效均布荷载计算表

$k = 1.1 \quad \alpha = 1.0 \quad \beta = 0.1$

ξ	η	0.10	0.20	0.30	0.40	0.50
0.50	θ_x	0.0466	0.0898	0.1256	0.1495	0.1580
	θ_y	0.0256	0.0587	0.1058	0.1748	0.2444
0.55	θ_x	0.0469	0.0902	0.1260	0.1500	0.1584
	θ_y	0.0260	0.0594	0.1070	0.1764	0.2460

$k = 1.1 \quad \alpha = 1.0 \quad \beta = 0.2$

ξ	η	0.10	0.20	0.30	0.40	0.50
0.50	θ_x	0.0924	0.1778	0.2482	0.2951	0.3119
	θ_y	0.0531	0.1203	0.2175	0.3576	0.4398
0.55	θ_x	0.0929	0.1786	0.2490	0.2961	0.3125
	θ_y	0.0538	0.1218	0.2199	0.3603	0.4432

$k = 1.1 \quad \alpha = 1.0 \quad \beta = 0.3$

ξ	η	0.10	0.20	0.30	0.40	0.50
0.50	θ_x	0.1365	0.2620	0.3650	0.4333	0.4573
	θ_y	0.0841	0.1904	0.3399	0.5251	0.5934
0.55	θ_x	0.1371	0.2631	0.3661	0.4345	0.4585
	θ_y	0.0852	0.1927	0.3435	0.5299	0.5993

$k = 1.1 \quad \alpha = 1.0 \quad \beta = 0.4$

ξ	η	0.10	0.20	0.30	0.40	0.50
0.50	θ_x		0.3406	0.4731	0.5598	0.5902
	θ_y		0.2701	0.4779	0.6574	0.7151
0.55	θ_x		0.3419	0.4744	0.5614	0.5923
	θ_y		0.2732	0.4825	0.6627	0.7205

$k = 1.1 \quad \alpha = 1.0 \quad \beta = 0.5$

ξ	η	0.10	0.20	0.30	0.40	0.50
0.50	θ_x		0.4115	0.5698	0.6727	0.7081
	θ_y		0.3652	0.6090	0.7586	0.8058
0.55	θ_x		0.4131	0.5712	0.6742	0.7107
	θ_y		0.3690	0.6146	0.7654	0.8131

$k = 1.1 \quad \alpha = 1.0 \quad \beta = 0.6$

ξ	η	0.10	0.20	0.30	0.40	0.50
0.50	θ_x			0.6526	0.7684	0.8083
	θ_y			0.7110	0.8354	0.8739
0.55	θ_x			0.6542	0.7702	0.8103
	θ_y			0.7174	0.8431	0.8820

$k = 1.1 \quad \alpha = 1.0 \quad \beta = 0.7$

ξ	η	0.10	0.20	0.30	0.40	0.50
0.50	θ_x			0.7194	0.8449	0.8877
	θ_y			0.7838	0.8903	0.9231
0.55	θ_x			0.7211	0.8471	0.8912
	θ_y			0.7910	0.8987	0.9319

$k = 1.1 \quad \alpha = 1.0 \quad \beta = 0.8$

ξ	η	0.10	0.20	0.30	0.40	0.50
0.50	θ_x				0.9008	0.9461
	θ_y				0.9275	0.9557
0.55	θ_x				0.9032	0.9488
	θ_y				0.9363	0.9649

$k = 1.1 \quad \alpha = 1.0 \quad \beta = 0.9$

ξ	η	0.10	0.20	0.30	0.40	0.50
0.50	θ_x				0.9346	0.9812
	θ_y				0.9490	0.9745
0.55	θ_x				0.9379	0.9848
	θ_y				0.9577	0.9843

$k = 1.1 \quad \alpha = 1.0 \quad \beta = 1.0$

ξ	η	0.10	0.20	0.30	0.40	0.50
0.50	θ_x					0.9928
	θ_y					0.9803
0.55	θ_x					0.9968
	θ_y					0.9898

$k = 1.1 \quad \alpha = 1.1 \quad \beta = 0.1$

ξ	η	0.10	0.20	0.30	0.40	0.50
0.50	θ_x	0.0469	0.0902	0.1260	0.1500	0.1584
	θ_y	0.0260	0.0594	0.1070	0.1764	0.2460
0.55	θ_x	0.0471	0.0906	0.1264	0.1503	0.1587
	θ_y	0.0264	0.0602	0.1082	0.1780	0.2476

$k = 1.1 \quad \alpha = 1.1 \quad \beta = 0.2$

ξ	η	0.10	0.20	0.30	0.40	0.50
0.50	θ_x	0.0929	0.1786	0.2490	0.2961	0.3125
	θ_y	0.0538	0.1218	0.2199	0.3603	0.4432
0.55	θ_x	0.0933	0.1793	0.2499	0.2968	0.3134
	θ_y	0.0546	0.1233	0.2223	0.3634	0.4466

$k = 1.1 \quad \alpha = 1.1 \quad \beta = 0.3$

ξ	η	0.10	0.20	0.30	0.40	0.50
0.50	θ_x	0.1371	0.2631	0.3661	0.4345	0.4585
	θ_y	0.0852	0.1927	0.3435	0.5299	0.5993
0.55	θ_x	0.1377	0.2641	0.3675	0.4354	0.4593
	θ_y	0.0863	0.1950	0.3470	0.5344	0.6042

$k = 1.1 \quad \alpha = 1.1 \quad \beta = 0.4$

ξ	η	0.10	0.20	0.30	0.40	0.50
0.50	θ_x		0.3419	0.4744	0.5614	0.5923
	θ_y		0.2732	0.4825	0.6627	0.7205
0.55	θ_x		0.3432	0.4762	0.5633	0.5937
	θ_y		0.2763	0.4873	0.6685	0.7269

附录四 双向板楼面等效均布荷载计算表

$k=1.1 \quad \alpha=1.1 \quad \beta=0.5$

ξ	η	0.10	0.20	0.30	0.40	0.50
0.50	θ_x		0.4131	0.5712	0.6742	0.7107
	θ_y		0.3690	0.6146	0.7654	0.8131
0.55	θ_x		0.4144	0.5734	0.6762	0.7120
	θ_y		0.3730	0.6208	0.7728	0.8210

$k=1.1 \quad \alpha=1.1 \quad \beta=0.6$

ξ	η	0.10	0.20	0.30	0.40	0.50
0.50	θ_x			0.6542	0.7702	0.8103
	θ_y			0.7174	0.8431	0.8820
0.55	θ_x			0.6562	0.7725	0.8127
	θ_y			0.7229	0.8504	0.8905

$k=1.1 \quad \alpha=1.1 \quad \beta=0.7$

ξ	η	0.10	0.20	0.30	0.40	0.50
0.50	θ_x			0.7211	0.8471	0.8912
	θ_y			0.7910	0.8987	0.9319
0.55	θ_x			0.7233	0.8497	0.8938
	θ_y			0.7991	0.9074	0.9406

$k=1.1 \quad \alpha=1.1 \quad \beta=0.8$

ξ	η	0.10	0.20	0.30	0.40	0.50
0.50	θ_x				0.9032	0.9488
	θ_y				0.9363	0.9649
0.55	θ_x				0.9067	0.9524
	θ_y				0.9454	0.9745

$k=1.1 \quad \alpha=1.1 \quad \beta=0.9$

ξ	η	0.10	0.20	0.30	0.40	0.50
0.50	θ_x				0.9379	0.9848
	θ_y				0.9577	0.9843
0.55	θ_x				0.9409	0.9880
	θ_y				0.9669	0.9933

$k=1.1 \quad \alpha=1.1 \quad \beta=1.0$

ξ	η	0.10	0.20	0.30	0.40	0.50
0.50	θ_x					0.9968
	θ_y					0.9898
0.55	θ_x					1.0000
	θ_y					1.0000

$k=1.2 \quad \alpha=0.1 \quad \beta=0.1$

ξ	η	0.10	0.20	0.30	0.40	0.50
0.10	θ_x	0.0006	0.0010	0.0010	0.0008	0.0006
	θ_y	0.0013	0.0026	0.0040	0.0051	0.0055
0.20	θ_x	0.0016	0.0027	0.0029	0.0024	0.0021
	θ_y	0.0023	0.0049	0.0077	0.0102	0.0112
0.30	θ_x	0.0033	0.0058	0.0067	0.0061	0.0054
	θ_y	0.0031	0.0066	0.0110	0.0154	0.0174
0.40	θ_x	0.0056	0.0106	0.0137	0.0137	0.0130
	θ_y	0.0033	0.0074	0.0131	0.0204	0.0249
0.50	θ_x	0.0080	0.0160	0.0239	0.0291	0.0280
	θ_y	0.0031	0.0070	0.0131	0.0239	0.0352
0.60	θ_x	0.0091	0.0188	0.0301	0.0459	0.0614
	θ_y	0.0029	0.0067	0.0122	0.0229	0.0453

$k=1.2 \quad \alpha=0.1 \quad \beta=0.2$

ξ	η	0.10	0.20	0.30	0.40	0.50
0.10	θ_x	0.0012	0.0019	0.0019	0.0016	0.0014
	θ_y	0.0025	0.0052	0.0078	0.0099	0.0108
0.20	θ_x	0.0031	0.0051	0.0056	0.0049	0.0044
	θ_y	0.0047	0.0099	0.0154	0.0200	0.0219
0.30	θ_x	0.0064	0.0111	0.0130	0.0121	0.0112
	θ_y	0.0062	0.0135	0.0221	0.0302	0.0338
0.40	θ_x	0.0111	0.0207	0.0266	0.0273	0.0264
	θ_y	0.0067	0.0151	0.0267	0.0403	0.0472
0.50	θ_x	0.0160	0.0321	0.0472	0.0558	0.0573
	θ_y	0.0064	0.0145	0.0273	0.0490	0.0627
0.60	θ_x	0.0183	0.0378	0.0612	0.0937	0.1123
	θ_y	0.0060	0.0134	0.0255	0.0529	0.0727

$k=1.2 \quad \alpha=0.1 \quad \beta=0.3$

ξ	η	0.10	0.20	0.30	0.40	0.50
0.10	θ_x	0.0016	0.0026	0.0028	0.0024	0.0022
	θ_y	0.0038	0.0078	0.0116	0.0145	0.0156
0.20	θ_x	0.0043	0.0072	0.0080	0.0074	0.0069
	θ_y	0.0073	0.0150	0.0228	0.0291	0.0316
0.30	θ_x	0.0090	0.0157	0.0185	0.0181	0.0175
	θ_y	0.0097	0.0207	0.0331	0.0438	0.0482
0.40	θ_x	0.0162	0.0299	0.0380	0.0405	0.0405
	θ_y	0.0106	0.0237	0.0409	0.0585	0.0658
0.50	θ_x	0.0241	0.0479	0.0690	0.0807	0.0859
	θ_y	0.0101	0.0232	0.0440	0.0722	0.0831
0.60	θ_x	0.0278	0.0579	0.0947	0.1383	0.1540
	θ_y	0.0095	0.0220	0.0418	0.0810	0.0917

$k=1.2 \quad \alpha=0.1 \quad \beta=0.4$

ξ	η	0.10	0.20	0.30	0.40	0.50
0.10	θ_x		0.0031	0.0035	0.0033	0.0032
	θ_y		0.0104	0.0151	0.0186	0.0199
0.20	θ_x		0.0087	0.0100	0.0100	0.0098
	θ_y		0.0201	0.0299	0.0373	0.0400
0.30	θ_x		0.0193	0.0232	0.0241	0.0242
	θ_y		0.0283	0.0437	0.0558	0.0604
0.40	θ_x		0.0377	0.0480	0.0530	0.0546
	θ_y		0.0334	0.0554	0.0739	0.0806
0.50	θ_x		0.0632	0.0878	0.1045	0.1116
	θ_y		0.0337	0.0636	0.0901	0.0981
0.60	θ_x		0.0794	0.1316	0.1743	0.1874
	θ_y		0.0315	0.0665	0.0982	0.1059

附录四 双向板楼面等效均布荷载计算表 253

$k = 1.2 \quad \alpha = 0.1 \quad \beta = 0.5$

ξ	η	0.10	0.20	0.30	0.40	0.50
0.10	θ_x		0.0034	0.0040	0.0042	0.0042
	θ_y		0.0129	0.0184	0.0222	0.0235
0.20	θ_x		0.0096	0.0117	0.0125	0.0127
	θ_y		0.0252	0.0364	0.0442	0.0470
0.30	θ_x		0.0218	0.0272	0.0299	0.0309
	θ_y		0.0361	0.0535	0.0659	0.0702
0.40	θ_x		0.0436	0.0567	0.0648	0.0679
	θ_y		0.0442	0.0691	0.0863	0.0920
0.50	θ_x		0.0770	0.1045	0.1256	0.1334
	θ_y		0.0471	0.0823	0.1032	0.1092
0.60	θ_x		0.1038	0.1661	0.2030	0.2143
	θ_y		0.0447	0.0906	0.1105	0.1162

$k = 1.2 \quad \alpha = 0.1 \quad \beta = 0.6$

ξ	η	0.10	0.20	0.30	0.40	0.50
0.10	θ_x		0.0034	0.0040	0.0042	0.0042
	θ_y		0.0129	0.0184	0.0222	0.0235
0.20	θ_x		0.0096	0.0117	0.0125	0.0127
	θ_y		0.0252	0.0364	0.0442	0.0470
0.30	θ_x		0.0218	0.0272	0.0299	0.0309
	θ_y		0.0361	0.0535	0.0659	0.0702
0.40	θ_x		0.0436	0.0567	0.0648	0.0679
	θ_y		0.0442	0.0691	0.0863	0.0920
0.50	θ_x		0.0770	0.1045	0.1256	0.1334
	θ_y		0.0471	0.0823	0.1032	0.1092
0.60	θ_x		0.1038	0.1661	0.2030	0.2143
	θ_y		0.0447	0.0906	0.1105	0.1162

$k = 1.2 \quad \alpha = 0.1 \quad \beta = 0.7$

ξ	η	0.10	0.20	0.30	0.40	0.50
0.10	θ_x		0.0034	0.0040	0.0042	0.0042
	θ_y		0.0129	0.0184	0.0222	0.0235
0.20	θ_x		0.0096	0.0117	0.0125	0.0127
	θ_y		0.0252	0.0364	0.0442	0.0470
0.30	θ_x		0.0218	0.0272	0.0299	0.0309
	θ_y		0.0361	0.0535	0.0659	0.0702
0.40	θ_x		0.0436	0.0567	0.0648	0.0679
	θ_y		0.0442	0.0691	0.0863	0.0920
0.50	θ_x		0.0770	0.1045	0.1256	0.1334
	θ_y		0.0471	0.0823	0.1032	0.1092
0.60	θ_x		0.1038	0.1661	0.2030	0.2143
	θ_y		0.0447	0.0906	0.1105	0.1162

$k = 1.2 \quad \alpha = 0.1 \quad \beta = 0.8$

ξ	η	0.10	0.20	0.30	0.40	0.50
0.10	θ_x				0.0064	0.0069
	θ_y				0.0290	0.0303
0.20	θ_x				0.0186	0.0200
	θ_y				0.0574	0.0598
0.30	θ_x				0.0434	0.0464
	θ_y				0.0841	0.0874
0.40	θ_x				0.0906	0.0960
	θ_y				0.1073	0.1109
0.50	θ_x				0.1675	0.1755
	θ_y				0.1238	0.1271
0.60	θ_x				0.2539	0.2631
	θ_y				0.1299	0.1330

$k = 1.2 \quad \alpha = 0.1 \quad \beta = 0.9$

ξ	η	0.10	0.20	0.30	0.40	0.50
0.10	θ_x				0.0064	0.0069
	θ_y				0.0290	0.0303
0.20	θ_x				0.0186	0.0200
	θ_y				0.0574	0.0598
0.30	θ_x				0.0434	0.0464
	θ_y				0.0841	0.0874
0.40	θ_x				0.0906	0.0960
	θ_y				0.1073	0.1109
0.50	θ_x				0.1675	0.1755
	θ_y				0.1238	0.1271
0.60	θ_x				0.2539	0.2631
	θ_y				0.1299	0.1330

$k = 1.2 \quad \alpha = 0.1 \quad \beta = 1.0$

ξ	η	0.10	0.20	0.30	0.40	0.50
0.10	θ_x					0.0076
	θ_y					0.0315
0.20	θ_x					0.0217
	θ_y					0.0621
0.30	θ_x					0.0498
	θ_y					0.0904
0.40	θ_x					0.1017
	θ_y					0.1140
0.50	θ_x					0.1835
	θ_y					0.1301
0.60	θ_x					0.2720
	θ_y					0.1358

附录四 双向板楼面等效均布荷载计算表

$k = 1.2 \quad \alpha = 0.2 \quad \beta = 0.1$

ξ	η	0.10	0.20	0.30	0.40	0.50
0.10	θ_x	0.0013	0.0022	0.0022	0.0018	0.0015
	θ_y	0.0025	0.0051	0.0079	0.0101	0.0110
0.20	θ_x	0.0034	0.0057	0.0062	0.0053	0.0046
	θ_y	0.0046	0.0097	0.0153	0.0204	0.0225
0.30	θ_x	0.0067	0.0120	0.0142	0.0131	0.0116
	θ_y	0.0060	0.0130	0.0217	0.0308	0.0351
0.40	θ_x	0.0113	0.0214	0.0283	0.0290	0.0254
	θ_y	0.0064	0.0144	0.0256	0.0407	0.0502
0.50	θ_x	0.0157	0.0314	0.0469	0.0602	0.0661
	θ_y	0.0062	0.0141	0.0259	0.0463	0.0714
0.60	θ_x	0.0176	0.0360	0.0566	0.0803	0.0957
	θ_y	0.0059	0.0136	0.0250	0.0473	0.0837

$k = 1.2 \quad \alpha = 0.2 \quad \beta = 0.2$

ξ	η	0.10	0.20	0.30	0.40	0.50
0.10	θ_x	0.0025	0.0041	0.0043	0.0036	0.0031
	θ_y	0.0050	0.0103	0.0156	0.0199	0.0216
0.20	θ_x	0.0065	0.0110	0.0121	0.0107	0.0097
	θ_y	0.0093	0.0195	0.0306	0.0400	0.0439
0.30	θ_x	0.0131	0.0232	0.0275	0.0260	0.0241
	θ_y	0.0122	0.0265	0.0436	0.0604	0.0679
0.40	θ_x	0.0223	0.0419	0.0550	0.0564	0.0536
	θ_y	0.0132	0.0297	0.0524	0.0803	0.0950
0.50	θ_x	0.0314	0.0628	0.0933	0.1186	0.1287
	θ_y	0.0128	0.0288	0.0539	0.0968	0.1244
0.60	θ_x	0.0353	0.0725	0.1141	0.1588	0.1820
	θ_y	0.0122	0.0276	0.0526	0.1038	0.1396

$k = 1.2 \quad \alpha = 0.2 \quad \beta = 0.3$

ξ	η	0.10	0.20	0.30	0.40	0.50
0.10	θ_x	0.0035	0.0057	0.0061	0.0055	0.0050
	θ_y	0.0076	0.0155	0.0231	0.0290	0.0313
0.20	θ_x	0.0091	0.0153	0.0173	0.0162	0.0153
	θ_y	0.0143	0.0296	0.0454	0.0583	0.0633
0.30	θ_x	0.0187	0.0329	0.0392	0.0389	0.0378
	θ_y	0.0190	0.0407	0.0655	0.0876	0.0967
0.40	θ_x	0.0327	0.0609	0.0787	0.0827	0.0835
	θ_y	0.0208	0.0465	0.0808	0.1166	0.1317
0.50	θ_x	0.0471	0.0939	0.1383	0.1728	0.1861
	θ_y	0.0201	0.0462	0.0864	0.1437	0.1641
0.60	θ_x	0.0536	0.1102	0.1733	0.2318	0.2556
	θ_y	0.0193	0.0447	0.0861	0.1564	0.1786

$k = 1.2 \quad \alpha = 0.2 \quad \beta = 0.4$

ξ	η	0.10	0.20	0.30	0.40	0.50
0.10	θ_x		0.0068	0.0077	0.0074	0.0072
	θ_y		0.0206	0.0302	0.0372	0.0399
0.20	θ_x		0.0186	0.0217	0.0218	0.0214
	θ_y		0.0399	0.0596	0.0745	0.0801
0.30	θ_x		0.0406	0.0492	0.0516	0.0520
	θ_y		0.0558	0.0869	0.1115	0.1208
0.40	θ_x		0.0773	0.0984	0.1086	0.1128
	θ_y		0.0656	0.1100	0.1473	0.1606
0.50	θ_x		0.1246	0.1814	0.2223	0.2371
	θ_y		0.0665	0.1259	0.1782	0.1936
0.60	θ_x		0.1494	0.2314	0.2954	0.3176
	θ_y		0.0645	0.1316	0.1919	0.2075

$k = 1.2 \quad \alpha = 0.2 \quad \beta = 0.5$

ξ	η	0.10	0.20	0.30	0.40	0.50
0.10	θ_x		0.0075	0.0090	0.0094	0.0095
	θ_y		0.0256	0.0366	0.0443	0.0471
0.20	θ_x		0.0207	0.0253	0.0272	0.0278
	θ_y		0.0500	0.0725	0.0884	0.0940
0.30	θ_x		0.0459	0.0576	0.0640	0.0663
	θ_y		0.0715	0.1066	0.1315	0.1402
0.40	θ_x		0.0899	0.1154	0.1331	0.1400
	θ_y		0.0872	0.1374	0.1717	0.1830
0.50	θ_x		0.1541	0.2203	0.2648	0.2804
	θ_y		0.0924	0.1640	0.2041	0.2158
0.60	θ_x		0.1907	0.2854	0.3481	0.3687
	θ_y		0.0917	0.1759	0.2171	0.2286

$k = 1.2 \quad \alpha = 0.2 \quad \beta = 0.6$

ξ	η	0.10	0.20	0.30	0.40	0.50
0.10	θ_x			0.0100	0.0113	0.0117
	θ_y			0.0422	0.0501	0.0529
0.20	θ_x			0.0283	0.0324	0.0339
	θ_y			0.0838	0.0996	0.1051
0.30	θ_x			0.0648	0.0753	0.0792
	θ_y			0.1238	0.1473	0.1552
0.40	θ_x			0.1309	0.1548	0.1636
	θ_y			0.1606	0.1903	0.1997
0.50	θ_x			0.2537	0.3001	0.3158
	θ_y			0.1909	0.2228	0.2322
0.60	θ_x			0.3308	0.3902	0.4095
	θ_y			0.2040	0.2353	0.2445

附录四 双向板楼面等效均布荷载计算表

$k = 1.2 \quad \alpha = 0.2 \quad \beta = 0.7$

ξ	η	0.10	0.20	0.30	0.40	0.50
0.10	θ_x			0.0107	0.0130	0.0138
	θ_y			0.0468	0.0546	0.0573
0.20	θ_x			0.0306	0.0369	0.0392
	θ_y			0.0929	0.1083	0.1134
0.30	θ_x			0.0708	0.0849	0.0901
	θ_y			0.1374	0.1592	0.1662
0.40	θ_x			0.1440	0.1723	0.1824
	θ_y			0.1782	0.2038	0.2118
0.50	θ_x			0.2806	0.3275	0.3432
	θ_y			0.2101	0.2360	0.2438
0.60	θ_x			0.3657	0.4224	0.4408
	θ_y			0.2231	0.2480	0.2555

$k = 1.2 \quad \alpha = 0.2 \quad \beta = 0.8$

ξ	η	0.10	0.20	0.30	0.40	0.50
0.10	θ_x				0.0143	0.0154
	θ_y				0.0578	0.0604
0.20	θ_x				0.0404	0.0433
	θ_y				0.1144	0.1192
0.30	θ_x				0.0923	0.0984
	θ_y				0.1674	0.1738
0.40	θ_x				0.1859	0.1968
	θ_y				0.2129	0.2199
0.50	θ_x				0.3471	0.3628
	θ_y				0.2450	0.2518
0.60	θ_x				0.4450	0.4628
	θ_y				0.2567	0.2632

$k = 1.2 \quad \alpha = 0.2 \quad \beta = 0.9$

ξ	η	0.10	0.20	0.30	0.40	0.50
0.10	θ_x				0.0151	0.0164
	θ_y				0.0598	0.0622
0.20	θ_x				0.0426	0.0461
	θ_y				0.1180	0.1225
0.30	θ_x				0.0969	0.1036
	θ_y				0.1722	0.1782
0.40	θ_x				0.1937	0.2050
	θ_y				0.2182	0.2246
0.50	θ_x				0.3589	0.3746
	θ_y				0.2499	0.2561
0.60	θ_x				0.4584	0.4759
	θ_y				0.2614	0.2673

$k = 1.2 \quad \alpha = 0.2 \quad \beta = 1.0$

ξ	η	0.10	0.20	0.30	0.40	0.50
0.10	θ_x					0.0168
	θ_y					0.0628
0.20	θ_x					0.0470
	θ_y					0.1237
0.30	θ_x					0.1054
	θ_y					0.1796
0.40	θ_x					0.2082
	θ_y					0.2262
0.50	θ_x					0.3785
	θ_y					0.2578
0.60	θ_x					0.4803
	θ_y					0.2690

$k = 1.2 \quad \alpha = 0.3 \quad \beta = 0.1$

ξ	η	0.10	0.20	0.30	0.40	0.50
0.10	θ_x	0.0022	0.0037	0.0039	0.0032	0.0027
	θ_y	0.0036	0.0075	0.0117	0.0152	0.0167
0.20	θ_x	0.0055	0.0094	0.0106	0.0093	0.0081
	θ_y	0.0066	0.0142	0.0227	0.0306	0.0341
0.30	θ_x	0.0105	0.0190	0.0232	0.0221	0.0197
	θ_y	0.0086	0.0189	0.0318	0.0461	0.0535
0.40	θ_x	0.0169	0.0324	0.0442	0.0489	0.0459
	θ_y	0.0094	0.0210	0.0372	0.0598	0.0775
0.50	θ_x	0.0227	0.0454	0.0676	0.0886	0.1019
	θ_y	0.0093	0.0211	0.0383	0.0673	0.1056
0.60	θ_x	0.0251	0.0508	0.0778	0.1040	0.1171
	θ_y	0.0091	0.0208	0.0383	0.0708	0.1158

$k = 1.2 \quad \alpha = 0.3 \quad \beta = 0.2$

ξ	η	0.10	0.20	0.30	0.40	0.50
0.10	θ_x	0.0043	0.0070	0.0075	0.0065	0.0058
	θ_y	0.0073	0.0151	0.0232	0.0300	0.0326
0.20	θ_x	0.0106	0.0181	0.0205	0.0186	0.0169
	θ_y	0.0135	0.0286	0.0453	0.0602	0.0664
0.30	θ_x	0.0205	0.0369	0.0451	0.0438	0.0410
	θ_y	0.0177	0.0385	0.0641	0.0905	0.1028
0.40	θ_x	0.0335	0.0639	0.0867	0.0950	0.0946
	θ_y	0.0193	0.0431	0.0761	0.1196	0.1437
0.50	θ_x	0.0454	0.0906	0.1350	0.1760	0.1952
	θ_y	0.0191	0.0431	0.0798	0.1421	0.1822
0.60	θ_x	0.0503	0.1020	0.1556	0.2053	0.2278
	θ_y	0.0187	0.0424	0.0804	0.1510	0.1980

附录四 双向板楼面等效均布荷载计算表

$k=1.2 \quad \alpha=0.3 \quad \beta=0.3$

ξ	η	0.10	0.20	0.30	0.40	0.50
0.10	θ_x	0.0059	0.0098	0.0107	0.0098	0.0092
	θ_y	0.0111	0.0228	0.0344	0.0436	0.0472
0.20	θ_x	0.0149	0.0255	0.0292	0.0279	0.0266
	θ_y	0.0208	0.0435	0.0675	0.0875	0.0954
0.30	θ_x	0.0295	0.0528	0.0644	0.0651	0.0639
	θ_y	0.0276	0.0594	0.0968	0.1314	0.1456
0.40	θ_x	0.0493	0.0935	0.1255	0.1390	0.1436
	θ_y	0.0304	0.0676	0.1180	0.1745	0.1971
0.50	θ_x	0.0681	0.1357	0.2016	0.2580	0.2789
	θ_y	0.0302	0.0689	0.1267	0.2118	0.2409
0.60	θ_x	0.0759	0.1537	0.2327	0.2997	0.3260
	θ_y	0.0297	0.0683	0.1298	0.2254	0.2579

$k=1.2 \quad \alpha=0.3 \quad \beta=0.4$

ξ	η	0.10	0.20	0.30	0.40	0.50
0.10	θ_x		0.0118	0.0135	0.0133	0.0129
	θ_y		0.0305	0.0451	0.0559	0.0599
0.20	θ_x		0.0311	0.0366	0.0374	0.0371
	θ_y		0.0588	0.0887	0.1117	0.1203
0.30	θ_x		0.0656	0.0807	0.0861	0.0876
	θ_y		0.0818	0.1290	0.1670	0.1810
0.40	θ_x		0.1202	0.1589	0.1813	0.1901
	θ_y		0.0954	0.1627	0.2198	0.2392
0.50	θ_x		0.1803	0.2666	0.3300	0.3520
	θ_y		0.0985	0.1855	0.2621	0.2842
0.60	θ_x		0.2059	0.3064	0.3834	0.4106
	θ_y		0.0988	0.1936	0.2784	0.3021

$k=1.2 \quad \alpha=0.3 \quad \beta=0.5$

ξ	η	0.10	0.20	0.30	0.40	0.50
0.10	θ_x		0.0130	0.0157	0.0167	0.0169
	θ_y		0.0380	0.0547	0.0664	0.0706
0.20	θ_x		0.0348	0.0429	0.0466	0.0478
	θ_y		0.0741	0.1083	0.1323	0.1408
0.30	θ_x		0.0749	0.0944	0.1059	0.1102
	θ_y		0.1055	0.1589	0.1964	0.2093
0.40	θ_x		0.1424	0.1883	0.2202	0.2321
	θ_y		0.1274	0.2049	0.2553	0.2715
0.50	θ_x		0.2243	0.3258	0.3917	0.4142
	θ_y		0.1362	0.2418	0.3000	0.3176
0.60	θ_x		0.2576	0.3756	0.4532	0.4816
	θ_y		0.1391	0.2552	0.3169	0.3345

$k=1.2 \quad \alpha=0.3 \quad \beta=0.6$

ξ	η	0.10	0.20	0.30	0.40	0.50
0.10	θ_x			0.0175	0.0199	0.0208
	θ_y			0.0631	0.0750	0.0791
0.20	θ_x			0.0480	0.0552	0.0579
	θ_y			0.1252	0.1489	0.1570
0.30	θ_x			0.1064	0.1244	0.1310
	θ_y			0.1847	0.2195	0.2311
0.40	θ_x			0.2148	0.2540	0.2680
	θ_y			0.2391	0.2823	0.2959
0.50	θ_x			0.3754	0.4425	0.4650
	θ_y			0.2813	0.3279	0.3419
0.60	θ_x			0.4323	0.5112	0.5375
	θ_y			0.2971	0.3447	0.3588

$k=1.2 \quad \alpha=0.3 \quad \beta=0.7$

ξ	η	0.10	0.20	0.30	0.40	0.50
0.10	θ_x			0.0189	0.0228	0.0242
	θ_y			0.0700	0.0817	0.0856
0.20	θ_x			0.0521	0.0627	0.0666
	θ_y			0.1389	0.1616	0.1691
0.30	θ_x			0.1165	0.1398	0.1483
	θ_y			0.2050	0.2369	0.2471
0.40	θ_x			0.2371	0.2814	0.2968
	θ_y			0.2647	0.3019	0.3135
0.50	θ_x			0.4144	0.4821	0.5047
	θ_y			0.3092	0.3476	0.3592
0.60	θ_x			0.4782	0.5560	0.5818
	θ_y			0.3259	0.3642	0.3757

$k=1.2 \quad \alpha=0.3 \quad \beta=0.8$

ξ	η	0.10	0.20	0.30	0.40	0.50
0.10	θ_x				0.0250	0.0269
	θ_y				0.0864	0.0901
0.20	θ_x				0.0684	0.0733
	θ_y				0.1705	0.1775
0.30	θ_x				0.1515	0.1613
	θ_y				0.2488	0.2581
0.40	θ_x				0.3015	0.3179
	θ_y				0.3152	0.3254
0.50	θ_x				0.5105	0.5331
	θ_y				0.3609	0.3710
0.60	θ_x				0.5879	0.6128
	θ_y				0.3776	0.3873

附录四　双向板楼面等效均布荷载计算表

$k = 1.2 \quad \alpha = 0.3 \quad \beta = 0.9$

ξ	η	0.10	0.20	0.30	0.40	0.50
0.10	θ_x				0.0264	0.0287
	θ_y				0.0892	0.0928
0.20	θ_x				0.0720	0.0775
	θ_y				0.1758	0.1824
0.30	θ_x				0.1588	0.1693
	θ_y				0.2558	0.2644
0.40	θ_x				0.3190	0.3359
	θ_y				0.3229	0.3323
0.50	θ_x				0.5275	0.5503
	θ_y				0.3687	0.3780
0.60	θ_x				0.6069	0.6332
	θ_y				0.3847	0.3939

$k = 1.2 \quad \alpha = 0.3 \quad \beta = 1.0$

ξ	η	0.10	0.20	0.30	0.40	0.50
0.10	θ_x					0.0293
	θ_y					0.0936
0.20	θ_x					0.0790
	θ_y					0.1840
0.30	θ_x					0.1721
	θ_y					0.2665
0.40	θ_x					0.3350
	θ_y					0.3345
0.50	θ_x					0.5559
	θ_y					0.3799
0.60	θ_x					0.6395
	θ_y					0.3963

$k = 1.2 \quad \alpha = 0.4 \quad \beta = 0.1$

ξ	η	0.10	0.20	0.30	0.40	0.50
0.20	θ_x	0.0081	0.0141	0.0164	0.0148	0.0131
	θ_y	0.0084	0.0181	0.0296	0.0409	0.0462
0.30	θ_x	0.0147	0.0271	0.0345	0.0345	0.0310
	θ_y	0.0110	0.0241	0.0410	0.0610	0.0729
0.40	θ_x	0.0224	0.0434	0.0611	0.0732	0.0777
	θ_y	0.0121	0.0271	0.0476	0.0770	0.1068
0.50	θ_x	0.0288	0.0574	0.0849	0.1095	0.1221
	θ_y	0.0124	0.0280	0.0506	0.0879	0.1348
0.60	θ_x	0.0313	0.0628	0.0937	0.1204	0.1321
	θ_y	0.0123	0.0281	0.0517	0.0926	0.1429

$k = 1.2 \quad \alpha = 0.4 \quad \beta = 0.2$

ξ	η	0.10	0.20	0.30	0.40	0.50
0.20	θ_x	0.0156	0.0273	0.0318	0.0296	0.0273
	θ_y	0.0172	0.0368	0.0592	0.0803	0.0895
0.30	θ_x	0.0288	0.0529	0.0671	0.0680	0.0645
	θ_y	0.0225	0.0492	0.0830	0.1204	0.1389
0.40	θ_x	0.0445	0.0859	0.1207	0.1446	0.1530
	θ_y	0.0250	0.0553	0.0976	0.1574	0.1922
0.50	θ_x	0.0576	0.1145	0.1691	0.2163	0.2370
	θ_y	0.0255	0.0572	0.1049	0.1839	0.2340
0.60	θ_x	0.0627	0.1255	0.1865	0.2371	0.2574
	θ_y	0.0255	0.0577	0.1078	0.1936	0.2488

$k = 1.2 \quad \alpha = 0.4 \quad \beta = 0.3$

ξ	η	0.10	0.20	0.30	0.40	0.50
0.20	θ_x	0.0222	0.0386	0.0453	0.0443	0.0428
	θ_y	0.0266	0.0562	0.0887	0.1167	0.1280
0.30	θ_x	0.0418	0.0763	0.0960	0.1001	0.1001
	θ_y	0.0351	0.0761	0.1262	0.1749	0.1950
0.40	θ_x	0.0658	0.1268	0.1776	0.2121	0.2242
	θ_y	0.0391	0.0869	0.1516	0.2312	0.2606
0.50	θ_x	0.0862	0.1711	0.2520	0.3164	0.3410
	θ_y	0.0401	0.0912	0.1669	0.2733	0.3107
0.60	θ_x	0.0942	0.1879	0.2766	0.3456	0.3722
	θ_y	0.0402	0.0924	0.1729	0.2874	0.3282

$k = 1.2 \quad \alpha = 0.4 \quad \beta = 0.4$

ξ	η	0.10	0.20	0.30	0.40	0.50
0.20	θ_x		0.0475	0.0569	0.0590	0.0591
	θ_y		0.0764	0.1171	0.1488	0.1606
0.30	θ_x		0.0959	0.1208	0.1320	0.1359
	θ_y		0.1055	0.1695	0.2218	0.2407
0.40	θ_x		0.1652	0.2305	0.2739	0.2891
	θ_y		0.1223	0.2127	0.2900	0.3148
0.50	θ_x		0.2267	0.3308	0.4062	0.4326
	θ_y		0.1301	0.2416	0.3392	0.3678
0.60	θ_x		0.2492	0.3628	0.4446	0.4743
	θ_y		0.1330	0.2518	0.3564	0.3872

$k = 1.2 \quad \alpha = 0.4 \quad \beta = 0.5$

ξ	η	0.10	0.20	0.30	0.40	0.50
0.20	θ_x		0.0534	0.0665	0.0732	0.0755
	θ_y		0.0971	0.1433	0.1758	0.1872
0.30	θ_x		0.1105	0.1421	0.1619	0.1693
	θ_y		0.1372	0.2100	0.2601	0.2770
0.40	θ_x		0.2001	0.2778	0.3287	0.3464
	θ_y		0.1639	0.2706	0.3353	0.3558
0.50	θ_x		0.2806	0.4027	0.4834	0.5109
	θ_y		0.1789	0.3133	0.3889	0.4116
0.60	θ_x		0.3082	0.4406	0.5296	0.5609
	θ_y		0.1848	0.3279	0.4082	0.4317

$k = 1.2 \quad \alpha = 0.4 \quad \beta = 0.6$

ξ	η	0.10	0.20	0.30	0.40	0.50
0.20	θ_x			0.0746	0.0864	0.0910
	θ_y			0.1660	0.1974	0.2080
0.30	θ_x			0.1607	0.1887	0.1990
	θ_y			0.2444	0.2899	0.3048
0.40	θ_x			0.3183	0.3751	0.3947
	θ_y			0.3148	0.3701	0.3875
0.50	θ_x			0.4638	0.5472	0.5753
	θ_y			0.3647	0.4256	0.4442
0.60	θ_x			0.5074	0.6002	0.6315
	θ_y			0.3819	0.4455	0.4645

258　附录四　双向板楼面等效均布荷载计算表

$k=1.2\quad \alpha=0.4\quad \beta=0.7$

ξ	η	0.10	0.20	0.30	0.40	0.50
0.20	θ_x			0.0813	0.0979	0.1040
	θ_y			0.1842	0.2138	0.2235
0.30	θ_x			0.1765	0.2111	0.2234
	θ_y			0.2711	0.3121	0.3252
0.40	θ_x			0.3511	0.4121	0.4331
	θ_y			0.3475	0.3951	0.4100
0.50	θ_x			0.5122	0.5971	0.6256
	θ_y			0.4012	0.4518	0.4672
0.60	θ_x			0.5613	0.6550	0.6865
	θ_y			0.4203	0.4719	0.4876

$k=1.2\quad \alpha=0.4\quad \beta=0.8$

ξ	η	0.10	0.20	0.30	0.40	0.50
0.20	θ_x				0.1066	0.1138
	θ_y				0.2252	0.2342
0.30	θ_x				0.2278	0.2416
	θ_y				0.3273	0.3391
0.40	θ_x				0.4391	0.4610
	θ_y				0.4123	0.4254
0.50	θ_x				0.6330	0.6617
	θ_y				0.4697	0.4832
0.60	θ_x				0.6943	0.7257
	θ_y				0.4900	0.5036

$k=1.2\quad \alpha=0.4\quad \beta=0.9$

ξ	η	0.10	0.20	0.30	0.40	0.50
0.20	θ_x				0.1120	0.1201
	θ_y				0.2319	0.2404
0.30	θ_x				0.2381	0.2528
	θ_y				0.3362	0.3472
0.40	θ_x				0.4562	0.4786
	θ_y				0.4222	0.4343
0.50	θ_x				0.6545	0.6833
	θ_y				0.4796	0.4919
0.60	θ_x				0.7178	0.7492
	θ_y				0.4999	0.5122

$k=1.2\quad \alpha=0.4\quad \beta=1.0$

ξ	η	0.10	0.20	0.30	0.40	0.50
0.20	θ_x					0.1222
	θ_y					0.2424
0.30	θ_x					0.2566
	θ_y					0.3498
0.40	θ_x					0.4836
	θ_y					0.4371
0.50	θ_x					0.6905
	θ_y					0.4949
0.60	θ_x					0.7570
	θ_y					0.5155

$k=1.2\quad \alpha=0.5\quad \beta=0.1$

ξ	η	0.10	0.20	0.30	0.40	0.50
0.20	θ_x	0.0111	0.0200	0.0242	0.0229	0.0204
	θ_y	0.0099	0.0215	0.0358	0.0511	0.0590
0.30	θ_x	0.0192	0.0360	0.0481	0.0520	0.0480
	θ_y	0.0130	0.0285	0.0489	0.0751	0.0941
0.40	θ_x	0.0276	0.0538	0.0772	0.0969	0.1095
	θ_y	0.0146	0.0327	0.0571	0.0929	0.1346
0.50	θ_x	0.0340	0.0672	0.0982	0.1237	0.1347
	θ_y	0.0154	0.0348	0.0624	0.1066	0.1586
0.60	θ_x	0.0363	0.0720	0.1052	0.1314	0.1414
	θ_y	0.0156	0.0355	0.0645	0.1117	0.1660

$k=1.2\quad \alpha=0.5\quad \beta=0.2$

ξ	η	0.10	0.20	0.30	0.40	0.50
0.20	θ_x	0.0111	0.0200	0.0242	0.0229	0.0204
	θ_y	0.0099	0.0215	0.0358	0.0511	0.0590
0.30	θ_x	0.0192	0.0360	0.0481	0.0520	0.0480
	θ_y	0.0130	0.0285	0.0489	0.0751	0.0941
0.40	θ_x	0.0276	0.0538	0.0772	0.0969	0.1095
	θ_y	0.0146	0.0327	0.0571	0.0929	0.1346
0.50	θ_x	0.0340	0.0672	0.0982	0.1237	0.1347
	θ_y	0.0154	0.0348	0.0624	0.1066	0.1586
0.60	θ_x	0.0363	0.0720	0.1052	0.1314	0.1414
	θ_y	0.0156	0.0355	0.0645	0.1117	0.1660

附录四　双向板楼面等效均布荷载计算表

$k=1.2\quad \alpha=0.5\quad \beta=0.3$

ξ	η	0.10	0.20	0.30	0.40	0.50
0.20	θ_x	0.0311	0.0554	0.0672	0.0677	0.0664
	θ_y	0.0314	0.0672	0.1084	0.1459	0.1612
0.30	θ_x	0.0552	0.1033	0.1362	0.1482	0.1520
	θ_y	0.0415	0.0904	0.1524	0.2181	0.2443
0.40	θ_x	0.0814	0.1586	0.2281	0.2828	0.3036
	θ_y	0.0471	0.1046	0.1826	0.2843	0.3207
0.50	θ_x	0.1011	0.1990	0.2891	0.3566	0.3821
	θ_y	0.0499	0.1114	0.2037	0.3277	0.3722
0.60	θ_x	0.1083	0.2135	0.3084	0.3778	0.4039
	θ_y	0.0509	0.1158	0.2116	0.3424	0.3898

$k=1.2\quad \alpha=0.5\quad \beta=0.4$

ξ	η	0.10	0.20	0.30	0.40	0.50
0.20	θ_x		0.0687	0.0843	0.0896	0.0910
	θ_y		0.0922	0.1442	0.1856	0.2009
0.30	θ_x		0.1321	0.1721	0.1939	0.2024
	θ_y		0.1257	0.2077	0.2756	0.2990
0.40	θ_x		0.2083	0.2995	0.3636	0.3852
	θ_y		0.1470	0.2591	0.3555	0.3853
0.50	θ_x		0.2629	0.3775	0.4585	0.4874
	θ_y		0.1605	0.2928	0.4083	0.4434
0.60	θ_x		0.2812	0.4024	0.4863	0.5168
	θ_y		0.1656	0.3045	0.4259	0.4630

$k=1.2\quad \alpha=0.5\quad \beta=0.5$

ξ	η	0.10	0.20	0.30	0.40	0.50
0.20	θ_x		0.0783	0.0989	0.1106	0.1149
	θ_y		0.1183	0.1773	0.2185	0.2328
0.30	θ_x		0.1554	0.2034	0.2362	0.2483
	θ_y		0.1654	0.2596	0.3217	0.3421
0.40	θ_x		0.2556	0.3651	0.4335	0.4580
	θ_y		0.1975	0.3319	0.4099	0.4349
0.50	θ_x		0.3230	0.4578	0.5473	0.5786
	θ_y		0.2194	0.3776	0.4688	0.4969
0.60	θ_x		0.3449	0.4861	0.5811	0.6143
	θ_y		0.2275	0.3933	0.4896	0.5189

$k=1.2\quad \alpha=0.5\quad \beta=0.6$

ξ	η	0.10	0.20	0.30	0.40	0.50
0.20	θ_x			0.1113	0.1298	0.1366
	θ_y			0.2058	0.2446	0.2576
0.30	θ_x			0.2317	0.2733	0.2881
	θ_y			0.3022	0.3573	0.3750
0.40	θ_x			0.4194	0.4921	0.5180
	θ_y			0.3851	0.4517	0.4722
0.50	θ_x			0.5265	0.6212	0.6538
	θ_y			0.4398	0.5145	0.5372
0.60	θ_x			0.5588	0.6614	0.6950
	θ_y			0.4581	0.5363	0.5596

$k=1.2\quad \alpha=0.5\quad \beta=0.7$

ξ	η	0.10	0.20	0.30	0.40	0.50
0.20	θ_x			0.1218	0.1460	0.1549
	θ_y			0.2284	0.2642	0.2758
0.30	θ_x			0.2554	0.3035	0.3204
	θ_y			0.3347	0.3836	0.3991
0.40	θ_x			0.4622	0.5383	0.5645
	θ_y			0.4250	0.4818	0.4997
0.50	θ_x			0.5815	0.6794	0.7126
	θ_y			0.4844	0.5468	0.5660
0.60	θ_x			0.6174	0.7238	0.7594
	θ_y			0.5052	0.5695	0.5892

$k=1.2\quad \alpha=0.5\quad \beta=0.8$

ξ	η	0.10	0.20	0.30	0.40	0.50
0.20	θ_x				0.1583	0.1686
	θ_y				0.2778	0.2884
0.30	θ_x				0.3259	0.3442
	θ_y				0.4016	0.4155
0.40	θ_x				0.5718	0.5989
	θ_y				0.5024	0.5182
0.50	θ_x				0.7213	0.7550
	θ_y				0.5688	0.5855
0.60	θ_x				0.7687	0.8048
	θ_y				0.5920	0.6090

$k=1.2\quad \alpha=0.5\quad \beta=0.9$

ξ	η	0.10	0.20	0.30	0.40	0.50
0.20	θ_x				0.1660	0.1772
	θ_y				0.2857	0.2956
0.30	θ_x				0.3395	0.3587
	θ_y				0.4121	0.4251
0.40	θ_x				0.5877	0.6152
	θ_y				0.5144	0.5290
0.50	θ_x				0.7466	0.7806
	θ_y				0.5816	0.5971
0.60	θ_x				0.7958	0.8321
	θ_y				0.6050	0.6207

$k=1.2\quad \alpha=0.5\quad \beta=1.0$

ξ	η	0.10	0.20	0.30	0.40	0.50
0.20	θ_x					0.1801
	θ_y					0.2980
0.30	θ_x					0.3636
	θ_y					0.4282
0.40	θ_x					0.6277
	θ_y					0.5324
0.50	θ_x					0.7894
	θ_y					0.6008
0.60	θ_x					0.8400
	θ_y					0.6241

附录四 双向板楼面等效均布荷载计算表

$k=1.2 \quad \alpha=0.6 \quad \beta=0.1$

ξ	η	0.10	0.20	0.30	0.40	0.50
0.30	θ_x	0.0237	0.0455	0.0633	0.0750	0.0791
	θ_y	0.0146	0.0322	0.0554	0.0872	0.1175
0.40	θ_x	0.0322	0.0631	0.0911	0.1149	0.1264
	θ_y	0.0169	0.0377	0.0660	0.1081	0.1572
0.50	θ_x	0.0381	0.0748	0.1079	0.1334	0.1438
	θ_y	0.0183	0.0412	0.0734	0.1232	0.1785
0.60	θ_x	0.0401	0.0787	0.1132	0.1386	0.1482
	θ_y	0.0188	0.0424	0.0762	0.1286	0.1846

$k=1.2 \quad \alpha=0.6 \quad \beta=0.2$

ξ	η	0.10	0.20	0.30	0.40	0.50
0.30	θ_x	0.0470	0.0900	0.1250	0.1481	0.1560
	θ_y	0.0299	0.0656	0.1128	0.1772	0.2141
0.40	θ_x	0.0641	0.1254	0.1812	0.2274	0.2464
	θ_y	0.0348	0.0767	0.1356	0.2243	0.2781
0.50	θ_x	0.0758	0.1487	0.2140	0.2630	0.2821
	θ_y	0.0377	0.0841	0.1515	0.2541	0.3165
0.60	θ_x	0.0799	0.1565	0.2241	0.2733	0.2917
	θ_y	0.0387	0.0869	0.1574	0.2643	0.3294

$k=1.2 \quad \alpha=0.6 \quad \beta=0.3$

ξ	η	0.10	0.20	0.30	0.40	0.50
0.30	θ_x	0.0693	0.1325	0.1838	0.2173	0.2290
	θ_y	0.0467	0.1024	0.1747	0.2604	0.2921
0.40	θ_x	0.0953	0.1865	0.2691	0.3334	0.3560
	θ_y	0.0544	0.1208	0.2123	0.3312	0.3739
0.50	θ_x	0.1129	0.2208	0.3160	0.3850	0.4106
	θ_y	0.0593	0.1331	0.2384	0.3751	0.4252
0.60	θ_x	0.1189	0.2320	0.3306	0.4002	0.4256
	θ_y	0.0610	0.1376	0.2476	0.3899	0.4422

$k=1.2 \quad \alpha=0.6 \quad \beta=0.4$

ξ	η	0.10	0.20	0.30	0.40	0.50
0.30	θ_x		0.1720	0.2380	0.2810	0.2962
	θ_y		0.1429	0.2429	0.3271	0.3543
0.40	θ_x		0.2453	0.3529	0.4287	0.4549
	θ_y		0.1699	0.3011	0.4140	0.4486
0.50	θ_x		0.2898	0.4118	0.4960	0.5260
	θ_y		0.1888	0.3385	0.4681	0.5082
0.60	θ_x		0.3040	0.4297	0.5159	0.5466
	θ_y		0.1957	0.3516	0.4865	0.5286

$k=1.2 \quad \alpha=0.6 \quad \beta=0.5$

ξ	η	0.10	0.20	0.30	0.40	0.50
0.30	θ_x		0.2075	0.2867	0.3380	0.3557
	θ_y		0.1895	0.3072	0.3798	0.4031
0.40	θ_x		0.3014	0.4277	0.5114	0.5383
	θ_y		0.2289	0.3859	0.4770	0.5059
0.50	θ_x		0.3542	0.4979	0.5932	0.6263
	θ_y		0.2563	0.4344	0.5394	0.5719
0.60	θ_x		0.3706	0.5194	0.6180	0.6524
	θ_y		0.2661	0.4510	0.5608	0.5948

$k=1.2 \quad \alpha=0.6 \quad \beta=0.6$

ξ	η	0.10	0.20	0.30	0.40	0.50
0.30	θ_x			0.3283	0.3863	0.4060
	θ_y			0.3570	0.4201	0.4401
0.40	θ_x			0.4917	0.5803	0.6088
	θ_y			0.4483	0.5254	0.5490
0.50	θ_x			0.5718	0.6747	0.7099
	θ_y			0.5059	0.5928	0.6196
0.60	θ_x			0.5962	0.7035	0.7404
	θ_y			0.5250	0.6156	0.6436

$k=1.2 \quad \alpha=0.6 \quad \beta=0.7$

ξ	η	0.10	0.20	0.30	0.40	0.50
0.30	θ_x			0.3617	0.4247	0.4465
	θ_y			0.3944	0.4499	0.4674
0.40	θ_x			0.5425	0.6347	0.6656
	θ_y			0.4944	0.5601	0.5807
0.50	θ_x			0.6313	0.7392	0.7759
	θ_y			0.5577	0.6311	0.6538
0.60	θ_x			0.6581	0.7713	0.8093
	θ_y			0.5796	0.6559	0.6790

$k=1.2 \quad \alpha=0.6 \quad \beta=0.8$

ξ	η	0.10	0.20	0.30	0.40	0.50
0.30	θ_x				0.4530	0.4760
	θ_y				0.4701	0.4858
0.40	θ_x				0.6741	0.7058
	θ_y				0.5839	0.6021
0.50	θ_x				0.7858	0.8236
	θ_y				0.6574	0.6770
0.60	θ_x				0.8198	0.8594
	θ_y				0.6826	0.7032

附录四 双向板楼面等效均布荷载计算表

ξ	η	0.10	0.20	0.30	0.40	0.50
\multicolumn{7}{c}{$k=1.2 \quad \alpha=0.6 \quad \beta=0.9$}
0.30	θ_x				0.4702	0.4940
	θ_y				0.4820	0.4966
0.40	θ_x				0.6968	0.7291
	θ_y				0.5978	0.6146
0.50	θ_x				0.8141	0.8522
	θ_y				0.6723	0.6908
0.60	θ_x				0.8494	0.8896
	θ_y				0.6978	0.7165

ξ	η	0.10	0.20	0.30	0.40	0.50
\multicolumn{7}{c}{$k=1.2 \quad \alpha=0.6 \quad \beta=1.0$}
0.30	θ_x					0.5000
	θ_y					0.5000
0.40	θ_x					0.7375
	θ_y					0.6189
0.50	θ_x					0.8616
	θ_y					0.6951
0.60	θ_x					0.8997
	θ_y					0.7214

ξ	η	0.10	0.20	0.30	0.40	0.50
\multicolumn{7}{c}{$k=1.2 \quad \alpha=0.7 \quad \beta=0.1$}
0.30	θ_x	0.0282	0.0548	0.0782	0.0979	0.1102
	θ_y	0.0159	0.0353	0.0610	0.0981	0.1398
0.40	θ_x	0.0362	0.0708	0.1021	0.1269	0.1377
	θ_y	0.0190	0.0423	0.0741	0.1219	0.1753
0.50	θ_x	0.0412	0.0804	0.1148	0.1398	0.1492
	θ_y	0.0210	0.0470	0.0832	0.1373	0.1946
0.60	θ_x	0.0429	0.0835	0.1186	0.1435	0.1524
	θ_y	0.0217	0.0488	0.0865	0.1426	0.2005

ξ	η	0.10	0.20	0.30	0.40	0.50
\multicolumn{7}{c}{$k=1.2 \quad \alpha=0.7 \quad \beta=0.2$}
0.30	θ_x	0.0560	0.1087	0.1554	0.1947	0.2124
	θ_y	0.0326	0.0716	0.1251	0.2023	0.2487
0.40	θ_x	0.0720	0.1408	0.2026	0.2502	0.2697
	θ_y	0.0390	0.0862	0.1524	0.2517	0.3114
0.50	θ_x	0.0820	0.1596	0.2272	0.2756	0.2934
	θ_y	0.0432	0.0961	0.1713	0.2818	0.3478
0.60	θ_x	0.0852	0.1656	0.2346	0.2831	0.3003
	θ_y	0.0447	0.0997	0.1779	0.2920	0.3597

ξ	η	0.10	0.20	0.30	0.40	0.50
\multicolumn{7}{c}{$k=1.2 \quad \alpha=0.7 \quad \beta=0.3$}
0.30	θ_x	0.0830	0.1612	0.2307	0.2858	0.3058
	θ_y	0.0510	0.1124	0.1948	0.2991	0.3362
0.40	θ_x	0.1070	0.2091	0.2998	0.3662	0.3916
	θ_y	0.0611	0.1356	0.2388	0.3710	0.4193
0.50	θ_x	0.1216	0.2364	0.3351	0.4038	0.4286
	θ_y	0.0678	0.1515	0.2681	0.4153	0.4696
0.60	θ_x	0.1264	0.2450	0.3453	0.4150	0.4393
	θ_y	0.0703	0.1572	0.2784	0.4300	0.4862

ξ	η	0.10	0.20	0.30	0.40	0.50
\multicolumn{7}{c}{$k=1.2 \quad \alpha=0.7 \quad \beta=0.4$}
0.30	θ_x		0.2114	0.3032	0.3674	0.3893
	θ_y		0.1573	0.2744	0.3738	0.4047
0.40	θ_x		0.2747	0.3910	0.4717	0.5003
	θ_y		0.1910	0.3378	0.4642	0.5033
0.50	θ_x		0.3092	0.4353	0.5209	0.5512
	θ_y		0.2141	0.3782	0.5192	0.5636
0.60	θ_x		0.3198	0.4487	0.5355	0.5662
	θ_y		0.2222	0.3920	0.5377	0.5840

ξ	η	0.10	0.20	0.30	0.40	0.50
\multicolumn{7}{c}{$k=1.2 \quad \alpha=0.7 \quad \beta=0.5$}
0.30	θ_x		0.2590	0.3687	0.4384	0.4618
	θ_y		0.2103	0.3500	0.4322	0.4582
0.40	θ_x		0.3360	0.4732	0.5640	0.5952
	θ_y		0.2574	0.4323	0.5352	0.5671
0.50	θ_x		0.3762	0.5254	0.6240	0.6583
	θ_y		0.2888	0.4830	0.5995	0.6359
0.60	θ_x		0.3884	0.5413	0.6419	0.6770
	θ_y		0.2997	0.5002	0.6212	0.6591

ξ	η	0.10	0.20	0.30	0.40	0.50
\multicolumn{7}{c}{$k=1.2 \quad \alpha=0.7 \quad \beta=0.6$}
0.30	θ_x			0.4234	0.4977	0.5229
	θ_y			0.4065	0.4767	0.4989
0.40	θ_x			0.5436	0.6412	0.6742
	θ_y			0.5029	0.5895	0.6163
0.50	θ_x			0.6028	0.7109	0.7481
	θ_y			0.5624	0.6600	0.6904
0.60	θ_x			0.6207	0.7318	0.7701
	θ_y			0.5825	0.6840	0.7157

附录四 双向板楼面等效均布荷载计算表

$k=1.2 \quad \alpha=0.7 \quad \beta=0.7$

ξ	η	0.10	0.20	0.30	0.40	0.50
0.30	θ_x			0.4666	0.5448	0.5713
	θ_y			0.4481	0.5091	0.5283
0.40	θ_x			0.6002	0.7022	0.7369
	θ_y			0.5543	0.6285	0.6516
0.50	θ_x			0.6652	0.7800	0.8192
	θ_y			0.6205	0.7037	0.7295
0.60	θ_x			0.6848	0.8034	0.8440
	θ_y			0.6428	0.7293	0.7562

$k=1.2 \quad \alpha=0.7 \quad \beta=0.8$

ξ	η	0.10	0.20	0.30	0.40	0.50
0.30	θ_x				0.5789	0.6065
	θ_y				0.5316	0.5487
0.40	θ_x				0.7464	0.7820
	θ_y				0.6552	0.6756
0.50	θ_x				0.8300	0.8705
	θ_y				0.7337	0.7565
0.60	θ_x				0.8554	0.8974
	θ_y				0.7604	0.7841

$k=1.2 \quad \alpha=0.7 \quad \beta=0.9$

ξ	η	0.10	0.20	0.30	0.40	0.50
0.30	θ_x				0.5995	0.6277
	θ_y				0.5442	0.5601
0.40	θ_x				0.7765	0.8127
	θ_y				0.6707	0.6896
0.50	θ_x				0.8604	0.9016
	θ_y				0.7505	0.7715
0.60	θ_x				0.8869	0.9298
	θ_y				0.7779	0.7996

$k=1.2 \quad \alpha=0.7 \quad \beta=1.0$

ξ	η	0.10	0.20	0.30	0.40	0.50
0.30	θ_x					0.6349
	θ_y					0.5643
0.40	θ_x					0.8183
	θ_y					0.6944
0.50	θ_x					0.9120
	θ_y					0.7769
0.60	θ_x					0.9406
	θ_y					0.8052

$k=1.2 \quad \alpha=0.8 \quad \beta=0.1$

ξ	η	0.10	0.20	0.30	0.40	0.50
0.40	θ_x	0.0394	0.0769	0.1101	0.1351	0.1451
	θ_y	0.0208	0.0463	0.0813	0.1334	0.1894
0.50	θ_x	0.0435	0.0844	0.1194	0.1439	0.1531
	θ_y	0.0233	0.0521	0.0916	0.1488	0.2077
0.60	θ_x	0.0448	0.0867	0.1221	0.1465	0.1553
	θ_y	0.0243	0.0542	0.0951	0.1540	0.2135

$k=1.2 \quad \alpha=0.8 \quad \beta=0.2$

ξ	η	0.10	0.20	0.30	0.40	0.50
0.40	θ_x	0.0784	0.1528	0.2183	0.2664	0.2850
	θ_y	0.0427	0.0944	0.1671	0.2743	0.3382
0.50	θ_x	0.0864	0.1674	0.2362	0.2839	0.3015
	θ_y	0.0480	0.1064	0.1879	0.3046	0.3730
0.60	θ_x	0.0889	0.1719	0.2415	0.2891	0.3061
	θ_y	0.0499	0.1106	0.1951	0.3148	0.3845

$k=1.2 \quad \alpha=0.8 \quad \beta=0.3$

ξ	η	0.10	0.20	0.30	0.40	0.50
0.40	θ_x	0.1163	0.2265	0.3222	0.3902	0.4154
	θ_y	0.0669	0.1486	0.2615	0.4039	0.4564
0.50	θ_x	0.1280	0.2474	0.3478	0.4161	0.4409
	θ_y	0.0753	0.1673	0.2924	0.4478	0.5055
0.60	θ_x	0.1316	0.2537	0.3552	0.4241	0.4485
	θ_y	0.0783	0.1738	0.3033	0.4625	0.5212

$k=1.2 \quad \alpha=0.8 \quad \beta=0.4$

ξ	η	0.10	0.20	0.30	0.40	0.50
0.40	θ_x		0.2966	0.4192	0.5031	0.5328
	θ_y		0.2094	0.3687	0.5056	0.5486
0.50	θ_x		0.3226	0.4513	0.5373	0.5677
	θ_y		0.2355	0.4110	0.5613	0.6092
0.60	θ_x		0.3304	0.4610	0.5478	0.5783
	θ_y		0.2446	0.4254	0.5799	0.6295

$k=1.2 \quad \alpha=0.8 \quad \beta=0.5$

ξ	η	0.10	0.20	0.30	0.40	0.50
0.40	θ_x		0.3616	0.5067	0.6022	0.6354
	θ_y		0.2819	0.4710	0.5835	0.6186
0.50	θ_x		0.3913	0.5441	0.6445	0.6795
	θ_y		0.3161	0.5234	0.6487	0.6882
0.60	θ_x		0.4002	0.5557	0.6573	0.6927
	θ_y		0.3278	0.5411	0.6707	0.7117

$k=1.2 \quad \alpha=0.8 \quad \beta=0.6$

ξ	η	0.10	0.20	0.30	0.40	0.50
0.40	θ_x			0.5817	0.6856	0.7216
	θ_y			0.5480	0.6430	0.6722
0.50	θ_x			0.6240	0.7351	0.7735
	θ_y			0.6091	0.7156	0.7491
0.60	θ_x			0.6365	0.7501	0.7893
	θ_y			0.6295	0.7401	0.7749

附录四 双向板楼面等效均布荷载计算表

$k=1.2 \quad \alpha=0.8 \quad \beta=0.7$

ξ	η	0.10	0.20	0.30	0.40	0.50
0.40	θ_x			0.6417	0.7518	0.7893
	θ_y			0.6044	0.6858	0.7111
0.50	θ_x			0.6880	0.8074	0.8483
	θ_y			0.6722	0.7639	0.7925
0.60	θ_x			0.7022	0.8243	0.8662
	θ_y			0.6951	0.7903	0.8201

$k=1.2 \quad \alpha=0.8 \quad \beta=0.8$

ξ	η	0.10	0.20	0.30	0.40	0.50
0.40	θ_x				0.7997	0.8384
	θ_y				0.7150	0.7374
0.50	θ_x				0.8600	0.9025
	θ_y				0.7968	0.8220
0.60	θ_x				0.8782	0.9220
	θ_y				0.8246	0.8508

$k=1.2 \quad \alpha=0.8 \quad \beta=0.9$

ξ	η	0.10	0.20	0.30	0.40	0.50
0.40	θ_x				0.8299	0.8693
	θ_y				0.7320	0.7527
0.50	θ_x				0.8905	0.9340
	θ_y				0.8160	0.8392
0.60	θ_x				0.9124	0.9572
	θ_y				0.8445	0.8686

$k=1.2 \quad \alpha=0.8 \quad \beta=1.0$

ξ	η	0.10	0.20	0.30	0.40	0.50
0.40	θ_x					0.8781
	θ_y					0.7574
0.50	θ_x					0.9464
	θ_y					0.8446
0.60	θ_x					0.9672
	θ_y					0.8742

$k=1.2 \quad \alpha=0.9 \quad \beta=0.1$

ξ	η	0.10	0.20	0.30	0.40	0.50
0.40	θ_x	0.0418	0.0814	0.1158	0.1406	0.1498
	θ_y	0.0222	0.0496	0.0872	0.1423	0.2001
0.50	θ_x	0.0451	0.0872	0.1225	0.1466	0.1553
	θ_y	0.0253	0.0563	0.0982	0.1577	0.2176
0.60	θ_x	0.0461	0.0888	0.1243	0.1483	0.1568
	θ_y	0.0264	0.0586	0.1020	0.1630	0.2229

$k=1.2 \quad \alpha=0.9 \quad \beta=0.2$

ξ	η	0.10	0.20	0.30	0.40	0.50
0.40	θ_x	0.0831	0.1615	0.2292	0.2775	0.2949
	θ_y	0.0457	0.1013	0.1791	0.2920	0.3585
0.50	θ_x	0.0895	0.1726	0.2421	0.2893	0.3062
	θ_y	0.0520	0.1148	0.2012	0.3219	0.3923
0.60	θ_x	0.0914	0.1759	0.2458	0.2926	0.3092
	θ_y	0.0542	0.1195	0.2087	0.3319	0.4034

$k=1.2 \quad \alpha=0.9 \quad \beta=0.3$

ξ	η	0.10	0.20	0.30	0.40	0.50
0.40	θ_x	0.1233	0.2390	0.3378	0.4067	0.4309
	θ_y	0.0717	0.1593	0.2797	0.4295	0.4852
0.50	θ_x	0.1323	0.2547	0.3561	0.4244	0.4486
	θ_y	0.0814	0.1800	0.3128	0.4736	0.5333
0.60	θ_x	0.1350	0.2593	0.3616	0.4294	0.4533
	θ_y	0.0848	0.1872	0.3240	0.4884	0.5494

$k=1.2 \quad \alpha=0.9 \quad \beta=0.4$

ξ	η	0.10	0.20	0.30	0.40	0.50
0.40	θ_x		0.3123	0.4390	0.5247	0.5550
	θ_y		0.2244	0.3932	0.5381	0.5839
0.50	θ_x		0.3316	0.4616	0.5484	0.5787
	θ_y		0.2527	0.4369	0.5936	0.6439
0.60	θ_x		0.3372	0.4685	0.5550	0.5853
	θ_y		0.2625	0.4517	0.6120	0.6638

$k=1.2 \quad \alpha=0.9 \quad \beta=0.5$

ξ	η	0.10	0.20	0.30	0.40	0.50
0.40	θ_x		0.3796	0.5294	0.6287	0.6631
	θ_y		0.3016	0.5016	0.6215	0.6591
0.50	θ_x		0.4014	0.5567	0.6582	0.6935
	θ_y		0.3377	0.5549	0.6875	0.7297
0.60	θ_x		0.4075	0.5643	0.6665	0.7020
	θ_y		0.3501	0.5731	0.7098	0.7535

$k=1.2 \quad \alpha=0.9 \quad \beta=0.6$

ξ	η	0.10	0.20	0.30	0.40	0.50
0.40	θ_x			0.6072	0.7165	0.7533
	θ_y			0.5833	0.6852	0.7166
0.50	θ_x			0.6379	0.7513	0.7905
	θ_y			0.6456	0.7590	0.7948
0.60	θ_x			0.6464	0.7612	0.8008
	θ_y			0.6662	0.7836	0.8207

附录四 双向板楼面等效均布荷载计算表

$k = 1.2 \quad \alpha = 0.9 \quad \beta = 0.7$

ξ	η	0.10	0.20	0.30	0.40	0.50
0.40	θ_x			0.6706	0.7863	0.8259
	θ_y			0.6439	0.7311	0.7583
0.50	θ_x			0.7033	0.8258	0.8678
	θ_y			0.7128	0.8110	0.8418
0.60	θ_x			0.7126	0.8369	0.8797
	θ_y			0.7362	0.8382	0.8703

$k = 1.2 \quad \alpha = 0.9 \quad \beta = 0.8$

ξ	η	0.10	0.20	0.30	0.40	0.50
0.40	θ_x				0.8370	0.8780
	θ_y				0.7625	0.7865
0.50	θ_x				0.8800	0.9232
	θ_y				0.8468	0.8739
0.60	θ_x				0.8922	0.9371
	θ_y				0.8748	0.9033

$k = 1.2 \quad \alpha = 0.9 \quad \beta = 0.9$

ξ	η	0.10	0.20	0.30	0.40	0.50
0.40	θ_x				0.8656	0.9074
	θ_y				0.7807	0.8028
0.50	θ_x				0.9122	0.9573
	θ_y				0.8673	0.8923
0.60	θ_x				0.9258	0.9727
	θ_y				0.8966	0.9226

$k = 1.2 \quad \alpha = 0.9 \quad \beta = 1.0$

ξ	η	0.10	0.20	0.30	0.40	0.50
0.40	θ_x					0.9201
	θ_y					0.8079
0.50	θ_x					0.9695
	θ_y					0.8988
0.60	θ_x					0.9836
	θ_y					0.9290

$k = 1.2 \quad \alpha = 1.0 \quad \beta = 0.1$

ξ	η	0.10	0.20	0.30	0.40	0.50
0.50	θ_x	0.0462	0.0889	0.1243	0.1482	0.1566
	θ_y	0.0267	0.0593	0.1030	0.1641	0.2246
0.60	θ_x	0.0469	0.0901	0.1257	0.1493	0.1576
	θ_y	0.0279	0.0618	0.1069	0.1692	0.2297

$k = 1.2 \quad \alpha = 1.0 \quad \beta = 0.2$

ξ	η	0.10	0.20	0.30	0.40	0.50
0.50	θ_x	0.0915	0.1760	0.2458	0.2925	0.3090
	θ_y	0.0549	0.1209	0.2099	0.3344	0.4061
0.60	θ_x	0.0929	0.1784	0.2483	0.2947	0.3111
	θ_y	0.0573	0.1259	0.2185	0.3444	0.4170

$k = 1.2 \quad \alpha = 1.0 \quad \beta = 0.3$

ξ	η	0.10	0.20	0.30	0.40	0.50
0.50	θ_x	0.1351	0.2594	0.3614	0.4292	0.4531
	θ_y	0.0859	0.1893	0.3264	0.4918	0.5531
0.60	θ_x	0.1371	0.2627	0.3651	0.4326	0.4562
	θ_y	0.0896	0.1969	0.3378	0.5064	0.5688

$k = 1.2 \quad \alpha = 1.0 \quad \beta = 0.4$

ξ	η	0.10	0.20	0.30	0.40	0.50
0.50	θ_x		0.3372	0.4684	0.5548	0.5850
	θ_y		0.2653	0.4556	0.6169	0.6689
0.60	θ_x		0.3413	0.4731	0.5594	0.5895
	θ_y		0.2754	0.4707	0.6355	0.6889

$k = 1.2 \quad \alpha = 1.0 \quad \beta = 0.5$

ξ	η	0.10	0.20	0.30	0.40	0.50
0.50	θ_x		0.4076	0.5642	0.6663	0.7017
	θ_y		0.3534	0.5776	0.7152	0.7591
0.60	θ_x		0.4120	0.5697	0.6720	0.7075
	θ_y		0.3661	0.5959	0.7373	0.7826

$k = 1.2 \quad \alpha = 1.0 \quad \beta = 0.6$

ξ	η	0.10	0.20	0.30	0.40	0.50
0.50	θ_x			0.6463	0.7610	0.8005
	θ_y			0.6718	0.7902	0.8278
0.60	θ_x			0.6523	0.7678	0.8077
	θ_y			0.6929	0.8152	0.8540

$k = 1.2 \quad \alpha = 1.0 \quad \beta = 0.7$

ξ	η	0.10	0.20	0.30	0.40	0.50
0.50	θ_x			0.7124	0.8367	0.8794
	θ_y			0.7419	0.8449	0.8774
0.60	θ_x			0.7189	0.8446	0.8878
	θ_y			0.7652	0.8721	0.9058

$k = 1.2 \quad \alpha = 1.0 \quad \beta = 0.8$

ξ	η	0.10	0.20	0.30	0.40	0.50
0.50	θ_x				0.8920	0.9369
	θ_y				0.8824	0.9112
0.60	θ_x				0.9006	0.9462
	θ_y				0.9114	0.9415

附录四 双向板楼面等效均布荷载计算表

$k=1.2 \quad \alpha=1.0 \quad \beta=0.9$

ξ	η	0.10	0.20	0.30	0.40	0.50
0.50	θ_x				0.9256	0.9717
	θ_y				0.9043	0.9312
0.60	θ_x				0.9347	0.9817
	θ_y				0.9337	0.9616

$k=1.2 \quad \alpha=1.0 \quad \beta=1.0$

ξ	η	0.10	0.20	0.30	0.40	0.50
0.50	θ_x					0.9834
	θ_y					0.9370
0.60	θ_x					0.9936
	θ_y					0.9687

$k=1.2 \quad \alpha=1.1 \quad \beta=0.1$

ξ	η	0.10	0.20	0.30	0.40	0.50
0.50	θ_x	0.0467	0.0898	0.1253	0.1490	0.1575
	θ_y	0.0276	0.0612	0.1059	0.1679	0.2288
0.60	θ_x	0.0474	0.0908	0.1263	0.1499	0.1581
	θ_y	0.0289	0.0638	0.1099	0.1730	0.2337

$k=1.2 \quad \alpha=1.1 \quad \beta=0.2$

ξ	η	0.10	0.20	0.30	0.40	0.50
0.50	θ_x	0.0926	0.1778	0.2477	0.2941	0.3106
	θ_y	0.0567	0.1247	0.2166	0.3422	0.4143
0.60	θ_x	0.0937	0.1797	0.2496	0.2957	0.3121
	θ_y	0.0592	0.1299	0.2244	0.3519	0.4254

$k=1.2 \quad \alpha=1.1 \quad \beta=0.3$

ξ	η	0.10	0.20	0.30	0.40	0.50
0.50	θ_x	0.1366	0.2619	0.3642	0.4320	0.4557
	θ_y	0.0886	0.1950	0.3356	0.5024	0.5639
0.60	θ_x	0.1382	0.2645	0.3669	0.4340	0.4574
	θ_y	0.0925	0.2028	0.3472	0.5169	0.5795

$k=1.2 \quad \alpha=1.1 \quad \beta=0.4$

ξ	η	0.10	0.20	0.30	0.40	0.50
0.50	θ_x			0.3403	0.4721	0.5585	0.5882
	θ_y			0.2729	0.4668	0.6311	0.6843
0.60	θ_x			0.3434	0.4753	0.5613	0.5913
	θ_y			0.2832	0.4820	0.6497	0.7037

$k=1.2 \quad \alpha=1.1 \quad \beta=0.5$

ξ	η	0.10	0.20	0.30	0.40	0.50
0.50	θ_x		0.4109	0.5686	0.6709	0.7060
	θ_y		0.3629	0.5909	0.7316	0.7764
0.60	θ_x		0.4144	0.5722	0.6746	0.7101
	θ_y		0.3757	0.6092	0.7537	0.8004

$k=1.2 \quad \alpha=1.1 \quad \beta=0.6$

ξ	η	0.10	0.20	0.30	0.40	0.50
0.50	θ_x			0.6511	0.7664	0.8063
	θ_y			0.6883	0.8090	0.8468
0.60	θ_x			0.6551	0.7710	0.8110
	θ_y			0.7094	0.8341	0.8733

$k=1.2 \quad \alpha=1.1 \quad \beta=0.7$

ξ	η	0.10	0.20	0.30	0.40	0.50
0.50	θ_x			0.7173	0.8427	0.8858
	θ_y			0.7592	0.8660	0.8981
0.60	θ_x			0.7222	0.8486	0.8920
	θ_y			0.7826	0.8934	0.9269

$k=1.2 \quad \alpha=1.1 \quad \beta=0.8$

ξ	η	0.10	0.20	0.30	0.40	0.50
0.50	θ_x				0.8988	0.9442
	θ_y				0.9040	0.9337
0.60	θ_x				0.9047	0.9506
	θ_y				0.9330	0.9640

$k=1.2 \quad \alpha=1.1 \quad \beta=0.9$

ξ	η	0.10	0.20	0.30	0.40	0.50
0.50	θ_x				0.9325	0.9792
	θ_y				0.9262	0.9543
0.60	θ_x				0.9394	0.9868
	θ_y				0.9562	0.9855

$k=1.2 \quad \alpha=1.1 \quad \beta=1.0$

ξ	η	0.10	0.20	0.30	0.40	0.50
0.50	θ_x					0.9910
	θ_y					0.9604
0.60	θ_x					0.9991
	θ_y					0.9919

$k=1.2 \quad \alpha=1.2 \quad \beta=0.1$

ξ	η	0.10	0.20	0.30	0.40	0.50
0.60	θ_x	0.0475	0.0910	0.1265	0.1500	0.1582
	θ_y	0.0292	0.0644	0.1109	0.1744	0.2351

$k=1.2 \quad \alpha=1.2 \quad \beta=0.2$

ξ	η	0.10	0.20	0.30	0.40	0.50
0.60	θ_x	0.0940	0.1801	0.2501	0.2962	0.3121
	θ_y	0.0599	0.1312	0.2255	0.3543	0.4281

$k=1.2 \quad \alpha=1.2 \quad \beta=0.3$

ξ	η	0.10	0.20	0.30	0.40	0.50
0.60	θ_x	0.1385	0.2651	0.3676	0.4345	0.4579
	θ_y	0.0934	0.2047	0.3495	0.5208	0.5842

$k=1.2 \quad \alpha=1.2 \quad \beta=0.4$

ξ	η	0.10	0.20	0.30	0.40	0.50
0.60	θ_x			0.3440	0.4760	0.5621	0.5925
	θ_y			0.2859	0.4858	0.6542	0.7087

附录四 双向板楼面等效均布荷载计算表

$k = 1.2 \quad \alpha = 1.2 \quad \beta = 0.5$

ξ	η	0.10	0.20	0.30	0.40	0.50
0.60	θ_x		0.4150	0.5735	0.6760	0.7115
	θ_y		0.3790	0.6143	0.7595	0.8062

$k = 1.2 \quad \alpha = 1.2 \quad \beta = 0.6$

ξ	η	0.10	0.20	0.30	0.40	0.50
0.60	θ_x			0.6565	0.7725	0.8120
	θ_y			0.7140	0.8402	0.8802

$k = 1.2 \quad \alpha = 1.2 \quad \beta = 0.7$

ξ	η	0.10	0.20	0.30	0.40	0.50
0.60	θ_x			0.7234	0.8494	0.8930
	θ_y			0.7887	0.8998	0.9349

$k = 1.2 \quad \alpha = 1.2 \quad \beta = 0.8$

ξ	η	0.10	0.20	0.30	0.40	0.50
0.60	θ_x				0.9060	0.9520
	θ_y				0.9401	0.9715

$k = 1.2 \quad \alpha = 1.2 \quad \beta = 0.9$

ξ	η	0.10	0.20	0.30	0.40	0.50
0.60	θ_x				0.9404	0.9879
	θ_y				0.9641	0.9933

$k = 1.2 \quad \alpha = 1.2 \quad \beta = 1.0$

ξ	η	0.10	0.20	0.30	0.40	0.50
0.60	θ_x					1.0000
	θ_y					1.0000

$k = 1.3 \quad \alpha = 0.1 \quad \beta = 0.1$

ξ	η	0.10	0.20	0.30	0.40	0.50
0.10	θ_x	0.0003	0.0004	0.0003	0.0001	-0.0001
	θ_y	0.0011	0.0022	0.0033	0.0041	0.0045
0.20	θ_x	0.0009	0.0015	0.0014	0.0009	0.0006
	θ_y	0.0021	0.0043	0.0066	0.0084	0.0091
0.30	θ_x	0.0022	0.0038	0.0040	0.0033	0.0027
	θ_y	0.0029	0.0060	0.0095	0.0127	0.0140
0.40	θ_x	0.0044	0.0079	0.0096	0.0088	0.0078
	θ_y	0.0032	0.0071	0.0119	0.0171	0.0197
0.50	θ_x	0.0070	0.0136	0.0188	0.0202	0.0181
	θ_y	0.0032	0.0071	0.0128	0.0211	0.0271
0.60	θ_x	0.0090	0.0185	0.0292	0.0416	0.0497
	θ_y	0.0030	0.0067	0.0119	0.0219	0.0380
0.65	θ_x	0.0093	0.0193	0.0311	0.0476	0.0640
	θ_y	0.0030	0.0067	0.0119	0.0219	0.0380

$k = 1.3 \quad \alpha = 0.1 \quad \beta = 0.2$

ξ	η	0.10	0.20	0.30	0.40	0.50
0.10	θ_x	0.0006	0.0008	0.0006	0.0002	-0.0000
	θ_y	0.0022	0.0045	0.0066	0.0082	0.0088
0.20	θ_x	0.0018	0.0028	0.0026	0.0018	0.0014
	θ_y	0.0043	0.0087	0.0130	0.0164	0.0178
0.30	θ_x	0.0043	0.0072	0.0078	0.0067	0.0058
	θ_y	0.0058	0.0122	0.0190	0.0249	0.0273
0.40	θ_x	0.0085	0.0153	0.0185	0.0184	0.0159
	θ_y	0.0066	0.0144	0.0239	0.0336	0.0380
0.50	θ_x	0.0139	0.0269	0.0367	0.0394	0.0383
	θ_y	0.0066	0.0147	0.0263	0.0419	0.0506
0.60	θ_x	0.0181	0.0372	0.0588	0.0822	0.0941
	θ_y	0.0061	0.0135	0.0250	0.0478	0.0636
0.65	θ_x	0.0187	0.0389	0.0632	0.0974	0.1177
	θ_y	0.0061	0.0135	0.0250	0.0478	0.0636

$k = 1.3 \quad \alpha = 0.1 \quad \beta = 0.3$

ξ	η	0.10	0.20	0.30	0.40	0.50
0.10	θ_x	0.0007	0.0011	0.0008	0.0003	0.0001
	θ_y	0.0034	0.0067	0.0097	0.0119	0.0127
0.20	θ_x	0.0024	0.0038	0.0039	0.0035	0.0031
	θ_y	0.0064	0.0130	0.0192	0.0240	0.0258
0.30	θ_x	0.0060	0.0100	0.0109	0.0091	0.0082
	θ_y	0.0089	0.0185	0.0283	0.0362	0.0394
0.40	θ_x	0.0122	0.0218	0.0265	0.0276	0.0271
	θ_y	0.0103	0.0222	0.0360	0.0488	0.0539
0.50	θ_x	0.0206	0.0394	0.0522	0.0549	0.0559
	θ_y	0.0103	0.0231	0.0411	0.0609	0.0693
0.60	θ_x	0.0275	0.0566	0.0894	0.1218	0.1344
	θ_y	0.0096	0.0217	0.0406	0.0720	0.0816
0.65	θ_x	0.0285	0.0596	0.0979	0.1437	0.1603
	θ_y	0.0096	0.0217	0.0406	0.0720	0.0816

$k = 1.3 \quad \alpha = 0.1 \quad \beta = 0.4$

ξ	η	0.10	0.20	0.30	0.40	0.50
0.10	θ_x		0.0012	0.0010	0.0006	0.0004
	θ_y		0.0088	0.0126	0.0153	0.0163
0.20	θ_x		0.0044	0.0050	0.0040	0.0037
	θ_y		0.0173	0.0251	0.0308	0.0329
0.30	θ_x		0.0121	0.0132	0.0125	0.0134
	θ_y		0.0248	0.0371	0.0463	0.0498
0.40	θ_x		0.0269	0.0337	0.0363	0.0368
	θ_y		0.0305	0.0480	0.0620	0.0672
0.50	θ_x		0.0506	0.0647	0.0720	0.0787
	θ_y		0.0328	0.0566	0.0768	0.0838
0.60	θ_x		0.0769	0.1195	0.1528	0.1644
	θ_y		0.0310	0.0614	0.0885	0.0956
0.65	θ_x		0.0819	0.1362	0.1811	0.1947
	θ_y		0.0310	0.0614	0.0885	0.0956

附录四 双向板楼面等效均布荷载计算表

$k = 1.3 \quad \alpha = 0.1 \quad \beta = 0.5$

ξ	η	0.10	0.20	0.30	0.40	0.50
0.10	θ_x		0.0011	0.0011	0.0009	0.0007
	θ_y		0.0108	0.0153	0.0183	0.0194
0.20	θ_x		0.0047	0.0059	0.0059	0.0051
	θ_y		0.0214	0.0305	0.0367	0.0389
0.30	θ_x		0.0131	0.0151	0.0159	0.0162
	θ_y		0.0312	0.0451	0.0550	0.0585
0.40	θ_x		0.0309	0.0398	0.0446	0.0462
	θ_y		0.0392	0.0591	0.0729	0.0777
0.50	θ_x		0.0597	0.0755	0.0883	0.0935
	θ_y		0.0442	0.0712	0.0892	0.0948
0.60	θ_x		0.0983	0.1474	0.1816	0.1907
	θ_y		0.0434	0.0816	0.1004	0.1058
0.65	θ_x		0.1072	0.1722	0.2105	0.2224
	θ_y		0.0434	0.0816	0.1004	0.1058

$k = 1.3 \quad \alpha = 0.1 \quad \beta = 0.6$

ξ	η	0.10	0.20	0.30	0.40	0.50
0.10	θ_x			0.0008	0.0012	0.0012
	θ_y			0.0175	0.0208	0.0219
0.20	θ_x			0.0065	0.0072	0.0074
	θ_y			0.0350	0.0415	0.0438
0.30	θ_x			0.0167	0.0193	0.0202
	θ_y			0.0522	0.0620	0.0654
0.40	θ_x			0.0448	0.0521	0.0548
	θ_y			0.0686	0.0816	0.0858
0.50	θ_x			0.0859	0.1026	0.1087
	θ_y			0.0834	0.0984	0.1031
0.60	θ_x			0.1730	0.2037	0.2117
	θ_y			0.0950	0.1093	0.1135
0.65	θ_x			0.1997	0.2336	0.2443
	θ_y			0.0950	0.1093	0.1135

$k = 1.3 \quad \alpha = 0.1 \quad \beta = 0.7$

ξ	η	0.10	0.20	0.30	0.40	0.50
0.10	θ_x			0.0012	0.0015	0.0016
	θ_y			0.0194	0.0227	0.0239
0.20	θ_x			0.0069	0.0083	0.0081
	θ_y			0.0388	0.0453	0.0475
0.30	θ_x			0.0182	0.0222	0.0237
	θ_y			0.0579	0.0674	0.0706
0.40	θ_x			0.0489	0.0585	0.0620
	θ_y			0.0761	0.0880	0.0919
0.50	θ_x			0.0954	0.1141	0.1207
	θ_y			0.0924	0.1051	0.1091
0.60	θ_x			0.1890	0.2182	0.2277
	θ_y			0.1035	0.1154	0.1190
0.65	θ_x			0.2198	0.2509	0.2608
	θ_y			0.1035	0.1154	0.1190

$k = 1.3 \quad \alpha = 0.1 \quad \beta = 0.8$

ξ	η	0.10	0.20	0.30	0.40	0.50
0.10	θ_x				0.0018	0.0020
	θ_y				0.0241	0.0253
0.20	θ_x				0.0092	0.0099
	θ_y				0.0480	0.0502
0.30	θ_x				0.0245	0.0265
	θ_y				0.0712	0.0742
0.40	θ_x				0.0633	0.0674
	θ_y				0.0925	0.0959
0.50	θ_x				0.1226	0.1295
	θ_y				0.1097	0.1131
0.60	θ_x				0.2298	0.2389
	θ_y				0.1196	0.1228
0.65	θ_x				0.2630	0.2725
	θ_y				0.1196	0.1228

$k = 1.3 \quad \alpha = 0.1 \quad \beta = 0.9$

ξ	η	0.10	0.20	0.30	0.40	0.50
0.10	θ_x				0.0016	0.0023
	θ_y				0.0250	0.0261
0.20	θ_x				0.0097	0.0107
	θ_y				0.0497	0.0518
0.30	θ_x				0.0260	0.0282
	θ_y				0.0735	0.0763
0.40	θ_x				0.0663	0.0707
	θ_y				0.0951	0.0983
0.50	θ_x				0.1277	0.1348
	θ_y				0.1123	0.1155
0.60	θ_x				0.2366	0.2456
	θ_y				0.1220	0.1250
0.65	θ_x				0.2701	0.2794
	θ_y				0.1220	0.1250

$k = 1.3 \quad \alpha = 0.1 \quad \beta = 1.0$

ξ	η	0.10	0.20	0.30	0.40	0.50
0.10	θ_x					0.0023
	θ_y					0.0264
0.20	θ_x					0.0094
	θ_y					0.0523
0.30	θ_x					0.0288
	θ_y					0.0770
0.40	θ_x					0.0718
	θ_y					0.0991
0.50	θ_x					0.1365
	θ_y					0.1162
0.60	θ_x					0.2479
	θ_y					0.1257
0.65	θ_x					0.2817
	θ_y					0.1257

附录四 双向板楼面等效均布荷载计算表

$k=1.3 \quad \alpha=0.2 \quad \beta=0.1$

ξ	η	0.10	0.20	0.30	0.40	0.50
0.10	θ_x	0.0007	0.0010	0.0008	0.0003	0.0001
	θ_y	0.0022	0.0044	0.0066	0.0083	0.0090
0.20	θ_x	0.0021	0.0033	0.0031	0.0021	0.0015
	θ_y	0.0042	0.0086	0.0131	0.0167	0.0182
0.30	θ_x	0.0047	0.0080	0.0088	0.0074	0.0063
	θ_y	0.0057	0.0119	0.0189	0.0254	0.0283
0.40	θ_x	0.0089	0.0162	0.0200	0.0189	0.0164
	θ_y	0.0064	0.0139	0.0234	0.0342	0.0398
0.50	θ_x	0.0138	0.0270	0.0382	0.0433	0.0404
	θ_y	0.0063	0.0141	0.0250	0.0414	0.0552
0.60	θ_x	0.0174	0.0357	0.0555	0.0773	0.0928
	θ_y	0.0060	0.0135	0.0241	0.0435	0.0731
0.65	θ_x	0.0180	0.0370	0.0583	0.0831	0.0993
	θ_y	0.0060	0.0135	0.0241	0.0435	0.0731

$k=1.3 \quad \alpha=0.2 \quad \beta=0.2$

ξ	η	0.10	0.20	0.30	0.40	0.50
0.10	θ_x	0.0013	0.0019	0.0016	0.0008	0.0003
	θ_y	0.0044	0.0089	0.0131	0.0163	0.0176
0.20	θ_x	0.0039	0.0062	0.0060	0.0044	0.0034
	θ_y	0.0084	0.0172	0.0259	0.0329	0.0357
0.30	θ_x	0.0090	0.0153	0.0170	0.0149	0.0132
	θ_y	0.0115	0.0241	0.0378	0.0499	0.0550
0.40	θ_x	0.0174	0.0315	0.0388	0.0373	0.0344
	θ_y	0.0130	0.0283	0.0472	0.0671	0.0765
0.50	θ_x	0.0275	0.0536	0.0750	0.0849	0.0835
	θ_y	0.0130	0.0289	0.0514	0.0832	0.1015
0.60	θ_x	0.0351	0.0717	0.1116	0.1535	0.1765
	θ_y	0.0123	0.0273	0.0504	0.0942	0.1238
0.65	θ_x	0.0362	0.0745	0.1176	0.1644	0.1881
	θ_y	0.0123	0.0273	0.0504	0.0942	0.1238

$k=1.3 \quad \alpha=0.2 \quad \beta=0.3$

ξ	η	0.10	0.20	0.30	0.40	0.50
0.10	θ_x	0.0017	0.0025	0.0022	0.0013	0.0008
	θ_y	0.0066	0.0133	0.0194	0.0239	0.0256
0.20	θ_x	0.0053	0.0085	0.0085	0.0068	0.0058
	θ_y	0.0127	0.0258	0.0384	0.0480	0.0517
0.30	θ_x	0.0127	0.0215	0.0242	0.0225	0.0211
	θ_y	0.0176	0.0365	0.0562	0.0726	0.0790
0.40	θ_x	0.0251	0.0451	0.0551	0.0553	0.0541
	θ_y	0.0203	0.0437	0.0714	0.0974	0.1081
0.50	θ_x	0.0409	0.0790	0.1088	0.1238	0.1293
	θ_y	0.0204	0.0455	0.0805	0.1218	0.1380
0.60	θ_x	0.0531	0.1086	0.1684	0.2242	0.2459
	θ_y	0.0193	0.0438	0.0815	0.1409	0.1599
0.65	θ_x	0.0549	0.1133	0.1789	0.2436	0.2688
	θ_y	0.0193	0.0438	0.0815	0.1409	0.1599

$k=1.3 \quad \alpha=0.2 \quad \beta=0.4$

ξ	η	0.10	0.20	0.30	0.40	0.50
0.10	θ_x		0.0029	0.0027	0.0019	0.0015
	θ_y		0.0175	0.0252	0.0307	0.0327
0.20	θ_x		0.0099	0.0105	0.0094	0.0087
	θ_y		0.0343	0.0501	0.0616	0.0658
0.30	θ_x		0.0260	0.0302	0.0302	0.0298
	θ_y		0.0492	0.0739	0.0927	0.0998
0.40	θ_x		0.0561	0.0688	0.0732	0.0745
	θ_y		0.0602	0.0954	0.1237	0.1342
0.50	θ_x		0.1026	0.1385	0.1608	0.1697
	θ_y		0.0643	0.1122	0.1530	0.1665
0.60	θ_x		0.1466	0.2252	0.2860	0.3070
	θ_y		0.0625	0.1215	0.1741	0.1884
0.65	θ_x		0.1538	0.2389	0.3056	0.3288
	θ_y		0.0625	0.1215	0.1741	0.1884

$k=1.3 \quad \alpha=0.2 \quad \beta=0.5$

ξ	η	0.10	0.20	0.30	0.40	0.50
0.10	θ_x		0.0029	0.0030	0.0026	0.0024
	θ_y		0.0216	0.0305	0.0366	0.0388
0.20	θ_x		0.0106	0.0121	0.0122	0.0121
	θ_y		0.0425	0.0607	0.0733	0.0778
0.30	θ_x		0.0289	0.0352	0.0379	0.0387
	θ_y		0.0619	0.0902	0.1099	0.1169
0.40	θ_x		0.0640	0.0804	0.0904	0.0942
	θ_y		0.0778	0.1176	0.1454	0.1549
0.50	θ_x		0.1226	0.1647	0.1945	0.2056
	θ_y		0.0868	0.1422	0.1772	0.1882
0.60	θ_x		0.1859	0.2795	0.3373	0.3593
	θ_y		0.0872	0.1605	0.1979	0.2087
0.65	θ_x		0.1967	0.2948	0.3600	0.3814
	θ_y		0.0872	0.1605	0.1979	0.2087

$k=1.3 \quad \alpha=0.2 \quad \beta=0.6$

ξ	η	0.10	0.20	0.30	0.40	0.50
0.10	θ_x			0.0032	0.0034	0.0035
	θ_y			0.0351	0.0416	0.0438
0.20	θ_x			0.0133	0.0149	0.0155
	θ_y			0.0700	0.0830	0.0875
0.30	θ_x			0.0393	0.0451	0.0472
	θ_y			0.1042	0.1238	0.1305
0.40	θ_x			0.0905	0.1061	0.1119
	θ_y			0.1368	0.1625	0.1709
0.50	θ_x			0.1883	0.2233	0.2358
	θ_y			0.1661	0.1954	0.2044
0.60	θ_x			0.3209	0.3784	0.3996
	θ_y			0.1868	0.2158	0.2244
0.65	θ_x			0.3460	0.4075	0.4233
	θ_y			0.1868	0.2158	0.2244

附录四 双向板楼面等效均布荷载计算表

$k=1.3 \quad \alpha=0.2 \quad \beta=0.7$

ξ	η	0.10	0.20	0.30	0.40	0.50
0.10	θ_x			0.0033	0.0042	0.0045
	θ_y			0.0388	0.0454	0.0477
0.20	θ_x			0.0142	0.0174	0.0186
	θ_y			0.0775	0.0905	0.0949
0.30	θ_x			0.0426	0.0514	0.0547
	θ_y			0.1155	0.1345	0.1408
0.40	θ_x			0.0992	0.1193	0.1266
	θ_y			0.1518	0.1752	0.1827
0.50	θ_x			0.2083	0.2465	0.2596
	θ_y			0.1835	0.2086	0.2164
0.60	θ_x			0.3569	0.4103	0.4306
	θ_y			0.2041	0.2282	0.2355
0.65	θ_x			0.3780	0.4364	0.4553
	θ_y			0.2041	0.2282	0.2355

$k=1.3 \quad \alpha=0.2 \quad \beta=0.8$

ξ	η	0.10	0.20	0.30	0.40	0.50
0.10	θ_x				0.0048	0.0053
	θ_y				0.0482	0.0504
0.20	θ_x				0.0194	0.0211
	θ_y				0.0959	0.1002
0.30	θ_x				0.0563	0.0604
	θ_y				0.1420	0.1479
0.40	θ_x				0.1293	0.1376
	θ_y				0.1840	0.1908
0.50	θ_x				0.2633	0.2769
	θ_y				0.2175	0.2243
0.60	θ_x				0.4326	0.4503
	θ_y				0.2367	0.2431
0.65	θ_x				0.4595	0.4779
	θ_y				0.2367	0.2431

$k=1.3 \quad \alpha=0.2 \quad \beta=0.9$

ξ	η	0.10	0.20	0.30	0.40	0.50
0.10	θ_x				0.0052	0.0059
	θ_y				0.0499	0.0521
0.20	θ_x				0.0206	0.0227
	θ_y				0.0991	0.1033
0.30	θ_x				0.0594	0.0641
	θ_y				0.1464	0.1521
0.40	θ_x				0.1355	0.1444
	θ_y				0.1891	0.1955
0.50	θ_x				0.2735	0.2874
	θ_y				0.2227	0.2290
0.60	θ_x				0.4457	0.4655
	θ_y				0.2416	0.2477
0.65	θ_x				0.4733	0.4913
	θ_y				0.2416	0.2477

$k=1.3 \quad \alpha=0.2 \quad \beta=1.0$

ξ	η	0.10	0.20	0.30	0.40	0.50
0.10	θ_x					0.0061
	θ_y					0.0526
0.20	θ_x					0.0233
	θ_y					0.1043
0.30	θ_x					0.0653
	θ_y					0.1534
0.40	θ_x					0.1466
	θ_y					0.1970
0.50	θ_x					0.2908
	θ_y					0.2306
0.60	θ_x					0.4698
	θ_y					0.2490
0.65	θ_x					0.4957
	θ_y					0.2490

$k=1.3 \quad \alpha=0.3 \quad \beta=0.1$

ξ	η	0.10	0.20	0.30	0.40	0.50
0.10	θ_x	0.0013	0.0019	0.0017	0.0010	0.0006
	θ_y	0.0032	0.0066	0.0099	0.0125	0.0135
0.20	θ_x	0.0035	0.0057	0.0057	0.0043	0.0033
	θ_y	0.0061	0.0126	0.0194	0.0252	0.0276
0.30	θ_x	0.0075	0.0131	0.0150	0.0124	0.0110
	θ_y	0.0082	0.0174	0.0280	0.0382	0.0428
0.40	θ_x	0.0136	0.0252	0.0324	0.0322	0.0287
	θ_y	0.0093	0.0202	0.0342	0.0509	0.0609
0.50	θ_x	0.0203	0.0400	0.0575	0.0706	0.0756
	θ_y	0.0094	0.0209	0.0366	0.0601	0.0849
0.60	θ_x	0.0250	0.0506	0.0772	0.1034	0.1171
	θ_y	0.0091	0.0205	0.0366	0.0647	0.1033
0.65	θ_x	0.0256	0.0521	0.0799	0.1073	0.1210
	θ_y	0.0091	0.0205	0.0366	0.0647	0.1033

$k=1.3 \quad \alpha=0.3 \quad \beta=0.2$

ξ	η	0.10	0.20	0.30	0.40	0.50
0.10	θ_x	0.0024	0.0036	0.0033	0.0020	0.0014
	θ_y	0.0065	0.0131	0.0196	0.0246	0.0265
0.20	θ_x	0.0066	0.0108	0.0110	0.0082	0.0071
	θ_y	0.0123	0.0253	0.0386	0.0495	0.0539
0.30	θ_x	0.0146	0.0252	0.0289	0.0266	0.0246
	θ_y	0.0167	0.0353	0.0559	0.0749	0.0832
0.40	θ_x	0.0267	0.0494	0.0629	0.0623	0.0603
	θ_y	0.0190	0.0413	0.0692	0.1004	0.1160
0.50	θ_x	0.0405	0.0794	0.1139	0.1389	0.1484
	θ_y	0.0193	0.0426	0.0752	0.1233	0.1522
0.60	θ_x	0.0501	0.1014	0.1543	0.2045	0.2263
	θ_y	0.0188	0.0417	0.0763	0.1377	0.1778
0.65	θ_x	0.0514	0.1045	0.1599	0.2118	0.2352
	θ_y	0.0188	0.0417	0.0763	0.1377	0.1778

附录四 双向板楼面等效均布荷载计算表

$k = 1.3 \quad \alpha = 0.3 \quad \beta = 0.3$

ξ	η	0.10	0.20	0.30	0.40	0.50
0.10	θ_x	0.0032	0.0049	0.0046	0.0035	0.0029
	θ_y	0.0098	0.0197	0.0289	0.0359	0.0385
0.20	θ_x	0.0092	0.0149	0.0155	0.0126	0.0110
	θ_y	0.0187	0.0381	0.0573	0.0721	0.0779
0.30	θ_x	0.0206	0.0356	0.0404	0.0401	0.0384
	θ_y	0.0257	0.0537	0.0837	0.1090	0.1191
0.40	θ_x	0.0389	0.0712	0.0896	0.0916	0.0912
	θ_y	0.0296	0.0637	0.1054	0.1459	0.1627
0.50	θ_x	0.0603	0.1178	0.1682	0.2043	0.2174
	θ_y	0.0302	0.0669	0.1177	0.1816	0.2048
0.60	θ_x	0.0755	0.1527	0.2311	0.2985	0.3247
	θ_y	0.0295	0.0664	0.1223	0.2048	0.2324
0.65	θ_x	0.0777	0.1576	0.2393	0.3090	0.3364
	θ_y	0.0295	0.0664	0.1223	0.2048	0.2324

$k = 1.3 \quad \alpha = 0.3 \quad \beta = 0.4$

ξ	η	0.10	0.20	0.30	0.40	0.50
0.10	θ_x		0.0056	0.0058	0.0050	0.0040
	θ_y		0.0261	0.0377	0.0461	0.0492
0.20	θ_x		0.0177	0.0190	0.0174	0.0165
	θ_y		0.0509	0.0748	0.0925	0.0990
0.30	θ_x		0.0435	0.0519	0.0535	0.0533
	θ_y		0.0726	0.1102	0.1391	0.1499
0.40	θ_x		0.0896	0.1117	0.1208	0.1245
	θ_y		0.0882	0.1416	0.1851	0.2007
0.50	θ_x		0.1545	0.2189	0.2621	0.2778
	θ_y		0.0943	0.1659	0.2273	0.2465
0.60	θ_x		0.2044	0.3059	0.3821	0.4090
	θ_y		0.0948	0.1793	0.2541	0.2753
0.65	θ_x		0.2114	0.3153	0.3933	0.4235
	θ_y		0.0948	0.1793	0.2541	0.2753

$k = 1.3 \quad \alpha = 0.3 \quad \beta = 0.5$

ξ	η	0.10	0.20	0.30	0.40	0.50
0.10	θ_x		0.0059	0.0067	0.0065	0.0063
	θ_y		0.0321	0.0457	0.0550	0.0583
0.20	θ_x		0.0190	0.0218	0.0224	0.0225
	θ_y		0.0634	0.0908	0.1100	0.1168
0.30	θ_x		0.0479	0.0608	0.0664	0.0683
	θ_y		0.0919	0.1347	0.1646	0.1751
0.40	θ_x		0.1040	0.1304	0.1488	0.1560
	θ_y		0.1146	0.1754	0.2171	0.2310
0.50	θ_x		0.1884	0.2646	0.3149	0.3314
	θ_y		0.1270	0.2117	0.2625	0.2783
0.60	θ_x		0.2561	0.3740	0.4528	0.4791
	θ_y		0.1311	0.2341	0.2900	0.3067
0.65	θ_x		0.2648	0.3849	0.4665	0.4944
	θ_y		0.1311	0.2341	0.2900	0.3067

$k = 1.3 \quad \alpha = 0.3 \quad \beta = 0.6$

ξ	η	0.10	0.20	0.30	0.40	0.50
0.10	θ_x			0.0073	0.0080	0.0082
	θ_y			0.0526	0.0623	0.0657
0.20	θ_x			0.0241	0.0273	0.0284
	θ_y			0.1048	0.1243	0.1311
0.30	θ_x			0.0681	0.0785	0.0824
	θ_y			0.1558	0.1851	0.1950
0.40	θ_x			0.1475	0.1739	0.1837
	θ_y			0.2041	0.2420	0.2543
0.50	θ_x			0.3037	0.3584	0.3772
	θ_y			0.2469	0.2893	0.3022
0.60	θ_x			0.4319	0.5100	0.5361
	θ_y			0.2733	0.3170	0.3297
0.65	θ_x			0.4448	0.5261	0.5532
	θ_y			0.2733	0.3170	0.3297

$k = 1.3 \quad \alpha = 0.3 \quad \beta = 0.7$

ξ	η	0.10	0.20	0.30	0.40	0.50
0.10	θ_x			0.0077	0.0094	0.0101
	θ_y			0.0582	0.0681	0.0714
0.20	θ_x			0.0259	0.0316	0.0338
	θ_y			0.1161	0.1355	0.1420
0.30	θ_x			0.0740	0.0889	0.0945
	θ_y			0.1728	0.2008	0.2100
0.40	θ_x			0.1624	0.1948	0.2064
	θ_y			0.2264	0.2606	0.2715
0.50	θ_x			0.3353	0.3928	0.4113
	θ_y			0.2717	0.3085	0.3199
0.60	θ_x			0.4774	0.5549	0.5806
	θ_y			0.2988	0.3359	0.3470
0.65	θ_x			0.4921	0.5721	0.5985
	θ_y			0.2988	0.3359	0.3470

$k = 1.3 \quad \alpha = 0.3 \quad \beta = 0.8$

ξ	η	0.10	0.20	0.30	0.40	0.50
0.10	θ_x				0.0106	0.0116
	θ_y				0.0722	0.0755
0.20	θ_x				0.0351	0.0381
	θ_y				0.1434	0.1497
0.30	θ_x				0.0970	0.1038
	θ_y				0.2117	0.2204
0.40	θ_x				0.2104	0.2233
	θ_y				0.2733	0.2833
0.50	θ_x				0.4177	0.4378
	θ_y				0.3217	0.3318
0.60	θ_x				0.5862	0.6118
	θ_y				0.3489	0.3587
0.65	θ_x				0.6047	0.6306
	θ_y				0.3489	0.3587

附录四 双向板楼面等效均布荷载计算表　271

$k=1.3 \quad \alpha=0.3 \quad \beta=0.9$

ξ	η	0.10	0.20	0.30	0.40	0.50
0.10	θ_x				0.0113	0.0126
	θ_y				0.0746	0.0779
0.20	θ_x				0.0373	0.0408
	θ_y				0.1481	0.1542
0.30	θ_x				0.1021	0.1096
	θ_y				0.2182	0.2264
0.40	θ_x				0.2201	0.2337
	θ_y				0.2808	0.2901
0.50	θ_x				0.4328	0.4531
	θ_y				0.3294	0.3387
0.60	θ_x				0.6051	0.6301
	θ_y				0.3564	0.3656
0.65	θ_x				0.6242	0.6503
	θ_y				0.3564	0.3656

$k=1.3 \quad \alpha=0.3 \quad \beta=1.0$

ξ	η	0.10	0.20	0.30	0.40	0.50
0.10	θ_x					0.0129
	θ_y					0.0787
0.20	θ_x					0.0417
	θ_y					0.1557
0.30	θ_x					0.1116
	θ_y					0.2285
0.40	θ_x					0.2371
	θ_y					0.2924
0.50	θ_x					0.4571
	θ_y					0.3412
0.60	θ_x					0.6364
	θ_y					0.3675
0.65	θ_x					0.6567
	θ_y					0.3675

$k=1.3 \quad \alpha=0.4 \quad \beta=0.1$

ξ	η	0.10	0.20	0.30	0.40	0.50
0.20	θ_x	0.0054	0.0090	0.0096	0.0077	0.0064
	θ_y	0.0078	0.0164	0.0256	0.0337	0.0372
0.30	θ_x	0.0109	0.0194	0.0232	0.0210	0.0179
	θ_y	0.0106	0.0225	0.0364	0.0509	0.0580
0.40	θ_x	0.0185	0.0350	0.0470	0.0507	0.0464
	θ_y	0.0120	0.0260	0.0440	0.0668	0.0835
0.50	θ_x	0.0263	0.0519	0.0756	0.0965	0.1096
	θ_y	0.0124	0.0274	0.0475	0.0777	0.1135
0.60	θ_x	0.0313	0.0627	0.0937	0.1208	0.1326
	θ_y	0.0123	0.0276	0.0492	0.0848	0.1289
0.65	θ_x	0.0320	0.0642	0.0960	0.1237	0.1359
	θ_y	0.0123	0.0276	0.0492	0.0848	0.1289

$k=1.3 \quad \alpha=0.4 \quad \beta=0.2$

ξ	η	0.10	0.20	0.30	0.40	0.50
0.20	θ_x	0.0103	0.0172	0.0186	0.0156	0.0136
	θ_y	0.0159	0.0329	0.0509	0.0662	0.0726
0.30	θ_x	0.0213	0.0376	0.0448	0.0416	0.0378
	θ_y	0.0214	0.0455	0.0731	0.1000	0.1122
0.40	θ_x	0.0366	0.0689	0.0920	0.0997	0.0991
	θ_y	0.0245	0.0530	0.0891	0.1331	0.1567
0.50	θ_x	0.0524	0.1032	0.1504	0.1919	0.2110
	θ_y	0.0254	0.0556	0.0977	0.1610	0.1999
0.60	θ_x	0.0626	0.1253	0.1865	0.2380	0.2590
	θ_y	0.0254	0.0563	0.1019	0.1775	0.2249
0.65	θ_x	0.0640	0.1283	0.1911	0.2437	0.2658
	θ_y	0.0254	0.0563	0.1019	0.1775	0.2249

$k=1.3 \quad \alpha=0.4 \quad \beta=0.3$

ξ	η	0.10	0.20	0.30	0.40	0.50
0.20	θ_x	0.0144	0.0240	0.0264	0.0238	0.0219
	θ_y	0.0242	0.0498	0.0756	0.0965	0.1046
0.30	θ_x	0.0304	0.0536	0.0636	0.0621	0.0599
	θ_y	0.0330	0.0695	0.1098	0.1454	0.1598
0.40	θ_x	0.0536	0.1005	0.1330	0.1463	0.1504
	θ_y	0.0380	0.0820	0.1368	0.1943	0.2170
0.50	θ_x	0.0782	0.1537	0.2236	0.2795	0.3001
	θ_y	0.0396	0.0874	0.1529	0.2383	0.2680
0.60	θ_x	0.0940	0.1876	0.2772	0.3480	0.3753
	θ_y	0.0401	0.0893	0.1620	0.2627	0.2978
0.65	θ_x	0.0961	0.1921	0.2834	0.3534	0.3806
	θ_y	0.0401	0.0893	0.1620	0.2627	0.2978

$k=1.3 \quad \alpha=0.4 \quad \beta=0.4$

ξ	η	0.10	0.20	0.30	0.40	0.50
0.20	θ_x		0.0289	0.0329	0.0321	0.0313
	θ_y		0.0667	0.0992	0.1234	0.1324
0.30	θ_x		0.0661	0.0793	0.0826	0.0833
	θ_y		0.0946	0.1455	0.1853	0.2000
0.40	θ_x		0.1285	0.1687	0.1910	0.1995
	θ_y		0.1137	0.1861	0.2458	0.2663
0.50	θ_x		0.2028	0.2951	0.3614	0.3838
	θ_y		0.1228	0.2169	0.2975	0.3220
0.60	θ_x		0.2491	0.3633	0.4462	0.4761
	θ_y		0.1270	0.2337	0.3272	0.3549
0.65	θ_x		0.2550	0.3720	0.4569	0.4875
	θ_y		0.1270	0.2337	0.3272	0.3549

附录四 双向板楼面等效均布荷载计算表

$k = 1.3 \quad \alpha = 0.4 \quad \beta = 0.5$

ξ	η	0.10	0.20	0.30	0.40	0.50
0.20	θ_x		0.0318	0.0382	0.0405	0.0411
	θ_y		0.0835	0.1207	0.1465	0.1557
0.30	θ_x		0.0746	0.0925	0.1026	0.1063
	θ_y		0.1204	0.1784	0.2187	0.2327
0.40	θ_x		0.1515	0.1999	0.2324	0.2443
	θ_y		0.1487	0.2323	0.2871	0.3051
0.50	θ_x		0.2500	0.3576	0.4275	0.4538
	θ_y		0.1650	0.2778	0.3433	0.3639
0.60	θ_x		0.3085	0.4420	0.5312	0.5614
	θ_y		0.1741	0.3023	0.3751	0.3972
0.65	θ_x		0.3156	0.4495	0.5439	0.5757
	θ_y		0.1741	0.3023	0.3751	0.3972

$k = 1.3 \quad \alpha = 0.4 \quad \beta = 0.6$

ξ	η	0.10	0.20	0.30	0.40	0.50
0.20	θ_x			0.0425	0.0485	0.0507
	θ_y			0.1393	0.1654	0.1743
0.30	θ_x			0.1038	0.1210	0.1274
	θ_y			0.2067	0.2455	0.2584
0.40	θ_x			0.2276	0.2684	0.2830
	θ_y			0.2703	0.3192	0.3349
0.50	θ_x			0.4114	0.4845	0.5092
	θ_y			0.3236	0.3782	0.3949
0.60	θ_x			0.5092	0.6018	0.6331
	θ_y			0.3530	0.4112	0.4284
0.65	θ_x			0.5178	0.6126	0.6448
	θ_y			0.3530	0.4112	0.4284

$k = 1.3 \quad \alpha = 0.4 \quad \beta = 0.7$

ξ	η	0.10	0.20	0.30	0.40	0.50
0.20	θ_x			0.0459	0.0555	0.0591
	θ_y			0.1544	0.1799	0.1884
0.30	θ_x			0.1135	0.1367	0.1452
	θ_y			0.2293	0.2657	0.2776
0.40	θ_x			0.2509	0.2979	0.3143
	θ_y			0.2990	0.3431	0.3571
0.50	θ_x			0.4538	0.5319	0.5575
	θ_y			0.3554	0.4036	0.4184
0.60	θ_x			0.5629	0.6562	0.6870
	θ_y			0.3871	0.4367	0.4518
0.65	θ_x			0.5727	0.6719	0.7041
	θ_y			0.3871	0.4367	0.4518

$k = 1.3 \quad \alpha = 0.4 \quad \beta = 0.8$

ξ	η	0.10	0.20	0.30	0.40	0.50
0.20	θ_x				0.0610	0.0657
	θ_y				0.1902	0.1983
0.30	θ_x				0.1486	0.1587
	θ_y				0.2799	0.2909
0.40	θ_x				0.3196	0.3374
	θ_y				0.3595	0.3722
0.50	θ_x				0.5617	0.5903
	θ_y				0.4206	0.4338
0.60	θ_x				0.6957	0.7267
	θ_y				0.4542	0.4674
0.65	θ_x				0.7088	0.7440
	θ_y				0.4542	0.4674

$k = 1.3 \quad \alpha = 0.4 \quad \beta = 0.9$

ξ	η	0.10	0.20	0.30	0.40	0.50
0.20	θ_x				0.0645	0.0699
	θ_y				0.1963	0.2041
0.30	θ_x				0.1561	0.1671
	θ_y				0.2882	0.2987
0.40	θ_x				0.3329	0.3514
	θ_y				0.3691	0.3810
0.50	θ_x				0.5812	0.6075
	θ_y				0.4307	0.4428
0.60	θ_x				0.7192	0.7505
	θ_y				0.4643	0.4764
0.65	θ_x				0.7329	0.7648
	θ_y				0.4643	0.4764

$k = 1.3 \quad \alpha = 0.4 \quad \beta = 1.0$

ξ	η	0.10	0.20	0.30	0.40	0.50
0.20	θ_x					0.0714
	θ_y					0.2061
0.30	θ_x					0.1699
	θ_y					0.3013
0.40	θ_x					0.3561
	θ_y					0.3840
0.50	θ_x					0.6167
	θ_y					0.4459
0.60	θ_x					0.7573
	θ_y					0.4798
0.65	θ_x					0.7760
	θ_y					0.4798

附录四 双向板楼面等效均布荷载计算表

$k=1.3 \quad \alpha=0.5 \quad \beta=0.1$

ξ	η	0.10	0.20	0.30	0.40	0.50
0.20	θ_x	0.0079	0.0135	0.0153	0.0132	0.0111
	θ_y	0.0094	0.0197	0.0313	0.0422	0.0473
0.30	θ_x	0.0149	0.0271	0.0341	0.0332	0.0294
	θ_y	0.0125	0.0268	0.0441	0.0634	0.0744
0.40	θ_x	0.0235	0.0452	0.0629	0.0747	0.0789
	θ_y	0.0144	0.0312	0.0527	0.0811	0.1082
0.50	θ_x	0.0316	0.0617	0.0907	0.1156	0.1279
	θ_y	0.0152	0.0309	0.0580	0.0945	0.1374
0.60	θ_x	0.0363	0.0720	0.1055	0.1323	0.1438
	θ_y	0.0156	0.0347	0.0613	0.1030	0.1505
0.65	θ_x	0.0370	0.0733	0.1074	0.1345	0.1448
	θ_y	0.0156	0.0347	0.0613	0.1030	0.1505

$k=1.3 \quad \alpha=0.5 \quad \beta=0.2$

ξ	η	0.10	0.20	0.30	0.40	0.50
0.20	θ_x	0.0152	0.0261	0.0295	0.0266	0.0242
	θ_y	0.0189	0.0397	0.0625	0.0831	0.0919
0.30	θ_x	0.0291	0.0530	0.0662	0.0645	0.0613
	θ_y	0.0255	0.0544	0.0888	0.1250	0.1425
0.40	θ_x	0.0466	0.0894	0.1244	0.1476	0.1557
	θ_y	0.0294	0.0634	0.1072	0.1646	0.1972
0.50	θ_x	0.0629	0.1229	0.1806	0.2281	0.2488
	θ_y	0.0313	0.0654	0.1193	0.1959	0.2429
0.60	θ_x	0.0725	0.1436	0.2095	0.2605	0.2814
	θ_y	0.0320	0.0707	0.1265	0.2131	0.2661
0.65	θ_x	0.0738	0.1461	0.2130	0.2643	0.2842
	θ_y	0.0320	0.0707	0.1265	0.2131	0.2661

$k=1.3 \quad \alpha=0.5 \quad \beta=0.3$

ξ	η	0.10	0.20	0.30	0.40	0.50
0.20	θ_x	0.0214	0.0367	0.0420	0.0402	0.0381
	θ_y	0.0290	0.0603	0.0932	0.1209	0.1319
0.30	θ_x	0.0420	0.0761	0.0943	0.0951	0.0941
	θ_y	0.0394	0.0834	0.1343	0.1818	0.2012
0.40	θ_x	0.0687	0.1317	0.1829	0.2168	0.2287
	θ_y	0.0456	0.0984	0.1652	0.2418	0.2700
0.50	θ_x	0.0938	0.1845	0.2685	0.3352	0.3600
	θ_y	0.0487	0.1071	0.1866	0.2898	0.3258
0.60	θ_x	0.1084	0.2139	0.3099	0.3810	0.4078
	θ_y	0.0501	0.1117	0.1994	0.3144	0.3557
0.65	θ_x	0.1103	0.2176	0.3150	0.3864	0.4133
	θ_y	0.0501	0.1117	0.1994	0.3144	0.3557

$k=1.3 \quad \alpha=0.5 \quad \beta=0.4$

ξ	η	0.10	0.20	0.30	0.40	0.50
0.20	θ_x		0.0447	0.0527	0.0537	0.0533
	θ_y		0.0814	0.1228	0.1544	0.1662
0.30	θ_x		0.0953	0.1174	0.1258	0.1290
	θ_y		0.1143	0.1794	0.2312	0.2499
0.40	θ_x		0.1710	0.2371	0.2804	0.2951
	θ_y		0.1365	0.2281	0.3045	0.3292
0.50	θ_x		0.2435	0.3529	0.4293	0.4563
	θ_y		0.1501	0.2644	0.3621	0.3919
0.60	θ_x		0.2820	0.4040	0.4900	0.5210
	θ_y		0.1581	0.2839	0.3929	0.4263
0.65	θ_x		0.2868	0.4113	0.4972	0.5286
	θ_y		0.1581	0.2839	0.3929	0.4263

$k=1.3 \quad \alpha=0.5 \quad \beta=0.5$

ξ	η	0.10	0.20	0.30	0.40	0.50
0.20	θ_x		0.0499	0.0616	0.0670	0.0687
	θ_y		0.1026	0.1500	0.1829	0.1945
0.30	θ_x		0.1091	0.1371	0.1553	0.1622
	θ_y		0.1469	0.2211	0.2720	0.2893
0.40	θ_x		0.2064	0.2855	0.3368	0.3546
	θ_y		0.1795	0.2873	0.3541	0.3758
0.50	θ_x		0.3001	0.4289	0.5129	0.5402
	θ_y		0.2015	0.3383	0.4179	0.4427
0.60	θ_x		0.3462	0.4893	0.5853	0.6186
	θ_y		0.2146	0.3644	0.4521	0.4787
0.65	θ_x		0.3521	0.4966	0.5939	0.6280
	θ_y		0.2146	0.3644	0.4521	0.4787

$k=1.3 \quad \alpha=0.5 \quad \beta=0.6$

ξ	η	0.10	0.20	0.30	0.40	0.50
0.20	θ_x			0.0689	0.0794	0.0832
	θ_y			0.1734	0.2059	0.2169
0.30	θ_x			0.1548	0.1819	0.1919
	θ_y			0.2567	0.3043	0.3200
0.40	θ_x			0.3270	0.3848	0.4048
	θ_y			0.3341	0.3928	0.4114
0.50	θ_x			0.4935	0.5814	0.6111
	θ_y			0.3941	0.4606	0.4809
0.60	θ_x			0.5626	0.6647	0.6996
	θ_y			0.4252	0.4970	0.5186
0.65	θ_x			0.5710	0.6747	0.7102
	θ_y			0.4252	0.4970	0.5186

附录四 双向板楼面等效均布荷载计算表

$k=1.3 \quad \alpha=0.5 \quad \beta=0.7$

ξ	η	0.10	0.20	0.30	0.40	0.50
0.20	θ_x			0.0748	0.0901	0.0958
	θ_y			0.1922	0.2235	0.2338
0.30	θ_x			0.1702	0.2042	0.2165
	θ_y			0.2846	0.3286	0.3429
0.40	θ_x			0.3603	0.4233	0.4446
	θ_y			0.3684	0.4213	0.4382
0.50	θ_x			0.5445	0.6357	0.6663
	θ_y			0.4328	0.4914	0.5095
0.60	θ_x			0.6216	0.7270	0.7627
	θ_y			0.4673	0.5291	0.5480
0.65	θ_x			0.6309	0.7400	0.7764
	θ_y			0.4673	0.5291	0.5480

$k=1.3 \quad \alpha=0.5 \quad \beta=0.8$

ξ	η	0.10	0.20	0.30	0.40	0.50
0.20	θ_x				0.0984	0.1054
	θ_y				0.2359	0.2456
0.30	θ_x				0.2210	0.2349
	θ_y				0.3455	0.3587
0.40	θ_x				0.4514	0.4742
	θ_y				0.4410	0.4562
0.50	θ_x				0.6740	0.7057
	θ_y				0.5126	0.5288
0.60	θ_x				0.7721	0.8081
	θ_y				0.5510	0.5677
0.65	θ_x				0.7858	0.8226
	θ_y				0.5510	0.5677

$k=1.3 \quad \alpha=0.5 \quad \beta=0.9$

ξ	η	0.10	0.20	0.30	0.40	0.50
0.20	θ_x				0.1036	0.1115
	θ_y				0.2432	0.2525
0.30	θ_x				0.2314	0.2462
	θ_y				0.3554	0.3680
0.40	θ_x				0.4685	0.4920
	θ_y				0.4525	0.4668
0.50	θ_x				0.6974	0.7290
	θ_y				0.5250	0.5399
0.60	θ_x				0.7992	0.8355
	θ_y				0.5635	0.5795
0.65	θ_x				0.8134	0.8503
	θ_y				0.5635	0.5795

$k=1.3 \quad \alpha=0.5 \quad \beta=1.0$

ξ	η	0.10	0.20	0.30	0.40	0.50
0.20	θ_x					0.1136
	θ_y					0.2548
0.30	θ_x					0.2500
	θ_y					0.3710
0.40	θ_x					0.4976
	θ_y					0.4703
0.50	θ_x					0.7357
	θ_y					0.5437
0.60	θ_x					0.8449
	θ_y					0.5832
0.65	θ_x					0.8578
	θ_y					0.5832

$k=1.3 \quad \alpha=0.6 \quad \beta=0.1$

ξ	η	0.10	0.20	0.30	0.40	0.50
0.30	θ_x	0.0192	0.0360	0.0477	0.0511	0.0471
	θ_y	0.0142	0.0305	0.0506	0.0751	0.0925
0.40	θ_x	0.0284	0.0551	0.0787	0.0986	0.1113
	θ_y	0.0166	0.0359	0.0605	0.0944	0.1317
0.50	θ_x	0.0360	0.0707	0.1024	0.1281	0.1393
	θ_y	0.0180	0.0395	0.0680	0.1104	0.1571
0.60	θ_x	0.0402	0.0789	0.1137	0.1399	0.1499
	θ_y	0.0187	0.0415	0.0725	0.1189	0.1683
0.65	θ_x	0.0407	0.0799	0.1151	0.1411	0.1512
	θ_y	0.0187	0.0415	0.0725	0.1189	0.1683

$k=1.3 \quad \alpha=0.6 \quad \beta=0.2$

ξ	η	0.10	0.20	0.30	0.40	0.50
0.30	θ_x	0.0379	0.0708	0.0936	0.1005	0.0994
	θ_y	0.0289	0.0619	0.1022	0.1495	0.1742
0.40	θ_x	0.0563	0.1094	0.1564	0.1960	0.2145
	θ_y	0.0338	0.0728	0.1236	0.1940	0.2358
0.50	θ_x	0.0716	0.1406	0.2034	0.2523	0.2726
	θ_y	0.0369	0.0803	0.1397	0.2271	0.2799
0.60	θ_x	0.0800	0.1568	0.2253	0.2757	0.2942
	θ_y	0.0382	0.0846	0.1492	0.2445	0.3015
0.65	θ_x	0.0810	0.1588	0.2279	0.2778	0.2968
	θ_y	0.0382	0.0846	0.1492	0.2445	0.3015

附录四　双向板楼面等效均布荷载计算表

$k=1.3\quad \alpha=0.6\quad \beta=0.3$

ξ	η	0.10	0.20	0.30	0.40	0.50
0.30	θ_x	0.0553	0.1030	0.1352	0.1476	0.1512
	θ_y	0.0446	0.0953	0.1561	0.2182	0.2426
0.40	θ_x	0.0835	0.1622	0.2321	0.2863	0.3059
	θ_y	0.0524	0.1132	0.1913	0.2863	0.3197
0.50	θ_x	0.1067	0.2091	0.3014	0.3705	0.3964
	θ_y	0.0574	0.1258	0.2182	0.3353	0.3769
0.60	θ_x	0.1190	0.2327	0.3324	0.4033	0.4294
	θ_y	0.0601	0.1329	0.2334	0.3600	0.4060
0.65	θ_x	0.1206	0.2357	0.3364	0.4086	0.4349
	θ_y	0.0601	0.1329	0.2334	0.3600	0.4060

$k=1.3\quad \alpha=0.6\quad \beta=0.4$

ξ	η	0.10	0.20	0.30	0.40	0.50
0.30	θ_x		0.1313	0.1713	0.1930	0.2010
	θ_y		0.1312	0.2113	0.2765	0.2989
0.40	θ_x		0.2127	0.3044	0.3703	0.3921
	θ_y		0.1571	0.2670	0.3592	0.3881
0.50	θ_x		0.2751	0.3937	0.4753	0.5046
	θ_y		0.1762	0.3077	0.4197	0.4542
0.60	θ_x		0.3053	0.4323	0.5202	0.5515
	θ_y		0.1872	0.3291	0.4509	0.4891
0.65	θ_x		0.3089	0.4378	0.5242	0.5556
	θ_y		0.1872	0.3291	0.4509	0.4891

$k=1.3\quad \alpha=0.6\quad \beta=0.5$

ξ	η	0.10	0.20	0.30	0.40	0.50
0.30	θ_x		0.1544	0.2029	0.2350	0.2467
	θ_y		0.1703	0.2628	0.3237	0.3439
0.40	θ_x		0.2608	0.3698	0.4397	0.4653
	θ_y		0.2073	0.3385	0.4166	0.4415
0.50	θ_x		0.3372	0.4772	0.5695	0.5996
	θ_y		0.2360	0.3925	0.4850	0.5139
0.60	θ_x		0.3726	0.5224	0.6220	0.6573
	θ_y		0.2518	0.4200	0.5205	0.5516
0.65	θ_x		0.3767	0.5292	0.6299	0.6627
	θ_y		0.2518	0.4200	0.5205	0.5516

$k=1.3\quad \alpha=0.6\quad \beta=0.6$

ξ	η	0.10	0.20	0.30	0.40	0.50
0.30	θ_x			0.2308	0.2718	0.2865
	θ_y			0.3054	0.3608	0.3787
0.40	θ_x			0.4247	0.4994	0.5247
	θ_y			0.3936	0.4612	0.4824
0.50	θ_x			0.5485	0.6469	0.6803
	θ_y			0.4572	0.5350	0.5589
0.60	θ_x			0.5997	0.7078	0.7450
	θ_y			0.4897	0.5736	0.5993
0.65	θ_x			0.6075	0.7168	0.7544
	θ_y			0.4897	0.5736	0.5993

$k=1.3\quad \alpha=0.6\quad \beta=0.7$

ξ	η	0.10	0.20	0.30	0.40	0.50
0.30	θ_x			0.2543	0.3020	0.3188
	θ_y			0.3378	0.3885	0.4048
0.40	θ_x			0.4680	0.5467	0.5755
	θ_y			0.4329	0.4939	0.5131
0.50	θ_x			0.6055	0.7063	0.7410
	θ_y			0.5026	0.5712	0.5925
0.60	θ_x			0.6621	0.7758	0.8150
	θ_y			0.5389	0.6119	0.6345
0.65	θ_x			0.6705	0.7856	0.8225
	θ_y			0.5389	0.6119	0.6345

$k=1.3\quad \alpha=0.6\quad \beta=0.8$

ξ	η	0.10	0.20	0.30	0.40	0.50
0.30	θ_x				0.3243	0.3427
	θ_y				0.4077	0.4226
0.40	θ_x				0.5811	0.6088
	θ_y				0.5165	0.5340
0.50	θ_x				0.7520	0.7875
	θ_y				0.5961	0.6153
0.60	θ_x				0.8250	0.8647
	θ_y				0.6381	0.6582
0.65	θ_x				0.8354	0.8756
	θ_y				0.6381	0.6582

$k=1.3\quad \alpha=0.6\quad \beta=0.9$

ξ	η	0.10	0.20	0.30	0.40	0.50
0.30	θ_x				0.3380	0.3573
	θ_y				0.4190	0.4331
0.40	θ_x				0.6018	0.6302
	θ_y				0.5298	0.5461
0.50	θ_x				0.7786	0.8146
	θ_y				0.6107	0.6284
0.60	θ_x				0.8547	0.8949
	θ_y				0.6534	0.6718
0.65	θ_x				0.8655	0.9062
	θ_y				0.6534	0.6718

$k=1.3\quad \alpha=0.6\quad \beta=1.0$

ξ	η	0.10	0.20	0.30	0.40	0.50
0.30	θ_x					0.3622
	θ_y					0.4366
0.40	θ_x					0.6395
	θ_y					0.5505
0.50	θ_x					0.8220
	θ_y					0.6332
0.60	θ_x					0.9054
	θ_y					0.6763
0.65	θ_x					0.9142
	θ_y					0.6763

$k=1.3 \quad \alpha=0.7 \quad \beta=0.1$

ξ	η	0.10	0.20	0.30	0.40	0.50
0.30	θ_x	0.0238	0.0456	0.0633	0.0749	0.0789
	θ_y	0.0156	0.0335	0.0560	0.0852	0.1124
0.40	θ_x	0.0328	0.0641	0.0924	0.1166	0.1288
	θ_y	0.0185	0.0402	0.0679	0.1070	0.1509
0.50	θ_x	0.0395	0.0773	0.1109	0.1364	0.1469
	θ_y	0.0206	0.0450	0.0773	0.1240	0.1736
0.60	θ_x	0.0429	0.0837	0.1191	0.1445	0.1540
	θ_y	0.0217	0.0478	0.0826	0.1327	0.1838
0.65	θ_x	0.0434	0.0844	0.1201	0.1452	0.1545
	θ_y	0.0217	0.0478	0.0826	0.1327	0.1838

$k=1.3 \quad \alpha=0.7 \quad \beta=0.2$

ξ	η	0.10	0.20	0.30	0.40	0.50
0.30	θ_x	0.0472	0.0902	0.1250	0.1478	0.1557
	θ_y	0.0316	0.0679	0.1138	0.1729	0.2061
0.40	θ_x	0.0653	0.1274	0.1838	0.2309	0.2504
	θ_y	0.0378	0.0814	0.1388	0.2207	0.2693
0.50	θ_x	0.0786	0.1535	0.2199	0.2689	0.2885
	θ_y	0.0421	0.0916	0.1585	0.2545	0.3111
0.60	θ_x	0.0853	0.1660	0.2357	0.2850	0.3028
	θ_y	0.0445	0.0973	0.1694	0.2716	0.3314
0.65	θ_x	0.0862	0.1676	0.2376	0.2863	0.3046
	θ_y	0.0445	0.0973	0.1694	0.2716	0.3314

$k=1.3 \quad \alpha=0.7 \quad \beta=0.3$

ξ	η	0.10	0.20	0.30	0.40	0.50
0.30	θ_x	0.0695	0.1327	0.1837	0.2169	0.2285
	θ_y	0.0489	0.1051	0.1749	0.2537	0.2827
0.40	θ_x	0.0969	0.1893	0.2731	0.3387	0.3628
	θ_y	0.0585	0.1267	0.2155	0.3257	0.3643
0.50	θ_x	0.1168	0.2277	0.3246	0.3935	0.4190
	θ_y	0.0655	0.1432	0.2469	0.3747	0.4208
0.60	θ_x	0.1266	0.2457	0.3473	0.4177	0.4430
	θ_y	0.0693	0.1523	0.2637	0.3994	0.4490
0.65	θ_x	0.1278	0.2479	0.3499	0.4195	0.4447
	θ_y	0.0693	0.1523	0.2637	0.3994	0.4490

$k=1.3 \quad \alpha=0.7 \quad \beta=0.4$

ξ	η	0.10	0.20	0.30	0.40	0.50
0.30	θ_x		0.1722	0.2379	0.2806	0.2957
	θ_y		0.1453	0.2407	0.3199	0.3457
0.40	θ_x		0.2491	0.3584	0.4353	0.4617
	θ_y		0.1762	0.3021	0.4085	0.4415
0.50	θ_x		0.2985	0.4223	0.5074	0.5378
	θ_y		0.2003	0.3461	0.4700	0.5090
0.60	θ_x		0.3210	0.4510	0.5388	0.5700
	θ_y		0.2135	0.3689	0.5012	0.5433
0.65	θ_x		0.3237	0.4538	0.5415	0.5726
	θ_y		0.2135	0.3689	0.5012	0.5433

$k=1.3 \quad \alpha=0.7 \quad \beta=0.5$

ξ	η	0.10	0.20	0.30	0.40	0.50
0.30	θ_x		0.2076	0.2864	0.3373	0.3550
	θ_y		0.1903	0.3026	0.3724	0.3952
0.40	θ_x		0.3059	0.4356	0.5194	0.5475
	θ_y		0.2337	0.3841	0.4728	0.5006
0.50	θ_x		0.3642	0.5103	0.6072	0.6410
	θ_y		0.2672	0.4400	0.5437	0.5761
0.60	θ_x		0.3902	0.5442	0.6458	0.6812
	θ_y		0.2851	0.4686	0.5800	0.6149
0.65	θ_x		0.3931	0.5473	0.6492	0.6848
	θ_y		0.2851	0.4686	0.5800	0.6149

$k=1.3 \quad \alpha=0.7 \quad \beta=0.6$

ξ	η	0.10	0.20	0.30	0.40	0.50
0.30	θ_x			0.3278	0.3857	0.4056
	θ_y			0.3517	0.4136	0.4333
0.40	θ_x			0.5008	0.5894	0.6193
	θ_y			0.4467	0.5229	0.5466
0.50	θ_x			0.5859	0.6911	0.7272
	θ_y			0.5125	0.6005	0.6278
0.60	θ_x			0.6242	0.7360	0.7746
	θ_y			0.5460	0.6406	0.6698
0.65	θ_x			0.6286	0.7401	0.7790
	θ_y			0.5460	0.6406	0.6698

$k=1.3 \quad \alpha=0.7 \quad \beta=0.7$

ξ	η	0.10	0.20	0.30	0.40	0.50
0.30	θ_x			0.3612	0.4244	0.4465
	θ_y			0.3878	0.4440	0.4619
0.40	θ_x			0.5522	0.6444	0.6757
	θ_y			0.4910	0.5594	0.5810
0.50	θ_x			0.6467	0.7577	0.7956
	θ_y			0.5640	0.6418	0.6662
0.60	θ_x			0.6887	0.8078	0.8485
	θ_y			0.6017	0.6845	0.7105
0.65	θ_x			0.6953	0.8126	0.8537
	θ_y			0.6017	0.6845	0.7105

$k=1.3 \quad \alpha=0.7 \quad \beta=0.8$

ξ	η	0.10	0.20	0.30	0.40	0.50
0.30	θ_x				0.4528	0.4759
	θ_y				0.4651	0.4815
0.40	θ_x				0.6846	0.7168
	θ_y				0.5847	0.6043
0.50	θ_x				0.8058	0.8447
	θ_y				0.6703	0.6921
0.60	θ_x				0.8599	0.9021
	θ_y				0.7147	0.7379
0.65	θ_x				0.8652	0.9077
	θ_y				0.7147	0.7379

附录四 双向板楼面等效均布荷载计算表

$k = 1.3 \quad \alpha = 0.7 \quad \beta = 0.9$

ξ	η	0.10	0.20	0.30	0.40	0.50
0.30	θ_x				0.4701	0.4939
	θ_y				0.4775	0.4929
0.40	θ_x				0.7087	0.7416
	θ_y				0.5993	0.6182
0.50	θ_x				0.8349	0.8744
	θ_y				0.6866	0.7076
0.60	θ_x				0.8915	0.9344
	θ_y				0.7320	0.7541
0.65	θ_x				0.8998	0.9432
	θ_y				0.7320	0.7541

$k = 1.3 \quad \alpha = 0.7 \quad \beta = 1.0$

ξ	η	0.10	0.20	0.30	0.40	0.50
0.30	θ_x					0.5000
	θ_y					0.4970
0.40	θ_x					0.7486
	θ_y					0.6224
0.50	θ_x					0.8845
	θ_y					0.7121
0.60	θ_x					0.9452
	θ_y					0.7589
0.65	θ_x					0.9513
	θ_y					0.7589

$k = 1.3 \quad \alpha = 0.8 \quad \beta = 0.1$

ξ	η	0.10	0.20	0.30	0.40	0.50
0.40	θ_x	0.0367	0.0717	0.1033	0.1285	0.1395
	θ_y	0.0202	0.0440	0.0747	0.1186	0.1660
0.50	θ_x	0.0422	0.0821	0.1169	0.1419	0.1514
	θ_y	0.0229	0.0501	0.0856	0.1359	0.1870
0.60	θ_x	0.0448	0.0869	0.1225	0.1471	0.1560
	θ_y	0.0244	0.0534	0.0914	0.1444	0.1969
0.65	θ_x	0.0452	0.0874	0.1232	0.1477	0.1567
	θ_y	0.0244	0.0534	0.0914	0.1444	0.1969

$k = 1.3 \quad \alpha = 0.8 \quad \beta = 0.2$

ξ	η	0.10	0.20	0.30	0.40	0.50
0.40	θ_x	0.0729	0.1425	0.2050	0.2532	0.2724
	θ_y	0.0413	0.0892	0.1529	0.2434	0.2974
0.50	θ_x	0.0839	0.1630	0.2313	0.2799	0.2980
	θ_y	0.0466	0.1017	0.1751	0.2772	0.3371
0.60	θ_x	0.0890	0.1722	0.2423	0.2902	0.3080
	θ_y	0.0496	0.1086	0.1869	0.2944	0.3564
0.65	θ_x	0.0896	0.1732	0.2435	0.2913	0.3089
	θ_y	0.0496	0.1086	0.1869	0.2944	0.3564

$k = 1.3 \quad \alpha = 0.8 \quad \beta = 0.3$

ξ	η	0.10	0.20	0.30	0.40	0.50
0.40	θ_x	0.1084	0.2116	0.3036	0.3718	0.3972
	θ_y	0.0640	0.1390	0.2376	0.3591	0.4024
0.50	θ_x	0.1243	0.2412	0.3409	0.4101	0.4352
	θ_y	0.0728	0.1587	0.2718	0.4081	0.4577
0.60	θ_x	0.1317	0.2542	0.3565	0.4258	0.4505
	θ_y	0.0775	0.1694	0.2897	0.4326	0.4850
0.65	θ_x	0.1326	0.2557	0.3581	0.4267	0.4512
	θ_y	0.0775	0.1694	0.2897	0.4326	0.4850

$k = 1.3 \quad \alpha = 0.8 \quad \beta = 0.4$

ξ	η	0.10	0.20	0.30	0.40	0.50
0.40	θ_x		0.2779	0.3964	0.4775	0.5064
	θ_y		0.1938	0.3329	0.4502	0.4867
0.50	θ_x		0.3152	0.4429	0.5291	0.5597
	θ_y		0.2215	0.3792	0.5121	0.5543
0.60	θ_x		0.3313	0.4625	0.5496	0.5803
	θ_y		0.2365	0.4030	0.5436	0.5888
0.65	θ_x		0.3332	0.4643	0.5513	0.5826
	θ_y		0.2365	0.4030	0.5436	0.5888

$k = 1.3 \quad \alpha = 0.8 \quad \beta = 0.5$

ξ	η	0.10	0.20	0.30	0.40	0.50
0.40	θ_x		0.3400	0.4802	0.5721	0.6026
	θ_y		0.2576	0.4230	0.5216	0.5526
0.50	θ_x		0.3833	0.5345	0.6342	0.6688
	θ_y		0.2944	0.4807	0.5938	0.6299
0.60	θ_x		0.4013	0.5575	0.6599	0.6951
	θ_y		0.3138	0.5101	0.6304	0.6685
0.65	θ_x		0.4036	0.5593	0.6617	0.6980
	θ_y		0.3138	0.5101	0.6304	0.6685

$k = 1.3 \quad \alpha = 0.8 \quad \beta = 0.6$

ξ	η	0.10	0.20	0.30	0.40	0.50
0.40	θ_x			0.5517	0.6503	0.6838
	θ_y			0.4923	0.5765	0.6027
0.50	θ_x			0.6130	0.7227	0.7605
	θ_y			0.5597	0.6566	0.6868
0.60	θ_x			0.6390	0.7529	0.7923
	θ_y			0.5939	0.6975	0.7298
0.65	θ_x			0.6410	0.7553	0.7948
	θ_y			0.5939	0.6975	0.7298

278 附录四 双向板楼面等效均布荷载计算表

$k=1.3 \quad \alpha=0.8 \quad \beta=0.7$

ξ	η	0.10	0.20	0.30	0.40	0.50
0.40	θ_x			0.6088	0.7121	0.7460
	θ_y			0.5415	0.6166	0.6402
0.50	θ_x			0.6764	0.7932	0.8331
	θ_y			0.6164	0.7025	0.7297
0.60	θ_x			0.7047	0.8272	0.8688
	θ_y			0.6544	0.7464	0.7753
0.65	θ_x			0.7069	0.8301	0.8728
	θ_y			0.6544	0.7464	0.7753

$k=1.3 \quad \alpha=0.8 \quad \beta=0.8$

ξ	η	0.10	0.20	0.30	0.40	0.50
0.40	θ_x				0.7568	0.7928
	θ_y				0.6444	0.6657
0.50	θ_x				0.8444	0.8857
	θ_y				0.7340	0.7584
0.60	θ_x				0.8813	0.9251
	θ_y				0.7801	0.8061
0.65	θ_x				0.8844	0.9286
	θ_y				0.7801	0.8061

$k=1.3 \quad \alpha=0.8 \quad \beta=0.9$

ξ	η	0.10	0.20	0.30	0.40	0.50
0.40	θ_x				0.7838	0.8204
	θ_y				0.6606	0.6805
0.50	θ_x				0.8754	0.9176
	θ_y				0.7525	0.7751
0.60	θ_x				0.9141	0.9589
	θ_y				0.7998	0.8239
0.65	θ_x				0.9175	0.9627
	θ_y				0.7998	0.8239

$k=1.3 \quad \alpha=0.8 \quad \beta=1.0$

ξ	η	0.10	0.20	0.30	0.40	0.50
0.40	θ_x					0.8286
	θ_y					0.6858
0.50	θ_x					0.9286
	θ_y					0.7811
0.60	θ_x					0.9698
	θ_y					0.8298
0.65	θ_x					0.9750
	θ_y					0.8298

$k=1.3 \quad \alpha=0.9 \quad \beta=0.1$

ξ	η	0.10	0.20	0.30	0.40	0.50
0.40	θ_x	0.0398	0.0777	0.1113	0.1366	0.1467
	θ_y	0.0217	0.0473	0.0806	0.1282	0.1779
0.50	θ_x	0.0442	0.0856	0.1208	0.1454	0.1545
	θ_y	0.0249	0.0544	0.0925	0.1452	0.1977
0.60	θ_x	0.0461	0.0889	0.1245	0.1486	0.1574
	θ_y	0.0267	0.0582	0.0987	0.1538	0.2072
0.65	θ_x	0.0463	0.0893	0.1249	0.1489	0.1574
	θ_y	0.0267	0.0582	0.0987	0.1538	0.2072

$k=1.3 \quad \alpha=0.9 \quad \beta=0.2$

ξ	η	0.10	0.20	0.30	0.40	0.50
0.40	θ_x	0.0792	0.1543	0.2205	0.2695	0.2882
	θ_y	0.0443	0.0961	0.1651	0.2624	0.3201
0.50	θ_x	0.0877	0.1696	0.2389	0.2866	0.3043
	θ_y	0.0510	0.1105	0.1890	0.2960	0.3580
0.60	θ_x	0.0914	0.1760	0.2462	0.2934	0.3104
	θ_y	0.0546	0.1182	0.2015	0.3130	0.3766
0.65	θ_x	0.0918	0.1767	0.2470	0.2938	0.3106
	θ_y	0.0546	0.1182	0.2015	0.3130	0.3766

$k=1.3 \quad \alpha=0.9 \quad \beta=0.3$

ξ	η	0.10	0.20	0.30	0.40	0.50
0.40	θ_x	0.1175	0.2288	0.3254	0.3936	0.4188
	θ_y	0.0688	0.1498	0.2566	0.3866	0.4336
0.50	θ_x	0.1298	0.2506	0.3519	0.4212	0.4459
	θ_y	0.0791	0.1720	0.2926	0.4354	0.4875
0.60	θ_x	0.1350	0.2595	0.3620	0.4302	0.4543
	θ_y	0.0847	0.1838	0.3112	0.4597	0.5142
0.65	θ_x	0.1356	0.2606	0.3631	0.4310	0.4553
	θ_y	0.0847	0.1838	0.3112	0.4597	0.5142

$k=1.3 \quad \alpha=0.9 \quad \beta=0.4$

ξ	η	0.10	0.20	0.30	0.40	0.50
0.40	θ_x		0.2997	0.4231	0.5089	0.5390
	θ_y		0.2091	0.3587	0.4851	0.5249
0.50	θ_x		0.3266	0.4568	0.5427	0.5732
	θ_y		0.2396	0.4067	0.5470	0.5920
0.60	θ_x		0.3376	0.4692	0.5561	0.5867
	θ_y		0.2556	0.4311	0.5783	0.6259
0.65	θ_x		0.3388	0.4705	0.5572	0.5876
	θ_y		0.2556	0.4311	0.5783	0.6259

$k = 1.3 \quad \alpha = 0.9 \quad \beta = 0.5$

ξ	η	0.10	0.20	0.30	0.40	0.50
0.40	θ_x		0.3654	0.5111	0.6077	0.6427
	θ_y		0.2780	0.4552	0.5620	0.5958
0.50	θ_x		0.3960	0.5509	0.6523	0.6863
	θ_y		0.3172	0.5143	0.6349	0.6735
0.60	θ_x		0.4082	0.5652	0.6677	0.7033
	θ_y		0.3376	0.5442	0.6716	0.7127
0.65	θ_x		0.4095	0.5666	0.6692	0.7049
	θ_y		0.3376	0.5442	0.6716	0.7127

$k = 1.3 \quad \alpha = 0.9 \quad \beta = 0.6$

ξ	η	0.10	0.20	0.30	0.40	0.50
0.40	θ_x			0.5867	0.6920	0.7280
	θ_y			0.5300	0.6213	0.6497
0.50	θ_x			0.6315	0.7440	0.7828
	θ_y			0.5986	0.7029	0.7355
0.60	θ_x			0.6475	0.7625	0.8022
	θ_y			0.6332	0.7441	0.7790
0.65	θ_x			0.6490	0.7643	0.8042
	θ_y			0.6332	0.7441	0.7790

$k = 1.3 \quad \alpha = 0.9 \quad \beta = 0.7$

ξ	η	0.10	0.20	0.30	0.40	0.50
0.40	θ_x			0.6475	0.7588	0.7980
	θ_y			0.5834	0.6646	0.6900
0.50	θ_x			0.6965	0.8173	0.8579
	θ_y			0.6595	0.7526	0.7819
0.60	θ_x			0.7138	0.8383	0.8811
	θ_y			0.6983	0.7978	0.8281
0.65	θ_x			0.7155	0.8405	0.8834
	θ_y			0.6983	0.7978	0.8281

$k = 1.3 \quad \alpha = 0.9 \quad \beta = 0.8$

ξ	η	0.10	0.20	0.30	0.40	0.50
0.40	θ_x				0.8072	0.8463
	θ_y				0.6944	0.7174
0.50	θ_x				0.8705	0.9137
	θ_y				0.7869	0.8133
0.60	θ_x				0.8936	0.9385
	θ_y				0.8340	0.8623
0.65	θ_x				0.8960	0.9411
	θ_y				0.8340	0.8623

$k = 1.3 \quad \alpha = 0.9 \quad \beta = 0.9$

ξ	η	0.10	0.20	0.30	0.40	0.50
0.40	θ_x				0.8365	0.8763
	θ_y				0.7118	0.7332
0.50	θ_x				0.9028	0.9470
	θ_y				0.8069	0.8316
0.60	θ_x				0.9272	0.9733
	θ_y				0.8552	0.8823
0.65	θ_x				0.9298	0.9761
	θ_y				0.8552	0.8823

$k = 1.3 \quad \alpha = 0.9 \quad \beta = 1.0$

ξ	η	0.10	0.20	0.30	0.40	0.50
0.40	θ_x					0.8877
	θ_y					0.7389
0.50	θ_x					0.9574
	θ_y					0.8376
0.60	θ_x					0.9853
	θ_y					0.8883
0.65	θ_x					0.9878
	θ_y					0.8883

$k = 1.3 \quad \alpha = 1.0 \quad \beta = 0.1$

ξ	η	0.10	0.20	0.30	0.40	0.50
0.50	θ_x	0.0455	0.0879	0.1233	0.1474	0.1562
	θ_y	0.0266	0.0578	0.0981	0.1527	0.2060
0.60	θ_x	0.0469	0.0901	0.1256	0.1493	0.1577
	θ_y	0.0286	0.0620	0.1050	0.1611	0.2152
0.65	θ_x	0.0471	0.0904	0.1259	0.1495	0.1578
	θ_y	0.0286	0.0620	0.1050	0.1611	0.2152

$k = 1.3 \quad \alpha = 1.0 \quad \beta = 0.2$

ξ	η	0.10	0.20	0.30	0.40	0.50
0.50	θ_x	0.0903	0.1741	0.2438	0.2911	0.3079
	θ_y	0.0541	0.1175	0.2000	0.3105	0.3740
0.60	θ_x	0.0929	0.1783	0.2483	0.2948	0.3112
	θ_y	0.0580	0.1258	0.2121	0.3273	0.3921
0.65	θ_x	0.0932	0.1788	0.2488	0.2951	0.3114
	θ_y	0.0580	0.1258	0.2121	0.3273	0.3921

$k = 1.3 \quad \alpha = 1.0 \quad \beta = 0.3$

ξ	η	0.10	0.20	0.30	0.40	0.50
0.50	θ_x	0.1334	0.2567	0.3587	0.4271	0.4513
	θ_y	0.0841	0.1827	0.3091	0.4565	0.5106
0.60	θ_x	0.1370	0.2627	0.3661	0.4326	0.4563
	θ_y	0.0902	0.1952	0.3312	0.4806	0.5367
0.65	θ_x	0.1374	0.2633	0.3659	0.4337	0.4574
	θ_y	0.0902	0.1952	0.3312	0.4806	0.5367

$k = 1.3 \quad \alpha = 1.0 \quad \beta = 0.4$

ξ	η	0.10	0.20	0.30	0.40	0.50
0.50	θ_x		0.3341	0.4652	0.5519	0.5821
	θ_y		0.2540	0.4282	0.5743	0.6211
0.60	θ_x		0.3412	0.4731	0.5594	0.5898
	θ_y		0.2708	0.4531	0.6052	0.6547
0.65	θ_x		0.3420	0.4742	0.5608	0.5903
	θ_y		0.2708	0.4531	0.6052	0.6547

$k=1.3\quad \alpha=1.0\quad \beta=0.5$

ξ	η	0.10	0.20	0.30	0.40	0.50
0.50	θ_x		0.4041	0.5605	0.6625	0.6979
	θ_y		0.3354	0.5406	0.6670	0.7077
0.60	θ_x		0.4120	0.5696	0.6721	0.7076
	θ_y		0.3563	0.5709	0.7037	0.7467
0.65	θ_x		0.4127	0.5711	0.6736	0.7092
	θ_y		0.3563	0.5709	0.7037	0.7467

$k=1.3\quad \alpha=1.0\quad \beta=0.6$

ξ	η	0.10	0.20	0.30	0.40	0.50
0.50	θ_x			0.6422	0.7563	0.7957
	θ_y			0.6290	0.7390	0.7736
0.60	θ_x			0.6523	0.7678	0.8077
	θ_y			0.6639	0.7805	0.8173
0.65	θ_x			0.6540	0.7696	0.8096
	θ_y			0.6639	0.7805	0.8173

$k=1.3\quad \alpha=1.0\quad \beta=0.7$

ξ	η	0.10	0.20	0.30	0.40	0.50
0.50	θ_x			0.7081	0.8314	0.8735
	θ_y			0.6933	0.7918	0.8232
0.60	θ_x			0.7190	0.8446	0.8878
	θ_y			0.7319	0.8375	0.8697
0.65	θ_x			0.7207	0.8466	0.8891
	θ_y			0.7319	0.8375	0.8697

$k=1.3\quad \alpha=1.0\quad \beta=0.8$

ξ	η	0.10	0.20	0.30	0.40	0.50
0.50	θ_x				0.8860	0.9304
	θ_y				0.8283	0.8565
0.60	θ_x				0.9006	0.9462
	θ_y				0.8760	0.9062
0.65	θ_x				0.9028	0.9484
	θ_y				0.8760	0.9062

$k=1.3\quad \alpha=1.0\quad \beta=0.9$

ξ	η	0.10	0.20	0.30	0.40	0.50
0.50	θ_x				0.9193	0.9648
	θ_y				0.8497	0.8759
0.60	θ_x				0.9347	0.9816
	θ_y				0.8987	0.9276
0.65	θ_x				0.9370	0.9840
	θ_y				0.8987	0.9276

$k=1.3\quad \alpha=1.0\quad \beta=1.0$

ξ	η	0.10	0.20	0.30	0.40	0.50
0.50	θ_x					0.9755
	θ_y					0.8824
0.60	θ_x					0.9938
	θ_y					0.9341
0.65	θ_x					0.9952
	θ_y					0.9341

$k=1.3\quad \alpha=1.1\quad \beta=0.1$

ξ	η	0.10	0.20	0.30	0.40	0.50
0.50	θ_x	0.0464	0.0893	0.1248	0.1487	0.1571
	θ_y	0.0278	0.0604	0.1021	0.1580	0.2118
0.60	θ_x	0.0474	0.0908	0.1262	0.1496	0.1578
	θ_y	0.0299	0.0647	0.1086	0.1663	0.2209
0.65	θ_x	0.0475	0.0910	0.1263	0.1496	0.1578
	θ_y	0.0299	0.0647	0.1086	0.1663	0.2209

$k=1.3\quad \alpha=1.1\quad \beta=0.2$

ξ	η	0.10	0.20	0.30	0.40	0.50
0.50	θ_x	0.0920	0.1768	0.2468	0.2935	0.3100
	θ_y	0.0568	0.1226	0.2080	0.3208	0.3853
0.60	θ_x	0.0938	0.1796	0.2494	0.2952	0.3115
	θ_y	0.0610	0.1313	0.2210	0.3376	0.4030
0.65	θ_x	0.0940	0.1799	0.2497	0.2955	0.3115
	θ_y	0.0610	0.1313	0.2210	0.3376	0.4030

$k=1.3\quad \alpha=1.1\quad \beta=0.3$

ξ	η	0.10	0.20	0.30	0.40	0.50
0.50	θ_x	0.1358	0.2606	0.3628	0.4303	0.4541
	θ_y	0.0881	0.1905	0.3209	0.4716	0.5269
0.60	θ_x	0.1382	0.2644	0.3666	0.4337	0.4571
	θ_y	0.0945	0.2035	0.3401	0.4956	0.5527
0.65	θ_x	0.1384	0.2648	0.3669	0.4338	0.4571
	θ_y	0.0945	0.2035	0.3401	0.4956	0.5527

$k=1.3\quad \alpha=1.1\quad \beta=0.4$

ξ	η	0.10	0.20	0.30	0.40	0.50
0.50	θ_x		0.3388	0.4701	0.5563	0.5870
	θ_y		0.2644	0.4438	0.5936	0.6417
0.60	θ_x		0.3431	0.4750	0.5610	0.5905
	θ_y		0.2817	0.4689	0.6244	0.6751
0.65	θ_x		0.3436	0.4753	0.5611	0.5909
	θ_y		0.2817	0.4689	0.6244	0.6751

附录四 双向板楼面等效均布荷载计算表   281

$k=1.3 \quad \alpha=1.1 \quad \beta=0.5$

ξ	η	0.10	0.20	0.30	0.40	0.50
0.50	θ_x		0.4094	0.5660	0.6682	0.7037
	θ_y		0.3484	0.5595	0.6899	0.7321
0.60	θ_x		0.4139	0.5719	0.6742	0.7096
	θ_y		0.3698	0.5899	0.7266	0.7710
0.65	θ_x		0.4145	0.5722	0.6744	0.7098
	θ_y		0.3698	0.5899	0.7266	0.7710

$k=1.3 \quad \alpha=1.0 \quad \beta=0.6$

ξ	η	0.10	0.20	0.30	0.40	0.50
0.50	θ_x			0.6483	0.7633	0.8030
	θ_y			0.6508	0.7649	0.8009
0.60	θ_x			0.6548	0.7705	0.8104
	θ_y			0.6858	0.8064	0.8447
0.65	θ_x			0.6551	0.7708	0.8107
	θ_y			0.6858	0.8064	0.8447

$k=1.3 \quad \alpha=1.1 \quad \beta=0.7$

ξ	η	0.10	0.20	0.30	0.40	0.50
0.50	θ_x				0.7146	0.8395	0.8828
	θ_y				0.7174	0.8200	0.8524
0.60	θ_x				0.7215	0.8477	0.8907
	θ_y				0.7562	0.8653	0.9000
0.65	θ_x				0.7219	0.8481	0.8916
	θ_y				0.7562	0.8653	0.9000

$k=1.3 \quad \alpha=1.1 \quad \beta=0.8$

ξ	η	0.10	0.20	0.30	0.40	0.50
0.50	θ_x				0.8950	0.9401
	θ_y				0.8581	0.8875
0.60	θ_x				0.9042	0.9501
	θ_y				0.9061	0.9377
0.65	θ_x				0.9046	0.9506
	θ_y				0.9061	0.9377

$k=1.3 \quad \alpha=1.1 \quad \beta=0.9$

ξ	η	0.10	0.20	0.30	0.40	0.50
0.50	θ_x				0.9288	0.9752
	θ_y				0.8804	0.9079
0.60	θ_x				0.9385	0.9859
	θ_y				0.9301	0.9597
0.65	θ_x				0.9390	0.9865
	θ_y				0.9301	0.9597

$k=1.3 \quad \alpha=1.1 \quad \beta=1.0$

ξ	η	0.10	0.20	0.30	0.40	0.50
0.50	θ_x					0.9874
	θ_y					0.9151
0.60	θ_x					0.9975
	θ_y					0.9669
0.65	θ_x					0.9986
	θ_y					0.9669

$k=1.3 \quad \alpha=1.2 \quad \beta=0.1$

ξ	η	0.10	0.20	0.30	0.40	0.50
0.60	θ_x	0.0476	0.0911	0.1265	0.1497	0.1578
	θ_y	0.0304	0.0664	0.1116	0.1694	0.2235
0.65	θ_x	0.0477	0.0912	0.1265	0.1497	0.1577
	θ_y	0.0304	0.0664	0.1116	0.1694	0.2235

$k=1.3 \quad \alpha=1.2 \quad \beta=0.2$

ξ	η	0.10	0.20	0.30	0.40	0.50
0.60	θ_x	0.0942	0.1802	0.2499	0.2955	0.3115
	θ_y	0.0625	0.1347	0.2252	0.3437	0.4107
0.65	θ_x	0.0943	0.1804	0.2500	0.2957	0.3113
	θ_y	0.0625	0.1347	0.2252	0.3437	0.4107

$k=1.3 \quad \alpha=1.2 \quad \beta=0.3$

ξ	η	0.10	0.20	0.30	0.40	0.50
0.60	θ_x	0.1387	0.2652	0.3673	0.4339	0.4571
	θ_y	0.0969	0.2085	0.3474	0.5045	0.5623
0.65	θ_x	0.1389	0.2654	0.3674	0.4338	0.4569
	θ_y	0.0969	0.2085	0.3474	0.5045	0.5623

$k=1.3 \quad \alpha=1.2 \quad \beta=0.4$

ξ	η	0.10	0.20	0.30	0.40	0.50
0.60	θ_x		0.3441	0.4757	0.5613	0.5910
	θ_y		0.2883	0.4783	0.6359	0.6874
0.65	θ_x		0.3443	0.4759	0.5613	0.5914
	θ_y		0.2883	0.4783	0.6359	0.6874

$k=1.3 \quad \alpha=1.2 \quad \beta=0.5$

ξ	η	0.10	0.20	0.30	0.40	0.50
0.60	θ_x		0.4149	0.5726	0.6747	0.7100
	θ_y		0.3779	0.6014	0.7403	0.7855
0.65	θ_x		0.4152	0.5727	0.6747	0.7100
	θ_y		0.3779	0.6014	0.7403	0.7855

$k=1.3 \quad \alpha=1.2 \quad \beta=0.6$

ξ	η	0.10	0.20	0.30	0.40	0.50
0.60	θ_x			0.6555	0.7713	0.8112
	θ_y			0.6990	0.8220	0.8611
0.65	θ_x			0.6556	0.7713	0.8113
	θ_y			0.6990	0.8220	0.8611

$k=1.3 \quad \alpha=1.2 \quad \beta=0.7$

ξ	η	0.10	0.20	0.30	0.40	0.50
0.60	θ_x			0.7223	0.8488	0.8923
	θ_y			0.7710	0.8829	0.9174
0.65	θ_x			0.7224	0.8489	0.8929
	θ_y			0.7710	0.8829	0.9174

$k=1.3 \quad \alpha=1.2 \quad \beta=0.8$

ξ	η	0.10	0.20	0.30	0.40	0.50
0.60	θ_x				0.9054	0.9515
	θ_y				0.9242	0.9567
0.65	θ_x				0.9056	0.9517
	θ_y				0.9242	0.9567

$k=1.3 \quad \alpha=1.2 \quad \beta=0.9$

ξ	η	0.10	0.20	0.30	0.40	0.50
0.60	θ_x				0.9399	0.9875
	θ_y				0.9485	0.9797
0.65	θ_x				0.9401	0.9878
	θ_y				0.9485	0.9797

$k=1.3 \quad \alpha=1.2 \quad \beta=1.0$

ξ	η	0.10	0.20	0.30	0.40	0.50
0.60	θ_x					0.9996
	θ_y					0.9873
0.65	θ_x					0.9999
	θ_y					0.9873

$k=1.3 \quad \alpha=1.3 \quad \beta=0.1$

ξ	η	0.10	0.20	0.30	0.40	0.50
0.60	θ_x	0.0477	0.0912	0.1265	0.1497	0.1577
	θ_y	0.0310	0.0670	0.1119	0.1704	0.2248
0.65	θ_x	0.0477	0.0913	0.1266	0.1496	0.1576
	θ_y	0.0310	0.0670	0.1119	0.1704	0.2248

$k=1.3 \quad \alpha=1.3 \quad \beta=0.2$

ξ	η	0.10	0.20	0.30	0.40	0.50
0.60	θ_x	0.0943	0.1804	0.2500	0.2957	0.3113
	θ_y	0.0633	0.1358	0.2276	0.3457	0.4122
0.65	θ_x	0.0944	0.1806	0.2501	0.2954	0.3115
	θ_y	0.0633	0.1358	0.2276	0.3457	0.4122

$k=1.3 \quad \alpha=1.3 \quad \beta=0.3$

ξ	η	0.10	0.20	0.30	0.40	0.50
0.60	θ_x	0.1389	0.2654	0.3674	0.4338	0.4569
	θ_y	0.0978	0.2102	0.3499	0.5075	0.5654
0.65	θ_x	0.1391	0.2656	0.3676	0.4341	0.4572
	θ_y	0.0978	0.2102	0.3499	0.5075	0.5654

$k=1.3 \quad \alpha=1.3 \quad \beta=0.4$

ξ	η	0.10	0.20	0.30	0.40	0.50
0.60	θ_x			0.3443	0.4759	0.5613	0.5914
	θ_y			0.2905	0.4815	0.6397	0.6914
0.65	θ_x			0.3445	0.4762	0.5612	0.5908
	θ_y			0.2905	0.4815	0.6397	0.6914

$k=1.3 \quad \alpha=1.3 \quad \beta=0.5$

ξ	η	0.10	0.20	0.30	0.40	0.50
0.60	θ_x		0.4152	0.5727	0.6747	0.7100
	θ_y		0.3806	0.6052	0.7449	0.7904
0.65	θ_x		0.4152	0.5728	0.6747	0.7099
	θ_y		0.3806	0.6052	0.7449	0.7904

$k=1.3 \quad \alpha=1.3 \quad \beta=0.6$

ξ	η	0.10	0.20	0.30	0.40	0.50
0.60	θ_x			0.6556	0.7713	0.8113
	θ_y			0.7034	0.8272	0.8666
0.65	θ_x			0.6556	0.7719	0.8118
	θ_y			0.7034	0.8272	0.8666

$k=1.3 \quad \alpha=1.3 \quad \beta=0.7$

ξ	η	0.10	0.20	0.30	0.40	0.50
0.60	θ_x			0.7224	0.8489	0.8929
	θ_y			0.7756	0.8881	0.9239
0.65	θ_x			0.7224	0.8495	0.8931
	θ_y			0.7756	0.8881	0.9239

$k=1.3 \quad \alpha=1.3 \quad \beta=0.8$

ξ	η	0.10	0.20	0.30	0.40	0.50
0.60	θ_x				0.9056	0.9517
	θ_y				0.9303	0.9630
0.65	θ_x				0.9063	0.9525
	θ_y				0.9303	0.9630

$k=1.3 \quad \alpha=1.3 \quad \beta=0.9$

ξ	η	0.10	0.20	0.30	0.40	0.50
0.60	θ_x				0.9401	0.9878
	θ_y				0.9550	0.9858
0.65	θ_x				0.9409	0.9879
	θ_y				0.9550	0.9858

$k=1.3 \quad \alpha=1.3 \quad \beta=1.0$

ξ	η	0.10	0.20	0.30	0.40	0.50
0.60	θ_x					0.9999
	θ_y					0.9939
0.65	θ_x					1.0000
	θ_y					0.9939

附录四 双向板楼面等效均布荷载计算表

$k = 1.4 \quad \alpha = 0.1 \quad \beta = 0.1$

ξ	η	0.10	0.20	0.30	0.40	0.50
0.10	θ_x	0.0001	−0.0000	−0.0002	−0.0005	−0.0006
	θ_y	0.0010	0.0019	0.0028	0.0034	0.0037
0.20	θ_x	0.0004	0.0005	0.0001	−0.0004	−0.0008
	θ_y	0.0019	0.0038	0.0056	0.0070	0.0075
0.30	θ_x	0.0013	0.0021	0.0019	0.0011	0.0006
	θ_y	0.0026	0.0054	0.0083	0.0106	0.0115
0.40	θ_x	0.0031	0.0054	0.0060	0.0050	0.0044
	θ_y	0.0031	0.0066	0.0106	0.0144	0.0161
0.50	θ_x	0.0058	0.0108	0.0139	0.0135	0.0117
	θ_y	0.0032	0.0070	0.0120	0.0182	0.0217
0.60	θ_x	0.0084	0.0170	0.0254	0.0310	0.0290
	θ_y	0.0030	0.0067	0.0119	0.0208	0.0297
0.70	θ_x	0.0096	0.0200	0.0325	0.0501	0.0676
	θ_y	0.0029	0.0064	0.0112	0.0199	0.0377

$k = 1.4 \quad \alpha = 0.1 \quad \beta = 0.2$

ξ	η	0.10	0.20	0.30	0.40	0.50
0.10	θ_x	0.0001	−0.0001	−0.0005	−0.0010	−0.0011
	θ_y	0.0019	0.0038	0.0055	0.0068	0.0072
0.20	θ_x	0.0007	0.0008	0.0002	−0.0008	−0.0013
	θ_y	0.0038	0.0075	0.0111	0.0137	0.0147
0.30	θ_x	0.0025	0.0039	0.0036	0.0022	0.0015
	θ_y	0.0053	0.0109	0.0164	0.0208	0.0226
0.40	θ_x	0.0061	0.0104	0.0116	0.0102	0.0091
	θ_y	0.0063	0.0134	0.0211	0.0282	0.0313
0.50	θ_x	0.0114	0.0211	0.0269	0.0265	0.0246
	θ_y	0.0066	0.0144	0.0244	0.0358	0.0414
0.60	θ_x	0.0169	0.0340	0.0502	0.0592	0.0606
	θ_y	0.0062	0.0137	0.0247	0.0424	0.0533
0.70	θ_x	0.0194	0.0405	0.0661	0.1024	0.1242
	θ_y	0.0059	0.0128	0.0232	0.0453	0.0612

$k = 1.4 \quad \alpha = 0.1 \quad \beta = 0.3$

ξ	η	0.10	0.20	0.30	0.40	0.50
0.10	θ_x	0.0000	−0.0002	−0.0007	−0.0013	−0.0016
	θ_y	0.0029	0.0057	0.0082	0.0099	0.0106
0.20	θ_x	0.0009	0.0010	0.0002	−0.0010	−0.0016
	θ_y	0.0057	0.0113	0.0163	0.0200	0.0214
0.30	θ_x	0.0034	0.0053	0.0050	0.0036	0.0027
	θ_y	0.0081	0.0163	0.0243	0.0304	0.0327
0.40	θ_x	0.0085	0.0146	0.0164	0.0155	0.0145
	θ_y	0.0097	0.0203	0.0316	0.0411	0.0449
0.50	θ_x	0.0166	0.0304	0.0382	0.0391	0.0387
	θ_y	0.0103	0.0223	0.0373	0.0519	0.0580
0.60	θ_x	0.0254	0.0508	0.0734	0.0854	0.0911
	θ_y	0.0097	0.0217	0.0394	0.0624	0.0712
0.70	θ_x	0.0297	0.0621	0.1025	0.1512	0.1688
	θ_y	0.0092	0.0206	0.0374	0.0691	0.0778

$k = 1.4 \quad \alpha = 0.1 \quad \beta = 0.4$

ξ	η	0.10	0.20	0.30	0.40	0.50
0.10	θ_x		−0.0004	−0.0010	−0.0017	−0.0019
	θ_y		0.0075	0.0106	0.0128	0.0136
0.20	θ_x		0.0009	0.0002	−0.0011	−0.0016
	θ_y		0.0148	0.0212	0.0257	0.0274
0.30	θ_x		0.0061	0.0061	0.0050	0.0045
	θ_y		0.0217	0.0317	0.0390	0.0416
0.40	θ_x		0.0176	0.0206	0.0207	0.0204
	θ_y		0.0275	0.0416	0.0524	0.0565
0.50	θ_x		0.0382	0.0476	0.0515	0.0529
	θ_y		0.0310	0.0501	0.0658	0.0715
0.60	θ_x		0.0671	0.0932	0.1108	0.1184
	θ_y		0.0309	0.0561	0.0781	0.0848
0.70	θ_x		0.0856	0.1429	0.1903	0.2047
	θ_y		0.0292	0.0583	0.0843	0.0907

$k = 1.4 \quad \alpha = 0.1 \quad \beta = 0.5$

ξ	η	0.10	0.20	0.30	0.40	0.50
0.10	θ_x			−0.0007	−0.0013	−0.0019	−0.0021
	θ_y			0.0091	0.0128	0.0153	0.0162
0.20	θ_x			0.0006	0.0000	−0.0010	−0.0013
	θ_y			0.0182	0.0257	0.0307	0.0325
0.30	θ_x			0.0064	0.0069	0.0067	0.0065
	θ_y			0.0269	0.0384	0.0464	0.0492
0.40	θ_x			0.0196	0.0240	0.0259	0.0265
	θ_y			0.0347	0.0508	0.0620	0.0660
0.50	θ_x			0.0441	0.0556	0.0633	0.0664
	θ_y			0.0404	0.0622	0.0771	0.0821
0.60	θ_x			0.0818	0.1109	0.1334	0.1418
	θ_y			0.0424	0.0721	0.0898	0.0950
0.70	θ_x			0.1122	0.1808	0.2212	0.2336
	θ_y			0.0404	0.0783	0.0954	0.1003

$k = 1.4 \quad \alpha = 0.1 \quad \beta = 0.6$

ξ	η	0.10	0.20	0.30	0.40	0.50
0.10	θ_x			−0.0015	−0.0020	−0.0021
	θ_y			0.0147	0.0174	0.0183
0.20	θ_x			−0.0003	−0.0006	−0.0007
	θ_y			0.0295	0.0349	0.0368
0.30	θ_x			0.0076	0.0084	0.0086
	θ_y			0.0443	0.0525	0.0553
0.40	θ_x			0.0268	0.0308	0.0323
	θ_y			0.0588	0.0698	0.0736
0.50	θ_x			0.0628	0.0741	0.0783
	θ_y			0.0724	0.0859	0.0902
0.60	θ_x			0.1277	0.1524	0.1610
	θ_y			0.0843	0.0985	0.1028
0.70	θ_x			0.2098	0.2452	0.2565
	θ_y			0.0903	0.1036	0.1076

附录四 双向板楼面等效均布荷载计算表

$k=1.4 \quad \alpha=0.1 \quad \beta=0.7$

ξ	η	0.10	0.20	0.30	0.40	0.50
0.10	θ_x			−0.0018	−0.0020	−0.0021
	θ_y			0.0163	0.0191	0.0200
0.20	θ_x			−0.0004	−0.0003	−0.0002
	θ_y			0.0326	0.0382	0.0401
0.30	θ_x			0.0080	0.0098	0.0106
	θ_y			0.0490	0.0573	0.0601
0.40	θ_x			0.0290	0.0351	0.0373
	θ_y			0.0652	0.0758	0.0792
0.50	θ_x			0.0691	0.0830	0.0880
	θ_y			0.0803	0.0924	0.0962
0.60	θ_x			0.1419	0.1673	0.1758
	θ_y			0.0928	0.1048	0.1084
0.70	θ_x			0.2308	0.2633	0.2737
	θ_y			0.0983	0.1095	0.1130

$k=1.4 \quad \alpha=0.1 \quad \beta=0.8$

ξ	η	0.10	0.20	0.30	0.40	0.50
0.10	θ_x				−0.0021	−0.0021
	θ_y				0.0203	0.0212
0.20	θ_x				−0.0000	0.0002
	θ_y				0.0406	0.0425
0.30	θ_x				0.0111	0.0122
	θ_y				0.0607	0.0634
0.40	θ_x				0.0384	0.0412
	θ_y				0.0799	0.0832
0.50	θ_x				0.0897	0.0952
	θ_y				0.0968	0.1003
0.60	θ_x				0.1779	0.1864
	θ_y				0.1090	0.1123
0.70	θ_x				0.2759	0.2858
	θ_y				0.1135	0.1166

$k=1.4 \quad \alpha=0.1 \quad \beta=0.9$

ξ	η	0.10	0.20	0.30	0.40	0.50
0.10	θ_x				−0.0021	−0.0020
	θ_y				0.0210	0.0220
0.20	θ_x				0.0002	0.0006
	θ_y				0.0420	0.0439
0.30	θ_x				0.0119	0.0132
	θ_y				0.0627	0.0653
0.40	θ_x				0.0405	0.0436
	θ_y				0.0824	0.0855
0.50	θ_x				0.0937	0.0996
	θ_y				0.0994	0.1026
0.60	θ_x				0.1843	0.1927
	θ_y				0.1114	0.1145
0.70	θ_x				0.2833	0.2929
	θ_y				0.1159	0.1187

$k=1.4 \quad \alpha=0.1 \quad \beta=1.0$

ξ	η	0.10	0.20	0.30	0.40	0.50
0.10	θ_x					−0.0025
	θ_y					0.0222
0.20	θ_x					0.0007
	θ_y					0.0443
0.30	θ_x					0.0137
	θ_y					0.0660
0.40	θ_x					0.0444
	θ_y					0.0862
0.50	θ_x					0.1010
	θ_y					0.1034
0.60	θ_x					0.1948
	θ_y					0.1152
0.70	θ_x					0.2953
	θ_y					0.1194

$k=1.4 \quad \alpha=0.2 \quad \beta=0.1$

ξ	η	0.10	0.20	0.30	0.40	0.50
0.10	θ_x	0.0002	0.0001	−0.0003	−0.0008	−0.0011
	θ_y	0.0019	0.0038	0.0056	0.0069	0.0074
0.20	θ_x	0.0009	0.0012	0.0006	−0.0004	−0.0008
	θ_y	0.0037	0.0075	0.0111	0.0139	0.0150
0.30	θ_x	0.0029	0.0046	0.0043	0.0027	0.0017
	θ_y	0.0052	0.0107	0.0164	0.0212	0.0232
0.40	θ_x	0.0065	0.0113	0.0130	0.0110	0.0088
	θ_y	0.0062	0.0130	0.0209	0.0288	0.0324
0.50	θ_x	0.0116	0.0218	0.0288	0.0292	0.0258
	θ_y	0.0064	0.0139	0.0237	0.0361	0.0440
0.60	θ_x	0.0165	0.0332	0.0498	0.0643	0.0710
	θ_y	0.0061	0.0134	0.0236	0.0403	0.0605
0.70	θ_x	0.0186	0.0384	0.0608	0.0875	0.1044
	θ_y	0.0059	0.0130	0.0228	0.0407	0.0699

$k=1.4 \quad \alpha=0.2 \quad \beta=0.2$

ξ	η	0.10	0.20	0.30	0.40	0.50
0.10	θ_x	0.0003	0.0001	−0.0007	−0.0016	−0.0020
	θ_y	0.0039	0.0077	0.0111	0.0136	0.0145
0.20	θ_x	0.0017	0.0022	0.0011	−0.0006	−0.0014
	θ_y	0.0075	0.0150	0.0221	0.0274	0.0295
0.30	θ_x	0.0055	0.0086	0.0083	0.0057	0.0040
	θ_y	0.0105	0.0215	0.0326	0.0417	0.0453
0.40	θ_x	0.0126	0.0219	0.0250	0.0219	0.0190
	θ_y	0.0125	0.0263	0.0419	0.0565	0.0629
0.50	θ_x	0.0228	0.0428	0.0559	0.0572	0.0545
	θ_y	0.0130	0.0283	0.0481	0.0713	0.0833
0.60	θ_x	0.0331	0.0664	0.0991	0.1268	0.1384
	θ_y	0.0125	0.0273	0.0489	0.0838	0.1059
0.70	θ_x	0.0375	0.0774	0.1228	0.1724	0.1974
	θ_y	0.0120	0.0262	0.0477	0.0891	0.1177

附录四 双向板楼面等效均布荷载计算表

$k = 1.4 \quad \alpha = 0.2 \quad \beta = 0.3$

ξ	η	0.10	0.20	0.30	0.40	0.50
0.10	θ_x	0.0003	−0.0001	−0.0011	−0.0023	−0.0028
	θ_y	0.0058	0.0114	0.0163	0.0199	0.0212
0.20	θ_x	0.0022	0.0028	0.0014	−0.0008	−0.0016
	θ_y	0.0113	0.0224	0.0326	0.0401	0.0429
0.30	θ_x	0.0075	0.0118	0.0117	0.0089	0.0073
	θ_y	0.0160	0.0324	0.0484	0.0608	0.0656
0.40	θ_x	0.0178	0.0308	0.0323	0.0328	0.0309
	θ_y	0.0192	0.0401	0.0630	0.0821	0.0900
0.50	θ_x	0.0334	0.0622	0.0797	0.0841	0.0845
	θ_y	0.0202	0.0439	0.0737	0.1037	0.1162
0.60	θ_x	0.0497	0.0995	0.1473	0.1852	0.1997
	θ_y	0.0194	0.0432	0.0772	0.1243	0.1410
0.70	θ_x	0.0570	0.1179	0.1869	0.2514	0.2777
	θ_y	0.0187	0.0419	0.0770	0.1340	0.1520

$k = 1.4 \quad \alpha = 0.2 \quad \beta = 0.4$

ξ	η	0.10	0.20	0.30	0.40	0.50
0.10	θ_x		−0.0004	−0.0015	−0.0027	−0.0032
	θ_y		0.0150	0.0212	0.0256	0.0272
0.20	θ_x		0.0028	0.0016	−0.0005	−0.0013
	θ_y		0.0296	0.0424	0.0515	0.0549
0.30	θ_x		0.0138	0.0143	0.0124	0.0113
	θ_y		0.0432	0.0632	0.0780	0.0834
0.40	θ_x		0.0376	0.0437	0.0440	0.0438
	θ_y		0.0544	0.0828	0.1048	0.1130
0.50	θ_x		0.0787	0.1001	0.1104	0.1144
	θ_y		0.0611	0.0996	0.1314	0.1427
0.60	θ_x		0.1322	0.1932	0.2375	0.2535
	θ_y		0.0612	0.1113	0.1547	0.1676
0.70	θ_x		0.1604	0.2498	0.3202	0.3447
	θ_y		0.0594	0.1155	0.1652	0.1782

$k = 1.4 \quad \alpha = 0.2 \quad \beta = 0.5$

ξ	η	0.10	0.20	0.30	0.40	0.50
0.10	θ_x		−0.0009	−0.0020	−0.0030	−0.0034
	θ_y		0.0183	0.0257	0.0306	0.0324
0.20	θ_x		0.0024	0.0016	−0.0000	−0.0006
	θ_y		0.0363	0.0513	0.0615	0.0651
0.30	θ_x		0.0145	0.0163	0.0161	0.0159
	θ_y		0.0536	0.0768	0.0928	0.0985
0.40	θ_x		0.0419	0.0506	0.0552	0.0568
	θ_y		0.0689	0.1013	0.1240	0.1319
0.50	θ_x		0.0912	0.1175	0.1352	0.1421
	θ_y		0.0800	0.1240	0.1537	0.1635
0.60	θ_x		0.1636	0.2348	0.2827	0.2993
	θ_y		0.0834	0.1437	0.1779	0.1882
0.70	θ_x		0.2054	0.3086	0.3770	0.3995
	θ_y		0.0826	0.1527	0.1878	0.1978

$k = 1.4 \quad \alpha = 0.2 \quad \beta = 0.6$

ξ	η	0.10	0.20	0.30	0.40	0.50
0.10	θ_x			−0.0024	−0.0031	−0.0035
	θ_y			0.0295	0.0348	0.0367
0.20	θ_x			0.0014	0.0008	0.0006
	θ_y			0.0590	0.0699	0.0736
0.30	θ_x			0.0178	0.0199	0.0207
	θ_y			0.0885	0.1050	0.1106
0.40	θ_x			0.0566	0.0656	0.0690
	θ_y			0.1173	0.1394	0.1468
0.50	θ_x			0.1332	0.1573	0.1663
	θ_y			0.1444	0.1710	0.1795
0.60	θ_x			0.2706	0.3199	0.3367
	θ_y			0.1672	0.1951	0.2036
0.70	θ_x			0.3578	0.4222	0.4431
	θ_y			0.1772	0.2046	0.2127

$k = 1.4 \quad \alpha = 0.2 \quad \beta = 0.7$

ξ	η	0.10	0.20	0.30	0.40	0.50
0.10	θ_x			−0.0028	−0.0031	−0.0032
	θ_y			0.0326	0.0382	0.0401
0.20	θ_x			0.0010	0.0017	0.0020
	θ_y			0.0653	0.0764	0.0802
0.30	θ_x			0.0191	0.0234	0.0251
	θ_y			0.0980	0.1144	0.1199
0.40	θ_x			0.0617	0.0746	0.0806
	θ_y			0.1301	0.1511	0.1579
0.50	θ_x			0.1467	0.1755	0.1858
	θ_y			0.1601	0.1837	0.1912
0.60	θ_x			0.2992	0.3490	0.3657
	θ_y			0.1840	0.2076	0.2149
0.70	θ_x			0.3957	0.4565	0.4763
	θ_y			0.1937	0.2166	0.2237

$k = 1.4 \quad \alpha = 0.2 \quad \beta = 0.8$

ξ	η	0.10	0.20	0.30	0.40	0.50
0.10	θ_x				−0.0033	−0.0030
	θ_y				0.0406	0.0425
0.20	θ_x				0.0026	0.0032
	θ_y				0.0811	0.0849
0.30	θ_x				0.0263	0.0286
	θ_y				0.1211	0.1265
0.40	θ_x				0.0816	0.0875
	θ_y				0.1592	0.1657
0.50	θ_x				0.1891	0.2002
	θ_y				0.1925	0.1993
0.60	θ_x				0.3697	0.3863
	θ_y				0.2161	0.2226
0.70	θ_x				0.4806	0.4996
	θ_y				0.2247	0.2310

附录四 双向板楼面等效均布荷载计算表

$k=1.4 \quad \alpha=0.2 \quad \beta=0.9$

ξ	η	0.10	0.20	0.30	0.40	0.50
0.10	θ_x				−0.0030	−0.0028
	θ_y				0.0420	0.0439
0.20	θ_x				0.0030	0.0039
	θ_y				0.0839	0.0877
0.30	θ_x				0.0279	0.0309
	θ_y				0.1251	0.1304
0.40	θ_x				0.0860	0.0925
	θ_y				0.1641	0.1702
0.50	θ_x				0.1974	0.2090
	θ_y				0.1976	0.2040
0.60	θ_x				0.3822	0.3987
	θ_y				0.2209	0.2270
0.70	θ_x				0.4949	0.5135
	θ_y				0.2295	0.2353

$k=1.4 \quad \alpha=0.2 \quad \beta=1.0$

ξ	η	0.10	0.20	0.30	0.40	0.50
0.10	θ_x					−0.0033
	θ_y					0.0444
0.20	θ_x					0.0042
	θ_y					0.0886
0.30	θ_x					0.0316
	θ_y					0.1317
0.40	θ_x					0.0942
	θ_y					0.1717
0.50	θ_x					0.2119
	θ_y					0.2055
0.60	θ_x					0.4028
	θ_y					0.2286
0.70	θ_x					0.5182
	θ_y					0.2368

$k=1.4 \quad \alpha=0.3 \quad \beta=0.1$

ξ	η	0.10	0.20	0.30	0.40	0.50
0.10	θ_x	0.0004	0.0005	−0.0001	−0.0009	−0.0013
	θ_y	0.0029	0.0057	0.0084	0.0104	0.0112
0.20	θ_x	0.0018	0.0025	0.0018	0.0002	−0.0008
	θ_y	0.0055	0.0111	0.0166	0.0210	0.0227
0.30	θ_x	0.0049	0.0079	0.0080	0.0056	0.0041
	θ_y	0.0077	0.0158	0.0244	0.0319	0.0351
0.40	θ_x	0.0102	0.0183	0.0218	0.0196	0.0170
	θ_y	0.0090	0.0191	0.0309	0.0431	0.0494
0.50	θ_x	0.0173	0.0332	0.0453	0.0496	0.0450
	θ_y	0.0094	0.0203	0.0345	0.0533	0.0675
0.60	θ_x	0.0238	0.0478	0.0717	0.0945	0.1091
	θ_y	0.0092	0.0202	0.0351	0.0589	0.0896
0.70	θ_x	0.0265	0.0540	0.0832	0.1120	0.1257
	θ_y	0.0090	0.0198	0.0350	0.0615	0.0975

$k=1.4 \quad \alpha=0.3 \quad \beta=0.2$

ξ	η	0.10	0.20	0.30	0.40	0.50
0.10	θ_x	0.0008	0.0008	−0.0003	−0.0016	−0.0023
	θ_y	0.0057	0.0114	0.0166	0.0205	0.0219
0.20	θ_x	0.0033	0.0047	0.0033	0.0005	−0.0010
	θ_y	0.0110	0.0223	0.0330	0.0413	0.0445
0.30	θ_x	0.0093	0.0151	0.0154	0.0115	0.0091
	θ_y	0.0154	0.0138	0.0486	0.0627	0.0685
0.40	θ_x	0.0199	0.0354	0.0420	0.0391	0.0356
	θ_y	0.0183	0.0386	0.0620	0.0848	0.0952
0.50	θ_x	0.0343	0.0655	0.0890	0.0963	0.0951
	θ_y	0.0192	0.0414	0.0700	0.1064	0.1260
0.60	θ_x	0.0477	0.0956	0.1432	0.1879	0.2090
	θ_y	0.0187	0.0409	0.0725	0.1234	0.1555
0.70	θ_x	0.0533	0.1085	0.1665	0.2202	0.2442
	θ_y	0.0184	0.0403	0.0728	0.1300	0.1675

$k=1.4 \quad \alpha=0.3 \quad \beta=0.3$

ξ	η	0.10	0.20	0.30	0.40	0.50
0.10	θ_x	0.0009	0.0008	−0.0005	−0.0022	−0.0030
	θ_y	0.0086	0.0170	0.0245	0.0299	0.0319
0.20	θ_x	0.0043	0.0061	0.0052	0.0011	−0.0003
	θ_y	0.0166	0.0333	0.0487	0.0603	0.0646
0.30	θ_x	0.0128	0.0208	0.0216	0.0178	0.0154
	θ_y	0.0235	0.0479	0.0722	0.0914	0.0989
0.40	θ_x	0.0285	0.0503	0.0586	0.0584	0.0563
	θ_y	0.0281	0.0589	0.0932	0.1234	0.1356
0.50	θ_x	0.0505	0.0958	0.1281	0.1407	0.1450
	θ_y	0.0297	0.0643	0.1081	0.1554	0.1741
0.60	θ_x	0.0717	0.1434	0.2141	0.2753	0.2981
	θ_y	0.0292	0.0646	0.1141	0.1836	0.2074
0.70	θ_x	0.0805	0.1637	0.2492	0.3209	0.3497
	θ_y	0.0287	0.0639	0.1161	0.1940	0.2206

$k=1.4 \quad \alpha=0.3 \quad \beta=0.4$

ξ	η	0.10	0.20	0.30	0.40	0.50
0.10	θ_x		0.0005	−0.0009	−0.0026	−0.0033
	θ_y		0.0223	0.0319	0.0385	0.0409
0.20	θ_x		0.0066	0.0051	0.0023	0.0010
	θ_y		0.0440	0.0635	0.0775	0.0826
0.30	θ_x		0.0247	0.0265	0.0249	0.0231
	θ_y		0.0640	0.0945	0.1171	0.1255
0.40	θ_x		0.0619	0.0745	0.0776	0.0782
	θ_y		0.0802	0.1234	0.1572	0.1696
0.50	θ_x		0.1230	0.1618	0.1839	0.1927
	θ_y		0.0894	0.1479	0.1963	0.2128
0.60	θ_x		0.1909	0.2835	0.3522	0.3757
	θ_y		0.0910	0.1645	0.2280	0.2467
0.70	θ_x		0.2198	0.3287	0.4107	0.4404
	θ_y		0.0909	0.1705	0.2403	0.2599

附录四 双向板楼面等效均布荷载计算表

$k=1.4 \quad \alpha=0.3 \quad \beta=0.5$

ξ	η	0.10	0.20	0.30	0.40	0.50
0.10	θ_x		−0.0001	−0.0013	−0.0027	−0.0032
	θ_y		0.0274	0.0385	0.0460	0.0487
0.20	θ_x		0.0062	0.0054	0.0038	0.0031
	θ_y		0.0543	0.0769	0.0924	0.0979
0.30	θ_x		0.0265	0.0304	0.0312	0.0313
	θ_y		0.0798	0.1149	0.1392	0.1478
0.40	θ_x		0.0699	0.0869	0.0963	0.0998
	θ_y		0.1021	0.1514	0.1855	0.1974
0.50	θ_x		0.1464	0.1913	0.2236	0.2357
	θ_y		0.1174	0.1851	0.2290	0.2432
0.60	θ_x		0.2379	0.3470	0.4177	0.4415
	θ_y		0.1232	0.2128	0.2626	0.2776
0.70	θ_x		0.2757	0.4014	0.4869	0.5161
	θ_y		0.1252	0.2227	0.2752	0.2905

$k=1.4 \quad \alpha=0.3 \quad \beta=0.6$

ξ	η	0.10	0.20	0.30	0.40	0.50
0.10	θ_x			−0.0018	−0.0025	−0.0028
	θ_y			0.0442	0.0523	0.0551
0.20	θ_x			0.0056	0.0056	0.0056
	θ_y			0.0885	0.1048	0.1105
0.30	θ_x			0.0335	0.0380	0.0397
	θ_y			0.1326	0.1572	0.1657
0.40	θ_x			0.0937	0.1136	0.1196
	θ_y			0.1753	0.2082	0.2191
0.50	θ_x			0.2182	0.2582	0.2725
	θ_y			0.2155	0.2542	0.2666
0.60	θ_x			0.3999	0.4713	0.4953
	θ_y			0.2468	0.2879	0.3005
0.70	θ_x			0.4640	0.5489	0.5772
	θ_y			0.2586	0.3005	0.3130

$k=1.4 \quad \alpha=0.3 \quad \beta=0.7$

ξ	η	0.10	0.20	0.30	0.40	0.50
0.10	θ_x			−0.0023	−0.0023	−0.0024
	θ_y			0.0489	0.0573	0.0601
0.20	θ_x			0.0056	0.0074	0.0081
	θ_y			0.0979	0.1146	0.1202
0.30	θ_x			0.0360	0.0441	0.0472
	θ_y			0.01468	0.1712	0.1794
0.40	θ_x			0.1065	0.1283	0.1363
	θ_y			0.1945	0.2254	0.2355
0.50	θ_x			0.2409	0.2862	0.3021
	θ_y			0.2384	0.2729	0.2838
0.60	θ_x			0.4415	0.5132	0.5372
	θ_y			0.2717	0.3068	0.3177
0.70	θ_x			0.5134	0.5966	0.6241
	θ_y			0.2842	0.3192	0.3299

$k=1.4 \quad \alpha=0.3 \quad \beta=0.8$

ξ	η	0.10	0.20	0.30	0.40	0.50
0.10	θ_x				−0.0021	−0.0018
	θ_y				0.0608	0.0637
0.20	θ_x				0.0089	0.0103
	θ_y				0.1215	0.1271
0.30	θ_x				0.0489	0.0531
	θ_y				0.1811	0.1890
0.40	θ_x				0.1395	0.1490
	θ_y				0.2374	0.2468
0.50	θ_x				0.3068	0.3236
	θ_y				0.2857	0.2957
0.60	θ_x				0.5431	0.5670
	θ_y				0.3192	0.3290
0.70	θ_x				0.6305	0.6574
	θ_y				0.3314	0.3410

$k=1.4 \quad \alpha=0.3 \quad \beta=0.9$

ξ	η	0.10	0.20	0.30	0.40	0.50
0.10	θ_x				−0.0022	−0.0015
	θ_y				0.0630	0.0659
0.20	θ_x				0.0099	0.0117
	θ_y				0.1257	0.1312
0.30	θ_x				0.0520	0.0569
	θ_y				0.1870	0.1947
0.40	θ_x				0.1466	0.1568
	θ_y				0.2445	0.2535
0.50	θ_x				0.3194	0.3368
	θ_y				0.2932	0.3026
0.60	θ_x				0.5610	0.5758
	θ_y				0.3268	0.3359
0.70	θ_x				0.6507	0.6772
	θ_y				0.3389	0.3478

$k=1.4 \quad \alpha=0.3 \quad \beta=1.0$

ξ	η	0.10	0.20	0.30	0.40	0.50
0.10	θ_x					−0.0014
	θ_y					0.0666
0.20	θ_x					0.0122
	θ_y					0.1326
0.30	θ_x					0.0582
	θ_y					0.1966
0.40	θ_x					0.1595
	θ_y					0.2557
0.50	θ_x					0.3411
	θ_y					0.3049
0.60	θ_x					0.5908
	θ_y					0.3380
0.70	θ_x					0.6838
	θ_y					0.3498

附录四 双向板楼面等效均布荷载计算表

$k = 1.4 \quad \alpha = 0.4 \quad \beta = 0.1$

ξ	η	0.10	0.20	0.30	0.40	0.50
0.20	θ_x	0.0031	0.0047	0.0040	0.0019	0.0007
	θ_y	0.0071	0.0146	0.0220	0.0281	0.0306
0.30	θ_x	0.0074	0.0126	0.0136	0.0106	0.0080
	θ_y	0.0099	0.0205	0.0321	0.0427	0.0474
0.40	θ_x	0.0144	0.0264	0.0331	0.0319	0.0273
	θ_y	0.0116	0.0246	0.0401	0.0573	0.0671
0.50	θ_x	0.0230	0.0445	0.0628	0.0754	0.0798
	θ_y	0.0122	0.0265	0.0445	0.0690	0.0929
0.60	θ_x	0.0302	0.0603	0.0896	0.1163	0.1303
	θ_y	0.0122	0.0269	0.0465	0.0771	0.1144
0.70	θ_x	0.0330	0.0664	0.0996	0.1286	0.1421
	θ_y	0.0122	0.0269	0.0472	0.0805	0.1209

$k = 1.4 \quad \alpha = 0.4 \quad \beta = 0.2$

ξ	η	0.10	0.20	0.30	0.40	0.50
0.20	θ_x	0.0057	0.0087	0.0077	0.0041	0.0021
	θ_y	0.0144	0.0292	0.0437	0.0553	0.0599
0.30	θ_x	0.0143	0.0241	0.0261	0.0212	0.0176
	θ_y	0.0200	0.0413	0.0640	0.0839	0.0924
0.40	θ_x	0.0283	0.0516	0.0643	0.0625	0.0579
	θ_y	0.0235	0.0498	0.0807	0.1130	0.1286
0.50	θ_x	0.0456	0.0882	0.1242	0.1486	0.1574
	θ_y	0.0250	0.0537	0.0908	0.1403	0.1688
0.60	θ_x	0.0604	0.1203	0.1787	0.2299	0.2526
	θ_y	0.0251	0.0545	0.0957	0.1603	0.2006
0.70	θ_x	0.0661	0.1328	0.1983	0.2535	0.2767
	θ_y	0.0250	0.0547	0.0978	0.1676	0.2117

$k = 1.4 \quad \alpha = 0.4 \quad \beta = 0.3$

ξ	η	0.10	0.20	0.30	0.40	0.50
0.20	θ_x	0.0077	0.0115	0.0099	0.0053	0.0045
	θ_y	0.0217	0.0438	0.0648	0.0806	0.0868
0.30	θ_x	0.0200	0.0336	0.0351	0.0322	0.0292
	θ_y	0.0304	0.0625	0.0955	0.1222	0.1329
0.40	θ_x	0.0409	0.0740	0.0939	0.0991	0.0990
	θ_y	0.0362	0.0763	0.1220	0.1646	0.1825
0.50	θ_x	0.0675	0.1303	0.1816	0.2179	0.2305
	θ_y	0.0386	0.0833	0.1418	0.2065	0.2310
0.60	θ_x	0.0905	0.1801	0.2663	0.3363	0.3630
	θ_y	0.0389	0.0857	0.1502	0.2378	0.2684
0.70	θ_x	0.0994	0.1990	0.2946	0.3703	0.3993
	θ_y	0.0389	0.0864	0.1545	0.2486	0.2820

$k = 1.4 \quad \alpha = 0.4 \quad \beta = 0.4$

ξ	η	0.10	0.20	0.30	0.40	0.50
0.20	θ_x		0.0134	0.0128	0.0097	0.0081
	θ_y		0.0581	0.0845	0.1036	0.1106
0.30	θ_x		0.0404	0.0453	0.0437	0.0425
	θ_y		0.0840	0.1253	0.1564	0.1679
0.40	θ_x		0.0925	0.1141	0.1221	0.1251
	θ_y		0.1043	0.1629	0.2094	0.2261
0.50	θ_x		0.1698	0.2372	0.2815	0.2973
	θ_y		0.1156	0.1942	0.2596	0.2807
0.60	θ_x		0.2391	0.3502	0.4313	0.4598
	θ_y		0.1205	0.2151	0.2963	0.3206
0.70	θ_x		0.2644	0.3863	0.4750	0.5071
	θ_y		0.1224	0.2226	0.3095	0.3353

$k = 1.4 \quad \alpha = 0.4 \quad \beta = 0.5$

ξ	η	0.10	0.20	0.30	0.40	0.50
0.20	θ_x		0.0137	0.0129	0.0132	0.0126
	θ_y		0.0719	0.1024	0.1234	0.1308
0.30	θ_x		0.0442	0.0522	0.0554	0.0564
	θ_y		0.1052	0.1527	0.1855	0.1970
0.40	θ_x		0.1059	0.1400	0.1507	0.1574
	θ_y		0.1336	0.2008	0.2465	0.2620
0.50	θ_x		0.2057	0.2855	0.3378	0.3561
	θ_y		0.1523	0.2451	0.3019	0.3200
0.60	θ_x		0.2967	0.4267	0.5129	0.5422
	θ_y		0.1626	0.2769	0.3417	0.3615
0.70	θ_x		0.3273	0.4697	0.5653	0.5985
	θ_y		0.1669	0.2875	0.3558	0.3763

$k = 1.4 \quad \alpha = 0.4 \quad \beta = 0.6$

ξ	η	0.10	0.20	0.30	0.40	0.50
0.20	θ_x			0.0137	0.0148	0.0153
	θ_y			0.1179	0.1397	0.1473
0.30	θ_x			0.0533	0.0666	0.0698
	θ_y			0.1762	0.2092	0.2204
0.40	θ_x			0.1584	0.1855	0.1956
	θ_y			0.2331	0.2761	0.2900
0.50	θ_x			0.3243	0.3861	0.4063
	θ_y			0.2843	0.3345	0.3504
0.60	θ_x			0.4916	0.5801	0.6100
	θ_y			0.3214	0.3754	0.3920
0.70	θ_x			0.5411	0.6398	0.6733
	θ_y			0.3344	0.3903	0.4072

附录四 双向板楼面等效均布荷载计算表

$k = 1.4 \quad \alpha = 0.4 \quad \beta = 0.7$

ξ	η	0.10	0.20	0.30	0.40	0.50
0.20	θ_x			0.0143	0.0203	0.0219
	θ_y			0.1305	0.1526	0.1600
0.30	θ_x			0.0628	0.0764	0.0815
	θ_y			0.1954	0.2275	0.2381
0.40	θ_x			0.1652	0.1983	0.2103
	θ_y			0.2581	0.2981	0.3111
0.50	θ_x			0.3608	0.4242	0.4458
	θ_y			0.3141	0.3586	0.3728
0.60	θ_x			0.5431	0.6327	0.6627
	θ_y			0.3540	0.4005	0.4149
0.70	θ_x			0.5983	0.6979	0.7313
	θ_y			0.3680	0.4152	0.4297

$k = 1.4 \quad \alpha = 0.4 \quad \beta = 0.8$

ξ	η	0.10	0.20	0.30	0.40	0.50
0.20	θ_x				0.0210	0.0256
	θ_y				0.1617	0.1690
0.30	θ_x				0.0841	0.0906
	θ_y				0.2403	0.2505
0.40	θ_x				0.2239	0.2281
	θ_y				0.3134	0.3257
0.50	θ_x				0.4519	0.4744
	θ_y				0.3754	0.3883
0.60	θ_x				0.6703	0.7005
	θ_y				0.4171	0.4302
0.70	θ_x				0.7394	0.7726
	θ_y				0.4322	0.4452

$k = 1.4 \quad \alpha = 0.4 \quad \beta = 0.9$

ξ	η	0.10	0.20	0.30	0.40	0.50
0.20	θ_x				0.0228	0.0259
	θ_y				0.1671	0.1743
0.30	θ_x				0.0890	0.0964
	θ_y				0.2480	0.2579
0.40	θ_x				0.2340	0.2392
	θ_y				0.3228	0.3343
0.50	θ_x				0.4687	0.4917
	θ_y				0.3850	0.3972
0.60	θ_x				0.6929	0.7231
	θ_y				0.4272	0.4394
0.70	θ_x				0.7643	0.7973
	θ_y				0.4419	0.4540

$k = 1.4 \quad \alpha = 0.4 \quad \beta = 1.0$

ξ	η	0.10	0.20	0.30	0.40	0.50
0.20	θ_x					0.0289
	θ_y					0.1761
0.30	θ_x					0.0983
	θ_y					0.2603
0.40	θ_x					0.2429
	θ_y					0.3371
0.50	θ_x					0.4975
	θ_y					0.4003
0.60	θ_x					0.7307
	θ_y					0.4421
0.70	θ_x					0.8056
	θ_y					0.4572

$k = 1.4 \quad \alpha = 0.5 \quad \beta = 0.1$

ξ	η	0.10	0.20	0.30	0.40	0.50
0.20	θ_x	0.0049	0.0079	0.0078	0.0052	0.0036
	θ_y	0.0086	0.0177	0.0272	0.0354	0.0388
0.30	θ_x	0.0107	0.0187	0.0217	0.0187	0.0154
	θ_y	0.0119	0.0248	0.0393	0.0535	0.0605
0.40	θ_x	0.0191	0.0357	0.0473	0.0503	0.0453
	θ_y	0.0139	0.0295	0.0484	0.0708	0.0865
0.50	θ_x	0.0283	0.0553	0.0796	0.1006	0.1142
	θ_y	0.0149	0.0322	0.0539	0.0839	0.1170
0.60	θ_x	0.0354	0.0702	0.1031	0.1306	0.1425
	θ_y	0.0153	0.0335	0.0576	0.0941	0.1353
0.70	θ_x	0.0381	0.0756	0.1110	0.1391	0.1503
	θ_y	0.0154	0.0339	0.0590	0.0978	0.1405

$k = 1.4 \quad \alpha = 0.5 \quad \beta = 0.2$

ξ	η	0.10	0.20	0.30	0.40	0.50
0.20	θ_x	0.0093	0.0151	0.0149	0.0107	0.0081
	θ_y	0.0174	0.0356	0.0541	0.0695	0.0758
0.30	θ_x	0.0207	0.0361	0.0418	0.0372	0.0327
	θ_y	0.0240	0.0500	0.0786	0.1053	0.1172
0.40	θ_x	0.0375	0.0702	0.0928	0.0981	0.0959
	θ_y	0.0283	0.0600	0.0975	0.1409	0.1633
0.50	θ_x	0.0563	0.1099	0.1583	0.1997	0.2196
	θ_y	0.0304	0.0651	0.1101	0.1725	0.2096
0.60	θ_x	0.0707	0.1400	0.2050	0.2570	0.2787
	θ_y	0.0313	0.0680	0.1184	0.1940	0.2402
0.70	θ_x	0.0760	0.1507	0.2203	0.2745	0.2946
	θ_y	0.0316	0.0690	0.1217	0.2016	0.2505

附录四 双向板楼面等效均布荷载计算表

$k = 1.4 \quad \alpha = 0.5 \quad \beta = 0.3$

ξ	η	0.10	0.20	0.30	0.40	0.50
0.20	θ_x	0.0128	0.0207	0.0191	0.0166	0.0140
	θ_y	0.0264	0.0536	0.0805	0.1014	0.1095
0.30	θ_x	0.0294	0.0510	0.0591	0.0558	0.0528
	θ_y	0.0366	0.0759	0.1175	0.1533	0.1675
0.40	θ_x	0.0548	0.1021	0.1370	0.1551	0.1469
	θ_y	0.0434	0.0918	0.1490	0.2053	0.2282
0.50	θ_x	0.0836	0.1632	0.2354	0.2933	0.3154
	θ_y	0.0470	0.1012	0.1698	0.2549	0.2847
0.60	θ_x	0.1056	0.2087	0.3038	0.3758	0.4037
	θ_y	0.0486	0.1065	0.1849	0.2869	0.3234
0.70	θ_x	0.1137	0.2247	0.3258	0.4015	0.4283
	θ_y	0.0492	0.1085	0.1905	0.2978	0.3364

$k = 1.4 \quad \alpha = 0.5 \quad \beta = 0.4$

ξ	η	0.10	0.20	0.30	0.40	0.50
0.20	θ_x		0.0242	0.0257	0.0230	0.0214
	θ_y		0.0715	0.1051	0.1299	0.1390
0.30	θ_x		0.0625	0.0734	0.0746	0.0744
	θ_y		0.1025	0.1553	0.1957	0.2106
0.40	θ_x		0.1303	0.1683	0.1884	0.1962
	θ_y		0.1257	0.2008	0.2610	0.2818
0.50	θ_x		0.2146	0.3096	0.3768	0.3994
	θ_y		0.1402	0.2379	0.3195	0.3450
0.60	θ_x		0.2757	0.3970	0.4832	0.5141
	θ_y		0.1494	0.2624	0.3586	0.3881
0.70	θ_x		0.2963	0.4253	0.5164	0.5491
	θ_y		0.1529	0.2709	0.3720	0.4031

$k = 1.4 \quad \alpha = 0.5 \quad \beta = 0.5$

ξ	η	0.10	0.20	0.30	0.40	0.50
0.20	θ_x		0.0257	0.0294	0.0297	0.0296
	θ_y		0.0890	0.1277	0.1545	0.1639
0.30	θ_x		0.0698	0.0852	0.0932	0.0962
	θ_y		0.1294	0.1899	0.2316	0.2461
0.40	θ_x		0.1532	0.1986	0.2341	0.2415
	θ_y		0.1626	0.2492	0.3060	0.3249
0.50	θ_x		0.2638	0.3769	0.4491	0.4734
	θ_y		0.1848	0.3018	0.3708	0.3927
0.60	θ_x		0.3393	0.4814	0.5765	0.6094
	θ_y		0.2003	0.3355	0.4142	0.4385
0.70	θ_x		0.3639	0.5152	0.6164	0.6518
	θ_y		0.2062	0.3469	0.4293	0.4546

$k = 1.4 \quad \alpha = 0.5 \quad \beta = 0.6$

ξ	η	0.10	0.20	0.30	0.40	0.50
0.20	θ_x			0.0271	0.0364	0.0379
	θ_y			0.1471	0.1746	0.1840
0.30	θ_x			0.0953	0.1106	0.1164
	θ_y			0.2197	0.2605	0.2743
0.40	θ_x			0.2394	0.2811	0.2851
	θ_y			0.2895	0.3420	0.3587
0.50	θ_x			0.4331	0.5093	0.5351
	θ_y			0.3500	0.4104	0.4296
0.60	θ_x			0.5539	0.6541	0.6881
	θ_y			0.3900	0.4564	0.4770
0.70	θ_x			0.5924	0.6998	0.7366
	θ_y			0.4036	0.4725	0.4937

$k = 1.4 \quad \alpha = 0.5 \quad \beta = 0.7$

ξ	η	0.10	0.20	0.30	0.40	0.50
0.20	θ_x			0.0346	0.0424	0.0455
	θ_y			0.1631	0.1903	0.1994
0.30	θ_x			0.1039	0.1256	0.1336
	θ_y			0.2434	0.2827	0.2956
0.40	θ_x			0.2532	0.2963	0.3172
	θ_y			0.3200	0.3684	0.3839
0.50	θ_x			0.4774	0.5570	0.5839
	θ_y			0.3857	0.4396	0.4568
0.60	θ_x			0.6119	0.7150	0.7498
	θ_y			0.4295	0.4871	0.5051
0.70	θ_x			0.6544	0.7654	0.8030
	θ_y			0.4447	0.5037	0.5220

$k = 1.4 \quad \alpha = 0.5 \quad \beta = 0.8$

ξ	η	0.10	0.20	0.30	0.40	0.50
0.20	θ_x				0.0473	0.0514
	θ_y				0.2014	0.2103
0.30	θ_x				0.1371	0.1468
	θ_y				0.2982	0.3105
0.40	θ_x				0.3227	0.3366
	θ_y				0.3869	0.4015
0.50	θ_x				0.5914	0.6192
	θ_y				0.4600	0.4758
0.60	θ_x				0.7588	0.7940
	θ_y				0.5084	0.5247
0.70	θ_x				0.8126	0.8505
	θ_y				0.5253	0.5418

附录四 双向板楼面等效均布荷载计算表

$k = 1.4$ $\alpha = 0.5$ $\beta = 0.9$

ξ	η	0.10	0.20	0.30	0.40	0.50
0.20	θ_x				0.0504	0.0553
	θ_y				0.2081	0.2167
0.30	θ_x				0.1443	0.1550
	θ_y				0.3075	0.3193
0.40	θ_x				0.3363	0.3553
	θ_y				0.3979	0.4119
0.50	θ_x				0.6075	0.6358
	θ_y				0.4717	0.4869
0.60	θ_x				0.7902	0.8257
	θ_y				0.5204	0.5361
0.70	θ_x				0.8359	0.8740
	θ_y				0.5374	0.5532

$k = 1.4$ $\alpha = 0.5$ $\beta = 1.0$

ξ	η	0.10	0.20	0.30	0.40	0.50
0.20	θ_x					0.0566
	θ_y					0.2188
0.30	θ_x					0.1578
	θ_y					0.3222
0.40	θ_x					0.3602
	θ_y					0.4151
0.50	θ_x					0.6477
	θ_y					0.4905
0.60	θ_x					0.8295
	θ_y					0.5397
0.70	θ_x					0.8886
	θ_y					0.5569

$k = 1.4$ $\alpha = 0.6$ $\beta = 0.1$

ξ	η	0.10	0.20	0.30	0.40	0.50
0.30	θ_x	0.0146	0.0265	0.0328	0.0310	0.0267
	θ_y	0.0135	0.0284	0.0457	0.0642	0.0745
0.40	θ_x	0.0239	0.0458	0.0634	0.0749	0.0790
	θ_y	0.0160	0.0340	0.0557	0.0830	0.1079
0.50	θ_x	0.0331	0.0648	0.0940	0.1192	0.1325
	θ_y	0.0175	0.0376	0.0629	0.0983	0.1376
0.60	θ_x	0.0395	0.0777	0.1126	0.1397	0.1508
	θ_y	0.0183	0.0399	0.0681	0.1093	0.1534
0.70	θ_x	0.0418	0.0821	0.1184	0.1454	0.1563
	θ_y	0.0190	0.0407	0.0701	0.1132	0.1583

$k = 1.4$ $\alpha = 0.6$ $\beta = 0.2$

ξ	η	0.10	0.20	0.30	0.40	0.50
0.30	θ_x	0.0286	0.0516	0.0639	0.0607	0.0553
	θ_y	0.0274	0.0575	0.0917	0.1266	0.1432
0.40	θ_x	0.0473	0.0905	0.1253	0.1480	0.1559
	θ_y	0.0324	0.0687	0.1129	0.1677	0.1982
0.50	θ_x	0.0658	0.1290	0.1870	0.2359	0.2572
	θ_y	0.0356	0.0761	0.1284	0.2021	0.2459
0.60	θ_x	0.0787	0.1546	0.2233	0.2754	0.2957
	θ_y	0.0374	0.0810	0.1397	0.2241	0.2746
0.70	θ_x	0.0832	0.1632	0.2346	0.2865	0.3059
	θ_y	0.0381	0.0828	0.1439	0.2316	0.2839

$k = 1.4$ $\alpha = 0.6$ $\beta = 0.3$

ξ	η	0.10	0.20	0.30	0.40	0.50
0.30	θ_x	0.0412	0.0739	0.0903	0.0897	0.0879
	θ_y	0.0420	0.0876	0.1384	0.1844	0.2030
0.40	θ_x	0.0697	0.1331	0.1844	0.2173	0.2289
	θ_y	0.0499	0.1057	0.1742	0.2465	0.2738
0.50	θ_x	0.0979	0.1919	0.2780	0.3458	0.3708
	θ_y	0.0549	0.1181	0.1985	0.2987	0.3342
0.60	θ_x	0.1172	0.2298	0.3300	0.4031	0.4302
	θ_y	0.0581	0.1265	0.2171	0.3309	0.3720
0.70	θ_x	0.1239	0.2423	0.3459	0.4193	0.4463
	θ_y	0.0591	0.1296	0.2238	0.3416	0.3847

$k = 1.4$ $\alpha = 0.6$ $\beta = 0.4$

ξ	η	0.10	0.20	0.30	0.40	0.50
0.30	θ_x		0.0925	0.1123	0.1189	0.1213
	θ_y		0.1191	0.1841	0.2350	0.2533
0.40	θ_x		0.1726	0.2385	0.2812	0.2960
	θ_y		0.1452	0.2365	0.3111	0.3355
0.50	θ_x		0.2528	0.3649	0.4444	0.4718
	θ_y		0.1637	0.2785	0.3744	0.4042
0.60	θ_x		0.3020	0.4300	0.5191	0.5508
	θ_y		0.1768	0.3054	0.4142	0.4482
0.70	θ_x		0.3178	0.4497	0.5404	0.5730
	θ_y		0.1816	0.3147	0.4277	0.4632

$k = 1.4$ $\alpha = 0.6$ $\beta = 0.5$

ξ	η	0.10	0.20	0.30	0.40	0.50
0.30	θ_x		0.1050	0.1308	0.1472	0.1535
	θ_y		0.1519	0.2264	0.2771	0.2943
0.40	θ_x		0.2081	0.2870	0.3380	0.3557
	θ_y		0.1886	0.2965	0.3635	0.3853
0.50	θ_x		0.3111	0.4437	0.5298	0.5589
	θ_y		0.2162	0.3535	0.4343	0.4598
0.60	θ_x		0.3693	0.5203	0.6205	0.6554
	θ_y		0.2357	0.3889	0.4799	0.5084
0.70	θ_x		0.3879	0.5432	0.6468	0.6832
	θ_y		0.2426	0.4008	0.4954	0.5250

$k = 1.4$ $\alpha = 0.6$ $\beta = 0.6$

ξ	η	0.10	0.20	0.30	0.40	0.50
0.30	θ_x			0.1474	0.1730	0.1824
	θ_y			0.2624	0.3108	0.3268
0.40	θ_x			0.3294	0.3865	0.4065
	θ_y			0.3435	0.4043	0.4239
0.50	θ_x			0.5102	0.6008	0.6314
	θ_y			0.4100	0.4805	0.5029
0.60	θ_x			0.5977	0.7055	0.7424
	θ_y			0.4516	0.5294	0.5538
0.70	θ_x			0.6236	0.7362	0.7750
	θ_y			0.4658	0.5463	0.5715

附录四 双向板楼面等效均布荷载计算表

$k=1.4 \quad \alpha=0.6 \quad \beta=0.7$

ξ	η	0.10	0.20	0.30	0.40	0.50
0.30	θ_x			0.1618	0.1946	0.2065
	θ_y			0.2906	0.3363	0.3512
0.40	θ_x			0.3620	0.4254	0.4472
	θ_y			0.3794	0.4351	0.4531
0.50	θ_x			0.5628	0.6568	0.6886
	θ_y			0.4518	0.5146	0.5346
0.60	θ_x			0.6600	0.7726	0.8108
	θ_y			0.4983	0.5664	0.5878
0.70	θ_x			0.6886	0.8070	0.8474
	θ_y			0.5140	0.5842	0.6061

$k=1.4 \quad \alpha=0.6 \quad \beta=0.8$

ξ	η	0.10	0.20	0.30	0.40	0.50
0.30	θ_x				0.2110	0.2246
	θ_y				0.3542	0.3682
0.40	θ_x				0.4538	0.4769
	θ_y				0.4563	0.4731
0.50	θ_x				0.6972	0.7298
	θ_y				0.5385	0.5569
0.60	θ_x				0.8211	0.8601
	θ_y				0.5912	0.6107
0.70	θ_x				0.8582	0.8995
	θ_y				0.6096	0.6294

$k=1.4 \quad \alpha=0.6 \quad \beta=0.9$

ξ	η	0.10	0.20	0.30	0.40	0.50
0.30	θ_x				0.2211	0.2358
	θ_y				0.3647	0.3783
0.40	θ_x				0.4711	0.4951
	θ_y				0.4690	0.4850
0.50	θ_x				0.7216	0.7547
	θ_y				0.5521	0.5695
0.60	θ_x				0.8503	0.8898
	θ_y				0.6062	0.6245
0.70	θ_x				0.8891	0.9309
	θ_y				0.6248	0.6434

$k=1.4 \quad \alpha=0.6 \quad \beta=1.0$

ξ	η	0.10	0.20	0.30	0.40	0.50
0.30	θ_x					0.2395
	θ_y					0.3816
0.40	θ_x					0.5011
	θ_y					0.4888
0.50	θ_x					0.7631
	θ_y					0.5741
0.60	θ_x					0.8997
	θ_y					0.6287
0.70	θ_x					0.9414
	θ_y					0.6476

$k=1.4 \quad \alpha=0.7 \quad \beta=0.1$

ξ	η	0.10	0.20	0.30	0.40	0.50
0.30	θ_x	0.0191	0.0357	0.0470	0.0498	0.0445
	θ_y	0.0149	0.0315	0.0512	0.0743	0.0902
0.40	θ_x	0.0288	0.0558	0.0795	0.0996	0.1127
	θ_y	0.0178	0.0379	0.0623	0.0943	0.1283
0.50	θ_x	0.0371	0.0727	0.1051	0.1313	0.1428
	θ_y	0.0198	0.0427	0.0714	0.1116	0.1542
0.60	θ_x	0.0425	0.0831	0.1189	0.1452	0.1551
	θ_y	0.0212	0.0459	0.0778	0.1228	0.1686
0.70	θ_x	0.0443	0.0864	0.1230	0.1492	0.1587
	θ_y	0.0217	0.0471	0.0802	0.1266	0.1727

$k=1.4 \quad \alpha=0.7 \quad \beta=0.2$

ξ	η	0.10	0.20	0.30	0.40	0.50
0.30	θ_x	0.0376	0.0702	0.0920	0.0968	0.0936
	θ_y	0.0302	0.0637	0.1033	0.1477	0.1705
0.40	θ_x	0.0571	0.1106	0.1581	0.1985	0.2171
	θ_y	0.0361	0.0765	0.1267	0.1929	0.2314
0.50	θ_x	0.0739	0.1447	0.2088	0.2588	0.2794
	θ_y	0.0404	0.0864	0.1458	0.2285	0.2777
0.60	θ_x	0.0846	0.1650	0.2354	0.2862	0.3051
	θ_y	0.0432	0.0932	0.1585	0.2505	0.3042
0.70	θ_x	0.0881	0.1715	0.2434	0.2938	0.3128
	θ_y	0.0443	0.0957	0.1640	0.2581	0.3132

$k=1.4 \quad \alpha=0.7 \quad \beta=0.3$

ξ	η	0.10	0.20	0.30	0.40	0.50
0.30	θ_x	0.0549	0.1019	0.1325	0.1414	0.1440
	θ_y	0.0463	0.0976	0.1569	0.2156	0.2388
0.40	θ_x	0.0845	0.1640	0.2317	0.2919	0.3121
	θ_y	0.0556	0.1182	0.1974	0.2849	0.3168
0.50	θ_x	0.1099	0.2150	0.3091	0.3788	0.4053
	θ_y	0.0624	0.1341	0.2255	0.3373	0.3773
0.60	θ_x	0.1256	0.2445	0.3471	0.4191	0.4454
	θ_y	0.0670	0.1452	0.2464	0.3693	0.4142
0.70	θ_x	0.1307	0.2538	0.3585	0.4308	0.4569
	θ_y	0.0686	0.1491	0.2537	0.3798	0.4261

$k=1.4 \quad \alpha=0.7 \quad \beta=0.4$

ξ	η	0.10	0.20	0.30	0.40	0.50
0.30	θ_x		0.1296	0.1669	0.1861	0.1936
	θ_y		0.1334	0.2114	0.2738	0.2953
0.40	θ_x		0.2151	0.3088	0.3752	0.3971
	θ_y		0.1625	0.2698	0.3580	0.3859
0.50	θ_x		0.2827	0.4035	0.4877	0.5176
	θ_y		0.1859	0.3153	0.4233	0.4571
0.60	θ_x		0.3200	0.4512	0.5406	0.5723
	θ_y		0.2021	0.3440	0.4633	0.5011
0.70	θ_x		0.3315	0.4659	0.5555	0.5876
	θ_y		0.2079	0.3539	0.4769	0.5162

附录四 双向板楼面等效均布荷载计算表

$k=1.4 \quad \alpha=0.7 \quad \beta=0.5$

ξ	η	0.10	0.20	0.30	0.40	0.50
0.30	θ_x		0.1517	0.1967	0.2273	0.2387
	θ_y		0.1718	0.2620	0.3214	0.3411
0.40	θ_x		0.2636	0.3764	0.4474	0.4711
	θ_y		0.2123	0.3404	0.4169	0.4414
0.50	θ_x		0.3462	0.4887	0.5828	0.6152
	θ_y		0.2456	0.3996	0.4914	0.5202
0.60	θ_x		0.3898	0.5447	0.6474	0.6832
	θ_y		0.2678	0.4363	0.5379	0.5700
0.70	θ_x		0.4026	0.5612	0.6664	0.7030
	θ_y		0.2756	0.4486	0.5534	0.5867

$k=1.4 \quad \alpha=0.7 \quad \beta=0.6$

ξ	η	0.10	0.20	0.30	0.40	0.50
0.30	θ_x			0.2237	0.2637	0.2780
	θ_y			0.3040	0.3590	0.3770
0.40	θ_x			0.4190	0.5078	0.5324
	θ_y			0.3937	0.4627	0.4847
0.50	θ_x			0.5616	0.6623	0.6965
	θ_y			0.4638	0.5438	0.5692
0.60	θ_x			0.6251	0.7373	0.7760
	θ_y			0.5065	0.5946	0.6224
0.70	θ_x			0.6441	0.7596	0.7994
	θ_y			0.5211	0.6121	0.6408

$k=1.4 \quad \alpha=0.7 \quad \beta=0.7$

ξ	η	0.10	0.20	0.30	0.40	0.50
0.30	θ_x			0.2464	0.2935	0.3101
	θ_y			0.3363	0.3875	0.4040
0.40	θ_x			0.4761	0.5548	0.5818
	θ_y			0.4347	0.4969	0.5169
0.50	θ_x			0.6199	0.7251	0.7607
	θ_y			0.5112	0.5826	0.6053
0.60	θ_x			0.6899	0.8088	0.8493
	θ_y			0.5591	0.6370	0.6616
0.70	θ_x			0.7107	0.8337	0.8765
	θ_y			0.5751	0.6553	0.6808

$k=1.4 \quad \alpha=0.7 \quad \beta=0.8$

ξ	η	0.10	0.20	0.30	0.40	0.50
0.30	θ_x				0.3157	0.3338
	θ_y				0.4072	0.4228
0.40	θ_x				0.5895	0.6176
	θ_y				0.5209	0.5395
0.50	θ_x				0.7704	0.8070
	θ_y				0.6096	0.6305
0.60	θ_x				0.8605	0.9023
	θ_y				0.6656	0.6881
0.70	θ_x				0.8882	0.9317
	θ_y				0.6849	0.7079

$k=1.4 \quad \alpha=0.7 \quad \beta=0.9$

ξ	η	0.10	0.20	0.30	0.40	0.50
0.30	θ_x				0.3292	0.3484
	θ_y				0.4189	0.4338
0.40	θ_x				0.6105	0.6393
	θ_y				0.5347	0.5524
0.50	θ_x				0.7978	0.8350
	θ_y				0.6251	0.6449
0.60	θ_x				0.8918	0.9344
	θ_y				0.6828	0.7040
0.70	θ_x				0.9208	0.9651
	θ_y				0.7024	0.7241

$k=1.4 \quad \alpha=0.7 \quad \beta=1.0$

ξ	η	0.10	0.20	0.30	0.40	0.50
0.30	θ_x					0.3533
	θ_y					0.4374
0.40	θ_x					0.6466
	θ_y					0.5571
0.50	θ_x					0.8443
	θ_y					0.6501
0.60	θ_x					0.9455
	θ_y					0.7091
0.70	θ_x					0.9763
	θ_y					0.7291

$k=1.4 \quad \alpha=0.8 \quad \beta=0.1$

ξ	η	0.10	0.20	0.30	0.40	0.50
0.40	θ_x	0.0333	0.0649	0.0937	0.1184	0.1310
	θ_y	0.0194	0.0414	0.0685	0.1051	0.1449
0.50	θ_x	0.0404	0.0789	0.1132	0.1392	0.1500
	θ_y	0.0221	0.0474	0.0793	0.1232	0.1684
0.60	θ_x	0.0446	0.0867	0.1228	0.1482	0.1576
	θ_y	0.0238	0.0515	0.0865	0.1344	0.1815
0.70	θ_x	0.0460	0.0891	0.1256	0.1509	0.1596
	θ_y	0.0245	0.0529	0.0891	0.1380	0.1857

$k=1.4 \quad \alpha=0.8 \quad \beta=0.2$

ξ	η	0.10	0.20	0.30	0.40	0.50
0.40	θ_x	0.0661	0.1291	0.1864	0.2345	0.2547
	θ_y	0.0394	0.0837	0.1395	0.2157	0.2605
0.50	θ_x	0.0804	0.1569	0.2244	0.2744	0.2943
	θ_y	0.0449	0.0960	0.1618	0.2516	0.3041
0.60	θ_x	0.0886	0.1719	0.2430	0.2922	0.3105
	θ_y	0.0486	0.1044	0.1758	0.2734	0.3293
0.65	θ_x	0.0913	0.1765	0.2483	0.2973	0.3148
	θ_y	0.0499	0.1073	0.1816	0.2807	0.3375

294 附录四 双向板楼面等效均布荷载计算表

$k = 1.4 \quad \alpha = 0.8 \quad \beta = 0.3$

ξ	η	0.10	0.20	0.30	0.40	0.50
0.40	θ_x	0.0982	0.1918	0.2770	0.3439	0.3675
	θ_y	0.0607	0.1295	0.2148	0.3186	0.3552
0.50	θ_x	0.1194	0.2326	0.3313	0.4018	0.4278
	θ_y	0.0693	0.1489	0.2497	0.3708	0.4148
0.60	θ_x	0.1313	0.2541	0.3583	0.4286	0.4541
	θ_y	0.0751	0.1620	0.2756	0.4024	0.4502
0.70	θ_x	0.1350	0.2606	0.3632	0.4359	0.4611
	θ_y	0.0772	0.1666	0.2835	0.4129	0.4619

$k = 1.4 \quad \alpha = 0.8 \quad \beta = 0.4$

ξ	η	0.10	0.20	0.30	0.40	0.50
0.40	θ_x		0.2524	0.3636	0.4421	0.4691
	θ_y		0.1786	0.2997	0.4001	0.4313
0.50	θ_x		0.3048	0.4313	0.5180	0.5488
	θ_y		0.2064	0.3479	0.4659	0.5032
0.60	θ_x		0.3316	0.4641	0.5534	0.5843
	θ_y		0.2248	0.3781	0.5057	0.5468
0.70	θ_x		0.3396	0.4744	0.5631	0.5946
	θ_y		0.2312	0.3883	0.5191	0.5613

$k = 1.4 \quad \alpha = 0.8 \quad \beta = 0.5$

ξ	η	0.10	0.20	0.30	0.40	0.50
0.40	θ_x		0.3102	0.4421	0.5272	0.5560
	θ_y		0.2345	0.3792	0.4650	0.4921
0.50	θ_x		0.3717	0.5212	0.6200	0.6542
	θ_y		0.2720	0.4401	0.5413	0.5733
0.60	θ_x		0.4024	0.5595	0.6631	0.6992
	θ_y		0.2963	0.4774	0.5880	0.6233
0.70	θ_x		0.4114	0.5709	0.6757	0.7122
	θ_y		0.3046	0.4901	0.6038	0.6401

$k = 1.4 \quad \alpha = 0.8 \quad \beta = 0.6$

ξ	η	0.10	0.20	0.30	0.40	0.50
0.40	θ_x			0.5082	0.5982	0.6285
	θ_y			0.4395	0.5154	0.5396
0.50	θ_x			0.5984	0.7057	0.7424
	θ_y			0.5108	0.5995	0.6277
0.60	θ_x			0.6434	0.7562	0.7958
	θ_y			0.5542	0.6515	0.6823
0.70	θ_x			0.6485	0.7723	0.8126
	θ_y			0.5685	0.6690	0.7008

$k = 1.4 \quad \alpha = 0.8 \quad \beta = 0.7$

ξ	η	0.10	0.20	0.30	0.40	0.50
0.40	θ_x			0.5605	0.6541	0.6858
	θ_y			0.4843	0.5528	0.5747
0.50	θ_x			0.6611	0.7744	0.8129
	θ_y			0.5632	0.6431	0.6674
0.60	θ_x			0.7077	0.8305	0.8725
	θ_y			0.6118	0.6984	0.7258
0.70	θ_x			0.7217	0.8484	0.8915
	θ_y			0.6282	0.7172	0.7455

$k = 1.4 \quad \alpha = 0.8 \quad \beta = 0.8$

ξ	η	0.10	0.20	0.30	0.40	0.50
0.40	θ_x				0.6946	0.7273
	θ_y				0.5790	0.5994
0.50	θ_x				0.8228	0.8625
	θ_y				0.6726	0.6958
0.60	θ_x				0.8844	0.9281
	θ_y				0.7310	0.7562
0.70	θ_x				0.9038	0.9488
	θ_y				0.7508	0.7767

$k = 1.4 \quad \alpha = 0.8 \quad \beta = 0.9$

ξ	η	0.10	0.20	0.30	0.40	0.50
0.40	θ_x				0.7191	0.7523
	θ_y				0.5941	0.6134
0.50	θ_x				0.8533	0.8938
	θ_y				0.6898	0.7122
0.60	θ_x				0.9171	0.9618
	θ_y				0.7496	0.7735
0.70	θ_x				0.9375	0.9835
	θ_y				0.7700	0.7944

$k = 1.4 \quad \alpha = 0.8 \quad \beta = 1.0$

ξ	η	0.10	0.20	0.30	0.40	0.50
0.40	θ_x					0.7607
	θ_y					0.6185
0.50	θ_x					0.9032
	θ_y					0.7175
0.60	θ_x					0.9731
	θ_y					0.7796
0.70	θ_x					0.9951
	θ_y					0.8007

$k=1.4 \quad \alpha=0.9 \quad \beta=0.1$

ξ	η	0.10	0.20	0.30	0.40	0.50
0.40	θ_x	0.0372	0.0727	0.1049	0.1307	0.1417
	θ_y	0.0208	0.0446	0.0742	0.1150	0.1580
0.50	θ_x	0.0430	0.0835	0.1188	0.1443	0.1539
	θ_y	0.0240	0.0517	0.0862	0.1331	0.1796
0.60	θ_x	0.0460	0.0889	0.1250	0.1498	0.1588
	θ_y	0.0262	0.0563	0.0940	0.1441	0.1922
0.70	θ_x	0.0470	0.0905	0.1268	0.1512	0.1598
	θ_y	0.0269	0.0580	0.0967	0.1478	0.1961

$k=1.4 \quad \alpha=0.9 \quad \beta=0.2$

ξ	η	0.10	0.20	0.30	0.40	0.50
0.40	θ_x	0.0740	0.1446	0.2083	0.2578	0.2777
	θ_y	0.0424	0.0903	0.1514	0.2352	0.2847
0.50	θ_x	0.0853	0.1658	0.2351	0.2848	0.3031
	θ_y	0.0490	0.1046	0.1751	0.2711	0.3260
0.60	θ_x	0.0913	0.1762	0.2472	0.2956	0.3130
	θ_y	0.0534	0.1141	0.1914	0.2925	0.3501
0.70	θ_x	0.0931	0.1793	0.2506	0.2984	0.3153
	θ_y	0.0549	0.1175	0.1961	0.2996	0.3583

$k=1.4 \quad \alpha=0.9 \quad \beta=0.3$

ξ	η	0.10	0.20	0.30	0.40	0.50
0.40	θ_x	0.1099	0.2148	0.3083	0.3773	0.4032
	θ_y	0.0653	0.1398	0.2337	0.3473	0.3881
0.50	θ_x	0.1265	0.2453	0.3466	0.4174	0.4429
	θ_y	0.0755	0.1621	0.2709	0.3991	0.4460
0.60	θ_x	0.1350	0.2600	0.3635	0.4336	0.4583
	θ_y	0.0824	0.1767	0.2977	0.4304	0.4805
0.70	θ_x	0.1375	0.2643	0.3685	0.4378	0.4622
	θ_y	0.0848	0.1818	0.3022	0.4407	0.4918

$k=1.4 \quad \alpha=0.9 \quad \beta=0.4$

ξ	η	0.10	0.20	0.30	0.40	0.50
0.40	θ_x		0.2823	0.4022	0.4860	0.5155
	θ_y		0.1934	0.3259	0.4360	0.4705
0.50	θ_x		0.3205	0.4505	0.5385	0.5695
	θ_y		0.2244	0.3760	0.5019	0.5422
0.60	θ_x		0.3385	0.4718	0.5602	0.5912
	θ_y		0.2444	0.4069	0.5414	0.5849
0.70	θ_x		0.3437	0.4776	0.5659	0.5968
	θ_y		0.2513	0.4173	0.5546	0.5992

$k=1.4 \quad \alpha=0.9 \quad \beta=0.5$

ξ	η	0.10	0.20	0.30	0.40	0.50
0.40	θ_x		0.3456	0.4873	0.5808	0.6130
	θ_y		0.2547	0.4126	0.5068	0.5366
0.50	θ_x		0.3897	0.5439	0.6452	0.6805
	θ_y		0.2951	0.4746	0.5838	0.6185
0.60	θ_x		0.4096	0.5686	0.6723	0.7084
	θ_y		0.3207	0.5128	0.6307	0.6686
0.70	θ_x		0.4157	0.5753	0.6795	0.7157
	θ_y		0.3294	0.5255	0.6463	0.6852

$k=1.4 \quad \alpha=0.9 \quad \beta=0.6$

ξ	η	0.10	0.20	0.30	0.40	0.50
0.40	θ_x			0.5599	0.6602	0.6942
	θ_y			0.4783	0.5610	0.5873
0.50	θ_x			0.6238	0.7353	0.7736
	θ_y			0.5509	0.6471	0.6777
0.60	θ_x			0.6505	0.7674	0.8074
	θ_y			0.5946	0.6993	0.7327
0.70	θ_x			0.6590	0.7760	0.8165
	θ_y			0.6095	0.7169	0.7513

$k=1.4 \quad \alpha=0.9 \quad \beta=0.7$

ξ	η	0.10	0.20	0.30	0.40	0.50
0.40	θ_x			0.6180	0.7229	0.7580
	θ_y			0.5276	0.6019	0.6253
0.50	θ_x			0.6882	0.8070	0.8475
	θ_y			0.6078	0.6940	0.7215
0.60	θ_x			0.7184	0.8434	0.8863
	θ_y			0.6569	0.7509	0.7809
0.70	θ_x			0.7265	0.8533	0.8968
	θ_y			0.6733	0.7700	0.8009

$k=1.4 \quad \alpha=0.9 \quad \beta=0.8$

ξ	η	0.10	0.20	0.30	0.40	0.50
0.40	θ_x				0.7678	0.8044
	θ_y				0.6299	0.6518
0.50	θ_x				0.8590	0.9011
	θ_y				0.7267	0.7521
0.60	θ_x				0.8987	0.9436
	θ_y				0.7861	0.8137
0.70	θ_x				0.9096	0.9553
	θ_y				0.8062	0.8346

附录四 双向板楼面等效均布荷载计算表

$k=1.4 \quad \alpha=0.9 \quad \beta=0.9$

ξ	η	0.10	0.20	0.30	0.40	0.50
0.40	θ_x				0.7952	0.8324
	θ_y				0.6461	0.6669
0.50	θ_x				0.8905	0.9335
	θ_y				0.7455	0.7695
0.60	θ_x				0.9324	0.9784
	θ_y				0.8071	0.8333
0.70	θ_x				0.9438	0.9908
	θ_y				0.8278	0.8548

$k=1.4 \quad \alpha=0.9 \quad \beta=1.0$

ξ	η	0.10	0.20	0.30	0.40	0.50
0.40	θ_x					0.8418
	θ_y					0.6723
0.50	θ_x					0.9443
	θ_y					0.7757
0.60	θ_x					0.9900
	θ_y					0.8395
0.70	θ_x					1.0027
	θ_y					0.8611

$k=1.4 \quad \alpha=1.0 \quad \beta=0.1$

ξ	η	0.10	0.20	0.30	0.40	0.50
0.50	θ_x	0.0448	0.0868	0.1225	0.1474	0.1565
	θ_y	0.0258	0.0553	0.0921	0.1413	0.1889
0.60	θ_x	0.0469	0.0903	0.1262	0.1503	0.1588
	θ_y	0.0282	0.0604	0.1002	0.1520	0.2008
0.70	θ_x	0.0475	0.0912	0.1271	0.1510	0.1596
	θ_y	0.0288	0.0622	0.1030	0.1556	0.2045

$k=1.4 \quad \alpha=1.0 \quad \beta=0.2$

ξ	η	0.10	0.20	0.30	0.40	0.50
0.50	θ_x	0.0889	0.1720	0.2423	0.2908	0.3084
	θ_y	0.0525	0.1120	0.1869	0.2870	0.3438
0.60	θ_x	0.0930	0.1787	0.2494	0.2968	0.3137
	θ_y	0.0574	0.1223	0.2037	0.3081	0.3670
0.70	θ_x	0.0941	0.1805	0.2513	0.2980	0.3147
	θ_y	0.0591	0.1259	0.2084	0.3151	0.3749

$k=1.4 \quad \alpha=1.0 \quad \beta=0.3$

ξ	η	0.10	0.20	0.30	0.40	0.50
0.50	θ_x	0.1316	0.2541	0.3566	0.4263	0.4513
	θ_y	0.0809	0.1734	0.2885	0.4222	0.4714
0.60	θ_x	0.1372	0.2634	0.3660	0.4356	0.4597
	θ_y	0.0888	0.1890	0.3160	0.4530	0.5048
0.70	θ_x	0.1388	0.2659	0.3693	0.4373	0.4612
	θ_y	0.0911	0.1944	0.3206	0.4632	0.5158

$k=1.4 \quad \alpha=1.0 \quad \beta=0.4$

ξ	η	0.10	0.20	0.30	0.40	0.50
0.50	θ_x		0.3312	0.4628	0.5506	0.5816
	θ_y		0.2397	0.3993	0.5314	0.5740
0.60	θ_x		0.3424	0.4755	0.5631	0.5936
	θ_y		0.2608	0.4308	0.5707	0.6162
0.70	θ_x		0.3453	0.4785	0.5656	0.5960
	θ_y		0.2679	0.4413	0.5838	0.6302

$k=1.4 \quad \alpha=1.0 \quad \beta=0.5$

ξ	η	0.10	0.20	0.30	0.40	0.50
0.50	θ_x		0.4014	0.5579	0.6605	0.6962
	θ_y		0.3145	0.5031	0.6186	0.6556
0.60	θ_x		0.4138	0.5728	0.6762	0.7121
	θ_y		0.3409	0.5414	0.6652	0.7052
0.70	θ_x		0.4168	0.5761	0.6795	0.7154
	θ_y		0.3499	0.5542	0.6808	0.7217

$k=1.4 \quad \alpha=1.0 \quad \beta=0.6$

ξ	η	0.10	0.20	0.30	0.40	0.50
0.50	θ_x			0.6395	0.7536	0.7929
	θ_y			0.5839	0.6863	0.7190
0.60	θ_x			0.6537	0.7723	0.8125
	θ_y			0.6277	0.7389	0.7744
0.70	θ_x			0.6597	0.7765	0.8168
	θ_y			0.6429	0.7564	0.7930

$k=1.4 \quad \alpha=1.0 \quad \beta=0.7$

ξ	η	0.10	0.20	0.30	0.40	0.50
0.50	θ_x			0.7042	0.8266	0.8686
	θ_y			0.6442	0.7371	0.7655
0.60	θ_x			0.7231	0.8493	0.8927
	θ_y			0.6934	0.7936	0.8257
0.70	θ_x			0.7271	0.8542	0.8979
	θ_y			0.7098	0.8128	0.8458

$k=1.4 \quad \alpha=1.0 \quad \beta=0.8$

ξ	η	0.10	0.20	0.30	0.40	0.50
0.50	θ_x				0.8818	0.9255
	θ_y				0.7715	0.7987
0.60	θ_x				0.9055	0.9511
	θ_y				0.8318	0.8615
0.70	θ_x				0.9109	0.9570
	θ_y				0.8521	0.8826

附录四 双向板楼面等效均布荷载计算表

$k = 1.4 \quad \alpha = 1.0 \quad \beta = 0.9$

ξ	η	0.10	0.20	0.30	0.40	0.50
0.50	θ_x				0.9134	0.9582
	θ_y				0.7916	0.8177
0.60	θ_x				0.9396	0.9865
	θ_y				0.8539	0.8821
0.70	θ_x				0.9454	0.9930
	θ_y				0.8748	0.9038

$k = 1.4 \quad \alpha = 1.0 \quad \beta = 1.0$

ξ	η	0.10	0.20	0.30	0.40	0.50
0.50	θ_x					0.9707
	θ_y					0.8240
0.60	θ_x					0.9984
	θ_y					0.8893
0.70	θ_x					1.0050
	θ_y					0.9112

$k = 1.4 \quad \alpha = 1.1 \quad \beta = 0.1$

ξ	η	0.10	0.20	0.30	0.40	0.50
0.50	θ_x	0.0461	0.0889	0.1248	0.1492	0.1580
	θ_y	0.0272	0.0583	0.0968	0.1475	0.1958
0.60	θ_x	0.0474	0.0910	0.1267	0.1504	0.1587
	θ_y	0.0298	0.0637	0.1051	0.1580	0.2074
0.70	θ_x	0.0478	0.0915	0.1270	0.1503	0.1587
	θ_y	0.0307	0.0655	0.1078	0.1616	0.2111

$k = 1.4 \quad \alpha = 1.1 \quad \beta = 0.2$

ξ	η	0.10	0.20	0.30	0.40	0.50
0.50	θ_x	0.0914	0.1761	0.2467	0.2945	0.3115
	θ_y	0.0553	0.1180	0.1970	0.2993	0.3574
0.60	θ_x	0.0939	0.1800	0.2503	0.2969	0.3132
	θ_y	0.0606	0.1288	0.2127	0.3201	0.3800
0.70	θ_x	0.0945	0.1809	0.2511	0.2971	0.3132
	θ_y	0.0625	0.1326	0.2188	0.3271	0.3875

$k = 1.4 \quad \alpha = 1.1 \quad \beta = 0.3$

ξ	η	0.10	0.20	0.30	0.40	0.50
0.50	θ_x	0.1350	0.2598	0.3630	0.4319	0.4564
	θ_y	0.0853	0.1824	0.3030	0.4402	0.4909
0.60	θ_x	0.1384	0.2651	0.3673	0.4358	0.4594
	θ_y	0.0933	0.1987	0.3302	0.4706	0.5236
0.70	θ_x	0.1393	0.2663	0.3690	0.4362	0.4596
	θ_y	0.0961	0.2043	0.3354	0.4806	0.5343

$k = 1.4 \quad \alpha = 1.1 \quad \beta = 0.4$

ξ	η	0.10	0.20	0.30	0.40	0.50
0.50	θ_x		0.3381	0.4704	0.5582	0.5889
	θ_y		0.2519	0.4175	0.5544	0.5987
0.60	θ_x		0.3442	0.4772	0.5635	0.5937
	θ_y		0.2736	0.4492	0.5932	0.6401
0.70	θ_x		0.3455	0.4777	0.5643	0.5942
	θ_y		0.2810	0.4598	0.6063	0.6542

$k = 1.4 \quad \alpha = 1.1 \quad \beta = 0.5$

ξ	η	0.10	0.20	0.30	0.40	0.50
0.50	θ_x		0.4090	0.5670	0.6701	0.7060
	θ_y		0.3299	0.5254	0.6458	0.6845
0.60	θ_x		0.4155	0.5742	0.6771	0.7128
	θ_y		0.3567	0.5640	0.6924	0.7340
0.70	θ_x		0.4166	0.5755	0.6782	0.7138
	θ_y		0.3658	0.5768	0.7077	0.7502

$k = 1.4 \quad \alpha = 1.1 \quad \beta = 0.6$

ξ	η	0.10	0.20	0.30	0.40	0.50
0.50	θ_x			0.6496	0.7648	0.8046
	θ_y			0.6097	0.7170	0.7514
0.60	θ_x			0.6556	0.7737	0.8145
	θ_y			0.6536	0.7692	0.8068
0.70	θ_x			0.6589	0.7752	0.8154
	θ_y			0.6687	0.7869	0.8251

$k = 1.4 \quad \alpha = 1.1 \quad \beta = 0.7$

ξ	η	0.10	0.20	0.30	0.40	0.50
0.50	θ_x			0.7162	0.8407	0.8835
	θ_y			0.6730	0.7698	0.8008
0.60	θ_x			0.7245	0.8518	0.8954
	θ_y			0.7222	0.8271	0.8608
0.70	θ_x			0.7260	0.8522	0.8959
	θ_y			0.7384	0.8462	0.8809

$k = 1.4 \quad \alpha = 1.1 \quad \beta = 0.8$

ξ	η	0.10	0.20	0.30	0.40	0.50
0.50	θ_x				0.8960	0.9409
	θ_y				0.8065	0.8350
0.60	θ_x				0.9084	0.9544
	θ_y				0.8672	0.8984
0.70	θ_x				0.9091	0.9553
	θ_y				0.8875	0.9196

$k=1.4 \quad \alpha=1.1 \quad \beta=0.9$

ξ	η	0.10	0.20	0.30	0.40	0.50
0.50	θ_x				0.9296	0.9757
	θ_y				0.8281	0.8554
0.60	θ_x				0.9428	0.9902
	θ_y				0.8908	0.9207
0.70	θ_x				0.9437	0.9915
	θ_y				0.9118	0.9426

$k=1.4 \quad \alpha=1.1 \quad \beta=1.0$

ξ	η	0.10	0.20	0.30	0.40	0.50
0.50	θ_x					0.9874
	θ_y					0.8616
0.60	θ_x					1.0023
	θ_y					0.9276
0.70	θ_x					1.0036
	θ_y					0.9497

$k=1.4 \quad \alpha=1.2 \quad \beta=0.1$

ξ	η	0.10	0.20	0.30	0.40	0.50
0.60	θ_x	0.0477	0.0913	0.1268	0.1502	0.1583
	θ_y	0.0310	0.0660	0.1086	0.1625	0.2121
0.70	θ_x	0.0479	0.0915	0.1268	0.1499	0.1580
	θ_y	0.0319	0.0679	0.1114	0.1660	0.2158

$k=1.4 \quad \alpha=1.2 \quad \beta=0.2$

ξ	η	0.10	0.20	0.30	0.40	0.50
0.60	θ_x	0.0944	0.1806	0.2506	0.2965	0.3125
	θ_y	0.0630	0.1336	0.2195	0.3286	0.3891
0.70	θ_x	0.0947	0.1809	0.2505	0.2960	0.3119
	θ_y	0.0649	0.1373	0.2258	0.3355	0.3965

$k=1.4 \quad \alpha=1.2 \quad \beta=0.3$

ξ	η	0.10	0.20	0.30	0.40	0.50
0.60	θ_x	0.1390	0.2659	0.3682	0.4353	0.4586
	θ_y	0.0969	0.2058	0.3404	0.4832	0.5371
0.70	θ_x	0.1394	0.2661	0.3689	0.4347	0.4578
	θ_y	0.0997	0.2114	0.3485	0.4931	0.5477

$k=1.4 \quad \alpha=1.2 \quad \beta=0.4$

ξ	η	0.10	0.20	0.30	0.40	0.50
0.60	θ_x		0.3449	0.4771	0.5631	0.5930
	θ_y		0.2829	0.4624	0.6093	0.6573
0.70	θ_x		0.3452	0.4769	0.5624	0.5920
	θ_y		0.2903	0.4731	0.6221	0.6709

$k=1.4 \quad \alpha=1.2 \quad \beta=0.5$

ξ	η	0.10	0.20	0.30	0.40	0.50
0.60	θ_x		0.4159	0.5743	0.6768	0.7123
	θ_y		0.3682	0.5801	0.7116	0.7543
0.70	θ_x		0.4162	0.5741	0.6761	0.7114
	θ_y		0.3772	0.5929	0.7270	0.7705

$k=1.4 \quad \alpha=1.2 \quad \beta=0.6$

ξ	η	0.10	0.20	0.30	0.40	0.50
0.60	θ_x			0.6572	0.7736	0.8137
	θ_y			0.6721	0.7911	0.8294
0.70	θ_x			0.6589	0.7730	0.8129
	θ_y			0.6869	0.8085	0.8478

$k=1.4 \quad \alpha=1.2 \quad \beta=0.7$

ξ	η	0.10	0.20	0.30	0.40	0.50
0.60	θ_x			0.7245	0.8513	0.8949
	θ_y			0.7426	0.8512	0.8861
0.70	θ_x			0.7239	0.8507	0.8944
	θ_y			0.7589	0.8703	0.9061

$k=1.4 \quad \alpha=1.2 \quad \beta=0.8$

ξ	η	0.10	0.20	0.30	0.40	0.50
0.60	θ_x				0.9081	0.9542
	θ_y				0.8924	0.9249
0.70	θ_x				0.9076	0.9539
	θ_y				0.9127	0.9461

$k=1.4 \quad \alpha=1.2 \quad \beta=0.9$

ξ	η	0.10	0.20	0.30	0.40	0.50
0.60	θ_x				0.9426	0.9903
	θ_y				0.9171	0.9480
0.70	θ_x				0.9422	0.9901
	θ_y				0.9381	0.9700

$k=1.4 \quad \alpha=1.2 \quad \beta=1.0$

ξ	η	0.10	0.20	0.30	0.40	0.50
0.60	θ_x					1.0024
	θ_y					0.9554
0.70	θ_x					1.0023
	θ_y					0.9776

$k=1.4 \quad \alpha=1.3 \quad \beta=0.1$

ξ	η	0.10	0.20	0.30	0.40	0.50
0.60	θ_x	0.0478	0.0915	0.1268	0.1499	0.1580
	θ_y	0.0317	0.0675	0.1106	0.1650	0.2148
0.70	θ_x	0.0479	0.0915	0.1266	0.1495	0.1575
	θ_y	0.0327	0.0694	0.1135	0.1684	0.2181

$k=1.4 \quad \alpha=1.3 \quad \beta=0.2$

ξ	η	0.10	0.20	0.30	0.40	0.50
0.60	θ_x	0.0946	0.1809	0.2506	0.2960	0.3119
	θ_y	0.0644	0.1364	0.2244	0.3340	0.3946
0.70	θ_x	0.0947	0.1808	0.2501	0.2953	0.3109
	θ_y	0.0663	0.1402	0.2293	0.3408	0.4022

附录四 双向板楼面等效均布荷载计算表

$k=1.4 \quad \alpha=1.3 \quad \beta=0.3$

ξ	η	0.10	0.20	0.30	0.40	0.50
0.60	θ_x	0.1393	0.2661	0.3687	0.4348	0.4580
	θ_y	0.0990	0.2100	0.3464	0.4903	0.5442
0.70	θ_x	0.1393	0.2659	0.3675	0.4334	0.4563
	θ_y	0.1019	0.2157	0.3517	0.5003	0.5547

$k=1.4 \quad \alpha=1.3 \quad \beta=0.4$

ξ	η	0.10	0.20	0.30	0.40	0.50
0.60	θ_x		0.3451	0.4770	0.5626	0.5920
	θ_y		0.2885	0.4704	0.6193	0.6680
0.70	θ_x		0.3448	0.4759	0.5609	0.5906
	θ_y		0.2960	0.4810	0.6321	0.6816

$k=1.4 \quad \alpha=1.3 \quad \beta=0.5$

ξ	η	0.10	0.20	0.30	0.40	0.50
0.60	θ_x		0.4160	0.5741	0.6763	0.7116
	θ_y		0.3750	0.5892	0.7228	0.7664
0.70	θ_x		0.4154	0.5728	0.6743	0.7095
	θ_y		0.3841	0.6020	0.7381	0.7826

$k=1.4 \quad \alpha=1.3 \quad \beta=0.6$

ξ	η	0.10	0.20	0.30	0.40	0.50
0.60	θ_x			0.6584	0.7731	0.8131
	θ_y			0.6832	0.8044	0.8430
0.70	θ_x			0.6555	0.7711	0.8109
	θ_y			0.6987	0.8218	0.8613

$k=1.4 \quad \alpha=1.3 \quad \beta=0.7$

ξ	η	0.10	0.20	0.30	0.40	0.50
0.60	θ_x			0.7241	0.8509	0.8946
	θ_y			0.7542	0.8653	0.9013
0.70	θ_x			0.7222	0.8488	0.8924
	θ_y			0.7705	0.8844	0.9214

$k=1.4 \quad \alpha=1.3 \quad \beta=0.8$

ξ	η	0.10	0.20	0.30	0.40	0.50
0.60	θ_x				0.9077	0.9540
	θ_y				0.9077	0.9408
0.70	θ_x				0.9056	0.9519
	θ_y				0.9280	0.9621

$k=1.4 \quad \alpha=1.3 \quad \beta=0.9$

ξ	η	0.10	0.20	0.30	0.40	0.50
0.60	θ_x				0.9424	0.9902
	θ_y				0.9328	0.9642
0.70	θ_x				0.9402	0.9881
	θ_y				0.9538	0.9862

$k=1.4 \quad \alpha=1.3 \quad \beta=1.0$

ξ	η	0.10	0.20	0.30	0.40	0.50
0.60	θ_x					1.0023
	θ_y					0.9725
0.70	θ_x					1.0003
	θ_y					0.9947

$k=1.4 \quad \alpha=1.4 \quad \beta=0.1$

ξ	η	0.10	0.20	0.30	0.40	0.50
0.70	θ_x	0.0479	0.0914	0.1265	0.1493	0.1573
	θ_y	0.0329	0.0699	0.1142	0.1694	0.2190

$k=1.4 \quad \alpha=1.4 \quad \beta=0.2$

ξ	η	0.10	0.20	0.30	0.40	0.50
0.70	θ_x	0.0947	0.1807	0.2500	0.2950	0.3104
	θ_y	0.0668	0.1412	0.2306	0.3424	0.4040

$k=1.4 \quad \alpha=1.4 \quad \beta=0.3$

ξ	η	0.10	0.20	0.30	0.40	0.50
0.70	θ_x	0.1393	0.2658	0.3673	0.4329	0.4557
	θ_y	0.1025	0.2171	0.3532	0.5029	0.5580

$k=1.4 \quad \alpha=1.4 \quad \beta=0.4$

ξ	η	0.10	0.20	0.30	0.40	0.50
0.70	θ_x		0.3445	0.4758	0.5606	0.5900
	θ_y		0.2978	0.4838	0.6351	0.6847

$k=1.4 \quad \alpha=1.4 \quad \beta=0.5$

ξ	η	0.10	0.20	0.30	0.40	0.50
0.70	θ_x		0.4152	0.5726	0.6740	0.7085
	θ_y		0.3861	0.6056	0.7420	0.7864

$k=1.4 \quad \alpha=1.4 \quad \beta=0.6$

ξ	η	0.10	0.20	0.30	0.40	0.50
0.70	θ_x			0.6553	0.7702	0.8100
	θ_y			0.7019	0.8261	0.8663

$k=1.4 \quad \alpha=1.4 \quad \beta=0.7$

ξ	η	0.10	0.20	0.30	0.40	0.50
0.70	θ_x			0.7214	0.8478	0.8914
	θ_y			0.7750	0.8892	0.9260

$k=1.4 \quad \alpha=1.4 \quad \beta=0.8$

ξ	η	0.10	0.20	0.30	0.40	0.50
0.70	θ_x				0.9053	0.9516
	θ_y				0.9331	0.9676

$k=1.4 \quad \alpha=1.4 \quad \beta=0.9$

ξ	η	0.10	0.20	0.30	0.40	0.50
0.70	θ_x				0.9400	0.9878
	θ_y				0.9589	0.9918

$k=1.4 \quad \alpha=1.4 \quad \beta=1.0$

ξ	η	0.10	0.20	0.30	0.40	0.50
0.70	θ_x					1.0000
	θ_y					1.0000

附录四 双向板楼面等效均布荷载计算表

$k=1.5 \quad \alpha=0.1 \quad \beta=0.1$

ξ	η	0.10	0.20	0.30	0.40	0.50
0.10	θ_x	−0.0002	−0.0004	−0.0007	−0.0009	−0.0011
	θ_y	0.0009	0.0017	0.0024	0.0029	0.0031
0.20	θ_x	−0.0001	−0.0004	−0.0009	−0.0016	−0.0017
	θ_y	0.0017	0.0033	0.0048	0.0059	0.0062
0.30	θ_x	0.0005	0.0003	0.0001	−0.0033	−0.0013
	θ_y	0.0024	0.0050	0.0071	0.0088	0.0096
0.40	θ_x	0.0020	0.0032	0.0031	0.0017	0.0011
	θ_y	0.0029	0.0061	0.0093	0.0122	0.0134
0.50	θ_x	0.0044	0.0080	0.0094	0.0086	0.0064
	θ_y	0.0032	0.0068	0.0111	0.0155	0.0178
0.60	θ_x	0.0075	0.0150	0.0202	0.0279	0.0195
	θ_y	0.0031	0.0061	0.0117	0.0195	0.0238
0.70	θ_x	0.0098	0.0202	0.0322	0.0465	0.0551
	θ_y	0.0029	0.0063	0.0109	0.0192	0.0326
0.75	θ_x	0.0101	0.0211	0.0344	0.0533	0.0722
	θ_y	0.0029	0.0063	0.0109	0.0192	0.0326

$k=1.5 \quad \alpha=0.1 \quad \beta=0.2$

ξ	η	0.10	0.20	0.30	0.40	0.50
0.10	θ_x	−0.0002	−0.0004	−0.0007	−0.0009	−0.0011
	θ_y	0.0009	0.0017	0.0024	0.0029	0.0031
0.20	θ_x	−0.0001	−0.0004	−0.0009	−0.0016	−0.0017
	θ_y	0.0017	0.0033	0.0048	0.0059	0.0062
0.30	θ_x	0.0005	0.003	0.0001	−0.0033	−0.0013
	θ_y	0.0024	0.0050	0.0071	0.0088	0.0096
0.40	θ_x	0.0020	0.0032	0.0031	0.0017	0.0011
	θ_y	0.0029	0.0061	0.0093	0.0122	0.0134
0.50	θ_x	0.0044	0.0080	0.0094	0.0086	0.0064
	θ_y	0.0032	0.0068	0.0111	0.0155	0.0178
0.60	θ_x	0.0075	0.0150	0.0202	0.0279	0.0195
	θ_y	0.0031	0.0061	0.0117	0.0195	0.0238
0.70	θ_x	0.0098	0.0202	0.0322	0.0465	0.0551
	θ_y	0.0029	0.0063	0.0109	0.0192	0.0326
0.75	θ_x	0.0101	0.0211	0.0344	0.0533	0.0722
	θ_y	0.0029	0.0063	0.0109	0.0192	0.0326

$k=1.5 \quad \alpha=0.1 \quad \beta=0.3$

ξ	η	0.10	0.20	0.30	0.40	0.50
0.10	θ_x	−0.0005	−0.0012	−0.0020	−0.0025	−0.0028
	θ_y	0.0025	0.0049	0.0069	0.0084	0.0089
0.20	θ_x	−0.0004	−0.0013	−0.0027	−0.0046	−0.0052
	θ_y	0.0050	0.0097	0.0139	0.0169	0.0179
0.30	θ_x	0.0012	−0.0004	−0.0001	−0.0088	−0.0029
	θ_y	0.0072	0.0147	0.0209	0.0253	0.0275
0.40	θ_x	0.0052	0.0083	0.0082	0.0049	0.0050
	θ_y	0.0090	0.0183	0.0276	0.0349	0.0378
0.50	θ_x	0.0124	0.0218	0.0260	0.0265	0.0257
	θ_y	0.0099	0.0210	0.0334	0.0446	0.0490
0.60	θ_x	0.0221	0.0448	0.0559	0.0803	0.0589
	θ_y	0.0098	0.0208	0.0372	0.0546	0.0612
0.70	θ_x	0.0300	0.0622	0.0987	0.1356	0.1476
	θ_y	0.0091	0.0202	0.0365	0.0630	0.0713
0.75	θ_x	0.0313	0.0657	0.1088	0.1610	0.1799
	θ_y	0.0091	0.0202	0.0365	0.0630	0.0713

$k=1.5 \quad \alpha=0.1 \quad \beta=0.4$

ξ	η	0.10	0.20	0.30	0.40	0.50
0.10	θ_x		−0.0017	−0.0026	−0.0032	−0.0035
	θ_y		0.0064	0.0090	0.0108	0.0114
0.20	θ_x		−0.0020	−0.0039	−0.0057	−0.0063
	θ_y		0.0128	0.0181	0.0217	0.0230
0.30	θ_x		−0.0017	−0.0061	−0.0107	−0.0127
	θ_y		0.0192	0.0272	0.0326	0.0346
0.40	θ_x		0.0096	0.0092	0.0072	0.0064
	θ_y		0.0245	0.0361	0.0447	0.0479
0.50	θ_x		0.0269	0.0330	0.0350	0.0352
	θ_y		0.0287	0.0444	0.0567	0.0613
0.60	θ_x		0.0591	0.0850	0.1033	0.1100
	θ_y		0.0300	0.0508	0.0688	0.0759
0.70	θ_x		0.0848	0.1336	0.1723	0.1855
	θ_y		0.0285	0.0547	0.0778	0.0839
0.75	θ_x		0.0906	0.1518	0.2026	0.2181
	θ_y		0.0285	0.0547	0.0778	0.0839

$k=1.5 \quad \alpha=0.1 \quad \beta=0.5$

ξ	η	0.10	0.20	0.30	0.40	0.50
0.10	θ_x		−0.0022	−0.0031	−0.0039	−0.0042
	θ_y		0.0078	0.0109	0.0129	0.0136
0.20	θ_x		−0.0029	−0.0050	−0.0065	−0.0070
	θ_y		0.0156	0.0218	0.0260	0.0275
0.30	θ_x		−0.0037	−0.0009	−0.0118	−0.0028
	θ_y		0.0235	0.0329	0.0391	0.0418
0.40	θ_x		0.0099	0.0101	0.0098	0.0111
	θ_y		0.0306	0.0439	0.0532	0.0565
0.50	θ_x		0.0305	0.0389	0.0431	0.0446
	θ_y		0.0365	0.0545	0.0669	0.0712
0.60	θ_x		0.0727	0.0801	0.1233	0.0993
	θ_y		0.0403	0.0638	0.0802	0.0846
0.70	θ_x		0.1087	0.1636	0.2024	0.2120
	θ_y		0.0394	0.0721	0.0885	0.0933
0.75	θ_x		0.1189	0.1922	0.2354	0.2487
	θ_y		0.0394	0.0721	0.0885	0.0933

$k=1.5 \quad \alpha=0.1 \quad \beta=0.6$

ξ	η	0.10	0.20	0.30	0.40	0.50
0.10	θ_x			−0.0036	−0.0043	−0.0046
	θ_y			0.0125	0.0147	0.0155
0.20	θ_x			−0.0059	−0.0071	−0.0075
	θ_y			0.0251	0.0296	0.0312
0.30	θ_x			−0.0013	−0.0124	−0.0022
	θ_y			0.0378	0.0445	0.0472
0.40	θ_x			0.0125	0.0124	0.0145
	θ_y			0.0507	0.0601	0.0633
0.50	θ_x			0.0436	0.0506	0.0532
	θ_y			0.0632	0.0750	0.0790
0.60	θ_x			0.0912	0.1400	0.1156
	θ_y			0.0747	0.0888	0.0923
0.70	θ_x			0.1898	0.2263	0.2350
	θ_y			0.0836	0.0966	0.1005
0.75	θ_x			0.2231	0.2609	0.2727
	θ_y			0.0836	0.0966	0.1005

附录四　双向板楼面等效均布荷载计算表

$k=1.5\quad \alpha=0.1\quad \beta=0.7$

ξ	η	0.10	0.20	0.30	0.40	0.50
0.10	θ_x			−0.0040	−0.0047	−0.0049
	θ_y			0.0138	0.0161	0.0170
0.20	θ_x			−0.0066	−0.0075	−0.0077
	θ_y			0.0277	0.0325	0.0341
0.30	θ_x			−0.0017	−0.0125	−0.0015
	θ_y			0.0418	0.0488	0.0514
0.40	θ_x			0.0118	0.0148	0.0160
	θ_y			0.0561	0.0655	0.0686
0.50	θ_x			0.0475	0.0570	0.0605
	θ_y			0.0701	0.0811	0.0847
0.60	θ_x			0.1012	0.1530	0.1285
	θ_y			0.0827	0.0949	0.0980
0.70	θ_x			0.2098	0.2444	0.2524
	θ_y			0.0914	0.1024	0.1057
0.75	θ_x			0.2455	0.2799	0.2909
	θ_y			0.0914	0.1024	0.1057

$k=1.5\quad \alpha=0.1\quad \beta=0.8$

ξ	η	0.10	0.20	0.30	0.40	0.50
0.10	θ_x				−0.0050	−0.0051
	θ_y				0.0172	0.0180
0.20	θ_x				−0.0077	−0.0078
	θ_y				0.0345	0.0362
0.30	θ_x				−0.0124	−0.0121
	θ_y				0.0519	0.0544
0.40	θ_x				0.0168	0.0185
	θ_y				0.0693	0.0723
0.50	θ_x				0.0619	0.0660
	θ_y				0.0854	0.0887
0.60	θ_x				0.1624	0.1699
	θ_y				0.0988	0.1016
0.70	θ_x				0.2571	0.2671
	θ_y				0.1063	0.1094
0.75	θ_x				0.2930	0.3036
	θ_y				0.1063	0.1094

$k=1.5\quad \alpha=0.1\quad \beta=0.9$

ξ	η	0.10	0.20	0.30	0.40	0.50
0.10	θ_x				−0.0070	−0.0052
	θ_y				0.0178	0.0187
0.20	θ_x				−0.0078	−0.0079
	θ_y				0.0358	0.0374
0.30	θ_x				−0.0122	−0.0003
	θ_y				0.0538	0.0562
0.40	θ_x				0.0180	0.0200
	θ_y				0.0715	0.0745
0.50	θ_x				0.0548	0.0592
	θ_y				0.0879	0.0911
0.60	θ_x				0.1681	0.1435
	θ_y				0.1010	0.1042
0.70	θ_x				0.2646	0.2720
	θ_y				0.1087	0.1115
0.75	θ_x				0.3010	0.3112
	θ_y				0.1087	0.1115

$k=1.5\quad \alpha=0.1\quad \beta=1.0$

ξ	η	0.10	0.20	0.30	0.40	0.50
0.10	θ_x					−0.0053
	θ_y					0.0189
0.20	θ_x					−0.0079
	θ_y					0.0378
0.30	θ_x					−0.0002
	θ_y					0.0568
0.40	θ_x					0.0206
	θ_y					0.0752
0.50	θ_x					0.0705
	θ_y					0.0918
0.60	θ_x					0.1454
	θ_y					0.1049
0.70	θ_x					0.2745
	θ_y					0.1122
0.75	θ_x					0.3137
	θ_y					0.1122

$k=1.5\quad \alpha=0.2\quad \beta=0.1$

ξ	η	0.10	0.20	0.30	0.40	0.50
0.10	θ_x	−0.0003	−0.0007	−0.0013	−0.0018	−0.0021
	θ_y	0.0017	0.0033	0.0048	0.0058	0.0062
0.20	θ_x	−0.0000	−0.0005	−0.0015	−0.0026	−0.0031
	θ_y	0.0033	0.0066	0.0095	0.0117	0.0126
0.30	θ_x	0.0013	0.0012	0.0007	−0.0053	−0.0020
	θ_y	0.0047	0.0098	0.0142	0.0177	0.0193
0.40	θ_x	0.0042	0.0070	0.0070	0.0048	0.0033
	θ_y	0.0058	0.0120	0.0186	0.0244	0.0270
0.50	θ_x	0.0090	0.0164	0.0200	0.0181	0.0150
	θ_y	0.0063	0.0133	0.0219	0.0312	0.0360
0.60	θ_x	0.0148	0.0295	0.0410	0.0548	0.0424
	θ_y	0.0061	0.0122	0.0230	0.0386	0.0483
0.70	θ_x	0.0190	0.0390	0.0611	0.0857	0.1041
	θ_y	0.0058	0.0128	0.0221	0.0384	0.0629
0.75	θ_x	0.0196	0.0405	0.0643	0.0930	0.1102
	θ_y	0.0058	0.0128	0.0221	0.0384	0.0629

$k=1.5\quad \alpha=0.2\quad \beta=0.2$

ξ	η	0.10	0.20	0.30	0.40	0.50
0.10	θ_x	−0.0006	−0.0014	−0.0025	−0.0036	−0.0041
	θ_y	0.0034	0.0066	0.0094	0.0114	0.0122
0.20	θ_x	−0.0001	−0.0011	−0.0030	−0.0051	−0.0060
	θ_y	0.0066	0.0131	0.0189	0.0231	0.0247
0.30	θ_x	0.0024	0.0017	0.0011	−0.0101	−0.0036
	θ_y	0.0095	0.0196	0.0282	0.0348	0.0380
0.40	θ_x	0.0081	0.0132	0.0134	0.0098	0.0075
	θ_y	0.0117	0.0241	0.0370	0.0480	0.0526
0.50	θ_x	0.0177	0.0319	0.0385	0.0357	0.0319
	θ_y	0.0127	0.0271	0.0440	0.0613	0.0693
0.60	θ_x	0.0295	0.0589	0.0804	0.1078	0.0916
	θ_y	0.0125	0.0257	0.0470	0.0753	0.0893
0.70	θ_x	0.0382	0.0785	0.1229	0.1702	0.1967
	θ_y	0.0119	0.0258	0.0460	0.0827	0.1072
0.75	θ_x	0.0395	0.0817	0.1299	0.1855	0.2100
	θ_y	0.0119	0.0258	0.0460	0.0827	0.1072

附录四 双向板楼面等效均布荷载计算表

$k=1.5 \quad \alpha=0.2 \quad \beta=0.3$

ξ	η	0.10	0.20	0.30	0.40	0.50
0.10	θ_x	−0.0009	−0.0022	−0.0038	−0.0052	−0.0058
	θ_y	0.0050	0.0098	0.0139	0.0167	0.0178
0.20	θ_x	−0.0005	−0.0020	−0.0046	−0.0072	−0.0083
	θ_y	0.0099	0.0194	0.0278	0.0338	0.0360
0.30	θ_x	0.0030	0.0011	0.0012	−0.0139	−0.0042
	θ_y	0.0143	0.0291	0.0417	0.0509	0.0552
0.40	θ_x	0.0112	0.0182	0.0188	0.0151	0.0129
	θ_y	0.0178	0.0364	0.0550	0.0700	0.0758
0.50	θ_x	0.0255	0.0455	0.0545	0.0530	0.0511
	θ_y	0.0196	0.0415	0.0664	0.0890	0.0983
0.60	θ_x	0.0438	0.0879	0.1167	0.1575	0.1382
	θ_y	0.0195	0.0414	0.0731	0.1083	0.1220
0.70	θ_x	0.0580	0.1191	0.1858	0.2488	0.2762
	θ_y	0.0184	0.0408	0.0736	0.1235	0.1400
0.75	θ_x	0.0601	0.1245	0.1975	0.2713	0.2951
	θ_y	0.0184	0.0408	0.0736	0.1235	0.1400

$k=1.5 \quad \alpha=0.2 \quad \beta=0.4$

ξ	η	0.10	0.20	0.30	0.40	0.50
0.10	θ_x		−0.0031	−0.0050	−0.0066	−0.0072
	θ_y		0.0128	0.0180	0.0216	0.0229
0.20	θ_x		−0.0031	−0.0062	−0.0090	−0.0101
	θ_y		0.0255	0.0362	0.0436	0.0462
0.30	θ_x		−0.0009	−0.0084	−0.0166	−0.0201
	θ_y		0.0382	0.0544	0.0655	0.0696
0.40	θ_x		0.0215	0.0230	0.0209	0.0196
	θ_y		0.0487	0.0721	0.0896	0.0960
0.50	θ_x		0.0562	0.0675	0.0704	−0.0713
	θ_y		0.0567	0.0883	0.1133	0.1225
0.60	θ_x		0.1161	0.1667	0.2026	0.2156
	θ_y		0.0598	0.1009	0.1364	0.1506
0.70	θ_x		0.1611	0.2487	0.3169	0.3404
	θ_y		0.0576	0.1084	0.1531	0.1653
0.75	θ_x		0.1695	0.2671	0.3447	0.3709
	θ_y		0.0576	0.1084	0.1531	0.1653

$k=1.5 \quad \alpha=0.2 \quad \beta=0.5$

ξ	η	0.10	0.20	0.30	0.40	0.50
0.10	θ_x		−0.0040	−0.0061	−0.0077	−0.0083
	θ_y		0.0156	0.0218	0.0259	0.0273
0.20	θ_x		−0.0046	−0.0077	−0.0103	−0.0113
	θ_y		0.0312	0.0437	0.0521	0.0551
0.30	θ_x		−0.0042	0.0005	−0.0180	−0.0029
	θ_y		0.0468	0.0658	0.0784	0.0837
0.40	θ_x		0.0230	0.0263	0.0269	0.0269
	θ_y		0.0608	0.0877	0.1064	0.1130
0.50	θ_x		0.0635	0.0785	0.0875	0.0911
	θ_y		0.0726	0.1086	0.1335	0.1421
0.60	θ_x		0.1427	0.1762	0.2418	0.2202
	θ_y		0.0801	0.1277	0.1591	0.1679
0.70	θ_x		0.2048	0.3069	0.3735	0.3983
	θ_y		0.0792	0.1421	0.1746	0.1843
0.75	θ_x		0.2175	0.3272	0.4048	0.4239
	θ_y		0.0792	0.1421	0.1746	0.1843

$k=1.5 \quad \alpha=0.2 \quad \beta=0.6$

ξ	η	0.10	0.20	0.30	0.40	0.50
0.10	θ_x			−0.0072	−0.0086	−0.0091
	θ_y			0.0250	0.0295	0.0310
0.20	θ_x			−0.0091	−0.0112	−0.0120
	θ_y			0.0502	0.0593	0.0625
0.30	θ_x			0.0000	−0.0184	−0.0013
	θ_y			0.0757	0.0891	0.0944
0.40	θ_x			0.0290	0.0328	0.0343
	θ_y			0.1013	0.1201	0.1266
0.50	θ_x			0.0881	0.1032	0.1090
	θ_y			0.1261	0.1496	0.1574
0.60	θ_x			0.2016	0.2746	0.2525
	θ_y			0.1488	0.1762	0.1833
0.70	θ_x			0.3553	0.4189	0.4400
	θ_y			0.1648	0.1911	0.1989
0.75	θ_x			0.3795	0.4526	0.4699
	θ_y			0.1648	0.1911	0.1989

$k=1.5 \quad \alpha=0.2 \quad \beta=0.7$

ξ	η	0.10	0.20	0.30	0.40	0.50
0.10	θ_x			−0.0080	−0.0093	−0.0097
	θ_y			0.0276	0.0323	0.0340
0.20	θ_x			−0.0103	−0.0118	−0.0123
	θ_y			0.0554	0.0650	0.0682
0.30	θ_x			−0.0006	−0.0181	0.0004
	θ_y			0.0837	0.0976	0.1028
0.40	θ_x			0.0311	0.0381	0.0408
	θ_y			0.1122	0.1307	0.1369
0.50	θ_x			0.0965	0.1165	0.1239
	θ_y			0.1398	0.1617	0.1688
0.60	θ_x			0.2230	0.3003	0.2782
	θ_y			0.1645	0.1883	0.1946
0.70	θ_x			0.3927	0.4536	0.4737
	θ_y			0.1806	0.2027	0.2095
0.75	θ_x			0.4197	0.4888	0.5049
	θ_y			0.1806	0.2027	0.2095

$k=1.5 \quad \alpha=0.2 \quad \beta=0.8$

ξ	η	0.10	0.20	0.30	0.40	0.50
0.10	θ_x				−0.0097	−0.0100
	θ_y				0.0344	0.0361
0.20	θ_x				−0.0121	−0.0123
	θ_y				0.0691	0.0724
0.30	θ_x				−0.0175	−0.0167
	θ_y				0.1038	0.1087
0.40	θ_x				0.0424	0.0460
	θ_y				0.1383	0.1442
0.50	θ_x				0.1267	0.1351
	θ_y				0.1701	0.1766
0.60	θ_x				0.3187	0.3335
	θ_y				0.1962	0.2019
0.70	θ_x				0.4780	0.4974
	θ_y				0.2107	0.2168
0.75	θ_x				0.5142	0.5342
	θ_y				0.2107	0.2168

附录四 双向板楼面等效均布荷载计算表

$k = 1.5 \quad \alpha = 0.2 \quad \beta = 0.9$

ξ	η	0.10	0.20	0.30	0.40	0.50
0.10	θ_x				−0.0099	−0.0102
	θ_y				0.0357	0.0374
0.20	θ_x				−0.0123	−0.0123
	θ_y				0.0715	0.0749
0.30	θ_x				−0.0169	0.0030
	θ_y				0.1075	0.1123
0.40	θ_x				0.0451	0.0493
	θ_y				0.1427	0.1485
0.50	θ_x				0.1263	0.1353
	θ_y				0.1750	0.1813
0.60	θ_x				0.3298	0.3078
	θ_y				0.2005	0.2069
0.70	θ_x				0.4926	0.5139
	θ_y				0.2154	0.2212
0.75	θ_x				0.5293	0.5441
	θ_y				0.2154	0.2212

$k = 1.5 \quad \alpha = 0.2 \quad \beta = 1.0$

ξ	η	0.10	0.20	0.30	0.40	0.50
0.10	θ_x					−0.0102
	θ_y					0.0378
0.20	θ_x					−0.0122
	θ_y					0.0757
0.30	θ_x					0.0034
	θ_y					0.1134
0.40	θ_x					0.0505
	θ_y					0.1499
0.50	θ_x					0.1443
	θ_y					0.1828
0.60	θ_x					0.3115
	θ_y					0.2084
0.70	θ_x					0.5186
	θ_y					0.2227
0.75	θ_x					0.5489
	θ_y					0.2227

$k = 1.5 \quad \alpha = 0.3 \quad \beta = 0.1$

ξ	η	0.10	0.20	0.30	0.40	0.50
0.10	θ_x	−0.0002	−0.0007	−0.0016	−0.0025	−0.0030
	θ_y	0.0025	0.0050	0.0072	0.0088	0.0093
0.20	θ_x	0.0003	−0.0001	−0.0015	−0.0031	−0.0040
	θ_y	0.0049	0.0098	0.0143	0.0177	0.0190
0.30	θ_x	0.0025	0.0031	0.0023	−0.0047	−0.0020
	θ_y	0.0070	0.0144	0.0213	0.0267	0.0293
0.40	θ_x	0.0070	0.0118	0.0125	0.0097	0.0070
	θ_y	0.0085	0.0176	0.0276	0.0367	0.0409
0.50	θ_x	0.0139	0.0257	0.0327	0.0314	0.0267
	θ_y	0.0092	0.0195	0.0321	0.0466	0.0549
0.60	θ_x	0.0217	0.0430	0.0618	0.0795	0.0817
	θ_y	0.0091	0.0182	0.0337	0.0571	0.0743
0.70	θ_x	0.0271	0.0551	0.0846	0.1141	0.1295
	θ_y	0.0088	0.0194	0.0336	0.0572	0.0890
0.75	θ_x	0.0279	0.0568	0.0878	0.1185	0.1350
	θ_y	0.0088	0.0194	0.0336	0.0572	0.0890

$k = 1.5 \quad \alpha = 0.3 \quad \beta = 0.2$

ξ	η	0.10	0.20	0.30	0.40	0.50
0.10	θ_x	−0.0005	−0.0016	−0.0032	−0.0049	−0.0057
	θ_y	0.0050	0.0099	0.0142	0.0172	0.0183
0.20	θ_x	0.0004	−0.0005	−0.0031	−0.0059	−0.0070
	θ_y	0.0098	0.0195	0.0283	0.0348	0.0373
0.30	θ_x	0.0046	0.0053	0.0042	−0.0088	−0.0030
	θ_y	0.0140	0.0288	0.0422	0.0526	0.0573
0.40	θ_x	0.0134	0.0225	0.0242	0.0198	0.0152
	θ_y	0.0172	0.0355	0.0550	0.0722	0.0795
0.50	θ_x	0.0274	0.0503	0.0633	0.0608	0.0551
	θ_y	0.0187	0.0397	0.0648	0.0918	0.1050
0.60	θ_x	0.0433	0.0859	0.1225	0.1565	0.1605
	θ_y	0.0186	0.0383	0.0690	0.1113	0.1339
0.70	θ_x	0.0544	0.1105	0.1693	0.2255	0.2522
	θ_y	0.0181	0.0392	0.0695	0.1211	0.1541
0.75	θ_x	0.0560	0.1142	0.1758	0.2330	0.2607
	θ_y	0.0181	0.0392	0.0695	0.1211	0.1541

$k = 1.5 \quad \alpha = 0.3 \quad \beta = 0.3$

ξ	η	0.10	0.20	0.30	0.40	0.50
0.10	θ_x	−0.0010	−0.0026	−0.0048	−0.0071	−0.0080
	θ_y	0.0075	0.0146	0.0209	0.0252	0.0268
0.20	θ_x	0.0002	−0.0013	−0.0047	−0.0082	−0.0098
	θ_y	0.0147	0.0290	0.0417	0.0509	0.0543
0.30	θ_x	0.0059	0.0058	0.0054	−0.0118	−0.0026
	θ_y	0.0212	0.0430	0.0624	0.0769	0.0832
0.40	θ_x	0.0188	0.0313	0.0341	0.0303	0.0274
	θ_y	0.0261	0.0537	0.0819	0.1052	0.1143
0.50	θ_x	0.0397	0.0724	0.0898	0.0895	0.0881
	θ_y	0.0287	0.0608	0.0983	0.1335	0.1480
0.60	θ_x	0.0645	0.1281	0.1807	0.2287	0.2339
	θ_y	0.0289	0.0618	0.1070	0.1601	0.1815
0.70	θ_x	0.0822	0.1668	0.2538	0.3293	0.3594
	θ_y	0.0280	0.0619	0.1105	0.1800	0.2041
0.75	θ_x	0.0847	0.1725	0.2632	0.3398	0.3705
	θ_y	0.0280	0.0619	0.1105	0.1800	0.2041

$k = 1.5 \quad \alpha = 0.3 \quad \beta = 0.4$

ξ	η	0.10	0.20	0.30	0.40	0.50
0.10	θ_x		−0.0037	−0.0065	−0.0089	−0.0098
	θ_y		0.0192	0.0271	0.0325	0.0345
0.20	θ_x		−0.0026	−0.0063	−0.0101	−0.0117
	θ_y		0.0381	0.0543	0.0656	0.0696
0.30	θ_x		0.0044	−0.0036	−0.0133	−0.0177
	θ_y		0.0567	0.0814	0.0989	0.1053
0.40	θ_x		0.0376	0.0424	0.0410	0.0397
	θ_y		0.0721	0.1077	0.1345	0.1444
0.50	θ_x		0.0907	0.1111	0.1185	0.1217
	θ_y		0.0835	0.1314	0.1698	0.1836
0.60	θ_x		0.1690	0.2423	0.2941	0.3130
	θ_y		0.0889	0.1496	0.2018	0.2226
0.70	θ_x		0.2237	0.3360	0.4210	0.4510
	θ_y		0.0873	0.1603	0.2239	0.2422
0.75	θ_x		0.2318	0.3472	0.4347	0.4660
	θ_y		0.0873	0.1603	0.2239	0.2422

$k = 1.5 \quad \alpha = 0.3 \quad \beta = 0.5$

ξ	η	0.10	0.20	0.30	0.40	0.50
0.10	θ_x		−0.0051	−0.0081	−0.0103	−0.0112
	θ_y		0.0234	0.0327	0.0389	0.0411
0.20	θ_x		−0.0044	−0.0080	−0.0114	−0.0128
	θ_y		0.0466	0.0656	0.0784	0.0829
0.30	θ_x		0.0011	0.0059	−0.0134	0.0019
	θ_y		0.0697	0.0987	0.1181	0.1257
0.40	θ_x		0.0410	0.0491	0.0518	0.0526
	θ_y		0.0904	0.1314	0.1595	0.1694
0.50	θ_x		0.1037	0.1291	0.1466	0.1536
	θ_y		0.1074	0.1622	0.1997	0.2122
0.60	θ_x		0.2076	0.2841	0.3512	0.3582
	θ_y		0.1189	0.1905	0.2354	0.2489
0.70	θ_x		0.2809	0.4118	0.4985	0.5284
	θ_y		0.1191	0.2082	0.2565	0.2710
0.75	θ_x		0.2910	0.4241	0.5148	0.5458
	θ_y		0.1191	0.2082	0.2565	0.2710

$k = 1.5 \quad \alpha = 0.3 \quad \beta = 0.6$

ξ	η	0.10	0.20	0.30	0.40	0.50
0.10	θ_x			−0.0094	−0.0114	−0.0121
	θ_y			0.0375	0.0443	0.0467
0.20	θ_x			−0.0096	−0.0122	−0.0131
	θ_y			0.0754	0.0891	0.0939
0.30	θ_x			0.0058	−0.0124	0.0054
	θ_y			0.1136	0.1340	0.1417
0.40	θ_x			0.0544	0.0622	0.0652
	θ_y			0.1517	0.1799	0.1895
0.50	θ_x			0.1458	0.1720	0.1818
	θ_y			0.1885	0.2232	0.2346
0.60	θ_x			0.3259	0.3988	0.4061
	θ_y			0.2214	0.2609	0.2718
0.70	θ_x			0.4757	0.5616	0.5906
	θ_y			0.2418	0.2814	0.2933
0.75	θ_x			0.4903	0.5802	0.6101
	θ_y			0.2418	0.2814	0.2933

$k = 1.5 \quad \alpha = 0.3 \quad \beta = 0.7$

ξ	η	0.10	0.20	0.30	0.40	0.50
0.10	θ_x			−0.0106	−0.0122	−0.0127
	θ_y			0.0414	0.0486	0.0511
0.20	θ_x			−0.0111	−0.0126	−0.0130
	θ_y			0.0833	0.0976	0.1025
0.30	θ_x			0.0056	−0.0107	0.0080
	θ_y			0.1257	0.1466	0.1541
0.40	θ_x			0.0588	0.0714	0.0762
	θ_y			0.1680	0.1956	0.2047
0.50	θ_x			0.1657	0.1986	0.2104
	θ_y			0.2089	0.2410	0.2513
0.60	θ_x			0.3609	0.4363	0.4438
	θ_y			0.2442	0.2790	0.2885
0.70	θ_x			0.5260	0.6102	0.6385
	θ_y			0.2655	0.2991	0.3094
0.75	θ_x			0.5427	0.6305	0.6594
	θ_y			0.2655	0.2991	0.3094

$k = 1.5 \quad \alpha = 0.3 \quad \beta = 0.8$

ξ	η	0.10	0.20	0.30	0.40	0.50
0.10	θ_x				−0.0126	−0.0130
	θ_y				0.0517	0.0542
0.20	θ_x				−0.0127	−0.0127
	θ_y				0.1037	0.1086
0.30	θ_x				−0.0089	−0.0071
	θ_y				0.1556	0.1628
0.40	θ_x				0.0786	0.0847
	θ_y				0.2066	0.2154
0.50	θ_x				0.2091	0.2223
	θ_y				0.2533	0.2629
0.60	θ_x				0.4631	0.4847
	θ_y				0.2907	0.2992
0.70	θ_x				0.6447	0.6721
	θ_y				0.3113	0.3206
0.75	θ_x				0.6661	0.6944
	θ_y				0.3113	0.3206

$k = 1.5 \quad \alpha = 0.3 \quad \beta = 0.9$

ξ	η	0.10	0.20	0.30	0.40	0.50
0.10	θ_x				−0.0129	−0.0131
	θ_y				0.0536	0.0561
0.20	θ_x				−0.0127	−0.0124
	θ_y				0.1074	0.1123
0.30	θ_x				−0.0076	0.0129
	θ_y				0.1610	0.1681
0.40	θ_x				0.0832	0.0902
	θ_y				0.2132	0.2217
0.50	θ_x				0.2243	0.2383
	θ_y				0.2605	0.2697
0.60	θ_x				0.4793	0.4873
	θ_y				0.2972	0.3069
0.70	θ_x				0.6653	0.6927
	θ_y				0.3184	0.3271
0.75	θ_x				0.6873	0.7151
	θ_y				0.3184	0.3271

$k = 1.5 \quad \alpha = 0.3 \quad \beta = 1.0$

ξ	η	0.10	0.20	0.30	0.40	0.50
0.10	θ_x					−0.0132
	θ_y					0.0567
0.20	θ_x					−0.0123
	θ_y					0.1135
0.30	θ_x					0.0136
	θ_y					0.1698
0.40	θ_x					0.0920
	θ_y					0.2238
0.50	θ_x					0.2365
	θ_y					0.2719
0.60	θ_x					0.4927
	θ_y					0.3089
0.70	θ_x					0.6996
	θ_y					0.3293
0.75	θ_x					0.7221
	θ_y					0.3293

附录四 双向板楼面等效均布荷载计算表

$k=1.5 \quad \alpha=0.4 \quad \beta=0.1$

ξ	η	0.10	0.20	0.30	0.40	0.50
0.20	θ_x	0.0010	0.0010	−0.0006	−0.0029	−0.0041
	θ_y	0.0064	0.0129	0.0190	0.0237	0.0255
0.30	θ_x	0.0042	0.0065	0.0055	−0.0008	0.0000
	θ_y	0.0091	0.0187	0.0281	0.0361	0.0395
0.40	θ_x	0.0103	0.0180	0.0206	0.0170	0.0129
	θ_y	0.0110	0.0229	0.0361	0.0491	0.0553
0.50	θ_x	0.0190	0.0359	0.0480	0.0516	0.0480
	θ_y	0.0119	0.0253	0.0415	0.0612	0.0754
0.60	θ_x	0.0280	0.0552	0.0811	0.1012	0.1190
	θ_y	0.0121	0.0241	0.0440	0.0746	0.0992
0.70	θ_x	0.0338	0.0680	0.1021	0.1325	0.1458
	θ_y	0.0119	0.0261	0.0451	0.0751	0.1115
0.75	θ_x	0.0346	0.0697	0.1048	0.1352	0.1499
	θ_y	0.0119	0.0261	0.0451	0.0751	0.1115

$k=1.5 \quad \alpha=0.4 \quad \beta=0.2$

ξ	η	0.10	0.20	0.30	0.40	0.50
0.20	θ_x	0.0018	0.0016	−0.0014	−0.0056	−0.0076
	θ_y	0.0129	0.0257	0.0377	0.0467	0.0501
0.30	θ_x	0.0080	0.0118	0.0104	−0.0009	0.0015
	θ_y	0.0183	0.0374	0.0559	0.0709	0.0773
0.40	θ_x	0.0201	0.0348	0.0396	0.0337	0.0284
	θ_y	0.0222	0.0461	0.0723	0.0965	0.1073
0.50	θ_x	0.0376	0.0707	0.0939	0.1006	0.0991
	θ_y	0.0242	0.0513	0.0840	0.1220	0.1419
0.60	θ_x	0.0559	0.1100	0.1615	0.1993	0.2286
	θ_y	0.0246	0.0507	0.0900	0.1455	0.1763
0.70	θ_x	0.0677	0.1360	0.2034	0.2610	0.2845
	θ_y	0.0244	0.0530	0.0931	0.1566	0.1962
0.75	θ_x	0.0693	0.1394	0.2086	0.2656	0.2920
	θ_y	0.0244	0.0530	0.0931	0.1566	0.1962

$k=1.5 \quad \alpha=0.4 \quad \beta=0.3$

ξ	η	0.10	0.20	0.30	0.40	0.50
0.20	θ_x	0.0020	0.0014	−0.0026	−0.0077	−0.0100
	θ_y	0.0193	0.0383	0.0556	0.0682	0.0730
0.30	θ_x	0.0107	0.0151	0.0142	0.0001	0.0046
	θ_y	0.0277	0.0561	0.0828	0.1035	0.1118
0.40	θ_x	0.0285	0.0490	0.0557	0.0505	0.0468
	θ_y	0.0339	0.0700	0.1081	0.1405	0.1535
0.50	θ_x	0.0550	0.1030	0.1355	0.1476	0.1511
	θ_y	0.0372	0.0788	0.1281	0.1782	0.1978
0.60	θ_x	0.0834	0.1640	0.2404	0.2914	0.3274
	θ_y	0.0380	0.0816	0.1395	0.2094	0.2383
0.70	θ_x	0.1018	0.2038	0.3025	0.3812	0.4103
	θ_y	0.0379	0.0833	0.1467	0.2317	0.2621
0.75	θ_x	0.1043	0.2090	0.3101	0.3874	0.4213
	θ_y	0.0379	0.0833	0.1467	0.2317	0.2621

$k=1.5 \quad \alpha=0.4 \quad \beta=0.4$

ξ	η	0.10	0.20	0.30	0.40	0.50
0.20	θ_x		0.0004	−0.0040	−0.0091	−0.0112
	θ_y		0.0506	0.0724	0.0878	0.0934
0.30	θ_x		0.0160	0.0109	0.0023	−0.0018
	θ_y		0.0745	0.1083	0.1328	0.1418
0.40	θ_x		0.0597	0.0685	0.0680	0.0673
	θ_y		0.0945	0.1427	0.1795	0.1931
0.50	θ_x		0.1314	0.1713	0.1929	0.2012
	θ_y		0.1082	0.1733	0.2259	0.2439
0.60	θ_x		0.2162	0.3093	0.3748	0.3986
	θ_y		0.1171	0.1962	0.2640	0.2910
0.70	θ_x		0.2711	0.3970	0.4890	0.5221
	θ_y		0.1172	0.2096	0.2894	0.3132
0.75	θ_x		0.2779	0.4050	0.4973	0.5311
	θ_y		0.1172	0.2096	0.2894	0.3132

$k=1.5 \quad \alpha=0.4 \quad \beta=0.5$

ξ	η	0.10	0.20	0.30	0.40	0.50
0.20	θ_x		−0.0015	−0.0057	−0.0097	−0.0113
	θ_y		0.0621	0.0876	0.1049	0.1110
0.30	θ_x		0.0144	0.0186	0.0058	0.0156
	θ_y		0.0921	0.1314	0.1582	0.1681
0.40	θ_x		0.0660	0.0790	0.0856	0.0881
	θ_y		0.1191	0.1744	0.2125	0.2257
0.50	θ_x		0.1545	0.2025	0.2351	0.2471
	θ_y		0.1400	0.2154	0.2647	0.2809
0.60	θ_x		0.2652	0.3877	0.4478	0.4866
	θ_y		0.1562	0.2509	0.3081	0.3261
0.70	θ_x		0.3363	0.4827	0.5817	0.6155
	θ_y		0.1584	0.2698	0.3329	0.3522
0.75	θ_x		0.3442	0.4947	0.5922	0.6309
	θ_y		0.1584	0.2698	0.3329	0.3522

$k=1.5 \quad \alpha=0.4 \quad \beta=0.6$

ξ	η	0.10	0.20	0.30	0.40	0.50
0.20	θ_x			−0.0072	−0.0096	−0.0105
	θ_y			0.1007	0.1191	0.1255
0.30	θ_x			0.0199	0.0100	0.0223
	θ_y			0.1514	0.1792	0.1890
0.40	θ_x			0.0880	0.1022	0.1076
	θ_y			0.2018	0.2392	0.2518
0.50	θ_x			0.2305	0.2719	0.2868
	θ_y			0.2501	0.2953	0.3099
0.60	θ_x			0.4460	0.5086	0.5516
	θ_y			0.2908	0.3417	0.3563
0.70	θ_x			0.5564	0.6580	0.6920
	θ_y			0.3136	0.3662	0.3822
0.75	θ_x			0.5700	0.6705	0.7096
	θ_y			0.3136	0.3662	0.3822

附录四 双向板楼面等效均布荷载计算表

$k = 1.5 \quad \alpha = 0.4 \quad \beta = 0.7$

ξ	η	0.10	0.20	0.30	0.40	0.50
0.20	θ_x			−0.0086	−0.0092	−0.0093
	θ_y			0.1113	0.1303	0.1368
0.30	θ_x			0.0208	0.0144	0.0286
	θ_y			0.1676	0.1956	0.2052
0.40	θ_x			0.0959	0.1166	0.1243
	θ_y			0.2235	0.2596	0.2715
0.50	θ_x			0.2635	0.3118	0.3287
	θ_y			0.2768	0.3181	0.3316
0.60	θ_x			0.4890	0.5566	0.5975
	θ_y			0.3204	0.3656	0.3783
0.70	θ_x			0.6151	0.7175	0.7517
	θ_y			0.3450	0.3901	0.4041
0.75	θ_x			0.6303	0.7316	0.7667
	θ_y			0.3450	0.3901	0.4041

$k = 1.5 \quad \alpha = 0.4 \quad \beta = 0.8$

ξ	η	0.10	0.20	0.30	0.40	0.50
0.20	θ_x				−0.0087	−0.0081
	θ_y				0.1383	0.1448
0.30	θ_x				0.0183	0.0218
	θ_y				0.2073	0.2166
0.40	θ_x				0.1277	0.1370
	θ_y				0.2740	0.2854
0.50	θ_x				0.3244	0.3427
	θ_y				0.3341	0.3466
0.60	θ_x				0.5910	0.6187
	θ_y				0.3811	0.3925
0.70	θ_x				0.7600	0.7940
	θ_y				0.4066	0.4192
0.75	θ_x				0.7752	0.8100
	θ_y				0.4066	0.4192

$k = 1.5 \quad \alpha = 0.4 \quad \beta = 0.9$

ξ	η	0.10	0.20	0.30	0.40	0.50
0.20	θ_x				−0.0083	−0.0072
	θ_y				0.1432	0.1496
0.30	θ_x				0.0209	0.0370
	θ_y				0.2143	0.2234
0.40	θ_x				0.1346	0.1450
	θ_y				0.2825	0.2935
0.50	θ_x				0.3478	0.3668
	θ_y				0.3435	0.3554
0.60	θ_x				0.6117	0.6536
	θ_y				0.3897	0.4026
0.70	θ_x				0.7855	0.8193
	θ_y				0.4162	0.4279
0.75	θ_x				0.8013	0.8358
	θ_y				0.4162	0.4279

$k = 1.5 \quad \alpha = 0.4 \quad \beta = 1.0$

ξ	η	0.10	0.20	0.30	0.40	0.50
0.20	θ_x					−0.0069
	θ_y					0.1512
0.30	θ_x					0.0382
	θ_y					0.2256
0.40	θ_x					0.1477
	θ_y					0.2962
0.50	θ_x					0.3620
	θ_y					0.3583
0.60	θ_x					0.6636
	θ_y					0.4055
0.70	θ_x					0.8274
	θ_y					0.4311
0.75	θ_x					0.8482
	θ_y					0.4311

$k = 1.5 \quad \alpha = 0.5 \quad \beta = 0.1$

ξ	η	0.10	0.20	0.30	0.40	0.50
0.20	θ_x	0.0023	0.0031	0.0016	−0.0014	−0.0029
	θ_y	0.0078	0.0158	0.0236	0.0299	0.0323
0.30	θ_x	0.0067	0.0115	0.0110	0.0072	0.0039
	θ_y	0.0110	0.0225	0.0347	0.0456	0.0502
0.40	θ_x	0.0144	0.0260	0.0319	0.0292	0.0243
	θ_y	0.0132	0.0277	0.0440	0.0614	0.0709
0.50	θ_x	0.0243	0.0466	0.0650	0.0773	0.0816
	θ_y	0.0145	0.0307	0.0502	0.0747	0.0974
0.60	θ_x	0.0335	0.0656	0.0971	0.1194	0.1381
	θ_y	0.0149	0.0300	0.0540	0.0909	0.1204
0.70	θ_x	0.0390	0.0776	0.1142	0.1438	0.1563
	θ_y	0.0151	0.0328	0.0563	0.0916	0.1305
0.75	θ_x	0.0398	0.0791	0.1163	0.1462	0.1584
	θ_y	0.0151	0.0328	0.0563	0.0916	0.1305

$k = 1.5 \quad \alpha = 0.5 \quad \beta = 0.2$

ξ	η	0.10	0.20	0.30	0.40	0.50
0.20	θ_x	0.0042	0.0056	0.0028	−0.0027	−0.0049
	θ_y	0.0157	0.0317	0.0469	0.0588	0.0634
0.30	θ_x	0.0128	0.0217	0.0210	0.0149	0.0096
	θ_y	0.0222	0.0452	0.0691	0.0896	0.0979
0.40	θ_x	0.0281	0.0506	0.0616	0.0567	0.0500
	θ_y	0.0268	0.0558	0.0884	0.1209	0.1362
0.50	θ_x	0.0481	0.0922	0.1284	0.1526	0.1610
	θ_y	0.0294	0.0620	0.1017	0.1513	0.1788
0.60	θ_x	0.0668	0.1308	0.1934	0.2352	0.2684
	θ_y	0.0304	0.0629	0.1104	0.1773	0.2149
0.70	θ_x	0.0780	0.1548	0.2268	0.2832	0.3056
	θ_y	0.0308	0.0667	0.1157	0.1889	0.2330
0.75	θ_x	0.0794	0.1577	0.2309	0.2874	0.3104
	θ_y	0.0308	0.0667	0.1157	0.1889	0.2330

附录四　双向板楼面等效均布荷载计算表

$k=1.5\quad \alpha=0.5\quad \beta=0.3$

ξ	η	0.10	0.20	0.30	0.40	0.50
0.20	θ_x	0.0054	0.0070	0.0034	−0.0033	−0.0063
	θ_y	0.0237	0.0473	0.0694	0.0858	0.0921
0.30	θ_x	0.0178	0.0297	0.0292	0.0232	0.0194
	θ_y	0.0336	0.0682	0.1027	0.1305	0.1411
0.40	θ_x	−0.0404	0.0724	0.0871	0.0838	0.0811
	θ_y	0.0409	0.0849	0.1331	0.1761	0.1935
0.50	θ_x	0.0709	0.1359	0.1887	0.2240	0.2363
	θ_y	0.0450	0.0954	0.1555	0.222	0.2467
0.60	θ_x	0.0998	0.1947	0.2878	0.3439	0.3867
	θ_y	0.0470	0.1007	0.1710	0.2553	0.2907
0.70	θ_x	0.1166	0.2309	0.3356	0.4139	0.4436
	θ_y	0.0478	0.1044	0.1811	0.2786	0.3143
0.75	θ_x	0.1189	0.2352	0.3417	0.4200	0.4497
	θ_y	0.0478	0.1044	0.1811	0.2786	0.3143

$k=1.5\quad \alpha=0.5\quad \beta=0.4$

ξ	η	0.10	0.20	0.30	0.40	0.50
0.20	θ_x		0.0070	0.0029	−0.0029	−0.0054
	θ_y		0.0626	0.0904	0.1103	0.1176
0.30	θ_x		0.0348	0.0366	0.0324	0.0297
	θ_y		0.0913	0.1348	0.1672	0.1792
0.40	θ_x		0.0897	0.1074	0.1116	0.1135
	θ_y		0.1152	0.1767	0.2246	0.2418
0.50	θ_x		0.1765	0.2449	0.2897	0.3052
	θ_y		0.1309	0.2133	0.2807	0.3027
0.60	θ_x		0.2564	0.3659	0.4426	0.4703
	θ_y		0.1441	0.2402	0.3221	0.3547
0.70	θ_x		0.3048	0.4380	0.5323	0.5663
	θ_y		0.1463	0.2556	0.3490	0.3778
0.75	θ_x		0.3103	0.4459	0.5403	0.5748
	θ_y		0.1463	0.2556	0.3490	0.3778

$k=1.5\quad \alpha=0.5\quad \beta=0.5$

ξ	η	0.10	0.20	0.30	0.40	0.50
0.20	θ_x		0.0055	0.0028	−0.0016	−0.0023
	θ_y		0.0772	0.1095	0.1316	0.1394
0.30	θ_x		0.0369	0.0410	0.0420	0.0414
	θ_y		0.1138	0.1640	0.1986	0.2106
0.40	θ_x		0.1015	0.1242	0.1390	0.1449
	θ_y		0.1463	0.2170	0.2651	0.2815
0.50	θ_x		0.2131	0.2949	0.3479	0.3663
	θ_y		0.1701	0.2674	0.3276	0.3471
0.60	θ_x		0.3141	0.4592	0.5289	0.5822
	θ_y		0.1917	0.3066	0.3762	0.3984
0.70	θ_x		0.3747	0.5305	0.6353	0.6719
	θ_y		0.1960	0.3263	0.4030	0.4265
0.75	θ_x		0.3814	0.5388	0.6451	0.6824
	θ_y		0.1960	0.3263	0.4030	0.4265

$k=1.5\quad \alpha=0.5\quad \beta=0.6$

ξ	η	0.10	0.20	0.30	0.40	0.50
0.20	θ_x			0.0021	0.0002	0.0007
	θ_y			0.1260	0.1492	0.1572
0.30	θ_x			0.0450	0.0515	0.0531
	θ_y			0.1892	0.2244	0.2362
0.40	θ_x			0.1398	0.1641	0.1733
	θ_y			0.2514	0.2976	0.3130
0.50	θ_x			0.3377	0.3975	0.4181
	θ_y			0.3099	0.3647	0.3824
0.60	θ_x			0.5286	0.6011	0.6571
	θ_y			0.3556	0.4175	0.4356
0.70	θ_x			0.6102	0.7211	0.7591
	θ_y			0.3802	0.4445	0.4642
0.75	θ_x			0.6197	0.7325	0.7727
	θ_y			0.3802	0.4445	0.4642

$k=1.5\quad \alpha=0.5\quad \beta=0.7$

ξ	η	0.10	0.20	0.30	0.40	0.50
0.20	θ_x			0.0015	0.0023	0.0039
	θ_y			0.1394	0.1631	0.1711
0.30	θ_x			0.0482	0.0601	0.0635
	θ_y			0.2095	0.2444	0.2558
0.40	θ_x			0.1534	0.1853	0.1970
	θ_y			0.2784	0.3224	0.3368
0.50	θ_x			0.3722	0.4372	0.4595
	θ_y			0.3421	0.3923	0.4085
0.60	θ_x			0.5849	0.6580	0.7147
	θ_y			0.3917	0.4470	0.4628
0.70	θ_x			0.6743	0.7886	0.8271
	θ_y			0.4179	0.4746	0.4922
0.75	θ_x			0.6849	0.8028	0.8421
	θ_y			0.4179	0.4746	0.4922

$k=1.5\quad \alpha=0.5\quad \beta=0.8$

ξ	η	0.10	0.20	0.30	0.40	0.50
0.20	θ_x				0.0041	0.0058
	θ_y				0.1730	0.1809
0.30	θ_x				0.0671	0.0732
	θ_y				0.2584	0.2696
0.40	θ_x				0.2014	0.2148
	θ_y				0.3398	0.3535
0.50	θ_x				0.4662	0.4897
	θ_y				0.4116	0.4267
0.60	θ_x				0.6989	0.7318
	θ_y				0.4663	0.4804
0.70	θ_x				0.8370	0.8759
	θ_y				0.4953	0.5112
0.75	θ_x				0.8521	0.8918
	θ_y				0.4953	0.5112

附录四 双向板楼面等效均布荷载计算表

$k = 1.5 \quad \alpha = 0.5 \quad \beta = 0.9$

ξ	η	0.10	0.20	0.30	0.40	0.50
0.20	θ_x				0.0053	0.0077
	θ_y				0.1789	0.1867
0.30	θ_x				0.0716	0.0770
	θ_y				0.2668	0.2778
0.40	θ_x				0.2114	0.2257
	θ_y				0.3501	0.3633
0.50	θ_x				0.4851	0.5094
	θ_y				0.4230	0.4374
0.60	θ_x				0.7236	0.7818
	θ_y				0.4770	0.4929
0.70	θ_x				0.8662	0.9052
	θ_y				0.5074	0.5223
0.75	θ_x				0.8819	0.9216
	θ_y				0.5074	0.5223

$k = 1.5 \quad \alpha = 0.5 \quad \beta = 1.0$

ξ	η	0.10	0.20	0.30	0.40	0.50
0.20	θ_x					0.0083
	θ_y					0.1887
0.30	θ_x					0.0788
	θ_y					0.2805
0.40	θ_x					0.2295
	θ_y					0.3666
0.50	θ_x					0.5142
	θ_y					0.4408
0.60	θ_x					0.7908
	θ_y					0.4965
0.70	θ_x					0.9150
	θ_y					0.5259
0.75	θ_x					0.9316
	θ_y					0.5259

$k = 1.5 \quad \alpha = 0.6 \quad \beta = 0.1$

ξ	η	0.10	0.20	0.30	0.40	0.50
0.30	θ_x	0.0101	0.0182	0.0194	0.0193	0.0108
	θ_y	0.0127	0.0258	0.0409	0.0553	0.0615
0.40	θ_x	0.0190	0.0360	0.0465	0.0540	0.0449
	θ_y	0.0152	0.0308	0.0511	0.0747	0.0880
0.50	θ_x	0.0293	0.0563	0.0817	0.0959	0.1167
	θ_y	0.0168	0.0340	0.0582	0.0923	0.1186
0.60	θ_x	0.0380	0.0742	0.1091	0.1337	0.1494
	θ_y	0.0177	0.0356	0.0636	0.1058	0.1384
0.70	θ_x	0.0429	0.0847	0.1221	0.1560	0.1614
	θ_y	0.0182	0.0363	0.0669	0.1132	0.1475
0.75	θ_x	0.0435	0.0861	0.1236	0.1590	0.1635
	θ_y	0.0182	0.0363	0.0669	0.1132	0.1475

$k = 1.5 \quad \alpha = 0.6 \quad \beta = 0.2$

ξ	η	0.10	0.20	0.30	0.40	0.50
0.30	θ_x	0.0195	0.0352	0.0371	0.0387	0.0243
	θ_y	0.0256	0.0521	0.0817	0.1086	0.1194
0.40	θ_x	0.0375	0.0707	0.0912	0.1069	0.0931
	θ_y	0.0308	0.0630	0.1027	0.1462	0.1665
0.50	θ_x	0.0583	0.1117	0.1626	0.1893	0.2246
	θ_y	0.0341	0.0703	0.1182	0.1803	0.2142
0.60	θ_x	0.0758	0.1478	0.2167	0.2633	0.2922
	θ_y	0.0361	0.0745	0.1301	0.2065	0.2489
0.70	θ_x	0.0854	0.1689	0.2419	0.3071	0.3173
	θ_y	0.0371	0.0764	0.1371	0.2208	0.2657
0.75	θ_x	0.0866	0.1717	0.2449	0.3130	0.3210
	θ_y	0.0371	0.0764	0.1371	0.2208	0.2657

$k = 1.5 \quad \alpha = 0.6 \quad \beta = 0.3$

ξ	η	0.10	0.20	0.30	0.40	0.50
0.30	θ_x	0.0275	0.0496	0.0519	0.0581	0.0411
	θ_y	0.0389	0.0792	0.1220	0.1579	0.1713
0.40	θ_x	0.0545	0.1031	0.1309	0.1576	0.1428
	θ_y	0.0471	0.0975	0.1559	0.2117	0.2338
0.50	θ_x	0.0864	0.1651	0.2419	0.2775	0.3228
	θ_y	0.0523	0.1107	0.1813	0.2603	0.2936
0.60	θ_x	0.1130	0.2198	0.3211	0.3852	0.4236
	θ_y	0.0557	0.1190	0.2012	0.2974	0.3377
0.70	θ_x	0.1272	0.2519	0.3570	0.4489	0.4631
	θ_y	0.0575	0.1230	0.2131	0.3177	0.3604
0.75	θ_x	0.1290	0.2562	0.3613	0.4574	0.4678
	θ_y	0.0575	0.1230	0.2131	0.3177	0.3604

$k = 1.5 \quad \alpha = 0.6 \quad \beta = 0.4$

ξ	η	0.10	0.20	0.30	0.40	0.50
0.30	θ_x		0.0610	0.0738	0.0772	0.0773
	θ_y		0.1070	0.1607	0.2017	0.2172
0.40	θ_x		0.1321	0.1776	0.2049	0.2138
	θ_y		0.1342	0.2092	0.2692	0.2924
0.50	θ_x		0.2152	0.3010	0.3583	0.3785
	θ_y		0.1553	0.2506	0.3295	0.3605
0.60	θ_x		0.2890	0.4111	0.4960	0.5267
	θ_y		0.1697	0.2810	0.3755	0.4129
0.70	θ_x		0.3323	0.4761	0.5774	0.6143
	θ_y		0.1769	0.2972	0.4004	0.4415
0.75	θ_x		0.3380	0.4847	0.5882	0.6259
	θ_y		0.1769	0.2972	0.4004	0.4415

附录四 双向板楼面等效均布荷载计算表

$k=1.5 \quad \alpha=0.6 \quad \beta=0.5$

ξ	η	0.10	0.20	0.30	0.40	0.50
0.30	θ_x		0.0689	0.0728	0.0956	0.0798
	θ_y		0.1346	0.1962	0.2390	0.2531
0.40	θ_x		0.1571	0.1949	0.2476	0.2358
	θ_y		0.1722	0.2591	0.3172	0.3360
0.50	θ_x		0.2610	0.3878	0.4298	0.4837
	θ_y		0.2030	0.3166	0.3865	0.4097
0.60	θ_x		0.3535	0.5086	0.5931	0.6427
	θ_y		0.2249	0.3576	0.4389	0.4649
0.70	θ_x		0.4079	0.5615	0.6896	0.7069
	θ_y		0.2363	0.3785	0.4672	0.4940
0.75	θ_x		0.4151	0.5683	0.7024	0.7165
	θ_y		0.2363	0.3785	0.4672	0.4940

$k=1.5 \quad \alpha=0.6 \quad \beta=0.6$

ξ	η	0.10	0.20	0.30	0.40	0.50
0.30	θ_x			0.0809	0.1125	0.0985
	θ_y			0.2267	0.2693	0.2828
0.40	θ_x			0.2214	0.2846	0.2748
	θ_y			0.3003	0.3554	0.3724
0.50	θ_x			0.4456	0.4902	0.5474
	θ_y			0.3666	0.4309	0.4508
0.60	θ_x			0.5848	0.6745	0.7252
	θ_y			0.4148	0.4875	0.5087
0.70	θ_x			0.6452	0.7832	0.8013
	θ_y			0.4397	0.5179	0.5397
0.75	θ_x			0.6517	0.7976	0.8123
	θ_y			0.4397	0.5179	0.5397

$k=1.5 \quad \alpha=0.6 \quad \beta=0.7$

ξ	η	0.10	0.20	0.30	0.40	0.50
0.30	θ_x			0.0879	0.1270	0.1146
	θ_y			0.2511	0.2924	0.3055
0.40	θ_x			0.2438	0.3147	0.3067
	θ_y			0.3320	0.3839	0.3998
0.50	θ_x			0.4884	0.5385	0.5978
	θ_y			0.4041	0.4632	0.4811
0.60	θ_x			0.6466	0.7387	0.7925
	θ_y			0.4572	0.5223	0.5411
0.70	θ_x			0.7120	0.8568	0.8756
	θ_y			0.4848	0.5539	0.5729
0.75	θ_x			0.7219	0.8725	0.8876
	θ_y			0.4848	0.5539	0.5729

$k=1.5 \quad \alpha=0.6 \quad \beta=0.8$

ξ	η	0.10	0.20	0.30	0.40	0.50
0.30	θ_x				0.1382	0.1477
	θ_y				0.3086	0.3214
0.40	θ_x				0.3370	0.3553
	θ_y				0.4034	0.4184
0.50	θ_x				0.5735	0.6019
	θ_y				0.4849	0.5012
0.60	θ_x				0.7850	0.8223
	θ_y				0.5451	0.5620
0.70	θ_x				0.9097	0.9521
	θ_y				0.5773	0.5943
0.75	θ_x				0.9263	0.9694
	θ_y				0.5773	0.5943

$k=1.5 \quad \alpha=0.6 \quad \beta=0.9$

ξ	η	0.10	0.20	0.30	0.40	0.50
0.30	θ_x				0.1452	0.1348
	θ_y				0.3182	0.3309
0.40	θ_x				0.3507	0.3448
	θ_y				0.4147	0.4303
0.50	θ_x				0.5948	0.6487
	θ_y				0.4972	0.5147
0.60	θ_x				0.8129	0.8686
	θ_y				0.5579	0.5768
0.70	θ_x				0.9415	0.9613
	θ_y				0.5902	0.6092
0.75	θ_x				0.9586	0.9746
	θ_y				0.5902	0.6092

$k=1.5 \quad \alpha=0.6 \quad \beta=1.0$

ξ	η	0.10	0.20	0.30	0.40	0.50
0.30	θ_x					0.1375
	θ_y					0.3340
0.40	θ_x					0.3497
	θ_y					0.4340
0.50	θ_x					0.6639
	θ_y					0.5187
0.60	θ_x					0.8782
	θ_y					0.5807
0.70	θ_x					0.9721
	θ_y					0.6136
0.75	θ_x					0.9855
	θ_y					0.6136

$k = 1.5 \quad \alpha = 0.7 \quad \beta = 0.1$

ξ	η	0.10	0.20	0.30	0.40	0.50
0.30	θ_x	0.0142	0.0265	0.0312	0.0352	0.0233
	θ_y	0.0141	0.0285	0.0464	0.0651	0.0739
0.40	θ_x	0.0240	0.0459	0.0634	0.0748	0.0787
	θ_y	0.0170	0.0356	0.0573	0.0835	0.1065
0.50	θ_x	0.0340	0.0665	0.0963	0.1222	0.1358
	θ_y	0.0190	0.0403	0.0659	0.0998	0.1365
0.60	θ_x	0.0416	0.0809	0.1174	0.1440	0.1554
	θ_y	0.0204	0.0410	0.0728	0.1192	0.1538
0.70	θ_x	0.0455	0.0888	0.1267	0.1541	0.1639
	θ_y	0.0212	0.0457	0.0767	0.1194	0.1621
0.75	θ_x	0.0459	0.0897	0.1278	0.1549	0.1644
	θ_y	0.0212	0.0457	0.0767	0.1194	0.1621

$k = 1.5 \quad \alpha = 0.7 \quad \beta = 0.2$

ξ	η	0.10	0.20	0.30	0.40	0.50
0.30	θ_x	0.0278	0.0517	0.0603	0.0699	0.0482
	θ_y	0.0285	0.0580	0.0931	0.1276	0.1423
0.40	θ_x	0.0475	0.0907	0.1252	0.1477	0.1554
	θ_y	0.0344	0.0719	0.1156	0.1686	0.1973
0.50	θ_x	0.0676	0.1323	0.1916	0.2422	0.2636
	θ_y	0.0386	0.0813	0.1340	0.2048	0.2460
0.60	θ_x	0.0827	0.1610	0.2327	0.2838	0.3067
	θ_y	0.0415	0.0856	0.1485	0.2326	0.2783
0.70	θ_x	0.0904	0.1762	0.2508	0.3039	0.3236
	θ_y	0.0432	0.0926	0.1566	0.2435	0.2937
0.75	θ_x	0.0914	0.1780	0.2529	0.3053	0.3242
	θ_y	0.0432	0.0926	0.1566	0.2435	0.2937

$k = 1.5 \quad \alpha = 0.7 \quad \beta = 0.3$

ξ	η	0.10	0.20	0.30	0.40	0.50
0.30	θ_x	0.0399	0.0744	0.0851	0.1036	0.0783
	θ_y	0.0434	0.0890	0.1400	0.1851	0.2023
0.40	θ_x	0.0699	0.1333	0.1840	0.2169	0.2283
	θ_y	0.0525	0.1100	0.1766	0.2474	0.2735
0.50	θ_x	0.1005	0.1968	0.2850	0.3551	0.3800
	θ_y	0.0589	0.1253	0.2064	0.3020	0.3363
0.60	θ_x	0.1230	0.2391	0.3437	0.4154	0.4452
	θ_y	0.0640	0.1362	0.2296	0.3353	0.3788
0.70	θ_x	0.1342	0.2610	0.3696	0.4453	0.4727
	θ_y	0.0667	0.1437	0.2422	0.3581	0.4003
0.75	θ_x	0.1356	0.2635	0.3730	0.4498	0.4774
	θ_y	0.0667	0.1437	0.2422	0.3581	0.4003

$k = 1.5 \quad \alpha = 0.7 \quad \beta = 0.4$

ξ	η	0.10	0.20	0.30	0.40	0.50
0.30	θ_x		0.0939	0.1216	0.1357	0.1397
	θ_y		0.1213	0.1856	0.2359	0.2552
0.40	θ_x		0.1728	0.2384	0.2807	0.2954
	θ_y		0.1501	0.2404	0.3132	0.3371
0.50	θ_x		0.2592	0.3745	0.4563	0.4844
	θ_y		0.1723	0.2861	0.3802	0.4096
0.60	θ_x		0.3138	0.4448	0.5352	0.5676
	θ_y		0.1934	0.3182	0.4235	0.4652
0.70	θ_x		0.3412	0.4802	0.5744	0.6079
	θ_y		0.1995	0.3361	0.4505	0.4870
0.75	θ_x		0.3443	0.4849	0.5771	0.6105
	θ_y		0.1995	0.3361	0.4505	0.4870

$k = 1.5 \quad \alpha = 0.7 \quad \beta = 0.5$

ξ	η	0.10	0.20	0.30	0.40	0.50
0.30	θ_x		0.1096	0.1212	0.1653	0.1408
	θ_y		0.1541	0.2279	0.2788	0.2951
0.40	θ_x		0.2081	0.2868	0.3376	0.3551
	θ_y		0.1935	0.3001	0.3665	0.3882
0.50	θ_x		0.3190	0.4556	0.5438	0.5736
	θ_y		0.2251	0.3611	0.4421	0.4677
0.60	θ_x		0.3832	0.5407	0.6403	0.6800
	θ_y		0.2554	0.4031	0.4955	0.5248
0.70	θ_x		0.4151	0.5795	0.6882	0.7261
	θ_y		0.2631	0.4247	0.5231	0.5542
0.75	θ_x		0.4184	0.5854	0.6950	0.7299
	θ_y		0.2631	0.4247	0.5231	0.5542

$k = 1.5 \quad \alpha = 0.7 \quad \beta = 0.6$

ξ	η	0.10	0.20	0.30	0.40	0.50
0.30	θ_x			0.1362	0.1914	0.1686
	θ_y			0.2639	0.3132	0.3285
0.40	θ_x			0.3283	0.3861	0.4060
	θ_y			0.3474	0.4090	0.4290
0.50	θ_x			0.5240	0.6167	0.6479
	θ_y			0.4191	0.4909	0.5136
0.60	θ_x			0.6210	0.7287	0.7710
	θ_y			0.4687	0.5508	0.5747
0.70	θ_x			0.6648	0.7841	0.8252
	θ_y			0.4940	0.5796	0.6064
0.75	θ_x			0.6716	0.7918	0.8333
	θ_y			0.4940	0.5796	0.6064

附录四 双向板楼面等效均布荷载计算表

$k=1.5 \quad \alpha=0.7 \quad \beta=0.7$

ξ	η	0.10	0.20	0.30	0.40	0.50
0.30	θ_x				0.1494	0.2132	0.1920
	θ_y				0.2921	0.3392	0.3538
0.40	θ_x				0.3616	0.4250	0.4469
	θ_y				0.3836	0.4409	0.4595
0.50	θ_x				0.5778	0.6741	0.7066
	θ_y				0.4608	0.5271	0.5483
0.60	θ_x				0.6856	0.7985	0.8429
	θ_y				0.5158	0.5907	0.6122
0.70	θ_x				0.7336	0.8604	0.9037
	θ_y				0.5440	0.6212	0.6455
0.75	θ_x				0.7409	0.8688	0.9092
	θ_y				0.5440	0.6212	0.6455

$k=1.5 \quad \alpha=0.7 \quad \beta=0.8$

ξ	η	0.10	0.20	0.30	0.40	0.50
0.30	θ_x				0.2295	0.2432
	θ_y				0.3572	0.3712
0.40	θ_x				0.4535	0.4767
	θ_y				0.4633	0.4809
0.50	θ_x				0.7156	0.7490
	θ_y				0.5525	0.5722
0.60	θ_x				0.8490	0.8897
	θ_y				0.6169	0.6364
0.70	θ_x				0.9156	0.9603
	θ_y				0.6500	0.6722
0.75	θ_x				0.9246	0.9698
	θ_y				0.6500	0.6722

$k=1.5 \quad \alpha=0.7 \quad \beta=0.9$

ξ	η	0.10	0.20	0.30	0.40	0.50
0.30	θ_x				0.2397	0.2205
	θ_y				0.3678	0.3820
0.40	θ_x				0.4709	0.4949
	θ_y				0.4766	0.4934
0.50	θ_x				0.7345	0.7684
	θ_y				0.5674	0.5863
0.60	θ_x				0.8795	0.9260
	θ_y				0.6317	0.6529
0.70	θ_x				0.9491	0.9946
	θ_y				0.6668	0.6878
0.75	θ_x				0.9585	1.0044
	θ_y				0.6668	0.6878

$k=1.5 \quad \alpha=0.7 \quad \beta=1.0$

ξ	η	0.10	0.20	0.30	0.40	0.50
0.30	θ_x					0.2242
	θ_y					0.3855
0.40	θ_x					0.5011
	θ_y					0.4978
0.50	θ_x					0.7832
	θ_y					0.5908
0.60	θ_x					0.9365
	θ_y					0.6579
0.70	θ_x					1.0060
	θ_y					0.6929
0.75	θ_x					1.0127
	θ_y					0.6929

$k=1.5 \quad \alpha=0.8 \quad \beta=0.1$

ξ	η	0.10	0.20	0.30	0.40	0.50
0.40	θ_x	0.0291	0.0564	0.0805	0.1008	0.1142
	θ_y	0.0185	0.0390	0.0630	0.0933	0.1248
0.50	θ_x	0.0380	0.0745	0.1076	0.1347	0.1458
	θ_y	0.0211	0.0447	0.0732	0.1113	0.1511
0.60	θ_x	0.0441	0.0859	0.1227	0.1507	0.1596
	θ_y	0.0229	0.0461	0.0812	0.1309	0.1668
0.70	θ_x	0.0471	0.0913	0.1291	0.1553	0.1647
	θ_y	0.0240	0.0514	0.0855	0.1307	0.1746
0.75	θ_x	0.0475	0.0920	0.1298	0.1558	0.1656
	θ_y	0.0240	0.0514	0.0855	0.1307	0.1746

$k=1.5 \quad \alpha=0.8 \quad \beta=0.2$

ξ	η	0.10	0.20	0.30	0.40	0.50
0.40	θ_x	0.0577	0.1119	0.1601	0.2003	0.2201
	θ_y	0.0375	0.0785	0.1277	0.1906	0.2263
0.50	θ_x	0.0757	0.1481	0.2137	0.2658	0.2857
	θ_y	0.0427	0.0901	0.1489	0.2277	0.2733
0.60	θ_x	0.0877	0.1706	0.2430	0.2971	0.3148
	θ_y	0.0467	0.0960	0.1647	0.2555	0.3034
0.70	θ_x	0.0935	0.1811	0.2553	0.3065	0.3247
	θ_y	0.0488	0.1041	0.1741	0.2659	0.3179
0.75	θ_x	0.0942	0.1823	0.2567	0.3071	0.3266
	θ_y	0.0488	0.1041	0.1741	0.2659	0.3179

$\alpha=0.8 \quad \beta=0.3$

ξ	η	0.10	0.20	0.30	0.40	0.50
0.40	θ_x	0.0855	0.1659	0.2380	0.2941	0.3165
	θ_y	0.0574	0.1206	0.1952	0.2808	0.3115
0.50	θ_x	0.1125	0.2201	0.3164	0.3891	0.4147
	θ_y	0.0656	0.1390	0.2291	0.3355	0.3740
0.60	θ_x	0.1302	0.2530	0.3584	0.4350	0.4585
	θ_y	0.0718	0.1521	0.2543	0.3686	0.4153
0.70	θ_x	0.1384	0.2675	0.3758	0.4494	0.4756
	θ_y	0.0751	0.1611	0.2681	0.3907	0.4359
0.75	θ_x	0.1394	0.2692	0.3779	0.4502	0.4762
	θ_y	0.0751	0.1611	0.2681	0.3907	0.4359

$\alpha=0.8 \quad \beta=0.4$

ξ	η	0.10	0.20	0.30	0.40	0.50
0.40	θ_x		0.2177	0.3122	0.3783	0.4005
	θ_y		0.1649	0.2691	0.3542	0.3812
0.50	θ_x		0.2894	0.4139	0.5009	0.5315
	θ_y		0.1914	0.3179	0.4225	0.4555
0.60	θ_x		0.3314	0.4677	0.5609	0.5942
	θ_y		0.2151	0.3515	0.4659	0.5111
0.70	θ_x		0.3488	0.4876	0.5803	0.6130
	θ_y		0.2226	0.3700	0.4923	0.5318
0.75	θ_x		0.3508	0.4894	0.5816	0.1642
	θ_y		0.2226	0.3700	0.4923	0.5318

附录四 双向板楼面等效均布荷载计算表

$k = 1.5 \quad \alpha = 0.8 \quad \beta = 0.5$

ξ	η	0.10	0.20	0.30	0.40	0.50
0.40	θ_x		0.2668	0.3796	0.4513	0.4754
	θ_y		0.2139	0.3384	0.4130	0.4371
0.50	θ_x		0.3547	0.5016	0.5982	0.6314
	θ_y		0.2503	0.4013	0.4914	0.5200
0.60	θ_x		0.4037	0.5619	0.6716	0.7039
	θ_y		0.2830	0.4443	0.5456	0.5777
0.70	θ_x		0.4229	0.5878	0.6960	0.7338
	θ_y		0.2918	0.4662	0.5728	0.6070
0.75	θ_x		0.4250	0.5896	0.6980	0.7358
	θ_y		0.2918	0.4662	0.5728	0.6070

$k = 1.5 \quad \alpha = 0.8 \quad \beta = 0.6$

ξ	η	0.10	0.20	0.30	0.40	0.50
0.40	θ_x			0.4379	0.5125	0.5383
	θ_y			0.3914	0.4598	0.4818
0.50	θ_x			0.5751	0.6796	0.7146
	θ_y			0.4649	0.5456	0.5714
0.60	θ_x			0.6456	0.7648	0.8000
	θ_y			0.5152	0.6071	0.6341
0.70	θ_x			0.6738	0.7940	0.8356
	θ_y			0.5409	0.6359	0.6663
0.75	θ_x			0.6758	0.7965	0.8382
	θ_y			0.5409	0.6359	0.6663

$k = 1.5 \quad \alpha = 0.8 \quad \beta = 0.7$

ξ	η	0.10	0.20	0.30	0.40	0.50
0.40	θ_x			0.4759	0.5562	0.5835
	θ_y			0.4315	0.4950	0.5147
0.50	θ_x			0.6363	0.7439	0.7803
	θ_y			0.5126	0.5858	0.6093
0.60	θ_x			0.7114	0.8387	0.8760
	θ_y			0.5685	0.6516	0.6757
0.70	θ_x			0.7441	0.8732	0.9174
	θ_y			0.5968	0.6830	0.7094
0.75	θ_x			0.7454	0.8752	0.9197
	θ_y			0.5968	0.6830	0.7094

$k = 1.5 \quad \alpha = 0.8 \quad \beta = 0.8$

ξ	η	0.10	0.20	0.30	0.40	0.50
0.40	θ_x				0.5960	0.6244
	θ_y				0.5191	0.5383
0.50	θ_x				0.7903	0.8277
	θ_y				0.6139	0.6358
0.60	θ_x				0.8922	0.9354
	θ_y				0.6811	0.7030
0.70	θ_x				0.9291	0.9751
	θ_y				0.7149	0.7400
0.75	θ_x				0.9324	0.9788
	θ_y				0.7149	0.7400

$k = 1.5 \quad \alpha = 0.8 \quad \beta = 0.9$

ξ	η	0.10	0.20	0.30	0.40	0.50
0.40	θ_x				0.6126	0.6417
	θ_y				0.5335	0.5522
0.50	θ_x				0.8210	0.8590
	θ_y				0.6304	0.6514
0.60	θ_x				0.9246	0.9643
	θ_y				0.6977	0.7218
0.70	θ_x				0.9645	1.0116
	θ_y				0.7337	0.7580
0.75	θ_x				0.9672	1.0146
	θ_y				0.7337	0.7580

$k = 1.5 \quad \alpha = 0.8 \quad \beta = 1.0$

ξ	η	0.10	0.20	0.30	0.40	0.50
0.40	θ_x					0.6537
	θ_y					0.5564
0.50	θ_x					0.8659
	θ_y					0.6564
0.60	θ_x					0.9754
	θ_y					0.7270
0.70	θ_x					1.0225
	θ_y					0.7635
0.75	θ_x					1.0266
	θ_y					0.7635

$k = 1.5 \quad \alpha = 0.9 \quad \beta = 0.1$

ξ	η	0.10	0.20	0.30	0.40	0.50
0.40	θ_x	0.0338	0.0661	0.0956	0.1213	0.1343
	θ_y	0.0199	0.0420	0.0682	0.1027	0.1394
0.50	θ_x	0.0413	0.0807	0.1158	0.1424	0.1536
	θ_y	0.0229	0.0487	0.0799	0.1215	0.1633
0.60	θ_x	0.0459	0.0892	0.1259	0.1542	0.1615
	θ_y	0.0253	0.0508	0.0886	0.1409	0.1779
0.70	θ_x	0.0480	0.0926	0.1299	0.1552	0.1642
	θ_y	0.0265	0.0565	0.0932	0.1405	0.1851
0.75	θ_x	0.0482	0.0930	0.1303	0.1556	0.1645
	θ_y	0.0265	0.0565	0.0932	0.1405	0.1851

$k = 1.5 \quad \alpha = 0.9 \quad \beta = 0.2$

ξ	η	0.10	0.20	0.30	0.40	0.50
0.40	θ_x	0.0673	0.1315	0.1902	0.2404	0.2620
	θ_y	0.0403	0.0846	0.1387	0.2105	0.2520
0.50	θ_x	0.0822	0.1604	0.2296	0.2805	0.3014
	θ_y	0.0466	0.0984	0.1627	0.2477	0.2965
0.60	θ_x	0.0912	0.1770	0.2491	0.3041	0.3180
	θ_y	0.0513	0.1054	0.1802	0.2752	0.3250
0.70	θ_x	0.0952	0.1834	0.2568	0.3062	0.3238
	θ_y	0.0539	0.1144	0.1893	0.2851	0.3387
0.75	θ_x	0.0956	0.1842	0.2576	0.3072	0.3249
	θ_y	0.0539	0.1144	0.1893	0.2851	0.3387

附录四 双向板楼面等效均布荷载计算表

$k = 1.5 \quad \alpha = 0.9 \quad \beta = 0.3$

ξ	η	0.10	0.20	0.30	0.40	0.50
0.40	θ_x	0.1000	0.1956	0.2829	0.3526	0.3774
	θ_y	0.0617	0.1302	0.2128	0.3104	0.3452
0.50	θ_x	0.1220	0.2378	0.3389	0.4106	0.4372
	θ_y	0.0715	0.1517	0.2505	0.3644	0.4059
0.60	θ_x	0.1350	0.2620	0.3669	0.4456	0.4657
	θ_y	0.0789	0.1665	0.2770	0.3972	0.4461
0.70	θ_x	0.1406	0.2705	0.3776	0.4491	0.4744
	θ_y	0.0829	0.1764	0.2907	0.4187	0.4656
0.75	θ_x	0.1413	0.2715	0.3785	0.4508	0.4761
	θ_y	0.0829	0.1764	0.2907	0.4187	0.4656

$k = 1.5 \quad \alpha = 0.9 \quad \beta = 0.4$

ξ	η	0.10	0.20	0.30	0.40	0.50
0.40	θ_x		0.2575	0.3719	0.4531	0.4808
	θ_y		0.1787	0.2951	0.3910	0.4210
0.50	θ_x		0.3117	0.4409	0.5294	0.5610
	θ_y		0.2089	0.3461	0.4593	0.4954
0.60	θ_x		0.3424	0.4811	0.5749	0.6082
	θ_y		0.2345	0.3806	0.5025	0.5505
0.70	θ_x		0.3519	0.4896	0.5805	0.6123
	θ_y		0.2429	0.3995	0.5283	0.5701
0.75	θ_x		0.3533	0.4914	0.5826	0.6145
	θ_y		0.2429	0.3995	0.5283	0.5701

$k = 1.5 \quad \alpha = 0.9 \quad \beta = 0.5$

ξ	η	0.10	0.20	0.30	0.40	0.50
0.40	θ_x		0.3168	0.4518	0.5400	0.5694
	θ_y		0.2329	0.3724	0.4550	0.4813
0.50	θ_x		0.3802	0.5327	0.6337	0.6688
	θ_y		0.2732	0.4362	0.5346	0.5659
0.60	θ_x		0.4162	0.5746	0.6890	0.7175
	θ_y		0.3074	0.4798	0.5889	0.6235
0.70	θ_x		0.4256	0.5897	0.6969	0.7342
	θ_y		0.3169	0.5015	0.6157	0.6528
0.75	θ_x		0.4272	0.5921	0.6995	0.7368
	θ_y		0.3169	0.5015	0.6157	0.6528

$k = 1.5 \quad \alpha = 0.9 \quad \beta = 0.6$

ξ	η	0.10	0.20	0.30	0.40	0.50
0.40	θ_x			0.5195	0.6123	0.6424
	θ_y			0.4309	0.5056	0.5293
0.50	θ_x			0.6121	0.7213	0.7589
	θ_y			0.3719	0.5937	0.6219
0.60	θ_x			0.2951	0.7852	0.8167
	θ_y			0.5564	0.6559	0.6854
0.70	θ_x			0.6756	0.7957	0.8372
	θ_y			0.5825	0.6845	0.7170
0.75	θ_x			0.6782	0.7987	0.8403
	θ_y			0.5825	0.6845	0.7170

$k = 1.5 \quad \alpha = 0.9 \quad \beta = 0.7$

ξ	η	0.10	0.20	0.30	0.40	0.50
0.40	θ_x			0.5738	0.6694	0.7017
	θ_y			0.4750	0.5433	0.5653
0.50	θ_x			0.6750	0.7908	0.8302
	θ_y			0.5577	0.6376	0.6633
0.60	θ_x			0.7266	0.8618	0.8956
	θ_y			0.6140	0.7046	0.7310
0.70	θ_x			0.7449	0.8748	0.9194
	θ_y			0.6420	0.7356	0.7655
0.75	θ_x			0.7477	0.8780	0.9228
	θ_y			0.6420	0.7356	0.7655

$k = 1.5 \quad \alpha = 0.9 \quad \beta = 0.8$

ξ	η	0.10	0.20	0.30	0.40	0.50
0.40	θ_x				0.7106	0.7438
	θ_y				0.5696	0.5902
0.50	θ_x				0.8411	0.8817
	θ_y				0.6683	0.6921
0.60	θ_x				0.9173	0.9622
	θ_y				0.7370	0.7613
0.70	θ_x				0.9324	0.9791
	θ_y				0.7712	0.7989
0.75	θ_x				0.9359	0.9829
	θ_y				0.7712	0.7989

$k = 1.5 \quad \alpha = 0.9 \quad \beta = 0.9$

ξ	η	0.10	0.20	0.30	0.40	0.50
0.40	θ_x				0.7355	0.7694
	θ_y				0.5852	0.6052
0.50	θ_x				0.8782	0.9196
	θ_y				0.6863	0.7092
0.60	θ_x				0.9510	0.9875
	θ_y				0.7554	0.7814
0.70	θ_x				0.9674	1.0154
	θ_y				0.7922	0.8184
0.75	θ_x				0.9711	1.0193
	θ_y				0.7922	0.8184

$k = 1.5 \quad \alpha = 0.9 \quad \beta = 1.0$

ξ	η	0.10	0.20	0.30	0.40	0.50
0.40	θ_x					0.7779
	θ_y					0.6097
0.50	θ_x					0.9233
	θ_y					0.7146
0.60	θ_x					0.9991
	θ_y					0.7876
0.70	θ_x					1.0275
	θ_y					0.8254
0.75	θ_x					1.0315
	θ_y					0.8254

附录四 双向板楼面等效均布荷载计算表

$k=1.5 \quad \alpha=1.0 \quad \beta=0.1$

ξ	η	0.10	0.20	0.30	0.40	0.50
0.50	θ_x	0.0439	0.0854	0.1215	0.1476	0.1577
	θ_y	0.0246	0.0523	0.0859	0.1300	0.1732
0.60	θ_x	0.0471	0.0912	0.1276	0.1552	0.1620
	θ_y	0.0273	0.0549	0.0950	0.1493	0.1871
0.70	θ_x	0.0484	0.0930	0.1297	0.1542	0.1629
	θ_y	0.0289	0.0610	0.0998	0.1487	0.1937
0.75	θ_x	0.0485	0.0932	0.1300	0.1545	0.1633
	θ_y	0.0289	0.0610	0.0998	0.1487	0.1937

$k=1.5 \quad \alpha=1.0 \quad \beta=0.2$

ξ	η	0.10	0.20	0.30	0.40	0.50
0.50	θ_x	0.0872	0.1694	0.2405	0.2911	0.3103
	θ_y	0.0500	0.1058	0.1747	0.2646	0.3156
0.60	θ_x	0.0934	0.1807	0.2522	0.3062	0.3192
	θ_y	0.0554	0.1138	0.1930	0.2917	0.3427
0.70	θ_x	0.0958	0.1840	0.2564	0.3045	0.3214
	θ_y	0.0581	0.1232	0.2017	0.3012	0.3563
0.75	θ_x	0.0961	0.1845	0.2568	0.3052	0.3220
	θ_y	0.0581	0.1232	0.2017	0.3012	0.3563

$k=1.5 \quad \alpha=1.0 \quad \beta=0.3$

ξ	η	0.10	0.20	0.30	0.40	0.50
0.50	θ_x	0.1293	0.2507	0.3547	0.4265	0.4527
	θ_y	0.0768	0.1631	0.2682	0.3890	0.4330
0.60	θ_x	0.1380	0.2671	0.3710	0.4490	0.4673
	θ_y	0.0852	0.1791	0.2955	0.4211	0.4719
0.70	θ_x	0.1414	0.2711	0.3770	0.4469	0.4714
	θ_y	0.0898	0.1896	0.3098	0.4422	0.4911
0.75	θ_x	0.1418	0.2717	0.3775	0.4481	0.4726
	θ_y	0.0898	0.1896	0.3098	0.4422	0.4911

$k=1.5 \quad \alpha=1.0 \quad \beta=0.4$

ξ	η	0.10	0.20	0.30	0.40	0.50
0.50	θ_x		0.3277	0.4605	0.5503	0.5822
	θ_y		0.2245	0.3703	0.4905	0.5291
0.60	θ_x		0.3483	0.4870	0.5797	0.6125
	θ_y		0.2514	0.4055	0.5332	0.5834
0.70	θ_x		0.3522	0.4885	0.5778	0.6090
	θ_y		0.2603	0.4244	0.5585	0.6023
0.75	θ_x		0.3530	0.4897	0.5793	0.6105
	θ_y		0.2603	0.4244	0.5585	0.6023

$k=1.5 \quad \alpha=1.0 \quad \beta=0.5$

ξ	η	0.10	0.20	0.30	0.40	0.50
0.50	θ_x		0.3983	0.5558	0.6595	0.6956
	θ_y		0.2931	0.4661	0.5713	0.6050
0.60	θ_x		0.4223	0.5801	0.6954	0.7225
	θ_y		0.3284	0.5099	0.6254	0.6621
0.70	θ_x		0.4254	0.5883	0.6941	0.7308
	θ_y		0.3383	0.5320	0.6518	0.6906
0.75	θ_x		0.4263	0.5899	0.6959	0.7326
	θ_y		0.3383	0.5320	0.6518	0.6906

$k=1.5 \quad \alpha=1.0 \quad \beta=0.6$

ξ	η	0.10	0.20	0.30	0.40	0.50
0.50	θ_x			0.6375	0.7516	0.7908
	θ_y			0.5403	0.6349	0.6652
0.60	θ_x			0.6647	0.7932	0.8236
	θ_y			0.5911	0.6971	0.7287
0.70	θ_x			0.6737	0.7930	0.8342
	θ_y			0.6166	0.7255	0.7607
0.75	θ_x			0.6754	0.7950	0.8362
	θ_y			0.6166	0.7255	0.7607

$k=1.5 \quad \alpha=1.0 \quad \beta=0.7$

ξ	η	0.10	0.20	0.30	0.40	0.50
0.50	θ_x			0.7034	0.8249	0.8663
	θ_y			0.5961	0.6821	0.7096
0.60	θ_x			0.7328	0.8713	0.9042
	θ_y			0.6524	0.7495	0.7780
0.70	θ_x			0.7425	0.8722	0.9168
	θ_y			0.6807	0.7805	0.8130
0.75	θ_x			0.7444	0.8744	0.9191
	θ_y			0.6807	0.7805	0.8130

$k=1.5 \quad \alpha=1.0 \quad \beta=0.8$

ξ	η	0.10	0.20	0.30	0.40	0.50
0.50	θ_x				0.8780	0.9210
	θ_y				0.7150	0.7406
0.60	θ_x				0.9280	0.9739
	θ_y				0.7846	0.8109
0.70	θ_x				0.9301	0.9770
	θ_y				0.8188	0.8488
0.75	θ_x				0.9323	0.9794
	θ_y				0.8188	0.8488

$k=1.5 \quad \alpha=1.0 \quad \beta=0.9$

ξ	η	0.10	0.20	0.30	0.40	0.50
0.50	θ_x				0.9125	0.9564
	θ_y				0.7344	0.7589
0.60	θ_x				0.9624	0.9944
	θ_y				0.8045	0.8327
0.70	θ_x				0.9671	1.0155
	θ_y				0.8414	0.8701
0.75	θ_x				0.9703	1.0188
	θ_y				0.8414	0.8701

$k=1.5 \quad \alpha=1.0 \quad \beta=1.0$

ξ	η	0.10	0.20	0.30	0.40	0.50
0.50	θ_x					0.9652
	θ_y					0.7648
0.60	θ_x					1.0103
	θ_y					0.8392
0.70	θ_x					1.0259
	θ_y					0.8775
0.75	θ_x					1.0284
	θ_y					0.8775

附录四 双向板楼面等效均布荷载计算表

$k = 1.5 \quad \alpha = 1.1 \quad \beta = 0.1$

ξ	η	0.10	0.20	0.30	0.40	0.50
0.50	θ_x	0.0458	0.0887	0.1252	0.1510	0.1600
	θ_y	0.0261	0.0555	0.0910	0.1370	0.1811
0.60	θ_x	0.0478	0.0921	0.1283	0.1546	0.1618
	θ_y	0.0290	0.0585	0.1003	0.1560	0.1945
0.70	θ_x	0.0485	0.0929	0.1291	0.1530	0.1612
	θ_y	0.0306	0.0647	0.1051	0.1553	0.2010
0.75	θ_x	0.0485	0.0930	0.1291	0.1530	0.1616
	θ_y	0.0306	0.0647	0.1051	0.1553	0.2010

$k = 1.5 \quad \alpha = 1.1 \quad \beta = 0.2$

ξ	η	0.10	0.20	0.30	0.40	0.50
0.50	θ_x	0.0908	0.1758	0.2477	0.2981	0.3154
	θ_y	0.0530	0.1121	0.1843	0.2783	0.3309
0.60	θ_x	0.0946	0.1825	0.2536	0.3050	0.3189
	θ_y	0.0589	0.1209	0.2035	0.3049	0.3570
0.70	θ_x	0.0959	0.1837	0.2551	0.3021	0.3183
	θ_y	0.0620	0.1306	0.2123	0.3142	0.3699
0.75	θ_x	0.0961	0.1839	0.2553	0.3022	0.3187
	θ_y	0.0620	0.1306	0.2123	0.3142	0.3699

$k = 1.5 \quad \alpha = 1.1 \quad \beta = 0.3$

ξ	η	0.10	0.20	0.30	0.40	0.50
0.50	θ_x	0.1344	0.2597	0.3647	0.4371	0.4629
	θ_y	0.0814	0.1727	0.2834	0.4090	0.4550
0.60	θ_x	0.1396	0.2692	0.3729	0.4474	0.4664
	θ_y	0.0904	0.1897	0.3110	0.4405	0.4928
0.70	θ_x	0.1414	0.2704	0.3749	0.4435	0.4674
	θ_y	0.0951	0.2005	0.3255	0.4613	0.5114
0.75	θ_x	0.1415	0.2707	0.3751	0.4437	0.4675
	θ_y	0.0951	0.2005	0.3255	0.4613	0.5114

$k = 1.5 \quad \alpha = 1.1 \quad \beta = 0.4$

ξ	η	0.10	0.20	0.30	0.40	0.50
0.50	θ_x		0.3386	0.4738	0.5644	0.5962
	θ_y		0.2376	0.3904	0.5161	0.5567
0.60	θ_x		0.3503	0.4875	0.5782	0.6100
	θ_y		0.2655	0.4258	0.5581	0.6099
0.70	θ_x		0.3510	0.4858	0.5736	0.6042
	θ_y		0.2747	0.4448	0.5831	0.6284
0.75	θ_x		0.3512	0.4861	0.5739	0.6044
	θ_y		0.2747	0.4448	0.5831	0.6284

$k = 1.5 \quad \alpha = 1.1 \quad \beta = 0.5$

ξ	η	0.10	0.20	0.30	0.40	0.50
0.50	θ_x		0.4107	0.5716	0.6768	0.7133
	θ_y		0.3097	0.4907	0.6015	0.6371
0.60	θ_x		0.4237	0.5817	0.6941	0.7230
	θ_y		0.3458	0.5346	0.6550	0.6936
0.70	θ_x		0.4234	0.5848	0.6894	0.7255
	θ_y		0.3558	0.5563	0.6812	0.7221
0.75	θ_x		0.4236	0.5852	0.6897	0.7258
	θ_y		0.3558	0.5563	0.6812	0.7221

$k = 1.5 \quad \alpha = 1.1 \quad \beta = 0.6$

ξ	η	0.10	0.20	0.30	0.40	0.50
0.50	θ_x			0.6552	0.7719	0.8121
	θ_y			0.5689	0.6688	0.7008
0.60	θ_x			0.6662	0.7925	0.8251
	θ_y			0.6195	0.7307	0.7642
0.70	θ_x			0.6696	0.7879	0.8287
	θ_y			0.6454	0.7589	0.7954
0.75	θ_x			0.6700	0.7882	0.8291
	θ_y			0.6454	0.7589	0.7954

$k = 1.5 \quad \alpha = 1.1 \quad \beta = 0.7$

ξ	η	0.10	0.20	0.30	0.40	0.50
0.50	θ_x			0.7199	0.8450	0.8879
	θ_y			0.6276	0.7192	0.7476
0.60	θ_x			0.7343	0.8712	0.9086
	θ_y			0.6838	0.7862	0.8162
0.70	θ_x			0.7372	0.8662	0.9107
	θ_y			0.7118	0.8175	0.8506
0.75	θ_x			0.7382	0.8657	0.9101
	θ_y			0.7118	0.8175	0.8506

$k = 1.5 \quad \alpha = 1.1 \quad \beta = 0.8$

ξ	η	0.10	0.20	0.30	0.40	0.50
0.50	θ_x				0.9030	0.9477
	θ_y				0.7536	0.7808
0.60	θ_x				0.9285	0.9750
	θ_y				0.8235	0.8516
0.70	θ_x				0.9246	0.9716
	θ_y				0.8577	0.8895
0.75	θ_x				0.9251	0.9721
	θ_y				0.8577	0.8895

$k = 1.5 \quad \alpha = 1.1 \quad \beta = 0.9$

ξ	η	0.10	0.20	0.30	0.40	0.50
0.50	θ_x				0.9330	0.9788
	θ_y				0.7742	0.8002
0.60	θ_x				0.9633	1.0041
	θ_y				0.8448	0.8749
0.70	θ_x				0.9591	1.0076
	θ_y				0.8815	0.9124
0.75	θ_x				0.9587	1.0072
	θ_y				0.8815	0.9124

$k = 1.5 \quad \alpha = 1.1 \quad \beta = 1.0$

ξ	η	0.10	0.20	0.30	0.40	0.50
0.50	θ_x					0.9938
	θ_y					0.8064
0.60	θ_x					1.0144
	θ_y					0.8816
0.70	θ_x					1.0206
	θ_y					0.9201
0.75	θ_x					1.0212
	θ_y					0.9201

附录四 双向板楼面等效均布荷载计算表

$k=1.5 \quad \alpha=1.2 \quad \beta=0.1$

ξ	η	0.10	0.20	0.30	0.40	0.50
0.60	θ_x	0.0481	0.0925	0.1285	0.1530	0.1608
	θ_y	0.0305	0.0614	0.1046	0.1612	0.1999
0.70	θ_x	0.0484	0.0923	0.1282	0.1500	0.1598
	θ_y	0.0322	0.0648	0.1093	0.1669	0.2063
0.75	θ_x	0.0484	0.0923	0.1282	0.1495	0.1595
	θ_y	0.0322	0.0648	0.1093	0.1669	0.2063

$k=1.5 \quad \alpha=1.2 \quad \beta=0.2$

ξ	η	0.10	0.20	0.30	0.40	0.50
0.60	θ_x	0.0953	0.1830	0.2539	0.3020	0.3174
	θ_y	0.0615	0.1266	0.2111	0.3151	0.3684
0.70	θ_x	0.0957	0.1824	0.2534	0.2962	0.3155
	θ_y	0.0647	0.1333	0.2206	0.3265	0.3810
0.75	θ_x	0.0957	0.1823	0.2533	0.2953	0.3150
	θ_y	0.0647	0.1333	0.2206	0.3265	0.3810

$k=1.5 \quad \alpha=1.2 \quad \beta=0.3$

ξ	η	0.10	0.20	0.30	0.40	0.50
0.60	θ_x	0.1405	0.2694	0.3732	0.4433	0.4656
	θ_y	0.0949	0.1982	0.3237	0.4553	0.5088
0.70	θ_x	0.1409	0.2681	0.3724	0.4351	0.4630
	θ_y	0.0997	0.2082	0.3376	0.4720	0.5271
0.75	θ_x	0.1409	0.2678	0.3723	0.4338	0.4622
	θ_y	0.0997	0.2082	0.3376	0.4720	0.5271

$k=1.5 \quad \alpha=1.2 \quad \beta=0.4$

ξ	η	0.10	0.20	0.30	0.40	0.50
0.60	θ_x		0.3499	0.4850	0.5733	0.6040
	θ_y		0.2766	0.4417	0.5772	0.6301
0.70	θ_x		0.3473	0.4786	0.5632	0.5924
	θ_y		0.2896	0.4598	0.5987	0.6529
0.75	θ_x		0.3468	0.4775	0.5616	0.5905
	θ_y		0.2896	0.4598	0.5987	0.6529

$k=1.5 \quad \alpha=1.2 \quad \beta=0.5$

ξ	η	0.10	0.20	0.30	0.40	0.50
0.60	θ_x		0.4224	0.5821	0.6887	0.7225
	θ_y		0.3594	0.5538	0.6779	0.7180
0.70	θ_x		0.4181	0.5806	0.6773	0.7195
	θ_y		0.3751	0.5754	0.7038	0.7461
0.75	θ_x		0.4173	0.5798	0.6755	0.7185
	θ_y		0.3751	0.5754	0.7038	0.7461

$k=1.5 \quad \alpha=1.2 \quad \beta=0.6$

ξ	η	0.10	0.20	0.30	0.40	0.50
0.60	θ_x			0.6665	0.7870	0.8251
	θ_y			0.6416	0.7567	0.7917
0.70	θ_x			0.6646	0.7748	0.8222
	θ_y			0.6673	0.7863	0.8226
0.75	θ_x			0.6637	0.7728	0.8212
	θ_y			0.6673	0.7863	0.8226

$k=1.5 \quad \alpha=1.2 \quad \beta=0.7$

ξ	η	0.10	0.20	0.30	0.40	0.50
0.60	θ_x			0.7345	0.8657	0.9072
	θ_y			0.7083	0.8147	0.8466
0.70	θ_x			0.7322	0.8531	0.9046
	θ_y			0.7358	0.8472	0.8812
0.75	θ_x			0.7313	0.8511	0.9036
	θ_y			0.7358	0.8472	0.8812

$k=1.5 \quad \alpha=1.2 \quad \beta=0.8$

ξ	η	0.10	0.20	0.30	0.40	0.50
0.60	θ_x				0.9232	0.9699
	θ_y				0.8538	0.8833
0.70	θ_x				0.9105	0.9572
	θ_y				0.8883	0.9196
0.75	θ_x				0.9084	0.9551
	θ_y				0.8883	0.9196

$k=1.5 \quad \alpha=1.2 \quad \beta=0.9$

ξ	η	0.10	0.20	0.30	0.40	0.50
0.60	θ_x				0.9582	1.0034
	θ_y				0.8761	0.9077
0.70	θ_x				0.9455	1.0014
	θ_y				0.9119	0.9448
0.75	θ_x				0.9433	1.0004
	θ_y				0.9119	0.9448

$k=1.5 \quad \alpha=1.2 \quad \beta=1.0$

ξ	η	0.10	0.20	0.30	0.40	0.50
0.60	θ_x					1.0157
	θ_y					0.9147
0.70	θ_x					1.0136
	θ_y					0.9532
0.75	θ_x					1.0127
	θ_y					0.9532

$k=1.5 \quad \alpha=1.3 \quad \beta=0.1$

ξ	η	0.10	0.20	0.30	0.40	0.50
0.60	θ_x	0.0483	0.0924	0.1284	0.1512	0.1602
	θ_y	0.0314	0.0635	0.1075	0.1648	0.2040
0.70	θ_x	0.0482	0.0921	0.1275	0.1505	0.1585
	θ_y	0.0331	0.0696	0.1123	0.1640	0.2103
0.75	θ_x	0.0482	0.0921	0.1273	0.1503	0.1582
	θ_y	0.0331	0.0696	0.1123	0.1640	0.2103

$k=1.5 \quad \alpha=1.3 \quad \beta=0.2$

ξ	η	0.10	0.20	0.30	0.40	0.50
0.60	θ_x	0.0956	0.1828	0.2537	0.2987	0.3163
	θ_y	0.0640	0.1308	0.2170	0.3222	0.3760
0.70	θ_x	0.0954	0.1821	0.2519	0.2972	0.3130
	θ_y	0.0671	0.1404	0.2265	0.3314	0.3883
0.75	θ_x	0.0953	0.1820	0.2516	0.2968	0.3124
	θ_y	0.0671	0.1404	0.2265	0.3314	0.3883

附录四 双向板楼面等效均布荷载计算表

$k = 1.5 \quad \alpha = 1.3 \quad \beta = 0.3$

ξ	η	0.10	0.20	0.30	0.40	0.50
0.60	θ_x	0.1408	0.2688	0.3727	0.4386	0.4646
	θ_y	0.0975	0.2044	0.3319	0.4658	0.5203
0.70	θ_x	0.1404	0.2679	0.3701	0.4364	0.4594
	θ_y	0.1025	0.2152	0.3463	0.4865	0.5382
0.75	θ_x	0.1403	0.2676	0.3696	0.4359	0.4589
	θ_y	0.1025	0.2152	0.3463	0.4865	0.5382

$k = 1.5 \quad \alpha = 1.3 \quad \beta = 0.4$

ξ	η	0.10	0.20	0.30	0.40	0.50
0.60	θ_x		0.3486	0.4814	0.5675	0.5974
	θ_y		0.2847	0.4530	0.5907	0.6444
0.70	θ_x		0.3473	0.4793	0.5647	0.5943
	θ_y		0.2938	0.4718	0.6156	0.6628
0.75	θ_x		0.3470	0.4788	0.5641	0.5936
	θ_y		0.2938	0.4718	0.6156	0.6628

$k = 1.5 \quad \alpha = 1.3 \quad \beta = 0.5$

ξ	η	0.10	0.20	0.30	0.40	0.50
0.60	θ_x		0.4201	0.5818	0.6823	0.7214
	θ_y		0.3692	0.5675	0.6941	0.7353
0.70	θ_x		0.4184	0.5768	0.6790	0.7144
	θ_y		0.3792	0.5893	0.7201	0.7628
0.75	θ_x		0.4179	0.5762	0.6783	0.7136
	θ_y		0.3792	0.5893	0.7201	0.7628

$k = 1.5 \quad \alpha = 1.3 \quad \beta = 0.6$

ξ	η	0.10	0.20	0.30	0.40	0.50
0.60	θ_x			0.6660	0.7801	0.8241
	θ_y			0.6574	0.7752	0.8114
0.70	θ_x			0.6601	0.7765	0.8166
	θ_y			0.6824	0.8033	0.8426
0.75	θ_x			0.6595	0.7756	0.8157
	θ_y			0.6824	0.8033	0.8426

$k = 1.5 \quad \alpha = 1.3 \quad \beta = 0.7$

ξ	η	0.10	0.20	0.30	0.40	0.50
0.60	θ_x			0.7338	0.8587	0.9064
	θ_y			0.7257	0.8350	0.8680
0.70	θ_x			0.7273	0.8547	0.8986
	θ_y			0.7534	0.8657	0.9025
0.75	θ_x			0.7265	0.8538	0.8977
	θ_y			0.7534	0.8657	0.9025

$k = 1.5 \quad \alpha = 1.3 \quad \beta = 0.8$

ξ	η	0.10	0.20	0.30	0.40	0.50
0.60	θ_x				0.9161	0.9629
	θ_y				0.8754	0.9060
0.70	θ_x				0.9120	0.9586
	θ_y				0.9094	0.9437
0.75	θ_x				0.9111	0.9576
	θ_y				0.9094	0.9437

$k = 1.5 \quad \alpha = 1.3 \quad \beta = 0.9$

ξ	η	0.10	0.20	0.30	0.40	0.50
0.60	θ_x				0.9511	1.0030
	θ_y				0.8985	0.9311
0.70	θ_x				0.9469	0.9951
	θ_y				0.9353	0.9682
0.75	θ_x				0.9459	0.9941
	θ_y				0.9353	0.9682

$k = 1.5 \quad \alpha = 1.3 \quad \beta = 1.0$

ξ	η	0.10	0.20	0.30	0.40	0.50
0.60	θ_x					1.0153
	θ_y					0.9384
0.70	θ_x					1.0074
	θ_y					0.9768
0.75	θ_x					1.0064
	θ_y					0.9768

$k = 1.5 \quad \alpha = 1.4 \quad \beta = 0.1$

ξ	η	0.10	0.20	0.30	0.40	0.50
0.70	θ_x	0.0481	0.0919	0.1270	0.1498	0.1577
	θ_y	0.0339	0.0709	0.1141	0.1662	0.2125
0.75	θ_x	0.0481	0.0918	0.1268	0.1496	0.1574
	θ_y	0.0339	0.0709	0.1141	0.1662	0.2125

$k = 1.5 \quad \alpha = 1.4 \quad \beta = 0.2$

ξ	η	0.10	0.20	0.30	0.40	0.50
0.70	θ_x	0.0952	0.1815	0.2508	0.2958	0.3114
	θ_y	0.0681	0.1429	0.2300	0.3357	0.3931
0.75	θ_x	0.0951	0.1813	0.2505	0.2954	0.3107
	θ_y	0.0681	0.1429	0.2300	0.3357	0.3931

$k = 1.5 \quad \alpha = 1.4 \quad \beta = 0.3$

ξ	η	0.10	0.20	0.30	0.40	0.50
0.70	θ_x	0.1400	0.2670	0.3686	0.4344	0.4573
	θ_y	0.1044	0.2188	0.3515	0.4928	0.5445
0.75	θ_x	0.1398	0.2666	0.3681	0.4339	0.4566
	θ_y	0.1044	0.2188	0.3515	0.4928	0.5445

$k = 1.5 \quad \alpha = 1.4 \quad \beta = 0.4$

ξ	η	0.10	0.20	0.30	0.40	0.50
0.70	θ_x		0.3460	0.4774	0.5623	0.5916
	θ_y		0.2986	0.4786	0.6237	0.6714
0.75	θ_x		0.3455	0.4767	0.5615	0.5908
	θ_y		0.2986	0.4786	0.6237	0.6714

附录四 双向板楼面等效均布荷载计算表

$k=1.5 \quad \alpha=1.4 \quad \beta=0.5$

ξ	η	0.10	0.20	0.30	0.40	0.50
0.70	θ_x		0.4167	0.5744	0.6761	0.7112
	θ_y		0.3850	0.5971	0.7298	0.7734
0.75	θ_x		0.4162	0.5737	0.6752	0.7102
	θ_y		0.3850	0.5971	0.7298	0.7734

$k=1.5 \quad \alpha=1.4 \quad \beta=0.6$

ξ	η	0.10	0.20	0.30	0.40	0.50
0.70	θ_x			0.6574	0.7732	0.8131
	θ_y			0.6923	0.8143	0.8537
0.75	θ_x			0.6566	0.7721	0.8120
	θ_y			0.6923	0.8143	0.8537

$k=1.5 \quad \alpha=1.4 \quad \beta=0.7$

ξ	η	0.10	0.20	0.30	0.40	0.50
0.70	θ_x			0.7242	0.8512	0.8949
	θ_y			0.7633	0.8778	0.9152
0.75	θ_x			0.7232	0.8500	0.8937
	θ_y			0.7633	0.8778	0.9152

$k=1.5 \quad \alpha=1.4 \quad \beta=0.8$

ξ	η	0.10	0.20	0.30	0.40	0.50
0.70	θ_x				0.9082	0.9547
	θ_y				0.9223	0.9572
0.75	θ_x				0.9070	0.9535
	θ_y				0.9223	0.9572

$k=1.5 \quad \alpha=1.4 \quad \beta=0.9$

ξ	η	0.10	0.20	0.30	0.40	0.50
0.70	θ_x				0.9430	0.9912
	θ_y				0.9487	0.9822
0.75	θ_x				0.9418	0.9899
	θ_y				0.9487	0.9822

$k=1.5 \quad \alpha=1.4 \quad \beta=1.0$

ξ	η	0.10	0.20	0.30	0.40	0.50
0.70	θ_x					1.0034
	θ_y					0.9909
0.75	θ_x					1.0021
	θ_y					0.9909

$k=1.5 \quad \alpha=1.5 \quad \beta=0.1$

ξ	η	0.10	0.20	0.30	0.40	0.50
0.70	θ_x	0.0481	0.0918	0.1268	0.1496	0.1574
	θ_y	0.0340	0.0713	0.1146	0.1669	0.2130
0.75	θ_x	0.0480	0.0916	0.1266	0.1493	0.1572
	θ_y	0.0340	0.0713	0.1146	0.1669	0.2130

$k=1.5 \quad \alpha=1.5 \quad \beta=0.2$

ξ	η	0.10	0.20	0.30	0.40	0.50
0.70	θ_x	0.0951	0.1813	0.2505	0.2954	0.3107
	θ_y	0.0687	0.1437	0.2312	0.3371	0.3946
0.75	θ_x	0.0950	0.1811	0.2501	0.2947	0.3104
	θ_y	0.0687	0.1437	0.2312	0.3371	0.3946

$k=1.5 \quad \alpha=1.5 \quad \beta=0.3$

ξ	η	0.10	0.20	0.30	0.40	0.50
0.70	θ_x	0.1398	0.2666	0.3681	0.4339	0.4566
	θ_y	0.1050	0.2201	0.3533	0.4949	0.5471
0.75	θ_x	0.1397	0.2663	0.3676	0.4331	0.4558
	θ_y	0.1050	0.2201	0.3533	0.4949	0.5471

$k=1.5 \quad \alpha=1.5 \quad \beta=0.4$

ξ	η	0.10	0.20	0.30	0.40	0.50
0.70	θ_x		0.3455	0.4767	0.5615	0.5908
	θ_y		0.3002	0.4809	0.6264	0.6742
0.75	θ_x		0.3450	0.4757	0.5601	0.5893
	θ_y		0.3002	0.4809	0.6264	0.6742

$k=1.5 \quad \alpha=1.5 \quad \beta=0.5$

ξ	η	0.10	0.20	0.30	0.40	0.50
0.70	θ_x		0.4162	0.5737	0.6752	0.7102
	θ_y		0.3870	0.6002	0.7331	0.7765
0.75	θ_x		0.4156	0.5724	0.6742	0.7091
	θ_y		0.3870	0.6002	0.7331	0.7765

$k=1.5 \quad \alpha=1.5 \quad \beta=0.6$

ξ	η	0.10	0.20	0.30	0.40	0.50
0.70	θ_x			0.6566	0.7721	0.8120
	θ_y			0.6949	0.8180	0.8581
0.75	θ_x			0.6551	0.7710	0.8108
	θ_y			0.6949	0.8180	0.8581

$k=1.5 \quad \alpha=1.5 \quad \beta=0.7$

ξ	η	0.10	0.20	0.30	0.40	0.50
0.70	θ_x			0.7232	0.8500	0.8937
	θ_y			0.7671	0.8818	0.9190
0.75	θ_x			0.7222	0.8488	0.8917
	θ_y			0.7671	0.8818	0.9190

$k=1.5 \quad \alpha=1.5 \quad \beta=0.8$

ξ	η	0.10	0.20	0.30	0.40	0.50
0.70	θ_x				0.9070	0.9535
	θ_y				0.9266	0.9617
0.75	θ_x				0.9050	0.9514
	θ_y				0.9266	0.9617

$k=1.5 \quad \alpha=1.5 \quad \beta=0.9$

ξ	η	0.10	0.20	0.30	0.40	0.50
0.70	θ_x				0.9418	0.9899
	θ_y				0.9531	0.9868
0.75	θ_x				0.9397	0.9878
	θ_y				0.9531	0.9868

$k=1.5 \quad \alpha=1.5 \quad \beta=1.0$

ξ	η	0.10	0.20	0.30	0.40	0.50
0.70	θ_x					1.0021
	θ_y					0.9957
0.75	θ_x					1.0000
	θ_y					0.9957

$k=1.6 \quad \alpha=0.1 \quad \beta=0.1$

ξ	η	0.10	0.20	0.30	0.40	0.50
0.10	θ_x	−0.0003	−0.0007	−0.0011	−0.0014	−0.0015
	θ_y	0.0007	0.0014	0.0020	0.0025	0.0026
0.20	θ_x	−0.0005	−0.0010	−0.0018	−0.0024	−0.0026
	θ_y	0.0015	0.0029	0.0041	0.0050	0.0053
0.30	θ_x	−0.0001	−0.0006	−0.0014	−0.0024	−0.0028
	θ_y	0.0021	0.0043	0.0062	0.0076	0.0081
0.40	θ_x	0.0010	0.0013	0.0006	−0.0007	−0.0013
	θ_y	0.0027	0.0055	0.0082	0.0104	0.0113
0.50	θ_x	0.0031	0.0052	0.0055	0.0040	0.0029
	θ_y	0.0030	0.0064	0.0100	0.0134	0.0149
0.60	θ_x	0.0062	0.0116	0.0148	0.0141	0.0121
	θ_y	0.0031	0.0066	0.0111	0.0165	0.0195
0.70	θ_x	0.0094	0.0189	0.0284	0.0348	0.0327
	θ_y	0.0029	0.0063	0.0110	0.0186	0.0262
0.80	θ_x	0.0108	0.0225	0.0367	0.0572	0.0778
	θ_y	0.0028	0.0061	0.0103	0.0179	0.0330

$k=1.6 \quad \alpha=0.1 \quad \beta=0.2$

ξ	η	0.10	0.20	0.30	0.40	0.50
0.10	θ_x	−0.0007	−0.0014	−0.0022	−0.0028	−0.0030
	θ_y	0.0015	0.0029	0.0040	0.0048	0.0051
0.20	θ_x	−0.0010	−0.0021	−0.0035	−0.0047	−0.0051
	θ_y	0.0029	0.0057	0.0081	0.0098	0.0104
0.30	θ_x	−0.0004	−0.0013	−0.0029	−0.0046	−0.0054
	θ_y	0.0043	0.0085	0.0122	0.0150	0.0160
0.40	θ_x	0.0017	0.0023	0.0010	−0.0012	−0.0023
	θ_y	0.0054	0.0110	0.0163	0.0205	0.0221
0.50	θ_x	0.0059	0.0100	0.0105	0.0081	0.0067
	θ_y	0.0062	0.0128	0.0200	0.0264	0.0291
0.60	θ_x	0.0122	0.0227	0.0286	0.0276	0.0255
	θ_y	0.0063	0.0135	0.0225	0.0325	0.0373
0.70	θ_x	0.0188	0.0379	0.0562	0.0663	0.0681
	θ_y	0.0059	0.0129	0.0226	0.0379	0.0473
0.80	θ_x	0.0218	0.0456	0.0749	0.1171	0.1426
	θ_y	0.0056	0.0122	0.0213	0.0403	0.0539

$k=1.6 \quad \alpha=0.1 \quad \beta=0.3$

ξ	η	0.10	0.20	0.30	0.40	0.50
0.10	θ_x	−0.0010	−0.0021	−0.0032	−0.0040	−0.0043
	θ_y	0.0022	0.0042	0.0059	0.0071	0.0075
0.20	θ_x	−0.0015	−0.0033	−0.0052	−0.0067	−0.0074
	θ_y	0.0043	0.0084	0.0119	0.0143	0.0152
0.30	θ_x	−0.0007	−0.0022	−0.0044	−0.0066	−0.0075
	θ_y	0.0064	0.0126	0.0180	0.0219	0.0233
0.40	θ_x	0.0022	0.0028	0.0012	−0.0014	−0.0027
	θ_y	0.0082	0.0164	0.0241	0.0299	0.0321
0.50	θ_x	0.0083	0.0138	0.0148	0.0125	0.0110
	θ_y	0.0094	0.0194	0.0298	0.0384	0.0418
0.60	θ_x	0.0178	0.0326	0.0405	0.0408	0.0401
	θ_y	0.0097	0.0209	0.0343	0.0472	0.0525
0.70	θ_x	0.0283	0.0567	0.0821	0.0956	0.1023
	θ_y	0.0092	0.0202	0.0358	0.0558	0.0634
0.80	θ_x	0.0333	0.0700	0.1164	0.1729	0.1934
	θ_y	0.0088	0.0191	0.0342	0.0614	0.0690

$k=1.6 \quad \alpha=0.1 \quad \beta=0.4$

ξ	η	0.10	0.20	0.30	0.40	0.50
0.10	θ_x		−0.0028	−0.0041	−0.0052	−0.0055
	θ_y		0.0055	0.0077	0.0092	0.0097
0.20	θ_x		−0.0044	−0.0072	−0.0086	−0.0093
	θ_y		0.0110	0.0155	0.0185	0.0196
0.30	θ_x		−0.0033	−0.0059	−0.0083	−0.0092
	θ_y		0.0165	0.0234	0.0282	0.0300
0.40	θ_x		0.0028	0.0011	−0.0013	−0.0023
	θ_y		0.0217	0.0315	0.0384	0.0410
0.50	θ_x		0.0164	0.0181	0.0169	0.0163
	θ_y		0.0262	0.0392	0.0491	0.0528
0.60	θ_x		0.0409	0.0503	0.0539	0.0553
	θ_y		0.0288	0.0460	0.0599	0.0649
0.70	θ_x		0.0750	0.1041	0.1239	0.1326
	θ_y		0.0286	0.0508	0.0699	0.0758
0.80	θ_x		0.0967	0.1626	0.2175	0.2342
	θ_y		0.0270	0.0526	0.0752	0.0806

附录四 双向板楼面等效均布荷载计算表

$k=1.6 \quad \alpha=0.1 \quad \beta=0.5$

ξ	η	0.10	0.20	0.30	0.40	0.50
0.10	θ_x		−0.0035	−0.0051	−0.0061	−0.0065
	θ_y		0.0067	0.0093	0.0110	0.0116
0.20	θ_x		−0.0056	−0.0082	−0.0102	−0.0109
	θ_y		0.0134	0.0187	0.0222	0.0234
0.30	θ_x		−0.0045	−0.0073	−0.0096	−0.0104
	θ_y		0.0202	0.0283	0.0338	0.0357
0.40	θ_x		0.0022	0.0008	−0.0008	−0.0014
	θ_y		0.0268	0.0381	0.0458	0.0486
0.50	θ_x		0.0178	0.0207	0.0216	0.0219
	θ_y		0.0329	0.0478	0.0582	0.0618
0.60	θ_x		0.0467	0.0586	0.0665	0.0697
	θ_y		0.0374	0.0569	0.0703	0.0748
0.70	θ_x		0.0915	0.1239	0.1493	0.1587
	θ_y		0.0387	0.0650	0.0807	0.0853
0.80	θ_x		0.1272	0.2061	0.2526	0.2668
	θ_y		0.0370	0.0701	0.0853	0.0896

$k=1.6 \quad \alpha=0.1 \quad \beta=0.6$

ξ	η	0.10	0.20	0.30	0.40	0.50
0.10	θ_x			−0.0058	−0.0069	−0.0073
	θ_y			0.0106	0.0125	0.0132
0.20	θ_x			−0.0095	−0.0114	−0.0120
	θ_y			0.0214	0.0253	0.0266
0.30	θ_x			−0.0086	−0.0104	−0.0111
	θ_y			0.0325	0.0384	0.0405
0.40	θ_x			0.0006	0.0000	−0.0002
	θ_y			0.0439	0.0520	0.0547
0.50	θ_x			0.0229	0.0262	0.0275
	θ_y			0.0552	0.0656	0.0691
0.60	θ_x			0.0661	0.0779	0.0830
	θ_y			0.0662	0.0784	0.0824
0.70	θ_x			0.1427	0.1704	0.1800
	θ_y			0.0759	0.0887	0.0926
0.80	θ_x			0.2393	0.2798	0.2925
	θ_y			0.0809	0.0928	0.0966

$k=1.6 \quad \alpha=0.1 \quad \beta=0.7$

ξ	η	0.10	0.20	0.30	0.40	0.50
0.10	θ_x			−0.0065	−0.0075	−0.0079
	θ_y			0.0117	0.0138	0.0145
0.20	θ_x			−0.0106	−0.0124	−0.0130
	θ_y			0.0236	0.0277	0.0292
0.30	θ_x			−0.0096	−0.0112	−0.0116
	θ_y			0.0359	0.0421	0.0442
0.40	θ_x			0.0003	0.0008	0.0010
	θ_y			0.0485	0.0567	0.0595
0.50	θ_x			0.0247	0.0302	0.0323
	θ_y			0.0612	0.0712	0.0746
0.60	θ_x			0.0726	0.0875	0.0929
	θ_y			0.0734	0.0845	0.0881
0.70	θ_x			0.1586	0.1870	0.1965
	θ_y			0.0836	0.0945	0.0979
0.80	θ_x			0.2634	0.3001	0.3117
	θ_y			0.0881	0.0984	0.1016

$k=1.6 \quad \alpha=0.1 \quad \beta=0.8$

ξ	η	0.10	0.20	0.30	0.40	0.50
0.10	θ_x				−0.0079	−0.0083
	θ_y				0.0147	0.0154
0.20	θ_x				−0.0132	−0.0143
	θ_y				0.0295	0.0310
0.30	θ_x				−0.0115	−0.0118
	θ_y				0.0448	0.0469
0.40	θ_x				0.0018	0.0023
	θ_y				0.0602	0.0629
0.50	θ_x				0.0337	0.0361
	θ_y				0.0752	0.0784
0.60	θ_x				0.0948	0.1006
	θ_y				0.0887	0.0920
0.70	θ_x				0.1988	0.2083
	θ_y				0.0985	0.1016
0.80	θ_x				0.3138	0.3252
	θ_y				0.1022	0.1051

$k=1.6 \quad \alpha=0.1 \quad \beta=0.9$

ξ	η	0.10	0.20	0.30	0.40	0.50
0.10	θ_x				−0.0082	−0.0086
	θ_y				0.0152	0.0159
0.20	θ_x				−0.0133	−0.0139
	θ_y				0.0306	0.0321
0.30	θ_x				−0.0118	−0.0119
	θ_y				0.0464	0.0485
0.40	θ_x				0.0020	0.0030
	θ_y				0.0622	0.0649
0.50	θ_x				0.0354	0.0385
	θ_y				0.0776	0.0807
0.60	θ_x				0.0991	0.1053
	θ_y				0.0912	0.0942
0.70	θ_x				0.2059	0.2153
	θ_y				0.1008	0.1037
0.80	θ_x				0.3224	0.3332
	θ_y				0.1044	0.1072

$k=1.6 \quad \alpha=0.1 \quad \beta=1.0$

ξ	η	0.10	0.20	0.30	0.40	0.50
0.10	θ_x					−0.0087
	θ_y					0.0161
0.20	θ_x					−0.0140
	θ_y					0.0325
0.30	θ_x					−0.0118
	θ_y					0.0490
0.40	θ_x					0.0032
	θ_y					0.0656
0.50	θ_x					0.0393
	θ_y					0.0814
0.60	θ_x					0.1069
	θ_y					0.0950
0.70	θ_x					0.2176
	θ_y					0.1044
0.80	θ_x					0.3359
	θ_y					0.1078

附录四 双向板楼面等效均布荷载计算表

$k=1.6 \quad \alpha=0.2 \quad \beta=0.1$

ξ	η	0.10	0.20	0.30	0.40	0.50
0.10	θ_x	−0.0006	−0.0013	−0.0021	−0.0027	−0.0029
	θ_y	0.0015	0.0029	0.0041	0.0049	0.0052
0.20	θ_x	−0.0008	−0.0019	−0.0033	−0.0045	−0.0050
	θ_y	0.0029	0.0057	0.0082	0.0100	0.0106
0.30	θ_x	−0.0001	−0.0008	−0.0025	−0.0043	−0.0052
	θ_y	0.0043	0.0085	0.0124	0.0153	0.0164
0.40	θ_x	0.0022	0.0031	0.0019	−0.0006	−0.0019
	θ_y	0.0054	0.0109	0.0164	0.0209	0.0227
0.50	θ_x	0.0064	0.0111	0.0121	0.0094	0.0070
	θ_y	0.0060	0.0126	0.0199	0.0269	0.0301
0.60	θ_x	0.0125	0.0235	0.0309	0.0308	0.0266
	θ_y	0.0061	0.0131	0.0219	0.0328	0.0396
0.70	θ_x	0.0183	0.0369	0.0557	0.0722	0.0793
	θ_y	0.0058	0.0126	0.0217	0.0361	0.0532
0.80	θ_x	0.0208	0.0431	0.0687	0.0991	0.1182
	θ_y	0.0056	0.0123	0.0210	0.0366	0.0613

$k=1.6 \quad \alpha=0.2 \quad \beta=0.2$

ξ	η	0.10	0.20	0.30	0.40	0.50
0.10	θ_x	−0.0013	−0.0027	−0.0041	−0.0053	−0.0058
	θ_y	0.0029	0.0057	0.0081	0.0097	0.0103
0.20	θ_x	−0.0017	−0.0039	−0.0065	−0.0088	−0.0098
	θ_y	0.0058	0.0114	0.0162	0.0196	0.0209
0.30	θ_x	−0.0003	−0.0019	−0.0050	−0.0084	−0.0099
	θ_y	0.0085	0.0169	0.0245	0.0300	0.0321
0.40	θ_x	0.0040	0.0056	0.0034	−0.0009	−0.0032
	θ_y	0.0108	0.0218	0.0325	0.0411	0.0445
0.50	θ_x	0.0124	0.0212	0.0233	0.0188	0.0154
	θ_y	0.0122	0.0253	0.0397	0.0528	0.0585
0.60	θ_x	0.0246	0.0461	0.0598	0.0603	0.0562
	θ_y	0.0124	0.0267	0.0444	0.0648	0.0752
0.70	θ_x	0.0367	0.0739	0.1108	0.1424	0.1555
	θ_y	0.0119	0.0257	0.0449	0.0751	0.0940
0.80	θ_x	0.0420	0.0869	0.1387	0.1960	0.2252
	θ_y	0.0115	0.0247	0.0437	0.0793	0.1038

$k=1.6 \quad \alpha=0.2 \quad \beta=0.3$

ξ	η	0.10	0.20	0.30	0.40	0.50
0.10	θ_x	−0.0019	−0.0040	−0.0061	−0.0077	−0.0083
	θ_y	0.0044	0.0084	0.0119	0.0142	0.0151
0.20	θ_x	−0.0027	−0.0060	−0.0097	−0.0128	−0.0141
	θ_y	0.0087	0.0169	0.0239	0.0288	0.0305
0.30	θ_x	−0.0009	−0.0034	−0.0076	−0.0119	−0.0138
	θ_y	0.0127	0.0251	0.0361	0.0440	0.0469
0.40	θ_x	0.0052	0.0071	0.0044	−0.0006	−0.0031
	θ_y	0.0162	0.0326	0.0481	0.0600	0.0645
0.50	θ_x	0.0175	0.0297	0.0327	0.0285	0.0258
	θ_y	0.0186	0.0385	0.0593	0.0769	0.0839
0.60	θ_x	0.0360	0.0668	0.0850	0.0885	0.0885
	θ_y	0.0192	0.0412	0.0679	0.0943	0.1052
0.70	θ_x	0.0552	0.1109	0.1646	0.2079	0.2244
	θ_y	0.0184	0.0403	0.0705	0.1112	0.1256
0.80	θ_x	0.0639	0.1326	0.2111	0.2860	0.3164
	θ_y	0.0177	0.0390	0.0697	0.1192	0.1349

$k=1.6 \quad \alpha=0.2 \quad \beta=0.4$

ξ	η	0.10	0.20	0.30	0.40	0.50
0.10	θ_x		−0.0054	−0.0080	−0.0098	−0.0106
	θ_y		0.0110	0.0154	0.0184	0.0194
0.20	θ_x		−0.0082	−0.0127	−0.0162	−0.0176
	θ_y		0.0220	0.0310	0.0371	0.0393
0.30	θ_x		−0.0053	−0.0103	−0.0148	−0.0168
	θ_y		0.0330	0.0469	0.0566	0.0601
0.40	θ_x		0.0074	0.0047	0.0002	−0.0018
	θ_y		0.0433	0.0629	0.0770	0.0822
0.50	θ_x		0.0357	0.0401	0.0387	0.0377
	θ_y		0.0519	0.0782	0.0982	0.1056
0.60	θ_x		0.0843	0.1064	0.1164	0.1205
	θ_y		0.0569	0.0915	0.1196	0.1296
0.70	θ_x		0.1475	0.2162	0.2665	0.2847
	θ_y		0.0566	0.1008	0.1388	0.1501
0.80	θ_x		0.1808	0.2855	0.3640	0.3921
	θ_y		0.0549	0.1043	0.1474	0.1587

$k=1.6 \quad \alpha=0.2 \quad \beta=0.5$

ξ	η	0.10	0.20	0.30	0.40	0.50
0.10	θ_x			−0.0067	−0.0096	−0.0117	−0.0125
	θ_y			0.0134	0.0186	0.0220	0.0232
0.20	θ_x			−0.0105	−0.0155	−0.0191	−0.0205
	θ_y			0.0268	0.0374	0.0445	0.0469
0.30	θ_x			−0.0077	−0.0129	−0.0170	−0.0187
	θ_y			0.0403	0.0567	0.0677	0.0716
0.40	θ_x			0.0065	0.0046	0.0018	0.0007
	θ_y			0.0535	0.0762	0.0917	0.0972
0.50	θ_x			0.0391	0.0461	0.0490	0.0501
	θ_y			0.0653	0.0955	0.1163	0.1236
0.60	θ_x			0.0974	0.1246	0.1429	0.1503
	θ_y			0.0740	0.1135	0.1402	0.1490
0.70	θ_x			0.1828	0.2631	0.3170	0.3358
	θ_y			0.0764	0.1296	0.1599	0.1690
0.80	θ_x			0.2323	0.3499	0.4282	0.4538
	θ_y			0.0755	0.1370	0.1681	0.1770

$k=1.6 \quad \alpha=0.2 \quad \beta=0.6$

ξ	η	0.10	0.20	0.30	0.40	0.50
0.10	θ_x			−0.0111	−0.0132	−0.0140
	θ_y			0.0213	0.0251	0.0264
0.20	θ_x			−0.0180	−0.0215	−0.0228
	θ_y			0.0429	0.0507	0.0533
0.30	θ_x			−0.0152	−0.0187	−0.0198
	θ_y			0.0651	0.0770	0.0811
0.40	θ_x			0.0043	0.0039	0.0037
	θ_y			0.0877	0.1039	0.1095
0.50	θ_x			0.0512	0.0590	0.0620
	θ_y			0.1104	0.1310	0.1379
0.60	θ_x			0.1410	0.1666	0.1762
	θ_y			0.1321	0.1563	0.1641
0.70	θ_x			0.3032	0.3586	0.3774
	θ_y			0.1506	0.1759	0.1836
0.80	θ_x			0.4060	0.4791	0.5027
	θ_y			0.1589	0.1835	0.1910

附录四 双向板楼面等效均布荷载计算表

$k = 1.6 \quad \alpha = 0.2 \quad \beta = 0.7$

ξ	η	0.10	0.20	0.30	0.40	0.50
0.10	θ_x			−0.0123	−0.0146	−0.0151
	θ_y			0.0235	0.0276	0.0290
0.20	θ_x			−0.0199	−0.0233	−0.0244
	θ_y			0.0474	0.0556	0.0584
0.30	θ_x			−0.0174	−0.0197	−0.0205
	θ_y			0.0719	0.0843	0.0885
0.40	θ_x			0.0038	0.0059	0.0067
	θ_y			0.0971	0.1135	0.1190
0.50	θ_x			0.0555	0.0676	0.0723
	θ_y			0.1223	0.1422	0.1488
0.60	θ_x			0.1554	0.1862	0.1973
	θ_y			0.1463	0.1682	0.1752
0.70	θ_x			0.3353	0.3910	0.4096
	θ_y			0.1658	0.1875	0.1943
0.80	θ_x			0.4490	0.5225	0.5447
	θ_y			0.1737	0.1947	0.2012

$k = 1.6 \quad \alpha = 0.2 \quad \beta = 0.8$

ξ	η	0.10	0.20	0.30	0.40	0.50
0.10	θ_x				−0.0152	−0.0160
	θ_y				0.0294	0.0308
0.20	θ_x				−0.0246	−0.0254
	θ_y				0.0592	0.0620
0.30	θ_x				−0.0200	−0.0206
	θ_y				0.0896	0.0938
0.40	θ_x				0.0073	0.0094
	θ_y				0.1203	0.1257
0.50	θ_x				0.0749	0.0802
	θ_y				0.1501	0.1563
0.60	θ_x				0.1994	0.2129
	θ_y				0.1765	0.1829
0.70	θ_x				0.4119	0.4325
	θ_y				0.1954	0.2016
0.80	θ_x				0.5501	0.5709
	θ_y				0.2025	0.2085

$k = 1.6 \quad \alpha = 0.2 \quad \beta = 0.9$

ξ	η	0.10	0.20	0.30	0.40	0.50
0.10	θ_x				−0.0157	−0.0163
	θ_y				0.0305	0.0319
0.20	θ_x				−0.0254	−0.0259
	θ_y				0.0613	0.0642
0.30	θ_x				−0.0205	−0.0205
	θ_y				0.0928	0.0970
0.40	θ_x				0.0089	0.0111
	θ_y				0.1244	0.1297
0.50	θ_x				0.0787	0.0851
	θ_y				0.1548	0.1608
0.60	θ_x				0.2099	0.2223
	θ_y				0.1813	0.1875
0.70	θ_x				0.4279	0.4462
	θ_y				0.2001	0.2059
0.80	θ_x				0.5656	0.5818
	θ_y				0.2068	0.2126

$k = 1.6 \quad \alpha = 0.2 \quad \beta = 1.0$

ξ	η	0.10	0.20	0.30	0.40	0.50
0.10	θ_x					−0.0165
	θ_y					0.0323
0.20	θ_x					−0.0261
	θ_y					0.0650
0.30	θ_x					−0.0211
	θ_y					0.0981
0.40	θ_x					0.0117
	θ_y					0.1310
0.50	θ_x					0.0868
	θ_y					0.1623
0.60	θ_x					0.2255
	θ_y					0.1890
0.70	θ_x					0.4507
	θ_y					0.2073
0.80	θ_x					0.5870
	θ_y					0.2139

$k = 1.6 \quad \alpha = 0.3 \quad \beta = 0.1$

ξ	η	0.10	0.20	0.30	0.40	0.50
0.10	θ_x	−0.0008	−0.0018	−0.0028	−0.0038	−0.0041
	θ_y	0.0022	0.0043	0.0061	0.0074	0.0079
0.20	θ_x	0.0009	−0.0023	−0.0043	−0.0061	−0.0069
	θ_y	0.0043	0.0086	0.0123	0.0150	0.0160
0.30	θ_x	0.0004	−0.0004	−0.0026	−0.0054	−0.0067
	θ_y	0.0063	0.0126	0.0185	0.0230	0.0247
0.40	θ_x	0.0039	0.0059	0.0047	0.0010	−0.0012
	θ_y	0.0079	0.0161	0.0244	0.0314	0.0344
0.50	θ_x	0.0103	0.0181	0.0208	0.0175	0.0136
	θ_y	0.0088	0.0185	0.0294	0.0403	0.0458
0.60	θ_x	0.0187	0.0357	0.0487	0.0530	0.0484
	θ_y	0.0090	0.0193	0.0321	0.0485	0.0608
0.70	θ_x	0.0264	0.0531	0.0799	0.0160	0.1229
	θ_y	0.0088	0.0190	0.0324	0.0530	0.0791
0.80	θ_x	0.0295	0.0604	0.0935	0.1266	0.1424
	θ_y	0.0086	0.0187	0.0322	0.0551	0.0857

$k = 1.6 \quad \alpha = 0.3 \quad \beta = 0.2$

ξ	η	0.10	0.20	0.30	0.40	0.50
0.10	θ_x	−0.0016	−0.0035	−0.0056	−0.0074	−0.0081
	θ_y	0.0044	0.0086	0.0121	0.0146	0.0155
0.20	θ_x	−0.0020	−0.0048	−0.0086	−0.0120	−0.0134
	θ_y	0.0087	0.0170	0.0244	0.0296	0.0315
0.30	θ_x	0.0004	−0.0012	−0.0054	−0.0104	−0.0127
	θ_y	0.0126	0.0251	0.0366	0.0453	0.0485
0.40	θ_x	0.0073	0.0109	0.0086	0.0024	−0.0012
	θ_y	0.0159	0.0322	0.0485	0.0619	0.0672
0.50	θ_x	0.0199	0.0349	0.0402	0.0346	0.0297
	θ_y	0.0179	0.0373	0.0588	0.0793	0.0886
0.60	θ_x	0.0370	0.0705	0.0953	0.1028	0.1009
	θ_y	0.0184	0.0392	0.0652	0.0967	0.1137
0.70	θ_x	0.0528	0.1061	0.1597	0.2108	0.2351
	θ_y	0.0179	0.0385	0.0667	0.1107	0.1382
0.80	θ_x	0.0594	0.1214	0.1873	0.2488	0.2764
	θ_y	0.0175	0.0378	0.0667	0.1161	0.1482

附录四 双向板楼面等效均布荷载计算表

$k=1.6 \quad \alpha=0.3 \quad \beta=0.3$

ξ	η	0.10	0.20	0.30	0.40	0.50
0.10	θ_x	−0.0025	−0.0054	−0.0084	−0.0107	−0.0117
	θ_y	0.0065	0.0127	0.0179	0.0214	0.0227
0.20	θ_x	−0.0033	−0.0076	−0.0128	−0.0173	−0.0192
	θ_y	0.0129	0.0252	0.0359	0.0434	0.0461
0.30	θ_x	−0.0000	−0.0026	−0.0084	−0.0147	−0.0175
	θ_y	0.0189	0.0374	0.0541	0.0662	0.0707
0.40	θ_x	0.0098	0.0144	0.0115	0.0045	0.0009
	θ_y	0.0240	0.0484	0.0720	0.0902	0.0973
0.50	θ_x	0.0283	0.0492	0.0565	0.0518	0.0483
	θ_y	0.0273	0.0567	0.0882	0.1155	0.1264
0.60	θ_x	0.0545	0.1032	0.1375	0.1501	0.1544
	θ_y	0.0283	0.0605	0.0999	0.1414	0.1577
0.70	θ_x	0.0794	0.1593	0.2390	0.3089	0.3349
	θ_y	0.0276	0.0603	0.1043	0.1644	0.1851
0.80	θ_x	0.0899	0.1835	0.2805	0.3625	0.3956
	θ_y	0.0271	0.0596	0.1058	0.1730	0.1960

$k=1.6 \quad \alpha=0.3 \quad \beta=0.4$

ξ	η	0.10	0.20	0.30	0.40	0.50
0.10	θ_x		−0.0073	−0.0108	−0.0138	−0.0148
	θ_y		0.0165	0.0232	0.0277	0.0292
0.20	θ_x		−0.0105	−0.0169	−0.0221	−0.0240
	θ_y		0.0330	0.0466	0.0559	0.0592
0.30	θ_x		−0.0049	−0.0116	−0.0182	−0.0208
	θ_y		0.0493	0.0704	0.0852	0.0905
0.40	θ_x		0.0160	0.0133	0.0074	0.0048
	θ_y		0.0644	0.0941	0.1158	0.1237
0.50	θ_x		0.0601	0.0699	0.0696	0.0691
	θ_y		0.0767	0.1166	0.1474	0.1587
0.60	θ_x		0.1323	0.1770	0.1962	0.2056
	θ_y		0.0836	0.1360	0.1789	0.1935
0.70	θ_x		0.2125	0.3170	0.3949	0.4216
	θ_y		0.0845	0.1494	0.2049	0.2213
0.80	θ_x		0.2468	0.3702	0.4637	0.4977
	θ_y		0.0840	0.1542	0.2149	0.2322

$k=1.6 \quad \alpha=0.3 \quad \beta=0.5$

ξ	η	0.10	0.20	0.30	0.40	0.50
0.10	θ_x		−0.0092	−0.0133	−0.0163	−0.0174
	θ_y		0.0201	0.0280	0.0332	0.0350
0.20	θ_x		−0.0137	−0.0206	−0.0259	−0.0278
	θ_y		0.0403	0.0563	0.0669	0.0707
0.30	θ_x		−0.0080	−0.0148	−0.0206	−0.0228
	θ_y		0.0604	0.0851	0.1018	0.1077
0.40	θ_x		0.0154	0.0142	0.0113	0.0101
	θ_y		0.0799	0.1142	0.1378	0.1461
0.50	θ_x		0.0668	0.0801	0.0873	0.0901
	θ_y		0.0970	0.1428	0.1743	0.1852
0.60	θ_x		0.1562	0.2106	0.2389	0.2519
	θ_y		0.1089	0.1698	0.2091	0.2220
0.70	θ_x		0.2654	0.3883	0.4679	0.4948
	θ_y		0.1131	0.1921	0.2363	0.2498
0.80	θ_x		0.3100	0.4524	0.5495	0.5826
	θ_y		0.1144	0.2001	0.2467	0.2603

$k=1.6 \quad \alpha=0.3 \quad \beta=0.6$

ξ	η	0.10	0.20	0.30	0.40	0.50
0.10	θ_x			−0.0154	−0.0184	−0.0194
	θ_y			0.0321	0.0378	0.0398
0.20	θ_x			−0.0240	−0.0288	−0.0305
	θ_y			0.0646	0.0762	0.0803
0.30	θ_x			−0.0177	−0.0220	−0.0234
	θ_y			0.0978	0.1157	0.1218
0.40	θ_x			0.0149	0.0157	0.0161
	θ_y			0.1316	0.1560	0.1643
0.50	θ_x			0.0894	0.1040	0.1096
	θ_y			0.1653	0.1960	0.2062
0.60	θ_x			0.2332	0.2835	0.2915
	θ_y			0.1973	0.2327	0.2441
0.70	θ_x			0.4477	0.5277	0.5546
	θ_y			0.2228	0.2600	0.2715
0.80	θ_x			0.5231	0.6190	0.6510
	θ_y			0.2325	0.2702	0.2817

$k=1.6 \quad \alpha=0.3 \quad \beta=0.7$

ξ	η	0.10	0.20	0.30	0.40	0.50
0.10	θ_x			−0.0171	−0.0199	−0.0209
	θ_y			0.0354	0.0415	0.0436
0.20	θ_x			−0.0269	−0.0310	−0.0325
	θ_y			0.0713	0.0836	0.0878
0.30	θ_x			−0.0201	−0.0227	−0.0233
	θ_y			0.1081	0.1266	0.1329
0.40	θ_x			0.0149	0.0199	0.0219
	θ_y			0.1457	0.1701	0.1783
0.50	θ_x			0.0975	0.1184	0.1263
	θ_y			0.1831	0.2125	0.2222
0.60	θ_x			0.2576	0.3138	0.3234
	θ_y			0.2182	0.2504	0.2605
0.70	θ_x			0.4943	0.5742	0.6009
	θ_y			0.2451	0.2774	0.2875
0.80	θ_x			0.5790	0.6725	0.7034
	θ_y			0.2552	0.2874	0.2974

$k=1.6 \quad \alpha=0.3 \quad \beta=0.8$

ξ	η	0.10	0.20	0.30	0.40	0.50
0.10	θ_x				−0.0211	−0.0215
	θ_y				0.0442	0.0464
0.20	θ_x				−0.0329	−0.0337
	θ_y				0.0889	0.0932
0.30	θ_x				−0.0229	−0.0231
	θ_y				0.1345	0.1408
0.40	θ_x				0.0240	0.0266
	θ_y				0.1802	0.1882
0.50	θ_x				0.1304	0.1398
	θ_y				0.2241	0.2333
0.60	θ_x				0.3285	0.3541
	θ_y				0.2625	0.2720
0.70	θ_x				0.6074	0.6339
	θ_y				0.2894	0.2987
0.80	θ_x				0.7104	0.7404
	θ_y				0.2992	0.3083

附录四 双向板楼面等效均布荷载计算表

$k=1.6 \quad \alpha=0.3 \quad \beta=0.9$

ξ	η	0.10	0.20	0.30	0.40	0.50
0.10	θ_x				−0.0217	−0.0225
	θ_y				0.0458	0.0480
0.20	θ_x				−0.0331	−0.0344
	θ_y				0.0922	0.0965
0.30	θ_x				−0.0231	−0.0228
	θ_y				0.1392	0.1455
0.40	θ_x				0.0258	0.0297
	θ_y				0.1862	0.1941
0.50	θ_x				0.1374	0.1476
	θ_y				0.2310	0.2398
0.60	θ_x				0.3421	0.3682
	θ_y				0.2696	0.2787
0.70	θ_x				0.6171	0.6435
	θ_y				0.2962	0.3052
0.80	θ_x				0.7329	0.7624
	θ_y				0.3060	0.3145

$k=1.6 \quad \alpha=0.3 \quad \beta=1.0$

ξ	η	0.10	0.20	0.30	0.40	0.50
0.10	θ_x					−0.0227
	θ_y					0.0486
0.20	θ_x					−0.0342
	θ_y					0.0976
0.30	θ_x					−0.0225
	θ_y					0.1471
0.40	θ_x					0.0308
	θ_y					0.1960
0.50	θ_x					0.1503
	θ_y					0.2420
0.60	θ_x					0.3655
	θ_y					0.2808
0.70	θ_x					0.6602
	θ_y					0.3073
0.80	θ_x					0.7697
	θ_y					0.3168

$k=1.6 \quad \alpha=0.4 \quad \beta=0.1$

ξ	η	0.10	0.20	0.30	0.40	0.50
0.20	θ_x	−0.0007	−0.0022	−0.0045	−0.0070	−0.0081
	θ_y	0.0057	0.0113	0.0164	0.0202	0.0216
0.30	θ_x	0.0014	0.0012	−0.0014	−0.0051	−0.0070
	θ_y	0.0083	0.0166	0.0246	0.0308	0.0333
0.40	θ_x	0.0064	0.0102	0.0097	0.0050	0.0018
	θ_y	0.0103	0.0210	0.0322	0.0421	0.0465
0.50	θ_x	0.0146	0.0266	0.0327	0.0301	0.0246
	θ_y	0.0115	0.0240	0.0383	0.0537	0.0623
0.60	θ_x	0.0247	0.0480	0.0678	0.0815	0.0865
	θ_y	0.0118	0.0252	0.0416	0.0630	0.0832
0.70	θ_x	0.0333	0.0666	0.0995	0.1299	0.1459
	θ_y	0.0117	0.0254	0.0430	0.0695	0.1012
0.80	θ_x	0.0366	0.0738	0.1113	0.1445	0.1586
	θ_y	0.0116	0.0253	0.0435	0.0722	0.1063

$k=1.6 \quad \alpha=0.4 \quad \beta=0.2$

ξ	η	0.10	0.20	0.30	0.40	0.50
0.20	θ_x	−0.0016	−0.0046	−0.0091	−0.0137	−0.0156
	θ_y	0.0114	0.0226	0.0325	0.0397	0.0424
0.30	θ_x	0.0023	0.0017	−0.0031	−0.0097	−0.0129
	θ_y	0.0166	0.0331	0.0488	0.0607	0.0653
0.40	θ_x	0.0121	0.0193	0.0182	0.0103	0.0055
	θ_y	0.0207	0.0422	0.0642	0.0829	0.0906
0.50	θ_x	0.0286	0.0517	0.0632	0.0594	0.0532
	θ_y	0.0232	0.0484	0.0770	0.1059	0.1196
0.60	θ_x	0.0491	0.0951	0.1341	0.1608	0.1704
	θ_y	0.0241	0.0510	0.0846	0.1279	0.1525
0.70	θ_x	0.0666	0.1331	0.1985	0.2567	0.2827
	θ_y	0.0239	0.0513	0.0882	0.1442	0.1788
0.80	θ_x	0.0734	0.1478	0.2216	0.2847	0.3110
	θ_y	0.0238	0.0513	0.0897	0.1501	0.1880

$k=1.6 \quad \alpha=0.4 \quad \beta=0.3$

ξ	η	0.10	0.20	0.30	0.40	0.50
0.20	θ_x	−0.0028	−0.0074	−0.0137	−0.0197	−0.0221
	θ_y	0.0171	0.0335	0.0479	0.0582	0.0619
0.30	θ_x	0.0025	0.0011	−0.0053	−0.0134	−0.0171
	θ_y	0.0249	0.0495	0.0720	0.0887	0.0950
0.40	θ_x	0.0166	0.0263	0.0249	0.0165	0.0118
	θ_y	0.0313	0.0635	0.0954	0.1208	0.1307
0.50	θ_x	0.0412	0.0739	0.0893	0.0881	0.0855
	θ_y	0.0355	0.0738	0.1160	0.1543	0.1696
0.60	θ_x	0.0727	0.1405	0.1973	0.2360	0.2498
	θ_y	0.0370	0.0787	0.1298	0.1880	0.2094
0.70	θ_x	0.0999	0.1994	0.2963	0.3754	0.4058
	θ_y	0.0370	0.0802	0.1375	0.2136	0.2401
0.80	θ_x	0.1104	0.2217	0.3292	0.4157	0.4489
	θ_y	0.0368	0.0805	0.1410	0.2224	0.2512

$k=1.6 \quad \alpha=0.4 \quad \beta=0.4$

ξ	η	0.10	0.20	0.30	0.40	0.50
0.20	θ_x		−0.0107	−0.0182	−0.0247	−0.0273
	θ_y		0.0440	0.0623	0.0750	0.0795
0.30	θ_x		−0.0008	−0.0080	−0.0158	−0.0194
	θ_y		0.0653	0.0939	0.1141	0.1215
0.40	θ_x		0.0303	0.0297	0.0238	0.0207
	θ_y		0.0849	0.1251	0.1548	0.1657
0.50	θ_x		0.0918	0.1108	0.1168	0.1189
	θ_y		0.1002	0.1543	0.1966	0.2118
0.60	θ_x		0.1831	0.2560	0.3046	0.3217
	θ_y		0.1085	0.1790	0.2370	0.2558
0.70	θ_x		0.2652	0.3898	0.4812	0.5134
	θ_y		0.1118	0.1957	0.2669	0.2884
0.80	θ_x		0.2950	0.4325	0.5330	0.5694
	θ_y		0.1132	0.2016	0.2776	0.3003

附录四　双向板楼面等效均布荷载计算表

$k=1.6 \quad \alpha=0.4 \quad \beta=0.5$

ξ	η	0.10	0.20	0.30	0.40	0.50
0.20	θ_x		−0.0144	−0.0225	−0.0287	−0.0312
	θ_y		0.0537	0.0753	0.0897	0.0948
0.30	θ_x		−0.0039	−0.0109	−0.0174	−0.0199
	θ_y		0.0803	0.1136	0.1362	0.1442
0.40	θ_x		0.0313	0.0332	0.0317	0.0313
	θ_y		0.1057	0.1521	0.1840	0.1952
0.50	θ_x		0.1039	0.1293	0.1449	0.1511
	θ_y		0.1275	0.1897	0.2319	0.2462
0.60	θ_x		0.2220	0.3085	0.3653	0.3849
	θ_y		0.1416	0.2250	0.2762	0.2927
0.70	θ_x		0.3298	0.4752	0.5719	0.6048
	θ_y		0.1495	0.2506	0.3083	0.3260
0.80	θ_x		0.3656	0.5262	0.6340	0.6715
	θ_y		0.1528	0.2593	0.3198	0.3381

$k=1.6 \quad \alpha=0.4 \quad \beta=0.6$

ξ	η	0.10	0.20	0.30	0.40	0.50
0.20	θ_x			−0.0263	−0.0319	−0.0332
	θ_y			0.0864	0.1021	0.1075
0.30	θ_x			−0.0137	−0.0176	−0.0190
	θ_y			0.1307	0.1546	0.1629
0.40	θ_x			0.0358	0.0401	0.0420
	θ_y			0.1755	0.2079	0.2190
0.50	θ_x			0.1454	0.1679	0.1794
	θ_y			0.2198	0.2602	0.2736
0.60	θ_x			0.3537	0.4165	0.4383
	θ_y			0.2611	0.3068	0.3215
0.70	θ_x			0.5478	0.6465	0.6797
	θ_y			0.2908	0.3398	0.3551
0.80	θ_x			0.6064	0.7172	0.7548
	θ_y			0.3013	0.3517	0.3672

$k=1.6 \quad \alpha=0.4 \quad \beta=0.7$

ξ	η	0.10	0.20	0.30	0.40	0.50
0.20	θ_x			−0.0295	−0.0341	−0.0355
	θ_y			0.0954	0.1119	0.1175
0.30	θ_x			−0.0161	−0.0174	−0.0176
	θ_y			0.1445	0.1691	0.1774
0.40	θ_x			0.0380	0.0479	0.0516
	θ_y			0.1943	0.2265	0.2372
0.50	θ_x			0.1595	0.1916	0.2035
	θ_y			0.2434	0.2817	0.2942
0.60	θ_x			0.3898	0.4576	0.4808
	θ_y			0.2881	0.3297	0.3430
0.70	θ_x			0.6052	0.7047	0.7381
	θ_y			0.3201	0.3630	0.3765
0.80	θ_x			0.6706	0.7819	0.8192
	θ_y			0.3315	0.3750	0.3885

$k=1.6 \quad \alpha=0.4 \quad \beta=0.8$

ξ	η	0.10	0.20	0.30	0.40	0.50
0.20	θ_x				−0.0352	−0.0364
	θ_y				0.1189	0.1246
0.30	θ_x				−0.0172	−0.0159
	θ_y				0.1794	0.1877
0.40	θ_x				0.0549	0.0594
	θ_y				0.2397	0.2501
0.50	θ_x				0.2068	0.2216
	θ_y				0.2968	0.3086
0.60	θ_x				0.4874	0.5120
	θ_y				0.3455	0.3580
0.70	θ_x				0.7464	0.7797
	θ_y				0.3790	0.3914
0.80	θ_x				0.8281	0.8650
	θ_y				0.3909	0.4032

$k=1.6 \quad \alpha=0.4 \quad \beta=0.9$

ξ	η	0.10	0.20	0.30	0.40	0.50
0.20	θ_x				−0.0362	−0.0369
	θ_y				0.1232	0.1289
0.30	θ_x				−0.0162	−0.0150
	θ_y				0.1857	0.1939
0.40	θ_x				0.0579	0.0643
	θ_y				0.2475	0.2578
0.50	θ_x				0.2181	0.2326
	θ_y				0.3057	0.3172
0.60	θ_x				0.5059	0.5307
	θ_y				0.3548	0.3667
0.70	θ_x				0.7713	0.8046
	θ_y				0.3882	0.4000
0.80	θ_x				0.8558	0.8924
	θ_y				0.4002	0.4119

$k=1.6 \quad \alpha=0.4 \quad \beta=1.0$

ξ	η	0.10	0.20	0.30	0.40	0.50
0.20	θ_x					−0.0370
	θ_y					0.1304
0.30	θ_x					−0.0144
	θ_y					0.1960
0.40	θ_x					0.0660
	θ_y					0.2603
0.50	θ_x					0.2364
	θ_y					0.3200
0.60	θ_x					0.5369
	θ_y					0.3696
0.70	θ_x					0.8129
	θ_y					0.4030
0.80	θ_x					0.9015
	θ_y					0.4146

附录四 双向板楼面等效均布荷载计算表

$k = 1.6 \quad \alpha = 0.5 \quad \beta = 0.1$

ξ	η	0.10	0.20	0.30	0.40	0.50
0.20	θ_x	0.0000	−0.0011	−0.0037	−0.0068	−0.0083
	θ_y	0.0071	0.0140	0.0205	0.0254	0.0273
0.30	θ_x	0.0031	0.0041	0.0018	−0.0028	−0.0053
	θ_y	0.0101	0.0204	0.0306	0.0389	0.0423
0.40	θ_x	0.0097	0.0164	0.0176	0.0127	0.0082
	θ_y	0.0125	0.0256	0.0397	0.0529	0.0592
0.50	θ_x	0.0195	0.0364	0.0479	0.0501	0.0448
	θ_y	0.0139	0.0290	0.0466	0.0665	0.0802
0.60	θ_x	0.0304	0.0595	0.0860	0.1093	0.1237
	θ_y	0.0145	0.0309	0.0506	0.0769	0.1053
0.70	θ_x	0.0388	0.0772	0.1139	0.1448	0.1579
	θ_y	0.0147	0.0317	0.0533	0.0850	0.1203
0.80	θ_x	0.0420	0.0836	0.1232	0.1551	0.1691
	θ_y	0.0148	0.0319	0.0545	0.0881	0.1250

$k = 1.6 \quad \alpha = 0.5 \quad \beta = 0.2$

ξ	η	0.10	0.20	0.30	0.40	0.50
0.20	θ_x	−0.0002	−0.0026	−0.0075	−0.0132	−0.0157
	θ_y	0.0141	0.0280	0.0407	0.0501	0.0537
0.30	θ_x	0.0057	0.0074	0.0030	−0.0051	−0.0093
	θ_y	0.0203	0.0408	0.0607	0.0765	0.0827
0.40	θ_x	0.0186	0.0315	0.0338	0.0254	0.0192
	θ_y	0.0251	0.0515	0.0792	0.1041	0.1150
0.50	θ_x	0.0384	0.0715	0.0938	0.0997	0.0939
	θ_y	0.0281	0.0586	0.0936	0.1322	0.1518
0.60	θ_x	0.0605	0.1184	0.1713	0.2173	0.2384
	θ_y	0.0295	0.0623	0.1030	0.1575	0.1894
0.70	θ_x	0.0776	0.1540	0.2264	0.2850	0.3090
	θ_y	0.0300	0.0642	0.1093	0.1749	0.2145
0.80	θ_x	0.0838	0.1667	0.2445	0.3059	0.3305
	θ_y	0.0301	0.0649	0.1118	0.1810	0.2228

$k = 1.6 \quad \alpha = 0.5 \quad \beta = 0.3$

ξ	η	0.10	0.20	0.30	0.40	0.50
0.20	θ_x	−0.0011	−0.0048	−0.0116	−0.0187	−0.0218
	θ_y	0.0211	0.0416	0.0600	0.0733	0.0782
0.30	θ_x	0.0072	0.0091	0.0032	−0.0063	−0.0108
	θ_y	0.0305	0.0611	0.0898	0.1117	0.1200
0.40	θ_x	0.0261	0.0438	0.0469	0.0388	0.0333
	θ_y	0.0381	0.0777	0.1182	0.1517	0.1650
0.50	θ_x	0.0559	0.1039	0.1352	0.1465	0.1495
	θ_y	0.0429	0.0894	0.1420	0.1933	0.2131
0.60	θ_x	0.0899	0.1759	0.2539	0.3147	0.3371
	θ_y	0.0453	0.0961	0.1587	0.2324	0.2584
0.70	θ_x	0.1160	0.2299	0.3369	0.4211	0.4529
	θ_y	0.0463	0.0999	0.1702	0.2585	0.2896
0.80	θ_x	0.1255	0.2487	0.3608	0.4426	0.4794
	θ_y	0.0466	0.1013	0.1749	0.2670	0.3011

$k = 1.6 \quad \alpha = 0.5 \quad \beta = 0.4$

ξ	η	0.10	0.20	0.30	0.40	0.50
0.20	θ_x		−0.0078	−0.0157	−0.0234	−0.0263
	θ_y		0.0548	0.0781	0.0943	0.1002
0.30	θ_x		0.0087	0.0023	−0.0063	−0.0101
	θ_y		0.0809	0.1173	0.1434	0.1530
0.40	θ_x		0.0524	0.0569	0.0534	0.0509
	θ_y		0.1043	0.1556	0.1941	0.2082
0.50	θ_x		0.1318	0.1712	0.1917	0.1993
	θ_y		0.1218	0.1909	0.2457	0.2645
0.60	θ_x		0.2316	0.3330	0.4096	0.4345
	θ_y		0.1322	0.2199	0.2923	0.3150
0.70	θ_x		0.3041	0.4418	0.5354	0.5700
	θ_y		0.1390	0.2393	0.3238	0.3498
0.80	θ_x		0.3283	0.4697	0.5750	0.6118
	θ_y		0.1417	0.2461	0.3346	0.3619

$k = 1.6 \quad \alpha = 0.5 \quad \beta = 0.5$

ξ	η	0.10	0.20	0.30	0.40	0.50
0.20	θ_x		−0.0116	−0.0197	−0.0267	−0.0292
	θ_y		0.0671	0.0944	0.1128	0.1192
0.30	θ_x		0.0063	0.0010	−0.0050	−0.0073
	θ_y		0.0999	0.1422	0.1709	0.1811
0.40	θ_x		0.0566	0.0648	0.0675	0.0688
	θ_y		0.1306	0.1898	0.2303	0.2443
0.50	θ_x		0.1547	0.2025	0.2338	0.2453
	θ_y		0.1558	0.2362	0.2887	0.3062
0.60	θ_x		0.2853	0.4046	0.4826	0.5144
	θ_y		0.1728	0.2776	0.3401	0.3603
0.70	θ_x		0.3746	0.5371	0.6440	0.6751
	θ_y		0.1847	0.3047	0.3750	0.3971
0.80	θ_x		0.4039	0.5682	0.6804	0.7257
	θ_y		0.1891	0.3135	0.3871	0.4100

$k = 1.6 \quad \alpha = 0.5 \quad \beta = 0.6$

ξ	η	0.10	0.20	0.30	0.40	0.50
0.20	θ_x			−0.0235	−0.0290	−0.0309
	θ_y			0.1084	0.1282	0.1350
0.30	θ_x			−0.0005	−0.0027	−0.0032
	θ_y			0.1637	0.1938	0.2041
0.40	θ_x			0.0716	0.0824	0.0867
	θ_y			0.2192	0.2597	0.2733
0.50	θ_x			0.2301	0.2708	0.2855
	θ_y			0.2738	0.3231	0.3392
0.60	θ_x			0.4652	0.5477	0.5756
	θ_y			0.3222	0.3776	0.3951
0.70	θ_x			0.6183	0.7297	0.7674
	θ_y			0.3545	0.4144	0.4328
0.80	θ_x			0.6534	0.7728	0.8137
	θ_y			0.3652	0.4272	0.4462

附录四 双向板楼面等效均布荷载计算表

$k=1.6 \quad \alpha=0.5 \quad \beta=0.7$

ξ	η	0.10	0.20	0.30	0.40	0.50
0.20	θ_x			−0.0266	−0.0303	−0.0314
	θ_y			0.1198	0.1404	0.1473
0.30	θ_x			−0.0017	0.0001	0.0011
	θ_y			0.1810	0.2116	0.2219
0.40	θ_x			0.0771	0.0949	0.1017
	θ_y			0.2427	0.2824	0.2955
0.50	θ_x			0.2533	0.3013	0.3182
	θ_y			0.3026	0.3491	0.3643
0.60	θ_x			0.5130	0.5990	0.6334
	θ_y			0.3545	0.4054	0.4218
0.70	θ_x			0.6829	0.7911	0.8295
	θ_y			0.3894	0.4433	0.4602
0.80	θ_x			0.7223	0.8454	0.8929
	θ_y			0.4016	0.4564	0.4737

$k=1.6 \quad \alpha=0.5 \quad \beta=0.8$

ξ	η	0.10	0.20	0.30	0.40	0.50
0.20	θ_x				−0.0313	−0.0315
	θ_y				0.1491	0.1562
0.30	θ_x				0.0027	0.0047
	θ_y				0.2244	0.2346
0.40	θ_x				0.1056	0.1139
	θ_y				0.2984	0.3111
0.50	θ_x				0.3238	0.3424
	θ_y				0.3674	0.3817
0.60	θ_x				0.6361	0.6660
	θ_y				0.4248	0.4399
0.70	θ_x				0.8450	0.8837
	θ_y				0.4631	0.4785
0.80	θ_x				0.8976	0.9395
	θ_y				0.4766	0.4921

$k=1.6 \quad \alpha=0.5 \quad \beta=0.9$

ξ	η	0.10	0.20	0.30	0.40	0.50
0.20	θ_x				−0.0314	−0.0314
	θ_y				0.1544	0.1615
0.30	θ_x				0.0041	0.0073
	θ_y				0.2320	0.2421
0.40	θ_x				0.1113	0.1210
	θ_y				0.3080	0.3204
0.50	θ_x				0.3377	0.3572
	θ_y				0.3782	0.3920
0.60	θ_x				0.6585	0.6889
	θ_y				0.4362	0.4506
0.70	θ_x				0.8740	0.9128
	θ_y				0.4748	0.4893
0.80	θ_x				0.9290	0.9709
	θ_y				0.4884	0.5029

$k=1.6 \quad \alpha=0.5 \quad \beta=1.0$

ξ	η	0.10	0.20	0.30	0.40	0.50
0.20	θ_x					−0.0313
	θ_y					0.1632
0.30	θ_x					0.0081
	θ_y					0.2446
0.40	θ_x					0.1235
	θ_y					0.3235
0.50	θ_x					0.3622
	θ_y					0.3955
0.60	θ_x					0.7019
	θ_y					0.4542
0.70	θ_x					0.9169
	θ_y					0.4930
0.80	θ_x					0.9873
	θ_y					0.5066

$k=1.6 \quad \alpha=0.6 \quad \beta=0.1$

ξ	η	0.10	0.20	0.30	0.40	0.50
0.30	θ_x	0.0057	0.0089	0.0076	0.0023	−0.0011
	θ_y	0.0117	0.0239	0.0363	0.0470	0.0517
0.40	θ_x	0.0138	0.0247	0.0295	0.0256	0.0197
	θ_y	0.0144	0.0297	0.0465	0.0637	0.0729
0.50	θ_x	0.0247	0.0471	0.0653	0.0772	0.0814
	θ_y	0.0161	0.0337	0.0539	0.0783	0.0996
0.60	θ_x	0.0354	0.0697	0.1014	0.1294	0.1447
	θ_y	0.0171	0.0362	0.0593	0.0904	0.1240
0.70	θ_x	0.0430	0.0849	0.1234	0.1538	0.1664
	θ_y	0.0177	0.0379	0.0633	0.0992	0.1368
0.80	θ_x	0.0457	0.0901	0.1304	0.1605	0.1727
	θ_y	0.0179	0.0385	0.0648	0.1023	0.1406

$k=1.6 \quad \alpha=0.6 \quad \beta=0.2$

ξ	η	0.10	0.20	0.30	0.40	0.50
0.30	θ_x	0.0108	0.0166	0.0141	0.0051	−0.0002
	θ_y	0.0236	0.0479	0.0722	0.0926	0.1009
0.40	θ_x	0.0269	0.0478	0.0567	0.0505	0.0436
	θ_y	0.0290	0.0598	0.0932	0.1255	0.1405
0.50	θ_x	0.0488	0.0932	0.1291	0.1524	0.1606
	θ_y	0.0326	0.0679	0.1087	0.1579	0.1847
0.60	θ_x	0.0706	0.1387	0.2020	0.2563	0.2804
	θ_y	0.0347	0.0731	0.1207	0.1852	0.2231
0.70	θ_x	0.0858	0.1690	0.2449	0.3031	0.3260
	θ_y	0.0359	0.0767	0.1294	0.2029	0.2463
0.80	θ_x	0.0911	0.1792	0.2584	0.3161	0.3377
	θ_y	0.0364	0.0780	0.1327	0.2089	0.2538

附录四 双向板楼面等效均布荷载计算表

$k=1.6 \quad \alpha=0.6 \quad \beta=0.3$

ξ	η	0.10	0.20	0.30	0.40	0.50
0.30	θ_x	0.0146	0.0223	0.0188	0.0088	0.0035
	θ_y	0.0357	0.0720	0.1073	0.1350	0.1458
0.40	θ_x	0.0385	0.0679	0.0797	0.0751	0.0713
	θ_y	0.0441	0.0906	0.1399	0.1830	0.2002
0.50	θ_x	0.0718	0.1372	0.1897	0.2239	0.2358
	θ_y	0.0497	0.1038	0.1659	0.2320	0.2563
0.60	θ_x	0.1051	0.2065	0.3006	0.3755	0.4036
	θ_y	0.0532	0.1128	0.1857	0.2737	0.3047
0.70	θ_x	0.1279	0.2514	0.3619	0.4436	0.4739
	θ_y	0.0554	0.1190	0.2002	0.2993	0.3352
0.80	θ_x	0.1358	0.2662	0.3813	0.4625	0.4926
	θ_y	0.0562	0.1213	0.2054	0.3079	0.3453

$k=1.6 \quad \alpha=0.6 \quad \beta=0.4$

ξ	η	0.10	0.20	0.30	0.40	0.50
0.30	θ_x		0.0249	0.0217	0.0138	0.0102
	θ_y		0.0959	0.1405	0.1732	0.1851
0.40	θ_x		0.0835	0.0977	0.1002	0.1009
	θ_y		0.1222	0.1853	0.2337	0.2510
0.50	θ_x		0.1778	0.2457	0.2895	0.3047
	θ_y		0.1415	0.2258	0.2935	0.3158
0.60	θ_x		0.2726	0.3949	0.4824	0.5125
	θ_y		0.1551	0.2585	0.3439	0.3704
0.70	θ_x		0.3306	0.4722	0.5709	0.6063
	θ_y		0.1651	0.2798	0.3757	0.4058
0.80	θ_x		0.3496	0.4953	0.5960	0.6322
	θ_y		0.1687	0.2872	0.3865	0.4178

$k=1.6 \quad \alpha=0.6 \quad \beta=0.5$

ξ	η	0.10	0.20	0.30	0.40	0.50
0.30	θ_x		0.0246	0.0233	0.0200	0.0187
	θ_y		0.1190	0.1707	0.2060	0.2184
0.40	θ_x		0.0935	0.1135	0.1254	0.1302
	θ_y		0.1543	0.2271	0.2764	0.2932
0.50	θ_x		0.2144	0.2955	0.3480	0.3665
	θ_y		0.1819	0.2817	0.3439	0.3643
0.60	θ_x		0.3360	0.4806	0.5746	0.6064
	θ_y		0.2028	0.3268	0.4001	0.4233
0.70	θ_x		0.4051	0.5715	0.6822	0.7208
	θ_y		0.2180	0.3547	0.4362	0.4618
0.80	θ_x		0.4273	0.5983	0.7131	0.7534
	θ_y		0.2234	0.3641	0.4485	0.4751

$k=1.6 \quad \alpha=0.6 \quad \beta=0.6$

ξ	η	0.10	0.20	0.30	0.40	0.50
0.30	θ_x			0.0244	0.0266	0.0277
	θ_y			0.1968	0.2330	0.2454
0.40	θ_x			0.1271	0.1487	0.1570
	θ_y			0.2627	0.3109	0.3269
0.50	θ_x			0.3382	0.3982	0.4188
	θ_y			0.3261	0.3837	0.4025
0.60	θ_x			0.5529	0.6512	0.6843
	θ_y			0.3786	0.4438	0.4646
0.70	θ_x			0.6567	0.7753	0.8159
	θ_y			0.4116	0.4827	0.5051
0.80	θ_x			0.6871	0.8114	0.8543
	θ_y			0.4229	0.4961	0.5191

$k=1.6 \quad \alpha=0.6 \quad \beta=0.7$

ξ	η	0.10	0.20	0.30	0.40	0.50
0.30	θ_x			0.0256	0.0332	0.0363
	θ_y			0.2178	0.2541	0.2662
0.40	θ_x			0.1392	0.1687	0.1795
	θ_y			0.2908	0.3373	0.3526
0.50	θ_x			0.3729	0.4383	0.4608
	θ_y			0.3601	0.4140	0.4316
0.60	θ_x			0.6101	0.7114	0.7456
	θ_y			0.4172	0.4766	0.4956
0.70	θ_x			0.7253	0.8487	0.8906
	θ_y			0.4538	0.5172	0.5372
0.80	θ_x			0.7588	0.8892	0.9336
	θ_y			0.4664	0.5312	0.5517

$k=1.6 \quad \alpha=0.6 \quad \beta=0.8$

ξ	η	0.10	0.20	0.30	0.40	0.50
0.30	θ_x				0.0397	0.0433
	θ_y				0.2690	0.2810
0.40	θ_x				0.1838	0.1954
	θ_y				0.3559	0.3707
0.50	θ_x				0.4676	0.4914
	θ_y				0.4351	0.4517
0.60	θ_x				0.7548	0.7898
	θ_y				0.4991	0.5169
0.70	θ_x				0.9017	0.9443
	θ_y				0.5410	0.5596
0.80	θ_x				0.9454	0.9906
	θ_y				0.5555	0.5744

附录四 双向板楼面等效均布荷载计算表

$k=1.6 \quad \alpha=0.6 \quad \beta=0.9$

ξ	η	0.10	0.20	0.30	0.40	0.50
0.30	θ_x				0.0421	0.0478
	θ_y				0.2780	0.2897
0.40	θ_x				0.1934	0.2060
	θ_y				0.3670	0.3814
0.50	θ_x				0.4854	0.5101
	θ_y				0.4477	0.4638
0.60	θ_x				0.7789	0.8144
	θ_y				0.5125	0.5299
0.70	θ_x				0.9336	0.9767
	θ_y				0.5549	0.5725
0.80	θ_x				0.9793	1.0250
	θ_y				0.5696	0.5874

$k=1.6 \quad \alpha=0.6 \quad \beta=1.0$

ξ	η	0.10	0.20	0.30	0.40	0.50
0.30	θ_x					0.0494
	θ_y					0.2927
0.40	θ_x					0.2096
	θ_y					0.3850
0.50	θ_x					0.5163
	θ_y					0.4676
0.60	θ_x					0.8254
	θ_y					0.5338
0.70	θ_x					0.9875
	θ_y					0.5770
0.80	θ_x					1.0365
	θ_y					0.5919

$k=1.6 \quad \alpha=0.7 \quad \beta=0.1$

ξ	η	0.10	0.20	0.30	0.40	0.50
0.30	θ_x	0.0093	0.0157	0.0166	0.0114	0.0066
	θ_y	0.0132	0.0270	0.0417	0.0553	0.0618
0.40	θ_x	0.0187	0.0347	0.0451	0.0462	0.0394
	θ_y	0.0161	0.0334	0.0527	0.0739	0.0880
0.50	θ_x	0.0298	0.0579	0.0828	0.1045	0.1191
	θ_y	0.0181	0.0380	0.0609	0.0895	0.1187
0.60	θ_x	0.0397	0.0779	0.1130	0.1418	0.1540
	θ_y	0.0196	0.0414	0.0677	0.1031	0.1396
0.70	θ_x	0.0460	0.0901	0.1293	0.1584	0.1694
	θ_y	0.0205	0.0438	0.0727	0.1119	0.1510
0.80	θ_x	0.0481	0.0940	0.1342	0.1629	0.1742
	θ_y	0.0209	0.0447	0.0745	0.1150	0.1547

$k=1.6 \quad \alpha=0.7 \quad \beta=0.2$

ξ	η	0.10	0.20	0.30	0.40	0.50
0.30	θ_x	0.0179	0.0301	0.0316	0.0227	0.0163
	θ_y	0.0266	0.0543	0.0832	0.1089	0.1201
0.40	θ_x	0.0367	0.0680	0.0878	0.0893	0.0846
	θ_y	0.0324	0.0672	0.1059	0.1468	0.1674
0.50	θ_x	0.0592	0.1149	0.1648	0.2079	0.2277
	θ_y	0.0367	0.0764	0.1233	0.1823	0.2158
0.60	θ_x	0.0789	0.1550	0.2245	0.2796	0.3016
	θ_y	0.0397	0.0836	0.1378	0.2104	0.2528
0.70	θ_x	0.0915	0.1789	0.2561	0.3121	0.3332
	θ_y	0.0417	0.0886	0.1481	0.2280	0.2742
0.80	θ_x	0.0957	0.1866	0.2658	0.3217	0.3425
	θ_y	0.0424	0.0905	0.1512	0.2338	0.2811

$k=1.6 \quad \alpha=0.7 \quad \beta=0.3$

ξ	η	0.10	0.20	0.30	0.40	0.50
0.30	θ_x	0.0251	0.0417	0.0438	0.0347	0.0293
	θ_y	0.0403	0.0819	0.1241	0.1588	0.1725
0.40	θ_x	0.0534	0.0985	0.1260	0.1309	0.1320
	θ_y	0.0494	0.1021	0.1599	0.2146	0.2359
0.50	θ_x	0.0877	0.1705	0.2445	0.3055	0.3272
	θ_y	0.0560	0.1171	0.1886	0.2690	0.2976
0.60	θ_x	0.1175	0.2306	0.3335	0.4091	0.4380
	θ_y	0.0609	0.1288	0.2123	0.3105	0.3458
0.70	θ_x	0.1361	0.2652	0.3778	0.4570	0.4861
	θ_y	0.0642	0.1371	0.2282	0.3356	0.3748
0.80	θ_x	0.1421	0.2764	0.3910	0.4714	0.5003
	θ_y	0.0654	0.1402	0.2340	0.3441	0.3845

$k=1.6 \quad \alpha=0.7 \quad \beta=0.4$

ξ	η	0.10	0.20	0.30	0.40	0.50
0.30	θ_x		0.0495	0.0532	0.0479	0.0454
	θ_y		0.1098	0.1633	0.2033	0.2179
0.40	θ_x		0.1245	0.1573	0.1724	0.1787
	θ_y		0.1383	0.2141	0.2732	0.2937
0.50	θ_x		0.2239	0.3207	0.3925	0.4158
	θ_y		0.1598	0.2589	0.3390	0.3645
0.60	θ_x		0.3036	0.4346	0.5265	0.5592
	θ_y		0.1772	0.2942	0.3905	0.4207
0.70	θ_x		0.3475	0.4914	0.5892	0.6242
	θ_y		0.1896	0.3167	0.4223	0.4559
0.80	θ_x		0.3613	0.5077	0.6081	0.6434
	θ_y		0.1940	0.3244	0.4329	0.4677

330 附录四 双向板楼面等效均布荷载计算表

$k = 1.6 \quad \alpha = 0.7 \quad \beta = 0.5$

ξ	η	0.10	0.20	0.30	0.40	0.50
0.30	θ_x		0.0531	0.0598	0.0618	0.0627
	θ_y		0.1373	0.1991	0.2412	0.2559
0.40	θ_x		0.1447	0.1842	0.2117	0.2221
	θ_y		0.1760	0.2641	0.3219	0.3412
0.50	θ_x		0.2750	0.3932	0.4679	0.4928
	θ_y		0.2063	0.3250	0.3964	0.4194
0.60	θ_x		0.3723	0.5266	0.6288	0.6640
	θ_y		0.2316	0.3714	0.4549	0.4813
0.70	θ_x		0.4237	0.5931	0.7054	0.7453
	θ_y		0.2488	0.3999	0.4912	0.5204
0.80	θ_x		0.4391	0.6136	0.7285	0.7687
	θ_y		0.2548	0.4096	0.5036	0.5335

$k = 1.6 \quad \alpha = 0.7 \quad \beta = 0.6$

ξ	η	0.10	0.20	0.30	0.40	0.50
0.30	θ_x			0.0658	0.0755	0.0795
	θ_y			0.2299	0.2722	0.2865
0.40	θ_x			0.2091	0.2466	0.2602
	θ_y			0.3057	0.3609	0.3791
0.50	θ_x			0.4517	0.5307	0.5531
	θ_y			0.3757	0.4411	0.4622
0.60	θ_x			0.6055	0.7142	0.7511
	θ_y			0.4302	0.5045	0.5283
0.70	θ_x			0.6807	0.8038	0.8460
	θ_y			0.4639	0.5445	0.5702
0.80	θ_x			0.7038	0.8301	0.8736
	θ_y			0.4753	0.5583	0.5847

$k = 1.6 \quad \alpha = 0.7 \quad \beta = 0.7$

ξ	η	0.10	0.20	0.30	0.40	0.50
0.30	θ_x			0.0711	0.0885	0.0949
	θ_y			0.2544	0.2961	0.3100
0.40	θ_x			0.2304	0.2754	0.2914
	θ_y			0.3380	0.3906	0.4079
0.50	θ_x			0.4977	0.5762	0.6086
	θ_y			0.4145	0.4752	0.4951
0.60	θ_x			0.6685	0.7815	0.8197
	θ_y			0.4744	0.5422	0.5639
0.70	θ_x			0.7521	0.8814	0.9254
	θ_y			0.5119	0.5846	0.6078
0.80	θ_x			0.7766	0.9096	0.9555
	θ_y			0.5245	0.5991	0.6228

$k = 1.6 \quad \alpha = 0.7 \quad \beta = 0.8$

ξ	η	0.10	0.20	0.30	0.40	0.50
0.30	θ_x				0.0981	0.1063
	θ_y				0.3131	0.3265
0.40	θ_x				0.2969	0.3146
	θ_y				0.4116	0.4281
0.50	θ_x				0.6123	0.6414
	θ_y				0.4991	0.5178
0.60	θ_x				0.8300	0.8691
	θ_y				0.5679	0.5883
0.70	θ_x				0.9375	0.9828
	θ_y				0.6119	0.6334
0.80	θ_x				0.9681	1.0155
	θ_y				0.6270	0.6489

$k = 1.6 \quad \alpha = 0.7 \quad \beta = 0.9$

ξ	η	0.10	0.20	0.30	0.40	0.50
0.30	θ_x				0.1035	0.1136
	θ_y				0.3232	0.3364
0.40	θ_x				0.3101	0.3288
	θ_y				0.4240	0.4401
0.50	θ_x				0.6341	0.6639
	θ_y				0.5132	0.5311
0.60	θ_x				0.8593	0.8990
	θ_y				0.5835	0.6030
0.70	θ_x				0.9747	1.0207
	θ_y				0.6282	0.6486
0.80	θ_x				1.0036	1.0517
	θ_y				0.6436	0.6645

$k = 1.6 \quad \alpha = 0.7 \quad \beta = 1.0$

ξ	η	0.10	0.20	0.30	0.40	0.50
0.30	θ_x					0.1160
	θ_y					0.3396
0.40	θ_x					0.3336
	θ_y					0.4440
0.50	θ_x					0.6757
	θ_y					0.5357
0.60	θ_x					0.9090
	θ_y					0.6076
0.70	θ_x					1.0290
	θ_y					0.6536
0.80	θ_x					1.0639
	θ_y					0.6694

附录四 双向板楼面等效均布荷载计算表

$k = 1.6 \quad \alpha = 0.8 \quad \beta = 0.1$

ξ	η	0.10	0.20	0.30	0.40	0.50
0.40	θ_x	0.0240	0.0458	0.0633	0.0745	0.0784
	θ_y	0.0176	0.0366	0.0580	0.0832	0.1048
0.50	θ_x	0.0346	0.0678	0.0982	0.1250	0.1384
	θ_y	0.0200	0.0420	0.0675	0.1003	0.1343
0.60	θ_x	0.0430	0.0841	0.1210	0.1493	0.1609
	θ_y	0.0219	0.0463	0.0757	0.1145	0.1529
0.70	θ_x	0.0479	0.0932	0.1323	0.1600	0.1703
	θ_y	0.0232	0.0494	0.0812	0.1232	0.1635
0.80	θ_x	0.0495	0.0960	0.1356	0.1631	0.1731
	θ_y	0.0237	0.0504	0.0832	0.1261	0.1665

$k = 1.6 \quad \alpha = 0.8 \quad \beta = 0.2$

ξ	η	0.10	0.20	0.30	0.40	0.50
0.40	θ_x	0.0475	0.0906	0.1250	0.1472	0.1548
	θ_y	0.0355	0.0736	0.1171	0.1676	0.1949
0.50	θ_x	0.0689	0.1348	0.1955	0.2477	0.2712
	θ_y	0.0405	0.0845	0.1370	0.2048	0.2440
0.60	θ_x	0.0855	0.1671	0.2399	0.2944	0.3158
	θ_y	0.0444	0.0936	0.1539	0.2329	0.2787
0.70	θ_x	0.0951	0.1848	0.2618	0.3156	0.3354
	θ_y	0.0471	0.0998	0.1652	0.2500	0.2984
0.80	θ_x	0.0982	0.1902	0.2681	0.3217	0.3407
	θ_y	0.0481	0.1020	0.1691	0.2558	0.3051

$k = 1.6 \quad \alpha = 0.8 \quad \beta = 0.3$

ξ	η	0.10	0.20	0.30	0.40	0.50
0.40	θ_x	0.0699	0.1332	0.1835	0.2161	0.2274
	θ_y	0.0540	0.1122	0.1778	0.2461	0.2714
0.50	θ_x	0.1024	0.2005	0.2907	0.3632	0.3901
	θ_y	0.0619	0.1297	0.2101	0.3025	0.3353
0.60	θ_x	0.1270	0.2480	0.3543	0.4314	0.4598
	θ_y	0.0681	0.1441	0.2363	0.3432	0.3820
0.70	θ_x	0.1410	0.2733	0.3856	0.4627	0.4905
	θ_y	0.0724	0.1540	0.2536	0.3678	0.4097
0.80	θ_x	0.1455	0.2811	0.3946	0.4721	0.4996
	θ_y	0.0740	0.1575	0.2595	0.3761	0.4188

$k = 1.6 \quad \alpha = 0.8 \quad \beta = 0.4$

ξ	η	0.10	0.20	0.30	0.40	0.50
0.40	θ_x		0.1724	0.2378	0.2799	0.2945
	θ_y		0.1525	0.2413	0.3120	0.3352
0.50	θ_x		0.2644	0.3825	0.4666	0.4954
	θ_y		0.1772	0.2895	0.3809	0.4096
0.60	θ_x		0.3253	0.4615	0.5554	0.5888
	θ_y		0.1981	0.3266	0.4322	0.4657
0.70	θ_x		0.3570	0.5004	0.5970	0.6313
	θ_y		0.2120	0.3500	0.4635	0.5000
0.80	θ_x		0.3663	0.5120	0.6091	0.6434
	θ_y		0.2170	0.3580	0.4740	0.5115

$k = 1.6 \quad \alpha = 0.8 \quad \beta = 0.5$

ξ	η	0.10	0.20	0.30	0.40	0.50
0.40	θ_x		0.2076	0.2862	0.3364	0.3538
	θ_y		0.1953	0.3003	0.3659	0.3875
0.50	θ_x		0.3255	0.4656	0.5560	0.5864
	θ_y		0.2296	0.3644	0.4447	0.4703
0.60	θ_x		0.3974	0.5581	0.6645	0.7014
	θ_y		0.2583	0.4114	0.5040	0.5335
0.70	θ_x		0.4335	0.6036	0.7158	0.7549
	θ_y		0.2768	0.4403	0.5403	0.5723
0.80	θ_x		0.4441	0.6171	0.7307	0.7697
	θ_y		0.2832	0.4501	0.5525	0.5853

$k = 1.6 \quad \alpha = 0.8 \quad \beta = 0.6$

ξ	η	0.10	0.20	0.30	0.40	0.50
0.40	θ_x			0.3272	0.3848	0.4046
	θ_y			0.3475	0.4089	0.4290
0.50	θ_x			0.5355	0.6302	0.6621
	θ_y			0.4214	0.4943	0.5178
0.60	θ_x			0.6409	0.7560	0.7953
	θ_y			0.4766	0.5595	0.5860
0.70	θ_x			0.6922	0.8161	0.8588
	θ_y			0.5106	0.6000	0.6286
0.80	θ_x			0.7073	0.8330	0.8767
	θ_y			0.5221	0.6137	0.6431

附录四 双向板楼面等效均布荷载计算表

$k=1.6 \quad \alpha=0.8 \quad \beta=0.7$

ξ	η	0.10	0.20	0.30	0.40	0.50
0.40	θ_x			0.3604	0.4240	0.4458
	θ_y			0.3835	0.4415	0.4605
0.50	θ_x			0.5906	0.6888	0.7219
	θ_y			0.4647	0.5322	0.5540
0.60	θ_x			0.7074	0.8284	0.8695
	θ_y			0.5259	0.6016	0.6259
0.70	θ_x			0.7637	0.8959	0.9412
	θ_y			0.5635	0.6447	0.6707
0.80	θ_x			0.7796	0.9152	0.9617
	θ_y			0.5762	0.6594	0.6860

$k=1.6 \quad \alpha=0.8 \quad \beta=0.8$

ξ	η	0.10	0.20	0.30	0.40	0.50
0.40	θ_x				0.4525	0.4757
	θ_y				0.4645	0.4826
0.50	θ_x				0.7310	0.7650
	θ_y				0.5583	0.5790
0.60	θ_x				0.8808	0.9231
	θ_y				0.6305	0.6533
0.70	θ_x				0.9539	1.0009
	θ_y				0.6758	0.7001
0.80	θ_x				0.9749	1.0240
	θ_y				0.6911	0.7159

$k=1.6 \quad \alpha=0.8 \quad \beta=0.9$

ξ	η	0.10	0.20	0.30	0.40	0.50
0.40	θ_x				0.4698	0.4939
	θ_y				0.4781	0.4956
0.50	θ_x				0.7565	0.7911
	θ_y				0.5741	0.5941
0.60	θ_x				0.9125	0.9554
	θ_y				0.6478	0.6697
0.70	θ_x				0.9891	1.0370
	θ_y				0.6939	0.7171
0.80	θ_x				1.0119	1.0614
	θ_y				0.7097	0.7333

$k=1.6 \quad \alpha=0.8 \quad \beta=1.0$

ξ	η	0.10	0.20	0.30	0.40	0.50
0.40	θ_x					0.5000
	θ_y					0.5000
0.50	θ_x					0.7999
	θ_y					0.5988
0.60	θ_x					0.9663
	θ_y					0.6749
0.70	θ_x					1.0491
	θ_y					0.7229
0.80	θ_x					1.0739
	θ_y					0.7393

$k=1.6 \quad \alpha=0.9 \quad \beta=0.1$

ξ	η	0.10	0.20	0.30	0.40	0.50
0.40	θ_x	0.0295	0.0572	0.0817	0.1032	0.1178
	θ_y	0.0189	0.0394	0.0629	0.0919	0.1212
0.50	θ_x	0.0389	0.0761	0.1102	0.1380	0.1502
	θ_y	0.0218	0.0457	0.0739	0.1105	0.1474
0.60	θ_x	0.0454	0.0884	0.1261	0.1536	0.1645
	θ_y	0.0241	0.0509	0.0829	0.1245	0.1646
0.70	θ_x	0.0490	0.0947	0.1333	0.1600	0.1698
	θ_y	0.0257	0.0544	0.0889	0.1329	0.1742
0.80	θ_x	0.0500	0.0965	0.1354	0.1616	0.1713
	θ_y	0.0263	0.0556	0.0909	0.1358	0.1772

$k=1.6 \quad \alpha=0.9 \quad \beta=0.2$

ξ	η	0.10	0.20	0.30	0.40	0.50
0.40	θ_x	0.0585	0.1135	0.1627	0.2055	0.2262
	θ_y	0.0382	0.0793	0.1273	0.1871	0.2212
0.50	θ_x	0.0773	0.1514	0.2189	0.2721	0.2939
	θ_y	0.0441	0.0921	0.1500	0.2250	0.2685
0.60	θ_x	0.0902	0.1755	0.2497	0.3031	0.3233
	θ_y	0.0489	0.1028	0.1685	0.2527	0.3005
0.70	θ_x	0.0971	0.1876	0.2636	0.3158	0.3346
	θ_y	0.0521	0.1099	0.1804	0.2692	0.3192
0.80	θ_x	0.0992	0.1912	0.2677	0.3188	0.3377
	θ_y	0.0533	0.1124	0.1844	0.2748	0.3255

$k=1.6 \quad \alpha=0.9 \quad \beta=0.3$

ξ	η	0.10	0.20	0.30	0.40	0.50
0.40	θ_x	0.0867	0.1684	0.2419	0.3022	0.3236
	θ_y	0.0582	0.1213	0.1941	0.2761	0.3050
0.50	θ_x	0.1150	0.2252	0.3250	0.3982	0.4260
	θ_y	0.0674	0.1415	0.2302	0.3319	0.3685
0.60	θ_x	0.1338	0.2598	0.3682	0.4442	0.4718
	θ_y	0.0749	0.1582	0.2582	0.3720	0.4135
0.70	θ_x	0.1436	0.2770	0.3881	0.4632	0.4899
	θ_y	0.0800	0.1691	0.2790	0.3960	0.4401
0.80	θ_x	0.1466	0.2819	0.3938	0.4675	0.4938
	θ_y	0.0818	0.1730	0.2821	0.4040	0.4488

$k=1.6 \quad \alpha=0.9 \quad \beta=0.4$

ξ	η	0.10	0.20	0.30	0.40	0.50
0.40	θ_x		0.2211	0.3191	0.3882	0.4111
	θ_y		0.1653	0.2666	0.3483	0.3743
0.50	θ_x		0.2963	0.4235	0.5126	0.5442
	θ_y		0.1938	0.3173	0.4181	0.4500
0.60	θ_x		0.3398	0.4786	0.5729	0.6063
	θ_y		0.2171	0.3556	0.4690	0.5053
0.70	θ_x		0.3608	0.5034	0.5983	0.6316
	θ_y		0.2322	0.3794	0.4995	0.5385
0.80	θ_x		0.3668	0.5099	0.6044	0.6375
	θ_y		0.2375	0.3874	0.5097	0.5495

附录四 双向板楼面等效均布荷载计算表

$k=1.6 \quad \alpha=0.9 \quad \beta=0.5$

ξ	η	0.10	0.20	0.30	0.40	0.50
0.40	θ_x		0.2716	0.3888	0.4626	0.4872
	θ_y		0.2130	0.3342	0.4072	0.4309
0.50	θ_x		0.3632	0.5131	0.6123	0.6463
	θ_y		0.2516	0.3993	0.4880	0.5163
0.60	θ_x		0.4136	0.5779	0.6861	0.7238
	θ_y		0.2823	0.4470	0.5473	0.5795
0.70	θ_x		0.4367	0.6068	0.7179	0.7565
	θ_y		0.3018	0.4760	0.5832	0.6178
0.80	θ_x		0.4439	0.6141	0.7257	0.7645
	θ_y		0.3084	0.4858	0.5953	0.6307

$k=1.6 \quad \alpha=0.9 \quad \beta=0.6$

ξ	η	0.10	0.20	0.30	0.40	0.50
0.40	θ_x			0.4467	0.5247	0.5509
	θ_y			0.3865	0.4538	0.4756
0.50	θ_x			0.5899	0.6956	0.7315
	θ_y			0.4622	0.5423	0.5681
0.60	θ_x			0.6630	0.7817	0.8224
	θ_y			0.5178	0.6082	0.6373
0.70	θ_x			0.6952	0.8192	0.8620
	θ_y			0.5515	0.6487	0.6799
0.80	θ_x			0.7036	0.8287	0.8719
	θ_y			0.5630	0.6622	0.6942

$k=1.6 \quad \alpha=0.9 \quad \beta=0.7$

ξ	η	0.10	0.20	0.30	0.40	0.50
0.40	θ_x			0.4921	0.5738	0.6015
	θ_y			0.4261	0.4890	0.5094
0.50	θ_x			0.6512	0.7613	0.7986
	θ_y			0.5098	0.5837	0.6075
0.60	θ_x			0.7315	0.8576	0.9006
	θ_y			0.5715	0.6544	0.6811
0.70	θ_x			0.7668	0.9002	0.9459
	θ_y			0.6089	0.6978	0.7264
0.80	θ_x			0.7757	0.9111	0.9576
	θ_y			0.6215	0.7124	0.7417

$k=1.6 \quad \alpha=0.9 \quad \beta=0.8$

ξ	η	0.10	0.20	0.30	0.40	0.50
0.40	θ_x				0.6094	0.6382
	θ_y				0.5138	0.5333
0.50	θ_x				0.8088	0.8470
	θ_y				0.6121	0.6347
0.60	θ_x				0.9127	0.9572
	θ_y				0.6862	0.7113
0.70	θ_x				0.9591	1.0068
	θ_y				0.7320	0.7588
0.80	θ_x				0.9712	1.0199
	θ_y				0.7475	0.7749

$k=1.6 \quad \alpha=0.9 \quad \beta=0.9$

ξ	η	0.10	0.20	0.30	0.40	0.50
0.40	θ_x				0.6310	0.6605
	θ_y				0.5283	0.5472
0.50	θ_x				0.8374	0.8763
	θ_y				0.6293	0.6511
0.60	θ_x				0.9460	0.9914
	θ_y				0.7052	0.7294
0.70	θ_x				0.9948	1.0438
	θ_y				0.7521	0.7778
0.80	θ_x				1.0076	1.0577
	θ_y				0.7680	0.7942

$k=1.6 \quad \alpha=0.9 \quad \beta=1.0$

ξ	η	0.10	0.20	0.30	0.40	0.50
0.40	θ_x					0.6679
	θ_y					0.5520
0.50	θ_x					0.8861
	θ_y					0.6562
0.60	θ_x					1.0029
	θ_y					0.7351
0.70	θ_x					1.0562
	θ_y					0.7842
0.80	θ_x					1.0704
	θ_y					0.8008

$k=1.6 \quad \alpha=1.0 \quad \beta=0.1$

ξ	η	0.10	0.20	0.30	0.40	0.50
0.50	θ_x	0.0423	0.0827	0.1189	0.1466	0.1575
	θ_y	0.0234	0.0492	0.0797	0.1194	0.1583
0.60	θ_x	0.0471	0.0913	0.1290	0.1556	0.1653
	θ_y	0.0261	0.0551	0.0894	0.1131	0.1742
0.70	θ_x	0.0494	0.0951	0.1331	0.1588	0.1678
	θ_y	0.0279	0.0589	0.0955	0.1413	0.1832
0.80	θ_x	0.0501	0.0962	0.1342	0.1594	0.1685
	θ_y	0.0286	0.0602	0.0976	0.1441	0.1860

$k=1.6 \quad \alpha=1.0 \quad \beta=0.2$

ξ	η	0.10	0.20	0.30	0.40	0.50
0.50	θ_x	0.0842	0.1645	0.2358	0.2889	0.3094
	θ_y	0.0474	0.0993	0.1620	0.2426	0.2886
0.60	θ_x	0.0934	0.1809	0.2552	0.3069	0.3256
	θ_y	0.0530	0.1112	0.1809	0.2696	0.3191
0.70	θ_x	0.0979	0.1883	0.2631	0.3136	0.3317
	θ_y	0.0566	0.1189	0.1936	0.2857	0.3369
0.80	θ_x	0.0992	0.1904	0.2651	0.3145	0.3325
	θ_y	0.0579	0.1216	0.1972	0.2910	0.3430

附录四 双向板楼面等效均布荷载计算表

$k = 1.6 \quad \alpha = 1.0 \quad \beta = 0.3$

ξ	η	0.10	0.20	0.30	0.40	0.50
0.50	θ_x	0.1251	0.2440	0.3485	0.4236	0.4515
	θ_y	0.0725	0.1525	0.2486	0.3572	0.3964
0.60	θ_x	0.1383	0.2673	0.3756	0.4493	0.4757
	θ_y	0.0811	0.1708	0.2779	0.3964	0.4396
0.70	θ_x	0.1445	0.2777	0.3873	0.4602	0.4859
	θ_y	0.0866	0.1825	0.2960	0.4202	0.4659
0.80	θ_x	0.1463	0.2804	0.3896	0.4615	0.4867
	θ_y	0.0886	0.1866	0.3022	0.4279	0.4744

$k = 1.6 \quad \alpha = 1.0 \quad \beta = 0.4$

ξ	η	0.10	0.20	0.30	0.40	0.50
0.50	θ_x		0.3199	0.4538	0.5459	0.5778
	θ_y		0.2091	0.3421	0.4509	0.4851
0.60	θ_x		0.3488	0.4874	0.5802	0.6137
	θ_y		0.2341	0.3810	0.5008	0.5392
0.70	θ_x		0.3609	0.5023	0.5948	0.6272
	θ_y		0.2500	0.4048	0.5304	0.5714
0.80	θ_x		0.3644	0.5049	0.5968	0.6290
	θ_y		0.2553	0.4128	0.5403	0.5821

$k = 1.6 \quad \alpha = 1.0 \quad \beta = 0.5$

ξ	η	0.10	0.20	0.30	0.40	0.50
0.50	θ_x		0.3906	0.5487	0.6532	0.6894
	θ_y		0.2717	0.4296	0.5257	0.5566
0.60	θ_x		0.4229	0.5876	0.6959	0.7337
	θ_y		0.3036	0.4774	0.5845	0.6193
0.70	θ_x		0.4364	0.6048	0.7142	0.7522
	θ_y		0.3235	0.5069	0.6203	0.6571
0.80	θ_x		0.4399	0.6077	0.7171	0.7550
	θ_y		0.3303	0.5166	0.6321	0.6697

$k = 1.6 \quad \alpha = 1.0 \quad \beta = 0.6$

ξ	η	0.10	0.20	0.30	0.40	0.50
0.50	θ_x			0.6301	0.7432	0.7818
	θ_y			0.4986	0.5849	0.6122
0.60	θ_x			0.6736	0.7939	0.8354
	θ_y			0.5540	0.6508	0.6816
0.70	θ_x			0.6927	0.8156	0.8580
	θ_y			0.5870	0.6905	0.7239
0.80	θ_x			0.6960	0.8193	0.8619
	θ_y			0.5982	0.7038	0.7380

$k = 1.6 \quad \alpha = 1.0 \quad \beta = 0.7$

ξ	η	0.10	0.20	0.30	0.40	0.50
0.50	θ_x			0.6955	0.8145	0.8540
	θ_y			0.5489	0.6290	0.6549
0.60	θ_x			0.7430	0.8720	0.9169
	θ_y			0.6104	0.7003	0.7293
0.70	θ_x			0.7636	0.8967	0.9431
	θ_y			0.6482	0.7438	0.7748
0.80	θ_x			0.7671	0.9013	0.9474
	θ_y			0.6607	0.7583	0.7899

$k = 1.6 \quad \alpha = 1.0 \quad \beta = 0.8$

ξ	η	0.10	0.20	0.30	0.40	0.50
0.50	θ_x				0.8660	0.9076
	θ_y				0.6599	0.6841
0.60	θ_x				0.9288	0.9748
	θ_y				0.7349	0.7620
0.70	θ_x				0.9565	1.0046
	θ_y				0.7806	0.8096
0.80	θ_x				0.9611	1.0097
	θ_y				0.7959	0.8256

$k = 1.6 \quad \alpha = 1.0 \quad \beta = 0.9$

ξ	η	0.10	0.20	0.30	0.40	0.50
0.50	θ_x				0.8972	0.9396
	θ_y				0.6782	0.7014
0.60	θ_x				0.9633	1.0103
	θ_y				0.7554	0.7813
0.70	θ_x				0.9925	1.0419
	θ_y				0.8025	0.8302
0.80	θ_x				0.9975	1.0476
	θ_y				0.8184	0.8470

$k = 1.6 \quad \alpha = 1.0 \quad \beta = 1.0$

ξ	η	0.10	0.20	0.30	0.40	0.50
0.50	θ_x					0.9493
	θ_y					0.7072
0.60	θ_x					1.0222
	θ_y					0.7881
0.70	θ_x					1.0544
	θ_y					0.8376
0.80	θ_x					1.0603
	θ_y					0.8538

$k = 1.6 \quad \alpha = 1.1 \quad \beta = 0.1$

ξ	η	0.10	0.20	0.30	0.40	0.50
0.50	θ_x	0.0451	0.0877	0.1250	0.1523	0.1625
	θ_y	0.0249	0.0524	0.0850	0.1269	0.1671
0.60	θ_x	0.0482	0.0929	0.1305	0.1562	0.1654
	θ_y	0.0279	0.0587	0.0950	0.1404	0.1819
0.70	θ_x	0.0494	0.0949	0.1322	0.1569	0.1657
	θ_y	0.0299	0.0628	0.1012	0.1483	0.1907
0.80	θ_x	0.0498	0.0954	0.1325	0.1569	0.1654
	θ_y	0.0306	0.0641	0.1033	0.1510	0.1933

$k = 1.6 \quad \alpha = 1.1 \quad \beta = 0.2$

ξ	η	0.10	0.20	0.30	0.40	0.50
0.50	θ_x	0.0895	0.1741	0.2474	0.3006	0.3197
	θ_y	0.0504	0.1057	0.1720	0.2574	0.3057
0.60	θ_x	0.0955	0.1841	0.2581	0.3083	0.3264
	θ_y	0.0565	0.1185	0.1919	0.2839	0.3347
0.70	θ_x	0.0979	0.1878	0.2613	0.3098	0.3270
	θ_y	0.0605	0.1266	0.2048	0.2995	0.3518
0.80	θ_x	0.0985	0.1886	0.2617	0.3097	0.3263
	θ_y	0.0619	0.1294	0.2089	0.3048	0.3574

附录四 双向板楼面等效均布荷载计算表

$k=1.6$ $\alpha=1.1$ $\beta=0.3$

ξ	η	0.10	0.20	0.30	0.40	0.50
0.50	θ_x	0.1328	0.2577	0.3645	0.4405	0.4679
	θ_y	0.0771	0.1624	0.2646	0.3792	0.4211
0.60	θ_x	0.1411	0.2716	0.3795	0.4523	0.4780
	θ_y	0.0865	0.1818	0.2940	0.4174	0.4628
0.70	θ_x	0.1443	0.2765	0.3842	0.4548	0.4796
	θ_y	0.0925	0.1940	0.3121	0.4403	0.4873
0.80	θ_x	0.1451	0.2776	0.3848	0.4546	0.4790
	θ_y	0.0945	0.1981	0.3183	0.4478	0.4954

$k=1.6$ $\alpha=1.1$ $\beta=0.4$

ξ	η	0.10	0.20	0.30	0.40	0.50
0.50	θ_x		0.3370	0.4747	0.5682	0.6012
	θ_y		0.2226	0.3633	0.4780	0.5149
0.60	θ_x		0.3535	0.4922	0.5844	0.6167
	θ_y		0.2488	0.4025	0.5272	0.5677
0.70	θ_x		0.3591	0.4976	0.5881	0.6197
	θ_y		0.2650	0.4264	0.5565	0.5991
0.80	θ_x		0.3603	0.4984	0.5881	0.6194
	θ_y		0.2705	0.4343	0.5663	0.6096

$k=1.6$ $\alpha=1.1$ $\beta=0.5$

ξ	η	0.10	0.20	0.30	0.40	0.50
0.50	θ_x		0.4098	0.5733	0.6806	0.7178
	θ_y		0.2892	0.4563	0.5583	0.5911
0.60	θ_x		0.4278	0.5934	0.7015	0.7387
	θ_y		0.3220	0.5039	0.6164	0.6529
0.70	θ_x		0.4334	0.5991	0.7066	0.7439
	θ_y		0.3422	0.5328	0.6512	0.6898
0.80	θ_x		0.4346	0.5997	0.7068	0.7440
	θ_y		0.3490	0.5424	0.6628	0.7020

$k=1.6$ $\alpha=1.1$ $\beta=0.6$

ξ	η	0.10	0.20	0.30	0.40	0.50
0.50	θ_x			0.6577	0.7753	0.8157
	θ_y			0.5284	0.6208	0.6505
0.60	θ_x			0.6799	0.8004	0.8421
	θ_y			0.5837	0.6863	0.7195
0.70	θ_x			0.6860	0.8074	0.8493
	θ_y			0.6170	0.7259	0.7612
0.80	θ_x			0.6866	0.8080	0.8499
	θ_y			0.6281	0.7391	0.7751

$k=1.6$ $\alpha=1.1$ $\beta=0.7$

ξ	η	0.10	0.20	0.30	0.40	0.50
0.50	θ_x			0.7256	0.8506	0.8933
	θ_y			0.5832	0.6682	0.6956
0.60	θ_x			0.7493	0.8798	0.9246
	θ_y			0.6444	0.7394	0.7701
0.70	θ_x			0.7561	0.8882	0.9337
	θ_y			0.6811	0.7823	0.8151
0.80	θ_x			0.7566	0.8894	0.9350
	θ_y			0.6934	0.7966	0.8301

$k=1.6$ $\alpha=1.1$ $\beta=0.8$

ξ	η	0.10	0.20	0.30	0.40	0.50
0.50	θ_x				0.9052	0.9494
	θ_y				0.7008	0.7266
0.60	θ_x				0.9376	0.9845
	θ_y				0.7761	0.8050
0.70	θ_x				0.9472	0.9952
	θ_y				0.8218	0.8527
0.80	θ_x				0.9487	0.9969
	θ_y				0.8370	0.8686

$k=1.6$ $\alpha=1.1$ $\beta=0.9$

ξ	η	0.10	0.20	0.30	0.40	0.50
0.50	θ_x				0.9383	0.9834
	θ_y				0.7204	0.7453
0.60	θ_x				0.9727	1.0209
	θ_y				0.7981	0.8260
0.70	θ_x				0.9831	1.0321
	θ_y				0.8449	0.8748
0.80	θ_x				0.9848	1.0345
	θ_y				0.8607	0.8912

$k=1.6$ $\alpha=1.1$ $\beta=1.0$

ξ	η	0.10	0.20	0.30	0.40	0.50
0.50	θ_x					0.9948
	θ_y					0.7512
0.60	θ_x					1.0331
	θ_y					0.8326
0.70	θ_x					1.0451
	θ_y					0.8823
0.80	θ_x					1.0472
	θ_y					0.8989

$k=1.6$ $\alpha=1.2$ $\beta=0.1$

ξ	η	0.10	0.20	0.30	0.40	0.50
0.60	θ_x	0.0488	0.0938	0.1310	0.1561	0.1652
	θ_y	0.0295	0.0618	0.0996	0.1463	0.1885
0.70	θ_x	0.0493	0.0943	0.1309	0.1550	0.1634
	θ_y	0.0315	0.0660	0.1058	0.1540	0.1968
0.80	θ_x	0.0493	0.0943	0.1307	0.1544	0.1627
	θ_y	0.0322	0.0674	0.1079	0.1566	0.1992

$k=1.6$ $\alpha=1.2$ $\beta=0.2$

ξ	η	0.10	0.20	0.30	0.40	0.50
0.60	θ_x	0.0966	0.1857	0.2591	0.3081	0.3255
	θ_y	0.0596	0.1246	0.2011	0.2954	0.3471
0.70	θ_x	0.0975	0.1865	0.2586	0.3060	0.3228
	θ_y	0.0637	0.1329	0.2140	0.3107	0.3636
0.80	θ_x	0.0976	0.1864	0.2583	0.3047	0.3212
	θ_y	0.0651	0.1358	0.2174	0.3158	0.3693

$k=1.6 \quad \alpha=1.2 \quad \beta=0.3$

ξ	η	0.10	0.20	0.30	0.40	0.50
0.60	θ_x	0.1426	0.2737	0.3812	0.4522	0.4772
	θ_y	0.0911	0.1910	0.3079	0.4344	0.4810
0.70	θ_x	0.1436	0.2744	0.3802	0.4495	0.4736
	θ_y	0.0973	0.2034	0.3257	0.4567	0.5048
0.80	θ_x	0.1436	0.2743	0.3794	0.4478	0.4715
	θ_y	0.0993	0.2076	0.3318	0.4640	0.5125

$k=1.6 \quad \alpha=1.2 \quad \beta=0.4$

ξ	η	0.10	0.20	0.30	0.40	0.50
0.60	θ_x		0.3556	0.4944	0.5845	0.6162
	θ_y		0.2610	0.4202	0.5487	0.5908
0.70	θ_x		0.3562	0.4925	0.5812	0.6120
	θ_y		0.2774	0.4438	0.5775	0.6213
0.80	θ_x		0.3556	0.4914	0.5789	0.6094
	θ_y		0.2829	0.4517	0.5871	0.6316

$k=1.6 \quad \alpha=1.2 \quad \beta=0.5$

ξ	η	0.10	0.20	0.30	0.40	0.50
0.60	θ_x		0.4298	0.5948	0.7020	0.7393
	θ_y		0.3369	0.5255	0.6423	0.6803
0.70	θ_x		0.4294	0.5928	0.6985	0.7351
	θ_y		0.3571	0.5541	0.6766	0.7166
0.80	θ_x		0.4288	0.5910	0.6960	0.7329
	θ_y		0.3638	0.5635	0.6878	0.7286

$k=1.6 \quad \alpha=1.2 \quad \beta=0.6$

ξ	η	0.10	0.20	0.30	0.40	0.50
0.60	θ_x			0.6812	0.8019	0.8436
	θ_y			0.6083	0.7156	0.7504
0.70	θ_x			0.6786	0.7985	0.8398
	θ_y			0.6412	0.7545	0.7914
0.80	θ_x			0.6765	0.7964	0.8376
	θ_y			0.6522	0.7674	0.8050

$k=1.6 \quad \alpha=1.2 \quad \beta=0.7$

ξ	η	0.10	0.20	0.30	0.40	0.50
0.60	θ_x			0.7508	0.8832	0.9282
	θ_y			0.6717	0.7712	0.8038
0.70	θ_x			0.7478	0.8787	0.9237
	θ_y			0.7081	0.8139	0.8483
0.80	θ_x			0.7459	0.8765	0.9215
	θ_y			0.7202	0.8281	0.8631

$k=1.6 \quad \alpha=1.2 \quad \beta=0.8$

ξ	η	0.10	0.20	0.30	0.40	0.50
0.60	θ_x				0.9415	0.9889
	θ_y				0.8100	0.8404
0.70	θ_x				0.9373	0.9850
	θ_y				0.8551	0.8876
0.80	θ_x				0.9351	0.9828
	θ_y				0.8701	0.9034

$k=1.6 \quad \alpha=1.2 \quad \beta=0.9$

ξ	η	0.10	0.20	0.30	0.40	0.50
0.60	θ_x				0.9770	1.0258
	θ_y				0.8330	0.8622
0.70	θ_x				0.9730	1.0222
	θ_y				0.8798	0.9112
0.80	θ_x				0.9708	1.0202
	θ_y				0.8953	0.9275

$k=1.6 \quad \alpha=1.2 \quad \beta=1.0$

ξ	η	0.10	0.20	0.30	0.40	0.50
0.60	θ_x					1.0381
	θ_y					0.8699
0.70	θ_x					1.0348
	θ_y					0.9188
0.80	θ_x					1.0327
	θ_y					0.9352

$k=1.6 \quad \alpha=1.3 \quad \beta=0.1$

ξ	η	0.10	0.20	0.30	0.40	0.50
0.60	θ_x	0.0491	0.0942	0.1311	0.1556	0.1641
	θ_y	0.0306	0.0642	0.1032	0.1507	0.1932
0.70	θ_x	0.0490	0.0936	0.1296	0.1531	0.1614
	θ_y	0.0328	0.0685	0.1094	0.1584	0.2014
0.80	θ_x	0.0488	0.0933	0.1290	0.1523	0.1604
	θ_y	0.0335	0.0699	0.1115	0.1609	0.2040

$\alpha=1.3 \quad \beta=0.2$

ξ	η	0.10	0.20	0.30	0.40	0.50
0.60	θ_x	0.0972	0.1863	0.2591	0.3071	0.3239
	θ_y	0.0620	0.1294	0.2088	0.3043	0.3571
0.70	θ_x	0.0969	0.1851	0.2561	0.3025	0.3186
	θ_y	0.0662	0.1379	0.2211	0.3194	0.3729
0.80	θ_x	0.0966	0.1843	0.2548	0.3006	0.3166
	θ_y	0.0677	0.1408	0.2251	0.3244	0.3784

附录四 双向板楼面等效均布荷载计算表

$k = 1.6 \quad \alpha = 1.3 \quad \beta = 0.3$

ξ	η	0.10	0.20	0.30	0.40	0.50
0.60	θ_x	0.1433	0.2744	0.3809	0.4508	0.4752
	θ_y	0.0947	0.1982	0.3180	0.4473	0.4947
0.70	θ_x	0.1426	0.2722	0.3764	0.4442	0.4677
	θ_y	0.1010	0.2108	0.3362	0.4692	0.5181
0.80	θ_x	0.1421	0.2711	0.3745	0.4415	0.4647
	θ_y	0.1033	0.2150	0.3421	0.4765	0.5257

$k = 1.6 \quad \alpha = 1.3 \quad \beta = 0.4$

ξ	η	0.10	0.20	0.30	0.40	0.50
0.60	θ_x		0.3563	0.4937	0.5830	0.6142
	θ_y		0.2705	0.4341	0.5655	0.6086
0.70	θ_x		0.3530	0.4872	0.5747	0.6049
	θ_y		0.2870	0.4575	0.5939	0.6388
0.80	θ_x		0.3514	0.4853	0.5714	0.6012
	θ_y		0.2926	0.4653	0.6033	0.6487

$k = 1.6 \quad \alpha = 1.3 \quad \beta = 0.5$

ξ	η	0.10	0.20	0.30	0.40	0.50
0.60	θ_x		0.4299	0.5946	0.7011	0.7380
	θ_y		0.3489	0.5420	0.6622	0.7013
0.70	θ_x		0.4254	0.5867	0.6909	0.7270
	θ_y		0.3691	0.5704	0.6959	0.7370
0.80	θ_x		0.4233	0.5836	0.6870	0.7227
	θ_y		0.3758	0.5797	0.7071	0.7489

$k = 1.6 \quad \alpha = 1.3 \quad \beta = 0.6$

ξ	η	0.10	0.20	0.30	0.40	0.50
0.60	θ_x			0.6808	0.8011	0.8426
	θ_y			0.6276	0.7385	0.7745
0.70	θ_x			0.6716	0.7894	0.8302
	θ_y			0.6601	0.7769	0.8150
0.80	θ_x			0.6679	0.7862	0.8268
	θ_y			0.6710	0.7897	0.8284

$k = 1.6 \quad \alpha = 1.3 \quad \beta = 0.7$

ξ	η	0.10	0.20	0.30	0.40	0.50
0.60	θ_x			0.7502	0.8813	0.9264
	θ_y			0.6928	0.7960	0.8295
0.70	θ_x			0.7393	0.8689	0.9136
	θ_y			0.7287	0.8381	0.8737
0.80	θ_x			0.7358	0.8654	0.9098
	θ_y			0.7406	0.8521	0.8884

$k = 1.6 \quad \alpha = 1.3 \quad \beta = 0.8$

ξ	η	0.10	0.20	0.30	0.40	0.50
0.60	θ_x				0.9391	0.9875
	θ_y				0.8364	0.8682
0.70	θ_x				0.9278	0.9744
	θ_y				0.8811	0.9151
0.80	θ_x				0.9226	0.9705
	θ_y				0.8960	0.9307

$k = 1.6 \quad \alpha = 1.3 \quad \beta = 0.9$

ξ	η	0.10	0.20	0.30	0.40	0.50
0.60	θ_x				0.9755	1.0239
	θ_y				0.8601	0.8910
0.70	θ_x				0.9625	1.0115
	θ_y				0.9064	0.9392
0.80	θ_x				0.9587	1.0075
	θ_y				0.9218	0.9553

$k = 1.6 \quad \alpha = 1.3 \quad \beta = 1.0$

ξ	η	0.10	0.20	0.30	0.40	0.50
0.60	θ_x					1.0364
	θ_y					0.8981
0.70	θ_x					1.0240
	θ_y					0.9475
0.80	θ_x					1.0199
	θ_y					0.9638

$k = 1.6 \quad \alpha = 1.4 \quad \beta = 0.1$

ξ	η	0.10	0.20	0.30	0.40	0.50
0.70	θ_x	0.0487	0.0930	0.1286	0.1517	0.1598
	θ_y	0.0337	0.0703	0.1120	0.1615	0.2048
0.80	θ_x	0.0484	0.0924	0.1276	0.1505	0.1585
	θ_y	0.0344	0.0717	0.1140	0.1640	0.2073

$k = 1.6 \quad \alpha = 1.4 \quad \beta = 0.2$

ξ	η	0.10	0.20	0.30	0.40	0.50
0.70	θ_x	0.0963	0.1838	0.2541	0.2997	0.3155
	θ_y	0.0681	0.1415	0.2261	0.3255	0.3794
0.80	θ_x	0.0958	0.1826	0.2521	0.2972	0.3128
	θ_y	0.0695	0.1443	0.2302	0.3304	0.3846

$k = 1.6 \quad \alpha = 1.4 \quad \beta = 0.3$

ξ	η	0.10	0.20	0.30	0.40	0.50
0.70	θ_x	0.1417	0.2703	0.3732	0.4401	0.4633
	θ_y	0.1037	0.2161	0.3436	0.4783	0.5278
0.80	θ_x	0.1409	0.2684	0.3706	0.4365	0.4594
	θ_y	0.1060	0.2203	0.3496	0.4853	0.5352

$k = 1.6 \quad \alpha = 1.4 \quad \beta = 0.4$

ξ	η	0.10	0.20	0.30	0.40	0.50
0.70	θ_x		0.3502	0.4835	0.5696	0.5994
	θ_y		0.2939	0.4672	0.6054	0.6510
0.80	θ_x		0.3480	0.4797	0.5650	0.5944
	θ_y		0.2994	0.4749	0.6147	0.6608

$k=1.6 \quad \alpha=1.4 \quad \beta=0.5$

ξ	η	0.10	0.20	0.30	0.40	0.50
0.70	θ_x		0.4219	0.5818	0.6848	0.7204
	θ_y		0.3773	0.5821	0.7099	0.7517
0.80	θ_x		0.4191	0.5774	0.6794	0.7147
	θ_y		0.3840	0.5914	0.7209	0.7633

$k=1.6 \quad \alpha=1.4 \quad \beta=0.6$

ξ	η	0.10	0.20	0.30	0.40	0.50
0.70	θ_x			0.6659	0.7832	0.8236
	θ_y			0.6735	0.7927	0.8316
0.80	θ_x			0.6607	0.7768	0.8169
	θ_y			0.5842	0.8053	0.8448

$k=1.6 \quad \alpha=1.4 \quad \beta=0.7$

ξ	η	0.10	0.20	0.30	0.40	0.50
0.70	θ_x			0.7335	0.8621	0.9064
	θ_y			0.7435	0.8555	0.8920
0.80	θ_x			0.7279	0.8553	0.8993
	θ_y			0.7553	0.8694	0.9065

$k=1.6 \quad \alpha=1.4 \quad \beta=0.8$

ξ	η	0.10	0.20	0.30	0.40	0.50
0.70	θ_x				0.9199	0.9669
	θ_y				0.8996	0.9344
0.80	θ_x				0.9127	0.9595
	θ_y				0.9144	0.9499

$k=1.6 \quad \alpha=1.4 \quad \beta=0.9$

ξ	η	0.10	0.20	0.30	0.40	0.50
0.70	θ_x				0.9561	1.0048
	θ_y				0.9257	0.9593
0.80	θ_x				0.9477	0.9962
	θ_y				0.9409	0.9753

$k=1.6 \quad \alpha=1.4 \quad \beta=1.0$

ξ	η	0.10	0.20	0.30	0.40	0.50
0.70	θ_x					1.0162
	θ_y					0.9677
0.80	θ_x					1.0085
	θ_y					0.9839

$k=1.6 \quad \alpha=1.5 \quad \beta=0.1$

ξ	η	0.10	0.20	0.30	0.40	0.50
0.70	θ_x	0.0485	0.0926	0.1279	0.1508	0.1588
	θ_y	0.0342	0.0713	0.1135	0.1632	0.2067
0.80	θ_x	0.0482	0.0919	0.1268	0.1494	0.1573
	θ_y	0.0350	0.0728	0.1155	0.1657	0.2090

$k=1.6 \quad \alpha=1.5 \quad \beta=0.2$

ξ	η	0.10	0.20	0.30	0.40	0.50
0.70	θ_x	0.0959	0.1829	0.2526	0.2978	0.3137
	θ_y	0.0692	0.1436	0.2286	0.3293	0.3832
0.80	θ_x	0.0952	0.1815	0.2505	0.2951	0.3103
	θ_y	0.0706	0.1465	0.2326	0.3342	0.3884

$k=1.6 \quad \alpha=1.5 \quad \beta=0.3$

ξ	η	0.10	0.20	0.30	0.40	0.50
0.70	θ_x	0.1411	0.2689	0.3712	0.4374	0.4603
	θ_y	0.1053	0.2192	0.3485	0.4834	0.5331
0.80	θ_x	0.1400	0.2668	0.3681	0.4334	0.4561
	θ_y	0.1075	0.2234	0.3541	0.4905	0.5406

$k=1.6 \quad \alpha=1.5 \quad \beta=0.4$

ξ	η	0.10	0.20	0.30	0.40	0.50
0.70	θ_x		0.3486	0.4808	0.5661	0.5956
	θ_y		0.2981	0.4729	0.6126	0.6586
0.80	θ_x		0.3457	0.4766	0.5610	0.5902
	θ_y		0.3036	0.4806	0.6217	0.6683

$k=1.6 \quad \alpha=1.5 \quad \beta=0.5$

ξ	η	0.10	0.20	0.30	0.40	0.50
0.70	θ_x		0.4198	0.5785	0.6808	0.7161
	θ_y		0.3825	0.5891	0.7180	0.7602
0.80	θ_x		0.4162	0.5735	0.6747	0.7096
	θ_y		0.3891	0.5984	0.7290	0.7718

$k=1.6 \quad \alpha=1.5 \quad \beta=0.6$

ξ	η	0.10	0.20	0.30	0.40	0.50
0.70	θ_x			0.6620	0.7786	0.8188
	θ_y			0.6816	0.8022	0.8417
0.80	θ_x			0.6563	0.7717	0.8115
	θ_y			0.6922	0.8148	0.8549

$k=1.6 \quad \alpha=1.5 \quad \beta=0.7$

ξ	η	0.10	0.20	0.30	0.40	0.50
0.70	θ_x			0.7293	0.8572	0.9012
	θ_y			0.7523	0.8659	0.9029
0.80	θ_x			0.7229	0.8497	0.8934
	θ_y			0.7640	0.8796	0.9173

$k=1.6 \quad \alpha=1.5 \quad \beta=0.8$

ξ	η	0.10	0.20	0.30	0.40	0.50
0.70	θ_x				0.9147	0.9615
	θ_y				0.9106	0.9458
0.80	θ_x				0.9067	0.9532
	θ_y				0.9253	0.9612

附录四 双向板楼面等效均布荷载计算表

$k=1.6 \quad \alpha=1.5 \quad \beta=0.9$

ξ	η	0.10	0.20	0.30	0.40	0.50
0.70	θ_x				0.9497	0.9982
	θ_y				0.9372	0.9715
0.80	θ_x				0.9415	0.9897
	θ_y				0.9524	0.9875

$k=1.6 \quad \alpha=1.5 \quad \beta=1.0$

ξ	η	0.10	0.20	0.30	0.40	0.50
0.70	θ_x					1.0106
	θ_y					0.9796
0.80	θ_x					1.0020
	θ_y					0.9957

$k=1.6 \quad \alpha=1.6 \quad \beta=0.1$

ξ	η	0.10	0.20	0.30	0.40	0.50
0.80	θ_x	0.0481	0.0917	0.1265	0.1490	0.1568
	θ_y	0.0352	0.0731	0.1161	0.1664	0.2096

$k=1.6 \quad \alpha=1.6 \quad \beta=0.2$

ξ	η	0.10	0.20	0.30	0.40	0.50
0.80	θ_x	0.0950	0.1811	0.2500	0.2945	0.3096
	θ_y	0.0710	0.1472	0.2342	0.3352	0.3898

$k=1.6 \quad \alpha=1.6 \quad \beta=0.3$

ξ	η	0.10	0.20	0.30	0.40	0.50
0.80	θ_x	0.1398	0.2663	0.3671	0.4322	0.4547
	θ_y	0.1080	0.2245	0.3555	0.4923	0.5427

$k=1.6 \quad \alpha=1.6 \quad \beta=0.4$

ξ	η	0.10	0.20	0.30	0.40	0.50
0.80	θ_x		0.3449	0.4757	0.5599	0.5890
	θ_y		0.3049	0.4826	0.6240	0.6704

$k=1.6 \quad \alpha=1.6 \quad \beta=0.5$

ξ	η	0.10	0.20	0.30	0.40	0.50
0.80	θ_x		0.4152	0.5723	0.6728	0.7076
	θ_y		0.3907	0.6005	0.7318	0.7750

$k=1.6 \quad \alpha=1.6 \quad \beta=0.6$

ξ	η	0.10	0.20	0.30	0.40	0.50
0.80	θ_x			0.6544	0.7696	0.8093
	θ_y			0.6949	0.8178	0.8579

$k=1.6 \quad \alpha=1.6 \quad \beta=0.7$

ξ	η	0.10	0.20	0.30	0.40	0.50
0.80	θ_x			0.7209	0.8480	0.8916
	θ_y			0.7670	0.8831	0.9210

$k=1.6 \quad \alpha=1.6 \quad \beta=0.8$

ξ	η	0.10	0.20	0.30	0.40	0.50
0.80	θ_x				0.9050	0.9513
	θ_y				0.9290	0.9651

$k=1.6 \quad \alpha=1.6 \quad \beta=0.9$

ξ	η	0.10	0.20	0.30	0.40	0.50
0.80	θ_x				0.9397	0.9878
	θ_y				0.9561	0.9913

$k=1.6 \quad \alpha=1.6 \quad \beta=1.0$

ξ	η	0.10	0.20	0.30	0.40	0.50
0.80	θ_x					1.0000
	θ_y					1.0000

$k=1.7 \quad \alpha=0.1 \quad \beta=0.1$

ξ	η	0.10	0.20	0.30	0.40	0.50
0.10	θ_x	−0.0005	−0.0010	−0.0014	−0.0018	−0.0021
	θ_y	0.0006	0.0012	0.0018	0.0021	0.0022
0.20	θ_x	−0.0008	−0.0016	−0.0025	−0.0031	−0.0030
	θ_y	0.0013	0.0025	0.0035	0.0042	0.0045
0.30	θ_x	−0.0007	−0.0016	−0.0028	−0.0039	−0.0048
	θ_y	0.0019	0.0037	0.0054	0.0065	0.0069
0.40	θ_x	0.0000	−0.0004	−0.0015	−0.0026	−0.0034
	θ_y	0.0025	0.0049	0.0072	0.0089	0.0096
0.50	θ_x	0.0018	0.0027	0.0021	0.0005	−0.0006
	θ_y	0.0029	0.0059	0.0090	0.0116	0.0127
0.60	θ_x	0.0047	0.0084	0.0098	0.0086	0.0084
	θ_y	0.0030	0.0064	0.0104	0.0144	0.0166
0.70	θ_x	0.0084	0.0164	0.0227	0.0235	0.0215
	θ_y	0.0029	0.0063	0.0108	0.0171	0.0215
0.80	θ_x	0.0112	0.0232	0.0370	0.0536	0.0640
	θ_y	0.0027	0.0059	0.0101	0.0175	0.0291
0.85	θ_x	0.0116	0.0242	0.0397	0.0620	0.0857
	θ_y	0.0027	0.0059	0.0101	0.0175	0.0291

$k=1.7 \quad \alpha=0.1 \quad \beta=0.2$

ξ	η	0.10	0.20	0.30	0.40	0.50
0.10	θ_x	−0.0010	−0.0019	−0.0028	−0.0036	−0.0040
	θ_y	0.0013	0.0025	0.0035	0.0041	0.0044
0.20	θ_x	−0.0016	−0.0033	−0.0049	−0.0059	−0.0062
	θ_y	0.0026	0.0050	0.0070	0.0084	0.0089
0.30	θ_x	−0.0015	−0.0033	−0.0055	−0.0078	−0.0090
	θ_y	0.0038	0.0074	0.0106	0.0128	1.0137
0.40	θ_x	−0.0001	−0.0010	−0.0031	−0.0049	−0.0067
	θ_y	0.0049	0.0098	0.0143	0.0176	0.0189
0.50	θ_x	0.0034	0.0050	0.0039	0.0012	−0.0005
	θ_y	0.0058	0.0118	0.0179	0.0228	0.0248
0.60	θ_x	0.0092	0.0163	0.0189	0.0177	0.0165
	θ_y	0.0062	0.0130	0.0208	0.0283	0.0318
0.70	θ_x	0.0167	0.0325	0.0441	0.0446	0.0408
	θ_y	0.0060	0.0129	0.0221	0.0339	0.0402
0.80	θ_x	0.0226	0.0468	0.0748	0.1060	0.1220
	θ_y	0.0056	0.0120	0.0210	0.0378	0.0493
0.85	θ_x	0.0234	0.0491	0.0810	0.1269	0.1548
	θ_y	0.0056	0.0120	0.0210	0.0378	0.0493

340 附录四 双向板楼面等效均布荷载计算表

$k = 1.7 \quad \alpha = 0.1 \quad \beta = 0.3$

ξ	η	0.10	0.20	0.30	0.40	0.50
0.10	θ_x	−0.0015	−0.0029	−0.0042	−0.0053	−0.0057
	θ_y	0.0019	0.0036	0.0051	0.0060	0.0064
0.20	θ_x	−0.0024	−0.0049	−0.0072	−0.0086	−0.0092
	θ_y	0.0038	0.0073	0.0103	0.0123	0.0130
0.30	θ_x	−0.0024	−0.0051	−0.0083	−0.0115	−0.0126
	θ_y	0.0057	0.0110	0.0156	0.0188	0.0200
0.40	θ_x	−0.0004	−0.0019	−0.0046	−0.0068	−0.0079
	θ_y	0.0074	0.0146	0.0211	0.0258	0.0275
0.50	θ_x	0.0045	0.0066	0.0050	0.0021	0.0004
	θ_y	0.0088	0.0177	0.0265	0.0333	0.0359
0.60	θ_x	0.0132	0.0230	0.0268	0.0268	0.0255
	θ_y	0.0095	0.0198	0.0311	0.0413	0.0453
0.70	θ_x	0.0248	0.0476	0.0627	0.0645	0.0653
	θ_y	0.0093	0.0201	0.0343	0.0492	0.0555
0.80	θ_x	0.0343	0.0714	0.1140	0.1547	0.1712
	θ_y	0.0086	0.0189	0.0335	0.0568	0.0643
0.85	θ_x	0.0358	0.0755	0.1259	0.1874	0.2098
	θ_y	0.0086	0.0189	0.0335	0.0568	0.0643

$k = 1.7 \quad \alpha = 0.1 \quad \beta = 0.4$

ξ	η	0.10	0.20	0.30	0.40	0.50
0.10	θ_x		−0.0038	−0.0056	−0.0068	−0.0073
	θ_y		0.0047	0.0066	0.0078	0.0083
0.20	θ_x		−0.0065	−0.0092	−0.0111	−0.0119
	θ_y		0.0095	0.0133	0.0159	0.0167
0.30	θ_x		−0.0070	−0.0112	−0.0145	−0.0157
	θ_y		0.0144	0.0203	0.0243	0.0257
0.40	θ_x		−0.0032	−0.0059	−0.0085	−0.0097
	θ_y		0.0192	0.0274	0.0332	0.0353
0.50	θ_x		0.0073	0.0052	0.0037	0.0025
	θ_y		0.0236	0.0346	0.0427	0.0456
0.60	θ_x		0.0281	0.0339	0.0354	0.0353
	θ_y		0.0269	0.0413	0.0526	0.0567
0.70	θ_x		0.0608	0.0770	0.0849	0.0892
	θ_y		0.0281	0.0468	0.0623	0.0677
0.80	θ_x		0.0974	0.1543	0.1968	0.2121
	θ_y		0.0265	0.0499	0.0703	0.0757
0.80	θ_x		0.1044	0.1760	0.2358	0.2539
	θ_y		0.0265	0.0499	0.0703	0.0757

$k = 1.7 \quad \alpha = 0.1 \quad \beta = 0.5$

ξ	η	0.10	0.20	0.30	0.40	0.50
0.10	θ_x			−0.0047	−0.0068	−0.0081	−0.0086
	θ_y			0.0057	0.0079	0.0094	0.0099
0.20	θ_x			−0.0080	0.0110	−0.0133	−0.0142
	θ_y			0.0115	0.0161	0.0190	0.0201
0.30	θ_x			−0.0090	−0.0138	−0.0170	−0.0181
	θ_y			0.0176	0.0244	0.0291	0.0307
0.40	θ_x			−0.0048	−0.0072	−0.0098	−0.0109
	θ_y			0.0236	0.0332	0.0397	0.0420
0.50	θ_x			0.0071	0.0050	0.0054	0.0047
	θ_y			0.0293	0.0420	0.0508	0.0539
0.60	θ_x			0.0316	0.0399	0.0438	0.0452
	θ_y			0.0342	0.0507	0.0621	0.0660
0.70	θ_x			0.0711	0.0893	0.1044	0.1107
	θ_y			0.0372	0.0585	0.0727	0.0772
0.80	θ_x			0.1251	0.1916	0.2343	0.2453
	θ_y			0.0362	0.0656	0.0803	0.0845
0.85	θ_x			0.1374	0.2232	0.2737	0.2890
	θ_y			0.0362	0.0656	0.0803	0.0845

$k = 1.7 \quad \alpha = 0.1 \quad \beta = 0.6$

ξ	η	0.10	0.20	0.30	0.40	0.50
0.10	θ_x			−0.0078	0.0092	−0.0097
	θ_y			0.0091	0.0107	0.0113
0.20	θ_x			−0.0127	−0.0151	−0.0160
	θ_y			0.0184	0.0217	0.0228
0.30	θ_x			−0.0160	−0.0190	−0.0200
	θ_y			0.0281	0.0331	0.0349
0.40	θ_x			−0.0086	−0.0108	−0.0116
	θ_y			0.0381	0.0451	0.0475
0.50	θ_x			0.0050	0.0053	0.0055
	θ_y			0.0484	0.0574	0.0605
0.60	θ_x			0.0446	0.0516	0.0543
	θ_y			0.0587	0.0697	0.0733
0.70	θ_x			0.1016	0.1216	0.1290
	θ_y			0.0683	0.0806	0.0845
0.80	θ_x			0.2222	0.2618	0.2745
	θ_y			0.0759	0.0878	0.0914
0.85	θ_x			0.2592	0.3028	0.3166
	θ_y			0.0759	0.0878	0.0914

附录四 双向板楼面等效均布荷载计算表

$k = 1.7 \quad \alpha = 0.1 \quad \beta = 0.7$

ξ	η	0.10	0.20	0.30	0.40	0.50
0.10	θ_x			−0.0086	−0.0100	−0.0105
	θ_y			0.0100	0.0118	0.0124
0.20	θ_x			−0.0141	−0.0166	−0.0174
	θ_y			0.0203	0.0238	0.0251
0.30	θ_x			−0.0177	−0.0205	−0.0214
	θ_y			0.0310	0.0363	0.0382
0.40	θ_x			−0.0098	−0.0113	−0.0118
	θ_y			0.0421	0.0493	0.0518
0.50	θ_x			0.0052	0.0073	0.0082
	θ_y			0.0536	0.0626	0.0656
0.60	θ_x			0.0485	0.0583	0.0620
	θ_y			0.0651	0.0755	0.0788
0.70	θ_x			0.1128	0.1356	0.1436
	θ_y			0.0756	0.0865	0.0899
0.80	θ_x			0.2455	0.2825	0.2945
	θ_y			0.0830	0.0931	0.0963
0.85	θ_x			0.2853	0.3248	0.3374
	θ_y			0.0830	0.0931	0.0963

$k = 1.7 \quad \alpha = 0.1 \quad \beta = 0.8$

ξ	η	0.10	0.20	0.30	0.40	0.50
0.10	θ_x				−0.0106	−0.0111
	θ_y				0.0126	0.0132
0.20	θ_x				−0.0176	−0.0184
	θ_y				0.0254	0.0267
0.30	θ_x				−0.0215	−0.0223
	θ_y				0.0387	0.0406
0.40	θ_x				−0.0116	−0.0118
	θ_y				0.0524	0.0549
0.50	θ_x				0.0089	0.0103
	θ_y				0.0663	0.0692
0.60	θ_x				0.0635	0.0679
	θ_y				0.0795	0.0827
0.70	θ_x				0.1458	0.1540
	θ_y				0.0904	0.0935
0.80	θ_x				0.2971	0.3086
	θ_y				0.0970	0.0999
0.85	θ_x				0.3400	0.3520
	θ_y				0.0970	0.0999

$k = 1.7 \quad \alpha = 0.1 \quad \beta = 0.9$

ξ	η	0.10	0.20	0.30	0.40	0.50
0.10	θ_x				−0.0110	−0.0115
	θ_y				0.0130	0.0137
0.20	θ_x				−0.0182	−0.0190
	θ_y				0.0263	0.0276
0.30	θ_x				−0.0221	−0.0228
	θ_y				0.0401	0.0420
0.40	θ_x				−0.0118	−0.0117
	θ_y				0.0543	0.0567
0.50	θ_x				0.0100	0.0118
	θ_y				0.0685	0.0714
0.60	θ_x				0.0668	0.0715
	θ_y				0.0819	0.0849
0.70	θ_x				0.1520	0.1604
	θ_y				0.0928	0.0957
0.80	θ_x				0.3057	0.3141
	θ_y				0.0990	0.1018
0.85	θ_x				0.3490	0.3606
	θ_y				0.0990	0.1018

$k = 1.7 \quad \alpha = 0.1 \quad \beta = 1.0$

ξ	η	0.10	0.20	0.30	0.40	0.50
0.10	θ_x					−0.0116
	θ_y					0.0138
0.20	θ_x					−0.0192
	θ_y					0.0280
0.30	θ_x					−0.0230
	θ_y					0.0425
0.40	θ_x					−0.0117
	θ_y					0.0573
0.50	θ_x					0.0122
	θ_y					0.0721
0.60	θ_x					0.0728
	θ_y					0.0857
0.70	θ_x					0.1625
	θ_y					0.0964
0.80	θ_x					0.3169
	θ_y					0.1025
0.85	θ_x					0.3635
	θ_y					0.1025

342 附录四 双向板楼面等效均布荷载计算表

$k = 1.7 \quad \alpha = 0.2 \quad \beta = 0.1$

ξ	η	0.10	0.20	0.30	0.40	0.50
0.10	θ_x	−0.0009	−0.0019	−0.0028	−0.0034	−0.0037
	θ_y	0.0013	0.0025	0.0035	0.0042	0.0044
0.20	θ_x	−0.0015	−0.0031	−0.0048	−0.0061	−0.0067
	θ_y	0.0026	0.0050	0.0071	0.0085	0.0090
0.30	θ_x	−0.0013	−0.0030	−0.0051	−0.0071	−0.0079
	θ_y	0.0038	0.0075	0.0107	0.0131	0.0139
0.40	θ_x	0.0003	−0.0004	−0.0025	−0.0052	−0.0065
	θ_y	0.0049	0.0098	0.0144	0.0180	0.0193
0.50	θ_x	0.0039	0.0061	0.0053	0.0021	0.0002
	θ_y	0.0057	0.0117	0.0179	0.0232	0.0256
0.60	θ_x	0.0097	0.0175	0.0210	0.0181	0.0143
	θ_y	0.0060	0.0127	0.0205	0.0289	0.0331
0.70	θ_x	0.0166	0.0326	0.0461	0.0525	0.0499
	θ_y	0.0058	0.0126	0.0213	0.0335	0.0438
0.80	θ_x	0.0216	0.0445	0.0702	0.0991	0.1184
	θ_y	0.0055	0.0120	0.0205	0.0348	0.0565
0.85	θ_x	0.0224	0.0464	0.0741	0.1073	0.1281
	θ_y	0.0055	0.0120	0.0205	0.0348	0.0565

$k = 1.7 \quad \alpha = 0.2 \quad \beta = 0.2$

ξ	η	0.10	0.20	0.30	0.40	0.50
0.10	θ_x	−0.0019	−0.0037	−0.0055	−0.0068	−0.0073
	θ_y	0.0026	0.0049	0.0069	0.0083	0.0088
0.20	θ_x	−0.0030	−0.0063	−0.0095	−0.0121	−0.0131
	θ_y	0.0051	0.0099	0.0140	0.0168	0.0178
0.30	θ_x	−0.0027	−0.0061	−0.0103	−0.0139	−0.0154
	θ_y	0.0076	0.0148	0.0212	0.0258	0.0274
0.40	θ_x	0.0004	−0.0011	−0.0051	−0.0100	−0.0123
	θ_y	0.0098	0.0195	0.0286	0.0354	0.0380
0.50	θ_x	0.0073	0.0114	0.0099	0.0045	0.0014
	θ_y	0.0114	0.0234	0.0355	0.0457	0.0499
0.60	θ_x	0.0189	0.0339	0.0402	0.0358	0.0310
	θ_y	0.0122	0.0256	0.0412	0.0567	0.0639
0.70	θ_x	0.0331	0.0646	0.0905	0.1019	0.1025
	θ_y	0.0119	0.0256	0.0435	0.0674	0.0808
0.80	θ_x	0.0436	0.0897	0.1413	0.1968	0.2249
	θ_y	0.0113	0.0242	0.0425	0.0748	0.0959
0.85	θ_x	0.0451	0.0936	0.1497	0.2121	0.2439
	θ_y	0.0113	0.0242	0.0425	0.0748	0.0959

$k = 1.7 \quad \alpha = 0.2 \quad \beta = 0.3$

ξ	η	0.10	0.20	0.30	0.40	0.50
0.10	θ_x	−0.0028	−0.0056	−0.0081	−0.0099	−0.0106
	θ_y	0.0038	0.0073	0.0102	0.0122	0.0128
0.20	θ_x	−0.0046	−0.0094	−0.0141	−0.0176	−0.0190
	θ_y	0.0076	0.0146	0.0206	0.0246	0.0261
0.30	θ_x	−0.0043	−0.0094	−0.0153	−0.0202	−0.0222
	θ_y	0.0113	0.0220	0.0313	0.0377	0.0401
0.40	θ_x	−0.0001	−0.0026	−0.0080	−0.0141	−0.0168
	θ_y	0.0147	0.0291	0.0422	0.0517	0.0553
0.50	θ_x	0.0100	0.0152	0.0134	0.0075	0.0043
	θ_y	0.0173	0.0352	0.0528	0.0667	0.0721
0.60	θ_x	0.0272	0.0481	0.0566	0.0533	0.0505
	θ_y	0.0187	0.0392	0.0620	0.0824	0.0908
0.70	θ_x	0.0492	0.0953	0.1312	0.1485	0.1549
	θ_y	0.0184	0.0397	0.0674	0.0986	0.1108
0.80	θ_x	0.0662	0.1364	0.2139	0.2875	0.3166
	θ_y	0.0174	0.0381	0.0673	0.1116	0.1263
0.85	θ_x	0.0687	0.1428	0.2279	0.3094	0.3425
	θ_y	0.0174	0.0381	0.0673	0.1116	0.1263

$k = 1.7 \quad \alpha = 0.2 \quad \beta = 0.4$

ξ	η	0.10	0.20	0.30	0.40	0.50
0.10	θ_x		−0.0073	−0.0105	−0.0127	−0.0135
	θ_y		0.0095	0.0132	0.0157	0.0166
0.20	θ_x		−0.0125	−0.0183	−0.0226	−0.0242
	θ_y		0.0191	0.0267	0.0318	0.0336
0.30	θ_x		−0.0129	−0.0200	−0.0257	−0.0279
	θ_y		0.0288	0.0406	0.0487	0.0516
0.40	θ_x		−0.0048	−0.0111	−0.0174	−0.0200
	θ_y		0.0383	0.0549	0.0665	0.0708
0.50	θ_x		0.0172	0.0159	0.0113	0.0090
	θ_y		0.0470	0.0691	0.0854	0.0915
0.60	θ_x		0.0591	0.0697	0.0712	0.0716
	θ_y		0.0534	0.0823	0.1051	0.1134
0.70	θ_x		0.1236	0.1665	0.1931	0.2039
	θ_y		0.0554	0.0930	0.1244	0.1347
0.80	θ_x		0.1848	0.2865	0.3661	0.3935
	θ_y		0.0535	0.0990	0.1386	0.1495
0.85	θ_x		0.1949	0.3086	0.3936	0.4242
	θ_y		0.0535	0.0990	0.1386	0.1495

附录四 双向板楼面等效均布荷载计算表

$k=1.7 \quad \alpha=0.2 \quad \beta=0.5$

ξ	η	0.10	0.20	0.30	0.40	0.50
0.10	θ_x		−0.0090	−0.0127	−0.0152	−0.0161
	θ_y		0.0115	0.0159	0.0189	0.0199
0.20	θ_x		−0.0156	−0.0222	−0.0269	−0.0286
	θ_y		0.0232	0.0322	0.0382	0.0402
0.30	θ_x		−0.0165	−0.0245	−0.0303	−0.0325
	θ_y		0.0351	0.0490	0.0583	0.0616
0.40	θ_x		−0.0077	−0.0142	−0.0197	−0.0218
	θ_y		0.0471	0.0664	0.0795	0.0841
0.50	θ_x		0.0173	0.0175	0.0157	0.0149
	θ_y		0.0585	0.0840	0.1016	0.1078
0.60	θ_x		0.0663	0.0805	0.0890	0.0924
	θ_y		0.0680	0.1011	0.1240	0.1318
0.70	θ_x		0.1479	0.1977	0.2336	0.2472
	θ_y		0.0732	0.1170	0.1447	0.1534
0.80	θ_x		0.2354	0.3537	0.4312	0.4570
	θ_y		0.0730	0.1292	0.1585	0.1673
0.85	θ_x		0.2503	0.3832	0.4686	0.4906
	θ_y		0.0730	0.1292	0.1585	0.1673

$k=1.7 \quad \alpha=0.2 \quad \beta=0.6$

ξ	η	0.10	0.20	0.30	0.40	0.50
0.10	θ_x			−0.0146	−0.0173	−0.0182
	θ_y			0.0183	0.0215	0.0226
0.20	θ_x			−0.0256	−0.0304	−0.0321
	θ_y			0.0369	0.0435	0.0458
0.30	θ_x			−0.0284	−0.0340	−0.0360
	θ_y			0.0562	0.0664	0.0699
0.40	θ_x			−0.0170	−0.0211	−0.0225
	θ_y			0.0763	0.0903	0.0951
0.50	θ_x			0.0186	0.0204	0.0211
	θ_y			0.0969	0.1149	0.1210
0.60	θ_x			0.0901	0.1055	0.1114
	θ_y			0.1173	0.1391	0.1463
0.70	θ_x			0.2261	0.2685	0.2836
	θ_y			0.1363	0.1603	0.1679
0.80	θ_x			0.4096	0.4833	0.5074
	θ_y			0.1498	0.1737	0.1809
0.85	θ_x			0.4444	0.5235	0.5491
	θ_y			0.1498	0.1737	0.1809

$k=1.7 \quad \alpha=0.2 \quad \beta=0.7$

ξ	η	0.10	0.20	0.30	0.40	0.50
0.10	θ_x			−0.0161	−0.0189	−0.0198
	θ_y			0.0201	0.0236	0.0249
0.20	θ_x			−0.0284	−0.0332	−0.0348
	θ_y			0.0407	0.0478	0.0502
0.30	θ_x			−0.0316	−0.0367	−0.0384
	θ_y			0.0621	0.0728	0.0765
0.40	θ_x			−0.0194	−0.0219	−0.0226
	θ_y			0.0844	0.0988	0.1037
0.50	θ_x			0.0196	0.0248	0.0270
	θ_y			0.1073	0.1251	0.1311
0.60	θ_x			0.0986	0.1196	0.1274
	θ_y			0.1300	0.1505	0.1571
0.70	θ_x			0.2503	0.2964	0.3124
	θ_y			0.1505	0.1718	0.1785
0.80	θ_x			0.4528	0.5230	0.5459
	θ_y			0.1641	0.1846	0.1909
0.85	θ_x			0.4910	0.5650	0.5890
	θ_y			0.1641	0.1846	0.1909

$k=1.7 \quad \alpha=0.2 \quad \beta=0.8$

ξ	η	0.10	0.20	0.30	0.40	0.50
0.10	θ_x				−0.0201	−0.0210
	θ_y				0.0252	0.0265
0.20	θ_x				−0.0351	−0.0367
	θ_y				0.0509	0.0534
0.30	θ_x				−0.0386	−0.0401
	θ_y				0.0775	0.0812
0.40	θ_x				−0.0222	−0.0223
	θ_y				0.1049	0.1098
0.50	θ_x				0.0285	0.0317
	θ_y				0.1324	0.1382
0.60	θ_x				0.1304	0.1394
	θ_y				0.1584	0.1647
0.70	θ_x				0.3167	0.3331
	θ_y				0.1798	0.1859
0.80	θ_x				0.5509	0.5730
	θ_y				0.1922	0.1979
0.85	θ_x				0.5942	0.6171
	θ_y				0.1922	0.1979

附录四 双向板楼面等效均布荷载计算表

$k = 1.7 \quad \alpha = 0.2 \quad \beta = 0.9$

ξ	η	0.10	0.20	0.30	0.40	0.50
0.10	θ_x				−0.0208	−0.0217
	θ_y				0.0261	0.0274
0.20	θ_x				−0.0363	−0.0378
	θ_y				0.0528	0.0554
0.30	θ_x				−0.0397	−0.0410
	θ_y				0.0803	0.0841
0.40	θ_x				−0.0223	−0.0220
	θ_y				0.1086	0.1135
0.50	θ_x				0.0309	0.0348
	θ_y				0.1368	0.1425
0.60	θ_x				0.1371	0.1468
	θ_y				0.1631	0.1692
0.70	θ_x				0.3290	0.3456
	θ_y				0.1844	0.1902
0.80	θ_x				0.5675	0.5893
	θ_y				0.1966	0.2022
0.85	θ_x				0.6114	0.6283
	θ_y				0.1966	0.2022

$k = 1.7 \quad \alpha = 0.2 \quad \beta = 1.0$

ξ	η	0.10	0.20	0.30	0.40	0.50
0.10	θ_x					−0.0219
	θ_y					0.0278
0.20	θ_x					−0.0381
	θ_y					0.0560
0.30	θ_x					−0.0413
	θ_y					0.0851
0.40	θ_x					−0.0218
	θ_y					0.1147
0.50	θ_x					0.0358
	θ_y					0.1439
0.60	θ_x					0.1493
	θ_y					0.1706
0.70	θ_x					0.3497
	θ_y					0.1917
0.80	θ_x					0.5947
	θ_y					0.2034
0.85	θ_x					0.6338
	θ_y					0.2034

$k = 1.7 \quad \alpha = 0.3 \quad \beta = 0.1$

ξ	η	0.10	0.20	0.30	0.40	0.50
0.10	θ_x	−0.0013	−0.0026	−0.0039	−0.0049	−0.0051
	θ_y	0.0019	0.0037	0.0053	0.0063	0.0067
0.20	θ_x	−0.0020	−0.0043	−0.0067	−0.0088	−0.0099
	θ_y	0.0038	0.0075	0.0106	0.0129	0.0136
0.30	θ_x	−0.0015	−0.0037	−0.0068	−0.0096	−0.0104
	θ_y	0.0057	0.0112	0.0161	0.0197	0.0211
0.40	θ_x	0.0011	0.0006	−0.0022	−0.0064	−0.0091
	θ_y	0.0072	0.0145	0.0216	0.0271	0.0292
0.50	θ_x	0.0066	0.0107	0.0103	0.0061	0.0024
	θ_y	0.0084	0.0172	0.0266	0.0349	0.0387
0.60	θ_x	0.0149	0.0275	0.0347	0.0323	0.0248
	θ_y	0.0088	0.0186	0.0302	0.0432	0.0504
0.70	θ_x	0.0243	0.0480	0.0696	0.0860	0.0920
	θ_y	0.0087	0.0187	0.0313	0.0490	0.0669
0.80	θ_x	0.0308	0.0628	0.0968	0.1314	0.1512
	θ_y	0.0084	0.0182	0.0311	0.0521	0.0800
0.80	θ_x	0.0317	0.0649	0.1007	0.1366	0.1539
	θ_y	0.0084	0.0182	0.0311	0.0521	0.0800

$k = 1.7 \quad \alpha = 0.3 \quad \beta = 0.2$

ξ	η	0.10	0.20	0.30	0.40	0.50
0.10	θ_x	−0.0026	−0.0052	−0.0078	−0.0096	−0.0102
	θ_y	0.0038	0.0074	0.0104	0.0125	0.0132
0.20	θ_x	−0.0041	−0.0086	−0.0133	−0.0174	−0.0191
	θ_y	0.0076	0.0149	0.0211	0.0254	0.0269
0.30	θ_x	−0.0032	−0.0077	−0.0135	−0.0186	−0.0205
	θ_y	0.0113	0.0222	0.0319	0.0389	0.0415
0.40	θ_x	0.0018	0.0006	−0.0047	−0.0125	−0.0166
	θ_y	0.0145	0.0290	0.0428	0.0533	0.0574
0.50	θ_x	0.0125	0.0202	0.0197	0.0129	0.0067
	θ_y	0.0169	0.0346	0.0529	0.0688	0.0755
0.60	θ_x	0.0293	0.0538	0.0669	0.0624	0.0551
	θ_y	0.0179	0.0377	0.0608	0.0850	0.0968
0.70	θ_x	0.0485	0.0955	0.1379	0.1697	0.1806
	θ_y	0.0177	0.0379	0.0640	0.1000	0.1212
0.80	θ_x	0.0618	0.1260	0.1939	0.2597	0.2908
	θ_y	0.0172	0.0368	0.0642	0.1095	0.1386
0.85	θ_x	0.0637	0.1304	0.2017	0.2686	0.2987
	θ_y	0.0172	0.0368	0.0642	0.1095	0.1386

附录四 双向板楼面等效均布荷载计算表

$k = 1.7 \quad \alpha = 0.3 \quad \beta = 0.3$

ξ	η	0.10	0.20	0.30	0.40	0.50
0.10	θ_x	−0.0039	−0.0078	−0.0114	−0.0139	−0.0149
	θ_y	0.0057	0.0110	0.0154	0.0183	0.0194
0.20	θ_x	0.0063	−0.0129	−0.0197	−0.0254	−0.0275
	θ_y	0.0113	0.0220	0.0310	0.0371	0.0394
0.30	θ_x	−0.0052	−0.0120	−0.0201	−0.0268	−0.0296
	θ_y	0.0168	0.0329	0.0470	0.0569	0.0605
0.40	θ_x	0.0017	−0.0004	−0.0079	−0.0177	−0.0219
	θ_y	0.0218	0.0433	0.0632	0.0778	0.0834
0.50	θ_x	0.0173	0.0275	0.0272	0.0205	0.0162
	θ_y	0.0256	0.0522	0.0787	0.1003	0.1087
0.60	θ_x	0.0425	0.0773	0.0945	0.0917	0.0894
	θ_y	0.0275	0.0576	0.0920	0.1237	0.1367
0.70	θ_x	0.0724	0.1419	0.2036	0.2485	0.2649
	θ_y	0.0273	0.0588	0.0989	0.1475	0.1651
0.80	θ_x	0.0935	0.1904	0.2911	0.3793	0.4138
	θ_y	0.0265	0.0578	0.1016	0.1632	0.1842
0.85	θ_x	0.0965	0.1973	0.3022	0.3912	0.4272
	θ_y	0.0265	0.0578	0.1016	0.1632	0.1842

$k = 1.7 \quad \alpha = 0.3 \quad \beta = 0.4$

ξ	η	0.10	0.20	0.30	0.40	0.50
0.10	θ_x		−0.0103	−0.0148	−0.0179	−0.0191
	θ_y		0.0143	0.0199	0.0237	0.0250
0.20	θ_x		−0.0174	−0.0259	−0.0324	−0.0348
	θ_y		0.0287	0.0402	0.0480	0.0507
0.30	θ_x		−0.0167	−0.0263	−0.0341	−0.0373
	θ_y		0.0432	0.0611	0.0733	0.0777
0.40	θ_x		−0.0029	−0.0119	−0.0213	−0.0251
	θ_y		0.0573	0.0823	0.1001	0.1066
0.50	θ_x		0.0322	0.0332	0.0286	0.0259
	θ_y		0.0698	0.1034	0.1284	0.1376
0.60	θ_x		0.0962	0.1161	0.1220	0.1248
	θ_y		0.0787	0.1227	0.1576	0.1700
0.70	θ_x		0.1864	0.2652	0.3199	0.3394
	θ_y		0.0816	0.1380	0.1852	0.2001
0.80	θ_x		0.2558	0.3856	0.4842	0.5194
	θ_y		0.0812	0.1465	0.2029	0.2189
0.85	θ_x		0.2654	0.3989	0.5003	0.5372
	θ_y		0.0812	0.1465	0.2029	0.2189

$k = 1.7 \quad \alpha = 0.3 \quad \beta = 0.5$

ξ	η	0.10	0.20	0.30	0.40	0.50
0.10	θ_x		−0.0127	−0.0178	−0.0214	−0.0227
	θ_y		0.0173	0.0240	0.0284	0.0300
0.20	θ_x		−0.0217	−0.0316	−0.0384	−0.0409
	θ_y		0.0348	0.0485	0.0575	0.0607
0.30	θ_x		−0.0216	−0.0320	−0.0402	−0.0432
	θ_y		0.0526	0.0737	0.0878	0.0927
0.40	θ_x		−0.0068	−0.0160	−0.0235	−0.0263
	θ_y		0.0705	0.0996	0.1195	0.1265
0.50	θ_x		0.0338	0.0378	0.0373	0.0370
	θ_y		0.0871	0.1259	0.1525	0.1618
0.60	θ_x		0.1094	0.1342	0.1516	0.1587
	θ_y		0.1008	0.1512	0.1855	0.1971
0.70	θ_x		0.2278	0.3208	0.3825	0.4041
	θ_y		0.1077	0.1748	0.2151	0.2277
0.80	θ_x		0.3217	0.4725	0.5730	0.6071
	θ_y		0.1098	0.1896	0.2333	0.2463
0.85	θ_x		0.3338	0.4878	0.5927	0.6286
	θ_y		0.1098	0.1896	0.2333	0.2463

$k = 1.7 \quad \alpha = 0.3 \quad \beta = 0.6$

ξ	η	0.10	0.20	0.30	0.40	0.50
0.10	θ_x			−0.0205	−0.0243	−0.0257
	θ_y			0.0275	0.0324	0.0341
0.20	θ_x			−0.0365	−0.0433	−0.0457
	θ_y			0.0556	0.0656	0.0690
0.30	θ_x			−0.0372	−0.0449	−0.0476
	θ_y			0.0846	0.0999	0.1052
0.40	θ_x			−0.0195	−0.0244	−0.0261
	θ_y			0.1146	0.1356	0.1429
0.50	θ_x			0.0411	0.0462	0.0483
	θ_y			0.1453	0.1722	0.1813
0.60	θ_x			0.1513	0.1785	0.1889
	θ_y			0.1755	0.2077	0.2183
0.70	θ_x			0.3685	0.4350	0.4578
	θ_y			0.2029	0.2381	0.2492
0.80	θ_x			0.5460	0.6451	0.6781
	θ_y			0.2201	0.2562	0.2672
0.85	θ_x			0.5641	0.6676	0.7020
	θ_y			0.2201	0.2562	0.2672

附录四 双向板楼面等效均布荷载计算表

$k = 1.7 \quad \alpha = 0.3 \quad \beta = 0.7$

ξ	η	0.10	0.20	0.30	0.40	0.50
0.10	θ_x			−0.0227	−0.0266	−0.0280
	θ_y			0.0304	0.0356	0.0375
0.20	θ_x			−0.0404	−0.0471	−0.0494
	θ_y			0.0613	0.0720	0.0756
0.30	θ_x			−0.0416	−0.0494	−0.0507
	θ_y			0.0934	0.1095	0.1150
0.40	θ_x			−0.0224	−0.0246	−0.0250
	θ_y			0.1268	0.1483	0.1556
0.50	θ_x			0.0439	0.0543	0.0584
	θ_y			0.1609	0.1874	0.1963
0.60	θ_x			0.1665	0.2012	0.2138
	θ_y			0.1944	0.2245	0.2343
0.70	θ_x			0.4068	0.4764	0.5001
	θ_y			0.2238	0.2551	0.2650
0.80	θ_x			0.6038	0.7006	0.7326
	θ_y			0.2417	0.2727	0.2824
0.85	θ_x			0.6244	0.7251	0.7581
	θ_y			0.2417	0.2727	0.2824

$k = 1.7 \quad \alpha = 0.3 \quad \beta = 0.8$

ξ	η	0.10	0.20	0.30	0.40	0.50
0.10	θ_x				−0.0283	−0.0296
	θ_y				0.0380	0.0399
0.20	θ_x				−0.0498	−0.0519
	θ_y				0.0766	0.0804
0.30	θ_x				−0.0508	−0.0526
	θ_y				0.1165	0.1221
0.40	θ_x				−0.0243	−0.0238
	θ_y				0.1574	0.1647
0.50	θ_x				0.0608	0.0664
	θ_y				0.1982	0.2068
0.60	θ_x				0.2182	0.2323
	θ_y				0.2362	0.2454
0.70	θ_x				0.5064	0.5305
	θ_y				0.2669	0.2761
0.80	θ_x				0.7399	0.7712
	θ_y				0.2842	0.2931
0.80	θ_x				0.7657	0.7979
	θ_y				0.2842	0.2931

$k = 1.7 \quad \alpha = 0.3 \quad \beta = 0.9$

ξ	η	0.10	0.20	0.30	0.40	0.50
0.10	θ_x				−0.0292	−0.0305
	θ_y				0.0394	0.0413
0.20	θ_x				−0.0514	−0.0534
	θ_y				0.0795	0.0833
0.30	θ_x				−0.0521	−0.0536
	θ_y				0.1207	0.1264
0.40	θ_x				−0.0239	−0.0228
	θ_y				0.1629	0.1701
0.50	θ_x				0.0650	0.0715
	θ_y				0.2046	0.2130
0.60	θ_x				0.2287	0.2437
	θ_y				0.2432	0.2520
0.70	θ_x				0.5244	0.5488
	θ_y				0.2737	0.2824
0.80	θ_x				0.7652	0.7961
	θ_y				0.2908	0.2995
0.85	θ_x				0.7898	0.8215
	θ_y				0.2908	0.2995

$k = 1.7 \quad \alpha = 0.3 \quad \beta = 1.0$

ξ	η	0.10	0.20	0.30	0.40	0.50
0.10	θ_x					−0.0308
	θ_y					0.0418
0.20	θ_x					−0.0538
	θ_y					0.0843
0.30	θ_x					−0.0540
	θ_y					0.1278
0.40	θ_x					−0.0225
	θ_y					0.1719
0.50	θ_x					0.0733
	θ_y					0.2151
0.60	θ_x					0.2475
	θ_y					0.2542
0.70	θ_x					0.5549
	θ_y					0.2846
0.80	θ_x					0.8021
	θ_y					0.3013
0.85	θ_x					0.8293
	θ_y					0.3013

附录四 双向板楼面等效均布荷载计算表   347

$k=1.7 \quad \alpha=0.4 \quad \beta=0.1$

ξ	η	0.10	0.20	0.30	0.40	0.50
0.20	θ_x	-0.0022	-0.0049	-0.0079	-0.0106	-0.0116
	θ_y	0.0051	0.0100	0.0142	0.0173	0.0184
0.30	θ_x	-0.0012	-0.0035	-0.0073	-0.0113	-0.0132
	θ_y	0.0075	0.0148	0.0215	0.0265	0.0284
0.40	θ_x	0.0026	0.0031	0.0001	-0.0050	-0.0078
	θ_y	0.0095	0.0191	0.0286	0.0363	0.0395
0.50	θ_x	0.0100	0.0171	0.0185	0.0130	0.0078
	θ_y	0.0109	0.0225	0.0349	0.0468	0.0524
0.60	θ_x	0.0205	0.0386	0.0514	0.0546	0.0500
	θ_y	0.0115	0.0242	0.0392	0.0568	0.0694
0.70	θ_x	0.0313	0.0620	0.0911	0.1177	0.1351
	θ_y	0.0115	0.0247	0.0410	0.0637	0.0896
0.80	θ_x	0.0382	0.0771	0.1163	0.1516	0.1670
	θ_y	0.0114	0.0246	0.0418	0.0684	0.1000
0.85	θ_x	0.0392	0.0791	0.1196	0.1554	0.1723
	θ_y	0.0114	0.0246	0.0418	0.0684	0.1000

$k=1.7 \quad \alpha=0.4 \quad \beta=0.2$

ξ	η	0.10	0.20	0.30	0.40	0.50
0.20	θ_x	-0.0045	-0.0098	-0.0157	-0.0195	-0.0227
	θ_y	0.0101	0.0198	0.0282	0.0341	0.0362
0.30	θ_x	-0.0027	-0.0074	-0.0147	-0.0221	-0.0253
	θ_y	0.0149	0.0294	0.0426	0.0522	0.0558
0.40	θ_x	0.0047	0.0053	-0.0004	-0.0094	-0.0141
	θ_y	0.0190	0.0382	0.0568	0.0715	0.0773
0.50	θ_x	0.0193	0.0327	0.0351	0.0258	0.0187
	θ_y	0.0220	0.0452	0.0698	0.0921	0.1019
0.60	θ_x	0.0404	0.0760	0.1004	0.1064	0.1039
	θ_y	0.0233	0.0490	0.0791	0.1131	0.1307
0.70	θ_x	0.0625	0.1236	0.1815	0.2325	0.2591
	θ_y	0.0235	0.0498	0.0837	0.1313	0.1601
0.80	θ_x	0.0767	0.1544	0.2318	0.2987	0.3270
	θ_y	0.0232	0.0498	0.0860	0.1421	0.1767
0.85	θ_x	0.0786	0.1585	0.2380	0.3041	0.3352
	θ_y	0.0232	0.0498	0.0860	0.1421	0.1767

$k=1.7 \quad \alpha=0.4 \quad \beta=0.3$

ξ	η	0.10	0.20	0.30	0.40	0.50
0.20	θ_x	-0.0070	-0.0150	-0.0233	-0.0301	-0.0327
	θ_y	0.0151	0.0293	0.0415	0.0499	0.0529
0.30	θ_x	-0.0047	-0.0120	-0.0221	-0.0318	-0.0358
	θ_y	0.0222	0.0437	0.0628	0.0763	0.0814
0.40	θ_x	0.0057	0.0058	-0.0018	-0.0127	-0.0178
	θ_y	0.0286	0.0572	0.0840	0.1044	0.1122
0.50	θ_x	0.0271	0.0456	0.0485	0.0392	0.0337
	θ_y	0.0334	0.0683	0.1042	0.1342	0.1461
0.60	θ_x	0.0592	0.1105	0.1447	0.1561	0.1593
	θ_y	0.0357	0.0749	0.1201	0.1653	0.1829
0.70	θ_x	0.0933	0.1845	0.2704	0.3409	0.3705
	θ_y	0.0361	0.0773	0.1293	0.1942	0.2169
0.80	θ_x	0.1154	0.2317	0.3450	0.4361	0.4711
	θ_y	0.0358	0.0779	0.1346	0.2104	0.2372
0.85	θ_x	0.1183	0.2379	0.3536	0.4434	0.4832
	θ_y	0.0358	0.0779	0.1346	0.2104	0.2372

$k=1.7 \quad \alpha=0.4 \quad \beta=0.4$

ξ	η	0.10	0.20	0.30	0.40	0.50
0.20	θ_x		-0.0202	-0.0305	-0.0384	-0.0414
	θ_y		0.0383	0.0539	0.0644	0.0681
0.30	θ_x		-0.0173	-0.0295	-0.0400	-0.0442
	θ_y		0.0575	0.0816	0.0983	0.1044
0.40	θ_x		0.0043	-0.0042	-0.0144	-0.0189
	θ_y		0.0758	0.1097	0.1341	0.1430
0.50	θ_x		0.0544	0.0585	0.0538	0.0516
	θ_y		0.0917	0.1372	0.1716	0.1842
0.60	θ_x		0.1408	0.1824	0.2043	0.2129
	θ_y		0.1024	0.1621	0.2098	0.2262
0.70	θ_x		0.2440	0.3562	0.4373	0.4651
	θ_y		0.1069	0.1814	0.2435	0.2627
0.80	θ_x		0.3085	0.4531	0.5591	0.5974
	θ_y		0.1089	0.1919	0.2630	0.2843
0.85	θ_x		0.3166	0.4626	0.5691	0.6082
	θ_y		0.1089	0.1919	0.2630	0.2843

附录四 双向板楼面等效均布荷载计算表

$k = 1.7 \quad \alpha = 0.4 \quad \beta = 0.5$

ξ	η	0.10	0.20	0.30	0.40	0.50
0.20	θ_x		−0.0255	−0.0371	−0.0455	−0.0486
	θ_y		0.0466	0.0650	0.0771	0.0814
0.30	θ_x		−0.0233	−0.0365	−0.0466	−0.0504
	θ_y		0.0702	0.0986	0.1176	0.1243
0.40	θ_x		0.0008	−0.0070	−0.0146	−0.0176
	θ_y		0.0935	0.1330	0.1599	0.1693
0.50	θ_x		0.0585	0.0663	0.0693	0.0706
	θ_y		0.1151	0.1675	0.2034	0.2159
0.60	θ_x		0.1652	0.2152	0.2493	0.2621
	θ_y		0.1317	0.2010	0.2463	0.2612
0.70	θ_x		0.3018	0.4342	0.5201	0.5492
	θ_y		0.1409	0.2303	0.2826	0.2990
0.80	θ_x		0.3833	0.5514	0.6648	0.7040
	θ_y		0.1462	0.2462	0.3032	0.3206
0.85	θ_x		0.3930	0.5618	0.6775	0.7178
	θ_y		0.1462	0.2462	0.3032	0.3206

$k = 1.7 \quad \alpha = 0.4 \quad \beta = 0.6$

ξ	η	0.10	0.20	0.30	0.40	0.50
0.20	θ_x			−0.0429	−0.0512	−0.0542
	θ_y			0.0745	0.0879	0.0926
0.30	θ_x			−0.0427	−0.0516	−0.0546
	θ_y			0.1132	0.1338	0.1409
0.40	θ_x			−0.0098	−0.0136	−0.0148
	θ_y			0.1531	0.1812	0.1909
0.50	θ_x			0.0731	0.0843	0.0889
	θ_y			0.1936	0.2293	0.2414
0.60	θ_x			0.2447	0.2888	0.3047
	θ_y			0.2331	0.2752	0.2889
0.70	θ_x			0.4998	0.5887	0.6188
	θ_y			0.2670	0.3127	0.3272
0.80	θ_x			0.6358	0.7518	0.7909
	θ_y			0.2860	0.3341	0.3488
0.80	θ_x			0.6477	0.7667	0.8071
	θ_y			0.2860	0.3341	0.3488

$k = 1.7 \quad \alpha = 0.4 \quad \beta = 0.7$

ξ	η	0.10	0.20	0.30	0.40	0.50
0.20	θ_x			−0.0477	−0.0556	−0.0583
	θ_y			0.0822	0.0965	0.1014
0.30	θ_x			−0.0478	−0.0551	−0.0574
	θ_y			0.1251	0.1466	0.1539
0.40	θ_x			−0.0120	−0.0119	−0.0114
	θ_y			0.1694	0.1980	0.2076
0.50	θ_x			0.0793	0.0977	0.1048
	θ_y			0.2143	0.2492	0.2608
0.60	θ_x			0.2698	0.3212	0.3394
	θ_y			0.2578	0.2970	0.3097
0.70	θ_x			0.5515	0.6426	0.6733
	θ_y			0.2941	0.3350	0.3481
0.80	θ_x			0.7031	0.8194	0.8582
	θ_y			0.3147	0.3564	0.3695
0.85	θ_x			0.7166	0.8362	0.8762
	θ_y			0.3147	0.3564	0.3695

$k = 1.7 \quad \alpha = 0.4 \quad \beta = 0.8$

ξ	η	0.10	0.20	0.30	0.40	0.50
0.20	θ_x				−0.0587	−0.0611
	θ_y				0.1027	0.1077
0.30	θ_x				−0.0573	−0.0589
	θ_y				0.1558	0.1632
0.40	θ_x				−0.0101	−0.0083
	θ_y				0.2099	0.2195
0.50	θ_x				0.1082	0.1171
	θ_y				0.2633	0.2745
0.60	θ_x				0.3451	0.3648
	θ_y				0.3122	0.3242
0.70	θ_x				0.6813	0.7124
	θ_y				0.3507	0.3628
0.80	θ_x				0.8676	0.9061
	θ_y				0.3719	0.3839
0.85	θ_x				0.8857	0.9252
	θ_y				0.3719	0.3839

$k = 1.7 \quad \alpha = 0.4 \quad \beta = 0.9$

ξ	η	0.10	0.20	0.30	0.40	0.50
0.20	θ_x				−0.0605	−0.0627
	θ_y				0.1064	0.1115
0.30	θ_x				−0.0586	−0.0597
	θ_y				0.1614	0.1688
0.40	θ_x				−0.0088	−0.0062
	θ_y				0.2171	0.2266
0.50	θ_x				0.1148	0.1248
	θ_y				0.2717	0.2826
0.60	θ_x				0.3599	0.3804
	θ_y				0.3212	0.3327
0.70	θ_x				0.7046	0.7359
	θ_y				0.3596	0.3711
0.80	θ_x				0.8965	0.9347
	θ_y				0.3810	0.3925
0.85	θ_x				0.9153	0.9545
	θ_y				0.3810	0.3925

$k = 1.7 \quad \alpha = 0.4 \quad \beta = 1.0$

ξ	η	0.10	0.20	0.30	0.40	0.50
0.20	θ_x					−0.0632
	θ_y					0.1128
0.30	θ_x					−0.0600
	θ_y					0.1707
0.40	θ_x					−0.0055
	θ_y					0.2289
0.50	θ_x					0.1274
	θ_y					0.2853
0.60	θ_x					0.3856
	θ_y					0.3356
0.70	θ_x					0.7438
	θ_y					0.3742
0.80	θ_x					0.9443
	θ_y					0.3952
0.85	θ_x					0.9643
	θ_y					0.3952

附录四 双向板楼面等效均布荷载计算表

$k = 1.7 \quad \alpha = 0.5 \quad \beta = 0.1$

ξ	η	0.10	0.20	0.30	0.40	0.50
0.20	θ_x	-0.0020	-0.0047	-0.0082	-0.0114	-0.0125
	θ_y	0.0063	0.0124	0.0179	0.0218	0.0233
0.30	θ_x	-0.0002	-0.0020	-0.0061	-0.0113	-0.0143
	θ_y	0.0092	0.0183	0.0268	0.0334	0.0359
0.40	θ_x	0.0050	0.0074	0.0051	-0.0012	-0.0050
	θ_y	0.0116	0.0235	0.0354	0.0458	0.0502
0.50	θ_x	0.0143	0.0255	0.0304	0.0257	0.0174
	θ_y	0.0132	0.0273	0.0427	0.0586	0.0670
0.60	θ_x	0.0262	0.0503	0.0702	0.0835	0.0885
	θ_y	0.0141	0.0295	0.0475	0.0695	0.0895
0.70	θ_x	0.0373	0.0739	0.1087	0.1402	0.1561
	θ_y	0.0143	0.0305	0.0504	0.0781	0.1089
0.80	θ_x	0.0439	0.0876	0.1294	0.1634	0.1772
	θ_y	0.0144	0.0310	0.0522	0.0835	0.1178
0.85	θ_x	0.0448	0.0894	0.1319	0.1664	0.1796
	θ_y	0.0144	0.0310	0.0522	0.0835	0.1178

$k = 1.7 \quad \alpha = 0.5 \quad \beta = 0.2$

ξ	η	0.10	0.20	0.30	0.40	0.50
0.20	θ_x	-0.0041	-0.0096	-0.0164	-0.0223	-0.0245
	θ_y	0.0126	0.0247	0.0353	0.0430	0.0458
0.30	θ_x	-0.0008	-0.0046	-0.0125	-0.0221	-0.0268
	θ_y	0.0184	0.0365	0.0532	0.0658	0.0706
0.40	θ_x	0.0094	0.0136	0.0092	-0.0018	-0.0081
	θ_y	0.0232	0.0470	0.0705	0.0900	0.0980
0.50	θ_x	0.0278	0.0494	0.0583	0.0497	0.0407
	θ_y	0.0267	0.0549	0.0857	0.1155	0.1294
0.60	θ_x	0.0518	0.0995	0.1387	0.1650	0.1744
	θ_y	0.0284	0.0595	0.0961	0.1405	0.1649
0.70	θ_x	0.0744	0.1473	0.2167	0.2774	0.3030
	θ_y	0.0291	0.0616	0.1029	0.1607	0.1955
0.80	θ_x	0.0878	0.1748	0.2569	0.3218	0.3473
	θ_y	0.0293	0.0628	0.1072	0.1719	0.2106
0.85	θ_x	0.0896	0.1783	0.2619	0.3280	0.3523
	θ_y	0.0293	0.0628	0.1072	0.1719	0.2106

$k = 1.7 \quad \alpha = 0.5 \quad \beta = 0.3$

ξ	η	0.10	0.20	0.30	0.40	0.50
0.20	θ_x	-0.0067	-0.0149	-0.0243	-0.0321	-0.0354
	θ_y	0.0187	0.0366	0.0521	0.0630	0.0669
0.30	θ_x	-0.0022	-0.0083	-0.0194	-0.0316	-0.0368
	θ_y	0.0275	0.0543	0.0786	0.0962	0.1028
0.40	θ_x	0.0125	0.0175	0.0117	-0.0011	-0.0074
	θ_y	0.0350	0.0705	0.1046	0.1314	0.1417
0.50	θ_x	0.0398	0.0701	0.0816	0.0735	0.0689
	θ_y	0.0405	0.0832	0.1287	0.1684	0.1842
0.60	θ_x	0.0764	0.1466	0.2040	0.2422	0.2556
	θ_y	0.0435	0.0911	0.1465	0.2065	0.2286
0.70	θ_x	0.1112	0.2200	0.3227	0.4062	0.4379
	θ_y	0.0447	0.0954	0.1589	0.2376	0.2654
0.80	θ_x	0.1315	0.2609	0.3803	0.4702	0.5040
	θ_y	0.0452	0.0977	0.1671	0.2535	0.2851
0.85	θ_x	0.1342	0.2659	0.3877	0.4795	0.5140
	θ_y	0.0452	0.0977	0.1671	0.2535	0.2851

$k = 1.7 \quad \alpha = 0.5 \quad \beta = 0.4$

ξ	η	0.10	0.20	0.30	0.40	0.50
0.20	θ_x		-0.0205	-0.0318	-0.0409	-0.0445
	θ_y		0.0479	0.0677	0.0812	0.0860
0.30	θ_x		-0.0133	-0.0267	-0.0392	-0.0442
	θ_y		0.0716	0.1023	0.1238	0.1316
0.40	θ_x		0.0186	0.0128	0.0012	-0.0035
	θ_y		0.0937	0.1370	0.1685	0.1801
0.50	θ_x		0.0862	0.0991	0.0990	0.0994
	θ_y		0.1123	0.1704	0.2150	0.2310
0.60	θ_x		0.1905	0.2645	0.3131	0.3300
	θ_y		0.1244	0.2001	0.2610	0.2810
0.70	θ_x		0.2911	0.4247	0.5212	0.5547
	θ_y		0.1317	0.2226	0.2981	0.3214
0.80	θ_x		0.3447	0.4963	0.6045	0.6436
	θ_y		0.1362	0.2346	0.3180	0.3438
0.85	θ_x		0.3513	0.5063	0.6163	0.6559
	θ_y		0.1362	0.2346	0.3180	0.3438

$k = 1.7 \quad \alpha = 0.5 \quad \beta = 0.5$

ξ	η	0.10	0.20	0.30	0.40	0.50
0.20	θ_x		-0.0263	-0.0388	-0.0483	-0.0518
	θ_y		0.0584	0.0817	0.0972	0.1026
0.30	θ_x		-0.0195	-0.0338	-0.0449	-0.0490
	θ_y		0.0878	0.1237	0.1479	0.1565
0.40	θ_x		0.0167	0.0129	0.0070	0.0028
	θ_y		0.1162	0.1665	0.2006	0.2126
0.50	θ_x		0.0958	0.1133	0.1247	0.1296
	θ_y		0.1419	0.2089	0.2543	0.2697
0.60	θ_x		0.2301	0.3187	0.3760	0.3959
	θ_y		0.1605	0.2500	0.3055	0.3236
0.70	θ_x		0.3600	0.5174	0.6202	0.6550
	θ_y		0.1734	0.2823	0.3461	0.3661
0.80	θ_x		0.4243	0.6013	0.7207	0.7630
	θ_y		0.1812	0.2986	0.3679	0.3892
0.85	θ_x		0.4325	0.6137	0.7353	0.7778
	θ_y		0.1812	0.2986	0.3679	0.3892

$k = 1.7 \quad \alpha = 0.5 \quad \beta = 0.6$

ξ	η	0.10	0.20	0.30	0.40	0.50
0.20	θ_x			-0.0450	-0.0493	-0.0573
	θ_y			0.0937	0.1107	0.1165
0.30	θ_x			-0.0400	-0.0488	-0.0517
	θ_y			0.1422	0.1681	0.1770
0.40	θ_x			0.0124	0.0120	0.0122
	θ_y			0.1918	0.2270	0.2391
0.50	θ_x			0.1267	0.1488	0.1573
	θ_y			0.2417	0.2859	0.3007
0.60	θ_x			0.3649	0.4295	0.4518
	θ_y			0.2895	0.3406	0.3572
0.70	θ_x			0.5957	0.7020	0.7379
	θ_y			0.3273	0.3833	0.4010
0.80	θ_x			0.6918	0.8178	0.8609
	θ_y			0.3476	0.4065	0.4246
0.85	θ_x			0.7059	0.8342	0.8782
	θ_y			0.3476	0.4065	0.4246

附录四 双向板楼面等效均布荷载计算表

$\alpha = 0.5 \quad \beta = 0.7$

ξ	η	0.10	0.20	0.30	0.40	0.50
0.20	θ_x			−0.0502	−0.0585	−0.0612
	θ_y			0.1035	0.1213	0.1274
0.30	θ_x			−0.0451	−0.0512	−0.0530
	θ_y			0.1571	0.1839	0.1931
0.40	θ_x			0.0120	0.0172	0.0196
	θ_y			0.2122	0.2476	0.2595
0.50	θ_x			0.1390	0.1693	0.1806
	θ_y			0.2675	0.3102	0.3243
0.60	θ_x			0.4022	0.4724	0.4965
	θ_y			0.3195	0.3670	0.3824
0.70	θ_x			0.6575	0.7662	0.8028
	θ_y			0.3604	0.4108	0.4269
0.80	θ_x			0.7647	0.8940	0.9382
	θ_y			0.3821	0.4347	0.4512
0.85	θ_x			0.7801	0.9120	0.9565
	θ_y			0.3821	0.4347	0.4512

$\alpha = 0.5 \quad \beta = 0.8$

ξ	η	0.10	0.20	0.30	0.40	0.50
0.20	θ_x				−0.0614	−0.0637
	θ_y				0.1291	0.1353
0.30	θ_x				−0.0525	−0.0534
	θ_y				0.1954	0.2045
0.40	θ_x				0.0216	0.0257
	θ_y				0.2623	0.2740
0.50	θ_x				0.1850	0.1981
	θ_y				0.3273	0.3409
0.60	θ_x				0.5036	0.5290
	θ_y				0.3856	0.4002
0.70	θ_x				0.8124	0.8494
	θ_y				0.4302	0.4451
0.80	θ_x				0.9487	0.9926
	θ_y				0.4542	0.4693
0.85	θ_x				0.9678	1.0125
	θ_y				0.4542	0.4693

$k = 1.7 \quad \alpha = 0.5 \quad \beta = 0.9$

ξ	η	0.10	0.20	0.30	0.40	0.50
0.20	θ_x				−0.0631	−0.0651
	θ_y				0.1337	0.1400
0.30	θ_x				−0.0532	−0.0533
	θ_y				0.2022	0.2114
0.40	θ_x				0.0246	0.0297
	θ_y				0.2711	0.2827
0.50	θ_x				0.1948	0.2091
	θ_y				0.3375	0.3507
0.60	θ_x				0.5226	0.5488
	θ_y				0.3964	0.4105
0.70	θ_x				0.8401	0.8774
	θ_y				0.4412	0.4555
0.80	θ_x				0.9816	1.0255
	θ_y				0.4656	0.4798
0.85	θ_x				1.0013	1.0461
	θ_y				0.4656	0.4798

$k = 1.7 \quad \alpha = 0.5 \quad \beta = 1.0$

ξ	η	0.10	0.20	0.30	0.40	0.50
0.20	θ_x					−0.0656
	θ_y					0.1416
0.30	θ_x					−0.0533
	θ_y					0.2137
0.40	θ_x					0.0311
	θ_y					0.2855
0.50	θ_x					0.2128
	θ_y					0.3540
0.60	θ_x					0.5554
	θ_y					0.4141
0.70	θ_x					0.8868
	θ_y					0.4593
0.80	θ_x					1.0370
	θ_y					0.4833
0.85	θ_x					1.0574
	θ_y					0.4833

$k = 1.7 \quad \alpha = 0.6 \quad \beta = 0.1$

ξ	η	0.10	0.20	0.30	0.40	0.50
0.30	θ_x	0.0017	0.0012	−0.0026	−0.0085	−0.0115
	θ_y	0.0108	0.0216	0.0321	0.0405	0.0440
0.40	θ_x	0.0085	0.0139	0.0136	0.0068	0.0011
	θ_y	0.0135	0.0275	0.0420	0.0553	0.0615
0.50	θ_x	0.0192	0.0356	0.0463	0.0475	0.0421
	θ_y	0.0153	0.0317	0.0499	0.0698	0.0833
0.60	θ_x	0.0316	0.0616	0.0886	0.1121	0.1281
	θ_y	0.0164	0.0345	0.0554	0.0817	0.1090
0.70	θ_x	0.0421	0.0832	0.1216	0.1537	0.1677
	θ_y	0.0171	0.0362	0.0596	0.0917	0.1255
0.80	θ_x	0.0479	0.0946	0.1373	0.1698	0.1824
	θ_y	0.0174	0.0372	0.0623	0.0972	0.1333
0.85	θ_x	0.0487	0.0960	0.1392	0.1720	0.1841
	θ_y	0.0174	0.0372	0.0623	0.0972	0.1333

$k = 1.7 \quad \alpha = 0.6 \quad \beta = 0.2$

ξ	η	0.10	0.20	0.30	0.40	0.50
0.30	θ_x	0.0028	0.0015	−0.0059	−0.0162	−0.0213
	θ_y	0.0216	0.0432	0.0637	0.0798	0.0861
0.40	θ_x	0.0163	0.0265	0.0256	0.0137	0.0056
	θ_y	0.0271	0.0551	0.0837	0.1089	0.1197
0.50	θ_x	0.0378	0.0699	0.0902	0.0925	0.0885
	θ_y	0.0309	0.0639	0.1003	0.1389	0.1582
0.60	θ_x	0.0629	0.1225	0.1764	0.2226	0.2462
	θ_y	0.0333	0.0694	0.1122	0.1667	0.1979
0.70	θ_x	0.0840	0.1657	0.2417	0.3032	0.3268
	θ_y	0.0346	0.0732	0.1216	0.1877	0.2268
0.80	θ_x	0.0956	0.1882	0.2720	0.3345	0.3583
	θ_y	0.0354	0.0754	0.1272	0.1987	0.2407
0.85	θ_x	0.0970	0.1910	0.2758	0.3394	0.3611
	θ_y	0.0354	0.0754	0.1272	0.1987	0.2407

附录四 双向板楼面等效均布荷载计算表

$k=1.7$ $\alpha=0.6$ $\beta=0.3$

ξ	η	0.10	0.20	0.30	0.40	0.50
0.30	θ_x	0.0029	0.0003	−0.0099	−0.0226	−0.0284
	θ_y	0.0324	0.0645	0.0943	0.1166	0.1250
0.40	θ_x	0.0225	0.0360	0.0345	0.0216	0.0147
	θ_y	0.0409	0.0829	0.1248	0.1588	0.1722
0.50	θ_x	0.0549	0.1011	0.1294	0.1359	0.1371
	θ_y	0.0470	0.0969	0.1514	0.2030	0.2230
0.60	θ_x	0.0933	0.1819	0.2623	0.3267	0.3502
	θ_y	0.0508	0.1064	0.1714	0.2460	0.2723
0.70	θ_x	0.1253	0.2469	0.3585	0.4436	0.4737
	θ_y	0.0532	0.1131	0.1874	0.2771	0.3091
0.80	θ_x	0.1425	0.2798	0.4016	0.4894	0.5219
	θ_y	0.0545	0.1170	0.1966	0.2929	0.3279
0.85	θ_x	0.1447	0.2839	0.4072	0.4970	0.5298
	θ_y	0.0545	0.1170	0.1966	0.2929	0.3279

$k=1.7$ $\alpha=0.6$ $\beta=0.4$

ξ	η	0.10	0.20	0.30	0.40	0.50
0.30	θ_x		−0.0030	−0.0147	−0.0272	−0.0324
	θ_y		0.0853	0.1230	0.1498	0.1596
0.40	θ_x		0.0418	0.0402	0.0312	0.0274
	θ_y		0.1108	0.1640	0.2034	0.2178
0.50	θ_x		0.1279	0.1624	0.1786	0.1850
	θ_y		0.1312	0.2027	0.2585	0.2777
0.60	θ_x		0.2393	0.3451	0.4199	0.4451
	θ_y		0.1454	0.2363	0.3101	0.3334
0.70	θ_x		0.3257	0.4689	0.5704	0.6064
	θ_y		0.1559	0.2611	0.3483	0.3754
0.80	θ_x		0.3676	0.5227	0.6303	0.6690
	θ_y		0.1623	0.2743	0.3679	0.3974
0.85	θ_x		0.3728	0.5305	0.6399	0.6789
	θ_y		0.1623	0.2743	0.3679	0.3974

$k=1.7$ $\alpha=0.6$ $\beta=0.5$

ξ	η	0.10	0.20	0.30	0.40	0.50
0.30	θ_x		−0.0082	−0.0197	−0.0298	−0.0337
	θ_y		0.1050	0.1490	0.1787	0.1892
0.40	θ_x		0.0430	0.0441	0.0424	0.0421
	θ_y		0.1383	0.1997	0.2416	0.2561
0.50	θ_x		0.1486	0.1907	0.2190	0.2296
	θ_y		0.1668	0.2501	0.3046	0.3228
0.60	θ_x		0.2939	0.4200	0.5004	0.5274
	θ_y		0.1879	0.2967	0.3620	0.3831
0.70	θ_x		0.4004	0.5689	0.6805	0.7189
	θ_y		0.2046	0.3302	0.4049	0.4284
0.80	θ_x		0.4495	0.6320	0.7538	0.7964
	θ_y		0.2142	0.3474	0.4271	0.4522
0.85	θ_x		0.4556	0.6417	0.7650	0.8082
	θ_y		0.2142	0.3474	0.4271	0.4522

$k=1.7$ $\alpha=0.6$ $\beta=0.6$

ξ	η	0.10	0.20	0.30	0.40	0.50
0.30	θ_x			−0.0243	−0.0309	−0.0330
	θ_y			0.1714	0.2028	0.2135
0.40	θ_x			0.0475	0.0539	0.0568
	θ_y			0.2305	0.2728	0.2872
0.50	θ_x			0.2164	0.2549	0.2688
	θ_y			0.2894	0.3416	0.3588
0.60	θ_x			0.4827	0.5676	0.5963
	θ_y			0.3433	0.4030	0.4223
0.70	θ_x			0.6544	0.7721	0.8121
	θ_y			0.3829	0.4489	0.4698
0.80	θ_x			0.7259	0.8572	0.9024
	θ_y			0.4033	0.4731	0.4952
0.85	θ_x			0.7369	0.8699	0.9157
	θ_y			0.4033	0.4731	0.4952

$k=1.7$ $\alpha=0.6$ $\beta=0.7$

ξ	η	0.10	0.20	0.30	0.40	0.50
0.30	θ_x			−0.0282	−0.0308	−0.0313
	θ_y			0.1895	0.2216	0.2325
0.40	θ_x			0.0509	0.0645	0.0700
	θ_y			0.2551	0.2971	0.3110
0.50	θ_x			0.2382	0.2845	0.3009
	θ_y			0.3199	0.3698	0.3862
0.60	θ_x			0.5321	0.6207	0.6507
	θ_y			0.3785	0.4338	0.4517
0.70	θ_x			0.7226	0.8442	0.8852
	θ_y			0.4219	0.4815	0.5006
0.80	θ_x			0.8017	0.9390	0.9856
	θ_y			0.4446	0.5069	0.5267
0.85	θ_x			0.8137	0.9529	1.0002
	θ_y			0.4446	0.5069	0.5267

$k=1.7$ $\alpha=0.6$ $\beta=0.8$

ξ	η	0.10	0.20	0.30	0.40	0.50
0.30	θ_x				−0.0302	−0.0293
	θ_y				0.2351	0.2459
0.40	θ_x				0.0730	0.0804
	θ_y				0.3142	0.3279
0.50	θ_x				0.3065	0.3247
	θ_y				0.3897	0.4054
0.60	θ_x				0.6591	0.6901
	θ_y				0.4556	0.4726
0.70	θ_x				0.8961	0.9378
	θ_y				0.5045	0.5223
0.80	θ_x				0.9980	1.0455
	θ_y				0.5304	0.5486
0.85	θ_x				1.0127	1.0610
	θ_y				0.5304	0.5486

$k=1.7 \quad \alpha=0.6 \quad \beta=0.9$

ξ	η	0.10	0.20	0.30	0.40	0.50
0.30	θ_x				−0.0296	−0.0279
	θ_y				0.2432	0.2540
0.40	θ_x				0.0785	0.0870
	θ_y				0.3245	0.3380
0.50	θ_x				0.3201	0.3394
	θ_y				0.4015	0.4168
0.60	θ_x				0.6823	0.7140
	θ_y				0.4682	0.4846
0.70	θ_x				0.9274	0.9695
	θ_y				0.5176	0.5347
0.80	θ_x				1.0336	1.0815
	θ_y				0.5442	0.5616
0.85	θ_x				1.0489	1.0976
	θ_y				0.5442	0.5616

$k=1.7 \quad \alpha=0.6 \quad \beta=1.0$

ξ	η	0.10	0.20	0.30	0.40	0.50
0.30	θ_x					−0.0274
	θ_y					0.2567
0.40	θ_x					0.0893
	θ_y					0.3413
0.50	θ_x					0.3443
	θ_y					0.4206
0.60	θ_x					0.7220
	θ_y					0.4888
0.70	θ_x					0.9801
	θ_y					0.5391
0.80	θ_x					1.0935
	θ_y					0.5656
0.85	θ_x					1.1098
	θ_y					0.5656

$k=1.7 \quad \alpha=0.7 \quad \beta=0.1$

ξ	η	0.10	0.20	0.30	0.40	0.50
0.30	θ_x	0.0046	0.0065	0.0037	−0.0029	−0.0059
	θ_y	0.0122	0.0247	0.0372	0.0478	0.0525
0.40	θ_x	0.0130	0.0229	0.0264	0.0208	0.0145
	θ_y	0.0152	0.0310	0.0480	0.0649	0.0739
0.50	θ_x	0.0246	0.0470	0.0649	0.0766	0.0807
	θ_y	0.0172	0.0357	0.0564	0.0803	0.1009
0.60	θ_x	0.0366	0.0718	0.1044	0.1335	0.1482
	θ_y	0.0187	0.0392	0.0630	0.0935	0.1254
0.70	θ_x	0.0457	0.0899	0.1299	0.1610	0.1730
	θ_y	0.0197	0.0418	0.0684	0.1041	0.1401
0.80	θ_x	0.0505	0.0987	0.1413	0.1722	0.1840
	θ_y	0.0203	0.0433	0.0716	0.1095	0.1470
0.85	θ_x	0.0511	0.0998	0.1426	0.1732	0.1845
	θ_y	0.0203	0.0433	0.0716	0.1095	0.1470

$k=1.7 \quad \alpha=0.7 \quad \beta=0.2$

ξ	η	0.10	0.20	0.30	0.40	0.50
0.30	θ_x	0.0085	0.0117	0.0064	−0.0052	−0.0102
	θ_y	0.0245	0.0494	0.0740	0.0942	0.1024
0.40	θ_x	0.0252	0.0442	0.0505	0.0401	0.0306
	θ_y	0.0305	0.0624	0.0961	0.1280	0.1426
0.50	θ_x	0.0487	0.0929	0.1283	0.1512	0.1593
	θ_y	0.0348	0.0719	0.1137	0.1617	0.1875
0.60	θ_x	0.0729	0.1430	0.2081	0.2647	0.2888
	θ_y	0.0378	0.0789	0.1278	0.1912	0.2280
0.70	θ_x	0.0911	0.1788	0.2577	0.3171	0.3399
	θ_y	0.0400	0.0844	0.1393	0.2122	0.2544
0.80	θ_x	0.1004	0.1961	0.2797	0.3396	0.3618
	θ_y	0.0413	0.0875	0.1453	0.2230	0.2672
0.85	θ_x	0.1016	0.1982	0.2822	0.3412	0.3635
	θ_y	0.0413	0.0875	0.1453	0.2230	0.2672

$k=1.7 \quad \alpha=0.7 \quad \beta=0.3$

ξ	η	0.10	0.20	0.30	0.40	0.50
0.30	θ_x	0.0110	0.0147	0.0075	−0.0062	−0.0113
	θ_y	0.0369	0.0741	0.1097	0.1374	0.1481
0.40	θ_x	0.0359	0.0623	0.0701	0.0596	0.0540
	θ_y	0.0462	0.0942	0.1440	0.1867	0.2036
0.50	θ_x	0.0716	0.1365	0.1885	0.2222	0.2338
	θ_y	0.0529	0.1095	0.1724	0.2376	0.2615
0.60	θ_x	0.1084	0.2129	0.3098	0.3880	0.4158
	θ_y	0.0578	0.1210	0.1956	0.2823	0.3127
0.70	θ_x	0.1356	0.2655	0.3808	0.4639	0.4950
	θ_y	0.0614	0.1301	0.2142	0.3127	0.3484
0.80	θ_x	0.1492	0.2905	0.4122	0.4975	0.5284
	θ_y	0.0634	0.1353	0.2243	0.3280	0.3658
0.85	θ_x	0.1509	0.2936	0.4156	0.5013	0.5321
	θ_y	0.0634	0.1353	0.2243	0.3280	0.3658

$k=1.7 \quad \alpha=0.7 \quad \beta=0.4$

ξ	η	0.10	0.20	0.30	0.40	0.50
0.30	θ_x		0.0148	0.0073	−0.0054	−0.0105
	θ_y		0.0985	0.1436	0.1764	0.1883
0.40	θ_x		0.0757	0.0843	0.0811	0.0803
	θ_y		0.1266	0.1904	0.2387	0.2560
0.50	θ_x		0.1770	0.2441	0.2875	0.3025
	θ_y		0.1484	0.2337	0.3012	0.3234
0.60	θ_x		0.2809	0.4076	0.4982	0.5293
	θ_y		0.1654	0.2703	0.3556	0.3824
0.70	θ_x		0.3488	0.4958	0.5977	0.6341
	θ_y		0.1791	0.2967	0.3937	0.4244
0.80	θ_x		0.3801	0.5357	0.6415	0.6792
	θ_y		0.1868	0.3106	0.4132	0.4461
0.85	θ_x		0.3840	0.5393	0.6447	0.6823
	θ_y		0.1868	0.3106	0.4132	0.4461

附录四 双向板楼面等效均布荷载计算表

$k = 1.7 \quad \alpha = 0.7 \quad \beta = 0.5$

ξ	η	0.10	0.20	0.30	0.40	0.50
0.30	θ_x		0.0120	0.0061	−0.0029	−0.0054
	θ_y		0.1219	0.1744	0.2100	0.2225
0.40	θ_x		0.0831	0.0954	0.1033	0.1069
	θ_y		0.1592	0.2329	0.2827	0.2997
0.50	θ_x		0.2131	0.2938	0.3457	0.3636
	θ_y		0.1896	0.2905	0.3536	0.3743
0.60	θ_x		0.3464	0.4964	0.5933	0.6260
	θ_y		0.2145	0.3400	0.4149	0.4388
0.70	θ_x		0.4265	0.5995	0.7148	0.7549
	θ_y		0.2341	0.3741	0.4583	0.4851
0.80	θ_x		0.4627	0.6466	0.7684	0.8109
	θ_y		0.2448	0.3916	0.4807	0.5091
0.85	θ_x		0.4674	0.6505	0.7726	0.8154
	θ_y		0.2448	0.3916	0.4807	0.5091

$k = 1.7 \quad \alpha = 0.7 \quad \beta = 0.6$

ξ	η	0.10	0.20	0.30	0.40	0.50
0.30	θ_x			0.0046	0.0028	0.0010
	θ_y			0.2009	0.2378	0.2504
0.40	θ_x			0.1062	0.1244	0.1316
	θ_y			0.2692	0.3184	0.3348
0.50	θ_x			0.3362	0.3954	0.4158
	θ_y			0.3360	0.3954	0.4149
0.60	θ_x			0.5711	0.6723	0.7063
	θ_y			0.3935	0.4615	0.4834
0.70	θ_x			0.6887	0.8129	0.8554
	θ_y			0.4337	0.5090	0.5331
0.80	θ_x			0.7419	0.8753	0.9212
	θ_y			0.4543	0.5336	0.5589
0.85	θ_x			0.7462	0.8805	0.9269
	θ_y			0.4543	0.5336	0.5589

$k = 1.7 \quad \alpha = 0.7 \quad \beta = 0.7$

ξ	η	0.10	0.20	0.30	0.40	0.50
0.30	θ_x			0.0034	0.0072	0.0090
	θ_y			0.2222	0.2594	0.2719
0.40	θ_x			0.1163	0.1427	0.1526
	θ_y			0.2978	0.3459	0.3618
0.50	θ_x			0.3704	0.4353	0.4576
	θ_y			0.3708	0.4272	0.4456
0.60	θ_x			0.6299	0.7344	0.7696
	θ_y			0.4335	0.4965	0.5169
0.70	θ_x			0.7605	0.8905	0.9346
	θ_y			0.4782	0.5467	0.5686
0.80	θ_x			0.8188	0.9601	1.0084
	θ_y			0.5011	0.5728	0.5956
0.85	θ_x			0.8236	0.9663	1.0150
	θ_y			0.5011	0.5728	0.5956

$k = 1.7 \quad \alpha = 0.7 \quad \beta = 0.8$

ξ	η	0.10	0.20	0.30	0.40	0.50
0.30	θ_x				0.0110	0.0145
	θ_y				0.2749	0.2872
0.40	θ_x				0.1568	0.1686
	θ_y				0.3653	0.3807
0.50	θ_x				0.4645	0.4883
	θ_y				0.4497	0.4674
0.60	θ_x				0.7792	0.8153
	θ_y				0.5213	0.5406
0.70	θ_x				0.9465	0.9916
	θ_y				0.5729	0.5934
0.80	θ_x				1.0216	1.0713
	θ_y				0.6000	0.6212
0.85	θ_x				1.0284	1.0787
	θ_y				0.6000	0.6212

$k = 1.7 \quad \alpha = 0.7 \quad \beta = 0.9$

ξ	η	0.10	0.20	0.30	0.40	0.50
0.30	θ_x				0.0136	0.0182
	θ_y				0.2841	0.2963
0.40	θ_x				0.1656	0.1786
	θ_y				0.3769	0.3921
0.50	θ_x				0.4823	0.5069
	θ_y				0.4629	0.4801
0.60	θ_x				0.8062	0.8428
	θ_y				0.5356	0.5543
0.70	θ_x				0.9803	1.0261
	θ_y				0.5884	0.6082
0.80	θ_x				1.0589	1.1093
	θ_y				0.6160	0.6364
0.85	θ_x				1.0661	1.1171
	θ_y				0.6160	0.6364

$k = 1.7 \quad \alpha = 0.7 \quad \beta = 1.0$

ξ	η	0.10	0.20	0.30	0.40	0.50
0.30	θ_x					0.0194
	θ_y					0.2994
0.40	θ_x					0.1819
	θ_y					0.3958
0.50	θ_x					0.5132
	θ_y					0.4845
0.60	θ_x					0.8521
	θ_y					0.5591
0.70	θ_x					1.0376
	θ_y					0.6127
0.80	θ_x					1.1220
	θ_y					0.6411
0.85	θ_x					1.1300
	θ_y					0.6411

附录四 双向板楼面等效均布荷载计算表

$k = 1.7 \quad \alpha = 0.8 \quad \beta = 0.1$

ξ	η	0.10	0.20	0.30	0.40	0.50
0.40	θ_x	0.0183	0.0338	0.0436	0.0441	0.0384
	θ_y	0.0166	0.0342	0.0535	0.0740	0.0878
0.50	θ_x	0.0301	0.0585	0.0838	0.1059	0.1210
	θ_y	0.0190	0.0395	0.0624	0.0903	0.1180
0.60	θ_x	0.0409	0.0802	0.1164	0.1466	0.1591
	θ_y	0.0209	0.0437	0.0703	0.1048	0.1395
0.70	θ_x	0.0482	0.0942	0.1348	0.1646	0.1759
	θ_y	0.0223	0.0470	0.0767	0.1153	0.1527
0.80	θ_x	0.0518	0.1007	0.1425	0.1718	0.1826
	θ_y	0.0231	0.0489	0.0801	0.1205	0.1589
0.85	θ_x	0.0523	0.1014	0.1434	0.1724	0.1822
	θ_y	0.0231	0.0489	0.0801	0.1205	0.1589

$k = 1.7 \quad \alpha = 0.8 \quad \beta = 0.2$

ξ	η	0.10	0.20	0.30	0.40	0.50
0.40	θ_x	0.0359	0.0662	0.0851	0.0880	0.0812
	θ_y	0.0334	0.0688	0.1071	0.1472	0.1669
0.50	θ_x	0.0598	0.1162	0.1669	0.2105	0.2326
	θ_y	0.0384	0.0793	0.1262	0.1835	0.2157
0.60	θ_x	0.0813	0.1596	0.2314	0.2893	0.3113
	θ_y	0.0422	0.0880	0.1428	0.2135	0.2541
0.70	θ_x	0.0959	0.1871	0.2667	0.3245	0.3460
	θ_y	0.0452	0.0950	0.1553	0.2341	0.2787
0.80	θ_x	0.1029	0.1996	0.2819	0.3390	0.3597
	θ_y	0.0468	0.0988	0.1627	0.2444	0.2906
0.85	θ_x	0.1038	0.2011	0.2836	0.3398	0.3596
	θ_y	0.0468	0.0988	0.1627	0.2444	0.2906

$k = 1.7 \quad \alpha = 0.8 \quad \beta = 0.3$

ξ	η	0.10	0.20	0.30	0.40	0.50
0.40	θ_x	0.0521	0.0957	0.1223	0.1260	0.1265
	θ_y	0.0508	0.1042	0.1616	0.2152	0.2358
0.50	θ_x	0.0887	0.1724	0.2473	0.3091	0.3312
	θ_y	0.0584	0.1210	0.1925	0.2706	0.2984
0.60	θ_x	0.1210	0.2376	0.3440	0.4234	0.4536
	θ_y	0.0645	0.1351	0.2190	0.3148	0.3493
0.70	θ_x	0.1425	0.2772	0.3930	0.4753	0.5051
	θ_y	0.0692	0.1461	0.2393	0.3446	0.3832
0.80	θ_x	0.1525	0.2950	0.4152	0.4976	0.5271
	θ_y	0.0718	0.1522	0.2498	0.3594	0.3993
0.85	θ_x	0.1537	0.2972	0.4182	0.4980	0.5269
	θ_y	0.0718	0.1522	0.2498	0.3594	0.3993

$k = 1.7 \quad \alpha = 0.6 \quad \beta = 0.4$

ξ	η	0.10	0.20	0.30	0.40	0.50
0.40	θ_x		0.1209	0.1542	0.1659	0.1760
	θ_y		0.1406	0.2159	0.2742	0.2944
0.50	θ_x		0.2268	0.3267	0.3973	0.4209
	θ_y		0.1645	0.2630	0.3419	0.3670
0.60	θ_x		0.3128	0.4489	0.5447	0.5785
	θ_y		0.1847	0.3018	0.3969	0.4270
0.70	θ_x		0.3628	0.5116	0.6129	0.6490
	θ_y		0.2007	0.3293	0.4344	0.4681
0.80	θ_x		0.3848	0.5390	0.6424	0.6780
	θ_y		0.2093	0.3434	0.4535	0.4888
0.85	θ_x		0.3873	0.5408	0.6432	0.6795
	θ_y		0.2093	0.3434	0.4535	0.4888

$k = 1.7 \quad \alpha = 0.8 \quad \beta = 0.5$

ξ	η	0.10	0.20	0.30	0.40	0.50
0.40	θ_x		0.1406	0.1817	0.2084	0.2135
	θ_y		0.1782	0.2661	0.3234	0.3427
0.50	θ_x		0.2784	0.3978	0.4736	0.4989
	θ_y		0.2110	0.3289	0.4002	0.4233
0.60	θ_x		0.3841	0.5445	0.6502	0.6864
	θ_y		0.2395	0.3793	0.4632	0.4899
0.70	θ_x		0.4418	0.6177	0.7341	0.7746
	θ_y		0.2611	0.4137	0.5067	0.5365
0.80	θ_x		0.4668	0.6501	0.7703	0.8122
	θ_y		0.2727	0.4311	0.5287	0.5603
0.85	θ_x		0.4695	0.6516	0.7718	0.8137
	θ_y		0.2727	0.4311	0.5287	0.5603

$k = 1.7 \quad \alpha = 0.8 \quad \beta = 0.6$

ξ	η	0.10	0.20	0.30	0.40	0.50
0.40	θ_x			0.2018	0.2422	0.2506
	θ_y			0.3077	0.3631	0.3814
0.50	θ_x			0.4571	0.5372	0.5642
	θ_y			0.3803	0.4465	0.4681
0.60	θ_x			0.6260	0.7381	0.7761
	θ_y			0.4392	0.5153	0.5397
0.70	θ_x			0.7089	0.8361	0.8798
	θ_y			0.4796	0.5633	0.5902
0.80	θ_x			0.7453	0.8784	0.9244
	θ_y			0.5006	0.5880	0.6157
0.85	θ_x			0.7470	0.8806	0.9268
	θ_y			0.5006	0.5880	0.6157

$k = 1.7 \quad \alpha = 0.8 \quad \beta = 0.7$

ξ	η	0.10	0.20	0.30	0.40	0.50
0.40	θ_x			0.2221	0.2656	0.2857
	θ_y			0.3400	0.3935	0.4111
0.50	θ_x			0.5037	0.5875	0.6159
	θ_y			0.4192	0.4816	0.5020
0.60	θ_x			0.6910	0.8075	0.8468
	θ_y			0.4840	0.5544	0.5771
0.70	θ_x			0.7823	0.9171	0.9631
	θ_y			0.5290	0.6057	0.6303
0.80	θ_x			0.8221	0.9646	1.0126
	θ_y			0.5516	0.6321	0.6578
0.85	θ_x			0.8240	0.9674	1.0166
	θ_y			0.5516	0.6321	0.6578

$k = 1.7 \quad \alpha = 0.8 \quad \beta = 0.8$

ξ	η	0.10	0.20	0.30	0.40	0.50
0.40	θ_x				0.2911	0.3084
	θ_y				0.4149	0.4319
0.50	θ_x				0.6240	0.6534
	θ_y				0.5065	0.5260
0.60	θ_x				0.8575	0.8978
	θ_y				0.5820	0.6035
0.70	θ_x				0.9758	1.0232
	θ_y				0.6354	0.6585
0.80	θ_x				1.0273	1.0780
	θ_y				0.6628	0.6868
0.85	θ_x				1.0305	1.0817
	θ_y				0.6628	0.6868

$k = 1.7 \quad \alpha = 0.8 \quad \beta = 0.9$

ξ	η	0.10	0.20	0.30	0.40	0.50
0.40	θ_x				0.3040	0.3224
	θ_y				0.4277	0.4442
0.50	θ_x				0.6460	0.6717
	θ_y				0.5210	0.5399
0.60	θ_x				0.8877	0.9285
	θ_y				0.5979	0.6188
0.70	θ_x				1.0113	1.0595
	θ_y				0.6526	0.6748
0.80	θ_x				1.0653	1.1171
	θ_y				0.6810	0.7038
0.85	θ_x				1.0688	1.1211
	θ_y				0.6810	0.7038

$k = 1.7 \quad \alpha = 0.8 \quad \beta = 1.0$

ξ	η	0.10	0.20	0.30	0.40	0.50
0.40	θ_x					0.3270
	θ_y					0.4484
0.50	θ_x					0.6838
	θ_y					0.5449
0.60	θ_x					0.9388
	θ_y					0.6242
0.70	θ_x					1.0717
	θ_y					0.6805
0.80	θ_x					1.1302
	θ_y					0.7099
0.85	θ_x					1.1343
	θ_y					0.7099

$k = 1.7 \quad \alpha = 0.9 \quad \beta = 0.1$

ξ	η	0.10	0.20	0.30	0.40	0.50
0.40	θ_x	0.0242	0.0460	0.0635	0.0747	0.0786
	θ_y	0.0179	0.0370	0.0581	0.0824	0.1031
0.50	θ_x	0.0353	0.0692	0.1005	0.1286	0.1448
	θ_y	0.0206	0.0429	0.0683	0.0998	0.1325
0.60	θ_x	0.0442	0.0866	0.1247	0.1540	0.1652
	θ_y	0.0229	0.0480	0.0773	0.1148	0.1515
0.70	θ_x	0.0498	0.0967	0.1370	0.1656	0.1766
	θ_y	0.0247	0.0519	0.0842	0.1250	0.1636
0.80	θ_x	0.0523	0.1010	0.1419	0.1697	0.1796
	θ_y	0.0256	0.0541	0.0878	0.1301	0.1693
0.85	θ_x	0.0526	0.1015	0.1424	0.1698	0.1808
	θ_y	0.0256	0.0541	0.0878	0.1301	0.1693

$k = 1.7 \quad \alpha = 0.9 \quad \beta = 0.2$

ξ	η	0.10	0.20	0.30	0.40	0.50
0.40	θ_x	0.0477	0.0909	0.1254	0.1476	0.1553
	θ_y	0.0361	0.0743	0.1169	0.1658	0.1918
0.50	θ_x	0.0703	0.1377	0.2003	0.2551	0.2798
	θ_y	0.0417	0.0863	0.1382	0.2038	0.2410
0.60	θ_x	0.0880	0.1721	0.2473	0.3033	0.3248
	θ_y	0.0464	0.0968	0.1569	0.2336	0.2769
0.70	θ_x	0.0988	0.1917	0.2711	0.3269	0.3475
	θ_y	0.0500	0.1048	0.1707	0.2535	0.2998
0.80	θ_x	0.1037	0.2000	0.2805	0.3349	0.3542
	θ_y	0.0520	0.1091	0.1779	0.2635	0.3109
0.85	θ_x	0.1043	0.2010	0.2816	0.3349	0.3561
	θ_y	0.0520	0.1091	0.1779	0.2635	0.3109

$k = 1.7 \quad \alpha = 0.9 \quad \beta = 0.3$

ξ	η	0.10	0.20	0.30	0.40	0.50
0.40	θ_x	0.0702	0.1337	0.1843	0.2168	0.2281
	θ_y	0.0548	0.1131	0.1775	0.2437	0.2679
0.50	θ_x	0.1045	0.2051	0.2984	0.3741	0.4022
	θ_y	0.0634	0.1320	0.2109	0.3004	0.3322
0.60	θ_x	0.1308	0.2555	0.3653	0.4439	0.4732
	θ_y	0.0708	0.1484	0.2401	0.3436	0.3811
0.70	θ_x	0.1464	0.2834	0.3993	0.4792	0.5079
	θ_y	0.0764	0.1609	0.2610	0.3726	0.4134
0.80	θ_x	0.1533	0.2952	0.4126	0.4912	0.5190
	θ_y	0.0796	0.1676	0.2719	0.3870	0.4293
0.85	θ_x	0.1541	0.2965	0.4143	0.4911	0.5186
	θ_y	0.0796	0.1676	0.2719	0.3870	0.4293

$k = 1.7 \quad \alpha = 0.9 \quad \beta = 0.4$

ξ	η	0.10	0.20	0.30	0.40	0.50
0.40	θ_x		0.1732	0.2386	0.2807	0.2952
	θ_y		0.1531	0.2403	0.3090	0.3317
0.50	θ_x		0.2706	0.3928	0.4803	0.5102
	θ_y		0.1796	0.2901	0.3795	0.4077
0.60	θ_x		0.3353	0.4754	0.5721	0.6066
	θ_y		0.2030	0.3303	0.4340	0.4671
0.70	θ_x		0.3699	0.5186	0.6186	0.6538
	θ_y		0.2204	0.3583	0.4707	0.5071
0.80	θ_x		0.3842	0.5349	0.6347	0.6698
	θ_y		0.2296	0.3726	0.4891	0.5270
0.85	θ_x		0.3857	0.5359	0.6349	0.6698
	θ_y		0.2296	0.3726	0.4891	0.5270

$k = 1.7 \quad \alpha = 0.9 \quad \beta = 0.5$

ξ	η	0.10	0.20	0.30	0.40	0.50
0.40	θ_x		0.2084	0.2870	0.3376	0.3551
	θ_y		0.1955	0.2985	0.3630	0.3842
0.50	θ_x		0.3337	0.4786	0.5719	0.6032
	θ_y		0.2318	0.3641	0.4431	0.4685
0.60	θ_x		0.4095	0.5747	0.6845	0.7226
	θ_y		0.2632	0.4146	0.5064	0.5358
0.70	θ_x		0.4491	0.6257	0.7415	0.7819
	θ_y		0.2859	0.4493	0.5495	0.5818
0.80	θ_x		0.4649	0.6445	0.7619	0.8028
	θ_y		0.2977	0.4668	0.5712	0.6049
0.85	θ_x		0.4663	0.6452	0.7625	0.8034
	θ_y		0.2977	0.4668	0.5712	0.6049

$k = 1.7 \quad \alpha = 0.9 \quad \beta = 0.6$

ξ	η	0.10	0.20	0.30	0.40	0.50
0.40	θ_x			0.3284	0.3862	0.4061
	θ_y			0.3451	0.4061	0.4262
0.50	θ_x			0.5506	0.6480	0.6806
	θ_y			0.4210	0.4940	0.5176
0.60	θ_x			0.6601	0.7787	0.8193
	θ_y			0.4802	0.5639	0.5908
0.70	θ_x			0.7174	0.8455	0.8896
	θ_y			0.5205	0.6118	0.6413
0.80	θ_x			0.7384	0.8698	0.9152
	θ_y			0.5408	0.6361	0.6669
0.85	θ_x			0.7392	0.8708	0.9163
	θ_y			0.5408	0.6361	0.6669

$k = 1.7 \quad \alpha = 0.9 \quad \beta = 0.7$

ξ	η	0.10	0.20	0.30	0.40	0.50
0.40	θ_x			0.3618	0.4253	0.4471
	θ_y			0.3809	0.4390	0.4581
0.50	θ_x			0.6072	0.7078	0.7416
	θ_y			0.4639	0.5322	0.5544
0.60	θ_x			0.7287	0.8534	0.8957
	θ_y			0.5295	0.6068	0.6318
0.70	θ_x			0.7913	0.9283	0.9752
	θ_y			0.5743	0.6585	0.6856
0.80	θ_x			0.8142	0.9561	1.0048
	θ_y			0.5969	0.6847	0.7130
0.85	θ_x			0.8151	0.9575	1.0064
	θ_y			0.5969	0.6847	0.7130

$k = 1.7 \quad \alpha = 0.9 \quad \beta = 0.8$

ξ	η	0.10	0.20	0.30	0.40	0.50
0.40	θ_x				0.4538	0.4771
	θ_y				0.4622	0.4805
0.50	θ_x				0.7509	0.7857
	θ_y				0.5591	0.5803
0.60	θ_x				0.9073	0.9509
	θ_y				0.6370	0.6606
0.70	θ_x				0.9885	1.0372
	θ_y				0.6911	0.7166
0.80	θ_x				1.0189	1.0699
	θ_y				0.7187	0.7453
0.85	θ_x				1.0206	1.0718
	θ_y				0.7187	0.7453

附录四 双向板楼面等效均布荷载计算表

$k=1.7 \quad \alpha=0.9 \quad \beta=0.9$

ξ	η	0.10	0.20	0.30	0.40	0.50
0.40	θ_x				0.4713	0.4954
	θ_y				0.4760	0.4940
0.50	θ_x				0.7770	0.8123
	θ_y				0.5751	0.5959
0.60	θ_x				0.9399	0.9842
	θ_y				0.6549	0.6779
0.70	θ_x				1.0250	1.0747
	θ_y				0.7104	0.7352
0.80	θ_x				1.0571	1.1093
	θ_y				0.7388	0.7645
0.85	θ_x				1.0590	1.1115
	θ_y				0.7388	0.7645

$k=1.7 \quad \alpha=0.9 \quad \beta=1.0$

ξ	η	0.10	0.20	0.30	0.40	0.50
0.40	θ_x					0.5016
	θ_y					0.4982
0.50	θ_x					0.8212
	θ_y					0.6006
0.60	θ_x					0.9953
	θ_y					0.6832
0.70	θ_x					1.0873
	θ_y					0.7409
0.80	θ_x					1.1226
	θ_y					0.7705
0.85	θ_x					1.1249
	θ_y					0.7705

$k=1.7 \quad \alpha=1.0 \quad \beta=0.1$

ξ	η	0.10	0.20	0.30	0.40	0.50
0.50	θ_x	0.0399	0.0783	0.1137	0.1431	0.1567
	θ_y	0.0222	0.0462	0.0739	0.1090	0.1442
0.60	θ_x	0.0467	0.0911	0.1300	0.1584	0.1693
	θ_y	0.0248	0.0520	0.0837	0.1238	0.1617
0.70	θ_x	0.0505	0.0977	0.1374	0.1647	0.1746
	θ_y	0.0269	0.0564	0.0908	0.1336	0.1728
0.80	θ_x	0.0521	0.1003	0.1400	0.1667	0.1761
	θ_y	0.0280	0.0587	0.0945	0.1384	0.1782
0.85	θ_x	0.0523	0.1006	0.1403	0.1671	0.1770
	θ_y	0.0280	0.0587	0.0945	0.1384	0.1782

$k=1.7 \quad \alpha=1.0 \quad \beta=0.2$

ξ	η	0.10	0.20	0.30	0.40	0.50
0.50	θ_x	0.0795	0.1559	0.2263	0.2825	0.3060
	θ_y	0.0448	0.0930	0.1491	0.2218	0.2629
0.60	θ_x	0.0929	0.1808	0.2574	0.3124	0.3329
	θ_y	0.0503	0.1049	0.1698	0.2509	0.2965
0.70	θ_x	0.1002	0.1935	0.2717	0.3250	0.3442
	θ_y	0.0544	0.1137	0.1840	0.2702	0.3180
0.80	θ_x	0.1033	0.1985	0.2768	0.3290	0.3474
	θ_y	0.0566	0.1183	0.1913	0.2798	0.3285
0.85	θ_x	0.1036	0.1990	0.2774	0.3300	0.3488
	θ_y	0.0566	0.1183	0.1913	0.2798	0.3285

$k=1.7 \quad \alpha=1.0 \quad \beta=0.3$

ξ	η	0.10	0.20	0.30	0.40	0.50
0.50	θ_x	0.1183	0.2320	0.3351	0.4135	0.4430
	θ_y	0.0682	0.1424	0.2289	0.3270	0.3621
0.60	θ_x	0.1378	0.2677	0.3795	0.4577	0.4861
	θ_y	0.0767	0.1608	0.2594	0.3692	0.4093
0.70	θ_x	0.1482	0.2857	0.3998	0.4767	0.5041
	θ_y	0.0830	0.1742	0.2807	0.3973	0.4401
0.80	θ_x	0.1524	0.2924	0.4068	0.4828	0.5094
	θ_y	0.0865	0.1813	0.2920	0.4113	0.4552
0.85	θ_x	0.1529	0.2931	0.4080	0.4844	0.5112
	θ_y	0.0865	0.1813	0.2920	0.4113	0.4552

$k=1.7 \quad \alpha=1.0 \quad \beta=0.4$

ξ	η	0.10	0.20	0.30	0.40	0.50
0.50	θ_x		0.3054	0.4384	0.5320	0.5650
	θ_y		0.1945	0.3150	0.4126	0.4436
0.60	θ_x		0.3503	0.4933	0.5903	0.6248
	θ_y		0.2198	0.3560	0.4662	0.5018
0.70	θ_x		0.3719	0.5186	0.6159	0.6501
	θ_y		0.2381	0.3841	0.5020	0.5404
0.80	θ_x		0.3801	0.5275	0.6242	0.6580
	θ_y		0.2477	0.3983	0.5199	0.5596
0.85	θ_x		0.3810	0.5290	0.6262	0.6600
	θ_y		0.2477	0.3983	0.5199	0.5596

358 附录四 双向板楼面等效均布荷载计算表

$k = 1.7 \quad \alpha = 1.0 \quad \beta = 0.5$

ξ	η	0.10	0.20	0.30	0.40	0.50
0.50	θ_x		0.3751	0.5318	0.6350	0.6703
	θ_y		0.2510	0.3952	0.4820	0.5098
0.60	θ_x		0.4263	0.5955	0.7072	0.7461
	θ_y		0.2842	0.4459	0.5449	0.5767
0.70	θ_x		0.4503	0.6250	0.7391	0.7788
	θ_y		0.3076	0.4804	0.5871	0.6217
0.80	θ_x		0.4591	0.6352	0.7497	0.7895
	θ_y		0.3198	0.4978	0.6083	0.6443
0.85	θ_x		0.4603	0.6373	0.7521	0.7918
	θ_y		0.3198	0.4978	0.6083	0.6443

$k = 1.7 \quad \alpha = 1.0 \quad \beta = 0.6$

ξ	η	0.10	0.20	0.30	0.40	0.50
0.50	θ_x			0.6114	0.7209	0.7579
	θ_y			0.4574	0.5368	0.5624
0.60	θ_x			0.6833	0.8057	0.8477
	θ_y			0.5165	0.6069	0.6360
0.70	θ_x			0.7162	0.8436	0.8876
	θ_y			0.5564	0.6543	0.6860
0.80	θ_x			0.7275	0.8565	0.9010
	θ_y			0.5765	0.6782	0.7113
0.85	θ_x			0.7298	0.8590	0.9036
	θ_y			0.5765	0.6782	0.7113

$k = 1.7 \quad \alpha = 1.0 \quad \beta = 0.7$

ξ	η	0.10	0.20	0.30	0.40	0.50
0.50	θ_x			0.6749	0.7886	0.8270
	θ_y			0.5042	0.5780	0.6019
0.60	θ_x			0.7539	0.8839	0.9283
	θ_y			0.5697	0.6535	0.6805
0.70	θ_x			0.7897	0.9271	0.9742
	θ_y			0.6140	0.7048	0.7342
0.80	θ_x			0.8019	0.9419	0.9901
	θ_y			0.6363	0.7308	0.7614
0.85	θ_x			0.8044	0.9447	0.9930
	θ_y			0.6363	0.7308	0.7614

$k = 1.7 \quad \alpha = 1.0 \quad \beta = 0.8$

ξ	η	0.10	0.20	0.30	0.40	0.50
0.50	θ_x				0.8374	0.8768
	θ_y				0.6072	0.6300
0.60	θ_x				0.9406	0.9865
	θ_y				0.6863	0.7120
0.70	θ_x				0.9878	1.0371
	θ_y				0.7404	0.7682
0.80	θ_x				1.0043	1.0549
	θ_y				0.7677	0.7966
0.85	θ_x				1.0072	1.0581
	θ_y				0.7677	0.7966

$k = 1.7 \quad \alpha = 1.0 \quad \beta = 0.9$

ξ	η	0.10	0.20	0.30	0.40	0.50
0.50	θ_x				0.8669	0.9068
	θ_y				0.6241	0.6462
0.60	θ_x				0.9750	1.0218
	θ_y				0.7054	0.7302
0.70	θ_x				1.0247	1.0753
	θ_y				0.7611	0.7879
0.80	θ_x				1.0422	1.0943
	θ_y				0.7895	0.8176
0.85	θ_x				1.0453	1.0976
	θ_y				0.7895	0.8176

$k = 1.7 \quad \alpha = 1.0 \quad \beta = 1.0$

ξ	η	0.10	0.20	0.30	0.40	0.50
0.50	θ_x					0.9169
	θ_y					0.6519
0.60	θ_x					1.0336
	θ_y					0.7366
0.70	θ_x					1.0881
	θ_y					0.7948
0.80	θ_x					1.1075
	θ_y					0.8241
0.85	θ_x					1.1109
	θ_y					0.8241

$k = 1.7 \quad \alpha = 1.1 \quad \beta = 0.1$

ξ	η	0.10	0.20	0.30	0.40	0.50
0.50	θ_x	0.0438	0.0856	0.1233	0.1522	0.1631
	θ_y	0.0236	0.0493	0.0791	0.1170	0.1537
0.60	θ_x	0.0485	0.0940	0.1331	0.1608	0.1715
	θ_y	0.0266	0.0557	0.0894	0.1314	0.1703
0.70	θ_x	0.0508	0.0977	0.1366	0.1627	0.1718
	θ_y	0.0288	0.0603	0.0967	0.1409	0.1807
0.80	θ_x	0.0516	0.0989	0.1376	0.1632	0.1722
	θ_y	0.0300	0.0627	0.1003	0.1455	0.1858
0.85	θ_x	0.0517	0.0991	0.1376	0.1631	0.1719
	θ_y	0.0300	0.0627	0.1003	0.1455	0.1858

$k = 1.7 \quad \alpha = 1.1 \quad \beta = 0.2$

ξ	η	0.10	0.20	0.30	0.40	0.50
0.50	θ_x	0.0870	0.1702	0.2444	0.2997	0.3208
	θ_y	0.0477	0.0992	0.1604	0.2375	0.2813
0.60	θ_x	0.0963	0.1865	0.2633	0.3173	0.3373
	θ_y	0.0538	0.1122	0.1811	0.2659	0.3130
0.70	θ_x	0.1006	0.1934	0.2700	0.3211	0.3391
	θ_y	0.0583	0.1215	0.1955	0.2846	0.3335
0.80	θ_x	0.1021	0.1957	0.2718	0.3222	0.3399
	θ_y	0.0605	0.1264	0.2023	0.2940	0.3435
0.85	θ_x	0.1023	0.1959	0.2720	0.3220	0.3395
	θ_y	0.0605	0.1264	0.2023	0.2940	0.3435

附录四 双向板楼面等效均布荷载计算表

$k=1.7 \quad \alpha=1.1 \quad \beta=0.3$

ξ	η	0.10	0.20	0.30	0.40	0.50
0.50	θ_x	0.1294	0.2527	0.3610	0.4386	0.4675
	θ_y	0.0727	0.1520	0.2452	0.3498	0.3878
0.60	θ_x	0.1425	0.2756	0.3879	0.4653	0.4930
	θ_y	0.0821	0.1719	0.2764	0.3911	0.4331
0.70	θ_x	0.1485	0.2851	0.3971	0.4711	0.4973
	θ_y	0.0890	0.1860	0.2979	0.4183	0.4625
0.80	θ_x	0.1505	0.2881	0.3996	0.4730	0.4986
	θ_y	0.0925	0.1932	0.3090	0.4316	0.4768
0.85	θ_x	0.1507	0.2884	0.3998	0.4727	0.4982
	θ_y	0.0925	0.1932	0.3090	0.4316	0.4768

$k=1.7 \quad \alpha=1.1 \quad \beta=0.4$

ξ	η	0.10	0.20	0.30	0.40	0.50
0.50	θ_x		0.3315	0.4699	0.5652	0.5994
	θ_y		0.2078	0.3370	0.4416	0.4751
0.60	θ_x		0.3596	0.5038	0.6006	0.6347
	θ_y		0.2347	0.3783	0.4942	0.5318
0.70	θ_x		0.3706	0.5145	0.6091	0.6422
	θ_y		0.2536	0.4063	0.5290	0.5692
0.80	θ_x		0.3740	0.5179	0.6117	0.6444
	θ_y		0.2633	0.4204	0.5465	0.5880
0.85	θ_x		0.3744	0.5179	0.6115	0.6440
	θ_y		0.2633	0.4204	0.5465	0.5880

$k=1.7 \quad \alpha=1.1 \quad \beta=0.5$

ξ	η	0.10	0.20	0.30	0.40	0.50
0.50	θ_x		0.4048	0.5679	0.6763	0.7140
	θ_y		0.2688	0.4225	0.5160	0.5459
0.60	θ_x		0.4364	0.6079	0.7201	0.7591
	θ_y		0.3032	0.4732	0.5780	0.6119
0.70	θ_x		0.4478	0.6196	0.7316	0.7705
	θ_y		0.3268	0.5073	0.6194	0.6559
0.80	θ_x		0.4513	0.6235	0.7351	0.7737
	θ_y		0.3388	0.5245	0.6399	0.6776
0.85	θ_x		0.4519	0.6234	0.7349	0.7735
	θ_y		0.3388	0.5245	0.6399	0.6776

$k=1.7 \quad \alpha=1.1 \quad \beta=0.6$

ξ	η	0.10	0.20	0.30	0.40	0.50
0.50	θ_x			0.6523	0.7696	0.8097
	θ_y			0.4893	0.5745	0.6020
0.60	θ_x			0.6969	0.8212	0.8640
	θ_y			0.5480	0.6442	0.6753
0.70	θ_x			0.7097	0.8357	0.8792
	θ_y			0.5874	0.6909	0.7246
0.80	θ_x			0.7139	0.8400	0.8836
	θ_y			0.6070	0.7144	0.7493
0.85	θ_x			0.7137	0.8399	0.8835
	θ_y			0.6070	0.7144	0.7493

$k=1.7 \quad \alpha=1.1 \quad \beta=0.7$

ξ	η	0.10	0.20	0.30	0.40	0.50
0.50	θ_x			0.7201	0.8433	0.8852
	θ_y			0.5395	0.6186	0.6442
0.60	θ_x			0.7686	0.9017	0.9472
	θ_y			0.6046	0.6941	0.7230
0.70	θ_x			0.7824	0.9190	0.9659
	θ_y			0.6482	0.7449	0.7762
0.80	θ_x			0.7867	0.9242	0.9716
	θ_y			0.6700	0.7704	0.8030
0.85	θ_x			0.7865	0.9242	0.9716
	θ_y			0.6700	0.7704	0.8030

$k=1.7 \quad \alpha=1.1 \quad \beta=0.8$

ξ	η	0.10	0.20	0.30	0.40	0.50
0.50	θ_x				0.8967	0.9397
	θ_y				0.6497	0.6740
0.60	θ_x				0.9602	1.0076
	θ_y				0.7292	0.7567
0.70	θ_x				0.9797	1.0291
	θ_y				0.7829	0.8127
0.80	θ_x				0.9857	1.0357
	θ_y				0.8098	0.8407
0.85	θ_x				0.9858	1.0358
	θ_y				0.8098	0.8407

$k=1.7 \quad \alpha=1.1 \quad \beta=0.9$

ξ	η	0.10	0.20	0.30	0.40	0.50
0.50	θ_x				0.9290	0.9727
	θ_y				0.6677	0.0913
0.60	θ_x				0.9957	1.0442
	θ_y				0.7496	0.7762
0.70	θ_x				1.0167	1.0675
	θ_y				0.8051	0.8339
0.80	θ_x				1.0232	1.0747
	θ_y				0.8332	0.8633
0.85	θ_x				1.0232	1.0749
	θ_y				0.8332	0.8633

$k=1.7 \quad \alpha=1.1 \quad \beta=1.0$

ξ	η	0.10	0.20	0.30	0.40	0.50
0.50	θ_x					0.9837
	θ_y					0.6973
0.60	θ_x					1.0565
	θ_y					0.7830
0.70	θ_x					1.0803
	θ_y					0.8412
0.80	θ_x					1.0878
	θ_y					0.8703
0.85	θ_x					1.0880
	θ_y					0.8703

附录四 双向板楼面等效均布荷载计算表

$k = 1.7 \quad \alpha = 1.2 \quad \beta = 0.1$

ξ	η	0.10	0.20	0.30	0.40	0.50
0.60	θ_x	0.0496	0.0958	0.1346	0.1613	0.1710
	θ_y	0.0282	0.0589	0.0944	0.1378	0.1773
0.70	θ_x	0.0506	0.0972	0.1352	0.1605	0.1694
	θ_y	0.0305	0.0637	0.1016	0.1470	0.1873
0.80	θ_x	0.0509	0.0973	0.1349	0.1595	0.1682
	θ_y	0.0318	0.0662	0.1053	0.1515	0.1922
0.85	θ_x	0.0509	0.0973	0.1348	0.1593	0.1675
	θ_y	0.0318	0.0662	0.1053	0.1515	0.1922

$k = 1.7 \quad \alpha = 1.2 \quad \beta = 0.2$

ξ	η	0.10	0.20	0.30	0.40	0.50
0.60	θ_x	0.0984	0.1898	0.2662	0.3183	0.3370
	θ_y	0.0570	0.1186	0.1909	0.2785	0.3268
0.70	θ_x	0.1002	0.1922	0.2673	0.3169	0.3343
	θ_y	0.0617	0.1283	0.2053	0.2966	0.3464
0.80	θ_x	0.1006	0.1924	0.2666	0.3151	0.3320
	θ_y	0.0642	0.1332	0.2120	0.3056	0.3560
0.85	θ_x	0.1006	0.1923	0.2663	0.3144	0.3309
	θ_y	0.0642	0.1332	0.2120	0.3056	0.3560

$k = 1.7 \quad \alpha = 1.2 \quad \beta = 0.3$

ξ	η	0.10	0.20	0.30	0.40	0.50
0.60	θ_x	0.1454	0.2801	0.3917	0.4669	0.4935
	θ_y	0.0868	0.1815	0.2909	0.4094	0.4529
0.70	θ_x	0.1478	0.2830	0.3929	0.4652	0.4905
	θ_y	0.0941	0.1960	0.3122	0.4359	0.4813
0.80	θ_x	0.1481	0.2831	0.3917	0.4626	0.4873
	θ_y	0.0977	0.2033	0.3230	0.4490	0.4953
0.85	θ_x	0.1482	0.2831	0.3913	0.4615	0.4860
	θ_y	0.0977	0.2033	0.3230	0.4490	0.4953

$k = 1.7 \quad \alpha = 1.2 \quad \beta = 0.4$

ξ	η	0.10	0.20	0.30	0.40	0.50
0.60	θ_x		0.3646	0.5081	0.6032	0.6366
	θ_y		0.2476	0.3973	0.5177	0.5570
0.70	θ_x		0.3675	0.5091	0.6016	0.6338
	θ_y		0.2668	0.4251	0.5517	0.5932
0.80	θ_x		0.3671	0.5074	0.5985	0.6301
	θ_y		0.2765	0.4389	0.5685	0.6111
0.85	θ_x		0.3670	0.5067	0.5972	0.6287
	θ_y		0.2765	0.4389	0.5685	0.6111

$k = 1.7 \quad \alpha = 1.2 \quad \beta = 0.5$

ξ	η	0.10	0.20	0.30	0.40	0.50
0.60	θ_x		0.4413	0.6123	0.7239	0.7627
	θ_y		0.3191	0.4963	0.6060	0.6416
0.70	θ_x		0.4436	0.6130	0.7229	0.7610
	θ_y		0.3429	0.5300	0.6465	0.6845
0.80	θ_x		0.4426	0.6107	0.7194	0.7570
	θ_y		0.3548	0.5469	0.6665	0.7056
0.85	θ_x		0.4422	0.6097	0.7181	0.7556
	θ_y		0.3548	0.5469	0.6665	0.7056

$k = 1.7 \quad \alpha = 1.2 \quad \beta = 0.6$

ξ	η	0.10	0.20	0.30	0.40	0.50
0.60	θ_x			0.7016	0.8263	0.8694
	θ_y			0.5747	0.6758	0.7086
0.70	θ_x			0.7019	0.8260	0.8689
	θ_y			0.6134	0.7217	0.7570
0.80	θ_x			0.6991	0.8225	0.8650
	θ_y			0.6327	0.7446	0.7812
0.85	θ_x			0.6979	0.8211	0.8636
	θ_y			0.6327	0.7446	0.7812

$k = 1.7 \quad \alpha = 1.2 \quad \beta = 0.7$

ξ	η	0.10	0.20	0.30	0.40	0.50
0.60	θ_x			0.7736	0.9082	0.9544
	θ_y			0.6341	0.7285	0.7591
0.70	θ_x			0.7735	0.9087	0.9553
	θ_y			0.6770	0.7786	0.8116
0.80	θ_x			0.7703	0.9052	0.9516
	θ_y			0.6984	0.8036	0.8379
0.85	θ_x			0.7689	0.9037	0.9502
	θ_y			0.6984	0.8036	0.8379

$k = 1.7 \quad \alpha = 1.2 \quad \beta = 0.8$

ξ	η	0.10	0.20	0.30	0.40	0.50
0.60	θ_x				0.9678	1.0161
	θ_y				0.7656	0.7947
0.70	θ_x				0.9691	1.0182
	θ_y				0.8187	0.8502
0.80	θ_x				0.9656	1.0148
	θ_y				0.8452	0.8778
0.85	θ_x				0.9642	1.0134
	θ_y				0.8452	0.8778

附录四 双向板楼面等效均布荷载计算表

$k = 1.7 \quad \alpha = 1.2 \quad \beta = 0.9$

ξ	η	0.10	0.20	0.30	0.40	0.50
0.60	θ_x				1.0040	1.0536
	θ_y				0.7872	0.8154
0.70	θ_x				1.0059	1.0565
	θ_y				0.8422	0.8727
0.80	θ_x				1.0025	1.0533
	θ_y				0.8698	0.9017
0.85	θ_x				1.0010	1.0519
	θ_y				0.8698	0.9017

$k = 1.7 \quad \alpha = 1.2 \quad \beta = 1.0$

ξ	η	0.10	0.20	0.30	0.40	0.50
0.60	θ_x					1.0662
	θ_y					0.8226
0.70	θ_x					1.0694
	θ_y					0.8804
0.80	θ_x					1.0662
	θ_y					0.9092
0.85	θ_x					1.0648
	θ_y					0.9092

$k = 1.7 \quad \alpha = 1.3 \quad \beta = 0.1$

ξ	η	0.10	0.20	0.30	0.40	0.50
0.60	θ_x	0.0503	0.0967	0.1352	0.1609	0.1697
	θ_y	0.0295	0.0616	0.0984	0.1430	0.1829
0.70	θ_x	0.0503	0.0963	0.1337	0.1583	0.1671
	θ_y	0.0319	0.0665	0.1056	0.1520	0.1926
0.80	θ_x	0.0501	0.0956	0.1323	0.1562	0.1644
	θ_y	0.0332	0.0690	0.1092	0.1563	0.1973
0.85	θ_x	0.0500	0.0955	0.1321	0.1559	0.1640
	θ_y	0.0332	0.0690	0.1092	0.1563	0.1973

$k = 1.7 \quad \alpha = 1.3 \quad \beta = 0.2$

ξ	η	0.10	0.20	0.30	0.40	0.50
0.60	θ_x	0.0996	0.1915	0.2674	0.3175	0.3351
	θ_y	0.0596	0.1240	0.1984	0.2887	0.3378
0.70	θ_x	0.0995	0.1905	0.2640	0.3126	0.3297
	θ_y	0.0645	0.1338	0.2128	0.3063	0.3568
0.80	θ_x	0.0990	0.1891	0.2615	0.3084	0.3247
	θ_y	0.0670	0.1388	0.2199	0.3151	0.3661
0.85	θ_x	0.0989	0.1888	0.2612	0.3078	0.3240
	θ_y	0.0670	0.1388	0.2199	0.3151	0.3661

$k = 1.7 \quad \alpha = 1.3 \quad \beta = 0.3$

ξ	η	0.10	0.20	0.30	0.40	0.50
0.60	θ_x	0.1470	0.2823	0.3934	0.4658	0.4916
	θ_y	0.0908	0.1896	0.3032	0.4243	0.4689
0.70	θ_x	0.1466	0.2802	0.3879	0.4576	0.4837
	θ_y	0.0982	0.2042	0.3244	0.4499	0.4965
0.80	θ_x	0.1457	0.2780	0.3843	0.4534	0.4774
	θ_y	0.1020	0.2116	0.3349	0.4627	0.5094
0.85	θ_x	0.1456	0.2777	0.3840	0.4521	0.4759
	θ_y	0.1020	0.2116	0.3349	0.4627	0.5094

$k = 1.7 \quad \alpha = 1.3 \quad \beta = 0.4$

ξ	η	0.10	0.20	0.30	0.40	0.50
0.60	θ_x		0.3668	0.5104	0.6049	0.6350
	θ_y		0.2583	0.4129	0.5371	0.5774
0.70	θ_x		0.3637	0.5022	0.5921	0.6253
	θ_y		0.2775	0.4403	0.5702	0.6127
0.80	θ_x		0.3604	0.4978	0.5867	0.6169
	θ_y		0.2872	0.4540	0.5867	0.6301
0.85	θ_x		0.3599	0.4976	0.5851	0.6157
	θ_y		0.2872	0.4540	0.5867	0.6301

$k = 1.7 \quad \alpha = 1.3 \quad \beta = 0.5$

ξ	η	0.10	0.20	0.30	0.40	0.50
0.60	θ_x		0.4431	0.6150	0.7262	0.7647
	θ_y		0.3323	0.5150	0.6287	0.6659
0.70	θ_x		0.4386	0.6042	0.7119	0.7492
	θ_y		0.3561	0.5481	0.6683	0.7079
0.80	θ_x		0.4342	0.5991	0.7054	0.7421
	θ_y		0.3679	0.5647	0.6880	0.7287
0.85	θ_x		0.4336	0.5990	0.7053	0.7419
	θ_y		0.3679	0.5647	0.6880	0.7287

$k = 1.7 \quad \alpha = 1.3 \quad \beta = 0.6$

ξ	η	0.10	0.20	0.30	0.40	0.50
0.60	θ_x			0.7045	0.8292	0.8723
	θ_y			0.5969	0.7017	0.7355
0.70	θ_x			0.6917	0.8139	0.8561
	θ_y			0.6350	0.7468	0.7830
0.80	θ_x			0.6857	0.8065	0.8482
	θ_y			0.6540	0.7692	0.8066
0.85	θ_x			0.6857	0.8063	0.8479
	θ_y			0.6540	0.7692	0.8066

$k=1.7 \quad \alpha=1.3 \quad \beta=0.7$

ξ	η	0.10	0.20	0.30	0.40	0.50
0.60	θ_x			0.7765	0.9117	0.9582
	θ_y			0.6579	0.7567	0.7890
0.70	θ_x			0.7622	0.8958	0.9418
	θ_y			0.7001	0.8061	0.8408
0.80	θ_x			0.7555	0.8878	0.9334
	θ_y			0.7210	0.8306	0.8666
0.85	θ_x			0.7553	0.8875	0.9330
	θ_y			0.7210	0.8306	0.8666

$k=1.7 \quad \alpha=1.3 \quad \beta=0.8$

ξ	η	0.10	0.20	0.30	0.40	0.50
0.60	θ_x				0.9719	1.0207
	θ_y				0.7954	0.8257
0.70	θ_x				0.9556	1.0043
	θ_y				0.8478	0.8806
0.80	θ_x				0.9472	0.9956
	θ_y				0.8739	0.9080
0.85	θ_x				0.9468	0.9952
	θ_y				0.8739	0.9080

$k=1.7 \quad \alpha=1.3 \quad \beta=0.9$

ξ	η	0.10	0.20	0.30	0.40	0.50
0.60	θ_x				1.0085	1.0587
	θ_y				0.8183	0.8475
0.70	θ_x				0.9921	1.0424
	θ_y				0.8725	0.9043
0.80	θ_x				0.9834	1.0335
	θ_y				0.8996	0.9326
0.85	θ_x				0.9830	1.0330
	θ_y				0.8996	0.9326

$k=1.7 \quad \alpha=1.3 \quad \beta=1.0$

ξ	η	0.10	0.20	0.30	0.40	0.50
0.60	θ_x					1.0715
	θ_y					0.8552
0.70	θ_x					1.0552
	θ_y					0.9126
0.80	θ_x					1.0462
	θ_y					0.9412
0.85	θ_x					1.0458
	θ_y					0.9412

$k=1.7 \quad \alpha=1.4 \quad \beta=0.1$

ξ	η	0.10	0.20	0.30	0.40	0.50
0.70	θ_x	0.0499	0.0954	0.1321	0.1561	0.1645
	θ_y	0.0330	0.0687	0.1088	0.1558	0.1966
0.80	θ_x	0.0494	0.0942	0.1301	0.1534	0.1615
	θ_x	0.0343	0.0712	0.1123	0.1600	0.2012
0.85	θ_x	0.0493	0.0940	0.1298	0.1531	0.1614
	θ_y	0.0343	0.0712	0.1123	0.1600	0.2012

$k=1.7 \quad \alpha=1.4 \quad \beta=0.2$

ξ	η	0.10	0.20	0.30	0.40	0.50
0.70	θ_x	0.0988	0.1886	0.2611	0.3083	0.3247
	θ_y	0.0668	0.1381	0.2195	0.3139	0.3648
0.80	θ_x	0.0976	0.1861	0.2570	0.3030	0.3189
	θ_y	0.0693	0.1431	0.2260	0.3225	0.3738
0.85	θ_x	0.0974	0.1858	0.2565	0.3025	0.3185
	θ_y	0.0693	0.1431	0.2260	0.3225	0.3738

$k=1.7 \quad \alpha=1.4 \quad \beta=0.3$

ξ	η	0.10	0.20	0.30	0.40	0.50
0.70	θ_x	0.1454	0.2775	0.3837	0.4527	0.4767
	θ_y	0.1015	0.2106	0.3332	0.4612	0.5082
0.80	θ_x	0.1435	0.2736	0.3777	0.4450	0.4683
	θ_y	0.1053	0.2180	0.3436	0.4735	0.5211
0.85	θ_x	0.1433	0.2730	0.3769	0.4443	0.4676
	θ_y	0.1053	0.2180	0.3436	0.4735	0.5211

$k=1.7 \quad \alpha=1.4 \quad \beta=0.4$

ξ	η	0.10	0.20	0.30	0.40	0.50
0.70	θ_x		0.3598	0.4969	0.5858	0.6166
	θ_y		0.2860	0.4522	0.5842	0.6277
0.80	θ_x		0.3546	0.4891	0.5759	0.6059
	θ_y		0.2956	0.4656	0.6005	0.6451
0.85	θ_x		0.3539	0.4883	0.5750	0.6050
	θ_y		0.2956	0.4656	0.6005	0.6451

附录四 双向板楼面等效均布荷载计算表

$k=1.7 \quad \alpha=1.4 \quad \beta=0.5$

ξ	η	0.10	0.20	0.30	0.40	0.50
0.70	θ_x		0.4336	0.5981	0.7042	0.7409
	θ_y		0.3663	0.5627	0.6855	0.7257
0.80	θ_x		0.4270	0.5885	0.6926	0.7285
	θ_y		0.3780	0.5791	0.7046	0.7459
0.85	θ_x		0.4262	0.5876	0.6915	0.7273
	θ_y		0.3780	0.5791	0.7046	0.7459

$k=1.7 \quad \alpha=1.4 \quad \beta=0.6$

ξ	η	0.10	0.20	0.30	0.40	0.50
0.70	θ_x			0.6845	0.8052	0.8468
	θ_y			0.6510	0.7661	0.8037
0.80	θ_x			0.6735	0.7921	0.8329
	θ_y			0.6696	0.7882	0.8270
0.85	θ_x			0.6725	0.7908	0.8315
	θ_y			0.6696	0.7882	0.8270

$k=1.7 \quad \alpha=1.4 \quad \beta=0.7$

ξ	η	0.10	0.20	0.30	0.40	0.50
0.70	θ_x			0.7542	0.8863	0.9318
	θ_y			0.7185	0.8273	0.8627
0.80	θ_x			0.7419	0.8720	0.9168
	θ_y			0.7391	0.8515	0.8882
0.85	θ_x			0.7407	0.8706	0.9153
	θ_y			0.7391	0.8515	0.8882

$k=1.7 \quad \alpha=1.4 \quad \beta=0.8$

ξ	η	0.10	0.20	0.30	0.40	0.50
0.70	θ_x				0.9456	0.9938
	θ_y				0.8705	0.9045
0.80	θ_x				0.9305	0.9782
	θ_y				0.8961	0.9313
0.85	θ_x				0.9290	0.9765
	θ_y				0.8961	0.9313

$k=1.7 \quad \alpha=1.4 \quad \beta=0.9$

ξ	η	0.10	0.20	0.30	0.40	0.50
0.70	θ_x				0.9817	1.0316
	θ_y				0.8958	0.9288
0.80	θ_x				0.9662	1.0155
	θ_y				0.9226	0.9570
0.85	θ_x				0.9646	1.0138
	θ_y				0.9226	0.9570

$k=1.7 \quad \alpha=1.4 \quad \beta=1.0$

ξ	η	0.10	0.20	0.30	0.40	0.50
0.70	θ_x					1.0443
	θ_y					0.9372
0.80	θ_x					1.0281
	θ_y					0.9652
0.85	θ_x					1.0264
	θ_y					0.9652

$k=1.7 \quad \alpha=1.5 \quad \beta=0.1$

ξ	η	0.10	0.20	0.30	0.40	0.50
0.70	θ_x	0.0496	0.0947	0.1309	0.1544	0.1623
	θ_y	0.0339	0.0702	0.1110	0.1585	0.1995
0.80	θ_x	0.0488	0.0930	0.1284	0.1513	0.1593
	θ_y	0.0351	0.0727	0.1145	0.1626	0.2040
0.85	θ_x	0.0487	0.0928	0.1281	0.1509	0.1588
	θ_y	0.0351	0.0727	0.1145	0.1626	0.2040

$k=1.7 \quad \alpha=1.5 \quad \beta=0.2$

ξ	η	0.10	0.20	0.30	0.40	0.50
0.70	θ_x	0.0981	0.1871	0.2586	0.3048	0.3207
	θ_y	0.0683	0.1412	0.2239	0.3192	0.3704
0.80	θ_x	0.0964	0.1838	0.2536	0.2989	0.3146
	θ_y	0.0709	0.1462	0.2304	0.3276	0.3793
0.85	θ_x	0.0962	0.1834	0.2529	0.2981	0.3136
	θ_y	0.0709	0.1462	0.2304	0.3276	0.3793

$k=1.7 \quad \alpha=1.5 \quad \beta=0.3$

ξ	η	0.10	0.20	0.30	0.40	0.50
0.70	θ_x	0.1443	0.2752	0.3799	0.4476	0.4711
	θ_y	0.1039	0.2152	0.3396	0.4690	0.5165
0.80	θ_x	0.1418	0.2702	0.3727	0.4390	0.4619
	θ_y	0.1076	0.2225	0.3499	0.4813	0.5295
0.85	θ_x	0.1415	0.2695	0.3719	0.4377	0.4605
	θ_y	0.1076	0.2225	0.3499	0.4813	0.5295

$k=1.7 \quad \alpha=1.5 \quad \beta=0.4$

ξ	η	0.10	0.20	0.30	0.40	0.50
0.70	θ_x		0.3566	0.4919	0.5793	0.6096
	θ_y		0.2920	0.4607	0.5943	0.6384
0.80	θ_x		0.3501	0.4827	0.5682	0.5977
	θ_y		0.3015	0.4739	0.6102	0.6551
0.85	θ_x		0.3493	0.4814	0.5666	0.5961
	θ_y		0.3015	0.4739	0.6102	0.6551

$k = 1.7 \quad \alpha = 1.5 \quad \beta = 0.5$

ξ	η	0.10	0.20	0.30	0.40	0.50
0.70	θ_x		0.4295	0.5919	0.6966	0.7329
	θ_y		0.3734	0.5729	0.6975	0.7385
0.80	θ_x		0.4215	0.5808	0.6833	0.7187
	θ_y		0.3852	0.5890	0.7166	0.7585
0.85	θ_x		0.4205	0.5793	0.6815	0.7168
	θ_y		0.3852	0.5890	0.7166	0.7585

$k = 1.7 \quad \alpha = 1.5 \quad \beta = 0.6$

ξ	η	0.10	0.20	0.30	0.40	0.50
0.70	θ_x			0.6774	0.7967	0.8379
	θ_y			0.6627	0.7799	0.8182
0.80	θ_x			0.6647	0.7816	0.8219
	θ_y			0.6811	0.8016	0.8412
0.85	θ_x			0.6629	0.7795	0.8197
	θ_y			0.6811	0.8016	0.8412

$k = 1.7 \quad \alpha = 1.5 \quad \beta = 0.7$

ξ	η	0.10	0.20	0.30	0.40	0.50
0.70	θ_x			0.7462	0.8771	0.9222
	θ_y			0.7314	0.8424	0.8786
0.80	θ_x			0.7321	0.8605	0.9048
	θ_y			0.7517	0.8663	0.9037
0.85	θ_x			0.7302	0.8583	0.9024
	θ_y			0.7517	0.8663	0.9037

$k = 1.7 \quad \alpha = 1.5 \quad \beta = 0.8$

ξ	η	0.10	0.20	0.30	0.40	0.50
0.70	θ_x				0.9359	0.9838
	θ_y				0.8866	0.9213
0.80	θ_x				0.9183	0.9654
	θ_y				0.9119	0.9478
0.85	θ_x				0.9159	0.9629
	θ_y				0.9119	0.9478

$k = 1.7 \quad \alpha = 1.5 \quad \beta = 0.9$

ξ	η	0.10	0.20	0.30	0.40	0.50
0.70	θ_x				0.9718	1.0214
	θ_y				0.9125	0.9463
0.80	θ_x				0.9536	1.0024
	θ_y				0.9390	0.9742
0.85	θ_x				0.9511	0.9998
	θ_y				0.9390	0.9742

$k = 1.7 \quad \alpha = 1.5 \quad \beta = 1.0$

ξ	η	0.10	0.20	0.30	0.40	0.50
0.70	θ_x					1.0340
	θ_y					0.9549
0.80	θ_x					1.0148
	θ_y					0.9826
0.85	θ_x					1.0121
	θ_y					0.9826

$k = 1.7 \quad \alpha = 1.6 \quad \beta = 0.1$

ξ	η	0.10	0.20	0.30	0.40	0.50
0.80	θ_x	0.0484	0.0923	0.1273	0.1500	0.1578
	θ_y	0.0356	0.0737	0.1158	0.1642	0.2057
0.85	θ_x	0.0483	0.0921	0.1270	0.1495	0.1572
	θ_y	0.0356	0.0737	0.1158	0.1642	0.2057

$k = 1.7 \quad \alpha = 1.6 \quad \beta = 0.2$

ξ	η	0.10	0.20	0.30	0.40	0.50
0.80	θ_x	0.0957	0.1824	0.2516	0.2962	0.3116
	θ_y	0.0719	0.1480	0.2329	0.3308	0.3826
0.85	θ_x	0.0955	0.1819	0.2509	0.2952	0.3106
	θ_y	0.0719	0.1480	0.2329	0.3308	0.3826

$k = 1.7 \quad \alpha = 1.6 \quad \beta = 0.3$

ξ	η	0.10	0.20	0.30	0.40	0.50
0.80	θ_x	0.1407	0.2681	0.3696	0.4351	0.4577
	θ_y	0.1091	0.2253	0.3541	0.4856	0.5339
0.85	θ_x	0.1404	0.2674	0.3685	0.4337	0.4562
	θ_y	0.1091	0.2253	0.3541	0.4856	0.5339

$k = 1.7 \quad \alpha = 1.6 \quad \beta = 0.4$

ξ	η	0.10	0.20	0.30	0.40	0.50
0.80	θ_x		0.3473	0.4787	0.5632	0.5924
	θ_y		0.3051	0.4789	0.6162	0.6616
0.85	θ_x		0.3463	0.4771	0.5614	0.5905
	θ_y		0.3051	0.4789	0.6162	0.6616

$k = 1.7 \quad \alpha = 1.6 \quad \beta = 0.5$

ξ	η	0.10	0.20	0.30	0.40	0.50
0.80	θ_x		0.4180	0.5758	0.6773	0.7124
	θ_y		0.3895	0.5950	0.7235	0.7657
0.85	θ_x		0.4168	0.5740	0.6752	0.7101
	θ_y		0.3895	0.5950	0.7235	0.7657

$k = 1.7 \quad \alpha = 1.6 \quad \beta = 0.6$

ξ	η	0.10	0.20	0.30	0.40	0.50
0.80	θ_x			0.6589	0.7748	0.8147
	θ_y			0.6879	0.8097	0.8496
0.85	θ_x			0.6569	0.7724	0.8122
	θ_y			0.6879	0.8097	0.8496

附录四 双向板楼面等效均布荷载计算表 365

$k = 1.7 \quad \alpha = 1.6 \quad \beta = 0.7$

ξ	η	0.10	0.20	0.30	0.40	0.50
0.80	θ_x			0.7258	0.8531	0.8970
	θ_y			0.7592	0.8751	0.9130
0.85	θ_x			0.7235	0.8505	0.8942
	θ_y			0.7592	0.8751	0.9130

$k = 1.7 \quad \alpha = 1.6 \quad \beta = 0.8$

ξ	η	0.10	0.20	0.30	0.40	0.50
0.80	θ_x				0.9105	0.9573
	θ_y				0.9213	0.9577
0.85	θ_x				0.9077	0.9543
	θ_y				0.9213	0.9577

$k = 1.7 \quad \alpha = 1.6 \quad \beta = 0.9$

ξ	η	0.10	0.20	0.30	0.40	0.50
0.80	θ_x				0.9456	0.9940
	θ_y				0.9488	0.9842
0.85	θ_x				0.9426	0.9909
	θ_y				0.9488	0.9842

$k = 1.7 \quad \alpha = 1.6 \quad \beta = 1.0$

ξ	η	0.10	0.20	0.30	0.40	0.50
0.80	θ_x					1.0063
	θ_y					0.9934
0.85	θ_x					1.0032
	θ_y					0.9934

$k = 1.7 \quad \alpha = 1.7 \quad \beta = 0.1$

ξ	η	0.10	0.20	0.30	0.40	0.50
0.80	θ_x	0.0483	0.0921	0.1270	0.1495	0.1572
	θ_y	0.0358	0.0740	0.1163	0.1648	0.2062
0.85	θ_x	0.0482	0.0918	0.1266	0.1491	0.1568
	θ_y	0.0358	0.0740	0.1163	0.1648	0.2062

$k = 1.7 \quad \alpha = 1.7 \quad \beta = 0.2$

ξ	η	0.10	0.20	0.30	0.40	0.50
0.80	θ_x	0.0955	0.1819	0.2509	0.2952	0.3106
	θ_y	0.0722	0.1487	0.2338	0.3317	0.3837
0.85	θ_x	0.0952	0.1814	0.2502	0.2943	0.3096
	θ_y	0.0722	0.1487	0.2338	0.3317	0.3837

$k = 1.7 \quad \alpha = 1.7 \quad \beta = 0.3$

ξ	η	0.10	0.20	0.30	0.40	0.50
0.80	θ_x	0.1404	0.2674	0.3685	0.4337	0.4562
	θ_y	0.1095	0.2262	0.3550	0.4873	0.5358
0.85	θ_x	0.1400	0.2665	0.3675	0.4327	0.4551
	θ_y	0.1095	0.2262	0.3550	0.4873	0.5358

$k = 1.7 \quad \alpha = 1.7 \quad \beta = 0.4$

ξ	η	0.10	0.20	0.30	0.40	0.50
0.80	θ_x		0.3463	0.4771	0.5614	0.5905
	θ_y		0.3062	0.4805	0.6180	0.6634
0.85	θ_x		0.3452	0.4756	0.5596	0.5886
	θ_y		0.3062	0.4805	0.6180	0.6634

$k = 1.7 \quad \alpha = 1.7 \quad \beta = 0.5$

ξ	η	0.10	0.20	0.30	0.40	0.50
0.80	θ_x		0.4168	0.5740	0.6752	0.7101
	θ_y		0.3909	0.5969	0.7260	0.7684
0.85	θ_x		0.4155	0.5722	0.6736	0.7084
	θ_y		0.3909	0.5969	0.7260	0.7684

$k = 1.7 \quad \alpha = 1.7 \quad \beta = 0.6$

ξ	η	0.10	0.20	0.30	0.40	0.50
0.80	θ_x			0.6569	0.7724	0.8122
	θ_y			0.6902	0.8123	0.8523
0.85	θ_x			0.6553	0.7705	0.8096
	θ_y			0.6902	0.8123	0.8523

$k = 1.7 \quad \alpha = 1.7 \quad \beta = 0.7$

ξ	η	0.10	0.20	0.30	0.40	0.50
0.80	θ_x			0.7235	0.8505	0.8942
	θ_y			0.7617	0.8780	0.9161
0.85	θ_x			0.7218	0.8477	0.8914
	θ_y			0.7617	0.8780	0.9161

$k = 1.7 \quad \alpha = 1.7 \quad \beta = 0.8$

ξ	η	0.10	0.20	0.30	0.40	0.50
0.80	θ_x				0.9077	0.9543
	θ_y				0.9244	0.9610
0.85	θ_x				0.9048	0.9512
	θ_y				0.9244	0.9610

$k = 1.7 \quad \alpha = 1.7 \quad \beta = 0.9$

ξ	η	0.10	0.20	0.30	0.40	0.50
0.80	θ_x				0.9426	0.9909
	θ_y				0.9520	0.9879
0.85	θ_x				0.9395	0.9877
	θ_y				0.9520	0.9879

$k = 1.7 \quad \alpha = 1.7 \quad \beta = 1.0$

ξ	η	0.10	0.20	0.30	0.40	0.50
0.80	θ_x					1.0032
	θ_y					0.9964
0.85	θ_x					1.0000
	θ_y					0.9964

附录四 双向板楼面等效均布荷载计算表

$k=1.8 \quad \alpha=0.1 \quad \beta=0.1$

ξ	η	0.10	0.20	0.30	0.40	0.50
0.10	θ_x	−0.0006	−0.0012	−0.0017	−0.0021	−0.0022
	θ_y	0.0006	0.0011	0.0015	0.0018	0.0019
0.20	θ_x	−0.0011	−0.0022	−0.0031	−0.0039	−0.0040
	θ_y	0.0011	0.0022	0.0031	0.0036	0.0039
0.30	θ_x	−0.0012	−0.0025	−0.0039	−0.0050	−0.0054
	θ_y	0.0017	0.0033	0.0047	0.0056	0.0060
0.40	θ_x	−0.0008	−0.0019	−0.0034	−0.0048	−0.0056
	θ_y	0.0022	0.0044	0.0063	0.0077	0.0083
0.50	θ_x	0.0006	0.0004	−0.0008	−0.0026	−0.0034
	θ_y	0.0027	0.0054	0.0080	0.0101	0.0109
0.60	θ_x	0.0032	0.0053	0.0053	0.0040	0.0022
	θ_y	0.0029	0.0061	0.0095	0.0125	0.0140
0.70	θ_x	0.0070	0.0131	0.0166	0.0155	0.0130
	θ_y	0.0029	0.0063	0.0104	0.0153	0.0180
0.80	θ_x	0.0109	0.0220	0.0331	0.0405	0.0376
	θ_y	0.0028	0.0059	0.0102	0.0171	0.0239
0.90	θ_x	0.0126	0.0263	0.0431	0.0677	0.0937
	θ_y	0.0026	0.0057	0.0096	0.0166	0.0298

$k=1.8 \quad \alpha=0.1 \quad \beta=0.2$

ξ	η	0.10	0.20	0.30	0.40	0.50
0.10	θ_x	−0.0012	−0.0024	−0.0034	−0.0041	−0.0044
	θ_y	0.0011	0.0021	0.0030	0.0035	0.0037
0.20	θ_x	−0.0022	−0.0043	−0.0062	−0.0091	−0.0102
	θ_y	0.0022	0.0043	0.0060	0.0072	0.0075
0.30	θ_x	−0.0025	−0.0051	−0.0077	−0.0098	−0.0105
	θ_y	0.0034	0.0065	0.0092	0.0111	0.0117
0.40	θ_x	−0.0017	−0.0039	−0.0068	−0.0096	−0.0108
	θ_y	0.0044	0.0087	0.0125	0.0153	0.0163
0.50	θ_x	0.0010	0.0006	−0.0018	−0.0049	0.0065
	θ_y	0.0053	0.0107	0.0159	0.0198	0.0214
0.60	θ_x	0.0061	0.0101	0.0099	0.0087	0.0029
	θ_y	0.0059	0.0122	0.0189	0.0248	0.0273
0.70	θ_x	0.0138	0.0255	0.0320	0.0303	0.0274
	θ_y	0.0060	0.0128	0.0210	0.0300	0.0344
0.80	θ_x	0.0218	0.0440	0.0654	0.0771	0.0787
	θ_y	0.0056	0.0121	0.0210	0.0348	0.0431
0.90	θ_x	0.0254	0.0533	0.0881	0.1385	0.1691
	θ_y	0.0054	0.0115	0.0198	0.0369	0.0489

$k=1.8 \quad \alpha=0.1 \quad \beta=0.3$

ξ	η	0.10	0.20	0.30	0.40	0.50
0.10	θ_x	−0.0018	−0.0035	−0.0050	−0.0060	−0.0068
	θ_y	0.0016	0.0032	0.0044	0.0052	0.0055
0.20	θ_x	0.0032	−0.0064	−0.0092	−0.0110	−0.0118
	θ_y	0.0033	0.0064	0.0089	0.0106	0.0112
0.30	θ_x	−0.0038	−0.0077	−0.0114	−0.0142	−0.0154
	θ_y	0.0050	0.0096	0.0136	0.0162	0.0172
0.40	θ_x	−0.0027	−0.0061	−0.0102	−0.0139	−0.0153
	θ_y	0.0066	0.0129	0.0185	0.0223	0.0238
0.50	θ_x	0.0010	0.0002	−0.0029	−0.0069	−0.0086
	θ_y	0.0080	0.0160	0.0234	0.0290	0.0310
0.60	θ_x	0.0085	0.0139	0.0136	0.0137	0.0067
	θ_y	0.0090	0.0185	0.0282	0.0362	0.0392
0.70	θ_x	0.0201	0.0367	0.0454	0.0448	0.0438
	θ_y	0.0092	0.0196	0.0319	0.0436	0.0485
0.80	θ_x	0.0328	0.0659	0.0955	0.1111	0.1186
	θ_y	0.0087	0.0189	0.0332	0.0511	0.0580
0.90	θ_x	0.0388	0.0820	0.1370	0.2045	0.2290
	θ_y	0.0083	0.0179	0.0317	0.0560	0.0630

$k=1.8 \quad \alpha=0.1 \quad \beta=0.4$

ξ	η	0.10	0.20	0.30	0.40	0.50
0.10	θ_x		−0.0046	−0.0068	−0.0078	−0.0082
	θ_y		0.0041	0.0057	0.0067	0.0071
0.20	θ_x		−0.0084	−0.0135	−0.0170	−0.0181
	θ_y		0.0083	0.0115	0.0136	0.0144
0.30	θ_x		−0.0102	−0.0149	−0.0183	−0.0195
	θ_y		0.0126	0.0176	0.0210	0.0222
0.40	θ_x		−0.0085	−0.0135	−0.0176	−0.0191
	θ_y		0.0170	0.0240	0.0288	0.0305
0.50	θ_x		−0.0008	−0.0043	−0.0082	−0.0098
	θ_y		0.0212	0.0306	0.0372	0.0396
0.60	θ_x		0.0164	0.0188	0.0184	0.0175
	θ_y		0.0248	0.0370	0.0462	0.0496
0.70	θ_x		0.0458	0.0559	0.0593	0.0607
	θ_y		0.0270	0.0428	0.0555	0.0601
0.80	θ_x		0.0872	0.1211	0.1441	0.1543
	θ_y		0.0267	0.0469	0.0642	0.0695
0.90	θ_x		0.1135	0.1917	0.2572	0.2770
	θ_y		0.0253	0.0484	0.0688	0.0738

附录四 双向板楼面等效均布荷载计算表

$k=1.8 \quad \alpha=0.1 \quad \beta=0.5$

ξ	η	0.10	0.20	0.30	0.40	0.50
0.10	θ_x		−0.0056	−0.0078	−0.0093	−0.0098
	θ_y		0.0049	0.0068	0.0081	0.0085
0.20	θ_x		−0.0102	−0.0166	−0.0201	−0.0212
	θ_y		0.0100	0.0138	0.0163	0.0173
0.30	θ_x		−0.0126	−0.0180	−0.0218	−0.0231
	θ_y		0.0153	0.0212	0.0251	0.0265
0.40	θ_x		−0.0109	−0.0166	−0.0196	−0.0221
	θ_y		0.0207	0.0289	0.0345	0.0364
0.50	θ_x		−0.0024	−0.0059	−0.0090	−0.0103
	θ_y		0.0261	0.0370	0.0444	0.0470
0.60	θ_x		0.0179	0.0222	0.0230	0.0231
	θ_y		0.0310	0.0452	0.0548	0.0582
0.70	θ_x		0.0524	0.0649	0.0734	0.0769
	θ_y		0.0348	0.0529	0.0652	0.0693
0.80	θ_x		0.1064	0.1439	0.1736	0.1847
	θ_y		0.0360	0.0598	0.0741	0.0784
0.90	θ_x		0.1494	0.2433	0.2983	0.3151
	θ_y		0.0344	0.0643	0.0782	0.0821

$k=1.8 \quad \alpha=0.1 \quad \beta=0.6$

ξ	η	0.10	0.20	0.30	0.40	0.50
0.10	θ_x			−0.0090	−0.0106	−0.0112
	θ_y			0.0078	0.0092	0.0097
0.20	θ_x			−0.0192	−0.0226	−0.0237
	θ_y			0.0158	0.0187	0.0197
0.30	θ_x			−0.0208	−0.0246	−0.0259
	θ_y			0.0243	0.0287	0.0302
0.40	θ_x			−0.0193	−0.0230	−0.0244
	θ_y			0.0332	0.0392	0.0413
0.50	θ_x			−0.0073	−0.0093	−0.0100
	θ_y			0.0426	0.0504	0.0531
0.60	θ_x			0.0245	0.0275	0.0287
	θ_y			0.0522	0.0618	0.0651
0.70	θ_x			0.0731	0.0862	0.0913
	θ_y			0.0614	0.0728	0.0765
0.80	θ_x			0.1658	0.1982	0.2094
	θ_y			0.0698	0.0816	0.0852
0.90	θ_x			0.2824	0.3302	0.3451
	θ_y			0.0742	0.0853	0.0886

$k=1.8 \quad \alpha=0.1 \quad \beta=0.7$

ξ	η	0.10	0.20	0.30	0.40	0.50
0.10	θ_x			−0.0099	−0.0117	−0.0122
	θ_y			0.0086	0.0102	0.0107
0.20	θ_x			−0.0212	−0.0245	−0.0256
	θ_y			0.0175	0.0206	0.0216
0.30	θ_x			−0.0230	−0.0269	−0.0282
	θ_y			0.0268	0.0315	0.0331
0.40	θ_x			−0.0214	−0.0248	−0.0260
	θ_y			0.0367	0.0430	0.0452
0.50	θ_x			−0.0084	−0.0090	−0.0093
	θ_y			0.0471	0.0551	0.0578
0.60	θ_x			0.0262	0.0316	0.0337
	θ_y			0.0577	0.0672	0.0704
0.70	θ_x			0.0804	0.0970	0.1031
	θ_y			0.0681	0.0785	0.0818
0.80	θ_x			0.1844	0.2175	0.2286
	θ_y			0.0769	0.0871	0.0903
0.90	θ_x			0.3108	0.3540	0.3677
	θ_y			0.0808	0.0904	0.0935

$k=1.8 \quad \alpha=0.1 \quad \beta=0.8$

ξ	η	0.10	0.20	0.30	0.40	0.50
0.10	θ_x				−0.0124	−0.0130
	θ_y				0.0108	0.0114
0.20	θ_x				−0.0259	−0.0270
	θ_y				0.0219	0.0230
0.30	θ_x				−0.0280	−0.0297
	θ_y				0.0335	0.0352
0.40	θ_x				−0.0260	−0.0270
	θ_y				0.0458	0.0480
0.50	θ_x				−0.0095	−0.0085
	θ_y				0.0584	0.0611
0.60	θ_x				0.0348	0.0376
	θ_y				0.0710	0.0741
0.70	θ_x				0.1051	0.1118
	θ_y				0.0825	0.0856
0.80	θ_x				0.2312	0.2422
	θ_y				0.0909	0.0938
0.90	θ_x				0.3705	0.3835
	θ_y				0.0940	0.0968

附录四 双向板楼面等效均布荷载计算表

$k = 1.8 \quad \alpha = 0.1 \quad \beta = 0.9$

ξ	η	0.10	0.20	0.30	0.40	0.50
0.10	θ_x				−0.0128	−0.0134
	θ_y				0.0112	0.0118
0.20	θ_x				−0.0267	−0.0278
	θ_y				0.0227	0.0239
0.30	θ_x				−0.0294	−0.0307
	θ_y				0.0348	0.0365
0.40	θ_x				−0.0194	−0.0202
	θ_y				0.0474	0.0496
0.50	θ_x				−0.0088	−0.0082
	θ_y				0.0604	0.0631
0.60	θ_x				0.0369	0.0401
	θ_y				0.0733	0.0762
0.70	θ_x				0.1101	0.1171
	θ_y				0.0848	0.0877
0.80	θ_x				0.2634	0.2742
	θ_y				0.0931	0.0958
0.90	θ_x				0.3802	0.3928
	θ_y				0.0961	0.0987

$k = 1.8 \quad \alpha = 0.1 \quad \beta = 1.0$

ξ	η	0.10	0.20	0.30	0.40	0.50
0.10	θ_x					−0.0136
	θ_y					0.0119
0.20	θ_x					−0.0281
	θ_y					0.0242
0.30	θ_x					−0.0309
	θ_y					0.0369
0.40	θ_x					−0.0277
	θ_y					0.0502
0.50	θ_x					−0.0081
	θ_y					0.0638
0.60	θ_x					0.0409
	θ_y					0.0770
0.70	θ_x					0.1189
	θ_y					0.0884
0.80	θ_x					0.2530
	θ_y					0.0965
0.90	θ_x					0.3959
	θ_y					0.0994

$k = 1.8 \quad \alpha = 0.2 \quad \beta = 0.1$

ξ	η	0.10	0.20	0.30	0.40	0.50
0.10	θ_x	−0.0012	−0.0023	−0.0034	−0.0041	−0.0044
	θ_y	0.0011	0.0022	0.0030	0.0036	0.0038
0.20	θ_x	−0.0021	−0.0042	−0.0061	−0.0076	−0.0083
	θ_y	0.0023	0.0044	0.0061	0.0073	0.0077
0.30	θ_x	−0.0023	−0.0048	−0.0075	−0.0096	−0.0105
	θ_y	0.0034	0.0066	0.0093	0.0113	0.0120
0.40	θ_x	−0.0013	−0.0034	−0.0063	−0.0091	−0.0100
	θ_y	0.0044	0.0087	0.0127	0.0155	0.0166
0.50	θ_x	0.0015	0.0015	−0.0007	−0.0043	−0.0061
	θ_y	0.0053	0.0107	0.0160	0.0202	0.0219
0.60	θ_x	0.0067	0.0113	0.0119	0.0082	0.0059
	θ_y	0.0058	0.0120	0.0188	0.0252	0.0283
0.70	θ_x	0.0140	0.0266	0.0346	0.0339	0.0289
	θ_y	0.0058	0.0124	0.0205	0.0304	0.0364
0.80	θ_x	0.0212	0.0428	0.0647	0.0840	0.0934
	θ_y	0.0055	0.0119	0.0202	0.0333	0.0485
0.90	θ_x	0.0242	0.0503	0.0805	0.1167	0.1397
	θ_y	0.0054	0.0116	0.0196	0.0338	0.0555

$k = 1.8 \quad \alpha = 0.2 \quad \beta = 0.2$

ξ	η	0.10	0.20	0.30	0.40	0.50
0.10	θ_x	−0.0024	−0.0047	−0.0067	−0.0081	−0.0086
	θ_y	0.0022	0.0043	0.0060	0.0071	0.0075
0.20	θ_x	−0.0042	−0.0085	−0.0128	−0.0169	−0.0188
	θ_y	0.0045	0.0087	0.0122	0.0144	0.0151
0.30	θ_x	−0.0047	−0.0097	−0.0149	−0.0189	−0.0206
	θ_y	0.0067	0.0130	0.0185	0.0222	0.0236
0.40	θ_x	−0.0029	−0.0070	−0.0126	−0.0176	−0.0196
	θ_y	0.0088	0.0174	0.0251	0.0306	0.0327
0.50	θ_x	0.0026	0.0024	−0.0019	−0.0081	−0.0111
	θ_y	0.0106	0.0213	0.0317	0.0397	0.0429
0.60	θ_x	0.0129	0.0216	0.0226	0.0169	0.0129
	θ_y	0.0117	0.0242	0.0376	0.0497	0.0548
0.70	θ_x	0.0277	0.0520	0.0670	0.0668	0.0620
	θ_y	0.0118	0.0252	0.0415	0.0600	0.0693
0.80	θ_x	0.0424	0.0857	0.1288	0.1661	0.1818
	θ_y	0.0113	0.0242	0.0417	0.0689	0.0858
0.90	θ_x	0.0489	0.1015	0.1627	0.2310	0.2659
	θ_y	0.0109	0.0232	0.0407	0.0726	0.0943

附录四 双向板楼面等效均布荷载计算表

$k = 1.8 \quad \alpha = 0.2 \quad \beta = 0.3$

ξ	η	0.10	0.20	0.30	0.40	0.50
0.10	θ_x	−0.0035	−0.0069	−0.0098	−0.0118	−0.0126
	θ_y	0.0033	0.0063	0.0088	0.0104	0.0110
0.20	θ_x	−0.0063	−0.0124	−0.0179	−0.0220	−0.0234
	θ_y	0.0066	0.0127	0.0178	0.0212	0.0224
0.30	θ_x	−0.0072	−0.0146	−0.0220	−0.0276	−0.0296
	θ_y	0.0099	0.0193	0.0272	0.0326	0.0345
0.40	θ_x	−0.0048	−0.0110	−0.0188	−0.0254	−0.0281
	θ_y	0.0132	0.0258	0.0369	0.0448	0.0477
0.50	θ_x	0.0030	0.0022	−0.0035	−0.0111	−0.0147
	θ_y	0.0160	0.0319	0.0468	0.0580	0.0623
0.60	θ_x	0.0181	0.0299	0.0315	0.0260	0.0224
	θ_y	0.0178	0.0367	0.0561	0.0723	0.0787
0.70	θ_x	0.0406	0.0751	0.0951	0.0983	0.0978
	θ_y	0.0182	0.0387	0.0633	0.0873	0.0971
0.80	θ_x	0.0639	0.1286	0.1914	0.2424	0.2620
	θ_y	0.0174	0.0378	0.0654	0.1020	0.1149
0.90	θ_x	0.0744	0.1550	0.2479	0.3369	0.3731
	θ_y	0.0168	0.0366	0.0646	0.1090	0.1232

$k = 1.8 \quad \alpha = 0.2 \quad \beta = 0.4$

ξ	η	0.10	0.20	0.30	0.40	0.50
0.10	θ_x		−0.0090	−0.0127	−0.0153	−0.0162
	θ_y		0.0082	0.0114	0.0135	0.0142
0.20	θ_x		−0.0170	−0.0254	−0.0317	−0.0338
	θ_y		0.0167	0.0231	0.0273	0.0289
0.30	θ_x		−0.0195	−0.0286	−0.0353	−0.0378
	θ_y		0.0252	0.0353	0.0421	0.0445
0.40	θ_x		−0.0154	−0.0246	−0.0322	−0.0352
	θ_y		0.0339	0.0480	0.0577	0.0612
0.50	θ_x		0.0007	−0.0057	−0.0130	−0.0162
	θ_y		0.0423	0.0611	0.0746	0.0795
0.60	θ_x		0.0355	0.0385	0.0356	0.0338
	θ_y		0.0493	0.0739	0.0925	0.0993
0.70	θ_x		0.0948	0.1175	0.1293	0.1336
	θ_y		0.0534	0.0851	0.1108	0.1199
0.80	θ_x		0.1713	0.2507	0.3108	0.3321
	θ_y		0.0530	0.0931	0.1275	0.1377
0.90	θ_x		0.2115	0.3326	0.4286	0.4619
	θ_y		0.0515	0.0960	0.1349	0.1452

$k = 1.8 \quad \alpha = 0.2 \quad \beta = 0.5$

ξ	η	0.10	0.20	0.30	0.40	0.50
0.10	θ_x		−0.0110	−0.0154	−0.0183	−0.0193
	θ_y		0.0099	0.0137	0.0162	0.0171
0.20	θ_x		−0.0213	−0.0311	−0.0375	−0.0397
	θ_y		0.0201	0.0277	0.0328	0.0346
0.30	θ_x		−0.0243	−0.0347	−0.0420	−0.0446
	θ_y		0.0306	0.0425	0.0504	0.0532
0.40	θ_x		−0.0201	−0.0301	−0.0378	−0.0407
	θ_y		0.0414	0.0580	0.0691	0.0730
0.50	θ_x		−0.0021	−0.0082	−0.0139	−0.0160
	θ_y		0.0521	0.0740	0.0889	0.0942
0.60	θ_x		0.0382	0.0441	0.0456	0.0462
	θ_y		0.0619	0.0902	0.1096	0.1164
0.70	θ_x		0.1092	0.1388	0.1589	0.1671
	θ_y		0.0691	0.1055	0.1300	0.1381
0.80	θ_x		0.2126	0.3064	0.3695	0.3914
	θ_y		0.0709	0.1194	0.1471	0.1555
0.90	θ_x		0.2721	0.4167	0.5098	0.5401
	θ_y		0.0699	0.1261	0.1544	0.1625

$k = 1.8 \quad \alpha = 0.2 \quad \beta = 0.6$

ξ	η	0.10	0.20	0.30	0.40	0.50
0.10	θ_x			−0.0176	−0.0208	−0.0219
	θ_y			0.0157	0.0185	0.0195
0.20	θ_x			−0.0359	−0.0423	−0.0445
	θ_y			0.0318	0.0375	0.0395
0.30	θ_x			−0.0400	−0.0475	−0.0504
	θ_y			0.0488	0.0575	0.0605
0.40	θ_x			−0.0351	−0.0422	−0.0447
	θ_y			0.0666	0.0786	0.0828
0.50	θ_x			−0.0106	−0.0137	−0.0148
	θ_y			0.0852	0.1008	0.1062
0.60	θ_x			0.0485	0.0554	0.0583
	θ_y			0.1042	0.1235	0.1301
0.70	θ_x			0.1570	0.1856	0.1964
	θ_y			0.1227	0.1451	0.1523
0.80	θ_x			0.3532	0.4178	0.4397
	θ_y			0.1387	0.1620	0.1691
0.90	θ_x			0.4774	0.5637	0.5915
	θ_y			0.1458	0.1686	0.1755

附录四 双向板楼面等效均布荷载计算表

$k=1.8 \quad \alpha=0.2 \quad \beta=0.7$

ξ	η	0.10	0.20	0.30	0.40	0.50
0.10	θ_x			−0.0195	−0.0229	−0.0240
	θ_y			0.0173	0.0204	0.0214
0.20	θ_x			−0.0396	−0.0460	−0.0481
	θ_y			0.0351	0.0413	0.0434
0.30	θ_x			−0.0443	−0.0518	−0.0543
	θ_y			0.0538	0.0631	0.0663
0.40	θ_x			−0.0392	−0.0456	−0.0475
	θ_y			0.0735	0.0862	0.0905
0.50	θ_x			−0.0124	−0.0131	−0.0132
	θ_y			0.0942	0.1102	0.1156
0.60	θ_x			0.0523	0.0642	0.0689
	θ_y			0.1154	0.1342	0.1405
0.70	θ_x			0.1730	0.2077	0.2176
	θ_y			0.1359	0.1564	0.1629
0.80	θ_x			0.3906	0.4554	0.4770
	θ_y			0.1526	0.1729	0.1793
0.90	θ_x			0.5283	0.6088	0.6348
	θ_y			0.1596	0.1792	0.1853

$k=1.8 \quad \alpha=0.2 \quad \beta=0.8$

ξ	η	0.10	0.20	0.30	0.40	0.50
0.10	θ_x				−0.0243	−0.0255
	θ_y				0.0217	0.0228
0.20	θ_x				−0.0487	−0.0508
	θ_y				0.0440	0.0462
0.30	θ_x				−0.0554	−0.0572
	θ_y				0.0672	0.0705
0.40	θ_x				−0.0476	−0.0493
	θ_y				0.0916	0.0960
0.50	θ_x				−0.0117	−0.0114
	θ_y				0.1168	0.1222
0.60	θ_x				0.0712	0.0771
	θ_y				0.1418	0.1478
0.70	θ_x				0.2215	0.2350
	θ_y				0.1642	0.1703
0.80	θ_x				0.4821	0.5014
	θ_y				0.1804	0.1862
0.90	θ_x				0.6403	0.6652
	θ_y				0.1864	0.1920

$k=1.8 \quad \alpha=0.2 \quad \beta=0.9$

ξ	η	0.10	0.20	0.30	0.40	0.50
0.10	θ_x				−0.0252	−0.0264
	θ_y				0.0225	0.0237
0.20	θ_x				−0.0502	−0.0523
	θ_y				0.0456	0.0479
0.30	θ_x				−0.0566	−0.0589
	θ_y				0.0697	0.0731
0.40	θ_x				−0.0398	−0.0412
	θ_y				0.0949	0.0993
0.50	θ_x				−0.0117	−0.0102
	θ_y				0.1209	0.1261
0.60	θ_x				0.0577	0.0644
	θ_y				0.1463	0.1521
0.70	θ_x				0.2316	0.2456
	θ_y				0.1688	0.1746
0.80	θ_x				0.5078	0.5290
	θ_y				0.1848	0.1903
0.90	θ_x				0.6652	0.6832
	θ_y				0.1905	0.1960

$k=1.8 \quad \alpha=0.2 \quad \beta=1.0$

ξ	η	0.10	0.20	0.30	0.40	0.50
0.10	θ_x					−0.0267
	θ_y					0.0239
0.20	θ_x					−0.0529
	θ_y					0.0484
0.30	θ_x					−0.0595
	θ_y					0.0739
0.40	θ_x					−0.0505
	θ_y					0.1005
0.50	θ_x					−0.0098
	θ_y					0.1275
0.60	θ_x					0.0841
	θ_y					0.1535
0.70	θ_x					0.2492
	θ_y					0.1760
0.80	θ_x					0.5224
	θ_y					0.1916
0.90	θ_x					0.6892
	θ_y					0.1973

附录四 双向板楼面等效均布荷载计算表

$k=1.8 \quad \alpha=0.3 \quad \beta=0.1$

ξ	η	0.10	0.20	0.30	0.40	0.50
0.10	θ_x	−0.0017	−0.0034	−0.0049	−0.0060	−0.0064
	θ_y	0.0017	0.0033	0.0046	0.0054	0.0058
0.20	θ_x	−0.0029	−0.0059	−0.0088	−0.0109	−0.0116
	θ_y	0.0034	0.0065	0.0092	0.0111	0.0117
0.30	θ_x	−0.0031	−0.0066	−0.0104	−0.0137	−0.0149
	θ_y	0.0050	0.0099	0.0140	0.0170	0.0181
0.40	θ_x	−0.0014	−0.0040	−0.0081	−0.0124	−0.0145
	θ_y	0.0066	0.0131	0.0190	0.0234	0.0251
0.50	θ_x	0.0030	0.0038	0.0011	−0.0042	−0.0071
	θ_y	0.0078	0.0158	0.0238	0.0304	0.0332
0.60	θ_x	0.0108	0.0188	0.0210	0.0153	0.0121
	θ_y	0.0085	0.0177	0.0279	0.0380	0.0429
0.70	θ_x	0.0211	0.0403	0.0549	0.0594	0.0524
	θ_y	0.0086	0.0183	0.0301	0.0449	0.0559
0.80	θ_x	0.0304	0.0613	0.0928	0.1236	0.1436
	θ_y	0.0083	0.0179	0.0302	0.0487	0.0719
0.90	θ_x	0.0343	0.0702	0.1092	0.1485	0.1697
	θ_y	0.0082	0.0176	0.0300	0.0506	0.0776

$k=1.8 \quad \alpha=0.3 \quad \beta=0.2$

ξ	η	0.10	0.20	0.30	0.40	0.50
0.10	θ_x	−0.0034	−0.0067	−0.0096	−0.0117	−0.0125
	θ_y	0.0033	0.0065	0.0090	0.0107	0.0114
0.20	θ_x	−0.0059	−0.0119	−0.0177	−0.0227	−0.0249
	θ_y	0.0067	0.0130	0.0183	0.0218	0.0230
0.30	θ_x	−0.0063	−0.0133	−0.0207	−0.0268	−0.0292
	θ_y	0.0100	0.0196	0.0278	0.0335	0.0356
0.40	θ_x	−0.0032	−0.0085	−0.0163	−0.0216	−0.0237
	θ_y	0.0131	0.0260	0.0376	0.0462	0.0496
0.50	θ_x	0.0054	0.0067	0.0014	−0.0078	−0.0125
	θ_y	0.0157	0.0317	0.0473	0.0599	0.0649
0.60	θ_x	0.0209	0.0361	0.0399	0.0298	0.0265
	θ_y	0.0172	0.0357	0.0559	0.0746	0.0830
0.70	θ_x	0.0417	0.0796	0.1079	0.1150	0.1123
	θ_y	0.0175	0.0371	0.0608	0.0896	0.1048
0.80	θ_x	0.0610	0.1228	0.1854	0.2458	0.2747
	θ_y	0.0170	0.0363	0.0620	0.1017	0.1264
0.90	θ_x	0.0689	0.1412	0.2189	0.2918	0.3249
	θ_y	0.0166	0.0356	0.0620	0.1064	0.1352

$\alpha=0.3 \quad \beta=0.3$

ξ	η	0.10	0.20	0.30	0.40	0.50
0.10	θ_x	−0.0050	−0.0099	−0.0142	−0.0172	−0.0183
	θ_y	0.0049	0.0095	0.0133	0.0158	0.0166
0.20	θ_x	−0.0089	−0.0178	−0.0263	−0.0332	−0.0358
	θ_y	0.0099	0.0192	0.0269	0.0320	0.0338
0.30	θ_x	−0.0097	−0.0202	−0.0307	−0.0390	−0.0422
	θ_y	0.0149	0.0289	0.0409	0.0491	0.0521
0.40	θ_x	−0.0055	−0.0136	−0.0245	−0.0350	−0.0393
	θ_y	0.0196	0.0386	0.0555	0.0675	0.0720
0.50	θ_x	0.0068	0.0079	0.0007	−0.0102	−0.0154
	θ_y	0.0237	0.0475	0.0701	0.0874	0.0940
0.60	θ_x	0.0296	0.0505	0.0551	0.0448	0.0391
	θ_y	0.0263	0.0542	0.0837	0.1086	0.1187
0.70	θ_x	0.0614	0.1165	0.1564	0.1679	0.1724
	θ_y	0.0269	0.0570	0.0932	0.1309	0.1457
0.80	θ_x	0.0917	0.1844	0.2777	0.3601	0.3909
	θ_y	0.0262	0.0566	0.0968	0.1509	0.1694
0.90	θ_x	0.1045	0.2138	0.3280	0.4250	0.4643
	θ_y	0.0256	0.0559	0.0981	0.1584	0.1789

$\alpha=0.3 \quad \beta=0.4$

ξ	η	0.10	0.20	0.30	0.40	0.50
0.10	θ_x		−0.0130	−0.0186	−0.0222	−0.0235
	θ_y		0.0124	0.0172	0.0204	0.0215
0.20	θ_x		−0.0236	−0.0346	−0.0426	−0.0454
	θ_y		0.0250	0.0348	0.0413	0.0436
0.30	θ_x		−0.0270	−0.0401	−0.0500	−0.0537
	θ_y		0.0378	0.0531	0.0634	0.0671
0.40	θ_x		−0.0194	−0.0327	−0.0441	−0.0433
	θ_y		0.0507	0.0721	0.0870	0.0923
0.50	θ_x		0.0069	−0.0012	−0.0111	−0.0155
	θ_y		0.0630	0.0916	0.1122	0.1197
0.60	θ_x		0.0608	0.0659	0.0613	0.0596
	θ_y		0.0731	0.1104	0.1388	0.1493
0.70	θ_x		0.1491	0.1946	0.2197	0.2301
	θ_y		0.0785	0.1267	0.1658	0.1792
0.80	θ_x		0.2464	0.3686	0.4602	0.4916
	θ_y		0.0790	0.1380	0.1884	0.2034
0.90	θ_x		0.2878	0.4330	0.5434	0.5836
	θ_y		0.0786	0.1421	0.1971	0.2128

附录四　双向板楼面等效均布荷载计算表

$k=1.8 \quad \alpha=0.3 \quad \beta=0.5$

ξ	η	0.10	0.20	0.30	0.40	0.50
0.10	θ_x		-0.0159	-0.0222	-0.0265	-0.0280
	θ_y		0.0150	0.0207	0.0245	0.0258
0.20	θ_x		-0.0293	-0.0421	-0.0507	-0.0536
	θ_y		0.0303	0.0419	0.0496	0.0523
0.30	θ_x		-0.0338	-0.0488	-0.0593	-0.0631
	θ_y		0.0459	0.0640	0.0760	0.0802
0.40	θ_x		-0.0259	-0.0405	-0.0514	-0.0555
	θ_y		0.0620	0.0872	0.1040	0.1099
0.50	θ_x		0.0037	-0.0034	-0.0108	-0.0132
	θ_y		0.0779	0.1111	0.1337	0.1416
0.60	θ_x		0.0658	0.0743	0.0788	0.0810
	θ_y		0.0922	0.1349	0.1644	0.1745
0.70	θ_x		0.1757	0.2293	0.2677	0.2823
	θ_y		0.1019	0.1578	0.1941	0.2059
0.80	θ_x		0.3081	0.4518	0.5450	0.5765
	θ_y		0.1051	0.1771	0.2175	0.2298
0.90	θ_x		0.3622	0.5294	0.6437	0.6827
	θ_y		0.1062	0.1841	0.2265	0.2389

$k=1.8 \quad \alpha=0.3 \quad \beta=0.6$

ξ	η	0.10	0.20	0.30	0.40	0.50
0.10	θ_x			-0.0255	-0.0302	-0.0318
	θ_y			0.0237	0.0279	0.0294
0.20	θ_x			-0.0485	-0.0573	-0.0603
	θ_y			0.0480	0.0566	0.0596
0.30	θ_x			-0.0563	-0.0668	-0.0705
	θ_y			0.0734	0.0866	0.0912
0.40	θ_x			-0.0473	-0.0570	-0.0604
	θ_y			0.1001	0.1183	0.1246
0.50	θ_x			-0.0055	-0.0089	-0.0095
	θ_y			0.1279	0.1514	0.1595
0.60	θ_x			0.0822	0.0957	0.1012
	θ_y			0.1561	0.1850	0.1947
0.70	θ_x			0.2613	0.3096	0.3270
	θ_y			0.1834	0.2163	0.2268
0.80	θ_x			0.5211	0.6144	0.6456
	θ_y			0.2053	0.2397	0.2504
0.90	θ_x			0.6124	0.7248	0.7622
	θ_y			0.2137	0.2486	0.2592

$k=1.8 \quad \alpha=0.3 \quad \beta=0.7$

ξ	η	0.10	0.20	0.30	0.40	0.50
0.10	θ_x			-0.0282	-0.0331	-0.0343
	θ_y			0.0262	0.0307	0.0323
0.20	θ_x			-0.0536	-0.0625	-0.0655
	θ_y			0.0530	0.0622	0.0654
0.30	θ_x			-0.0624	-0.0729	-0.0764
	θ_y			0.0810	0.0951	0.0999
0.40	θ_x			-0.0476	-0.0554	-0.0580
	θ_y			0.1106	0.1296	0.1361
0.50	θ_x			-0.0077	-0.0065	-0.0056
	θ_y			0.1415	0.1653	0.1733
0.60	θ_x			0.0896	0.1106	0.1186
	θ_y			0.1729	0.2008	0.2100
0.70	θ_x			0.2887	0.3437	0.3719
	θ_y			0.2028	0.2328	0.2426
0.80	θ_x			0.5754	0.6682	0.6991
	θ_y			0.2259	0.2561	0.2656
0.90	θ_x			0.6779	0.7872	0.8231
	θ_y			0.2347	0.2647	0.2740

$k=1.8 \quad \alpha=0.3 \quad \beta=0.8$

ξ	η	0.10	0.20	0.30	0.40	0.50
0.10	θ_x				-0.0355	-0.0368
	θ_y				0.0328	0.0344
0.20	θ_x				-0.0662	-0.0692
	θ_y				0.0663	0.0696
0.30	θ_x				-0.0767	-0.0803
	θ_y				0.1012	0.1062
0.40	θ_x				-0.0636	-0.0655
	θ_y				0.1377	0.1443
0.50	θ_x				-0.0045	-0.0021
	θ_y				0.1752	0.1831
0.60	θ_x				0.1221	0.1319
	θ_y				0.2119	0.2207
0.70	θ_x				0.3776	0.3891
	θ_y				0.2444	0.2534
0.80	θ_x				0.7066	0.7372
	θ_y				0.2673	0.2761
0.90	θ_x				0.8312	0.8661
	θ_y				0.2757	0.2843

附录四 双向板楼面等效均布荷载计算表

$k = 1.8 \quad \alpha = 0.3 \quad \beta = 0.9$

ξ	η	0.10	0.20	0.30	0.40	0.50
0.10	θ_x				−0.0364	−0.0381
	θ_y				0.0340	0.0357
0.20	θ_x				−0.0684	−0.0713
	θ_y				0.0688	0.0721
0.30	θ_x				−0.0795	−0.0826
	θ_y				0.1049	0.1100
0.40	θ_x				−0.0594	−0.0608
	θ_y				0.1426	0.1492
0.50	θ_x				−0.0029	0.0003
	θ_y				0.1812	0.1890
0.60	θ_x				0.1281	0.1389
	θ_y				0.2185	0.2271
0.70	θ_x				0.3929	0.4050
	θ_y				0.2511	0.2598
0.80	θ_x				0.7177	0.7481
	θ_y				0.2740	0.2822
0.90	θ_x				0.8574	0.8916
	θ_y				0.2822	0.2904

$k = 1.8 \quad \alpha = 0.3 \quad \beta = 1.0$

ξ	η	0.10	0.20	0.30	0.40	0.50
0.10	θ_x					−0.0385
	θ_y					0.0361
0.20	θ_x					−0.0721
	θ_y					0.0730
0.30	θ_x					−0.0833
	θ_y					0.1112
0.40	θ_x					−0.0667
	θ_y					0.1509
0.50	θ_x					0.0012
	θ_y					0.1909
0.60	θ_x					0.1430
	θ_y					0.2292
0.70	θ_x					0.4193
	θ_y					0.2619
0.80	θ_x					0.7675
	θ_y					0.2843
0.90	θ_x					0.9001
	θ_y					0.2923

$k = 1.8 \quad \alpha = 0.4 \quad \beta = 0.1$

ξ	η	0.10	0.20	0.30	0.40	0.50
0.20	θ_x	−0.0035	−0.0072	−0.0107	−0.0135	−0.0145
	θ_y	0.0045	0.0087	0.0124	0.0149	0.0158
0.30	θ_x	−0.0034	−0.0076	−0.0124	−0.0167	−0.0183
	θ_y	0.0067	0.0131	0.0188	0.0229	0.0244
0.40	θ_x	−0.0008	−0.0034	−0.0085	−0.0147	−0.0177
	θ_y	0.0087	0.0173	0.0253	0.0315	0.0337
0.50	θ_x	0.0054	0.0079	0.0056	−0.0011	−0.0057
	θ_y	0.0102	0.0208	0.0315	0.0408	0.0448
0.60	θ_x	0.0155	0.0280	0.0339	0.0295	0.0210
	θ_y	0.0111	0.0231	0.0365	0.0506	0.0582
0.70	θ_x	0.0279	0.0541	0.0766	0.0923	0.0977
	θ_y	0.0113	0.0240	0.0391	0.0585	0.0766
0.80	θ_x	0.0382	0.0768	0.1151	0.1509	0.1699
	θ_y	0.0112	0.0240	0.0401	0.0640	0.0922
0.90	θ_x	0.0423	0.0855	0.1294	0.1680	0.1869
	θ_y	0.0111	0.0238	0.0405	0.0665	0.0969

$k = 1.8 \quad \alpha = 0.4 \quad \beta = 0.2$

ξ	η	0.10	0.20	0.30	0.40	0.50
0.20	θ_x	−0.0070	−0.0143	−0.0213	−0.0265	−0.0285
	θ_y	0.0089	0.0173	0.0244	0.0294	0.0312
0.30	θ_x	−0.0070	−0.0152	−0.0239	−0.0303	−0.0324
	θ_y	0.0133	0.0260	0.0371	0.0451	0.0482
0.40	θ_x	−0.0022	−0.0075	−0.0174	−0.0285	−0.0337
	θ_y	0.0173	0.0344	0.0502	0.0620	0.0663
0.50	θ_x	0.0100	0.0146	0.0100	−0.0018	−0.0087
	θ_y	0.0205	0.0416	0.0627	0.0803	0.0875
0.60	θ_x	0.0303	0.0547	0.0671	0.0570	0.0480
	θ_y	0.0224	0.0465	0.0729	0.0997	0.1122
0.70	θ_x	0.0553	0.1073	0.1514	0.1822	0.1927
	θ_y	0.0230	0.0484	0.0793	0.1185	0.1407
0.80	θ_x	0.0766	0.1535	0.2299	0.2982	0.3290
	θ_y	0.0227	0.0484	0.0822	0.1326	0.1636
0.90	θ_x	0.0849	0.1713	0.2577	0.3321	0.3636
	θ_y	0.0225	0.0483	0.0834	0.1377	0.1717

附录四 双向板楼面等效均布荷载计算表

$k = 1.8 \quad \alpha = 0.4 \quad \beta = 0.3$

ξ	η	0.10	0.20	0.30	0.40	0.50
0.20	θ_x	−0.0106	−0.0214	−0.0314	−0.0387	−0.0415
	θ_y	0.0132	0.0256	0.0360	0.0431	0.0456
0.30	θ_x	−0.0110	−0.0234	−0.0366	−0.0473	−0.0516
	θ_y	0.0198	0.0386	0.0547	0.0660	0.0701
0.40	θ_x	−0.0043	−0.0128	−0.0266	−0.0409	−0.0470
	θ_y	0.0259	0.0513	0.0741	0.0905	0.0967
0.50	θ_x	0.0133	0.0189	0.0124	−0.0013	−0.0080
	θ_y	0.0310	0.0625	0.0931	0.1171	0.1264
0.60	θ_x	0.0435	0.0774	0.0914	0.0842	0.0798
	θ_y	0.0342	0.0707	0.1101	0.1453	0.1594
0.70	θ_x	0.0820	0.1587	0.2229	0.2671	0.2828
	θ_y	0.0352	0.0744	0.1215	0.1743	0.1937
0.80	θ_x	0.1150	0.2301	0.3433	0.4360	0.4718
	θ_y	0.0350	0.0754	0.1278	0.1964	0.2202
0.90	θ_x	0.1278	0.2573	0.3828	0.4849	0.5240
	θ_y	0.0348	0.0755	0.1307	0.2040	0.2298

$k = 1.8 \quad \alpha = 0.4 \quad \beta = 0.4$

ξ	η	0.10	0.20	0.30	0.40	0.50
0.20	θ_x		−0.0283	−0.0408	−0.0498	−0.0531
	θ_y		0.0334	0.0467	0.0556	0.0587
0.30	θ_x		−0.0309	−0.0455	−0.0563	−0.0607
	θ_y		0.0504	0.0711	0.0853	0.0902
0.40	θ_x		−0.0195	−0.0361	−0.0511	−0.0571
	θ_y		0.0675	0.0964	0.1165	0.1239
0.50	θ_x		0.0200	0.0128	0.0013	−0.0037
	θ_y		0.0832	0.1219	0.1502	0.1605
0.60	θ_x		0.0975	0.1193	0.1129	0.1140
	θ_y		0.0954	0.1462	0.1854	0.1994
0.70	θ_x		0.2068	0.2895	0.3448	0.3643
	θ_y		0.1023	0.1670	0.2199	0.2371
0.80	θ_x		0.3064	0.4517	0.5587	0.5964
	θ_y		0.1049	0.1811	0.2457	0.2652
0.90	θ_x		0.3426	0.5014	0.6215	0.6643
	θ_y		0.1059	0.1862	0.2549	0.2754

$k = 1.8 \quad \alpha = 0.4 \quad \beta = 0.5$

ξ	η	0.10	0.20	0.30	0.40	0.50
0.20	θ_x		−0.0349	−0.0494	−0.0594	−0.0630
	θ_y		0.0405	0.0563	0.0667	0.0703
0.30	θ_x		−0.0386	−0.0549	−0.0670	−0.0716
	θ_y		0.0613	0.0859	0.1020	0.1077
0.40	θ_x		−0.0275	−0.0452	−0.0590	−0.0641
	θ_y		0.0827	0.1165	0.1393	0.1474
0.50	θ_x		0.0178	0.0121	0.0056	0.0032
	θ_y		0.1033	0.1481	0.1787	0.1894
0.60	θ_x		0.1110	0.1393	0.1417	0.1476
	θ_y		0.1210	0.1797	0.2190	0.2323
0.70	θ_x		0.2506	0.3491	0.4135	0.4360
	θ_y		0.1328	0.2096	0.2567	0.2719
0.80	θ_x		0.3814	0.5510	0.6636	0.7020
	θ_y		0.1391	0.2314	0.2842	0.3005
0.90	θ_x		0.4253	0.6127	0.7390	0.7829
	θ_y		0.1419	0.2388	0.2941	0.3110

$k = 1.8 \quad \alpha = 0.4 \quad \beta = 0.6$

ξ	η	0.10	0.20	0.30	0.40	0.50
0.20	θ_x			−0.0568	−0.0673	−0.0710
	θ_y			0.0645	0.0760	0.0800
0.30	θ_x			−0.0633	−0.0758	−0.0802
	θ_y			0.0986	0.1162	0.1223
0.40	θ_x			−0.0532	−0.0646	−0.0685
	θ_y			0.1339	0.1583	0.1667
0.50	θ_x			0.0113	0.0110	0.0112
	θ_y			0.1707	0.2022	0.2129
0.60	θ_x			0.1432	0.1683	0.1780
	θ_y			0.2078	0.2459	0.2586
0.70	θ_x			0.4001	0.4716	0.4963
	θ_y			0.2429	0.2855	0.2992
0.80	θ_x			0.6353	0.7499	0.7884
	θ_y			0.2685	0.3137	0.3278
0.90	θ_x			0.7064	0.8356	0.8794
	θ_y			0.2775	0.3239	0.3382

附录四 双向板楼面等效均布荷载计算表

$k = 1.8 \quad \alpha = 0.4 \quad \beta = 0.7$

ξ	η	0.10	0.20	0.30	0.40	0.50
0.20	θ_x			−0.0629	−0.0736	−0.0773
	θ_y			0.0712	0.0835	0.0878
0.30	θ_x			−0.0705	−0.0826	−0.0866
	θ_y			0.1087	0.1275	0.1339
0.40	θ_x			−0.0598	−0.0684	−0.0709
	θ_y			0.1480	0.1733	0.1819
0.50	θ_x			0.0109	0.0165	0.0191
	θ_y			0.1889	0.2204	0.2310
0.60	θ_x			0.1720	0.2067	0.2193
	θ_y			0.2302	0.2666	0.2785
0.70	θ_x			0.4414	0.5179	0.5442
	θ_y			0.2680	0.3071	0.3197
0.80	θ_x			0.7019	0.8170	0.8555
	θ_y			0.2954	0.3355	0.3483
0.90	θ_x			0.7813	0.9107	0.9540
	θ_y			0.3052	0.3458	0.3585

$k = 1.8 \quad \alpha = 0.4 \quad \beta = 0.8$

ξ	η	0.10	0.20	0.30	0.40	0.50
0.20	θ_x				−0.0781	−0.0816
	θ_y				0.0890	0.0934
0.30	θ_x				−0.0873	−0.0910
	θ_y				0.1356	0.1422
0.40	θ_x				−0.0706	−0.0721
	θ_y				0.1841	0.1927
0.50	θ_x				0.0213	0.0256
	θ_y				0.2334	0.2438
0.60	θ_x				0.2240	0.2385
	θ_y				0.2811	0.2924
0.70	θ_x				0.5516	0.5789
	θ_y				0.3222	0.3340
0.80	θ_x				0.8650	0.9033
	θ_y				0.3506	0.3623
0.90	θ_x				0.9642	1.0027
	θ_y				0.3608	0.3723

$k = 1.8 \quad \alpha = 0.4 \quad \beta = 0.9$

ξ	η	0.10	0.20	0.30	0.40	0.50
0.20	θ_x				−0.0807	−0.0842
	θ_y				0.0923	0.0968
0.30	θ_x				−0.0901	−0.0935
	θ_y				0.1406	0.1472
0.40	θ_x				−0.0718	−0.0726
	θ_y				0.1906	0.1992
0.50	θ_x				0.0245	0.0298
	θ_y				0.2412	0.2514
0.60	θ_x				0.2348	0.2504
	θ_y				0.2896	0.3007
0.70	θ_x				0.5655	0.5934
	θ_y				0.3311	0.3424
0.80	θ_x				0.8830	0.9213
	θ_y				0.3594	0.3706
0.90	θ_x				1.0157	1.0580
	θ_y				0.3696	0.3806

$k = 1.8 \quad \alpha = 0.4 \quad \beta = 1.0$

ξ	η	0.10	0.20	0.30	0.40	0.50
0.20	θ_x					−0.0851
	θ_y					0.0979
0.30	θ_x					−0.0943
	θ_y					0.1489
0.40	θ_x					−0.0728
	θ_y					0.2014
0.50	θ_x					0.0313
	θ_y					0.2540
0.60	θ_x					0.2543
	θ_y					0.3036
0.70	θ_x					0.6070
	θ_y					0.3451
0.80	θ_x					0.9416
	θ_y					0.3734
0.90	θ_x					1.0449
	θ_y					0.3832

$k = 1.8 \quad \alpha = 0.5 \quad \beta = 0.1$

ξ	η	0.10	0.20	0.30	0.40	0.50
0.20	θ_x	−0.0037	−0.0078	−0.0122	−0.0157	−0.0173
	θ_y	0.0056	0.0109	0.0156	0.0188	0.0200
0.30	θ_x	−0.0031	−0.0074	−0.0130	−0.0183	−0.0206
	θ_y	0.0083	0.0163	0.0236	0.0289	0.0309
0.40	θ_x	0.0007	−0.0009	−0.0060	−0.0130	−0.0163
	θ_y	0.0106	0.0213	0.0315	0.0397	0.0430
0.50	θ_x	0.0088	0.0143	0.0137	0.0064	0.0005
	θ_y	0.0125	0.0254	0.0389	0.0513	0.0571
0.60	θ_x	0.0208	0.0388	0.0508	0.0531	0.0487
	θ_y	0.0135	0.0281	0.0444	0.0626	0.0753
0.70	θ_x	0.0342	0.0670	0.0972	0.1241	0.1413
	θ_y	0.0139	0.0294	0.0477	0.0715	0.0968
0.80	θ_x	0.0445	0.0886	0.1311	0.1673	0.1834
	θ_y	0.0140	0.0300	0.0499	0.0785	0.1097
0.90	θ_x	0.0483	0.0964	0.1424	0.1800	0.1943
	θ_y	0.0140	0.0301	0.0508	0.0810	0.1136

$k = 1.8 \quad \alpha = 0.5 \quad \beta = 0.2$

ξ	η	0.10	0.20	0.30	0.40	0.50
0.20	θ_x	−0.0075	−0.0155	−0.0234	−0.0289	−0.0306
	θ_y	0.0111	0.0217	0.0307	0.0371	0.0396
0.30	θ_x	−0.0066	−0.0151	−0.0259	−0.0358	−0.0399
	θ_y	0.0165	0.0324	0.0466	0.0569	0.0607
0.40	θ_x	0.0008	−0.0027	−0.0125	−0.0249	−0.0387
	θ_y	0.0213	0.0425	0.0626	0.0782	0.0838
0.50	θ_x	0.0167	0.0271	0.0257	0.0132	0.0045
	θ_y	0.0250	0.0510	0.0776	0.1010	0.1111
0.60	θ_x	0.0410	0.0762	0.0992	0.1038	0.1009
	θ_y	0.0273	0.0565	0.0893	0.1247	0.1426
0.70	θ_x	0.0680	0.1334	0.1936	0.2469	0.2716
	θ_y	0.0282	0.0592	0.0968	0.1462	0.1749
0.80	θ_x	0.0888	0.1768	0.2608	0.3292	0.5583
	θ_y	0.0285	0.0606	0.1020	0.1612	0.1969
0.90	θ_x	0.0965	0.1923	0.2827	0.3548	0.3811
	θ_y	0.0286	0.0611	0.1042	0.1664	0.2041

附录四 双向板楼面等效均布荷载计算表

$k=1.8 \quad \alpha=0.5 \quad \beta=0.3$

ξ	η	0.10	0.20	0.30	0.40	0.50
0.20	θ_x	−0.0114	−0.0233	−0.0343	−0.0421	−0.0449
	θ_y	0.0165	0.0320	0.0452	0.0544	0.0577
0.30	θ_x	−0.0105	−0.0235	−0.0387	−0.0518	−0.0571
	θ_y	0.0246	0.0481	0.0687	0.0833	0.0886
0.40	θ_x	−0.0002	−0.0062	−0.0198	−0.0352	−0.0422
	θ_y	0.0320	0.0635	0.0925	0.1142	0.1224
0.50	θ_x	0.0231	0.0368	0.0346	0.0210	0.0136
	θ_y	0.0379	0.0767	0.1156	0.1473	0.1597
0.60	θ_x	0.0597	0.1105	0.1427	0.1526	0.1548
	θ_y	0.0415	0.0860	0.1351	0.1823	0.2005
0.70	θ_x	0.1012	0.1984	0.2871	0.3625	0.3894
	θ_y	0.0432	0.0911	0.1489	0.2160	0.2398
0.80	θ_x	0.1330	0.2642	0.3869	0.4810	0.5172
	θ_y	0.0439	0.0940	0.1582	0.2382	0.2668
0.90	θ_x	0.1446	0.2869	0.4187	0.5188	0.5563
	θ_y	0.0441	0.0951	0.1618	0.2458	0.2760

$k=1.8 \quad \alpha=0.5 \quad \beta=0.4$

ξ	η	0.10	0.20	0.30	0.40	0.50
0.20	θ_x		−0.0309	−0.0444	−0.0540	−0.0578
	θ_y		0.0418	0.0588	0.0703	0.0742
0.30	θ_x		−0.0324	−0.0509	−0.0658	−0.0716
	θ_y		0.0631	0.0893	0.1074	0.1138
0.40	θ_x		−0.0117	−0.0277	−0.0434	−0.0499
	θ_y		0.0839	0.1207	0.1468	0.1563
0.50	θ_x		0.0424	0.0403	0.0306	0.0263
	θ_y		0.1026	0.1519	0.1886	0.2020
0.60	θ_x		0.1401	0.1800	0.2000	0.2075
	θ_y		0.1166	0.1812	0.2319	0.2494
0.70	θ_x		0.2613	0.3772	0.4652	0.4938
	θ_y		0.1249	0.2056	0.2717	0.2925
0.80	θ_x		0.3500	0.5060	0.6181	0.6585
	θ_y		0.1303	0.2220	0.2987	0.3223
0.90	θ_x		0.3790	0.5471	0.6667	0.7097
	θ_y		0.1325	0.2277	0.3080	0.3328

$k=1.8 \quad \alpha=0.5 \quad \beta=0.5$

ξ	η	0.10	0.20	0.30	0.40	0.50
0.20	θ_x		−0.0380	−0.0535	−0.0645	−0.0687
	θ_y		0.0508	0.0710	0.0841	0.0887
0.30	θ_x		−0.0418	−0.0623	−0.0775	−0.0832
	θ_y		0.0770	0.1079	0.1285	0.1357
0.40	θ_x		−0.0191	−0.0355	−0.0491	−0.0542
	θ_y		0.1032	0.1462	0.1752	0.1854
0.50	θ_x		0.0433	0.0441	0.0417	0.0412
	θ_y		0.1280	0.1851	0.2240	0.2375
0.60	θ_x		0.1635	0.2122	0.2445	0.2564
	θ_y		0.1486	0.2239	0.2730	0.2893
0.70	θ_x		0.3215	0.4637	0.5537	0.5839
	θ_y		0.1626	0.2592	0.3167	0.3351
0.80	θ_x		0.4326	0.6140	0.7368	0.7794
	θ_y		0.1722	0.2820	0.3465	0.3665
0.90	θ_x		0.4658	0.6634	0.7951	0.8412
	θ_y		0.1762	0.2899	0.3569	0.3776

$k=1.8 \quad \alpha=0.5 \quad \beta=0.6$

ξ	η	0.10	0.20	0.30	0.40	0.50
0.20	θ_x			−0.0615	−0.0733	−0.0774
	θ_y			0.0814	0.0959	0.1009
0.30	θ_x			−0.0724	−0.0867	−0.0917
	θ_y			0.1238	0.1462	0.1540
0.40	θ_x			−0.0426	−0.0526	−0.0559
	θ_y			0.1681	0.1988	0.2094
0.50	θ_x			0.0473	0.0534	0.0563
	θ_y			0.2137	0.2529	0.2662
0.60	θ_x			0.2410	0.2838	0.2992
	θ_y			0.2592	0.3059	0.3213
0.70	θ_x			0.5333	0.6272	0.6589
	θ_y			0.3000	0.3519	0.3686
0.80	θ_x			0.7069	0.8353	0.8789
	θ_y			0.3272	0.3832	0.4007
0.90	θ_x			0.7632	0.9020	0.9495
	θ_y			0.3366	0.3941	0.4121

$k=1.8 \quad \alpha=0.5 \quad \beta=0.7$

ξ	η	0.10	0.20	0.30	0.40	0.50
0.20	θ_x			−0.0682	−0.0801	−0.0841
	θ_y			0.0897	0.1053	0.1106
0.30	θ_x			−0.0806	−0.0936	−0.0978
	θ_y			0.1368	0.1603	0.1683
0.40	θ_x			−0.0589	−0.0656	−0.0673
	θ_y			0.1857	0.2173	0.2280
0.50	θ_x			0.0505	0.0643	0.0699
	θ_y			0.2364	0.2753	0.2883
0.60	θ_x			0.2813	0.3330	0.3512
	θ_y			0.2868	0.3309	0.3455
0.70	θ_x			0.5879	0.6851	0.7180
	θ_y			0.3307	0.3783	0.3937
0.80	θ_x			0.7813	0.9124	0.9565
	θ_y			0.3605	0.4104	0.4262
0.90	θ_x			0.8434	0.9858	1.0339
	θ_y			0.3709	0.4217	0.4377

$k=1.8 \quad \alpha=0.5 \quad \beta=0.8$

ξ	η	0.10	0.20	0.30	0.40	0.50
0.20	θ_x				−0.0849	−0.0888
	θ_y				0.1121	0.1175
0.30	θ_x				−0.0990	−0.1019
	θ_y				0.1705	0.1787
0.40	θ_x				−0.0551	−0.0553
	θ_y				0.2307	0.2414
0.50	θ_x				0.0737	0.0806
	θ_y				0.2912	0.3039
0.60	θ_x				0.3402	0.3600
	θ_y				0.3485	0.3624
0.70	θ_x				0.7269	0.7545
	θ_y				0.3968	0.4112
0.80	θ_x				0.9677	1.0121
	θ_y				0.4293	0.4440
0.90	θ_x				1.0460	1.0943
	θ_y				0.4407	0.4555

附录四 双向板楼面等效均布荷载计算表

$k = 1.8$ $\alpha = 0.5$ $\beta = 0.9$

ξ	η	0.10	0.20	0.30	0.40	0.50
0.30	θ_x				-0.1010	-0.1041
	θ_y				-0.1766	0.1849
0.40	θ_x				-0.0666	-0.0660
	θ_y				0.2387	0.2493
0.50	θ_x				0.0786	0.0874
	θ_y				0.3007	0.3132
0.60	θ_x				0.3720	0.3929
	θ_y				0.3590	0.3725
0.70	θ_x				0.7521	0.7863
	θ_y				0.4076	0.4216
0.80	θ_x				1.0006	1.0450
	θ_y				0.4403	0.4543
0.90	θ_x				1.0822	1.1305
	θ_y				0.4517	0.4657

$k = 1.8$ $\alpha = 0.5$ $\beta = 1.0$

ξ	η	0.10	0.20	0.30	0.40	0.50
0.30	θ_x					-0.1048
	θ_y					0.1870
0.40	θ_x					-0.0543
	θ_y					0.2520
0.50	θ_x					0.0897
	θ_y					0.3163
0.60	θ_x					0.3812
	θ_y					0.3758
0.70	θ_x					0.7888
	θ_y					0.4249
0.80	θ_x					1.0565
	θ_y					0.4578
0.90	θ_x					1.1425
	θ_y					0.4693

$k = 1.8$ $\alpha = 0.6$ $\beta = 0.1$

ξ	η	0.10	0.20	0.30	0.40	0.50
0.30	θ_x	-0.0020	-0.0057	-0.0116	-0.0180	-0.0210
	θ_y	0.0098	0.0194	0.0283	0.0351	0.0377
0.40	θ_x	0.0033	0.0038	-0.0005	-0.0087	-0.0140
	θ_y	0.0125	0.0251	0.0376	0.0481	0.0526
0.50	θ_x	0.0132	0.0231	0.0264	0.0201	0.0124
	θ_y	0.0145	0.0297	0.0458	0.0618	0.0703
0.60	θ_x	0.0265	0.0507	0.0703	0.0833	0.0878
	θ_y	0.0158	0.0327	0.0517	0.0740	0.0934
0.70	θ_x	0.0397	0.0782	0.1144	0.1468	0.1647
	θ_y	0.0165	0.0346	0.0560	0.0841	0.1142
0.80	θ_x	0.0490	0.0969	0.1413	0.1765	0.1912
	θ_y	0.0169	0.0359	0.0593	0.0917	0.1252
0.90	θ_x	0.0523	0.1033	0.1498	0.1848	0.1984
	θ_y	0.0170	0.0364	0.0606	0.0943	0.1284

$k = 1.8$ $\alpha = 0.6$ $\beta = 0.2$

ξ	η	0.10	0.20	0.30	0.40	0.50
0.30	θ_x	-0.0045	-0.0120	-0.0233	-0.0352	-0.0402
	θ_y	0.0195	0.0387	0.0561	0.0691	0.0740
0.40	θ_x	0.0058	0.0063	-0.0021	-0.0168	-0.0248
	θ_y	0.0250	0.0503	0.0748	0.0947	0.1028
0.50	θ_x	0.0256	0.0447	0.0503	0.0395	0.0302
	θ_y	0.0292	0.0596	0.0917	0.1219	0.1358
0.60	θ_x	0.0524	0.1003	0.1389	0.1646	0.1732
	θ_y	0.0318	0.0658	0.1044	0.1492	0.1732
0.70	θ_x	0.0791	0.1558	0.2280	0.2907	0.3188
	θ_y	0.0334	0.0698	0.1139	0.1723	0.2065
0.80	θ_x	0.0978	0.1930	0.2803	0.3480	0.3745
	θ_y	0.0343	0.0726	0.1211	0.1874	0.2265
0.90	θ_x	0.1043	0.2054	0.2970	0.3642	0.3906
	θ_y	0.0346	0.0736	0.1237	0.1925	0.2330

$k = 1.8$ $\alpha = 0.6$ $\beta = 0.3$

ξ	η	0.10	0.20	0.30	0.40	0.50
0.30	θ_x	-0.0077	-0.0193	-0.0353	-0.0505	-0.0569
	θ_y	0.0292	0.0575	0.0828	0.1011	0.1078
0.40	θ_x	0.0070	0.0065	-0.0055	-0.0232	-0.0314
	θ_y	0.0376	0.0752	0.1109	0.1383	0.1488
0.50	θ_x	0.0364	0.0628	0.0697	0.0593	0.0531
	θ_y	0.0441	0.0900	0.1373	0.1779	0.1939
0.60	θ_x	0.0772	0.1476	0.2043	0.2417	0.2546
	θ_y	0.0484	0.1003	0.1584	0.2190	0.2413
0.70	θ_x	0.1179	0.2322	0.3388	0.4259	0.4583
	θ_y	0.0510	0.073	0.1752	0.2544	0.2825
0.80	θ_x	0.1459	0.2874	0.4141	0.5092	0.5444
	θ_y	0.0526	0.1122	0.1869	0.2763	0.3086
0.90	θ_x	0.1555	0.3053	0.4385	0.5340	0.5693
	θ_y	0.0532	0.1141	0.1911	0.2836	0.3173

$k = 1.8$ $\alpha = 0.6$ $\beta = 0.4$

ξ	η	0.10	0.20	0.30	0.40	0.50
0.30	θ_x		-0.0278	-0.0470	-0.0638	-0.0703
	θ_y		0.0757	0.1078	0.1301	0.1382
0.40	θ_x		0.0037	-0.0105	-0.0270	-0.0337
	θ_y		0.0998	0.1450	0.1776	0.1895
0.50	θ_x		0.0760	0.0836	0.0804	0.0791
	θ_y		0.1208	0.1815	0.2274	0.2439
0.60	θ_x		0.1914	0.2648	0.3126	0.3291
	θ_y		0.1361	0.2150	0.2777	0.2984
0.70	θ_x		0.3070	0.4453	0.5467	0.5813
	θ_y		0.1470	0.2422	0.3203	0.3447
0.80	θ_x		0.3781	0.5410	0.6552	0.6960
	θ_y		0.1553	0.2601	0.3474	0.3748
0.90	θ_x		0.4012	0.5693	0.6863	0.7283
	θ_y		0.1583	0.2663	0.3565	0.3851

$k=1.8 \quad \alpha=0.6 \quad \beta=0.5$

ξ	η	0.10	0.20	0.30	0.40	0.50
0.30	θ_x		−0.0372	−0.0582	−0.0743	−0.0802
	θ_y		0.0926	0.1303	0.1556	0.1645
0.40	θ_x		−0.0022	−0.0162	−0.0282	−0.0325
	θ_y		0.1234	0.1759	0.2116	0.2241
0.50	θ_x		0.0829	0.0955	0.1014	0.1058
	θ_y		0.1518	0.2221	0.2694	0.2855
0.60	θ_x		0.2308	0.3189	0.3757	0.3953
	θ_y		0.1742	0.2676	0.3257	0.3448
0.70	θ_x		0.3792	0.5438	0.6509	0.6870
	θ_y		0.1912	0.3055	0.3731	0.3946
0.80	θ_x		0.4632	0.6551	0.7826	0.8270
	θ_y		0.2037	0.3290	0.4038	0.4273
0.90	θ_x		0.4906	0.6883	0.8203	0.8668
	θ_y		0.2082	0.3369	0.4142	0.4386

$k=1.8 \quad \alpha=0.6 \quad \beta=0.6$

ξ	η	0.10	0.20	0.30	0.40	0.50
0.30	θ_x			−0.0683	−0.0820	−0.0868
	θ_y			0.1497	0.1769	0.1863
0.40	θ_x			−0.0211	−0.0274	−0.0291
	θ_y			0.2026	0.2397	0.2524
0.50	θ_x			0.1049	0.1226	0.1297
	θ_y			0.2566	0.3034	0.3191
0.60	θ_x			0.3651	0.4294	0.4516
	θ_y			0.3094	0.3642	0.3821
0.70	θ_x			0.6259	0.7372	0.7746
	θ_y			0.3536	0.4146	0.4342
0.80	θ_x			0.7529	0.8890	0.9356
	θ_y			0.3816	0.4475	0.4684
0.90	θ_x			0.7900	0.9332	0.9825
	θ_y			0.3911	0.4588	0.4803

$k=1.8 \quad \alpha=0.6 \quad \beta=0.7$

ξ	η	0.10	0.20	0.30	0.40	0.50
0.30	θ_x			−0.0760	−0.0885	−0.0916
	θ_y			0.1654	0.1937	0.2033
0.40	θ_x			−0.0249	−0.0254	−0.0249
	θ_y			0.2241	0.2617	0.2744
0.50	θ_x			0.1146	0.1411	0.1510
	θ_y			0.2839	0.3297	0.3448
0.60	θ_x			0.4022	0.4725	0.4967
	θ_y			0.3415	0.3933	0.4102
0.70	θ_x			0.6906	0.8050	0.8435
	θ_y			0.3896	0.4457	0.4638
0.80	θ_x			0.8316	0.9729	1.0208
	θ_y			0.4207	0.4800	0.4989
0.90	θ_x			0.8726	1.0224	1.0733
	θ_y			0.4313	0.4919	0.5111

$k=1.8 \quad \alpha=0.6 \quad \beta=0.8$

ξ	η	0.10	0.20	0.30	0.40	0.50
0.30	θ_x				−0.0909	−0.0943
	θ_y				0.2058	0.2155
0.40	θ_x				−0.0233	−0.0211
	θ_y				0.2774	0.2900
0.50	θ_x				0.1533	0.1673
	θ_y				0.3483	0.3630
0.60	θ_x				0.5040	0.5297
	θ_y				0.4138	0.4300
0.70	θ_x				0.8513	0.8905
	θ_y				0.4674	0.4844
0.80	θ_x				1.0333	1.0820
	θ_y				0.5026	0.5202
0.90	θ_x				1.0868	1.1386
	θ_y				0.5148	0.5326

$k=1.8 \quad \alpha=0.6 \quad \beta=0.9$

ξ	η	0.10	0.20	0.30	0.40	0.50
0.30	θ_x				−0.0937	−0.0956
	θ_y				0.2131	0.2229
0.40	θ_x				−0.0323	−0.0184
	θ_y				0.2868	0.2993
0.50	θ_x				0.1642	0.1774
	θ_y				0.3593	0.3738
0.60	θ_x				0.5257	0.5522
	θ_y				0.4260	0.4417
0.70	θ_x				0.8807	0.9204
	θ_y				0.4803	0.4966
0.80	θ_x				1.0734	1.1224
	θ_y				0.5158	0.5326
0.90	θ_x				1.1256	1.1779
	θ_y				0.5282	0.5452

$k=1.8 \quad \alpha=0.6 \quad \beta=1.0$

ξ	η	0.10	0.20	0.30	0.40	0.50
0.30	θ_x					−0.0960
	θ_y					0.2253
0.40	θ_x					−0.0174
	θ_y					0.3024
0.50	θ_x					0.1809
	θ_y					0.3774
0.60	θ_x					0.5565
	θ_y					0.4455
0.70	θ_x					0.9329
	θ_y					0.5007
0.80	θ_x					1.1311
	θ_y					0.5368
0.90	θ_x					1.1910
	θ_y					0.5493

附录四 双向板楼面等效均布荷载计算表

$k = 1.8 \quad \alpha = 0.7 \quad \beta = 0.1$

ξ	η	0.10	0.20	0.30	0.40	0.50
0.30	θ_x	0.0001	−0.0021	−0.0077	−0.0151	−0.0188
	θ_y	0.0112	0.0224	0.0330	0.0415	0.0449
0.40	θ_x	0.0071	0.0110	0.0089	0.0004	−0.0053
	θ_y	0.0141	0.0287	0.0434	0.0567	0.0629
0.50	θ_x	0.0185	0.0341	0.0438	0.0433	0.0341
	θ_y	0.0163	0.0335	0.0521	0.0720	0.0848
0.60	θ_x	0.0322	0.0626	0.0899	0.1134	0.1300
	θ_y	0.0179	0.0371	0.0587	0.0849	0.1111
0.70	θ_x	0.0442	0.0871	0.1269	0.1609	0.1749
	θ_y	0.0189	0.0397	0.0642	0.0961	0.1288
0.80	θ_x	0.0520	0.1021	0.1469	0.1805	0.1932
	θ_y	0.0196	0.0416	0.0683	0.1037	0.1387
0.90	θ_x	0.0547	0.1070	0.1530	0.1860	0.1982
	θ_y	0.0199	0.0423	0.0698	0.1063	0.1416

$k = 1.8 \quad \alpha = 0.7 \quad \beta = 0.2$

ξ	η	0.10	0.20	0.30	0.40	0.50
0.30	θ_x	−0.0004	−0.0051	−0.0159	−0.0291	−0.0353
	θ_y	0.0224	0.0447	0.0656	0.0817	0.0880
0.40	θ_x	0.0133	0.0204	0.0161	0.0014	−0.0073
	θ_y	0.0284	0.0574	0.0866	0.1117	0.1224
0.50	θ_x	0.0364	0.0669	0.0849	0.0831	0.0762
	θ_y	0.0328	0.0675	0.1046	0.1429	0.1618
0.60	θ_x	0.0639	0.1243	0.1791	0.2250	0.2500
	θ_y	0.0360	0.0745	0.1185	0.1727	0.2029
0.70	θ_x	0.0881	0.1735	0.2523	0.3154	0.3412
	θ_y	0.0383	0.0800	0.1304	0.1963	0.2343
0.80	θ_x	0.1036	0.2029	0.2910	0.3561	0.3798
	θ_y	0.0398	0.0841	0.1389	0.2110	0.2527
0.90	θ_x	0.1088	0.2124	0.3028	0.3665	0.3903
	θ_y	0.0404	0.0856	0.1420	0.2160	0.2586

$k = 1.8 \quad \alpha = 0.7 \quad \beta = 0.3$

ξ	η	0.10	0.20	0.30	0.40	0.50
0.30	θ_x	−0.0020	−0.0097	−0.0248	−0.0413	−0.0487
	θ_y	0.0336	0.0666	0.0969	0.1194	0.1279
0.40	θ_x	0.0181	0.0270	0.0204	0.0042	−0.0043
	θ_y	0.0428	0.0863	0.1288	0.1631	0.1763
0.50	θ_x	0.0527	0.0964	0.1212	0.1217	0.1211
	θ_y	0.0498	0.1020	0.1576	0.2090	0.2289
0.60	θ_x	0.0947	0.1846	0.2668	0.3302	0.3538
	θ_y	0.0547	0.1137	0.1804	0.2543	0.2804
0.70	θ_x	0.1313	0.2583	0.3740	0.4613	0.4944
	θ_y	0.0585	0.1230	0.2000	0.2895	0.3216
0.80	θ_x	0.1541	0.3010	0.4296	0.5215	0.5551
	θ_y	0.0611	0.1297	0.2135	0.3108	0.3463
0.90	θ_x	0.1616	0.3147	0.4458	0.5367	0.5697
	θ_y	0.0621	0.1321	0.2184	0.3179	0.3545

$k = 1.8 \quad \alpha = 0.7 \quad \beta = 0.4$

ξ	η	0.10	0.20	0.30	0.40	0.50
0.30	θ_x		−0.0163	−0.0342	−0.0512	−0.0582
	θ_y		0.0880	0.1264	0.1535	0.1634
0.40	θ_x		0.0294	0.0221	0.0088	0.0027
	θ_y		0.1150	0.1691	0.2090	0.2235
0.50	θ_x		0.1215	0.1506	0.1611	0.1661
	θ_y		0.1375	0.2103	0.2665	0.2859
0.60	θ_x		0.2427	0.3494	0.4246	0.4501
	θ_y		0.1545	0.2472	0.3216	0.3454
0.70	θ_x		0.3407	0.4913	0.5935	0.6307
	θ_y		0.1684	0.2765	0.3647	0.3925
0.80	θ_x		0.3944	0.5590	0.6720	0.7121
	θ_y		0.1786	0.2953	0.3914	0.4220
0.90	θ_x		0.4118	0.5788	0.6924	0.7329
	θ_y		0.1821	0.3018	0.4004	0.4320

$k = 1.8 \quad \alpha = 0.7 \quad \beta = 0.5$

ξ	η	0.10	0.20	0.30	0.40	0.50
0.30	θ_x		−0.0248	−0.0434	−0.0585	−0.0641
	θ_y		0.1081	0.1530	0.1833	0.1939
0.40	θ_x		0.0275	0.0222	0.0156	0.0136
	θ_y		0.1430	0.2059	0.2485	0.2632
0.50	θ_x		0.1397	0.1743	0.1990	0.2085
	θ_y		0.1740	0.2589	0.3145	0.3331
0.60	θ_x		0.2981	0.4250	0.5062	0.5335
	θ_y		0.1986	0.3093	0.3762	0.3978
0.70	θ_x		0.4192	0.5927	0.7084	0.7532
	θ_y		0.2190	0.3480	0.4254	0.4497
0.80	θ_x		0.4806	0.6756	0.8041	0.8489
	θ_y		0.2334	0.3720	0.4561	0.4829
0.90	θ_x		0.5015	0.6983	0.8296	0.8756
	θ_y		0.2382	0.3800	0.4665	0.4940

$k = 1.8 \quad \alpha = 0.7 \quad \beta = 0.6$

ξ	η	0.10	0.20	0.30	0.40	0.50
0.30	θ_x			−0.0517	−0.0633	−0.0671
	θ_y			0.1760	0.2081	0.2191
0.40	θ_x			0.0221	0.0237	0.0249
	θ_y			0.2374	0.2809	0.2956
0.50	θ_x			0.1974	0.2329	0.2459
	θ_y			0.2994	0.3533	0.3711
0.60	θ_x			0.4884	0.5744	0.6034
	θ_y			0.3575	0.4199	0.4402
0.70	θ_x			0.6816	0.8091	0.8507
	θ_y			0.4030	0.4729	0.4953
0.80	θ_x			0.7756	0.9150	0.9630
	θ_y			0.4313	0.5063	0.5303
0.90	θ_x			0.8011	0.9453	0.9951
	θ_y			0.4408	0.5178	0.5423

附录四 双向板楼面等效均布荷载计算表

$k = 1.8 \quad \alpha = 0.7 \quad \beta = 0.7$

ξ	η	0.10	0.20	0.30	0.40	0.50
0.30	θ_x			-0.0584	-0.0661	-0.0683
	θ_y			0.1945	0.2275	0.2387
0.40	θ_x			0.0227	0.0316	0.0355
	θ_y			0.2626	0.3060	0.3206
0.50	θ_x			0.2175	0.2626	0.2782
	θ_y			0.3309	0.3830	0.4002
0.60	θ_x			0.5384	0.6283	0.6587
	θ_y			0.3941	0.4528	0.4720
0.70	θ_x			0.7576	0.8845	0.9274
	θ_y			0.4442	0.5084	0.5291
0.80	θ_x			0.8561	1.0030	1.0530
	θ_y			0.4757	0.5440	0.5658
0.90	θ_x			0.8843	1.0372	1.0895
	θ_y			0.4864	0.5561	0.5784

$k = 1.8 \quad \alpha = 0.7 \quad \beta = 0.8$

ξ	η	0.10	0.20	0.30	0.40	0.50
0.30	θ_x				-0.0679	-0.0684
	θ_y				0.2415	0.2527
0.40	θ_x				0.0382	0.0441
	θ_y				0.3240	0.3383
0.50	θ_x				0.2823	0.3011
	θ_y				0.4040	0.4207
0.60	θ_x				0.6673	0.6987
	θ_y				0.4761	0.4944
0.70	θ_x				0.9389	0.9826
	θ_y				0.5334	0.5529
0.80	θ_x				1.0666	1.1180
	θ_y				0.5702	0.5906
0.90	θ_x				1.1038	1.1577
	θ_y				0.5828	0.6036

$k = 1.8 \quad \alpha = 0.7 \quad \beta = 0.9$

ξ	η	0.10	0.20	0.30	0.40	0.50
0.30	θ_x				-0.0682	-0.0681
	θ_y				0.2499	0.2611
0.40	θ_x				0.0403	0.0473
	θ_y				0.3347	0.3489
0.50	θ_x				0.2967	0.3153
	θ_y				0.4165	0.4329
0.60	θ_x				0.6778	0.7099
	θ_y				0.4899	0.5077
0.70	θ_x				0.9716	1.0159
	θ_y				0.5482	0.5672
0.80	θ_x				1.1092	1.1612
	θ_y				0.5855	0.6051
0.90	θ_x				1.1442	1.1988
	θ_y				0.5983	0.6182

$k = 1.8 \quad \alpha = 0.7 \quad \beta = 1.0$

ξ	η	0.10	0.20	0.30	0.40	0.50
0.30	θ_x					-0.0680
	θ_y					0.2639
0.40	θ_x					0.0516
	θ_y					0.3524
0.50	θ_x					0.3200
	θ_y					0.4369
0.60	θ_x					0.7311
	θ_y					0.5120
0.70	θ_x					1.0270
	θ_y					0.5715
0.80	θ_x					1.1702
	θ_y					0.6100
0.90	θ_x					1.2126
	θ_y					0.6232

$k = 1.8 \quad \alpha = 0.8 \quad \beta = 0.1$

ξ	η	0.10	0.20	0.30	0.40	0.50
0.40	θ_x	0.0120	0.0208	0.0231	0.0161	0.0077
	θ_y	0.0156	0.0318	0.0488	0.0654	0.0741
0.50	θ_x	0.0244	0.0465	0.0642	0.0756	0.0795
	θ_y	0.0180	0.0371	0.0579	0.0813	0.1010
0.60	θ_x	0.0374	0.0734	0.1069	0.1371	0.1546
	θ_y	0.0198	0.0412	0.0654	0.0954	0.1263
0.70	θ_x	0.0477	0.0935	0.1350	0.1673	0.1804
	θ_y	0.0213	0.0446	0.0720	0.1073	0.1418
0.80	θ_x	0.0538	0.1047	0.1491	0.1807	0.1925
	θ_y	0.0223	0.0470	0.0765	0.1145	0.1505
0.90	θ_x	0.0557	0.1082	0.1531	0.1846	0.1954
	θ_y	0.0227	0.0479	0.0782	0.1169	0.1533

$k = 1.8 \quad \alpha = 0.8 \quad \beta = 0.2$

ξ	η	0.10	0.20	0.30	0.40	0.50
0.40	θ_x	0.0233	0.0400	0.0437	0.0312	0.0209
	θ_y	0.0314	0.0639	0.0976	0.1291	0.1433
0.50	θ_x	0.0483	0.0920	0.1267	0.1492	0.1570
	θ_y	0.0363	0.0744	0.1165	0.1636	0.1886
0.60	θ_x	0.0745	0.1461	0.2132	0.2717	0.2988
	θ_y	0.0401	0.0828	0.1324	0.1947	0.2299
0.70	θ_x	0.0949	0.1859	0.2677	0.3298	0.3540
	θ_y	0.0431	0.0899	0.1461	0.2180	0.2590
0.80	θ_x	0.1068	0.2078	0.2951	0.3562	0.3785
	θ_y	0.0452	0.0950	0.1554	0.2323	0.2757
0.90	θ_x	0.1107	0.2146	0.3028	0.3643	0.3855
	θ_y	0.0460	0.0968	0.1587	0.2371	0.2813

附录四 双向板楼面等效均布荷载计算表

$k = 1.8 \quad \alpha = 0.8 \quad \beta = 0.3$

ξ	η	0.10	0.20	0.30	0.40	0.50
0.40	θ_x	0.0329	0.0559	0.0598	0.0468	0.0398
	θ_y	0.0474	0.0963	0.1461	0.1884	0.2049
0.50	θ_x	0.0710	0.1351	0.1862	0.2192	0.2306
	θ_y	0.0550	0.1130	0.1762	0.2403	0.2637
0.60	θ_x	0.1108	0.2177	0.3175	0.3983	0.4284
	θ_y	0.0609	0.1266	0.2020	0.2869	0.3168
0.70	θ_x	0.1412	0.2763	0.3964	0.4844	0.5171
	θ_y	0.0658	0.1380	0.2241	0.3210	0.3558
0.80	θ_x	0.1585	0.3074	0.4346	0.5219	0.5535
	θ_y	0.0692	0.1460	0.2381	0.3417	0.3796
0.90	θ_x	0.1640	0.3173	0.4458	0.5342	0.5656
	θ_y	0.0705	0.1489	0.2430	0.3486	0.3873

$k = 1.8 \quad \alpha = 0.8 \quad \beta = 0.4$

ξ	η	0.10	0.20	0.30	0.40	0.50
0.40	θ_x		0.0672	0.0712	0.0646	0.0624
	θ_y		0.1290	0.1929	0.2409	0.2581
0.50	θ_x		0.1750	0.2412	0.2838	0.2985
	θ_y		0.1528	0.2381	0.3051	0.3272
0.60	θ_x		0.2874	0.4178	0.5113	0.5434
	θ_y		0.1722	0.2775	0.3625	0.3893
0.70	θ_x		0.3627	0.5169	0.6238	0.6597
	θ_y		0.1889	0.3081	0.4053	0.4360
0.80	θ_x		0.4018	0.5640	0.6735	0.7124
	θ_y		0.2004	0.3274	0.4311	0.4646
0.90	θ_x		0.4136	0.5789	0.6896	0.7286
	θ_y		0.2046	0.3340	0.4398	0.4741

$k = 1.8 \quad \alpha = 0.8 \quad \beta = 0.5$

ξ	η	0.10	0.20	0.30	0.40	0.50
0.40	θ_x		0.0718	0.0797	0.0837	0.0860
	θ_y		0.1617	0.2358	0.2856	0.3026
0.50	θ_x		0.2107	0.2902	0.3413	0.3590
	θ_y		0.1942	0.2953	0.3587	0.3796
0.60	θ_x		0.3548	0.5091	0.6087	0.6422
	θ_y		0.2219	0.3480	0.4234	0.4477
0.70	θ_x		0.4433	0.6255	0.7457	0.7873
	θ_y		0.2451	0.3867	0.4727	0.5004
0.80	θ_x		0.4884	0.6804	0.8073	0.8516
	θ_y		0.2604	0.4110	0.5032	0.5328
0.90	θ_x		0.5012	0.6981	0.8270	0.8719
	θ_y		0.2656	0.4191	0.5134	0.5437

$k = 1.8 \quad \alpha = 0.8 \quad \beta = 0.6$

ξ	η	0.10	0.20	0.30	0.40	0.50
0.40	θ_x			0.0878	0.1024	0.1083
	θ_y			0.2723	0.3220	0.3386
0.50	θ_x			0.3321	0.3904	0.4106
	θ_y			0.3414	0.4017	0.4215
0.60	θ_x			0.5863	0.6895	0.7244
	θ_y			0.4024	0.4722	0.4948
0.70	θ_x			0.7187	0.8478	0.8919
	θ_y			0.4486	0.5262	0.5508
0.80	θ_x			0.7803	0.9202	0.9684
	θ_y			0.4762	0.5597	0.5865
0.90	θ_x			0.8003	0.9432	0.9926
	θ_y			0.4857	0.5710	0.5985

$k = 1.8 \quad \alpha = 0.8 \quad \beta = 0.7$

ξ	η	0.10	0.20	0.30	0.40	0.50
0.40	θ_x			0.1092	0.1331	0.1420
	θ_y			0.3014	0.3501	0.3663
0.50	θ_x			0.3648	0.4290	0.4511
	θ_y			0.3768	0.4345	0.4536
0.60	θ_x			0.6461	0.7530	0.7890
	θ_y			0.4434	0.5088	0.5301
0.70	θ_x			0.7934	0.9285	0.9720
	θ_y			0.4938	0.5662	0.5894
0.80	θ_x			0.8610	1.0101	1.0610
	θ_y			0.5255	0.6021	0.6267
0.90	θ_x			0.8827	1.0359	1.0884
	θ_y			0.5361	0.6143	0.6394

$k = 1.8 \quad \alpha = 0.8 \quad \beta = 0.8$

ξ	η	0.10	0.20	0.30	0.40	0.50
0.40	θ_x				0.1316	0.1424
	θ_y				0.3700	0.3858
0.50	θ_x				0.4588	0.4824
	θ_y				0.4578	0.4762
0.60	θ_x				0.7988	0.8356
	θ_y				0.5347	0.5550
0.70	θ_x				0.9867	1.0337
	θ_y				0.5942	0.6161
0.80	θ_x				1.0753	1.1280
	θ_y				0.6316	0.6548
0.90	θ_x				1.1033	1.1578
	θ_y				0.6444	0.6679

附录四 双向板楼面等效均布荷载计算表

$k = 1.8 \quad \alpha = 0.8 \quad \beta = 0.9$

ξ	η	0.10	0.20	0.30	0.40	0.50
0.40	θ_x				0.1541	0.1661
	θ_y				0.3819	0.3975
0.50	θ_x				0.4755	0.4999
	θ_y				0.4716	0.4896
0.60	θ_x				0.8113	0.8486
	θ_y				0.5500	0.5698
0.70	θ_x				1.0336	1.0812
	θ_y				0.6108	0.6320
0.80	θ_x				1.1179	1.1716
	θ_y				0.6491	0.6713
0.90	θ_x				1.1311	1.1868
	θ_y				0.6621	0.6847

$k = 1.8 \quad \alpha = 0.8 \quad \beta = 1.0$

ξ	η	0.10	0.20	0.30	0.40	0.50
0.40	θ_x					0.1548
	θ_y					0.4014
0.50	θ_x					0.5071
	θ_y					0.4941
0.60	θ_x					0.8732
	θ_y					0.5745
0.70	θ_x					1.0793
	θ_y					0.6373
0.80	θ_x					1.1821
	θ_y					0.6767
0.90	θ_x					1.2139
	θ_y					0.6903

$k = 1.8 \quad \alpha = 0.9 \quad \beta = 0.1$

ξ	η	0.10	0.20	0.30	0.40	0.50
0.40	θ_x	0.0179	0.0329	0.0420	0.0410	0.0323
	θ_y	0.0169	0.0346	0.0536	0.0738	0.0868
0.50	θ_x	0.0305	0.0592	0.0851	0.1083	0.1247
	θ_y	0.0195	0.0403	0.0632	0.0903	0.1168
0.60	θ_x	0.0419	0.0824	0.1199	0.1519	0.1650
	θ_y	0.0217	0.0452	0.0719	0.1053	0.1389
0.70	θ_x	0.0500	0.0976	0.1396	0.1706	0.1830
	θ_y	0.0236	0.0493	0.0793	0.1171	0.1530
0.80	θ_x	0.0544	0.1055	0.1488	0.1788	0.1898
	θ_y	0.0248	0.0521	0.0841	0.1241	0.1609
0.90	θ_x	0.0558	0.1078	0.1514	0.1809	0.1916
	θ_y	0.0252	0.0531	0.0858	0.1264	0.1633

$k = 1.8 \quad \alpha = 0.9 \quad \beta = 0.2$

ξ	η	0.10	0.20	0.30	0.40	0.50
0.40	θ_x	0.0351	0.0644	0.0815	0.0787	0.0714
	θ_y	0.0340	0.0695	0.1076	0.1465	0.1656
0.50	θ_x	0.0605	0.1177	0.1694	0.2165	0.2390
	θ_y	0.0393	0.0809	0.1276	0.1834	0.2145
0.60	θ_x	0.0835	0.1641	0.2384	0.3001	0.3226
	θ_y	0.0439	0.0909	0.1457	0.2147	0.2537
0.70	θ_x	0.0994	0.1939	0.2765	0.3367	0.3595
	θ_y	0.0476	0.0993	0.1602	0.2374	0.2806
0.80	θ_x	0.1080	0.2090	0.2943	0.3528	0.3739
	θ_y	0.0502	0.1050	0.1704	0.2511	0.2962
0.90	θ_x	0.1107	0.2135	0.2992	0.3575	0.3782
	θ_y	0.0511	0.1071	0.1737	0.2557	0.3013

$k = 1.8 \quad \alpha = 0.9 \quad \beta = 0.3$

ξ	η	0.10	0.20	0.30	0.40	0.50
0.40	θ_x	0.0509	0.0930	0.1160	0.1153	0.1143
	θ_y	0.0515	0.1052	0.1620	0.2142	0.2344
0.50	θ_x	0.0897	0.1747	0.2526	0.3183	0.3417
	θ_y	0.0597	0.1232	0.1937	0.2703	0.2972
0.60	θ_x	0.1243	0.2443	0.3534	0.4394	0.4714
	θ_y	0.0668	0.1390	0.2226	0.3162	0.3496
0.70	θ_x	0.1476	0.2872	0.4076	0.4933	0.5244
	θ_y	0.0727	0.1522	0.2459	0.3493	0.3871
0.80	θ_x	0.1599	0.3086	0.4328	0.5173	0.5474
	θ_y	0.0767	0.1611	0.2602	0.3692	0.4091
0.90	θ_x	0.1636	0.3150	0.4404	0.5241	0.5532
	θ_y	0.0782	0.1642	0.2652	0.3758	0.4165

$k = 1.8 \quad \alpha = 0.9 \quad \beta = 0.4$

ξ	η	0.10	0.20	0.30	0.40	0.50
0.40	θ_x		0.1166	0.1431	0.1529	0.1575
	θ_y		0.1416	0.2160	0.2732	0.2930
0.50	θ_x		0.2297	0.3342	0.4085	0.4329
	θ_y		0.1668	0.2644	0.3419	0.3668
0.60	θ_x		0.3220	0.4642	0.5649	0.6002
	θ_y		0.1893	0.3056	0.3996	0.4294
0.70	θ_x		0.3757	0.5305	0.6360	0.6734
	θ_y		0.2081	0.3369	0.4412	0.4748
0.80	θ_x		0.4025	0.5620	0.6682	0.7056
	θ_y		0.2203	0.3563	0.4664	0.5023
0.90	θ_x		0.4097	0.5703	0.6772	0.7151
	θ_y		0.2246	0.3629	0.4749	0.5113

附录四 双向板楼面等效均布荷载计算表

$k=1.8 \quad \alpha=0.9 \quad \beta=0.5$

ξ	η	0.10	0.20	0.30	0.40	0.50
0.40	θ_x		0.1339	0.1661	0.1892	0.1982
	θ_y		0.1789	0.2657	0.3226	0.3417
0.50	θ_x		0.2830	0.4080	0.4861	0.5119
	θ_y		0.2133	0.3301	0.4008	0.4238
0.60	θ_x		0.3962	0.5638	0.6737	0.7112
	θ_y		0.2443	0.3832	0.4667	0.4935
0.70	θ_x		0.4580	0.6408	0.7614	0.8034
	θ_y		0.2691	0.4221	0.5157	0.5458
0.80	θ_x		0.4872	0.6775	0.8019	0.8452
	θ_y		0.2850	0.4460	0.5453	0.5774
0.90	θ_x		0.4963	0.6882	0.8134	0.8570
	θ_y		0.2904	0.4540	0.5552	0.5881

$k=1.8 \quad \alpha=0.9 \quad \beta=0.6$

ξ	η	0.10	0.20	0.30	0.40	0.50
0.40	θ_x			0.1880	0.2219	0.2343
	θ_y			0.3072	0.3625	0.3808
0.50	θ_x			0.4690	0.5506	0.5780
	θ_y			0.3814	0.4478	0.4694
0.60	θ_x			0.6445	0.7643	0.8035
	θ_y			0.4433	0.5203	0.5451
0.70	θ_x			0.7353	0.8671	0.9124
	θ_y			0.4888	0.5743	0.6018
0.80	θ_x			0.7765	0.9149	0.9627
	θ_y			0.5166	0.6074	0.6368
0.90	θ_x			0.7884	0.9279	0.9763
	θ_y			0.5260	0.6186	0.6484

$k=1.8 \quad \alpha=0.9 \quad \beta=0.7$

ξ	η	0.10	0.20	0.30	0.40	0.50
0.40	θ_x			0.2278	0.2706	0.2857
	θ_y			0.3397	0.3931	0.4109
0.50	θ_x			0.5165	0.6016	0.6304
	θ_y			0.4203	0.4836	0.5043
0.60	θ_x			0.7156	0.8356	0.8760
	θ_y			0.4886	0.5605	0.5839
0.70	θ_x			0.8114	0.9510	0.9986
	θ_y			0.5392	0.6185	0.6441
0.80	θ_x			0.8563	1.0051	1.0561
	θ_y			0.5701	0.6542	0.6814
0.90	θ_x			0.8693	1.0199	1.0719
	θ_y			0.5804	0.6663	0.6940

$k=1.8 \quad \alpha=0.9 \quad \beta=0.8$

ξ	η	0.10	0.20	0.30	0.40	0.50
0.40	θ_x				0.2695	0.2863
	θ_y				0.4148	0.4320
0.50	θ_x				0.6385	0.6683
	θ_y				0.5088	0.5288
0.60	θ_x				0.8870	0.9283
	θ_y				0.5889	0.6111
0.70	θ_x				1.0118	1.0610
	θ_y				0.6495	0.6738
0.80	θ_x				1.0707	1.1239
	θ_y				0.6869	0.7126
0.90	θ_x				1.0870	1.1405
	θ_y				0.6996	0.7257

$k=1.8 \quad \alpha=0.9 \quad \beta=0.9$

ξ	η	0.10	0.20	0.30	0.40	0.50
0.40	θ_x				0.3036	0.3216
	θ_y				0.4278	0.4446
0.50	θ_x				0.6608	0.6913
	θ_y				0.5239	0.5434
0.60	θ_x				0.9144	0.9564
	θ_y				0.6057	0.6274
0.70	θ_x				1.0486	1.0987
	θ_y				0.6676	0.6912
0.80	θ_x				1.1093	1.1637
	θ_y				0.7062	0.7310
0.90	θ_x				1.1277	1.1826
	θ_y				0.7193	0.7445

$k=1.8 \quad \alpha=0.9 \quad \beta=1.0$

ξ	η	0.10	0.20	0.30	0.40	0.50
0.40	θ_x					0.3046
	θ_y					0.4488
0.50	θ_x					0.6990
	θ_y					0.5483
0.60	θ_x					0.9704
	θ_y					0.6326
0.70	θ_x					1.1095
	θ_y					0.6973
0.80	θ_x					1.1788
	θ_y					0.7370
0.90	θ_x					1.1968
	θ_y					0.7506

附录四 双向板楼面等效均布荷载计算表

$k = 1.8 \quad \alpha = 1.0 \quad \beta = 0.1$

ξ	η	0.10	0.20	0.30	0.40	0.50
0.50	θ_x	0.0362	0.0711	0.1036	0.1332	0.1495
	θ_y	0.0210	0.0434	0.0684	0.0990	0.1299
0.60	θ_x	0.0456	0.0893	0.1289	0.1598	0.1718
	θ_y	0.0235	0.0490	0.0781	0.1145	0.1496
0.70	θ_x	0.0514	0.0999	0.1416	0.1711	0.1816
	θ_y	0.0257	0.0536	0.0859	0.1258	0.1625
0.80	θ_x	0.0544	0.1048	0.1469	0.1755	0.1855
	θ_y	0.0271	0.0567	0.0908	0.1325	0.1700
0.90	θ_x	0.0552	0.1062	0.1483	0.1763	0.1869
	θ_y	0.0276	0.0577	0.0925	0.1348	0.1725

$k = 1.8 \quad \alpha = 1.0 \quad \beta = 0.2$

ξ	η	0.10	0.20	0.30	0.40	0.50
0.50	θ_x	0.0721	0.1415	0.2065	0.2634	0.2893
	θ_y	0.0423	0.0871	0.1383	0.2017	0.2377
0.60	θ_x	0.0907	0.1776	0.2556	0.3149	0.3374
	θ_y	0.0476	0.0986	0.1582	0.2326	0.2742
0.70	θ_x	0.1022	0.1981	0.2799	0.3374	0.3581
	θ_y	0.0519	0.1080	0.1734	0.2545	0.2993
0.80	θ_x	0.1078	0.2076	0.2903	0.3461	0.3658
	θ_y	0.0548	0.1142	0.1837	0.2677	0.3140
0.90	θ_x	0.1094	0.2102	0.2932	0.3486	0.3683
	θ_y	0.0558	0.1163	0.1871	0.2720	0.3188

$k = 1.8 \quad \alpha = 1.0 \quad \beta = 0.3$

ξ	η	0.10	0.20	0.30	0.40	0.50
0.50	θ_x	0.1073	0.2108	0.3077	0.3860	0.4155
	θ_y	0.0642	0.1329	0.2108	0.2975	0.3280
0.60	θ_x	0.1349	0.2638	0.3779	0.4609	0.4918
	θ_y	0.0724	0.1508	0.2416	0.3422	0.3785
0.70	θ_x	0.1513	0.2928	0.4121	0.4945	0.5241
	θ_y	0.0792	0.1653	0.2656	0.3743	0.4143
0.80	θ_x	0.1592	0.3062	0.4271	0.5077	0.5362
	θ_y	0.0835	0.1747	0.2799	0.3934	0.4350
0.90	θ_x	0.1615	0.3097	0.4310	0.5117	0.5399
	θ_y	0.0852	0.1780	0.2849	0.3997	0.4419

$k = 1.8 \quad \alpha = 1.0 \quad \beta = 0.4$

ξ	η	0.10	0.20	0.30	0.40	0.50
0.50	θ_x		0.2784	0.4056	0.4957	0.5268
	θ_y		0.1804	0.2890	0.3759	0.4034
0.60	θ_x		0.3465	0.4926	0.5937	0.6298
	θ_y		0.2055	0.3312	0.4326	0.4652
0.70	θ_x		0.3822	0.5355	0.6384	0.6748
	θ_y		0.2255	0.3627	0.4731	0.5089
0.80	θ_x		0.3983	0.5542	0.6562	0.6922
	θ_y		0.2383	0.3820	0.4976	0.5354
0.90	θ_x		0.4024	0.5580	0.6615	0.6972
	θ_y		0.2426	0.3885	0.5057	0.5441

$k = 1.8 \quad \alpha = 1.0 \quad \beta = 0.5$

ξ	η	0.10	0.20	0.30	0.40	0.50
0.50	θ_x		0.3437	0.4945	0.5914	0.6239
	θ_y		0.2319	0.3618	0.4398	0.4650
0.60	θ_x		0.4236	0.5958	0.7100	0.7496
	θ_y		0.2653	0.4148	0.5056	0.5348
0.70	θ_x		0.4639	0.6459	0.7655	0.8072
	θ_y		0.2911	0.4535	0.5536	0.5861
0.80	θ_x		0.4815	0.6669	0.7879	0.8300
	θ_y		0.3070	0.4770	0.5825	0.6168
0.90	θ_x		0.4862	0.6731	0.7944	0.8365
	θ_y		0.3125	0.4850	0.5921	0.6270

$k = 1.8 \quad \alpha = 1.0 \quad \beta = 0.6$

ξ	η	0.10	0.20	0.30	0.40	0.50
0.50	θ_x			0.5691	0.6697	0.7034
	θ_y			0.4181	0.4906	0.5141
0.60	θ_x			0.6844	0.8075	0.8495
	θ_y			0.4800	0.5637	0.5908
0.70	θ_x			0.7406	0.8729	0.9185
	θ_y			0.5250	0.6172	0.6470
0.80	θ_x			0.7640	0.8997	0.9477
	θ_y			0.5524	0.6497	0.6812
0.90	θ_x			0.7709	0.9074	0.9546
	θ_y			0.5615	0.6605	0.6926

$k = 1.8 \quad \alpha = 1.0 \quad \beta = 0.7$

ξ	η	0.10	0.20	0.30	0.40	0.50
0.50	θ_x			0.6204	0.7237	0.7584
	θ_y			0.4606	0.5295	0.5512
0.60	θ_x			0.7556	0.8845	0.9283
	θ_y			0.5293	0.6074	0.6328
0.70	θ_x			0.8170	0.9585	1.0070
	θ_y			0.5793	0.6652	0.6930
0.80	θ_x			0.8406	0.9873	1.0378
	θ_y			0.6094	0.7008	0.7295
0.90	θ_x			0.8496	0.9980	1.0489
	θ_y			0.6197	0.7122	0.7423

$k = 1.8 \quad \alpha = 1.0 \quad \beta = 0.8$

ξ	η	0.10	0.20	0.30	0.40	0.50
0.50	θ_x				0.7755	0.8112
	θ_y				0.5564	0.5779
0.60	θ_x				0.9402	0.9851
	θ_y				0.6382	0.6623
0.70	θ_x				1.0207	1.0711
	θ_y				0.6989	0.7254
0.80	θ_x				1.0554	1.1084
	θ_y				0.7360	0.7640
0.90	θ_x				1.0623	1.1159
	θ_y				0.7485	0.7770

附录四 双向板楼面等效均布荷载计算表

$k=1.8 \quad \alpha=1.0 \quad \beta=0.9$

ξ	η	0.10	0.20	0.30	0.40	0.50
0.50	θ_x				0.7946	0.8309
	θ_y				0.5724	0.5936
0.60	θ_x				0.9833	1.0289
	θ_y				0.6564	0.6799
0.70	θ_x				1.0584	1.1099
	θ_y				0.7187	0.7444
0.80	θ_x				1.0913	1.1456
	θ_y				0.7570	0.7841
0.90	θ_x				1.1024	1.1577
	θ_y				0.7698	0.7974

$k=1.8 \quad \alpha=1.0 \quad \beta=1.0$

ξ	η	0.10	0.20	0.30	0.40	0.50
0.50	θ_x					0.8476
	θ_y					0.5987
0.60	θ_x					1.0309
	θ_y					0.6855
0.70	θ_x					1.1229
	θ_y					0.7508
0.80	θ_x					1.1632
	θ_y					0.7908
0.90	θ_x					1.1717
	θ_y					0.8043

$k=1.8 \quad \alpha=1.1 \quad \beta=0.1$

ξ	η	0.10	0.20	0.30	0.40	0.50
0.50	θ_x	0.0413	0.0812	0.1182	0.1490	0.1624
	θ_y	0.0223	0.0463	0.0734	0.1073	0.1407
0.60	θ_x	0.0483	0.0943	0.1347	0.1641	0.1768
	θ_y	0.0252	0.0525	0.0838	0.1225	0.1588
0.70	θ_x	0.0521	0.1008	0.1417	0.1699	0.1800
	θ_y	0.0276	0.0575	0.0918	0.1334	0.1708
0.80	θ_x	0.0538	0.1033	0.1441	0.1712	0.1806
	θ_y	0.0292	0.0607	0.0967	0.1398	0.1778
0.90	θ_x	0.0542	0.1040	0.1446	0.1714	0.1812
	θ_y	0.0297	0.0618	0.0984	0.1419	0.1802

$k=1.8 \quad \alpha=1.1 \quad \beta=0.2$

ξ	η	0.10	0.20	0.30	0.40	0.50
0.50	θ_x	0.0823	0.1617	0.2350	0.2937	0.3178
	θ_y	0.0450	0.0930	0.1487	0.2181	0.2575
0.60	θ_x	0.0961	0.1872	0.2668	0.3233	0.3471
	θ_y	0.0510	0.1058	0.1697	0.2483	0.2918
0.70	θ_x	0.1034	0.1996	0.2802	0.3353	0.3550
	θ_y	0.0558	0.1159	0.1851	0.2694	0.3155
0.80	θ_x	0.1065	0.2045	0.2850	0.3379	0.3565
	θ_y	0.0589	0.1223	0.1949	0.2820	0.3292
0.90	θ_x	0.1073	0.2057	0.2854	0.3386	0.3573
	θ_y	0.0600	0.1245	0.1983	0.2862	0.3337

$k=1.8 \quad \alpha=1.1 \quad \beta=0.3$

ξ	η	0.10	0.20	0.30	0.40	0.50
0.50	θ_x	0.1225	0.2408	0.3497	0.4296	0.4605
	θ_y	0.0685	0.1421	0.2271	0.3214	0.3553
0.60	θ_x	0.1426	0.2773	0.3931	0.4735	0.5029
	θ_y	0.0777	0.1618	0.2592	0.3649	0.4036
0.70	θ_x	0.1529	0.2946	0.4123	0.4916	0.5198
	θ_y	0.0849	0.1771	0.2830	0.3959	0.4370
0.80	θ_x	0.1571	0.3013	0.4192	0.4979	0.5255
	θ_y	0.0897	0.1868	0.2975	0.4143	0.4569
0.90	θ_x	0.1582	0.3027	0.4192	0.4972	0.5241
	θ_y	0.0913	0.1901	0.3025	0.4205	0.4640

$k=1.8 \quad \alpha=1.1 \quad \beta=0.4$

ξ	η	0.10	0.20	0.30	0.40	0.50
0.50	θ_x		0.3174	0.4587	0.5527	0.5874
	θ_y		0.1934	0.3113	0.4061	0.4363
0.60	θ_x		0.3628	0.5105	0.6108	0.6467
	θ_y		0.2205	0.3540	0.4617	0.4965
0.70	θ_x		0.3839	0.5348	0.6351	0.6705
	θ_y		0.2412	0.3854	0.5012	0.5388
0.80	θ_x		0.3913	0.5437	0.6437	0.6758
	θ_y		0.2544	0.4044	0.5248	0.5641
0.90	θ_x		0.3930	0.5425	0.6430	0.6773
	θ_y		0.2587	0.4108	0.5325	0.5724

$k=1.8 \quad \alpha=1.1 \quad \beta=0.5$

ξ	η	0.10	0.20	0.30	0.40	0.50
0.50	θ_x		0.3900	0.5575	0.6598	0.7035
	θ_y		0.2491	0.3898	0.4749	0.5023
0.60	θ_x		0.4414	0.6161	0.7319	0.7723
	θ_y		0.2843	0.4425	0.5400	0.5716
0.70	θ_x		0.4647	0.6445	0.7622	0.8032
	θ_y		0.3102	0.4808	0.5867	0.6213
0.80	θ_x		0.4724	0.6551	0.7730	0.8138
	θ_y		0.3263	0.5040	0.6147	0.6511
0.90	θ_x		0.4742	0.6526	0.7691	0.8096
	θ_y		0.3317	0.5116	0.6240	0.6610

$k=1.8 \quad \alpha=1.1 \quad \beta=0.6$

ξ	η	0.10	0.20	0.30	0.40	0.50
0.50	θ_x			0.6350	0.7557	0.7943
	θ_y			0.4511	0.5295	0.5544
0.60	θ_x			0.7069	0.8339	0.8775
	θ_y			0.5129	0.6023	0.6309
0.70	θ_x			0.7385	0.8700	0.9153
	θ_y			0.5572	0.6549	0.6863
0.80	θ_x			0.7502	0.8829	0.9287
	θ_y			0.5840	0.6866	0.7197
0.90	θ_x			0.7471	0.8794	0.9251
	θ_y			0.5928	0.6971	0.7308

附录四 双向板楼面等效均布荷载计算表

$k = 1.8 \quad \alpha = 1.1 \quad \beta = 0.7$

ξ	η	0.10	0.20	0.30	0.40	0.50
0.50	θ_x			0.7077	0.8260	0.8592
	θ_y			0.4969	0.5707	0.5946
0.60	θ_x			0.7802	0.9149	0.9608
	θ_y			0.5650	0.6492	0.6767
0.70	θ_x			0.8144	0.9561	1.0047
	θ_y			0.6141	0.7063	0.7364
0.80	θ_x			0.8268	0.9709	1.0205
	θ_y			0.6437	0.7407	0.7725
0.90	θ_x			0.8234	0.9678	1.0176
	θ_y			0.6535	0.7523	0.7846

$k = 1.8 \quad \alpha = 1.1 \quad \beta = 0.8$

ξ	η	0.10	0.20	0.30	0.40	0.50
0.50	θ_x				0.8766	0.9174
	θ_y				0.5997	0.6225
0.60	θ_x				0.9736	1.0211
	θ_y				0.6822	0.7081
0.70	θ_x				1.0188	1.0696
	θ_y				0.7424	0.7708
0.80	θ_x				1.0352	1.0874
	θ_y				0.7789	0.8088
0.90	θ_x				1.0324	1.0850
	θ_y				0.7911	0.8216

$k = 1.8 \quad \alpha = 1.1 \quad \beta = 0.9$

ξ	η	0.10	0.20	0.30	0.40	0.50
0.50	θ_x				0.9072	0.9485
	θ_y				0.6169	0.6390
0.60	θ_x				1.0213	1.0697
	θ_y				0.7017	0.7269
0.70	θ_x				1.0568	1.1090
	θ_y				0.7638	0.7912
0.80	θ_x				1.0692	1.1230
	θ_y				0.8015	0.8306
0.90	θ_x				1.0718	1.1260
	θ_y				0.8141	0.8436

$k = 1.8 \quad \alpha = 1.1 \quad \beta = 1.0$

ξ	η	0.10	0.20	0.30	0.40	0.50
0.50	θ_x					0.9522
	θ_y					0.6446
0.60	θ_x					1.0697
	θ_y					0.7334
0.70	θ_x					1.1222
	θ_y					0.7984
0.80	θ_x					1.1417
	θ_y					0.8380
0.90	θ_x					1.1398
	θ_y					0.8513

$k = 1.8 \quad \alpha = 0.2 \quad \beta = 0.1$

ξ	η	0.10	0.20	0.30	0.40	0.50
0.60	θ_x	0.0503	0.0976	0.1382	0.1669	0.1774
	θ_y	0.0269	0.0558	0.0890	0.1293	0.1663
0.70	θ_x	0.0523	0.1007	0.1407	0.1681	0.1777
	θ_y	0.0293	0.0610	0.0970	0.1397	0.1779
0.80	θ_x	0.0529	0.1014	0.1407	0.1666	0.1757
	θ_y	0.0309	0.0644	0.1015	0.1473	0.1824
0.90	θ_x	0.0530	0.1014	0.1406	0.1666	0.1756
	θ_y	0.0315	0.0654	0.1035	0.1479	0.1867

$k = 1.8 \quad \alpha = 1.2 \quad \beta = 0.2$

ξ	η	0.10	0.20	0.30	0.40	0.50
0.60	θ_x	0.0998	0.1935	0.2734	0.3291	0.3494
	θ_y	0.0540	0.1123	0.1798	0.2617	0.3070
0.70	θ_x	0.1036	0.1993	0.2784	0.3318	0.3503
	θ_y	0.0593	0.1228	0.1953	0.2822	0.3291
0.80	θ_x	0.1047	0.2004	0.2781	0.3290	0.3468
	θ_y	0.0624	0.1297	0.2052	0.2937	0.3437
0.90	θ_x	0.1049	0.2006	0.2777	0.3291	0.3465
	θ_y	0.0636	0.1316	0.2088	0.2984	0.3465

$k = 1.8 \quad \alpha = 1.2 \quad \beta = 0.3$

ξ	η	0.10	0.20	0.30	0.40	0.50
0.60	θ_x	0.1478	0.2860	0.4026	0.4824	0.5111
	θ_y	0.0824	0.1716	0.2741	0.3846	0.4250
0.70	θ_x	0.1530	0.2938	0.4095	0.4870	0.5142
	θ_y	0.0902	0.1874	0.2980	0.4145	0.4572
0.80	θ_x	0.1543	0.2950	0.4087	0.4831	0.5090
	θ_y	0.0953	0.1968	0.3132	0.4312	0.4770
0.90	θ_x	0.1545	0.2951	0.4087	0.4833	0.5093
	θ_y	0.0967	0.2005	0.3169	0.4381	0.4825

$k = 1.8 \quad \alpha = 1.2 \quad \beta = 0.4$

ξ	η	0.10	0.20	0.30	0.40	0.50
0.60	θ_x		0.3732	0.5226	0.6228	0.6582
	θ_y		0.2338	0.3740	0.4868	0.5235
0.70	θ_x		0.3820	0.5311	0.6294	0.6637
	θ_y		0.2548	0.4050	0.5251	0.5645
0.80	θ_x		0.3828	0.5295	0.6249	0.6581
	θ_y		0.2676	0.4234	0.5488	0.5875
0.90	θ_x		0.3828	0.5297	0.6252	0.6582
	θ_y		0.2721	0.4300	0.5554	0.5968

附录四 双向板楼面等效均布荷载计算表　387

$k=1.8 \quad \alpha=1.2 \quad \beta=0.5$

ξ	η	0.10	0.20	0.30	0.40	0.50
0.60	θ_x		0.4528	0.6302	0.7468	0.7874
	θ_y		0.3010	0.4672	0.5697	0.6029
0.70	θ_x		0.4618	0.6399	0.7557	0.7958
	θ_y		0.3272	0.5050	0.6152	0.6512
0.80	θ_x		0.4617	0.6373	0.7511	0.7904
	θ_y		0.3441	0.5265	0.6429	0.6800
0.90	θ_x		0.4617	0.6378	0.7513	0.7906
	θ_y		0.3485	0.5351	0.6514	0.6895

$k=1.8 \quad \alpha=1.2 \quad \beta=0.6$

ξ	η	0.10	0.20	0.30	0.40	0.50
0.60	θ_x			0.7226	0.8517	0.8962
	θ_y			0.5407	0.6358	0.6666
0.70	θ_x			0.7330	0.8629	0.9078
	θ_y			0.5842	0.6873	0.7209
0.80	θ_x			0.7296	0.8585	0.9030
	θ_y			0.6113	0.7171	0.7540
0.90	θ_x			0.7301	0.8588	0.9032
	θ_y			0.6189	0.7284	0.7642

$k=1.8 \quad \alpha=1.2 \quad \beta=0.7$

ξ	η	0.10	0.20	0.30	0.40	0.50
0.60	θ_x			0.7971	0.9352	0.9825
	θ_y			0.5966	0.6856	0.7144
0.70	θ_x			0.8080	0.9488	0.9971
	θ_y			0.6447	0.7417	0.7732
0.80	θ_x			0.8040	0.9447	0.9932
	θ_y			0.6738	0.7753	0.8087
0.90	θ_x			0.8044	0.9450	0.9934
	θ_y			0.6831	0.7866	0.8204

$k=1.8 \quad \alpha=1.2 \quad \beta=0.8$

ξ	η	0.10	0.20	0.30	0.40	0.50
0.60	θ_x				0.9960	1.0451
	θ_y				0.7206	0.7481
0.70	θ_x				1.0114	1.0622
	θ_y				0.7800	0.8101
0.80	θ_x				1.0077	1.0590
	θ_y				0.8164	0.8468
0.90	θ_x				1.0081	1.0594
	θ_y				0.8276	0.8599

$k=1.8 \quad \alpha=1.2 \quad \beta=0.9$

ξ	η	0.10	0.20	0.30	0.40	0.50
0.60	θ_x				1.0371	1.0874
	θ_y				0.7413	0.7681
0.70	θ_x				1.0410	1.0933
	θ_y				0.8027	0.8320
0.80	θ_x				1.0461	1.0990
	θ_y				0.8396	0.8705
0.90	θ_x				1.0514	1.1045
	θ_y				0.8520	0.8834

$k=1.8 \quad \alpha=1.2 \quad \beta=1.0$

ξ	η	0.10	0.20	0.30	0.40	0.50
0.60	θ_x					1.0958
	θ_y					0.7745
0.70	θ_x					1.1150
	θ_y					0.8390
0.80	θ_x					1.1124
	θ_y					0.8789
0.90	θ_x					1.1130
	θ_y					0.8910

$k=1.8 \quad \alpha=1.3 \quad \beta=0.1$

ξ	η	0.10	0.20	0.30	0.40	0.50
0.60	θ_x	0.0515	0.0996	0.1400	0.1682	0.1774
	θ_y	0.0282	0.0586	0.0933	0.1351	0.1727
0.70	θ_x	0.0521	0.1000	0.1392	0.1653	0.1742
	θ_y	0.0308	0.0640	0.1013	0.1452	0.1836
0.80	θ_x	0.0519	0.0993	0.1375	0.1625	0.1712
	θ_y	0.0325	0.0673	0.1061	0.1512	0.1899
0.90	θ_x	0.0518	0.0989	0.1368	0.1615	0.1702
	θ_y	0.0331	0.0684	0.1077	0.1531	0.1920

$k=1.8 \quad \alpha=1.3 \quad \beta=0.2$

ξ	η	0.10	0.20	0.30	0.40	0.50
0.60	θ_x	0.1022	0.1972	0.2769	0.3321	0.3500
	θ_y	0.0569	0.1180	0.1886	0.2731	0.3191
0.70	θ_x	0.1032	0.1978	0.2752	0.3262	0.3440
	θ_y	0.0623	0.1287	0.2040	0.2928	0.3406
0.80	θ_x	0.1027	0.1963	0.2717	0.3210	0.3394
	θ_y	0.0656	0.1353	0.2140	0.3045	0.3543
0.90	θ_x	0.1024	0.1954	0.2702	0.3190	0.3360
	θ_y	0.0667	0.1375	0.2172	0.3084	0.3573

附录四 双向板楼面等效均布荷载计算表

$k=1.8 \quad \alpha=1.3 \quad \beta=0.3$

ξ	η	0.10	0.20	0.30	0.40	0.50
0.60	θ_x	0.1511	0.2911	0.4075	0.4872	0.5153
	θ_y	0.0866	0.1802	0.2870	0.4011	0.4428
0.70	θ_x	0.1521	0.2913	0.4047	0.4787	0.5047
	θ_y	0.0946	0.1963	0.3108	0.4302	0.4740
0.80	θ_x	0.1512	0.2886	0.3994	0.4713	0.4963
	θ_y	0.0996	0.2061	0.3245	0.4473	0.4922
0.90	θ_x	0.1507	0.2874	0.3971	0.4685	0.4932
	θ_y	0.1013	0.2094	0.3292	0.4530	0.4983

$k=1.8 \quad \alpha=1.3 \quad \beta=0.4$

ξ	η	0.10	0.20	0.30	0.40	0.50
0.60	θ_x		0.3792	0.5293	0.6292	0.6642
	θ_y		0.2453	0.3911	0.5079	0.5461
0.70	θ_x		0.3782	0.5241	0.6191	0.6523
	θ_y		0.2665	0.4217	0.5450	0.5856
0.80	θ_x		0.3744	0.5172	0.6098	0.6419
	θ_y		0.2796	0.4399	0.5671	0.6090
0.90	θ_x		0.3726	0.5144	0.6062	0.6380
	θ_y		0.2839	0.4460	0.5744	0.6167

$k=1.8 \quad \alpha=1.3 \quad \beta=0.5$

ξ	η	0.10	0.20	0.30	0.40	0.50
0.60	θ_x		0.4593	0.6383	0.7549	0.7954
	θ_y		0.3153	0.4880	0.5948	0.6295
0.70	θ_x		0.4565	0.6308	0.7439	0.7831
	θ_y		0.3413	0.5250	0.6393	0.6767
0.80	θ_x		0.4513	0.6225	0.7331	0.7714
	θ_y		0.3570	0.5470	0.6657	0.7047
0.90	θ_x		0.4489	0.6192	0.7289	0.7668
	θ_y		0.3622	0.5543	0.6744	0.7139

$k=1.8 \quad \alpha=1.3 \quad \beta=0.6$

ξ	η	0.10	0.20	0.30	0.40	0.50
0.60	θ_x			0.7314	0.8614	0.9062
	θ_y			0.5647	0.6641	0.6965
0.70	θ_x			0.7223	0.8501	0.8942
	θ_y			0.6072	0.7144	0.7494
0.80	θ_x			0.7125	0.8382	0.8815
	θ_y			0.6327	0.7444	0.7810
0.90	θ_x			0.7086	0.8334	0.8765
	θ_y			0.6411	0.7544	0.7914

$k=1.8 \quad \alpha=1.3 \quad \beta=0.7$

ξ	η	0.10	0.20	0.30	0.40	0.50
0.60	θ_x			0.8064	0.9465	0.9945
	θ_y			0.6231	0.7164	0.7468
0.70	θ_x			0.7960	0.9352	0.9857
	θ_y			0.6702	0.7715	0.8042
0.80	θ_x			0.7867	0.9243	0.9716
	θ_y			0.6981	0.8047	0.8387
0.90	θ_x			0.7806	0.9174	0.9645
	θ_y			0.7075	0.8153	0.8506

$k=1.8 \quad \alpha=1.3 \quad \beta=0.8$

ξ	η	0.10	0.20	0.30	0.40	0.50
0.60	θ_x				1.0084	1.0587
	θ_y				0.7532	0.7821
0.70	θ_x				0.9974	1.0481
	θ_y				0.8116	0.8434
0.80	θ_x				0.9842	1.0344
	θ_y				0.8466	0.8799
0.90	θ_x				0.9789	1.0289
	θ_y				0.8582	0.8920

$k=1.8 \quad \alpha=1.3 \quad \beta=0.9$

ξ	η	0.10	0.20	0.30	0.40	0.50
0.60	θ_x				1.0408	1.0924
	θ_y				0.7750	0.8031
0.70	θ_x				1.0378	1.0899
	θ_y				0.8353	0.8664
0.80	θ_x				1.0231	1.0750
	θ_y				0.8716	0.9041
0.90	θ_x				1.0163	1.0681
	θ_y				0.8836	0.9167

$k=1.8 \quad \alpha=1.3 \quad \beta=1.0$

ξ	η	0.10	0.20	0.30	0.40	0.50
0.60	θ_x					1.1106
	θ_y					0.8099
0.70	θ_x					1.1008
	θ_y					0.8739
0.80	θ_x					1.0869
	θ_y					0.9121
0.90	θ_x					1.0812
	θ_y					0.9249

$k=1.8 \quad \alpha=1.4 \quad \beta=0.1$

ξ	η	0.10	0.20	0.30	0.40	0.50
0.70	θ_x	0.0517	0.0990	0.1375	0.1627	0.1715
	θ_y	0.0321	0.0665	0.1049	0.1496	0.1883
0.80	θ_x	0.0509	0.0973	0.1345	0.1587	0.1669
	θ_y	0.0338	0.0698	0.1096	0.1554	0.1944
0.90	θ_x	0.0506	0.0965	0.1334	0.1572	0.1654
	θ_y	0.0343	0.0709	0.1112	0.1573	0.1962

$k=1.8 \quad \alpha=1.4 \quad \beta=0.2$

ξ	η	0.10	0.20	0.30	0.40	0.50
0.70	θ_x	0.1024	0.1958	0.2716	0.3213	0.3385
	θ_y	0.0647	0.1336	0.2110	0.3013	0.3498
0.80	θ_x	0.1007	0.1922	0.2656	0.3133	0.3298
	θ_y	0.0681	0.1402	0.2204	0.3128	0.3618
0.90	θ_x	0.1000	0.1908	0.2635	0.3107	0.3272
	θ_y	0.0692	0.1424	0.2235	0.3165	0.3658

附录四 双向板楼面等效均布荷载计算表

$k=1.8 \quad \alpha=1.4 \quad \beta=0.3$

ξ	η	0.10	0.20	0.30	0.40	0.50
0.70	θ_x	0.1508	0.2882	0.3992	0.4716	0.4968
	θ_y	0.0983	0.2036	0.3212	0.4426	0.4870
0.80	θ_x	0.1482	0.2827	0.3903	0.4601	0.4843
	θ_y	0.1033	0.2133	0.3350	0.4594	0.5051
0.90	θ_x	0.1472	0.2805	0.3871	0.4564	0.4803
	θ_y	0.1050	0.2165	0.3392	0.4649	0.5109

$k=1.8 \quad \alpha=1.4 \quad \beta=0.4$

ξ	η	0.10	0.20	0.30	0.40	0.50
0.70	θ_x		0.3738	0.5171	0.6101	0.6425
	θ_y		0.2760	0.4351	0.5614	0.6027
0.80	θ_x		0.3666	0.5054	0.5955	0.6266
	θ_y		0.2887	0.4530	0.5827	0.6255
0.90	θ_x		0.3633	0.5015	0.5906	0.6214
	θ_y		0.2930	0.4590	0.5898	0.6330

$k=1.8 \quad \alpha=1.4 \quad \beta=0.5$

ξ	η	0.10	0.20	0.30	0.40	0.50
0.70	θ_x		0.4506	0.6224	0.7333	0.7717
	θ_y		0.3531	0.5410	0.6586	0.6974
0.80	θ_x		0.4414	0.6083	0.7160	0.7533
	θ_y		0.3684	0.5629	0.6844	0.7244
0.90	θ_x		0.4377	0.6035	0.7102	0.7470
	θ_y		0.3735	0.5701	0.6929	0.7334

$k=1.8 \quad \alpha=1.4 \quad \beta=0.6$

ξ	η	0.10	0.20	0.30	0.40	0.50
0.70	θ_x			0.7125	0.8383	0.8817
	θ_y			0.6264	0.7366	0.7724
0.80	θ_x			0.6962	0.8189	0.8612
	θ_y			0.6507	0.7658	0.8036
0.90	θ_x			0.6907	0.8122	0.8541
	θ_y			0.6590	0.7755	0.8138

$k=1.8 \quad \alpha=1.4 \quad \beta=0.7$

ξ	η	0.10	0.20	0.30	0.40	0.50
0.70	θ_x			0.7851	0.9225	0.9698
	θ_y			0.6905	0.7957	0.8303
0.80	θ_x			0.7670	0.9015	0.9480
	θ_y			0.7182	0.8279	0.8637
0.90	θ_x			0.7608	0.8941	0.9401
	θ_y			0.7273	0.8385	0.8749

$k=1.8 \quad \alpha=1.4 \quad \beta=0.8$

ξ	η	0.10	0.20	0.30	0.40	0.50
0.70	θ_x				0.9841	1.0342
	θ_y				0.8374	0.8703
0.80	θ_x				0.9621	1.0107
	θ_y				0.8716	0.9061
0.90	θ_x				0.9541	1.0030
	θ_y				0.8829	0.9180

$k=1.8 \quad \alpha=1.4 \quad \beta=0.9$

ξ	η	0.10	0.20	0.30	0.40	0.50
0.70	θ_x				1.0216	1.0733
	θ_y				0.8622	0.8941
0.80	θ_x				1.0012	1.0522
	θ_y				0.8976	0.9313
0.90	θ_x				0.9907	1.0413
	θ_y				0.9093	0.9437

$k=1.8 \quad \alpha=1.4 \quad \beta=1.0$

ξ	η	0.10	0.20	0.30	0.40	0.50
0.70	θ_x					1.0864
	θ_y					0.9024
0.80	θ_x					1.0623
	θ_y					0.9399
0.90	θ_x					1.0542
	θ_y					0.9521

$k=1.8 \quad \alpha=1.5 \quad \beta=0.1$

ξ	η	0.10	0.20	0.30	0.40	0.50
0.70	θ_x	0.0501	0.0955	0.1319	0.1556	0.1636
	θ_y	0.0348	0.0717	0.1123	0.1586	0.1977
0.80	θ_x	0.0501	0.0955	0.1319	0.1556	0.1636
	θ_y	0.0348	0.0717	0.1123	0.1586	0.1977
0.90	θ_x	0.0496	0.0946	0.1305	0.1536	0.1619
	θ_y	0.0353	0.0728	0.1138	0.1605	0.1996

$k=1.8 \quad \alpha=1.5 \quad \beta=0.2$

ξ	η	0.10	0.20	0.30	0.40	0.50
0.70	θ_x	0.1015	0.1939	0.2682	0.3171	0.3342
	θ_y	0.0667	0.1375	0.2165	0.3080	0.3568
0.80	θ_x	0.0990	0.1888	0.2606	0.3071	0.3232
	θ_y	0.0700	0.1440	0.2262	0.3191	0.3687
0.90	θ_x	0.0981	0.1869	0.2578	0.3036	0.3195
	θ_y	0.0712	0.1462	0.2293	0.3227	0.3726

390 附录四 双向板楼面等效均布荷载计算表

$k=1.8 \quad \alpha=1.5 \quad \beta=0.3$

ξ	η	0.10	0.20	0.30	0.40	0.50
0.70	θ_x	0.1494	0.2852	0.3941	0.4657	0.4904
	θ_y	0.1012	0.2092	0.3293	0.4525	0.4978
0.80	θ_x	0.1456	0.2776	0.3829	0.4510	0.4746
	θ_y	0.1062	0.2189	0.3424	0.4687	0.5149
0.90	θ_x	0.1442	0.2747	0.3788	0.4460	0.4692
	θ_y	0.1079	0.2221	0.3469	0.4740	0.5206

$k=1.8 \quad \alpha=1.5 \quad \beta=0.4$

ξ	η	0.10	0.20	0.30	0.40	0.50
0.70	θ_x		0.3699	0.5108	0.6025	0.6342
	θ_y		0.2834	0.4457	0.5738	0.6161
0.80	θ_x		0.3596	0.4962	0.5838	0.6142
	θ_y		0.2960	0.4632	0.5948	0.6382
0.90	θ_x		0.3559	0.4902	0.5773	0.6072
	θ_y		0.3002	0.4690	0.6018	0.6454

$k=1.8 \quad \alpha=1.5 \quad \beta=0.5$

ξ	η	0.10	0.20	0.30	0.40	0.50
0.70	θ_x		0.4457	0.6142	0.7233	0.7610
	θ_y		0.3619	0.5540	0.6739	0.7133
0.80	θ_x		0.4330	0.5967	0.7021	0.7392
	θ_y		0.3772	0.5751	0.6989	0.7398
0.90	θ_x		0.4284	0.5902	0.6943	0.7300
	θ_y		0.3822	0.5820	0.7072	0.7485

$k=1.8 \quad \alpha=1.5 \quad \beta=0.6$

ξ	η	0.10	0.20	0.30	0.40	0.50
0.70	θ_x			0.7030	0.8271	0.8698
	θ_y			0.6403	0.7535	0.7906
0.80	θ_x			0.6828	0.8037	0.8451
	θ_y			0.6648	0.7822	0.8208
0.90	θ_x			0.6753	0.7934	0.8344
	θ_y			0.6729	0.7917	0.8308

$k=1.8 \quad \alpha=1.5 \quad \beta=0.7$

ξ	η	0.10	0.20	0.30	0.40	0.50
0.70	θ_x			0.7746	0.9104	0.9571
	θ_y			0.7070	0.8146	0.8499
0.80	θ_x			0.7529	0.8848	0.9302
	θ_y			0.7338	0.8461	0.8829
0.90	θ_x			0.7432	0.8737	0.9187
	θ_y			0.7427	0.8566	0.8939

$k=1.8 \quad \alpha=1.5 \quad \beta=0.8$

ξ	η	0.10	0.20	0.30	0.40	0.50
0.70	θ_x				0.9720	1.0216
	θ_y				0.8575	0.8914
0.80	θ_x				0.9441	0.9925
	θ_y				0.8908	0.9264
0.90	θ_x				0.9325	0.9803
	θ_y				0.9019	0.9380

$k=1.8 \quad \alpha=1.5 \quad \beta=0.9$

ξ	η	0.10	0.20	0.30	0.40	0.50
0.70	θ_x				1.0092	1.0605
	θ_y				0.8827	0.9158
0.80	θ_x				0.9814	1.0315
	θ_y				0.9176	0.9523
0.90	θ_x				0.9683	1.0179
	θ_y				0.9292	0.9645

$k=1.8 \quad \alpha=1.5 \quad \beta=1.0$

ξ	η	0.10	0.20	0.30	0.40	0.50
0.70	θ_x					1.0735
	θ_y					0.9242
0.80	θ_x					1.0424
	θ_y					0.9611
0.90	θ_x					1.0313
	θ_y					0.9733

$k=1.8 \quad \alpha=1.6 \quad \beta=0.1$

ξ	η	0.10	0.20	0.30	0.40	0.50
0.80	θ_x	0.0494	0.0942	0.1300	0.1532	0.1612
	θ_y	0.0354	0.0731	0.1139	0.1622	0.1982
0.90	θ_x	0.0489	0.0931	0.1283	0.1512	0.1589
	θ_y	0.0360	0.0741	0.1157	0.1627	0.2020

$k=1.8 \quad \alpha=1.6 \quad \beta=0.2$

ξ	η	0.10	0.20	0.30	0.40	0.50
0.80	θ_x	0.0977	0.1862	0.2568	0.3025	0.3183
	θ_y	0.0714	0.1470	0.2296	0.3231	0.3748
0.90	θ_x	0.0966	0.1839	0.2535	0.2985	0.3140
	θ_y	0.0726	0.1488	0.2330	0.3272	0.3773

$k=1.8 \quad \alpha=1.6 \quad \beta=0.3$

ξ	η	0.10	0.20	0.30	0.40	0.50
0.80	θ_x	0.1436	0.2736	0.3774	0.4443	0.4675
	θ_y	0.1085	0.2224	0.3491	0.4742	0.5225
0.90	θ_x	0.1419	0.2702	0.3725	0.4384	0.4612
	θ_y	0.1099	0.2260	0.3525	0.4806	0.5275

$k=1.8 \quad \alpha=1.6 \quad \beta=0.4$

ξ	η	0.10	0.20	0.30	0.40	0.50
0.80	θ_x		0.3545	0.4887	0.5751	0.6050
	θ_y		0.3010	0.4701	0.6044	0.6462
0.90	θ_x		0.3501	0.4824	0.5675	0.5969
	θ_y		0.3056	0.4762	0.6101	0.6544

附录四 双向板楼面等效均布荷载计算表

$k=1.8 \quad \alpha=1.6 \quad \beta=0.5$

ξ	η	0.10	0.20	0.30	0.40	0.50
0.80	θ_x		0.4268	0.5880	0.6917	0.7275
	θ_y		0.3845	0.5827	0.7095	0.7503
0.90	θ_x		0.4214	0.5804	0.6826	0.7179
	θ_y		0.3885	0.5907	0.7173	0.7591

$k=1.8 \quad \alpha=1.6 \quad \beta=0.6$

ξ	η	0.10	0.20	0.30	0.40	0.50
0.80	θ_x			0.6728	0.7912	0.8320
	θ_y			0.6758	0.7932	0.8340
0.90	θ_x			0.6641	0.7809	0.8211
	θ_y			0.6827	0.8034	0.8430

$k=1.8 \quad \alpha=1.6 \quad \beta=0.7$

ξ	η	0.10	0.20	0.30	0.40	0.50
0.80	θ_x			0.7411	0.8711	0.9159
	θ_y			0.7449	0.8588	0.8965
0.90	θ_x			0.7297	0.8579	0.9021
	θ_y			0.7536	0.8690	0.9073

$k=1.8 \quad \alpha=1.6 \quad \beta=0.8$

ξ	η	0.10	0.20	0.30	0.40	0.50
0.80	θ_x				0.9296	0.9773
	θ_y				0.9054	0.9402
0.90	θ_x				0.9177	0.9648
	θ_y				0.9156	0.9523

$k=1.8 \quad \alpha=1.6 \quad \beta=0.9$

ξ	η	0.10	0.20	0.30	0.40	0.50
0.80	θ_x				0.9653	1.0148
	θ_y				0.9319	0.9673
0.90	θ_x				0.9510	0.9998
	θ_y				0.9432	0.9792

$k=1.8 \quad \alpha=1.6 \quad \beta=1.0$

ξ	η	0.10	0.20	0.30	0.40	0.50
0.80	θ_x				0.9773	1.0273
	θ_y				0.9402	0.9768
0.90	θ_x				0.9648	1.0143
	θ_y				0.9523	0.9882

$k=1.8 \quad \alpha=1.7 \quad \beta=0.1$

ξ	η	0.10	0.20	0.30	0.40	0.50
0.80	θ_x	0.0490	0.0934	0.1288	0.1516	0.1596
	θ_y	0.0359	0.0738	0.1154	0.1622	0.2016
0.90	θ_x	0.0484	0.0922	0.1271	0.1495	0.1573
	θ_y	0.0364	0.0749	0.1169	0.1640	0.2033

$k=1.8 \quad \alpha=1.7 \quad \beta=0.2$

ξ	η	0.10	0.20	0.30	0.40	0.50
0.80	θ_x	0.0968	0.1845	0.2543	0.2995	0.3151
	θ_y	0.0723	0.1483	0.2318	0.3263	0.3761
0.90	θ_x	0.0956	0.1821	0.2510	0.2954	0.3107
	θ_y	0.0734	0.1504	0.2353	0.3298	0.3799

$k=1.8 \quad \alpha=1.7 \quad \beta=0.3$

ξ	η	0.10	0.20	0.30	0.40	0.50
0.80	θ_x	0.1424	0.2711	0.3738	0.4400	0.4628
	θ_y	0.1095	0.2252	0.3514	0.4793	0.5262
0.90	θ_x	0.1406	0.2677	0.3687	0.4339	0.4564
	θ_y	0.1112	0.2284	0.3558	0.4845	0.5317

$k=1.8 \quad \alpha=1.7 \quad \beta=0.4$

ξ	η	0.10	0.20	0.30	0.40	0.50
0.80	θ_x		0.3513	0.4840	0.5695	0.5990
	θ_y		0.3043	0.4748	0.6084	0.6526
0.90	θ_x		0.3466	0.4775	0.5617	0.5907
	θ_y		0.3084	0.4805	0.6151	0.6596

$k=1.8 \quad \alpha=1.7 \quad \beta=0.5$

ξ	η	0.10	0.20	0.30	0.40	0.50
0.80	θ_x		0.4229	0.5823	0.6850	0.7204
	θ_y		0.3874	0.5889	0.7153	0.7569
0.90	θ_x		0.4171	0.5745	0.6756	0.7105
	θ_y		0.3923	0.5958	0.7234	0.7654

$k=1.8 \quad \alpha=1.7 \quad \beta=0.6$

ξ	η	0.10	0.20	0.30	0.40	0.50
0.80	θ_x			0.6664	0.7835	0.8239
	θ_y			0.6807	0.8011	0.8406
0.90	θ_x			0.6573	0.7728	0.8127
	θ_y			0.6885	0.8103	0.8504

$k=1.8 \quad \alpha=1.7 \quad \beta=0.7$

ξ	η	0.10	0.20	0.30	0.40	0.50
0.80	θ_x			0.7327	0.8614	0.9057
	θ_y			0.7514	0.8665	0.9046
0.90	θ_x			0.7240	0.8510	0.8948
	θ_y			0.7598	0.8767	0.9151

$k=1.8 \quad \alpha=1.7 \quad \beta=0.8$

ξ	η	0.10	0.20	0.30	0.40	0.50
0.80	θ_x				0.9207	0.9680
	θ_y				0.9129	0.9496
0.90	θ_x				0.9083	0.9549
	θ_y				0.9238	0.9610

附录四 双向板楼面等效均布荷载计算表

$k=1.8 \quad \alpha=1.7 \quad \beta=0.9$

ξ	η	0.10	0.20	0.30	0.40	0.50
0.80	θ_x				0.9547	1.0037
	θ_y				0.9404	0.9762
0.90	θ_x				0.9432	0.9916
	θ_y				0.9515	0.9879

$k=1.8 \quad \alpha=1.7 \quad \beta=1.0$

ξ	η	0.10	0.20	0.30	0.40	0.50
0.80	θ_x					1.0176
	θ_y					0.9852
0.90	θ_x					1.0039
	θ_y					0.9972

$k=1.8 \quad \alpha=1.8 \quad \beta=0.1$

ξ	η	0.10	0.20	0.30	0.40	0.50
0.90	θ_x	0.0482	0.0919	0.1266	0.1491	0.1567
	θ_y	0.0366	0.0752	0.1172	0.1645	0.2038

$k=1.8 \quad \alpha=1.8 \quad \beta=0.2$

ξ	η	0.10	0.20	0.30	0.40	0.50
0.90	θ_x	0.0953	0.1815	0.2501	0.2944	0.3097
	θ_y	0.0737	0.1510	0.2359	0.3307	0.3809

$k=1.8 \quad \alpha=1.8 \quad \beta=0.3$

ξ	η	0.10	0.20	0.30	0.40	0.50
0.90	θ_x	0.1401	0.2666	0.3676	0.4322	0.4549
	θ_y	0.1116	0.2292	0.3568	0.4857	0.5330

$k=1.8 \quad \alpha=1.8 \quad \beta=0.4$

ξ	η	0.10	0.20	0.30	0.40	0.50
0.90	θ_x			0.3455	0.4760	0.5600	0.5889
	θ_y			0.3097	0.4818	0.6168	0.6614

$k=1.8 \quad \alpha=1.8 \quad \beta=0.5$

ξ	η	0.10	0.20	0.30	0.40	0.50
0.90	θ_x		0.4158	0.5727	0.6729	0.7077
	θ_y		0.3934	0.5974	0.7254	0.7676

$k=1.8 \quad \alpha=1.8 \quad \beta=0.6$

ξ	η	0.10	0.20	0.30	0.40	0.50
0.90	θ_x			0.6547	0.7698	0.8102
	θ_y			0.6905	0.8126	0.8527

$k=1.8 \quad \alpha=1.8 \quad \beta=0.7$

ξ	η	0.10	0.20	0.30	0.40	0.50
0.90	θ_x			0.7212	0.8484	0.8920
	θ_y			0.7620	0.8793	0.9178

$k=1.8 \quad \alpha=1.8 \quad \beta=0.8$

ξ	η	0.10	0.20	0.30	0.40	0.50
0.90	θ_x				0.9055	0.9520
	θ_y				0.9264	0.9637

$k=1.8 \quad \alpha=1.8 \quad \beta=0.9$

ξ	η	0.10	0.20	0.30	0.40	0.50
0.90	θ_x				0.9403	0.9885
	θ_y				0.9544	0.9910

$k=1.8 \quad \alpha=1.8 \quad \beta=1.0$

ξ	η	0.10	0.20	0.30	0.40	0.50
0.90	θ_x					1.0000
	θ_y					1.0000

$k=1.9 \quad \alpha=0.1 \quad \beta=0.1$

ξ	η	0.10	0.20	0.30	0.40	0.50
0.10	θ_x	-0.0007	-0.0014	-0.0020	-0.0023	-0.0023
	θ_y	0.0005	0.0009	0.0013	0.0015	0.0016
0.20	θ_x	-0.0013	-0.0026	-0.0037	-0.0046	-0.0052
	θ_y	0.0010	0.0019	0.0027	0.0032	0.0033
0.30	θ_x	-0.0017	-0.0033	-0.0049	-0.0059	-0.0059
	θ_y	0.0015	0.0029	0.0041	0.0048	0.0052
0.40	θ_x	-0.0015	-0.0032	-0.0050	-0.0067	-0.0080
	θ_y	0.0020	0.0039	0.0056	0.0067	0.0071
0.50	θ_x	-0.0005	-0.0016	-0.0034	-0.0050	-0.0049
	θ_y	0.0024	0.0049	0.0071	0.0087	0.0095
0.60	θ_x	0.0017	0.0023	0.0012	-0.0014	-0.0039
	θ_y	0.0028	0.0057	0.0086	0.0111	0.0120
0.70	θ_x	0.0053	0.0094	0.0107	0.0090	0.0087
	θ_y	0.0029	0.0061	0.0098	0.0135	0.0155
0.80	θ_x	0.0098	0.0191	0.0265	0.0273	0.0208
	θ_y	0.0028	0.0060	0.0101	0.0159	0.0197
0.90	θ_x	0.0132	0.0274	0.0440	0.0639	0.0793
	θ_y	0.0026	0.0056	0.0095	0.0163	0.0270
0.95	θ_x	0.0137	0.0287	0.0472	0.0742	0.1029
	θ_y	0.0026	0.0056	0.0095	0.0163	0.0270

$k=1.9 \quad \alpha=0.1 \quad \beta=0.2$

ξ	η	0.10	0.20	0.30	0.40	0.50
0.10	θ_x	-0.0014	-0.0028	-0.0039	-0.0045	-0.0047
	θ_y	0.0010	0.0019	0.0026	0.0031	0.0032
0.20	θ_x	-0.0026	-0.0052	-0.0074	-0.0091	-0.0099
	θ_y	0.0020	0.0038	0.0052	0.0062	0.0066
0.30	θ_x	-0.0033	-0.0066	-0.0096	-0.0114	-0.0119
	θ_y	0.0030	0.0057	0.0080	0.0096	0.0102
0.40	θ_x	-0.0031	-0.0065	-0.0100	-0.0135	-0.0151
	θ_y	0.0040	0.0077	0.0110	0.0133	0.0141
0.50	θ_x	-0.0012	-0.0034	-0.0067	-0.0093	-0.0101
	θ_y	0.0049	0.0097	0.0140	0.0173	0.0185
0.60	θ_x	0.0031	0.0042	0.0022	-0.0029	-0.0060
	θ_y	0.0056	0.0114	0.0171	0.0217	0.0236
0.70	θ_x	0.0103	0.0181	0.0206	0.0187	0.0172
	θ_y	0.0059	0.0123	0.0196	0.0266	0.0297
0.80	θ_x	0.0195	0.0378	0.0514	0.0516	0.0469
	θ_y	0.0057	0.0122	0.0207	0.0314	0.0372
0.90	θ_x	0.0266	0.0553	0.0889	0.1282	0.1490
	θ_y	0.0053	0.0113	0.0197	0.0350	0.0453
0.95	θ_x	0.0277	0.0582	0.0963	0.1518	0.1856
	θ_y	0.0053	0.0113	0.0197	0.0350	0.0453

附录四 双向板楼面等效均布荷载计算表

$k = 1.9 \quad \alpha = 0.1 \quad \beta = 0.3$

ξ	η	0.10	0.20	0.30	0.40	0.50
0.10	θ_x	−0.0021	−0.0041	−0.0057	−0.0066	−0.0070
	θ_y	0.0014	0.0027	0.0038	0.0045	0.0047
0.20	θ_x	−0.0039	−0.0076	−0.0109	−0.0135	−0.0143
	θ_y	0.0029	0.0055	0.0077	0.0091	0.0096
0.30	θ_x	−0.0050	−0.0099	−0.0141	−0.0166	−0.0176
	θ_y	0.0044	0.0084	0.0118	0.0141	0.0149
0.40	θ_x	−0.0047	−0.0098	−0.0150	−0.0198	−0.0215
	θ_y	0.0059	0.0114	0.0162	0.0194	0.0206
0.50	θ_x	−0.0021	−0.0055	−0.0099	−0.0132	−0.0148
	θ_y	0.0073	0.0144	0.0207	0.0253	0.0270
0.60	θ_x	0.0040	0.0052	0.0026	−0.0040	−0.0066
	θ_y	0.0084	0.0170	0.0253	0.0317	0.0342
0.70	θ_x	0.0147	0.0254	0.0292	0.0285	0.0268
	θ_y	0.0090	0.0188	0.0293	0.0387	0.0424
0.80	θ_x	0.0289	0.0555	0.0729	0.0746	0.0753
	θ_y	0.0088	0.0189	0.0320	0.0457	0.0515
0.90	θ_x	0.0406	0.0845	0.1356	0.1875	0.2078
	θ_y	0.0082	0.0178	0.0313	0.0527	0.0594
0.95	θ_x	0.0424	0.0895	0.1498	0.2242	0.2512
	θ_y	0.0082	0.0178	0.0313	0.0527	0.0594

$k = 1.9 \quad \alpha = 0.1 \quad \beta = 0.4$

ξ	η	0.10	0.20	0.30	0.40	0.50
0.10	θ_x		−0.0053	−0.0073	−0.0086	−0.0091
	θ_y		0.0035	0.0049	0.0058	0.0061
0.20	θ_x		−0.0100	−0.0143	−0.0173	−0.0183
	θ_y		0.0072	0.0100	0.0118	0.0124
0.30	θ_x		−0.0130	−0.0181	−0.0215	−0.0229
	θ_y		0.0110	0.0153	0.0182	0.0192
0.40	θ_x		−0.0131	−0.0199	−0.0252	−0.0270
	θ_y		0.0150	0.0210	0.0250	0.0265
0.50	θ_x		−0.0079	−0.0127	−0.0168	−0.0187
	θ_y		0.0189	0.0270	0.0326	0.0346
0.60	θ_x		0.0052	0.0025	−0.0016	−0.0059
	θ_y		0.0227	0.0331	0.0407	0.0435
0.70	θ_x		0.0309	0.0368	0.0378	0.0374
	θ_y		0.0255	0.0389	0.0493	0.0531
0.80	θ_x		0.0709	0.0895	0.0983	0.1032
	θ_y		0.0264	0.0436	0.0580	0.0629
0.90	θ_x		0.1155	0.1819	0.2380	0.2563
	θ_y		0.0250	0.0464	0.0650	0.0699
0.95	θ_x		0.1240	0.2100	0.2818	0.3036
	θ_y		0.0250	0.0464	0.0650	0.0699

$k = 1.9 \quad \alpha = 0.1 \quad \beta = 0.5$

ξ	η	0.10	0.20	0.30	0.40	0.50
0.10	θ_x		−0.0064	−0.0087	−0.0104	−0.0109
	θ_y		0.0043	0.0059	0.0070	0.0073
0.20	θ_x		−0.0122	−0.0174	−0.0206	−0.0218
	θ_y		0.0087	0.0120	0.0142	0.0149
0.30	θ_x		−0.0158	−0.0216	−0.0258	−0.0274
	θ_y		0.0133	0.0185	0.0218	0.0230
0.40	θ_x		−0.0165	−0.0245	−0.0297	−0.0316
	θ_y		0.0182	0.0253	0.0300	0.0317
0.50	θ_x		−0.0104	−0.0154	−0.0198	−0.0215
	θ_y		0.0231	0.0326	0.0389	0.0412
0.60	θ_x		0.0039	0.0019	−0.0005	−0.0017
	θ_y		0.0281	0.0402	0.0484	0.0514
0.70	θ_x		0.0345	0.0432	0.0469	0.0483
	θ_y		0.0322	0.0477	0.0583	0.0619
0.80	θ_x		0.0827	0.1035	0.1210	0.1284
	θ_y		0.0348	0.0545	0.0676	0.0718
0.90	θ_x		0.1487	0.2250	0.2792	0.2958
	θ_y		0.0339	0.0607	0.0745	0.0784
0.95	θ_x		0.1635	0.2664	0.3269	0.3454
	θ_y		0.0339	0.0607	0.0745	0.0784

$k = 1.9 \quad \alpha = 0.1 \quad \beta = 0.6$

ξ	η	0.10	0.20	0.30	0.40	0.50
0.10	θ_x			−0.0100	−0.0119	−0.0125
	θ_y			0.0068	0.0080	0.0084
0.20	θ_x			−0.0199	−0.0235	−0.0247
	θ_y			0.0138	0.0162	0.0170
0.30	θ_x			−0.0248	−0.0295	−0.0311
	θ_y			0.0211	0.0249	0.0262
0.40	θ_x			−0.0282	−0.0334	−0.0352
	θ_y			0.0290	0.0342	0.0360
0.50	θ_x			−0.0180	−0.0221	−0.0235
	θ_y			0.0375	0.0443	0.0466
0.60	θ_x			0.0016	0.0009	0.0007
	θ_y			0.0463	0.0548	0.0578
0.70	θ_x			0.0481	0.0555	0.0584
	θ_y			0.0552	0.0655	0.0689
0.80	θ_x			0.1178	0.1411	0.1520
	θ_y			0.0636	0.0751	0.0787
0.90	θ_x			0.2613	0.3083	0.3235
	θ_y			0.0704	0.0814	0.0847
0.95	θ_x			0.3095	0.3618	0.3781
	θ_y			0.0704	0.0814	0.0847

附录四 双向板楼面等效均布荷载计算表

$k = 1.9 \quad \alpha = 0.1 \quad \beta = 0.7$

ξ	η	0.10	0.20	0.30	0.40	0.50
0.10	θ_x			−0.0111	−0.0130	−0.0137
	θ_y			0.0075	0.0088	0.0092
0.20	θ_x			−0.0220	−0.0257	−0.0270
	θ_y			0.0152	0.0178	0.0187
0.30	θ_x			−0.0275	−0.0324	−0.0341
	θ_y			0.0233	0.0274	0.0288
0.40	θ_x			−0.0312	−0.0363	−0.0380
	θ_y			0.0320	0.0376	0.0395
0.50	θ_x			−0.0203	−0.0237	−0.0247
	θ_y			0.0414	0.0485	0.0509
0.60	θ_x			0.0011	0.0024	0.0030
	θ_y			0.0512	0.0598	0.0627
0.70	θ_x			0.0522	0.0630	0.0670
	θ_y			0.0612	0.0709	0.0741
0.80	θ_x			0.1308	0.1573	0.1666
	θ_y			0.0704	0.0806	0.0838
0.90	θ_x			0.2890	0.3329	0.3471
	θ_y			0.0770	0.0865	0.0895
0.95	θ_x			0.3406	0.3878	0.4027
	θ_y			0.0770	0.0865	0.0895

$k = 1.9 \quad \alpha = 0.1 \quad \beta = 0.8$

ξ	η	0.10	0.20	0.30	0.40	0.50
0.10	θ_x				−0.0139	−0.0146
	θ_y				0.0094	0.0098
0.20	θ_x				−0.0273	−0.0286
	θ_y				0.0190	0.0200
0.30	θ_x				−0.0345	−0.0361
	θ_y				0.0292	0.0306
0.40	θ_x				−0.0383	−0.0399
	θ_y				0.0400	0.0420
0.50	θ_x				−0.0247	−0.0255
	θ_y				0.0515	0.0539
0.60	θ_x				0.0045	0.0051
	θ_y				0.0633	0.0662
0.70	θ_x				0.0687	0.0736
	θ_y				0.0748	0.0778
0.80	θ_x				0.1692	0.1789
	θ_y				0.0844	0.0873
0.90	θ_x				0.3519	0.3637
	θ_y				0.0900	0.0928
0.95	θ_x				0.4058	0.4199
	θ_y				0.0900	0.0928

$k = 1.9 \quad \alpha = 0.1 \quad \beta = 0.9$

ξ	η	0.10	0.20	0.30	0.40	0.50
0.10	θ_x				−0.0144	−0.0152
	θ_y				0.0097	0.0102
0.20	θ_x				−0.0283	−0.0296
	θ_y				0.0197	0.0207
0.30	θ_x				−0.0357	−0.0374
	θ_y				0.0303	0.0317
0.40	θ_x				−0.0395	−0.0410
	θ_y				0.0415	0.0435
0.50	θ_x				−0.0253	−0.0258
	θ_y				0.0533	0.0558
0.60	θ_x				0.0047	0.0064
	θ_y				0.0655	0.0683
0.70	θ_x				0.0723	0.0776
	θ_y				0.0770	0.0799
0.80	θ_x				0.1765	0.1863
	θ_y				0.0865	0.0893
0.90	θ_x				0.3603	0.3738
	θ_y				0.0921	0.0947
0.95	θ_x				0.4164	0.4301
	θ_y				0.0921	0.0947

$k = 1.9 \quad \alpha = 0.1 \quad \beta = 1.0$

ξ	η	0.10	0.20	0.30	0.40	0.50
0.10	θ_x					−0.0153
	θ_y					0.0103
0.20	θ_x					−0.0299
	θ_y					0.0210
0.30	θ_x					−0.0378
	θ_y					0.0321
0.40	θ_x					−0.0414
	θ_y					0.0440
0.50	θ_x					−0.0259
	θ_y					0.0564
0.60	θ_x					0.0067
	θ_y					0.0689
0.70	θ_x					0.0790
	θ_y					0.0806
0.80	θ_x					0.1887
	θ_y					0.0900
0.90	θ_x					0.3770
	θ_y					0.0953
0.95	θ_x					0.4332
	θ_y					0.0953

附录四 双向板楼面等效均布荷载计算表

$k = 1.9 \quad \alpha = 0.2 \quad \beta = 0.1$

ξ	η	0.10	0.20	0.30	0.40	0.50
0.10	θ_x	-0.0014	-0.0027	-0.0039	-0.0047	-0.0050
	θ_y	0.0010	0.0019	0.0026	0.0031	0.0033
0.20	θ_x	-0.0026	-0.0051	-0.0073	-0.0088	-0.0094
	θ_y	0.0020	0.0038	0.0053	0.0063	0.0067
0.30	θ_x	-0.0032	-0.0065	-0.0095	-0.0118	-0.0127
	θ_y	0.0030	0.0058	0.0081	0.0098	0.0103
0.40	θ_x	-0.0028	-0.0061	-0.0096	-0.0126	-0.0138
	θ_y	0.0040	0.0078	0.0111	0.0135	0.0144
0.50	θ_x	-0.0008	-0.0026	-0.0060	-0.0098	-0.0116
	θ_y	0.0049	0.0097	0.0142	0.0176	0.0189
0.60	θ_x	0.0037	0.0054	0.0037	-0.0006	-0.0031
	θ_y	0.0055	0.0112	0.0171	0.0221	0.0243
0.70	θ_x	0.0109	0.0195	0.0231	0.0192	0.0144
	θ_y	0.0057	0.0121	0.0194	0.0270	0.0309
0.80	θ_x	0.0193	0.0380	0.0539	0.0612	0.0579
	θ_y	0.0056	0.0119	0.0200	0.0312	0.0405
0.90	θ_x	0.0255	0.0526	0.0832	0.1179	0.1412
	θ_y	0.0053	0.0114	0.0192	0.0324	0.0519
0.95	θ_x	0.0264	0.0548	0.0879	0.1278	0.1585
	θ_y	0.0053	0.0114	0.0192	0.0324	0.0519

$k = 1.9 \quad \alpha = 0.2 \quad \beta = 0.2$

ξ	η	0.10	0.20	0.30	0.40	0.50
0.10	θ_x	-0.0028	-0.0055	-0.0077	-0.0092	-0.0098
	θ_y	0.0019	0.0037	0.0052	0.0061	0.0065
0.20	θ_x	-0.0052	-0.0101	-0.0144	-0.0174	-0.0185
	θ_y	0.0039	0.0075	0.0105	0.0125	0.0132
0.30	θ_x	-0.0064	-0.0129	-0.0188	-0.0233	-0.0250
	θ_y	0.0059	0.0115	0.0161	0.0193	0.0204
0.40	θ_x	-0.0058	-0.0122	-0.0191	-0.0247	-0.0270
	θ_y	0.0079	0.0155	0.0220	0.0266	0.0283
0.50	θ_x	-0.0018	-0.0057	-0.0122	-0.0191	-0.0222
	θ_y	0.0097	0.0193	0.0281	0.0347	0.0372
0.60	θ_x	0.0069	0.0100	0.0067	-0.0007	-0.0048
	θ_y	0.0111	0.0225	0.0340	0.0436	0.0475
0.70	θ_x	0.0212	0.0377	0.0441	0.0379	0.0318
	θ_y	0.0116	0.0244	0.0389	0.0532	0.0597
0.80	θ_x	0.0385	0.0753	0.1056	0.1187	0.1192
	θ_y	0.0113	0.0242	0.0408	0.0626	0.0748
0.90	θ_x	0.0514	0.1060	0.1675	0.2342	0.2680
	θ_y	0.0107	0.0229	0.0397	0.0690	0.0884
0.95	θ_x	0.0532	0.1107	0.1778	0.2563	0.2980
	θ_y	0.0107	0.0229	0.0397	0.0690	0.0884

$k = 1.9 \quad \alpha = 0.2 \quad \beta = 0.3$

ξ	η	0.10	0.20	0.30	0.40	0.50
0.10	θ_x	-0.0042	-0.0081	-0.0113	-0.0136	-0.0143
	θ_y	0.0029	0.0055	0.0076	0.0090	0.0095
0.20	θ_x	-0.0077	-0.0150	-0.0212	-0.0255	-0.0271
	θ_y	0.0058	0.0111	0.0154	0.0183	0.0193
0.30	θ_x	-0.0097	-0.0192	-0.0278	-0.0341	-0.0364
	θ_y	0.0088	0.0169	0.0237	0.0282	0.0298
0.40	θ_x	-0.0089	-0.0185	-0.0283	-0.0360	-0.0390
	θ_y	0.0118	0.0229	0.0324	0.0390	0.0413
0.50	θ_x	-0.0034	-0.0094	-0.0185	-0.0274	-0.0312
	θ_y	0.0146	0.0287	0.0415	0.0507	0.0541
0.60	θ_x	0.0092	0.0129	0.0086	0.0000	-0.0043
	θ_y	0.0168	0.0339	0.0505	0.0636	0.0686
0.70	θ_x	0.0304	0.0534	0.0618	0.0566	0.0528
	θ_y	0.0178	0.0371	0.0584	0.0773	0.0850
0.80	θ_x	0.0573	0.1112	0.1531	0.1729	0.1803
	θ_y	0.0174	0.0374	0.0630	0.0916	0.1028
0.90	θ_x	0.0781	0.1612	0.2537	0.3423	0.3770
	θ_y	0.0165	0.0359	0.0628	0.1035	0.1167
0.95	θ_x	0.0811	0.1691	0.2711	0.3750	0.4157
	θ_y	0.0165	0.0359	0.0628	0.1035	0.1167

$k = 1.9 \quad \alpha = 0.2 \quad \beta = 0.4$

ξ	η	0.10	0.20	0.30	0.40	0.50
0.10	θ_x		-0.0105	-0.0147	-0.0175	-0.0185
	θ_y		0.0071	0.0099	0.0117	0.0123
0.20	θ_x		-0.0196	-0.0275	-0.0329	-0.0348
	θ_y		0.0144	0.0200	0.0237	0.0250
0.30	θ_x		-0.0253	-0.0362	-0.0438	-0.0466
	θ_y		0.0220	0.0307	0.0365	0.0385
0.40	θ_x		-0.0248	-0.0369	-0.0460	-0.0495
	θ_y		0.0299	0.0420	0.0503	0.0532
0.50	θ_x		-0.0140	-0.0248	-0.0344	-0.0382
	θ_y		0.0378	0.0540	0.0653	0.0693
0.60	θ_x		0.0137	0.0093	0.0019	-0.0014
	θ_y		0.0451	0.0661	0.0815	0.0871
0.70	θ_x		0.0653	0.0757	0.0759	0.0758
	θ_y		0.0505	0.0775	0.0986	0.1063
0.80	θ_x		0.1442	0.1941	0.2248	0.2375
	θ_y		0.0521	0.0868	0.1156	0.1251
0.90	θ_x		0.2188	0.3402	0.4355	0.4684
	θ_y		0.0503	0.0921	0.1281	0.1380
0.95	θ_x		0.2310	0.3637	0.4759	0.5127
	θ_y		0.0503	0.0921	0.1281	0.1380

$k=1.9 \quad \alpha=0.2 \quad \beta=0.5$

ξ	η	0.10	0.20	0.30	0.40	0.50
0.10	θ_x		−0.0127	−0.0177	−0.0210	−0.0221
	θ_y		0.0086	0.0119	0.0140	0.0147
0.20	θ_x		−0.0238	−0.0332	−0.0394	−0.0416
	θ_y		0.0174	0.0241	0.0285	0.0300
0.30	θ_x		−0.0310	−0.0437	−0.0523	−0.0554
	θ_y		0.0267	0.0370	0.0438	0.0461
0.40	θ_x		−0.0311	−0.0449	−0.0546	−0.0582
	θ_y		0.0364	0.0507	0.0602	0.0636
0.50	θ_x		−0.0192	−0.0308	−0.0398	−0.0432
	θ_y		0.0463	0.0653	0.0780	0.0825
0.60	θ_x		0.0123	0.0092	0.0049	0.0032
	θ_y		0.0560	0.0803	0.0969	0.1028
0.70	θ_x		0.0726	0.0870	0.0953	0.0989
	θ_y		0.0642	0.0951	0.1164	0.1237
0.80	θ_x		0.1724	0.2303	0.2721	0.2880
	θ_y		0.0686	0.1091	0.1347	0.1428
0.90	θ_x		0.2792	0.4203	0.5128	0.5433
	θ_y		0.0681	0.1199	0.1470	0.1551
0.95	θ_x		0.2975	0.4500	0.5584	0.5915
	θ_y		0.0681	0.1199	0.1470	0.1551

$k=1.9 \quad \alpha=0.2 \quad \beta=0.6$

ξ	η	0.10	0.20	0.30	0.40	0.50
0.10	θ_x			−0.0203	−0.0239	−0.0252
	θ_y			0.0136	0.0160	0.0168
0.20	θ_x			−0.0381	−0.0449	−0.0473
	θ_y			0.0276	0.0325	0.0342
0.30	θ_x			−0.0502	−0.0595	−0.0627
	θ_y			0.0424	0.0500	0.0526
0.40	θ_x			−0.0518	−0.0617	−0.0651
	θ_y			0.0582	0.0686	0.0723
0.50	θ_x			−0.0362	−0.0439	−0.0465
	θ_y			0.0750	0.0887	0.0934
0.60	θ_x			0.0088	0.0085	0.0087
	θ_y			0.0926	0.1097	0.1155
0.70	θ_x			0.0971	0.1136	0.1201
	θ_y			0.1102	0.1307	0.1375
0.80	θ_x			0.2634	0.3128	0.3305
	θ_y			0.1269	0.1493	0.1564
0.90	θ_x			0.4869	0.5744	0.6030
	θ_y			0.1389	0.1612	0.1679
0.95	θ_x			0.5226	0.6167	0.6471
	θ_y			0.1389	0.1612	0.1679

$k=1.9 \quad \alpha=0.2 \quad \beta=0.7$

ξ	η	0.10	0.20	0.30	0.40	0.50
0.10	θ_x			−0.0224	−0.0263	−0.0276
	θ_y			0.0150	0.0176	0.0185
0.20	θ_x			−0.0420	−0.0493	−0.0518
	θ_y			0.0304	0.0358	0.0376
0.30	θ_x			−0.0555	−0.0651	−0.0683
	θ_y			0.0468	0.0549	0.0577
0.40	θ_x			−0.0575	−0.0671	−0.0703
	θ_y			0.0642	0.0753	0.0791
0.50	θ_x			−0.0406	−0.0466	−0.0485
	θ_y			0.0829	0.0970	0.1019
0.60	θ_x			0.0086	0.0123	0.0141
	θ_y			0.1025	0.1196	0.1253
0.70	θ_x			0.1062	0.1293	0.1379
	θ_y			0.1222	0.1415	0.1478
0.80	θ_x			0.2915	0.3453	0.3640
	θ_y			0.1403	0.1602	0.1666
0.90	θ_x			0.5382	0.6214	0.6485
	θ_y			0.1522	0.1714	0.1774
0.95	θ_x			0.5780	0.6659	0.6943
	θ_y			0.1522	0.1714	0.1774

$k=1.9 \quad \alpha=0.2 \quad \beta=0.8$

ξ	η	0.10	0.20	0.30	0.40	0.50
0.10	θ_x				−0.0280	−0.0294
	θ_y				0.0188	0.0197
0.20	θ_x				−0.0525	−0.0550
	θ_y				0.0381	0.0400
0.30	θ_x				−0.0691	−0.0723
	θ_y				0.0585	0.0614
0.40	θ_x				−0.0709	−0.0739
	θ_y				0.0802	0.0841
0.50	θ_x				−0.0483	−0.0495
	θ_y				0.1031	0.1080
0.60	θ_x				0.0156	0.0185
	θ_y				0.1266	0.1322
0.70	θ_x				0.1413	0.1513
	θ_y				0.1491	0.1551
0.80	θ_x				0.3690	0.3881
	θ_y				0.1677	0.1735
0.90	θ_x				0.6544	0.6805
	θ_y				0.1787	0.1842
0.95	θ_x				0.7003	0.7274
	θ_y				0.1787	0.1842

附录四 双向板楼面等效均布荷载计算表 397

		$k=1.9$	$\alpha=0.2$	$\beta=0.9$		
ξ	η	0.10	0.20	0.30	0.40	0.50
0.10	θ_x				−0.0290	−0.0305
	θ_y				0.0195	0.0205
0.20	θ_x				−0.0544	−0.0570
	θ_y				0.0396	0.0415
0.30	θ_x				−0.0715	−0.0747
	θ_y				0.0607	0.0637
0.40	θ_x				−0.0731	−0.0759
	θ_y				0.0831	0.0871
0.50	θ_x				−0.0493	−0.0500
	θ_y				0.1067	0.1116
0.60	θ_x				0.0178	0.0215
	θ_y				0.1308	0.1363
0.70	θ_x				0.1488	0.1596
	θ_y				0.1536	0.1593
0.80	θ_x				0.3833	0.4027
	θ_y				0.1721	0.1777
0.90	θ_x				0.6740	0.6995
	θ_y				0.1827	0.1881
0.95	θ_x				0.7207	0.7475
	θ_y				0.1827	0.1881

		$k=1.9$	$\alpha=0.2$	$\beta=1.0$		
ξ	η	0.10	0.20	0.30	0.40	0.50
0.10	θ_x					−0.0308
	θ_y					0.0207
0.20	θ_x					−0.0576
	θ_y					0.0420
0.30	θ_x					−0.0755
	θ_y					0.0644
0.40	θ_x					−0.0766
	θ_y					0.0881
0.50	θ_x					−0.0501
	θ_y					0.1128
0.60	θ_x					0.0225
	θ_y					0.1377
0.70	θ_x					0.1624
	θ_y					0.1607
0.80	θ_x					0.4075
	θ_y					0.1790
0.90	θ_x					0.7057
	θ_y					0.1892
0.95	θ_x					0.7540
	θ_y					0.1892

		$k=1.9$	$\alpha=0.3$	$\beta=0.1$		
ξ	η	0.10	0.20	0.30	0.40	0.50
0.10	θ_x	−0.0020	−0.0040	−0.0057	−0.0069	−0.0075
	θ_y	0.0015	0.0028	0.0040	0.0047	0.0050
0.20	θ_x	−0.0037	−0.0073	−0.0106	−0.0128	−0.0134
	θ_y	0.0030	0.0057	0.0080	0.0095	0.0101
0.30	θ_x	−0.0045	−0.0091	−0.0137	−0.0172	−0.0190
	θ_y	0.0045	0.0087	0.0123	0.0147	0.0156
0.40	θ_x	−0.0037	−0.0081	−0.0133	−0.0176	−0.0188
	θ_y	0.0059	0.0116	0.0167	0.0203	0.0218
0.50	θ_x	−0.0004	−0.0025	−0.0071	−0.0131	−0.0168
	θ_y	0.0072	0.0144	0.0212	0.0266	0.0285
0.60	θ_x	0.0064	0.0101	0.0086	0.0027	−0.0018
	θ_y	0.0081	0.0166	0.0255	0.0333	0.0368
0.70	θ_x	0.0168	0.0308	0.0386	0.0349	0.0256
	θ_y	0.0085	0.0177	0.0285	0.0405	0.0471
0.80	θ_x	0.0283	0.0559	0.0812	0.1006	0.1088
	θ_y	0.0083	0.0177	0.0294	0.0456	0.0621
0.90	θ_x	0.0362	0.0739	0.1145	0.1558	0.1793
	θ_y	0.0080	0.0172	0.0291	0.0483	0.0736
0.95	θ_x	0.0373	0.0765	0.1193	0.1623	0.1830
	θ_y	0.0080	0.0172	0.0291	0.0483	0.0736

		$k=1.9$	$\alpha=0.3$	$\beta=0.2$		
ξ	η	0.10	0.20	0.30	0.40	0.50
0.10	θ_x	−0.0041	−0.0079	−0.0113	−0.0137	−0.0146
	θ_y	0.0029	0.0056	0.0078	0.0093	0.0098
0.20	θ_x	−0.0074	−0.0145	−0.0209	−0.0251	−0.0265
	θ_y	0.0059	0.0113	0.0158	0.0189	0.0199
0.30	θ_x	−0.0091	−0.0183	−0.0271	−0.0341	−0.0369
	θ_y	0.0089	0.0172	0.0243	0.0291	0.0308
0.40	θ_x	−0.0076	−0.0165	−0.0264	−0.0342	−0.0371
	θ_y	0.0118	0.0231	0.0331	0.0401	0.0427
0.50	θ_x	−0.0012	−0.0057	−0.0146	−0.0257	−0.0313
	θ_y	0.0144	0.0288	0.0421	0.0523	0.0562
0.60	θ_x	0.0122	0.0188	0.0160	0.0064	−0.0016
	θ_y	0.0164	0.0334	0.0507	0.0656	0.0718
0.70	θ_x	0.0329	0.0602	0.0741	0.0674	0.0580
	θ_y	0.0171	0.0359	0.0574	0.0797	0.0905
0.80	θ_x	0.0564	0.1113	0.1610	0.1985	0.2131
	θ_y	0.0169	0.0358	0.0600	0.0930	0.1122
0.90	θ_x	0.0727	0.1486	0.2293	0.3080	0.3449
	θ_y	0.0163	0.0348	0.0601	0.1014	0.1278
0.95	θ_x	0.0750	0.1539	0.2389	0.3189	0.3550
	θ_y	0.0163	0.0348	0.0601	0.1014	0.1278

附录四 双向板楼面等效均布荷载计算表

$k = 1.9 \quad \alpha = 0.3 \quad \beta = 0.3$

ξ	η	0.10	0.20	0.30	0.40	0.50
0.10	θ_x	−0.0060	−0.0117	−0.0166	−0.0201	−0.0213
	θ_y	0.0043	0.0083	0.0115	0.0136	0.0144
0.20	θ_x	−0.0110	−0.0216	−0.0307	−0.0367	−0.0389
	θ_y	0.0087	0.0167	0.0233	0.0277	0.0292
0.30	θ_x	−0.0137	−0.0273	−0.0401	−0.0499	−0.0534
	θ_y	0.0132	0.0254	0.0357	0.0426	0.0451
0.40	θ_x	−0.0119	−0.0251	−0.0390	−0.0496	−0.0539
	θ_y	0.0176	0.0343	0.0487	0.0588	0.0624
0.50	θ_x	−0.0029	−0.0100	−0.0277	−0.0370	−0.0429
	θ_y	0.0217	0.0429	0.0622	0.0764	0.0817
0.60	θ_x	0.0165	0.0250	0.0214	0.0113	0.0054
	θ_y	0.0248	0.0502	0.0754	0.0957	0.1035
0.70	θ_x	0.0477	0.0863	0.1043	0.0991	0.0955
	θ_y	0.0262	0.0547	0.0867	0.1161	0.1280
0.80	θ_x	0.0842	0.1653	0.2365	0.2906	0.3100
	θ_y	0.0260	0.0555	0.0929	0.1371	0.1533
0.90	θ_x	0.1101	0.2246	0.3447	0.4511	0.4928
	θ_y	0.0251	0.0545	0.0949	0.1509	0.1696
0.95	θ_x	0.1138	0.2331	0.3610	0.4645	0.5076
	θ_y	0.0251	0.0545	0.0949	0.1509	0.1696

$k = 1.9 \quad \alpha = 0.3 \quad \beta = 0.4$

ξ	η	0.10	0.20	0.30	0.40	0.50
0.10	θ_x		−0.0153	−0.0216	−0.0259	−0.0274
	θ_y		0.0107	0.0149	0.0176	0.0186
0.20	θ_x		−0.0283	−0.0397	−0.0474	−0.0502
	θ_y		0.0217	0.0302	0.0358	0.0377
0.30	θ_x		−0.0362	−0.0523	−0.0640	−0.0681
	θ_y		0.0331	0.0463	0.0550	0.0581
0.40	θ_x		−0.0340	−0.0507	−0.0635	−0.0685
	θ_y		0.0449	0.0633	0.0758	0.0802
0.50	θ_x		−0.0159	−0.0314	−0.0459	−0.0515
	θ_y		0.0566	0.0810	0.0983	0.1045
0.60	θ_x		0.0282	0.0253	0.0171	0.0129
	θ_y		0.0671	0.0990	0.1225	0.1312
0.70	θ_x		0.1070	0.1275	0.1322	0.1348
	θ_y		0.0745	0.1156	0.1479	0.1595
0.80	θ_x		0.2174	0.3098	0.3740	0.3970
	θ_y		0.0769	0.1289	0.1722	0.1859
0.90	θ_x		0.3021	0.4565	0.5742	0.6159
	θ_y		0.0762	0.1365	0.1879	0.2027
0.95	θ_x		0.3140	0.4728	0.5938	0.6379
	θ_y		0.0762	0.1365	0.1879	0.2027

$k = 1.9 \quad \alpha = 0.3 \quad \beta = 0.5$

ξ	η	0.10	0.20	0.30	0.40	0.50
0.10	θ_x		−0.0186	−0.0261	−0.0310	−0.0327
	θ_y		0.0130	0.0179	0.0212	0.0223
0.20	θ_x		−0.0344	−0.0478	−0.0568	−0.0601
	θ_y		0.0263	0.0364	0.0430	0.0453
0.30	θ_x		−0.0446	−0.0635	−0.0762	−0.0807
	θ_y		0.0402	0.0557	0.0660	0.0696
0.40	θ_x		−0.0427	−0.0615	−0.0753	−0.0805
	θ_y		0.0546	0.0764	0.0908	0.0958
0.50	θ_x		−0.0231	−0.0399	−0.0526	−0.0572
	θ_y		0.0695	0.0980	0.1174	0.1242
0.60	θ_x		0.0279	0.0278	0.0241	0.0226
	θ_y		0.0835	0.1205	0.1456	0.1545
0.70	θ_x		0.1226	0.1467	0.1648	0.1725
	θ_y		0.0951	0.1423	0.1743	0.1851
0.80	θ_x		0.2660	0.3748	0.4471	0.4724
	θ_y		0.1010	0.1631	0.2004	0.2121
0.90	θ_x		0.3805	0.5612	0.6794	0.7199
	θ_y		0.1027	0.1759	0.2165	0.2284
0.95	θ_x		0.3954	0.5782	0.7032	0.7459
	θ_y		0.1027	0.1759	0.2165	0.2284

$k = 1.9 \quad \alpha = 0.3 \quad \beta = 0.6$

ξ	η	0.10	0.20	0.30	0.40	0.50
0.10	θ_x			−0.0300	−0.0353	−0.0372
	θ_y			0.0205	0.0242	0.0254
0.20	θ_x			−0.0548	−0.0648	−0.0683
	θ_y			0.0417	0.0491	0.0516
0.30	θ_x			−0.0730	−0.0864	−0.0910
	θ_y			0.0639	0.0753	0.0793
0.40	θ_x			−0.0711	−0.0850	−0.0898
	θ_y			0.0876	0.1034	0.1088
0.50	θ_x			−0.0471	−0.0572	−0.0605
	θ_y			0.1127	0.1333	0.1404
0.60	θ_x			0.0292	0.0317	0.0330
	θ_y			0.1389	0.1645	0.1733
0.70	θ_x			0.1651	0.1949	0.2063
	θ_y			0.1651	0.1954	0.2053
0.80	θ_x			0.4305	0.5083	0.5350
	θ_y			0.1891	0.2219	0.2322
0.90	θ_x			0.6488	0.7665	0.8055
	θ_y			0.2047	0.2379	0.2478
0.95	θ_x			0.6689	0.7918	0.8326
	θ_y			0.2047	0.2379	0.2478

附录四 双向板楼面等效均布荷载计算表

$k=1.9 \quad \alpha=0.3 \quad \beta=0.7$

ξ	η	0.10	0.20	0.30	0.40	0.50
0.10	θ_x			−0.0330	−0.0387	−0.0407
	θ_y			0.0226	0.0266	0.0279
0.20	θ_x			−0.0606	−0.0711	−0.0747
	θ_y			0.0459	0.0540	0.0567
0.30	θ_x			−0.0807	−0.0943	−0.0990
	θ_y			0.0705	0.0828	0.0870
0.40	θ_x			−0.0791	−0.0923	−0.0968
	θ_y			0.0967	0.1134	0.1191
0.50	θ_x			−0.0529	−0.0601	−0.0622
	θ_y			0.1246	0.1458	0.1530
0.60	θ_x			0.0305	0.0391	0.0428
	θ_y			0.1538	0.1792	0.1877
0.70	θ_x			0.1816	0.2201	0.2342
	θ_y			0.1828	0.2113	0.2206
0.80	θ_x			0.4754	0.5566	0.5842
	θ_y			0.2087	0.2381	0.2474
0.90	θ_x			0.7174	0.8300	0.8677
	θ_y			0.2241	0.2535	0.2626
0.95	θ_x			0.7405	0.8597	0.8989
	θ_y			0.2241	0.2535	0.2626

$k=1.9 \quad \alpha=0.3 \quad \beta=0.8$

ξ	η	0.10	0.20	0.30	0.40	0.50
0.10	θ_x				−0.0412	−0.0432
	θ_y				0.0284	0.0298
0.20	θ_x				−0.0757	−0.0794
	θ_y				0.0575	0.0604
0.30	θ_x				−0.1001	−0.1046
	θ_y				0.0882	0.0925
0.40	θ_x				−0.0975	−0.1015
	θ_y				0.1207	0.1265
0.50	θ_x				−0.0618	−0.0628
	θ_y				0.1549	0.1621
0.60	θ_x				0.0452	0.0506
	θ_y				0.1896	0.1979
0.70	θ_x				0.2392	0.2550
	θ_y				0.2225	0.2313
0.80	θ_x				0.5915	0.6195
	θ_y				0.2491	0.2578
0.90	θ_x				0.8783	0.9131
	θ_y				0.2644	0.2729
0.95	θ_x				0.9229	0.9457
	θ_y				0.2644	0.2729

$k=1.9 \quad \alpha=0.3 \quad \beta=0.9$

ξ	η	0.10	0.20	0.30	0.40	0.50
0.10	θ_x				−0.0427	−0.0448
	θ_y				0.0294	0.0309
0.20	θ_x				−0.0785	−0.0822
	θ_y				0.0597	0.0626
0.30	θ_x				−0.1035	−0.1080
	θ_y				0.0914	0.0959
0.40	θ_x				−0.1005	−0.1042
	θ_y				0.1251	0.1310
0.50	θ_x				−0.0626	−0.0630
	θ_y				0.1603	0.1675
0.60	θ_x				0.0492	0.0557
	θ_y				0.1958	0.2040
0.70	θ_x				0.2510	0.2677
	θ_y				0.2291	0.2375
0.80	θ_x				0.6125	0.6408
	θ_y				0.2557	0.2640
0.90	θ_x				0.9059	0.9400
	θ_y				0.2708	0.2786
0.95	θ_x				0.9514	0.9735
	θ_y				0.2708	0.2786

$k=1.9 \quad \alpha=0.3 \quad \beta=1.0$

ξ	η	0.10	0.20	0.30	0.40	0.50
0.10	θ_x					−0.0453
	θ_y					0.0313
0.20	θ_x					−0.0831
	θ_y					0.0634
0.30	θ_x					−0.1091
	θ_y					0.0970
0.40	θ_x					−0.1051
	θ_y					0.1325
0.50	θ_x					−0.0630
	θ_y					0.1693
0.60	θ_x					0.0574
	θ_y					0.2060
0.70	θ_x					0.2721
	θ_y					0.2396
0.80	θ_x					0.6479
	θ_y					0.2660
0.90	θ_x					0.9490
	θ_y					0.2806
0.95	θ_x					0.9827
	θ_y					0.2806

$k=1.9 \quad \alpha=0.4 \quad \beta=0.1$

ξ	η	0.10	0.20	0.30	0.40	0.50
0.20	θ_x	−0.0046	−0.0092	−0.0134	−0.0165	−0.0177
	θ_y	0.0040	0.0077	0.0108	0.0129	0.0136
0.30	θ_x	−0.0054	−0.0111	−0.0169	−0.0214	−0.0232
	θ_y	0.0060	0.0116	0.0164	0.0198	0.0210
0.40	θ_x	−0.0040	−0.0091	−0.0155	−0.0216	−0.0243
	θ_y	0.0079	0.0155	0.0223	0.0274	0.0292
0.50	θ_x	0.0009	−0.0006	−0.0059	−0.0132	−0.0169
	θ_y	0.0095	0.0190	0.0282	0.0356	0.0387
0.60	θ_x	0.0101	0.0169	0.0175	0.0094	0.0028
	θ_y	0.0106	0.0217	0.0335	0.0447	0.0498
0.70	θ_x	0.0230	0.0434	0.0576	0.0606	0.0548
	θ_y	0.0111	0.0231	0.0371	0.0533	0.0648
0.80	θ_x	0.0363	0.0721	0.1062	0.1372	0.1555
	θ_y	0.0110	0.0234	0.0386	0.0594	0.0828
0.90	θ_x	0.0448	0.0906	0.1370	0.1792	0.1990
	θ_y	0.0108	0.0232	0.0392	0.0636	0.0924
0.95	θ_x	0.0460	0.0931	0.1410	0.1831	0.2001
	θ_y	0.0108	0.0232	0.0392	0.0636	0.0924

$k=1.9 \quad \alpha=0.4 \quad \beta=0.2$

ξ	η	0.10	0.20	0.30	0.40	0.50
0.20	θ_x	−0.0092	−0.0183	−0.0265	−0.0325	−0.0348
	θ_y	0.0079	0.0152	0.0213	0.0254	0.0269
0.30	θ_x	−0.0109	−0.0223	−0.0335	−0.0422	−0.0455
	θ_y	0.0118	0.0230	0.0325	0.0391	0.0415
0.40	θ_x	−0.0082	−0.0185	−0.0310	−0.0424	−0.0472
	θ_y	0.0157	0.0308	0.0442	0.0539	0.0575
0.50	θ_x	0.0012	−0.0022	−0.0123	−0.0255	−0.0318
	θ_y	0.0190	0.0380	0.0560	0.0702	0.0757
0.60	θ_x	0.0194	0.0320	0.0320	0.0188	0.0096
	θ_y	0.0213	0.0437	0.0670	0.0878	0.0969
0.70	θ_x	0.0454	0.0855	0.1124	0.1180	0.1144
	θ_y	0.0224	0.0468	0.0748	0.1061	0.1223
0.80	θ_x	0.0725	0.1437	0.2117	0.2721	0.2998
	θ_y	0.0224	0.0472	0.0786	0.1222	0.1481
0.90	θ_x	0.0899	0.1814	0.2732	0.3529	0.3872
	θ_y	0.0220	0.0470	0.0805	0.1316	0.1632
0.95	θ_x	0.0922	0.1864	0.2808	0.3596	0.3917
	θ_y	0.0220	0.0470	0.0805	0.1316	0.1632

$k=1.9 \quad \alpha=0.4 \quad \beta=0.3$

ξ	η	0.10	0.20	0.30	0.40	0.50
0.20	θ_x	−0.0138	−0.0272	−0.0391	−0.0476	−0.0507
	θ_y	0.0116	0.0224	0.0313	0.0372	0.0393
0.30	θ_x	−0.0166	−0.0334	−0.0495	−0.0615	−0.0661
	θ_y	0.0175	0.0340	0.0478	0.0573	0.0607
0.40	θ_x	−0.0131	−0.0286	−0.0462	−0.0615	−0.0676
	θ_y	0.0233	0.0456	0.0652	0.0789	0.0840
0.50	θ_x	0.0003	−0.0056	−0.0197	−0.0360	−0.0433
	θ_y	0.0285	0.0567	0.0829	0.1025	0.1099
0.60	θ_x	0.0270	0.0440	0.0433	0.0292	0.0216
	θ_y	0.0323	0.0659	0.0999	0.1280	0.1391
0.70	θ_x	0.0665	0.1241	0.1616	0.1730	0.1760
	θ_y	0.0342	0.0713	0.1135	0.1552	0.1714
0.80	θ_x	0.1084	0.2146	0.3154	0.3989	0.4298
	θ_y	0.0343	0.0731	0.1212	0.1808	0.2017
0.90	θ_x	0.1354	0.2725	0.4067	0.5152	0.5574
	θ_y	0.0340	0.0734	0.1258	0.1950	0.2195
0.95	θ_x	0.1390	0.2801	0.4171	0.5242	0.5663
	θ_y	0.0340	0.0734	0.1258	0.1950	0.2195

$k=1.9 \quad \alpha=0.4 \quad \beta=0.4$

ξ	η	0.10	0.20	0.30	0.40	0.50
0.20	θ_x		−0.0358	−0.0509	−0.0613	−0.0651
	θ_y		0.0291	0.0406	0.0481	0.0508
0.30	θ_x		−0.0444	−0.0644	−0.0789	−0.0843
	θ_y		0.0443	0.0621	0.0740	0.0782
0.40	θ_x		−0.0392	−0.0609	−0.0782	−0.0848
	θ_y		0.0599	0.0847	0.1017	0.1078
0.50	θ_x		−0.0112	−0.0277	−0.0441	−0.0509
	θ_y		0.0750	0.1081	0.1318	0.1403
0.60	θ_x		0.0514	0.0509	0.0416	0.0376
	θ_y		0.0883	0.1315	0.1639	0.1757
0.70	θ_x		0.1578	0.2033	0.2268	0.2361
	θ_y		0.0972	0.1529	0.1971	0.2123
0.80	θ_x		0.2842	0.4159	0.5114	0.5442
	θ_y		0.1009	0.1695	0.2267	0.2443
0.90	θ_x		0.3631	0.5343	0.6604	0.7059
	θ_y		0.1023	0.1789	0.2438	0.2631
0.95	θ_x		0.3730	0.5460	0.6725	0.7191
	θ_y		0.1023	0.1789	0.2438	0.2631

附录四 双向板楼面等效均布荷载计算表

$k = 1.9 \quad \alpha = 0.4 \quad \beta = 0.5$

ξ	η	0.10	0.20	0.30	0.40	0.50
0.20	θ_x		−0.0437	−0.0614	−0.0733	−0.0775
	θ_y		0.0353	0.0489	0.0578	0.0609
0.30	θ_x		−0.0549	−0.0780	−0.0941	−0.0998
	θ_y		0.0538	0.0748	0.0887	0.0935
0.40	θ_x		−0.0502	−0.0745	−0.0922	−0.0986
	θ_y		0.0730	0.1023	0.1218	0.1286
0.50	θ_x		−0.0188	−0.0357	−0.0498	−0.0550
	θ_y		0.0924	0.1310	0.1572	0.1664
0.60	θ_x		0.0534	0.0562	0.0555	0.0557
	θ_y		0.1105	0.1604	0.1944	0.2062
0.70	θ_x		0.1847	0.2394	0.2770	0.2912
	θ_y		0.1246	0.1894	0.2316	0.2456
0.80	θ_x		0.3518	0.5073	0.6081	0.6422
	θ_y		0.1323	0.2151	0.2635	0.2788
0.90	θ_x		0.4516	0.6506	0.7849	0.8314
	θ_y		0.1367	0.2290	0.2817	0.2977
0.95	θ_x		0.4631	0.6632	0.8003	0.8482
	θ_y		0.1367	0.2290	0.2817	0.2977

$k = 1.9 \quad \alpha = 0.4 \quad \beta = 0.6$

ξ	η	0.10	0.20	0.30	0.40	0.50
0.20	θ_x			−0.0706	−0.0834	−0.0879
	θ_y			0.0560	0.0660	0.0694
0.30	θ_x			−0.0898	−0.1066	−0.1124
	θ_y			0.0858	0.1012	0.1065
0.40	θ_x			−0.0864	−0.1033	−0.1092
	θ_y			0.1174	0.1386	0.1459
0.50	θ_x			−0.0430	−0.0531	−0.0565
	θ_y			0.1507	0.1783	0.1878
0.60	θ_x			0.0609	0.0697	0.0736
	θ_y			0.1852	0.2193	0.2308
0.70	θ_x			0.2722	0.3214	0.3392
	θ_y			0.2195	0.2590	0.2719
0.80	θ_x			0.5840	0.6880	0.7231
	θ_y			0.2490	0.2917	0.3053
0.90	θ_x			0.7502	0.8872	0.9335
	θ_y			0.2659	0.3105	0.3243
0.95	θ_x			0.7648	0.9055	0.9533
	θ_y			0.2659	0.3105	0.3243

$k = 1.9 \quad \alpha = 0.4 \quad \beta = 0.7$

ξ	η	0.10	0.20	0.30	0.40	0.50
0.20	θ_x			−0.0779	−0.0914	−0.0959
	θ_y			0.0617	0.0725	0.0762
0.30	θ_x			−0.0995	−0.1164	−0.1221
	θ_y			0.0946	0.1111	0.1167
0.40	θ_x			−0.0961	−0.1117	−0.1168
	θ_y			0.1296	0.1519	0.1596
0.50	θ_x			−0.0489	−0.0547	−0.0562
	θ_y			0.1667	0.1949	0.2044
0.60	θ_x			0.0656	0.0826	0.0894
	θ_y			0.2050	0.2386	0.2497
0.70	θ_x			0.3001	0.3577	0.3780
	θ_y			0.2427	0.2798	0.2919
0.80	θ_x			0.6445	0.7507	0.7864
	θ_y			0.2745	0.3131	0.3254
0.90	θ_x			0.8297	0.9668	1.0125
	θ_y			0.2925	0.3316	0.3439
0.95	θ_x			0.8463	0.9873	1.0344
	θ_y			0.2925	0.3316	0.3439

$k = 1.9 \quad \alpha = 0.4 \quad \beta = 0.8$

ξ	η	0.10	0.20	0.30	0.40	0.50
0.20	θ_x				−0.0922	−0.1017
	θ_y				0.0773	0.0811
0.30	θ_x				−0.1233	−0.1289
	θ_y				0.1183	0.1241
0.40	θ_x				−0.1174	−0.1219
	θ_y				0.1616	0.1694
0.50	θ_x				−0.0553	−0.0553
	θ_y				0.2068	0.2163
0.60	θ_x				0.0929	0.1018
	θ_y				0.2522	0.2630
0.70	θ_x				0.3846	0.4067
	θ_y				0.2943	0.3058
0.80	θ_x				0.7956	0.8318
	θ_y				0.3276	0.3391
0.90	θ_x				1.0234	1.0686
	θ_y				0.3464	0.3578
0.95	θ_x				1.0455	1.0919
	θ_y				0.3464	0.3578

$k=1.9 \quad \alpha=0.4 \quad \beta=0.9$

ξ	η	0.10	0.20	0.30	0.40	0.50
0.20	θ_x				−0.1006	−0.1052
	θ_y				0.0802	0.0841
0.30	θ_x				−0.1275	−0.1329
	θ_y				0.1227	0.1286
0.40	θ_x				−0.1208	−0.1247
	θ_y				0.1674	0.1753
0.50	θ_x				−0.0554	−0.0545
	θ_y				0.2139	0.2234
0.60	θ_x				0.1035	0.1096
	θ_y				0.2603	0.2709
0.70	θ_x				0.4011	0.4241
	θ_y				0.3029	0.3140
0.80	θ_x				0.8228	0.8591
	θ_y				0.3364	0.3474
0.90	θ_x				1.0573	1.1021
	θ_y				0.3548	0.3656
0.95	θ_x				1.0803	1.1263
	θ_y				0.3548	0.3656

$k=1.9 \quad \alpha=0.4 \quad \beta=1.0$

ξ	η	0.10	0.20	0.30	0.40	0.50
0.20	θ_x					−0.1063
	θ_y					0.0851
0.30	θ_x					−0.1342
	θ_y					0.1301
0.40	θ_x					−0.1257
	θ_y					0.1772
0.50	θ_x					−0.0541
	θ_y					0.2258
0.60	θ_x					0.1123
	θ_y					0.2735
0.70	θ_x					0.4300
	θ_y					0.3167
0.80	θ_x					0.8682
	θ_y					0.3500
0.90	θ_x					1.1133
	θ_y					0.3685
0.95	θ_x					1.1378
	θ_y					0.3685

$k=1.9 \quad \alpha=0.5 \quad \beta=0.1$

ξ	η	0.10	0.20	0.30	0.40	0.50
0.20	θ_x	−0.0052	−0.0105	−0.0156	−0.0195	−0.0213
	θ_y	0.0050	0.0096	0.0136	0.0163	0.0172
0.30	θ_x	−0.0058	−0.0122	−0.0190	−0.0245	−0.0263
	θ_y	0.0074	0.0145	0.0207	0.0250	0.0267
0.40	θ_x	−0.0034	−0.0084	−0.0157	−0.0235	−0.0278
	θ_y	0.0097	0.0192	0.0279	0.0346	0.0370
0.50	θ_x	0.0033	0.0035	−0.0013	−0.0099	−0.0139
	θ_y	0.0116	0.0234	0.0351	0.0449	0.0492
0.60	θ_x	0.0147	0.0260	0.0301	0.0232	0.0127
	θ_y	0.0129	0.0265	0.0412	0.0560	0.0637
0.70	θ_x	0.0294	0.0566	0.0791	0.0943	0.1000
	θ_y	0.0135	0.0282	0.0451	0.0654	0.0836
0.80	θ_x	0.0431	0.0856	0.1264	0.1638	0.1842
	θ_y	0.0137	0.0290	0.0475	0.0727	0.1011
0.90	θ_x	0.0513	0.1024	0.1517	0.1921	0.2088
	θ_y	0.0137	0.0293	0.0490	0.0776	0.1088
0.95	θ_x	0.0524	0.1046	0.1548	0.1943	0.2137
	θ_y	0.0137	0.0293	0.0490	0.0776	0.1088

$k=1.9 \quad \alpha=0.5 \quad \beta=0.2$

ξ	η	0.10	0.20	0.30	0.40	0.50
0.20	θ_x	−0.0105	−0.0210	−0.0309	−0.0386	−0.0416
	θ_y	0.0098	0.0191	0.0268	0.0321	0.0340
0.30	θ_x	−0.0117	−0.0244	−0.0376	−0.0479	−0.0518
	θ_y	0.0147	0.0288	0.0409	0.0494	0.0525
0.40	θ_x	−0.0072	−0.0174	−0.0314	−0.0463	−0.0531
	θ_y	0.0194	0.0382	0.0554	0.0681	0.0729
0.50	θ_x	0.0058	0.0058	−0.0037	−0.0185	−0.0259
	θ_y	0.0233	0.0468	0.0697	0.0884	0.0960
0.60	θ_x	0.0286	0.0503	0.0576	0.0446	0.0328
	θ_y	0.0260	0.0533	0.0824	0.1103	0.1231
0.70	θ_x	0.0583	0.1121	0.1564	0.1862	0.1969
	θ_y	0.0274	0.0569	0.0911	0.1320	0.1543
0.80	θ_x	0.0861	0.1708	0.2520	0.3245	0.3561
	θ_y	0.0278	0.0585	0.0968	0.1499	0.1811
0.90	θ_x	0.1026	0.2045	0.3014	0.3780	0.4089
	θ_y	0.0279	0.0593	0.1005	0.1596	0.1948
0.95	θ_x	0.1047	0.2088	0.3072	0.3818	0.4176
	θ_y	0.0279	0.0593	0.1005	0.1596	0.1948

附录四 双向板楼面等效均布荷载计算表

$k = 1.9 \quad \alpha = 0.5 \quad \beta = 0.3$

ξ	η	0.10	0.20	0.30	0.40	0.50
0.20	θ_x	−0.0158	−0.0313	−0.0457	−0.0565	−0.0604
	θ_y	0.0146	0.0281	0.0395	0.0471	0.0498
0.30	θ_x	−0.0179	−0.0369	−0.0556	−0.0697	−0.0752
	θ_y	0.0219	0.0426	0.0602	0.0724	0.0768
0.40	θ_x	−0.0118	−0.0275	−0.0477	−0.0671	−0.0749
	θ_y	0.0289	0.0569	0.0817	0.0996	0.1062
0.50	θ_x	0.0068	0.0055	−0.0077	−0.0251	−0.0337
	θ_y	0.0350	0.0701	0.1034	0.1292	0.1390
0.60	θ_x	0.0408	0.0709	0.0794	0.0661	0.0592
	θ_y	0.0394	0.0806	0.1236	0.1608	0.1756
0.70	θ_x	0.0861	0.1651	0.2295	0.2734	0.2885
	θ_y	0.0417	0.0869	0.1388	0.1941	0.2144
0.80	θ_x	0.1288	0.2553	0.3755	0.4753	0.5112
	θ_y	0.0426	0.0903	0.1492	0.2212	0.2468
0.90	θ_x	0.1537	0.3054	0.4463	0.5522	0.5931
	θ_y	0.0429	0.0922	0.1559	0.2353	0.2642
0.95	θ_x	0.1570	0.3117	0.4553	0.5575	0.6053
	θ_y	0.0429	0.0922	0.1559	0.2353	0.2642

$k = 1.9 \quad \alpha = 0.5 \quad \beta = 0.4$

ξ	η	0.10	0.20	0.30	0.40	0.50
0.2	θ_x		−0.0414	−0.0596	−0.0726	−0.0772
	θ_y		0.0367	0.0512	0.0608	0.0642
0.30	θ_x		−0.0493	−0.0724	−0.0894	−0.0959
	θ_y		0.0556	0.0782	0.0934	0.0988
0.40	θ_x		−0.0386	−0.0638	−0.0847	−0.0926
	θ_y		0.0747	0.1063	0.1283	0.1362
0.50	θ_x		0.0020	−0.0127	−0.0296	−0.0369
	θ_y		0.0930	0.1352	0.1658	0.1769
0.60	θ_x		0.0862	0.0948	0.0902	0.0891
	θ_y		0.1084	0.1636	0.2055	0.2206
0.70	θ_x		0.2145	0.2971	0.3533	0.3724
	θ_y		0.1184	0.1890	0.2455	0.2640
0.80	θ_x		0.3382	0.4954	0.6096	0.6491
	θ_y		0.1243	0.2084	0.2782	0.2997
0.90	θ_x		0.4039	0.5825	0.7098	0.7560
	θ_y		0.1281	0.2189	0.2954	0.3191
0.95	θ_x		0.4117	0.5906	0.7171	0.7636
	θ_y		0.1281	0.2189	0.2954	0.3191

$k = 1.9 \quad \alpha = 0.5 \quad \beta = 0.5$

ξ	η	0.10	0.20	0.30	0.40	0.50
0.20	θ_x		−0.0509	−0.0722	−0.0866	−0.0916
	θ_y		0.0444	0.0617	0.0730	0.0769
0.30	θ_x		−0.0614	−0.0876	−0.1063	−0.1132
	θ_y		0.0676	0.0943	0.1119	0.1181
0.40	θ_x		−0.0511	−0.0789	−0.0991	−0.1064
	θ_y		0.0915	0.1285	0.1534	0.1621
0.50	θ_x		−0.0044	−0.0183	−0.0315	−0.0363
	θ_y		0.1150	0.1642	0.1975	0.2091
0.60	θ_x		0.0941	0.1068	0.1153	0.1194
	θ_y		0.1365	0.2002	0.2433	0.2579
0.70	θ_x		0.2589	0.3594	0.4243	0.4467
	θ_y		0.1523	0.2358	0.2877	0.3046
0.80	θ_x		0.4190	0.6028	0.7247	0.7655
	θ_y		0.1631	0.2640	0.3230	0.3415
0.90	θ_x		0.4975	0.7064	0.8467	0.8960
	θ_y		0.1698	0.2783	0.3422	0.3619
0.95	θ_x		0.5060	0.7145	0.8564	0.9065
	θ_y		0.1698	0.2783	0.3422	0.3619

$k = 1.9 \quad \alpha = 0.5 \quad \beta = 0.6$

ξ	η	0.10	0.20	0.30	0.40	0.50
0.20	θ_x			−0.0831	−0.0982	−0.1035
	θ_y			0.0707	0.0833	0.0877
0.30	θ_x			−0.1011	−0.1203	−0.1270
	θ_y			0.1081	0.1276	0.1343
0.40	θ_x			−0.0919	−0.1101	−0.1163
	θ_y			0.1476	0.1744	0.1836
0.50	θ_x			−0.0238	−0.0312	−0.0333
	θ_y			0.1890	0.2237	0.2355
0.60	θ_x			0.1188	0.1394	0.1476
	θ_y			0.2315	0.2739	0.2880
0.70	θ_x			0.4116	0.4845	0.5097
	θ_y			0.2728	0.3209	0.3366
0.80	θ_x			0.6942	0.8199	0.8601
	θ_y			0.3056	0.3582	0.3746
0.90	θ_x			0.8129	0.9605	1.0117
	θ_y			0.3232	0.3785	0.3957
0.95	θ_x			0.8298	0.9724	1.0241
	θ_y			0.3232	0.3785	0.3957

$k = 1.9 \quad \alpha = 0.5 \quad \beta = 0.7$

ξ	η	0.10	0.20	0.30	0.40	0.50
0.20	θ_x			−0.0918	−0.1074	−0.1127
	θ_y			0.0780	0.0915	0.0962
0.30	θ_x			−0.1121	−0.1311	−0.1374
	θ_y			0.1193	0.1400	0.1471
0.40	θ_x			−0.1024	−0.1182	−0.1232
	θ_y			0.1631	0.1910	0.2005
0.50	θ_x			−0.0282	−0.0295	−0.0292
	θ_y			0.2091	0.2442	0.2559
0.60	θ_x			0.1301	0.1602	0.1715
	θ_y			0.2562	0.2974	0.3109
0.70	θ_x			0.4537	0.5328	0.5600
	θ_y			0.3012	0.3463	0.3610
0.80	θ_x			0.7679	0.8943	0.9368
	θ_y			0.3368	0.3843	0.3995
0.90	θ_x			0.8980	1.0497	1.1009
	θ_y			0.3560	0.4051	0.4206
0.95	θ_x			0.9088	1.0635	1.1158
	θ_y			0.3560	0.4051	0.4206

$k = 1.9 \quad \alpha = 0.5 \quad \beta = 0.8$

ξ	η	0.10	0.20	0.30	0.40	0.50
0.20	θ_x				−0.1140	−0.1193
	θ_y				0.0975	0.1024
0.30	θ_x				−0.1387	−0.1447
	θ_y				0.1490	0.1563
0.40	θ_x				−0.1235	−0.1276
	θ_y				0.2030	0.2127
0.50	θ_x				−0.0308	−0.0254
	θ_y				0.2588	0.2705
0.60	θ_x				0.1762	0.1896
	θ_y				0.3140	0.3272
0.70	θ_x				0.5680	0.5942
	θ_y				0.3639	0.3779
0.80	θ_x				0.9478	0.9907
	θ_y				0.4025	0.4167
0.90	θ_x				1.1137	1.1650
	θ_y				0.4235	0.4378
0.95	θ_x				1.1288	1.1812
	θ_y				0.4235	0.4378

$k = 1.9 \quad \alpha = 0.5 \quad \beta = 0.9$

ξ	η	0.10	0.20	0.30	0.40	0.50
0.20	θ_x				−0.1179	−0.1232
	θ_y				0.1011	0.1061
0.30	θ_x				−0.1432	−0.1490
	θ_y				0.1545	0.1619
0.40	θ_x				−0.1266	−0.1300
	θ_y				0.2102	0.2199
0.50	θ_x				−0.0260	−0.0227
	θ_y				0.2676	0.2792
0.60	θ_x				0.1862	0.2009
	θ_y				0.3239	0.3368
0.70	θ_x				0.5894	0.6164
	θ_y				0.3745	0.3881
0.80	θ_x				0.9800	1.0231
	θ_y				0.4133	0.4271
0.90	θ_x				1.1521	1.2034
	θ_y				0.4344	0.4482
0.95	θ_x				1.1681	1.2205
	θ_y				0.4344	0.4482

$k = 1.9 \quad \alpha = 0.5 \quad \beta = 1.0$

ξ	η	0.10	0.20	0.30	0.40	0.50
0.20	θ_x					−0.1245
	θ_y					0.1074
0.30	θ_x					−0.1504
	θ_y					0.1637
0.40	θ_x					−0.1307
	θ_y					0.2224
0.50	θ_x					−0.0217
	θ_y					0.2821
0.60	θ_x					0.2048
	θ_y					0.3400
0.70	θ_x					0.6239
	θ_y					0.3913
0.80	θ_x					1.0339
	θ_y					0.4301
0.90	θ_x					1.2162
	θ_y					0.4512
0.95	θ_x					1.2336
	θ_y					0.4512

附录四 双向板楼面等效均布荷载计算表

$k=1.9 \quad \alpha=0.6 \quad \beta=0.1$

ξ	η	0.10	0.20	0.30	0.40	0.50
0.30	θ_x	-0.0054	-0.0118	-0.0193	-0.0263	-0.0293
	θ_y	0.0088	0.0174	0.0249	0.0305	0.0325
0.40	θ_x	-0.0017	-0.0057	-0.0131	-0.0220	-0.0263
	θ_y	0.0115	0.0228	0.0335	0.0420	0.0453
0.50	θ_x	0.0069	0.0104	0.0075	-0.0024	-0.0099
	θ_y	0.0136	0.0275	0.0417	0.0544	0.0602
0.60	θ_x	0.0202	0.0374	0.0482	0.0480	0.0410
	θ_y	0.0150	0.0309	0.0482	0.0668	0.0792
0.70	θ_x	0.0356	0.0695	0.1002	0.1273	0.1439
	θ_y	0.0159	0.0331	0.0527	0.0770	0.1017
0.80	θ_x	0.0485	0.0960	0.1407	0.1786	0.1959
	θ_y	0.0163	0.0345	0.0563	0.0857	0.1167
0.90	θ_x	0.0557	0.1101	0.1601	0.1984	0.2134
	θ_y	0.0166	0.0353	0.0585	0.0906	0.1233
0.95	θ_x	0.0566	0.1118	0.1624	0.2012	0.2175
	θ_y	0.0166	0.0353	0.0585	0.0906	0.1233

$k=1.9 \quad \alpha=0.6 \quad \beta=0.2$

ξ	η	0.10	0.20	0.30	0.40	0.50
0.30	θ_x	-0.0110	-0.0239	-0.0384	-0.0516	-0.0570
	θ_y	0.0176	0.0345	0.0493	0.0601	0.0640
0.40	θ_x	-0.0040	-0.0123	-0.0267	-0.0429	-0.0503
	θ_y	0.0229	0.0455	0.0665	0.0827	0.0889
0.50	θ_x	0.0129	0.0192	0.0131	-0.0045	-0.0154
	θ_y	0.0273	0.0551	0.0831	0.1071	0.1173
0.60	θ_x	0.0397	0.0732	0.0941	0.0933	0.0874
	θ_y	0.0303	0.0622	0.0966	0.1327	0.1505
0.70	θ_x	0.0707	0.1381	0.1987	0.2530	0.2776
	θ_y	0.0321	0.0665	0.1064	0.1568	0.1853
0.80	θ_x	0.0968	0.1914	0.2799	0.3522	0.3824
	θ_y	0.0331	0.0696	0.1146	0.1751	0.2106
0.90	θ_x	0.1111	0.2191	0.3173	0.3909	0.4190
	θ_y	0.0337	0.0714	0.1194	0.1848	0.2229
0.95	θ_x	0.1129	0.2225	0.3220	0.3970	0.4261
	θ_y	0.0337	0.0714	0.1194	0.1848	0.2229

$k=1.9 \quad \alpha=0.6 \quad \beta=0.3$

ξ	η	0.10	0.20	0.30	0.40	0.50
0.30	θ_x	-0.0172	-0.0365	-0.0576	-0.0750	-0.0819
	θ_y	0.0262	0.0511	0.0728	0.0879	0.0935
0.40	θ_x	-0.0074	-0.0205	-0.0409	-0.0615	-0.0704
	θ_y	0.0343	0.0678	0.0983	0.1209	0.1293
0.50	θ_x	0.0173	0.0248	0.0155	-0.0048	-0.0148
	θ_y	0.0411	0.0828	0.1236	0.1563	0.1690
0.60	θ_x	0.0576	0.1058	0.1334	0.1370	0.1370
	θ_y	0.0459	0.0942	0.1459	0.1942	0.2127
0.70	θ_x	0.1050	0.2050	0.2949	0.3715	0.3986
	θ_y	0.0489	0.1018	0.1632	0.2315	0.2558
0.80	θ_x	0.1445	0.2855	0.4153	0.5152	0.5531
	θ_y	0.0507	0.1072	0.1763	0.2587	0.2881
0.90	θ_x	0.1657	0.3257	0.4679	0.5718	0.6101
	θ_y	0.0518	0.1105	0.1847	0.2723	0.3045
0.95	θ_x	0.1684	0.3305	0.4731	0.5811	0.6199
	θ_y	0.0518	0.1105	0.1847	0.2723	0.3045

$k=1.9 \quad \alpha=0.6 \quad \beta=0.4$

ξ	η	0.10	0.20	0.30	0.40	0.50
0.30	θ_x		-0.0494	-0.0756	-0.0957	-0.1033
	θ_y		0.0669	0.0945	0.1134	0.1201
0.40	θ_x		-0.0307	-0.0552	-0.0770	-0.0857
	θ_y		0.0894	0.1282	0.1555	0.1653
0.50	θ_x		0.0261	0.0147	-0.0023	-0.0089
	θ_y		0.1103	0.1622	0.2003	0.2142
0.60	θ_x		0.1337	0.1664	0.1807	0.1866
	θ_y		0.1270	0.1949	0.2474	0.2655
0.70	θ_x		0.2702	0.3911	0.4771	0.5060
	θ_y		0.1388	0.2235	0.2919	0.3137
0.80	θ_x		0.3767	0.5436	0.6623	0.7044
	θ_y		0.1477	0.2449	0.3252	0.3503
0.90	θ_x		0.4283	0.6086	0.7363	0.7817
	θ_y		0.1528	0.2563	0.3424	0.3696
0.95	θ_x		0.4348	0.6195	0.7481	0.7939
	θ_y		0.1528	0.2563	0.3424	0.3696

$k = 1.9 \quad \alpha = 0.6 \quad \beta = 0.5$

ξ	η	0.10	0.20	0.30	0.40	0.50
0.30	θ_x		−0.0630	−0.0922	−0.1132	−0.1208
	θ_y		0.0816	0.1141	0.1358	0.1434
0.40	θ_x		−0.0426	−0.0689	−0.0892	−0.0966
	θ_y		0.1098	0.1551	0.1856	0.1964
0.50	θ_x		0.0224	0.0125	0.0032	0.0003
	θ_y		0.1372	0.1974	0.2382	0.2523
0.60	θ_x		0.1536	0.1946	0.2224	0.2330
	θ_y		0.1610	0.2401	0.2919	0.3092
0.70	θ_x		0.3326	0.4765	0.5683	0.5990
	θ_y		0.1787	0.2804	0.3415	0.3613
0.80	θ_x		0.4638	0.6598	0.7898	0.8346
	θ_y		0.1926	0.3094	0.3787	0.4007
0.90	θ_x		0.5240	0.7354	0.8776	0.9303
	θ_y		0.2010	0.3238	0.3980	0.4214
0.95	θ_x		0.5321	0.7496	0.8942	0.9448
	θ_y		0.2010	0.3238	0.3980	0.4214

$k = 1.9 \quad \alpha = 0.6 \quad \beta = 0.6$

ξ	η	0.10	0.20	0.30	0.40	0.50
0.30	θ_x			−0.1067	−0.1273	−0.1344
	θ_y			0.1310	0.1546	0.1628
0.40	θ_x			−0.0810	−0.0980	−0.1038
	θ_y			0.1784	0.2108	0.2220
0.50	θ_x			0.0107	0.0103	0.0109
	θ_y			0.2276	0.2693	0.2834
0.60	θ_x			0.2204	0.2597	0.2740
	θ_y			0.2777	0.3277	0.3442
0.70	θ_x			0.5478	0.6441	0.6766
	θ_y			0.3240	0.3804	0.3986
0.80	θ_x			0.7591	0.8958	0.9422
	θ_y			0.3583	0.4200	0.4397
0.90	θ_x			0.8448	0.9980	1.0508
	θ_y			0.3764	0.4413	0.4615
0.95	θ_x			0.8610	1.0165	1.0700
	θ_y			0.3764	0.4413	0.4615

$k = 1.9 \quad \alpha = 0.6 \quad \beta = 0.7$

ξ	η	0.10	0.20	0.30	0.40	0.50
0.30	θ_x				−0.1186	−0.1380	−0.1444
	θ_y				0.1446	0.1696	0.1781
0.40	θ_x				−0.0909	−0.1040	−0.1080
	θ_y				0.1971	0.2306	0.2420
0.50	θ_x				0.0100	0.0176	0.0211
	θ_y				0.2518	0.2935	0.3074
0.60	θ_x				0.2426	0.2906	0.3077
	θ_y				0.3069	0.3551	0.3710
0.70	θ_x				0.6038	0.7040	0.7379
	θ_y				0.3574	0.4101	0.4273
0.80	θ_x				0.8383	0.9791	1.0265
	θ_y				0.3951	0.4514	0.4694
0.90	θ_x				0.9332	1.0932	1.1504
	θ_y				0.4143	0.4732	0.4918
0.95	θ_x				0.9508	1.1132	1.1684
	θ_y				0.4143	0.4732	0.4918

$k = 1.9 \quad \alpha = 0.6 \quad \beta = 0.8$

ξ	η	0.10	0.20	0.30	0.40	0.50
0.30	θ_x				−0.1454	−0.1513
	θ_y				0.1804	0.1891
0.40	θ_x				−0.1078	−0.1104
	θ_y				0.2449	0.2563
0.50	θ_x				0.0238	0.0294
	θ_y				0.3107	0.3244
0.60	θ_x				0.3137	0.3328
	θ_y				0.3745	0.3898
0.70	θ_x				0.7473	0.7822
	θ_y				0.4307	0.4471
0.80	θ_x				1.0390	1.0871
	θ_y				0.4728	0.4898
0.90	θ_x				1.1619	1.2171
	θ_y				0.4954	0.5127
0.95	θ_x				1.1829	1.2391
	θ_y				0.4954	0.5127

附录四 双向板楼面等效均布荷载计算表

$k=1.9 \quad \alpha=0.6 \quad \beta=0.9$

ξ	η	0.10	0.20	0.30	0.40	0.50
0.30	θ_x				−0.1498	−0.1552
	θ_y				0.1869	0.1957
0.40	θ_x				−0.1097	−0.1114
	θ_y				0.2535	0.2649
0.50	θ_x				0.0280	0.0349
	θ_y				0.3210	0.3346
0.60	θ_x				0.3280	0.3482
	θ_y				0.3860	0.4011
0.70	θ_x				0.7735	0.8091
	θ_y				0.4431	0.4590
0.80	θ_x				1.0751	1.1236
	θ_y				0.4858	0.5021
0.90	θ_x				1.2033	1.2589
	θ_y				0.5085	0.5249
0.95	θ_x				1.2250	1.2816
	θ_y				0.5085	0.5249

$k=1.9 \quad \alpha=0.6 \quad \beta=1.0$

ξ	η	0.10	0.20	0.30	0.40	0.50
0.30	θ_x					−0.1565
	θ_y					0.1980
0.40	θ_x					−0.1117
	θ_y					0.2678
0.50	θ_x					0.0368
	θ_y					0.3380
0.60	θ_x					0.3534
	θ_y					0.4048
0.70	θ_x					0.8180
	θ_y					0.4628
0.80	θ_x					1.1358
	θ_y					0.5059
0.90	θ_x					1.2757
	θ_y					0.5292
0.95	θ_x					1.2958
	θ_y					0.5292

$k=1.9 \quad \alpha=0.7 \quad \beta=0.1$

ξ	η	0.10	0.20	0.30	0.40	0.50
0.30	θ_x	−0.0041	−0.0098	−0.0177	−0.0259	−0.0301
	θ_y	0.0102	0.0201	0.0293	0.0361	0.0387
0.40	θ_x	0.0012	−0.0004	−0.0070	−0.0168	−0.0214
	θ_y	0.0131	0.0262	0.0390	0.0496	0.0542
0.50	θ_x	0.0117	0.0201	0.0215	0.0128	0.0039
	θ_y	0.0154	0.0313	0.0479	0.0640	0.0723
0.60	θ_x	0.0263	0.0501	0.0692	0.0816	0.0861
	θ_y	0.0170	0.0350	0.0547	0.0770	0.0958
0.70	θ_x	0.0411	0.0808	0.1180	0.1518	0.1713
	θ_y	0.0181	0.0378	0.0601	0.0884	0.1176
0.80	θ_x	0.0524	0.1032	0.1496	0.1858	0.2000
	θ_y	0.0189	0.0398	0.0647	0.0975	0.1302
0.90	θ_x	0.0583	0.1141	0.1637	0.1998	0.2136
	θ_y	0.0194	0.0411	0.0674	0.1022	0.1362
0.95	θ_x	0.0590	0.1155	0.1654	0.2011	0.2155
	θ_y	0.0194	0.0411	0.0674	0.1022	0.1362

$k=1.9 \quad \alpha=0.7 \quad \beta=0.2$

ξ	η	0.10	0.20	0.30	0.40	0.50
0.30	θ_x	−0.0086	−0.0202	−0.0355	−0.0509	−0.0578
	θ_y	0.0203	0.0401	0.0580	0.0711	0.0761
0.40	θ_x	0.0017	−0.0022	−0.0149	−0.0322	−0.0406
	θ_y	0.0262	0.0524	0.0776	0.0977	0.1058
0.50	θ_x	0.0227	0.0385	0.0417	0.0240	0.0110
	θ_y	0.0309	0.0628	0.0955	0.1261	0.1398
0.60	θ_x	0.0519	0.0990	0.1367	0.1613	0.1699
	θ_y	0.0343	0.0703	0.1102	0.1548	0.1785
0.70	θ_x	0.0819	0.1610	0.2353	0.3009	0.3308
	θ_y	0.0366	0.0759	0.1219	0.1802	0.2137
0.80	θ_x	0.1044	0.2053	0.2968	0.3660	0.3928
	θ_y	0.0383	0.0804	0.1316	0.1984	0.2368
0.90	θ_x	0.1160	0.2268	0.3240	0.3940	0.4201
	θ_y	0.0393	0.0830	0.1371	0.2077	0.2481
0.95	θ_x	0.1174	0.2294	0.3274	0.3974	0.4236
	θ_y	0.0393	0.0830	0.1371	0.2077	0.2481

附录四 双向板楼面等效均布荷载计算表

$k=1.9 \quad \alpha=0.7 \quad \beta=0.3$

ξ	η	0.10	0.20	0.30	0.40	0.50
0.30	θ_x	−0.0139	−0.0316	−0.0534	−0.0737	−0.0819
	θ_y	0.0303	0.0596	0.0855	0.1041	0.1109
0.40	θ_x	0.0008	−0.0062	−0.0243	−0.0452	−0.0551
	θ_y	0.0393	0.0784	0.1149	0.1428	0.1533
0.50	θ_x	0.0319	0.0534	0.0572	0.0360	0.0272
	θ_y	0.0467	0.0946	0.1429	0.1840	0.2001
0.60	θ_x	0.0763	0.1455	0.2009	0.2370	0.2494
	θ_y	0.0519	0.1068	0.1667	0.2276	0.2498
0.70	θ_x	0.1219	0.2400	0.3506	0.4411	0.4749
	θ_y	0.0558	0.1162	0.1861	0.2662	0.2944
0.80	θ_x	0.1556	0.3051	0.4386	0.5354	0.5717
	θ_y	0.0587	0.1236	0.2020	0.2925	0.3253
0.90	θ_x	0.1724	0.3360	0.4776	0.5771	0.6133
	θ_y	0.0604	0.1280	0.2106	0.3058	0.3406
0.95	θ_x	0.1745	0.3399	0.4827	0.5823	0.6184
	θ_y	0.0604	0.1280	0.2106	0.3058	0.3406

$k=1.9 \quad \alpha=0.7 \quad \beta=0.4$

ξ	η	0.10	0.20	0.30	0.40	0.50
0.30	θ_x		−0.0441	−0.0711	−0.0933	−0.1017
	θ_y		0.0783	0.1112	0.1341	0.1423
0.40	θ_x		−0.0132	−0.0343	−0.0555	−0.0643
	θ_y		0.1038	0.1501	0.1834	0.1954
0.50	θ_x		0.0644	0.0624	0.0514	0.0480
	θ_y		0.1264	0.1889	0.2355	0.2522
0.60	θ_x		0.1886	0.2603	0.3066	0.3226
	θ_y		0.1445	0.2252	0.2887	0.3097
0.70	θ_x		0.3171	0.4619	0.5661	0.6018
	θ_y		0.1584	0.2563	0.3355	0.3604
0.80	θ_x		0.4011	0.5713	0.6896	0.7320
	θ_y		0.1697	0.2790	0.3684	0.3968
0.90	θ_x		0.4400	0.6208	0.7442	0.7881
	θ_y		0.1762	0.2910	0.3852	0.4155
0.95	θ_x		0.4446	0.6254	0.7509	0.7949
	θ_y		0.1762	0.2910	0.3852	0.4155

$k=1.9 \quad \alpha=0.7 \quad \beta=0.5$

ξ	η	0.10	0.20	0.30	0.40	0.50
0.30	θ_x		−0.0575	−0.0876	−0.1094	−0.1173
	θ_y		0.0957	0.1344	0.1603	0.1694
0.40	θ_x		−0.0230	−0.0444	−0.0625	−0.0690
	θ_y		0.1280	0.1821	0.2186	0.2314
0.50	θ_x		0.0661	0.0678	0.0689	0.0703
	θ_y		0.1585	0.2307	0.2793	0.2958
0.60	θ_x		0.2272	0.3133	0.3687	0.3878
	θ_y		0.1837	0.2796	0.3395	0.3593
0.70	θ_x		0.3917	0.5630	0.6737	0.7109
	θ_y		0.2042	0.3219	0.3922	0.4147
0.80	θ_x		0.4910	0.6910	0.8244	0.8709
	θ_y		0.2209	0.3512	0.4298	0.4548
0.90	θ_x		0.5360	0.7495	0.8911	0.9406
	θ_y		0.2302	0.3661	0.4490	0.4754
0.95	θ_x		0.5417	0.7568	0.8992	0.9491
	θ_y		0.2302	0.3661	0.4490	0.4754

$k=1.9 \quad \alpha=0.7 \quad \beta=0.6$

ξ	η	0.10	0.20	0.30	0.40	0.50
0.30	θ_x			−0.1019	−0.1220	−0.1288
	θ_y			0.1544	0.1824	0.1920
0.40	θ_x			−0.0538	−0.0665	−0.0705
	θ_y			0.2096	0.2478	0.2609
0.50	θ_x			0.0740	0.0864	0.0918
	θ_y			0.2664	0.3150	0.3312
0.60	θ_x			0.3585	0.4216	0.4433
	θ_y			0.3230	0.3801	0.3988
0.70	θ_x			0.6480	0.7628	0.8014
	θ_y			0.3721	0.4365	0.4573
0.80	θ_x			0.7940	0.9373	0.9863
	θ_y			0.4067	0.4775	0.5001
0.90	θ_x			0.8601	1.0148	1.0682
	θ_y			0.4246	0.4987	0.5224
0.95	θ_x			0.8682	1.0243	1.0752
	θ_y			0.4246	0.4987	0.5224

附录四 双向板楼面等效均布荷载计算表

$k=1.9 \quad \alpha=0.7 \quad \beta=0.7$

ξ	η	0.10	0.20	0.30	0.40	0.50
0.30	θ_x			−0.1135	−0.1312	−0.1369
	θ_y			0.1705	0.1998	0.2098
0.40	θ_x			−0.0613	−0.0682	−0.0699
	θ_y			0.2317	0.2707	0.2839
0.50	θ_x			0.0806	0.1021	0.1105
	θ_y			0.2947	0.3425	0.3584
0.60	θ_x			0.3949	0.4641	0.4880
	θ_y			0.3566	0.4113	0.4292
0.70	θ_x			0.7055	0.8232	0.8628
	θ_y			0.4100	0.4707	0.4895
0.80	θ_x			0.8768	1.0264	1.0772
	θ_y			0.4487	0.5133	0.5341
0.90	θ_x			0.9435	1.1069	1.1628
	θ_y			0.4682	0.5361	0.5571
0.95	θ_x			0.9582	1.1207	1.1772
	θ_y			0.4682	0.5361	0.5571

$k=1.9 \quad \alpha=0.7 \quad \beta=0.8$

ξ	η	0.10	0.20	0.30	0.40	0.50
0.30	θ_x				−0.1374	−0.1422
	θ_y				0.2124	0.2225
0.40	θ_x				−0.0687	−0.0686
	θ_y				0.2871	0.3003
0.50	θ_x				0.1144	0.1249
	θ_y				0.3621	0.3777
0.60	θ_x				0.4952	0.5206
	θ_y				0.4331	0.4505
0.70	θ_x				0.8832	0.9238
	θ_y				0.4939	0.5126
0.80	θ_x				1.0907	1.1426
	θ_y				0.5385	0.5581
0.90	θ_x				1.1842	1.2416
	θ_y				0.5617	0.5819
0.95	θ_x				1.1926	1.2507
	θ_y				0.5617	0.5819

$k=1.9 \quad \alpha=0.7 \quad \beta=0.9$

ξ	η	0.10	0.20	0.30	0.40	0.50
0.30	θ_x				−0.1410	−0.1451
	θ_y				0.2199	0.2301
0.40	θ_x				−0.0687	−0.0675
	θ_y				0.2970	0.3101
0.50	θ_x				0.1222	0.1339
	θ_y				0.3738	0.3892
0.60	θ_x				0.5142	0.5405
	θ_y				0.4462	0.4633
0.70	θ_x				0.9039	0.9450
	θ_y				0.5079	0.5263
0.80	θ_x				1.1296	1.1820
	θ_y				0.5530	0.5719
0.90	θ_x				1.2210	1.2793
	θ_y				0.5767	0.5963
0.95	θ_x				1.2361	1.2951
	θ_y				0.5767	0.5963

$k=1.9 \quad \alpha=0.7 \quad \beta=1.0$

ξ	η	0.10	0.20	0.30	0.40	0.50
0.30	θ_x					−0.1461
	θ_y					0.2327
0.40	θ_x					−0.0670
	θ_y					0.3133
0.50	θ_x					0.1371
	θ_y					0.3931
0.60	θ_x					0.5471
	θ_y					0.4674
0.70	θ_x					0.9651
	θ_y					0.5305
0.80	θ_x					1.1952
	θ_y					0.5768
0.90	θ_x					1.3001
	θ_y					0.6011
0.95	θ_x					1.3100
	θ_y					0.6011

$k=1.9 \quad \alpha=0.8 \quad \beta=0.1$

ξ	η	0.10	0.20	0.30	0.40	0.50
0.40	θ_x	0.0055	0.0076	0.0036	−0.0071	−0.0149
	θ_y	0.0146	0.0294	0.0443	0.0575	0.0635
0.50	θ_x	0.0176	0.0323	0.0408	0.0392	0.0316
	θ_y	0.0170	0.0347	0.0535	0.0731	0.0858
0.60	θ_x	0.0324	0.0630	0.0907	0.1155	0.1312
	θ_y	0.0189	0.0389	0.0609	0.0868	0.1120
0.70	θ_x	0.0457	0.0900	0.1311	0.1660	0.1821
	θ_y	0.0203	0.0423	0.0674	0.0992	0.1310
0.80	θ_x	0.0549	0.1074	0.1541	0.1886	0.2018
	θ_y	0.0214	0.0450	0.0727	0.1082	0.1422
0.90	θ_x	0.0594	0.1155	0.1638	0.1978	0.2103
	θ_y	0.0221	0.0465	0.0756	0.1127	0.1476
0.95	θ_x	0.0599	0.1165	0.1649	0.1985	0.2098
	θ_y	0.0221	0.0465	0.0756	0.1127	0.1476

$k=1.9 \quad \alpha=0.8 \quad \beta=0.2$

ξ	η	0.10	0.20	0.30	0.40	0.50
0.40	θ_x	0.0101	0.0137	0.0054	−0.0137	−0.0252
	θ_y	0.0292	0.0588	0.0882	0.1132	0.1238
0.50	θ_x	0.0346	0.0631	0.0789	0.0759	0.0689
	θ_y	0.0342	0.0697	0.1073	0.1452	0.1637
0.60	θ_x	0.0643	0.1252	0.1807	0.2297	0.2526
	θ_y	0.0380	0.0780	0.1228	0.1761	0.2056
0.70	θ_x	0.0910	0.1792	0.2608	0.3275	0.3554
	θ_y	0.0410	0.0850	0.1366	0.2017	0.2389
0.80	θ_x	0.1092	0.2134	0.3052	0.3718	0.3968
	θ_y	0.0434	0.0907	0.1475	0.2194	0.2601
0.90	θ_x	0.1180	0.2291	0.3241	0.3901	0.4142
	θ_y	0.0447	0.0939	0.1534	0.2284	0.2704
0.95	θ_x	0.1190	0.2310	0.3261	0.3911	0.4141
	θ_y	0.0447	0.0939	0.1534	0.2284	0.2704

$k=1.9 \quad \alpha=0.8 \quad \beta=0.3$

ξ	η	0.10	0.20	0.30	0.40	0.50
0.40	θ_x	0.0131	0.0168	0.0042	−0.0184	−0.0291
	θ_y	0.0440	0.0883	0.1312	0.1653	0.1785
0.50	θ_x	0.0499	0.0907	0.1132	0.1115	0.1100
	θ_y	0.0517	0.1053	0.1613	0.2125	0.2321
0.60	θ_x	0.0953	0.1859	0.2692	0.3374	0.3623
	θ_y	0.0576	0.1187	0.1865	0.2597	0.2856
0.70	θ_x	0.1357	0.2670	0.3871	0.4792	0.5141
	θ_y	0.0625	0.1301	0.2088	0.2976	0.3294
0.80	θ_x	0.1623	0.3163	0.4501	0.5444	0.5789
	θ_y	0.0663	0.1393	0.2258	0.3231	0.3586
0.90	θ_x	0.1749	0.3387	0.4771	0.5719	0.6058
	θ_y	0.0685	0.1444	0.2348	0.3360	0.3731
0.95	θ_x	0.1764	0.3414	0.4798	0.5731	0.6067
	θ_y	0.0685	0.1444	0.2348	0.3360	0.3731

$k=1.9 \quad \alpha=0.8 \quad \beta=0.4$

ξ	η	0.10	0.20	0.30	0.40	0.50
0.40	θ_x		0.0156	0.0007	−0.0198	−0.0274
	θ_y		0.1175	0.1721	0.2120	0.2265
0.50	θ_x		0.1138	0.1389	0.1478	0.1518
	θ_y		0.1415	0.2149	0.2711	0.2904
0.60	θ_x		0.2446	0.3550	0.4333	0.4594
	θ_y		0.1607	0.2542	0.3284	0.3522
0.70	θ_x		0.3521	0.5066	0.6162	0.6550
	θ_y		0.1773	0.2869	0.3754	0.4035
0.80	θ_x		0.4142	0.5852	0.7019	0.7435
	θ_y		0.1907	0.3103	0.4076	0.4388
0.90	θ_x		0.4421	0.6196	0.7382	0.7803
	θ_y		0.1979	0.3224	0.4239	0.4567
0.95	θ_x		0.4455	0.6220	0.7402	0.7822
	θ_y		0.1979	0.3224	0.4239	0.4567

$k=1.9 \quad \alpha=0.8 \quad \beta=0.5$

ξ	η	0.10	0.20	0.30	0.40	0.50
0.40	θ_x		0.0097	−0.0053	−0.0178	−0.0219
	θ_y		0.1458	0.2093	0.2522	0.2671
0.50	θ_x		0.1298	0.1614	0.1830	0.1914
	θ_y		0.1784	0.2642	0.3203	0.3392
0.60	θ_x		0.3016	0.4328	0.5159	0.5436
	θ_y		0.2053	0.3174	0.3853	0.4074
0.70	θ_x		0.4328	0.6149	0.7352	0.7764
	θ_y		0.2291	0.3601	0.4390	0.4642
0.80	θ_x		0.5050	0.7068	0.8404	0.8870
	θ_y		0.2472	0.3895	0.4762	0.5041
0.90	θ_x		0.5366	0.7467	0.8851	0.9335
	θ_y		0.2570	0.4044	0.4950	0.5242
0.95	θ_x		0.5398	0.7495	0.8881	0.9365
	θ_y		0.2570	0.4044	0.4950	0.5242

$k=1.9 \quad \alpha=0.8 \quad \beta=0.6$

ξ	η	0.10	0.20	0.30	0.40	0.50
0.40	θ_x			−0.0096	−0.0137	−0.0143
	θ_y			0.2412	0.2853	0.3002
0.50	θ_x			0.1824	0.2148	0.2267
	θ_y			0.3053	0.3602	0.3784
0.60	θ_x			0.4976	0.5847	0.6139
	θ_y			0.3664	0.4303	0.4512
0.70	θ_x			0.7073	0.8341	0.8771
	θ_y			0.4165	0.4887	0.5120
0.80	θ_x			0.8112	0.9569	1.0071
	θ_y			0.4509	0.5297	0.5550
0.90	θ_x			0.8562	1.0094	1.0623
	θ_y			0.4687	0.5509	0.5773
0.95	θ_x			0.8593	1.0132	1.0664
	θ_y			0.4687	0.5509	0.5773

附录四 双向板楼面等效均布荷载计算表

$k=1.9 \quad \alpha=0.8 \quad \beta=0.7$

ξ	η	0.10	0.20	0.30	0.40	0.50
0.40	θ_x			−0.0124	−0.0087	−0.0065
	θ_y			0.2668	0.3111	0.3259
0.50	θ_x			0.2006	0.2413	0.2559
	θ_y			0.3374	0.3909	0.4086
0.60	θ_x			0.5483	0.6390	0.6696
	θ_y			0.4042	0.4650	0.4850
0.70	θ_x			0.7809	0.9120	0.9562
	θ_y			0.4593	0.5267	0.5486
0.80	θ_x			0.8953	1.0494	1.1019
	θ_y			0.4977	0.5704	0.5938
0.90	θ_x			0.9445	1.1091	1.1652
	θ_y			0.5171	0.5928	0.6171
0.95	θ_x			0.9480	1.1129	1.1694
	θ_y			0.5171	0.5928	0.6171

$k=1.9 \quad \alpha=0.8 \quad \beta=0.8$

ξ	η	0.10	0.20	0.30	0.40	0.50
0.40	θ_x				−0.0042	−0.0014
	θ_y				0.3295	0.3442
0.50	θ_x				0.2613	0.2778
	θ_y				0.4126	0.4299
0.60	θ_x				0.6782	0.7099
	θ_y				0.4892	0.5085
0.70	θ_x				0.9681	1.0133
	θ_y				0.5530	0.5739
0.80	θ_x				1.1163	1.1704
	θ_y				0.5984	0.6206
0.90	θ_x				1.1810	1.2392
	θ_y				0.6220	0.6449
0.95	θ_x				1.1854	1.2441
	θ_y				0.6220	0.6449

$k=1.9 \quad \alpha=0.8 \quad \beta=0.9$

ξ	η	0.10	0.20	0.30	0.40	0.50
0.40	θ_x				−0.0011	0.0044
	θ_y				0.3405	0.3551
0.50	θ_x				0.2736	0.2912
	θ_y				0.4256	0.4426
0.60	θ_x				0.7020	0.7344
	θ_y				0.5038	0.5227
0.70	θ_x				1.0020	1.0477
	θ_y				0.5689	0.5892
0.80	θ_x				1.1568	1.2117
	θ_y				0.6153	0.6367
0.90	θ_x				1.2246	1.2840
	θ_y				0.6393	0.6615
0.95	θ_x				1.2294	1.2893
	θ_y				0.6393	0.6615

$k=1.9 \quad \alpha=0.8 \quad \beta=1.0$

ξ	η	0.10	0.20	0.30	0.40	0.50
0.40	θ_x					0.0059
	θ_y					0.3587
0.50	θ_x					0.2958
	θ_y					0.4468
0.60	θ_x					0.7425
	θ_y					0.5272
0.70	θ_x					1.0592
	θ_y					0.5940
0.80	θ_x					1.2256
	θ_y					0.6418
0.90	θ_x					1.2990
	θ_y					0.6666
0.95	θ_x					1.3044
	θ_y					0.6666

$k=1.9 \quad \alpha=0.9 \quad \beta=0.1$

ξ	η	0.10	0.20	0.30	0.40	0.50
0.40	θ_x	0.0110	0.0187	0.0195	0.0105	0.0014
	θ_y	0.0159	0.0322	0.0492	0.0655	0.0739
0.50	θ_x	0.0242	0.0461	0.0635	0.0747	0.0786
	θ_y	0.0185	0.0379	0.0587	0.0817	0.1008
0.60	θ_x	0.0381	0.0749	0.1094	0.1413	0.1602
	θ_y	0.0206	0.0425	0.0668	0.0963	0.1261
0.70	θ_x	0.0492	0.0966	0.1397	0.1732	0.1862
	θ_y	0.0224	0.0466	0.0743	0.1091	0.1424
0.80	θ_x	0.0562	0.1093	0.1553	0.1881	0.2007
	θ_y	0.0238	0.0498	0.0801	0.1177	0.1527
0.90	θ_x	0.0594	0.1149	0.1616	0.1935	0.2049
	θ_y	0.0246	0.0516	0.0831	0.1221	0.1576
0.95	θ_x	0.0598	0.1155	0.1622	0.1937	0.2066
	θ_y	0.0246	0.0516	0.0831	0.1221	0.1576

$k=1.9 \quad \alpha=0.9 \quad \beta=0.2$

ξ	η	0.10	0.20	0.30	0.40	0.50
0.40	θ_x	0.0212	0.0357	0.0365	0.0195	0.0089
	θ_y	0.0319	0.0646	0.0983	0.1291	0.1431
0.50	θ_x	0.0478	0.0910	0.1254	0.1476	0.1553
	θ_y	0.0372	0.0759	0.1180	0.1641	0.1883
0.60	θ_x	0.0759	0.1492	0.2183	0.2803	0.3090
	θ_y	0.0415	0.0854	0.1351	0.1961	0.2304
0.70	θ_x	0.0980	0.1922	0.2771	0.3411	0.3658
	θ_y	0.0453	0.0938	0.1506	0.2213	0.2611
0.80	θ_x	0.1117	0.2169	0.3068	0.3712	0.3949
	θ_y	0.0482	0.1004	0.1618	0.2383	0.2807
0.90	θ_x	0.1178	0.2275	0.3194	0.3818	0.4040
	θ_y	0.0498	0.1041	0.1683	0.2468	0.2902
0.95	θ_x	0.1186	0.2288	0.3207	0.3820	0.4034
	θ_y	0.0498	0.1041	0.1683	0.2468	0.2902

附录四 双向板楼面等效均布荷载计算表

$k=1.9 \quad \alpha=0.9 \quad \beta=0.3$

ξ	η	0.10	0.20	0.30	0.40	0.50
0.40	θ_x	0.0297	0.0493	0.0487	0.0294	0.0203
	θ_y	0.0481	0.0973	0.1469	0.1885	0.2048
0.50	θ_x	0.0703	0.1338	0.1843	0.2169	0.2281
	θ_y	0.0563	0.1151	0.1782	0.2412	0.2642
0.60	θ_x	0.1130	0.2223	0.3246	0.4110	0.4429
	θ_y	0.0630	0.1302	0.2061	0.2893	0.3188
0.70	θ_x	0.1459	0.2858	0.4095	0.4990	0.5326
	θ_y	0.0689	0.1435	0.2299	0.3259	0.3606
0.80	θ_x	0.1655	0.3206	0.4527	0.5442	0.5770
	θ_y	0.0735	0.1539	0.2475	0.3505	0.3882
0.90	θ_x	0.1743	0.3359	0.4704	0.5599	0.5919
	θ_y	0.0761	0.1594	0.2570	0.3628	0.4017
0.95	θ_x	0.1753	0.3378	0.4715	0.5602	0.5917
	θ_y	0.0761	0.1594	0.2570	0.3628	0.4017

$k=1.9 \quad \alpha=0.9 \quad \beta=0.4$

ξ	η	0.10	0.20	0.30	0.40	0.50
0.40	θ_x		0.0577	0.0551	0.0428	0.0389
	θ_y		0.1302	0.1938	0.2413	0.2583
0.50	θ_x		0.1732	0.2387	0.2807	0.2952
	θ_y		0.1551	0.2402	0.3063	0.3282
0.60	θ_x		0.2942	0.4295	0.5273	0.5607
	θ_y		0.1766	0.2817	0.3656	0.3921
0.70	θ_x		0.3751	0.5333	0.6429	0.6822
	θ_y		0.1958	0.3153	0.4117	0.4426
0.80	θ_x		0.4190	0.5881	0.7022	0.7425
	θ_y		0.2103	0.3389	0.4429	0.4765
0.90	θ_x		0.4373	0.6093	0.7234	0.7636
	θ_y		0.2178	0.3510	0.4585	0.4935
0.95	θ_x		0.4394	0.6108	0.7241	0.7640
	θ_y		0.2178	0.3510	0.4585	0.4935

$k=1.9 \quad \alpha=0.9 \quad \beta=0.5$

ξ	η	0.10	0.20	0.30	0.40	0.50
0.40	θ_x			0.0597	0.0591	0.0585
	θ_y			0.1628	0.2366	0.2862

ξ	η	0.10	0.20	0.30	0.40	0.50
0.40	θ_x		0.0597	0.0591	0.0585	0.0593
	θ_y		0.1628	0.2366	0.2862	0.3032
0.50	θ_x		0.2085	0.2872	0.3377	0.3551
	θ_y		0.1966	0.2975	0.3607	0.3816
0.60	θ_x		0.3637	0.5240	0.6272	0.6618
	θ_y		0.2262	0.3523	0.4280	0.4525
0.70	θ_x		0.4587	0.6449	0.7689	0.8119
	θ_y		0.2524	0.3948	0.4815	0.5093
0.80	θ_x		0.5090	0.7097	0.8416	0.8876
	θ_y		0.2713	0.4240	0.5179	0.5483
0.90	θ_x		0.5293	0.7342	0.8683	0.9150
	θ_y		0.2813	0.4389	0.5363	0.5679
0.95	θ_x		0.5313	0.7355	0.8694	0.9162
	θ_y		0.2813	0.4389	0.5363	0.5679

$k=1.9 \quad \alpha=0.9 \quad \beta=0.6$

ξ	η	0.10	0.20	0.30	0.40	0.50
0.40	θ_x			0.0640	0.0746	0.0793
	θ_y			0.2732	0.3229	0.3396
0.50	θ_x			0.3286	0.3863	0.4062
	θ_y			0.3435	0.4042	0.4243
0.60	θ_x			0.6032	0.7099	0.7456
	θ_y			0.4071	0.4777	0.5007
0.70	θ_x			0.7409	0.8744	0.9200
	θ_y			0.4570	0.5366	0.5623
0.80	θ_x			0.8139	0.9594	1.0095
	θ_y			0.4911	0.5772	0.6050
0.90	θ_x			0.8412	0.9911	1.0429
	θ_y			0.5083	0.5978	0.6267
0.95	θ_x			0.8426	0.9928	1.0447
	θ_y			0.5083	0.5978	0.6267

$k=1.9 \quad \alpha=0.9 \quad \beta=0.7$

ξ	η	0.10	0.20	0.30	0.40	0.50
0.40	θ_x			0.0695	0.0891	0.0967
	θ_y			0.3021	0.3513	0.3677
0.50	θ_x			0.3619	0.4254	0.4473
	θ_y			0.3792	0.4378	0.4571
0.60	θ_x			0.6653	0.7748	0.8115
	θ_y			0.4486	0.5155	0.5373
0.70	θ_x			0.8181	0.9578	1.0051
	θ_y			0.5039	0.5782	0.6023
0.80	θ_x			0.8978	1.0531	1.1062
	θ_y			0.5418	0.6218	0.6477
0.90	θ_x			0.9277	1.0892	1.1447
	θ_y			0.5609	0.6440	0.6709
0.95	θ_x			0.9292	1.0915	1.1472
	θ_y			0.5609	0.6440	0.6709

$k=1.9 \quad \alpha=0.9 \quad \beta=0.8$

ξ	η	0.10	0.20	0.30	0.40	0.50
0.40	θ_x				0.1005	0.1103
	θ_y				0.3715	0.3876
0.50	θ_x				0.4540	0.4773
	θ_y				0.4616	0.4804
0.60	θ_x				0.8215	0.8591
	θ_y				0.5423	0.5633
0.70	θ_x				1.0180	1.0666
	θ_y				0.6076	0.6307
0.80	θ_x				1.1212	1.1763
	θ_y				0.6532	0.6778
0.90	θ_x				1.1607	1.2186
	θ_y				0.6766	0.7021
0.95	θ_x				1.1633	1.2216
	θ_y				0.6766	0.7021

附录四 双向板楼面等效均布荷载计算表

$k=1.9 \quad \alpha=0.9 \quad \beta=0.9$

ξ	η	0.10	0.20	0.30	0.40	0.50
0.40	θ_x				0.1078	0.1188
	θ_y				0.3835	0.3994
0.50	θ_x				0.4715	0.4957
	θ_y				0.4756	0.4941
0.60	θ_x				0.8496	0.8877
	θ_y				0.5579	0.5785
0.70	θ_x				1.0544	1.1036
	θ_y				0.6247	0.6471
0.80	θ_x				1.1624	1.2187
	θ_y				0.6715	0.6953
0.90	θ_x				1.2041	1.2635
	θ_y				0.6955	0.7201
0.95	θ_x				1.2070	1.2667
	θ_y				0.6955	0.7201

$k=1.9 \quad \alpha=0.9 \quad \beta=1.0$

ξ	η	0.10	0.20	0.30	0.40	0.50
0.40	θ_x					0.1217
	θ_y					0.4034
0.50	θ_x					0.5018
	θ_y					0.4988
0.60	θ_x					0.8974
	θ_y					0.5838
0.70	θ_x					1.1160
	θ_y					0.6529
0.80	θ_x					1.2328
	θ_y					0.7014
0.90	θ_x					1.2807
	θ_y					0.7265
0.95	θ_x					1.2818
	θ_y					0.7265

$k=1.9 \quad \alpha=1.0 \quad \beta=0.1$

ξ	η	0.10	0.20	0.30	0.40	0.50
0.50	θ_x	0.0310	0.0602	0.0868	0.1099	0.1262
	θ_y	0.0198	0.0408	0.0635	0.0899	0.1153
0.60	θ_x	0.0431	0.0849	0.1239	0.1571	0.1727
	θ_y	0.0223	0.0461	0.0727	0.1055	0.1377
0.70	θ_x	0.0517	0.1010	0.1445	0.1768	0.1891
	θ_y	0.0244	0.0508	0.0808	0.1180	0.1525
0.80	θ_x	0.0566	0.1095	0.1542	0.1852	0.1965
	θ_y	0.0261	0.0543	0.0867	0.1262	0.1620
0.90	θ_x	0.0586	0.1129	0.1578	0.1878	0.1987
	θ_y	0.0269	0.0562	0.0898	0.1303	0.1665
0.95	θ_x	0.0589	0.1132	0.1582	0.1885	0.1999
	θ_y	0.0269	0.0562	0.0898	0.1303	0.1665

$k=1.9 \quad \alpha=1.0 \quad \beta=0.2$

ξ	η	0.10	0.20	0.30	0.40	0.50
0.50	θ_x	0.0615	0.1197	0.1730	0.2181	0.2428
	θ_y	0.0399	0.0817	0.1280	0.1824	0.2121
0.60	θ_x	0.0859	0.1691	0.2464	0.3101	0.3369
	θ_y	0.0449	0.0925	0.1470	0.2142	0.2521
0.70	θ_x	0.1028	0.2005	0.2863	0.3485	0.3718
	θ_y	0.0493	0.1022	0.1636	0.2387	0.2805
0.80	θ_x	0.1122	0.2169	0.3050	0.3654	0.3872
	θ_y	0.0527	0.1094	0.1754	0.2549	0.2987
0.90	θ_x	0.1162	0.2234	0.3119	0.3706	0.3919
	θ_y	0.0545	0.1133	0.1816	0.2632	0.3075
0.95	θ_x	0.1166	0.2241	0.3127	0.3724	0.3939
	θ_y	0.0545	0.1133	0.1816	0.2632	0.3075

$k=1.9 \quad \alpha=1.0 \quad \beta=0.3$

ξ	η	0.10	0.20	0.30	0.40	0.50
0.50	θ_x	0.0912	0.1779	0.2579	0.3200	0.3432
	θ_y	0.0604	0.1242	0.1941	0.2684	0.2948
0.60	θ_x	0.1280	0.2519	0.3659	0.4537	0.4870
	θ_y	0.0683	0.1412	0.2242	0.3160	0.3487
0.70	θ_x	0.1527	0.2971	0.4223	0.5104	0.5426
	θ_y	0.0751	0.1562	0.2495	0.3514	0.3885
0.80	θ_x	0.1660	0.3203	0.4488	0.5359	0.5668
	θ_y	0.0802	0.1673	0.2672	0.3750	0.4144
0.90	θ_x	0.1715	0.3293	0.4586	0.5438	0.5739
	θ_y	0.0831	0.1731	0.2762	0.3864	0.4268
0.95	θ_x	0.1721	0.3302	0.4590	0.5467	0.5770
	θ_y	0.0831	0.1731	0.2762	0.3864	0.4268

$k=1.9 \quad \alpha=1.0 \quad \beta=0.4$

ξ	η	0.10	0.20	0.30	0.40	0.50
0.50	θ_x		0.2341	0.3378	0.4113	0.4362
	θ_y		0.1678	0.2641	0.3403	0.3648
0.60	θ_x		0.3326	0.4814	0.5833	0.6201
	θ_y		0.1917	0.3070	0.3991	0.4284
0.70	θ_x		0.3889	0.5490	0.6581	0.6969
	θ_y		0.2127	0.3410	0.4440	0.4773
0.80	θ_x		0.4174	0.5834	0.6922	0.7308
	θ_y		0.2278	0.3645	0.4740	0.5098
0.90	θ_x		0.4280	0.5940	0.7031	0.7413
	θ_y		0.2358	0.3764	0.4893	0.5263
0.95	θ_x		0.4290	0.5942	0.7066	0.7449
	θ_y		0.2358	0.3764	0.4893	0.5263

附录四 双向板楼面等效均布荷载计算表

$k = 1.9 \quad \alpha = 1.0 \quad \beta = 0.5$

ξ	η	0.10	0.20	0.30	0.40	0.50
0.50	θ_x		0.2878	0.4112	0.4902	0.5166
	θ_y		0.2141	0.3291	0.3991	0.4219
0.60	θ_x		0.4099	0.5817	0.6957	0.7347
	θ_y		0.2465	0.3842	0.4674	0.4942
0.70	θ_x		0.4732	0.6630	0.7881	0.8317
	θ_y		0.2741	0.4265	0.5200	0.5502
0.80	θ_x		0.5059	0.7019	0.8305	0.8753
	θ_y		0.2933	0.4552	0.5554	0.5880
0.90	θ_x		0.5171	0.7153	0.8445	0.8894
	θ_y		0.3034	0.4697	0.5729	0.6065
0.95	θ_x		0.5179	0.7188	0.8485	0.8935
	θ_y		0.3034	0.4697	0.5729	0.6065

$k = 1.9 \quad \alpha = 1.0 \quad \beta = 0.6$

ξ	η	0.10	0.20	0.30	0.40	0.50
0.50	θ_x			0.4727	0.5559	0.5839
	θ_y			0.3801	0.4465	0.4682
0.60	θ_x			0.6692	0.7892	0.8298
	θ_y			0.4441	0.5212	0.5462
0.70	θ_x			0.7609	0.8975	0.9444
	θ_y			0.4933	0.5797	0.6076
0.80	θ_x			0.8044	0.9477	0.9995
	θ_y			0.5267	0.6194	0.6497
0.90	θ_x			0.8192	0.9647	1.0149
	θ_y			0.5436	0.6396	0.6708
0.95	θ_x			0.8232	0.9690	1.0194
	θ_y			0.5436	0.6396	0.6708

$k = 1.9 \quad \alpha = 1.0 \quad \beta = 0.7$

ξ	η	0.10	0.20	0.30	0.40	0.50
0.50	θ_x			0.5211	0.6078	0.6371
	θ_y			0.4190	0.4825	0.5034
0.60	θ_x			0.7388	0.8672	0.9089
	θ_y			0.4897	0.5623	0.5860
0.70	θ_x			0.8398	0.9884	1.0377
	θ_y			0.5444	0.6255	0.6510
0.80	θ_x			0.8871	1.0436	1.0965
	θ_y			0.5815	0.6681	0.6962
0.90	θ_x			0.9031	1.0609	1.1151
	θ_y			0.6000	0.6898	0.7190
0.95	θ_x			0.9074	1.0656	1.1200
	θ_y			0.6000	0.6898	0.7190

$k = 1.9 \quad \alpha = 1.0 \quad \beta = 0.8$

ξ	η	0.10	0.20	0.30	0.40	0.50
0.50	θ_x				0.6453	0.6756
	θ_y				0.5081	0.5282
0.60	θ_x				0.9201	0.9627
	θ_y				0.5912	0.6140
0.70	θ_x				1.0472	1.0980
	θ_y				0.6569	0.6820
0.80	θ_x				1.1117	1.1669
	θ_y				0.7022	0.7290
0.90	θ_x				1.1311	1.1881
	θ_y				0.7251	0.7528
0.95	θ_x				1.1360	1.1883
	θ_y				0.7251	0.7528

$k = 1.9 \quad \alpha = 1.0 \quad \beta = 0.9$

ξ	η	0.10	0.20	0.30	0.40	0.50
0.50	θ_x				0.6681	0.6990
	θ_y				0.5233	0.5432
0.60	θ_x				0.9521	0.9952
	θ_y				0.6084	0.6308
0.70	θ_x				1.0894	1.1411
	θ_y				0.6757	0.7004
0.80	θ_x				1.1530	1.2096
	θ_y				0.7224	0.7486
0.90	θ_x				1.1738	1.2324
	θ_y				0.7460	0.7731
0.95	θ_x				1.1788	1.2328
	θ_y				0.7460	0.7731

$k = 1.9 \quad \alpha = 1.0 \quad \beta = 1.0$

ξ	η	0.10	0.20	0.30	0.40	0.50
0.50	θ_x					0.7068
	θ_y					0.5479
0.60	θ_x					1.0060
	θ_y					0.6360
0.70	θ_x					1.1500
	θ_y					0.7062
0.80	θ_x					1.2239
	θ_y					0.7547
0.90	θ_x					1.2472
	θ_y					0.7794
0.95	θ_x					1.2477
	θ_y					0.7794

附录四 双向板楼面等效均布荷载计算表

$k = 1.9 \quad \alpha = 1.1 \quad \beta = 0.1$

ξ	η	0.10	0.20	0.30	0.40	0.50
0.50	θ_x	0.0374	0.0735	0.1075	0.1390	0.1579
	θ_y	0.0211	0.0435	0.0682	0.0979	0.1278
0.60	θ_x	0.0472	0.0926	0.1340	0.1663	0.1787
	θ_y	0.0239	0.0495	0.0783	0.1138	0.1474
0.70	θ_x	0.0532	0.1034	0.1467	0.1777	0.1897
	θ_y	0.0263	0.0546	0.0868	0.1257	0.1613
0.80	θ_x	0.0562	0.1083	0.1517	0.1809	0.1910
	θ_y	0.0281	0.0584	0.0927	0.1336	0.1699
0.90	θ_x	0.0573	0.1100	0.1532	0.1818	0.1920
	θ_y	0.0291	0.0604	0.0957	0.1375	0.1742
0.95	θ_x	0.0575	0.1102	0.1534	0.1817	0.1921
	θ_y	0.0291	0.0604	0.0957	0.1375	0.1742

$k = 1.9 \quad \alpha = 1.1 \quad \beta = 0.2$

ξ	η	0.10	0.20	0.30	0.40	0.50
0.50	θ_x	0.0744	0.1464	0.2144	0.2758	0.3043
	θ_y	0.0425	0.0872	0.1377	0.1991	0.2336
0.60	θ_x	0.0939	0.1843	0.2658	0.3274	0.3512
	θ_y	0.0482	0.0994	0.1584	0.2305	0.2708
0.70	θ_x	0.1057	0.2051	0.2903	0.3506	0.3731
	θ_y	0.0531	0.1099	0.1754	0.2540	0.2973
0.80	θ_x	0.1114	0.2145	0.2998	0.3569	0.3770
	θ_y	0.0567	0.1175	0.1873	0.2696	0.3144
0.90	θ_x	0.1135	0.2177	0.3027	0.3590	0.3788
	θ_y	0.0587	0.1215	0.1933	0.2773	0.3228
0.95	θ_x	0.1138	0.2180	0.3031	0.3586	0.3789
	θ_y	0.0587	0.1215	0.1933	0.2773	0.3228

$k = 1.9 \quad \alpha = 1.1 \quad \beta = 0.3$

ξ	η	0.10	0.20	0.30	0.40	0.50
0.50	θ_x	0.1108	0.2183	0.3199	0.4044	0.4359
	θ_y	0.0644	0.1329	0.2094	0.2939	0.3236
0.60	θ_x	0.1398	0.2740	0.3929	0.4789	0.5112
	θ_y	0.0733	0.1518	0.2414	0.3396	0.3751
0.70	θ_x	0.1566	0.3031	0.4277	0.5141	0.5450
	θ_y	0.0808	0.1679	0.2670	0.3738	0.4128
0.80	θ_x	0.1645	0.3162	0.4437	0.5235	0.5527
	θ_y	0.0863	0.1793	0.2870	0.3963	0.4372
0.90	θ_x	0.1674	0.3205	0.4450	0.5269	0.5556
	θ_y	0.0892	0.1853	0.2935	0.4075	0.4493
0.95	θ_x	0.1677	0.3210	0.4458	0.5273	0.5558
	θ_y	0.0892	0.1853	0.2935	0.4075	0.4493

$k = 1.9 \quad \alpha = 1.1 \quad \beta = 0.4$

ξ	η	0.10	0.20	0.30	0.40	0.50
0.50	θ_x		0.2887	0.4222	0.5187	0.5516
	θ_y		0.1800	0.2865	0.3713	0.3981
0.60	θ_x		0.3598	0.5117	0.6170	0.6548
	θ_y		0.2066	0.3301	0.4292	0.4610
0.70	θ_x		0.3960	0.5558	0.6634	0.7013
	θ_y		0.2285	0.3642	0.4727	0.5080
0.80	θ_x		0.4112	0.5713	0.6767	0.7137
	θ_y		0.2440	0.3873	0.5017	0.5392
0.90	θ_x		0.4162	0.5767	0.6815	0.7179
	θ_y		0.2517	0.3990	0.5161	0.5546
0.95	θ_x		0.4169	0.5767	0.6809	0.7173
	θ_y		0.2517	0.3990	0.5161	0.5546

$k = 1.9 \quad \alpha = 1.1 \quad \beta = 0.5$

ξ	η	0.10	0.20	0.30	0.40	0.50
0.50	θ_x		0.3571	0.5152	0.6169	0.6509
	θ_y		0.2307	0.3583	0.4351	0.4599
0.60	θ_x		0.4401	0.6188	0.7379	0.7792
	θ_y		0.2653	0.4128	0.5028	0.5317
0.70	θ_x		0.4810	0.6707	0.7951	0.8384
	θ_y		0.2933	0.4546	0.5541	0.5863
0.80	θ_x		0.4971	0.6881	0.8127	0.8560
	θ_y		0.3127	0.4826	0.5882	0.6226
0.90	θ_x		0.5023	0.6943	0.8188	0.8619
	θ_y		0.3228	0.4968	0.6053	0.6408
0.95	θ_x		0.5033	0.6941	0.8183	0.8614
	θ_y		0.3228	0.4968	0.6053	0.6408

$k = 1.9 \quad \alpha = 1.1 \quad \beta = 0.6$

ξ	η	0.10	0.20	0.30	0.40	0.50
0.50	θ_x			0.5931	0.6980	0.7331
	θ_y			0.4138	0.4856	0.5089
0.60	θ_x			0.7109	0.8391	0.8828
	θ_y			0.4774	0.5606	0.5876
0.70	θ_x			0.7691	0.9064	0.9537
	θ_y			0.5258	0.6183	0.6483
0.80	θ_x			0.7947	0.9282	0.9765
	θ_y			0.5584	0.6569	0.6890
0.90	θ_x			0.7950	0.9356	0.9842
	θ_y			0.5748	0.6763	0.7094
0.95	θ_x			0.7947	0.9353	0.9838
	θ_y			0.5748	0.6763	0.7094

416 附录四 双向板楼面等效均布荷载计算表

$k=1.9 \quad \alpha=1.1 \quad \beta=0.7$

ξ	η	0.10	0.20	0.30	0.40	0.50
0.50	θ_x			0.6543	0.7617	0.7978
	θ_y			0.4562	0.5244	0.5467
0.60	θ_x			0.7850	0.9190	0.9645
	θ_y			0.5267	0.6050	0.6305
0.70	θ_x			0.8483	0.9950	1.0452
	θ_y			0.5804	0.6670	0.6952
0.80	θ_x			0.8689	1.0206	1.0727
	θ_y			0.6163	0.7090	0.7392
0.90	θ_x			0.8761	1.0293	1.0820
	θ_y			0.6343	0.7301	0.7613
0.95	θ_x			0.8758	1.0291	1.0819
	θ_y			0.6343	0.7301	0.7613

$k=1.9 \quad \alpha=1.1 \quad \beta=0.8$

ξ	η	0.10	0.20	0.30	0.40	0.50
0.50	θ_x				0.8075	0.8444
	θ_y				0.5514	0.5730
0.60	θ_x				0.9768	1.0233
	θ_y				0.6358	0.6603
0.70	θ_x				1.0594	1.1115
	θ_y				0.7014	0.7284
0.80	θ_x				1.0879	1.1426
	θ_y				0.7457	0.7746
0.90	θ_x				1.0977	1.1533
	θ_y				0.7681	0.7980
0.95	θ_x				1.0976	1.1533
	θ_y				0.7681	0.7980

$k=1.9 \quad \alpha=1.1 \quad \beta=0.9$

ξ	η	0.10	0.20	0.30	0.40	0.50
0.50	θ_x				0.8352	0.8726
	θ_y				0.5678	0.5889
0.60	θ_x				1.0116	1.0588
	θ_y				0.6544	0.6782
0.70	θ_x				1.0984	1.1517
	θ_y				0.7215	0.7478
0.80	θ_x				1.1289	1.1851
	θ_y				0.7672	0.7953
0.90	θ_x				1.1393	1.1967
	θ_y				0.7903	0.8194
0.95	θ_x				1.1393	1.1997
	θ_y				0.7903	0.8194

$k=1.9 \quad \alpha=1.1 \quad \beta=1.0$

ξ	η	0.10	0.20	0.30	0.40	0.50
0.50	θ_x					0.8820
	θ_y					0.5939
0.60	θ_x					1.0707
	θ_y					0.6840
0.70	θ_x					1.1651
	θ_y					0.7545
0.80	θ_x					1.1993
	θ_y					0.8025
0.90	θ_x					1.2112
	θ_y					0.8268
0.95	θ_x					1.2143
	θ_y					0.8268

$k=1.9 \quad \alpha=1.2 \quad \beta=0.1$

ξ	η	0.10	0.20	0.30	0.40	0.50
0.60	θ_x	0.0503	0.0982	0.1406	0.1721	0.1841
	θ_y	0.0254	0.0526	0.0835	0.1211	0.1558
0.70	θ_x	0.0540	0.1044	0.1469	0.1763	0.1871
	θ_y	0.0280	0.0581	0.0921	0.1326	0.1686
0.80	θ_x	0.0554	0.1064	0.1483	0.1762	0.1860
	θ_y	0.0299	0.0620	0.0980	0.1401	0.1768
0.90	θ_x	0.0558	0.1068	0.1482	0.1754	0.1849
	θ_y	0.0309	0.0640	0.1009	0.1438	0.1809
0.95	θ_x	0.0558	0.1068	0.1481	0.1750	0.1840
	θ_y	0.0309	0.0640	0.1009	0.1438	0.1809

$k=1.9 \quad \alpha=1.2 \quad \beta=0.2$

ξ	η	0.10	0.20	0.30	0.40	0.50
0.60	θ_x	0.1000	0.1951	0.2787	0.3392	0.3620
	θ_y	0.0513	0.1059	0.1683	0.2448	0.2869
0.70	θ_x	0.1071	0.2068	0.2903	0.3480	0.3687
	θ_y	0.0566	0.1169	0.1855	0.2674	0.3118
0.80	θ_x	0.1097	0.2105	0.2931	0.3477	0.3670
	θ_y	0.0604	0.1247	0.1976	0.2822	0.3279
0.90	θ_x	0.1104	0.2112	0.2927	0.3463	0.3650
	θ_y	0.0624	0.1287	0.2031	0.2896	0.3358
0.95	θ_x	0.1105	0.2113	0.2927	0.3455	0.3636
	θ_y	0.0624	0.1287	0.2031	0.2896	0.3358

附录四 双向板楼面等效均布荷载计算表

$k=1.9 \quad \alpha=1.2 \quad \beta=0.3$

ξ	η	0.10	0.20	0.30	0.40	0.50
0.60	θ_x	0.1485	0.2892	0.4110	0.4968	0.5282
	θ_y	0.0779	0.1616	0.2574	0.3604	0.3980
0.70	θ_x	0.1583	0.3052	0.4276	0.5104	0.5398
	θ_y	0.0860	0.1784	0.2827	0.3933	0.4338
0.80	θ_x	0.1618	0.3102	0.4308	0.5104	0.5383
	θ_y	0.0917	0.1900	0.3000	0.4149	0.4571
0.90	θ_x	0.1626	0.3108	0.4304	0.5085	0.5356
	θ_y	0.0947	0.1960	0.3086	0.4257	0.4685
0.95	θ_x	0.1627	0.3107	0.4300	0.5072	0.5341
	θ_y	0.0947	0.1960	0.3086	0.4257	0.4685

$k=1.9 \quad \alpha=1.2 \quad \beta=0.4$

ξ	η	0.10	0.20	0.30	0.40	0.50
0.60	θ_x		0.3783	0.5343	0.6406	0.6784
	θ_y		0.2199	0.3509	0.4557	0.4896
0.70	θ_x		0.3976	0.5548	0.6593	0.6960
	θ_y		0.2425	0.3845	0.4977	0.5348
0.80	θ_x		0.4028	0.5583	0.6600	0.6955
	θ_y		0.2581	0.4071	0.5255	0.5644
0.90	θ_x		0.4033	0.5575	0.6578	0.6926
	θ_y		0.2657	0.4185	0.5393	0.5791
0.95	θ_x		0.4031	0.5567	0.6563	0.6910
	θ_y		0.2657	0.4185	0.5393	0.5791

$k=1.9 \quad \alpha=1.2 \quad \beta=0.5$

ξ	η	0.10	0.20	0.30	0.40	0.50
0.60	θ_x		0.4612	0.6453	0.7671	0.8095
	θ_y		0.2825	0.4383	0.5340	0.5649
0.70	θ_x		0.4816	0.6687	0.7911	0.8336
	θ_y		0.3107	0.4793	0.5839	0.6179
0.80	θ_x		0.4863	0.6722	0.7930	0.8348
	θ_y		0.3298	0.5068	0.6169	0.6530
0.90	θ_x		0.4863	0.6711	0.7906	0.8320
	θ_y		0.3397	0.5204	0.6333	0.6703
0.95	θ_x		0.4859	0.6698	0.7891	0.8304
	θ_y		0.3397	0.5204	0.6333	0.6703

$k=1.9 \quad \alpha=1.2 \quad \beta=0.6$

ξ	η	0.10	0.20	0.30	0.40	0.50
0.60	θ_x			0.7406	0.8735	0.9192
	θ_y			0.5069	0.5957	0.6244
0.70	θ_x			0.7663	0.9028	0.9498
	θ_y			0.5543	0.6519	0.6836
0.80	θ_x			0.7698	0.9060	0.9531
	θ_y			0.5859	0.6893	0.7231
0.90	θ_x			0.7682	0.9038	0.9506
	θ_y			0.6018	0.7082	0.7430
0.95	θ_x			0.7668	0.9022	0.9490
	θ_y			0.6018	0.7082	0.7430

$k=1.9 \quad \alpha=1.2 \quad \beta=0.7$

ξ	η	0.10	0.20	0.30	0.40	0.50
0.60	θ_x			0.8174	0.9580	1.0060
	θ_y			0.5594	0.6429	0.6700
0.70	θ_x			0.8450	0.9920	1.0424
	θ_y			0.6119	0.7040	0.7340
0.80	θ_x			0.8484	0.9967	1.0476
	θ_y			0.6469	0.7448	0.7768
0.90	θ_x			0.8465	0.9946	1.0457
	θ_y			0.6642	0.7651	0.7981
0.95	θ_x			0.8449	0.9930	1.0440
	θ_y			0.6642	0.7651	0.7981

$k=1.9 \quad \alpha=1.2 \quad \beta=0.8$

ξ	η	0.10	0.20	0.30	0.40	0.50
0.60	θ_x				1.0192	1.0686
	θ_y				0.6757	0.7017
0.70	θ_x				1.0569	1.1096
	θ_y				0.7402	0.7690
0.80	θ_x				1.0628	1.1166
	θ_y				0.7835	0.8142
0.90	θ_x				1.0610	1.1150
	θ_y				0.8054	0.8371
0.95	θ_x				1.0594	1.1134
	θ_y				0.8054	0.8371

$k=1.9 \quad \alpha=1.2 \quad \beta=0.9$

ξ	η	0.10	0.20	0.30	0.40	0.50
0.60	θ_x				1.0563	1.1065
	θ_y				0.6954	0.7208
0.70	θ_x				1.0963	1.1503
	θ_y				0.7620	0.7900
0.80	θ_x				1.1031	1.1585
	θ_y				0.8068	0.8367
0.90	θ_x				1.1015	1.1573
	θ_y				0.8290	0.8599
0.95	θ_x				1.0999	1.1557
	θ_y				0.8290	0.8599

$k=1.9 \quad \alpha=1.2 \quad \beta=1.0$

ξ	η	0.10	0.20	0.30	0.40	0.50
0.60	θ_x					1.1192
	θ_y					0.7269
0.70	θ_x					1.1640
	θ_y					0.7968
0.80	θ_x					1.1725
	θ_y					0.8439
0.90	θ_x					1.1714
	θ_y					0.8678
0.95	θ_x					1.1699
	θ_y					0.8678

附录四 双向板楼面等效均布荷载计算表

$k=1.9 \quad \alpha=1.3 \quad \beta=0.1$

ξ	η	0.10	0.20	0.30	0.40	0.50
0.60	θ_x	0.0525	0.1020	0.1447	0.1753	0.1874
	θ_y	0.0268	0.0556	0.0881	0.1273	0.1629
0.70	θ_x	0.0542	0.1043	0.1460	0.1740	0.1835
	θ_y	0.0296	0.0612	0.0967	0.1384	0.1749
0.80	θ_x	0.0544	0.1041	0.1446	0.1713	0.1809
	θ_y	0.0315	0.0652	0.1025	0.1456	0.1827
0.90	θ_x	0.0542	0.1035	0.1433	0.1692	0.1781
	θ_y	0.0325	0.0672	0.1054	0.1491	0.1865
0.95	θ_x	0.0541	0.1034	0.1430	0.1688	0.1778
	θ_y	0.0325	0.0672	0.1054	0.1491	0.1865

$k=1.9 \quad \alpha=1.3 \quad \beta=0.2$

ξ	η	0.10	0.20	0.30	0.40	0.50
0.60	θ_x	0.1043	0.2023	0.2864	0.3461	0.3684
	θ_y	0.0541	0.1118	0.1780	0.2571	0.3006
0.70	θ_x	0.1073	0.2065	0.2885	0.3432	0.3623
	θ_y	0.0597	0.1231	0.1951	0.2788	0.3241
0.80	θ_x	0.1076	0.2059	0.2857	0.3384	0.3569
	θ_y	0.0636	0.1310	0.2066	0.2930	0.3394
0.90	θ_x	0.1071	0.2046	0.2830	0.3340	0.3517
	θ_y	0.0656	0.1349	0.2123	0.3001	0.3469
0.95	θ_x	0.1071	0.2044	0.2825	0.3334	0.3509
	θ_y	0.0656	0.1349	0.2123	0.3001	0.3469

$k=1.9 \quad \alpha=1.3 \quad \beta=0.3$

ξ	η	0.10	0.20	0.30	0.40	0.50
0.60	θ_x	0.1545	0.2991	0.4220	0.5074	0.5381
	θ_y	0.0822	0.1706	0.2708	0.3783	0.4175
0.70	θ_x	0.1585	0.3045	0.4242	0.5034	0.5314
	θ_y	0.0906	0.1876	0.2961	0.4100	0.4516
0.80	θ_x	0.1585	0.3030	0.4200	0.4968	0.5236
	θ_y	0.0966	0.1993	0.3130	0.4308	0.4739
0.90	θ_x	0.1577	0.3010	0.4160	0.4905	0.5164
	θ_y	0.0995	0.2052	0.3216	0.4410	0.4847
0.95	θ_x	0.1575	0.3006	0.4154	0.4896	0.5154
	θ_y	0.0995	0.2052	0.3216	0.4410	0.4847

$k=1.9 \quad \alpha=1.3 \quad \beta=0.4$

ξ	η	0.10	0.20	0.30	0.40	0.50
0.60	θ_x		0.3905	0.5484	0.6548	0.6922
	θ_y		0.2319	0.3690	0.4785	0.5142
0.70	θ_x		0.3960	0.5497	0.6509	0.6864
	θ_y		0.2545	0.4021	0.5192	0.5576
0.80	θ_x		0.3932	0.5443	0.6427	0.6768
	θ_y		0.2699	0.4242	0.5459	0.5861
0.90	θ_x		0.3902	0.5389	0.6348	0.6681
	θ_y		0.2777	0.4352	0.5593	0.6003
0.95	θ_x		0.3898	0.5376	0.6336	0.6668
	θ_y		0.2777	0.4352	0.5593	0.6003

$k=1.9 \quad \alpha=1.3 \quad \beta=0.5$

ξ	η	0.10	0.20	0.30	0.40	0.50
0.60	θ_x		0.4746	0.6619	0.7848	0.8275
	θ_y		0.2976	0.4605	0.5610	0.5937
0.70	θ_x		0.4784	0.6619	0.7817	0.8234
	θ_y		0.3257	0.5007	0.6095	0.6450
0.80	θ_x		0.4744	0.6553	0.7723	0.8128
	θ_y		0.3446	0.5274	0.6414	0.6788
0.90	θ_x		0.4702	0.6482	0.7632	0.8030
	θ_y		0.3542	0.5405	0.6571	0.6955
0.95	θ_x		0.4695	0.6471	0.7619	0.8011
	θ_y		0.3542	0.5405	0.6571	0.6955

$k=1.9 \quad \alpha=1.3 \quad \beta=0.6$

ξ	η	0.10	0.20	0.30	0.40	0.50
0.60	θ_x			0.7591	0.8945	0.9412
	θ_y			0.5326	0.6261	0.6565
0.70	θ_x			0.7582	0.8929	0.9394
	θ_y			0.5789	0.6809	0.7142
0.80	θ_x			0.7502	0.8827	0.9284
	θ_y			0.6095	0.7172	0.7525
0.90	θ_x			0.7419	0.8727	0.9178
	θ_y			0.6249	0.7354	0.7716
0.95	θ_x			0.7406	0.8708	0.9158
	θ_y			0.6249	0.7354	0.7716

$k=1.9 \quad \alpha=1.3 \quad \beta=0.7$

ξ	η	0.10	0.20	0.30	0.40	0.50
0.60	θ_x			0.8373	0.9820	1.0315
	θ_y			0.5878	0.6759	0.7046
0.70	θ_x			0.8359	0.9818	1.0320
	θ_y			0.6390	0.7357	0.7673
0.80	θ_x			0.8266	0.9712	1.0210
	θ_y			0.6729	0.7754	0.8089
0.90	θ_x			0.8174	0.9611	1.0104
	θ_y			0.6897	0.7950	0.8296
0.95	θ_x			0.8155	0.9586	1.0079
	θ_y			0.6897	0.7950	0.8296

$k=1.9 \quad \alpha=1.3 \quad \beta=0.8$

ξ	η	0.10	0.20	0.30	0.40	0.50
0.60	θ_x				1.0455	1.0969
	θ_y				0.7106	0.7381
0.70	θ_x				1.0467	1.0994
	θ_y				0.7739	0.8042
0.80	θ_x				1.0359	1.0886
	θ_y				0.8160	0.8483
0.90	θ_x				1.0254	1.0777
	θ_y				0.8371	0.8704
0.95	θ_x				1.0229	1.0752
	θ_y				0.8371	0.8704

附录四 双向板楼面等效均布荷载计算表

$k=1.9\quad \alpha=1.3\quad \beta=0.9$

ξ	η	0.10	0.20	0.30	0.40	0.50
0.60	θ_x				1.0840	1.1365
	θ_y				0.7314	0.7582
0.70	θ_x				1.0862	1.1403
	θ_y				0.7969	0.8264
0.80	θ_x				1.0753	1.1297
	θ_y				0.8405	0.8720
0.90	θ_x				1.0646	1.1188
	θ_y				0.8622	0.8948
0.95	θ_x				1.0620	1.1161
	θ_y				0.8622	0.8948

$k=1.9\quad \alpha=1.3\quad \beta=1.0$

ξ	η	0.10	0.20	0.30	0.40	0.50
0.60	θ_x					1.1497
	θ_y					0.7646
0.70	θ_x					1.1541
	θ_y					0.8336
0.80	θ_x					1.1435
	θ_y					0.8796
0.90	θ_x					1.1325
	θ_y					0.9026
0.95	θ_x					1.1299
	θ_y					0.9026

$k=1.9\quad \alpha=1.4\quad \beta=0.1$

ξ	η	0.10	0.20	0.30	0.40	0.50
0.70	θ_x	0.0540	0.1036	0.1444	0.1715	0.1810
	θ_y	0.0309	0.0639	0.1006	0.1432	0.1801
0.80	θ_x	0.0532	0.1017	0.1409	0.1665	0.1755
	θ_y	0.0329	0.0678	0.1062	0.1502	0.1876
0.90	θ_x	0.0526	0.1004	0.1387	0.1636	0.1722
	θ_y	0.0339	0.0698	0.1091	0.1536	0.1912
0.95	θ_x	0.0525	0.1002	0.1384	0.1633	0.1722
	θ_y	0.0339	0.0698	0.1091	0.1536	0.1912

$k=1.9\quad \alpha=1.4\quad \beta=0.2$

ξ	η	0.10	0.20	0.30	0.40	0.50
0.70	θ_x	0.1069	0.2051	0.2854	0.3385	0.3572
	θ_y	0.0623	0.1284	0.2028	0.2884	0.3344
0.80	θ_x	0.1053	0.2011	0.2784	0.3289	0.3465
	θ_y	0.0663	0.1362	0.2141	0.3021	0.3490
0.90	θ_x	0.1040	0.1983	0.2740	0.3230	0.3400
	θ_y	0.0683	0.1402	0.2196	0.3089	0.3562
0.95	θ_x	0.1038	0.1979	0.2734	0.3226	0.3399
	θ_y	0.0683	0.1402	0.2196	0.3089	0.3562

$k=1.9\quad \alpha=1.4\quad \beta=0.3$

ξ	η	0.10	0.20	0.30	0.40	0.50
0.70	θ_x	0.1577	0.3022	0.4195	0.4968	0.5239
	θ_y	0.0946	0.1955	0.3076	0.4239	0.4666
0.80	θ_x	0.1549	0.2959	0.4092	0.4829	0.5086
	θ_y	0.1005	0.2071	0.3241	0.4440	0.4879
0.90	θ_x	0.1530	0.2917	0.4026	0.4744	0.4993
	θ_y	0.1035	0.2129	0.3323	0.4538	0.4984
0.95	θ_x	0.1527	0.2910	0.4018	0.4739	0.4988
	θ_y	0.1035	0.2129	0.3323	0.4538	0.4984

$k=1.9\quad \alpha=1.4\quad \beta=0.4$

ξ	η	0.10	0.20	0.30	0.40	0.50
0.70	θ_x		0.3923	0.5436	0.6425	0.6770
	θ_y		0.2652	0.4170	0.5372	0.5767
0.80	θ_x		0.3837	0.5300	0.6249	0.6578
	θ_y		0.2804	0.4385	0.5630	0.6041
0.90	θ_x		0.3779	0.5214	0.6140	0.6460
	θ_y		0.2877	0.4492	0.5759	0.6177
0.95	θ_x		0.3772	0.5206	0.6133	0.6452
	θ_y		0.2877	0.4492	0.5759	0.6177

$k=1.9\quad \alpha=1.4\quad \beta=0.5$

ξ	η	0.10	0.20	0.30	0.40	0.50
0.70	θ_x		0.4735	0.6545	0.7720	0.8127
	θ_y		0.3385	0.5186	0.6309	0.6678
0.80	θ_x		0.4624	0.6379	0.7512	0.7904
	θ_y		0.3570	0.5446	0.6619	0.7004
0.90	θ_x		0.4552	0.6274	0.7383	0.7766
	θ_y		0.3662	0.5574	0.6770	0.7164
0.95	θ_x		0.4543	0.6266	0.7374	0.7756
	θ_y		0.3662	0.5574	0.6770	0.7164

$k=1.9\quad \alpha=1.4\quad \beta=0.6$

ξ	η	0.10	0.20	0.30	0.40	0.50
0.70	θ_x			0.7494	0.8821	0.9279
	θ_y			0.5995	0.7053	0.7400
0.80	θ_x			0.7301	0.8589	0.9033
	θ_y			0.6293	0.7405	0.7770
0.90	θ_x			0.7180	0.8444	0.8880
	θ_y			0.6442	0.7581	0.7955
0.95	θ_x			0.7171	0.8432	0.8867
	θ_y			0.6442	0.7581	0.7955

附录四 双向板楼面等效均布荷载计算表

$k = 1.9 \quad \alpha = 1.4 \quad \beta = 0.7$

ξ	η	0.10	0.20	0.30	0.40	0.50
0.70	θ_x			0.8263	0.9707	1.0203
	θ_y			0.6616	0.7627	0.7949
0.80	θ_x			0.8044	0.9453	0.9939
	θ_y			0.6948	0.8010	0.8358
0.90	θ_x			0.7909	0.9296	0.9773
	θ_y			0.7109	0.8200	0.8558
0.95	θ_x			0.7899	0.9283	0.9759
	θ_y			0.7109	0.8200	0.8558

$k = 1.9 \quad \alpha = 1.4 \quad \beta = 0.8$

ξ	η	0.10	0.20	0.30	0.40	0.50
0.70	θ_x				1.0348	1.0872
	θ_y				0.8023	0.8339
0.80	θ_x				1.0086	1.0600
	θ_y				0.8433	0.8769
0.90	θ_x				0.9919	1.0427
	θ_y				0.8639	0.8985
0.95	θ_x				0.9905	1.0412
	θ_y				0.8639	0.8985

$k = 1.9 \quad \alpha = 1.4 \quad \beta = 0.9$

ξ	η	0.10	0.20	0.30	0.40	0.50
0.70	θ_x				1.0743	1.1283
	θ_y				0.8260	0.8572
0.80	θ_x				1.0471	1.1003
	θ_y				0.8687	0.9016
0.90	θ_x				1.0299	1.0825
	θ_y				0.8897	0.9236
0.95	θ_x				1.0284	1.0809
	θ_y				0.8897	0.9236

$k = 1.9 \quad \alpha = 1.4 \quad \beta = 1.0$

ξ	η	0.10	0.20	0.30	0.40	0.50
0.70	θ_x					1.1417
	θ_y					0.8646
0.80	θ_x					1.1138
	θ_y					0.9096
0.90	θ_x					1.0959
	θ_y					0.9322
0.95	θ_x					1.0943
	θ_y					0.9322

$k = 1.9 \quad \alpha = 1.5 \quad \beta = 0.1$

ξ	η	0.10	0.20	0.30	0.40	0.50
0.70	θ_x	0.0536	0.1027	0.1426	0.1690	0.1786
	θ_y	0.0320	0.0661	0.1038	0.1471	0.1844
0.80	θ_x	0.0521	0.0995	0.1376	0.1623	0.1706
	θ_y	0.0340	0.0700	0.1093	0.1539	0.1914
0.90	θ_x	0.0512	0.0976	0.1347	0.1586	0.1671
	θ_y	0.0350	0.0719	0.1121	0.1571	0.1950
0.95	θ_x	0.0511	0.0973	0.1343	0.1582	0.1665
	θ_y	0.0350	0.0719	0.1121	0.1571	0.1950

$k = 1.9 \quad \alpha = 1.5 \quad \beta = 0.2$

ξ	η	0.10	0.20	0.30	0.40	0.50
0.70	θ_x	0.1061	0.2031	0.2818	0.3338	0.3522
	θ_y	0.0646	0.1328	0.2091	0.2961	0.3427
0.80	θ_x	0.1031	0.1967	0.2718	0.3204	0.3371
	θ_y	0.0685	0.1405	0.2201	0.3093	0.3567
0.90	θ_x	0.1012	0.1928	0.2661	0.3132	0.3299
	θ_y	0.0705	0.1444	0.2251	0.3161	0.3636
0.95	θ_x	0.1009	0.1923	0.2652	0.3125	0.3289
	θ_y	0.0705	0.1444	0.2251	0.3161	0.3636

$k = 1.9 \quad \alpha = 1.5 \quad \beta = 0.3$

ξ	η	0.10	0.20	0.30	0.40	0.50
0.70	θ_x	0.1564	0.2990	0.4137	0.4902	0.5166
	θ_y	0.0979	0.2020	0.3170	0.4353	0.4786
0.80	θ_x	0.1516	0.2892	0.3997	0.4705	0.4951
	θ_y	0.1038	0.2135	0.3331	0.4547	0.4992
0.90	θ_x	0.1487	0.2834	0.3908	0.4599	0.4845
	θ_y	0.1068	0.2192	0.3411	0.4640	0.5093
0.95	θ_x	0.1484	0.2827	0.3899	0.4591	0.4830
	θ_y	0.1068	0.2192	0.3411	0.4640	0.5093

$k = 1.9 \quad \alpha = 1.5 \quad \beta = 0.4$

ξ	η	0.10	0.20	0.30	0.40	0.50
0.70	θ_x		0.3878	0.5370	0.6341	0.6677
	θ_y		0.2735	0.4291	0.5518	0.5922
0.80	θ_x		0.3750	0.5170	0.6089	0.6407
	θ_y		0.2884	0.4501	0.5768	0.6187
0.90	θ_x		0.3672	0.5060	0.5954	0.6263
	θ_y		0.2959	0.4605	0.5894	0.6321
0.95	θ_x		0.3660	0.5048	0.5942	0.6250
	θ_y		0.2959	0.4605	0.5894	0.6321

附录四 双向板楼面等效均布荷载计算表

$k = 1.9 \quad \alpha = 1.5 \quad \beta = 0.5$

ξ	η	0.10	0.20	0.30	0.40	0.50
0.70	θ_x		0.4674	0.6466	0.7619	0.8018
	θ_y		0.3491	0.5333	0.6484	0.6862
0.80	θ_x		0.4518	0.6221	0.7322	0.7703
	θ_y		0.3672	0.5586	0.6784	0.7179
0.90	θ_x		0.4420	0.6087	0.7161	0.7532
	θ_y		0.3762	0.5710	0.6930	0.7332
0.95	θ_x		0.4404	0.6074	0.7146	0.7516
	θ_y		0.3762	0.5710	0.6930	0.7332

$k = 1.9 \quad \alpha = 1.5 \quad \beta = 0.6$

ξ	η	0.10	0.20	0.30	0.40	0.50
0.70	θ_x			0.7402	0.8708	0.9159
	θ_y			0.6163	0.7252	0.7609
0.80	θ_x			0.7119	0.8374	0.8807
	θ_y			0.6453	0.7594	0.7969
0.90	θ_x			0.6965	0.8191	0.8614
	θ_y			0.6598	0.7765	0.8150
0.95	θ_x			0.6951	0.8173	0.8595
	θ_y			0.6598	0.7765	0.8150

$k = 1.9 \quad \alpha = 1.5 \quad \beta = 0.7$

ξ	η	0.10	0.20	0.30	0.40	0.50
0.70	θ_x			0.8156	0.9582	1.0073
	θ_y			0.6804	0.7842	0.8182
0.80	θ_x			0.7843	0.9219	0.9693
	θ_y			0.7124	0.8218	0.8576
0.90	θ_x			0.7673	0.9019	0.9483
	θ_y			0.7281	0.8402	0.8770
0.95	θ_x			0.7656	0.8999	0.9462
	θ_y			0.7281	0.8402	0.8770

$k = 1.9 \quad \alpha = 1.5 \quad \beta = 0.8$

ξ	η	0.10	0.20	0.30	0.40	0.50
0.70	θ_x				1.0220	1.0739
	θ_y				0.8254	0.8582
0.80	θ_x				0.9837	1.0341
	θ_y				0.8654	0.9001
0.90	θ_x				0.9625	1.0119
	θ_y				0.8853	0.9209
0.95	θ_x				0.9604	1.0096
	θ_y				0.8853	0.9209

$k = 1.9 \quad \alpha = 1.5 \quad \beta = 0.9$

ξ	η	0.10	0.20	0.30	0.40	0.50
0.70	θ_x				1.0609	1.1145
	θ_y				0.8502	0.8822
0.80	θ_x				1.0214	1.0735
	θ_y				0.8917	0.9257
0.90	θ_x				0.9995	1.0507
	θ_y				0.9122	0.9473
0.95	θ_x				0.9972	1.0483
	θ_y				0.9122	0.9473

$k = 1.9 \quad \alpha = 1.5 \quad \beta = 1.0$

ξ	η	0.10	0.20	0.30	0.40	0.50
0.70	θ_x					1.1281
	θ_y					0.8900
0.80	θ_x					1.0868
	θ_y					0.9339
0.90	θ_x					1.0637
	θ_y					0.9556
0.95	θ_x					1.0613
	θ_y					0.9556

$k = 1.9 \quad \alpha = 1.6 \quad \beta = 0.1$

ξ	η	0.10	0.20	0.30	0.40	0.50
0.80	θ_x	0.0512	0.0976	0.1348	0.1589	0.1672
	θ_y	0.0349	0.0717	0.1117	0.1567	0.1945
0.90	θ_x	0.0500	0.0953	0.1314	0.1547	0.1628
	θ_y	0.0359	0.0736	0.1144	0.1599	0.1979
0.95	θ_x	0.0499	0.0950	0.1310	0.1541	0.1619
	θ_y	0.0359	0.0736	0.1144	0.1599	0.1979

$k = 1.9 \quad \alpha = 1.6 \quad \beta = 0.2$

ξ	η	0.10	0.20	0.30	0.40	0.50
0.80	θ_x	0.1012	0.1929	0.2663	0.3138	0.3302
	θ_y	0.0702	0.1439	0.2248	0.3150	0.3627
0.90	θ_x	0.0988	0.1883	0.2596	0.3056	0.3215
	θ_y	0.0722	0.1477	0.2302	0.3214	0.3694
0.95	θ_x	0.0985	0.1877	0.2587	0.3043	0.3200
	θ_y	0.0722	0.1477	0.2302	0.3214	0.3694

$k = 1.9 \quad \alpha = 1.6 \quad \beta = 0.3$

ξ	η	0.10	0.20	0.30	0.40	0.50
0.80	θ_x	0.1488	0.2835	0.3913	0.4609	0.4849
	θ_y	0.1064	0.2184	0.3399	0.4629	0.5079
0.90	θ_x	0.1453	0.2766	0.3814	0.4489	0.4722
	θ_y	0.1093	0.2240	0.3478	0.4721	0.5176
0.95	θ_x	0.1448	0.2758	0.3800	0.4470	0.4702
	θ_y	0.1093	0.2240	0.3478	0.4721	0.5176

$k = 1.9 \quad \alpha = 1.6 \quad \beta = 0.4$

ξ	η	0.10	0.20	0.30	0.40	0.50
0.80	θ_x		0.3674	0.5067	0.5965	0.6275
	θ_y		0.2951	0.4590	0.5874	0.6299
0.90	θ_x		0.3584	0.4938	0.5811	0.6112
	θ_y		0.3021	0.4693	0.5996	0.6427
0.95	θ_x		0.3572	0.4920	0.5787	0.6086
	θ_y		0.3021	0.4693	0.5996	0.6427

$k = 1.9 \quad \alpha = 1.6 \quad \beta = 0.5$

ξ	η	0.10	0.20	0.30	0.40	0.50
0.80	θ_x		0.4424	0.6096	0.7173	0.7545
	θ_y		0.3748	0.5694	0.6912	0.7313
0.90	θ_x		0.4314	0.5942	0.6989	0.7350
	θ_y		0.3836	0.5815	0.7055	0.7464
0.95	θ_x		0.4299	0.5918	0.6961	0.7321
	θ_y		0.3836	0.5815	0.7055	0.7464

$k = 1.9 \quad \alpha = 1.6 \quad \beta = 0.6$

ξ	η	0.10	0.20	0.30	0.40	0.50
0.80	θ_x			0.6977	0.8204	0.8628
	θ_y			0.6577	0.7740	0.8122
0.90	θ_x			0.6799	0.7994	0.8407
	θ_y			0.6718	0.7906	0.8297
0.95	θ_x			0.6772	0.7963	0.8374
	θ_y			0.6718	0.7906	0.8297

$k = 1.9 \quad \alpha = 1.6 \quad \beta = 0.7$

ξ	η	0.10	0.20	0.30	0.40	0.50
0.80	θ_x			0.7685	0.9033	0.9497
	θ_y			0.7261	0.8378	0.8745
0.90	θ_x			0.7489	0.8803	0.9256
	θ_y			0.7414	0.8558	0.8934
0.95	θ_x			0.7459	0.8769	0.9220
	θ_y			0.7414	0.8558	0.8934

$k = 1.9 \quad \alpha = 1.6 \quad \beta = 0.8$

ξ	η	0.10	0.20	0.30	0.40	0.50
0.80	θ_x				0.9639	1.0133
	θ_y				0.8825	0.9180
0.90	θ_x				0.9395	0.9877
	θ_y				0.9020	0.9385
0.95	θ_x				0.9359	0.9839
	θ_y				0.9020	0.9385

$k = 1.9 \quad \alpha = 1.6 \quad \beta = 0.9$

ξ	η	0.10	0.20	0.30	0.40	0.50
0.80	θ_x				1.0009	1.0521
	θ_y				0.9094	0.9442
0.90	θ_x				0.9756	1.0256
	θ_y				0.9292	0.9651
0.95	θ_x				0.9718	1.0217
	θ_y				0.9292	0.9651

$k = 1.9 \quad \alpha = 1.6 \quad \beta = 1.0$

ξ	η	0.10	0.20	0.30	0.40	0.50
0.80	θ_x					1.0651
	θ_y					0.9527
0.90	θ_x					1.0383
	θ_y					0.9742
0.95	θ_x					1.0344
	θ_y					0.9742

$k = 1.9 \quad \alpha = 1.7 \quad \beta = 0.1$

ξ	η	0.10	0.20	0.30	0.40	0.50
0.80	θ_x	0.0505	0.0962	0.1327	0.1564	0.1648
	θ_y	0.0355	0.0729	0.1134	0.1587	0.1966
0.90	θ_x	0.0491	0.0936	0.1290	0.1518	0.1596
	θ_y	0.0365	0.0748	0.1160	0.1618	0.1999
0.95	θ_x	0.0490	0.0932	0.1285	0.1512	0.1592
	θ_y	0.0365	0.0748	0.1160	0.1618	0.1999

$k = 1.9 \quad \alpha = 1.7 \quad \beta = 0.2$

ξ	η	0.10	0.20	0.30	0.40	0.50
0.80	θ_x	0.0997	0.1900	0.2622	0.3089	0.3252
	θ_y	0.0715	0.1463	0.2282	0.3189	0.3669
0.90	θ_x	0.0971	0.1849	0.2548	0.2998	0.3153
	θ_y	0.0734	0.1500	0.2334	0.3252	0.3734
0.95	θ_x	0.0967	0.1842	0.2539	0.2987	0.3143
	θ_y	0.0734	0.1500	0.2334	0.3252	0.3734

$k = 1.9 \quad \alpha = 1.7 \quad \beta = 0.3$

ξ	η	0.10	0.20	0.30	0.40	0.50
0.80	θ_x	0.1466	0.2793	0.3852	0.4538	0.4775
	θ_y	0.1082	0.2219	0.3449	0.4687	0.5141
0.90	θ_x	0.1427	0.2716	0.3743	0.4404	0.4632
	θ_y	0.1111	0.2274	0.3525	0.4779	0.5237
0.95	θ_x	0.1422	0.2708	0.3730	0.4389	0.4616
	θ_y	0.1111	0.2274	0.3525	0.4779	0.5237

$k = 1.9 \quad \alpha = 1.7 \quad \beta = 0.4$

ξ	η	0.10	0.20	0.30	0.40	0.50
0.80	θ_x		0.3619	0.4990	0.5874	0.6179
	θ_y		0.2997	0.4654	0.5950	0.6379
0.90	θ_x		0.3519	0.4847	0.5701	0.5996
	θ_y		0.3066	0.4754	0.6068	0.6503
0.95	θ_x		0.3505	0.4828	0.5681	0.5975
	θ_y		0.3066	0.4754	0.6068	0.6503

$k=1.9 \quad \alpha=1.7 \quad \beta=0.5$

ξ	η	0.10	0.20	0.30	0.40	0.50
0.80	θ_x		0.4357	0.6005	0.7064	0.7429
	θ_y		0.3804	0.5770	0.7002	0.7409
0.90	θ_x		0.4235	0.5831	0.6857	0.7211
	θ_y		0.3890	0.5890	0.7144	0.7558
0.95	θ_x		0.4218	0.5811	0.6833	0.7186
	θ_y		0.3890	0.5890	0.7144	0.7558

$k=1.9 \quad \alpha=1.7 \quad \beta=0.6$

ξ	η	0.10	0.20	0.30	0.40	0.50
0.80	θ_x			0.6871	0.8079	0.8495
	θ_y			0.6665	0.7843	0.8231
0.90	θ_x			0.6672	0.7844	0.8249
	θ_y			0.6802	0.8007	0.8403
0.95	θ_x			0.6649	0.7817	0.8220
	θ_y			0.6802	0.8007	0.8403

$k=1.9 \quad \alpha=1.7 \quad \beta=0.7$

ξ	η	0.10	0.20	0.30	0.40	0.50
0.80	θ_x			0.7568	0.8895	0.9352
	θ_y			0.7357	0.8491	0.8864
0.90	θ_x			0.7349	0.8638	0.9083
	θ_y			0.7509	0.8668	0.9049
0.95	θ_x			0.7323	0.8605	0.9048
	θ_y			0.7509	0.8668	0.9049

$k=1.9 \quad \alpha=1.7 \quad \beta=0.8$

ξ	η	0.10	0.20	0.30	0.40	0.50
0.80	θ_x				0.9493	0.9979
	θ_y				0.8946	0.9307
0.90	θ_x				0.9220	0.9693
	θ_y				0.9137	0.9509
0.95	θ_x				0.9184	0.9656
	θ_y				0.9137	0.9509

$k=1.9 \quad \alpha=1.7 \quad \beta=0.9$

ξ	η	0.10	0.20	0.30	0.40	0.50
0.80	θ_x				0.9857	1.0361
	θ_y				0.9219	0.9574
0.90	θ_x				0.9574	1.0065
	θ_y				0.9414	0.9779
0.95	θ_x				0.9537	1.0027
	θ_y				0.9414	0.9779

$k=1.9 \quad \alpha=1.7 \quad \beta=1.0$

ξ	η	0.10	0.20	0.30	0.40	0.50
0.80	θ_x					1.0490
	θ_y					0.9660
0.90	θ_x					1.0190
	θ_y					0.9872
0.95	θ_x					1.0152
	θ_y					0.9872

$k=1.9 \quad \alpha=1.8 \quad \beta=0.1$

ξ	η	0.10	0.20	0.30	0.40	0.50
0.90	θ_x	0.0486	0.0925	0.1275	0.1500	0.1578
	θ_y	0.0369	0.0755	0.1170	0.1629	0.2011
0.95	θ_x	0.0484	0.0922	0.1270	0.1495	0.1573
	θ_y	0.0369	0.0755	0.1170	0.1629	0.2011

$k=1.9 \quad \alpha=1.8 \quad \beta=0.2$

ξ	η	0.10	0.20	0.30	0.40	0.50
0.90	θ_x	0.0960	0.1828	0.2519	0.2964	0.3117
	θ_y	0.0742	0.1514	0.2353	0.3275	0.3759
0.95	θ_x	0.0957	0.1821	0.2509	0.2952	0.3106
	θ_y	0.0742	0.1514	0.2353	0.3275	0.3759

$k=1.9 \quad \alpha=1.8 \quad \beta=0.3$

ξ	η	0.10	0.20	0.30	0.40	0.50
0.90	θ_x	0.1411	0.2686	0.3700	0.4353	0.4579
	θ_y	0.1121	0.2295	0.3555	0.4811	0.5271
0.95	θ_x	0.1406	0.2676	0.3686	0.4337	0.4562
	θ_y	0.1121	0.2295	0.3555	0.4811	0.5271

$k=1.9 \quad \alpha=1.8 \quad \beta=0.4$

ξ	η	0.10	0.20	0.30	0.40	0.50
0.90	θ_x		0.3479	0.4791	0.5636	0.5927
	θ_y		0.3093	0.4791	0.6113	0.6550
0.95	θ_x		0.3465	0.4773	0.5615	0.5905
	θ_y		0.3093	0.4791	0.6113	0.6550

$k=1.9 \quad \alpha=1.8 \quad \beta=0.5$

ξ	η	0.10	0.20	0.30	0.40	0.50
0.90	θ_x		0.4186	0.5764	0.6779	0.7129
	θ_y		0.3924	0.5934	0.7195	0.7612
0.95	θ_x		0.4170	0.5743	0.6754	0.7102
	θ_y		0.3924	0.5934	0.7195	0.7612

$k=1.9 \quad \alpha=1.8 \quad \beta=0.6$

ξ	η	0.10	0.20	0.30	0.40	0.50
0.90	θ_x			0.6596	0.7754	0.8153
	θ_y			0.6854	0.8067	0.8467
0.95	θ_x			0.6571	0.7726	0.8124
	θ_y			0.6854	0.8067	0.8467

附录四 双向板楼面等效均布荷载计算表

$k = 1.9 \quad \alpha = 1.8 \quad \beta = 0.7$

ξ	η	0.10	0.20	0.30	0.40	0.50
0.90	θ_x			0.7264	0.8539	0.8978
	θ_y			0.7563	0.8734	0.9119
0.95	θ_x			0.7238	0.8508	0.8945
	θ_y			0.7563	0.8734	0.9119

$k = 1.9 \quad \alpha = 1.8 \quad \beta = 0.8$

ξ	η	0.10	0.20	0.30	0.40	0.50
0.90	θ_x				0.9113	0.9582
	θ_y				0.9207	0.9581
0.95	θ_x				0.9080	0.9547
	θ_y				0.9207	0.9581

$k = 1.9 \quad \alpha = 1.8 \quad \beta = 0.9$

ξ	η	0.10	0.20	0.30	0.40	0.50
0.90	θ_x				0.9464	0.9950
	θ_y				0.9489	0.9858
0.95	θ_x				0.9430	0.9914
	θ_y				0.9489	0.9858

$k = 1.9 \quad \alpha = 1.8 \quad \beta = 1.0$

ξ	η	0.10	0.20	0.30	0.40	0.50
0.90	θ_x				0.9582	1.0074
	θ_y				0.9581	0.9947
0.95	θ_x				0.9547	1.0037
	θ_y				0.9581	0.9947

$k = 1.9 \quad \alpha = 1.9 \quad \beta = 0.1$

ξ	η	0.10	0.20	0.30	0.40	0.50
0.90	θ_x	0.0484	0.0922	0.1270	0.1495	0.1573
	θ_y	0.0370	0.0757	0.1173	0.1634	0.2016
0.95	θ_x	0.0482	0.0918	0.1265	0.1488	0.1566
	θ_y	0.0370	0.0757	0.1173	0.1634	0.2016

$k = 1.9 \quad \alpha = 1.9 \quad \beta = 0.2$

ξ	η	0.10	0.20	0.30	0.40	0.50
0.90	θ_x	0.0957	0.1821	0.2509	0.2952	0.3106
	θ_y	0.0744	0.1519	0.2360	0.3282	0.3767
0.95	θ_x	0.0953	0.1814	0.2498	0.2939	0.3091
	θ_y	0.0744	0.1519	0.2360	0.3282	0.3767

$k = 1.9 \quad \alpha = 1.9 \quad \beta = 0.3$

ξ	η	0.10	0.20	0.30	0.40	0.50
0.90	θ_x	0.1406	0.2676	0.3686	0.4337	0.4562
	θ_y	0.1125	0.2302	0.3563	0.4824	0.5284
0.95	θ_x	0.1401	0.2665	0.3670	0.4317	0.4540
	θ_y	0.1125	0.2302	0.3563	0.4824	0.5284

$k = 1.9 \quad \alpha = 1.9 \quad \beta = 0.4$

ξ	η	0.10	0.20	0.30	0.40	0.50
0.90	θ_x		0.3465	0.4773	0.5615	0.5905
	θ_y		0.3101	0.4804	0.6126	0.6564
0.95	θ_x		0.3451	0.4752	0.5593	0.5877
	θ_y		0.3101	0.4804	0.6126	0.6564

$k = 1.9 \quad \alpha = 1.9 \quad \beta = 0.5$

ξ	η	0.10	0.20	0.30	0.40	0.50
0.90	θ_x		0.4170	0.5743	0.6754	0.7102
	θ_y		0.3933	0.5950	0.7214	0.7631
0.95	θ_x		0.4153	0.5717	0.6728	0.7075
	θ_y		0.3933	0.5950	0.7214	0.7631

$k = 1.9 \quad \alpha = 1.9 \quad \beta = 0.6$

ξ	η	0.10	0.20	0.30	0.40	0.50
0.90	θ_x			0.6571	0.7726	0.8124
	θ_y			0.6870	0.8085	0.8487
0.95	θ_x			0.6541	0.7697	0.8093
	θ_y			0.6870	0.8085	0.8487

$k = 1.9 \quad \alpha = 1.9 \quad \beta = 0.7$

ξ	η	0.10	0.20	0.30	0.40	0.50
0.90	θ_x			0.7238	0.8508	0.8945
	θ_y			0.7584	0.8756	0.9142
0.95	θ_x			0.7210	0.8469	0.8905
	θ_y			0.7584	0.8756	0.9142

$k = 1.9 \quad \alpha = 1.9 \quad \beta = 0.8$

ξ	η	0.10	0.20	0.30	0.40	0.50
0.90	θ_x				0.9080	0.9547
	θ_y				0.9231	0.9607
0.95	θ_x				0.9039	0.9504
	θ_y				0.9231	0.9607

$k = 1.9 \quad \alpha = 1.9 \quad \beta = 0.9$

ξ	η	0.10	0.20	0.30	0.40	0.50
0.90	θ_x				0.9430	0.9914
	θ_y				0.9511	0.9881
0.95	θ_x				0.9387	0.9869
	θ_y				0.9511	0.9881

$k = 1.9 \quad \alpha = 1.9 \quad \beta = 1.0$

ξ	η	0.10	0.20	0.30	0.40	0.50
0.90	θ_x					1.0037
	θ_y					0.9975
0.95	θ_x					1.0000
	θ_y					0.9975

附录四 双向板楼面等效均布荷载计算表

$k=2.0 \quad \alpha=0.1 \quad \beta=0.1$

ξ	η	0.10	0.20	0.30	0.40	0.50
0.10	θ_x	-0.0008	-0.0016	-0.0022	-0.0026	-0.0028
	θ_y	0.0004	0.0008	0.0011	0.0013	0.0014
0.20	θ_x	-0.0015	-0.0030	-0.0042	-0.0051	-0.0054
	θ_y	0.0009	0.0017	0.0023	0.0027	0.0029
0.30	θ_x	-0.0021	-0.0040	-0.0058	-0.0070	-0.0075
	θ_y	0.0013	0.0025	0.0035	0.0042	0.0045
0.40	θ_x	-0.0021	-0.0057	-0.0065	-0.0128	-0.0072
	θ_y	0.0018	0.0036	0.0049	0.0056	0.0063
0.50	θ_x	-0.0015	-0.0034	-0.0057	-0.0076	-0.0085
	θ_y	0.0022	0.0044	0.0063	0.0077	0.0082
0.60	θ_x	0.0002	-0.0004	-0.0023	-0.0047	-0.0058
	θ_y	0.0026	0.0052	0.0077	0.0097	0.0105
0.70	θ_x	0.0035	0.0057	0.0053	0.0026	0.0008
	θ_y	0.0028	0.0058	0.0090	0.0120	0.0132
0.80	θ_x	0.0082	0.0174	0.0193	0.0313	0.0163
	θ_y	0.0028	0.0054	0.0098	0.0149	0.0169
0.90	θ_x	0.0129	0.0262	0.0396	0.0485	0.0454
	θ_y	0.0026	0.0056	0.0096	0.0160	0.0222
1.00	θ_x	0.0150	0.0315	0.0519	0.0818	0.1137
	θ_y	0.0026	0.0056	0.0096	0.0160	0.0222

$k=2.0 \quad \alpha=0.1 \quad \beta=0.2$

ξ	η	0.10	0.20	0.30	0.40	0.50
0.10	θ_x	-0.0016	-0.0031	-0.0044	-0.0053	-0.0055
	θ_y	0.0008	0.0016	0.0022	0.0026	0.0028
0.20	θ_x	-0.0031	-0.0059	-0.0083	-0.0100	-0.0106
	θ_y	0.0017	0.0033	0.0046	0.0054	0.0057
0.30	θ_x	-0.0041	-0.0080	-0.0114	-0.0138	-0.0147
	θ_y	0.0026	0.0050	0.0070	0.0083	0.0088
0.40	θ_x	-0.0043	-0.0115	-0.0125	-0.0250	-0.0148
	θ_y	0.0035	0.0071	0.0096	0.0112	0.0123
0.50	θ_x	-0.0032	-0.0069	-0.0113	-0.0150	-0.0165
	θ_y	0.0044	0.0087	0.0124	0.0151	0.0161
0.60	θ_x	0.0002	-0.0012	-0.0047	-0.0091	-0.0111
	θ_y	0.0052	0.0104	0.0153	0.0191	0.0206
0.70	θ_x	0.0066	0.0107	0.0100	0.0046	0.0025
	θ_y	0.0057	0.0117	0.0180	0.0235	0.0258
0.80	θ_x	0.0161	0.0347	0.0372	0.0617	0.0334
	θ_y	0.0057	0.0113	0.0199	0.0291	0.0323
0.90	θ_x	0.0260	0.0525	0.0783	0.0923	0.0947
	θ_y	0.0054	0.0115	0.0198	0.0325	0.0402
1.00	θ_x	0.0304	0.0640	0.1061	0.1676	0.2050
	θ_y	0.0054	0.0115	0.0198	0.0325	0.0402

$k=2.0 \quad \alpha=0.1 \quad \beta=0.3$

ξ	η	0.10	0.20	0.30	0.40	0.50
0.10	θ_x	-0.0024	-0.0046	-0.0064	-0.0076	-0.0080
	θ_y	0.0012	0.0024	0.0033	0.0039	0.0041
0.20	θ_x	-0.0045	-0.0088	-0.0123	-0.0146	-0.0155
	θ_y	0.0025	0.0048	0.0067	0.0079	0.0083
0.30	θ_x	-0.0061	-0.0119	-0.0168	-0.0202	-0.0219
	θ_y	0.0038	0.0074	0.0103	0.0122	0.0129
0.40	θ_x	-0.0065	-0.0176	-0.0182	-0.0363	-0.0223
	θ_y	0.0052	0.0104	0.0141	0.0164	0.0179
0.50	θ_x	-0.0050	-0.0106	-0.0167	-0.0218	-0.0238
	θ_y	0.0066	0.0129	0.0183	0.0221	0.0235
0.60	θ_x	-0.0002	-0.0025	-0.0074	-0.0128	-0.0152
	θ_y	0.0078	0.0155	0.0226	0.0279	0.0299
0.70	θ_x	0.0091	0.0145	0.0136	0.0086	0.0060
	θ_y	0.0086	0.0177	0.0268	0.0342	0.0372
0.80	θ_x	0.0235	0.0516	0.0504	0.0902	0.0409
	θ_y	0.0088	0.0177	0.0303	0.0420	0.0455
0.90	θ_x	0.0392	0.0788	0.1143	0.1329	0.1420
	θ_y	0.0083	0.0179	0.0312	0.0478	0.0541
1.00	θ_x	0.0466	0.0985	0.1651	0.2474	0.2773
	θ_y	0.0083	0.0179	0.0312	0.0478	0.0541

$k=2.0 \quad \alpha=0.1 \quad \beta=0.4$

ξ	η	0.10	0.20	0.30	0.40	0.50
0.10	θ_x		-0.0060	-0.0083	-0.0099	-0.0105
	θ_y		0.0031	0.0043	0.0050	0.0053
0.20	θ_x		-0.0114	-0.0166	-0.0189	-0.0200
	θ_y		0.0063	0.0087	0.0102	0.0108
0.30	θ_x		-0.0155	-0.0218	-0.0261	-0.0276
	θ_y		0.0096	0.0133	0.0158	0.0167
0.40	θ_x		-0.0240	-0.0365	-0.0463	-0.0501
	θ_y		0.0135	0.0183	0.0213	0.0223
0.50	θ_x		-0.0144	-0.0218	-0.0278	-0.0300
	θ_y		0.0169	0.0238	0.0285	0.0302
0.60	θ_x		-0.0045	-0.0102	-0.0158	-0.0182
	θ_y		0.0205	0.0295	0.0359	0.0382
0.70	θ_x		0.0166	0.0161	0.0126	0.0110
	θ_y		0.0237	0.0352	0.0438	0.0470
0.80	θ_x		0.0678	0.0964	0.1162	0.1234
	θ_y		0.0249	0.0403	0.0531	0.0581
0.90	θ_x		0.1043	0.1449	0.1723	0.1846
	θ_y		0.0252	0.0440	0.0600	0.0650
1.00	θ_x		0.1365	0.2314	0.3110	0.3351
	θ_y		0.0252	0.0440	0.0600	0.0650

$k = 2.0 \quad \alpha = 0.1 \quad \beta = 0.5$

ξ	η	0.10	0.20	0.30	0.40	0.50
0.10	θ_x		−0.0072	−0.0100	−0.0118	−0.0125
	θ_y		0.0037	0.0051	0.0060	0.0064
0.20	θ_x		−0.0138	−0.0192	−0.0230	−0.0239
	θ_y		0.0076	0.0104	0.0123	0.0130
0.30	θ_x		−0.0189	−0.0263	−0.0313	−0.0330
	θ_y		0.0116	0.0161	0.0190	0.0200
0.40	θ_x		−0.0304	−0.0276	−0.0548	−0.0350
	θ_y		0.0161	0.0222	0.0257	0.0277
0.50	θ_x		−0.0182	−0.0267	−0.0329	−0.0351
	θ_y		0.0206	0.0287	0.0342	0.0361
0.60	θ_x		−0.0071	−0.0130	−0.0179	−0.0197
	θ_y		0.0252	0.0357	0.0428	0.0453
0.70	θ_x		0.0171	0.0178	0.0169	0.0166
	θ_y		0.0296	0.0429	0.0520	0.0552
0.80	θ_x		0.0829	0.0675	0.1390	0.0791
	θ_y		0.0326	0.0496	0.0623	0.0652
0.90	θ_x		0.1273	0.1721	0.2077	0.2210
	θ_y		0.0338	0.0561	0.0694	0.0734
1.00	θ_x		0.1801	0.2939	0.3608	0.3812
	θ_y		0.0338	0.0561	0.0694	0.0734

$k = 2.0 \quad \alpha = 0.1 \quad \beta = 0.6$

ξ	η	0.10	0.20	0.30	0.40	0.50
0.10	θ_x			−0.0115	−0.0135	−0.0142
	θ_y			0.0059	0.0069	0.0073
0.20	θ_x			−0.0220	−0.0257	−0.0272
	θ_y			0.0119	0.0141	0.0148
0.30	θ_x			−0.0302	−0.0360	−0.0376
	θ_y			0.0184	0.0217	0.0228
0.40	θ_x			−0.0317	−0.0616	−0.0399
	θ_y			0.0254	0.0294	0.0315
0.50	θ_x			−0.0309	−0.0369	−0.0390
	θ_y			0.0330	0.0389	0.0410
0.60	θ_x			−0.0156	−0.0193	−0.0205
	θ_y			0.0411	0.0486	0.0512
0.70	θ_x			0.0192	0.0215	0.0225
	θ_y			0.0495	0.0587	0.0618
0.80	θ_x			0.0755	0.1580	0.0959
	θ_y			0.578	0.0694	0.0720
0.90	θ_x			0.1983	0.2372	0.2506
	θ_y			0.0654	0.0765	0.0798
1.00	θ_x			0.3414	0.3991	0.4172
	θ_y			0.0654	0.0765	0.0798

$k = 2.0 \quad \alpha = 0.1 \quad \beta = 0.7$

ξ	η	0.10	0.20	0.30	0.40	0.50
0.10	θ_x			−0.0130	−0.0149	−0.0156
	θ_y			0.0065	0.0076	0.0080
0.20	θ_x			−0.0242	−0.0288	−0.0301
	θ_y			0.0132	0.0155	0.0163
0.30	θ_x			−0.0334	−0.0391	−0.0411
	θ_y			0.0203	0.0238	0.0251
0.40	θ_x			−0.0351	−0.0667	−0.0437
	θ_y			0.0280	0.0325	0.0346
0.50	θ_x			−0.0333	−0.0398	−0.0419
	θ_y			0.0364	0.0427	0.0448
0.60	θ_x			−0.0174	−0.0200	−0.0206
	θ_y			0.0454	0.0532	0.0558
0.70	θ_x			0.0204	0.0257	0.0279
	θ_y			0.0548	0.0639	0.0669
0.80	θ_x			0.0835	0.1731	0.1097
	θ_y			0.0641	0.0746	0.0771
0.90	θ_x			0.2206	0.2602	0.2735
	θ_y			0.0720	0.0816	0.0846
1.00	θ_x			0.3758	0.4277	0.4440
	θ_y			0.0720	0.0816	0.0846

$k = 2.0 \quad \alpha = 0.1 \quad \beta = 0.8$

ξ	η	0.10	0.20	0.30	0.40	0.50
0.10	θ_x				−0.0158	−0.0166
	θ_y				0.0081	0.0085
0.20	θ_x				−0.0302	−0.0332
	θ_y				0.0165	0.0173
0.30	θ_x				−0.0415	−0.0437
	θ_y				0.0254	0.0267
0.40	θ_x				−0.0703	−0.0731
	θ_y				0.0347	0.0366
0.50	θ_x				−0.0421	−0.0436
	θ_y				0.0454	0.0476
0.60	θ_x				−0.0203	−0.0203
	θ_y				0.0564	0.0590
0.70	θ_x				0.0292	0.0322
	θ_y				0.0675	0.0704
0.80	θ_x				0.1840	0.1927
	θ_y				0.0781	0.0807
0.90	θ_x				0.2766	0.2897
	θ_y				0.0852	0.0880
1.00	θ_x				0.4473	0.4629
	θ_y				0.0852	0.0880

$k=2.0 \quad \alpha=0.1 \quad \beta=0.9$

ξ	η	0.10	0.20	0.30	0.40	0.50
0.10	θ_x				−0.0159	−0.0174
	θ_y				0.0084	0.0088
0.20	θ_x				−0.0329	−0.0329
	θ_y				0.0171	0.0180
0.30	θ_x				−0.0432	−0.0452
	θ_y				0.0264	0.0277
0.40	θ_x				−0.0724	−0.0480
	θ_y				0.0361	0.0381
0.50	θ_x				−0.0435	−0.0450
	θ_y				0.0471	0.0493
0.60	θ_x				−0.0203	−0.0200
	θ_y				0.0584	0.0610
0.70	θ_x				0.0314	0.0349
	θ_y				0.0697	0.0725
0.80	θ_x				0.1905	0.1260
	θ_y				0.0800	0.0827
0.90	θ_x				0.2864	0.2993
	θ_y				0.0873	0.0899
1.00	θ_x				0.4590	0.4740
	θ_y				0.0873	0.0899

$k=2.0 \quad \alpha=0.1 \quad \beta=1.0$

ξ	η	0.10	0.20	0.30	0.40	0.50
0.10	θ_x					−0.0175
	θ_y					0.0090
0.20	θ_x					−0.0335
	θ_y					0.0182
0.30	θ_x					−0.0453
	θ_y					0.0280
0.40	θ_x					−0.0485
	θ_y					0.0386
0.50	θ_x					−0.0454
	θ_y					0.0498
0.60	θ_x					−0.0200
	θ_y					0.0616
0.70	θ_x					0.0358
	θ_y					0.0732
0.80	θ_x					0.1282
	θ_y					0.0834
0.90	θ_x					0.3025
	θ_y					0.0905
1.00	θ_x					0.4777
	θ_y					0.0905

$k=2.0 \quad \alpha=0.2 \quad \beta=0.1$

ξ	η	0.10	0.20	0.30	0.40	0.50
0.10	θ_x	−0.0016	−0.0031	−0.0044	−0.0052	−0.0055
	θ_y	0.0009	0.0016	0.0023	0.0027	0.0028
0.20	θ_x	−0.0030	−0.0059	−0.0083	−0.0100	−0.0106
	θ_y	0.0017	0.0033	0.0046	0.0055	0.0058
0.30	θ_x	−0.0040	0.0079	−0.0113	−0.0138	−0.0147
	θ_y	0.0026	0.0051	0.0071	0.0085	0.0090
0.40	θ_x	−0.0041	−0.0107	−0.0125	−0.0243	−0.0160
	θ_y	0.0036	0.0072	0.0098	0.0114	0.0125
0.50	θ_x	−0.0028	−0.0063	−0.0107	−0.0147	−0.0163
	θ_y	0.0044	0.0087	0.0126	0.0154	0.0164
0.60	θ_x	0.0008	−0.0001	−0.0035	−0.0083	−0.0107
	θ_y	0.0052	0.0104	0.0154	0.0195	0.0211
0.70	θ_x	0.0074	0.0122	0.0123	0.0072	0.0034
	θ_y	0.0056	0.0115	0.0179	0.0240	0.0267
0.80	θ_x	0.0164	0.0344	0.0404	0.0617	0.0309
	θ_y	0.0056	0.0108	0.0194	0.0296	0.0340
0.90	θ_x	0.0252	0.0510	0.0774	0.1007	0.1112
	θ_y	0.0053	0.0113	0.0191	0.0311	0.0450
1.00	θ_x	0.0290	0.0602	0.0968	0.1418	0.1689
	θ_y	0.0053	0.0113	0.0191	0.0311	0.0450

$k=2.0 \quad \alpha=0.2 \quad \beta=0.2$

ξ	η	0.10	0.20	0.30	0.40	0.50
0.10	θ_x	−0.0032	−0.0062	−0.0086	−0.0102	−0.0109
	θ_y	0.0017	0.0032	0.0045	0.0053	0.0056
0.20	θ_x	−0.0060	−0.0117	−0.0165	−0.0197	−0.0209
	θ_y	0.0034	0.0066	0.0091	0.0108	0.0114
0.30	θ_x	−0.0080	−0.0157	−0.0224	−0.0272	−0.0289
	θ_y	0.0052	0.0101	0.0141	0.0167	0.0177
0.40	θ_x	−0.0083	−0.0218	−0.0247	−0.0477	−0.0318
	θ_y	0.0071	0.0142	0.0193	0.0225	0.0246
0.50	θ_x	−0.0058	−0.0129	−0.0212	−0.0287	−0.0317
	θ_y	0.0088	0.0174	0.0249	0.0303	0.0323
0.60	θ_x	0.0012	−0.0008	−0.0074	−0.0159	−0.0199
	θ_y	0.0103	0.0207	0.0306	0.0383	0.0413
0.70	θ_x	0.0141	0.0233	0.0232	0.0147	0.0090
	θ_y	0.0112	0.0232	0.0358	0.0471	0.0519
0.80	θ_x	0.0324	0.0684	0.0780	0.1216	0.0680
	θ_y	0.0113	0.0225	0.0392	0.0578	0.0649
0.90	θ_x	0.0506	0.1023	0.1542	0.1991	0.2182
	θ_y	0.0107	0.0229	0.0393	0.0644	0.0800
1.00	θ_x	0.0585	0.1217	0.1958	0.2825	0.3214
	θ_y	0.0107	0.0229	0.0393	0.0644	0.0800

附录四 双向板楼面等效均布荷载计算表

$k = 2.0 \quad \alpha = 0.2 \quad \beta = 0.3$

ξ	η	0.10	0.20	0.30	0.40	0.50
0.10	θ_x	−0.0047	−0.0091	−0.0127	−0.0151	−0.0159
	θ_y	0.0025	0.0048	0.0066	0.0078	0.0082
0.20	θ_x	−0.0089	−0.0173	−0.0242	−0.0289	−0.0306
	θ_y	0.0051	0.0097	0.0134	0.0159	0.0168
0.30	θ_x	−0.0119	−0.0232	−0.0330	−0.0398	−0.0419
	θ_y	0.0077	0.0148	0.0207	0.0245	0.0259
0.40	θ_x	−0.0125	−0.0334	−0.0363	−0.0692	−0.0468
	θ_y	0.0105	0.0208	0.0284	0.0331	0.0360
0.50	θ_x	−0.0091	−0.0198	−0.0317	−0.0417	−0.0456
	θ_y	0.0132	0.0257	0.0367	0.0444	0.0472
0.60	θ_x	0.0008	−0.0028	−0.0118	−0.0225	−0.0272
	θ_y	0.0155	0.0310	0.0453	0.0560	0.0600
0.70	θ_x	0.0196	0.0319	0.0319	0.0228	0.0177
	θ_y	0.0171	0.0350	0.0534	0.0686	0.0746
0.80	θ_x	0.0474	0.1017	0.1102	0.1779	0.1082
	θ_y	0.0174	0.0354	0.0598	0.0834	0.0911
0.90	θ_x	0.0762	0.1536	0.2290	0.2907	0.3143
	θ_y	0.0165	0.0357	0.0615	0.0953	0.1073
1.00	θ_x	0.0892	0.1859	0.2987	0.4066	0.4507
	θ_y	0.0165	0.0357	0.0615	0.0953	0.1073

$k = 2.0 \quad \alpha = 0.2 \quad \beta = 0.4$

ξ	η	0.10	0.20	0.30	0.40	0.50
0.10	θ_x		−0.0118	−0.0166	−0.0195	−0.0206
	θ_y		0.0062	0.0086	0.0101	0.0106
0.20	θ_x		−0.0225	−0.0311	−0.0373	−0.0394
	θ_y		0.0126	0.0174	0.0206	0.0217
0.30	θ_x		−0.0304	−0.0428	−0.0513	−0.0544
	θ_y		0.0193	0.0268	0.0317	0.0335
0.40	θ_x		−0.0455	−0.0694	−0.0882	−0.0953
	θ_y		0.0269	0.0367	0.0429	0.0450
0.50	θ_x		−0.0270	−0.0416	−0.0530	−0.0574
	θ_y		0.0337	0.0477	0.0572	0.0607
0.60	θ_x		−0.0062	−0.0168	−0.0273	−0.0320
	θ_y		0.0409	0.0590	0.0719	0.0766
0.70	θ_x		0.0373	0.0379	0.0322	0.0294
	θ_y		0.0471	0.0703	0.0877	0.0942
0.80	θ_x		0.1337	0.1900	0.2291	0.2432
	θ_y		0.0497	0.0803	0.1056	0.1156
0.90	θ_x		0.2047	0.3000	0.3725	0.3983
	θ_y		0.0500	0.0874	0.1192	0.1287
1.00	θ_x		0.2542	0.4042	0.5244	0.5650
	θ_y		0.0500	0.0874	0.1192	0.1287

$k = 2.0 \quad \alpha = 0.2 \quad \beta = 0.5$

ξ	η	0.10	0.20	0.30	0.40	0.50
0.10	θ_x		−0.0143	−0.0198	−0.0234	−0.0247
	θ_y		0.0075	0.0103	0.0121	0.0128
0.20	θ_x		−0.0273	−0.0378	−0.0448	−0.0472
	θ_y		0.0152	0.0210	0.0247	0.0260
0.30	θ_x		−0.0370	−0.0517	−0.0615	−0.0649
	θ_y		0.0233	0.0323	0.0381	0.0401
0.40	θ_x		−0.0577	−0.0564	−0.1042	−0.0718
	θ_y		0.0322	0.0445	0.0517	0.0555
0.50	θ_x		−0.0345	−0.0507	−0.0626	−0.0670
	θ_y		0.0411	0.0576	0.0685	0.0724
0.60	θ_x		−0.0110	−0.0217	−0.0309	−0.0343
	θ_y		0.0504	0.0715	0.0858	0.0908
0.70	θ_x		0.0393	0.0426	0.0424	0.0424
	θ_y		0.0590	0.0857	0.1041	0.1105
0.80	θ_x		0.1634	0.1571	0.2740	0.1889
	θ_y		0.0650	0.0993	0.1239	0.1299
0.90	θ_x		0.2542	0.3669	0.4428	0.4692
	θ_y		0.0668	0.1119	0.1377	0.1455
1.00	θ_x		0.3276	0.5024	0.6151	0.6517
	θ_y		0.0668	0.1119	0.1377	0.1455

$k = 2.0 \quad \alpha = 0.2 \quad \beta = 0.6$

ξ	η	0.10	0.20	0.30	0.40	0.50
0.10	θ_x			−0.0227	−0.0267	−0.0281
	θ_y			0.0118	0.0139	0.0146
0.20	θ_x			−0.0434	−0.0514	−0.0538
	θ_y			0.0240	0.0282	0.0297
0.30	θ_x			−0.0593	−0.0696	−0.0738
	θ_y			0.0369	0.0435	0.0458
0.40	θ_x			−0.0648	−0.1171	−0.0813
	θ_y			0.0510	0.0592	0.0632
0.50	θ_x			−0.0588	−0.0703	−0.0743
	θ_y			0.0661	0.0780	0.0822
0.60	θ_x			−0.0262	−0.0326	−0.0347
	θ_y			0.0823	0.0973	0.1025
0.70	θ_x			0.0463	0.0526	0.0554
	θ_y			0.0990	0.1174	0.1236
0.80	θ_x			0.1775	0.3116	0.2231
	θ_y			0.1155	0.1381	0.1434
0.90	θ_x			0.4231	0.4978	0.5240
	θ_y			0.1300	0.1517	0.1585
1.00	θ_x			0.5828	0.6867	0.7202
	θ_y			0.1300	0.1517	0.1585

附录四 双向板楼面等效均布荷载计算表

$k = 2.0 \quad \alpha = 0.2 \quad \beta = 0.7$

ξ	η	0.10	0.20	0.30	0.40	0.50
0.10	θ_x			−0.0245	−0.0294	−0.0309
	θ_y			0.0130	0.0153	0.0161
0.20	θ_x			−0.0478	−0.0562	−0.0590
	θ_y			0.0264	0.0311	0.0327
0.30	θ_x			−0.0654	−0.0764	−0.0807
	θ_y			0.0407	0.0478	0.0503
0.40	θ_x			−0.0718	−0.1269	−0.0886
	θ_y			0.0562	0.0653	0.0693
0.50	θ_x			−0.0654	−0.0761	−0.0796
	θ_y			0.0730	0.0855	0.0898
0.60	θ_x			−0.0299	−0.0334	−0.0344
	θ_y			0.0910	0.1064	0.1116
0.70	θ_x			0.0497	0.0620	0.0669
	θ_y			0.1096	0.1276	0.1335
0.80	θ_x			0.1959	0.3413	0.2509
	θ_y			0.1279	0.1484	0.1535
0.90	θ_x			0.4680	0.5427	0.5685
	θ_y			0.1430	0.1621	0.1681
1.00	θ_x			0.6440	0.7408	0.7721
	θ_y			0.1430	0.1621	0.1681

$k = 2.0 \quad \alpha = 0.2 \quad \beta = 0.8$

ξ	η	0.10	0.20	0.30	0.40	0.50
0.10	θ_x				−0.0314	−0.0333
	θ_y				0.0163	0.0171
0.20	θ_x				−0.0600	−0.0628
	θ_y				0.0331	0.0348
0.30	θ_x				−0.0820	−0.0857
	θ_y				0.0510	0.0536
0.40	θ_x				−0.1336	−0.1389
	θ_y				0.0698	0.0734
0.50	θ_x				−0.0802	−0.0832
	θ_y				0.0910	0.0954
0.60	θ_x				−0.0336	−0.0335
	θ_y				0.1129	0.1181
0.70	θ_x				0.0695	0.0759
	θ_y				0.1348	0.1405
0.80	θ_x				0.3628	0.3800
	θ_y				0.1553	0.1605
0.90	θ_x				0.5746	0.6000
	θ_y				0.1692	0.1748
1.00	θ_x				0.7787	0.8085
	θ_y				0.1692	0.1748

$k = 2.0 \quad \alpha = 0.2 \quad \beta = 0.9$

ξ	η	0.10	0.20	0.30	0.40	0.50
0.10	θ_x				−0.0329	−0.0336
	θ_y				0.0169	0.0178
0.20	θ_x				−0.0617	−0.0651
	θ_y				0.0344	0.0361
0.30	θ_x				−0.0847	0.0887
	θ_y				0.0529	0.0556
0.40	θ_x				−0.1376	−0.0968
	θ_y				0.0725	0.0764
0.50	θ_x				−0.0817	−0.0844
	θ_y				0.0943	0.0987
0.60	θ_x				−0.0336	−0.0329
	θ_y				0.1168	0.1219
0.70	θ_x				0.0742	0.0816
	θ_y				0.1391	0.1447
0.80	θ_x				0.3757	0.2837
	θ_y				0.1592	0.1646
0.90	θ_x				0.5937	0.6189
	θ_y				0.1733	0.1786
1.00	θ_x				0.8010	0.8300
	θ_y				0.1733	0.1786

$k = 2.0 \quad \alpha = 0.2 \quad \beta = 1.0$

ξ	η	0.10	0.20	0.30	0.40	0.50
0.10	θ_x					−0.0352
	θ_y					0.0180
0.20	θ_x					−0.0666
	θ_y					0.0366
0.30	θ_x					−0.0897
	θ_y					0.0562
0.40	θ_x					−0.0978
	θ_y					0.0773
0.50	θ_x					−0.0858
	θ_y					0.0998
0.60	θ_x					−0.0325
	θ_y					0.1232
0.70	θ_x					0.0835
	θ_y					0.1461
0.80	θ_x					0.2879
	θ_y					0.1660
0.90	θ_x					0.6251
	θ_y					0.1800
1.00	θ_x					0.8371
	θ_y					0.1800

附录四 双向板楼面等效均布荷载计算表

$k = 2.0 \quad \alpha = 0.3 \quad \beta = 0.1$

ξ	η	0.10	0.20	0.30	0.40	0.50
0.10	θ_x	−0.0024	−0.0046	−0.0064	−0.0077	−0.0082
	θ_y	0.0013	0.0025	0.0034	0.0041	0.0043
0.20	θ_x	−0.0044	−0.0086	−0.0122	−0.0147	−0.0156
	θ_y	0.0026	0.0050	0.0070	0.0083	0.0088
0.30	θ_x	−0.0057	−0.0114	−0.0165	−0.0202	−0.0216
	θ_y	0.0040	0.0076	0.0107	0.0128	0.0135
0.40	θ_x	−0.0057	−0.0146	−0.0179	−0.0335	−0.0254
	θ_y	0.0053	0.0107	0.0147	0.0173	0.0188
0.50	θ_x	−0.0035	−0.0082	−0.0144	−0.0204	−0.0230
	θ_y	0.0066	0.0130	0.0189	0.0232	0.0249
0.60	θ_x	0.0022	0.0018	−0.0026	−0.0097	−0.0135
	θ_y	0.0076	0.0154	0.0230	0.0293	0.0319
0.70	θ_x	0.0119	0.0205	0.0223	0.0158	0.0097
	θ_y	0.0082	0.0170	0.0266	0.0360	0.0406
0.80	θ_x	0.0246	0.0504	0.0643	0.0904	0.0618
	θ_y	0.0083	0.0162	0.0285	0.0440	0.0524
0.90	θ_x	0.0362	0.0730	0.1108	0.1481	0.1725
	θ_y	0.0080	0.0170	0.0285	0.0456	0.0669
1.00	θ_x	0.0409	0.0840	0.1312	0.1787	0.2017
	θ_y	0.0080	0.0170	0.0285	0.0456	0.0669

$k = 2.0 \quad \alpha = 0.3 \quad \beta = 0.2$

ξ	η	0.10	0.20	0.30	0.40	0.50
0.10	θ_x	−0.0047	−0.0091	−0.0127	−0.0152	−0.0161
	θ_y	0.0026	0.0049	0.0068	0.0080	0.0085
0.20	θ_x	−0.0088	−0.0171	−0.0241	−0.0290	−0.0308
	θ_y	0.0052	0.0099	0.0138	0.0164	0.0173
0.30	θ_x	−0.0115	−0.0226	−0.0326	−0.0398	−0.0424
	θ_y	0.0078	0.0151	0.0212	0.0253	0.0267
0.40	θ_x	−0.0116	−0.0297	−0.0356	−0.0656	−0.0495
	θ_y	0.0106	0.0212	0.0291	0.0341	0.0371
0.50	θ_x	−0.0073	−0.0168	−0.0288	−0.0400	−0.0448
	θ_y	0.0132	0.0259	0.0374	0.0458	0.0489
0.60	θ_x	0.0037	0.0026	−0.0060	−0.0188	−0.0251
	θ_y	0.0153	0.0308	0.0458	0.0577	0.0625
0.70	θ_x	0.0230	0.0393	0.0425	0.0312	0.0230
	θ_y	0.0166	0.0342	0.0532	0.0708	0.0786
0.80	θ_x	0.0487	0.1003	0.1261	0.1781	0.1394
	θ_y	0.0167	0.0335	0.0575	0.0859	0.0985
0.90	θ_x	0.0725	0.1463	0.2215	0.2945	0.3296
	θ_y	0.0162	0.0344	0.0585	0.0951	0.1180
1.00	θ_x	0.0824	0.1691	0.2627	0.3512	0.3912
	θ_y	0.0162	0.0344	0.0585	0.0951	0.1180

$k = 2.0 \quad \alpha = 0.3 \quad \beta = 0.3$

ξ	η	0.10	0.20	0.30	0.40	0.50
0.10	θ_x	−0.0069	−0.0134	−0.0187	−0.0223	−0.0233
	θ_y	0.0038	0.0072	0.0100	0.0118	0.0124
0.20	θ_x	−0.0130	−0.0252	−0.0355	−0.0425	−0.0452
	θ_y	0.0076	0.0146	0.0203	0.0240	0.0253
0.30	θ_x	−0.0171	−0.0336	−0.0480	−0.0582	−0.0619
	θ_y	0.0116	0.0223	0.0312	0.0371	0.0391
0.40	θ_x	−0.0175	−0.0455	−0.0528	−0.0952	−0.0716
	θ_y	0.0157	0.0312	0.0428	0.0502	0.0543
0.50	θ_x	−0.0116	−0.0260	−0.0430	−0.0578	−0.0640
	θ_y	0.0196	0.0385	0.0552	0.0670	0.0713
0.60	θ_x	0.0040	0.0014	−0.0105	−0.0258	−0.0331
	θ_y	0.0230	0.0461	0.0678	0.0843	0.0906
0.70	θ_x	0.0324	0.0547	0.0588	0.0473	0.0407
	θ_y	0.0252	0.0518	0.0796	0.1032	0.1126
0.80	θ_x	0.0718	0.1491	0.1826	0.2605	0.2105
	θ_y	0.0256	0.0528	0.0880	0.1240	0.1368
0.90	θ_x	0.1092	0.2198	0.3288	0.4188	0.4535
	θ_y	0.0249	0.0536	0.0916	0.1408	0.1578
1.00	θ_x	0.1249	0.2562	0.3974	0.5114	0.5591
	θ_y	0.0249	0.0536	0.0916	0.1408	0.1578

$k = 2.0 \quad \alpha = 0.3 \quad \beta = 0.4$

ξ	η	0.10	0.20	0.30	0.40	0.50
0.10	θ_x		−0.0174	−0.0242	−0.0288	−0.0303
	θ_y		0.0093	0.0129	0.0153	0.0161
0.20	θ_x		−0.0329	−0.0461	−0.0549	−0.0580
	θ_y		0.0190	0.0263	0.0311	0.0327
0.30	θ_x		−0.0441	−0.0624	−0.0750	−0.0795
	θ_y		0.0290	0.0404	0.0479	0.0505
0.40	θ_x		−0.0621	−0.0953	−0.1213	−0.1313
	θ_y		0.0403	0.0554	0.0650	0.0683
0.50	θ_x		−0.0360	−0.0568	−0.0735	−0.0800
	θ_y		0.0506	0.0717	0.0863	0.0915
0.60	θ_x		−0.0023	−0.0160	−0.0309	−0.0375
	θ_y		0.0611	0.0885	0.1082	0.1154
0.70	θ_x		0.0651	0.0712	0.0650	0.0624
	θ_y		0.0698	0.1050	0.1318	0.1416
0.80	θ_x		0.1959	0.2784	0.3355	0.3561
	θ_y		0.0740	0.1194	0.1570	0.1718
0.90	θ_x		0.2932	0.4409	0.5512	0.5891
	θ_y		0.0746	0.1296	0.1763	0.1902
1.00	θ_x		0.3458	0.5202	0.6538	0.7024
	θ_y		0.0746	0.1296	0.1763	0.1902

$k = 2.0 \quad \alpha = 0.3 \quad \beta = 0.5$

ξ	η	0.10	0.20	0.30	0.40	0.50
0.10	θ_x		-0.0210	-0.0292	-0.0345	-0.0364
	θ_y		0.0113	0.0156	0.0183	0.0193
0.20	θ_x		-0.0399	-0.0555	-0.0658	-0.0694
	θ_y		0.0229	0.0316	0.0373	0.0393
0.30	θ_x		-0.0537	-0.0753	-0.0897	-0.0948
	θ_y		0.0351	0.0487	0.0575	0.0606
0.40	θ_x		-0.0790	-0.0840	-0.1433	-0.1075
	θ_y		0.0484	0.0669	0.0782	0.0837
0.50	θ_x		-0.0465	-0.0696	-0.0865	-0.0927
	θ_y		0.0618	0.0866	0.1032	0.1091
0.60	θ_x		-0.0084	-0.0218	-0.0337	-0.0385
	θ_y		0.0754	0.1073	0.1290	0.1367
0.70	θ_x		0.0707	0.0798	0.0836	0.0854
	θ_y		0.0878	0.1284	0.1561	0.1657
0.80	θ_x		0.2395	0.2757	0.4013	0.3393
	θ_y		0.0967	0.1489	0.1842	0.1937
0.90	θ_x		0.3681	0.5280	0.6371	0.6904
	θ_y		0.0991	0.1656	0.2036	0.2153
1.00	θ_x		0.4346	0.6362	0.7740	0.8211
	θ_y		0.0991	0.1656	0.2036	0.2153

$k = 2.0 \quad \alpha = 0.3 \quad \beta = 0.6$

ξ	η	0.10	0.20	0.30	0.40	0.50
0.10	θ_x			-0.0334	-0.0392	-0.0415
	θ_y			0.0178	0.0210	0.0221
0.20	θ_x			-0.0636	-0.0752	-0.0792
	θ_y			0.0362	0.0426	0.0449
0.30	θ_x			-0.0865	-0.1021	-0.1076
	θ_y			0.0557	0.0657	0.0691
0.40	θ_x			-0.0968	-0.1609	-0.1208
	θ_y			0.0768	0.0895	0.0953
0.50	θ_x			-0.0808	-0.0968	-0.1023
	θ_y			0.0995	0.1175	0.1237
0.60	θ_x			-0.0273	-0.0347	-0.0372
	θ_y			0.1236	0.1462	0.1540
0.70	θ_x			0.0880	0.1018	0.1075
	θ_y			0.1484	0.1758	0.1850
0.80	θ_x			0.3143	0.4564	0.3916
	θ_y			0.1728	0.2053	0.2137
0.90	θ_x			0.6090	0.7197	0.7569
	θ_y			0.1927	0.2248	0.2345
1.00	θ_x			0.7360	0.8713	0.9163
	θ_y			0.1927	0.2248	0.2345

$k = 2.0 \quad \alpha = 0.3 \quad \beta = 0.7$

ξ	η	0.10	0.20	0.30	0.40	0.50
0.10	θ_x			-0.0369	-0.0433	-0.0455
	θ_y			0.0196	0.0231	0.0243
0.20	θ_x			-0.0702	-0.0824	-0.0866
	θ_y			0.0399	0.0469	0.0493
0.30	θ_x			-0.0955	-0.1119	-0.1176
	θ_y			0.0615	0.0722	0.0759
0.40	θ_x			-0.1071	-0.1742	-0.1311
	θ_y			0.0847	0.0986	0.1044
0.50	θ_x			-0.0900	-0.1044	-0.1091
	θ_y			0.1098	0.1287	0.1352
0.60	θ_x			-0.0317	-0.0341	-0.0344
	θ_y			0.1367	0.1597	0.1675
0.70	θ_x			0.0954	0.1192	0.1278
	θ_y			0.1644	0.1910	0.1997
0.80	θ_x			0.3467	0.5000	0.4337
	θ_y			0.1910	0.2207	0.2286
0.90	θ_x			0.6733	0.7996	0.8365
	θ_y			0.2114	0.2402	0.2492
1.00	θ_x			0.8149	0.9460	0.9890
	θ_y			0.2114	0.2402	0.2492

$k = 2.0 \quad \alpha = 0.3 \quad \beta = 0.8$

ξ	η	0.10	0.20	0.30	0.40	0.50
0.10	θ_x				-0.0460	-0.0485
	θ_y				0.0246	0.0259
0.20	θ_x				-0.0878	-0.0921
	θ_y				0.0500	0.0526
0.30	θ_x				-0.1190	-0.1247
	θ_y				0.0769	0.0808
0.40	θ_x				-0.1834	-0.1906
	θ_y				0.1053	0.1107
0.50	θ_x				-0.1095	-0.1136
	θ_y				0.1369	0.1434
0.60	θ_x				-0.0335	-0.0319
	θ_y				0.1693	0.1770
0.70	θ_x				0.1316	0.1424
	θ_y				0.2016	0.2100
0.80	θ_x				0.5315	0.5567
	θ_y				0.2311	0.2388
0.90	θ_x				0.8295	0.8818
	θ_y				0.209	0.2592
1.00	θ_x				0.9986	1.0403
	θ_y				0.2509	0.2592

$k=2.0 \quad \alpha=0.3 \quad \beta=0.9$

ξ	η	0.10	0.20	0.30	0.40	0.50
0.10	θ_x				−0.0479	−0.0502
	θ_y				0.0255	0.0268
0.20	θ_x				−0.0914	−0.0954
	θ_y				0.0519	0.0545
0.30	θ_x				−0.1233	−0.1291
	θ_y				0.0798	0.0838
0.40	θ_x				0.1888	−0.1426
	θ_y				0.1094	0.1151
0.50	θ_x				−0.1126	−0.1161
	θ_y				0.1418	0.1484
0.60	θ_x				−0.0323	−0.0299
	θ_y				0.1751	0.1828
0.70	θ_x				0.1397	0.1516
	θ_y				0.2079	0.2162
0.80	θ_x				0.5504	0.4829
	θ_y				0.2369	0.2451
0.90	θ_x				0.8568	0.8930
	θ_y				0.2572	0.2650
1.00	θ_x				1.0299	1.0709
	θ_y				0.2572	0.2650

$k=2.0 \quad \alpha=0.3 \quad \beta=1.0$

ξ	η	0.10	0.20	0.30	0.40	0.50
0.10	θ_x					−0.0504
	θ_y					0.0272
0.20	θ_x					−0.0967
	θ_y					0.0552
0.30	θ_x					−0.1305
	θ_y					0.0848
0.40	θ_x					−0.1440
	θ_y					0.1164
0.50	θ_x					−0.1169
	θ_y					0.1500
0.60	θ_x					−0.0293
	θ_y					0.1847
0.70	θ_x					0.1547
	θ_y					0.2182
0.80	θ_x					0.4892
	θ_y					0.2471
0.90	θ_x					0.9178
	θ_y					0.2671
1.00	θ_x					1.0810
	θ_y					0.2671

$k=2.0 \quad \alpha=0.4 \quad \beta=0.1$

ξ	η	0.10	0.20	0.30	0.40	0.50
0.20	θ_x	−0.0056	−0.0110	−0.0157	−0.0190	−0.0202
	θ_y	0.0035	0.0067	0.0094	0.0112	0.0118
0.30	θ_x	−0.0072	−0.0143	−0.0209	−0.0258	−0.0277
	θ_y	0.0053	0.0102	0.0144	0.0172	0.0183
0.40	θ_x	−0.0068	−0.0167	−0.0221	−0.0393	−0.0328
	θ_y	0.0071	0.0142	0.0197	0.0234	0.0253
0.50	θ_x	−0.0033	−0.0085	−0.0161	−0.0241	−0.0277
	θ_y	0.0087	0.0173	0.0252	0.0312	0.0335
0.60	θ_x	0.0046	0.0059	0.0016	−0.0075	−0.0131
	θ_y	0.0100	0.0202	0.0305	0.0393	0.0431
0.70	θ_x	0.0172	0.0309	0.0369	0.0311	0.0222
	θ_y	0.0107	0.0222	0.0348	0.0480	0.0552
0.80	θ_x	0.0325	0.0651	0.0897	0.1165	0.1153
	θ_y	0.0109	0.0215	0.0370	0.0578	0.0718
0.90	θ_x	0.0454	0.0912	0.1372	0.1809	0.2035
	θ_y	0.0107	0.0228	0.0379	0.0599	0.0858
1.00	θ_x	0.0504	0.1021	0.1548	0.2014	0.2225
	θ_y	0.0107	0.0228	0.0379	0.0599	0.0858

$k=2.0 \quad \alpha=0.4 \quad \beta=0.2$

ξ	η	0.10	0.20	0.30	0.40	0.50
0.20	θ_x	−0.0112	−0.0218	−0.0310	−0.0375	−0.0398
	θ_y	0.0069	0.0133	0.0185	0.0220	0.0233
0.30	θ_x	−0.0143	−0.0285	−0.0414	−0.0508	−0.0542
	θ_y	0.0105	0.0203	0.0285	0.0340	0.0360
0.40	θ_x	−0.0137	−0.0341	−0.0440	−0.0770	−0.0635
	θ_y	0.0141	0.0281	0.0390	0.0463	0.0500
0.50	θ_x	−0.0071	−0.0176	−0.0323	−0.0470	−0.0533
	θ_y	0.0174	0.0344	0.0499	0.0615	0.0659
0.60	θ_x	0.0083	0.0104	0.0019	−0.0141	−0.0229
	θ_y	0.0201	0.0405	0.0607	0.0774	0.0843
0.70	θ_x	0.0337	0.0600	0.0707	0.0611	0.0511
	θ_y	0.0216	0.0446	0.0698	0.0946	0.1063
0.80	θ_x	0.0647	0.1296	0.1773	0.2296	0.2269
	θ_y	0.0220	0.0444	0.0751	0.1130	0.1319
0.90	θ_x	0.0909	0.1824	0.2740	0.3564	0.3937
	θ_y	0.0217	0.0460	0.0775	0.1241	0.1528
1.00	θ_x	0.1011	0.2045	0.3083	0.3983	0.4365
	θ_y	0.0217	0.0460	0.0775	0.1241	0.1528

附录四 双向板楼面等效均布荷载计算表

$k = 2.0 \quad \alpha = 0.4 \quad \beta = 0.3$

ξ	η	0.10	0.20	0.30	0.40	0.50
0.20	θ_x	−0.0166	−0.0323	−0.0457	−0.0549	−0.0582
	θ_y	0.0102	0.0196	0.0273	0.0324	0.0341
0.30	θ_x	−0.0215	−0.0423	−0.0610	−0.0743	−0.0796
	θ_y	0.0155	0.0299	0.0419	0.0499	0.0527
0.40	θ_x	−0.0210	−0.0525	−0.0655	−0.1116	−0.0911
	θ_y	0.0209	0.0413	0.0574	0.0679	0.0731
0.50	θ_x	−0.0118	−0.0278	−0.0486	−0.0679	−0.0757
	θ_y	0.0260	0.0512	0.0737	0.0899	0.0960
0.60	θ_x	0.0105	0.0121	0.0000	−0.0190	−0.0280
	θ_y	0.0302	0.0608	0.0901	0.1130	0.1218
0.70	θ_x	0.0483	0.0851	0.0986	0.0910	0.0852
	θ_y	0.0329	0.0677	0.1050	0.1380	0.1511
0.80	θ_x	0.0958	0.1926	0.2608	0.3359	0.3337
	θ_y	0.0336	0.0698	0.1149	0.1632	0.1818
0.90	θ_x	0.1366	0.2737	0.4095	0.5211	0.5643
	θ_y	0.0333	0.0714	0.1205	0.1838	0.2058
1.00	θ_x	0.1525	0.3072	0.4581	0.5814	0.6287
	θ_y	0.0333	0.0714	0.1205	0.1838	0.2058

$k = 2.0 \quad \alpha = 0.4 \quad \beta = 0.4$

ξ	η	0.10	0.20	0.30	0.40	0.50
0.20	θ_x		−0.0422	−0.0594	−0.0708	−0.0751
	θ_y		0.0255	0.0353	0.0418	0.0441
0.30	θ_x		−0.0557	−0.0792	−0.0956	−0.1015
	θ_y		0.0389	0.0543	0.0644	0.0680
0.40	θ_x		−0.0719	−0.1110	−0.1420	−0.1539
	θ_y		0.0537	0.0743	0.0878	0.0925
0.50	θ_x		−0.0394	−0.0645	−0.0858	−0.0940
	θ_y		0.0673	0.0959	0.1158	0.1230
0.60	θ_x		0.0102	−0.0037	−0.0212	−0.0284
	θ_y		0.0808	0.1180	0.1450	0.1549
0.70	θ_x		0.1043	0.1205	0.1219	0.1223
	θ_y		0.0915	0.1393	0.1761	0.1893
0.80	θ_x		0.2530	0.3592	0.4327	0.4591
	θ_y		0.0978	0.1574	0.2067	0.2261
0.90	θ_x		0.3649	0.5408	0.6676	0.7129
	θ_y		0.0992	0.1703	0.2302	0.2482
1.00	θ_x		0.4094	0.6000	0.7450	0.7965
	θ_y		0.0992	0.1703	0.2302	0.2482

$k = 2.0 \quad \alpha = 0.4 \quad \beta = 0.5$

ξ	η	0.10	0.20	0.30	0.40	0.50
0.20	θ_x		−0.0513	−0.0715	−0.0849	−0.0896
	θ_y		0.0308	0.0426	0.0502	0.0529
0.30	θ_x		−0.0682	−0.0956	−0.1142	−0.1208
	θ_y		0.0471	0.0654	0.0773	0.0815
0.40	θ_x		−0.0918	−0.1051	−0.1676	−0.1353
	θ_y		0.0648	0.0898	0.1055	0.1125
0.50	θ_x		−0.0519	−0.0796	−0.1002	−0.1078
	θ_y		0.0824	0.1159	0.1384	0.1463
0.60	θ_x		0.0046	−0.0085	−0.0206	−0.0249
	θ_y		0.1001	0.1433	0.1726	0.1829
0.70	θ_x		0.1158	0.1382	0.1520	0.1580
	θ_y		0.1157	0.1709	0.2081	0.2208
0.80	θ_x		0.3091	0.4106	0.5175	0.5132
	θ_y		0.1276	0.1976	0.2425	0.2559
0.90	θ_x		0.4549	0.6577	0.7927	0.8387
	θ_y		0.1311	0.2171	0.2664	0.2817
1.00	θ_x		0.5085	0.7338	0.8856	0.9383
	θ_y		0.1311	0.2171	0.2664	0.2817

$k = 2.0 \quad \alpha = 0.4 \quad \beta = 0.6$

ξ	η	0.10	0.20	0.30	0.40	0.50
0.20	θ_x			−0.0820	−0.0970	−0.1021
	θ_y			0.0487	0.0574	0.0604
0.30	θ_x			−0.1098	−0.1304	−0.1369
	θ_y			0.0749	0.0883	0.0929
0.40	θ_x			−0.1212	−0.1880	−0.1515
	θ_y			0.1030	0.1206	0.1279
0.50	θ_x			−0.0929	−0.1115	−0.1182
	θ_y			0.1332	0.1574	0.1657
0.60	θ_x			−0.0125	−0.0181	−0.0192
	θ_y			0.1651	0.1954	0.2057
0.70	θ_x			0.1544	0.1810	0.1914
	θ_y			0.1977	0.2339	0.2459
0.80	θ_x			0.4708	0.5887	0.5837
	θ_y			0.2289	0.2705	0.2821
0.90	θ_x			0.7585	0.8954	0.9414
	θ_y			0.2519	0.2943	0.3076
1.00	θ_x			0.8461	0.9956	1.0481
	θ_y			0.2519	0.2943	0.3076

附录四 双向板楼面等效均布荷载计算表

$k = 2.0 \quad \alpha = 0.4 \quad \beta = 0.7$

ξ	η	0.10	0.20	0.30	0.40	0.50
0.20	θ_x			−0.0905	−0.1064	−0.1118
	θ_y			0.0537	0.0631	0.0663
0.30	θ_x			−0.1214	−0.1434	−0.1494
	θ_y			0.0826	0.0970	0.1020
0.40	θ_x			−0.1342	−0.2033	−0.1637
	θ_y			0.1137	0.1327	0.1401
0.50	θ_x			−0.1035	−0.1196	−0.1248
	θ_y			0.1471	0.1723	0.1809
0.60	θ_x			−0.0156	−0.0143	−0.0134
	θ_y			0.1826	0.2131	0.2234
0.70	θ_x			0.1692	0.2060	0.2197
	θ_y			0.2188	0.2537	0.2651
0.80	θ_x			0.5193	0.6450	0.6397
	θ_y			0.2526	0.2909	0.3016
0.90	θ_x			0.8381	0.9753	1.0247
	θ_y			0.2771	0.3150	0.3270
1.00	θ_x			0.9359	1.0853	1.1370
	θ_y			0.2771	0.3150	0.3270

$k = 2.0 \quad \alpha = 0.4 \quad \beta = 0.8$

ξ	η	0.10	0.20	0.30	0.40	0.50
0.20	θ_x				−0.1133	−0.1187
	θ_y				0.0673	0.0707
0.30	θ_x				−0.1512	−0.1584
	θ_y				0.1034	0.1085
0.40	θ_x				−0.2139	−0.2221
	θ_y				0.1415	0.1487
0.50	θ_x				−0.1253	−0.1291
	θ_y				0.1831	0.1918
0.60	θ_x				−0.0107	−0.0076
	θ_y				0.2258	0.2359
0.70	θ_x				0.2251	0.2410
	θ_y				0.2676	0.2786
0.80	θ_x				0.6856	0.7183
	θ_y				0.3046	0.3149
0.90	θ_x				1.0359	1.0815
	θ_y				0.3293	0.3405
1.00	θ_x				1.1492	1.2001
	θ_y				0.3293	0.3405

$k = 2.0 \quad \alpha = 0.4 \quad \beta = 0.9$

ξ	η	0.10	0.20	0.30	0.40	0.50
0.20	θ_x				−0.1173	−0.1229
	θ_y				0.0698	0.0733
0.30	θ_x				−0.1566	−0.1637
	θ_y				0.1072	0.1125
0.40	θ_x				−0.2201	−0.1773
	θ_y				0.1468	0.1543
0.50	θ_x				−0.1281	−0.1314
	θ_y				0.1896	0.1983
0.60	θ_x				−0.0084	−0.0038
	θ_y				0.2334	0.2434
0.70	θ_x				0.2370	0.2542
	θ_y				0.2758	0.2866
0.80	θ_x				0.7101	0.7049
	θ_y				0.3123	0.3234
0.90	θ_x				1.0543	1.0997
	θ_y				0.3376	0.3485
1.00	θ_x				1.1874	1.2378
	θ_y				0.3376	0.3485

$k = 2.0 \quad \alpha = 0.4 \quad \beta = 1.0$

ξ	η	0.10	0.20	0.30	0.40	0.50
0.20	θ_x					−0.1243
	θ_y					0.0742
0.30	θ_x					−0.1655
	θ_y					0.1139
0.40	θ_x					−0.1790
	θ_y					0.1560
0.50	θ_x					−0.1321
	θ_y					0.2005
0.60	θ_x					−0.0025
	θ_y					0.2459
0.70	θ_x					0.2587
	θ_y					0.2892
0.80	θ_x					0.7131
	θ_y					0.3259
0.90	θ_x					1.1268
	θ_y					0.3510
1.00	θ_x					1.2503
	θ_y					0.3510

附录四 双向板楼面等效均布荷载计算表

$k = 2.0 \quad \alpha = 0.5 \quad \beta = 0.1$

ξ	η	0.10	0.20	0.30	0.40	0.50
0.20	θ_x	-0.0066	-0.0130	-0.0187	-0.0228	-0.0243
	θ_y	0.0044	0.0085	0.0119	0.0141	0.0150
0.30	θ_x	-0.0081	-0.0164	-0.0243	-0.0304	-0.0328
	θ_y	0.0066	0.0128	0.0181	0.0218	0.0231
0.40	θ_x	-0.0071	-0.0167	-0.0244	-0.0409	-0.0362
	θ_y	0.0088	0.0175	0.0247	0.0299	0.0322
0.50	θ_x	-0.0020	-0.0066	-0.0148	-0.0248	-0.0296
	θ_y	0.0107	0.0214	0.0315	0.0394	0.0426
0.60	θ_x	0.0082	0.0128	0.0103	0.0000	-0.0075
	θ_y	0.0122	-0.0036	-0.0070	0.0495	0.0550
0.70	θ_x	0.0233	0.0433	0.0564	0.0570	0.0463
	θ_y	0.0131	0.0270	0.0425	0.0596	0.0710
0.80	θ_x	0.0399	0.0782	0.1138	0.1395	0.1665
	θ_y	0.0134	0.0266	0.0453	0.0711	0.0906
0.90	θ_x	0.0526	0.1050	0.1558	0.1992	0.2187
	θ_y	0.0134	0.0285	0.0471	0.0736	0.1023
1.00	θ_x	0.0573	0.1146	0.1696	0.2148	0.2334
	θ_y	0.0134	0.0285	0.0471	0.0736	0.1023

$k = 2.0 \quad \alpha = 0.5 \quad \beta = 0.2$

ξ	η	0.10	0.20	0.30	0.40	0.50
0.20	θ_x	-0.0131	-0.0258	-0.0369	-0.0449	-0.0479
	θ_y	0.0087	0.0167	0.0234	0.0279	0.0295
0.30	θ_x	-0.0163	-0.0327	-0.0482	-0.0599	-0.0644
	θ_y	0.0131	0.0254	0.0359	0.0430	0.0456
0.40	θ_x	-0.0144	-0.0342	-0.0485	-0.0800	-0.0704
	θ_y	0.0175	0.0347	0.0490	0.0589	0.0634
0.50	θ_x	-0.0047	-0.0141	-0.0302	-0.0489	-0.0570
	θ_y	0.0215	0.0427	0.0624	0.0776	0.0835
0.60	θ_x	0.0155	0.0237	0.0184	0.0005	-0.0107
	θ_y	0.0245	0.0497	0.0753	0.0975	0.1070
0.70	θ_x	0.0458	0.0850	0.1099	0.1103	0.1006
	θ_y	0.0264	0.0544	0.0854	0.1184	0.1349
0.80	θ_x	0.0794	0.1556	0.2264	0.2749	0.3199
	θ_y	0.0271	0.0550	0.0919	0.1390	0.1643
0.90	θ_x	0.1051	0.2096	0.3102	0.3922	0.4270
	θ_y	0.0272	0.0576	0.0963	0.1511	0.1840
1.00	θ_x	0.1146	0.2287	0.3366	0.4233	0.4551
	θ_y	0.0272	0.0576	0.0963	0.1511	0.1840

$k = 2.0 \quad \alpha = 0.5 \quad \beta = 0.3$

ξ	η	0.10	0.20	0.30	0.40	0.50
0.20	θ_x	-0.0195	-0.0382	-0.0544	-0.0658	-0.0699
	θ_y	0.0128	0.0247	0.0345	0.0410	0.0432
0.30	θ_x	-0.0245	-0.0488	-0.0711	-0.0876	-0.0937
	θ_y	0.0194	0.0376	0.0528	0.0631	0.0668
0.40	θ_x	-0.0223	-0.0530	-0.0721	-0.1159	-0.1013
	θ_y	0.0260	0.0513	0.0721	0.0864	0.0925
0.50	θ_x	-0.0086	-0.0234	-0.0461	-0.0691	-0.0794
	θ_y	0.0321	0.0636	0.0923	0.1134	0.1214
0.60	θ_x	0.0210	0.0312	0.0231	0.0027	-0.0075
	θ_y	0.0370	0.0748	0.1121	0.1422	0.1540
0.70	θ_x	0.0667	0.1230	0.1578	0.1616	0.1622
	θ_y	0.0401	0.0826	0.1290	0.1731	0.1902
0.80	θ_x	0.1182	0.2311	0.3367	0.4022	0.4582
	θ_y	0.0413	0.0864	0.1407	0.2007	0.2252
0.90	θ_x	0.1575	0.3134	0.4612	0.5730	0.6165
	θ_y	0.0418	0.0891	0.1490	0.2231	0.2495
1.00	θ_x	0.1719	0.3414	0.4991	0.6161	0.6609
	θ_y	0.0418	0.0891	0.1490	0.2231	0.2495

$k = 2.0 \quad \alpha = 0.5 \quad \beta = 0.4$

ξ	η	0.10	0.20	0.30	0.40	0.50
0.20	θ_x		-0.0500	-0.0707	-0.0848	-0.0897
	θ_y		0.0321	0.0447	0.0529	0.0558
0.30	θ_x		-0.0644	-0.0928	-0.1126	-0.1198
	θ_y		0.0490	0.0685	0.0815	0.0861
0.40	θ_x		-0.0731	-0.1143	-0.1473	-0.1601
	θ_y		0.0669	0.0936	0.1115	0.1179
0.50	θ_x		-0.0349	-0.0625	-0.0868	-0.0979
	θ_y		0.0839	0.1203	0.1459	0.1552
0.60	θ_x		0.0339	0.0242	0.0077	0.0010
	θ_y		0.0998	0.1472	0.1822	0.1949
0.70	θ_x		0.1557	0.1984	0.2130	0.2205
	θ_y		0.1118	0.1728	0.2204	0.2368
0.80	θ_x		0.3034	0.4304	0.5182	0.5497
	θ_y		0.1209	0.1940	0.2543	0.2779
0.90	θ_x		0.4155	0.6015	0.7361	0.7844
	θ_y		0.1232	0.2088	0.2802	0.3022
1.00	θ_x		0.4511	0.6523	0.7950	0.8466
	θ_y		0.1232	0.2088	0.2802	0.3022

附录四 双向板楼面等效均布荷载计算表

$k = 2.0 \quad \alpha = 0.5 \quad \beta = 0.5$

ξ	η	0.10	0.20	0.30	0.40	0.50
0.20	θ_x		−0.0609	−0.0853	−0.1015	−0.1072
	θ_y		0.0388	0.0538	0.0636	0.0670
0.30	θ_x		−0.0792	−0.1120	−0.1344	−0.1423
	θ_y		0.0594	0.0825	0.0977	0.1030
0.40	θ_x		−0.0939	−0.1154	−0.1735	−0.1501
	θ_y		0.0812	0.1131	0.1338	0.1420
0.50	θ_x		−0.0482	−0.0778	−0.1009	−0.1088
	θ_y		0.1030	0.1456	0.1742	0.1843
0.60	θ_x		0.0313	0.0238	0.0155	0.0130
	θ_y		0.1243	0.1793	0.2165	0.2295
0.70	θ_x		0.1811	0.2282	0.2619	0.2748
	θ_y		0.1420	0.2132	0.2597	0.2752
0.80	θ_x		0.3706	0.5375	0.6199	0.6774
	θ_y		0.1575	0.2445	0.2984	0.3157
0.90	θ_x		0.5138	0.7301	0.8766	0.9274
	θ_y		0.1624	0.2650	0.3251	0.3438
1.00	θ_x		0.5563	0.7912	0.9488	1.0039
	θ_y		0.1624	0.2650	0.3251	0.3438

$k = 2.0 \quad \alpha = 0.5 \quad \beta = 0.6$

ξ	η	0.10	0.20	0.30	0.40	0.50
0.20	θ_x			−0.0979	−0.1156	−0.1217
	θ_y			0.0616	0.0726	0.0764
0.30	θ_x			−0.1288	−0.1525	−0.1608
	θ_y			0.0946	0.1115	0.1173
0.40	θ_x			−0.1334	−0.1943	−0.1675
	θ_y			0.1298	0.1526	0.1613
0.50	θ_x			−0.0916	−0.1107	−0.1173
	θ_y			0.1674	0.1978	0.2083
0.60	θ_x			0.0232	0.0247	0.0261
	θ_y			0.2068	0.2447	0.2575
0.70	θ_x			0.2588	0.3055	0.3225
	θ_y			0.2468	0.2912	0.3059
0.80	θ_x			0.6261	0.7053	0.7651
	θ_y			0.2830	0.3329	0.3479
0.90	θ_x			0.8407	0.9935	1.0453
	θ_y			0.3073	0.3599	0.3765
1.00	θ_x			0.9103	1.0760	1.1327
	θ_y			0.3073	0.3599	0.3765

$k = 2.0 \quad \alpha = 0.5 \quad \beta = 0.7$

ξ	η	0.10	0.20	0.30	0.40	0.50
0.20	θ_x			−0.1081	−0.1267	−0.1331
	θ_y			0.0679	0.0798	0.0839
0.30	θ_x			−0.1428	−0.1668	−0.1750
	θ_y			0.1043	0.1225	0.1287
0.40	θ_x			−0.1480	−0.2098	−0.1805
	θ_y			0.1433	0.1676	0.1765
0.50	θ_x			−0.1025	−0.1178	−0.1223
	θ_y			0.1850	0.2164	0.2271
0.60	θ_x			0.0232	0.0339	0.0385
	θ_y			0.2288	0.2665	0.2791
0.70	θ_x			0.2852	0.3415	0.3679
	θ_y			0.2728	0.3153	0.3292
0.80	θ_x			0.6819	0.7728	0.8340
	θ_y			0.3119	0.3582	0.3718
0.90	θ_x			0.9292	1.0849	1.1373
	θ_y			0.3386	0.3857	0.4007
1.00	θ_x			1.0061	1.1758	1.2331
	θ_y			0.3386	0.3857	0.4007

$k = 2.0 \quad \alpha = 0.5 \quad \beta = 0.8$

ξ	η	0.10	0.20	0.30	0.40	0.50
0.20	θ_x				−0.1355	−0.1413
	θ_y				0.0851	0.0893
0.30	θ_x				−0.1766	−0.1856
	θ_y				0.1305	0.1369
0.40	θ_x				−0.2204	−0.2285
	θ_y				0.1785	0.1873
0.50	θ_x				−0.1229	−0.1250
	θ_y				0.2298	0.2405
0.60	θ_x				0.0429	0.0485
	θ_y				0.2821	0.2944
0.70	θ_x				0.3746	0.3967
	θ_y				0.3322	0.3456
0.80	θ_x				0.8216	0.8608
	θ_y				0.3751	0.3879
0.90	θ_x				1.1505	1.2030
	θ_y				0.4036	0.4176
1.00	θ_x				1.2473	1.3047
	θ_y				0.4036	0.4176

附录四 双向板楼面等效均布荷载计算表

$k=2.0 \quad \alpha=0.5 \quad \beta=0.9$

ξ	η	0.10	0.20	0.30	0.40	0.50
0.20	θ_x				−0.1397	−0.1462
	θ_y				0.0883	0.0926
0.30	θ_x				−0.1831	−0.1912
	θ_y				0.1353	0.1419
0.40	θ_x				−0.2265	−0.1946
	θ_y				0.1851	0.1940
0.50	θ_x				−0.1243	−0.1264
	θ_y				0.2378	0.2486
0.60	θ_x				0.0467	0.0549
	θ_y				0.2913	0.3036
0.70	θ_x				0.3912	0.4145
	θ_y				0.3423	0.3553
0.80	θ_x				0.8510	0.9138
	θ_y				0.3848	0.3987
0.90	θ_x				1.1899	1.2425
	θ_y				0.4141	0.4276
1.00	θ_x				1.2903	1.3476
	θ_y				0.4141	0.4276

$k=2.0 \quad \alpha=0.5 \quad \beta=1.0$

ξ	η	0.10	0.20	0.30	0.40	0.50
0.20	θ_x					−0.1479
	θ_y					0.0937
0.30	θ_x					−0.1932
	θ_y					−0.1436
0.40	θ_x					−0.1963
	θ_y					0.1962
0.50	θ_x					−0.1267
	θ_y					0.2512
0.60	θ_x					0.0571
	θ_y					0.3066
0.70	θ_x					0.4204
	θ_y					0.3586
0.80	θ_x					0.9238
	θ_y					0.4018
0.90	θ_x					1.2556
	θ_y					0.4308
1.00	θ_x					1.3619
	θ_y					0.4308

$k=2.0 \quad \alpha=0.6 \quad \beta=0.1$

ξ	η	0.10	0.20	0.30	0.40	0.50
0.30	θ_x	−0.0084	−0.0173	−0.0263	−0.0337	−0.0367
	θ_y	0.0079	0.0154	0.0220	0.0266	0.0282
0.40	θ_x	−0.0063	−0.0143	−0.0243	−0.0377	−0.0364
	θ_y	0.0104	0.0207	0.0298	0.0366	0.0395
0.50	θ_x	0.0006	−0.0020	−0.0097	−0.0213	−0.0278
	θ_y	0.0126	0.0253	0.0376	0.0478	0.0521
0.60	θ_x	0.0131	0.0225	0.0244	0.0152	0.0041
	θ_y	0.0143	0.0291	0.0446	0.0597	0.0676
0.70	θ_x	0.0298	0.0570	0.0790	0.0936	0.0986
	θ_y	0.0153	0.0316	0.0496	0.0704	0.0881
0.80	θ_x	0.0462	0.0893	0.1337	0.1588	0.1938
	θ_y	0.0158	0.0316	0.0533	0.0836	0.1070
0.90	θ_x	0.0577	0.1143	0.1671	0.2092	0.2269
	θ_y	0.0161	0.0342	0.0561	0.0861	0.1169
1.00	θ_x	0.0618	0.1222	0.1776	0.2196	0.2351
	θ_y	0.0161	0.0342	0.0561	0.0861	0.1169

$k=2.0 \quad \alpha=0.6 \quad \beta=0.2$

ξ	η	0.10	0.20	0.30	0.40	0.50
0.30	θ_x	−0.0169	−0.0347	−0.0523	−0.0663	−0.0719
	θ_y	0.0157	0.0306	0.0435	0.0524	0.0556
0.40	θ_x	−0.0131	−0.0296	−0.0484	−0.0737	−0.0715
	θ_y	0.0208	0.0411	0.0590	0.0722	0.0774
0.50	θ_x	0.0003	−0.0053	−0.0206	−0.0414	−0.0520
	θ_y	0.0253	0.0506	0.0748	0.0942	0.1019
0.60	θ_x	0.0253	0.0432	0.0458	0.0298	0.0174
	θ_y	0.0287	0.0583	0.0892	0.1178	0.1308
0.70	θ_x	0.0589	0.1126	0.1562	0.1845	0.1943
	θ_y	0.0308	0.0634	0.1000	0.1418	0.1643
0.80	θ_x	0.0921	0.1777	0.2666	0.3130	0.3749
	θ_y	0.0320	0.0653	0.1081	0.1634	0.1940
0.90	θ_x	0.1152	0.2278	0.3315	0.4123	0.4443
	θ_y	0.0327	0.0690	0.1144	0.1758	0.2119
1.00	θ_x	0.1233	0.2432	0.3522	0.4323	0.4624
	θ_y	0.0327	0.0690	0.1144	0.1758	0.2119

$k=2.0 \quad \alpha=0.6 \quad \beta=0.3$

ξ	η	0.10	0.20	0.30	0.40	0.50
0.30	θ_x	−0.0257	−0.0521	−0.0774	−0.0968	−0.1042
	θ_y	0.0234	0.0453	0.0640	0.0768	0.0814
0.40	θ_x	−0.0207	−0.0463	−0.0719	−0.1066	−0.1031
	θ_y	0.0310	0.0610	0.0871	0.1057	0.1127
0.50	θ_x	−0.0014	−0.0111	−0.0330	−0.0589	−0.0704
	θ_y	0.0380	0.0756	0.1108	0.1376	0.1477
0.60	θ_x	0.0357	0.0603	0.0621	0.0450	0.0363
	θ_y	0.0433	0.0879	0.1334	0.1720	0.1871
0.70	θ_x	0.0867	0.1656	0.2296	0.2709	0.2853
	θ_y	0.0468	0.0965	0.1516	0.2083	0.2291
0.80	θ_x	0.1373	0.2639	0.3965	0.4581	0.5383
	θ_y	0.0489	0.1023	0.1661	0.2361	0.2658
0.90	θ_x	0.1721	0.3395	0.4925	0.6031	0.6452
	θ_y	0.0502	0.1065	0.1765	0.2592	0.2891
1.00	θ_x	0.1840	0.3612	0.5202	0.6323	0.6742
	θ_y	0.0502	0.1065	0.1765	0.2592	0.2891

$k=2.0 \quad \alpha=0.6 \quad \beta=0.4$

ξ	η	0.10	0.20	0.30	0.40	0.50
0.30	θ_x		−0.0692	−0.1011	−0.1242	−0.1327
	θ_y		0.0592	0.0830	0.0991	0.1048
0.40	θ_x		−0.0646	−0.1033	−0.1351	−0.1475
	θ_y		0.0801	0.1133	0.1362	0.1444
0.50	θ_x		−0.0202	−0.0468	−0.0725	−0.0828
	θ_y		0.1001	0.1447	0.1767	0.1883
0.60	θ_x		0.0719	0.0722	0.0630	0.0595
	θ_y		0.1178	0.1761	0.2200	0.2356
0.70	θ_x		0.2149	0.2975	0.3505	0.3690
	θ_y		0.1308	0.2053	0.2642	0.2836
0.80	θ_x		0.3463	0.4907	0.5902	0.6260
	θ_y		0.1430	0.2287	0.2993	0.3269
0.90	θ_x		0.4467	0.6437	0.7759	0.8246
	θ_y		0.1471	0.2450	0.3262	0.3517
1.00	θ_x		0.4755	0.6754	0.8144	0.8646
	θ_y		0.1471	0.2450	0.3262	0.3517

附录四 双向板楼面等效均布荷载计算表

$k=2.0 \quad \alpha=0.6 \quad \beta=0.5$

ξ	η	0.10	0.20	0.30	0.40	0.50
0.30	θ_x	−0.0858	−0.1225	−0.1478	−0.1569	
	θ_y	0.0719	0.1001	0.1188	0.1253	
0.40	θ_x	−0.0840	−0.1147	−0.1586	−0.1517	
	θ_y	0.0977	0.1369	0.1630	0.1724	
0.50	θ_x	−0.0325	−0.0603	−0.0821	−0.0898	
	θ_y	0.1234	0.1755	0.2107	0.2230	
0.60	θ_x	0.0752	0.0793	0.0813	0.0832	
	θ_y	0.1477	0.2153	0.2608	0.2763	
0.70	θ_x	0.2593	0.3582	0.4220	0.4441	
	θ_y	0.1668	0.2552	0.3103	0.3284	
0.80	θ_x	0.4227	0.6352	0.7062	0.8031	
	θ_y	0.1860	0.2887	0.3514	0.3723	
0.90	θ_x	0.5476	0.7805	0.9335	0.9795	
	θ_y	0.1926	0.3093	0.3794	0.4015	
1.00	θ_x	0.5820	0.8163	0.9741	1.0295	
	θ_y	0.1926	0.3093	0.3794	0.4015	

$k=2.0 \quad \alpha=0.6 \quad \beta=0.6$

ξ	η	0.10	0.20	0.30	0.40	0.50
0.30	θ_x			−0.1411	−0.1674	−0.1765
	θ_y			0.1148	0.1354	0.1425
0.40	θ_x			−0.1330	−0.1770	−0.1683
	θ_y			0.1572	0.1855	0.1954
0.50	θ_x			−0.0720	−0.0879	−0.0934
	θ_y			0.2020	0.2389	0.2515
0.60	θ_x			0.0867	0.1012	0.1073
	θ_y			0.2487	0.2940	0.3091
0.70	θ_x			0.4100	0.4824	0.5073
	θ_y			0.2950	0.3471	0.3642
0.80	θ_x			0.7334	0.8037	0.9053
	θ_y			0.3341	0.3922	0.4103
0.90	θ_x			0.8975	1.0595	1.1147
	θ_y			0.3593	0.4209	0.4402
1.00	θ_x			0.9377	1.1078	1.1664
	θ_y			0.3593	0.4209	0.4402

$k=2.0 \quad \alpha=0.6 \quad \beta=0.7$

ξ	η	0.10	0.20	0.30	0.40	0.50
0.30	θ_x			−0.1563	−0.1826	−0.1915
	θ_y			0.1267	0.1487	0.1562
0.40	θ_x			−0.1481	−0.1906	−0.1803
	θ_y			0.1736	0.2034	0.2136
0.50	θ_x			−0.0811	−0.0916	−0.0939
	θ_y			0.2233	0.2610	0.2737
0.60	θ_x			0.0945	0.1188	0.1282
	θ_y			0.2750	0.3196	0.3344
0.70	θ_x			0.4518	0.5308	0.5580
	θ_y			0.3256	0.3752	0.3914
0.80	θ_x			0.8068	0.8808	0.9854
	θ_y			0.3680	0.4221	0.4386
0.90	θ_x			0.9912	1.1586	1.2081
	θ_y			0.3953	0.4517	0.4697
1.00	θ_x			1.0359	1.2135	1.2739
	θ_y			0.3953	0.4517	0.4697

$k=2.0 \quad \alpha=0.6 \quad \beta=0.8$

ξ	η	0.10	0.20	0.30	0.40	0.50
0.30	θ_x				−0.1935	−0.2021
	θ_y				0.1583	0.1661
0.40	θ_x				−0.1997	−0.2066
	θ_y				0.2163	0.2266
0.50	θ_x				−0.0930	−0.0937
	θ_y				0.2768	0.2895
0.60	θ_x				0.1326	0.1444
	θ_y				0.3378	0.3523
0.70	θ_x				0.5662	0.5950
	θ_y				0.3950	0.4106
0.80	θ_x				0.9365	0.9814
	θ_y				0.4422	0.4575
0.90	θ_x				1.2300	1.2874
	θ_y				0.4732	0.4899
1.00	θ_x				1.2897	1.3508
	θ_y				0.4732	0.4899

$k=2.0 \quad \alpha=0.6 \quad \beta=0.9$

ξ	η	0.10	0.20	0.30	0.40	0.50
0.30	θ_x				−0.1999	−0.2084
	θ_y				0.1641	0.1720
0.40	θ_x				−0.2049	−0.1930
	θ_y				0.2240	0.2344
0.50	θ_x				−0.0936	−0.0930
	θ_y				0.2863	0.2989
0.60	θ_x				0.1414	0.1545
	θ_y				0.3487	0.3630
0.70	θ_x				0.5877	0.6175
	θ_y				0.4067	0.4220
0.80	θ_x				0.9701	1.0778
	θ_y				0.4537	0.4704
0.90	θ_x				1.2730	1.3307
	θ_y				0.4859	0.5018
1.00	θ_x				1.3357	1.3973
	θ_y				0.4859	0.5018

$k=2.0 \quad \alpha=0.6 \quad \beta=0.6$

ξ	η	0.10	0.20	0.30	0.40	0.50
0.30	θ_x					−0.2104
	θ_y					0.1740
0.40	θ_x					−0.1945
	θ_y					0.2371
0.50	θ_x					−0.0927
	θ_y					0.3021
0.60	θ_x					0.1579
	θ_y					0.3665
0.70	θ_x					0.6251
	θ_y					0.4258
0.80	θ_x					1.0894
	θ_y					0.4740
0.90	θ_x					1.3381
	θ_y					0.5059
1.00	θ_x					1.4128
	θ_y					0.5059

附录四 双向板楼面等效均布荷载计算表

$k=2.0 \qquad \alpha=0.7 \qquad \beta=0.1$

ξ	η	0.10	0.20	0.30	0.40	0.50
0.30	θ_x	−0.0079	−0.0168	−0.0266	−0.0349	−0.0385
	θ_y	0.0092	0.0180	0.0259	0.0315	0.0336
0.40	θ_x	−0.0044	−0.0094	−0.0212	−0.0295	−0.0359
	θ_y	0.0120	0.0237	0.0349	0.0437	0.0470
0.50	θ_x	0.0046	0.0057	0.0003	−0.0121	−0.0203
	θ_y	0.0144	0.0290	0.0436	0.0565	0.0623
0.60	θ_x	0.0191	0.0350	0.0441	0.0429	0.0303
	θ_y	0.0162	0.0330	0.0509	0.0696	0.0816
0.70	θ_x	0.0362	0.0705	0.1017	0.1291	0.1452
	θ_y	0.0174	0.0359	0.0564	0.0809	0.1049
0.80	θ_x	0.0513	0.0984	0.1479	0.1742	0.2041
	θ_y	0.0182	0.0365	0.0611	0.0953	0.1211
0.90	θ_x	0.0610	0.1198	0.1727	0.2116	0.2291
	θ_y	0.0188	0.0397	0.0647	0.0977	0.1298
1.00	θ_x	0.0643	0.1259	0.1804	0.2206	0.2333
	θ_y	0.0188	0.0397	0.0647	0.0977	0.1298

$k=2.0 \qquad \alpha=0.7 \qquad \beta=0.2$

ξ	η	0.10	0.20	0.30	0.40	0.50
0.30	θ_x	−0.0160	−0.0338	−0.0530	−0.0688	−0.0756
	θ_y	0.0183	0.0359	0.0512	0.0621	0.0662
0.40	θ_x	−0.0094	−0.0197	−0.0427	−0.0575	−0.0699
	θ_y	0.0240	0.0472	0.0692	0.0860	0.0920
0.50	θ_x	0.0084	0.0098	−0.0013	−0.0232	−0.0357
	θ_y	0.0289	0.0580	0.0868	0.1112	0.1214
0.60	θ_x	0.0374	0.0683	0.0856	0.0834	0.0721
	θ_y	0.0325	0.0663	0.1021	0.1383	0.1560
0.70	θ_x	0.0719	0.1402	0.2024	0.2561	0.2805
	θ_y	0.0350	0.0720	0.1139	0.1643	0.1924
0.80	θ_x	0.1022	0.1957	0.2942	0.3433	0.3992
	θ_y	0.0368	0.0752	0.1241	0.1863	0.2205
0.90	θ_x	0.1215	0.2382	0.3420	0.4166	0.4439
	θ_y	0.0381	0.0801	0.1315	0.1984	0.2366
1.00	θ_x	0.1279	0.2501	0.3573	0.4355	0.4653
	θ_y	0.0381	0.0801	0.1315	0.1984	0.2366

$k=2.0 \qquad \alpha=0.7 \qquad \beta=0.3$

ξ	η	0.10	0.20	0.30	0.40	0.50
0.30	θ_x	−0.0246	−0.0513	−0.0783	−0.1001	−0.1091
	θ_y	0.0273	0.0531	0.0754	0.0910	0.0966
0.40	θ_x	−0.0155	−0.0318	−0.0642	−0.0827	−0.0996
	θ_y	0.0359	0.0705	0.1022	0.1258	0.1338
0.50	θ_x	0.0103	0.0106	−0.0060	−0.0321	−0.0443
	θ_y	0.0434	0.0870	0.1291	0.1624	0.1752
0.60	θ_x	0.0541	0.0982	0.1220	0.1184	0.1163
	θ_y	0.0491	0.1000	0.1534	0.2023	0.2210
0.70	θ_x	0.1067	0.2084	0.3012	0.3759	0.4033
	θ_y	0.0531	0.1096	0.1731	0.2422	0.2668
0.80	θ_x	0.1524	0.2905	0.4370	0.5025	0.5836
	θ_y	0.0562	0.1176	0.1899	0.2692	0.3028
0.90	θ_x	0.1808	0.3537	0.5041	0.6095	0.6485
	θ_y	0.0584	0.1233	0.2019	0.2920	0.3250
1.00	θ_x	0.1901	0.3706	0.5269	0.6382	0.6783
	θ_y	0.0584	0.1233	0.2019	0.2920	0.3250

$k=2.0 \qquad \alpha=0.7 \qquad \beta=0.4$

ξ	η	0.10	0.20	0.30	0.40	0.50
0.30	θ_x		−0.0691	−0.1022	−0.1281	−0.1376
	θ_y		0.0695	0.0980	0.1174	0.1243
0.40	θ_x		−0.0459	−0.0772	−0.1042	−0.1150
	θ_y		0.0930	0.1333	0.1617	0.1721
0.50	θ_x		0.0070	−0.0135	−0.0374	−0.0465
	θ_y		0.1157	0.1692	0.2083	0.2224
0.60	θ_x		0.1230	0.1516	0.1623	0.1667
	θ_y		0.1346	0.2045	0.2581	0.2766
0.70	θ_x		0.2745	0.3964	0.4829	0.5123
	θ_y		0.1489	0.2366	0.3064	0.3287
0.80	θ_x		0.3809	0.5390	0.6476	0.6866
	θ_y		0.1640	0.2615	0.3413	0.3726
0.90	θ_x		0.4637	0.6548	0.7859	0.8331
	θ_y		0.1696	0.2787	0.3681	0.3967
1.00	θ_x		0.4850	0.6856	0.8226	0.8710
	θ_y		0.1696	0.2787	0.3681	0.3967

$k=2.0 \qquad \alpha=0.7 \qquad \beta=0.5$

ξ	η	0.10	0.20	0.30	0.40	0.50
0.30	θ_x		−0.0862	−0.1248	−0.1520	−0.1623
	θ_y		0.0846	0.1183	0.1406	0.1484
0.40	θ_x		−0.0613	−0.1044	−0.1216	−0.1420
	θ_y		0.1142	0.1612	0.1931	0.2036
0.50	θ_x		−0.0014	−0.0217	−0.0386	−0.0440
	θ_y		0.1435	0.2058	0.2478	0.2624
0.60	θ_x		0.1411	0.1768	0.2005	0.2097
	θ_y		0.1696	0.2515	0.3049	0.3228
0.70	θ_x		0.3374	0.4826	0.5755	0.6066
	θ_y		0.1905	0.2954	0.3590	0.3796
0.80	θ_x		0.4647	0.6959	0.7751	0.8793
	θ_y		0.2129	0.3296	0.4010	0.4251
0.90	θ_x		0.5651	0.7903	0.9410	0.9938
	θ_y		0.2207	0.3504	0.4292	0.4544
1.00	θ_x		0.5912	0.8284	0.9847	1.0392
	θ_y		0.2207	0.3504	0.4292	0.4544

$k=2.0 \qquad \alpha=0.7 \qquad \beta=0.6$

ξ	η	0.10	0.20	0.30	0.40	0.50
0.30	θ_x			−0.1441	−0.1720	−0.1815
	θ_y			0.1357	0.1601	0.1686
0.40	θ_x			−0.1219	−0.1347	−0.1552
	θ_y			0.1852	0.2193	0.2304
0.50	θ_x			−0.0292	−0.0373	−0.0385
	θ_y			0.2371	0.2804	0.2951
0.60	θ_x			0.1997	0.2350	0.2480
	θ_y			0.2906	0.3428	0.3602
0.70	θ_x			0.5548	0.6525	0.6854
	θ_y			0.3414	0.4009	0.4203
0.80	θ_x			0.8009	0.8823	0.9926
	θ_y			0.3815	0.4477	0.4687
0.90	θ_x			0.9073	1.0713	1.1278
	θ_y			0.4062	0.4770	0.4996
1.00	θ_x			0.9505	1.1211	1.1799
	θ_y			0.4062	0.4770	0.4996

附录四 双向板楼面等效均布荷载计算表

$k=2.0 \quad \alpha=0.7 \quad \beta=0.7$

ξ	η	0.10	0.20	0.30	0.40	0.50
0.30	θ_x			−0.1599	−0.1870	−0.1945
	θ_y			0.1498	0.1756	0.1845
0.40	θ_x			−0.1363	−0.1441	−0.1642
	θ_y			0.2046	0.2399	0.2513
0.50	θ_x			−0.0344	−0.0337	−0.0323
	θ_y			0.2622	0.3058	0.3204
0.60	θ_x			0.2196	0.2638	0.2796
	θ_y			0.3211	0.3720	0.3888
0.70	θ_x			0.6116	0.7133	0.7476
	θ_y			0.3763	0.4327	0.4512
0.80	θ_x			0.8839	0.9672	1.0816
	θ_y			0.4203	0.4822	0.5013
0.90	θ_x			1.0123	1.1854	1.2442
	θ_y			0.4480	0.5131	0.5332
1.00	θ_x			1.0490	1.2294	1.2910
	θ_y			0.4480	0.5131	0.5332

$k=2.0 \quad \alpha=0.7 \quad \beta=0.8$

ξ	η	0.10	0.20	0.30	0.40	0.50
0.30	θ_x				−0.1961	−0.2044
	θ_y				0.1869	0.1960
0.40	θ_x				−0.1501	−0.1545
	θ_y				0.2547	0.2666
0.50	θ_x				−0.0304	−0.0271
	θ_y				0.3240	0.3385
0.60	θ_x				0.2853	0.3032
	θ_y				0.3927	0.4091
0.70	θ_x				0.7573	0.7927
	θ_y				0.4553	0.4731
0.80	θ_x				1.0285	1.0780
	θ_y				0.5054	0.5229
0.90	θ_x				1.2493	1.3095
	θ_y				0.5378	0.5573
1.00	θ_x				1.3078	1.3712
	θ_y				0.5378	0.5573

$k=2.0 \quad \alpha=0.7 \quad \beta=0.9$

ξ	η	0.10	0.20	0.30	0.40	0.50
0.30	θ_x				−0.2024	−0.2102
	θ_y				0.1937	0.2029
0.40	θ_x				−0.1534	−0.1730
	θ_y				0.2636	0.2754
0.50	θ_x				−0.0280	−0.0231
	θ_y				0.3348	0.3492
0.60	θ_x				0.2987	0.3178
	θ_y				0.4050	0.4211
0.70	θ_x				0.7838	0.8200
	θ_y				0.4685	0.4859
0.80	θ_x				1.0656	1.1841
	θ_y				0.5186	0.5379
0.90	θ_x				1.3053	1.3663
	θ_y				0.5523	0.5713
1.00	θ_x				1.3553	1.4196
	θ_y				0.5523	0.5713

$k=2.0 \quad \alpha=0.7 \quad \beta=1.0$

ξ	η	0.10	0.20	0.30	0.40	0.50
0.30	θ_x					−0.2121
	θ_y					0.2052
0.40	θ_x					−0.1740
	θ_y					0.2784
0.50	θ_x					−0.0218
	θ_y					0.3528
0.60	θ_x					0.3227
	θ_y					0.4252
0.70	θ_x					0.8292
	θ_y					0.4904
0.80	θ_x					1.1970
	θ_y					0.5421
0.90	θ_x					1.3708
	θ_y					0.5759
1.00	θ_x					1.4357
	θ_y					0.5759

$k=2.0 \quad \alpha=0.8 \quad \beta=0.1$

ξ	η	0.10	0.20	0.30	0.40	0.50
0.40	θ_x	−0.0010	−0.0019	−0.0142	−0.0162	−0.0343
	θ_y	0.0135	0.0265	0.0399	0.0510	0.0548
0.50	θ_x	0.0101	0.0200	0.0160	0.0240	−0.0070
	θ_y	0.0160	0.0315	0.0492	0.0662	0.0734
0.60	θ_x	0.0258	0.0484	0.0677	0.0772	0.0837
	θ_y	0.0179	0.0356	0.0567	0.0813	0.0972
0.70	θ_x	0.0421	0.0786	0.1211	0.1345	0.1771
	θ_y	0.0194	0.0389	0.0630	0.0950	0.1195
0.80	θ_x	0.0550	0.1053	0.1565	0.1855	0.2111
	θ_y	0.0207	0.0411	0.0687	0.1060	0.1334
0.90	θ_x	0.0626	0.1237	0.1741	0.2205	0.2247
	θ_y	0.0214	0.0425	0.0727	0.1132	0.1411
1.00	θ_x	0.0651	0.1302	0.1794	0.2330	0.2307
	θ_y	0.0214	0.0425	0.0727	0.1132	0.1411

$k=2.0 \quad \alpha=0.8 \quad \beta=0.2$

ξ	η	0.10	0.20	0.30	0.40	0.50
0.40	θ_x	−0.0029	−0.0048	−0.0295	−0.0313	−0.0646
	θ_y	0.0270	0.0531	0.0793	0.1004	0.1075
0.50	θ_x	0.0193	0.0388	0.0294	0.0479	−0.0059
	θ_y	0.0321	0.0636	0.0983	0.1300	0.1422
0.60	θ_x	0.0509	0.0955	0.1336	0.1526	0.1654
	θ_y	0.0360	0.0725	0.1141	0.1593	0.1819
0.70	θ_x	0.0838	0.1559	0.2416	0.2653	0.3419
	θ_y	0.0391	0.0795	0.1275	0.1859	0.2185
0.80	θ_x	0.1094	0.2094	0.3106	0.3656	0.4137
	θ_y	0.0414	0.0846	0.1392	0.2073	0.2443
0.90	θ_x	0.1245	0.2461	0.3448	0.4346	0.4428
	θ_y	0.0433	0.0878	0.1473	0.2212	0.2590
1.00	θ_x	0.1293	0.2592	0.3546	0.4591	0.4538
	θ_y	0.0433	0.0878	0.1473	0.2212	0.2590

附录四 双向板楼面等效均布荷载计算表

$k = 2.0 \quad \alpha = 0.8 \quad \beta = 0.3$

ξ	η	0.10	0.20	0.30	0.40	0.50
0.40	θ_x	-0.0061	-0.0097	-0.0464	-0.0444	-0.0885
	θ_y	0.0405	0.0796	0.1174	0.1465	0.1559
0.50	θ_x	0.0267	0.0554	0.0378	0.0713	0.0052
	θ_y	0.0484	0.0964	0.1468	0.1891	0.2039
0.60	θ_x	0.0748	0.1401	0.1963	0.2244	0.2426
	θ_y	0.0545	0.1111	0.1723	0.2311	0.2549
0.70	θ_x	0.1248	0.2305	0.3603	0.3889	0.4891
	θ_y	0.0593	0.1232	0.1941	0.2692	0.3016
0.80	θ_x	0.1630	0.3106	0.4595	0.5352	0.6011
	θ_y	0.0635	0.1322	0.2130	0.2998	0.3362
0.90	θ_x	0.1848	0.3656	0.5083	0.6360	0.6440
	θ_y	0.0662	0.1377	0.2254	0.3196	0.3568
1.00	θ_x	0.1917	0.3852	0.5217	0.6718	0.6673
	θ_y	0.0662	0.1377	0.2254	0.3196	0.3568

$k = 2.0 \quad \alpha = 0.8 \quad \beta = 0.4$

ξ	η	0.10	0.20	0.30	0.40	0.50
0.40	θ_x		-0.0168	-0.0361	-0.0549	-0.0626
	θ_y		0.1056	0.1535	0.1880	0.2008
0.50	θ_x		0.0690	0.0867	0.0940	0.0957
	θ_y		0.1297	0.1936	0.2418	0.2600
0.60	θ_x		0.1810	0.2481	0.2907	0.3052
	θ_y		0.1515	0.2318	0.2945	0.3186
0.70	θ_x		0.3008	0.4212	0.5021	0.5306
	θ_y		0.1699	0.2654	0.3421	0.3718
0.80	θ_x		0.4070	0.5750	0.6900	0.7311
	θ_y		0.1839	0.2920	0.3802	0.4147
0.90	θ_x		0.4799	0.6807	0.8193	0.8691
	θ_y		0.1927	0.3090	0.4049	0.4425
1.00	θ_x		0.5059	0.7183	0.8654	0.9183
	θ_y		0.1927	0.3090	0.4049	0.4425

$k = 2.0 \quad \alpha = 0.8 \quad \beta = 0.5$

ξ	η	0.10	0.20	0.30	0.40	0.50
0.40	θ_x		-0.0259	-0.0818	-0.0625	-0.1169
	θ_y		0.1306	0.1858	0.2240	0.2358
0.50	θ_x		0.0794	0.0423	0.1154	0.0353
	θ_y		0.1626	0.2363	0.2869	0.3023
0.60	θ_x		0.2173	0.3055	0.3500	0.3779
	θ_y		0.1924	0.2874	0.3481	0.3684
0.70	θ_x		0.3650	0.5788	0.6020	0.7313
	θ_y		0.2182	0.3331	0.4031	0.4278
0.80	θ_x		0.4961	0.7256	0.8261	0.9141
	θ_y		0.2382	0.3671	0.4469	0.4737
0.90	θ_x		0.5862	0.7923	0.9802	0.9920
	θ_y		0.2509	0.3880	0.4753	0.5022
1.00	θ_x		0.6182	0.8212	1.0351	1.0263
	θ_y		0.2509	0.3880	0.4753	0.5022

$k = 2.0 \quad \alpha = 0.8 \quad \beta = 0.6$

ξ	η	0.10	0.20	0.30	0.40	0.50
0.40	θ_x			-0.0970	-0.0675	-0.1236
	θ_y			0.2138	0.2538	0.2661
0.50	θ_x			0.0428	0.1346	0.0529
	θ_y			0.2727	0.3236	0.3388
0.60	θ_x			0.3496	0.4007	0.4323
	θ_y			0.3319	0.3910	0.4100
0.70	θ_x			0.6673	0.6866	0.8240
	θ_y			0.3850	0.4514	0.4735
0.80	θ_x			0.8338	0.9405	1.0349
	θ_y			0.4249	0.4993	0.5228
0.90	θ_x			0.9086	1.1153	1.1283
	θ_y			0.4495	0.5302	0.5537
1.00	θ_x			0.9416	1.1775	1.1675
	θ_y			0.4495	0.5302	0.5537

$k = 2.0 \quad \alpha = 0.8 \quad \beta = 0.7$

ξ	η	0.10	0.20	0.30	0.40	0.50
0.40	θ_x			-0.1088	-0.0703	-0.1271
	θ_y			0.2363	0.2771	0.2897
0.50	θ_x			0.0479	0.1507	0.0706
	θ_y			0.3015	0.3518	0.3671
0.60	θ_x			0.3850	0.4417	0.4760
	θ_y			0.3663	0.4235	0.4417
0.70	θ_x			0.7351	0.7539	0.8968
	θ_y			0.4242	0.4874	0.5079
0.80	θ_x			0.9205	1.0313	1.1301
	θ_y			0.4685	0.5380	0.5595
0.90	θ_x			1.0028	1.2221	1.2363
	θ_y			0.4959	0.5705	0.5921
1.00	θ_x			1.0385	1.2900	1.2795
	θ_y			0.4959	0.5705	0.5921

$k = 2.0 \quad \alpha = 0.8 \quad \beta = 0.8$

ξ	η	0.10	0.20	0.30	0.40	0.50
0.40	θ_x				-0.0716	-0.0723
	θ_y				0.2937	0.3069
0.50	θ_x				0.1631	0.1734
	θ_y				0.3716	0.3872
0.60	θ_x				0.4717	0.4962
	θ_y				0.4460	0.4635
0.70	θ_x				0.8029	0.8425
	θ_y				0.5120	0.5309
0.80	θ_x				1.0970	1.1499
	θ_y				0.5641	0.5840
0.90	θ_x				1.2992	1.3614
	θ_y				0.5976	0.6180
1.00	θ_x				1.3713	1.4366
	θ_y				0.5976	0.6180

$k = 2.0 \quad \alpha = 0.8 \quad \beta = 0.9$

ξ	η	0.10	0.20	0.30	0.40	0.50
0.40	θ_x				-0.0721	-0.1292
	θ_y				0.3036	0.3167
0.50	θ_x				0.1708	0.0907
	θ_y				0.3833	0.3991
0.60	θ_x				0.4901	0.5275
	θ_y				0.4592	0.4776
0.70	θ_x				0.8325	0.9810
	θ_y				0.5262	0.5468
0.80	θ_x				1.1367	1.2400
	θ_y				0.5791	0.6008
0.90	θ_x				1.3458	1.3615
	θ_y				0.6130	0.6350
1.00	θ_x				1.4203	1.4097
	θ_y				0.6130	0.6350

$k = 2.0 \quad \alpha = 0.8 \quad \beta = 1.0$

ξ	η	0.10	0.20	0.30	0.40	0.50
0.40	θ_x					-0.1293
	θ_y					0.3201
0.50	θ_x					0.0934
	θ_y					0.4031
0.60	θ_x					0.5341
	θ_y					0.4819
0.70	θ_x					0.9915
	θ_y					0.5513
0.80	θ_x					1.2538
	θ_y					0.6056
0.90	θ_x					1.3773
	θ_y					0.6400
1.00	θ_x					1.4261
	θ_y					0.6400

$k = 2.0 \quad \alpha = 0.9 \quad \beta = 0.1$

ξ	η	0.10	0.20	0.30	0.40	0.50
0.40	θ_x	0.0038	0.0080	-0.0019	0.0018	-0.0269
	θ_y	0.0148	0.0291	0.0447	0.0586	0.0635
0.50	θ_x	0.0167	0.0304	0.0376	0.0339	0.0220
	θ_y	0.0175	0.0355	0.0543	0.0738	0.0859
0.60	θ_x	0.0326	0.0635	0.0917	0.1180	0.1371
	θ_y	0.0196	0.0401	0.0623	0.0878	0.1123
0.70	θ_x	0.0471	0.0927	0.1356	0.1728	0.1883
	θ_y	0.0213	0.0441	0.0695	0.1009	0.1318
0.80	θ_x	0.0573	0.1102	0.1606	0.1927	0.2113
	θ_y	0.0228	0.0455	0.0759	0.1158	0.1441
0.90	θ_x	0.0629	0.1221	0.1725	0.2074	0.2205
	θ_y	0.0238	0.0499	0.0800	0.1172	0.1511
1.00	θ_x	0.0647	0.1251	0.1757	0.2105	0.2233
	θ_y	0.0238	0.0499	0.0800	0.1172	0.1511

$k = 2.0 \quad \alpha = 0.9 \quad \beta = 0.2$

ξ	η	0.10	0.20	0.30	0.40	0.50
0.40	θ_x	0.0067	0.0149	0.0057	0.0042	0.0469
	θ_y	0.0297	0.585	0.0891	0.1151	0.1241
0.50	θ_x	0.0327	0.0592	0.0726	0.0642	0.0531
	θ_y	0.0351	0.0712	0.1089	0.1463	0.1644
0.60	θ_x	0.0647	0.1263	0.1827	0.2352	0.2619
	θ_y	0.0393	0.0803	0.1255	0.1781	0.2072
0.70	θ_x	0.0938	0.1848	0.2699	0.3414	0.3678
	θ_y	0.0430	0.0885	0.1407	0.2052	0.2416
0.80	θ_x	0.1140	0.2188	0.3180	0.3799	0.4150
	θ_y	0.0461	0.0936	0.1536	0.2265	0.2651
0.90	θ_x	0.1250	0.2420	0.3413	0.4095	0.4343
	θ_y	0.0482	0.1005	0.1619	0.2370	0.2787
1.00	θ_x	0.1283	0.2478	0.3473	0.4149	0.4388
	θ_y	0.0482	0.1005	0.1619	0.2370	0.2787

$k = 2.0 \quad \alpha = 0.9 \quad \beta = 0.3$

ξ	η	0.10	0.20	0.30	0.40	0.50
0.40	θ_x	0.0082	0.0197	-0.0123	0.0075	-0.0587
	θ_y	0.0446	0.0882	0.1323	0.1677	0.1793
0.50	θ_x	0.0472	0.0848	0.1020	0.0938	0.0902
	θ_y	0.0529	0.1072	0.1636	0.2140	0.2334
0.60	θ_x	0.0961	0.1874	0.2701	0.3456	0.3719
	θ_y	0.0595	0.1220	0.1906	0.2624	0.2880
0.70	θ_x	0.1398	0.2756	0.4011	0.4997	0.5369
	θ_y	0.0653	0.1350	0.2144	0.3025	0.3339
0.80	θ_x	0.1694	0.3244	0.4687	0.5564	0.6022
	θ_y	0.0702	0.1458	0.2344	0.3276	0.3662
0.90	θ_x	0.1850	0.3572	0.5007	0.6004	0.6355
	θ_y	0.0736	0.1539	0.2474	0.3484	0.3856
1.00	θ_x	0.1898	0.3659	0.5116	0.6085	0.6430
	θ_y	0.0736	0.1539	0.2474	0.3484	0.3856

$k = 2.0 \quad \alpha = 0.9 \quad \beta = 0.4$

ξ	η	0.10	0.20	0.30	0.40	0.50
0.40	θ_x		0.0219	0.0191	0.0120	0.0084
	θ_y		0.1179	0.1736	0.2149	0.2302
0.50	θ_x		0.1053	0.1234	0.1260	0.1285
	θ_y		0.1439	0.2175	0.2733	0.2926
0.60	θ_x		0.2476	0.3615	0.4433	0.4704
	θ_y		0.1648	0.2585	0.3325	0.3562
0.70	θ_x		0.3635	0.5262	0.6421	0.6828
	θ_y		0.1837	0.2939	0.3822	0.4103
0.80	θ_x		0.4247	0.5988	0.7175	0.7599
	θ_y		0.2024	0.3201	0.4157	0.4530
0.90	θ_x		0.4660	0.6509	0.7753	0.8189
	θ_y		0.2101	0.3376	0.4406	0.4740
1.00	θ_x		0.4759	0.6634	0.7863	0.8298
	θ_y		0.2101	0.3376	0.4406	0.4740

附录四 双向板楼面等效均布荷载计算表

$k = 2.0 \quad \alpha = 0.9 \quad \beta = 0.5$

ξ	η	0.10	0.20	0.30	0.40	0.50
0.40	θ_x		0.0215	−0.0369	0.0174	−0.0628
	θ_y		0.1468	0.2108	0.2554	0.2688
0.50	θ_x		0.1188	0.1410	0.1582	0.1654
	θ_y		0.1810	0.2670	0.3233	0.3422
0.60	θ_x		0.3049	0.4417	0.5271	0.5554
	θ_y		0.2097	0.3220	0.3902	0.4125
0.70	θ_x		0.4482	0.6395	0.7653	0.8082
	θ_y		0.2357	0.3677	0.4474	0.4730
0.80	θ_x		0.5171	0.7358	0.8593	0.9235
	θ_y		0.2616	0.4014	0.4889	0.5179
0.90	θ_x		0.5646	0.7854	0.9300	0.9803
	θ_y		0.2709	0.4220	0.5154	0.5458
1.00	θ_x		0.5763	0.7983	0.9439	0.9947
	θ_y		0.2709	0.4220	0.5154	0.5458

$k = 2.0 \quad \alpha = 0.9 \quad \beta = 0.6$

ξ	η	0.10	0.20	0.30	0.40	0.50
0.40	θ_x			−0.0464	0.0233	−0.0593
	θ_y			0.2430	0.2887	0.3024
0.50	θ_x			0.1587	0.1877	0.1986
	θ_y			0.3084	0.3638	0.3822
0.60	θ_x			0.5081	0.5967	0.6263
	θ_y			0.3717	0.4366	0.4579
0.70	θ_x			0.7359	0.8676	0.9120
	θ_y			0.4252	0.4990	0.5230
0.80	θ_x			0.8445	0.9787	1.0486
	θ_y			0.4646	0.5466	0.5722
0.90	θ_x			0.9003	1.0609	1.1164
	θ_y			0.4888	0.5746	0.6024
1.00	θ_x			0.9147	1.0776	1.1339
	θ_y			0.4888	0.5746	0.6024

$k = 2.0 \quad \alpha = 0.9 \quad \beta = 0.7$

ξ	η	0.10	0.20	0.30	0.40	0.50
0.40	θ_x			−0.0528	0.0290	−0.0545
	θ_y			0.2687	0.3145	0.3284
0.50	θ_x			0.1749	0.2125	0.2262
	θ_y			0.3407	0.3951	0.4131
0.60	θ_x			0.5597	0.6515	0.6824
	θ_y			0.4098	0.4721	0.4925
0.70	θ_x			0.8123	0.9479	0.9936
	θ_y			0.4687	0.5382	0.5608
0.80	θ_x			0.9322	1.0735	1.1476
	θ_y			0.5124	0.5892	0.6129
0.90	θ_x			0.9929	1.1643	1.2234
	θ_y			0.5393	0.6193	0.6453
1.00	θ_x			1.0086	1.1844	1.2448
	θ_y			0.5393	0.6193	0.6453

$k = 2.0 \quad \alpha = 0.9 \quad \beta = 0.8$

ξ	η	0.10	0.20	0.30	0.40	0.50
0.40	θ_x				0.0339	0.0382
	θ_y				0.3328	0.3472
0.50	θ_x				0.2313	0.2469
	θ_y				0.4173	0.4349
0.60	θ_x				0.6910	0.7230
	θ_y				0.4972	0.5171
0.70	θ_x				1.0058	1.0523
	θ_y				0.5660	0.5878
0.80	θ_x				1.1422	1.1976
	θ_y				0.6182	0.6402
0.90	θ_x				1.2402	1.3018
	θ_y				0.6506	0.6752
1.00	θ_x				1.2622	1.3267
	θ_y				0.6506	0.6752

$k = 2.0 \quad \alpha = 0.9 \quad \beta = 0.9$

ξ	η	0.10	0.20	0.30	0.40	0.50
0.40	θ_x				0.0371	−0.0469
	θ_y				0.3436	0.3581
0.50	θ_x				0.2429	0.2605
	θ_y				0.4305	0.4480
0.60	θ_x				0.7150	0.7476
	θ_y				0.5121	0.5317
0.70	θ_x				1.0407	1.0877
	θ_y				0.5822	0.6035
0.80	θ_x				1.1837	1.2622
	θ_y				0.6348	0.6587
0.90	θ_x				1.2872	1.3502
	θ_y				0.6692	0.6930
1.00	θ_x				1.3109	1.3756
	θ_y				0.6692	0.6930

$k = 2.0 \quad \alpha = 0.9 \quad \beta = 1.0$

ξ	η	0.10	0.20	0.30	0.40	0.50
0.40	θ_x					−0.0458
	θ_y					0.3618
0.50	θ_x					0.2648
	θ_y					0.4523
0.60	θ_x					0.7558
	θ_y					0.5365
0.70	θ_x					1.0996
	θ_y					0.6090
0.80	θ_x					1.2766
	θ_y					0.6641
0.90	θ_x					1.3652
	θ_y					0.6988
1.00	θ_x					1.3920
	θ_y					0.6988

附录四 双向板楼面等效均布荷载计算表

$k = 2.0 \quad \alpha = 1.0 \quad \beta = 0.1$

ξ	η	0.10	0.20	0.30	0.40	0.50
0.50	θ_x	0.0241	0.0460	0.0633	0.0745	0.0784
	θ_y	0.0188	0.0383	0.0590	0.0816	0.1000
0.60	θ_x	0.0390	0.0769	0.1128	0.1466	0.1646
	θ_y	0.0211	0.0434	0.0677	0.0966	0.1250
0.70	θ_x	0.0510	0.1001	0.1451	0.1806	0.1946
	θ_y	0.0232	0.0480	0.0758	0.1100	0.1423
0.80	θ_x	0.0585	0.1130	0.1615	0.1962	0.2081
	θ_y	0.0249	0.0497	0.0824	0.1246	0.1536
0.90	θ_x	0.0623	0.1203	0.1687	0.2017	0.2133
	θ_y	0.0261	0.0544	0.0867	0.1254	0.1599
1.00	θ_x	0.0634	0.1221	0.1706	0.2031	0.2147
	θ_y	0.0261	0.0544	0.0867	0.1254	0.1599

$k = 2.0 \quad \alpha = 1.0 \quad \beta = 0.2$

ξ	η	0.10	0.20	0.30	0.40	0.50
0.50	θ_x	0.0477	0.0908	0.1251	0.1472	0.1546
	θ_y	0.0377	0.0767	0.1186	0.1638	0.1875
0.60	θ_x	0.0778	0.1532	0.2251	0.2909	0.3201
	θ_y	0.0425	0.0870	0.1366	0.1964	0.2301
0.70	θ_x	0.1015	0.1992	0.2880	0.3558	0.3820
	θ_y	0.0468	0.0964	0.1534	0.2229	0.2618
0.80	θ_x	0.1162	0.2243	0.3197	0.3869	0.4099
	θ_y	0.0504	0.1020	0.1667	0.2437	0.2835
0.90	θ_x	0.1235	0.2382	0.3336	0.3978	0.4207
	θ_y	0.0528	0.1095	0.1751	0.2533	0.2962
1.00	θ_x	0.1257	0.2416	0.3374	0.4007	0.4236
	θ_y	0.0528	0.1095	0.1751	0.2533	0.2962

$k = 2.0 \quad \alpha = 1.0 \quad \beta = 0.3$

ξ	η	0.10	0.20	0.30	0.40	0.50
0.50	θ_x	0.0701	0.1334	0.1838	0.2162	0.2273
	θ_y	0.0570	0.1160	0.1789	0.2406	0.2633
0.60	θ_x	0.1159	0.2285	0.3360	0.4250	0.4586
	θ_y	0.0644	0.1323	0.2076	0.2896	0.3185
0.70	θ_x	0.1511	0.2962	0.4258	0.5202	0.5556
	θ_y	0.0711	0.1471	0.2337	0.3282	0.3623
0.80	θ_x	0.1722	0.3322	0.4711	0.5668	0.5973
	θ_y	0.0766	0.1586	0.2538	0.3527	0.3927
0.90	θ_x	0.1825	0.3512	0.4905	0.5835	0.6164
	θ_y	0.0803	0.1673	0.2664	0.3722	0.4110
1.00	θ_x	0.1855	0.3560	0.4959	0.5884	0.6210
	θ_y	0.0803	0.1673	0.2664	0.3722	0.4110

$k = 2.0 \quad \alpha = 1.0 \quad \beta = 0.4$

ξ	η	0.10	0.20	0.30	0.40	0.50
0.50	θ_x		0.1727	0.2380	0.2796	0.2943
	θ_y		0.1563	0.2407	0.3060	0.3277
0.60	θ_x		0.3030	0.4441	0.5468	0.5818
	θ_y		0.1791	0.2835	0.3665	0.3929
0.70	θ_x		0.3893	0.5550	0.6703	0.7116
	θ_y		0.2001	0.3195	0.4151	0.4458
0.80	θ_x		0.4345	0.6112	0.7311	0.7738
	θ_y		0.2196	0.3457	0.4478	0.4874
0.90	θ_x		0.4574	0.6361	0.7541	0.7955
	θ_y		0.2277	0.3629	0.4712	0.5065
1.00	θ_x		0.4629	0.6432	0.7602	0.8014
	θ_y		0.2277	0.3629	0.4712	0.5065

$k = 2.0 \quad \alpha = 1.0 \quad \beta = 0.5$

ξ	η	0.10	0.20	0.30	0.40	0.50
0.50	θ_x		0.2078	0.2863	0.3366	0.3537
	θ_y		0.1977	0.2976	0.3605	0.3813
0.60	θ_x		0.3751	0.5423	0.6499	0.6859
	θ_y		0.2287	0.3541	0.4296	0.4540
0.70	θ_x		0.4768	0.6716	0.8012	0.8462
	θ_y		0.2569	0.3993	0.4861	0.5140
0.80	θ_x		0.5284	0.7359	0.8760	0.9202
	θ_y		0.2831	0.4325	0.5269	0.5577
0.90	θ_x		0.5528	0.7660	0.9053	0.9543
	θ_y		0.2926	0.4527	0.5520	0.5844
1.00	θ_x		0.5594	0.7741	0.9138	0.9623
	θ_y		0.2926	0.4527	0.5520	0.5844

$k = 2.0 \quad \alpha = 1.0 \quad \beta = 0.6$

ξ	η	0.10	0.20	0.30	0.40	0.50
0.50	θ_x			0.3276	0.3848	0.4046
	θ_y			0.3438	0.4045	0.4246
0.60	θ_x			0.6246	0.7350	0.7720
	θ_y			0.4090	0.4800	0.5031
0.70	θ_x			0.7717	0.9108	0.9582
	θ_y			0.4619	0.5424	0.5685
0.80	θ_x			0.8438	0.9981	1.0471
	θ_y			0.5004	0.5894	0.6169
0.90	θ_x			0.8776	1.0342	1.0881
	θ_y			0.5240	0.6162	0.6462
1.00	θ_x			0.8865	1.0438	1.0990
	θ_y			0.5240	0.6162	0.6462

$k=2.0 \quad \alpha=1.0 \quad \beta=0.7$

ξ	η	0.10	0.20	0.30	0.40	0.50
0.50	θ_x			0.3605	0.4242	0.4460
	θ_y			0.3793	0.4383	0.4578
0.60	θ_x			0.6889	0.8018	0.8396
	θ_y			0.4507	0.5184	0.5406
0.70	θ_x			0.8522	0.9973	1.0464
	θ_y			0.5093	0.5851	0.6097
0.80	θ_x			0.9310	1.0952	1.1477
	θ_y			0.5521	0.6358	0.6614
0.90	θ_x			0.9681	1.1368	1.1947
	θ_y			0.5781	0.6649	0.6931
1.00	θ_x			0.9772	1.1487	1.2074
	θ_y			0.5781	0.6649	0.6931

$k=2.0 \quad \alpha=1.0 \quad \beta=0.8$

ξ	η	0.10	0.20	0.30	0.40	0.50
0.50	θ_x				0.4527	0.4760
	θ_y				0.4623	0.4813
0.60	θ_x				0.8497	0.8883
	θ_y				0.5455	0.5670
0.70	θ_x				1.0597	1.1100
	θ_y				0.6153	0.6390
0.80	θ_x				1.1656	1.2225
	θ_y				0.6673	0.6914
0.90	θ_x				1.2116	1.2723
	θ_y				0.6990	0.7259
1.00	θ_x				1.2246	1.2863
	θ_y				0.6990	0.7259

$k=2.0 \quad \alpha=1.0 \quad \beta=0.9$

ξ	η	0.10	0.20	0.30	0.40	0.50
0.50	θ_x				0.4701	0.4943
	θ_y				0.4766	0.4954
0.60	θ_x				0.8786	0.9177
	θ_y				0.5617	0.5828
0.70	θ_x				1.0974	1.1484
	θ_y				0.6329	0.6561
0.80	θ_x				1.2082	1.2647
	θ_y				0.6855	0.7115
0.90	θ_x				1.2571	1.3194
	θ_y				0.7192	0.7453
1.00	θ_x				1.2708	1.3342
	θ_y				0.7192	0.7453

$k=2.0 \quad \alpha=1.0 \quad \beta=1.0$

ξ	η	0.10	0.20	0.30	0.40	0.50
0.50	θ_x					0.5000
	θ_y					0.5000
0.60	θ_x					0.9275
	θ_y					0.5880
0.70	θ_x					1.1612
	θ_y					0.6621
0.80	θ_x					1.2795
	θ_y					0.7173
0.90	θ_x					1.3351
	θ_y					0.7518
1.00	θ_x					1.3493
	θ_y					0.7518

$k=2.0 \quad \alpha=1.1 \quad \beta=0.1$

ξ	η	0.10	0.20	0.30	0.40	0.50
0.50	θ_x	0.0318	0.0619	0.0895	0.1155	0.1348
	θ_y	0.0200	0.0409	0.0634	0.0891	0.1137
0.60	θ_x	0.0447	0.0882	0.1292	0.1642	0.1796
	θ_y	0.0226	0.0465	0.0730	0.1051	0.1359
0.70	θ_x	0.0537	0.1050	0.1506	0.1841	0.1978
	θ_y	0.0250	0.0517	0.0817	0.1181	0.1513
0.80	θ_x	0.0587	0.1140	0.1602	0.1964	0.2038
	θ_y	0.0269	0.0536	0.0884	0.1323	0.1618
0.90	θ_x	0.0610	0.1173	0.1636	0.1946	0.2057
	θ_y	0.0282	0.0585	0.0926	0.1328	0.1677
1.00	θ_x	0.0616	0.1182	0.1646	0.1953	0.2055
	θ_y	0.0282	0.0585	0.0926	0.1328	0.1677

$k=2.0 \quad \alpha=1.1 \quad \beta=0.2$

ξ	η	0.10	0.20	0.30	0.40	0.50
0.50	θ_x	0.0631	0.1231	0.1785	0.2311	0.2570
	θ_y	0.0402	0.0820	0.1277	0.1807	0.2100
0.60	θ_x	0.0891	0.1757	0.2572	0.3236	0.3511
	θ_y	0.0455	0.0934	0.1475	0.2132	0.2502
0.70	θ_x	0.1068	0.2087	0.2982	0.3645	0.3898
	θ_y	0.0504	0.1039	0.1652	0.2388	0.2795
0.80	θ_x	0.1166	0.2262	0.3170	0.3873	0.4019
	θ_y	0.0544	0.1098	0.1786	0.2590	0.2997
0.90	θ_x	0.1208	0.2321	0.3235	0.3841	0.4045
	θ_y	0.0570	0.1177	0.1869	0.2677	0.3124
1.00	θ_x	0.1220	0.2339	0.3251	0.3858	0.4059
	θ_y	0.0570	0.1177	0.1869	0.2677	0.3124

$k=2.0 \quad \alpha=1.1 \quad \beta=0.3$

ξ	η	0.10	0.20	0.30	0.40	0.50
0.50	θ_x	0.0937	0.1831	0.2667	0.3400	0.3660
	θ_y	0.0608	0.1244	0.1934	0.2663	0.2920
0.60	θ_x	0.1329	0.2622	0.3823	0.4729	0.5080
	θ_y	0.0690	0.1423	0.2244	0.3141	0.3461
0.70	θ_x	0.1587	0.3093	0.4397	0.5340	0.5681
	θ_y	0.0766	0.1585	0.2514	0.3513	0.3876
0.80	θ_x	0.1724	0.3347	0.4660	0.5675	0.5889
	θ_y	0.0826	0.1703	0.2715	0.3749	0.4162
0.90	θ_x	0.1783	0.3421	0.4760	0.5635	0.5945
	θ_y	0.0866	0.1795	0.2838	0.3933	0.4333
1.00	θ_x	0.1799	0.3443	0.4776	0.5651	0.5957
	θ_y	0.0866	0.1795	0.2838	0.3933	0.4333

$k=2.0 \quad \alpha=1.1 \quad \beta=0.4$

ξ	η	0.10	0.20	0.30	0.40	0.50
0.50	θ_x		0.2416	0.3537	0.4357	0.4622
	θ_y		0.1679	0.2628	0.3376	0.3614
0.60	θ_x		0.3464	0.4993	0.6081	0.6472
	θ_y		0.1928	0.3068	0.3976	0.4265
0.70	θ_x		0.4052	0.5712	0.6882	0.7291
	θ_y		0.2153	0.3429	0.4446	0.4776
0.80	θ_x		0.4372	0.6135	0.7324	0.7746
	θ_y		0.2352	0.3687	0.4763	0.5180
0.90	θ_x		0.4445	0.6162	0.7287	0.7681
	θ_y		0.2436	0.3855	0.4983	0.5353
1.00	θ_x		0.4469	0.6197	0.7325	0.7716
	θ_y		0.2436	0.3855	0.4983	0.5353

$k=2.0 \quad \alpha=1.1 \quad \beta=0.5$

ξ	η	0.10	0.20	0.30	0.40	0.50
0.50	θ_x		0.2984	0.4337	0.5164	0.5440
	θ_y		0.2133	0.3271	0.3963	0.4189
0.60	θ_x		0.4270	0.6060	0.7255	0.7665
	θ_y		0.2470	0.3833	0.4657	0.4922
0.70	θ_x		0.4934	0.6894	0.8198	0.8654
	θ_y		0.2764	0.4278	0.5209	0.5511
0.80	θ_x		0.5311	0.7292	0.8779	0.9093
	θ_y		0.3026	0.4604	0.5608	0.5932
0.90	θ_x		0.5370	0.7418	0.8755	0.9219
	θ_y		0.3120	0.4799	0.5845	0.6187
1.00	θ_x		0.5392	0.7463	0.8800	0.9262
	θ_y		0.3120	0.4799	0.5845	0.6187

$k=2.0 \quad \alpha=1.1 \quad \beta=0.6$

ξ	η	0.10	0.20	0.30	0.40	0.50
0.50	θ_x			0.4988	0.5843	0.6132
	θ_y			0.3777	0.4435	0.4651
0.60	θ_x			0.6974	0.8229	0.8653
	θ_y			0.4430	0.5200	0.5450
0.70	θ_x			0.7913	0.9337	0.9827
	θ_y			0.4950	0.5816	0.6097
0.80	θ_x			0.8357	1.0008	1.0359
	θ_y			0.5325	0.6277	0.6569
0.90	θ_x			0.8496	1.0002	1.0523
	θ_y			0.5553	0.6532	0.6851
1.00	θ_x			0.8545	1.0055	1.0576
	θ_y			0.5553	0.6532	0.6851

$k=2.0 \quad \alpha=1.1 \quad \beta=0.7$

ξ	η	0.10	0.20	0.30	0.40	0.50
0.50	θ_x			0.5482	0.6377	0.6679
	θ_y			0.4162	0.4797	0.5006
0.60	θ_x			0.7702	0.8994	0.9428
	θ_y			0.4883	0.5613	0.5852
0.70	θ_x			0.8842	1.0354	1.0868
	θ_y			0.5459	0.6280	0.6539
0.80	θ_x			0.9215	1.0986	1.1366
	θ_y			0.5876	0.6775	0.7048
0.90	θ_x			0.9352	1.0988	1.1550
	θ_y			0.6126	0.7057	0.7352
1.00	θ_x			0.9416	1.1061	1.1627
	θ_y			0.6126	0.7057	0.7352

$k=2.0 \quad \alpha=1.1 \quad \beta=0.8$

ξ	η	0.10	0.20	0.30	0.40	0.50
0.50	θ_x				0.6763	0.7075
	θ_y				0.5053	0.5256
0.60	θ_x				0.9544	0.9986
	θ_y				0.5905	0.6135
0.70	θ_x				1.0895	1.1424
	θ_y				0.6601	0.6857
0.80	θ_x				1.1696	1.2270
	θ_y				0.7115	0.7375
0.90	θ_x				1.1731	1.2324
	θ_y				0.7421	0.7710
1.00	θ_x				1.1796	1.2394
	θ_y				0.7421	0.7710

附录四 双向板楼面等效均布荷载计算表   447

$k = 2.0 \quad \alpha = 1.1 \quad \beta = 0.9$

ξ	η	0.10	0.20	0.30	0.40	0.50
0.50	θ_x				0.6997	0.7314
	θ_y				0.5205	0.5405
0.60	θ_x				0.9875	1.0322
	θ_y				0.6078	0.6305
0.70	θ_x				1.1405	1.1942
	θ_y				0.6792	0.7044
0.80	θ_x				1.2126	1.2541
	θ_y				0.7311	0.7589
0.90	θ_x				1.2160	1.2770
	θ_y				0.7637	0.7922
1.00	θ_x				1.2243	1.2860
	θ_y				0.7637	0.7922

$k = 2.0 \quad \alpha = 1.1 \quad \beta = 1.0$

ξ	η	0.10	0.20	0.30	0.40	0.50
0.50	θ_x					0.7395
	θ_y					0.5455
0.60	θ_x					1.0435
	θ_y					0.6360
0.70	θ_x					1.1964
	θ_y					0.7105
0.80	θ_x					1.2690
	θ_y					0.7653
0.90	θ_x					1.2939
	θ_y					0.7991
1.00	θ_x					1.3016
	θ_y					0.7991

$k = 2.0 \quad \alpha = 1.2 \quad \beta = 0.1$

ξ	η	0.10	0.20	0.30	0.40	0.50
0.60	θ_x	0.0493	0.0970	0.1407	0.1754	0.1889
	θ_y	0.0240	0.0496	0.0781	0.1127	0.1452
0.70	θ_x	0.0555	0.1079	0.1532	0.1856	0.1976
	θ_y	0.0267	0.0552	0.0871	0.1252	0.1594
0.80	θ_x	0.0583	0.1135	0.1574	0.1938	0.1991
	θ_y	0.0288	0.0571	0.0938	0.1391	0.1690
0.90	θ_x	0.0593	0.1137	0.1580	0.1872	0.1978
	θ_y	0.0301	0.0622	0.0979	0.1391	0.1746
1.00	θ_x	0.0595	0.1139	0.1580	0.1871	0.1972
	θ_y	0.0301	0.0622	0.0979	0.1391	0.1746

$k = 2.0 \quad \alpha = 1.2 \quad \beta = 0.2$

ξ	η	0.10	0.20	0.30	0.40	0.50
0.60	θ_x	0.0983	0.1931	0.2802	0.3456	0.3708
	θ_y	0.0485	0.0997	0.1573	0.2282	0.2674
0.70	θ_x	0.1102	0.2140	0.3032	0.3660	0.3891
	θ_y	0.0538	0.1109	0.1759	0.2527	0.2948
0.80	θ_x	0.1156	0.2251	0.3112	0.3822	0.3923
	θ_y	0.0580	0.1169	0.1887	0.2723	0.3138
0.90	θ_x	0.1174	0.2249	0.3127	0.3695	0.3903
	θ_y	0.0607	0.1250	0.1968	0.2802	0.3249
1.00	θ_x	0.1178	0.2253	0.3123	0.3690	0.3886
	θ_y	0.0607	0.1250	0.1968	0.2802	0.3249

$k = 2.0 \quad \alpha = 1.2 \quad \beta = 0.3$

ξ	η	0.10	0.20	0.30	0.40	0.50
0.60	θ_x	0.1463	0.2874	0.4152	0.5055	0.5402
	θ_y	0.0736	0.1518	0.2405	0.3360	0.3706
0.70	θ_x	0.1633	0.3163	0.4466	0.5364	0.5688
	θ_y	0.0817	0.1691	0.2673	0.3717	0.4098
0.80	θ_x	0.1707	0.3327	0.4580	0.5603	0.5762
	θ_y	0.0881	0.1809	0.2871	0.3944	0.4368
0.90	θ_x	0.1730	0.3312	0.4589	0.5432	0.5726
	θ_y	0.0921	0.1903	0.2991	0.4117	0.4529
1.00	θ_x	0.1734	0.3312	0.4592	0.5418	0.5707
	θ_y	0.0921	0.1903	0.2991	0.4117	0.4529

$k = 2.0 \quad \alpha = 1.2 \quad \beta = 0.4$

ξ	η	0.10	0.20	0.30	0.40	0.50
0.60	θ_x		0.3774	0.5386	0.6509	0.6911
	θ_y		0.2063	0.3281	0.4252	0.4564
0.70	θ_x		0.4136	0.5800	0.6923	0.7320
	θ_y		0.2296	0.3638	0.4707	0.5055
0.80	θ_x		0.4340	0.6073	0.7234	0.7644
	θ_y		0.2493	0.3892	0.5013	0.5446
0.90	θ_x		0.4296	0.5944	0.7015	0.7389
	θ_y		0.2581	0.4054	0.5220	0.5605
1.00	θ_x		0.4299	0.5950	0.7009	0.7380
	θ_y		0.2581	0.4054	0.5220	0.5605

$k = 2.0 \quad \alpha = 1.2 \quad \beta = 0.5$

ξ	η	0.10	0.20	0.30	0.40	0.50
0.60	θ_x		0.4625	0.6519	0.7780	0.8217
	θ_y		0.2643	0.4096	0.4982	0.5268
0.70	θ_x		0.5021	0.6997	0.8298	0.8752
	θ_y		0.2939	0.4534	0.5519	0.5839
0.80	θ_x		0.5264	0.7161	0.8675	0.8910
	θ_y		0.3200	0.4850	0.5906	0.6244
0.90	θ_x		0.5182	0.7153	0.8432	0.8876
	θ_y		0.3292	0.5040	0.6130	0.6487
1.00	θ_x		0.5187	0.7164	0.8440	0.8881
	θ_y		0.3292	0.5040	0.6130	0.6487

$k = 2.0 \quad \alpha = 1.2 \quad \beta = 0.6$

ξ	η	0.10	0.20	0.30	0.40	0.50
0.60	θ_x			0.7492	0.8842	0.9303
	θ_y			0.4737	0.5563	0.5831
0.70	θ_x			0.8025	0.9460	0.9955
	θ_y			0.5425	0.6166	0.6465
0.80	θ_x			0.8203	0.9895	1.0160
	θ_y			0.5609	0.6615	0.6921
0.90	θ_x			0.8189	0.9638	1.0138
	θ_y			0.5827	0.6856	0.7193
1.00	θ_x			0.8201	0.9647	1.0146
	θ_y			0.5827	0.6856	0.7193

448 附录四 双向板楼面等效均布荷载计算表

$k = 2.0 \quad \alpha = 1.2 \quad \beta = 0.7$

ξ	η	0.10	0.20	0.30	0.40	0.50
0.60	θ_x			0.8273	0.9680	1.0157
	θ_y			0.5223	0.6004	0.6258
0.70	θ_x			0.8853	1.0385	1.0909
	θ_y			0.5786	0.6656	0.6940
0.80	θ_x			0.9043	1.0867	1.1158
	θ_y			0.6189	0.7144	0.7433
0.90	θ_x			0.9025	1.0606	1.1150
	θ_y			0.6431	0.7410	0.7730
1.00	θ_x			0.9035	1.0616	1.1160
	θ_y			0.6431	0.7410	0.7730

$k = 2.0 \quad \alpha = 1.2 \quad \beta = 0.8$

ξ	η	0.10	0.20	0.30	0.40	0.50
0.60	θ_x				1.0285	1.0772
	θ_y				0.6316	0.6562
0.70	θ_x				1.1057	1.1600
	θ_y				0.7003	0.7277
0.80	θ_x				1.1574	1.2146
	θ_y				0.7506	0.7784
0.90	θ_x				1.1312	1.1887
	θ_y				0.7800	0.8108
1.00	θ_x				1.1324	1.1900
	θ_y				0.7800	0.8108

$k = 2.0 \quad \alpha = 1.2 \quad \beta = 0.9$

ξ	η	0.10	0.20	0.30	0.40	0.50
0.60	θ_x				1.0650	1.1144
	θ_y				0.6498	0.6739
0.70	θ_x				1.1464	1.2018
	θ_y				0.7207	0.7473
0.80	θ_x				1.2002	1.2324
	θ_y				0.7715	0.8010
0.90	θ_x				1.1743	1.2336
	θ_y				0.8031	0.8333
1.00	θ_x				1.1755	1.2350
	θ_y				0.8031	0.8333

$k = 2.0 \quad \alpha = 1.2 \quad \beta = 1.0$

ξ	η	0.10	0.20	0.30	0.40	0.50
0.60	θ_x					1.1268
	θ_y					0.6801
0.70	θ_x					1.2158
	θ_y					0.7542
0.80	θ_x					1.2471
	θ_y					0.8078
0.90	θ_x					1.2486
	θ_y					0.8406
1.00	θ_x					1.2501
	θ_y					0.8406

$k = 2.0 \quad \alpha = 1.3 \quad \beta = 0.1$

ξ	η	0.10	0.20	0.30	0.40	0.50
0.60	θ_x	0.0529	0.1034	0.1484	0.1822	0.1948
	θ_y	0.0254	0.0525	0.0828	0.1194	0.1527
0.70	θ_x	0.0564	0.1091	0.1538	0.1851	0.1960
	θ_y	0.0282	0.0583	0.0919	0.1313	0.1660
0.80	θ_x	0.0574	0.1118	0.1537	0.1890	0.1928
	θ_y	0.0304	0.0603	0.0985	0.1449	0.1752
0.90	θ_x	0.0574	0.1098	0.1523	0.1801	0.1897
	θ_y	0.0318	0.0654	0.1024	0.1446	0.1804
1.00	θ_x	0.0753	0.1095	0.1515	0.1790	0.1884
	θ_y	0.0318	0.0654	0.1024	0.1446	0.1804

$k = 2.0 \quad \alpha = 1.3 \quad \beta = 0.2$

ξ	η	0.10	0.20	0.30	0.40	0.50
0.60	θ_x	0.1052	0.2055	0.2939	0.3591	0.3839
	θ_y	0.0512	0.1055	0.1674	0.2414	0.2824
0.70	θ_x	0.1119	0.2162	0.3043	0.3640	0.3855
	θ_y	0.0569	0.1172	0.1854	0.2649	0.3081
0.80	θ_x	0.1137	0.2216	0.3036	0.3729	0.3805
	θ_y	0.0613	0.1232	0.1985	0.2838	0.3260
0.90	θ_x	0.1136	0.2172	0.3009	0.3557	0.3746
	θ_y	0.0640	0.1314	0.2063	0.2911	0.3364
1.00	θ_x	0.1134	0.2165	0.2994	0.3534	0.3721
	θ_y	0.0640	0.1314	0.2063	0.2911	0.3364

$k = 2.0 \quad \alpha = 1.3 \quad \beta = 0.3$

ξ	η	0.10	0.20	0.30	0.40	0.50
0.60	θ_x	0.1563	0.3048	0.4334	0.5260	0.5596
	θ_y	0.0778	0.1609	0.2547	0.3552	0.3916
0.70	θ_x	0.1655	0.3193	0.4480	0.5338	0.5646
	θ_y	0.0864	0.1785	0.2814	0.3894	0.4289
0.80	θ_x	0.1677	0.3272	0.4469	0.5469	0.5592
	θ_y	0.0929	0.1904	0.3008	0.4111	0.4545
0.90	θ_x	0.1673	0.3195	0.4422	0.5223	0.5501
	θ_y	0.0970	0.1998	0.3125	0.4276	0.4698
1.00	θ_x	0.1668	0.3185	0.4400	0.5189	0.5463
	θ_y	0.0970	0.1998	0.3125	0.4276	0.4698

$k = 2.0 \quad \alpha = 1.3 \quad \beta = 0.4$

ξ	η	0.10	0.20	0.30	0.40	0.50
0.60	θ_x		0.3990	0.5652	0.6780	0.7183
	θ_y		0.2184	0.3471	0.4497	0.4828
0.70	θ_x		0.4161	0.5818	0.6895	0.7281
	θ_y		0.2421	0.3823	0.4935	0.5299
0.80	θ_x		0.4262	0.5945	0.7064	0.7458
	θ_y		0.2618	0.4070	0.5228	0.5676
0.90	θ_x		0.4142	0.5729	0.6757	0.7113
	θ_y		0.2702	0.4227	0.5426	0.5822
1.00	θ_x		0.4132	0.5699	0.6715	0.7068
	θ_y		0.2702	0.4227	0.5426	0.5822

附录四 双向板楼面等效均布荷载计算表

$k = 2.0 \quad \alpha = 1.3 \quad \beta = 0.5$

ξ	η	0.10	0.20	0.30	0.40	0.50
0.60	θ_x		0.4863	0.6832	0.8126	0.8576
	θ_y		0.2801	0.4331	0.5270	0.5574
0.70	θ_x		0.5044	0.6993	0.8275	0.8721
	θ_y		0.3096	0.4759	0.5790	0.6126
0.80	θ_x		0.5162	0.6978	0.8477	0.8667
	θ_y		0.3354	0.5065	0.6164	0.6514
0.90	θ_x		0.4996	0.6895	0.8122	0.8546
	θ_y		0.3442	0.5247	0.6376	0.6748
1.00	θ_x		0.4974	0.6857	0.8074	0.8494
	θ_y		0.3442	0.5247	0.6376	0.6748

$k = 2.0 \quad \alpha = 1.3 \quad \beta = 0.6$

ξ	η	0.10	0.20	0.30	0.40	0.50
0.60	θ_x			0.7842	0.9249	0.9731
	θ_y			0.5008	0.5885	0.6170
0.70	θ_x			0.8014	0.9474	0.9967
	θ_y			0.5503	0.6472	0.6788
0.80	θ_x			0.7991	0.9674	0.9892
	θ_y			0.5856	0.6908	0.7229
0.90	θ_x			0.7893	0.9285	0.9766
	θ_y			0.6066	0.7138	0.7489
1.00	θ_x			0.7849	0.9232	0.9710
	θ_y			0.6066	0.7138	0.7489

$k = 2.0 \quad \alpha = 1.3 \quad \beta = 0.7$

ξ	η	0.10	0.20	0.30	0.40	0.50
0.60	θ_x			0.8655	1.0139	1.0645
	θ_y			0.5524	0.6353	0.6623
0.70	θ_x			0.8838	1.0407	1.0934
	θ_y			0.6073	0.6991	0.7291
0.80	θ_x			0.8806	1.0630	1.0872
	θ_y			0.6462	0.7465	0.7769
0.90	θ_x			0.8696	1.0219	1.0743
	θ_y			0.6694	0.7719	0.8055
1.00	θ_x			0.8647	1.0163	1.0685
	θ_y			0.6694	0.7719	0.8055

$k = 2.0 \quad \alpha = 1.3 \quad \beta = 0.8$

ξ	η	0.10	0.20	0.30	0.40	0.50
0.60	θ_x				1.0784	1.1304
	θ_y				0.6682	0.6941
0.70	θ_x				1.1086	1.1637
	θ_y				0.7358	0.7647
0.80	θ_x				1.1326	1.1890
	θ_y				0.7847	0.8140
0.90	θ_x				1.0902	1.1457
	θ_y				0.8129	0.8453
1.00	θ_x				1.0843	1.1397
	θ_y				0.8129	0.8453

$k = 2.0 \quad \alpha = 1.3 \quad \beta = 0.9$

ξ	η	0.10	0.20	0.30	0.40	0.50
0.60	θ_x				1.1174	1.1703
	θ_y				0.6877	0.7131
0.70	θ_x				1.1498	1.2062
	θ_y				0.7573	0.7855
0.80	θ_x				1.1749	1.2021
	θ_y				0.8068	0.8379
0.90	θ_x				1.1317	1.1892
	θ_y				0.8373	0.8690
1.00	θ_x				1.1258	1.1831
	θ_y				0.8373	0.8690

$k = 2.0 \quad \alpha = 1.3 \quad \beta = 1.0$

ξ	η	0.10	0.20	0.30	0.40	0.50
0.60	θ_x					1.1836
	θ_y					0.7193
0.70	θ_x					1.2205
	θ_y					0.7927
0.80	θ_x					1.2166
	θ_y					0.8451
0.90	θ_x					1.2038
	θ_y					0.8769
1.00	θ_x					1.1977
	θ_y					0.8769

$k = 2.0 \quad \alpha = 1.4 \quad \beta = 0.1$

ξ	η	0.10	0.20	0.30	0.40	0.50
0.70	θ_x	0.0567	0.1092	0.1530	0.1828	0.1937
	θ_y	0.0296	0.0611	0.0960	0.1366	0.1720
0.80	θ_x	0.0563	0.1094	0.1497	0.1828	0.1868
	θ_y	0.0318	0.0632	0.1025	0.1498	0.1805
0.90	θ_x	0.0555	0.1060	0.1467	0.1735	0.1824
	θ_y	0.0332	0.0682	0.1063	0.1493	0.1853
1.00	θ_x	0.0552	0.1053	0.1455	0.1715	0.1808
	θ_y	0.0332	0.0682	0.1063	0.1493	0.1853

$k = 2.0 \quad \alpha = 1.4 \quad \beta = 0.2$

ξ	η	0.10	0.20	0.30	0.40	0.50
0.70	θ_x	0.1124	0.2163	0.3025	0.3609	0.3819
	θ_y	0.0597	0.1228	0.1937	0.2753	0.3193
0.80	θ_x	0.1114	0.2165	0.2958	0.3608	0.3689
	θ_y	0.0641	0.1289	0.2065	0.2934	0.3362
0.90	θ_x	0.1098	0.2096	0.2899	0.3422	0.3605
	θ_y	0.0668	0.1369	0.2141	0.3004	0.3461
1.00	θ_x	0.1091	0.2081	0.2873	0.3387	0.3563
	θ_y	0.0668	0.1369	0.2141	0.3004	0.3461

450 附录四 双向板楼面等效均布荷载计算表

$k = 2.0 \quad \alpha = 1.4 \quad \beta = 0.3$

ξ	η	0.10	0.20	0.30	0.40	0.50
0.70	θ_x	0.1660	0.3190	0.4451	0.5296	0.5594
	θ_y	0.0905	0.1869	0.2937	0.4047	0.4452
0.80	θ_x	0.1641	0.3193	0.4347	0.5294	0.5409
	θ_y	0.0972	0.1988	0.3126	0.4253	0.4695
0.90	θ_x	0.1615	0.3083	0.4262	0.5025	0.5291
	θ_y	0.1012	0.2079	0.3238	0.4412	0.4841
1.00	θ_x	0.1605	0.3060	0.4220	0.4973	0.5234
	θ_y	0.1012	0.2079	0.3238	0.4412	0.4841

$k = 2.0 \quad \alpha = 1.4 \quad \beta = 0.4$

ξ	η	0.10	0.20	0.30	0.40	0.50
0.70	θ_x		0.4149	0.5772	0.6844	0.7218
	θ_y		0.2534	0.3983	0.5130	0.5506
0.80	θ_x		0.4153	0.5774	0.6842	0.7217
	θ_y		0.2727	0.4223	0.5411	0.5869
0.90	θ_x		0.3997	0.5524	0.6503	0.6843
	θ_y		0.2810	0.4375	0.5601	0.6007
1.00	θ_x		0.3964	0.5461	0.6437	0.6773
	θ_y		0.2810	0.4375	0.5601	0.6007

$k = 2.0 \quad \alpha = 1.4 \quad \beta = 0.5$

ξ	η	0.10	0.20	0.30	0.40	0.50
0.70	θ_x		0.5018	0.6955	0.8216	0.8654
	θ_y		0.3233	0.4953	0.6023	0.6373
0.80	θ_x		0.5021	0.6775	0.8216	0.8404
	θ_y		0.3486	0.5249	0.6383	0.6746
0.90	θ_x		0.4818	0.6651	0.7818	0.8224
	θ_y		0.3569	0.5425	0.6587	0.6969
1.00	θ_x		0.4772	0.6578	0.7742	0.8143
	θ_y		0.3569	0.5425	0.6587	0.6969

$k = 2.0 \quad \alpha = 1.4 \quad \beta = 0.6$

ξ	η	0.10	0.20	0.30	0.40	0.50
0.70	θ_x			0.7968	0.9382	0.9869
	θ_y			0.5727	0.6736	0.7067
0.80	θ_x			0.7756	0.9382	0.9601
	θ_y			0.6067	0.7157	0.7491
0.90	θ_x			0.7601	0.8952	0.9414
	θ_y			0.6269	0.7378	0.7742
1.00	θ_x			0.7528	0.8854	0.9311
	θ_y			0.6269	0.7378	0.7742

$k = 2.0 \quad \alpha = 1.4 \quad \beta = 0.7$

ξ	η	0.10	0.20	0.30	0.40	0.50
0.70	θ_x			0.8783	1.0314	1.0839
	θ_y			0.6319	0.7279	0.7593
0.80	θ_x			0.8547	1.0315	1.0560
	θ_y			0.6695	0.7739	0.8056
0.90	θ_x			0.8386	0.9853	1.0358
	θ_y			0.6919	0.7982	0.8331
1.00	θ_x			0.8293	0.9735	1.0236
	θ_y			0.6919	0.7982	0.8331

$k = 2.0 \quad \alpha = 1.4 \quad \beta = 0.8$

ξ	η	0.10	0.20	0.30	0.40	0.50
0.70	θ_x				1.0993	1.1545
	θ_y				0.7664	0.7967
0.80	θ_x				1.0995	1.1548
	θ_y				0.8138	0.8446
0.90	θ_x				1.0512	1.1048
	θ_y				0.8411	0.8749
1.00	θ_x				1.0389	1.0921
	θ_y				0.8411	0.8749

$k = 2.0 \quad \alpha = 1.4 \quad \beta = 0.9$

ξ	η	0.10	0.20	0.30	0.40	0.50
0.70	θ_x				1.1406	1.1973
	θ_y				0.7889	0.8186
0.80	θ_x				1.1409	1.1685
	θ_y				0.8370	0.8695
0.90	θ_x				1.0914	1.1469
	θ_y				0.8663	0.8995
1.00	θ_x				1.0788	1.1339
	θ_y				0.8663	0.8995

$k = 2.0 \quad \alpha = 1.4 \quad \beta = 1.0$

ξ	η	0.10	0.20	0.30	0.40	0.50
0.70	θ_x					1.2117
	θ_y					0.8261
0.80	θ_x					1.1828
	θ_y					0.8771
0.90	θ_x					1.1610
	θ_y					0.9079
1.00	θ_x					1.1480
	θ_y					0.9079

$k = 2.0 \quad \alpha = 1.5 \quad \beta = 0.1$

ξ	η	0.10	0.20	0.30	0.40	0.50
0.70	θ_x	0.0566	0.1087	0.1515	0.1797	0.1902
	θ_y	0.0308	0.0635	0.0996	0.1411	0.1765
0.80	θ_x	0.0551	0.1065	0.1459	0.1760	0.1819
	θ_y	0.0331	0.0656	0.1059	0.1539	0.1848
0.90	θ_x	0.0537	0.1025	0.1415	0.1670	0.1757
	θ_y	0.0344	0.0705	0.1096	0.1532	0.1895
1.00	θ_x	0.0532	0.1014	0.1401	0.1650	0.1736
	θ_y	0.0344	0.0705	0.1096	0.1532	0.1895

$k = 2.0 \quad \alpha = 1.5 \quad \beta = 0.2$

ξ	η	0.10	0.20	0.30	0.40	0.50
0.70	θ_x	0.1121	0.2151	0.2993	0.3556	0.3756
	θ_y	0.0621	0.1276	0.2007	0.2840	0.3287
0.80	θ_x	0.1089	0.2106	0.2883	0.3475	0.3589
	θ_y	0.0666	0.1337	0.2132	0.3014	0.3448
0.90	θ_x	0.1062	0.2026	0.2797	0.3297	0.3471
	θ_y	0.0692	0.1415	0.2205	0.3080	0.3543
1.00	θ_x	0.1052	0.2005	0.2766	0.3258	0.3429
	θ_y	0.0692	0.1415	0.2205	0.3080	0.3543

附录四 双向板楼面等效均布荷载计算表

$k = 2.0 \quad \alpha = 1.5 \quad \beta = 0.3$

ξ	η	0.10	0.20	0.30	0.40	0.50
0.70	θ_x	0.1653	0.3170	0.4399	0.5220	0.5507
	θ_y	0.0942	0.1941	0.3041	0.4173	0.4587
0.80	θ_x	0.1603	0.3102	0.4231	0.5100	0.5249
	θ_y	0.1008	0.2059	0.3225	0.4369	0.4821
0.90	θ_x	0.1562	0.2977	0.4110	0.4843	0.5096
	θ_y	0.1048	0.2147	0.3334	0.4525	0.4960
1.00	θ_x	0.1547	0.2947	0.4065	0.4790	0.5040
	θ_y	0.1048	0.2147	0.3334	0.4525	0.4960

$k = 2.0 \quad \alpha = 1.5 \quad \beta = 0.4$

ξ	η	0.10	0.20	0.30	0.40	0.50
0.70	θ_x		0.4114	0.5696	0.6750	0.7113
	θ_y		0.2629	0.4118	0.5294	0.5681
0.80	θ_x		0.4028	0.5581	0.6596	0.6950
	θ_y		0.2820	0.4351	0.5562	0.6028
0.90	θ_x		0.3859	0.5323	0.6268	0.6594
	θ_y		0.2898	0.4497	0.5748	0.6160
1.00	θ_x		0.3818	0.5263	0.6195	0.6517
	θ_y		0.2898	0.4497	0.5748	0.6160

$k = 2.0 \quad \alpha = 1.5 \quad \beta = 0.5$

ξ	η	0.10	0.20	0.30	0.40	0.50
0.70	θ_x		0.4965	0.6856	0.8108	0.8536
	θ_y		0.3349	0.5116	0.6218	0.6580
0.80	θ_x		0.4862	0.6590	0.7925	0.8165
	θ_y		0.3597	0.5404	0.6564	0.6939
0.90	θ_x		0.4647	0.6405	0.7537	0.7928
	θ_y		0.3678	0.5573	0.6761	0.7154
1.00	θ_x		0.4597	0.6333	0.7450	0.7836
	θ_y		0.3678	0.5573	0.6761	0.7154

$k = 2.0 \quad \alpha = 1.5 \quad \beta = 0.6$

ξ	η	0.10	0.20	0.30	0.40	0.50
0.70	θ_x			0.7871	0.9242	0.9722
	θ_y			0.5914	0.6958	0.7300
0.80	θ_x			0.7543	0.9056	0.9334
	θ_y			0.6244	0.7365	0.7711
0.90	θ_x			0.7330	0.8620	0.9065
	θ_y			0.6440	0.7578	0.7952
1.00	θ_x			0.7247	0.8521	0.8961
	θ_y			0.6440	0.7578	0.7952

$k = 2.0 \quad \alpha = 1.5 \quad \beta = 0.7$

ξ	η	0.10	0.20	0.30	0.40	0.50
0.70	θ_x			0.8653	1.0167	1.0688
	θ_y			0.6526	0.7522	0.7848
0.80	θ_x			0.8311	0.9962	1.0271
	θ_y			0.6890	0.7967	0.8297
0.90	θ_x			0.8074	0.9490	0.9978
	θ_y			0.7106	0.8203	0.8563
1.00	θ_x			0.7982	0.9383	0.9865
	θ_y			0.7106	0.8203	0.8563

$k = 2.0 \quad \alpha = 1.5 \quad \beta = 0.8$

ξ	η	0.10	0.20	0.30	0.40	0.50
0.70	θ_x				1.0843	1.1392
	θ_y				0.7922	0.8237
0.80	θ_x				1.0624	1.1162
	θ_y				0.8381	0.8702
0.90	θ_x				1.0127	1.0645
	θ_y				0.8644	0.8995
1.00	θ_x				1.0013	1.0526
	θ_y				0.8644	0.8995

$k = 2.0 \quad \alpha = 1.5 \quad \beta = 0.9$

ξ	η	0.10	0.20	0.30	0.40	0.50
0.70	θ_x				1.1254	1.1820
	θ_y				0.8157	0.8465
0.80	θ_x				1.1027	1.1372
	θ_y				0.8623	0.8960
0.90	θ_x				1.0515	1.1052
	θ_y				0.8907	0.9251
1.00	θ_x				1.0397	1.0929
	θ_y				0.8907	0.9251

$k = 2.0 \quad \alpha = 1.5 \quad \beta = 1.0$

ξ	η	0.10	0.20	0.30	0.40	0.50
0.70	θ_x					1.1964
	θ_y					0.8543
0.80	θ_x					1.1512
	θ_y					0.9039
0.90	θ_x					1.1189
	θ_y					0.9336
1.00	θ_x					1.1065
	θ_y					0.9336

$k = 2.0 \quad \alpha = 1.6 \quad \beta = 0.1$

ξ	η	0.10	0.20	0.30	0.40	0.50
0.80	θ_x	0.0539	0.1035	0.1423	0.1693	0.1768
	θ_y	0.0341	0.0676	0.1087	0.1571	0.1883
0.90	θ_x	0.0522	0.0986	0.1371	0.1585	0.1702
	θ_y	0.0354	0.0704	0.1123	0.1612	0.1929
1.00	θ_x	0.0515	0.0968	0.1354	0.1545	0.1674
	θ_y	0.0354	0.0704	0.1123	0.1612	0.1929

$k = 2.0 \quad \alpha = 1.6 \quad \beta = 0.2$

ξ	η	0.10	0.20	0.30	0.40	0.50
0.80	θ_x	0.1066	0.2046	0.2811	0.3342	0.3491
	θ_y	0.0684	0.1377	0.2185	0.3077	0.3518
0.90	θ_x	0.1031	0.1948	0.2708	0.3132	0.3360
	θ_y	0.0712	0.1431	0.2258	0.3159	0.3608
1.00	θ_x	0.1018	0.1910	0.2673	0.3052	0.3308
	θ_y	0.0712	0.1431	0.2258	0.3159	0.3608

$k=2.0 \quad \alpha=1.6 \quad \beta=0.3$

ξ	η	0.10	0.20	0.30	0.40	0.50
0.80	θ_x	0.1568	0.3009	0.4131	0.4908	0.5126
	θ_y	0.1037	0.2117	0.3305	0.4463	0.4922
0.90	θ_x	0.1516	0.2859	0.3984	0.4602	0.4942
	θ_y	0.1076	0.2196	0.3410	0.4583	0.5055
1.00	θ_x	0.1497	0.2802	0.3925	0.4487	0.4851
	θ_y	0.1076	0.2196	0.3410	0.4583	0.5055

$k=2.0 \quad \alpha=1.6 \quad \beta=0.4$

ξ	η	0.10	0.20	0.30	0.40	0.50
0.80	θ_x		0.3902	0.5388	0.6351	0.6685
	θ_y		0.2895	0.4454	0.5683	0.6155
0.90	θ_x		0.3698	0.5079	0.5961	0.6264
	θ_y		0.2996	0.4590	0.5840	0.6318
1.00	θ_x		0.3621	0.4962	0.5814	0.6105
	θ_y		0.2996	0.4590	0.5840	0.6318

$k=2.0 \quad \alpha=1.6 \quad \beta=0.5$

ξ	η	0.10	0.20	0.30	0.40	0.50
0.80	θ_x		0.4702	0.6438	0.7636	0.7972
	θ_y		0.3688	0.5529	0.6710	0.7095
0.90	θ_x		0.4444	0.6211	0.7174	0.7686
	θ_y		0.3808	0.5694	0.6899	0.7301
1.00	θ_x		0.4347	0.6110	0.7000	0.7557
	θ_y		0.3808	0.5694	0.6899	0.7301

$k=2.0 \quad \alpha=1.6 \quad \beta=0.6$

ξ	η	0.10	0.20	0.30	0.40	0.50
0.80	θ_x			0.7368	0.8731	0.9113
	θ_y			0.6387	0.7532	0.7889
0.90	θ_x			0.7108	0.8211	0.8788
	θ_y			0.6577	0.7749	0.8123
1.00	θ_x			0.6991	0.8015	0.8645
	θ_y			0.6577	0.7749	0.8123

$k=2.0 \quad \alpha=1.6 \quad \beta=0.7$

ξ	η	0.10	0.20	0.30	0.40	0.50
0.80	θ_x			0.8117	0.9610	1.0030
	θ_y			0.7048	0.8151	0.8492
0.90	θ_x			0.7829	0.9047	0.9674
	θ_y			0.7257	0.8392	0.8749
1.00	θ_x			0.7701	0.8834	0.9520
	θ_y			0.7257	0.8392	0.8749

$k=2.0 \quad \alpha=1.6 \quad \beta=0.8$

ξ	η	0.10	0.20	0.30	0.40	0.50
0.80	θ_x				1.0253	1.0777
	θ_y				0.8578	0.8909
0.90	θ_x				0.9659	1.0159
	θ_y				0.8836	0.9180
1.00	θ_x				0.9434	0.9925
	θ_y				0.8836	0.9180

$k=2.0 \quad \alpha=1.6 \quad \beta=0.9$

ξ	η	0.10	0.20	0.30	0.40	0.50
0.80	θ_x				1.0645	1.1108
	θ_y				0.8827	0.9175
0.90	θ_x				1.0033	1.0717
	θ_y				0.9095	0.9459
1.00	θ_x				0.9802	1.0550
	θ_y				0.9095	0.9459

$k=2.0 \quad \alpha=1.6 \quad \beta=1.0$

ξ	η	0.10	0.20	0.30	0.40	0.50
0.80	θ_x					1.1245
	θ_y					0.9257
0.90	θ_x					1.0850
	θ_y					0.9544
1.00	θ_x					1.0682
	θ_y					0.9544

$k=2.0 \quad \alpha=1.7 \quad \beta=0.1$

ξ	η	0.10	0.20	0.30	0.40	0.50
0.80	θ_x	0.0529	0.1008	0.1394	0.1632	0.1727
	θ_y	0.0348	0.0692	0.1108	0.1595	0.1910
0.90	θ_x	0.0509	0.0969	0.1336	0.1572	0.1655
	θ_y	0.0361	0.0739	0.1143	0.1588	0.1953
1.00	θ_x	0.0501	0.0955	0.1316	0.1550	0.1628
	θ_y	0.0361	0.0739	0.1143	0.1588	0.1953

$k=2.0 \quad \alpha=1.7 \quad \beta=0.2$

ξ	η	0.10	0.20	0.30	0.40	0.50
0.80	θ_x	0.1046	0.1991	0.2753	0.3224	0.3412
	θ_y	0.0701	0.1408	0.2228	0.3125	0.3571
0.90	θ_x	0.1005	0.1914	0.2639	0.3107	0.3268
	θ_y	0.0727	0.1482	0.2298	0.3190	0.3659
1.00	θ_x	0.0991	0.1887	0.2599	0.3058	0.3217
	θ_y	0.0727	0.1482	0.2298	0.3190	0.3659

$k=2.0 \quad \alpha=1.7 \quad \beta=0.3$

ξ	η	0.10	0.20	0.30	0.40	0.50
0.80	θ_x	0.1538	0.2925	0.4049	0.4737	0.5027
	θ_y	0.1060	0.2163	0.3366	0.4534	0.5000
0.90	θ_x	0.1478	0.2813	0.3878	0.4564	0.4801
	θ_y	0.1098	0.2245	0.3469	0.4685	0.5131
1.00	θ_x	0.1456	0.2772	0.3819	0.4493	0.4726
	θ_y	0.1098	0.2245	0.3469	0.4685	0.5131

$k=2.0 \quad \alpha=1.7 \quad \beta=0.4$

ξ	η	0.10	0.20	0.30	0.40	0.50
0.80	θ_x		0.3788	0.5216	0.6133	0.6449
	θ_y		0.2954	0.4534	0.5775	0.6251
0.90	θ_x		0.3645	0.5021	0.5908	0.6214
	θ_y		0.3025	0.4673	0.5956	0.6380
1.00	θ_x		0.3589	0.4949	0.5816	0.6116
	θ_y		0.3025	0.4673	0.5956	0.6380

附录四 双向板楼面等效均布荷载计算表

$k = 2.0 \quad \alpha = 1.7 \quad \beta = 0.5$

ξ	η	0.10	0.20	0.30	0.40	0.50
0.80	θ_x		0.4558	0.6314	0.7377	0.7815
	θ_y		0.3758	0.5626	0.6821	0.7215
0.90	θ_x		0.4387	0.6043	0.7107	0.7466
	θ_y		0.3831	0.5785	0.7012	0.7418
1.00	θ_x		0.4320	0.5948	0.6996	0.7357
	θ_y		0.3831	0.5785	0.7012	0.7418

$k = 2.0 \quad \alpha = 1.7 \quad \beta = 0.6$

ξ	η	0.10	0.20	0.30	0.40	0.50
0.80	θ_x			0.7226	0.8440	0.8935
	θ_y			0.6498	0.7659	0.8026
0.90	θ_x			0.6914	0.8121	0.8540
	θ_y			0.6683	0.7863	0.8253
1.00	θ_x			0.6806	0.8011	0.8423
	θ_y			0.6683	0.7863	0.8253

$k = 2.0 \quad \alpha = 1.7 \quad \beta = 0.7$

ξ	η	0.10	0.20	0.30	0.40	0.50
0.80	θ_x			0.7959	0.9295	0.9834
	θ_y			0.7170	0.8292	0.8643
0.90	θ_x			0.7607	0.8943	0.9404
	θ_y			0.7374	0.8517	0.8893
1.00	θ_x			0.7505	0.8821	0.9274
	θ_y			0.7374	0.8517	0.8893

$k = 2.0 \quad \alpha = 1.7 \quad \beta = 0.8$

ξ	η	0.10	0.20	0.30	0.40	0.50
0.80	θ_x				0.9921	1.0431
	θ_y				0.8729	0.9068
0.90	θ_x				0.9545	1.0043
	θ_y				0.8980	0.9346
1.00	θ_x				0.9414	0.9897
	θ_y				0.8980	0.9346

$k = 2.0 \quad \alpha = 1.7 \quad \beta = 0.9$

ξ	η	0.10	0.20	0.30	0.40	0.50
0.80	θ_x				1.0303	1.0892
	θ_y				0.8984	0.9341
0.90	θ_x				0.9912	1.0428
	θ_y				0.9255	0.9617
1.00	θ_x				0.9776	1.0270
	θ_y				0.9255	0.9617

$k = 2.0 \quad \alpha = 1.7 \quad \beta = 1.0$

ξ	η	0.10	0.20	0.30	0.40	0.50
0.80	θ_x					1.1027
	θ_y					0.9424
0.90	θ_x					1.0558
	θ_y					0.9705
1.00	θ_x					1.0397
	θ_y					0.9705

$k = 2.0 \quad \alpha = 1.8 \quad \beta = 0.1$

ξ	η	0.10	0.20	0.30	0.40	0.50
0.90	θ_x	0.0499	0.0950	0.1310	0.1542	0.1621
	θ_y	0.0367	0.0749	0.1157	0.1605	0.1971
1.00	θ_x	0.0491	0.0935	0.1289	0.1516	0.1594
	θ_y	0.0367	0.0749	0.1157	0.1605	0.1971

$k = 2.0 \quad \alpha = 1.8 \quad \beta = 0.2$

ξ	η	0.10	0.20	0.30	0.40	0.50
0.90	θ_x	0.0986	0.1877	0.2588	0.3041	0.3202
	θ_y	0.0738	0.1502	0.2326	0.3222	0.3695
1.00	θ_x	0.0971	0.1848	0.2545	0.2994	0.3149
	θ_y	0.0738	0.1502	0.2326	0.3222	0.3695

$k = 2.0 \quad \alpha = 1.8 \quad \beta = 0.3$

ξ	η	0.10	0.20	0.30	0.40	0.50
0.90	θ_x	0.1450	0.2760	0.3801	0.4472	0.4704
	θ_y	0.1114	0.2275	0.3511	0.4735	0.5182
1.00	θ_x	0.1426	0.2716	0.3741	0.4399	0.4626
	θ_y	0.1114	0.2275	0.3511	0.4735	0.5182

$k = 2.0 \quad \alpha = 1.8 \quad \beta = 0.4$

ξ	η	0.10	0.20	0.30	0.40	0.50
0.90	θ_x		0.3573	0.4924	0.5783	0.6082
	θ_y		0.3064	0.4728	0.6024	0.6444
1.00	θ_x		0.3517	0.4843	0.5695	0.5989
	θ_y		0.3064	0.4728	0.6024	0.6444

$k = 2.0 \quad \alpha = 1.8 \quad \beta = 0.5$

ξ	η	0.10	0.20	0.30	0.40	0.50
0.90	θ_x		0.4300	0.5916	0.6957	0.7316
	θ_y		0.3878	0.5847	0.7085	0.7504
1.00	θ_x		0.4232	0.5825	0.6852	0.7205
	θ_y		0.3878	0.5847	0.7085	0.7504

$k = 2.0 \quad \alpha = 1.8 \quad \beta = 0.6$

ξ	η	0.10	0.20	0.30	0.40	0.50
0.90	θ_x			0.6769	0.7959	0.8369
	θ_y			0.6760	0.7951	0.8345
1.00	θ_x			0.6665	0.7838	0.8242
	θ_y			0.6760	0.7951	0.8345

$k = 2.0 \quad \alpha = 1.8 \quad \beta = 0.7$

ξ	η	0.10	0.20	0.30	0.40	0.50
0.90	θ_x			0.7456	0.8765	0.9216
	θ_y			0.7455	0.8617	0.8992
1.00	θ_x			0.7343	0.8631	0.9075
	θ_y			0.7455	0.8617	0.8992

$k = 2.0 \quad \alpha = 1.8 \quad \beta = 0.8$

ξ	η	0.10	0.20	0.30	0.40	0.50
0.90	θ_x				0.9363	0.9847
	θ_y				0.9083	0.9455
1.00	θ_x				0.9212	0.9686
	θ_y				0.9083	0.9455

附录四 双向板楼面等效均布荷载计算表

$k = 2.0 \quad \alpha = 1.8 \quad \beta = 0.9$

ξ	η	0.10	0.20	0.30	0.40	0.50
0.90	θ_x				0.9715	1.0220
	θ_y				0.9361	0.9729
1.00	θ_x				0.9567	1.0058
	θ_y				0.9361	0.9729

$k = 2.0 \quad \alpha = 1.8 \quad \beta = 1.0$

ξ	η	0.10	0.20	0.30	0.40	0.50
0.90	θ_x					1.0352
	θ_y					0.9821
1.00	θ_x					1.0183
	θ_y					0.9821

$k = 2.0 \quad \alpha = 1.9 \quad \beta = 0.1$

ξ	η	0.10	0.20	0.30	0.40	0.50
0.90	θ_x	0.0493	0.0939	0.1294	0.1522	0.1601
	θ_y	0.0371	0.0756	0.1166	0.1616	0.1982
1.00	θ_x	0.0485	0.0923	0.1272	0.1496	0.1574
	θ_y	0.0371	0.0756	0.1166	0.1616	0.1982

$k = 2.0 \quad \alpha = 1.9 \quad \beta = 0.2$

ξ	η	0.10	0.20	0.30	0.40	0.50
0.90	θ_x	0.0975	0.1855	0.2556	0.3007	0.3162
	θ_y	0.0744	0.1515	0.2344	0.3243	0.3713
1.00	θ_x	0.0958	0.1824	0.2512	0.2955	0.3108
	θ_y	0.0744	0.1515	0.2344	0.3243	0.3713

$k = 2.0 \quad \alpha = 1.9 \quad \beta = 0.3$

ξ	η	0.10	0.20	0.30	0.40	0.50
0.90	θ_x	0.1432	0.2725	0.3754	0.4417	0.4646
	θ_y	0.1124	0.2293	0.3536	0.4766	0.5216
1.00	θ_x	0.1408	0.2680	0.3692	0.4341	0.4566
	θ_y	0.1124	0.2293	0.3536	0.4766	0.5216

$k = 2.0 \quad \alpha = 1.9 \quad \beta = 0.4$

ξ	η	0.10	0.20	0.30	0.40	0.50
0.90	θ_x			0.3531	0.4862	0.5718	0.6014
	θ_y			0.3085	0.4760	0.6057	0.6487
1.00	θ_x			0.3470	0.4779	0.5620	0.5910
	θ_y			0.3085	0.4760	0.6057	0.6487

$k = 2.0 \quad \alpha = 1.9 \quad \beta = 0.5$

ξ	η	0.10	0.20	0.30	0.40	0.50
0.90	θ_x		0.4248	0.5849	0.6878	0.7233
	θ_y		0.3906	0.5891	0.7136	0.7548
1.00	θ_x		0.4177	0.5749	0.6760	0.7109
	θ_y		0.3906	0.5891	0.7136	0.7548

$k = 2.0 \quad \alpha = 1.9 \quad \beta = 0.6$

ξ	η	0.10	0.20	0.30	0.40	0.50
0.90	θ_x			0.6693	0.7869	0.8274
	θ_y			0.6800	0.8003	0.8400
1.00	θ_x			0.6578	0.7734	0.8132
	θ_y			0.6800	0.8003	0.8400

$k = 2.0 \quad \alpha = 1.9 \quad \beta = 0.7$

ξ	η	0.10	0.20	0.30	0.40	0.50
0.90	θ_x			0.7372	0.8665	0.9111
	θ_y			0.7507	0.8673	0.9057
1.00	θ_x			0.7246	0.8517	0.8955
	θ_y			0.7507	0.8673	0.9057

$k = 2.0 \quad \alpha = 1.9 \quad \beta = 0.8$

ξ	η	0.10	0.20	0.30	0.40	0.50
0.90	θ_x				0.9249	0.9724
	θ_y				0.9144	0.9519
1.00	θ_x				0.9091	0.9558
	θ_y				0.9144	0.9519

$k = 2.0 \quad \alpha = 1.9 \quad \beta = 0.9$

ξ	η	0.10	0.20	0.30	0.40	0.50
0.90	θ_x				0.9604	1.0098
	θ_y				0.9427	0.9797
1.00	θ_x				0.9440	0.9926
	θ_y				0.9427	0.9797

$k = 2.0 \quad \alpha = 1.9 \quad \beta = 1.0$

ξ	η	0.10	0.20	0.30	0.40	0.50
0.90	θ_x					1.0223
	θ_y					0.9888
1.00	θ_x					1.0049
	θ_y					0.9888

$k = 2.0 \quad \alpha = 2.0 \quad \beta = 0.1$

ξ	η	0.10	0.20	0.30	0.40	0.50
1.00	θ_x	0.0483	0.0919	0.1266	0.1490	0.1567
	θ_y	0.0375	0.0766	0.1180	0.1633	0.1999

$k = 2.0 \quad \alpha = 2.0 \quad \beta = 0.2$

ξ	η	0.10	0.20	0.30	0.40	0.50
1.00	θ_x	0.0954	0.1816	0.2502	0.2943	0.3093
	θ_y	0.0755	0.1535	0.2371	0.3277	0.3751

$k = 2.0 \quad \alpha = 2.0 \quad \beta = 0.3$

ξ	η	0.10	0.20	0.30	0.40	0.50
1.00	θ_x	0.1402	0.2668	0.3676	0.4324	0.4547
	θ_y	0.1139	0.2321	0.3578	0.4813	0.5265

$k = 2.0 \quad \alpha = 2.0 \quad \beta = 0.4$

ξ	η	0.10	0.20	0.30	0.40	0.50
1.00	θ_x			0.3454	0.4760	0.5593	0.5886
	θ_y			0.3126	0.4813	0.6121	0.6554

$k = 2.0 \quad \alpha = 2.0 \quad \beta = 0.5$

ξ	η	0.10	0.20	0.30	0.40	0.50
1.00	θ_x		0.4156	0.5726	0.6733	0.7074
	θ_y		0.3953	0.5953	0.7211	0.7627

$k = 2.0 \quad \alpha = 2.0 \quad \beta = 0.6$

ξ	η	0.10	0.20	0.30	0.40	0.50
1.00	θ_x			0.6552	0.7696	0.8093
	θ_y			0.6875	0.8090	0.8491

$k=2.0 \quad \alpha=2.0 \quad \beta=0.7$

ξ	η	0.10	0.20	0.30	0.40	0.50
1.00	θ_x			0.7210	0.8483	0.8919
	θ_y			0.7586	0.8767	0.9156

$k=2.0 \quad \alpha=2.0 \quad \beta=0.8$

ξ	η	0.10	0.20	0.30	0.40	0.50
1.00	θ_x				0.9054	0.9519
	θ_y				0.9246	0.9626

$k=2.0 \quad \alpha=2.0 \quad \beta=0.9$

ξ	η	0.10	0.20	0.30	0.40	0.50
1.00	θ_x				0.9402	0.9885
	θ_y				0.9531	0.9907

$k=2.0 \quad \alpha=2.0 \quad \beta=1.0$

ξ	η	0.10	0.20	0.30	0.40	0.50
1.00	θ_x					1.0000
	θ_y					1.0000

附录五　国内吊车的技术资料

目前我国的吊车多由国内各类型起重运输机械工厂生产，其产品的技术数据由各工厂自行制定，没有统一的吊车技术资料。本附录收集了原机械工业部北京起重运输机械研究所提供的 1~10t 吊钩 LDB 型电动单梁起重机及 5~50/10t 吊钩桥式起重机技术规格（2003年）。该技术规格供国内中小型起重运输机械工厂生产采用。此外，本附录还收集了国内某些大型起重机械工厂的电动葫芦、电动单梁起重机、电动桥式起重机等的技术资料供设计参考。

一、电动葫芦

天津起重设备厂 CD/MD 型电动葫芦（附图 5-1）技术参数（附表 5-1）。

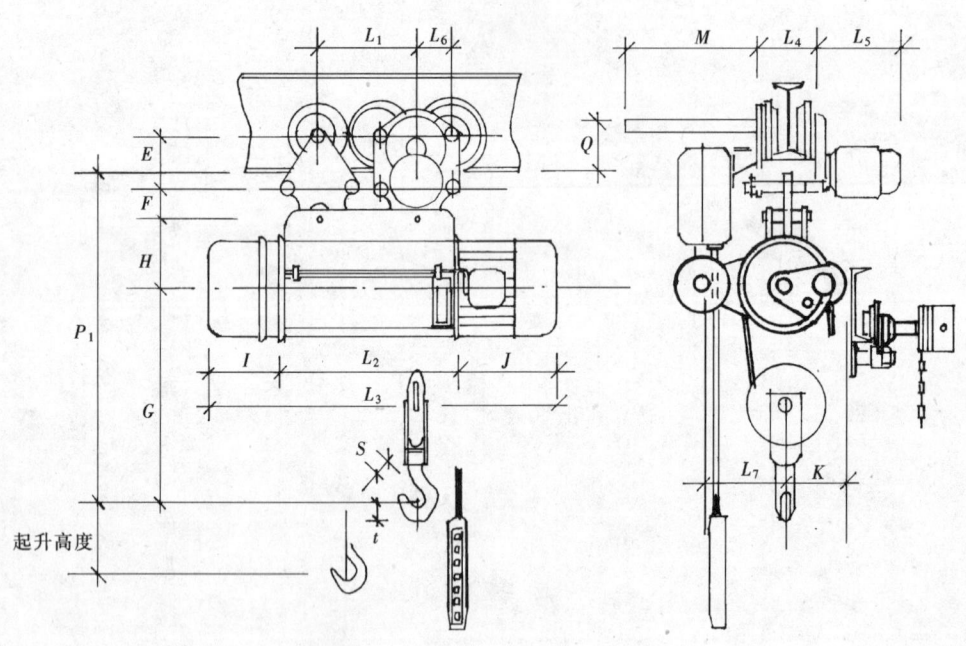

附图 5-1　电动葫芦（CD/MD 型）

天津起重设备总厂 CD/MD 型电动葫芦技术参数　　附表 5-1

起重量 (t)	中级	0.5				1						2					
	重级	0.35				0.7						1.4					
起重高度 (m)		6	9	12	18	6	9	12	18	24	30	6	9	12	18	24	30
起重速度 (m/min)		8(单速), 8/0.8(双速)				8(单速), 8/0.8(双速)						8(单速), 8/0.8(双速)					
运行速度 (m/min)		20 或 30				20 或 30						20 或 30					
主要尺寸 (mm)	P_1	720		800		800		880				945		1050			
	E	120				120						140					
	F	70				85						100					
	H	136		152		145		158				175		200			
	G	530				600						710					
	t	34				50						66					
	S	22				30						40					
	L_1	185	280	445		185	320	535	750	965		205	320	412	612	812	
	L_6	49	94.5	82.5		88	141.5	127.5				73.5	123.5	131			
	I	125				158						187					
	L_2	283	374	445	610	360	468	575	790	1005	1220	352	452	552	752	952	1152
	J	237				278						316					
	L_3	645	736	807	972	797	904	1011	1266	1441	1656	855	955	1055	1255	1455	1655
	M	300				300						300					
	L_4	180~216				180~216						208~244					
	L_5	278				278						298					
	L_7	220				220						249					
	K	215				215						255					
	Q	105				120						170					
荐用轨道		工 16_a~28b(GB706—65)				工 16_a~28b(GB706—65)						工 20_a~32_c(GB706—65)					

续表

起重量（t）	中级	\multicolumn{6}{c}{3}	\multicolumn{6}{c}{5}
	重级	\multicolumn{6}{c}{2.1}	\multicolumn{6}{c}{3.5}
起重高度（m）		6	9	12	18	24	30	6	9	12	18	24	30
起重速度（m/min）		\multicolumn{6}{c}{8（单速）、8/0.8（双速）}	\multicolumn{6}{c}{8（单速）、8/0.8（双速）}
运行速度（m/min）		\multicolumn{6}{c}{20 或 30}	\multicolumn{6}{c}{20 或 30}
主要尺寸（mm）	P_1	\multicolumn{6}{c}{1190}	\multicolumn{6}{c}{1350}
	E	\multicolumn{6}{c}{140}	\multicolumn{6}{c}{160}
	F	\multicolumn{6}{c}{85}	\multicolumn{6}{c}{100}
	H	\multicolumn{6}{c}{215}	270	\multicolumn{5}{c}{260}
	G	\multicolumn{6}{c}{830}	\multicolumn{6}{c}{830}
	t	\multicolumn{6}{c}{78}	\multicolumn{6}{c}{98}
	S	\multicolumn{6}{c}{50}	\multicolumn{6}{c}{60}
	L_1	280	386	592	798	1004		400	520	400	612	824	1036
	L_6	55	106.5	\multicolumn{4}{c}{105}	84	114.5	\multicolumn{4}{c}{104}
	I	\multicolumn{6}{c}{229}	\multicolumn{6}{c}{274}
	L_2	390	493	596	802	1008	1214	396	517	608	820	1032	1204
	J	\multicolumn{6}{c}{342}	\multicolumn{6}{c}{394}
	L_3	961	1064	1167	1373	1579	1785	1064	1185	1276	1488	1700	1912
	M	\multicolumn{6}{c}{300}	\multicolumn{6}{c}{300}
	L_4	\multicolumn{6}{c}{208～244}	\multicolumn{6}{c}{246～310}
	L_5	\multicolumn{6}{c}{298}	\multicolumn{6}{c}{344}
	L_7	\multicolumn{6}{c}{249}	\multicolumn{6}{c}{311}
	K	\multicolumn{6}{c}{255}	\multicolumn{6}{c}{283}
	Q	\multicolumn{6}{c}{122}	\multicolumn{6}{c}{170}
荐用轨道		\multicolumn{6}{c}{工 20_a～32_c（GB706—65）}	\multicolumn{6}{c}{工 25_a～63_c（GB706—65）}

二、电动单梁悬挂吊车(附图 5-2)

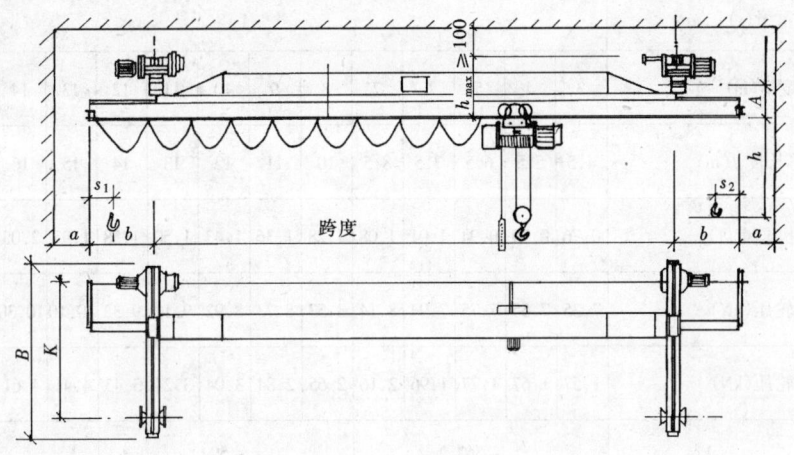

附图 5-2 电动单梁悬挂起重机

(一) 天津起重设备有限公司 LX 型电动单梁悬挂起重机(附图 5-2)技术资料见附表 5-2。

(二) 天津起重设备有限公司 BX 型防爆电动单梁悬挂起重机(附图 5-2)技术资料见附表 5-3。

天津起重设备有限公司 LX 型电动单梁悬挂起重机技术资料　　附表 5-2

起重量(t)		0.5												
跨度 S(m)		3	4	5	6	7	8	9	10	11	12	13	14	15	16
主梁总长度 l(m)		4.5	5.5	6.5	7.5	8.5	10	11	12	13	14	15	16	17	18
起重机总重(t)		0.67	0.70	0.82	0.87	0.92	1.14	1.21	1.28	1.47	1.54	1.71	1.79	1.87	1.95
最大轮压(kN)		4.61	4.81	4.90	5.00	5.10	5.69	5.88	5.98	6.37	6.57	6.96	7.16	7.35	7.55
量小轮压(kN)		1.37	1.57	1.67	1.77	1.86	2.45	2.65	2.75	3.14	3.33	3.73	3.92	4.12	4.31
基本尺寸(mm)	A	~512					~562					~592			
	H	550													
	H_0	220			273			328				362			
	h_{max}	~781					~831					~861			
	b	750					1000								
	S_1	234													
	S_2	153.5													
	a	≥350													
	B	1500					2000					2500			
	K	1000					1500					2000			
工作级别		A3~A5													
起升速度(m/min)		8(CD);8/0.8(MD)													
起升高度(m)		6;9;12;18;24;30													
运行速度(m/min)		20;30													
车轮直径(mm)		ϕ130													
适用轨道		I20$_a$~I45$_c$(GB/T 706—1988)													

续表

起重量(t)	1													
跨度 S(m)	3	4	5	6	7	8	9	10	11	12	13	14	15	16
主梁总长度 l(m)	4.5	5.5	6.5	7.5	8.5	10	11	12	13	14	15	16	17	18
起重机总重(t)	0.76	0.79	0.94	1.01	1.08	1.28	1.36	1.43	1.50	1.58	1.97	2.05	2.13	2.21
最大轮压(kN)	7.35	7.55	7.75	7.94	8.14	8.53	8.73	8.92	9.12	9.32	10.10	10.30	10.49	10.69
最小轮压(kN)	1.57	1.67	1.77	1.96	2.16	2.65	2.84	3.04	3.24	3.43	4.41	4.61	4.81	5.00
基本尺寸(mm) A	~562					~592					~612			
基本尺寸(mm) H	660													
基本尺寸(mm) H_0	250			328			362				600			
基本尺寸(mm) h_{max}	~831					~861					~881			
基本尺寸(mm) b	750					1000								
基本尺寸(mm) S_1	256													
基本尺寸(mm) S_2	154													
基本尺寸(mm) a	≥350													
基本尺寸(mm) B	1500					2000					2500			
基本尺寸(mm) K	1000					1500					2000			
工作级别	A3~A5													
起升速度(m/min)	8(CD);8/0.8(MD)													
起升高度(m)	6;9;12;18;24;30													
运行速度(m/min)	20;30													
车轮直径(mm)	ϕ150													
适用轨道	I20$_a$~I45$_c$(GB/T 706—1988)													

续表

起重量(t)	2												
跨度 S(m)	3	4	5	6	7	8	9	10	11	12	13	14	15	16
主梁总长度 l(m)	4	5	6	7	8	10	11	12	13	14	15	16	17	18
起重机总重(t)	0.92	0.97	1.05	1.12	1.20	1.55	1.63	1.71	1.79	1.87	2.06	2.14	2.22	2.30
最大轮压(kN)	12.75	12.94	13.14	13.34	13.53	14.12	14.32	14.51	14.71	14.91	15.49	15.69	15.89	16.08
最小轮压(kN)	1.57	1.77	1.96	2.16	2.35	3.14	3.33	3.53	3.73	3.92	4.41	4.61	4.81	5.00

基本尺寸 (mm)		
A	~592	~612
H	840	
H_0	362	600
h_{max}	~861	~881
b	500	1000
S_1	277.5	
S_2	152.5	
a	≥350	
B	1500	2000	2500
K	1000	1500	2000

工作级别	A3~A5
起升速度(m/min)	8(CD);8/0.8(MD)
起升高度(m)	6;9;12;18;24;30
运行速度(m/min)	20;30
车轮直径(mm)	ϕ150
适用轨道	I20$_a$ ~ I45$_c$(GB/T 706—1988)

续表

起重量(t)		3											
跨度 S(m)		3	4	5	6	7	8	9	10	11	12	13	14	15	16
主梁总长度 l(m)		4.5	5.5	6.5	7.5	8.5	10	11	12	13	14	15	16	17	18
起重机总重(t)		1.20	1.28	1.36	1.44	1.52	1.81	1.91	2.01	2.11	2.21	2.35	2.45	2.55	2.65
最大轮压(kN)		16.38	18.53	18.73	19.02	19.22	20.01	20.20	20.50	20.79	20.99	21.28	21.57	21.77	22.06
量小轮压(kN)		1.96	2.16	2.35	2.65	2.84	3.63	3.82	4.12	4.41	43.61	4.90	5.20	5.39	5.69
基本尺寸(mm)	A	~610					~590								
	H	930													
	H_0	395					630								
	h_{max}	~851					~831								
	b	750					1000								
	S_1	278.5													
	S_2	151													
	a	≥350													
	B	1500					2000					2500			
	K	1000					1500					2000			
工作级别		A3~A5													
起升速度(m/min)		8(CD);8/0.8(MD)													
起升高度(m)		6;9;12;18;24;30													
运行速度(m/min)		20;30													
车轮直径(mm)		ϕ150													
适用轨道		I20$_a$~I45$_c$(GB/T 706—1988)													

续表

起重量(t)		5												
跨度 S(m)		3	4	5	6	7	8	9	10	11	12	13	14	15	16
主梁总长度 l(m)		4.5	5.5	6.5	7.5	8.5	10	11	12	13	14	15	16	17	18
起重机总重(t)		1.44	1.52	1.60	1.68	1.76	2.08	2.18	2.28	2.38	2.48	2.62	2.72	2.82	2.92
最大轮压(kN)		28.64	29.13	29.52	29.71	29.91	30.89	31.09	31.38	31.68	31.87	32.75	33.05	33.34	33.64
最小轮压(kN)		1.96	2.16	2.35	2.65	2.84	3.73	3.92	4.22	4.51	4.71	5.59	5.88	6.18	6.47
基本尺寸(mm)	A	~620					~600								
	H	1185													
	H_0	395					640					740			
	h_{max}	~861					~841								
	b	750					1000								
	S_1	301.5													
	S_2	170													
	a	≥350													
	B	1500					2000					2500			
	K	1000					1500					2000			
工作级别		A3~A5													
起升速度(m/min)		8(CD);8/0.8(MD)													
起升高度(m)		6;9;12;18;24;30													
运行速度(m/min)		20;30													
车轮直径(mm)		ϕ150													
适用轨道		I20$_a$~I45$_c$(GB/T 706—1988)													

天津起重设备总厂 BX 型防爆单梁悬挂起重机技术参数　　附表 5-3

起重量（t）			0.5			1			2			3			5		
跨　度（m）			3~7	8~12	13~16	3~7	8~12	13~16	3~7	8~12	13~16	3~7	8~12	13~16	3~7	8~12	13~16
工作级别			A3~A5			A3~A5			A3~A5			A3~A5			A3~A5		
防爆标志			dⅡBT4			dⅡBT4			dⅡBT4			dⅡBT4			dⅡBT4		
最大起升高度（m）			24			24			24			24			24		
电动葫芦型号			BH、BMH			BH、BMH			BH、BMH			BH、BMH			BH、BMH		
速度（m/min）	起升速度		1.17~8			1.17~8			1.17~8			1.17~8			1.17~8		
	电动葫芦运行		6~20			6~20			6~20			6~20			6~20		
	起重机运行		8~30			8~30			8~30			8~20			8~20		
主要尺寸（mm）	A		512	562	592	562	592	612	592	612		610	590		620	600	
	h		550			660			840			930			1185		
	h_0		200~273	328	362	250~328	362	600	362	600		395	630		395	640	740
	h_{max}		781	831	861	831	861	881	861	881		851	831		861	841	
	B		1500	2000	2500	1500	2000	2500	1500	2000	2500	1500	2000	2500	1500	2000	2500
	K		1000	1500	2000	1000	1500	2000	1000	1500	2000	1000	1500	2000	1000	1500	2000
	b		750	1000		750	1000		500	1000		750	1000		750	1000	
	a		≥350			≥350			≥350			≥350			≥350		
	S_1		234			256			277.5			278.5			301.5		
	S_2		153.5			154			152.5			151			170		
起重机总重（t）			0.83~1.08	1.3~1.7	1.87~2.11	0.94~1.26	1.64~1.76	2.15~2.39	1.22~1.50	1.85~2.17	2.36~2.60	1.84~2.16	2.45~2.85	2.99~3.29	1.96~2.28	2.60~3.00	3.14~3.44
最大轮压（kN）			5.4~5.9	6.5~7.4	7.7~8.3	8.2~9.0	9.4~10.2	11.0~11.6	14.2~15.0	15.6~16.4	17.0~17.6	21.5~22.4	23.1~24.1	24.4~25.2	31.7~32.5	33.4~34.4	35.3~36.2
荐用轨道			工20ₐ~工32c			工20ₐ~工32c			工20ₐ~工32c			工25ₐ~工45c			工25ₐ~工45c		

三、电动单梁起重机

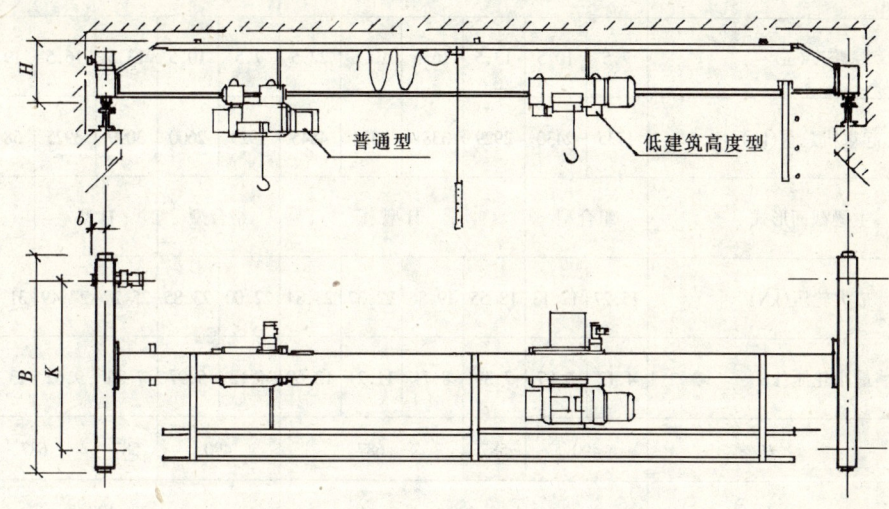

附图 5-3 LDT 或 LBT 型电动单梁起重机

(一)天津起重设备有限公司 LDT 型电动单梁起重机（附图 5-3）技术资料见附表5-4。

(二)天津起重设备有限公司 LBT 型防爆电动单梁起重机（附图 5-3）技术资料见附表 5-5。

天津起重设备有限公司 LDT 电动单梁起重机技术资料　　附表 5-4

起重量(t)		1					1.6					
跨度(m)		7.5	10.5	13.5	16.5	19.5	22.5	7.5	10.5	13.5	16.5	19.5	22.5
起重机总重(kg)		1448	1730	2413	3282	3781	4235	1548	2140	2920	3382	3885	4845
主梁截面形式		组合型		H 型				组合型		H 型			
最大轮压(kN)		9.38	10.27	12.14	14.46	15.89	17.20	12.81	14.39	16.59	18.16	19.32	21.88
最小轮压(kN)		3.62	4.50	6.37	8.71	10.13	11.43	3.62	5.19	7.39	8.71	10.13	12.69
基本尺寸(mm)	H	467		490		587		467		490	587	467	490
	b	120						120					
	B	2600		3100		3600		2600		3100		3600	
	K	2000		2500		3000		2000		2500		3000	

续表

起重量(t)		2					3.2					
跨度(m)		7.5	10.5	13.5	16.5	19.5	22.5	7.5	10.5	13.5	16.5	19.5	22.5
起重机总重(kg)		1735	2430	2929	3381	4324	4845	1923	2600	3099	3925	5840	6600
主梁截面形式		组合型		H型				组合型		H型		箱型	
最大轮压(kN)		15.27	17.13	18.55	19.86	22.37	23.84	22.00	23.85	25.27	27.49	31.09	32.95
最小轮压(kN)		4.12	5.97	7.39	8.71	11.21	12.69	4.12	5.97	7.39	9.62	13.34	15.20
基本尺寸(mm)	H	490		587		687		490		587		687	740
	b	120						120					
	B	2600		3100		3600		2600		3100		3600	
	K	2000		2500		3000		2000		2500		3000	

起重量(t)		4						5					
跨度(m)		7.5	10.5	13.5	16.5	19.5	22.5	7.5	10.5	13.5	16.5	19.5	22.5
起重机总重(kg)		2091	2545	3348	3870	5840	6600	2583	3105	4733	5530	6150	7140
主梁截面型式		H型			箱型			箱型					
最大轮压(kN)		26.21	27.50	29.67	31.15	35.01	36.87	33.10	34.57	38.05	40.11	41.48	43.93
最小轮压(kN)		4.67	5.97	8.14	9.62	13.34	15.20	5.07	6.55	9.81	11.77	13.24	15.69
基本尺寸(mm)	H	587		687		740		687	640		740	790	840
	b	120						120					
	B	2600		3100		3600		2600		3100		3600	
	K	2000		2500		3000		2000		2500		3000	

续表

起重量(t)	6.3					8					
跨度(m)	7.5	10.5	13.5	16.5	19.5	22.5	7.5	10.5	13.5	16.5	19.5	22.5
起重机总重(kg)	3470	4080	4900	5560	6480	7300	3790	4470	5200	6430	7670	8770
主梁截面型式	箱 型						箱 型					
最大轮压(kN)	41.29	42.76	44.82	46.39	48.64	50.70	50.80	52.56	54.33	57.37	60.41	63.06
最小轮压(kN)	6.67	8.14	10.20	11.77	14.02	16.08	7.06	8.73	10.49	13.53	16.57	19.22
基本尺寸(mm) H	640	740		790	840	890	650		750		850	950
b	120						120					
B	2600		3100		3600		2600		3100		3600	
K	2000		2500		3000		2000		2500		3000	

起重量(t)	10					
跨度(m)	7.5	10.5	13.5	16.5	19.5	22.5
起重机总重(kg)	3790	4470	5630	6950	7770	9020
主梁截面型式	箱 型					
最大轮压(kN)	60.70	62.17	65.21	68.35	70.41	73.45
最小轮压(kN)	7.06	8.73	11.57	14.71	16.77	19.81
基本尺寸(mm) H	650		750		850	950 1050
b	120					
B	2600		3100		3600	
K	2000		2500		3000	

天津起重设备有限公司 LBT 型防爆电动单梁起重机技术资料

附表 5-5

起重量(t)		1					1.6					2		
跨度(m)		8	11	14	17	19.5	22.5	8	11	14	17	19.5	22.5	8	11	14
工作级别		A5						A5						A5		
起重机总重(kg)		1596	1878	2573	3457	3800	4335	1696	2270	3105	3560	3985	4945	1835	2605	3105
最大轮压(kN)		10.00	10.89	12.85	15.21	16.38	17.75	13.44	15.05	17.31	18.63	19.81	22.36	15.94	17.85	19.27
最小轮压(kN)		3.78	4.66	6.57	8.92	10.10	11.47	3.78	5.39	7.65	8.92	10.15	12.75	4.31	6.18	7.65
基本尺寸(mm)	H	467		491		587		467		491		587		687	491	587
	b	130						130						130		
	B	2600		3100		3600		2600		3100		3600		2600		3100
	K	2000		2300		3000		2000		2500		3000		2000		2500

起重量(t)		2			3.2						4					
跨度(m)		17	19.5	22.5	8	11	14	17	19.5	22.5	8	11	14	17	19.5	22.5
工作级别		A5			A5						A5					
起重机总重(kg)		2100	2330	2480	2310	2505	2649	2880	3220	3410	2750	2880	3100	3250	3620	3810
最大轮压(kN)		20.59	22.85	24.32	22.65	24.57	25.98	28.24	31.58	33.44	26.97	28.24	30.40	31.87	35.50	37.36
最小轮压(kN)		8.92	11.18	12.75	4.31	6.18	7.65	9.86	13.34	15.20	4.9	6.18	8.38	9.90	13.34	15.20
基本尺寸(mm)	H	587		687	491		587		687		491		587		687	741
	b	130			130						130					
	B	3100		3600	2600		3100		3600		2600		3100		3600	
	K	2500		3000	2000		2500		3000		2000		2500		3000	

续表

起重量(t)		5					6.3				
跨 度(m)		8	11	14	17	19.5	22.5	8	11	14	17	19.5	22.5
工作级别		A5						A5				
起重机总重(kg)		2770	3295	4930	5730	6250	7240	3970	4480	5500	5960	6780	7600
最大轮压(kN)		33.83	35.30	40.70	41.97	42.95	44.42	44.62	46.58	47.17	50.11	52.17	
最小轮压(kN)		5.30	6.82	10.00	11.96	13.24	15.69	6.86	8.43	10.40	12.06	14.02	16.08
基本尺寸(mm)	H	687	641	741	791	841		641	741	791	841	891
	b	130						130				
	B	2600		3100		3600		2600		3100		3600	
	K	2000		2500		3000		2000		2500		3000	

起重量(t)		8						10				
跨 度(m)		8	11	14	17	19.5	22.5	8	11	14	17	19.5	22.5
工作级别		A5						A5				
起重机总重(kg)		4200	4880	5600	6860	7970	9070	4290	4880	6060	7390	8070	9320
最大轮压(kN)		52.66	54.33	56.09	59.13	61.88	64.53	62.47	63.25	66.88	70.22	71.88	74.92
最小轮压(kN)		7.35	9.02	10.79	13.83	16.57	19.22	7.35	9.02	11.77	15.10	16.77	19.81
基本尺寸(mm)	H	651		751		851	951	651		751	851	951	1051
	b	130						130				
	B	2600		3100		3600		2600		3100		3600	
	K	2000		2500		3000		2000		2500		3000	

（三）北京起重运输机械研究所 1～10t

吊钩 LDB 型电动单梁起重机（附图 5-4）技术资料见附表 5-6。

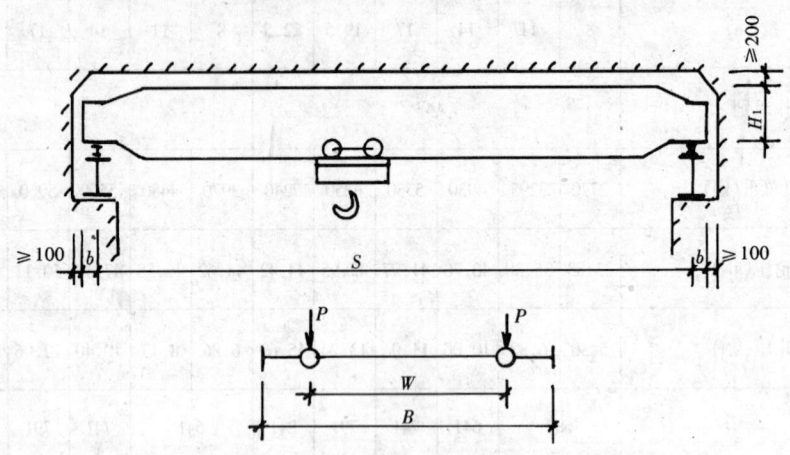

附图 5-4　北京起重运输机械研究所 LBD 型电动单梁吊车

北京起重运输机械研究所 LBD 型电动单梁吊车技术资料　　附表 5-6

起重量 Q (t)	工作制度	跨度 S (m)	起升高度 (m)	运行速度 (m/min)	基本尺寸（mm）				轨道型号	总重量 (t)	轮压 (kN)	
					B	W	H_1	b			P_{max}	P_{min}
1	A3～A5	7.5	12	20、30	2500	2000	490	120	38kg/m	1.7 (2.1)	11 (14)	2.24 (2.23)
		10.5			2500	2000	490	120	38kg/m	1.9 (2.3)	12 (15)	2.22 (2.21)
		13.5			3000	2500	490	120	38kg/m	2.2 (2.6)	12 (15)	3.70 (3.68)
		16.5			3000	2500	490	120	38kg/m	2.6 (3.0)	13 (16)	4.66 (4.64)
		19.5			3500	3000	530	120	38kg/m	3.0 (3.4)	14 (17)	5.62 (5.60)
		22.5			3500	3000	580	120	38kg/m	3.4 (3.8)	15 (18)	6.58 (6.56)
2	A3～A5	7.5	12	20、30	2500	2000	490	120	38kg/m	1.8 (2.2)	16 (19)	2.64 (2.62)
		10.5			2500	2000	490	120	38kg/m	2.1 (2.5)	17 (20)	3.11 (3.09)
		13.5			3000	2500	580	120	38kg/m	2.5 (2.9)	18 (21)	4.07 (4.05)
		16.5			3000	2500	580	120	38kg/m	2.9 (3.3)	19 (22)	5.03 (5.02)
		19.5			3500	3000	660	120	38kg/m	3.9 (4.3)	22 (25)	6.94 (6.92)
		22.5			3500	3000	790	120	38kg/m	4.7 (5.1)	24 (27)	8.86 (8.85)

续表

起重量 Q (t)	工作制度	跨度 S (m)	起升高度 (m)	运行速度 (m/min)	基本尺寸 (mm)				轨道型号	总重量 (t)	轮压 (kN)	
					B	W	H_1	b			P_{max}	P_{min}
3	A3~A5	7.5	12	20、30	2500	2000	530	120	38kg/m	1.9 (2.3)	22 (25)	2.03 (2.02)
		10.5								2.2 (2.6)	22 (25)	3.51 (3.49)
		13.5			3000	2500	580			2.6 (3.0)	23 (26)	4.47 (4.45)
		16.5					660			3.5 (3.9)	26 (29)	5.88 (5.86)
		19.5			3500	3000	750			4.3 (4.7)	28 (31)	7.81 (7.79)
		22.5					820			4.8 (5.2)	29 (32)	9.26 (9.24)
5	A3~A5	7.5	2	20、30	2500	2000	580	120	38kg/m	2.1 (2.5)	33 (36)	1.83 (1.81)
		10.5								2.5 (2.9)	34 (37)	2.79 (2.77)
		13.5			3000	2500	660			3.3 (3.7)	36 (39)	4.71 (4.69)
		16.5					790			4.0 (4.4)	38 (40)	6.15 (7.13)
		19.5					820			4.6 (5.0)	39 (42)	8.09 (8.07)
		22.5			3500	3000	880			5.7 (6.1)	42 (45)	10.48 (10.47)
10	A3~A5	7.5	9, 12	20, 30	2500	2000	725	120	38kg/m	3.24 (3.71)	54.25 (58.90)	6.18 (6.47)
		10.5					800			3.88 (4.28)	58.86 (63.41)	7.46 (7.64)
		13.5			3000	2500	820			4.67 (5.05)	62.39 (65.95)	9.22 (9.41)
		16.5					875			5.42 (5.80)	66.41 (70.95)	10.98 (11.07)
		19.5			3500	3000	875			7.13 (7.50)	70.24 (74.77)	15.11 (15.19)
		22.5					975			8.84 (9.22)	74.95 (79.48)	19.23 (19.31)

注：表中总重量及轮压栏中，不带括号的数字用于地面操纵起重机，带括号的数字用于司机室操纵起重机。

四、电动吊钩桥式起重机

(一) 大连重工·起重集团有限公司 DQQD 型 5~50/10t 吊钩起重机(附图 5-5)技术资料(2003 年)见附表 5-7。

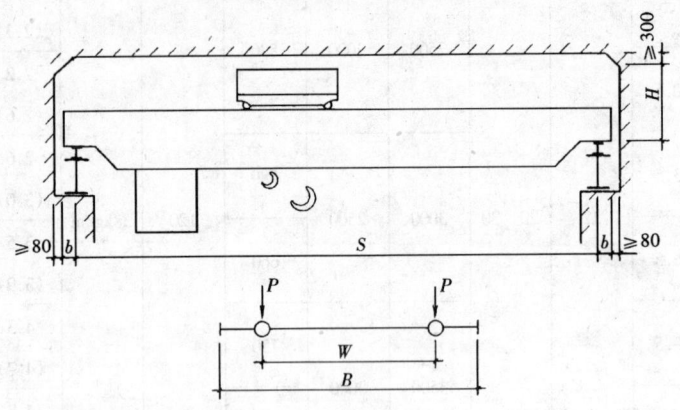

附图 5-5　大连 DQQD 型吊车

大连 DQQD 型桥式起重机技术资料　　　附表 5-7

起重量 Q (t)	工作制度	跨度 S (m)	起升高度 (m)		运行速度 (m/min)		基本尺寸 (mm)				轨道型号	重量 (t)		轮压 (kN)	
			主钩	副钩	大车	小车	B	W	H	b		小车重	总重	P_{max}	P_{min}
5	A5	10.5	90.7	—	16	37.2	5050	3400	1764	230	43kg/m	2.126	12.715	74	26.3
		13.5											14.233	79	30.5
		16.5											16.061	85	34.8
		19.5					5200	3550					18.616	92	41.0
		22.5											20.977	98	46.7
		25.5											25.393	110	52.5
		28.5	91.9				6024	5000					28.516	118	65.0
		31.5											31.405	125	72.1
	A6	10.5	115.6	—	16	37.2	5150	3400	1764	230	43kg/m	2.224	12.991	75	26.8
		13.5											14.509	80	31.0
		16.5											16.337	86	39.0
		19.5					5204	3550					19.027	93	41.8
		22.5											21.395	100	47.5
		25.5											25.584	111	57.7
		28.5	116.8				6264	5000					28.707	119	65.3
		31.5											31.596	126	72.3

附录五 国内吊车的技术资料   473

续表

起重量 Q (t)	工作制度	跨度 S (m)	起升高度 (m) 主钩	起升高度 (m) 副钩	运行速度 (m/min) 大车	运行速度 (m/min) 小车	基本尺寸 (mm) B	基本尺寸 (mm) W	基本尺寸 (mm) H	基本尺寸 (mm) b	轨道型号	重量 (t) 小车重	重量 (t) 总重	轮压 (kN) P_{max}	轮压 (kN) P_{min}
10	A5	10.5	16	—	90.7	43.8	5700	4050	1876	230	43kg/m	3.424	14.270	102	27.8
		13.5											16.151	109	32.6
		16.5											18.881	118	39.0
		19.5			91.9		5930						20.677	123	43.2
		22.5											23.175	130	49.2
		25.5											27.605	142	59.9
		28.5			84.7		6284	5000	1926				30.986	151	68.1
		31.5											34.405	160	76.4
	A6	10.5	16	—	115.6	43.8	5704	4050	1876	230	43kg/m	3.562	14.719	104	28.7
		13.5											16.600	111	33.5
		16.5											19.330	120	39.9
		19.5			116.8		5934						21.034	125	43.9
		22.5											23.523	132	49.8
		25.5											27.889	144	60.4
		28.5			112.5		6504	5000	1926				31.280	152	68.6
		31.5											34.699	162	76.9
16/3.2	A5	10.5	16	18	84.7	44.6	5940	4000	2095	230	43kg/m 或 QU70	6.227	19.128	141	34.0
		13.5											20.344	148	38.6
		16.5											23.391	155	41.9
		19.5					5944	4100					26.384	168	52.1
		22.5											28.810	175	57.7
		25.5			87.6				2185	260			33.103	187	68.0
		28.5					6434	5000					36.372	196	78.7
		31.5											39.428	205	83.1
	A6	10.5	16	18	112.5	44.6			2095	230	43kg/m 或 QU70	6.427	20.045	145	35.9
		13.5							2097				21.474	152	40.1
		16.5					6274	4400					23.629	160	44.8
		19.5											27.912	172	55.1
		22.5											30.413	180	58.1
		25.5			101.4				2187	260			34.464	191	67.8
		28.5					7004	5000					37.967	202	76.2
		31.5											41.315	211	84.3
20/5	A5	10.5	12	14	84.7	44.6	5940	4000	2097	230	43kg/m 或 QU70	6.856	19.947	163	34.8
		13.5											21.375	169	39.0
		16.5											23.541	178	43.7
		19.5					5944	4100					27.705	191	53.9
		22.5											30.304	199	60.0
		25.5			87.6				2187	260			34.660	211	70.4
		28.5					6434	5000					38.352	222	79.2
		31.5											41.497	231	86.8
	A6	10.5	12	14	112.5	44.6			2097	230	43kg/m 或 QU70	7.180	20.984	167	36.8
		13.5					6274	4400	2099				22.802	174	41.8
		16.5											25.190	183	47
		19.5											29.689	197	57.5
		22.5											32.426	205	61.4
		25.5			101.4				2189	260			36.791	218	74.3
		28.5					7004	5000					40.589	229	84.4
		31.5											44.225	239	92.2

续表

起重量 Q (t)	工作制度	跨度 S (m)	起升高度 (m) 主钩	起升高度 (m) 副钩	运行速度 (m/min) 大车	运行速度 (m/min) 小车	基本尺寸 (mm) B	基本尺寸 (mm) W	基本尺寸 (mm) H	基本尺寸 (mm) b	轨道型号	重量 (t) 小车重	重量 (t) 总重	轮压 (kN) P_{max}	轮压 (kN) P_{min}
32/5	A5	10.5	16	18	87.0	42.4	6474	4650	2343	260	QU70	10.877	26.901	237	47.3
		13.5							2345				29.037	250	52.1
		16.5											32.121	262	58.5
		19.5			74.2		6620	4700					35.522	275	67.4
		22.5											39.844	289	75.9
		25.5							2475	300			44.962	305	88
		28.5			74.5		6924	5000					49.211	317	98.3
		31.5											52.748	327	106.4
	A6	10.5	16	18	101.4	42.4	6574	4650	2347	260	QU70	11.652	28.061	242	48.8
		13.5											30.292	255	53.8
		16.5											33.412	268	60.1
		19.5			101.8		6744	4700					38.607	285	71.9
		22.5											42.832	299	81.7
		25.5							2477	300			47.023	312	91.4
		28.5			86.8		7044	5000					50.586	322	99.7
		31.5											55.272	335	110.9
50/10	A5	10.5	12	16	74.6	38.5	6724	4800	2726	300	QU80	15.425	35.317	333	62.5
		13.5											37.788	354	66.9
		16.5											42.042	373	75.3
		19.5					6824						46.140	385	83.9
		22.5							2732				50.082	404	92.5
		25.5			85.9								55.590	421	105.2
		28.5					7144	5000					59.592	434	114.9
		31.5											64.880	450	126.9
	A6	10.5	12	16	86.8	38.5			2726	300	QU80	15.765	36.075	336	63.9
		13.5							2728				38.929	357	69.1
		16.5					6944	4800					43.314	377	77.8
		19.5											47.720	395	87.1
		22.5											51.746	410	95.9
		25.5			87.3				2734				57.614	428	109.5
		28.5					7024	5000					61.723	441	119.4
		31.5											67.242	457	131.9

（二）大连重工·起重集团有限公司 DSQD 型 5～125t 吊钩起重机（附图 5-6）技术资料（2003 年）见附表 5-8。

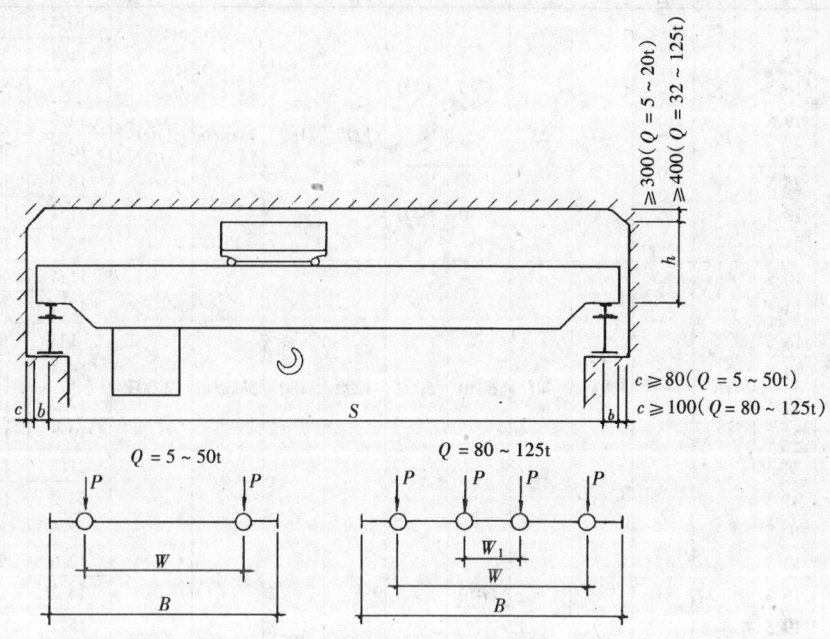

附图 5-6 大连 DSQD 型吊车
(50t、A6，S = 28.5m、31.5m 一侧为 4 个轮）

大连 DSQD 型桥式起重机技术资料 附表 5-8

起重量 Q (t)	工作制度	跨度 S (m)	起升高度 (m)		运行速度 (m/min)		基本尺寸 (mm)				轨道型号	重量 (t)		轮压 (kN)	
			主钩	副钩	大车	小车	B	W	h	b		小车重	总重	P_{max}	P_{min}
5	A5	10.5	16	—	63	40	4770	4000	1275	180	38kg/m	1.698	10.4	58	22
		13.5											11.5	62	24
		16.5											12.8	65	27
		19.5											13.9	69	30
		22.5											15.2	77	34
		25.5					5840	5000					17.1	82	40
		28.5											18.9	85	45
		31.5											21.3	90	51
	A6	10.5	16	—	80	40	4840	4000	1275	180	38kg/m	1.698	10.55	59	22
		13.5											11.65	63	24
		16.5											12.95	66	27
		19.5											14.05	70	30
		22.5											15.15	78	34
		25.5					5920	5000					17.25	83	40
		28.5											19.05	86	45
		31.5											21.45	92	51

续表

起重量 Q (t)	工作制度	跨度 S (m)	起升高度 (m) 主钩	起升高度 (m) 副钩	运行速度 (m/min) 大车	运行速度 (m/min) 小车	基本尺寸 (mm) B	基本尺寸 (mm) W	基本尺寸 (mm) h	基本尺寸 (mm) b	轨道型号	重量 (t) 小车重	重量 (t) 总重	轮压 (kN) P_{max}	轮压 (kN) P_{min}
10	A3	10.5	16	—	40	25	4770	4000	1275	180	38kg/m	1.698	10.4	82	23
		13.5											11.4	87	25
		16.5											13	92	28
		19.5											14.5	97	31
		22.5											16.3	103	36
		25.5					5840	5000					18.9	110	41
		28.5											21.1	116	44
		31.5											23.7	121	54
	A5	10.5	16	—	63	40	6040	5000	1290	180	38kg/m	2.303	11.4	84	26
		13.5											12.4	89	28
		16.5											14	94	31
		19.5											15.5	100	34
		22.5											17.2	105	39
		25.5											19.4	112	44
		28.5											21.7	118	47
		31.5											24.2	122	57
	A6	10.5	16	—	80	40	6040	5000	1290	180	38kg/m	2.303	11.6	85	26
		13.5											12.6	90	28
		16.5											14.2	95	31
		19.5											15.7	101	34
		22.5											17.4	106	39
		25.5											19.6	113	44
		28.5					6120						21.9	119	47
		31.5											24.4	123	57
16	A3	10.5	16	—	40	25	5920	5000	1290	180	43kg/m	2.303	9.99	113	20
		13.5											11.95	120	24
		16.5											13.97	124	29
		19.5											15.13	131	32
		22.5											17.35	136	37
		25.5											20.7	144	45
		28.5					5970						23.2	152	51
		31.5											26.75	162	60
	A5	10.5	16	—	63	40	6040	5000	1585	180	43kg/m	2.991	10.79	115	21
		13.5											12.75	122	25
		16.5											14.72	127	30
		19.5											15.88	132	32
		22.5											18.1	138	38
		25.5											21.45	147	46
		28.5											23.9	154	52
		31.5											27.45	165	60
	A6	10.5	16	—	80	40	6040	5000	1585	180	43kg/m	3.015	10.99	116	21
		13.5											12.95	123	26
		16.5											14.92	128	30
		19.5											16.1	133	33
		22.5											18.3	139	38
		25.5											21.65	148	46
		28.5					6120						24.1	155	52
		31.5											27.65	166	61

续表

起重量 Q (t)	工作制度	跨度 S (m)	起升高度 (m) 主钩	起升高度 (m) 副钩	运行速度 (m/min) 大车	运行速度 (m/min) 小车	基本尺寸 (mm) B	基本尺寸 (mm) W	基本尺寸 (mm) h	基本尺寸 (mm) b	轨道型号	重量 (t) 小车重	重量 (t) 总重	轮压 (kN) P_{max}	轮压 (kN) P_{min}
20	A3	10.5	16	—	40	25	5970	5000	1390	180	43kg/m	2.471	10.96	127	28.45
		13.5											12.47	135	31.67
		16.5											14.56	143	35.44
		19.5											16.58	149	39.47
		22.5											18.61	154	43.76
		25.5					6040		1500	205			22.2	163	52.12
		28.5											24.87	172	58.17
		31.5											29.24	187	68.54
	A5	10.5	16	—	63	40	6040	5000	1600	180	43kg/m	2.991	11.52	128	31.53
		13.5											13.37	137	33.69
		16.5											15.16	145	36.58
		19.5											17.12	152	40.34
		22.5											19.35	156	45.04
		25.5							1700	205			22.95	167	53.27
		28.5											25.6	174	59.31
		31.5											30.88	189	71.87
	A6	10.5	16	—	80	40	6040	5000	1640	180	43kg/m	5.011	13.93	138	37.02
		13.5											15.25	145	36.89
		16.5											17.79	153	40.96
		19.5											19.43	159	43.50
		22.5											21.97	168	48.63
		25.5							1740	180	QU70		25.73	177	57.01
		28.5											29.65	189	65.96
		31.5											34.98	202	78.48
32	A3	10.5	16	—	40	20	5970	5000	1740	205	QU80	3.175	13.62	187	44
		13.5											15.44	197	45
		16.5											17.49	205	48
		19.5											20.25	215	52
		22.5											23.42	225	59
		25.5											27.9	240	69
		28.5					6540	5600					34.22	258	83
		31.5											38.35	268	93
	A5	10.5	16	—	63	40	6040	5000	1810	205	QU80	5.011	15.05	196	46
		13.5											16.95	207	46
		16.5											19.23	215	49
		19.5											21.95	225	53
		22.5											25.22	235	60
		25.5											29.65	248	69
		28.5					6620	5600					35.87	264	84
		31.5											40.15	275	93
	A6	10.5	16	—	80	40	6870	5600	1990	180	QU80	8.696	19.08	210	50
		13.5											21.53	222	51
		16.5											23.86	232	53
		19.5											26.87	243	58
		22.5											30.25	254	64
		25.5											38.24	275	83
		28.5					7524	6200	2075	224			41.07	285	88
		31.5											47.53	302	103

续表

起重量 Q (t)	工作制度	跨度 S (m)	起升高度 (m) 主钩	起升高度 (m) 副钩	运行速度 (m/min) 大车	运行速度 (m/min) 小车	基本尺寸 (mm) B	基本尺寸 (mm) W	基本尺寸 (mm) h	基本尺寸 (mm) b	轨道型号	重量 (t) 小车重	重量 (t) 总重	轮压 (kN) P_{max}	轮压 (kN) P_{min}
50	A3	10.5	16	—	40	25	6074	5000	1900	224	QU80	5.011	18.9	283	66
		13.5											21.54	296	65
		16.5											24.59	309	68
		19.5											27.12	320	72
		22.5											32.25	336	82
		25.5					6744	5600					37.22	350	92
		28.5											42.08	364	103
		31.5											49.61	384	120
	A5	10.5	16	—	63	40	6744	5600	2180	224	QU80	9.614	23.55	298	75
		13.5											26.15	315	72
		16.5											29.13	326	75
		19.5											32.12	339	77
		22.5											37.82	356	88
		25.5					7524	6200			QU100		42.60	370	97
		28.5											47.53	384	108
		31.5											55.58	408	126
	A6	10.5	16	—	80	40	7524	6200	2310	224	QU100	16.218	31.28	330	91
		13.5											33.91	346	85
		16.5											37.01	360	85
		19.5											42.55	379	94
		22.5					7924	6600					47.41	394	102
		25.5											51.63	406	109
		28.5					8424	$W=7100$ $W_1=1300$	2555				60.63	219	64
		31.5											69.54	232	74

起重量 Q (t)	工作制度	跨度 S (m)	起升高度 (m) 主钩	起升高度 (m) 副钩	运行速度 (m/min) 大车	运行速度 (m/min) 小车	基本尺寸 (mm) B	基本尺寸 (mm) W	基本尺寸 (mm) W_1	基本尺寸 (mm) H	基本尺寸 (mm) b	轨道型号	重量 (t) 小车重	重量 (t) 总重	轮压 (kN) P_{max}	轮压 (kN) P_{min}
80	A3	16	20	—	40	20	8424	7100	1300	2350	224	QU100	9.952	36.85	244	52
		19												43.39	254	57
		22												48.10	263	61
		25												52.17	270	64
		28												61.18	285	74
		31												68.96	296	82
		34												75.31	305	89
	A5	16	20	—	63	32	9124	7900	1500	2650	224	QU100	16.748	49.93	264	66
		19												54.24	273	67
		22												58.73	282	70
		25												63.99	290	74
		28					9244							72.03	302	82
		31												79.61	310	90
		34												88.1	325	99
100	A3	16	20	—	40	20	9124	7900	1500	2650	224	QU100	16.748	47.25	302	68
		19												51.49	314	68
		22												58.4	328	73
		25												64.11	339	77
		28												71.45	350	84
		31												79.86	363	93
		34												88.29	375	102

续表

起重量 Q (t)	工作制度	跨度 S (m)	起升高度 (m)		运行速度 (m/min)		基本尺寸 (mm)					轨道型号	重量 (t)		轮压 (kN)	
			主钩	副钩	大车	小车	B	W	W_1	H	b		小车重	总重	P_{max}	P_{min}
125	A3	16	20	—	40	20	9124	7900	1500	2650	224	QU100	16.748	49.63	364	77
		19												55.97	377	79
		22												62.23	390	83
		25												71.18	405	90
		28												82.21	422	101
		31												90.69	434	110
		34												100.70	450	120

注：本系列可增设副起升机构。一般主、副起升机构起重量之比为1:4，也可由用户根据需要确定。如增设副升机构，起重机总重和最大轮压 P_{max} 则比表中所列数值有所增加。

（三）大连重工·起重集团有限公司 75/20～125/30t

吊钩起重机（附图5-7）技术规格（2003年）见附表5-9。

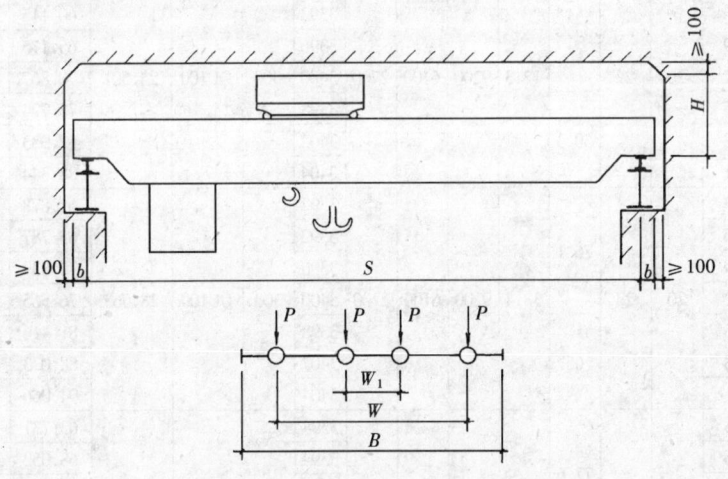

附图5-7　大连75/20—125/30t吊车

大连70/20～125/30t桥式起重机技术资料　　附表5-9

起重量 Q (t)	工作制度	跨度 S (m)	起升高度 (m)		运行速度 (m/min)		基本尺寸 (mm)					轨道型号	重量 (t)		轮压 (kN)	
			主钩	副钩	大车	小车	B	W	W_1	H	b		小车重	总重	P_{max}	P_{min}
75/20	A3	13.5	20	22	33.2	12.3	9200	6100	2700	3252	300	QU100	23.964	56.202	266	49.1
		16.5												60.115	278	52.1
		19.5								3256				65.155	285	57.1
		22.5								3260				70.867	294	63.2
		25.5								3258				75.724	305	68.5
		28.5			30.3					3262				82.333	316	76.0
		31.5								3264				88.344	326	83.0

续表

起重量 Q (t)	工作制度	跨度 S (m)	起升高度 (m) 主钩	起升高度 (m) 副钩	运行速度 (m/min) 大车	运行速度 (m/min) 小车	基本尺寸 (mm) B	基本尺寸 (mm) W	基本尺寸 (mm) W_1	基本尺寸 (mm) H	基本尺寸 (mm) b	轨道型号	重量 (t) 小车重	重量 (t) 总重	轮压 (kN) P_{max}	轮压 (kN) P_{min}
75/20	A5	13.5	20	22	77.6	38.4	9200	6100	2700	3252	300	QU100	27.668	61.878	274	53.0
		16.5								3252				65.787	287	55.8
		19.5								3256				70.839	299	60.5
		22.5								3260				76.565	309	66.5
		25.5			66.2					3258				81.416	318	71.7
		28.5								3262				88.033	330	79.2
		31.5								3264				94.066	341	86.1
	A6	13.5	20	22	78.1	38.4	9200	6100	2700	3254	300	QU100	28.225	63.731	286	54.8
		16.5								3254				68.052	302	58.0
		19.5								3258				73.117	313	62.8
		22.5								3262				78.986	324	69.0
		25.5			66.7					3260				83.859	334	74.1
		28.5								3264				90.866	346	82.1
		31.5								3266				96.634	355	88.6
80/20	A3	13	20	22	33.2	12.3	9200	6100	2700	3392	300	QU100	24.501	56.202	286	49.0
		16								3392				60.115	298	51.9
		19								3396				65.115	305	56.7
		22								3400				70.867	314	63.0
		25			30.3					3398				75.724	325	68.0
		28								3402				82.333	336	75.6
		31								3404				88.344	346	82.5
	A5	13	20	22	76.1	38.4	9200	6100	2700	3392	300	QU100	28.563	61.878	294	52.7
		16								3392				65.787	307	55.2
		19								3396				70.839	319	59.9
		22								3400				76.565	329	65.8
		25			65					3398				81.416	338	70.6
		28								3402				88.033	350	78.4
		31								3404				94.066	361	85.2
	A6	13	20	22	77.6	38.4	9200	6100	2700	3394	300	QU100	29.120	63.731	306	54.5
		16								3394				68.052	322	57.5
		19								3398				73.117	333	62.2
		22								3402				78.986	344	68.2
		25			66.2					3400				83.859	354	73.3
		28								3404				90.866	366	81.3
		31								3406				96.634	375	87.8
100/20	A5	13	22	22	64.9	33.9	9200	6100	2700	3360	310	QU120	32.363	68.863	337	59.5
		16								3362				73.209	350	62.0
		19								3364				78.243	364	66.3
		22								3370				85.540	378	73.9
		25			65.6					3370				90.198	389	78.5
		28								3372				97.362	401	86.5
		31								3374				107.83	412	98.6
	A6	13	22	22	66.2	33.9	9200	6100	2700	3362	310	QU120	32.616	70.362	340	61.1
		16								3364				74.856	357	63.4
		19								3366				80.005	372	68.2
		22								3372				87.459	387	76.0
		25			66.7					3372				92.309	398	80.9
		28								3374				99.655	411	88.9
		31								3378				111.91	428	103.5

续表

起重量 Q (t)	工作制度	跨度 S (m)	起升高度 (m)		运行速度 (m/min)		基本尺寸 (mm)					轨道型号	重 量 (t)		轮 压 (kN)	
			主钩	副钩	大车	小车	B	W	W_1	H	b		小车重	总重	P_{max}	P_{min}
100/30	A5	38.3	30	32	36.6	24.4	8428	6800	3200	4168	440	QU120	35	148.41	480.2	143.8
125/30	A5	22	20	22	77.3	42.8	9622	7500	3400	4000	400	QU120	37.1 (单闸) 37.4 (双闸)	100.5 (单闸) 100.8 (双闸)	441	88.0

（四）大连重工·起重集团有限公司 150/30～400/80t 吊钩起重机（附图 5-8）技术规格（2003 年）见附表 5-10。

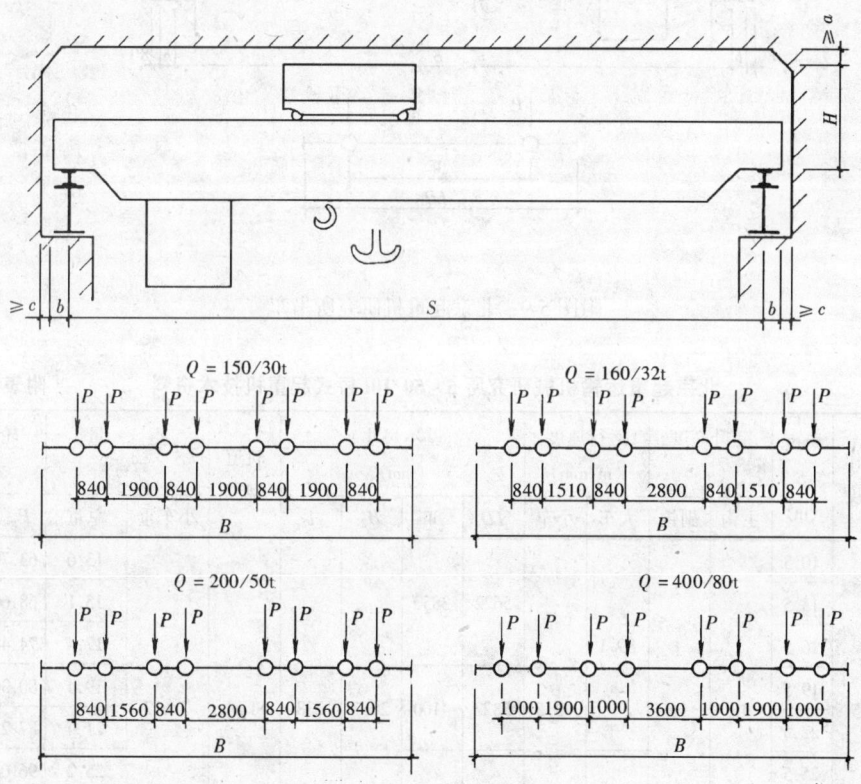

附图 5-8 大连 150/30—400/80t 吊车

大连 150/30～400/80t 桥式起重机技术资料 附表 5-10

起重量 Q (t)	工作制度	跨度 S (m)	起升高度 (m)		运行速度 (m/min)		基本尺寸 (mm)					轨道型号	重 量 (t)		轮 压 (kN)	
			主钩	副钩	大车	小车	B	H	b	c	a		小车重	总重	P_{max}	P_{min}
150/30	A5	28	22	24	67.4	28.6	11560	4402	400	100	100	QU120	46.6	151.5	288.12	68.7
160/32	A5	28	28	30	67.4	27.8	11527	4950	400	100	100	QU120	56.4	160.9	315.56	70.5
200/50	A5	28	22	26	67.4	27.7	11632	4948	400	100	150	QU120	63.2	178.1	373.38	77.6
	A6				72.4	29.8							66.5	183.3	378.28	79.1
400/80	A5	34	28	33	37.2	25.9	12800	6203	500	75	200	QU120	142.3	359.0	735.0	155.3

（五）北京起重运输机械研究所 5～50/10t

吊钩起重机（附图 5-9）技术（2003 年）见附表 5-11。

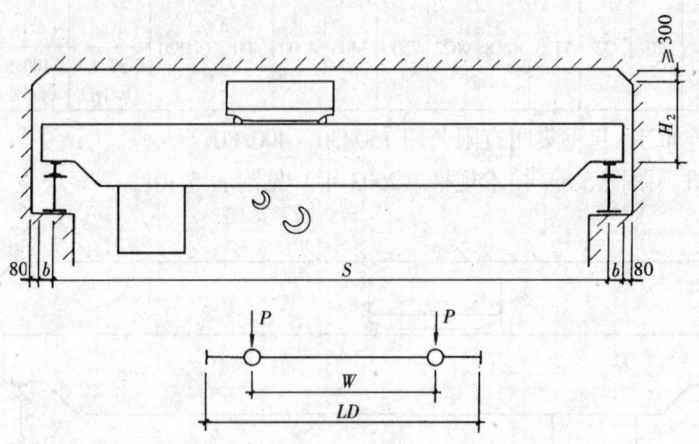

附图 5-9　北京起重机研究所吊车

北京起重运输机械研究所 5~50/10t 桥式起重机技术资料　　附表 5-11

起重量 Q (t)	工作制度	跨度 S (m)	起升高度 (m)		运行速度 (m/min)		基本尺寸 (mm)				轨道型号	重量 (t)		轮压 (kN)	
			主钩	副钩	大车	小车	LD	W	H_2	b		小车重	总重	P_{max}	P_{min}
5	A5	10.5	18		89.1	42.5	5622	3850	2067	238	38kg/m	2.617	13.6	63.70	27.53
		13.5					5622	3850					15.1	68.60	29.99
		16.5											17.4	74.48	35.39
		19.5					5822	4100					19.4	80.36	39.32
		22.5											21.4	87.22	42.27
		25.5			91.3		6722	5000					25.2	96.04	52.09
		28.5											28.1	107.00	55.36
		31.5											30.9	115.64	60.45
	A6	10.5	16		116.9	42.5	3850	3850	2067	238	38kg/m	2.762	13.9	63.70	29.00
		13.5											15.3	68.60	30.97
		16.5											17.6	74.48	36.37
		19.5					4100	4100					19.6	80.36	40.30
		22.5											21.7	87.22	43.74
		25.5											25.6	96.04	54.05
		28.5			118.1		5000	5000					28.4	107.00	56.83
		31.5											31.2	115.64	61.92

续表

起重量 Q (t)	工作制度	跨度 S (m)	起升高度 (m) 主钩	起升高度 (m) 副钩	运行速度 (m/min) 大车	运行速度 (m/min) 小车	基本尺寸 (mm) LD	基本尺寸 (mm) W	基本尺寸 (mm) H_2	基本尺寸 (mm) b	轨道型号	重量 (t) 小车重	重量 (t) 总重	轮压 (kN) P_{max}	轮压 (kN) P_{min}
10	A5	10.5	16	18	89.1	40.1	5922	4000	2239	238	43km/m	4.084	15.7	100.94	25.12
		13.5											17.5	106.82	28.07
		16.5											19.4	109.76	34.45
		19.5			91.3			4100					21.7	117.60	37.89
		22.5											23.9	127.40	38.88
		25.5					6922	5000		273			28.7	137.20	52.62
		28.5			93.0								31.6	147.00	57.05
		31.5											34.6	158.76	60.00
	A6	10.5	16	18	118.1	40.1	5922	4000	2239	238	43km/m	4.234	16.1	100.94	27.08
		13.5											17.9	106.82	30.03
		16.5											19.9	109.76	36.90
		19.5						4100					22.1	117.60	39.85
		22.5											24.3	127.40	40.84
		25.5					6922	5000		273			29.3	137.20	55.57
		28.5			116.9								32.2	147.00	59.99
		31.5											35.2	158.76	62.95
16/3.2	A5	10.5	16	18	92.0	40.1	5922	4000	2336	273	43kg/m	6.765	20.4	142.10	36.44
		13.5											22.7	152.88	36.94
		16.5											24.0	156.80	39.40
		19.5			83.0		6322	4400					27.0	172.48	38.44
		22.5											29.4	183.26	39.43
		25.5								283			33.6	195.02	48.27
		28.5			83.9		6922	5000					36.7	205.80	52.69
		31.5											39.8	215.60	58.10
	A6	10.5	16	18	116.9	40.1	5922	4000	2336	273	43kg/m	6.987	21.2	142.10	40.37
		13.5											23.5	152.88	40.87
		16.5											25.1	156.80	44.80
		19.5					6322	4400					27.6	172.48	41.38
		22.5											30.6	183.26	45.31
		25.5			105.4					283			34.7	195.02	53.66
		28.5					6922	5000					37.8	205.80	58.09
		31.5											40.9	215.60	63.49
20/5	A5	10.5	12	14	93.0	40.1	5972	4000	2340	273	43kg/m	7.427	21.5	166.60	36.96
		13.5											23.8	176.40	38.44
		16.5											25.9	191.10	34.04
		19.5					6322	4400					29.6	202.86	40.43
		22.5											32.0	211.68	43.38
		25.5			83.9					283			37.0	224.42	55.17
		28.5					6922	5000					39.8	236.18	57.14
		31.5											43.2	246.96	63.04
	A6	10.5	12	14	116.9	40.1	5972	4000	2340	273	43kg/m	7.786	22.5	166.60	41.86
		13.5											24.8	176.40	43.34
		16.5											27.1	191.10	39.93
		19.5					6322	4400					30.3	202.86	43.86
		22.5											32.7	211.68	46.81
		25.5			105.4					283			37.7	224.42	58.60
		28.5					6922	5000					40.5	236.18	60.57
		31.5											43.9	246.96	66.47

续表

起重量 Q (t)	工作制度	跨度 S (m)	起升高度 (m) 主钩	起升高度 (m) 副钩	运行速度 (m/min) 大车	运行速度 (m/min) 小车	基本尺寸 (mm) LD	基本尺寸 (mm) W	基本尺寸 (mm) H_2	基本尺寸 (mm) b	轨道型号	重量 (t) 小车重	重量 (t) 总重	轮压 (kN) P_{max}	轮压 (kN) P_{min}
32/8	A5	10.5	16	18	83.9	37.1	6562	4600	2542	283	QU70	12.012	27.8	225.40	67.92
		13.5							2546				31.1	245.98	63.53
		16.5											33.5	255.78	65.50
		19.5			75.0		6622	4800					39.9	271.46	81.21
		22.5											42.4	281.26	83.67
		25.5							2671	318			47.0	295.96	91.54
		28.5			75.4		6642	5000					50.5	305.76	98.90
		31.5											54.1	319.48	102.8
	A6	10.5	16	18	105.4	37.1	6562	4600	2542	283	QU70	12.466	28.7	225.40	72.33
		13.5							2546				32.0	245.98	67.94
		16.5											34.2	255.78	68.93
		19.5			95.0		6622	4800					40.8	271.46	85.62
		22.5											43.3	281.26	88.09
		25.5							2671	318			48.0	295.96	96.44
		28.5			96.7		6642	5000					51.5	305.76	103.8
		31.5											55.1	319.48	107.7
50/10	A5	10.5	12	14	75.4	36.9	6622	4700	2891	318	QU70	15.763	36.2	336.14	86.67
		13.5							2893				39.3	355.74	82.28
		16.5							2895				42.6	375.34	78.86
		19.5					6662	4800					47.0	396.90	78.89
		22.5											51.2	406.70	89.69
		25.5							2899				57.3	426.30	100.0
		28.5			76.8		6622	5000					61.9	437.1	111.3
		31.5											65.4	453.7	111.8
	A6	10.5	12	14	96.7	36.9	6622	4700	2891	318	QU80	16.554	37.3	336.14	92.07
		13.5							2893				40.4	355.74	87.67
		16.5							2895				43.7	375.34	84.26
		19.5					6662	4800					48.1	396.90	84.28
		22.5											52.4	406.70	95.57
		25.5			96.9				2899				60.8	426.30	117.1
		28.5					6622	5000					65.4	437.1	128.5
		31.5											68.9	453.7	129.0

（六）天津起重设备有限公司 QD 型电动双梁桥式起重机（附图 5-10、图 5-11、图 5-12）技术资料见附表 5-12。

附录五 国内吊车的技术资料 485

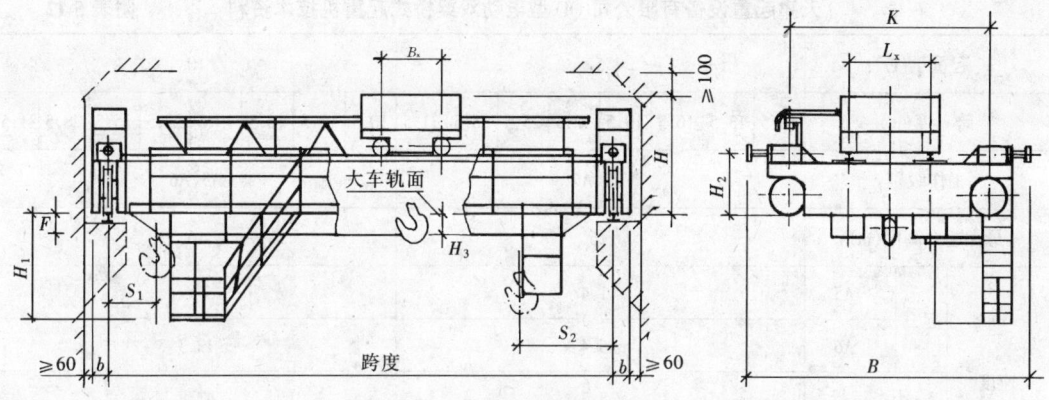

附图 5-10 天津起重设备有限公司 5~10tQD 型电动吊钩桥式起重机

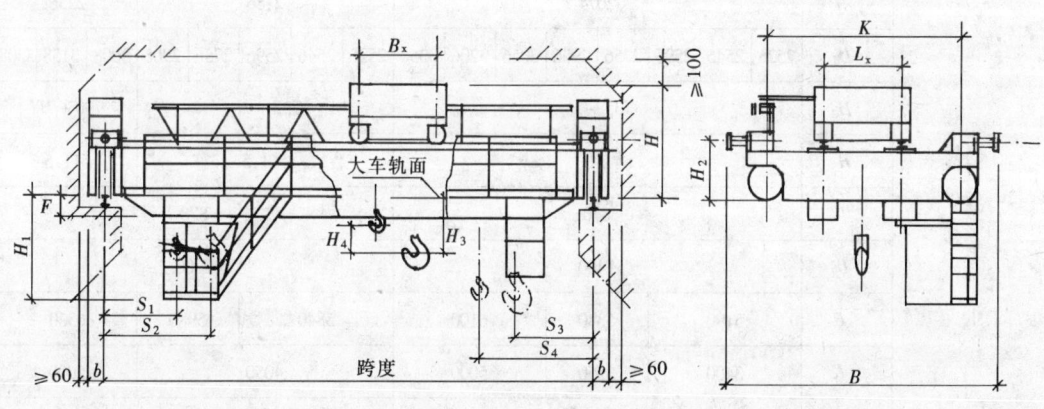

附图 5-11 天津起重设备有限公司 15~50tQD 型电动吊钩桥式起重机

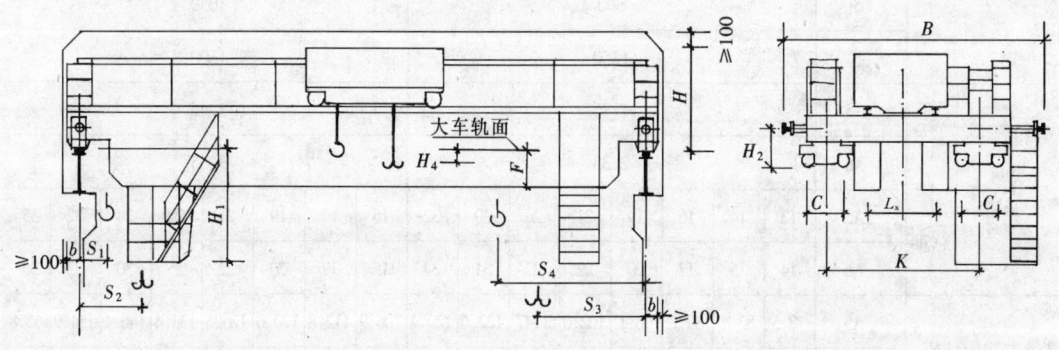

附图 5-12 天津起重设备有限公司 70~100tQD 型电动吊钩桥式起重机

天津起重设备有限公司 QD 型电动双梁桥式起重机技术资料 附表 5-12

起重量(t)			5								10							
跨度(m)			10.5	13.5	16.5	19.5	22.5	25.5	28.5	31.5	10.5	13.5	16.5	19.5	22.5	25.5	28.5	31.5
工作级别			A5、A6								A5、A6							
最大起升高度(m)			16								16							
速度(m/min)	起升	A5	11.4								7.6							
		A6	15.4								13.3							
	小车运行		38.3								43.8							
	大车运行	A5	90.7				91.9				90.7				91.9			84.7
		A6	115.6				116.8				115.6				116.8			112.5
主要尺寸(mm)		H	2074								2186						2236	
		H_1	2526	2546	2596	2756	2906	3056	3206	3356	2526	2546	2596	2756	2906	3008	3158	3308
		H_2	$735+H_0$								$735+H_0$						$790+H_0$	
		H_3	31								561.5						511.5	
		h	870								870							
		L_x	1400								2000							
		B		5190		5340			6100			5840			5980			6330	
		K		3400		3550			5000			4050						5000	
		B_x	1100								1400							
		b	230								230							
		F	-24	126	226	376	526	676	826	976	-24	126	226	376	526	628	778	928
		S_1	800								1050							
		S_2	1250								1300							
重量(t)	小车	A5	1.86								3.46							
		A6	2.33								3.65							
	总重	A5	13	14	16	19	21	26	29	32	15	17	19	21	24	28	32	35
		A6	14	15	17	20	22	27	31	34	15	17	20	22	25	30	33	36
最大轮压(kN)		A5	78.5	83.4	89.2	96.1	102.0	1147	122.6	129.7	106.9	112.8	120.6	126.5	133.4	146.1	154.9	162.8
		A6	83.4	89.2	90.2	102.0	108.9	1122.6	130.4	135.7	108.9	115.7	123.6	128.5	135.3	151.0	159.8	167.7
荐用轨道			38kg/m								43kg/m							

续表

起重量(t)			10/3.2								16/3.2						
跨度(m)			10.5	13.5	16.5	19.5	22.5	25.5	28.5	31.5	10.5	13.5	16.5	19.5	22.5	25.5	28.5	31.5
工作级别			A5、A6								A5、A6							
最大起升高度(m)		主钩	16								16							
		副钩	18								18							
速度 (m/min)	起升	主钩 A5	7.6								7.9							
		主钩 A6	13.3								13							
		副钩	19.7								19.7							
	小车运行	A5	44.6								44.6							
		A6	44.8															
	大车运行	A5	90.7		91.9		84.7				84.7				87.6			
		A6	115.6		116.8		112.5				112.5				101.4			
主要尺寸(mm)		H	2186				2236				2255				2355			
		H_1	2526	2546	2596	2756	2906	3008	3158	3308	2570		2550	2620	2770	2920	3070	3220
		H_2	$735 + H_0$				$780 + H_0$				$790 + H_0$				$880 + H_0$			
		H_3	542				497				654		652		562		564	
		H_4	524								725							
	h	A5	870								720							
		A6									820							
		L_x	2000								2000							
	B	A5	5840		5980		6330				5955		6055		6390			
		A6									6235		6235		6835			
	K	A5	4050				5000				4000		4100		5000			
		A6											4400					
		B_x	2150								2400							
		b	230								230				260			
		F	-24	126	226	376	526	628	778	928	80	180	240	390	540	690	840
		S_1	1000								1040							
		S_2	1750								1850							
		S_3	1350								1500							
		S_4	2100								2310							
重量(t)	小车	A5	4.97								6.33							
		A6	5.15								6.59							
	总重	A5	15.6	17.2	19.9	21.8	24.4	29.2	32.1	35.2	19.2	21	23	27	30	34	38	41
		A6	16.5	18.5	21.5	23.5	26.5	31.5	34.5	37.5	21	23	25	29	32	36	40	44
最大轮压(kN)		A5	107.9	113.8	121.6	128.5	135.3	149.1	156.9	164.8	143.2	152.0	159.8	181.4	189.3	201.0	209.9	218.7
		A6	112.8	117.7	127.5	132.4	137.3	156.9	164.8	171.6	152.0	160.8	169.7	190.2	199.1	209.9	218.7	227.5
荐用轨道			43kg/m								43kg/m 或 QU70							

续表

起重量(t)			20/5							32/5						
跨 度(m)			10.5	13.5	16.5	19.5	22.5	25.5	28.5	31.5	10.5	13.5	16.5	19.5	22.5	25.5	28.5	31.5
工作级别			A5、A6								A5、A6							
最大起升高度(m)		主钩	12								16							
		副钩	14								18							
速度(m/min)	起升	主钩 A5	7.2								7.51							
		主钩 A6	12.3								9.5							
		副 钩	19.5								19.5							
	小车运行	A5	44.6								42.4							
		A6																
	大车运行	A5	84.7			87.6					87.6			74.2			74.6	
		A6	112.5			101.4					101.4			101.8			86.8	
主要尺寸(mm)		H	2257			2347					2501			2631				
		H_1	2570	2574	2554	2624	2772	2922	3072	3222	2580	2586	2616	2646	2796	2946	3096	3196
		H_2	$790+H_0$			$880+H_0$					$880+H_0$			$1010+H_0$				
		H_3	611	609		519					603	599		469				
		H_4	446								730							
	h	A5	720								820							
		A6	820															
		L_x	2000								2500							
	B	A5	5955			6055			6390		6640			6690			6990	
		A6	6255			6235			6835									
	K	A5	4000			4100			5000		4650			4700			5000	
		A6			4400													
		B_x	2400								2800							
		b	230			260					260			300				
		F	80	84	184	224	392	542	692	842	90	96	246	266	416	566	716	816
		S_1	1030								1070							
		S_2	1900								2050							
		S_3	1450								1700							
		S_4	2320								2680							
重量(t)	小车	A5	6.98								10.9							
		A6	7.28								11.3							
	总重	A5	20	22	24	29	32	37	40	43	27	30	33	38	41	46	50	54
		A6	22	24	27	31	34	39	43	46	28	31	35	40	43	48	52	56
最大轮压(kN)		A5	161.8	172.6	181.4	203.0	211.8	225.6	234.4	218.7	243.2	258.9	272.6	295.2	306.9	324.6	337.3	347.2
		A6	173.6	184.4	195.2	216.7	228.5	238.3	250.1	259.9	258.9	276.5	290.3	304.0	317.7	333.4	343.2	357.0
荐用轨道			43kg/m 或 QU70								QU70 或 □90×90							

续表

起重量(t)			50/10							
跨度(m)			10.5	13.5	16.5	19.5	22.5	25.5	28.5	31.5
工作级别			A5、A6							
最大起升高度(m)	主钩		12							
	副钩		16							
速度 (m/min)	起升	主钩 A5	5.9							
		主钩 A6	7.8							
		副钩	13.2							
	小车运行	A5	38.5							
		A6								
	大车运行	A5	74.6			85.9				
		A6	86.8			87.3				
主要尺寸 (mm)	H		2728			2734				
	H_1		2531	2528	2534	2634	2784	2934	3084	3184
	H_2		$1030 + H_0$							
	H_3		950			944				
	H_4		918.5							
	h	A5	675							
		A6								
	L_x		2500							
	B	A5	6775					6975		
		A6								
	K	A5	4800					5000		
		A6								
	B_x		3580							
	b		300							
	F		-79	98	104	254	404	554	704	804
	S_1		1005							
	S_2		2200							
	S_3		2000							
	S_4		3195							
重量(t)	小车	A5	15.5							
		A6	18.5							
	总重	A5	37	40	44	49	53	58	62	68
		A6	40	43	48	52	56	62	67	72
最大轮压(kN)		A5	357.9	391.3	411.9	421.7	447.2	464.8	477.6	488.4
		A6	371.7	395.2	416.8	435.4	451.1	468.8	482.5	498.2
荐用轨道			QU80、□100×100							

续表

起重量(t)			75/20								100/20						
跨 度(m)			10.5	13.5	16.5	19.5	22.5	25.5	28.5	31.5	13	16	19	22	25	28	31
工作级别			A5、A6								A5、A6						
最大起升高度 (m)	主钩		20								22						
	副钩		22								22						
速度 (m/min)	起升	主钩 A5	5.7								3.53						
		主钩 A6	6.87								4.65						
		副钩	9.23								7.2						
	小车运行		38.4								33.9						
	大车运行	A5	69								64.9			65.6			
		A6	77.6				66.2				66.2			176			
主要尺寸 (mm)		H	3254	3258	3260	3262	3264	3266	3360	3362	3364	3370	3370	3372	3374		
		H_1	2640	2780	2920	2924	2928	3226	3230	3232	2918	2920	2924	2930	3230	3232	3234
		H_2	950 + H_0								9500 + H_0						
		H_3	1586	1582	1578	1580	1576	1574	1886	1884	1882	1876	1876	1874	1872		
		H_4	1154								1581						
		h	—								717						
		L_x	4400								4400						
		B	9200								9200						
		K	6100								6100						
		B_x	3400								3400						
		b	300								310						
		F	260	400	540	544	548	846	850	852	538	540	544	550	850	852	854
		S_1	910								1135						
		S_2	2205								2370						
		S_3	2400								2420						
		S_4	3695								3855						
重量 (t)	小车	A5	25								32.4						
		A6	28.2								32.6						
	总重	A5	54	57	61	66	70	77	82	86	68.9	73.2	78.2	85.5	90.2	97.4	107.8
		A6	51	63.7	68	73.1	79	83.9	90.9	96.6	70.4	74.9	80	87.5	92.3	99.7	112
最大轮压(kN)		A5	205.94	225.55	245.17	254.97	264.78	274.59	284.39	294.20	337.35	350.10	363.83	378.54	389.32	401.09	411.88
		A6	274.59	286.35	304.01	313.81	323.62	334.41	346.17	355.00	340.29	356.96	372.65	387.36	398.15	411.88	428.55
荐用轨道			QU100								QU120						

附录六 国内外部分民用直升机技术资料

本附录收集了某些国家生产的部分民用直升机的技术数据(摘自中国航空信息中心《世界飞机手册》编写组.《世界飞机手册 2000》. 航空工业出版社, 2001],见附表 6-1。

民用直升机技术数据

附表 6-1

生产国	型号	机全长 (m)	机高 (m)	旋翼直径 (m)	尾桨直径 (m)	横向轮距距或滑橇间距 (m)	前后轮距 (m)	空重 (kg)	最大起飞重量 (kg)
中国	Z-5	25.02	4.4	21	3.60	1.53 (前轮) 3.02 (主轮)	3.79	5121	7600
	Z-8	23.04	6.66	18.9	4.0	4.3 (主轮)	6.57	6980 (无外挂) 7550 (挂)	10592 (无外挂) 12074 (吊挂)
	Z-9	13.46	3.47	11.93	0.9	1.9 (主轮)	3.61	1975	3850
	Z-9A	13.46	3.47	11.93	0.9	1.9 (主轮)	3.61	2050	4100
	Z-11	13.01	3.14	10.69	1.86	滑橇 (缺)	/	1253	2200
	贝尔 206B-3	11.82	2.89~3.20	10.16	1.65	1.95 (滑橇)	/	760	1451 (无外挂) 1591 (有外挂)
	贝尔 206L-4	13.02	3.14	11.28	1.65	1.98 (滑橇)	/	1046	2018 (无外挂) 2064 (有外挂)
	贝尔 206LT	13.02	3.14	11.28	1.65	2.34 (滑橇)	/	1321	2018 (无外挂) 2064 (有外挂)
美国	贝尔 407	12.74	3.61~3.81	10.67	1.65	2.29 (滑橇)	/	1186	2268 (无外挂) 2495 (有无挂)
	贝尔 427	13.07	3.49	11.28	1.73	2.36 (滑橇)	/	1581	2835 (无外挂) 2948 (有外挂)
	贝尔 212	17.46	4.48	14.63	2.61	2.65 (滑橇)	/	2805	5080
	贝尔 412	17.12	4.57	14.02	2.62	2.84 (滑橇)	/	3079	5397
	贝尔 430	15.30	3.45	12.80	2.10	2.54 (滑橇) 或 2.78 (主轮)	4.17	2406 (轮式) 2388 (滑橇)	4082 (轮式) 4218 (滑橇)
	S92	20.85	6.45	17.71		3.84 (主轮)	5.78	6743	10931 12020

续表

生产国	型号	机全长 (m)	机高 (m)	旋翼直径 (m)	尾桨直径 (m)	横向轮距或滑橇同距 (m)	前后轮距 (m)	空重 (kg)	最大起飞重量 (kg)
法国	AS332L1 "超美洲豹"	16.29	4.92	15.60	3.05	3.0（主轮距）	5.28	4460	8600
	AS350 "松鼠"/"单星"	12.94	3.14	10.69	1.86	2.17（滑橇）	/	1102	1950
	AS355 "松鼠"/"双星"	12.94	3.14	10.69	1.86	2.10（滑橇）	/	1436	2600
	AS365N "海豚" 2	13.68	3.52	11.93	1.10	1.90（主轮距）	3.61	2281	4250
	EC155	14.43	3.64	12.60	1.10	1.90（主轮距）	3.91	2353	4800（无吊挂） 5000（有吊挂）
	CE120	11.52	3.40	10.00	0.75	2.07（滑橇）	/	895	1680（无吊挂） 1770（有吊挂）
德国	BK117	13.00	3.36	11.00	1.96	2.5（滑橇）	/	1745	3350（无吊挂） 3500（有吊挂）
	BO105	11.86	3.02	9.84	1.90	2.58（滑橇）	/	1277	2500
	卡-32	11.30	5.40	15.90	无旋转尾桨	1.4（前轮） 3.5（主轮）	3.02	6610	12600
	卡-60/卡-62	15.60	4.20	13.50	涵道尾桨	2.5（主轮）	4.73	数据缺	6500
	卡-115	9.20	3.60	9.50	无旋转尾桨	2.0（滑橇）	/	数据缺	1850
	卡-118	10.00	2.60	11.00	无旋转尾桨	2.6（滑橇）	/	800	2150（无吊挂） 2250（有吊挂）
俄罗斯	卡-126	13.00	4.16	13.00	无旋转尾桨	2.56（主轮）	3.48	1915	3250
	卡-226	8.10	4.15	13.00	无旋转尾桨	2.56（主轮）	3.48	1952	3400
	米-17	25.35	4.76	21.29	3.90	4.51（主轮）	4.28	7100	13000
	米-26	40.03	8.15	32.00	7.61	7.17（主轮）	8.95	28600	49600
	米-34	11.42	2.45	10.01	1.48	2.22（滑橇）	/	950	1450
	米-38	19.95	5.20	21.10	3.84	4.20（主轮）	5.17	5000	15600

附录七 我国部分城市的雪压和风压数据

全国部分城市的 n 年一遇雪压和风压　　　　　　附表 7-1

省市名	城 市 名	海拔高度 (m)	风压(kN/m²)			雪压(kN/m²)			雪荷载准永久值系数分区
			$n=10$	$n=50$	$n=100$	$n=10$	$n=50$	$n=100$	
北京		54.0	0.30	0.45	0.50	0.25	0.40	0.45	II
天津	天津市	3.3	0.30	0.50	0.60	0.25	0.40	0.45	II
	塘沽	3.2	0.40	0.55	0.60	0.20	0.35	0.40	II
上海		2.8	0.40	0.55	0.60	0.10	0.20	0.25	III
重庆		259.1	0.25	0.40	0.45				
河北	石家庄市	80.5	0.25	0.35	0.40	0.20	0.30	0.35	II
	蔚县	909.5	0.20	0.30	0.35	0.20	0.30	0.35	II
	邢台市	76.8	0.20	0.30	0.35	0.25	0.35	0.40	II
	丰宁	659.7	0.30	0.40	0.45	0.15	0.25	0.30	II
	围场	842.8	0.35	0.45	0.50	0.20	0.30	0.35	II
	张家口市	724.2	0.35	0.55	0.60	0.15	0.25	0.30	II
	怀来	536.8	0.25	0.35	0.40	0.15	0.20	0.25	II
	承德市	377.2	0.30	0.40	0.45	0.20	0.30	0.35	II
	遵化	54.9	0.30	0.40	0.45	0.25	0.40	0.50	II
	青龙	227.2	0.25	0.30	0.35	0.25	0.40	0.45	II
	秦皇岛市	2.1	0.35	0.45	0.50	0.15	0.25	0.30	II
	霸县	9.0	0.25	0.40	0.45	0.20	0.30	0.35	II
	唐山市	27.8	0.30	0.40	0.45	0.20	0.35	0.40	II
	乐亭	10.5	0.30	0.40	0.45	0.25	0.40	0.45	II
	保定市	17.2	0.30	0.40	0.45	0.20	0.35	0.40	II
	饶阳	18.9	0.30	0.35	0.40	0.20	0.30	0.35	II
	沧州市	9.6	0.30	0.40	0.45	0.20	0.30	0.35	II
	黄骅	6.6	30	0.40	0.45	0.20	0.30	0.35	II
	南宫市	27.4	0.25	0.35	0.40	0.15	0.25	0.30	II
山西	太原市	778.3	0.30	0.40	0.45	0.25	0.35	0.40	II
	右玉	1345.8				0.20	0.30	0.35	
	大同市	1067.2	0.35	0.55	0.65	0.15	0.25	0.30	II
	河曲	861.5	0.30	0.50	0.60	0.20	0.30	0.35	II
	五寨	1401.0	0.30	0.40	0.45	0.20	0.25	0.30	II
	兴县	1012.6	0.25	0.45	0.55	0.20	0.25	0.30	II
	原平	828.2	0.30	0.50	0.60	0.20	0.30	0.35	II
	离石	950.8	0.30	0.45	0.50	0.20	0.30	0.35	II
	阳泉市	741.9	0.30	0.40	0.45	0.20	0.35	0.40	II
	榆社	1041.4	0.20	0.30	0.35	0.20	0.30	0.35	II
	隰县	1052.7	0.25	0.35	0.40	0.20	0.30	0.35	II

续表

省市名	城市名	海拔高度(m)	风压(kN/m²)			雪压(kN/m²)			雪荷载准永久值系数分区
			$n=10$	$n=50$	$n=100$	$n=10$	$n=50$	$n=100$	
山西	介休	743.9	0.25	0.40	0.45	0.20	0.30	0.35	Ⅱ
	临汾市	449.5	0.25	0.40	0.45	0.15	0.25	0.30	Ⅱ
	长治县	991.8	0.30	0.50	0.60				
	运城市	376.0	0.30	0.40	0.45	0.15	0.25	0.30	Ⅱ
	阳城	659.5	0.30	0.45	0.50	0.20	0.30	0.35	Ⅱ
内蒙古	呼和浩特市	1063.0	0.35	0.55	0.60	0.25	0.40	0.45	Ⅱ
	额右旗拉布达林	581.4	0.35	0.50	0.60	0.35	0.45	0.50	Ⅰ
	牙克石布图里河	732.6	0.30	0.40	0.45	0.40	0.60	0.70	Ⅰ
	满洲里市	661.7	0.50	0.65	0.70	0.20	0.30	0.35	Ⅰ
	海拉尔市	610.2	0.45	0.65	0.75	0.35	0.45	0.50	Ⅰ
	鄂伦春小二沟	286.1	0.30	0.40	0.45	0.35	0.50	0.55	Ⅰ
	新巴尔虎右旗	554.2	0.45	0.60	0.65	0.25	0.40	0.45	Ⅰ
	新巴尔虎左旗阿木古朗	642.0	0.40	0.55	0.60	0.25	0.35	0.40	Ⅰ
	牙克石市博克图	739.7	0.40	0.55	0.60	0.35	0.55	0.65	Ⅰ
	扎兰屯市	306.5	0.30	0.40	0.45	0.35	0.55	0.65	Ⅰ
	科右翼前旗阿尔山	1027.4	0.35	0.50	0.55	0.45	0.60	0.70	Ⅰ
	科右翼前旗索伦	501.8	0.45	0.55	0.60	0.25	0.35	0.40	Ⅰ
	乌兰浩特市	274.7	0.40	0.55	0.60	0.20	0.30	0.35	Ⅰ
	东乌珠穆沁旗	838.7	0.35	0.55	0.65	0.20	0.30	0.35	Ⅰ
	额济纳旗	940.50	0.40	0.60	0.70	0.05	0.10	0.15	Ⅱ
	额济纳旗拐子湖	960.0	0.45	0.55	0.60	0.05	0.10	0.10	Ⅱ
	阿左旗巴彦毛道	1328.1	0.40	0.55	0.60	0.05	0.10	0.15	Ⅱ
	阿拉善右旗	1510.1	0.45	0.55	0.60	0.05	0.10	0.10	Ⅱ
	二连浩特市	964.7	0.55	0.65	0.70	0.15	0.25	0.30	Ⅱ
	那仁宝力格	1181.6	0.40	0.55	0.60	0.20	0.30	0.35	Ⅰ
	达茂旗满都拉	1225.2	0.50	0.75	0.85	0.15	0.20	0.25	Ⅱ
	阿巴嘎旗	1126.1	0.35	0.50	0.55	0.25	0.35	0.40	Ⅰ
	苏尼特左旗	1111.4	0.40	0.50	0.55	0.25	0.35	0.40	Ⅰ
	乌拉特后旗海力素	1509.6	0.45	0.50	0.55	0.10	0.15	0.20	Ⅱ
	苏尼特右旗朱日和	1150.8	0.50	0.65	0.75	0.15	0.20	0.25	Ⅱ
	乌拉特中旗海流图	1288.0	0.45	0.60	0.65	0.20	0.30	0.35	Ⅱ
	百灵庙	1376.6	0.50	0.75	0.85	0.25	0.35	0.40	Ⅱ
	四子王旗	1490.1	0.40	0.60	0.70	0.30	0.45	0.55	Ⅱ
	化德	1482.7	0.45	0.75	0.85	0.15	0.25	0.30	Ⅱ
	杭锦后旗陕坝	1056.7	0.30	0.45	0.50	0.15	0.20	0.25	Ⅱ
	包头市	1067.2	0.35	0.55	0.60	0.15	0.25	0.30	Ⅱ
	集宁市	1419.3	0.40	0.60	0.70	0.25	0.35	0.40	Ⅱ
	阿拉善左旗古兰泰	1031.8	0.35	0.50	0.55	0.5	0.10	0.15	Ⅱ
	临河市	1039.3	0.30	0.50	0.60	0.15	0.25	0.30	Ⅱ
	鄂托克旗	1380.3	0.35	0.55	0.65	0.15	0.20	0.20	Ⅱ
	东胜市	1460.4	0.30	0.50	0.60	0.25	0.35	0.40	Ⅱ
	阿腾席连	1329.3	0.40	0.50	0.55	0.20	0.30	0.35	Ⅱ
	巴彦浩特	1561.4	0.40	0.60	0.70	0.15	0.20	0.25	Ⅱ
	西乌珠穆沁旗	995.9	0.45	0.55	0.60	0.30	0.40	0.45	Ⅰ

续表

省市名	城市名	海拔高度(m)	风压(kN/m²)			雪压(kN/m²)			雪荷载准永久值系数分区
			$n=10$	$n=50$	$n=100$	$n=10$	$n=50$	$n=100$	
内蒙古	扎鲁特鲁北	265.0	0.40	0.55	0.60	0.20	0.30	0.35	II
	巴林左旗林东	484.4	0.40	0.55	0.60	0.20	0.30	0.35	II
	锡林浩特市	989.5	0.40	0.55	0.60	0.25	0.40	0.45	I
	林西	799.0	0.45	0.60	0.70	0.25	0.40	0.45	I
	开鲁	241.0	0.40	0.55	0.60	0.20	0.30	0.35	II
	通辽市	178.5	0.40	0.55	0.60	0.20	0.30	0.35	II
	多伦	1245.4	0.40	0.55	0.60	0.20	0.30	0.35	I
	翁牛特旗乌丹	631.8				0.20	0.30	0.35	II
	赤峰市	571.1	0.30	0.55	0.65	0.20	0.30	0.35	II
	敖汉旗宝国图	400.5	0.40	0.50	0.55	0.25	0.40	0.45	II
辽宁	沈阳市	42.8	0.40	0.55	0.60	0.30	0.50	0.55	II
	彰武	79.4	0.35	0.45	0.50	0.20	0.30	0.35	II
	阜新市	144.0	0.40	0.60	0.70	0.25	0.40	0.45	II
	开原	98.2	0.30	0.45	0.50	0.30	0.40	0.45	II
	清原	234.1	0.25	0.40	0.45	0.35	0.50	0.60	I
	朝阳市	169.2	0.40	0.55	0.60	0.30	0.45	0.55	II
	建平县叶柏寿	421.7	0.30	0.35	0.40	0.25	0.35	0.40	II
	黑山	37.5	0.45	0.65	0.75	0.30	0.45	0.50	II
	锦州市	65.9	0.40	0.60	0.70	0.30	0.40	0.45	II
	鞍山市	77.3	0.30	0.50	0.60	0.30	0.40	0.45	II
	本溪市	185.2	0.35	0.45	0.50	0.40	0.55	0.60	I
	抚顺市章党	118.5	0.30	0.45	0.50	0.35	0.45	0.50	I
	桓仁	240.3	0.25	0.30	0.35	0.35	0.50	0.55	I
	绥中	15.3	0.25	0.40	0.45	0.25	0.35	0.40	II
	兴城市	8.8	0.35	0.45	0.50	0.20	0.30	0.35	II
	营口市	3.3	0.40	0.60	0.70	0.30	0.40	0.45	II
	盖县熊岳	20.4	0.30	0.40	0.45	0.25	0.40	0.45	II
	本溪县草河口	233.4	0.25	0.45	0.55	0.35	0.55	0.60	I
	岫岩	79.3	0.30	0.45	0.50	0.35	0.45	0.55	II
	宽甸	260.1	0.30	0.50	0.60	0.40	0.60	0.70	I
	丹东市	15.1	0.35	0.55	0.65	0.30	0.40	0.45	II
	瓦房店市	29.3	0.35	0.50	0.55	0.20	0.30	0.35	II
	新金县皮口	43.2	0.35	0.50	0.55	0.20	0.30	0.35	II
	庄河	34.8	0.35	0.50	0.55	0.25	0.35	0.40	II
	大连市	91.5	0.40	0.65	0.75	0.25	0.40	0.45	II
吉林	长春市	236.8	0.45	0.65	0.75	0.25	0.35	0.40	I
	白城市	155.4	0.45	0.65	0.75	0.15	0.20	0.25	II
	乾安	146.3	0.35	0.45	0.50	0.15	0.20	0.25	II
	前郭尔罗斯	134.7	0.30	0.45	0.50	0.15	0.25	0.30	II
	通榆	149.5	0.35	0.50	0.55	0.15	0.20	0.25	II
	长岭	189.3	0.30	0.45	0.50	0.15	0.20	0.25	II
	扶余市三岔河	196.6	0.35	0.55	0.65	0.20	0.30	0.35	II
	双辽	114.9	0.35	0.50	0.55	0.20	0.30	0.35	II
	四平市	164.2	0.40	0.55	0.60	0.20	0.35	0.40	II
	磐石县烟筒山	271.6	0.30	0.40	0.45	0.25	0.40	0.45	I

续表

省市名	城市名	海拔高度(m)	风压(kN/m²)			雪压(kN/m²)			雪荷载准永久值系数分区
			$n=10$	$n=50$	$n=100$	$n=10$	$n=50$	$n=100$	
吉林	吉林市	183.4	0.40	0.50	0.55	0.30	0.45	0.50	I
	蛟河	295.0	0.30	0.45	0.50	0.40	0.65	0.75	I
	敦化市	523.7	0.30	0.45	0.50	0.30	0.50	0.60	I
	梅河口市	339.9	0.30	0.40	0.45	0.30	0.45	0.50	I
	桦甸	263.8	0.30	0.40	0.45	0.40	0.65	0.75	I
	靖宇	549.2	0.25	0.35	0.40	0.40	0.60	0.70	I
	抚松县东岗	774.2	0.30	0.40	0.45	0.60	0.90	1.05	I
	延吉市	176.8	0.35	0.50	0.55	0.35	0.55	0.65	I
	通化市	402.9	0.30	0.50	0.60	0.50	0.80	0.90	I
	浑江市临江	332.7	0.20	0.30	0.35	0.45	0.70	0.80	I
	集安市	177.7	0.20	0.30	0.35	0.45	0.70	0.80	I
	长白	1016.7	0.35	0.45	0.50	0.40	0.60	0.70	I
黑龙江	哈尔滨市	142.3	0.35	0.55	0.65	0.30	0.45	0.50	I
	漠河	296.0	0.25	0.35	0.40	0.50	0.65	0.70	I
	塔河	357.4	0.25	0.30	0.35	0.45	0.60	0.65	I
	新林	494.6	0.25	0.35	0.40	0.40	0.50	0.55	I
	呼玛	177.4	0.30	0.50	0.60	0.35	0.45	0.50	I
	加格达奇	371.7	0.25	0.35	0.40	0.40	0.55	0.60	I
	黑河市	166.4	0.35	0.50	0.55	0.45	0.60	0.65	I
	嫩江	242.2	0.40	0.55	0.60	0.40	0.55	0.60	I
	孙吴	234.5	0.40	0.60	0.70	0.40	0.55	0.60	I
	北安市	269.7	0.30	0.50	0.60	0.40	0.55	0.60	I
	克山	234.6	0.30	0.45	0.50	0.30	0.50	0.55	I
	富裕	162.4	0.30	0.40	0.45	0.25	0.35	0.40	I
	齐齐哈尔市	145.9	0.35	0.45	0.50	0.25	0.40	0.45	I
	海伦	239.2	0.35	0.55	0.65	0.30	0.40	0.45	I
	明水	249.2	0.35	0.45	0.50	0.25	0.40	0.45	I
	伊春市	240.9	0.25	0.35	0.40	0.45	0.60	0.65	I
	鹤岗市	227.9	0.30	0.40	0.45	0.45	0.65	0.70	I
	富锦	64.2	0.30	0.45	0.50	0.35	0.45	0.50	I
	泰来	149.5	0.30	0.45	0.50	0.20	0.30	0.35	I
	绥化市	179.6	0.35	0.55	0.65	0.35	0.50	0.60	I
	安达市	149.3	0.35	0.55	0.65	0.20	0.30	0.35	I
	铁力	210.5	0.25	0.35	0.40	0.50	0.75	0.85	I
	佳木斯市	81.2	0.40	0.65	0.75	0.45	0.65	0.70	I
	依兰	100.1	0.45	0.65	0.75				
	宝清	83.0	0.30	0.40	0.45	0.35	0.50	0.55	I
	通河	108.6	0.35	0.50	0.55	0.50	0.75	0.85	I
	尚志	189.7	0.35	0.55	0.60	0.40	0.55	0.60	I
	鸡西市	233.6	0.40	0.55	0.65	0.45	0.65	0.75	I
	虎林	100.2	0.35	0.45	0.50	0.50	0.70	0.80	I
	牡丹江市	241.4	0.35	0.50	0.55	0.40	0.60	0.65	I
	绥芬河市	496.7	0.40	0.60	0.70	0.40	0.55	0.60	I
山东	济南市	51.6	0.30	0.45	0.50	0.20	0.30	0.35	II
	德州市	21.2	0.30	0.45	0.50	0.20	0.35	0.40	II

续表

省市名	城 市 名	海拔高度 (m)	风压(kN/m²)			雪压(kN/m²)			雪荷载准永久值系数分区
			$n=10$	$n=50$	$n=100$	$n=10$	$n=50$	$n=100$	
山东	惠民	11.3	0.40	0.50	0.55	0.25	0.35	0.40	Ⅱ
	寿光县羊角沟	4.4	0.30	0.45	0.50	0.15	0.25	0.30	Ⅱ
	龙口市	4.8	0.45	0.60	0.65	0.25	0.35	0.40	Ⅱ
	烟台市	46.7	0.40	0.55	0.60	0.30	0.40	0.45	Ⅱ
	威海市	46.6	0.45	0.65	0.75	0.30	0.45	0.50	Ⅱ
	荣城市成山头	47.7	0.60	0.70	0.75	0.25	0.40	0.45	Ⅱ
	莘县朝城	42.7	0.35	0.45	0.50	0.25	0.35	0.40	Ⅱ
	泰安市泰山	1533.7	0.65	0.85	0.95	0.40	0.55	0.60	Ⅱ
	泰安市	128.8	0.30	0.40	0.45	0.20	0.35	0.40	Ⅱ
	淄博市张店	34.0	0.30	0.40	0.45	0.30	0.45	0.50	Ⅱ
	沂源	304.5	0.30	0.35	0.40	0.20	0.30	0.35	Ⅱ
	潍坊市	44.1	0.30	0.40	0.45	0.25	0.35	0.40	Ⅱ
	莱阳市	30.5	0.30	0.40	0.45	0.15	0.25	0.30	Ⅱ
	青岛市	76.0	0.45	0.60	0.70	0.15	0.20	0.25	Ⅱ
	海阳	65.2	0.40	0.55	0.60	0.10	0.15	0.15	Ⅱ
	荣城市石岛	33.7	0.40	0.55	0.65	0.10	0.15	0.15	Ⅱ
	荷泽市	49.7	0.25	0.40	0.45	0.20	0.30	0.35	Ⅱ
	兖州	51.7	0.25	0.40	0.45	0.25	0.35	0.45	Ⅱ
	莒县	107.4	0.25	0.35	0.40	0.20	0.35	0.40	Ⅱ
	临沂	87.9	0.30	0.40	0.45	0.25	0.40	0.45	Ⅱ
	日照市	16.1	0.30	0.40	0.45				
江苏	南京市	8.9	0.25	0.40	0.45	0.40	0.65	0.75	Ⅱ
	徐州市	41.0	0.25	0.35	0.40	0.25	0.35	0.40	Ⅱ
	赣榆	2.1	0.30	0.45	0.50	0.25	0.35	0.40	Ⅱ
	盱眙	34.5	0.25	0.35	0.40	0.20	0.30	0.35	Ⅱ
	淮阴市	17.5	0.25	0.40	0.45	0.25	0.40	0.45	Ⅱ
	射阳	2.0	0.30	0.40	0.45	0.15	0.20	0.25	Ⅲ
	镇江	26.5	0.30	0.40	0.45	0.25	0.35	0.40	Ⅲ
	无锡	6.7	0.30	0.45	0.50	0.30	0.40	0.45	Ⅲ
	泰州	6.6	0.25	0.40	0.45	0.25	0.35	0.40	Ⅲ
	连云港	3.7	0.35	0.55	0.65	0.25	0.40	0.45	Ⅱ
	盐城	3.6	0.25	0.45	0.55	0.20	0.30	0.35	Ⅲ
	高邮	5.4	0.25	0.40	0.45	0.20	0.35	0.40	Ⅲ
	东台市	4.3	0.30	0.40	0.45	0.20	0.30	0.35	Ⅲ
	南通市	5.3	0.30	0.45	0.50	0.15	0.25	0.30	Ⅲ
	启东县吕泗	5.5	0.35	0.50	0.55	0.10	0.20	0.25	Ⅲ
	常州市	4.9	0.25	0.40	0.45	0.20	0.35	0.40	Ⅲ
	溧阳	7.2	0.25	0.40	0.45	0.30	0.50	0.55	Ⅲ
	吴县东山	17.5	0.30	0.45	0.50	0.25	0.40	0.45	Ⅲ
浙江	杭州市	41.7	0.30	0.45	0.50	0.30	0.45	0.50	Ⅲ
	临安县天目山	1505.9	0.55	0.70	0.80	0.100	0.160	0.185	Ⅱ
	平湖县乍浦	5.4	0.35	0.45	0.50	0.25	0.35	0.40	Ⅲ
	慈溪市	7.1	0.30	0.45	0.50	0.25	0.35	0.40	Ⅲ
	嵊泗	79.6	0.85	1.30	1.55				
	嵊泗县嵊山	124.6	0.95	1.50	1.75				

附录七 我国部分城市的雪压和风压数据

续表

省市名	城 市 名	海拔高度(m)	风压(kN/m²)			雪压(kN/m²)			雪荷载准永久值系数分区
			n=10	n=50	n=100	n=10	n=50	n=100	
浙江	舟山市	35.7	0.50	0.85	1.00	0.30	0.50	0.60	Ⅲ
	金华市	62.6	0.25	0.35	0.40	0.35	0.55	0.65	Ⅲ
	嵊县	104.3	0.25	0.40	0.50	0.35	0.55	0.65	Ⅲ
	宁波市	4.2	0.30	0.50	0.60	0.20	0.30	0.35	Ⅲ
	象山县石浦	128.4	0.75	1.20	1.40	0.20	0.30	0.35	Ⅲ
	衢州市	66.9	0.25	0.35	0.40	0.30	0.50	0.60	Ⅲ
	丽水市	60.8	0.20	0.30	0.35	0.30	0.45	0.50	Ⅲ
	龙泉	198.4	0.20	0.30	0.35	0.35	0.55	0.65	Ⅲ
	临海市括苍山	1383.1	0.60	0.90	1.05	0.40	0.60	0.70	Ⅲ
	温州市	6.0	0.35	0.60	0.70	0.25	0.35	0.40	Ⅲ
	椒江市洪家	1.3	0.35	0.55	0.65	0.20	0.30	0.35	Ⅲ
	椒江市下大陈	86.2	0.90	1.40	1.65	0.25	0.35	0.40	Ⅲ
	玉环县坎门	95.9	0.70	1.20	1.45	0.20	0.35	0.40	Ⅲ
	瑞安市北麂	42.3	0.95	1.60	1.90				
安徽	合肥市	27.9	0.25	0.35	0.40	0.40	0.60	0.70	Ⅱ
	砀山	43.2	0.25	0.35	0.40	0.25	0.40	0.45	Ⅱ
	亳州市	37.7	0.25	0.45	0.55	0.25	0.40	0.45	Ⅱ
	宿县	25.9	0.25	0.40	0.50	0.25	0.40	0.45	Ⅱ
	寿县	22.7	0.25	0.35	0.40	0.30	0.50	0.55	Ⅱ
	蚌埠市	18.7	0.25	0.35	0.40	0.30	0.45	0.55	Ⅱ
	滁县	25.3	0.25	0.35	0.40	0.25	0.40	0.45	Ⅱ
	六安市	60.5	0.20	0.35	0.40	0.35	0.55	0.60	Ⅱ
	霍山	68.1	0.20	0.35	0.40	0.40	0.60	0.65	Ⅱ
	巢县	22.4	0.25	0.35	0.40	0.30	0.45	0.50	Ⅱ
	安庆市	19.8	0.25	0.40	0.45	0.20	0.35	0.40	Ⅲ
	宁国	89.4	0.25	0.35	0.40	0.30	0.50	0.55	Ⅲ
	黄山	1840.4	0.50	0.70	0.80	0.35	0.45	0.50	Ⅲ
	黄山市	142.7	0.25	0.35	0.40	0.30	0.45	0.50	Ⅲ
	阜阳市	30.6				0.35	0.55	0.60	Ⅱ
江西	南昌市	46.7	0.30	0.45	0.55	0.30	0.45	0.50	Ⅲ
	修水	146.8	0.20	0.30	0.35	0.25	0.40	0.50	Ⅲ
	宜春市	131.3	0.20	0.30	0.35	0.25	0.40	0.45	Ⅲ
	吉安	76.4	0.25	0.30	0.35	0.25	0.35	0.45	Ⅲ
	宁冈	263.1	0.20	0.30	0.35	0.30	0.45	0.50	Ⅲ
	遂川	126.1	0.20	0.30	0.35	0.30	0.45	0.55	Ⅲ
	赣州市	123.8	0.20	0.30	0.35	0.20	0.35	0.40	Ⅲ
	九江	36.1	0.25	0.35	0.40	0.30	0.40	0.45	Ⅲ
	庐山	1164.5	0.40	0.55	0.60	0.55	0.75	0.85	Ⅲ
	波阳	40.1	0.25	0.40	0.45	0.35	0.60	0.70	Ⅲ
	景德镇市	61.5	0.25	0.35	0.40	0.25	0.35	0.40	Ⅲ
	樟树市	30.4	0.20	0.30	0.35	0.25	0.40	0.45	Ⅲ
	贵溪	51.2	0.20	0.30	0.35	0.35	0.50	0.60	Ⅲ
	玉山	116.3	0.20	0.30	0.35	0.35	0.55	0.65	Ⅲ
	南城	80.8	0.25	0.30	0.35	0.20	0.35	0.40	Ⅲ
	广昌	143.8	0.20	0.30	0.35	0.30	0.45	0.50	Ⅲ
	寻乌	303.9	0.25	0.30	0.35				

附录七 我国部分城市的雪压和风压数据 499

续表

省市名	城市名	海拔高度 (m)	风压(kN/m²)			雪压(kN/m²)			雪荷载准永久值系数分区
			$n=10$	$n=50$	$n=100$	$n=10$	$n=50$	$n=100$	
福建	福州市	83.8	0.40	0.70	0.85				
	邵武市	191.5	0.20	0.30	0.35	0.25	0.35	0.40	Ⅲ
	铅山县七仙山	1401.9	0.55	0.70	0.80	0.40	0.60	0.70	Ⅲ
	浦城	276.9	0.20	0.30	0.35	0.35	0.55	0.65	Ⅲ
	建阳	196.9	0.25	0.35	0.40	0.35	0.50	0.55	Ⅲ
	建瓯	154.9	0.25	0.35	0.40	0.25	0.35	0.40	Ⅲ
	福鼎	36.2	0.35	0.70	0.90				
	泰宁	342.9	0.20	0.30	0.35	0.30	0.50	0.60	Ⅲ
	南平市	125.6	0.20	0.35	0.45				
	福鼎县台市	106.6	0.75	1.00	1.10				
	长汀	310.0	0.20	0.35	0.40	0.15	0.25	0.30	Ⅲ
	上杭	197.9	0.25	0.30	0.35				
	永安市	206.0	0.25	0.40	0.45				
	龙岩市	342.3	0.20	0.35	0.45				
	德化县九仙山	1653.5	0.60	0.80	0.90	0.25	0.40	0.50	Ⅲ
	屏南	896.5	0.20	0.30	0.35	0.25	0.45	0.50	Ⅲ
	平潭	32.4	0.75	1.30	1.60				
	崇武	21.8	0.55	0.80	0.90				
	厦门市	139.4	0.50	0.80	0.95				
	东山	53.3	0.80	1.25	1.45				
陕西	西安市	397.5	0.25	0.35	0.40	0.20	0.25	0.30	Ⅱ
	榆林市	1057.5	0.25	0.40	0.45	0.20	0.25	0.30	Ⅱ
	吴旗	1272.6	0.25	0.40	0.50	0.15	0.20	0.25	Ⅱ
	横山	1111.0	0.30	0.40	0.45	0.15	0.25	0.30	Ⅱ
	绥德	929.7	0.30	0.40	0.45	0.20	0.35	0.40	Ⅱ
	延安市	957.8	0.25	0.35	0.40	0.15	0.25	0.30	Ⅱ
	长武	1206.5	0.20	0.30	0.35	0.20	0.30	0.35	Ⅱ
	洛川	1158.3	0.25	0.35	0.40	0.25	0.35	0.40	Ⅱ
	铜川市	978.9	0.20	0.35	0.40	0.15	0.20	0.25	Ⅱ
	宝鸡市	612.4	0.20	0.35	0.40	0.15	0.20	0.25	Ⅱ
	武功	447.8	0.20	0.35	0.40	0.20	0.25	0.30	Ⅱ
	华阴县华山	2064.9	0.40	0.50	0.55	0.50	0.70	0.75	Ⅱ
	略阳	794.2	0.25	0.35	0.40	0.10	0.15	0.15	Ⅲ
	汉中市	508.4	0.20	0.30	0.35	0.15	0.20	0.25	Ⅲ
	佛坪	1087.7	0.25	0.30	0.35	0.15	0.25	0.30	Ⅲ
	商州市	742.2	0.25	0.30	0.35	0.20	0.30	0.35	Ⅱ
	镇安	693.7	0.20	0.30	0.35	0.30	0.35		Ⅲ
	石泉	484.9	0.20	0.30	0.35	0.30	0.35		Ⅲ
	安康市	290.8	0.30	0.45	0.50	0.10	0.15	0.20	Ⅲ
甘肃	兰州市	1517.2	0.20	0.30	0.35	0.10	0.15	0.20	Ⅱ
	吉坷德	966.5	0.45	0.55	0.60				
	安西	1170.8	0.40	0.55	0.60	0.10	0.20	0.25	Ⅱ
	酒泉市	1477.2	0.40	0.55	0.60	0.20	0.30	0.35	Ⅱ
	张掖市	1482.7	0.30	0.50	0.60	0.05	0.10	0.15	Ⅱ

续表

省市名	城市名	海拔高度(m)	风压(kN/m²)			雪压(kN/m²)			雪荷载准永久值系数分区
			n = 10	n = 50	n = 100	n = 10	n = 50	n = 100	
甘肃	武威市	1530.9	0.35	0.55	0.65	0.15	0.20	0.25	Ⅱ
	民勤	1367.0	0.40	0.50	0.55	0.05	0.10	0.10	Ⅱ
	乌鞘岭	3045.1	0.35	0.40	0.45	0.35	0.55	0.60	Ⅱ
	景泰	1630.5	0.25	0.40	0.45	0.10	0.15	0.20	Ⅱ
	靖远	1398.2	0.20	0.30	0.35	0.15	0.20	0.25	Ⅱ
	临夏市	1917.0	0.20	0.30	0.35	0.15	0.25	0.30	Ⅱ
	临洮	1886.6	0.20	0.30	0.35	0.30	0.50	0.55	Ⅱ
	华家岭	2450.6	0.30	0.40	0.45	0.25	0.40	0.45	Ⅱ
	环县	1255.6	0.20	0.30	0.35	0.15	0.25	0.30	Ⅱ
	平凉市	1346.6	0.25	0.30	0.35	0.15	0.25	0.30	Ⅱ
	西峰镇	1421.0	0.20	0.30	0.35	0.25	0.40	0.45	Ⅱ
	玛曲	3471.4	0.25	0.30	0.35	0.15	0.20	0.25	Ⅱ
	夏河县合作	2910.0	0.25	0.30	0.35	0.25	0.40	0.45	Ⅱ
	武都	1079.1	0.25	0.35	0.40	0.05	0.10	0.15	Ⅲ
	天水市	1141.7	0.20	0.35	0.40	0.15	0.20	0.25	Ⅱ
	马宗山	1962.7				0.10	0.15	0.20	Ⅱ
	敦煌	1139.0				0.10	0.15	0.20	Ⅱ
	玉门市	1526.0				0.15	0.20	0.25	Ⅱ
	金塔县鼎新	1177.4				0.05	0.10	0.15	Ⅱ
	高台	1332.2				0.05	0.10	0.15	Ⅱ
	山丹	1764.6				0.15	0.20	0.25	Ⅱ
	永昌	1976.1				0.10	0.15	0.20	Ⅱ
	榆中	1874.1				0.15	0.20	0.25	Ⅱ
	会宁	2012.2				0.20	0.30	0.35	Ⅱ
	岷县	2315.0				0.10	0.15	0.20	Ⅱ
宁夏	银川市	1111.4	0.40	0.65	0.75	0.15	0.20	0.25	Ⅱ
	惠农	1091.0	0.45	0.65	0.70	0.05	0.10	0.10	Ⅱ
	陶乐	1101.6				0.05	0.10	0.10	Ⅱ
	中卫	1225.7	0.30	0.45	0.50	0.05	0.10	0.15	Ⅱ
	中宁	1183.3	0.30	0.35	0.40	0.10	0.15	0.20	Ⅱ
	盐池	1347.8	0.30	0.40	0.45	0.20	0.30	0.35	Ⅱ
	海源	1854.2	0.25	0.30	0.35	0.25	0.40	0.45	Ⅱ
	同心	1343.9	0.20	0.30	0.35	0.10	0.10	0.15	Ⅱ
	固原	1753.0	0.25	0.35	0.40	0.30	0.40	0.45	Ⅱ
	西吉	1916.5	0.20	0.30	0.35	0.15	0.20	0.20	Ⅱ
青海	西宁市	2261.2	0.25	0.35	0.40	0.15	0.20	0.25	Ⅱ
	茫崖	3138.5	0.30	0.40	0.45	0.05	0.10	0.10	Ⅱ
	冷湖	2733.0	0.40	0.55	0.60	0.05	0.10	0.10	Ⅱ
	祁连县托勒	3367.0	0.30	0.40	0.45	0.20	0.25	0.30	Ⅱ
	祁连县野牛沟	3180.0	0.30	0.40	0.45	0.15	0.20	0.25	Ⅱ
	祁连	2787.4	0.30	0.35	0.40	0.10	0.15	0.15	Ⅱ
	格尔木市小灶火	2767.4	0.30	0.40	0.45	0.05	0.10	0.10	Ⅱ
	大柴旦	3173.2	0.30	0.40	0.45	0.10	0.15	0.15	Ⅱ
	德令哈市	2981.5	0.25	0.35	0.40	0.10	0.15	0.20	Ⅱ
	刚察	3301.5	0.25	0.35	0.40	0.20	0.25	0.30	Ⅱ

续表

省市名	城市名	海拔高度 (m)	风压(kN/m²)			雪压(kN/m²)			雪荷载准永久值系数分区
			$n=10$	$n=50$	$n=100$	$n=10$	$n=50$	$n=100$	
青海	门源	2850.0	0.25	0.35	0.40	0.15	0.25	0.30	II
	格尔木市	2807.6	0.30	0.40	0.45	0.10	0.20	0.25	II
	都兰县诺木洪	2790.4	0.35	0.50	0.60	0.05	0.10	0.10	II
	都兰	3191.1	0.30	0.45	0.55	0.20	0.25	0.30	II
	乌兰县茶卡	3087.6	0.25	0.35	0.40	0.15	0.20	0.25	II
	共和县恰卜恰	2835.0	0.25	0.35	0.40	0.10	0.15	0.15	II
	贵德	2237.1	0.25	0.30	0.35	0.05	0.10	0.10	II
	民和	1813.9	0.20	0.30	0.35	0.10	0.10	0.15	II
	唐古拉山五道梁	4612.2	0.35	0.45	0.50	0.20	0.25	0.30	I
	兴海	3323.2	0.25	0.35	0.40	0.15	0.20	0.20	II
	同德	3289.4	0.25	0.30	0.35	0.20	0.30	0.35	II
	泽库	3662.8	0.25	0.30	0.35	0.30	0.40	0.45	II
	格尔木市托托河	4533.1	0.40	0.50	0.55	0.25	0.35	0.40	I
	治多	4179.0	0.25	0.30	0.35	0.15	0.20	0.25	I
	杂多	4066.4	0.25	0.35	0.40	0.20	0.25	0.30	II
	曲麻莱	4231.2	0.25	0.35	0.40	0.15	0.25	0.30	I
	玉树	3681.2	0.20	0.30	0.35	0.15	0.20	0.25	II
	玛多	4272.3	0.30	0.40	0.45	0.25	0.35	0.40	I
	称多县清水河	4415.4	0.25	0.30	0.35	0.20	0.25	0.30	I
	玛沁县仁峡姆	4211.1	0.30	0.35	0.40	0.15	0.25	0.30	I
	达日县吉迈	3967.5	0.25	0.35	0.40	0.20	0.25	0.30	II
	河南	3500.0	0.25	0.40	0.45	0.20	0.25	0.30	II
	久治	3628.5	0.20	0.30	0.35	0.20	0.25	0.30	II
	昂欠	3643.7	0.25	0.30	0.35	0.10	0.20	0.25	II
	班玛	3750.0	0.20	0.30	0.35	0.15	0.20	0.25	II
新疆	乌鲁木齐市	917.9	0.40	0.60	0.70	0.60	0.80	0.90	I
	阿勒泰市	735.3	0.40	0.70	0.85	0.85	1.25	1.40	I
	博乐市阿拉山口	284.8	0.95	1.35	1.55	0.20	0.25	0.25	I
	克拉玛依市	427.3	0.65	0.90	1.00	0.20	0.30	0.35	I
	伊宁市	662.5	0.40	0.60	0.70	0.70	1.00	1.15	I
	昭苏	1851.0	0.25	0.40	0.45	0.55	0.75	0.85	I
	乌鲁木齐县达板城	1103.5	0.55	0.80	0.90	0.15	0.20	0.20	I
	和静县巴音布鲁克	2458.0	0.25	0.35	0.40	0.45	0.65	0.75	I
	吐鲁番市	34.5	0.50	0.85	1.00	0.15	0.20	0.25	II
	阿克苏市	1103.8	0.30	0.45	0.50	0.15	0.25	0.30	II
	库车	1099.0	0.35	0.50	0.60	0.15	0.25	0.30	II
	库尔勒市	931.5	0.30	0.45	0.50	0.15	0.25	0.30	II
	乌恰	2175.7	0.25	0.35	0.40	0.35	0.50	0.60	II
	喀什市	1288.7	0.35	0.55	0.65	0.30	0.45	0.50	II
	阿合奇	1984.9	0.25	0.35	0.40	0.25	0.35	0.40	II
	皮山	1375.4	0.20	0.30	0.35	0.15	0.20	0.25	II
	和田	1374.6	0.25	0.40	0.45	0.10	0.20	0.25	II
	民丰	1409.3	0.20	0.30	0.35	0.10	0.15	0.15	II
	民丰县安的河	1262.8	0.20	0.30	0.35	0.05	0.05	0.05	II
	于田	1422.0	0.20	0.30	0.35	0.10	0.15	0.15	II

续表

省市名	城 市 名	海拔高度(m)	风压(kN/m²)			雪压(kN/m²)			雪荷载准永久值系数分区
			n = 10	n = 50	n = 100	n = 10	n = 50	n = 100	
新疆	哈密	737.2	0.40	0.60	0.70	0.15	0.20	0.25	Ⅱ
	哈巴河	532.6				0.55	0.75	0.85	Ⅰ
	吉木乃	984.1				0.70	1.00	1.15	Ⅰ
	福海	500.9				0.30	0.45	0.50	Ⅰ
	富蕴	807.5				0.65	0.95	1.05	Ⅰ
	塔城	534.9				0.95	1.35	1.55	Ⅰ
	和布克赛尔	1291.6				0.25	0.40	0.45	Ⅰ
	青河	1218.2				0.55	0.80	0.90	Ⅰ
	托里	1077.8				0.55	0.75	0.85	Ⅰ
	北塔山	1653.7				0.55	0.65	0.70	Ⅰ
	温泉	1354.6				0.35	0.45	0.50	Ⅰ
	精河	320.1				0.20	0.30	0.35	Ⅰ
	乌苏	478.7				0.40	0.55	0.60	Ⅰ
	石河子	442.9				0.50	0.70	0.80	Ⅰ
	蔡家湖	440.5				0.40	0.50	0.55	Ⅰ
	奇台	793.5				0.55	0.75	0.85	Ⅰ
	巴仑台	1752.5				0.20	0.30	0.35	Ⅱ
	七角井	873.2				0.05	0.10	0.15	Ⅱ
	库米什	922.4				0.05	0.10	0.10	Ⅱ
	焉耆	1055.8				0.15	0.20	0.25	Ⅱ
	拜城	1229.2				0.20	0.30	0.35	Ⅱ
	轮台	976.1				0.15	0.25	0.30	Ⅱ
	吐尔格特	3504.4				0.35	0.50	0.55	Ⅱ
	巴楚	1116.5				0.10	0.15	0.20	Ⅱ
	柯坪	1161.8				0.05	0.10	0.15	Ⅱ
	阿拉尔	1012.2				0.05	0.10	0.10	Ⅱ
	铁干里克	846.0				0.10	0.15	0.15	Ⅱ
	若羌	888.3				0.10	0.15	0.20	Ⅱ
	塔吉克	3090.9				0.15	0.25	0.30	Ⅱ
	莎车	1231.2				0.15	0.20	0.25	Ⅱ
	且末	1247.5				0.10	0.15	0.20	Ⅱ
	红柳河	1700.0				0.10	0.15	0.15	Ⅱ
河南	郑州市	110.4	0.30	0.45	0.50	0.25	0.40	0.45	Ⅱ
	安阳市	75.5	0.25	0.45	0.55	0.25	0.40	0.45	Ⅱ
	新乡市	72.7	0.30	0.40	0.45	0.20	0.30	0.35	Ⅱ
	三门峡市	410.1	0.25	0.40	0.45	0.15	0.20	0.25	Ⅱ
	卢氏	568.8	0.20	0.30	0.35	0.20	0.30	0.35	Ⅱ
	孟津	323.3	0.30	0.45	0.50	0.30	0.45	0.50	Ⅱ
	洛阳市	137.1	0.25	0.40	0.45	0.25	0.35	0.40	Ⅱ
	栾川	750.1	0.20	0.30	0.35	0.25	0.40	0.45	Ⅱ
	许昌市	66.8	0.30	0.40	0.45	0.25	0.40	0.45	Ⅱ
	开封市	72.5	0.30	0.45	0.50	0.20	0.30	0.35	Ⅱ
	西峡	250.3	0.25	0.35	0.40	0.20	0.30	0.35	Ⅱ
	南阳市	129.2	0.25	0.35	0.40	0.30	0.45	0.50	Ⅱ
	宝丰	136.4	0.25	0.35	0.40	0.20	0.30	0.35	Ⅱ

续表

省市名	城市名	海拔高度(m)	风压(kN/m²)			雪压(kN/m²)			雪荷载准永久值系数分区
			$n=10$	$n=50$	$n=100$	$n=10$	$n=50$	$n=100$	
河南	西华	52.6	0.25	0.45	0.55	0.30	0.45	0.50	Ⅱ
	驻马店市	82.7	0.25	0.40	0.45	0.30	0.45	0.50	Ⅱ
	信阳市	114.5	0.25	0.35	0.40	0.35	0.55	0.65	Ⅱ
	商丘市	50.1	0.20	0.35	0.45	0.30	0.45	0.50	Ⅱ
	固始	57.1	0.20	0.35	0.40	0.35	0.50	0.60	Ⅱ
湖北	武汉市	23.3	0.25	0.35	0.40	0.30	0.50	0.60	Ⅱ
	郧县	201.9	0.20	0.30	0.35	0.25	0.40	0.45	Ⅱ
	房县	434.4	0.20	0.30	0.35	0.20	0.30	0.35	Ⅲ
	老河口市	90.0	0.20	0.30	0.35	0.25	0.35	0.40	Ⅱ
	枣阳市	125.5	0.25	0.40	0.45	0.25	0.40	0.45	Ⅱ
	巴东	294.5	0.15	0.30	0.35	0.15	0.20	0.25	Ⅲ
	钟祥	65.8	0.20	0.30	0.35	0.25	0.35	0.40	Ⅱ
	麻城市	59.3	0.20	0.35	0.45	0.35	0.55	0.65	Ⅱ
	恩施市	457.1	0.20	0.30	0.35	0.15	0.20	0.25	Ⅲ
	巴东县绿葱坡	1819.3	0.30	0.35	0.40	0.55	0.75	0.85	Ⅲ
	五峰县	908.4	0.20	0.30	0.35	0.25	0.35	0.40	Ⅲ
	宜昌市	133.1	0.20	0.30	0.35	0.20	0.30	0.35	Ⅲ
	江陵县荆州	32.6	0.20	0.30	0.35	0.25	0.40	0.45	Ⅱ
	天门市	34.1	0.20	0.30	0.35	0.25	0.35	0.45	Ⅱ
	来凤	459.5	0.20	0.30	0.35	0.15	0.20	0.25	Ⅲ
	嘉鱼	36.0	0.20	0.35	0.45	0.25	0.35	0.40	Ⅲ
	英山	123.8	0.20	0.30	0.35	0.25	0.40	0.45	Ⅲ
	黄石市	19.6	0.25	0.35	0.40	0.25	0.35	0.40	Ⅲ
湖南	长沙市	44.9	0.25	0.35	0.40	0.30	0.45	0.50	Ⅲ
	桑植	322.2	0.20	0.30	0.35	0.25	0.35	0.40	Ⅲ
	石门	116.9	0.25	0.30	0.35	0.25	0.35	0.40	Ⅲ
	南县	36.0	0.25	0.40	0.50	0.30	0.45	0.50	Ⅲ
	岳阳市	53.0	0.25	0.40	0.45	0.35	0.55	0.65	Ⅲ
	吉首市	206.6	0.20	0.30	0.35	0.20	0.30	0.35	Ⅲ
	沅陵	151.6	0.20	0.30	0.35	0.25	0.35	0.40	Ⅲ
	常德市	35.0	0.25	0.40	0.50	0.30	0.50	0.60	Ⅱ
	安化	128.3	0.20	0.30	0.35	0.30	0.45	0.50	Ⅱ
	沅江市	36.0	0.25	0.40	0.45	0.35	0.55	0.65	Ⅱ
	平江	106.3	0.20	0.30	0.35	0.25	0.40	0.45	Ⅱ
	芷江	272.2	0.20	0.30	0.35	0.25	0.35	0.45	Ⅲ
	雪峰山	1404.9				0.50	0.75	0.85	Ⅱ
	邵阳市	248.6	0.20	0.30	0.35	0.20	0.30	0.35	Ⅲ
	双峰	100.0	0.20	0.30	0.35	0.25	0.40	0.45	Ⅲ
	南岳	1265.9	0.60	0.75	0.85	0.45	0.65	0.75	Ⅲ
	通道	397.5	0.25	0.30	0.35	0.15	0.25	0.30	Ⅲ
	武岗	341.0	0.20	0.30	0.35	0.20	0.30	0.35	Ⅲ
	零陵	172.6	0.25	0.40	0.45	0.15	0.25	0.30	Ⅲ
	衡阳市	103.2	0.25	0.40	0.45	0.20	0.35	0.40	Ⅲ
	道县	192.2	0.25	0.35	0.40	0.15	0.20	0.25	Ⅲ
	郴州市	184.9	0.20	0.30	0.35	0.20	0.30	0.35	Ⅲ

续表

省市名	城市名	海拔高度(m)	风压(kN/m²)			雪压(kN/m²)			雪荷载准永久值系数分区
			$n=10$	$n=50$	$n=100$	$n=10$	$n=50$	$n=100$	
广东	广州市	6.6	0.30	0.50	0.60				
	南雄	133.8	0.20	0.30	0.35				
	连县	97.6	0.20	0.30	0.35				
	韶关	69.3	0.20	0.35	0.45				
	佛岗	67.8	0.20	0.30	0.35				
	连平	214.5	0.20	0.30	0.35				
	梅县	87.8	0.20	0.30	0.35				
	广宁	56.8	0.20	0.30	0.35				
	高要	7.1	0.30	0.50	0.60				
	河源	40.6	0.20	0.30	0.35				
	惠阳	22.4	0.35	0.55	0.60				
	五华	120.9	0.20	0.30	0.35				
	汕头市	1.1	0.50	0.80	0.95				
	惠来	12.9	0.45	0.75	0.90				
	南澳	7.2	0.50	0.80	0.95				
	信宜	84.6	0.35	0.60	0.70				
	罗定	53.3	0.20	0.30	0.35				
	台山	32.7	0.35	0.55	0.65				
	深圳市	18.2	0.45	0.75	0.90				
	汕尾	4.6	0.50	0.85	1.00				
	湛江市	25.3	0.50	0.80	0.95				
	阳江	23.3	0.45	0.70	0.80				
	电白	11.8	0.45	0.70	0.80				
	台山县上川岛	21.5	0.75	1.05	1.20				
	徐闻	67.9	0.45	0.75	0.90				
广西	南宁市	73.1	0.25	0.35	0.40				
	桂林市	164.4	0.20	0.30	0.35				
	柳州时	96.8	0.20	0.30	0.35				
	蒙山	145.7	0.20	0.30	0.35				
	贺山	108.8	0.20	0.30	0.35				
	百色市	173.5	0.25	0.45	0.55				
	靖西	739.4	0.20	0.30	0.35				
	桂平	42.5	0.20	0.30	0.35				
	梧州市	114.8	0.20	0.30	0.35				
	龙州	128.8	0.20	0.30	0.35				
	灵山	66.0	0.20	0.30	0.35				
	玉林	81.8	0.20	0.30	0.35				
	东兴	18.2	0.45	0.75	0.90				
	北海市	15.3	0.45	0.75	0.90				
	涠州岛	55.2	0.70	1.00	1.15				
海南	海口市	14.1	0.45	0.75	0.90				
	东方	8.4	0.55	0.85	1.00				
	儋县	168.7	0.40	0.70	0.85				
	琼中	250.9	0.30	0.45	0.55				
	琼海	24.0	0.50	0.85	1.05				

续表

省市名	城 市 名	海拔高度 (m)	风压(kN/m²)			雪压(kN/m²)			雪荷载准永久值系数分区
			n = 10	n = 50	n = 100	n = 10	n = 50	n = 100	
海南	三亚市	5.5	0.50	0.85	1.05				
	陵水	13.9	0.50	0.85	1.05				
	西沙岛	4.7	1.05	1.80	2.20				
	珊瑚岛	4.0	0.70	1.10	1.30				
四川	成都市	506.1	0.20	0.30	0.35	0.10	0.10	0.15	Ⅲ
	石渠	4200.0	0.25	0.30	0.35	0.30	0.45	0.50	Ⅱ
	若尔盖	3439.6	0.25	0.30	0.35	0.30	0.40	0.45	Ⅱ
	甘孜	3393.5	0.35	0.45	0.50	0.25	0.40	0.45	Ⅱ
	都江堰市	706.7	0.20	0.30	0.35	0.15	0.25	0.30	Ⅲ
	绵阳市	470.8	0.20	0.30	0.35				
	雅安市	627.6	0.20	0.30	0.35	0.10	0.20	0.20	Ⅲ
	资阳	357.0	0.20	0.30	0.35				
	康定	2615.7	0.30	0.35	0.40	0.30	0.50	0.55	Ⅱ
	汉源	795.9	0.20	0.30	0.35				
	九龙	2987.3	0.20	0.30	0.35	0.15	0.20	0.20	Ⅲ
	越西	1659.0	0.25	0.30	0.35	0.15	0.25	0.30	Ⅲ
	昭觉	2132.4	0.25	0.30	0.35	0.25	0.35	0.40	Ⅲ
	雷波	1474.9	0.20	0.30	0.35	0.20	0.30	0.35	Ⅲ
	宜宾市	340.8	0.20	0.30	0.35				
	盐源	2545.0	0.20	0.30	0.35	0.20	0.30	0.35	Ⅲ
	西昌市	1590.9	0.20	0.30	0.35	0.20	0.30	0.35	Ⅲ
	会理	1787.1	0.20	0.30	0.35				
	万源	674.0	0.20	0.30	0.35	0.50	0.10	0.15	Ⅲ
	阆中	382.6	0.20	0.30	0.35				
	巴中	358.9	0.20	0.30	0.35				
	达县市	310.4	0.20	0.35	0.45				
	奉节	607.3	0.25	0.35	0.40	0.20	0.35	0.40	Ⅲ
	遂宁市	278.2	0.20	0.30	0.35				
	南充市	309.3	0.20	0.30	0.35				
	梁平	454.6	0.20	0.30	0.35				
	万县市	186.7	0.15	0.30	0.35				
	内江市	347.1	0.25	0.40	0.50				
	涪陵市	273.5	0.20	0.30	0.35				
	泸州市	334.8	0.20	0.30	0.35				
	叙永	377.5	0.20	0.30	0.35				
	德格	3201.2				0.15	0.20	0.25	Ⅱ
	色达	3893.9				0.30	0.40	0.45	Ⅱ
	道孚	2957.2				0.15	0.20	0.25	Ⅱ
	阿坝	3275.1				0.25	0.40	0.45	Ⅱ
	马尔康	2664.4				0.15	0.25	0.30	Ⅱ
	红原	3491.6				0.25	0.40	0.45	Ⅱ
	小金	2369.2				0.10	0.15	0.15	Ⅱ
	松潘	2850.7				0.20	0.30	0.35	Ⅱ
	新龙	3000.0				0.10	0.15	0.15	Ⅱ
	理塘	3948.9				0.35	0.50	0.60	Ⅱ
	稻城	3727.7				0.20	0.30	0.35	Ⅲ
	峨眉山	3047.4				0.40	0.50	0.55	Ⅱ
	金佛山	1905.9				0.35	0.50	0.60	Ⅱ

续表

省市名	城 市 名	海拔高度 (m)	风压(kN/m²)			雪压(kN/m²)			雪荷载准永久值系数分区
			$n=10$	$n=50$	$n=100$	$n=10$	$n=50$	$n=100$	
贵州	贵阳市	1074.3	0.20	0.30	0.35	0.10	0.20	0.25	Ⅲ
	威宁	2237.5	0.25	0.35	0.40	0.25	0.35	0.40	Ⅲ
	盘县	1515.2	0.25	0.35	0.40	0.25	0.35	0.45	Ⅲ
	桐梓	972.0	0.20	0.30	0.35	0.10	0.15	0.20	Ⅲ
	习水	1180.2	0.20	0.30	0.35	0.15	0.20	0.25	Ⅲ
	毕节	1510.6	0.20	0.30	0.35	0.15	0.25	0.30	Ⅲ
	遵义市	843.9	0.20	0.30	0.35	0.10	0.15	0.20	Ⅲ
	湄潭	791.8				0.15	0.20	0.25	Ⅲ
	思南	416.3	0.20	0.30	0.35	0.10	0.20	0.25	Ⅲ
	铜仁	279.7	0.20	0.30	0.35	0.20	0.30	0.35	Ⅲ
	黔西	1251.8				0.15	0.20	0.25	Ⅲ
	安顺市	1392.9	0.20	0.30	0.35	0.20	0.30	0.35	Ⅲ
	凯里市	720.3	0.20	0.30	0.35	0.15	0.20	0.25	Ⅲ
	三穗	610.5				0.20	0.30	0.35	Ⅲ
	兴仁	1378.5	0.20	0.30	0.35	0.20	0.35	0.40	Ⅲ
	罗甸	440.3	0.20	0.30	0.35				
	独山	1013.3				0.20	0.30	0.35	Ⅲ
	榕江	285.7				0.10	0.15	0.20	Ⅲ
云南	昆明市	1891.4	0.20	0.30	0.35	0.20	0.30	0.35	Ⅲ
	德钦	3485.0	0.25	0.35	0.40	0.60	0.90	1.05	Ⅱ
	贡山	1591.3	0.20	0.30	0.35	0.50	0.85	1.00	Ⅱ
	中甸	3276.1	0.20	0.30	0.35	0.50	0.80	0.90	Ⅱ
	维西	2325.6	0.20	0.30	0.35	0.40	0.55	0.65	Ⅲ
	昭通市	1949.5	0.25	0.35	0.40	0.15	0.25	0.30	Ⅲ
	丽江	2393.2	0.25	0.30	0.35	0.20	0.30	0.35	Ⅲ
	华坪	1244.8	0.25	0.35	0.40				
	会泽	2109.5	0.25	0.35	0.40	0.25	0.35	0.40	Ⅲ
	腾冲	1654.6	0.20	0.30	0.35				
	泸水	1804.9	0.20	0.30	0.35				
	保山市	1653.5	0.20	0.30	0.35				
	大理市	1990.5	0.45	0.65	0.75				
	元谋	1120.2	0.25	0.35	0.40				
	楚雄市	1772.0	0.20	0.35	0.40				
	曲靖市沾益	1898.7	0.25	0.30	0.35	0.25	0.40	0.45	Ⅲ
	瑞丽	776.6	0.20	0.30	0.35				
	景东	1162.3	0.20	0.30	0.35				
	玉溪	1636.7	0.20	0.30	0.35				
	宜良	1532.1	0.25	0.40	0.50				
	泸西	1704.3	0.25	0.30	0.35				
	孟定	511.4	0.25	0.40	0.45				
	临沧	1502.4	0.20	0.30	0.35				
	澜沧	1054.8	0.20	0.30	0.35				

续表

省市名	城市名	海拔高度(m)	风压(kN/m²)			雪压(kN/m²)			雪荷载准永久值系数分区
			n=10	n=50	n=100	n=10	n=50	n=100	
云南	景洪	552.7	0.20	0.40	0.50				
	思茅	1302.1	0.25	0.45	0.55				
	元江	400.9	0.25	0.30	0.35				
	勐腊	631.9	0.20	0.30	0.35				
	江城	1119.5	0.20	0.40	0.50				
	蒙自	1300.7	0.25	0.30	0.35				
	屏边	1414.1	0.20	0.30	0.35				
	文山	1271.6	0.20	0.30	0.35				
	广南	1249.6	0.25	0.35	0.40				
西藏	拉萨市	3658.0	0.20	0.30	0.35	0.10	0.15	0.20	Ⅲ
	班戈	4700.0	0.35	0.55	0.65	0.20	0.25	0.30	Ⅰ
	安多	4800.0	0.45	0.75	0.90	0.20	0.30	0.35	Ⅰ
	那曲	4507.0	0.30	0.45	0.50	0.30	0.40	0.45	Ⅰ
	日喀则市	3836.0	0.20	0.30	0.35	0.10	0.15	0.15	Ⅲ
	乃东县泽当	3551.7	0.20	0.30	0.35	0.10	0.15	0.15	Ⅲ
	隆子	3860.0	0.30	0.45	0.50	0.10	0.15	0.20	Ⅲ
	索县	4022.8	0.25	0.40	0.45	0.20	0.25	0.30	Ⅰ
	昌都	3306.0	0.20	0.30	0.35	0.15	0.20	0.20	Ⅱ
	林芝	3000.0	0.25	0.35	0.40	0.10	0.15	0.15	Ⅲ
	葛尔	4278.0				0.10	0.15	0.15	Ⅰ
	改则	4414.9				0.20	0.30	0.35	Ⅰ
	普兰	3900.0				0.50	0.70	0.80	Ⅰ
	申扎	4672.0				0.15	0.20	0.20	Ⅰ
	当雄	4200.0				0.25	0.35	0.40	Ⅱ
	尼木	3809.4				0.15	0.20	0.25	Ⅲ
	聂拉木	3810.0				1.85	2.90	3.35	Ⅰ
	定日	4300.0				0.15	0.25	0.30	Ⅱ
	江孜	4040.0				0.10	0.10	0.15	Ⅲ
	错那	4280.0				0.50	0.70	0.80	Ⅲ
	帕里	4300.0				0.60	0.90	1.05	Ⅱ
	丁青	3873.1				0.25	0.35	0.40	Ⅱ
	波密	2736.0				0.25	0.35	0.40	Ⅲ
	察隅	2327.6				0.35	0.55	0.65	Ⅲ
台湾	台北	8.0	0.40	0.70	0.85				
	新竹	8.0	0.50	0.80	0.95				
	宜兰	9.0	1.10	1.85	2.30				
	台中	78.0	0.50	0.80	0.90				
	花莲	14.0	0.40	0.70	0.85				
	嘉义	20.0	0.50	0.80	0.95				
	马公	22.0	0.85	1.30	1.55				
	台东	10.0	0.65	0.90	1.05				
	冈山	10.0	0.55	0.80	0.95				
	恒春	24.0	0.70	1.05	1.20				
	阿里山	2406.0	0.25	0.35	0.40				
	台南	14.0	0.60	0.85	1.00				
香港	香港	50.0	0.80	0.90	0.95				
	横栏岛	55.0	0.95	1.25	1.40				
澳门		57.0	0.75	0.85	0.90				

附录八 我国主要城镇抗震设防烈度、设计基本地震加速度和设计地震分组

我国主要城镇抗震设防烈度、设计基本地震加速度和设计地震分组   附表 8-1

省（市）	市　县	抗震设计烈度	设计基本地震加速度（g）	设计地震分组
北京	1 除昌平、门头沟外 11 个市辖区、平谷、大兴、延庆	8	0.20	第一组
	2 密云、怀柔、昌平、门头沟	7	0.15	第一组
天津	1 除汉沽、大港外 12 个市辖区、蓟县、宝坻、静海	7	0.15	第一组
	2 宁河、汉沽	8	0.20	第一组
	3 大港	7	0.10	第一组
上海	1 除金山外 15 个市辖区、南汇、奉贤	7	0.10	第一组
	2 崇明、金山	6	0.05	第一组
重庆	1 14 个市辖区、巫山、奉节、云阳、忠县、酆都、长寿、璧山、合川、铜梁、大足、荣昌、永川、江津、綦江、南川、黔江、石柱、巫溪*	6	0.05	第一组
河北	1 廊坊（2 个市辖区）、唐山（5 个市辖区）、三河、大厂、香河、丰南、丰润、怀丰、涿鹿	8	0.20	第一组
	2 邯郸（4 个市辖区）、邯郸县、文安、任丘、河间、大城、涿州、高碑店、涞水、固安、永清、玉田、迁安、卢龙、滦县、滦南、唐海、乐亭、宣化、蔚县、阳原、成安、磁县、临漳、大名、宁晋、下花园	7	0.15	第一组
	3 石家庄（6 个市辖区）、保定（3 个市辖区）、张家口（2 个市辖区）、沧州（2 个市辖区）、衡水、邢台（2 个市辖区）、霸州、雄县、易县、沧县、张北、万全、怀安、兴隆、迁西、抚宁、昌黎、青县、献县、广宗、平乡、鸡泽、隆尧、新河、曲周、肥乡、馆陶、广平、高邑、内丘、邢台县、赵县、武安、涉县、赤城、涞源、定兴、容城、徐水、安新、高阳、博野、蠡县、肃宁、深泽、安平、饶阳、魏县、藁城、栾城、晋州、深州、武强、辛集、冀州、任县、柏乡、巨鹿、南和、沙河、临城、泊头、永年、崇礼、南宫*	7	0.10	第一组
	4 秦皇岛（海港、北戴河）、清苑、遵化、安国	7	0.10	第二组
	5 正定、围场、尚义、灵寿、无极、平山、鹿泉、井陉、元氏、南皮、吴桥、景县、东光	6	0.05	第一组
	6 承德（除鹰手营子外 2 个市辖区）、隆化、承德县、宽城、青龙、阜平、满城、顺平、唐县、望都、曲阳、定州、行唐、赞皇、黄骅、海兴、孟村、盐山、阜城、故城、清河、山海关、沽源、新乐、武邑、枣强、威县	6	0.05	第二组
	7 丰宁、滦平、鹰手营子、平泉、临西、邱县	6	0.05	第三组

续表

省（市）	市　县	抗震设计烈度	设计基本地震加速度（g）	设计地震分组
湖北	1　竹溪、竹山、房县	7	0.10	第一组
	2　武汉（13个市辖区）、荆州（2个市辖区）、荆门、襄樊（2个市辖区）、襄阳、十堰（2个市辖区）、宜昌（4个市辖区）、宜昌县、黄石（4个市辖区）、恩施、咸宁、麻城、团风、罗田、英山、黄冈、鄂州、浠水、蕲春、黄梅、武穴、郧西、郧县、丹江口、谷城、老河口、宜城、南漳、保康、神农架、钟祥、沙洋、远安、兴山、巴东、秭归、当阳、建始、利川、公安、宣恩、咸丰、长阳、宜都、枝江、松滋、江陵、石首、监利、洪湖、孝感、应城、云梦、天门、仙桃、红安、安陆、潜江、嘉鱼、大冶、通山、赤壁、崇阳、通城、五峰*、京山*	6	0.05	第一组
湖南	1　常德（2个市辖区）	7	0.15	第一组
	2　岳阳（2个市辖区）、岳阳县、汨罗、湘阴、临澧、澧县、津市、桃源、安乡、汉寿	7	0.10	第一组
	3　长沙（5个市辖区）、长沙县、益阳（2个市辖区）、张家界（2个市辖区）、郴州（2个市辖区）、邵阳（3个市辖区）、邵阳县、泸溪、沅陵、娄底、宜章、资兴、平江、宁乡、新化、冷水江、涟源、双峰、新邵、邵东、隆回、石门、慈利、华容、南县、临湘、沅江、桃江、望城、溆浦、会同、靖州、韶山、江华、宁远、道县、临武、湘乡*、安化*、中方*、洪江*、云溪	6	0.05	第一组
广东	1　汕头（5个市辖区）、澄海、潮安、南澳、徐闻、潮州*	8	0.20	第一组
	2　揭阳、揭东、潮阳、饶平	7	0.15	第一组
	3　广州（除花都外9个市辖区）、深圳（6个市辖区）、湛江（4个市辖区）、汕尾、海丰、普宁、惠来、阳江、阳东、阳西、茂名、化州、廉江、遂溪、吴川、丰顺、南海、顺德、中山、珠海、斗门、电白、雷州、佛山（2个市辖区）*、江门（2个市辖区）*、新会*、陆丰*	7	0.10	第一组
	4　韶关（3个市辖区）、肇庆（2个市辖区）、花都、河源、揭西、东源、梅州、东莞、清远、清新、南雄、仁化、始兴、乳源、曲江、英德、佛冈、龙门、龙川、平远、大埔、从化、梅县、兴宁、五华、紫金、陆河、增城、博罗、惠州、惠阳、惠东、三水、四会、云浮、云安、高要、高明、鹤山、封开、郁南、罗定、信宜、新兴、开平、恩平、台山、阳春、高州、翁源、连平、和平、蕉岭、新丰*	6	0.05	第一组
广西自治区	1　灵山、田东	7	0.15	第一组
	2　玉林、兴业、横县、北流、百色、田阳、平果、隆安、浦北、博白、乐业*	7	0.10	第一组

514 附录八 我国主要城镇抗震设防烈度、设计基本地震加速度和设计地震分组

续表

省（市）	市　县	抗震设计烈度	设计基本地震加速度（g）	设计地震分组
广西自治区	3　南宁（6个市辖区）、桂林（5个市辖区）、柳州（5个市辖区）、梧州（3个市辖区）、钦州（2个市辖区）、贵港（2个市辖区）、防城港（2个市辖区）、北海（2个市辖区）、兴安、灵川、临桂、永福、鹿寨、天峨、东兰、巴马、都安、大化、马山、融安、象州、武宣、桂平、平南、上林、宾阳、武鸣、大新、扶绥、邕宁、东兴、合浦、钟山、贺州、藤县、苍梧、容县、岑溪、陆川、凤山、凌云、田林、隆林、西林、德保、靖西、那坡、天等、崇左、上思、龙州、宁明、融水、凭祥、全州	6	0.05	第一组
海南	1　海口（3个市辖区）、琼山	8	0.30	第一组
	2　文昌、定安	8	0.20	第一组
	3　澄迈	7	0.15	第一组
	4　临高、琼海、儋州、屯昌	7	0.10	第一组
	5　三亚、万宁、琼中、昌江、白沙、保亭、陵水、东方、乐通、通什	6	0.05	第一组
四川	1　康定、西昌	9	0.04	第一组
	2　冕宁*	8	0.30	第一组
	3　松潘、道孚、泸定、甘孜、炉霍、石棉、喜德、普格、宁南、德昌、理塘	8	0.20	第一组
	4　九寨沟	8	0.20	第二组
	5　宝兴、茂县、巴塘、德格、马边、雷波	7	0.15	第一组
	6　越西、雅江、九龙、平武、木里、盐源、会东、新龙	7	0.15	第二组
	7　天全、荥经、汉源、昭觉、布拖、丹巴、芦山、甘洛	7	0.15	第三组
	8　成都（除龙泉驿、清白江外5个市辖区）、乐山（除金口河外3个市辖区）、自贡（4个市辖区）、宜宾、宜宾县、北川、安县、绵竹、汶川、都江堰、双流、新津、青神、峨边、沐川、屏山、理县、德荣、新都*	7	0.10	第一组
	9　攀枝花（3个市辖区）、江油、什邡、彭州、郫县、温江、大邑、崇州、邛崃、蒲江、彭山、丹棱、眉山、洪雅、夹江、峨眉山、若尔盖、色达、壤塘、马尔康、石渠、白玉、金川、黑水、盐边、米易、乡城、稻城、金口河、朝天区*	7	0.10	第二组
	10　青川、雅安、名山、美姑、金阳、小金、会理	7	0.10	第三组
	11　泸州（3个市辖区）、内江（2个市辖区）、德阳、宣汉、达州、达县、大竹、邻水、渠县、广安、华蓥、龙昌、富顺、泸县、南溪、江安、长宁、高县、珙县、兴文、叙永、古蔺、金堂、广汉、简阳、资阳、仁寿、资中、犍为、荣县、威远、南江、通江、万源、巴中、苍溪、阆中、仪陇、西充、南部、盐亭、三台、射洪、大英、乐至、旺苍、龙泉驿、清白江	6	0.05	第一组
	12　绵阳（2个市辖区）、梓潼、中江、阿坝、筠连、井研	6	0.05	第二组
	13　广元（除朝天区外2个市辖区）、剑阁、罗江、红原	6	0.05	第三组

附录八 我国主要城镇抗震设防烈度、设计基本地震加速度和设计地震分组　515

续表

省（市）	市　县	抗震设计烈度	设计基本地震加速度（g）	设计地震分组
贵州	1　望谟	7	0.10	第一组
	2　威宁	7	0.10	第二组
	3　贵阳（除白云外5个市辖区）、凯里、毕节、安顺、都匀、六盘水、黄平、福泉、贵定、麻江、清镇、龙里、平坝、纳雍、织金、水城、普定、六枝、镇宁、惠水、长顺、关岭、紫云、罗甸、兴仁、贞丰、安龙、册亨、金沙、印江、赤水、习水、思南*	6	0.05	第一组
	4　赫章、普安、晴隆、兴义	6	0.05	第二组
	5　盘县	6	0.05	第三组
云南	1　寻甸、东川	不低于9	不小于0.40	第一组
	2　澜沧	9	0.40	第二组
	3　剑川、嵩明、宜良、丽江、鹤庆、永胜、潞西、龙陵、石屏、建水	8	0.30	第一组
	4　耿马、双江、沧源、勐海、西盟、孟连	8	0.30	第二组
	5　石林、玉溪、大理、永善、巧家、江川、华宁、峨山、通海、洱源、宾川、弥渡、祥云、会泽、南涧	8	0.20	第一组
	6　昆明（除东川外4个市辖区）、思茅、保山、马龙、呈贡、澄江、晋宁、易门、漾濞、巍山、云县、腾冲、施甸、瑞丽、梁河、安宁、凤庆*、陇川*	8	0.20	第二组
	7　景洪、永德、镇康、临沧	8	0.20	第三组
	8　中甸、泸水、大关、新平*	7	0.15	第一组
	9　沾益、个旧、红河、元江、禄丰、双柏、开远、盈江、永平、昌宁、宁蒗、南华、楚雄、勐腊、华坪、景东*	7	0.15	第二组
	10　曲靖、弥勒、陆良、富民、禄劝、武定、兰坪、云龙、景谷、普洱	7	0.15	第三组
	11　盐津、绥江、德钦、水富、贡山	7	0.10	第一组
	12　昭通、彝良、鲁甸、福贡、永仁、大姚、元谋、姚安、牟定、墨江、绿春、镇沅、江城、金平	7	0.10	第二组
	13　富源、师宗、泸西、蒙自、元阳、维西、宣威	7	0.10	第三组
	14　威信、镇雄、广南、富宁、西畴、麻栗坡、马关	6	0.05	第一组
	15　丘北、砚山、屏边、河口、文山	6	0.05	第二组
	16　罗平	6	0.05	第三组
西藏自治区	1　当雄、墨脱	不低于9	不小于0.40	第二组
	2　申扎	8	0.30	第一组
	3　米林、波密	8	0.30	第二组
	4　普兰、聂拉木、萨嘎	8	0.20	第一组

省（市）	市　县	抗震设计烈度	设计基本地震加速度（g）	设计地震分组
西藏自治区	5　拉萨、堆龙德庆、尼木、仁布、尼玛、隆萨、隆子、错那、曲松	8	0.20	第二组
	6　那曲、林芝（八一镇）、林周	8	0.20	第三组
	7　扎达、吉隆、拉孜、谢通门、亚东、洛扎、昂仁	7	0.15	第一组
	8　日土、江孜、康马、白朗、扎囊、措美、桑日、加茶、边坝、八宿、丁青、类乌齐、乃东、琼结、贡嘎、朗县、达孜、日喀则*、噶尔*	7	0.15	第二组
	9　南木林、班戈、浪卡子、墨竹工卡、曲水、安多、聂荣	7	0.15	第三组
	10　改则、措勤、仲巴、定结、芒康	7	0.10	第一组
	11　昌都、定日、萨迦、岗巴、巴青、工布江达、索县、比如、嘉黎、察雅、左贡、察隅、江达、贡觉	7	0.10	第二组
	12　革吉	7	0.10	第三组
陕西	1　西安（8个市辖区）、渭南、华县、华阴、潼关、大荔	8	0.20	第一组
	2　陇县	8	0.20	第二组
	3　咸阳（2个市辖区、杨凌特区）、宝鸡（2个市辖区）、高陵、千阳、岐山、凤翔、扶风、武功、兴平、周至、眉县、宝鸡县、三原、富平、澄城、蒲城、泾阳、礼泉、长安、户县、蓝田、韩城、合阳	7	0.15	第一组
	4　凤县	7	0.15	第二组
	5　安康、平利、乾县、洛南	7	0.10	第一组
	6　白水、耀县、淳化、麟游、永寿、商州、铜川（2个市辖区）*、柞水*	7	0.10	第二组
	7　太白、留坝、勉县、略阳	7	0.10	第三组
	8　延安、清涧、神木、佳县、米脂、绥德、安塞、延川、延长、定边、吴旗、志丹、甘泉、富县、商南、旬阳、紫阳、镇巴、白河、岚皋、镇坪、子长*	6	0.05	第一组
	9　府谷、吴堡、洛川、黄陵、旬邑、洋县、西乡、石泉、汉阴、宁陕、汉中、南郑、城固	6	0.05	第二组
	10　宁强、宜川、黄龙、宜君、长武、彬县、佛坪、镇安、丹凤、山阳	6	0.05	第三组
甘肃	1　故浪	不低于9	不小于0.40	第一组
	2　天水（2个市辖区）、礼县、西和	8	0.30	第一组
	3　宕昌、文县、肃北、武都	8	0.20	第一组
	4　兰州（4个市辖区）、成县、舟曲、徽县、康县、武威、永登、天祝、景泰、靖远、陇西、武山、秦安、清水、甘谷、漳县、会宁、静宁、庄浪、张家川、通渭、华亭	8	0.20	第二组

附录八　我国主要城镇抗震设防烈度、设计基本地震加速度和设计地震分组　517

续表

省（市）	市　县	抗震设计烈度	设计基本地震加速度（g）	设计地震分组
甘肃	5　康乐、嘉峪关、玉门、酒泉、高台、临泽、肃南	7	0.15	第一组
	6　白银（2个市辖区）、永靖、岷县、东乡、和政、广河、临潭、卓尼、迭部、临洮、渭源、皋兰、崇信、榆中、定西、金昌、两当、阿克塞、民乐、永昌、红古区	7	0.15	第二组
	7　平凉	7	0.15	第三组
	8　张掖、合作、玛曲、金塔、积石山	7	0.10	第一组
	9　敦煌、安西、山丹、临夏、临夏县、夏河、碌曲、泾川、灵台	7	0.10	第二组
	10　民勤、镇原、环县	7	0.10	第三组
	11　华池、正宁、庆阳、合水、宁县	6	0.05	第二组
	12　西峰	6	0.05	第三组
青海	1　玛沁	8	0.20	第一组
	2　玛多、达日	8	0.20	第二组
	3　祁连、玉树	7	0.15	第一组
	4　甘德、门源	7	0.15	第二组
	5　乌兰、治多、称多、杂多、囊谦	7	0.10	第一组
	6　西宁（4个市辖区）、同仁、共和、德令哈、海晏、湟源、湟中、平安、民和、化隆、贵德、尖扎、循化、格尔木、贵南、同德、河南、曲麻莱、久治、班玛、天峻、刚察	7	0.10	第二组
	7　大通、互助、乐都、都兰、兴海	7	0.10	第三组
	8　泽库	6	0.05	第二组
宁夏自治区	1　海原	8	0.30	第一组
	2　银川（3个市辖区）、石嘴山（3个市辖区）、吴忠、惠农、平罗、贺兰、永宁、青铜峡、泾源、灵武、陶乐、固原	8	0.20	第一组
	3　西吉、中卫、中宁、同心、隆德	8	0.20	第二组
	4　彭阳	7	0.15	第三组
	5　盐池	6	0.05	第三组
新疆自治区	1　乌恰、塔什库尔干	不低于9	不小于0.40	第二组
	2　阿图什、喀什、疏附	8	0.30	第二组
	3　乌鲁木齐（7个市辖区）、乌鲁木齐县、温宿、阿克苏、柯坪、米泉、乌苏、特克斯、库车、巴里坤、青河、富蕴、乌什*	8	0.20	第一组
	4　尼克勒、新源、巩留、精河、奎屯、沙湾、玛纳斯、石河子、独山子	8	0.20	第二组
	5　疏勒、伽师、阿克陶、英吉沙	8	0.20	第三组
	6　库尔勒、新和、轮台、和静、焉耆、博湖、巴楚、昌吉、拜城、阜康*、木垒*	7	0.15	第一组

续表

省（市）	市　县	抗震设计烈度	设计基本地震加速度（g）	设计地震分组
新疆自治区	7　伊宁、伊宁县、霍城、察布查尔、呼图壁	7	0.15	第二组
	8　岳普湖	7	0.15	第三组
	9　吐鲁番、和田、和田县、昌吉、吉木萨尔、洛浦、奇台、伊吾、鄯善、托克逊、和硕、尉犁、墨玉、策勒、哈密	7	0.10	第一组
	10　克拉玛依（克拉玛依区）、博乐、温泉、阿合奇、阿瓦提、沙雅	7	0.10	第二组
	11　莎车、泽普、叶城、麦盖提、皮山	7	0.10	第三组
	12　于田、哈巴河、塔城、额敏、富海、和布克赛尔、乌尔禾	6	0.05	第一组
	13　阿勒泰、托里、民丰、若羌、布尔津、吉木乃、裕民、白碱滩	6	0.05	第二组
	14　且末	6	0.05	第三组
港澳特区和台湾省	1　台中	不低于9	不小于0.40	第一组
	2　苗栗、云林、嘉义、花莲	不低于9	不小于0.40	第二组
	3　台北、桃园、台南、基隆、宜兰、台东、屏东	8	0.30	第二组
	4　高雄、澎湖	8	0.20	第二组
	5　香港	7	0.15	第一组
	6　澳门	7	0.10	第一组

注：本表中，上标 * 指该城镇的中心位于本设防区和较低设防区的分界线。

主要参考文献

1. 中华人民共和国国家标准《建筑结构荷载规范》GB50009—2001．北京：中国建筑工业出版社，2002
2. 中华人民共和国国家标准《砌体结构设计规范》GB50003—2001．北京：中国建筑工业出版社，2002
3. 中华人民共和国国家标准《混凝土结构设计规范》GB50010—2002．北京：中国建筑工业出版社，2002
4. 中华人民共和国国家标准《钢结构设计规范》GB50017—2003．北京：中国计划出版社，2003
5. 中华人民共和国国家标准《木结构设计规范》GB50005—2003．北京：中国建筑工业出版社，2003
6. 中华人民共和国国家标准《建筑地基基础设计规范》GB50007—2002．北京：中国建筑工业出版社，2002
7. 中华人民共和国国家标准《建筑抗震设计规范》GB50011—2001．北京：中国建筑工业出版社，2001
8. 中华人民共和国国家标准《高耸结构设计规范》GB135—90．北京：中国建筑工业出版社，1990
9. 中华人民共和国行业标准《高层建筑混凝土结构技术规程》JGJ3—2002．北京：中国建筑工业出版社，2002
10. 罗福午主编．单层工业厂房结构设计（第二版）．北京：清华大学出版社，1990
11. 张相庭编著．工程抗风设计计算手册．北京：中国建筑工业出版社，1998
12. 中华人民共和国行业标准《高层民用建筑钢结构技术规程》JGJ99—98．北京：中国建筑工业出版社，1998
13. 汪一骏主编．钢结构设计手册（上册）．北京：中国建筑工业出版社，2003
14. 建筑结构静力手册编写组．建筑结构静力计算手册．北京：中国建筑工业出版社，1975
15. 陈希哲编著．土力学地基基础（第三版）．北京：清华大学出版社，1998
16. 中华人民共和国行业标准《建筑基坑工程技术规范》YB9258—97．北京：冶金工业出版社，1998
17. 中华人民共和国国家标准《建筑边坡工程技术规范》GB50330—2002．北京：中国建筑工业出版社，2002
18. 中国工程建设标准化协会标准《门式刚架轻型房屋钢结构技术规程》CECS102：2002．北京：中国计划出版社，2003
19. 建设部工程质量安全监督与行业发展司、中国建筑标准设计研究所．全国民用建筑工程设计技术措施结构分册（2003）．北京：中国计划出版社，2004
20. 中华人民共和国国家标准《冷弯薄壁型钢结构技术规范》GB50018—2002．北京，中国计划出版社，2003